K. Weissermel · H.-J. Arpe

공업유기화학

-주요 원료와 중간체-

개정4판

공학박사 정 평 진(역)

범한서적주식회사

Klaus Weissermel
Hans-Jürgen Arpe

Industrial Organic Chemistry

Fourth,
Completely Revised Edition

Translated by
Charlet R. Lindley
and
Stephen Hawkins

WILEY-VCH

WILEY-VCH GmbH & Co. KGaA

역자 머리말

최근에 석유화학의 눈부신 발전으로 인하여, 공업유기화학의 분야에 있어서도 기술의 현상과 전망이, 공업의 실체에 따라서 체계적으로 정리되어야 한다는 것이 당면 과제라고 생각된다. 본서는 저자인 K. Weissermel 박사와 H.-J. Arpe 박사의 오랜 기간의 경험에 의하여 저술된 것으로서, 화학공학도들에게 공업화학의 새로운 많은 지식을 제공했다.

본서의 특징은, 현재의 석유화학에 입각하여 그간 계속 발전해 왔던 공업유기화학의 광범위한 내용을 체계적으로 이해하기 쉽도록 해설하고 있다는 점이다. 구체적으로는 공업유기화학의 기반이 되는 석탄, 석유, 천연가스 등 원료의 분리정제법을 먼저 개설하고, 탄소수에 따르는 각종의 제품을 실제의 제조공정에 따라서 설명하고 있으며, 더욱이 기본적인 중요한 반응, 혹은 관능기의 특성에 대해서도 자세히 설명하고 있다.

본서는 공업유기화학을 공부하는 학생, 혹은 현재 이 분야를 연구하고 있는 교수나 실무자들에게 많은 지식을 제공할 것이다.

끝으로 본서의 개정 4판에 대한 번역의 필요성을 인식하고, 강력히 권고해 주신 선후배 및 동료교수들, 원고를 타이핑해 준 신소재공학과 학생들과 원고를 정리해 준 채수진, 노현래 선생에게 감사드리며, 또한 출판을 기꺼이 허락해 주신 범한서적주식회사 임직원 여러분께 심심한 사의를 표한다.

2007년 6월 안서호반에서

역자 정 평 진

저자의 머리말

화학공업의 발전과 함께, “공업유기화학”의 새로운 개정판(영문판 4판)의 발행이 필요하게 되었다. 독일어로 된 제5판은 이미 8개국에서 출판하고 있다.

개정에 있어서, 본서는 기본적인 개념은 바꾸지 않고, 새로운 정보를 추가함과 동시에 통계수치를 갱신했다. 그 중에서도 특히 명명법에 관한 IUPAC의 새로운 지침을 도입했다.

Weissermel 박사는 1997년에 타계했지만, 본서의 원본을 저술한 저자로서 그의 이름을 남기기로 했다.

출판을 위하여 지원을 아끼지 않았던 화학공업의 여러 동료들, 비판과 조언을 해 주신 독자 여러분, 기꺼이 협력해 주신 출판사에 깊은 감사를 드린다.

2003년 3월
H.-J.Arpe

저자의 초판 머리말

공업화학은 여러 가지 백과사전이나 저서들뿐만 아니라 연구논문에서도 아주 광범위하게 상론되어져 있지만, 공업유기화학의 현상을 이들의 소오스로부터 신속하고 더욱 확실하게 인식하는 데는 결코 용이하지 않다.

따라서 주요한 원료 또는 중간물만이라도, 간결하게 요약한 저술이 절실히 요구되어 왔다. 저자는 자신의 산업계에서의 경험을 토대로 하여 -이 경험은 저자 자신의 강연 또는 강의에서도 비롯되었지만- 제물질을 망라한 자신의 연구 · 개발로부터 야기되는 제문들과 매일 대결하던 것들이 반영되었는데, 이것은 독자가 이해하기 쉽도록 하기 위한 것이다.

이 책은 광범한 독자층을 대상으로 쓰여져 있다. 즉 화학을 전공하는 학생에게는 중요한 원료와 중간물에 관한 화학 및 이들 물질의 제조를 위하여 공학적 프로세스의 개발에 대한 통찰을 제공함으로써, 그들이 언젠가는 공업화학을 발전시킬 것이다. 대학의 교수에게는 응용유기합성, 제조방법과 원료베이스의 부단한 변천과 더불어 그것에 의하여 해결된 연구과제 등에 있어서의 정보를 제공하였고, 화학자 및 화학공업에 종사하고 있지만, 다른 학과를 전공한 사람들-예를 들면, 엔지니어, 사업가, 법률가, 경영관리자-에게는 여러 방면에 걸친 공학적, 학문적, 경제적 연관성 및 발전의 경향을 한층 확실하게 하여 주리라 믿는다.

이 책은 14개 장으로 구성되어 있는데, 그 중에서도 같은 원료 · 중간물은 될 수 있는 한 동일그룹으로 정리하려고 노력했다. 단, 그때 어느 정도의 자의의 개입을 피할 수 없었다. 에너지와 원료공급에 있어서는, 1장에서 상술했다.

원칙으로서, 이 책에서는 제품의 역사적 발전과 중요도를 기술한 후에, 우선 제조법, 그 중에서도 현시점에서 일반적인 프로세스를 우선하여 취급하였고, 다음에 그 용도와 더불어 유도체에 대해서 기술했다. 공업적으로 중요한 유기화학제품에 관한 절에서는 장래의 발전 가능성에 대한 전망이 제시되고 있다. 공학적으로 보아, 혹은 어떤 화학프로세스 자체에 불충분한 점이 있다든지, 또는 다른 값싼, 혹은 입수가 용이한 출발원료로 이행하는 경우 장래의 과제에 대해서는 각각 해결책이 시사되고 있지만, 이들은 결코 완벽한 것이라고 자부할 수는 없다. 단, 이들의 시사는 특히 학생에게, 이들의 문제점에 대해서 인상을 주어, 장래 그 해결에 공헌하리라 믿고 있다.

저자의 중요관심사는, 광범위한 독자층을 만족시킬 수 있는 정보의 양과 질을 최고로 높이려 노력하는 것이었다. 이 책에서는 아래와 같이 3가지 형태의 정보가 독자에게 제공된다.

1. 주체가 되는 총람적인 본문
2. 본문 좌우 여백의 본문에 대한 요약
3. 각 장의 제품간 관련을 나타내는 도해

이러한 형태는 많은 독자들이 본문을 읽으면서 중요부분에 밑줄을 친다든지 발췌를 하는 습관을 갖도록 하려고 하는 생각에서였다. 좌우 여백에는 주부의 모든 중요한 진술이 상당히 간략화된 형태로 논리적 순서에 따라 정리되어 있기 때문에, 독자가 이 요약 부분을 이용하면 공부하기가 쉬울 뿐 아니라, 본문을 정독하지 않아도 쉽게 정보를 얻을 수 있다.

각 장에 속하는 도식 또는 프로세스 계통도는 각 소절을 읽으면서 이들을 참조하면 대개의 관련이 확실해지도록 되어 있다. 몇 번이고 반복하여 나오는 단계가 있는 프로세스에서는 반복을 피할 수 없기 때문에, 본문에는 개개의 프로세스 계통도가 채록되지 않았다. 그 대신 독자에게는 프로세스의 각 특징점을 직접적으로 시사하려고 했다.

찾아보기를 많게 함으로써 모든 정보에 재빨리 도달할 수 있도록 했다.

많은 공학상 및 화학상의 사실 확인에 있어서는 원고 각 부분의 교람이나 유익한 조언 등을 통하여 Hoechst사 이외의 많은 사우에게도 참여토록 하였다. H. Friz 박사, W. Reif 박사(BASF사); R. Streck 박사, H. Weber 박사(Hüls사); W. Jordan 박사(Phenolchemie사); B. Cornils 박사, J. Falbe 박사, W. Payer 박사(Ruhrchemie사); K. H. Berg 박사, I. F. Hudson 박사(Shell사); G. König 박사, R. Kühn 박사, H. Tetteroo 박사(UK-Wesseling사)에게, 진심으로 사의를 표하고 싶다.

더욱이, Hoechst사의 사우 및 협력자들에게 각 절의 열독, 많은 자료의 보충, 도식의 작성, 원고의 타이핑 등을 통하여 도움을 받았다. 이들의 호의에 대해서도 진심으로 감사를 표한다. 그리고 U. Dettmeier 박사, M. Keller 씨, E. I. Leupold 박사, H. Meidert 박사, R. Steiner 교수께서 광범위하게 원고를 교람, 보충, 정정하여 주셨음에 대하여 각별히 사의를 표하고 싶다. 또한 Hoechst사의 전세계에 걸친 정보와 경험을 이용할 수 있었던 점이 역시 원고를 쓰는 데 결정적인 도움이 되었다.

또한 이 책을 만들기 위하여 장기에 걸쳐 원고를 쓰고 교정하는 데 적극 협조하여 준 가족과 친우들께 감사드린다.

끝으로 이 영문판의 집필을 저에게 제기하여 독자들의 생각을 이해와 호의로 받아들여 주시고 아주 멋진 장정으로 출판하여 주신 Verlag Chemie사에 대해서도 감사의 뜻을 표하고 싶다.

Frankfurt/M. Hochst, 1978년 1월
Klaus Weissermel
Hans-Jürgen Arpe

차 례

제 1 장

에너지와 원료공급의 [illegible]

에너지와 원료의 입수 가능성과 가격구조가 그 어느 시대를 막론하고 언제나 기술기반을 결정했으며, 그 여하에 따라 화학공업의 확대발전이 좌우되고 있었다. 그러나, 이와 같은 관계와 그것이 세계경제에 미치는 중요성을 사람들이 재인식한 것은 석유위기를 경험하고 부터이다.

태양에너지의 도움에 의하여 수백만년에 걸쳐 만들어진 석탄, 천연가스 및 석유는 현재, 단순히 에너지의 수요를 충족시키는 것만이 아니라 화학원료로서의 수요를 널리 충족시키기 위해서도 사용되고 있다.

화석연료(천연가스, 석유, 석탄)가 갖는 2가지 기능:
1) 에너지원
2) 화학제품의 원료

화학공업과 같이 에너지원과 원료가 완전히 밀착하고 있는 공업분야는 다른 공업생산에서는 볼 수 없다. 화학공업은 최대의 에너지 소비산업의 한 분야로서, 더욱이 우리들이 일상생활에 접하고 있는 다양한 합성제품을 제조하기 위한 원료로서 재생이 불가능한 화석천연물을 소비하고 있다. 따라서 이 산업은 에너지공급의 사정이 조금만 변해도 그의 영향을 이중으로 받게 된다.

원료의 수요가 항상 계속 증대되고 있는 한편, 자원매장량에는 한정이 있다는 것을 생각하면, 에너지원 및 원료원은 장래를 위하여 확보되어야 할 매우 중요한 문제가 된다는 것은 확실히 명백하다.

공업적 원료 및 에너지 확보를 위한 장기적 목표
1) 화석원료의 사용기간 연장
2) 에너지분야에서의 화석 원료의 대체

단기 및 중기적으로는, 화학공업의 원료와 에너지의 양 분야에서, 입수가능한 자원의 범위 내에서 어떻게 다양화를 진전시킬 것일까가 기본 문제이며, 이 문제에 대해서 노력을 집중시키지 않으면 안 된다. 장기적으로는 화학공업에 있어서 매력이 있는 원료기반을 될 수 있는 한 지속시키기 위하여, 화학연료가 갖는 2가지 기능을 분리시키는 것이 중요한 과제라고 생각된다.

1차에너지자원과 원료에 있어서 현재의 상황을 인식하고, 장래의 수요를 파악하기 위하여, 양자에 대한 관점을 에너지원별로 검토해 보고자 한다.

1.1. 현재와 미래의 에너지수요

1차 에너지소비
(단위: 10^{12} kw·hr):

	1964	1974	1984	1989	1999
세계	41.3	67.5	82.6	95.2	100.7
미국	12.5	15.4	19.5	23.6	27.4
서유럽	7.9	10.7	11.6	13.0	16.7

과거 35년간 세계의 에너지수요는 거의 3배나 증가하여, 1999년에는 석유환산으로 86억7천만 톤, 100.7×10^{12} kw·hr(석유 1t = 11.620 kw·hr = 10×10^6 kcal = 41.8×10^6 kJ)에 달했다. 부표에 나타낸 바와 같이, 1974년 이전의 평균증가율은 1년에 약 5%였지만, 1980년대 말부터 증가율은 감소하고 있다. 1990년대 초 무렵에는 1차에너지소비가 그다지 증가하지 않았다. 이것은 이전 동유럽의 붕괴에 따른 경기후퇴에 의하여 수요가 저감한 때문이다.

그러나, WEC(세계에너지회의)의 최신의 예측에 의하면, 세계의 인구는 현재의 60억 명으로부터 2020년에는 74억 명으로 증가하리라고 예측되고 있다. 따라서 생활수준도 향상되어, 세계의 에너지수요는 160×10^{12} kw·hr으로까지 증가하리라고 생각된다.

OECD에는 29개국이 가맹되어 있으며, 유럽에서는 영국, 노르웨이, 독일이 가입하고 있다.

세계의 주요국가(OECD 가맹국, 1989년)에 있어서 에너지소비의 내역은 다음과 같다.

운수·교통용 ---------- 31%
공업용 --------------- 34%
가정 및 농업용, 기타 ----- 35%

화학공업의 에너지소비: 공업용의 6%(2번째의 에너지 소비공업)

화학공업은 전에너지소비량의 6%를 점유하고 있으며, 제철공업 다음의 2번째로 큰 에너지 소비공업이다.

세계의 1차에너지 비율의 변화(%) :

	1964	1974	1984	1999
석유	41	48	42	36
석탄	37	28	27	23
천연가스	15	18	19	22
핵에너지	6	6	7	7
수력/기타	1	3	5	12

(기타는 재생가능 에너지)

1950~1999년간에 1차에너지소비에 점유되는 각각의 에너지소비의 비율은 크게 변했다. 세계의 에너지 소비에 점유되는 석탄의 비율은, 1950년의 약 60%로부터 부표의 데이터와 같이 저하했지만, 중국이나 이전의 동유럽에서는 40%로서 여전히 석탄의 의존도가 높다. 한편, 석유의 비율은 1950년의 25%로부터 1970년대에는 최고 50% 정도까지 상승했지만, 요즈음은 40% 정도로 안정되고 있다.

에너지자원의 구성이 이와 같이 되는 것은, 석유와 천연가스가 용이하게 더욱 경제적으로 채취되고, 다방면의 용도에 적합하며, 또한 수송이나 분배코스트가 낮다고 하는 뛰어난 특성을 갖기 때문이다.

금후 수십년의 에너지자원의 예측으로는, 석유와 천연가스의 비율이 약간 감소하고, 석탄과 핵에너지의 비율이 조금씩 증대할 것으로 되어 있다. 궁극적으로는 탄소자원 이외에서 무진장한 에너지원의 개발이 요망되지만, 많은 문제점이 있으며, 용이하지 않다.

기술적인 방향전환이라고 하는 것은, 그의 다면성을 위해서 긴 준비기간이 필요하며, 아마 수십년 후에도 우리들은 주요한 에너지원을 석유와 천연가스에 의존할 것이라고 생각하고 있다. 핵에너지의 정세는 불투명한 점이 많다. 한편, 연료전지와 태양전지의 분야에서는 커다란 개발노력이 경주되고 있다.

에너지자원으로서 석유 및 천연가스를 선호하는 이유:

1) 채취의 용이
2) 용도의 다양성
3) 낮은 수송, 분배코스트

단기적으로는 에너지소비 구조의 변화는 일어날 수 없다.
당면적으로는 석유가 주요에너지자원으로서의 지위를 유지할 것이다.

1.2. 에너지자원별 입수 가능성

1.2.1. 석 유

새로운 자료에 의하면, 세계에 있어서 석유의 확정 및 추정 가채매장량은, 탐사와 제조기술의 발전에 의하여 각각 약 520×10^9 t, 6040×10^{12} kw · hr보다도 많다라고 예측하고 있다. 확정매장량(1998년) 중 중근동에 약 65%, 남미에 14%, 북미에 3%, 서유럽에 2%, 나머지는 기타의 지역에 분포되어 있다. 국가별의 확장매장량에서는 24%를 점유하는 사우디아라비아가 최대이고, 다음에 이라크, 쿠웨이트, 기타 근동의 국가로 이어진다. 1996년에는 OPEC의 국가들이 세계의 원유생산량의 77 중량%를 점유했다. 1998년에 세계의 원유생산량 3.4×10^{12} t 중 큰 비율을 점유한 국가는, 사우디아라비아(11%), 미국(11%), 이전의 소련(8%), 이란(5%) 등이었다.

석유 매장량(단위: 10^{12} kw · hr):

	1986	1989	1998
확정	1110	1480	1660
합계	4900	1620	2580

이외에, 오일쉘(석유혈암), 타르샌드, 오일샌드 중에 존재하는 석유분이 있다. 이와 같은 형태의 석유매장량은, 수년 전까지는 원유와 같은 정도라고 예측하고 있었지만, 현재는 이것을 훨씬 초과하는 양이라고 추정하고 있다.

오일쉘이나 오일샌드로부터의 합성유 매장량(단위: 10^{12} kw · hr):

	1989	1992	1997	1998
추정	1550	1550	1059	977
합계	13840	12360	5234	3907

오일쉘이나 오일샌드의 이용은 경제적으로 큰 매력이 있으며, 따라서 추출법이나 열분해법이 개발되어 왔다. 그 결과, 산지의 조건만 정비되면 이미 경제적으로도 실용가능한 상황에 이르렀으며, 캐나다(생산량이 신장되고 있으며, 예를 들면 1994년에는 전년 대비 17%가 증가했다)나

케로겐은 광석 중의 왁스상태 중합물로서, 500℃ 이상의 가열이나 수소화에 의하여 "합성"유로 된다.

석유소비량(단위: 10^9 t) :

	1988	1990	1998
세계	3.02	3.10	3.35
미국	0.78	0.78	0.83
서유럽	0.59	0.60	0.67
일본	0.22	0.25	n.a.

n.a.=입수불가능

석유 채취기술의 향상:

회수 레벨	회수 조작	석유 회수율(%)
1차	가압	10~20
2차	물/가스주입	→30
3차	화학약품(폴리머, 계면활성제 주입)	→50

CIS(이전의 소련, 독립국가동동체)에서는 대규모의 공업플랜트가 가동하고 있다. 미국과 같이 많은 파일럿플랜트를 정지한 곳도 있지만, 호주 등에서는 새로운 파일럿플랜트가 계획되어 있다. 중국에서는 케로겐을 함유하는 암석층으로부터 석유를 추출하고 있다. 연산능력 0.12×10^6 t의 새로운 플랜트가 1994년에는 건설의 최종단계에 있었다.

현재의 소비속도가 계속되면, 1998년의 확정매장량분의 석유를 약 42년의 사용으로 끝날 것으로 계산되었지만, 오일쉘이나 오일샌드의 이용이 진전되면, 석유의 수명은 100년 이상 연장될 것이다.

그러나, 현재 유상의 이용효율의 상승(현재의 기술로서는 30%까지 밖에 채취할 수 없다), 탐광활동의 강화, 회수 곤란한 매장자원의 채취, 해저유전의 개발 등이 가능해지고, 더욱 에너지와 원료의 소비구조가 변화될 수 있는 경우에는, 그것 보다도 어느 정도 충분한 석유를 확보할 수 있을지도 모른다.

1.2.2. 천연가스

천연가스매장량(단위: 10^{12} kw · hr):

	1985	1989	1992	1998
추정	944	1190	1250	1425
합계	2260	3660	3440	3492

(천연가스 $1 m^3$ = 9.23 kw · r)

같은 소비량이 계속되면, 현재의 천연가스의 확정매장량은 약 63년으로 고갈한다(1998년 기준).

전세계 천연가스의 확정 및 추정매장량은 석유매장량보다도 약간 많고, 현 시점에서는 374조m^3(3492×10^{12} kw · hr)로 예측되고 있다. 그 중에서 1423×10^{12} kw · hr가 확정매장량이다.

천연가스는 이전의 소련에 38%, 중근동에 34%, 아프리카에 7%, 북미에 6%, 나머지 15%가 다른 국가에 분포되어 있다(1988년).

1997년 시점에서의 소비량 25.2×10^{12} kw · hr로부터 계산하면, 천연가스의 확정매장량은 63년만 사용하면 거의 끝날 것으로 계산된다.

1995년에는 북미와 동유럽이 주요산출국으로, 각각 세계 천연가스의 32%와 29%를 생산하고 있었다.

다음과 같은 장거리 수송수단에 의하여, 천연가스의 소비량은 급속히 증대한다

1) 파이프라인
2) 전용선
3) 메탄올화

당면 합성천연가스(SNG)가 천연가스에 의하여 대체되는 것은 없다 (2.1.2절 참조).

과거 20년간 천연가스의 소비량은 끊임없이 증가해 왔다. 지금까지의 천연가스는 적절한 공업적 부대설비가 갖추어진 장소나, 파이프라인으로 직결된 소비지에서만 사용이 가능했었다. 금후, 채취지로부터 중요한 소비지까지의 가스수송은, 천연가스를 액화(LNG = **l**iquefied **n**atural **g**as)하여 전용선으로 수송할 수 있게 되었다. 장래는, 어느 정도 여분의 경비를 필요로 하지만, 합성가스를 경유하여 메탄올화 해서 수용할지도 모른다.

천연가스가 빈약한 국가에서는, 석유와 마찬가지로 그의 수입의존도는 더욱 증대하리라고 생각된다. 만일 갈탄이나 석탄을 기반으로 하는 합성가스의 기술이 확립, 발전하면, 그 경향은 근본적으로 변하겠지만, 이와 같은 새로운 프로세스가 비교적 대규모로 행해지는 데에는 상당한 세월

이 필요하리라고 생각된다.

1.2.3. 석 탄

매장량에 관한 한, 석탄은 가장 널리 분포하고 있을 뿐 아니라 가장 풍부한 화석에너지자원이다. 단, 석탄매장량의 추정치라고 하는 것은, 채굴기술의 문제를 고려하지 않고, 지질학적인 검토결과만을 기준하여 산출되고 있는 것에 주의하지 않으면 안된다. 세계 석탄의 확정 및 추정매장량(1999년)은 $44,835 \times 10^{12}$ kw · hr로 예측되며, 그 중에서 확정매장량은 3964×10^{12} kw · hr이다. 이 매장량 중 미국에 약 38%, 이전의 소련에 5%, 중국에 14%, 서유럽에 17%, 아프리카에 7%가 분포되어 있다. 1999년 세계의 석탄생산량은 350만 톤으로, 중국과 미국이 그 중 약 56%를 점유했다.

석탄의 매장량(단위: 10^{12} kw · hr):

	1985	1989	1992	1999
확정	5600	4090	5860	3964
합계	54500	58600	67800	44835

석탄에는 콜타르나 무연탄도 포함되어 있다.

갈탄의 매장량은 세계에서 6800×10^{12} kw · hr(1989년)으로 예측되었으며, 그 중 확정매장량은 860×10^{12} kw · hr이다. 이 확정매장량은 1992년에 약 30% 이상 상승했다.

갈탄의 매장량(단위: 10^{12} kw · hr):

	1985	1989	1992	1999
확정	1360	860	1110	578
합계	5700	6800	불명	9442

그 방대한 석탄 및 갈탄의 매장량을 고려하면, 세계의 에너지수요는 장기에 걸쳐서 해결될 것이라고 생각된다. 몇 개 연구소의 조사에 의하면, 현재의 성장이 계속되어도, 석탄의 매장량은 적어도 수천년간의 에너지를 해결하는 데 충분한 양이라고 발표되었다.

1.2.4. 핵 연 료

핵에너지는 그 개발상황으로부터 생각하면, 금후 수십년의 에너지공급 문제에 대한 현실적인 해결책이 될 것이다. 원자력발전을 포기하는 움직임도 있지만, 그 경제성은 이미 입증되고 있다.

핵연료는 핵분열이 가능한 물질을 함유하는 재료이며, 주로 우라늄과 플루토늄이 금속 또는 화합물의 형태로서 사용된다.

핵연료는 중요한 산업분야, 그 중에서도 발전분야에 있어서 화석에너지자원을 대신하는 에너지자원의 일종이다. 발전용의 에너지원으로서는 세계적으로 화석연료가 주요한 지위를 점유하고 있지만, 핵에너지의 사용은 나라마다 그 비율이 다르다. 2000년에는, 세계에서 433기의 원자력발전소가 가동되고 있으며, 38기가 더 건설 중에 있다. 원자력발전소의 수가 많은 국가로서는, 미국(104기), 프랑스(59기), 일본(53기)이다.

원자력발전의 비율이 가장 높은 국가는 프랑스로서, 1998년에는 76%를 점유하고 있다.

우라늄의 매장량은 많기도 하고 지구상의 넓은 지역에 분포하고 있다. 부표에 나타내는 것과 같이, 세계적으로 보면 우라늄의 생산량은 감소경

전력에너지 자원(%)

미국	1975	1987
천연가스/석유	76 (천연가스/석유·석탄)	13
석탄		53
핵에너지	9	17
수력/기타	15	17
서유럽	**1974**	**1998**
천연가스/석유	36	21
석탄	34	30
핵에너지	6	35
수력/기타	24	14

세계	1975	1999
천연가스/석유	35	26
석탄	37	36
핵에너지	5	17
수력/기타	23	21

우라늄생산량(단위: 10^6 t):

	1991	1994	1998
세계	41.9	31.6	35.0
캐나다	8.2	9.6	10.9
호주	3.8	2.2	4.9

우라늄자원의 에너지 함유량 (단위: 10^{12} kw · hr):

690: 현재의 원자로기술에 의한 경우
80,000: 증식로에 의한 완전 이용의 경우

고속증식로의 작동원리(중성자 포획)
$^{238}U \rightarrow ^{239}Pu$
$^{232}Th \rightarrow ^{233}U$

원자로의 세대: 경수로
고온로
증식로

고온로의 장점:
고온(900~1000°C)의 열에너지가 거대한 흡열 화학반응에 이용될 수 있다.

핵융합은 에너지의 방출과 함께 새로운 핵을 생성하는 열핵반응이다.

핵에너지의 도입을 위한 필수적인 전제조건 :
1) 핵에너지의 안정공급
2) 기술적으로 안전한 원자력 발전소
3) 분열생성물의 안전한 처리와 핵연료의 리사이클(재생처리)

향에 있지만, 국가에 따라서 차이가 있다. 캐나다는 주요한 생산국으로서 더욱 더 그의 입장을 굳히고 있으며, 이어서 호주가 현저한 성장을 이루고 있다. 서유럽에 있어서 우라늄의 생산은 프랑스에서 약간 남아 있으며, 거의 완전히 정지했다.

현재 일반적으로 이용되고 있는 형태의 경수로에서는, 원칙적으로는 천연우라늄 중에 약 0.7%밖에 함유되어 있지 않은 ^{235}U만이 이용될 수 있다. 방사능과 핵분열생성물(α 및 β입자, 중성자)의 형태로서 발생하는 에너지가 열로 변하며, 발전터빈 구동용의 스팀을 발생시키기 위하여 이용된다.

고속증식로를 이용하면 핵분열이 가능한 물질의 비율을 증가시킬 수 있다. 그 작동원리는, 열중성자로서는 핵분열을 하지 않는 ^{238}U(천연우라늄의 주성분, 함유량 99.3%)이 중성자의 포획에 의하여, 분열할 수 있는 ^{239}Pu으로 되며, 마찬가지로 ^{232}Th이 분열할 수 있는 ^{233}U으로 되는 원리이다.

1995년에는, 프랑스와 일본만이 고속증식로를 운용하여 개발을 계속하는 국가로 되었다.

현재 상태의 원자로기술에 의해서도, 적어도 금후 50년간의 에너지수요의 증가를 해결할 수 있다. 현재 및 아마 금후 20년간에 있어서 사용되는 원자로의 형식은 경수로(비등수형 또는 가압수형)가 주류이다. 이 원자로는 약 300°C까지의 온도에서 작동된다. 게다가 냉각매체(헬륨)의 온도가 1000°C 정도에 달하는 고온로도, 이미 대규모 기술개발의 도상으로 경주하고 있다. 이 고온로에는 전력 이외에 고온의 열에너지를 공급할 수 있다라고 하는 장점이 있다(2.2.1, 2.2.2절 참조).

핵에너지 분야에서 또다른 하나의 중요한 목표는 핵융합, 즉 2개의 원자핵을 결합시켜서 에너지를 취하는 방법이다. 이 프로세스는 태양에 있어서 에너지발생의 근원이 되는 것이지만, 여러 공업국가에서 검토가 행해지고 있다. 예를 들면 독일에서는, Stellarator 핵융합 프로젝트가 2000년에 개시되었다.

핵에너지의 이용을 성공시키기위해서는, 단순히 완벽하고, 신뢰성이 높은 원자력발전소를 건설하는 데 그치지 않고, 전체로서의 핵연료사이클이 완전한 폐쇄계를 형성시키는 것이 전제가 된다. 이것은 천연우라늄의 입수를 시작으로, 적절한 농축설비의 입지, 방사성분열생성물의 폐기물처리에 대한 완전한 마무리, 미반응 혹은 증식핵연료의 리사이클에까지 미친다.

원자력발전소로부터 발생하는 폐기물의 처리문제에 의하여 핵에너지의 이용추진계획에 지장이 뒤따를 것이라고도 생각된다.

1.3. 장래의 에너지공급에 대한 전망

앞의 절에서 설명한 바와 같이, 장기적으로 가장 중요한 1차에너지자원은 여전히 석유, 천연가스 및 석탄일 것이라고 생각된다. 현재는 어떤 에너지자원도 비교적 자유로 사용되는 상황이지만, 석유나 천연가스는 화학공업의 원료로서 귀중한 것이기 때문에, 이것을 단순히 에너지로서 사용하는 것은 될 수 있는 한 감소시켜야 한다.

석유와 천연가스는 사용하기 쉬운 에너지로서 널리 유통되고 있으며, 현재의 에너지수요의 저감에 관계없이, 일반적으로 계속 사용되는 자원이라고 생각된다.

오일쉘이나 오일샌드가 개발되었다고 해도, 장기적으로 보면 이와 같은 상황의 해결에 그다지 도움이 되지 않을 것으로 생각된다. 석유와 천연가스의 이용 중에서 단순히 에너지로서 사용되고 있는 분야를 다른 에너지자원으로 전환하는 것이 이러한 난제를 해결하는 가장 효과적인 방법이다. 이렇게 하므로서 귀중한 화석원료를 될 수 있는 한 장기적으로 화학공업을 위하여 확보할 수 있다.

석유와 천연가스는 에너지용과 화학원료용의 이용이 경합하고 있으며, 에너지 소비구조의 변화가 필요하다.

중기적으로 보면, 화석에너지의 소비의 경감에 결정적인 공헌이 될 수 있는 것은, 핵에너지의 이용이다. 태양에너지는 거의 무진장으로 에너지를 공급하지만, 여기서는 그 잠재적인 가능성에 대해서 언급하는 것으로 마친다. 지구상에 1년간에 조사되는 태양에너지의 양은 세계의 석탄매장량의 30배에 상당한다. 계산상으로 보면, 현재 세계의 1차에너지의 소비량은 조사되는 태양에너지의 약 0.005%로서 해결할 수 있다. 따라서 태양집광기 및 태양전지 시스템 등 태양에너지 이용기술의 개발은 계속적으로 중요한 과제이다. 그러나 또한 에너지의 저장과 에너지의 수송 문제도 동시에 해결하지 않으면 안된다.

에너지용 화학원료의 사용량을 감소시키는 수단 :
1) 핵에너지(중기적)
2) 태양에너지(장기적)
3) 지열에너지(부분적)
4) 핵융합에너지(장기적)

태양에너지, 풍력에너지, 수력에너지, 지열에너지, 핵융합에너지 등, 소위 무진장에너지의 대규모 이용이 중요한 지위를 점유하는 것으로 되는 것은 먼 장래의 일이다. 지금까지 우리는 화석원료, 특히 석유의 적절한 이용에 의존할 것으로 생각된다. 석유의 사용을 가능한 한 연장시키기 위해서는, 가까운 장래에 핵에너지와 석탄이 에너지공급의 2개의 기둥으로 될 필요가 있다. 핵에너지는 차츰 전력공급의 역할을 수행하는 한편, 석탄은 점차로 석유제품을 대체해서 진행할 것으로 생각된다.

에너지용 석유의 사용량을 감소시키기 위하여 예상되는 수단 :
1) 석탄
2) 핵에너지
3) 석탄과 핵에너지의 조합
4) 수소

에너지의 공급이 화석자원에 의존하지 않아도 좋아질 것이라는 것은 의심할 여지도 없이 다음 세기 이후의 일이지만, 그 전에 핵에너지와 석탄을 조합해서 이용하는 중간단계의 시대가 올 가능성이 있다. 그 때에는 원자로의 열에너지를 석탄의 가스화에 이용하는 방식에 의하여, 더욱 광범위하게 합성가스제품이 도입되는 시대가 된다고 생각된다(2.1.1절 참조)

석탄의 가스화에 의한 합성가스제조 이외에도, 핵에너지는 아마 고온수증기 전기분해나 화학적 사이클프로세스에 의하여, 물로부터 수소를 제조하는 것으로도 이용할 수 있을 것으로 생각된다. 더욱 각국의 많은 프로젝트로서 연구가 진행되고 있는 태양에너지를 이용하는 물의 전기분해도 마찬가지로 가치가 있다. 이런 것들이 실행되면, 수소를 에너지원으로서 광범위하게 이용할 수 있게 되며(수소기술), 수소의 제조를 화석원료에 의존하지 않아도 될 것이다(2.2.2절 참조)

장기적 목표: 에너지공급은 주로 재생가능한 자원으로부터, 원료공급은 화석자원으로부터

이런 단계가 계속되면 에너지는 주로 재생가능한 자원으로부터 얻어지고, 석유와 석탄은 원료로서의 성격만을 갖는 자원이 되리라고 생각된다.

1.4. 현재와 미래의 원료사정

화학공업에 있어서 원료기반의 특징적 변화:

1950년까지의 원료:
1) 석탄가스화제품(코크스화제품, 합성가스)
2) 칼슘카바이드제품으로부터의 아세틸렌

화학공업원료의 현재의 상황은, 석탄화학으로부터 석유화학으로의 전환이 끝없이, 게다가 거의 완전한 형태로 일어나고 있다는 데 특징 지어진다.

이 구조변화는 아세틸렌으로부터 올레핀으로의 전환이라고 하는 기초원료의 변화에도 대응한다(3.1, 4.1절 참조)

1950년 이후의 원료:
1) 석유를 가공한 제품
2) 천연가스
3) 석탄의 가스화 제품을 비롯한 카바이드 및 저위탄화수소로부터의 아세틸렌

1.4.1. 석유화학 1차제품

유기1차화학제품의 발전은 석탄으로부터 석유로의 원료전환을 통하여 처음으로 가능해졌다.

유기1차화학제품용 원료가 석탄으로 되돌아 오는 것은 단기, 중기적으로는 실현되지 않는다.

1차화학 제품이란 에틸렌, 프로필렌, 부타디엔, BTX 방향족이라고 하는 석유화학의 기초제품으로서 각종유도체의 합성에 사용된다.

1950년대의 석탄을 기초로 하는 기초유기화학제품의 제조프로세스 중에서 현재도 사용되고 있는 것은, 가스화프로세스에 의한 일산화탄소와 수소의 제조 이외에, 카바이드(용접 및 한정된 유기중간체에 사용된다), 벤젠 및 극히 한정된 다환식방향족화합물의 제조뿐이다. 게다가 이 제품들은 석유화학 1차화학제품으로부터 보면 거의 일부에 불과하며, 현재는 화학제품에 실제적으로 95%를 석유 내지 천연가스에 의존하고 있다. 따라서 유기유도품을 제조하기 위한 1차제품의 생산이 이와 같이 확대성장된 것은, 석탄으로부터 석유로의 원료전환의 결과인 것은 의심할 여지가 없다. 석탄을 원료로 사용하고 있었다면, 석유와 달리 채굴상의 제약이 있기 때문에, 이 정도로 급속한 발전은 실현되지 못했을 것으로 생각된다. 따라서, 장래, 석유를 석탄으로 전환하여 원료기반을 다양화하는 경우가 있을지라도, 그것은 극히 한정된 제품을 제조하는 데 불과할 것이

다. 즉, 화학공업은 계속적으로 석유에 의존할 것으로 생각된다.

1차화학제품생산량(단위: 10^6 t):

	1991	1993	1997	1999
미국	39.5	41.7	52.0	55.0
서유럽	38.3	39.4	45.2	47.0
일본	19.2	18.4	24.4	23.9

일본이나 서유럽에서는 정유소에서 얻어지는 나프타(조잡한 가솔린)가 화학용 원료로서 무엇보다도 가장 중요하다. 미국에서도 천연가스가 입수되기 어렵기 때문에, 나프타의 사용이 증대하고 있다. 나프타의 분해에 의하여, 에틸렌, 프로필렌, 부텐, 부타디엔 등의 올레핀과 벤젠, 톨루엔, 자일렌 등의 방향족탄화수소가 얻어진다. 1997년에는 세계에서 약 660×10^6 t의 나프타가 석유화학원료로서 사용되었다. 또한, 중질유나 정유소가스도 나프타에 비하면 중요도는 낮지만, 원료로서 사용되고 있으며, 이들은 천연가스와 함께 합성가스의 제조에 사용된다. 합성가스를 사용하여 암모니아, 메탄올, 아세트산 혹은 옥소반응제품 등이 생산된다. 정유소가 채용했던 프로세스기술에 의하여 각종 유분의 조성과 수득률이 결정된다.

올레핀, 방향족용 화학원료:
일본/서유럽에서는 나프타(조잡한 가솔린). 미국에서는 액화가스(C_2-C_4) 단, 나프타도 점차 증가

합성가스($CO+H_2$)용 원료:
메탄 및 석유중질류분

석유위기를 계기로 프로세스기술은 현저하게 발전되었으며, 현재는 고차의 정유기술에 의하여 가치가 높은 제품이 보다 많이 얻어지게 되었다. 예를 들면, 중질유를 visbreaking and coking process 등의 열분해처리에 의하며, 일부를 보다 저비점의 유분으로 전환시킬 수 있다. 또한 석유의 상압증류로부터 얻어지는 잔사유를 감압증류 후에 접촉분해나 수소화분해하면, 더욱 상당량의 경질유가 얻어진다. 단, 이와 같은 고차처리에는 상응하는 에너지가 필요하다. 따라서, 에너지의 절약은 석유의 1차처리와 유도품의 고차처리의 양면에 걸쳐서 중요한 과제이다. 이와 같은 관점으로부터 설명하면, Elf Aquitane사와 Technip사가 개발한 Leuna사의 신정유소는 중요하다. 따라서 채용되고 있는 "혁신적 증류기술"로서는, 원유증류에 있어서 열의 흐름을 개선하고, 최저압력 범위에서의 단계적 가열에 의하여 경질로부터 중질까지의 유분을 취득하는 것이 가능해지고 있다.

경질유에 대한 수요증가 경향으로 인하여 잔사유처리 등의 보다 고차의 석유가공기술이 필수적으로 되었다. 이하의 전환설비의 추가에 의한 정유소의 조업구조의 변화 :

1) 열분해로
2) 접촉분해로
3) 수소화분해로

미국, 서유럽 및 일본에 있어서 정유제품의 구성비는 각각 다른 시황에 따라서 특징적인 차이를 보여주고 있는데, 비교적 경질의 석유류분에 대한 수요가 증가경향에 있다라고 하는 것은 공통적이다.

1973년 대비 1993년의 석유제품의 수요는 현저한 저하를 나타내고 있다.
1) 전체로서 16~31%
2) 중질유에서 36~54%

표 1.1 정유제품의 구성비(중량%)

제 품	미 국			서유럽			일 본		
	1973	1983	1993	1973	1985	1993	1973	1983	1993
정유소가스, 액화가스	9	10	8	4	4	3	6	11	3
자동차가솔린, 나프타	44	49	47	24	26	29	21	24	20
젯트연료	6	7	9	4	5	7	8	11	15
경질유, 디젤유	19	20	20	32	38	37	12	17	32
중질유	16	9	8	33	22	21	50	33	23
아스팔트, 석유코크스	6	5	8	3	5	3	3	4	7
정유제품 합계(10^6 t)	825	730	690	730	527	577	260	220	179

세계의 정유능력(단위: 10^9 t/y):

1993	1996	1998
3.7	3.8	4.0

세계의 원유증류능력은 부표에 나와 있다.

이와 같은 경질유 지향은 연료분야뿐만이 아니고, 화학공업으로부터의 요구에도 따른 것이다. 원리적으로는 어떤 정유제품을 사용해도 올레핀류나 BTX(벤젠-톨루엔-자일렌) 방향족 등의 1차화학제품을 제조하는 것은 가능하지만, 사용하는 원료에 따라서 수득률에 상당한 차이가 있다. 보다 비점이 낮은 분해원료를 사용하는 방법이 C_2–C_4 올레핀의 수득률이 높아지며, 더욱 올레핀의 조성도 개선된다. 즉, 특히 중요한 화학공업의 1차제품인 에틸렌의 생산량이 증가하는 것이다(부표 참조).

중정도의 시비어리티 분해로부터 얻어지는 올레핀의 수득율(중량%) :

	에탄	나프타	석유
C_2	82	30	20
C_3	2	17	14
C_4	3	11	9

C_2: 에틸렌, C_3: 프로필렌, C_4: C_4–올레핀, 나머지: 오프가스, 분해가솔린, 잔사유.

정유기술의 발전에 의하여 화학공업에서 사용하기 쉬운 유분의 공급은 증가되었지만, 에너지인 동시에 원료가 되는 석유가 갖는 2가지의 역할을 완화시키고, 분리해 간다라고 하는 근본적인 과제는 여전히 해결되지 않고 남아 있다.

에너지 공급체로서의 석유를 절약하는 것은 다음의 3가지 방법에 의하여 가능해졌다.

1) 에너지로의 전환효율 향상
2) 석탄 내지 핵에너지에 의한 단계적 대체
3) 자동차용 연료의 예를 들면 메탄올, 에탄올에 의한 단계적 대체

석유절약의 제일과제는 먼저 전력, 열, 동력으로의 에너지의 변환효율을 향상시키는 것이라고 생각된다.

현재, 공업분야에서는 투입된 에너지의 55%밖에 유효하게 이용되지 않고 있다. 소비량이 최대이며, 더욱 더 증대하고 있는 가정 및 소량 소비자의 경우에는, 이 숫자는 단지 45%이고, 교통용으로는 17%에 불과하다. 나머지 부분은 변환이나 수송과정, 혹은 배출되는 열로서 잃고 있다.

또한 에너지용의 석유를, 석탄 및 핵에너지에 의하여 점차 단계적으로 대체해 가는 것은, 오히려 훨씬 커다란 효과가 있을 것으로 생각된다(1.3절 참조). 메탄올 혹은 아마 바이오 자원으로부터 얻어지는 에탄올에 의한 자동차용 가솔린의 부분적 혹은 완전한 대체도 또한 이 범주에 속한다(2.3.1.2, 8.1.1절 참조).

1차화학제품의 공급은 장래 산유국과 같이 값이 싼 원료를 갖는 국가들의 참가에 의하여 증대할 것이다.

이것에 추가해서, 화학공업으로의 1차화학제품의 공급에 관해서, 장래의 동향을 나타내는 다른 측면이 있다. 그중 하나는 석유화학의 생산거점이 석유생산국으로 이행하고 있는 점이다. 사우디아라비아는 최근, 지금까지 연소처리하고 있던 석유수반가스를 유효하게 이용하여, 1차화학제품이나 주요한 올레핀류를 대규모로 생산하게 되었다. 많은 비공업국이나 신흥공업국이 여기에 속하고 있으며, 장래는 이들 국가에서 생산되는 1차제품이 자국의 국내수요를 충족시키는 것만이 아니고, 미국, 서유럽 혹은 일본 등, 기존의 생산기지에도 들어오리라고 생각된다.

사우디아라비아에서의 전형적인 생산물(1984년 이후에 스타트):

에틸렌
에탄올
에틸렌글리콜
디클로로에탄
염화비닐
스티렌
(1993년부터 스타트):
예를 들면 MTBE(86만 t/y)

이와 같은 신흥공업국에서의 1차화학제품의 생산능력은 더욱 더 증대하고 있다. 이와 같은 상황은 공업국의 보다 부가가치가 높은 제품의 비율을 높이는 촉진제 역할을 하고 있다.

1999년 전세계의 1차화학제품의 생산능력은 약 211×10^6 t/y이었다. 그 중에서 미국이 약 29%, 서유럽이 24%, 일본이 12%, 독일이 6%를 점유하고 있다.

1.4.2. 석탄화학 1차제품

화학공업은 상당한 양의 석탄을 사용하고 있지만, 그것은 벤젠, 나프탈렌, 기타의 축합방향족화합물의 회수 등에 한정되고 있다.

화학원료로서의 석탄: 현재, 벤젠의 약 11% 및 축합방향족화합물의 약 95%가 석탄가스화를 통하여 제조되고 있다.

세계의 수요로부터 계산하면, 벤젠은 필요한 양의 약 11%가 석탄으로부터 해결되며, 다핵방향족화합물이나 헤테로고리방향족화합물의 경우에는 95% 이상이 석탄으로부터 공급되고 있다.

더욱이 석탄은 양적으로는 적지만, 아세틸렌이나 일산화탄소의 원료이며, 또한 카본블랙이나 그라파이트와 같은 공업용 탄소의 원료이기도 하다.

석유시장의 변화에 동반하여, 석유화학의 1차제품이나 그 유도제품이 어느 정도 석탄화학제품으로 전환되느냐가 문제로 된다. 일반적으로 석유로부터 제조되는 유기1차화학제품은, 기지의 프로세스에 의하여 석탄을 원료로 하여 제조할 수도 있었지만, 그것이 실용화 되기 위해서는, 석유나 천연가스에 비하여 석탄의 가격이 월등하게 낮아지는 것이 전제로 된다. 현재 유럽은 물론이고, 석탄가격이 비교적 낮은 미국에서 조차도 석탄으로부터의 가솔린의 제조는 경제성이 없다.

석탄에 의한 석유의 대체는 석탄의 가스화와 석탄화학프로세스의 보다 광범위한 발전이 전제이다.

상당히 낮은 석탄가격이 필수

그러나 장기적으로 보면, 기초원료로서 석유에 대체될 수 있는 것은 석탄 이외에는 없다. 석탄화학은 현행의 석유화학의 생산체계로 적응시키면서 채산성을 개선하기 위해서는, 이전에 확립된 석탄화학의 기술을 더욱 발전시키고, 보다 부가가치가 높은 제품의 생산을 증대시킬 필요가 있다.

그러나 석탄 이외에는 석유의 대체품은 없다.

석탄으로부터 1차화학제품을 제조하기 위해서는, 기본적으로는 다음과 같은 방법이 가능하다.

1. 갈탄 또는 석탄의 가스화에 의한 합성가스의 제조와 그의 기초화학제품으로의 변환(2.1.1절 참조)
2. 석탄의 수소화 또는 수소화추출
3. 갈탄 또는 석탄의 저온건류
4. 석탄과 탄산칼슘의 반응에 의한 칼슘카바이드의 제조와 그의 아세틸렌으로의 변환

석탄화학 프로세스:
1) 가스화
2) 수소화(수소화추출)
3) 저온건류
4) 아세틸렌의 제조(카바이드)

기술의 현상과 금후의 발전가능성에 대한 것은 다음 소절에서 상세히 설명하기로 한다.

석탄의 가스화를 행하기 위해서는 막대한 열량 공급이 필요하지만, 장

석탄의 가스화와 원자로 에너지의

유효이용과의 새로운 조합기술은 개발 중이다.

차 원자로에너지가 도입되게 되면, 원자로에너지가 석탄 가스화의 추진력으로 될 것이라고 생각된다.

원자로에너지의 화학공업으로의 사용은 전력을 경유하지 않고, 원자로로부터 방출되는 에너지를 직접 화학반응에 이용하려고 하는 것이다. 그러나 이와 같은 원자로에너지의 화학프로세스에의 유효한 이용에는 일정한 전제조건이 필요하다. 경수로의 경우에는 온도가 약 300℃까지 올라가야 하는데, 이것은 본질적으로 프로세스증기의 발생을 위해서 사용되고 있을 뿐이다.

원자력에 의한 석탄의 가스화에 의하면, 가스화 수득률을 40%까지 상승시킬 수 있다.

그러나, 온도가 800~1000℃에 달하는 고온로의 개발을 전제로 하면, 양상은 전혀 달라진다. 이 경우에는 원자로로부터의 1차열에너지를, 석탄의 수증기가스화나 수소화가스화, 메탄의 분해 혹은 경우에 따라서는 화학적 사이클프로세스에 의한 물로부터의 수소제조 등에 직접 이용할 수 있다라고 생각된다. 여기에서 예를 든 석탄의 가스화나 메탄분해 등의 프로세스에서는, 석탄이나 천연가스가 이미 에너지원으로서 뿐만이 아니고, 주로 원료로서 사용되며, 따라서 가스화생성물이 40% 여분으로 취해진다라고 하는 두드러진 장점이 발생한다.

원자력에 의한 석탄의 가스화는 화학공업과 전력산업이 결합되어야만 비로소 프로세스개발의 의의가 있다.

장기적으로 보면, 원자력에 의한 석탄가스화의 실현은 에너지 공급의 안정화에 결정적으로 공헌할 것으로 생각된다. 이와 같은 의미에서는 화학공업에서의 석탄가스화 제품의 소비가 현재는 극히 적지만, 석탄가스화 제품은 가공이 더욱 가능하기 때문에, 화학공업은 석탄가스화 제품에 대한 것을 적극 고찰해야만 할 것이다.

기술적인 난관을 해결하는 데에는 개발시험기간이 필요하며, 조기의 실현은 기대할 수 없다.

에너지와 원료의 필요성이 긴밀하게 관계하고 있는 화학공업에 있어서는, 그 쌍방에 대해서 효과가 있는 고온로의 개발은 매력적인 것이다. 그러나 고온로의 개발은 아직 실현되지 않았으며, 또한 화학프로세스를 원자로에 조합시키기 위해서는 더욱 상당한 연구개발을 필요로 한다. 그 시기는 아주 먼 장래의 일로서, 적어도 10~20년의 세월이 필요할 것이다(2.1.1.1절 참조).

그렇긴 하나, 이와 같은 예가 금세기에는 이용가능하리라고 생각되는 신기술이 현재 모두 활발히 개발되고 있다는 사실을 나타내고 있다. 장기적인 에너지와 원료의 공급에 관한 계획의 제안에 있어서는, 항상 이것을 염두에 두지 않으면 안된다.

제 2 장

공업적 합성법에 있어서의 기본적

2.1. 합성가스

합성가스라고 하는 용어는, 현재 주로 CO와 H_2의 가스혼합물에 대해서 사용되고 있으며, 각종 혼합비율의 혼합가스가 특정의 화학제품을 합성하기 위해서 사용된다. 이 용어는 이외에 암모니아합성용의 혼합가스($N_2 + 3H_2$)를 나타낼 때에도 사용된다.

특정의 CO/H_2 혼합가스를 그의 생성유래나 이용목적에 따라서 수성가스, 분해가스, 메탄올합성가스 등으로 명명하는 경우도 있다. 또한 옥소가스라고 하는 새로운 용어도 사용되고 있다.

현재, 합성가스는 각종 혼합비율로 형성되는 CO/H_2 혼합물을 의미한다.

CO/H_2 혼합물에 대한 다른 표현방법

1. 생성유래로부터
   수증기와 석탄으로부터의 수성가스($CO + H_2$)
   CH_4의 수증기 개질로부터의 분해가스($CO + 3H_2$)
2. 이용목적으로부터
   메탄올 제조용의 메탄올 합성가스 ($CO + 2H_2$)
   하이드로포르밀화용의 옥소가스 ($CO + H_2$)

2.1.1. 합성가스의 발생

초기의 합성가스 제조방법은 경질탄코크스나 갈탄저온코크스를 공기와 수증기로서 가스화하는 것이었다. 제2차대전 후에는 취급하기 쉽고, 가치가 높은 액상 및 가스상의 화석연료, 즉 석유와 천연가스도 원료로서 사용되기에 이르렀다. 이들의 장점은 수소함량이 높은 것이다(2.2.2절 참조). 각 원료의 H/C 비율은 대개 석탄이 1 : 1, 석유가 2 : 1, 가솔린이 2.4 : 1, 더욱 메탄의 함유량이 높은 천연가스에서는 최대 4 : 1로 된다.

합성가스발생에 사용되는 원료:
갈탄, 경질탄(무연탄), 천연가스, 석유가스, 석유류분.
천연가스와 석유경질유 유분은 그의 높은 수소함량으로 인하여 합성가스용 원료로서 가장 적당하다.

최근 석탄의 가스화라고 하는 전통적인 프로세스가 새로운 기술형태로서 다시 인식하게 되었다. 합성가스의 제조플랜트 중에서 석탄을 원료로

석유위기이래, 조건이 정리된 지역에서는 석탄가스화의 중요성을 재인

식하게 되었다.

하는 생산능력의 비율은 1976년에는 3%에 불과했지만, 1982년 말에는 거의 12%로 상승했으며, 현재는 약 16%로 되어 있다. 남아프리카(Sasol)의 Fischer-Tropsch 반응을 이용하는 플랜트가 그 중의 반절 이상을 점유하고 있다.

합성가스의 제조원료로서는 이외에 니탄이나 목재, 여기에 도시쓰레기나 농업폐기물 등과 같은 biomass도 현재 검토가 진행되고 있다.

사용 후의 플라스틱을 액상 혹은 합성가스와 같은 가스상의 원료로 변환하는 화학리사이클법

많은 화학리사이클프로세스가 제안되어 있지만, 이것은 사용 후의 플라스틱에 산과 물을 가하여, 합성가스를 회수하려고 하고 있다.

2.1.1.1. 석탄가스화에 의한 합성가스

석탄의 가스화는 물리적으로는 기체, 고체반응이고, 화학적으로는 C(탄소)의 부분산화 혹은 H_2O의 C에 의한 환원반응으로서 이해된다. 단, 전체의 반응 프로세스는 더욱 복잡하며, 많은 병발반응이나 2차반응으로 표시된다.

수증기와 O_2에 의한 석탄의 가스화반응은 유기물을 가스상 생성물로 변환하는 것으로서, 서로 의존하는 몇 가지의 중요한 부분반응이 조합되어 진행된다. 실제의 가스화반응은 기본적으로는 발열반응의 탄소의 부분연소와 흡열반응의 수성가스생성(불균일 수성가스반응)으로 형성되어 있다.

부분연소반응

$$2C + O_2 \rightleftharpoons 2CO \quad \left(\Delta H = -\frac{60\ \text{kcal}}{246\ \text{kJ}}/\text{mol}\right) \tag{1}$$

불균일 수성가스반응

$$C + H_2O \rightleftharpoons CO + H_2 \left(\Delta H = +\frac{28\ \text{kcal}}{119\ \text{kJ}}/\text{mol}\right) \tag{2}$$

이외에도 몇 가지의 반응이 일어나지만, 그 중에서 가장 중요한 것을 나타내면 다음과 같다.

보도아르(Boudouard) 반응

$$C + CO_2 \rightleftharpoons 2CO \quad \left(\Delta H = +\frac{38\ \text{kcal}}{162\ \text{kJ}}/\text{mol}\right) \tag{3}$$

균일 수성가스반응(수성가스이동)

$$CO + H_2O \rightleftharpoons CO_2 + H_2 \quad \left(\Delta H = -\frac{10\ \text{kcal}}{42\ \text{kJ}}/\text{mol}\right) \tag{4}$$

수소첨가 가스화반응

$$C + 2H_2 \rightleftharpoons CH_4 \quad \left(\Delta H = -\frac{21\ \text{kcal}}{87\ \text{kJ}}/\text{mol}\right) \tag{5}$$

메탄생성반응

$$CO + 3H_2 \rightleftharpoons CH_4 + H_2O \quad \left(\Delta H = -\frac{49\ \text{kcal}}{206\ \text{kJ}}/\text{mol}\right) \tag{6}$$

석탄가스화는 다음과 같이, 본질적으로 고온에서 많은 열에너지의 공

석탄가스화 프로세스의 일반적 특징은 그의 흡열부분반응을 고온에서 행하기 때문에 높은 에너지를 필요로 한다. 적어도 900~1000℃의 온도

가 필수적이며, 이와 같은 조건하에서 비로소 충분한 반응속도가 얻어진다. 가스화에 필요한 열의 공급은 가스화의 부원료(O_2)에 의한 석탄의 연소반응을 통하여 행해지는 자기가열(autothermal) 형식 또는 외부의 열원을 이용하는 외부가열(allothermal) 형식의 어느것에 의한다.

급이 필요:
1. 불균일 수성가스반응은 강한 흡열 반응으로서 활성화에너지가 크다.
2. 공업프로세스로서는 반응속도가 충분히 클 필요가 있다.

각종의 가스화프로세스는 한편에서는 사용되는 석탄의 종류(예를 들면 경질탄, 갈탄) 및 물리적, 화학적 성질에 따라서 특징 지어진다. 다른 한편, 이들이 실제로 이용되는 기술, 예를 들면 열공급의 형식(외부가열 또는 자기가열)이나 반응기의 형태(고정상, 유동상, 미분탄가스화상)에 따라서도 구별된다. 이외에, 실제의 가스화반응과 가스의 조성은 가스화반응의 부원료(H_2O, O_2 또는 공기, CO_2, H_2), 조업조건(압력, 온도, 석탄의 전환율) 혹은 반응형식(병류 또는 향류) 등에 따라서 결정된다.

경질탄 또는 갈탄의 공업적 가스화법의 중요한 요소:
1. 석탄의 물리적, 화학적 성질
2. 외부가열 또는 자기가열에 의한 열이 공급
3. 반응기의 형태
4. 가스화에 사용되는 부원료
5. 프로세스의 조업조건

공업적으로 확립되어 있는 가스화프로세스로서는 Winkler사의 가스화법, Koppers-Totzek사의 가스화법 및 Lurgi사의 가압가스화법이 알려져 있다.

일반적인 공업적 가스화 프로세스:
Winkler
Koppers-Totzek
Lurgi

더욱, 제2세대의 가스화프로세스로서, 예를 들면 독일에 있어서는 Rheinbraun사의 수소화가스화법이나 Bergbau-Forshung사의 수증기가스화법이, 미국에서는 Kellogg사에 의한 Na_2CO_3 용융염 중에서의 석탄 가스화나 Exxon사에 의한 탄산알칼리촉매법이, 또한 일본에서는 Sumitomo금속에 의한 용융철의 이용에 의한 가스화법(최근, Klöckner-Humboldt-Deutz사와 공동개발 중) 등이 개발단계에 있으며, 각각 파일럿플랜트 혹은 실증플랜트가 이미 수년간 가동 중에 있다.

파일럿플랜트로서 시험된 최신의 가스화프로세스:
Rheinbraun(H_2)
Bergbau-Forschung(수증기화)
Kellogg(Na_2CO_3 용융염)
Sumitomo 금속/Klöckner-Humboldt-Deutz(용융철)

각종의 다단계프로세스가 영국(Westinghouse사), 미국(Synthane, Bi-Gas, Hy-Gas, U-Gas, Hydrane사), 일본 등에서 개발되었지만, 이들은 주로 합성천연가스(SNG = **s**ubstitute **n**atural **g**as)의 제조를 목적으로 하고 있다.

다단계 SNG 프로세스:
US Bureau of Mines(synthane)
Bituminous Coal Res(Bi-Gas)
Institute of Gas Technology(Hy-Gas, U-Gas)

Winkler사의 가스화법은 미립자의 소성시키지 않은 석탄을 사용하여 유동상(Winkler 발생장치) 중에서, 산소 또는 공기와 수증기에 의하여 상압에서 행하는 것이다. 석탄의 반응성에 따라서 800~1100°C(일반적으로는 950°C)의 반응온도가 채용된다. 사용하는 석탄으로서는 갈탄이 특히 적당하다. 생성가스의 H_2/CO 비율은 약 1.4 : 1이다. 이 가스화기술은 1931년에 독일의 Leunawerke사에 의하여 확립된 것이지만, 그 이래 현재는 전세계를 통해 많은 플랜트가 제조되어 가동하고 있다.

Winkler 가스화법:
$O_2 + H_2O$에 의한 상압 유동상 발생장치는 많은 상업 플랜트로서 사용되고 있다.

더욱 새로운 가스화프로세스가 개발되었는데, 특히 1100°C, 2.5 MPa (25 Kg/cm^2)까지의 고압에서 가스화를 행하는 프로세스에 의하여 경제

Winkler 가스화법의 개량:
HTW 프로세스(high temperature

Winkler)는 고온고압반응조건하, 예를들면 Rheinbraun Uhde 프로세스에서는 6 mm까지의 미립탄이 1100°C, 2.5 M-Pa 이하의 유동상에 공급된다.

성의 향상을 꾀했다. 이와 같은 조건의 변경에 의하여 반응속도와 반응용기의 용적당의 생산성(공시효율)이 향상되고, 게다가 부생성물이 감소하기 때문에, 생성가스의 정제코스트도 저감했다. Rheinbraun사는 이 신형의 실험플랜트를 1978년부터 가동하고 있다. 따라서 갈탄의 처리능력 240 t/y의 대규모 플랜트를 1985년에 완성했고, 60만t/y 규모로서 최초의 생산을 개시했다. 또한 증기터빈에 의한 발전과 조합시킨 복합플랜트가 1989년에 가동을 개시했다.

Koppers-Totzek 가스화법: 미분탄과 $O_2 + H_2O$의 반응, 상압하, 1400~2000°C, 최초의 상업플랜트는 1952년에. 그리고 1984년에는 17개국에서 19기의 플랜트가 가동되고 있다.

Koppers-Totzek사의 가스화법으로는 분탄 또는 석유코크스의 미분탄을 산소와 물의 병류로서 공급하고, 상압, 1400~2000°C에서 가스화한다. 반응은 화염을 동반하면서 진행한다. 가스화온도가 높기 때문에 응축하기 쉬운 탄화수소의 생성이 억제되며, 생성한 합성가스는 85~90%의 CO와 H_2를 함유하게 된다. 갈탄도 원료로서 적당하다. 이 방법에 의한 최초의 상업플랜트는 1952년에 핀란드에서 건설되었다. 그 후, 이 프로세스는 몇 개의 국가에서 채용하고 있다.

Koppers-Totzek 가스화법의 개량: 고생산성을 더욱 강화한 고압법, Shell 프로세스와 Krupp Koppers PRENFLO 프로세스

Shell사와 Krupp Koppers사는 Koppers-Totzek법을 더욱 발전시킨 프로세스를 개발했다(PRENFLO : **Pre**ssurized **En**trained **Flo**w gasification). 이들의 프로세스에서는 역시 2000°C의 고온에서 가스화가 행해지지만, 4.0 MPa(40 Kg/cm^2)까지의 보다 높은 압력이 채용되고 있다.

Texaco 프로세스는 Ruhrchemie/Ruhrkohle가 발전시켰다.
C/H_2O 현탁, 1200~1600°C, 2~8 MPa, 기류상반응기
독일, 중국, 일본, 미국에서 최초의 플랜트가 가동되었다.

Texaco사의 프로세스는 마찬가지의 원리에 의한 미분탄가스화법을 채용하고 있으며, Ruhrchemie/Ruhrkohle사에서 1978년부터 상업운전 되고 있다. 여기서 석탄은 습식분화법으로 조제된 수계현탁(71%까지의 석탄함유)으로서 반응기에 공급되며, 고온(1200~1600°C), 가압(2~8 MPa)에서의 가스화에 의하여, 98%까지의 탄소전환율로서 순도가 높은 가스가 얻어진다. 이 프로세스에 기인하는 많은 플랜트가 지금까지 건설 혹은 계획되고 있다.

Lurgi 가압가스화법:
2~3 MPa, 이동상 중에서 2개의 특징적인 온도에서 행해진다.

1. 600~750°C에서의 예비적인 탈가스화
2. 약 1000~1200°C(O_2/H_2O비에 의존)에서의 주요가스화

Lurgi사의 가압가스화법의 기원은 1930년으로 거슬러 올라가지만, 그 후 끊임없이 개량을 거듭하여 현재는 가장 세련된 프로세스로 되어 있다. Lurgi사의 가스화법은 원리적으로는 고정상으로 되지만, 회전날개로서 가동시키는 것에 의하여 괴상의 경질탄 또는 갈탄을 연속적으로 투입하면서 운전이 행해진다. 먼저 최초에 2~3 MPa(20~30 Kg/cm^2), 600~750°C에서 탈가스가 행해진다. 케익상태로 되기 쉬운 형태의 석탄은 생성하는 케익을 회전날개로서 분쇄한다. 고정상의 저부로부터 산소와 수증기(약 1 : 6)가 공급되어 석탄과 접촉시킨다. 이와 같이 해서 가압하 약 1000°C에서 합성가스가 발생한다. 이 가스는 비교적 메탄을 많이 함유

프로세스의 장점:
다음 공정의 합성가스나 SNG의 제조에 적합한 가압원료 가스가 얻어진다.

하기 때문에, 예를 들면 SNG의 합성용 원료가스로서 이상적이다. 단, 벤젠, 페놀, 타르분 등 다른 성분이 함유되기 때문에, 이들의 부생물의 후처리가 필요하다.

원료가스조성(용량%), 예를 들면 소결탄(Ruhr)을 사용하는 경우:
9~11 CH_4, 15~18 CO, 30~32 CO2, 38~40 H_2

많은 대규모의 Lurgi 플랜트가 세계에서 가동하고 있지만, 그 중에서도 남아프리카의 Sasolburg에서는 이 합성가스가 Fischer-Tropsch법으로 탄화수소를 제조하기 위하여 이용되고 있다. 남아프리카의 African Explosives & Chem. Ind.사에서도 1976년 이래, 메탄올의 제조를 위하여 석탄으로부터의 합성가스를 사용하고 있다. 기술은 ICI법이고 능력은 3.3만t/y이다. 더욱 미국이나 서유럽 등 이외의 국가에서도 석탄으로부터의 합성가스를 원료로 하는 메탄올플랜트가 계획되고 있다(7.4.2절 참조).

1979년에는 16기의 Lurgi의 가스화법플랜트가 가동
현재, 석탄가스화의 90%가 Lurgi 프로세스 사용

Lurgi사의 가압가스화법은 많은 기업에서 반응기의 성능 향상을 목표로 개발이 행해지고 있다. 최신세대의 Lurgi법의 가스발생기(Mark-V가스화로)는 5 m에 이르는 내경을 가지며, 이로 인해 매시간 약 10만 m^3의 가스가 제조된다.

반응기의 보다 고성능화를 목적으로 Lurgi 가스화법의 광범위한 개발. 예를 들면 내경의 확대(현재의 3.70 m로부터 5.00 m로). 5~10 MPa로의 고압화 혹은 고온하에서 O_2/H_2O 비를 1:1로 저하시켜 액상잔사를 생성시킨다.

실제로 행해지고 있는 가스화법에서는 모든 경우, 석탄의 일부(30~40%)가 연소되어 프로세스에 필요한 열에너지를 공급하고 있다. 최근에는 이 석탄의 소비량을 감소시킬 목적으로, 다른 보다 값이 싼 열공급원이 검토되고 있다.

일반적인 가스화법은 석탄의 약 1/3을 아래의 공정에서 소비한다.
1. 가스매체로서의 수증기의 발생
2. 가스화프로세스에 필요한 열의 공급.
화석연료의 연소열의 대체로서의 원자로의 열에너지의 이용방법의 개발

독일에서는 고온핵반응로의 가스냉각프로세스로부터의 열에너지를 갈탄의 가스화를 위하여 이용하려는 검토가 Rheinbraun사와 Bergbau-Forschung사 및 KFA-Jülich의 핵연구플랜트로서 공동으로 진행되고 있다. 즉, 페블베드형 원자로로부터 950°C의 고온으로 방출되는 헬륨으로 석탄가스화에 필요한 열을 공급하려고 하는 것이다. 갈탄을 사용하는 경우에 가스발생장치 내에서 필요한 최저온도는 약 800°C이다.

중요개념: 고온로
HTR = high temperature reactor

예: 페블베드형 가스로는 현재 파일럿의 단계:
열교환 매체−He.
가스의 출구온도 약 950°C

고온형원자로와 고온석탄가스화라고 하는 2가지의 고도인 기술을 상업적으로 결합시켜 비로소 화석원료의 석탄을 절약할 수 있는 장점으로 대두되지만, 이와 같은 "제3세대"의 가스화프로세스의 구축에는, 더욱 상당한 세월이 필요하리라고 생각된다.

2.1.1.2. 천연가스와 석유의 분해에 의한 합성가스

수증기의 존재하에서의 천연가스와 석유로부터의 합성가스의 제조는 석탄의 가스화와 마찬가지로 흡열반응과 발열반응의 조합이다.

$$-CH_2- + 0.5O_2 \rightarrow CO + H_2 \quad \left(\Delta H = -\frac{22\ \text{kcal}}{92\ \text{kJ}}/\text{mol}\right) \qquad (7)$$

$$-CH_2- + H_2O \rightarrow CO + 2H_2 \quad \left(\Delta H = +\frac{36\ kcal}{151\ kJ}/mol\right) \qquad (8)$$

Boudouard 수성가스반응 및 메탄생성평형반응도 동시에 일어나지만, 이것도 원리적으로는 석탄의 가스화의 경우와 마찬가지이다.

천연가스 또는 석유로부터의 합성가스 제조의 2원칙:

1. 물의 공존하, 외부가열(allotherm)에 의한 접촉분해(수증기분해 또는 수증기개질)
2. $H_2O + O_2(+CO_2)$공존하, 자기가열(autotherm)에 의한 비접촉열분해

석유류분과 천연가스는 원리적으로 다른 2가지 방법에 의하여 합성가스로 변환시킬 수 있다.

1. 외부가열 형식의 수증기개질(steam reforming)법에서는, 수증기의 존재하에서 접촉분해가 행해진다. 필요한 열은 외부로부터 공급된다.
2. 자기가열 형식의 분해프로세스에서는 반응물질의 부분연소에 의하여 열분해에 필요한 열이 공급되며 H_2O을 가하기도 하고 경우에 따라서는 CO_2를 순환시키는 것에 의하여 CO/H_2의 비율을 조절한다.

1에 있어서:
ICI법은 IG Farben의 Schiller법에 기인하며, 잘 알려진 수증기개질. 기초원료로서의 "naphtha"는 "조잡한 가솔린"으로도 불리운다.

제법의 3가지 단계:

1.1. 수소화탈황
$CoO-MgO_3/Al_2O_3$,
혹은 $NiO-MoO_3/Al_2O_3$,
350~450°C의 조건하에서
S 함량 < 1 ppm으로 한다.
동시에 올레핀을 수소화한다.

1.2. "제1 reformer"에서의 접촉개질,
$Ni-K_2O/Al_2O_3$, 700~830°C,
1.5~4.0 MPa

1.3. "제2 reformer"에서의 나머지의 CH_4의 분해: 자기가열방식, 즉 커다란 필요열량을 얻기 위한 가스의 부분연소

STEP 1.3:
내열성 Ni 촉매를 충진하고, 내장된 원통형반응기(>1200°C), CH_4 잔량은 0.2~0.3용량%로 감소

현열은 증기로서 회수

제법원리 1:

현재 대규모로 실시되고 있는 수증기개질법에서 가장 잘 알려져 있는 것은 ICI사가 1962년에 최초로 조업한 것이다. 이 방법에서는 비점이 약 200°C까지의 탄화수소(naphtha)를 원료로 사용할 수 있다.

ICI법은 3개의 단계로 형성되어 있다. 이 방법에서 사용되는 $Ni-K_2O/Al_2O_3$ 리포밍촉매는 유황에 의한 피독을 상당히 쉽게 받기 때문에, 먼저 최초의 단계에서 공급되는 나프타의 탈황이 필요하다. 따라서 나프타를 350~450°C에서 $CoO-MoO_3/Al_2O_3$ 촉매를 사용하여 H_2로서 처리한다. 생성한 H_2S는 ZnO에 흡착된다. 동시에 나프타 중에 존재하는 올레핀류가 수소화된다. 제2단계에서는 촉매가 충전된 반응관 중에서 700~830°C, 1.5~4.0 MPa(15~40 kg/cm^2)의 접촉개질이 진행된다. 개질을 위하여 반응관은 천연가스 또는 회분을 함유하지 않는 유분의 연소에 의하여 가열된다.

반응온도를 일정하게 하고 압력을 증가시키면 생성가스 중의 메탄분율이 증가하지만, 이것은 합성가스로서 좋지 않은 것이다. 그러나 장치재료상의 제약으로부터 외부가열식의 분해반응관 중의 온도는 830°C 이상으로 상승시킬 수 없다. 따라서 생성가스는 고온에서 견딜 수 있는 Ni 촉매를 충진시킨 원통형반응기 중에 유입된다. 가스의 일부분은 여기서 공기 또는 산소의 첨가에 의하여 연소하며, 그 결과 가스혼합물은 1200°C 이상으로 가열된다. 이 온도에 달하면 메탄은 수증기와 반응하고, 그의 잔량은 약 0.2~0.3용량%로 감소한다. 이 공정이 제3단계이다.

이 반응의 과정에 있어서 관상분해로는 "제1 reformer", 내장된 원통형

반응기는 "제2 reformer"로 불리운다. 발생한 합성가스의 현열은 증기발생용으로 사용된다.

ICI법의 장점은 액상의 석유류분을 원료로 사용해도 매연의 생성이 없는 것이다. 따라서 촉매의 재생도 필요없다.

ICI법의 장점: 매연의 생성이 없고, 촉매의 실활이 거의 없다.

이 외에도 마찬가지의 수증기개질프로세스가 개발되었으며, 새로운 프로세스 제어시스템에 의하여 더욱 최적화가 실현되고 있다. 예를 들면 Lurgi사의 프로세스에서는 천연가스가 Ni 촉매상, 750~800°C에서 합성가스로 전환되며, 압력변동법으로 정제되지만, 수소수득율이 높고, 대기오염물질의 발생이 적다라고 하는 특징이 있다.

Lurgi 등에 의한 별법:
새로운 제어시스템에 의한 제3세대 프로세스기술로서 운전안정성과 환경조화성이 우수하다.

제법원리 2:

석유류분의 부분산화에 의한 합성가스의 제조법은 BASF, Texaco 및 Hydrocarbon Research의 각각의 회사에 의하여 개발되었다. 또한 Shell사에 의하여 더욱 하나의 변법이 개발되었다. 원료로서는 메탄으로부터 석유잔사(중질유)까지의 모든 탄화수소화합물이 사용가능하다.

2에 있어서:
잘 알려져 있는 자기가열 형식 (autothem):
BASF/Lurgi(Gassynthan)
Texaco
Hydrocarbon Research
Shell(가스화프로세스)

사용원료는 예열되며, H_2O 및 화학양론량보다도 적은 양의 O_2와 반응기의 연소부 중에서 반응한다. 반응은 무촉매, 3~8 MPa(30~80 kg/cm^2), 1200~1500°C에서 행해진다. 발생한 열이 오일의 수증기개질에 사용된다. 이 경우 오일의 일부분은 그을음으로 된다. 이 그을음은 물 또는 오일로서 세척되어 합성가스로부터 분리되며, 펠릿화 된다. Shell사의 가스화프로세스는 1986년에는 140기의 합성가스플랜트로서 실시되고 있다.

실제의 조작법(Shell):
무촉매, 120~1500°C, 3~8 MPa의 조건하 생성하는 매연은 연료용 펠릿으로 변한다.

장점: 각종의 석유류분을 원료로서 사용할 수 있다.

2.1.2. 합성가스의 정제와 그의 용도

화석연료의 가스화에 의하여 얻어지는 합성가스에는 몇 가지의 가스상의 불순물이 함유되어 있기 때문에, 그대로 사용하면 여러 가지 면에서 불편한 경우가 발생한다. H_2S 또는 COS 형태로서 함유되는 유황은 많은 촉매에 대해서 피독작용을 가지며, 촉매활성을 부분적으로, 혹은 완전히 저해한다. COS는 직접 화학반응에 이용하지 않으면 귀찮은 불활성 가스로서 작용한다.

합성가스의 후처리:
H_2S, COS, CO_2의 제거

H_2S, COS 및 CO_2 성분을 함유하는 합성가스의 정제에는 많은 처리법이 있다. 예를 들면 Lurgi사와 Linde사의 Rectisol법이 널리 이용되고 있지만, 이것은 메탄올을 사용한 가압세척에 의한 것이다. 다른 예로서는 Allied사(현재 UCC사)의 Selexol법이 있으며, 이것은 폴리에틸렌글리콜디메틸에테르 용액 중으로의 산성가스의 용해도가 압력에 의존하여

합성가스의 정제법:

다음의 용매에 의한 가압세척:
1. CH_3OH(Rectisol법)
2. 폴리에틸렌글리콜디메틸에테르 (Selexol법)
3. 술폴란/디이소프로판올아민/H_2O(Sulfinol법)
4. NMP(Purisol법)

5. 기타, 광범위에 걸친 각종의 유기, 무기용매계
6. 몰레큘라시브
   Benfield법(1950년에, Benson과 Field가 개발):

$K_2CO_3 + CO_2 + H_2O \rightleftharpoons 2KHCO_3$
2 MPa, 105°C ⇌ 0.1 MPa, 105°C

변하는 것을 이용한 것이다(7.2.4절 참조). Shell사의 Sulfinol법은 술폴란/디이소프로판올아민/물 혼합물을 사용하며, Lurgi사의 Purisol법에서는 N-메틸피롤리돈을 사용하고 있다. 또한 다른 예에서는 디에탄올아민, 디글리콜아민, 프로필렌카보네이트 또는 아미노산의 알칼리금속염 예를 들면 N-메틸아미노프로피온산(Alkazid법)이 사용된다.

K_2CO_3 용액에 의한 가압세척법(Benfield사, Catacarb사) 혹은 몰레큘라시브를 사용한 흡착법(UCC사)도 가끔 사용된다.

Claus법:

$H_2S + 1.5O_2 \rightarrow SO_2 + H_2O$
$SO_2 + 2H_2S \xrightarrow{(cat.)} 3S + 2H_2O$

지금까지 설명한 흡수 또는 흡착시스템의 재생에는 각종의 수단이 활용될 수 있지만, 주로 고온 혹은 저압으로 하여 탈가스한다라고 하는 물리적 방법이 이용된다. H_2S는 일반적으로 Claus로에서 원소상태의 유황으로 변환된다. Claus로에 있어서는, 일부의 H_2S는 일단 SO_2로 산화되지만, 다음의 단계에서 일반적으로 Al_2O_3계 촉매의 존재하에 과잉의 H_2S에 의하여 유황으로까지 환원된다.

당초의 Claus법은 그 후 개량이 반복되어 Oxy Claus법, Super Claus법 기타의 변법으로 되었다.

합성가스의 CO/H_2 비율의 조정방법:
1. 가스화프로세스에서 H_2O와 O_2 첨가량의 조절
2. 가스화 후의 공정에서의 CO 변환반응 $CO + H_2O \rightarrow CO_2 + H_2$ 및 CO_2의 제거

2에 있어서:
변환촉매: Fe−Cr 혼합산화물, 다단반응, 350~400°C, CO는 3용량%까지 감소
CuO−ZnO, 1단반응
190~260°C, CO는 0.1용량%까지 감소

얻어진 순수한 합성가스는 그것에 계속되는 변환반응 예를 들면 메탄올의 합성 또는 올레핀의 옥소반응에 의한 알데히드/알코올의 합성에 따라서, 특정의 CO/H_2 비율로 되어 있지 않으면 안된다. 그의 비율은 반응의 화학양론량이나 기타의 이유로부터 결정되지만, 몇 가지의 가스화법에서는 탄화수소에 대한 H_2O, O_2의 비율에 의하여 그 반응을 조절할 수 있다. CO의 함량이 지나치게 많은 경우에는 식 (4)에 유사한 부분적인 접촉변환에 의하여 희망하는 CO/H_2의 비율이 얻어진다. 이 수성가스 변성반응의 촉매는 Fe−Cr 혼합산화물로 형성되며, 350~400℃에서 사용된다. 이 방법에 의하여 CO의 함량은 약 3~4용량%까지 감소시킬 수 있다. 합성가스를 순도가 높은 H_2의 제조에 사용하는 경우(2.2.2절 참조)에는 CO의 전환율을 더욱 향상시킬 필요가 있다. 이 경우에는 보다 효과가 큰 저온촉매(예를 들면 Cu−Zn 혼합산화물을 기본으로 하여 Girdler사의 G-66)가 사용되며, 약 190~260℃에서 반응이 행해진다. 이 온도에서는 수성가스 평형에 의하여 CO의 함량은 0.1용량%까지 저하된다.

합성가스의 이용:
1. 합성을 위한 화학원료
1.1. CH_3OH
1.2. 올레핀으로부터의 알데히드/알코올
1.3. Fischer-Tropsch법에 의한 탄화수소

합성가스는 메탄올합성(2.3.1절 참조), 또는 하이드로포르밀화에 의한 올레핀으로부터의 알데히드/알코올합성(6.1절 참조)의 원료로서 매우 중요하지만, 이외에 남아프리카의 Sasol의 Fischer-Tropsch법에 의한 탄화수소의 합성에도 사용되고 있다. 여기서는 고도로 기계화된 자사 소유의 탄광으로부터 얻어진 석탄을 사용하며, Lurgi의 가스화법에 의하여 합성가스를

제조하고, 이것을 탄화수소로 전환하고 있다. 다음의 2가지의 Fischer-Tropsch 합성플랜트가 가동되고 있다. 하나는 Arge법(**Ar**beits**ge**meinschaft, Ruhrchemie-Lurgi 양사의 공동개발)으로서, 210~250°C에서 침전되는 철촉매를 사용하는 고정상 기상반응에 의하여 디젤유나 왁스 등 비교적 고비점의 탄화수소류를 생산하고 있다. 다른 하나는 Synthol법(종래의 Kellogg법을 발전시킨 방법)으로서, 300~340°C, 2.3 MPa(23 kg/cm^2)에서 미분말의 철촉매를 사용하는 순환유동상(촉매를 가스에 동반시켜서 순환한다)에서의 반응에 의하여, 주로 가솔린, 아세톤 혹은 알코올류와 같은 보다 저비점의 화합물을 생산하고 있다. 초기의 Sasol I의 플랜트의 증강과 Sasol II의 플랜트를 합쳐서 1980년에는 250만t/y의 액상생성물을 생산하는 능력이 있었다. Sasol II의 2배의 능력을 갖는 Sasol III가 1983년에 가동했으며, 합계능력은 450만t/y로 확대되었다.

Fischer-Tropsch법
개시 1954 Sasol I
1980 Sasol II
1983 Sasol III
1993 Shell Malaysia
1993 Sasol 현탁식반응기

최근까지 Sasol은 중질탄화수소 중에 활성인 철촉매를 현탁시키고, 교반날개로서 혼합하는 현탁식반응기를 사용하고 있었다. 이 형식에서는 보다 고온에서 높은 반응률이 얻어지지만, 알코올류의 생성이 적으며, 고위올레핀의 수득률이 높다.

Sasol 플랜트의 반응기
1. 다관식고정상반응기
2. 순환식유동상반응기
3. 현탁식반응기

아프리카 이외에서 최초의 Fischer-Tropsch의 플랜트는 말레이지아에서 Shell사가 1993년에 가동을 개시했다. 이것은 천연가스를 원료로 하여 중비점 영역의 탄화수소를 50만t/y로서 생산하는 능력이 있다.

말레이지아의 Fischer-Tropsch 플랜트: SMDS(**S**hell **M**iddle **D**istillate **S**ynthesis)법 및 다른 유사법

이와 같은 합성가스의 이용은 여전히 가장 중요하지만, 합성가스 또는 그 성분의 CO 혹은 메탄올이나 포름알데히드와 같은 2차생성물 등의 이외의 용도로 주목되기에 이르렀으며, 이미 몇 개의 공업프로세스로서 석탄으로의 원료의 회귀도 일어나고 있다.

예를 들면, Fischer-Tropsch 합성의 변형에 의한 C_2−C_4 올레핀의 제조, 메탄올로부터의 올레핀제조(2.3.1.2절 참조), 메탄올의 동족체화(2.3.1.2절 참조) 혹은 합성가스로부터의 에틸렌글리콜(7.2.1.1절 참조)이나 다른 산소를 함유한 C_2 화합물(7.4.1.4절 참조)의 합성 등도 그 예이다.

1.4. 올레핀 선택적인 Fischer-Tropsch 합성

그러나, 합성가스를 CO나 H_2의 제조를 위하여 사용(2.2.1, 2.2.2절 참조)하거나 혹은 메탄화[식 (6) 참조]에 의하여 얻어지는 합성천연가스(SNG)를 에너지공급용으로 사용하기도 하는 종래의 용도는 변하지 않는다.

2. CO 또는 H_2를 얻기 위한 원료
3. CH_4 합성을 위한 원료(공급에너지용의 SNG로서)

장래의 가능성으로서 독일의 KFA-Jülich의 핵연구플랜트에서는, CO/H_2로부터 CH_4으로의 발열반응에 기인하는 에너지수송의 개념을 제안하고 있다. 이것의 소위 ADAM-EVA사이클프로세스는 헬륨캐리어에 의한 원자로에너지를 이용하여 메탄을 수증기에 의하여 CO/H_2 혼합물

4. 에너지수송체로서의 가능성
Rheinbraun과 KFA-Jülich에 의한 "ADAM-EVA"계획
ADAM(**A**nlage mit **D**rei **A**diabaten **M**echanisierungsreaktoren-3기의

단열계 methanation 반응기 unit)
EVA(**E**inzelrohr **V**ersuchs **A**nlage-단관식실험 unit)

로 흡열적으로 분해(EVA)하고, 그의 가스혼합물을 장거리수송관에 의하여 에너지의 수요지역으로 수송하여, 그곳에서 재차 발열적으로 메탄화(ADAM)을 행하는 것이다. 이와 같이 해서 생성한 메탄은 재차 EVA 분해프로세스로 되돌린다. 1979년에 ADAM-EVA의 파일럿플랜트가 KFA-Jülich에서 가동을 개시했으며, 1981년에는 10 MW로 성능을 향상시켰다.

원리:
가역적인 메탄화반응을 이용하는 에너지공급 즉, 전기 대신에 CO/H_2를 에너지소비처에 공급하고 되돌아오는 CH_4를 재차 분해한다.

5. 조강제조용의 환원가스

CO/H_2 혼합물은 석유와 마찬가지로 화학원료로 하든지, 혹은 가정이나 산업계에서의 에너지원으로서의 기능을 갖도록 할 수 있다.

이 외에도 합성가스는 조강제조용의 환원가스로서 사용되는 양이 증가하고 있다.

2.2. 순수한 합성가스성분의 제조

CO와 H_2는 그의 혼합물로서 또는 순수한 단독성분으로서 대규모인 화학공업의 주요한 전구체이다.

H_2는 장래의 중요한 에너지 담체로 될 것이다:
1. 열
2. 전기에너지
3. 자동차용 연료

일산화탄소와 수소는 합성가스 혹은 각각의 성분으로서 화학공업에 있어서 중요한 전구체이다. 이들은 유기화학제품의 합성을 위한 최소반응단위이며, 몇 개의 대규모 유기화학제품의 제조에 있어서는 필수불가결한 성분으로 되어 있다. 더군다나 수소는 장래 열, 전기 혹은 교통기관의 자동차용 연료의 수요를 담당하는 에너지 담체로서 중요하게 될 가능성이 있다.

2.2.1. 일산화탄소

CO의 제조:
1. 석탄의 코크스화가스
2. 천연가스로부터 고비점석유류분을 이용하는 탄화수소의 분해가스

2종류의 조작법에 의한 CO분리:

1. 부분응축과 증류에 의한 물리적방법
2. Cu(I)−CO 착화합물에 의한 화학적 방법

1에 있어서:
예를 들면 Linde법:
2단계를 경유하는 원료가스의 예비정제:
1.1. $H_2NCH_2CH_2OH$에 의한 CO_2 제거(온도차이를 이용하는 가역적 카보네이트 형성)
1.2. 몰레큘라시브에 의한 H_2O와 잔존 CO_2의 제거 (온도차이를 이용한 가역적 흡탈착)

CO의 원료는 혼합가스(합성가스)로서 경질탄의 코크스화, 갈탄의 저온건류 혹은 탄화수소의 수증기개질 등에 의하여 발생한다.

CO는 이와 같은 가스혼합물로부터 기본적으로는 다음의 2종류의 프로세스에 의하여 분리할 수 있다.

1. 저온분리
2. Cu(I)염 수용액 중으로의 흡수

예를 들면 Linde법 또는 Air-Liquide법에 의한 분해프로세스에서는 먼저 몇 단계의 가스의 전처리를 실시한 후, 최후의 $H_2/CO/CH_4$ 혼합물의 저온분리가 행해진다.

예를 들면, 천연가스의 수증기개질에 의한 원료가스는 에탄올아민용액으로 세척하는 것에 의하여 CO_2가 약 50 ppm으로 될 때까지 정제된다. 더욱 몰레큘라시브에 의하여 나머지의 CO_2와 H_2O가 제거된다. 이 양자는 저

온에서 동결하여 폐쇄를 일으키기 때문에 이와 같은 처리가 필요하다.

더욱, 증기압이 CO와 매우 유사한 N_2가 혼입되어 있으면 분리가 매우 곤란하고 경비도 증대되기 때문에, 가스혼합물은 N_2를 전혀 함유하지 않는 것이어야 한다. 따라서 천연가스를 수증기개질하는 경우에는 그 전에 N_2를 제거해야 한다.

실제의 저온분리는 본질적으로 2개의 단계로서 행한다. 최초에 4 MPa (40 kg/cm^2)에서 약 −180°C까지 냉각시킨 혼합가스로부터 CH_4와 CO를 응축분리하고, 이들이 다음의 단계에서 0.25 MPa(2.5 Kg/cm^2)로 감압되며, CO/CH_4 분리탑에서 증류된다. CO는 증류탑의 탑정부로부터 취해지지만, CH_4의 함량이 0.1용량% 이하의 것이 얻어진다. 이 프로세스의 특징은 모든 가스의 재순환조작을 통하여 냉각에너지의 효율적 이용이 도모되는 것이다.

2단계에서의 혼합가스(H_2/CO/CH_4)의 분리:
1. CH_4와 CO의 부분응축
2. CH_4와 CO의 분리(CO는 탑정부로부터)

염산 산성 CuCl 또는 염기성 암모늄탄산구리(I) 또는 포름산구리(I)용액에 의한 CO 흡수는, 약 30 MPa(300 kg/cm^2)까지의 압력으로 행해지며, 탈착은 감압하여 약 40~50°C에서 행해진다. 단, 혼합가스로부터 CO를 회수하는 경우와, 가스에 함유되는 소량의 CO를 제거하는 경우에서는, 본질적으로 다른 농도의 Cu 염용액을 사용할 필요가 있다.

2에 있어서:
Cu(I) 염용액에의 흡수는 압력에 의존하지 않고, 가역적인 착화합물형성 $[Cu(CO)]^{\oplus}$에 기인한다.
예를 들면 Cu염/NH_3−H_2O에 의한 Uhde법

Tenneco Chemical사의 "Cosorb법"이라고 불리우는 새로운 프로세스에서는, 합성가스로부터의 선택적인 CO 흡수를 행할 때 톨루엔 중에 CuCl과 $AlCl_3$를 함유하는 용액을 사용하고 있다. 약 25°C, 2 MPa(20 kg/cm^2)까지의 압력에서 Cu(I)−CO의 착화합물이 형성된다. 이것을 100~110°C, 0.1~0.4 MPa(1~4 kg/cm^2)의 조건으로 하면 CO가 유리한다. 물, 올레핀 및 아세틸렌은 흡수용액에 악영향을 미치기 때문에, 이들은 CO를 분리하기 전에 제거해 두지 않으면 안된다. 1976년에 최초의 플랜트가 운전개시된 이래, 많은 대규모 공업플랜트가 세계적으로 가동하고 있다.

Tenneco의 "Cosorb"법에서는 톨루엔 중에 있어서 CO와 Cu[$AlCl_4$]의 착화합물형성의 온도의존성을 이용한다.

가스의 전처리(H_2O와 아세틸렌의 제거)가 필요하다:

H_2O는 $AlCl_3$를 가수분해, 아세틸렌은 아세틸리드를 형성

새로운 분리기술로서 반투막을 이용하는 혼합가스 중의 CO 농축법이 실용화될지도 모른다.

일산화탄소의 사용은 순수한 CO를 사용하는 반응보다도 수소와의 혼합물(2.1.2, 6.1절 참조)로서 사용하는 쪽이 공업적으로 중요성이 보다 크다. 순수한 CO의 이용으로서는 예를 들면, 메탄올의 카르보닐화에 의한 아세트산 합성(7.4.1.3절 참조)이나, 아세트산메틸의 카르보닐화에 의한 무수아세트산 합성(7.4.2절 참조)이 있다.

CO의 용도:
1. H_2와 조합
1.1. 합성가스화학(CH_3OH, Fischer-Tropsch 탄화수소)
1.2. 하이드로포르밀화(옥소알데히드, 옥소알코올)

또한 CO와 함께 물이나 알코올과 같은 친핵시약의 존재하에서 행하는

2. 친핵시약(H_2O, ROH)과의 조합
2.1. Reppe-카르보닐화(아크릴산, 프로피온산과 그의 에스테르)
2.2. Koch 반응(분지카르복시산)

3. 직접전환반응에 있어서
3.1. Cl_2에 의한 포스겐합성(이소시아네이트, 카보네이트)
3.2. 금속카르보닐 형성(촉매)

다른 형식의 카르보닐화반응이 있다. 이와 같은 반응으로 공업적으로 실시되고 있는 것은 아세틸렌과의 반응에 의한 아크릴산이나 아크릴산에스테르의 합성(11.1.7.1절 참조)과 에틸렌으로부터의 프로피온산의 합성(6.2절 참조)이다.

하이드로카르보닐화의 특별한 예로서는 올레핀, CO 및 H_2O로부터 분지카르복시산을 제조하는 Koch 합성이 있다(6.3절 참조).

더욱 CO는 Cl_2와 반응시켜서 포스겐의 제조에 사용되며, 이것은 이소시아네이트의 합성에 중요하다(13.3.3절 참조).

카르보닐화반응에는 가끔 Fe, Co, Ni 또는 Rh-카르보닐과 같은 금속카르보닐이 촉매로서 사용된다. 이와 같은 금속카르보닐은 별도 CO와의 반응에 의하여 조제되든지, 또는 반응계 내에서 촉매성분과 CO로부터 직접 제조되는 쪽 중 어느 것이다.

2.2.2. 수소

공업적으로 사용되는 수소원료: 화석연료, H_2O

수소는 공업유기화학의 반응성분으로서 사용하는 데 있어서 충분한 양이 화석연료나 물로서 존재한다. 이들의 수소원으로부터 다음의 3가지 방법에 의하여 대규모로 수소를 생산할 수 있다.

대규모인 공업적 수소제조: 석유화학, 석탄화학, 전기화학

1. 석유화학프로세스
2. 석탄화학프로세스(가스화)
3. 전기화학프로세스(전기분해)

전세계의 H_2 생산량(중량%)

방법	1974	1984	1988	1997
원유의 분해	48	77	80	87
천연가스의 분해	30			
석탄의 가스화	16	18	16	10
전기분해	3	4	4	3
기타	3	1		
합계(10^6 t)	24.3	약 45		약 45

1997년에 세계적으로 생산된 수소의 양은 약 4500만 톤이었지만, 그 중에서 석유화학에 의하여 제조된 수소의 점유비율은 1974년 이래 조금씩 증가하고 있다(부표참조). 이외에 석탄이나 코크스의 가스화(주로 코크스로가스로부터)에 의한 것은 그간에 감소했으며, 전해프로세스(주로 소금전해)의 점유비율은 거의 변하지 않았다.

화석연료에 의한 물의 환원에 의하여 양쪽으로부터의 H_2원료가 이용될 수 있다.

석유화학프로세스

화석연료와 물의 반응에 의한 수소발생의 원리는 이미 합성가스 제조의 곳에서 설명했다. 합성가스는 저위 탄화수소의 외부가열식 접촉개질이나 중질유류분의 자기가열식 부분산화에 의하여 얻어진다. 합성가스의 제조에 메탄의 함유량이 많은 천연가스를 사용하면 합성가스 중 수소의 함유율은 특히 높아진다.

$$CH_4 + H_2O \rightleftharpoons 3H_2 + CO \quad \left(\Delta H = +\frac{49\ \text{kcal}}{205\ \text{kJ}}/\text{mol}\right) \qquad (9)$$

이 탄화수소의 수증기개질은 원리적으로는 원료탄화수소 중의 탄소에 의한 물의 환원에 상당하며, 메탄을 원료로 하는 경우, 생성하는 수소의 1/3이 물에서 얻어진다. 물에서 얻어지는 수소의 비율은 고위탄화수소의 경우는 더욱 증대한다.

CH_4에 의한 H_2O의 환원으로부터:
$H_2O \rightarrow 1/3H_2$
$CH_4 \rightarrow 2/3H_2$

화학반응에 의한 수소제조의 2번째의 가능성은 정유소 중의 경질류분의 처리프로세스로부터 발생하기 때문에, 환화, 방향족화의 과정에서 수소가 발생한다. 이와같이 해서 발생한 정유소가스는 석유정제(수소화정제, 수소화처리)에 있어서 자가소비를 위한 중요한 H_2 공급원이다. 미국에서는 수소화분해가 널리 이용되고 있으며(1.4.1절 참조), 이와 같은 수소수요의 증가를 충족시키기 위해서는 정유소 내에서 탄화수소의 수증기개질에 의한 새로운 수소의 제조가 필요하다.

정유소 중의 경질원유증류물의 처리조작에 의한 수소의 제조

정유소가스로부터 얻어진 수소의 정유프로세스로의 이용:
hydrofining(수소화정제)
hydrotreating(수소화처리)
hydrocracking(수소화분해)

수소제조의 3번째의 방법은 저위 탄화수소의 전기방전분해이다. 이것은 주로 아세틸렌의 제조(4.2.2절 참조)를 위해서 행해지는 것이지만, 동시에 H_2를 주성분으로 하는 불순한 가스가 얻어진다.

C_2H_2 전기방전분해에서의 H_2 제조

합성가스로부터 순수한 수소(예를 들면 99.999용량%)를 분리하는 데에는, CO/H_2 혼합물로부터의 탈황에 추가해서 몇 개의 정제단계가 더 필요하다(2.1.2절 참조).

합성가스로부터의 다단조작을 경유하는 수소분리법:

먼저 CO를 수증기와 반응시켜 CO_2와 H_2로 변성시키고[식 (4) 참조] 가압세척에 의하여 CO_2를 제거한다. 그 후 마무리의 정제로서 미량으로 존재하는 CO를 메탄화(CO와 H_2의 반응에 의한 CH_4와 H_2O로의 변성)에 의하여 제거한다[식 (6) 참조]. 이 조작은 300~400℃에서 Ni 담지촉매의 존재하에서 행한다.

1. H_2S, COS 제거
2. CO 변성
3. CO_2 제거
4. 메탄화에 의한 고순도화, 즉 Ni 촉매에 의한 $CO+H_2 \rightarrow CH_4 + H_2O$의 반응에 의한 미량의 CO 제거

정유소가스로부터의 수소의 분리는 CO를 얻는 것과 마찬가지로 저온분리응축에 의하여 행할 수 있다. 또한 수소 이외의 불순물을 제올라이트 혹은 카본 함유의 몰레큘라시브에 의하여 흡착제거하는 방법이나 압력변동흡착법(PSA; **p**ressure **s**wing **a**dsorption)도 이용할 수 있다. PSA는 Bergbau-Forschung사, Linde사, UCC사 등에 의하여 개발되었다. 이들의 방법은 코크스로가스로부터의 수소분리법에도 마찬가지로 적용할 수 있다.

저온분리응축 또는 몰레큘라시브 흡착에 의한 정유소가스로부터의 수소의 분리

Monsanto사는 혼합가스로부터의 H_2의 분리정제법으로서 반투막을 이용하는 새로운 방법을 개발했다. 이 프로세스에서는 가스혼합물이 중공사 다발의 외부로 흘러서 수소와 헬륨만이 반투성의 폴리술폰으로 코팅된 벽을 통과하여 중공사의 내부로 확산된다. 이 방법으로 CH_4, CO, O_2, N_2 등으로부터 H_2가 분리된다. Monsanto사에 의한 이와 같은 형태

새로운 H_2의 분리법:
반투막(Monsanto-폴리술폰; Ube Kosan-방향족폴리이미드)을 통해서 중공사 중에서의 H_2선택적 확산

의 H_2 분리설비(Prism separator)는 옥소합성용의 H_2/CO비의 조절용으로서, 또는 수소화나 NH_3 플랜트의 배기가스라인으로부터의 H_2의 회수용으로서 전세계에서 공업규모로서 설치되어 있다.

일본의 Ube Kosan도 방향족 폴리이미드막을 사용하여 마찬가지의 H_2 분리기술을 개발하고 있다. 이 방법은 이미 공업적으로 실시되고 있다.

전기화학 프로세스

전해법에 의한 수소의 제조:
$2\,H_2O \rightarrow 2H_2 + O_2$
$2\,HF \rightarrow H_2 + F_2$
$2\,HCl/H_2O \rightarrow H_2 + Cl_2$
$2\,NaCl/H_2O \rightarrow H_2 + Cl_2$ $(+\,2\,NaOH)$

수소는 또한 전기분해에 의해서도 제조된다. 제조방법에는 H_2O, HF, 22~25% HCl을 사용하는 전해 혹은 소금전해(격막법)의 경우와 같이 직접 얻는 방법과 소금전해(Na 아말감에 의한 수은법)에 있어서 화학적 2차반응에 의하여 간접적으로 얻는 방법의 2가지 방법이 있다. 물의 전해의 경우를 제외하고, 수소는 단순히 부생성물에 불과하지만, 전력비가 높은 전해프로세스의 경제성을 개선하는 데 도움이 된다. 단, 수소의 총 제조량 중에서 전해법의 점유비율은 매우 작다.

전해프로세스의 수소분리:
음극실과 양극실의 분리에 의하여 기계적으로 행해진다.

그러나 탄화수소의 수증기개질에 비하여 전해에 의한 수소는 매우 순도가 높기(> 99용량%) 때문에, 비용이 많이 드는 어떤 정제단계를 설치할 필요는 없다.

신기술에 의한 수소의 제조:
H_2O의 전기분해를 위한 에너지원의 이용기술

수소는 에너지의 수송이나 저장에, 열이나 전기의 발생용으로, 혹은 자동차용 연료나 화학원료로서 장래의 중요한 가능성을 갖는 물질이다. 이와 같은 관점으로부터 새로운 기술, 예를 들면 원자로에너지를 이용하여 화학적 또는 전기화학적 프로세스에 의한 수소제조법의 개량연구가 세계의 많은 장소에서 실시되고 있다.

물의 전해를 위한 에너지원으로서 태양에너지에 대해서도 마찬가지로 설명할 수 있다. 태양에너지는 태양전지, 태양열 이용기술, 수력발전, 풍력에너지원이다.

이들 중에서 장래의 발전 가능성이 있는 몇 가지의 바람직한 제안에 대해서 간단히 소개하고자 한다.

1. 원자로의 프로세스열을 이용하는 물의 분해(열화학적 사이클프로세스, 예를 들면 Fe/Cl 사이클), 물의 직접 열분해에서는 2500°C 이상의 고온이 필요

탄화수소에 의한 물의 환원이나 전해에 의한 물의 분해 대신에 원자로의 프로세스열에 의한 물의 열분해도 또한 원리적으로는 가능하다. 그러나 물의 열안정성($H_2 + 1/2O_2 \rightarrow H_2O$의 생성엔탈피 = −68 kcal/mol = −285 kJ/mol)이 크고, 또한 고온핵반응기(He 출구온도 905°C)에서 이용할 수 있는 온도가 너무 낮기 때문에, 한번의 조작으로 물의 분해를 행하는 것은 불가능하다. 따라서 열역학적인 사이클프로세스의 형태로서 일련의 반응이 필요하다.

각종의 사이클프로세스가 제안되었지만, 어느것이나 아직 경제성과 기술적인 실현의 가능성은 입증된 바가 없다. 여기서는 Fe/Cl 사이클(Mark 9)의 예를 나타낸다.

열화학적 사이클프로세스의 일반적 원리:

$$\begin{array}{l} H_2O + X \rightarrow XO + H_2 \\ XO \rightarrow X + 1/2\ O_2 \\ \hline H_2O \rightarrow H_2 + 1/2\ O_2 \end{array}$$

$$\begin{array}{c} 6FeCl_2 + 8H_2O \xrightarrow{650°C} 2Fe_3O_4 + 12HCl + 2H_2 \\ 2Fe_3O_4 + 3Cl_2 + 12HCl \xrightarrow{200°C} 6FeCl_3 + 6H_2O + O_2 \\ 6FeCl_3 \xrightarrow{420°C} 6FeCl_2 + 3Cl_2 \\ \hline 2H_2O \longrightarrow 2H_2 + O_2 \end{array} \quad (10)$$

이 사이클반응의 각 단계에 필요한 열은 1000°C 이하의 원자로프로세스열에 의하여 처리된다. 이들 모두의 열역학적 사이클프로세스의 근본적인 문제점은, 생성하는 H_2의 200~3000배를 능가하는 다량의 물질을 취급하지 않으면 안된다.

더욱 장차 발전하리라고 생각되는 전해프로세스, 예를 들면 3 MPa(30 kg/cm^2) 이상, 90°C에 있어서 가압전해 및 고체전해질(예를 들면 이트륨 산화물 첨가 안정화 지르코니아), 또는 개량형의 전해셀구조를 사용하여 500~900°C에서 행하는 수증기전해를 들 수 있다. 이들은 이전의 전해에 비하여 전기적 에너지가 보다 유용하게 이용되는 점에 특징이 있다. 장래의 H_2 이용기술의 면에서 에너지담체로서의 H_2의 사용에 대해서는 1.3절에 다른 예가 정리되어 있다.

2. 일반적인 전해법보다도 높은 효율을 갖는 가압 또는 수증기전해에 의한 물로부터의 H_2 제조, 전극, 전해질, 셀배열구조의 발전을 통하여

표 2.1에 전세계 각국의 화학공업에서의 H_2의 중요한 용도를 표시한다. 여기에서 암모니아 제조와 정유소프로세스용으로 대부분이 소비되고 있음을 알 수 있다. 전체의 20~30%만이 실제의 유기합성반응이나 2차적인 유기중간체의 수소화에 사용되고 있다.

최대의 수소의 소비처:
NH_3 합성
석유정제

표 2.1 수소의 용도(중량%)

용 도	전세계			미 국			일 본		서유럽	
	1974	1987	1993	1981	1988	1993	1980	1993	1987	1993
암모니아 합성	54	57	67	53	49	47	34	27	48	53
석유정제(수소처리-정제-분해)	22	29	20	30	37	37	40	72	28	20
메탄올합성	6	7	9	7	7	9	10	} 1	8	7
옥소프로세스, 수소화 (예를 들면 벤젠 → 시클로헥산 니트로벤젠 → 아닐린 유지의 수소화)	7	} 7	} 4	6	3	} 7	12		8	} 20
기 타	11			4	4		4		8	
총 H_2 소비량(10^6 t)	24.2	20.0	29.4	5.7	5.5	5.8	2.1	1.2	4.9	4.2

2.3. C_1-조성물

2.3.1. 메탄올

CH_3OH 생산량(단위: 10^6 t):

	1994	1996	1998
미국	5.52	5.26	5.60
서유럽	2.55	2.77	3.46
일본	0.04	0.01	불명

메탄올은 가장 중요한 공업적 합성원료의 하나이다. 세계적으로 보면 그의 약 90%가 화학공업에서 사용되며, 나머지 10%가 에너지분야에서 소비되고 있다. 2000년의 세계의 메탄올 생산능력은 약 4000만t/y였다. 그중 미국이 660만t/y, 서유럽이 410만t/y이다. 일본은 1997년에 메탄올의 생산을 중지했고, 현재는 전량을 수입에 의존하고 있다. 증대하는 메탄올의 수요에 의하여 생산능력의 계획적인 증강이 행해지고 있다. 예를 들면 사우디아라비아는 2000년까지 445만t/y의 생산능력으로 향상되었다. 각국의 생산량을 부표에 표시한다. 세계 최대의 메탄올메이커는 Methanex사이다.

2.3.1.1. 메탄올의 제조

CH_3OH 제조:
각종의 반응조건이나 촉매하에서 고압의 합성가스(CO/H_2)로부터 제조된다.

복합산화물계 촉매:
$ZnO-Cr_2O_3$ 제1세대
$CuO-ZnO/Al_2O_3$ 제2세대 촉매

1913년경, BASF사의 연구자인 A. Mittasch는 암모니아합성을 연구하던 중 소량의 산소함유 화합물이 생성되고 있음을 발견했다. M. Pier의 계통적인 연구와 개발에 의하여 1923년 독일에 있어서 합성가스를 베이스로 한 최초의 공업적 메탄올제조가 대규모로 개시되었다.

$$CO + 2H_2 \rightleftharpoons CH_3OH \quad \left(\Delta H = -\frac{22\ \text{kcal}}{92\ \text{kJ}}/\text{mol}\right) \tag{11}$$

CO_2 첨가에 의한 합성가스 중의 H_2/CO 화학양론비의 조정

메탄의 함량이 많은 천연가스로부터 합성가스를 제조하면 $CO + 3H_2$라고 하는 조성으로 되나, 이것은 메탄올합성의 화학양론비에 일치하지 않는다. 이 경우에는 CO_2를 첨가하면 식 (12)로 나타내는 바와 같이 CO의 경우 반응식 (11)보다도 많은 H_2가 소비된다.

$$CO_2 + 3H_2 \rightleftharpoons CH_3OH + H_2O \quad \left(\Delta H = -\frac{12\ \text{kcal}}{50\ \text{kJ}}/\text{mol}\right) \tag{12}$$

CH_3OH 제조의 각종 방법:
1. BASF고압프로세스(약 34 MPa, 320~380°C)에서는 $ZnO-Cr_2O_3$ 촉매를 사용

BASF법은 320~380°C, 약 34 MPa(340 kg/cm^2)에서 반응이 행해진다. 촉매로서는 $ZnO-Cr_2O_3$가 사용되지만, Zn/Cr비가 약 70 : 30일 때 최고활성이 얻어진다. 촉매층의 각 단계에 저온의 원료가스를 주입하는 것에 의하며, 온도상승으로 인하여 메탄올의 합성평형이 불리해지는 것을 방지하고 있다. 이 산화물의 혼합물은 일반적으로 미량의 촉매독에 대한 저항력이 강하기 때문에 그의 수명은 수년에 달한다. 부생성물로서

는 디메틸에테르, 포름산메틸이나 고위 알코올 등이 생성하며, 이들은 저비점물 분리탑이나 고비점물 분리탑에서 증류에 의하여 분리된다. 부반응을 억제하기 위하여 1~2초의 짧은 체류시간으로 조절해서 과도의 반응이 진행되지 않도록 한다. 일반적으로 반응기의 one path 전환율은 12~15%이다.

프로세스의 특징:
낮은 합성가스 전환율
(12~15%/one path)
CH_3OH의 응축분리후, 미반응가스의 재순환이 필요

이 공업적 프로세스는 매우 효율적으로 구축되어 있다. 특히 암모니아 합성플랜트에 일반적으로 사용되는 고압원심압축기가 프로세스의 효율화에 크게 역할하고 있다.

UK Wesseling사는 낮은 CO 분압(가스재순환계에서 0.13 MPa)으로 조작하는 프로세스를 개발했다. 그의 반응조건은 30 MPa(300 kg/cm^2), 350°C로서 BASF법과 매우 유사하다.

2. UK Wesseling 고압프로세스 (30 MPa, 350°C)에서는 $ZnO-Cr_2O_3$ 촉매를 사용

이 경우 $ZnO-Cr_2O_3$ 촉매는 반응기의 각 층에 충진되어 있다. 반응기의 재질로서는 탄소강을 사용할 수 있지만, 탄소강은 CO 분압이 낮아서 $Fe(CO)_5$가 생성되지 않기 때문이다. 메탄올은 고순도로서 얻어지며, 극히 소량의 부생성물을 함유할 뿐이다. 1970년 말까지는 이 고압법으로 세계에서 100만t/y 이상의 메탄올이 생산되고 있었다. 최근에는 저압, 중압법이 이들의 종래법에 대체되고 있다. 이와 같은 저압, 중압법으로의 이행은 구리를 기본으로 하여 보다 활성인 촉매의 등장에 의하여 가능해 졌다. 그러나 이 촉매는 유황에 대해서 매우 민감하기 때문에 합성가스 중 유황의 총 함량을 1 ppm 이하로 줄여야 할 필요가 있다.

프로세스의 특징:
BASF 고압프로세스에 유사하지만, CO 분압이 낮다(2 MPa 이하). 따라서 메탄화반응을 일으키는 $Fe(CO)_5$의 생성은 없다.

이들 방법 중에서 많이 채용되고 있는 것은 1966년에 처음으로 파일럿 플랜트로 가동된 ICI사의 저압법이다. 현재 세계의 메탄올 생산량의 약 65%가 ICI법으로 제조되고 있다. 이 프로세스는 투자액이 작고, 운전경비가 낮은 것이 특징이다. 1972년에 31만t/y라고 하는 최초의 대규모 플랜트가 영국의 Billingham에서 가동되었다. 최초의 플랜트에서는 약 100만t/y의 생산능력을 가지고 있다. 촉매는 Cu-Zn-Al 산화물계이며, 특히 유황과 염소를 함유하지 않는 합성가스를 사용할 필요가 있다. 촉매수명이 50%로 신장된 새로운 형태의 촉매가 최근 공개되었다.

3. ICI 저압법 (5~10 MPa, 240~260°C)

프로세스의 특징:
Cu-Zn-Al 산환물촉매를 사용하기 때문에 S과 Cl를 함유하지 않는 합성가스가 필요. 고순도의 CH_3OH을 생성한다.

반응기의 통상 조업조건은 5~10 MPa(50~100 kg/cm^2), 240~260°C이다. 메탄올은 이 방법에 의하여 99.99%의 순도로서 얻어진다. 반응기는 매우 간단하게 제작되었고, 한 개의 촉매충진구만을 가지며, 신속하게 교환할 수 있다. 고압법과 마찬가지로 반응열을 흡수하기 때문에 저온의 원료가스가 각 부분으로 분할 도입된다.

마찬가지의 저압법으로 다관식반응기를 사용하는 방법이 Lurgi사에

4. Lurgi 저압법 프로세스의 특징: CuO-ZnO 촉매(S을 함유하지 않는 CO/H_2 혼합물이 필요)를 다관식반응기에 충진. 최적온도의 조절은 수증기발생을 동반하는 비등수의 냉각에 의하여 행해진다.

의하여 개발되었다. 반응온도는 관의 외부를 흐르는 비등수에 의하여 조절된다. 이 방법에서는 5~8 MPa(50~80 kg/cm^2), 250~260°C의 조건하에서 변성 CuO-ZnO 촉매를 사용한다.

1973년에는 이 방법에 의하여 20만t/y의 메탄올플랜트가 41.5만t/y의 암모니아플랜트와 조합되어 운전이 개시되었다. 그 후 Lurgi법의 반응기의 채용이 계속 증가되었으며, 1984년에는 전 메탄올플랜트의 50%를 점유하게 되었다. 당시 Lurgi사는 2000년에 세계최대(약 180만t/y)의 메탄올플랜트를 트리니다드에 건설할 것을 계획하고 있었다. 이것이 완성되면 Lurgi법이 점유하는 비율은 2004년까지 세계의 메탄올 생산능력의 40%가 될것으로 예상되었다.

합성가스로부터의 CH_3OH 제조에 있어서 최근의 발전: Cu 및 Zn-Cr 산화물 촉매에 의한 중압법: 반응속도, 공시효율이 크다라고 하는 장점이 있다.

최근에는 중압법으로 이행하는 경향이 보이며, 다수의 메이커가 Cu 또는 Zn-Cr 산화물계의 촉매를 채용하고 있다. 그 예를 표 2.2에 나타낸다.

메탄올합성에 관련하여 추가해서 설명하면, 1943년 이래 Celanese사(현재 Hoechst Celanese사)는 프로판-부탄 혼합물의 산화에 의하여 아세트산, 포름알데히드, 아세트알데히드 등을 제조하고 있지만, 이때 메탄올이나 그 외의 많은 생성물이 얻어진다. 단, 이들의 반응생성물은 복잡한 증류조작에 의하여 분리하지 않으면 안된다.

표 2.2 중압법에 의한 메탄올의 제조

메이커명	촉 매	온도(°C)	압력(MPa)
Haldor-Topsoe	CuO-ZnO-Cr_2O_3	230~260	10~15
Vulcan	ZnO-Cr_2O_3	270~330	15~25
Pritchard	CuO	불명	10~25
Catalyst and chemical Inc.	CuO-ZnO-Al_2O_3	240~250	10~25
BASF	CuO-ZnO-Al_2O_3	200~350	5~25
Mitsubishigas chemical	CuO + 촉진제	200~280	5~15

종래로부터의 메탄올의 주요용도:
1. 포름알데히드
2. 메틸-*tert*-부틸에테르(MTBE)
3. 아세트산

많은 국가에서 종래의 DMT의 지위가 MTBE, 아세트산이나 할로겐화 메틸류로 바뀌었다.

2.3.1.2. 메탄올의 용도와 장래의 가능성

세계, 미국, 서유럽 및 일본에 있어서 메탄올의 사용상황은 표 2.3과 같다.

표 2.3의 기타 항에는 예를 들면 연료(서유럽에서는 1990년에 2%, 미국에서는 3%) 및 메틸에스테르류 혹은 에테르류(아세트산메틸 혹은 메틸셀로솔브 등)가 포함된다.

이와 같이 종래의 메탄올의 수요구조에 이미 변화의 징조가 있지만, 이제부터는 이 변화가 더욱 커지리라고 생각된다. 앞으로 석유제품의 가

표 2.3 세계의 메탄올의 용도(%)

생성물	세 계		미 국			서유럽			일 본		
	1988	1999	1988	1994	1998	1988	1994	1998	1988	1994	1998
포름알데히드	39	35	27	24	24	44	44	46	43	36	32
아세트산	6	10	14	10	12	7	7	7	8	10	10
할로겐화메틸류	7	7	6	5	3	7	6	8	5	7	8
메틸 *tert*-부틸에테르	12	27	24	38	40	10	24	17	5	4	7
테레프탈산디메틸	3	2	4	2	2	3	2	1	1	1	1
메틸아민류	4	4	3	3	2	4	4	5	4	4	4
메타크릴산메틸	3	3	4	3	3	4	4	3	8	8	7
용제	9	4	7	7	6	1	1	1	4	3	3
기타	17	8	11	8	8	15	8	12	22	27	28
총 사용량(10^6 t)	17.3	26.7	5.0	7.2	8.3	4.5	5.7	6.3	1.6	1.9	1.9

격정책에 관계되는 원료와 에너지의 상황, 한정되는 천연가스나 석유매장량에 관계없이 증가하는 1인당 에너지의 소비량, 혹은 끊임없는 인구증가에 의한 동물성 단백질의 부족을 염두에 두고 새로운 대응책을 세우지 않으면 안되리라고 생각된다.

이들 각종의 상황을 생각하면 메탄올은 공업상 중요한 의의를 가지고 있다. 즉, 메탄올은 자동차용 연료나 가솔린의 혼합성분, 에너지원, 합성용 원료로서의 용도에 추가하여 단백질의 제조원료로서의 기능도 동시에 가지고 있다. 단 이들을 위해서는 충분한 양이 언제나 공급되는 상황이 되어야 한다.

CH_3OH 용도의 장래의 가능성 혹은 개발상황:
1. 자동차용 연료 또는 가솔린의 혼합성분
2. 에너지원
3. 합성원료
4. 석유단백질의 탄소원

첫째의 생각으로서는 1000만t/y의 플랜트(메가메탄올플랜트)를 가격이 싼 원료원(예를 들면 중근동의 유전 등)의 근처에 건설할 계획을 수립해야 함은 물론, 쓸데없이 타고 있는 석유가스 등을 활용하는 것이다. 그러나, 석유가격이 예상처럼 상승하지 않기 때문에 이와 같은 계획은 기대할 정도로는 아직 실현되지 않았으나, 지금은 사정이 다르다.

중기적으로는 경제성이 높은 "맘모스플랜트"(1000만t/y)에 의한 메탄올공급, 예를 들면 유전으로부터의 석유가스의 이용

메탄올의 대규모 사용은 제1단계로서는 먼저 자동차용 연료분야에서 일어나리라고 생각된다. 합성원료 등 이외의 분야에서의 사용이 증가하는 것은 이후가 될것이라고 생각된다.

구체적으로는 메탄올을 직접 혹은 적당히 변환시켜, 연료 혹은 가솔린으로의 첨가성분으로서 사용할 수 있다.

중기적인 관점으로부터 보면, 통상의 자동차용 연료에 메탄올을 15용량%(M15)까지 혼합하는 것이 경제적인 면이나 환경적인 면에서 유망한 처방이라고 생각된다.

1. 장래의 자동차용 연료 또는 가솔린첨가제로서의 CH_3OH

1.1. M15 또는 M100의 CH_3OH

더욱, 순수한 메탄올(M100)을 자동차용 가솔린으로서 사용하는 경우

필요조건:
큰 증발열과 낮은 에너지함유량으로 인한 기술적인 구조개량이 필요

장점:
고옥탄가와 "클린" 연소

단점:
순수한 가솔린/CH_3OH 혼합물은 소량이 물의 혼입으로 상분리가 일어난다.

에서도 기화기를 약간 변경하면 좋을 것으로 생각된다. 단, 메탄올의 증발열이 가솔린의 3배 정도로 큰 것이나, 에너지 함유량이 약 50%로 낮기 때문에, 혼합물의 예열이나 현재보다도 큰 연료탱크가 필요하다.

한편, 몇 가지의 장점도 있다. 예를 들면 메탄올은 고옥탄가(>110)이기 때문에 녹킹현상을 개선할 수 있으며, 배기가스 중의 저농도 포름알데히드는 접촉적 배기가스 처리장치에서 거의 완전히 제거되기 때문에 오염물질의 배출을 감소시킬 수 있다.

메탄올을 가솔린에 첨가하는 경우에는 탱크 중에서 물의 분리상이 발생하지 않도록 주의해야 한다. 이 상분리는 알코올류, 예를 들면 *sec*-부틸알코올이나 *tert*-부틸알코올과 같은 제3성분을 첨가해서 상용성을 증가시킴에 따라 방지할 수 있다.

1.2. 고위 알코올의 합성원료로서의 메탄올

이와 같은 관점으로부터 생각하면, 불순한 메탄올을 사용하여 고위 알코올을 합성하기도 하고, 또는 합성가스로부터 메탄올의 제조에 있어서 보다 탄소사슬이 긴 알코올도 동시에 생성하는 것과 같은 방법을 채용하는 것도 바람직한 방향이라고 생각된다.

1.2.1. Co/Rh 촉매에 의한 균질화:
$CH_3OH + nCO + 2nH_2 \rightarrow CH_3(CH_2)_nOH + nH_2O$

전자의 반응은 균질화라고 불리우며 합성가스의 존재하에 Co 또는 Rh 함유촉매를 사용하여, 메탄올로부터 에탄올이나 그 이상의 고위 알코올을 합성하는 것이다.

1.2.2. 통상적인 방법과 다른 반응조건($CO/H_2 = 1$)과 촉매(조성, 구성)를 사용하는 메탄올합성의 변법

후자의 방법은 Haldor Topsoe사나 Lurgi사(Octamix법) 등의 많은 회사에서 개발되어 있는 것이다. 이것은 종래의 합성가스로부터의 메탄올 합성의 반응조건을 변화시켜 실현할 수 있으며, 특히, CO/H_2 비를 양론비보다도 낮춤으로써 17%까지 고위 알코올이나 그 외의 함산소화합물을 함유하는 메탄올을 제조할 수 있다.

수식된 Cu 촉매를 사용하면, 특히 Octamix법에서는 300℃, 5~10 MPa(50~100 kg/cm^2), CO/H_2비가 1에 가까운 조건에서 약 50중량%의 메탄올과 45중량%의 고위 알코올을 함유하는 생성물(연료 메탄올)이 얻어진다.

그러나, 이들 프로세스의 어느것이나 아직 공업적으로 실용화되지는 못하고 있다.

1.3. 가솔린합성용 원료로서의 CH_3OH:
Mobil MTG 프로세스에서는 0.6 nm의 세공의 형상을 갖는 ZSM-5 제올라이트 상에서는 메탄올로부터 C_{10}이하의 탄화수소만을 생성.

Mobil R&D사가 개발한 MTG 프로세스(**m**ethanol **t**o **g**asoline)에서는 메탄올이 특수한 제올라이트촉매(ZSM-5) 상에서 탈수되며, 대부분이 가솔린의 비점범위에 있는 탄화수소혼합물이 생성한다.

이 방법에서는 메탄올은 제1단계에서 촉매적으로 디메틸에테르 및 물과의 평형혼합물로 변환되고, 이것이 제2단계에서 ZSM-5 제올라이트촉

매의 존재하, 약 400°C, 1.5 MPa(15 kg/cm^2)에서 더욱 탈수되며, 알칸, 방향족화합물, 알켄이나 시클로알칸의 혼합물로 된다. 이 방법으로 옥탄가 95를 가지며, 질소, 유황을 함유하지 않는 가솔린이 40중량%의 수량으로 얻어진다.

듀렌(1, 2, 4, 5-테트라메틸벤젠, mp 79°C)은 가솔린성분으로서 바람직하지 않기 때문에 적극적으로 감소시켜야 할 필요가 있다.

약 3주간마다 촉매에 축적된 코크스를 N_2의 희석공기로서 연소시켜 재생시켜야 한다.

Mobil법의 최초 공업설비의 하나가 1986년에 뉴질랜드에서 가동했다. 이 플랜트는 천연가스베이스 메탄올을 사용하여 약 60만t/y의 가솔린 제조능력을 갖는다.

고정상과 유동상에서 MTG 프로세스의 공업적 실시

한편, Mobil/Union Kraftstoff/Uhde의 각각의 회사는 공동으로 1983년 이래, 유동상의 MTG 프로세스의 개발을 행하였다. 이 프로세스에서는 410~420°C, 0.2~0.4 MPa(2~4 kg/cm^2)의 조건하, 반응기의 내부를 상승하는 ZSM의 미세한 입자의 촉매상에서 메탄올이 반응한다. 촉매의 일부가 연속적으로 재생기에 누출되어 산화적으로 재생된다.

유동상 MTG 프로세스의 장점:
저압화
고온에서의 반응열 회수
ZSM-5의 연속재생

메탄올을 자동차용 연료로서 사용하는 별도의 방법으로서는 저연 또는 무연 가솔린으로서의 용도가 생각된다. 이 경우 납 대신의 옥탄가의 향상제로서, 예를 들면 메틸 *tert*-부틸에테르(MTBE)나 메틸 *tert*-아밀에테르(TAME)를 사용할 수 있다. 이들의 화합물은 산촉매에 의한 메탄올의 이소부틸렌이나 이소펜텐으로의 부가반응으로 얻어진다(3.3.2절 참조).

1.4. 옥탄가 향상제 $CH_3OC(CH_3)_3$ (MTBE) 또는 CH_3O-*tert*-아밀(TAME)의 원료로서의 CH_3OH

1980년대 초반부터, 특히 MTBE는 옥탄가를 향상시키는 산소함유 화합물로서 CO나 탄화수소의 배출을 억제하는 가솔린첨가물로서 중요성을 높였다. 그러나 MTBE는 물에의 용해도가 비교적 높고, 생분해성이 좋지 않기 때문에, 탱크로부터 누출되는 경우 지하수에 축적될 가능성이 있다. 불쾌한 맛이나 냄새는 차치해도, 이 화합물은 발암성의 위험이 있는 물질로서 분류되고 있다. 이들의 환경문제로 인하여 여러 나라에서는 MTBE를 가솔린의 첨가물로서 사용하는 것을 금지하는 움직임도 있다.

함산소가솔린첨가물 MTBE는 환경으로의 마이너스 효과로 인하여 장기적으로는 시장전망이 좋지 않다.

자동차용 연료분야 이외에 메탄올을 에너지담체로서 사용되는 2가지 형태가 있다. 즉 메탄올로부터 쉽게 얻어지는 SNG로 변환시킨 후, 이것을 천연가스의 배송관으로 공급하는 경우와, 메탄올을 직접 "메틸연료"로서 발전소의 발전에 사용하는 경우이다.

2. 흡열분해에 의한 SNG를 에너지 운반체로서 $4CH_3OH \rightarrow 3CH_4 + CO_2 + 2H_2O$ 또는 직접 "메틸연료" 또는 직접 연료전지용으로서

새로운 기술로서 메탄올을 구리, 아연, 알루미늄을 베이스로 한 불균일촉매상, 200~350°C에서 분해하여 수소를 발생시키고, 이것을 전기자동차용 연료전지에 사용하는 방법이 있다. 더욱 다른 기술로서 메탄올을 자동차용 연료전지에 직접 사용하는 방법이 있으며, 장래의 환경조화형

에너지원으로서 국제컨소시엄에 의한 개발이 행해지고 있다.

3. 제올라이트촉매반응에 의한 합성용 기초원료로서의 CH_3OH

Mobil사의 제올라이트촉매를 사용하는 메탄올의 변환기술은 그 목적이 지금까지의 연료나 에너지담체의 합성으로부터 유기기초원료의 합성으로 바뀌고 있다.

3.1. MTG 프로세스의 조건변경에 의한 방향족화합물의 합성

MTG 프로세스에 의한 가솔린의 합성반응에서 체류시간을 길게, 반응온도, 반응압력을 높이면, 방향족화합물의 수득률이 통상의 약 30중량%보다도 증가하여, 방향족탄화수소를 얻기 위한 흥미 있는 방법으로 되었다.

3.2. 금속첨가 ZSM 촉매에 의한 저위 올레핀의 합성

MTG 프로세스와는 대조적으로, 예를 들면 Mn, Sb, Mg, Ba 등의 금속을 첨가한 ZSM 촉매상에서 메탄올이나 디메틸에테르를 반응시키면, 주로 에틸렌이나 프로필렌을 함유하는 올레핀류를 최고 80%의 선택률로서 합성할 수 있다.

4. 장래의 SCP의 탄소원으로서의 CH_3OH

이 형태의 프로세스는 BASF, Hoechst, Mobil 등의 각 회사에서 계속 개발되고 있다.

SCP용 이외의 기질:
가스오일
알칸
에탄올
메탄

메탄올은 고위알칸, 고위알코올, 메탄과 함께 단백질(SCP = **s**ingle **c**ell **p**rotein) 합성용 탄소원으로서 많은 장점이 있다.

알칸베이스의 SCP 제조법:
BP, Dainippon 잉크,
Canegafuchi 화학

미생물, 특히 효모와 세균류는 무기의 필수성분인 유황, 인, 질소화합물을 함유하는 배양액 중에서 앞에서 설명한 탄소원으로부터 단백질을 합성할 수 있다. 최초의 공업플랜트는 BP사가 스코틀랜드(0.4만t/y: 알칸 원료)와 프랑스(1.6만t/y: 가스오일 원료)에 건설한 것으로서, 소위 알칸효모(Toprina®)를 제조한다. 프랑스의 플랜트는 가스오일 원료로부터 알칸 원료(3만t/y)로 바뀌었지만, 그 후, 1975년에 중단되었다. 또한 스코틀랜드의 설비도 1978년에 가동을 중지했다.

그러나 알칸을 탄소원료로 하는 SCP 플랜트는 루마니아, CIS 등에서 가동중이며, 예를 들면 CIS에서는 1990년에 약 130만t의 SCP가 생산되었다.

SCP 생산용 발효프로세스의 원리:
1. 유기탄소원과 무기의 S, P, N 염으로부터의 세포증식에 의한 단백질합성(부생성물: 탄수화물, 지방, 핵산, 비타민)
반응기질의 CO_2로의 분해에 의한 에너지 공급

2. 기술적 특징:
수용액, 유기물, 공기, 세포질로서 형성되는 다상계

미생물(예를 들면 Candida 효모)은 에너지를 섭취하면서 파라핀을 단계적으로 CO_2로까지 분해한다. 그와 동시에 단백질을 많이 함유하는 세포질이 제조된다. 1t의 알칸을 사용하면 약 1t의 효모가 생성하며 그 아미노산의 조성은 어육과 유사하다. 대규모인 SCP의 공업적 생산은 연속운전의 발효장치를 사용하여 잘 교반 및 열을 제거하면서 무균상태에서 행해진다. 세포질은 원심분리에 의하여 연속적으로 분리된다.

메탄을 출발물질로 사용하는 경우 미생물의 분해는 다음의 각단계를 거쳐서 진행한다.

$$CH_4 \rightarrow CH_3OH \rightarrow HCHO \rightarrow HCOOH \rightarrow CO_2 \qquad (13)$$

생물학적으로 가장 어려운 단계는 메탄으로부터 메탄올으로의 변환이다. 이것과 산소의 필요량이 보다 적어도 지장이 없다라고 하는 이유로부터 출발물질로서 메탄올을 사용하는 것이 유리하다. 따라서 메탄올은 배양액과 균일하게 혼합할 수 있기 때문에 파라핀을 사용할 때와 비교하여, 교반과 공기의 흡입에 필요한 에너지의 코스트가 적다.

CH_3OH 사용의 장점:

1에 있어서:
생물학적으로는 곤란한 $CH_4 \rightarrow CH_3OH$의 단계가 없는 단순분해, O_2의 필요량이 적다.

더욱 메탄올은 충분히 순도가 높은 것이 공업적으로 싸게 제조되며, 또한 발효프로세스의 생산물로부터 간단히 분리된다. 세균(Pseudomonas)의 배양에 의한 메탄올 발효법에 관한 ICI사의 시험결과에 의하면, 건조균체의 81% 정도가 단백질이고, 그 중에는 각종의 아미노산, 특히 아스파르트산, 글루탐산, 게다가 류신이나 알라닌 등이 함유되어 있다.

2에 있어서:
수용성으로 인하여 3상뿐이며, 좋은 분산성과 분리성이 얻어진다.

생물학적으로 최량의 영양밸런스를 달성하는 데에는, SCP 중에 부족한 다른 아니노산을 가할 필요가 있다. 대두나 어육의 동물사료 중 단백질의 함량을 증가시키기 위하여 SCP를 첨가하는 것이 유용하다. 현재 SCP가 음식물의 원료로서 사용되고 있는 것은 이 방법뿐이다. 장기적으로 생각하면 SCP는 인류의 영양원으로서도 사용해야 할 것이다. 왜냐하면 단백질을 동물로부터 의존하는 현재의 방법은 상당한 단백질의 손실을 동반하기 때문이다. 이를 위해서는 biomass 중의 핵산 함량을 감소시킬 필요가 있다. 현재의 biomass 중에는 효모에서 5~8%, 세균류에서 10~22%의 핵산이 포함된다. 이에 대해서 음식물 중 핵산함량의 상한치는 1% 정도라고 생각되고 있다. 이 정도까지 핵산함량을 감소시키기 위해서는 추출 등의 특별한 처리기술이 필요하다.

SCP의 용도:
결핍 필수아미노산을 보충하여 동물사료 첨가물용으로 또는 장래에는 인류의 영양원으로서

ICI사는 10만t의 메탄올을 사용하여 7만t의 SCP를 제조하는 대규모 플랜트의 운전을 개시했지만, 1987년에 경제적인 이유로부터 생산을 중단했다. 이외에 Hoechst-Uhde, Phillips Petroleum, Shell, Mitsubishi 가스화학 및 Dor Chemicals(이스라엘)의 각사가 반응기질로서 메탄올을 사용하는 시험플랜트를 이미 가동중 혹은 계획중에 있다. 최신의 것은 향기나 방향성을 강화시킨 형태의 SCP의 생산을 계획중이며, 예를 들면 Phillips Petroleum사가 1400 t/y의 생산능력의 플랜트로서 제조하고 있는 효모계의 Provesteen이 그것에 상당한다.

메탄올 단백질 프로세스:
ICI(Pruteen)
Hoechst-Uhde(Probion)
Pillips Petroleum (Provesteen)

새로운 단백질 제조프로세스가 2000년에 미국의 Aptagen사에 의하여 도입되었다. 유전자를 조작한 세균에 의하여 메탄을 단백질로 변환하는 것이지만, 얻어진 단백질은 자연의 것보다도 필수아미노산의 농도가 훨

씬 높기 때문에, 특히 인간의 식료품이나 가축의 사료에 적당하다.

2.3.2 포름알데히드

HCHO의 공업적 형태:

1. 수화물, $HCHO, H_2O$
   $HO-CH_2-OH$
   $H(OCH_2)_nOH$
2. 트리옥산 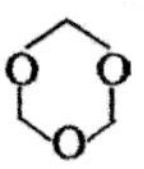
3. 파라포름알데히드
   $H(OCH_2)_nOH$
   $n > 10$

포름알데히드는 실온에서는 무색의 기체이지만, 소량의 불순물의 존재로서 곧바로 중합한다. 따라서 단량체 대신에 공업적으로는 항상 사용되는 다음과 같은 3가지의 취급형태가 있다.

1. 35~55% 수용액: 계 중의 포름알데히드 중 99% 이상이 수화물 또는 옥시메틸렌글리콜의 올리고머 혼합물로서 존재한다.
2. 환상 3량체(트리옥산): 포름알데히드로부터 산촉매반응에 의하여 얻어진다.
3. 포름알데히드중합체(파라포름알데히드): 포름알데히드수용액의 증발건고에 의하여 얻어지며, 가열처리 또는 산처리에 의하여 단량체로 가역적으로 변환된다.

HCHO의 제조원료:
현재: CH_3OH
과거: CH_3OCH_3에 추가해서 C_3/C_4 알칸, 아세톤
미래: 아마 CH_4

포름알데히드의 합성이 메탄올의 탈수소법으로 최초에 공업적으로 실시된 것은 1888년이며, 그 후 이 메탄올을 원료로 하는 방법이 전세계로 확대되었다.

포름알데히드는 또한 프로판이나 부탄의 라디칼산화에 의해서도 얻어지며 예를 들면, 1978년에 미국에서 생산된 포름알데히드의 약 20%가 이 방법으로 제조되었다. 그러나 이 비선택적인 방법은 현재는 이미 실시되지 않는다.

일본에서는 다년간 포름알데히드로의 산화에 디메틸에테르가 사용된 경우도 있다.

CH_4의 HCHO로의 선택산화는 HCHO의 분해를 유발하는 온도에서만 진행한다.

메탄의 부분산화의 연구가 왕성하게 행해지고 있지만, 아직 성공에는 이르지 못했다. 600℃ 이하에서는 메탄의 반응이 느리고, 반대로 600℃ 이상에서는 포름알데히드의 분해가 빠르기 때문에 체류시간이 매우 짧은 반응조건이 필요하며, 이것이 공업화의 하나의 장애로 되어 있다.

HCHO의 생산량(단위: 10^6 t)

	1995	1997	1999
서유럽	1.15	1.68	1.85
미국	1.07	1.13	1.23
일본	0.37	0.37	0.37

몇 개의 공업국에서의 포름알데히드의 생산량의 추이(순물질의 환산)를 부표에 나타낸다. 2000년의 세계의 포름알데히드의 생산능력은 750만t/y였다. 그 중에서 미국이 150만t/y, 서유럽이 230만t/y, 일본이 47만t/y이다. 단일플랜트에서의 생산능력은 20만t/y에 달하고 있다. 포름알데히드의 세계최대의 메이커는 BASF사이다.

2.3.2.1. 메탄올로부터의 포름알데히드의 제조

2종류의 방법에 의한 CH_3OH로부터의 HCHO의 제조:

포름알데히드는 메탄올로부터 다음과 같이 2종류의 다른 반응에 의하

여 제조할 수 있다.

1. Ag 또는 Cu 촉매의 존재하에서 탈수소 또는 산화적 탈수소
2. Fe를 함유하는 MoO_3 촉매의 존재하에서의 산화

1. Ag 또는 Cu에 의한 탈수소 또는 산화적 탈수소
2. $MoO_3 + Fe_2O_3$에 의한 산화

금속 Ag 또는 Cu를 사용하는 산화적 탈수소프로세스는 소량의 공기를 사용하여 폭발한계 이상의 조성으로 반응시킨다.

산화프로세스에서는 대량의 과잉공기와 소량의 메탄올을 사용하여 폭발한계 이하의 조성으로 조작된다. 이 제법의 프로세스 설계의 요점은 반응열에 있다.

특징이 있는 차이:
1에 있어서: 소량의 O_2 즉, 메탄올 함량 > 36.5용량%
2에 있어서: 과잉의 O_2 즉, 메탄올 함량 < 6.7용량%

이유:
CH_3OH/공기의 폭발범위는 6.7~36.5용량% 메탄올이다.

방법 1

메탄올의 탈수소 또는 산화적 탈수소에는 Ag 촉매가 잘 사용된다. BASF, Bayer, Borden, Celanese, Degussa, Du Pont, ICI, Mitsubishi 가스화학, Mitsui 화학, Monsanto의 각 회사의 프로세스에서는 은의 결정 또는 그물상태의 촉매가 반응기 중에 수cm의 두께로서 설치되어 있다. CdF Chimie사의 프로세스에서는 탄화규소를 담체로 하는 은촉매가 사용되고 있다.

1. CH_3OH 탈수소 또는 산화적 탈수소에 의한 HCHO 제조

주로 다음 3종류의 형태인 Ag 촉매가 사용된다:
1. 0.5~3 mm의 결정
2. 망상
3. SiC에의 담체

제1단계에서는 메탄올의 탈수소가 다음과 같이 진행한다.

$$CH_3OH \rightleftharpoons HCHO + H_2 \left(\Delta H = +\frac{20\ kcal}{84\ kJ}/mol\right) \tag{14}$$

수소는 첨가된 공기에 의하여 발열적으로 연소($\Delta H = -58$ kcal/mol, -243 kJ/mol)하기 때문에 결국 이 산화적 탈수소반응의 반응식은 형식적으로 다음과 같이 표기된다.

산화적 탈수소의 메카니즘:
제1단계: 금속 Ag 또는 Cu 상에서의 탈수소
제2단계: O_2에 의한 H_2의 연소

$$CH_3OH + 0.5\ O_2 \rightarrow HCHO + H_2O \quad \left(\Delta H = -\frac{38\ kcal}{159\ kJ}/mol\right) \tag{15}$$

공업적인 프로세스에서는 화학양론량보다도 적은 공기량이 사용된다. 반응온도가 600~720℃의 범위 중에서 ±5℃의 범위에서 일정하게 유지되도록 공기가 공급된다. 약 600~650℃의 조작온도에서는 메탄올의 전환이 불완전하기 때문에 미반응성분의 재순환이 필요하다. 680~720℃의 고온조건에서 물을 첨가하는 것에 의하여 one pach로서 메탄올의 전환이 거의 완전히 행해진다. 이 물의 첨가에 있어서는 다른 은촉매의 수명에 대한 바람직한 효과가 있다. 즉 적열한 은결정표면의 박층이 소결(신터링)하는 것에 의하여 일어나는 실활을 수증기가 억제한다. 촉매의

프로세스의 특징:
산소공급량에 의한 산화제어(단열법) 외부와의 열의 출입 없이 적열시킨 Ag의 존재하 600~720℃에서

H_2O의 첨가는 많은 효과를 갖는다.
1. CH_3OH 전환율의 향상
2. Ag의 재결정화의 방지
3. Ag 표면의 탄소축적의 감소.
이들에 의한 촉매수명 연장

전해정제에 의한 Ag의 재활성화: Ag가 음극에서 용해하고, 양극에서 축적된다.

$HCHO \rightarrow CO + H_2$ 열분해는 다음의 방법에 의하여 제어된다.
1. 박층촉매에 의한 짧은 체류시간.
2. 150°C로의 급랭(0.1~0.3초간)

수명은 2~4개월 지속된다. 사용 후의 촉매는 전기분해에 의하여 간단하고도 은의 손실 없이 재생할 수 있다. 이 촉매는 할로겐이나 유황 이외에 미량의 다른 금속의 혼입에 대해서 민감하다.

고온의 반응가스는 약 150°C까지 급냉시킨 후, 향류로서 여러 단계의 물세척이 행해진다. 얻어진 포르말린수용액은 1~2중량%의 미반응 메탄올을 함유하고 있으며, 이것이 중합에 대한 안정제로서 작용한다. 37~42중량%의 고농도의 포름알데히드 용액을 제조하는 데에는 증류를 행하면 좋다. 포름알데히드의 수득률은 92% 이상이며, 선택률*은 98%를 넘는다.

부생성물로서는 CO와 CO_2가 얻어지며, 포름산은 실질적으로 생성되지 않는다.

방법 2

2. CH_3OH의 산화에 의한 HCHO의 제조:
Fe_2O_3–MoO_3로부터 구성되는 금속산화물에 경우에 따라서 Cr_2O_3 또는 CoO를 촉진제로서 첨가한 촉매를 사용한다.

산화법에 있어서 포름알데히드의 생성은 실제적으로 순수한 메탄올산화로서 식 (15)에 따라서 일어난다. 촉매로서는 18~19%의 Fe_2O_3와 81~82중량%의 MoO_3의 혼합물이 사용되며, 이것이 주의깊게 조절된 조건하에서 촉매적으로 활성인 상태의 철(III)–몰리브덴화합물로 변한다.

활성촉매의 종류:
$Fe_2(MoO_4)_3$는 열에 민감하며 Mo_2O_5가 발산한다. 과잉인 MoO_3에 의하여 그 손실을 보충하며 활성저하를 방지한다.

반응계에 가끔 과잉의 MoO_3가 첨가되지만, 이것은 몰리브덴 성분이 몰리브덴블루로 되어 증발하여 발산되는 분량을 보충하기 때문이다. 이 몰리브덴블루는 촉매층의 온도가 낮은 말단부분에 부착되며, 촉매의 활성 및 선택성을 감소시킨다. 촉매의 촉진제로서 Cr과 Co의 산화물이 사용된다.

산화에 의한 HCHO 제조법의 특징:
장점:
1. 저온이기 때문에 재질문제가 경감한다.
2. 증류 없이 직접 고농도의 HCHO가 얻어진다.

단점:
다량의 과잉공기를 사용하기 때문에 Ag법보다도 높은 투자와 에너지코스트가 필요. HCHO 함유인 가스의 배출은 불연성이기 때문에 특별한 HCHO의 제거처리가 필요하다.

공업적인 방법에서는 다관식반응기가 사용되며, 350~450°C에서 메탄올증기를 다량의 과잉공기와 함께 촉매상에 유통시키는 방식에 의하여 반응이 행해진다. 반응열은 반응관의 외부를 흐르는 열의 매체에 의하여 제거된다. 반응가스는 100°C까지 냉각된 후, 기포탑 내에서 수세된다. 물의 양을 조절하는 것에 의하여 포름알데히드의 용액의 농도는 37~50중량%의 범위에서 변화시킬 수 있다. 더욱 Nippon Kasei의 새로운 기술에서는 최고 55중량%의 포름알데히드의 용액이 얻어진다.

여기서는 포름알데히드의 흡수제로서 요소수용액이 사용되며, 요소–포름알데히드 부가물의 형성에 의하여 고농도화가 이루어지고 있다.

메탄올의 전환율은 약 95~99%이며, 포름알데히드로의 선택률은 91~94%에 달한다.

---

* 전환율, 선택률, 수득률의 정의는 부록(15.2절) 참조

부생성물로서는 CO, CO_2, 포름산이 생성한다. 포름산은 1쌍의 이온 교환탑에 의하여 제거할 수 있다.

촉매의 수명은 약 2년이다. 이상에서 설명한 원리에 따라서 예를 들면 Perstorp-Reichhold("Formox"), Hiag-Lurgi, Montecatini, SBA, IFP-CdF Haldor Topsoe, Nippon Kasei, Lummus의 각 회사가 공업적 제조 프로세스를 개발했다.

촉매 펠렛의 기계적 강도가 수명을 결정한다.

2.3.2.2. 포름알데히드의 용도와 장래의 가능성

포름알데히드 수용액(포르말린®, 포르말®)을 그대로 사용하는 용도로서는, 예를 들면 소독용이나 방부조제 혹은 섬유, 가죽, 모피, 종이, 목재 산업에 있어서 보조제 등이 있지만, 이들을 달리하면 대부분의 포름알데히드가 요소, 페놀 및 멜라민과의 수지제조에 사용된다. 현재 이들의 중축합체용으로의 세계 포름알데히드의 생산량의 약 40~65%가 소비되고 있다(표 2.4 참조).

수분을 함유하지 않는 순수한 포름알데히드나 또는 3량체(트리옥산)가 고분자량의 열가소성 플라스틱(폴리옥시메틸렌)의 제조에 사용된다.

더욱이, 포름알데히드는 교차알돌축합반응에 의하여 다가알코올, 예를 들면 펜타에리트리톨, 트리메틸올프로판 혹은 네오펜틸글리콜(8.3절 참조)의 합성에 사용된다.

그 외에 Reppe법(4.3절 참조)에 의한 부틴디올의 제조, 4, 4-디메틸-1, 3-디옥산(5.2.2절 참조)을 경유하는 이소프렌의 제조, 게다가 3-프로피오락톤(11.1.7.1절 참조)의 제조 등에 사용되고 있다.

미국에서는 포름알데히드가 에틸렌글리콜의 제조에도 사용되어 왔다. Du Pont사에 의하여 개발된 이 방법에 의하면, 최초에 황산존재하에서

HCHO의 용도:

1. 포름알데히드 중축합물, 예를 들면, 페놀수지(노볼락, 레조르신, 베이클라이트), 멜라민 수지 등
2. 트리옥산: 엔지니어링 수지의 폴리옥시메틸렌 제조용
3. 알돌반응: 펜타에리트리톨, 트리메틸올프로판, 네오펜틸글리콜
4. 부틴디올의 제조
   $HOCH_2C{\equiv}CCH_2OH$
5. 기타

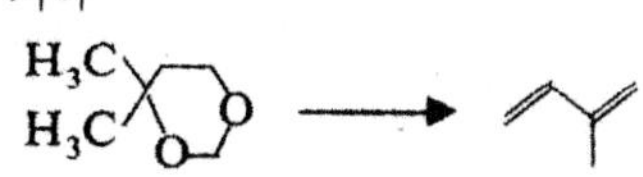

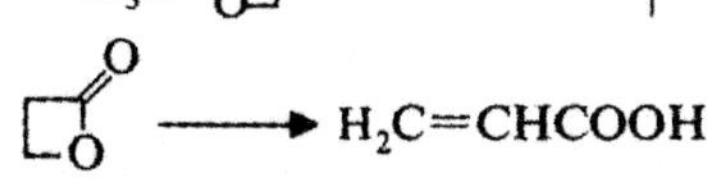

6. 과거의 포름알데히드의 이용방법의 새로운 전개도 가능하리라고 생각된다.

표 2.4 포름알데히드의 용도(%)

용 도	전세계		미 국		서유럽		일 본	
	1984	1989	1984	2000	1984	2000	1984	1999
요소수지	32	33	27	24	45	44	37	19
페놀수지	11	11	23	17	11	9	8	6
멜라민수지	4	4	4	3	6	8	6	1
펜타에리트리톨	6	5	7	5	6	5	8	6
1,4-부탄디올	2	2	11	11	6	7	–	–
메틸렌디이소시아네이트(MDI)	2	3	4	7	3	5	2	7
기타*	43	42	24	33	23	22	39	61
총 사용량(10^6 t)	3.3	3.9	0.71	1.2	1.1	1.9	0.32	1.3

*트리옥산/폴리포름알데히드, 헥사메틸렌테트라민 등

Du Pont의 3단계법에 의한 글리콜의 제법:
1. 수화카르보닐화(200~250°C, 30~70 MPa, H_2SO_4)
2. CH_3OH에 의한 에스테르화
3. 수소화

포름알데히드를 수화 카르비놀화하여 글리콜산을 합성하고, 그 후 에스테르를 거쳐 수소화하는 방식에 의하여 에틸렌글리콜을 얻는다.

$$HCHO + CO + H_2O \xrightarrow{[cat.]} HOCH_2COOH \xrightarrow[2.\ +H_2]{1.\ +CH_3OH} HOCH_2CH_2OH \quad (16)$$

이 제법에 의한 Du Pont사의 글리콜의 제조는 1960년대에 중단되었다. 양은 한정되어 있지만, 최초 단계의 글리콜산의 제조는 계속되고 있다(능력 약 6만t/y).

CO/H_2 유도체로서의 HCHO를 사용하는 새로운 글리콜합성법: C_1화학의 세계적 관심으로부터

C_1 화학으로의 관심이 높아짐과 동시에 많은 기업에 의하여 포름알데히드로부터 글리콜산이나 글리콜알데히드를 합성하는 새로운 방법이 개발되어 있다.

1. HCHO의 수화카르보닐화에 의한 글리콜산, HF, HF/BF_3 또는 산성이온교환수지 촉매

포름알데히드의 수계에서의 카르보닐화의 새로운 촉매로서는 HF, HF/BF_3 혹은 산성이온교환수지(Chevron사, Mitsubishi 화학) 등이 제안되어 있다. 이들의 촉매는 10 MPa(100 kg/cm^2) 이하의 낮은 CO 압력으로도 유효하다.

Exxon사는 다른 촉매적 방법을 개발했다. 퍼플루오로술폰산수지로부터 제조되었으며, 비교적 열안정성이 좋고, 강력한 산성이온교환체인 나피온(Nafion)막을 사용하여, 150°C에서 포름알데히드와 CO/H_2O를 반응시키는 방식에 의하여 글리콜산을 70%의 수득률로서 얻고 있다.

2. HCHO의 하이드로포르밀화에 의한 글리콜알데히드 균일계 Co, Rh 또는 Rh-포스핀리간드계 촉매 예: $HRh(CO)_2[P(C_6H_5)_3]_2$

포름알데히드와 CO/H_2의 반응에 의한 글리콜알데히드의 합성은 많은 회사(Ajinomoto, Mitsubishi 화학, Chevron, National Distillers, Monsanto)에서 개발되었다. 이 하이드로포르밀화반응의 전형은 Co, Rh 또는 Ru와 예를 들면 포스핀리간드를 조합시킨 것으로서, 일반적으로 유기용매를 사용하는 균일계에서 5~35 MPa(50~350 kg/cm^2)의 압력하에서 실시된다.

글리콜알데히드, 글리콜산 혹은 글리콜산에스테르의 수소화에 의한 에틸렌글리콜의 생성은 CO/H_2로부터의 직접합성(7.2.1.1절 참조)에 비하여 보다 실현성이 높은 것이지만, 이들 3가지 방법의 어느것이나 공업화되지는 않았다.

글리콜산은 도료의 용제용(에스테르화 이후) 이외에 플랜트의 보일러나 파이프라인의 세척을 위하여, 보일러에 공급하는 물속의 칼슘이나 철이온과의 킬레이트제로서 첨가되기도 하고, 또한 섬유, 가죽이나 모피의 처리제로서도 사용되고 있다.

2.3.3 포름산

가장 간단한 카르복시산인 포름산은 동식물계에 존재함과 동시에 무생물계의 구성물질로서도 존재하며, 때로는 그의 양이 대량으로 미치는 경우도 있다. 그의 공업적 중요성은 카르복시산으로서의 성질과 함께 하이드록시알데히드로서의 환원작용에 기인하는 것이다.

포름산의 공업적 의의:
구조상의 성질에 기인하여 강산 혹은 "하이드록시알데히드" 환원제로서 사용된다.

1995년의 세계 포름산의 생산능력은 약 39만t/y였다. 그 중 서유럽이 21.8만t/y, 미국이 2만t/y, 일본이 1.2만t/y이다. 세계의 최대 메이커는 BASF, BP, Kemira의 각 회사이다.

이들의 국가에서의 생산량을 부표에 나타냈다.

포름산의 생산량(단위: 10^3 t)

	1991	1993	1995
서유럽	186	194	205
미국	12	15	19
일본	11	12	17

포름산을 합성하는 데에는 각종의 방법이 있지만, 이들은 포름산이 주생성물로서 얻어지는 것과, 부생성물로서 얻어지는 것으로 분류할 수 있다. 현재 포름산은 주로 직접 합성법에 의하여 제조하고 있다.

포름산의 직접 합성법에서는 CO를 사용하며, 수화에 의하여 HCOOH를 얻든지 혹은 알코올과의 반응에 의하여 포름산에스테르로 변환한다.

가능한 HCOOH 합성방법:
1. 직접합성
2. 산화반응 부생성물

HCOOH 제조법:
1. CO + H_2O로부터
2. 가수분해를 병용하여
   CO + ROH로부터

$$CO + \begin{matrix} H_2O \\ ROH \end{matrix} \underset{}{\overset{[cat.]}{\rightleftharpoons}} \begin{matrix} HCOOH \\ HCOOR \end{matrix} \tag{17}$$

상기의 수화 또는 가알코올분해의 반응평형은 NaOH, 또는 $Ca(OH)_2$와 같은 염기의 존재에 의하여 포름산염 쪽으로 이동한다. 이 프로세스는 CO의 분압이 0.8~3.0 MPa(8~30 kg/cm²)하에, 115~150°C의 반응온도에서 반응이 행해진다. 순수한 CO 대신에 합성가스를 사용할 수도 있다. 유리의 HCOOH는 생성염을 산성으로 한 후, 증류 또는 디이소프로필에테르 등을 사용하는 추출에 의하여 얻어진다. 이 방법은 CIS에서 1989년 이래 4만t/y의 플랜트로서 실시되고 있다.

프로세스의 원리:
염기촉매에 의한 CO(형식적으로는 HCOOH의 무수물이라고 볼 수 있다)와 H_2O로부터의 포름산, CO와 ROH로부터의 에스테르를 생성하는 가압반응

CO와 알코올(메탄올이 바람직하다)과의 반응은 가장 널리 행해지고 있는 포름산 제조법의 제1단계이다. 이 반응은 메탄올의 카르보닐화에 의한 아세트산의 합성과는 다르며, 형식상 메탄올의 O-H 결합의 사이에 CO가 삽입되는 것이라고 보여진다. 반응은 촉매량의 소듐메톡사이드의 존재하에 약 70°C, 2~20 MPa(20~200 kg/cm²)에서 행해진다. 과잉의 메탄올을 사용하는 것으로 CO의 전환율은 95%, 포름산메틸의 선택률은 거의 100%에 달한다.

$HCOOCH_3$ 가수분해의 특징:
HCOOH 촉매(자기촉매작용)에 의한 평형도달, 예를 들면 $HCOOCH_3$/H_2O비 2:1로부터 4:1의 단일상에서 혹은 H_2O 과잉하에서 빠른 CH_3OH의 증류제거 조건에서(CH_3OH와 포름산의 접촉시간을 최소로 한다)

가장 일반적인 포름산메틸의 공업적 프로세스는 BASF, Halcon-SD 및 Leonard의 각 회사에 의하여 개발된 것이다. 이들은 서로 카르보닐화의 공정은 유사하지만, 후단계의 80~140°C, 0.3~1.8 MPa(3~18 kg/cm²)

에서의 포름산의 자기촉매적 가수분해공정에 차이가 있다. 가장 큰 차이는 순환메탄올에 의하여 생성하는 포름산의 재차 에스테르화를 최소한으로 하기 위한 조작수순이다.

$HCOOCH_3$의 직접가수분해의 변형가암모니아분해반응에 의한 포름아미드의 합성과 아미드의 가수분해.

이 역반응의 에스테르화를 방지하기 위하여, 포름산메틸을 NH_3와 80~100℃, 0.4~0.6 MPa(4~6 kg/cm^2)에서 반응시켜, 포름아미드로 변환하고, 이것을 가수분해한다라고 하는 경로로도 행해진다.

포름아미드의 가수분해의 특징: $(NH_4)_2SO_4$ 생성을 위하여 화학양론량의 H_2SO_4를 사용한다.

포름아미드의 가수분해반응은 80℃ 이상에서 70% H_2SO_4에 의하여 연속적으로 행하여, HCOOH와 $(NH_4)_2SO_4$가 생성하는 것이다.

$$CH_3OH + CO \rightarrow HCOOCH_3 \xrightarrow{NH_3} HCONH_2 + CH_3OH \xrightarrow{H_2SO_4} HCOOH + (NH_4)_2SO_4 \tag{18}$$

반응생성물의 분리는 드럼식가열로를 사용하여 행해지며, 분리된 포름산의 정제는 은 또는 graphite제의 응축기가 설치된 스테인레스 또는 폴리프로필렌제의 증류탑에서 행해진다.

이 형태의 프로세스는 BASF사에 의하여 개발되었으며, 1982년까지 상업적으로 운용되었지만, 그 후는 직접 가수분해법으로 바뀌었다.

메탄올의 탈수소에 의한 새로운 $HCOOCH_3$의 합성

Mitsubishi 가스화학은 포름산메틸의 새로운 합성법을 개발했다. 이 방법은 메탄올을 Cu 촉매의 존재하, 기상에서 탈수소하는 것이지만, 상세한 반응조건은 공표되어 있지 않다.

$$2\,CH_3OH \xrightleftharpoons{[cat.]} HCOOCH_3 + 2\,H_2 \tag{19}$$

비선택적 산화프로세스에 있어서 부생성물로서의 포름산의 분리

포름산은 가끔 바람직하지 않은 산화적 분해반응에 의한 부생성물로서 소량 생성하지만, 이것은 저농도이기 때문에 경제성이 없다.

예를 들면, 아세트알데히드의 산화에 의하여 아세트산을 제조하는 경우에, 부생성물로서 극히 한정된 양의 HCOOH를 분리하는 데에는, 내부식성인 티탄제의 증류탑이 필요하며 경제성이 없다.

경질나프타의 산화에 의한 아세트산의 제조(BP프로세스)에서는 경제적으로 단리할 수 있는 농도의 포름산이 생성한다.

그러나, 예를 들면 경질나프타나 부탄의 산화(7.4.1.2절 참조)와 같이 산화반응용액 중에 주생성물의 아세트산과 함께 포름산이 약 18중량% 존재하는 경우에는 증류분리할 가치가 있으며, 단리시킨(isolated) 포름산도 그 프로세스의 경제성에 기여한다.

HCHO의 Cannizzaro 반응에 있어서 병산물로서의 HCOOH(예를 들면, CH_3CHO + HCHO 펜타에리트리톨)

더욱이, 포름산은 포름알데히드의 Cannizzaro 반응할 때의 병산물로서도 얻어진다(8.3.1절 참조).

포름산의 주요한 용도는 동물사육을 위한 저장용 목초를 제조할 때의 부티르산 발효의 보조제이다.

작금, 음식물의 보존제로 포름산을 쓸 경우는 제한된 양만큼만 쓴다.

포름산은 또한 소독용 이외에 염색이나 산세척조에서의 산성화 약제로서 사용된다. 포름산의 Al염이나 Na염은 특히 섬유나 피혁공업에서의 보조제로서 사용된다. 포름산나트륨은 옥살산을 합성할 때의 중간생성물이다. 포름산에스테르류는 많은 유기합성에 사용되고 있다. 더욱 포름산메틸은 용제나 살충제로서도 사용된다.

장래에는 합성가스로부터 제조되는 포름산메틸에 C_1 화학의 범주 중에서 다른 응용이 개발될지도 모른다.

예를 들면 포름산메틸과 포름알데히드를 Brönsted산이나 Lewis산의 존재하에 70~200℃, 대기압하에서 반응시키면 글리콜산메틸이 생성하지만, 이것을 Cu 촉매 등으로서 수소화하면 에틸렌글리콜을 합성할 수 있다.

HCOOH의 용도:

1. 유리산으로서 저장용 목초의 제조, 보존 및 각종의 산업에 있어서 저장탱크나 묽은 산세척조 중의 pH조절용에
2. 염의 형태로서 섬유나 가죽의 처리용, 포름산나트륨은 옥살산의 합성용에

$$2\,HCOONa \xrightarrow[melt]{NaOH} \begin{matrix} COONa \\ | \\ COONa \end{matrix} + H_2$$

3. 알킬에스테르는 포르밀기의 도입 시약으로서, 예를 들면, 공업적인 비타민B_1 제조용에
4. $HCOOCH_3$는 C_1 화학에 있어서 다음 화합물군의 유망한 합성단위로 될 수 있다:
   $HOCH_2COOCH_3$
   $HOCH_2CH_2OH$
   CH_3CH_2COOH
   CH_3CHO
   CH_3COOH
   $CH_3OCOOCH_3$

$$HCOOCH_3 + HCHO \xrightarrow{[cat.]} HOCH_2COOCH_3 \xrightarrow[+2\,H_2]{[cat.]} HOCH_2CH_2OH + CH_3OH \tag{20}$$

또다른 예로서는 포름산메틸과 에틸렌으로부터의 프로피온산메틸의 합성이 있다. 이 반응은 극성용매 중, 190~200℃에서 Ru 또는 Ir 촉매의 존재하에서 진행한다.

$$HCOOCH_3 + H_2C{=}CH_2 \xrightarrow{[cat.]} CH_3CH_2COOCH_3 \tag{21}$$

공업적으로 흥미 있는 다른 포름산메틸의 반응으로서는, Ru 또는 Ir 촉매에 의한 아세트알데히드로의 수소화이성화, 아세트산으로의 이성화 혹은 Se 촉매계에서 메탄올과 산화적으로 반응시키는 방식에 의한 디메틸카보네이트의 합성 등이 있다.

포름아미드와 그의 N-메틸유도체는 공업적으로 용도가 많은 물질이며, 이 물질은 극성이기 때문에 선택적 용매나 추출용매(12.2.2.2, 4.2.2, 5.1.2절 참조)로서 중요하다. 이들은 또한 화학반응용의 비프로톤성 용매나 각종의 합성중간체로서도 사용된다. 디메틸포름아미드는 폴리아크릴로니트릴용액의 조제에 적합한 용제의 하나이며, 합성섬유를 제조하기 위해서 사용된다. 전세계의 디메틸포름아미드의 생산량은 거의 22만t/y으로 추정되며, BASF사가 최대의 메이커이다. N-메틸과 N, N-디메틸포름아미드는 포름산메틸의 가암모니아분해[반응식 (18) 참조]와 유사한 방법으로 각각 메틸아민 및 디메틸아민과의 반응에 의하여 제조된다.

5. 극성용매로서의 포름아미드와 그의 N-메틸유도체:
   선택적 추출용매
   비프로톤성 반응용매
   중간생성물(예를 들면 Vilsmeier 합성)

2가지의 방법에 의한 아미드와 메틸아미드류의 제조법:

1. 포름산메틸의 가암모니아분해 또는 아미노분해

$$HCOOCH_3 + \begin{matrix} NH_2CH_3 \\ NH(CH_3)_2 \end{matrix} \rightarrow \begin{matrix} HCONHCH_3 \\ HCON(CH_3)_2 \end{matrix} + CH_3OH \quad (22)$$

2. NH_3, NH_2CH_3, $NH(CH_3)_2$와 CO의 반응

포름아미드, N-메틸 및 N, N-디메틸포름아미드는 또한 각각 CO와 NH_3, 메틸아민 또는 디메틸아민과의 반응에 의하여 합성할 수 있다. 반응은 메탄올용액중, 알코올레이트의 존재하에서 2~10 MPa(20~100 kg/cm^2), 80~100℃에서 행한다.

$$CO + NH(CH_3)_2 \xrightarrow{[NaOCH_3]} HCON(CH_3)_2 \quad (23)$$

예를 들면, N, N-디메틸포름아미드의 경우, 수득률은 95%에 달한다. 이 방법은 Leonard법의 플랜트 등 많은 플랜트에서 공업적으로 이용되고 있다.

2.3.4 청산(시안화수소)

청산은 유기화학의 중요한 합성단위의 하나로서, C_1의 기본원료의 계열 중에서 확고한 위치를 점유하고 있다. 청산의 제조를 목적으로 하는 프로세스로서는 다음과 같은 2가지 방법이 적당하다.

2가지 방법에 의한 HCN의 제조:
1. 포름아미드의 탈수반응
2. 각종 C 성분의 암모산화 또는 암모니아와의 탈수소반응

1. 포름아미드의 탈수반응
2. 탄화수소, 그 중에서도 특히 메탄과 암모니아를 사용하는 산화 또는 탈수소합성

프로필렌의 암모산화의 부생성물로부터의 청산의 분리

한편, 청산은 프로필렌의 암모산화에 의한 아크릴로니트릴을 제조할 때의 부생성물로서 상당히 대량으로 얻어지고 있다(11.3.2절 참조).

합성에 의한 청산과 부생성물로부터의 청산의 비율은 국가에 따라서 상당히 다르다. 그러나 전체로서는 아크릴로니트릴의 시장과는 독립되어, 특정의 합성법에 의하여 청산의 수요를 증대시키는 경향이 있다.

부생하는 HCN 생산량(%)

	1995	1999
미국	23	22
서유럽	19	17
일본	62	57

1999년에 있어서 합성 및 부생성물로서 청산의 생산능력은 미국, 서유럽, 일본에서 각각 24, 59, 15만t/y였고, 그 중 부생성물로서 청산이 점유하는 비율은 부표에 나타낸 것과 같다.

방법 1

$HCONH_2$의 탈수반응.
감압하, 고온에서 철, 알루미늄의 인산촉매에 의한다.
이전에는 일반적이었지만, 현재는 중요하지 않다.

포름아미드의 탈수반응은 근대적인 감압법에 의하여, 촉매로서 Fe 또는 Al의 인산염을 충진한 철제의 촉매관 중, 380~430℃에서 행한다. 이 촉매는 촉진제로서 Mg, Ca, Zn, 또는 Mn을 함유하고 있다.

$$HCONH_2 \rightarrow HCN + H_2O \left(\Delta H = + \begin{matrix} 18\ kcal \\ 75\ kJ \end{matrix} /mol \right) \quad (24)$$

반응생성가스는 60~70용량%라고 하는 높은 HCN의 함량으로 인하여 직접 액화하는 데 적절하다. HCN의 선택률은 92~95%에 달한다. 이 포름아미드법은 BASF, Degussa, Knapsack의 각 회사에 의하여 개발된 것이지만, 현재는 BASF사 만이 2.1만t/y(1991년)인 능력의 플랜트로서 운용하고 있다.

방법 2

NH_3와 반응시키는 탄소성분으로서, Andrussow법과 Degussa법에서는 메탄이, 또한 Shawinigan(현재 Gulf Oil사)법에서는 고위 알칸이 사용되고 있다. Andrussow법은 원래 BASF사가 개발한 것이지만, 현재도 HCN 제조법으로서 가장 많이 채용되고 있다. Andrussow법은 대체적으로는 메탄의 암모산화이다.

암모산화 또는 암모탈수소:
1. 알칸 + NH_3 + O_2($-H_2O$)
2. CH_4 + NH_3($-H_2$)

$$CH_4 + NH_3 + 1.5\,O_2 \xrightarrow{[cat.]} HCN + 3\,H_2O \qquad \left(\Delta H = -\frac{113\ \text{kcal}}{473\ \text{kJ}}/\text{mol}\right) \tag{25}$$

촉매로서는 백금을 망상 또는 담체상으로 사용하고, 로듐과 같은 첨가물이 가해지고 있다. 이 변환반응은 상압, 1000~1200℃, 상당히 짧은 체류시간으로 행해진다. 반응가스는 HCN의 분해를 피하기 위하여 급랭된다. 그 후, 산으로 세척하고, 희박 수용액으로부터의 증류에 의하여 순수한 HCN이 얻어진다. HCN의 선택률은 약 88%(CH_4)와 90%(NH_3)에 달한다.

Andrussow법:
Pt-Rh망에 의한 CH_4의 암모산화
프로세스의 특징:
고온에서 체류시간을 짧게 하므로서 HCN의 완전산화를 방지한다.
불활성가스의 존재에 의하여 HCN 농도는 낮다(6~7용량%).

Andrussow법에 대한 각종의 변법이 American Cyanamid, Du Pont, Goodrich, ICI, Mitsubishi 가스화학, Monsanto, Montecatini, Nippon Soda, Rohm & Hass의 각 회사에서 개발되었다.

또한 메탄올이나 포름알데히드를 HCN의 제조에 사용하는 방법이 Sumitomo 화학 등에서 연구되고 있다. Mo-Bi-P 산화물촉매를 사용하는 메탄올의 암모산화에서는 460℃에서 HCN이 선택률 84%(CH_3OH)로서 얻어진다.

Degussa사의 BMA(**B**lausäuer-**M**ethan-**A**mmoniak)법은 공기나 산소가 존재하지 않는 조건에서, 메탄과 암모니아의 반응이 행해진다.

Degussa법:
Pt-Rh 또는 Al을 담지시킨 α-알루미나관(Corundum) 중에서의 CH_4와 암모니아의 탈수소반응

$$CH_4 + NH_3 \xrightarrow{[cat.]} HCN + 3\,H_2 \qquad \left(\Delta H = +\frac{60\ \text{kcal}}{251\ \text{kJ}}/\text{mol}\right) \tag{26}$$

프로세스의 특징:
O_2가 존재하지 않는 제조법이기 때문에 CO_2를 함유하지 않는 HCN이 얻

어지며, 단리가 용이하고, 부생하는 H_2는 유용하지만, 반응기는 약간 복잡하다.

촉매로서 백금, 루테늄 또는 알루미늄 표층을 갖는 소결알루미나관을 사용한다. 1200~1300°C의 반응온도에서 HCN이 선택률 90~91%(CH_4)와 83~84%(NH_3)로서 얻어진다. NH_3의 전환율은 거의 100%에 가까우며, 약간 남아 있는 NH_3가 H_2SO_4의 처리에 의하여 HCN/H_2 혼합물로부터 제거되고, 이어서 물에 흡수됨으로써 HCN이 분리된다. Degussa사(독일, 벨지움, 미국)와 Lonza사(스위스)가 공업플랜트로서 가동중이다.

Shawinigan법:
코크스유동상 중에서의 알칸과 암모니아의 탈수소반응

Shawinigan법은 미립자의 코크스로 형성되는 유동상 중 1300~1600°C에서 CH_4으로부터 경유까지의 탄화수소(예를 들면, 프로판)가 NH_3와 반응한다.

$$C_3H_8 + 3\,NH_3 \rightarrow 3\,HCN + 7\,H_2 \qquad (27)$$

프로세스의 특징:
전기가열법이기 때문에 전력소비가 높고, 경제적으로 사용이 제한된다.

유동상은 그의 내부에 조합된 흑연전극에 의하여 전기적으로 가열된다. 에너지의 소비량이 많기 때문에, 이 프로세스는 가격이 싼 전기에너지를 공급할 수 있는 지역에서만 경제적으로 운용된다. 프로판의 사용에 의한 HCN의 선택률은 약 87%(C_3H_8)이다.

캐나다의 Gulf Oil사가 공업플랜트를 수년간 운용했지만, 현재 가동중인 공업플랜트는 남아프리카에 있는 것뿐이다.

암모산화법(예: Sohio 프로세스):
아크릴로니트릴을 제조하는 경우의 부생성물로서의 HCN

또한 HCN은 프로필렌의 아크릴로니트릴으로의 암모산화(예를 들면 널리 보급되어 있는 Sohio법)의 부생성물로서도 얻어지고 있다.

부생하는 HCN의 분리에 의한 제법의 특징:
주생성물의 선택성과 생산량의 변화에 연동한다라고 하는 제약이 있다.

프로세스의 형태에 따라 다르지만, 아크릴로니트릴에 대해서 약 10~24중량%의 HCN이 얻어진다. 그러나, 개량전 촉매(예를 들면, Sohio 촉매41)를 사용하면 HCN의 생성은 현저하게 감소한다. 부생하는 청산은 값싸게 얻을 수 있는 장점이 있으나, 그의 공급은 아크릴로니트릴의 생산량 즉, 수요변동에 크게 좌우되기 때문에 이용에 제약이 있다.

HCN의 용도:
1. 탄소사슬의 연장을 목적으로 한 HCN의 사용. 예를 들면

$$(CH_3)_2CO \rightarrow (CH_3)_2C\begin{matrix}\diagup OH\\ \diagdown CN\end{matrix}$$
$$\rightarrow H_2C{=}C(CH_3)CN \rightarrow -COOH$$
$$H_2C{=}CH{-}CH{=}CH_2 \rightarrow NC(CH_2)_4CN$$

2. 중간체 제조를 위한 HCN. 예를 들면 클로로시안과 그의 환상3량체인 염화시아누르(트리클로로-*s*-트리아진 또는 2, 4, 6-트리클로로-1, 3, 5-트리아진)

청산은 그 대부분이 아세톤의 시아노하이드린을 경유하는 메타크릴로니트릴과 메타크릴산에스테르의 제조에 사용되고 있다(11.1.4.2절 참조). 이외에 부탄디엔과의 하이드로시아노화에 의한 아디포니트릴의 합성도 또한 중요성이 증대하고 있다(10.2.1.1절 참조). 청산은 또한 메티오닌의 제조에도 사용되고 있다(11.1.6절 참조).

청산으로부터의 중요한 2차반응생성물의 하나에 클로로시안이 있다. 이것은 공업적으로는 20~40°C에서 수용액 중, 청산과 염소의 반응에 의하여 제조되며, 그 결과 생성하는 염산수용액으로부터 기체로서 분리된다.

$$HCN + Cl_2 \rightarrow ClCN + HCl \left(\Delta H = -\frac{21\ kcal}{89\ kJ}/mol\right) \qquad (28)$$

클로로시안의 용도로서 공업적으로 중요한 것은, 그의 환상3량체인 염화시아누르의 제조가 있다. 가장 많이 사용되는 제조법은 촉매로서 활성탄 또는 촉진제로서 금속염을 함유하는 활성탄을 고정상 또는 유동상으로 사용하며, 건조시킨 클로로시안을 300°C 이상, 기상에서 3량화시키는 것이다.

염화시아누르의 제조: ClCN의 발열적 접촉 기상3량화반응

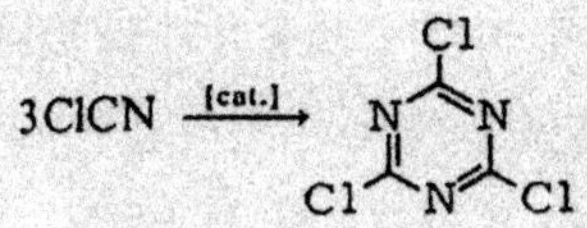

$$\left(\Delta H = -\frac{56\ kcal}{233\ kJ}/mol\right) \qquad (29)$$

염화시아누르는 용융 또는 용액상태로서 얻어지며, 선택률은 95%(ClCN)에 달한다. 이 물질의 전세계 생산량은 10만t/y 이상이며, 양적으로 가장 많이 사용되고 가격이 싼 유용한 헤테로고리화합물의 1종이다.

염화시아누르의 용도: 트리아진계의 제초제: 예: Simazin®

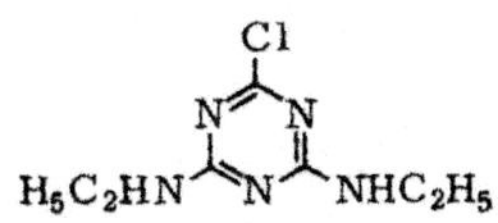

트리아진계 살균제, 반응성 염료, 형광염료(멜라민)

염화시아누르의 수요의 급속한 확대를 지탱하는 것은 트리아진계 제초제의 전구체로서의 용도가 있으며, 염화시아누르 생산량의 약 80%가 이 목적으로 사용되고 있다. 2, 4-비스(에틸아미노)-6-클로로-1, 3, 5-트리아진(Simazin®)은 이 분야의 대표적인 제초제이다. 트리아진계의 살충제는 그다지 중요하지 않다. 형광염료의 생산용에 염화시아누르의 10% 이상이 사용되고 있다. 더욱이 염화시아누르는 염료의 색소성분에 반응성의 관능기를 도입할 목적으로 사용되고 있으며, 이 시아누르 부분의 염소원자의 반응성에 의하여 염료를 섬유에 화학적으로 결합시킬 수 있다(치환염료).

시아누르산아미드(멜라민)는 원리적으로는 염화시아누르와 암모니아에 의한 반응에 의하여 제조할 수도 있다.

멜라민의 공업적 제법으로서는 오랫동안 주로 디시아노디아미드(칼슘시안아미드로부터 얻어진다)를 사용하는 다단계프로세스가 사용되어 왔다. 현재는 주로 변성산화알루미늄 또는 알루미노실리케이트를 촉매로 하고 요소로부터 1단계로서 제조하고 있다. 반응은 고정상형 또는 유동상형 반응기를 사용하여 9~15 MPa(90~150 kg/cm^2), 380~450°C의 용융상태 또는 상압 혹은 1 MPa(10 kg/cm^2)까지의 저압하, 350~400°C에서 행해진다.

멜라민의 공업적 제조법:
1. 디시아노디아미드의 3량화

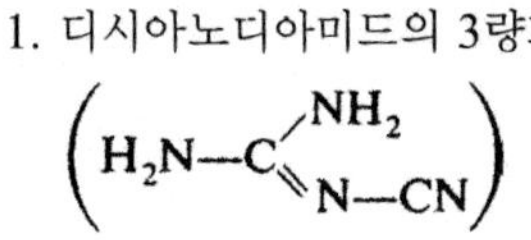

중요성은 감소.

2. CO_2/NH_3 분해가스 생성을 동반하는 요소의 환화(세계적으로 중요성이 증대)

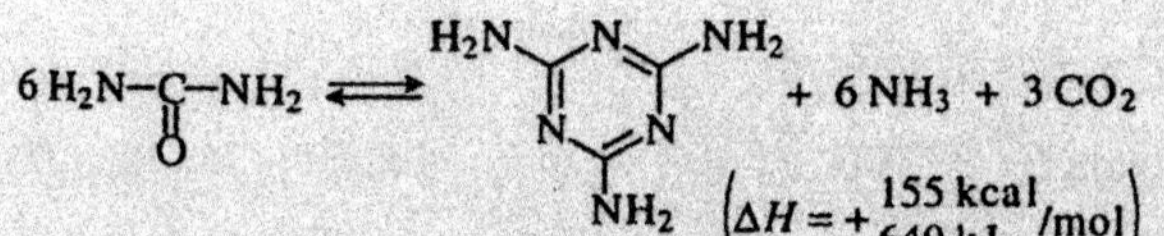

$$\left(\Delta H = +\frac{155\ kcal}{649\ kJ}/mol\right) \qquad (30)$$

생성하는 NH_3와 CO_2는 촉매를 유동상태로 유지하는 역할을 하고 있으며, 이들의 가스는 후단계에서 재차 요소로 회수된다.

멜라민의 생산량(단위: 10^3 t):

	1994	1996	1998
서유럽	194	213	222
일본	103	112	118
미국	111	130	132

멜라민의 수득률은 95% 이상(요소)으로 된다. 세계의 멜라민 생산능력은 1999년에는 약 65만t/y였다. 그 중 서유럽이 33만t/y, 일본이 12만t/y, 미국이 11만t/y이다. 이들 각국의 생산량은 부표에 표시되어 있다. 세계최대의 메이커는 DSM사이며, 27.7만t/y 이상의 생산능력이 있다. 저압법은 BASF사와 Chemie Linz사에 의하여 개발되었으며, 고압법은 Montedison사나 Nissan 화학 등에 의하여 실용화되고 있다. 멜라민의 주요한 용도는 포름알데히드와의 중축합에 의한 멜라민수지의 제조이며, 이것은 열경화성수지나 점착제 혹은 접착제로서 사용된다. 멜라민의 용도는 아래의 표와 같이 분류된다.

표 2.5 멜라민의 용도(%)

용 도	미 국			서유럽			일 본		
	1990	1994	1999	1988	1994	1998	1988	1994	1998
성형용화합물	24	32	32	54	53	51	56	59	69
표면처리제	36	38	37	9	10	12	13	15	11
섬유, 종이가공제	22	10	10	9	2	2	4	3	3
기타	18	10	21	28	35	35	27	23	17
합계(10^3 t)	86	69	113	143	220	259	62	58	68

3. 시안화알칼리금속과 시아노착화합물을 위한 HCN

청산은 시안화알칼리금속 또는 시아노착화합물의 합성에도 사용된다.

4. 서서히 녹는 성질의 비료로서 사용되는 옥사미드를 위한 HCN (높은 질소함량으로 난수용성)

새로 발견된 흥미 있는 HCN의 사용법으로서, 옥살산의 디아미드인 "옥사미드"의 합성이 있다. Hoechst사가 개발한 방법에 의하면, $Cu(NO_3)_2$ 존재하고, 수용성 유기용매 중에서 HCN을 O_2와 반응시키면 접촉적으로 산화 2량화가 진행하고, 동시에 수화가 일어난다. 이와 같이 하여 1단계로서 옥사미드가 합성되는데, 그의 수득률은 매우 높다.

$$2\,HCN + 0.5\,O_2 + H_2O \xrightarrow{[Cu^{2\oplus}]} H_2N\text{-}C(=O)\text{-}C(=O)\text{-}NH_2 \qquad \left(\Delta H = -\frac{105\ \text{kcal}}{440\ \text{kJ}}/\text{mol}\right) \tag{31}$$

이 방법의 최초의 공업적 이용으로서 1990년 이래 이탈리아에서 1만t/y의 플랜트가 가동되고 있다.

옥살산디알킬의 가암모니아분해에 의한 옥사미드 합성의 별법(Ube Kosan).

Ube Kosan은 옥사미드합성의 별법을 개발했다. 이 방법은 메탄올 또는 *n*-부탄올(7.2.1.1절 참조)의 산화적 카르보닐화에 의하여 얻어지는 옥살산의 메틸 또는 *n*-부틸에스테르를 암모니아와 반응시켜, 옥사미드와 대응하는 알코올로 변환시키는 것이다. 이 회사는 1981년에 이 방법의 상업운전을 개시했다.

옥사미드는 난수용성으로 인하여 서서히 녹는 비료로서 사용된다.

2.3.5 메틸아민류

메틸아민은 메탄올로부터 유도되는 일련의 2차반응생성물 중 그 생산량에서 거의 5번째의 위치를 점유하고 있다. 공업적인 제조법으로서는 CH_3OH에 의한 NH_3의 연속적인 메틸화가 주로 이용되고 있으며, 그의 프로세스는 검토가 잘 진행되고 있다.

메틸아민의 중요성: CH_3OH의 2차 반응생성물로서 HCHO, 아세트산, 메틸할라이드류, MTBE에 이어서 현재의 메탄올 용도의 약 3~5%를 점유한다.

유럽에서는 BASF, ICI 및 Montedison의 각 회사가 전통적인 메틸아민의 메이커이며, 최근 UCB사가 여기에 가세하였다. 한편 미국에서는 Du Pont사와 Air Products사가 주요한 메이커이다. 1996년의 세계의 생산능력은 약 83만t/y로 추정되었고, 그 중 미국이 20만t/y, 서유럽이 27만t/y, 일본이 7만t/y를 점유하고 있다.

공업적 제조법에서는 메탄올과 암모니아를 350~500°C, 1.5~3.0 MPa(15~30 kg/cm²)에서 산화알루미늄, 규산알루미늄 또는 인산알루미늄의 존재하에 반응시킨다.

메틸아민의 제조: NH_3의 CH_3OH에 의한 단계적 메틸화

$$CH_3OH + NH_3 \xrightarrow{[cat.]} CH_3NH_2 + H_2O \quad \left(\Delta H = -\frac{5\ kcal}{21\ kJ}/mol\right) \tag{32}$$

압력은 반응의 경로에 그다지 영향을 미치지 않기 때문에, 실제로는 프로세스상 사정이 좋은 약 2 MPa(20 kg/cm²)에서 반응이 행해진다.

알킬화는 모노메틸아민의 단계에서 정지하지 않고, 열역학적 평형으로 인하여 3종류의 메틸아민이 혼합물로서 얻어진다. 과잉의 NH_3를 사용하고, H_2O를 첨가함과 동시에 트리메틸아민을 재순환시키는 방식에 의하여 모노메틸 및 디메틸체를 주생성물로서 얻을 수 있다. 예를 들면, 500°C에서 NH_3/CH_3OH비가 2.4 : 1의 경우 54%의 모노메틸아민, 26%의 디메틸아민 및 20%의 트리메틸아민의 혼합물이 얻어진다. 부반응으로서는 분해에 의한 CO, CO_2, CH_4, H_2, N_2의 생성이 있다. 메틸아민류의 총합 선택률은 약 94%이다.

Al_2O_3, Al_2O_3-SiO_2, $AlPO_4$와 같은 탈수촉매에 의한 메틸화

모노 및 디메틸화의 조건:
1. NH_3:$CH_3OH > 1$
2. H_2O 첨가
3. $(CH_3)_3N$의 재순환(H_2O에 의하여 부분적으로 분해)

반응생성물이 공비혼합물을 형성하기 때문에 가압증류와 추출증류를 조합시켜서 분리가 행해진다.

메틸아민의 단리: 가압증류와 추출증류의 병용

메틸아민의 공업프로세스로서 중요한 지위를 점유하고 있는 것은 Leonard법이며, 이 방법에 의한 플랜트의 능력은 전세계적으로 27만t/y를 상회한다(1993년).

제올라이트의 형상선택성의 이용에 의하여 디메틸아민의 선택적 제조가 가능

Nitto 화학이 실시하고 있는 방법에 의하면, 특수한 세공구조를 갖는 제올라이트계의 산촉매를 사용하는 방식에 의하여 메틸아민류의 생성평형이 무너져서 디메틸아민이 86 mol%에 대해서 모노 및 트리메틸아민이 각각 7 mol%라고 하는 혼합물을 얻을 수 있다. 이 방법에 의한 공업플랜트는 1984년부터 일본에서 가동하고 있다.

메틸아민의 용도:

$(CH_3)_2NH$ 로부터 $HCON(CH_3)_2$

CH_3NH_2로부터 $O{=}C(NHCH_3)_2$

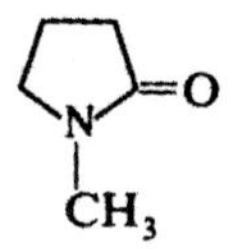

CH_2—$NHCH_3$ | CH_2—SO_3H

$(CH_3)_3\overset{\oplus}{N}$ 으로부터 $[HOCH_2CH_2\overset{\oplus}{N}(CH_3)_3]Cl^{\ominus}$

장래의 가능성

$(CH_3)_2NCH_3 + CO \rightarrow (CH_3)_2NC(=O)CH_3$

3종류의 메틸아민류는 용제, 살충제, 제초제, 의약품 혹은 세척제 등을 제조할 때의 중간체로서 중요하다. 각각의 메틸아민류의 수요는 각각 독자적으로 개척되어 왔다. 이 중 디메틸아민이 양적으로 가장 많이 생산되고 있으며, 용제로서 널리 용도가 있는 N, N-디메틸포름아미드(2.3.3절 참조)나 N, N-디메틸아세트아미드를 제조하기 위하여 사용되고 있다. 모노메틸아민의 수요는 2번째이며, 주로 디메틸우레아나 N-메틸피롤리돈(4.3절 참조)의 합성을 위하여 사용되는 이외에, CO_2 세척용이나 세제의 원료로서 사용되는 메틸타우린을 제조하기 위하여 사용된다.

트리메틸아민의 수요는 한정되어 있는데, 예를 들면 염화콜린의 제조에 사용되는 정도이다. 이와 같이 수요가 취약한 것을 반영하여 트리메틸아민의 카르보닐화에 의한 N, N-디메틸아세트아미드의 합성법도 시험되었지만, 현재까지 공업화에는 이르지 못했다.

2.3.6 메탄의 할로겐유도체

메탄의 수소원자의 일부 또는 전부를 치환하는 할로겐으로서는 염소와 플루오르가 공업적으로 가장 중요하다. 클로로플루오로카본(CFCs)의 그룹에 속하는 플루오르를 함유하는 메탄유도체의 생산은 격감되었으며, 특히 서유럽 공업국에서는 현저하다. 예를 들면 독일에서는 포화저분자량의 CFCs는 1995년에 생산이 완전히 중단되었다. 이것은 오존층의 보호와 기후 온난화의 방지를 위한 것이다. 브롬이 함유되는 것은 공업적으로 흥미 있는 플루오르의 치환 혹은 플루오르-염소 혼합치환메탄 유도체 중에서 극히 소량뿐이다.

클로로메탄류 생산능력
(1998년, 단위 10^6 t)

	CH_3Cl	CH_2Cl_2	$CHCl_3$	CCl_4
미국	0.35	0.23	0.20	0.11
서유럽	0.42	0.35	0.27	0.06
일본	0.07	0.08	0.07	0.10

클로로메탄류 생산량
(1997년, 단위 10^6 t)

	CH_3Cl	CH_2Cl_2	$CHCl_3$	CCl_4
미국	0.51	0.15	0.30	0.05
서유럽	0.48	0.24	0.25	0.09
일본	0.14	0.10	0.07	0.01

메탄의 4가지 염소치환체의 상대적인 중요성은, 부표에 표시된 1998년의 미국, 서유럽, 일본 및·세계의 생산능력으로부터 쉽게 판단할 수 있다. 클로로메탄류의 생산량의 추이(1997년)도 부표에 표시되어 있다.

클로로메탄류는 다음 2종류의 다른 방법으로 제조된다.

1. 메탄의 열적 염소화, 또는 접촉적 옥시염소화에 의하여 4종류의 모든 염소유도체가 혼합물로서 제조된다.
2. 메탄 이외의 원료를 사용하는 특별한 방법에 의하여 CCl_4와 CH_3Cl이 제조된다. CCl_4는 공업적으로 가장 중요한 클로로메탄이며, CH_3Cl은 대부분 염소화나 다른 반응의 중간체로서 사용된다.

2가지 방법에 의한 클로로메탄의 제조:
1. CH_4의 염소화 또는 옥시염소화 (모든 염소 유도체가 생성)
2. 다른 출발원료에 의한 CCl_4와 CH_3Cl의 다른 제조경로

방법 1

메탄의 기상염소화법은 1923년에 Hoechst사에 의하여 최초 공업적으로 실시되었다. 현재, 이 방법에 의하여 18만t/y의 염소화 C_1 화합물이 제조되고 있다. 커다란 발열이 있는 라디칼반응이기 때문에 열을 공급할 필요가 없으며, 일반적으로 무촉매(즉, 라디칼발생제를 첨가하지 않고)에서 400~450°C, 약간 가압하에 반응이 행해진다. 염소화는 염소분자의 호몰리시스에 의하여 열적으로 개시되지만, 광화학적으로 개시시킬 수도 있다.

CH_4 염소화의 원리:
무촉매 기상염소화:
조작조건과 CH_4/Cl_2의 비가 생성물 조성을 결정한다.

열, 빛 또는 개시제에 의한 Cl_2의 2Cl·으로의 호몰리시스에 의한 반응의 개시

염화메틸을 주생성물로서 얻기 위해서는, 약 10배량이라고 하는 대량 과잉메탄을 사용하여, 비로소 만족한 수득률이 얻어진다라고하는 것은, 생성한 염화메틸은 메탄보다도 더욱 빠르게 염소화되기 때문이다. 한편, Cl_2/CH_4가 같은 몰비의 경우, 반응식 (33)과 같은 클로로메탄이 모두 생성한다(mol%).

$$CH_4 + Cl_2 \xrightarrow[-HCl]{440°C} \underset{37}{CH_3Cl} + \underset{41}{CH_2Cl_2} + \underset{19}{CHCl_3} + \underset{3}{CCl_4} \qquad (33)$$

높은 염소화도를 얻기 위해서는, 염소화도가 낮은 화합물을 재순환하면 좋다. 반응혼합물의 후처리는 대부분의 공업프로세스에서는, 먼저 초기에 생성한 HCl을 H_2O 또는 공비조성의 염산수용액으로 세척하는 것에 의하여 제거된다. 이것으로부터 염소화생성물을 저온응축기에서 응축시켜 CH_4와 분리시킨 후, 가압증류에 의하여 각각의 클로로메탄이 순수한 성분으로서 얻어진다.

클로로메탄의 단리:
1. HCl의 수세 제거
2. 클로로메탄의 응축과 CH_4의 분리
3. 클로로메탄의 정류

부생성물로서는 헥사클로로에탄 이외에 소량의 트리클로로에틸렌이 생성한다.

염소화 C_1생성물의 선택률은 97% 이상에 달한다.

공업적인 방법으로서 많은 개량법이 Asahi Glass, Dow, Hüls, Montecatini, Scientific Design의 각 회사에 의하여 개발되었다. 이들의 방법은 CH_4의 염소화가 강한 발열반응이라고 하는 특유한 문제점에 대해서 각각 다른 기술적인 해결법을 제기한 것으로서, 이들에 의하

메탄염소화 공정의 문제점:
1. 중요한 온도범위, 반응개시 온도와 분해온도의 간격이 좁다
2. 각 염소화단계에 있어서 커다란 반응열

	kcal/mol	KJ/mol
CH_3Cl	24.7	103.5
CH_2Cl_2	24.5	102.5
$CHCl_3$	23.7	99.2
CCl_4	22.5	94.2

3. 염산의 부식성으로 인하여 고급재질이 필요

여 250~270°C에서 개시반응이 일어나고, 그 후 폭발적으로 진행하는 반응을 공업적으로 중요한 온도범위 350~550°C 사이에서 제어할 수 있다.

이들 해결법의 차이는 다음과 같다. 즉 역혼합성과 열제거형식을 특징 있는 반응기의 구조(루프상태의 기포탑식 반응기 : Hoechst사, 유동상반응기 : Asahi Glass, 다관식반응기 : C.F.Braun사), 높은 CH_4/Cl_2비 또는 불활성가스의 첨가(N_2 : Montecatini사), 반응온도(열에 의한 라디칼개시반응 : 많은 제조회사, UV 조사에 의한 광화학개시반응 : Dow사) 등이다. 또한 반응 생성물의 처리법으로서는 Hoechst사와 Hüls사는 HCl 제거 후 가압증류를 행하며, Dow사는 반응출구가스의 CH_3Cl/CCl_4에 의한 추출 후에 세척에 의한 HCl 제거를 행하고 있다.

CH_4 옥시염소화의 원리:
$CuCl_2/KCl$ 용융염 중에서의 HCl과 O_2에 의한 CH_4의 접촉변환

최초의 공업적 운용:
Lummus의 "Transcat법"
(일본): 간접적 옥시염소화

4종류의 클로로메탄혼합물을 제조하는 별도의 방법은 메탄의 옥시염소화이다. 직접적인 옥시염소화법은 아직 공업화되어 있지 않지만, 간접적인 옥시염소화법이라고 볼 수 있는 프로세스가 Lummus사에 의하여 개발되었으며, 1975년에 일본의 Shinetsu 화학에 의하여 3만t/y의 플랜트의 조업이 개시되었다. 이 방법은 염화비닐의 제조법에도 응용할 수 있다(9.1.1.3절 참조).

프로세스의 특징:
2단법
1. 염소발생원으로서의 용융염에 의한 CH_4의 염소화(반응)
2. 자기촉매작용에 의한 용융염의 옥시염소화(재생)

이 제조방법에서는 $CuCl_2$와 KCl의 용융염이 그대로 촉매로서 작용함과 동시에 염소원으로도 된다. 이 용융염은 먼저 메탄을 염소화하여 4종류의 클로로메탄으로 변화시키고, 이어서 그들 자신은 산화반응기 속으로 유도되어 염화수소 또는 염산과 공기와의 반응에 의하여 옥시염소화(옥시하이드로염소화라고도 불리운다)되어, 재차 원래의 형태로 되돌아온다. 구체적인 조업조건은 확실하지 않다. 이 프로세스는 다음 반응식으로 나타내는 바와 같이 쓸모없는 염산의 활용이 가능하다.

$$CH_4 + HCl + O_2 \rightarrow CH_3Cl + \text{고위 클로로메탄} + H_2O \quad (34)$$

방법 2

다른 원료, 프로세스, 선택성에 의한 CCl_4 제조의 별법:
1. CS_2 경로
2. C_3 염소화분해
3. Cl 함유 잔류물의 염소화 분해
4. 원소로서의 탄소 사용에 의한 합성

사염화탄소를 목적으로 하는 제조에 대해서는 4가지의 방법이 알려져 있으며, 각각 다른 출발원료를 사용하는 것이 특징이다.

1. 이황화탄소
2. 프로판-프로필렌혼합물
3. 염소 함유의 유기잔류물
4. 원소로서의 탄소, 예를 들면 저온코크스

방법 2.1

미국, 이탈리아, 영국 혹은 멕시코 등의 국가에서는 이황화탄소를 CCl_4로까지 염소화하는 방법이 행해지고 있다. 이 반응은 금속철 또는 $FeCl_3$의 존재하 또는 무촉매로서 30℃, 상압, 액상으로 행해진다. 1950년대까지는 CS_2가 CCl_4 합성의 유일한 출발물질이었지만, 그 후 메탄의 염소화나 탄화수소의 염소화분해에 의한 CCl_4의 새로운 경로가 개발되었다. 현재는 CS_2 경로가 CCl_4의 세계생산량의 약 25%를 점유하고 있으며, 또한 예를 들면 미국에서는 30%(1990년)를 점유하고 있다. CS_2에 대해서 화학양론량의 염소를 사용하면 유황이 부생하지만, 이것은 CS_2의 제조를 위해서 재사용할 수 있다. 과잉의 염소를 사용하면 공업적으로 흥미 있는 S_2Cl_2가 생성하지만, 이것도 CS_2와의 반응에 의하여 CCl_4와 유황으로 변환할 수 있다.

CS_2 경로의 원리:
Fe 촉매에 의한 S과 Cl의 치환: 유황석출에 의한 평형이동

$$CS_2 + \begin{matrix} 2\,Cl_2 \\ 3\,Cl_2 \end{matrix} \rightleftarrows CCl_4 + \begin{matrix} 2\,S \\ S_2Cl_2 \end{matrix} \qquad (35)$$

CCl_4로의 선택률은 90%(CS_2)와 80%(Cl_2)에 달한다.

방법 2.2

프로판-프로필렌 혼합물은 600~700℃, 0.2~0.5 MPa(2~5 kg/cm^2)에 있어서 염소화분해에 의하여 C_1 및 C_2 염소화물인 CCl_4와 퍼클로로에틸렌으로 변환된다(9.1.4절 참조).

C_3 염소화분해의 원리:
C_3의 기상염소화분해에 의한 퍼클로로-C_1 + C_2 혼합물(저압염소화분해)

$$C_3H_6 + Cl_2 \rightarrow CCl_4 + Cl_2C{=}CCl_2 + HCl \qquad (36)$$

반응조건과 사용원료의 양적 비율을 조절하는 방식에 의하여 CCl_4와 퍼클로로에틸렌의 비율은 65 : 35로부터 35 : 65의 범위로 변할 수 있다. 양쪽의 생성물로의 선택률은 약 90%(C_3H_6와 Cl_2)이다. 공업적으로 이용되고 있는 방법은 Progil-Electrochimie와 Scientific Design 두 회사에 의하여 개발되었다.

서유럽에서 많은 플랜트가 가동되고 있다.

제법의 특징:
압력과 온도에 의존하는 평형의 변화가 생성물의 비를 결정한다.
$2\,CCl_4 \rightleftarrows Cl_2C{=}CCl_2 + 2\,Cl_2$

방법 2.3

염소를 함유하는 유기잔류물은 염소화분해에 의한 CCl_4의 제조원료로서 가장 경제적으로 흥미 있는 것이다. 특히 메탄의 염소화공정, 염화비닐, 염화알릴, 클로로벤젠의 제조공정, 클로로하이드린을 경유하는 프로필렌옥사이드의 제조공정 등으로부터 생성하는 잔류물은 염소함량이 높기 때문에 이 방법의 원료에 적당하다.

유기 잔류물의 염소화분해의 원리:
염소를 함유하는 탄화수소의 기상염소화분해. 사염화탄소, $Cl_2C{=}CHCl$, $Cl_2C{=}CCl_2$의 혼합물 또는 CCl_4만이 생성한다.

2종류의 방법:
1. HCl/O_2를 염소원으로 하는 접촉

적 옥시염소화
2. Cl_2 사용에 의한 무촉매하에서의 직접염소화(고압염소화 분해)

염소화분해에 필요한 염소는 PPG사의 옥시염소화법과 같이 HCl/공기의 형태로서 공급할 수도 있지만, 분자상태의 염소로서 직접 프로세스에 도입되는 쪽이 많다. 후자의 방법은 많은 회사(Diamond Shamrock, Stauffer Chemical, Hoechst 등)에서 개발되어 있다.

잔류물의 염소화 분해의 프로세스 예: Hoechst의 CCl_4 프로세스

염소화분해의 선택성, 즉 주로 사염화탄소가 생성되든지 혹은 CCl_4, $Cl_2C{=}CCl_2$, $Cl_2C{=}CHCl$로 형성되는 혼합물이 생성되는지는 압력, 온도, 반응시간 혹은 Cl_2/탄화수소의 비와 같은 중요한 프로세스의 인자에 의하여 결정된다.

조작의 특징:
고온(600°C)
고압(20 MPa 이하)
짧은 체류시간(약 1분)
부생성물이 없다.

Hoechst사가 개발한 염소화분해법은 12~20 MPa(120~200 kg/cm^2), 600°C에서 거의 100%의 선택률로서 CCl_4가 생성된다. 짧은 체류시간과 고압의 반응조건에 의하여, 일반적인 조건에서 일어나는 CCl_4와 퍼클로로에틸렌의 평형이 저해된다. 방향족계 잔류물을 사용하는 경우에는 단리가능한 중간화합물로서 헥사클로로벤젠이 생성된다. 한편 지방족 잔류물을 사용하는 경우의 대응하는 중간생성물은 헥사클로로에탄이다. Hoechst사는 1976년 초에 서독에서 1개의 플랜트를 가동시켰으며, 1984년에는 CIS에서도 1개의 플랜트를 가동시켰다.

방법 2.4

원소로서의 탄소사용에 의한 합성의 원리:
고온에 있어서 코크스의 염소화

석탄은 수소함유량이 적은 것으로부터 보면 사염화탄소의 제조용으로서 흥미 있는 출발물질이다. 왜냐하면 HCl이 동시에 생성됨으로 인해 손실되는 염소의 양이 매우 적기 때문이다. 그러나 석탄은 반응활성이 낮으며, 이것을 반응시키기 위해서는 약 800°C라고 하는 고온이 필요하기 때문에 근본적인 결점이 있다. 탄소의 직접 염소화프로세스는 지금까지 많이 발표되어 있지만, 현재 파일럿플랜트 이상의 진전은 발견되지 않았다.

조작의 특징:
HCl의 생성이 적은 반면, 반응성도 낮다.

다른 CH_3Cl의 제조법:
무촉매 또는 촉매를 사용하는 액상 또는 기상하에서의 메탄올과 HCl의 선택적 에스테르화반응(하이드로클로르화)

염화메틸은 메탄의 염소화 이외에도 메탄올과 염산과의 반응으로 제조할 수 있다. 이 반응은 액상에서 100~150°C, 약간의 가압하, 무촉매 또는 $ZnCl_2$ 혹은 $FeCl_3$ 등의 존재하에 행할 수도 있지만, SiO_2에 담지시킨 $ZnCl_2$, $CuCl_2$, H_3PO_4 등의 촉매 혹은 Al_2O_3 촉매를 사용하고, 기상에서 300~380°C, 0.3~0.6 MPa(3~6 kg/cm^2), 고정상 또는 유동상으로 행하는 쪽이 많다.

$$CH_3OH + HCl \rightleftharpoons CH_3Cl + H_2O \quad \left(\Delta H = -\frac{8\ \text{kcal}}{33\ \text{kJ}}/\text{mol}\right) \qquad (37)$$

이 반응은 선택률이 거의 98%(CH_3OH)로 높으며, 부생성물로서는 소량

의 디메틸에테르가 생성될 뿐이다.

현재, 가격이 싼 메탄올과 많은 염소화프로세스로부터의 과잉염산의 증산에 의하여 이 메탄올의 하이드로클로로화가 염화메틸의 합성을 위한 가장 중요한 공업적 방법으로 되어 있다.

염화메틸은 메탄 대신에 고위의 클로로메탄류의 합성원료로서 사용할 수도 있다. 대부분의 경우 반응은 기상열염소화에 의하여 행해지고 있지만, 1979년 이래 Tokuyama Soda가 개발한 약 100°C에서의 접촉적 액상반응도 채용되고 있다. 염소화에 의하여 생성한 HCl은 메탄올과의 에스테르화에 사용된다.

고위의 클로로메탄류로의 CH_3Cl의 염소화에서는, 그 반응에 의하여 생성되는 HCl이 CH_3OH의 에스테르화에 사용될 수 있다.

염소치환메탄류는 모두 용매로서 광범위한 용도를 가지고 있다. 이들은 용해도가 뛰어나며 게다가 불연성인 장점이 있다(CH_3Cl은 제외). 단, 그의 독성으로 인하여 사용에는 특별한 방호조치가 필요하다. 또한 클로로메탄류는 여러 분야에서 중간원료나 반응성분으로서 그 중요성이 계속적으로 점차 증대되고 있다. 예를 들면 염화메틸은 페놀류, 알코올류 및 셀룰로오스의 메틸화나 에테르화에 이용되며, 또한 메틸클로로실란(실리콘)이나 4차암모늄염의 제조에 있어서 계속 사용되고 있다. 무연가솔린에 대체하여 각국에서는 안티녹킹제의 4메틸납을 제조하기 위한 염화메틸의 용도는 이미 중요하지 않다. CCl_4와 $CHCl_3$는 주로 클로로플루오로탄소의 출발원료로서 사용되고 있지만, 클로로플루오로메탄의 생산이 세계적인 규제나 전면적인 금지에 의하여 용도는 상당히 감소할 것으로 예상된다.

클로로메탄의 용도:

1. 용매
2. 중간체, 예를 들면

2.1. CH_3Cl을 메틸화제로서:
  + Si(Rochow 합성) → $(CH_3)_2SiCl_2$(실리콘) + Na 셀룰로오스 → 메틸셀룰로오스

2.2. F, Cl 함유 탄화수소 합성용의 사염화탄소와 $CHCl_3$(중요성은 격감)

제 3 장

올 레 핀

3.1. 올레핀화학의 역사적 발전

제2차세계대전 이후 올레핀화학의 발전은 석유화학의 급속성장과 밀접한 관계가 있다.

올레핀화학발전의 2가지 기본적인 요인:

1. 분해법에 의한 올레핀의 공급은 가솔린수요의 증대와 함께 증가했다. 이들의 올레핀류는 원래 단순히 가솔린품질의 개선(알킬레이트 가솔린, 중합가솔린)용으로 사용되었지만, 그후, 원유를 베이스로 한 석유화학의 발전과 더불어 올레핀 제조용의 분해법이 개발되기에 이르렀다.

그 당시까지만 해도 특히 독일에서는 콜타르와 아세틸렌의 화학이 주류였는데, 용제, 도장용 원료, 엘라스토머, 열가소성수지, 열경화성수지 및 합성섬유 등 다양한 제품이 생산되었다. 하지만, 이 화학제품들의 대량생산으로의 확대는, 올레핀화학이 발달되고 올레핀의 처리 및 중합방법에 대한 공법이 개발됨으로써 가능하게 되었다.

미국에 있어서는, 자동차 대중화의 급속한 발전이 올레핀화학을 신장시켰다. 1930년대에 들어와 가솔린의 수요가 점차 증대했으며, 정유소에서는 원유의 고비점류분을 열분해하여 보다 많은 동력연료를 생산해야 할 필요가 생기게 되었다. 올레핀류는 이 때의 부산물인데, 원래는 가솔린의 품질을 향상시키기 위하여 알킬레이트가솔린과 중합가솔린의 제조에 사용된 것에 불과했다.

2. 값이 싼 올레핀류의 변환기술을 개발하기 위하여 화학적인 연구가 집중적으로 행해지고, 모노머의 제조나 중합을 위하여 새로운 촉매가 지속적으로 발견되었다.

서유럽에서는 1948년 이래 경제가 비약적으로 성장했으며, 그 결과 정유능력도 증대하여 올레핀제조용 기초원료가 풍부하게 입수되기에 이르렀다.

동시에 올레핀류로부터 각종의 모노머를 제조하는 프로세스가 개발되었으며, 중합방법의 개량도 행해졌고, 올레핀화학은 급속히 발전했다.

3.2. 탄화수소의 분해에 의한 올레핀

올레핀류는 화석연료에는 거의 대부분 존재하지 않고, 주로 분해법으로 얻어진다.

올레핀류는 반응성이 높긴 하지만 천연가스나 원유 중에 존재할지라도 그 양이 극히 적기 때문에 개열반응 혹은 분해반응에 의하여 제조하지 않으면 안된다.

석유변환법은 다음과 같이 분류된다:
1. 접촉분해
2. 수소화분해
3. 열분해

원래 원유조성으로부터 얻어지는 석유제품을 시장의 수요에 맞추는 일련의 제품으로 변화시키기 위하여, 접촉분해, 수소화분해 및 열분해라고 하는 본질적으로 다른 3가지의 정유기술이 이용된다.

접촉분해의 특징:
산성분해촉매에 의하여 카르보늄이온 메카니즘의 반응이 일어나며, 포화분지상 탄화수소, 환상탄화수소 및 방향족탄화수소가 생성한다.

전통적인 분해촉매:
무정형의 규산알루미늄, 이전에는 Al_2O_3 함량이 10~15중량%였지만, 최근에는 25중량%의 것이 사용되었다.

현대적인 분해촉매:
Al_2O_3와 SiO_2의 사면체가 3차원의 망상으로 늘어선 5~40중량%의 결정성 규산알루미늄(제올라이트). 희토류로서 양이온교환하여 안정화되며, 무정형규산염과의 혼합물로서 사용된다.

접촉분해법에서는, 고비점류분이 포화의 분지파라핀류, 나프텐류(시클로파라핀류) 및 방향족탄화수소로 분해되지만, 올레핀류의 생성률이 작기 때문에, 이 기술은 주로 동력연료를 제조할 목적에 사용된다. 각종 공업기술이 이용되고 있지만, 일반적으로는 유동상(FCC = **f**luidized **c**atalytic **c**racking) 혹은 촉매를 상승류로서 사용하는 반응기(riser cracking)가 사용된다. 일반적인 반응조건은 450~500˚C, 약간의 가압이다. 이전에는 Cr_2O_3(TCC 촉매 = Mobile Oil사의 **t**hermofor **c**atalytic **c**racking법), 혹은 MnO를 활성화제로서 첨가한 규산알루미늄(Houdry 촉매)이 사용되었지만, 현재는 산성 혹은 희토류로서 양이온교환한 제올라이트 형태의 결정성 규산알루미늄과 무정형의 합성 혹은 천연규산알루미늄과의 혼합물이 사용되고 있다. 희토류로서 양이온교환한 촉매는 고온에서의 안정성이 뛰어나다. 제올라이트 촉매는, 형상선택성(세공의 형상에 의하여 규제되는 생성물 선택성)과 탄소석출의 감소에 의하여 높은 가솔린의 수득률을 증대시킨다. 접촉분해법은 뛰어난 촉매반응이지만, 탄소가 석출되자마자 촉매가 실활된다. 따라서 연속적으로 탄소피막을 소각시켜 촉매를 재생할 필요가 있으며, 촉매 중에는 C/CO의 CO_2로의 산화를 촉진시키기 위하여 백금이 소량 함유되어 있다.

접촉분해법은 세계적으로 널리 이용되고 있으며, 제올라이트가 많이 사용되고 있다. Exxon사, Gulf사, Kellogg사, Stone and Webster사, Texaco사 혹은 UOP사 등의 기업에 의하여 선도적인 프로세스가 개발되었다.

수소화분해법의 특징:
2원기능촉매(수소화-탈수소와 산성기능)에 의하여 카르보늄이온 메카니즘의 반응(탈수소, 이성화, 수소

수소존재하에서 접촉분해를 행하는 수소화분해법에는, 프로세스가 다기 다양해서 고비점의 증류류분이나, 증류잔사까지도 분해하여 저비점의 제품으로 전환시킬 수 있다. 제품 중에는 올레핀류가 함유되지 않으

며, 공급원료의 종류, 촉매의 종류, 및 프로세스의 운전조건을 변화시키는 방식에 의하여 생성물의 조성을 광범위하게 변화시킬 수 있다. LPG(**l**iquefied **p**etroleum **g**as)를 첨가하는 방법에 의하여 이소부탄, 가솔린, 나프타 혹은 연료유의 생산용에 프로세스를 최적화시킬 수 있다. 수소화-탈수소에 활성인 금속성분(예를 들면, Co-Mo 또는 Pd, Pt)과, 산성분해성분(예를 들면, $Al_2O_3 \cdot SiO_2$, 주로 제올라이트)으로 형성되는 2원기능촉매계가, 수소의 존재하에 사용된다. 반응조건은 270~450°C, 8~20 MPa(80~200 kg/cm^2)로서, 비교적 높은 건설비를 필요로 한다. 더욱이 공급유 1 t에 대해서는 300~500 m^{3}의 수소를 필요로 한다. 정유소에서는 이것을 입수할 수 없기 때문에, 별도로 수소를 제조하지 않으면 안 된다.

화)이 일어나며, 주로 포화분지상의 탄화수소가 생성한다.

분해중에 탈황과 탈질소(즉 정제)가 동시에 행해진다.

올레핀의 제조에 관해서는, 열분해법이 중요한 역할을 하고 있다. 탄화수소의 라디칼 개열(開裂; cleavage)을 포함하는 이 방법은 감압하에서 행해지며, 반응은 400~500°C 근처에서 개시한다.

열분해법의 특징: 무촉매의 라디칼분해반응에 의하여 올레핀류가 고비율로 얻어진다.

열분해의 기본적인 반응메카니즘은, *n*-옥탄을 예로 들어서 설명하면, 다음과 같이 되리라 생각된다. 열분해는, C-C결합이 예를 들면 반응식 (1)과 같이 2개의 프리라디칼로 분해하는 것에 의하여 개시된다.

$$CH_3(CH_2)_6CH_3 \rightarrow CH_3CH_2CH_2CH_2CH_2\cdot + \cdot CH_2CH_2CH_3 \qquad (1)$$

각각의 알킬라디칼은 *n*-옥탄분자로부터 수소원자를 탈취하여 옥틸라디칼과 옥탄보다도 탄소사슬이 짧은 알칸을 생성한다.

$$\begin{aligned} &CH_3CH_2CH_2CH_2CH_2\cdot + CH_3(CH_2)_6CH_3 \rightarrow \\ &\qquad CH_3(CH_2)_3CH_3 + CH_3(CH_2)_5\dot{C}HCH_3 \end{aligned} \qquad (2)$$

2차수소는 1차수소보다도 C-H결합에너지가 작기 때문에 쉽게 탈리된다. 각각의 2차수소의 탈리에 대해서는 같은 확률이다. 이들의 라디탈은 β-개열하여 에틸렌 혹은 프로필렌과, 보다 탄소사슬이 짧은 알킬라디칼을 생성한다.

$$\begin{aligned} &CH_3CH_2CH_2{-}CH_2CH_2\cdot \rightarrow CH_3CH_2CH_2\cdot + H_2C{=}CH_2 \\ &CH_3(CH_2)_3CH_2{-}CH_2\dot{C}HCH_3 \rightarrow CH_3(CH_2)_3CH_2\cdot + \\ &\qquad\qquad H_2C{=}CHCH_3 \end{aligned} \qquad (3)$$

이와 같은 분해반응에 의하여 H_2 함량이나 탄소골격의 변화가 일어난다. H_2 함량의 변화에는 H_2가 풍부한 탄화수소류분의 탈수소나 H_2의 이동이 포함되며, 골격의 변화로서는 H_2가 빈약한 고분자류분의 탄소사슬의 분

분해법에 관여하는 반응은 다음과 같이 분류된다:

1. 탈수소, H_2이동, 탄소사슬의 분해, 이성화, 환화라고 하는 1차반응.

2. 올레핀의 중합, 알킬화, 방향족 탄화수소의 다환화합물으로의 축합이라고 하는 2차반응.

해가 이것에 상당한다.

탄소골격이 변하는 1차반응에는 탄소사슬의 분해뿐만이 아니고, 이성화나 환화도 포함된다. 2차반응에는, 올레핀의 중합, 알킬화 및 방향족 탄화수소의 다환식 화합물로의 축합 등이 포함된다.

생성자유에너지(ΔG_f)에 의하여 모든 탄화수소의 상대적인 열안정성이 판단된다. 양인 ΔG_f:

열역학적 평형에 있어서, 흑연과 수소분자로까지 분해되는 것이 유리하다(예를 들면, 에탄에서는 $T > 230°C$에서 $\Delta G_f > 0$).

실제로는 반응시간을 짧게하여 중간의 평형상태를 실현한다.

열역학적 관점으로부터 보면, 공업적으로 실시되는 분해온도에서는, 모든 포화 및 불포화탄화수소는, 각각의 원소에 비하여 불안정하다. 즉, 만일 열역학적 평형에 달할 때까지 열분해가 진행한다라고 하면, 모든 탄화수소는 흑연과 수소분자로까지 완전히 분해되는 것이다.

따라서 공업적으로 실시되는 분해프로세스에서는, 열분해는 일어나지만, 원소로까지는 분해하지 않는 정도의 시간에서 대량 에너지의 공급을 고온하에서 행하지 않으면 안 된다.

올레핀의 수득률은 다음의 3가지 요인과 이들의 상호작용에 의하여 결정된다:

1. 분해온도
2. 체류시간
3. 탄화수소의 분압

탄화수소의 분해는 다음 3가지의 동역학파라미터를 제어하여 최적화시킨다.

1. 분해온도
2. 체류시간
3. 탄화수소의 분압

1. 분해온도

1. 온도의 영향:
1.1. 고온에서는 고위 올레핀보다도 C_2/C_3 올레핀의 생성이 유리
1.2. 고온에서는 분해속도가 빨라지기 때문에, 체류시간의 단축 혹은 저분압이 필요.

온도는 분해가스의 조성에 영향을 미친다. 약 400°C에서는 분자의 중앙에서 우선적으로 분해하지만, 온도를 상승시키면 분해위치는 사슬의 말단으로 이동하며, 보다 저위의 올레핀이 생성한다.

또한, 고온에서는 라디칼의 농도가 높기 때문에, 분해속도도 빨라진다.

2. 체류시간

2. 체류시간의 영향:
체류시간이 길어지면 2차반응이 증가한다.
짧은 시간의 분해에 의하여 올레핀의 비율이 증가한다.

분해온도가 일정한 경우에는, 체류시간은 1차반응생성물과 2차반응생성물의 생성비에 영향을 미친다. 체류시간이 짧으면 올레핀류를 생성하는 1차반응이 우선하지만, 체류시간이 길어지면 올리고머화나 탄소가 석출하는 2차반응이 증대한다.

3. 탄화수소의 분압

3. 분압의 영향:
1 mol의 원료로부터 2~3 mol의 분해물이 생성하기 때문에 탄화수소의 분압을 낮출수록 분해의 정도가 증대한다(Le Chatelier Braun의 법칙).

희석가스로서는 H_2O가 사정이 좋다(수증기분해).

목적으로 하는 분해반응은 분자수가 증가하는 반응이기 때문에, 탄화수소의 분압은 커다란 영향을 미친다. 분압이 높으면 중합이나 축합반응이 증가하며, 분압을 낮추면 올레핀의 수득률이 증대한다. 탄화수소의 분압을 낮추기 위하여, 희석가스(대개 수증기)가 열분해용의 탄화수소류분으로 혼합된다(수증기분해 혹은 리포밍). 수증기의 농도를 높이면 올레핀의 수득률이 향상되며, 탄소의 석출이 감소한다.

즉, 저위 올레핀류의 제조는, 높은 온도, 짧은 체류시간 및 낮은 분압으로 행하는 것이 바람직하다.

수증기분해에서는, 본질적으로 엄밀하게 조건이 다른 2가지의 방법이 개발되었다.

1. 체류시간 1초, 800℃ 이하의 온도에서 행하는 낮은 시비어리티 분해
2. 체류시간 약 0.5초, 900℃ 근처의 온도에서 행하는 높은 시비어리티 분해

이들의 인자를 변화시키는 것에 의하여, $C_2/C_3/C_4$ 올레핀의 생성비율을 제어할 수 있다.

수증기의 장점: 응축성이 있기 때문에 분리하기 쉽다. 탄소의 석출이 억제된다.

수증기의 단점: 가열과 냉각에 의한 에너지소비의 증가.

저위 올레핀제조법의 조건:
1. 고온분해
2. 짧은 체류시간
3. 수증기분해

기본적인 2가지의 분해조건:
1. "낮은 시비어리티"
 < 800℃, 체류시간 1초
2. "높은 시비어리티"
 900℃까지의 고온, 체류시간 0.5초

3.3. 올레핀의 특수 제조방법

3.3.1. 에틸렌, 프로필렌

에틸렌과 프로필렌은 양적으로 가장 중요한 유기기본물질이다. 모든 석유화학제품의 약 30%는 에틸렌을 출발원료로 하고 있다. 주요 공업국의 에틸렌과 프로필렌의 생산량의 추이가 부표에 나와 있다.

2000년의 에틸렌의 생산능력은 세계에서 약 1억 t/y로 증대되었고, 그중 미국이 2660만 t/y, 서유럽이 2220만 t/y, 일본이 740만 t/y이다. 2000년의 프로필렌의 생산능력은 세계에서 6200만t/y이었고, 그중 미국이 1700만 t/y, 서유럽이 1600만 t/y, 일본이 540만 t/y이다.

에틸렌은 원래 아세틸렌의 부분수소화, 에탄올의 탈수, 혹은 코크스로가스로부터 분리에 의하여 제조되었지만, 석유화학공업이 발달한 국가에서는, 이들의 제법은 이미 중요하지 않게 되었다. 그러나 남미, 아시아, 아프리카와 같은 발전도상국에서는, 발효로서 얻어지는 에탄올의 탈수에 의한 에틸렌이 석유로부터의 에틸렌의 공급의 부족을 보충하고 있다. 프로필렌은 원유류분이나 천연가스로부터의 제조가 가능해졌으며, 비로소 화학공업에 있어서 매우 중요한 것으로 되었다.

현재는 에틸렌, 프로필렌은 주로 포화탄화수소의 열분해에 의하여 얻어지고 있다. 최근의 에틸렌-프로필렌 분해플랜트는 1기로서 75만 t/y의 에틸렌과 45만 t/y의 프로필렌을 제조하는 능력을 갖게 되기에 이르렀다. 2000년에 ABB사는 미국에서 에틸렌, 프로필렌의 생산능력이 각각 86만 t/y인 열분해플랜트를 건설했다.

에틸렌의 생산량(단위: 10^6 t):

	1992	1995	1999
미국	18.3	21.3	25.3
서유럽	15.5	18.4	19.4
일본	6.1	6.9	7.7

프로필렌의 생산량(단위: 10^6 t):

	1992	1995	1999
미국	10.3	11.7	13.2
서유럽	9.7	12.1	13.2
일본	4.5	5.0	5.5

전통적인 에틸렌 제조법:
1. 아세틸렌의 부분수소화
2. 에탄올의 탈수
3. 코크스로가스의 저온분해

전통적인 프로필렌 제조방법에서 공업적으로 중요한 것은 없다.

현재의 C_2H_4/C_3H_6 제조법에서는 천연가스, 정유소가스 혹은 원유류분의 열분해를 이용한다.

표 3.1 에틸렌의 기초원료(에틸렌 생산량의 중량%)

제 품	미 국		서유럽		일 본		세 계		
	1979	1995	1981	1995	1981	1993	1981	1994	1998
정유소가스	1	4	} 4	3	} 10	} 3	} 31	} 42	} 42
LPG[1)], NGL[2)]	65	76		17					
나프타	14	11	80	71	90	97	58	46	51
경유	20	9	16	9	0	0	11	12	7

[1)]LPG = **l**iquefied **p**etroleum **g**as, 액화석유가스(프로판, 부탄)
[2)]NGL = **n**atural **g**as **l**iquid, 액화천연가스(에탄, LPG, 경질나프타)

C_2H_4/C_3H_6용 원료의 국가에 따르는 차이

미국에서는 LPG, NLG: C_2H_4 수득률은 최고로서 86중량%(C_2H_6)에 달하고, C_3H_6가 적은 것이 특징.

서유럽과 일본에서는 나프타(비점 80~200°C): C_2H_4의 수득률은 최고로서 약 30중량%이고 $C_2H_4 : C_3H_6$의 중량비가 약 2.1 : 1

미국에서는 에탄, 프로판, *n*-부탄, 이소부탄이 풍부한 천연가스와 석유정제로부터 얻어지는 가스류분이 에틸렌 및 프로필렌 제조의 중요한 기초원료로 되어 있다. 이들의 기초원료는 나프타보다도 수소의 함유율이 높기 때문에 에틸렌의 수득률이 높아진다.

서유럽에서는 원래 에탄이 풍부한 천연가스가 산출되지 않기 때문에, 일본 등의 다른 국가들과 마찬가지로 나프타가 올레핀류의 기초원료로서 사용된다.

현재는 국내산과 수입천연가스의 사용이 증가했기 때문에, 서유럽의 나프타의 비율은 70%까지 저하하고 있다.

n-알칸의 탈수소에 의한 추가적인 올레핀 제조법:

Houdry (Catofin)
UOP (Oleflex)
Phillips **s**team **a**ctive **r**eforming (STAR)
Snamprogetti **f**luidized **b**ed **d**ehydrogenation (FBD-4)
Linde

각각의 올레핀에 대한 수요가 다르기 때문에, 몇 개의 국가에서는 특정의 올레핀을 선택적으로 제조하는 프로세스가 보조적으로 이용되고 있다. C_3/C_4 모노올레핀의 제조는, Houdry-Catofin법(Lummus Crest사의 기술) 혹은 UOP사의 Oleflex법에 의하여 여러 나라에서 많은 플랜트가 가동되고 있다. 35만 t/y의 생산능력을 가지고 있는 세계최대의 프로판 탈수소 플랜트가 UOP법에 의하여 2002년경 스페인에서 가동을 개시했다. Phillips, Snamprogetti, Linde의 각 회사에서도 다른 알칸 탈수소 프로세스가 개발되어 있다. 제조조건을 약간 변화시키는 방식에 의하여 프로판 대신에 부탄(3.3.2절 참조)이나 보다 고위인 알칸의 탈수소를 행할 수가 있다.

고비점류분(경유: 비점 > 200°C)의 사용에 의한 원료 베이스의 확대

C_2H_4+C_3H_6의 절대량이 적고, C_2H_4 수득률은 최고에서도 약 25중량%이지만, C_3H_6의 분율이 높고($C_2H_4 : C_3H_6 \approx 1.7 : 1$) 부생성물이 많은 것이 특징

원료베이스를 확대하기 위하여, 경유와 같은 비점 200°C 이상의 고비점 원유류분을 수증기분해하는 방법이, 전세계에서 개발되었다(1.4.1절 참조). 또한 보다 경제적인 분해법을 목표로 새로운 분해기술이 개발되어 있다. 예를 들면, Kureha화학의 기술을 바탕으로 UCC와 Chiyoda화공의 두 회사가 특징이 있는 프로세스를 개발했다.

탈아스팔트된 오일을 사용하는 새로운 분해기술에 의한 원료베이스의 확대. 예를 들면, H_2/CH_4 연소구역에

이 ACR(**a**dvanced **c**racking **r**eactor) 기술에서는, 유황을 함유하는 원료를 위시하여 각종 원료를 사용할 수 있다. 세라믹스로서 내장시킨 반응기 중에서 프로세스연료와 수증기로부터 발생시킨 연소가스를 혼합

하는 방식에 의하여 2000°C에 미치는 온도, 0.35 MPa(3.5 kg/cm^2)의 압력으로 분해가 행해진다.

서 수증기를 가하여 2000°C에서 분해를 행하는 ACR 기술에서는, 유황을 함유하는 원유도 사용할 수 있으며, 높은 C_2H_4 수득률이 얻어진다.

실질적으로는 보통의 분해법보다도 높은 에틸렌의 수득률이 얻어진다(예를 들면, 나프타원료로서 38중량%).

세계적으로 가장 중요한 에틸렌제조법인 나프타분해프로세스는 다음의 공정으로 구분된다.

나프타분해(수증기분해)의 특징: 균일기상 흡열반응이며, 고온으로 행하는 것으로 C-C결합의 해리에너지가 제공된다.

1. 관상로에 있어서 나프타의 분해
2. 급랭(quenching)
3. 분해가스의 압축과 정제
4. 건조, 냉각 및 저온증류

공정 1

나프타는 과열수증기에 의하여 기화되며, 분해로의 반응관으로 보내진다. 반응관은 길이 50~200 m, 직경 80~120 mm의 크롬-니켈 강제이며, 최근의 높은 시비어리티 분해로에서는 수직으로 배열되어 있다. 이들은 가스나 오일의 연소에 의하여 직접 가열되며, 가장 고온의 부분은 약 1050°C까지에 이른다.

1. 가스나 오일의 연소에 의하여 약 1050°C까지 직접 가열된 수직배치된 Cr-Ni 강관 중에서의 수증기분해

공정 2

분해생성물의 온도는 로의 출구에서 약 850°C이지만, 2차반응을 방지하기 위하여 그 온도를 약 300°C까지 급랭시키지 않으면 안 된다. 먼저 이송배관 열교환기에 의한 급랭으로 수증기를 발생시키고, 이어서 오일을 분무하여 냉각을 행한다.

2. 부반응을 방지하기 위하여 2단계로 급랭:
   2.1. 이송배관 열교환기에 의한 수증기발생을 동반하는 냉각
   2.2. 오일분무에 의한 냉각

공정 3

이 공정에서는, 프로세스의 물과 열분해가솔린을 분리한다. 가스상의 성분을 압축기에 의하여 응축시키고, H_2S와 CO_2를 제거하기 때문에, 예를 들면 5~15%의 수산화나트륨 수용액으로 세척한다.

3. 가스와 응축유의 분리 및 불순한 제품의 가스로부터의 H_2S와 CO_2의 제거(NaOH, 에탄올아민)

공정 4

수분이 존재하고 있으면 나중에 저온증류할 때 동결을 일으켜 프로세스를 운전할 수 없기 때문에, 실제로 후공정에 들어가기 전에 충분히 건조를 행하지 않으면 안 된다. 건조한 불순한 가스는 다단계에서 냉각되며, 일련의 증류탑에서 분류된다.

4. 가스혼합물의 탈수(디에틸렌글리콜, Al_2O_3 혹은 SiO_2)와 저온증류분리

분리된 에틸렌 중에는 아직 아세틸렌이나 에탄이 함유되어 있다. 제품 중의 아세틸렌은 에틸렌의 중합반응을 방해하기 때문에, 선택적인 접촉 수소화, 또는 디메틸포름아미트(DMF)나 N-메틸피롤리돈(NMP) 등을

중합용의 올레핀제조의 2가지 방법:
1. 선택적 수소화
   $CH\equiv CH \rightarrow CH_2{=}CH_2$
   $CH_3C\equiv CH \rightarrow CH_3CH{=}CH_2$

$CH_2=C=CH_2 \rightarrow CH_3CH=CH_2$

2. DMF 혹은 NMP 용매를 사용하는 추출증류

도달순도: C_2H_4 : 99.95%
C_3H_6 : 99.9%
즉, 중합용 그레이드

나프타의 수증기분해는 C_2/C_3 올레핀만이 아니고 C_4/C_5 올레핀이나 방향족탄화수소의 원료공급원으로 된다.

사용하는 추출증류에 의하여 제거된다. 에틸렌과 에탄은 비점이 매우 가깝기 때문에, 이들을 분리하기 위해서는 특히 고성능의 증류탑이 필요하다. 이와 같이 해서 순도 99.95%(중합용 그레이드)의 에틸렌이 얻어진다.

마찬가지로 C_3류분은 프로필렌과 프로판을 분리하기 전에, 메틸아세틸렌과 알렌을 선택적 수소화에 의하여 프로필렌 혹은 프로판으로 변환시킬 필요가 있다. 프로필렌은 약 99.9%의 순도로서 얻을 수가 있다.

나프타분해에 의하여 얻어지는 C_4 및 C_5류분은 각각 C_4 및 C_5 올레핀의 제조 원료(3.3.2절 참조)로서, 또한 열분해가솔린은 방향족 탄화수소의 제조원료(12.2절 참조)로서 이용된다.

표 3.2에는 높은 시비어리티조건에 의한 나프타의 수증기분해로서 에탄과 프로판을 재순환시킨 경우에 얻어지는 전형적인 생성물의 분포가 나와 있다.

표 3.2 높은 시비얼리티분해에 의한 생성물의 분포

생성물	중량%
잔류물 가스(CH_4, H_2)	16.0
에틸렌	35.0
프로필렌	15.0
C_4류분	8.5
C_5류분과 고비점류분(열분해 가솔린, 잔사유)	25.5

올레핀비율의 조절법:
1. 분해법
   1.1. 원료
   1.2. 분해시비어리티
2. 분해 후의 트리올레핀프로세스

올레핀의 폴리올레핀 용도비율 (중량%):

PE			
	1985	1992	1999
미국	50	54	53
서유럽	55	58	58
일본	48	47	44
PP			
	1985	1992	1999
미국	35	41	53
서유럽	34	47	54
일본	44	51	48

나프타분해에서 제조되는 공업적으로 가장 중요한 C_2 및 C_3, C_4 올레핀의 비율은, 분해의 시비어리티로서 조절(보다 낮은 시비어리티에서는 고위의 올레핀의 비율이 증대한다)되지만, 이외에 트리올레핀프로세스(3.4절 참조)와 조합시키는 방식에 의하여 조절할 수도 있다.

에틸렌은 모든 공업국에 있어서 중합용으로 사용되는 비율이 가장 높다. 그에 비하여 프로필렌의 경우에는 폴리프로필렌용으로서 사용되는 비율은 그다지 높지 않았지만, 요즈음 수년에 걸쳐서 증가하고 있다. 주요 공업국의 폴리올레핀(PE = 폴리에틸렌, PP = 폴리프로필렌)에 사용되는 올레핀의 비율이 부표에 나와 있다. 더욱 상세한 상황에 대해서는 7장(에틸렌)과 11장(프로필렌)에서 설명하기로 한다.

3.3.2 부텐

대부분의 부텐(1-부텐 및 2-부텐, 이소부틸렌)은 동력연료를 제조하기 위하여 석유정제나, 부탄, 나프타 혹은 경유 등을 원료로 하는 각종의 분해프로세스로부터 필연적으로 부생한다. 1997년의 부텐의 생산량은, 미국이 1980만 t/y, 서유럽이 200만 t/y, 독일이 91만 t/y였다.

일부의 1-부텐은 에틸렌의 올리고머화에 의한 α-올레핀을 제조할 때에 병산물로서 제조되고 있다(3.3.3.1절 참조).

C₄ 올레핀의 생성:
정유프로세스와 탄화수소 분해의 부생성물. C_2H_4 올리고머화의 병산물

부탄올이나 아세틸렌으로부터 직접 제조하는 것과 같은 이전의 방법은 이제 이미 중요성이 없다.

C_4 올레핀의 직접제조법:
일시적으로는 프로필렌의 불균화($2C_3 \rightleftarrows C_2+C_4$)가 공업적으로 행해지고 있었다.

프로필렌의 불균화에 의하여 n-부텐류와 에틸렌을 제조하는 Phillips사의 트리올레핀프로세스는, 유일한 공업플랜트가 캐나다의 Shawinigan사에서 9년간 가동했지만, 경제적인 이유로부터 중지되었다.

가솔린의 옥탄가를 향상시키는 성분을 제조하기 위하여 부텐류의 수요 증가가 예측되었기 때문에, 몇 개의 새로운 부텐의 직접적인 합성기술이 개발되었다. 그의 하나가 IFP사의 Alphabutol 프로세스이며, 에틸렌이 액상균일계 Ti촉매에 의하여 선택적으로 2량화되어 1-부텐으로 변한다. 조촉매는 Ti(III)의 생성을 방해하며, Ziegler형의 중합이 일어나는 것을 방해하는 역할을 한다. 에틸렌의 전환율이 50%이고, 1-부텐의 선택률은 95%에 달한다. 많은 Alphabutol 플랜트가 이미 가동하고 있으며, 이외에도 많이 계획중이다(1999년에 13기이다). IFP사의 Alphaselect법은 에틸렌의 올리고머화에 의하여 C_4–C_{10}의 α-올레핀을 제조하기 위한 프로세스(3.3.3.1절 참조)이지만, 이것은 Alphabutol법의 변형이라고 생각할 수 있다.

장래적으로 유망한 C_4 올레핀의 합성경로는 균일촉매를 사용한 C_2H_4의 2량화이다. 예를 들면, IFP, Phillips Petroleum의 방법

이외에도 예를 들면, 에틸렌을 균일촉매로서 2-부텐으로 2량화하는 Phillips Petroleum사의 기술이 있다.

장래적으로도, 가솔린이나 올레핀의 제조를 위한 분해프로세스가 부텐류의 가장 중요한 공급원이라고 생각된다. 가솔린과 올레핀의 수요의 차이로부터, 어떤 프로세스가 많이 채택되고 있는가에 대해서는 국가에 따라서 다르다. 예를 들면 미국에서는 1989년에 75%의 부텐이 석유정제에 있어서 접촉분해와 리포밍경로로서 제조된 것에 대해서 수증기분해로서 제조된 부텐은 6%에 불과하다. 같은 해, 서유럽과 일본에서는, 수증기분해로서 각각 30% 및 53%의 부텐이 제조되었다.

주요한 C_4 올레핀원:
1. 경유의 유동접촉분해(FCC)
2. C_2H_6로부터 경유에 이르는 탄화수소의 수증기 분해

탄화수소의 분해에 의하여 생성하는 C_4류분의 절대량과 조성은 본질적으로 다음의 3가지 요인으로 지배된다.

1. 분해프로세스의 종류
2. 분해조건의 시비어리티
3. 공급원료

표 3.3에 나타내는 바와 같이, 나프타의 수증기분해와 경유의 접촉분해를 비교하면, 확실히 전자 쪽이 높은 부텐류의 수득률을 제공한다. 따라

가장 중요한 C_4 올레핀원:
나프타의 수증기분해

서, 불포화 C_4성분의 제조라고 하는 관점으로부터 살펴보면, 나프타의 수증기분해 쪽이 흥미 있는 기술이라고 생각된다.

C_2H_4 수득률이 높다. 높은 시비어리티 분해조건하에서는, C_4 전체와 C_4 올레핀류의 양은 감소하지만, 부타디엔의 생성량은 증가한다.

분해의 시비어리티가 높아질수록 C_4류분의 총량과 부텐류의 비율이 감소하며, 그 조건에서 열역학적으로 안정성이 큰 부타티엔의 비율이 증가한다.

수증기분해에서는, 공급원료의 비점범위에 따라서 C_4류분의 수득률이 변하고, 에탄/프로판분해에서는 2~4중량%, 나프타에서는 최고의 10~12 중량%에 달하며, 경유로 되면 8~10 중량%로 저하한다.

높은 시비어리티 조건하에서도, 부타디엔은 안정(공액에너지 3.5 Kcal/mol에 의한 열역학적 안정화)

표 3.3 나프타의 수증기분해와 경유의 접촉분해에 의한 C_4류분의 조성(중량%)

분해생성물	수증기분해		접촉분해(FCC)
	저시비어리티	고시비어리티	제올라이트촉매
1,3-부타티엔	26	47	0.5
이소부틸렌	32	22	15
1-부텐	20	14	12
trans-2-부텐	7	6	12
cis-2-부텐	7	5	11
n-부탄	4	3	13
이소부탄	2	1	37
비닐아세틸렌 에틸아세틸렌 1,2-부타디엔	2	2	-

C_4류분 분리의 원리:
각 성분의 비점차가 작기 때문에 증류보다도 선택적인 물리적 혹은 화학적 분리법이 필요

C_4류분은 각 성분의 비점차가 작기 때문에, 증류만으로는 경제적으로 분리할 수가 없다. 따라서, 가장 효율이 좋고, 선택적인 물리적 분리법과 화학적 분리법을 채택할 필요가 있다. C_4류분의 처리는 먼저 부타디엔의 분리로부터 시작된다(5.1.2절 참조).

C_4류분의 분리법:
제1단계:
선택적인 용매를 사용한 추출 혹은 추출증류에 의한 부타디엔의 분리
나머지의 C_4류분 = 라피네이트
현재, 부타디엔의 분리 후의 라피네이트 I과 제2단계에서의 이소부틸렌 분리 후의 라피네이트 II를 구별하는 것이 많다.

부타디엔의 대부분을 추출에 의하여 분리하고, 나머지의 부타디엔을 선택적 수소화(예를 들면, Bayer사의 저온수소화나 IFP사의 선택적 수소화) 등에 의하여 제거하면, 주로 이소부틸렌, *n*-부텐 및 부탄으로 형성되는 혼합물이 얻어진다. 이 혼합물은 C_4-raffinate라고 불리우며, 표 3.4와 같은 조성을 가지고 있다.

다음에 C_4-raffinate로부터 이소부틸렌을 분리하는 것이 보통이다. 이것은 이소부틸렌이 다른 C_4성분과 다르며, 가지가 있고 높은 반응성을 가지고 있기 때문이다.

제2단계:
$H_2C{=}C(CH_3)_2$ 의 분리

현재, 공업적인 프로세스에서는, 이소부틸렌은 주로 화학반응을 이용하여 분리하고 있으며, 형상선택성을 이용하는 분리방법은 실시되지 않고 있다.

표 3.4 C_4-raffinate의 전형적인 조성

성 분	용량(%)
이소부틸렌	44~49
1-부텐	24~28
2-부텐(*cis* 및 *trans*)	19~21
n-부탄	6~8
이소부탄	2~3

분리법의 원리:
메틸가지의 식별에 의한 몰레큘라시브로의 선택적인 흡착을 이용하는 물리적 분리법.
이소부틸렌의 높은 반응성에 의한 선택적 반응을 이용하는 화학적 분리법.

몰레큘라시브에 의한 분리법은 이소부틸렌이 메틸기의 가지에 의하여 부피가 크기 때문에, 상당히 균일한 3~10 Å의 세공을 갖는 몰레큘라시브에 흡착되지 않는 것을 이용하는 것이다(UCC사의 Olefin-Siv 프로세스). *n*-부텐과 부탄만이 흡착되며, 이들은 다음에 높은 비점의 탄화수소를 이용하여 흡착시킨다. 이와 같은 방법에 의하여 C_4-raffinate로부터 이소부틸렌을 99%의 순도로서 분리할 수 있다.

이소부틸렌은 C_4-raffinate의 성분 중에서 가장 반응성이 높기 때문에, 이 성질을 이용하여 화학적인 분리가 행해진다. 실제로는, 다음의 4개의 프로세스가 공업적으로 실시되고 있다. 이들 중에서, 물이나 알코올의 첨가(초기는 메탄올, 최근에는 이소부틸알코올도 사용된다)에 의한 방법만이 가역적인 프로세스로서 이용할 수 있다.

몰레큘라시브에 의한 흡착법의 예:
UCC의 Olefin-Siv법에서는, 이소부틸렌은 물레큘라시브에 흡착하지 않고 통과하며, *n*-부텐은 흡착된다.

1. 희박한 무기산 또는 산성이온교환수지 존재하에서의 이소부틸렌의 *tert*-부틸알코올로의 수화. 필요에 따라서 *tert*-부틸알코올을 이소부틸렌과 물로 분리할 수 있다.

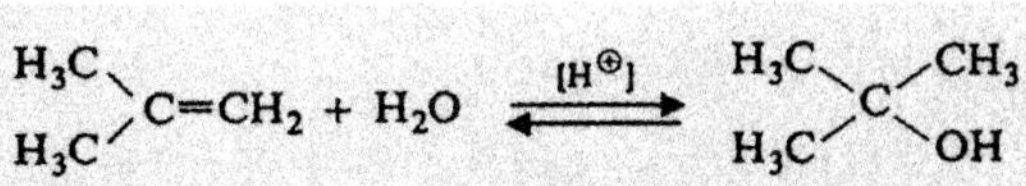
(4)

이소부틸렌의 선택적인 반응을 이용하는 4가지의 방법:
1. 프로톤촉매에 의한 *tert*-부틸알코올 중간체로의 가역적 수화. 에탄올이나 이소부틸알코올을 가역적으로 첨가시킬 수도 있다.

2. 산성이온교환수지를 촉매로 하여 이소부틸렌에 메탄올을 첨가시키는 방식에 의한 메틸 *tert*-부틸에테르(MTBE)의 합성. 필요에 따라서 MTBE를 분해하여 이소부틸렌과 메탄올을 재생할 수 있다.

2. 프로톤촉매에 의한 CH_3OH의 가역적 첨가에 의한 MTBE 합성

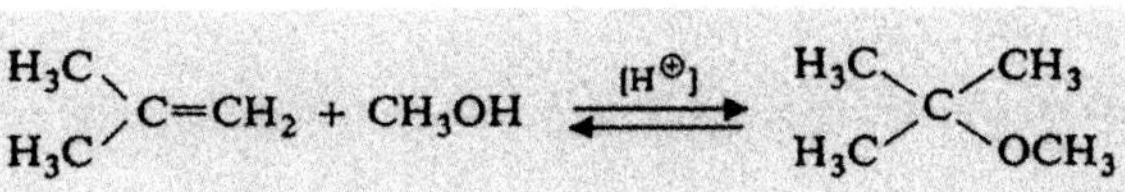
(5)

3. 산성촉매에 의한 이소부틸렌의 올리고머화. "디이소부틸렌" 즉 2,4,4-트리메틸펜텐의 이중결합 이성체의 혼합물이 우선적으로 생성한다.

3. 프로톤촉매에 의한 비가역적 올리고머화. 우선적으로 디이소부틸렌과 트리이소부틸렌을 생성한다.

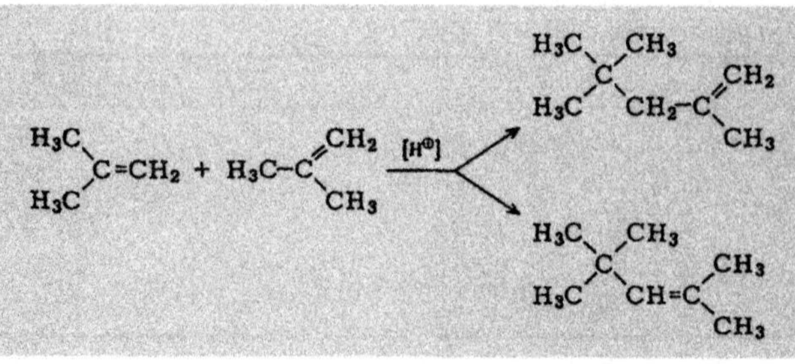

(6)

"디이소부틸렌"에 대해서 더욱 이소부틸렌이 부가하는 것에 의하여 "트리이소부틸렌"이나 다량체도 생성한다.

4. Lewis산 촉매에 의한 폴리이소부틸렌으로의 비가역적인 중합

4. Lewis산 촉매에 의한 이소부틸렌의 폴리이소부틸렌으로의 중합.

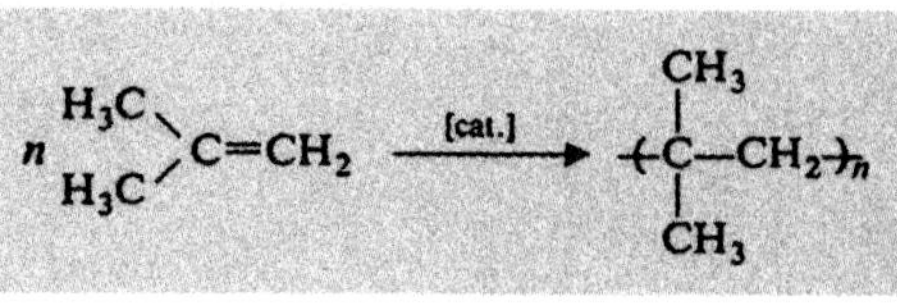

(7)

상기한 4가지 방법의 원료는 어느 것이나 C_4-raffinate이다.

방법 1과 2에서는 제거된 이소부틸렌은 순수한 이소부틸렌으로서 재생될 수 있는데 반해, 방법 3은 비가역적으로 올리고머로 되며, 방법 4에서는 비가역적인 폴리머로 된다.

방법 1.

이소부틸렌의 수화의 공업적 실시법: 대부분의 경우 50~60%의 황산이 사용되고 있지만, HCl(Nippon 석유 프로세스) 혹은 산성이온교환수지(Hüls)도 사용된다.

공업적인 이소부틸렌의 수화법에서는, 일반적으로 50~60%의 황산이 사용된다(8.1.3절 참조). 10~20°C에서의 향류추출에 의하여 C_4-raffinate 중의 이소부틸렌을 *tert*-부틸알코올로 변화시키고, 물로서 희석한 후, 산성용액으로부터 감압증류로서 분리한다. *tert*-부틸알코올은 중간체로서 사용되든지(8.1.3절 참조), 분해에 의하여 이소부틸렌으로 회수된다.

MTBE 제조의 경우와 마찬가지로 산성이온교환수지를 사용하는 프로세스가 최근 Hüls사에 의하여 개발되었으며, 이미 공업적으로 이용되고 있다.

Nippon Oil은 금속염의 존재하, HCl 수용액에 의한 이소부틸렌의 수화를 행하고 있다. C_4-raffinate의 추출에 의하여 *tert*-부틸알코올과 염화 *tert*-부틸이 생성하며, 모두 분해하여 이소부틸렌을 회수할 수 있다.

tert-부틸알코올 탈수의 공업적 실시법:
불균일촉매(산성산화물계)를 사용하는 기상(Arco법)또는 액상프로세스

tert-부틸알코올은 프로필렌옥사이드의 제조법인 옥시란프로세스(11.1.1.2절 참조)의 공산화생성물이기도 하며, 그 탈수의 공업적인 프로세스의 하나가 Arco사에 의하여 개발되었다. 그 프로세스에 의하면, 반응은 커다란 표면적을 갖는 Al_2O_3를, 예를 들면 SiO_2의 함침에 의하여

개질한 촉매를 사용하여 기상, 260～370°C, 1.4 MPa(14 Kg/cm^2)의 조건에서 행해진다. *tert*-부틸알코올의 전환율은 98%에 달하며, 높은 이소부틸렌의 선택률이 얻어진다. 또한 다른 프로세스에서는 불균일촉매를 사용하여 액상, 150°C에서 반응이 행해진다.

방법 2.

메탄올과 이소부틸렌으로부터의 메틸 *tert*-부틸에테르의 제조는, 산성이온교환수지를 사용하여 액상, 30～100°C, 약간의 가압하에서 행해진다. 이소부틸렌의 전환은 거의 완전(99% 이상)에 이르기 때문에, 2기의 독립된 반응기나 직렬 2단계의 원통형반응기가 사용된다. 메탄올과 MTBE는 압력의존성이 있는 공비혼합물을 형성하기 때문에, 순수한 MTBE를 얻기 위해서는 압력이 다른 다단계의 증류가 필요하다. 순수한 MTBE를 얻기 위한 별도의 방법으로서는 포집제에 의하여 메탄올을 흡착하는 방법이 있으며, Erdölchemie와 Bayer의 2개의 회사에 의하여 최근 개발되었다. 메탄올은 MTBE와 같은 유기용매로부터 무공성막을 이용하여 분리할 수 있다. 막과 친화성이 높은 성분(이 경우는 메탄올)은 막을 통하여 반대 쪽으로 확산되며 감압에 의하여 제거되는데 반해, 친화성이 없는 MTBE는 원래의 상으로 되돌아 온다. 무공성막을 이용한 분리방법은 공업적인 유기용매의 탈수에 이용되는 경우가 많지만 이 경우, 막으로서는 폴리비닐알코올과 같은 친수성수지로 형성된 것이 사용된다.

이소부틸렌의 에테르화의 공업적 실시법:
불균일촉매(H형 양이온교환수지)를 사용하고, 액상에서 C_4-라피네이트 I 중에서 이소부틸렌을 선택적으로 반응시킨다. MTBE/CH_3OH 공비혼합물은 각각의 프로세스에 특유한 후처리를 행한다.

무공성막도 이용가능:
2성분의 투과성의 차이에 의하여 무공성막 중에 농도 기울기가 생긴다. 구멍의 크기를 제어한 다공성막에 의한 분자체의 효과와 다른 원리이다.

위에서 설명한 메탄올과 이소부틸렌의 반응에서는 나머지의 성분(raffinate II)은 반응하지 않지만, 일부의 디올레핀과 알킨류가 중합하여, 이온교환수지의 수명을 단축한다. 최근, Erdölchemie사는 Pd를 함유한 2원계촉매를 개발했다, 이것에 의하면 에테르화와 동시에 소량의 수소존재하에서 디올레핀과 아세틸렌류를 수소화할 수 있다. 따라서 촉매의 수명이 연장되지만, 이소부틸렌의 에테르화반응으로의 영향은 없다.

원리적으로 마찬가지의 기술이 이소부틸렌과 에탄올로부터의 에틸 *tert*-부틸에테르(ETBE)의 제조에 적용된다.

이소부틸렌으로의 에탄올의 첨가에 의한 ETBE

이소부틸렌에 이소부틸알코올을 접촉적으로 첨가시켜 생성한 에테르를 분리한 후, 재차 이소부틸렌과 이소부틸알코올로 접촉적으로 분해하는 방법이 BASF사에서 행해지고 있다. 이소부틸알코올은 에테르의 합성을 위하여 재순환되며, 이소부틸렌은 중합용으로 사용되고 있다.

이소부틸렌으로의 $(CH_3)_2CHCH_2OH$ 첨가에 의한 C_4 류분으로부터의 분리와 분해(반응분리)

MTBE의 제조와 마찬가지로, 산성이온교환수지 혹은 Erdölchemie 사의 2원계촉매를 사용하여 C_5류분 중의 이소펜텐과 메탄올로부터 *tert*-아밀메틸에테르(TAME)를 제조할 수 있다. 1987년에 영국에서 최초의

MTBE의 제조와 마찬가지로, $(CH_3)_2C{=}CHCH_3$로의 메탄올의 첨가도 가능하다.

MTBE 생산량(단위: 10^6 t)

	1993	1995	1999
미국	5.55	6.84	8.44
서유럽	2.53	2.67	2.99
일본	0.29	0.41	불명

TAME 플랜트가 생산을 개시했으며, 그 후 몇 개의 플랜트가 운용되거나 계획 중에 있다.

1973년에 Snamprogetti/Anic사가, 그리고 1976년에는 Hüls사가 서유럽에서 최초로 공업적으로 MTBE의 생산을 개시한 이래, 1996년에는 세계의 생산능력이 2220만 t/y의 피크에 달했으나 그 후, 환경에 대한 나쁜 영향이 인식되었으며(2.3.1.2절 참조), 생산량은 감소했다. 1999년의 세계의 생산능력은 1970만 t/y였고, 그 중 미국이 1230만 t/y, 서유럽이 360만 t/y, 일본이 25만 t/y를 점유하고 있다.

MTBE의 분해가 공업적으로 행해지는 것은 적다: MTBE는 주로 고옥탄가의 가솔린성분으로서 사용된다.

MTBE는 산성산화물을 촉매로서 사용하고, 기상, 140~200°C에서 이소부틸렌으로 분해할 수 있다. 현재, Exxon사와 Sumitomo화학이 분해를 행하고 있지만, 대부분의 MTBE는 옥탄가의 상향제로서 가솔린에 첨가된다(2.3.1.2절 참조).

라피네이트 I 중의 이소부틸렌만으로는 MTBE 제조원료로서 부족하게 되었다.

MTBE의 수요가 증대하는 것에 따라서 이소부틸렌을 MTBE로서 분리하는 방식에 의한 C_4류분의 처리가 더욱 중요성을 증대시킴과 동시에, 보다 대량의 이소부틸렌을 공급하는 기술의 개발이 필요하게 되었다.

MTBE용 이소부틸렌의 보조적인 제조법:

1. 라피네이트 II 중의 *n*-부텐의 이성화

MTBE를 제조하고 남은 C_4류분(raffinate II) 중에는, *n*-부텐이 함유되어 있으며, 이것을 이소부틸렌으로 이성화할 수 있다. Snamprogetti사의 프로세스에 의하면 SiO_2로서 표면을 개질한 Al_2O_3 촉매가 사용된다. 450~490°C의 온도에서, *n*-부텐은 35%의 전환율, 81%의 선택률로서 이소부틸렌으로 이성화된다. 마찬가지의 프로세스가 kellogg사 등에 의하여 개발되었다.

2. *n*-부탄의 이성화와 탈수소의 조합

또한 별도의 이소부틸렌의 제조 경로로서는, 먼저 *n*-부탄을 Butamer법(UOP사), ABB Lummus Crest사의 방법, 혹은 Butane Isom법(BP사) 등에서 이소부탄으로 이성화하고, 이어서 이것을 예를 들면 Catofin법(Houdry사, ABB Lummus Crest사) 혹은, UOP, Phillips Petroleum, Snamprogetti, 기타 각 회사의 프로세스로서 탈수소하는 방법이 있다(3.3.1절 참조).

이소부틸렌의 올리고머화의 공업적 실시법:
H_2SO_4 혹은 이온교환수지촉매 (Bayer법)

방법 3.

이소부틸렌의 올리고머화는, 산성촉매를 사용하고 약 100°C의 온도에서 행해진다.

Bayer법의 특징:
2량체, 3량체로의 높은 이소부틸렌 전환율, 부반응은 *n*-부텐의 이중결합의 이성화

Bayer사가 개발한 방법에 의하면, 촉매로서 산성이온교환수지를 액상으로 현탁하고, 100°C, 약 2 MPa(20 kg/cm^2)에서 반응이 행해진다. 격렬한 발열반응에 의하여 이소부틸렌이 2량화되고 3량화된다. 전환율은 90%이며, 2량체와 3량체의 비율은 3:1이다. 촉매는 원심분리되며,

n-부텐류와 C_8, C_{12} 올레핀류로 형성되는 혼합물이 증류로서 분리된다. 이 방법에 의하여 n-부텐 중의 이소부틸렌의 함량은 0.7중량% 이하로 된다.

이 방법의 유리한 점은 기술이 간편하다는 것이지만, 수화법에서는 거의 일어나지 않는 1-부텐으로부터 2-부텐으로의 이중결합의 이성화가 일어난다라고 하는 결점이 있다.

$CH_2=CHCH_2CH_3 \rightarrow CH_3CH=CHCH_3$

BASF법에서는 C_4류분으로부터 이소부틸알코올에 의한 에테르의 생성으로 분리회수한 이소부틸렌을 특수한 BF_3 촉매계를 사용하여 중합하고 있다. 이와 같이 해서 얻어진 폴리이소부틸렌은 1000~2000 정도의 분자량을 가지며, 연료나 윤활유의 첨가물로서 사용된다. 6만 t/y(1995년)의 능력을 갖는 플랜트가 가동되고 있다.

BF_3 촉매에 의한 이소부틸렌의 중합 (BASF법)

방법 4.

Cosden법으로 대표되는 이소부틸렌의 중합은 액상에서 $AlCl_3$ 촉매를 사용하여 행해지며, 분자량 300~2700의 폴리이소부틸렌이 얻어진다. n-부텐의 공중합은 극히 소량밖에 일어나지 않는다.

이소부틸렌중합의 공업적 실시법: $AlCl_3$ 존재하에서의 액상반응.

이소부틸렌을 분리한 후의 나머지의 C_4류분에는 n-부텐류 이외에, n-부탄과 이소부탄이 함유되어 있지만, 일반적으로는 그 이상의 분리는 행하지 않는다. 이것은 부텐류를 수화하여 부탄올로 전환하는 경우 등의 후속반응에서는, 포화탄화수소류는 변하지 않고 불활성체로서 회수되기 때문이다. 원리적으로는, *cis*-2-부텐 및 *trans*-2-부텐과 1-부텐은 증류로서 분리할 수 있다. n-부탄과 이소부탄은 추출증류에 의하여 n-부텐류로부터 분리할 수가 있다.

제3단계:

1. n-부텐의 분리. n-부텐의 선택적 반응(n-부탄과 이소부탄은 불활성)
2. 추출증류에 의한 부탄과 n-부텐의 분리

다른 새로운 C_4류분의 분리기술도 개발되었다. 이 방법에 의하면 주로 이소부틸렌과 n-부텐으로 형성되며, 부타디엔을 함유하지 않는 raffinate I 중의 1-부텐을 촉매적으로 이성화하여 2-부텐으로 변화시킨다. 이와 같이 하기 위해서는 수식한 Pd촉매가 기상(UOP법) 혹은 액상(IFP법)에서 수소존재하에 사용된다. 이소부틸렌과 2-부텐은 비점이 상당히 다르기 때문에 분리할 수 있다(5.1.2절 참조). 최초에 이 방법으로 C_4류분을 처리한 것은 Phillips Petroleum과 Petro-Tex의 두 회사이며, 이들은 옥탄가를 향상시키는 알킬레이트가솔린을 제조하는 데 이소부틸렌이 아니고 2-부텐을 사용하고 있다.

C_4-라피네이트분리법 별법: 1-부텐의 2-부텐으로의 이성화에 이어서 이소부틸렌과 2-부텐의 분리

모든 부텐류는 공업적으로 귀중한 합성원료이다.

현재는, 세계에서 생산되는 이소부틸렌과 n-부텐류의 반절이상이 안티녹킹성의 중합가솔린이나 알킬레이트가솔린의 제조에 사용되고 있다. 이

부텐의 용도:

1. 이소부탄이나 방향족탄화수소의 알킬화(중합가솔린 혹은 알킬레이트가솔린).

경우, 이소부틸렌은 디이소부틸렌으로 2량화한 후, 수소화하든지, 이소부탄의 알킬화에 사용된다. 이소부틸렌, 디이소부틸렌 및 *n*-부텐류는 방향족탄화수소의 알킬화에도 사용되고 있다.

2. 호모폴리머나 코폴리머(이소부틸렌, 1-부텐)

또한 부텐은 중합이나 공중합의 원료가 된다. 예를 들면 이소부틸렌으로부터는 폴리이소부틸렌, 이소부틸렌과 이소프렌으로부터는 부틸고무(5.1.4절 참조), 1-부텐으로부터는 아이소탁틱폴리부텐, 또한 1-부텐과 에틸렌으로부터는 에틸렌-1-부텐 공중합체 등이 얻어진다.

3. 화학제품 중간체의 합성:
3.1. 알코올로의 수화(모든 부텐)
3.2. C_5-알데히드나 알코올으로의 하이드로포르밀화 (모든 부텐)
3.3. 무수말레산으로의 산화(*n*-부텐)와 메타크릴산으로의 산화(이소부틸렌)
3.4. 메틸*tert*-부틸에테르로의 CH_3OH의 첨가(이소부틸렌)
3.5. 메타크릴로니트릴로의 암모산화(이소부틸렌)
3.6. 부타디엔으로의 탈수소(*n*-부텐)
3.7. 이소프렌으로의 Pins반응과 열분해(이소부틸렌)

화학제품 중간체를 제조하는 데 중요한 부텐류의 2차반응에는 수화반응에 의한 알코올의 제조(*n*-부텐 → *sec*-부틸알코올, 이소부틸렌 → *tert*-부틸알코올, 8.1.3절 참조), 하이드로포르밀화반응에 의한 C_5-알데히드나 알코올의 제조(6.1절 참조), *n*-부텐의 산화반응에 의한 무수말레산의 제조(13.2.3.2절 참조) 및 이소부틸렌과 메탄올의 부가반응에 의한 메틸 *tert*-부틸에테르의 제조 등이 있다. *n*-부텐의 산화분해반응에 의한 아세트산의 제조(7.4.1.2절 참조), 이소부틸렌의 암모산화반응에 의한 메타크릴로니트릴의 제조(11.3.2절 참조)나 이소부틸렌의 산화반응에 의한 메타크릴산의 제조(11.1.4.2절 참조)의 중요성은 그다지 높지 않다. *n*-부텐의 부타디엔으로의 탈수소에 대해서는 5.1.3절, 이소부틸렌으로부터 이소프렌의 합성에 대해서는 5.2.2절에서 각각 설명한다.

3.3.3. 고위 올레핀

공업적으로 중요한 고위 올레핀: 탄소수 5~18의 범위

고위 올레핀분리의 특징:
1. C_5-올레핀:
나프타 분해류분으로부터의 완전한 분리는 행하지 않고(부텐, 3.3.2절 참조),
다음의 중요한 성분만이 단리된다. 이소프렌, 시클로펜타디엔.
이용이 증가하고 있는 것으로서 *tert*-아밀메틸에테르(TAME)

탄소수 5 이상의 고위 올레핀류는 이성체의 수가 비교적 많기 때문에, 나프타분해로서 생성하는 혼합물을 각각의 성분으로 분리하는 것은 이미 실용성이 없다. 게다가 공업적으로 가치가 있는 성분은 그 중의 2, 3종류로 한정되어 있다. 이와 같은 사정으로부터, 주로 *n*-펜탄, 이소펜탄, *n*-펜텐류, 이소펜텐류, 이소프렌, 시클로펜텐, 시클로펜타디엔 및 펜타디엔으로 형성되는 C_5류분으로부터는, 이소프렌(5.2.1절 참조)과 시클로펜타디엔(5.4절 참조)만이 공업적으로 분리되어 있다. 장래적으로는, 이소펜텐을 메탄올로서 에테르화하는 방법에 의하여 *tert*-아밀메틸에테르(TAME)로 변환되며, 가솔린의 옥탄가의 상향제로서 이용되는 양이 증대되리라고 생각된다.

2. C_5 이상의 직쇄올레핀:
각각의 성분으로는 분리되지 않고, 동족체로 분리된다.
C_6–C_9, C_{10}–C_{13}, C_{14}–C_{18}
직쇄올레핀의 제조방법에 따라서 이중결합이성체의 수가 결정된다.

공업적으로 중요한 고위 올레핀은 C_{18} 정도까지이다. 직쇄(unbranched) 올레핀의 제조에서는 올레핀동족체의 혼합물이, 예를 들면 C_6–C_9, C_{10}–C_{13}, C_{14}–C_{18}과 같은 유분으로서 얻어질 뿐이다. 직쇄올레핀의 이중결합의 위치는 거의 대부분이 제조방법에 따라서 결정된다.

한편, 분지(branched)올레핀은 되도록이면 이성체를 한정하여 직접 제

조된다.

이와 같이 고위 올레핀은 직쇄와 분지의 2개의 그룹으로 대별된다. 직쇄의 고위 올레핀 쪽이, 생분해성으로서 뛰어난 제품이 만들어진다라고 하는 특별한 장점이 있기 때문에 수요가 증대하고 있다.

3. C_5 이상의 분지올레핀: 직접합성을 위한 이성체의 수가 한정되어 있으며, 각각의 성분으로의 분리가 가능.

고위 올레핀의 2개의 그룹:
1. 직쇄
2. 분지

고위 올레핀에서는 분지보다도 직쇄 쪽이 공업적으로 중요하다.

3.3.3.1. 직쇄상 고위 올레핀

직쇄상의 고위 올레핀은, 이중결합의 위치에 따라서 더욱 말단올레핀과 내부올레핀으로 분류된다.

직쇄올레핀은 이중결합의 위치에 따라서 다음과 같이 구별된다:
1. 말단 혹은 α(사슬의 말단의 이중결합)
2. 내부

직쇄상의 α-올레핀(LAO)은 공업적으로도 중요하며, 2000년도 세계의 생산능력은 284만 t/y였다. 그 중, 미국이 154만 t/y, 서유럽이 64만 t/y, 일본이 11만 t/y이다.

직쇄상의 올레핀은 원리가 전혀 다른 2개의 방법으로 제조되고 있다.

1. 소위 Ziegler 올레핀을 제조하는 Ziegler법 또는 유기금속혼합촉매를 사용하는 새로운 프로세스에 의한 에틸렌의 올리고머화
2. 각종의 방법에 의한 n-파라핀의 탈수소

직쇄상 올레핀의 제조방법:
1. 2가지 방법에 의한 $CH_2=CH_2$의 α-올레핀으로의 올리고머화
2. n-파라핀의 탈수소

올레핀의 올리고머화에서는 주로 α-올레핀이 얻어지지만, n-파라핀의 탈수소에서는 분해법만으로 α-올레핀이 주성분으로 얻어진다.

방법 1.

Ziegler법(Alfen 프로세스)에 의한 α-올레핀의 제법은 트리에틸알루미늄의 존재하에 에틸렌을 적당한 중합도까지 성장시키는 반응으로서, 다음과 같은 2개의 공정을 거친다.

합성반응의 원리: $Al(C_2H_5)_3$촉매에 의한 C_2H_4의 성장반응. 온도와 압력에 의존하는 평형적인 치환반응에 의하여 직쇄 α-올레핀이 합성된다.

1. 탄소사슬의 형성은 90~120°C의 비교적 낮은 온도와, 약 10 MPa (100 kg/cm^2)의 압력하에서 행해진다. 에틸렌이 알루미늄에 결합한 알킬사슬에 삽입되어, 고위의 트리알킬알루미늄의 혼합물이 생성한다. 이 상태를 간략화하여 반응식으로 나타내면 다음과 같다.

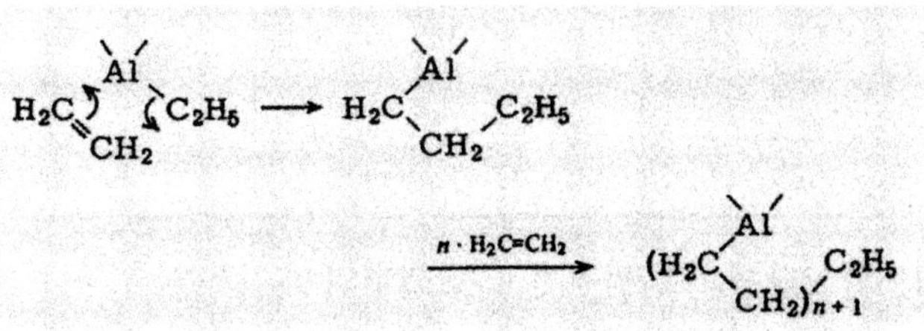
(8)

C_2H_4의 경우는 알킬기가 C_{10}–C_{20}으로 되면 치환반응이 일어난다. 프로필렌이나 부텐의 경우에는 2량화 정도에서 치환반응이 일어난다.

2. 이어서 반응온도를 상승시켜(200~300℃), 보다 저압(5 MPa)의 조건으로 하면 치환반응이 일어나, 에틸렌올리고머의 혼합물이 유리

되면서, 촉매가 재생된다.

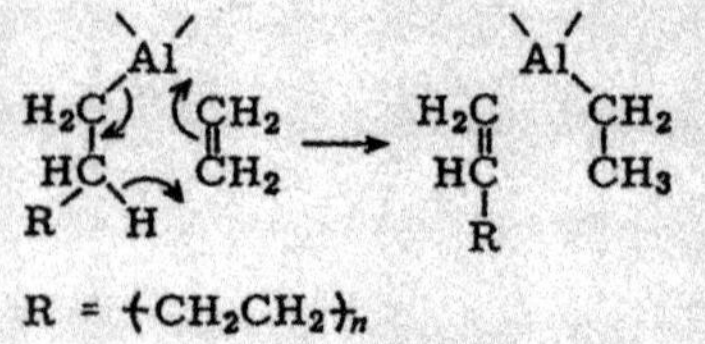

(9)

Ziegler 올레핀의 특징:
말단이중결합과 짝수개의 C를 갖는 직쇄올레핀 Alfen법과 Alfol법의 공통점:
중간체로서 고위 트리알킬알루미늄 혼합물을 경유한다.

알킬기는 탄소수가 짝수개의 직쇄 α-올레핀의 형태로서 개열한다. 이성화는 일어나지 않기 때문에, α-올레핀이 고순도로서 얻어진다. 이와 같이 Ziegler 올레핀 제조법의 최초의 단계는 Alfol 합성(8.2.2절 참조)과 유사하며, 어느 쪽이나 중간체로서 트리알킬알루미늄화합물 $Al[(CH_2CH_2)_nC_2H_5]_3$를 경유한다. 트리에틸알루미늄은 화학양론량을 사용하기 때문에 재사용할 수 있도록 다음의 단계에서 회수된다.

공업적인 α-올레핀 제조법의 종류:
1. 올레핀의 합성과 치환을 분리해서 행하는 2단계법

α-올레핀의 공업적 생산은, 앞에서 설명한 바와 같이 성장반응과, 보다 고온 단시간으로 행하는 치환반응의 2단계로 나누어서 실시된다. 더욱이, 성장반응을 트란스알킬화반응과 조합시켜, 알코올의 제조(8.2.2절 참조)에 중요한 $C_{12}-C_{18}$의 고위 올레핀의 비율을 크게 할 수 있다.

2. α-올레핀의 합성과 치환을 동시에 행하는 1단계법

1단계법의 특징:
1. 트리에틸알루미늄이 촉매로서 사용된다.
2. 가수분해된 촉매가 α-올레핀 중에 남는다.
3. 올레핀의 사슬길이의 분포가 넓다.

또한 α-올레핀의 제조는, 1단계로서 실시할 수도 있다. 이것은 고온 에틸렌올리고머화에 의하여 행해지며, 200°C, 25 MPa(250 kg/cm^2)의 조건하에서 촉매량의 트리에틸알루미늄(약 0.5중량%)이 사용된다. 이 방법에서는 직쇄상의 α-올레핀의 비율을 높이기 위하여, 에틸렌의 전환율을 낮게 억제할 필요가 있다. 촉매는 반응 후 알칼리로서 가수분해되며, 올레핀의 반응용액 중에 잔존한다. 게다가 하나의 1단법에 특징적인 것은, 표 3.5에 제시한 바와 같이 2단법에 비하여 생성하는 올레핀의 탄소수의 분포가 넓은 것이다(C_4-C_{30}).

표 3.5 에틸렌의 올리고머화에 의한 α-올레핀의 분포

α-올레핀	고온법(중량%)	저온법(중량%)
C_4	5	5
$C_6 \sim C_{10}$	48	50
C_{12}, C_{14}	20	30
C_{16}, C_{18}	13	12
C_{20}, $> C_{20}$	14	3

공업적인 실시:
1. 2단계법
   Ethyl Corporation
2. 1단계법
   Chevron(과거 Gulf)

1단법이나 2단법으로 얻어진 α-올레핀의 혼합물은 모두 희망하는 올레핀의 유분으로 각각 분류된다.

2단법은 미국의 Ethyl Corporation사(현재의 BP Chemical사; 능력 47만 t/y, 2002년)에서 쓰고 있고, 1단법은 미국의 Chevron사(능력 68

만 t/y, 2001년)와 일본의 Idemitsu(능력 5.5만 t/y, 2001년) Mitsubishi 화학(능력 6만 t/y, 2001년)에서 행하고 있다.

Idemitsu
Mitsubishi화학(과거 Mizusima 석유화학)

같은 에틸렌을 원료로 사용하지만, 다른 촉매를 사용하여 올리고머화를 행하는 다른 α-올레핀의 제조법도 있다. Exxon사는, 가용성의 알킬알루미늄클로라이드/사염화티탄 촉매를 사용함으로써 유기용매 중, −70∼+70°C에서 에틸렌을 고순도의 직쇄상 α-올레핀으로 올리고머화하는 방법을 개발했다. 반응온도가 점점 높아지고 용매의 극성이 작을수록 올레핀의 분자량이 증대한다. 생성하는 α-올레핀의 분포는 C_4−C_{1000}에 이른다.

다른 촉매계에 의한 에틸렌의 올리고머화의 개량방법:
Ti 혼합촉매(Exxon, Mitsui)
Zr 혼합촉매(Idemitsu)
Ni-포스핀착화합물(Shell)

이외에 Mitsui석유화학은 Ti함유 혼합촉매, Idemitsu는 지르코늄과 유기리간드로 형성되는 혼합촉매, Shell사는 Ni-포스핀착화합물촉매를 사용하는 α-올레핀의 제조법을 개발했다. Shell사의 SHOP 프로세스(**S**hell **h**igher **o**lefin **p**rocess)는 1977년에 미국에서 최초로 가동을 시작한 이래, 다른 플랜트에서도 채택되고 있다(3.4절 참조).

C_2H_4올리고머화와 올레핀 상호교환반응을 조합시키는 SHOP 프로세스에 의한 올레핀합성(Shell)

IFP사는 에틸렌을 2량화하는 Alphabutol법(3.3.2절 참조)을 발전시켜 C_4−C_{10}의 α-올레핀을 제조하는 프로세스를 개발했다(Alphaselect법). 그러나 프로세스의 상세한 조건에 대해서는 아직 아무도 모른다.

방법 2.

탈수소에 사용되는 n-파라핀은 석유 중, 즉 파라핀베이스의 원유의 디젤 유분 중에 분지파라핀과 혼합물로서 충분한 양이 존재한다. 분지파라핀은 유동점이 높기 때문에 디젤유의 성분으로서 일반적으로 선호하지 않는 것이지만, 동결에 의하여 분리할 수 있다. 따라서 예를 들면, 메틸에틸케톤과 벤젠(또는 톨루엔), 혹은 염화메틸렌과 1,2-디클로로에탄과 같은 적당한 혼합용제, 혹은 가압하의 액체프로판으로 석유류분을 희석하고 냉각한다. 분지, 직쇄 및 환상파라핀의 혼합물이 결정화되고, 여별된다. 직쇄성분은 흡착법에 의하여 분리할 수 있다.

n-파라핀 탈수소용의 원료:
파라핀베이스의 원유로부터의 고비점류분

파라핀의 혼합물의 분리:
용제로서 희석하고, 이어서 상압 혹은 가압하에서 냉각한다.
분지와 환상성분을 함유하는 혼합물로부터 직쇄파라핀을 단리하는 2가지의 방법:
1. 제올라이트흡착
2. 요소에 의한 추출결정화

공업적으로는 다음과 같은 2가지 방법이 실시되고 있다.

1. 몰레큘라시브(5 Å 제올라이트)를 사용하는 흡착법

BP, Exxon(Ensorb), Leuna(Parex), Mobil, Texas Oil Company (TSF), UCC(Iso Siv) 등 각 회사의 프로세스와 같이, N_2 또는 H_2와 같은 운반가스를 사용하여 기상에서 행하는 방법과, UOP사(Molex)와 같이 액상에서 행하는 방법이 있다.

1에 있어서:
기상 혹은 액상에서의 흡착과 감압, 혹은 용제추출에 의한 탈착의 교대조작. 제올라이트의 선택성을 이용한다.

제올라이트의 상당히 균일한 5Å의 세공 중에 C_5−C_{24}의 n-파라핀이

우선적으로 흡착되며, 부피가 큰 환상파라핀이나 이소파라핀류는 이 세공 중에 흡입되지 않는다(형상선택성).

몰레큘라시브에 의한 흡착이 포화에 달한 후, *n*-파라핀의 탈착을 행한다. 탈착은 감압하는 방식에 의하여 행하든지, *n*-펜탄과 같은 저비점 탄화수소를 사용하고 온도를 상승시켜 약간 가압의 조건으로 추출하는 방법으로 행해진다. NH_3/H_2O의 혼합물을 사용하는 Leuna사의 추출법은 비교적 탈착속도가 빠르다.

2. 요소에 의한 추출적 결정화의 방법

2에 있어서: 과잉의 요소(예를 들면, $C_{24}H_{50}$에 대해서 약 18배 mol)로서 결정성 포접화합물(clathrates)을 형성시키고 여과하여, 수증기로서 분해한다.

이 방법은 주로 $C_{15}-C_{30}$의 고위 *n*-파라핀의 분리에 사용된다. 잘 알려진 프로세스에, 고체요소와 파라핀용액을 혼합하여 결정화시키는 일본의 Nurex법(1979년까지 사용)과 요소의 포화수용액을 사용하는 독일의 Edeleanu사의 프로세스가 있다.

결정성의 요소포접화합물을 분리하여 75°C로 가열하면, 순수한 *n*-파라핀이 회수단리된다. 생성물은 98% 직쇄파라핀이다.

n-파라핀의 생산량(단위: 10^3 t):

	1988	1992	1996
서유럽	650	560	620
미국	406	352	346
일본	136	157	139

1997년 세계의 C_9-C_{17} 파라핀 생산능력은 150만 t/y였다. 그 중 서유럽이 79만 t/y, 미국이 41만 t/y, 일본이 16만 t/y이다. 이들 국가의 생산량을 부표에 제시한다.

n-파라핀으로부터 직쇄올레핀으로의 탈수소법은 3가지가 있으며, 각각 이중결합의 위치가 다르다.

n-파라핀의 올레핀으로의 변환에는 다음과 같은 3가지 방법이 공업적으로 실시되고 있다.

1. 열분해(수증기분해도 포함)
2. 접촉탈수소
3. 염소화와 탈염화수소에 의한 "화학적 탈수소"

열분해만이 주생성물로서 α-올레핀을 생성하며, 다른 2가지의 방법에서는 내부이중결합을 갖는 올레핀이 생성된다.

방법 1.

1. 분해조건하에서의 열적인 탈수소, 각종 사슬길이의 α-올레핀이 생성되며, 증류하여 C_6-C_9, $C_{10}-C_{13}$, $C_{14}-C_{18}$ 유분으로 분리된다.

저위 올레핀의 제조와 마찬가지로 고위 올레핀도 또한 수증기분해에 의하여 제조할 수 있다. 왁스의 함량이 높은 $C_{20}-C_{30}$의 파라핀류분이 원료로서 사용되기 때문에, 이 방법은 왁스분해라고도 불리운다. 파라핀의 분해는 500~600°C에서 약간 가압하, 7~15초의 비교적 짧은 체류시간으로서, 일반적으로는 수증기를 공존시켜서 행해진다. 될 수 있는 한, 직쇄성을 갖도록 함과 동시에 이중결합을 우선적으로 말단, 즉 α-위치에 생성시키기 위하여 행해지며, 전환율은 25% 정도로 억제된다. 분자 중의 모든 위치에서 C–C결합의 열분해가 일어나기 때문에 생성물은 α-올

왁스분해의 공업적인 응용:
서유럽의 Shell
미국의 Chevron

레핀 동족체의 혼합물로 되지만, 생성물의 약 90~95%는 α-올레핀이다. 나머지는 분지올레핀, 디올레핀 및 시클로알칸이다. 중위 및 고위 올레핀은 저비점의 가스상 생성물과 분리되며, 적당한 증류에 의하여 공업적으로 이용하기 쉬운 유분, 예를 들면 C_6−C_9, C_{10}−C_{13}, C_{14}−C_{18}으로 분류된다. 왁스분해법에 기반하는 α-올레핀의 제법은 Shell과 Chevron의 두 회사가 실시하고 있으며, 각각 31만 t/y 및 4.5만 t/y의 능력이 있다(1985년). Shell사는, 이 설비가 희망하는 탄소수의 올레핀 제조에 관해서 융통성이 나쁘기 때문에 최근 폐지했다고 발표했다.

방법 2.

UOP사가 개발한 파라핀의 접촉탈수수소법은 Pacol-Olex법이라고 불리우며, C_6로부터 C_{10}까지의 n-파라핀이 H_2 공존하에서 탈수소된다. 반응은 고정상촉매(Pt/Al_2O_3 + 촉진제) 상에서 기상, 400~600°C, 0.3 MPa (3 kg/cm^2)의 조건으로 행해지며, 파라핀 전환율은 10% 정도로 억제된다. 생성올레핀의 96 중량%까지가 직쇄모노올레핀이며, 내부이중결합이 통계적으로 분포하고 있다. 미반응의 파라핀과의 분리는 몰레큘라시브 등의 고체흡착제에 의한 올레핀의 가역적인 흡착을 이용하여 행해진다.

2. UOP의 Pacol Olex(**par**affin **cat**alytic **ol**efin **m**anufacture and **ol**efin **ex**traction)에 의한 접촉탈수소, 내부올레핀이 생성한다.

1994년에는 25기의 플랜트에 이 기술이 이용되었으며, 게다가 몇 개의 플랜트가 건설 중이다. 이 방법으로 얻어진 올레핀은 Ziegler 합성 등 에틸렌의 올리고머화에 의하여 제조된 α-올레핀에 비하면 직쇄성이 떨어지지만, 가격이 현저히 낮다라고 하는 장점이 있다.

최근, 이 UOP사의 프로세스는 C_3−C_5 알칸의 탈수소에도 이용되기에 이르렀다(3.3.1절 참조).

Oleflex법은 유사프로세스로서 C_3−C_5 알칸의 탈수소에도 적용된다.

방법 3.

이 경로는 n-파라핀을 액상, 90~120°C에서 열적으로 개시시킨 라디칼연쇄반응에 의하여 모노염소화하는 공정과, 그곳에서 생성한 염소화물을 철강제의 반응탑 중에서 규산알루미늄 또는 금속충진물에 의하여 250~350°C에서 접촉적으로 탈염화수소하는 공정으로 형성된다.

3. 염소화, 탈염화수소 2단계법에 의한 내부올레핀의 합성:
액상에서의 라디칼염소화. 파라핀의 전환율은 40%까지.
금속염을 촉진제로 사용하고 $Al_2O_3 \cdot SiO_2$ 혹은 금속충진제를 사용한 기상에서의 탈염화수소.

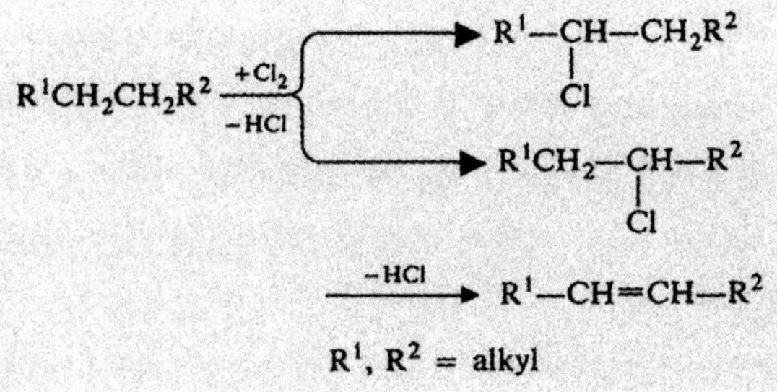

(10)

프로세스의 특징:
모노클로로파라핀으로의 치환은 말단보다도 내부에서 일어나기 쉬우며, 탈염화수소에서는 실질적으로 내부올레핀만이 얻어진다.

이중결합의 생성위치는 파라핀 중 염소원자의 위치에 따라서 결정되지만, CH_3기보다도 CH_2기 쪽이 반응성이 높기 때문에, 이중결합은 거의 대부분 내부에 생성한다. 따라서 모노치환체가 더욱 염소화하지 않도록 반응온도를 낮게하고, 전환율을 약 40% 정도로 억제하지 않으면 안 된다. 이 방법은 Hüls사가 8만 t/y의 능력을 갖는 플랜트로서 C_{10}–C_{13}의 *n*-파라핀을 원료로 하여 실시하고 있다. 1982년까지만 해도 이 방법을 이용한 올레핀 플랜트는 미국의 Shell사에서 가동되었을 뿐이다.

염소화를 더욱 진행시킨 폴리클로로파라핀의 혼합물은 염소함량이 많을수록 안정하며, 왁스상태로 된다.

클로로알칸용의 *n*-파라핀 소비량(단위: 10^3 t):

	1992	1994	1996
서유럽	68	58	53
미 국	12	11	12
일 본	11	12	11

모노클로로파라핀 그 용도나 *n*-올레핀 제조로의 이용과는 별도로, 각종 염소함량(15~70중량%)의 폴리클로로파라핀류에도 공업적인 수요가 있다. 이들은, C_{10}–C_{30}의 *n*-파라핀을 기포탑반응기에서, 60~120°C, 약간의 가압조건하, 100%의 염소전환율로서 반응시켜 제조된다. 이들의 클로로알칸류는, PVC의 가소제나 도장용의 원료, 오일첨가제 혹은 섬유제품의 난연, 방수마무리를 위한 함침제로서 이용된다. 서유럽 및 미국, 일본의 클로로알칸용 *n*-파라핀 소비량을 부표에 제시했다. *n*-파라핀은 이외에 지방산이나 방향족 알코올의 제조에도 이용된다(8.2절 참조).

직쇄올레핀의 용도:
C_6–C_{10} 올레핀은 하이드로포르밀화와 수소화에 의하여 "옥소"알코올로 되며, 가소제 혹은 가소제원료로서 사용된다.
내부올레핀을 원료로 하여 하이드로포밀화를 행해도 동시에 이중결합의 이성화가 일어나기 때문에 α-올레핀의 경우와 같은 알데히드혼합물이 생성한다(사슬의 말단에서의 반응이 우선한다).

직쇄올레핀류는, 골격의 길이에 따라서 각각 특별한 용도를 가지고 있다. C_6–C_{10} 올레핀은 하이드로포르밀화와 수소화에 의하여 C_7–C_{11}의 알코올로 변환된다(6.1절 참조). 이들의 알코올은 용제로서 사용되는 이외에, 무수프탈산으로 에스테르화하는 방식에 의하여 가소제로서 이용된다. 하이드로포르밀화할 때에는 이중결합이 말단으로 이성화하기 때문에, 내부에 이중결합을 갖는 직쇄올레핀은 α-올레핀과 마찬가지로 하이드로포르밀화에 적당한 원료이며, 어느것으로부터도 실제로는 같은 알데히드 조성의 생성물이 얻어진다.

C_6–C_{10} 올레핀은 올리고머 제조용으로 사용된다(AOO).

또한, C_6–C_{10} 올레핀은 각종의 α-올레핀올리고머(AOO)로 변환된다. 이들은 촉매의 종류나 반응조건을 바꾸는 것에 의하여 합성되며, 특히 고품질의 윤활유로서 사용된다.

C_{10}–C_{13} 올레핀은 벤젠의 알킬화용에 사용된다(LAB제조).

벤젠의 알킬화프로세스의 특징:
올레핀의 이중결합과 동시에 이성화가 일어나고, 페닐기가 직쇄상의 탄소사슬에 통계적으로 분포한다.

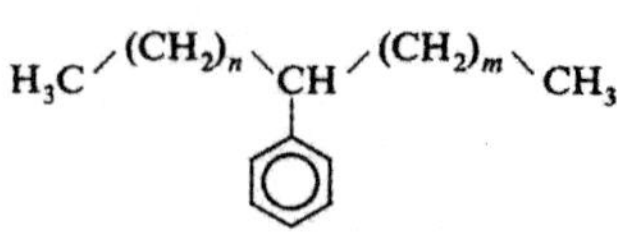

C_{10}으로부터 C_{13} 정도까지의 유분은, 벤젠의 알킬화에 사용된다(13.1.4절 참조). HF 균일촉매를 사용하는 UOP사의 프로세스가 널리 채용되고 있지만, 새로운 개량플랜트에서는 산성의 불균일촉매가 사용된다. Lewis산 또는 프로톤산(Brönted산) 촉매의 존재하에서 벤젠을 알킬화하면, 동시에 올레핀의 부분이성화가 일어나기 때문에, 벤젠핵은 파라핀골격에 따라서 통계적으로 분포하게 된다. 따라서 직쇄알킬벤젠(LAB)은 원료로서 α-올레핀, 내부직쇄올레핀의 어느것을 사용해도 유사한 조성을 갖는 것으로 된다.

다른 직쇄알킬벤젠의 제조경로로서, 클로로파라핀을 탈염화수소하여 올레핀으로 변화시키지 않고, 직접 벤젠의 알킬화에 이용하는 방법이 있다(13.1.4절 참조). 서유럽 및 미국, 일본에서의 양쪽 제조원리에 의한 직쇄알킬벤젠용 *n*-파라핀의 소비량을 부표에 제시한다.

모노클로로파라핀을 사용하는 벤젠의 알킬화의 별법.

알킬벤젠용 *n*-파라핀의 소비량 (단위: 10^6 t):

	1992	1994	1996
서유럽	0.30	0.31	0.32
미 국	0.16	0.27	0.27
일 본	0.11	0.11	0.10

이와 같이 해서 제조된 *sec*-알킬벤젠은 술폰화하는 것에 의하여, 생분해성이 있는 음이온활성인 세척제의 기본원료로 된다.

게다가, α-올레핀은 SO_3와의 직접반응에 의하여 알켄술폰산염(α-올레핀술폰산염, AOS)으로 변환시킬 수 있다. 동시에 생성하는 술폰류는 가수분해하여 하이드록시알킬술폰산염으로 변환시키면 수용성이 증대한다.

C_{14}–C_{18} 올레핀은 SO_3와의 반응에 의한 α-알켄술폰산염(AOS)용으로 사용된다.

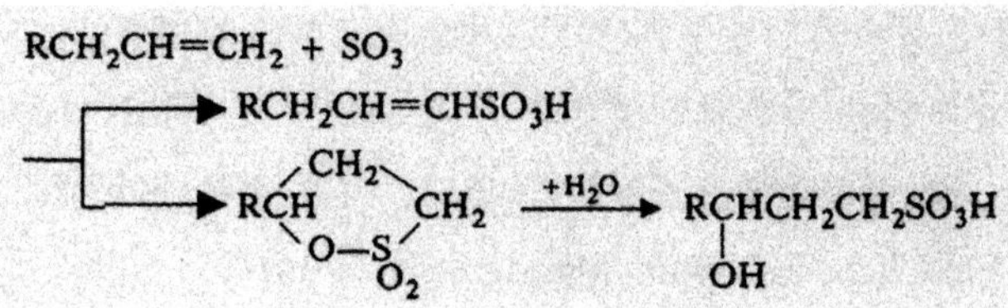

(11)

알켄술폰산염의 제조는 일본의 Lion유지에서 비교적 대규모로 행해지고 있을 뿐이다. 알켄술폰산염은 알킬술폰산염보다도 경수에 대한 감도가 약간 낮지만, 생분해성이나 세척성에서는 어느 쪽이나 차이가 없다.

알킬벤젠술폰산염과 알켄술폰산염의 응용: 생분해성의 세제

하지만, 알킬술폰산염(혹은 알칸술폰산염)은 *n*-파라핀(C_{12}–C_{18})으로부터 값싸게 제조되기 때문에, 활성인 세제성분(WAS = **w**ash **a**ctive alkyl**s**ulfonates)으로서 그 중요성이 상당히 증대되고 있다. 이것은 일반적으로 클로로술폰화와 옥시술폰화에 의하여 대량으로 생산되고 있다.

이외의 세제용 원료:
알킬술폰산염(알칸술폰산염)
알킬술폰산염의 제법:
1. 클로로술폰화
2. 옥시술폰화

연속클로로술폰화법에서는 *n*-파라핀혼합물은 SO_2/Cl_2를 사용하여, 20~35°C, 수은램프 조사하에서 *sec*-알킬술포클로라이드로 변환되며, 수산화나트륨으로 알칸술폰산염으로 가수분해된다.

클로로술폰화법의 원리:
C_{12}–C_{18} 파라핀과 SO_2/Cl_2의 라디칼반응에 의한 *sec*-알킬술포클로라이드의 생성, UV광에 의하여 개시된다.

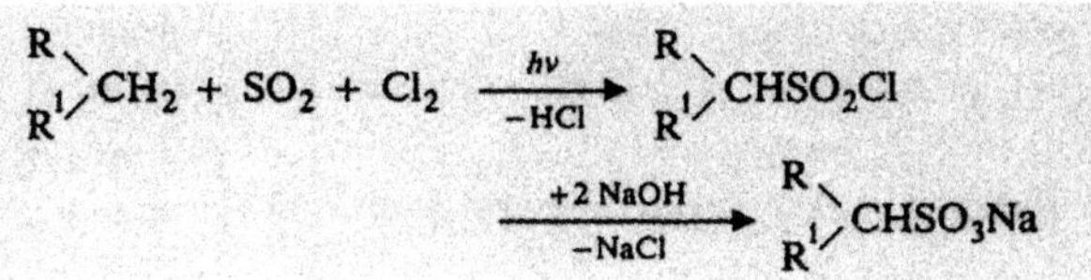

(12)

원치 않는 디술포클로라이드의 생성을 피하기 위하여 파라핀의 전환율은 약 30%로 억제되며, 가수분해와 정제공정 후에, 미반응의 파라핀은 클로로술폰화공정으로 재순환된다.

n-파라핀 혼합물의 옥시술폰화는, SO_2/O_2 혼합가스를 사용하여 UV광의 조사하에 25~30°C에서 행해진다.

옥시술폰화법의 원리:
C_{12}–C_{18} 파라핀과 SO_2/O_2의 라디칼반응에 의한 *sec*-알킬술폰산의 생성. UV광에 의하여 개시된다.

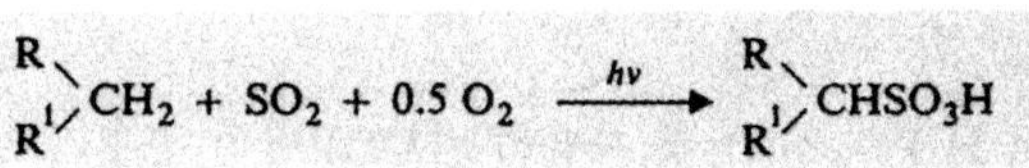

(13)

옥시술폰화법의 공업적인 응용: 독일, 프랑스, 네덜란드에 있어서 Hoechst의 light-water법, 독일에 있어서 Hüls법

공업적으로 실시되고 있는 Hoechst사의 light-water법과, 후처리방법은 다르지만, 이것과 유사한 Hüls사의 프로세스에서는 기포탑식 반응기에 물을 연속적으로 공급하여, 중간체의 알킬술포닐하이드로퍼옥사이드를 SO_2 및 H_2O와 반응시켜서 알킬술폰산과 황산으로 분해시킨다.

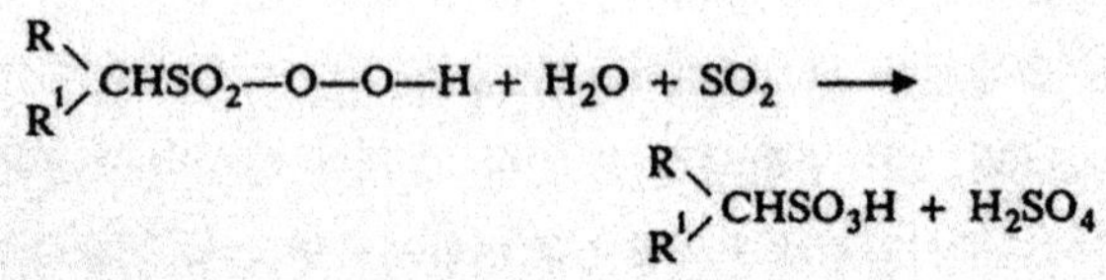

(14)

이어서 물에 불용인 알킬술폰산이 뜨거운 물로부터 분리된다.

옥시술폰화법은 서유럽의 4기의 플랜트로서 실시되고 있을 뿐이며, 1991년의 총 생산능력은 9.6만 t/y였다. 이와 같은 프로세스가 ATO Chemie, Eni Chem 및 Nippon Mining 등의 회사에서도 개발되었다.

3.3.3.2. 분지상 고위 올레핀

올리고머화나 코올리고머화에 의한 분지모노올레핀의 제조를 위한 원료:
프로필렌
이소부틸렌
n-부텐

탄소수 6 이상의 분지올레핀은 프로필렌, 이소부틸렌 혹은 *n*-부텐과 같은 저위 올레핀의 올리고머화나 코올리고머화에 의하여 제조된다. 프로필렌의 2량체 및 올리고머(노넨과 도데센)의 1997년의 생산능력은, 미국 57만 t/y, 서유럽 43만 t/y, 일본이 8만 t/y였다.

현제 사용되고 있는 원료, 생성물 및 제조방법을 요약해 보면 다음 표와 같다(표 3.6).

표 3.6 분지올레핀의 원료와 제법

원 료	제 법	생성물
프로필렌	AlR_3를 사용한 2량화	2-메틸-1-펜텐
프로필렌	알칼리금속을 사용한 2량화	4-메틸-1-펜텐
프로필렌	H_3PO_4를 사용한 3량화, 4량화	이소노넨, 이소도데센
프로필렌과 *n*-부텐	공 2량화	이소헵텐
이소부틸렌	주로 H_3PO_4 담체를 사용하는 2량화, 이온교환수지 또는 H_2SO_4도 사용된다.	디이소부틸렌

3종류의 촉매계에서 각각 특징적인 생성물이 생성한다:
1. 프로톤촉매
2. 유기Al촉매
3. 알칼리금속촉매

올레핀의 올리고머화에 사용되는 촉매계는 다음의 3종류로 분류된다.

1. H_3PO_4, H_2SO_4과 같은 무기산, 또는 산성이온교환수지 등의 산촉매
2. 알킬알루미늄 단독, 또는 조촉매를 첨가하는 유기금속촉매
3. 알칼리금속을 사용하는 유기금속촉매

촉매계 1.

고정상에서 H_3PO_4/SiO_2를 사용하는 UOP법이 공업적으로 널리 보급

되어 있다. 이 방법에서는, 프로필렌이 풍부한 유분이 170~220°C, 4~6 MPa(40~60 kg/cm^2)의 조건하에서 올리고머화 된다. 프로필렌의 전환율은 90%이며, 주로 트리프로필렌과 테트라프로필렌으로 형성되는 액체 혼합물이 얻어진다. 게다가 양쪽의 생성물은 주로 벤젠이나 페놀의 알킬화에 사용되고 있었지만, 이들의 방향족 알킬유도체로부터 합성되는 술폰산염은, 생분해성이 나쁘기 때문에 세제원료로서의 가치가 상당히 낮다(13.1.4절 참조). 한편, 디이소부틸렌의 경우와 마찬가지로 하이드로포르밀화 및 수소화에 의하여 가소제용 알코올의 제조에 사용되는 테트라프로필렌의 양이 증대하고 있다.

1. 프로톤촉매를 사용하는 방법:
1.1. UOP법에 의한 H_3PO_4/SiO_2 촉매. 170~220°C, 기상에서의 프로필렌의 올리고머화.
옥탄가 상향용의 가솔린첨가제(수소화 후).
옥소알코올(가소제 알코올)용의 원료올레핀, 알코올은 무수프탈산과 에스테르화하여 가소제의 제조에 사용한다.

H_2SO_4 혹은 산성이온교환수지(Bayer법)를 사용하는 이소부틸렌의 올리고머화에 대해서는 이미 설명했다(3.3.2절 참조). 디이소부틸렌은 수소화하여, 자동차용 가솔린의 첨가제로서 사용된다. 또한 디이소부틸렌은 하이드로포르밀화한 후에, 수소화하는 방식에 의하여 가소제 제조용의 이소노난올로 변환된다.

1.2. H_2SO_4, 혹은 이온교환수지를 사용하는 액상올리고머화법
예: 이소부틸렌, 프로필렌에 적합한 Bayer법
디이소부틸렌의 용도:
가솔린첨가제 및 가소제 알코올로서의 이소노난올의 전구체

Exxon Chemicals사는 이 기술에 의한 분지상 고위 올레핀의 세계 최대의 메이커이다.

촉매계 2.

저위 올레핀의 2량화나 공2량화에서는, 촉매의 선택에 의하여 영향을 받는 기본적인 2개의 파라미터가 있다. 촉매로서 트리알킬알루미늄을 단독으로 사용하면, 높은 선택성이 얻어진다. 이것에 대해서 Ni염과 같은 전이금속의 조촉매를 함께 사용하면 촉매계의 활성이 향상되지만, 선택성은 저하한다.

2. 알킬알루미늄촉매를 사용하는 방법:
2.1. 공촉매 없음– 고선택성, 저활성
2.2. 공촉매로서 전이금속화합물 또는 착화합물을 첨가– 저선택성, 고활성

이와 같은 2가지의 방법에 대해서 공업적 응용법이 개발되었다.

Goodyear Scientific Design사에 의한 프로세스에서는 트리프로필알루미늄을 사용하고, 200°C에서, 20 MPa(200 kg/cm^2)하에 프로필렌이 2-메틸-1-펜텐(2MP1)으로 2량화된다. 이것은 이소프렌의 원료가 된다(5.2.2절 참조).

2.1의 프로세스의 예:
Goodyear SD법에 의한 이소프렌 전구체인 2 MP1으로의 프로필렌의 2량화.

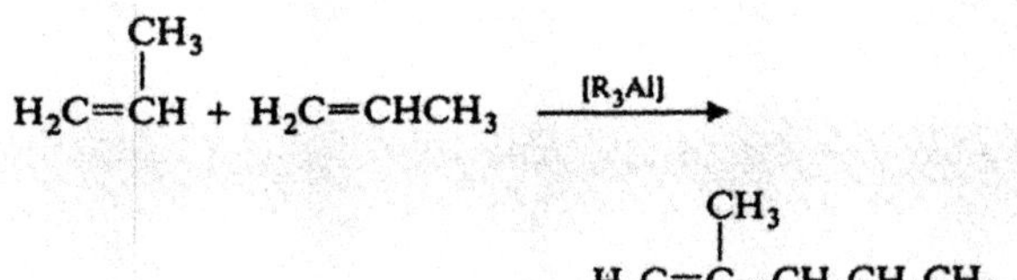

(15)

이외에 IFP사가 개발한 Dimersol법이 있다. 이 프로세스는 액상에서 프로필렌 혹은 부텐을 단독으로 2량화시키든지, 또는 프로필렌과 부텐을

2.2의 프로세스의 예:
$C_3H_6+C_4H_8$의 공이량화에 적당한

IFP의 Dimersol법(C_2H_4의 2량화의 "Alphabutol"법, 3.3.2절 참조).

공2량화시키는 것이다. Dimersol법에 의한 프로필렌과 부텐의 공2량화에서는 트리알킬알루미늄과 Ni염을 촉매로 사용하여 60°C, 1.8 MPa(18 kg/cm^2)의 조건하, 연속적으로 반응이 행해지며, 50%의 선택률로서 가지가 적은 이소헵텐이 제조된다. 그 선택률이 낮은 것은 조촉매의 영향뿐만이 아니고, 동시에 각각의 원료올레핀의 단독2량화도 통계적인 확률로서 일어나기 때문이다. 프로필렌 혹은 *n*-부텐을 단독으로 2량화하면 가지가 적은 이소헥센 혹은 이소옥텐이 높은 선택률(전환율 90%로서 85~92%)로서 생성한다.

분지가 적은 C_6, C_7, C_8의 이소올레핀은 하이드로포르밀화의 원료에 적당하다.

이 2량화프로세스에서 얻어지는 C_6, C_7, C_8의 이소올레핀은, 고옥탄가의 가솔린제조용 중간원료로서 유용하다. 하이드로포르밀화는, 이중결합의 양쪽에 가지가 있으면 옥소반응의 속도가 매우 느려진다.

1977년에 Dimersol법이 최초로 공업적으로 실시된 이래, 1999년에는 이 방법에 의한 생산능력은 전세계 25기의 플랜트의 합계로서 약 340만 t/y에 달했다.

촉매계 3.

3. 알칼리금속촉매를 사용하는 방법: BP법에 의한 C_3H_6의 4MP1로의 액상 2량화, 고선택성이지만, 저활성.

3번째의 알칼리금속촉매에 의한 프로필렌의 2량화프로세스는 한정된 용도만의 공업적 가치가 있다. 이 반응은 액상, 약 150°C, 4 MPa(40 kg/cm^2)에서 Na/K_2CO_3 촉매를 사용하여, 선택률 80%로서 4-메틸-1-펜텐(4MP1)이 생성한다.

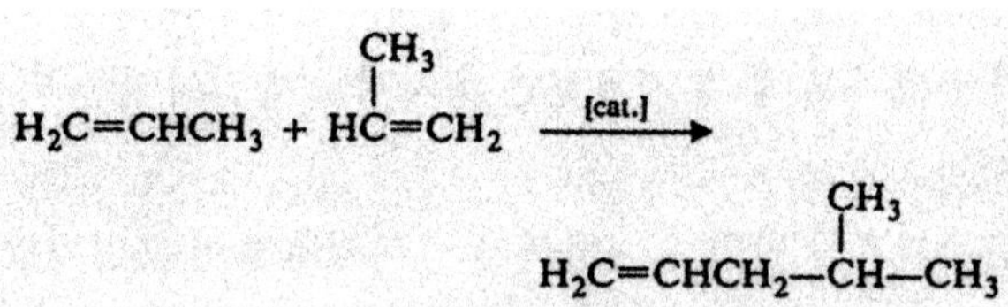

(16)

3의 프로세스의 예: Mitsui석유화학이 제조, 고결정성의 열가소성수지로의 4MP1의 중합 혹은 LLDPE의 코모노머로서의 사용.

BP사는 생산능력 2.5만 t/y의 플랜트로서 4MP1을 제조하고, ICI사가 이것을 중합하여 TPX로서 알려진 고비점 (240°C)의 투명한 폴리머를 제조하고 있다. Mitsui석유화학은, BP사의 기술을 사용하며 폴리-4-메틸-1-펜텐용의 모노머의 제조를 1975년에 개시했다(현재능력 1.5만 t/y). Phillips Petroleum사도 1986년에 비교적 작은 규모로서 생산을 개시했다. 4MP1은 폴리에틸렌(LLDPE)의 코모노머로서도 사용된다.

3.4 올레핀의 상호교환반응

올레핀의 상호교환반응, 2개의 올레핀 간에 알킬리덴기가 치환되는 교환반응이다. 형식적으로는 이중결합의 개열에 의하여 반응이 진행하는 것이지만, 전이상태는 아직 밝히지 못했다. 가장 단순한 상호교환반응의 예로서는, 2분자의 프로필렌으로부터 1분자의 에틸렌과 1분자의 n-부텐(주로 2-부텐)이 생성되는 반응이 있다.

올레핀의 상호교환반응의 원리: 2분자올레핀 간에서의 알킬리덴기의 촉매적 가역적 교환반응. 4중심전이상태에 기인하는 상호교환반응의 반응메카니즘:

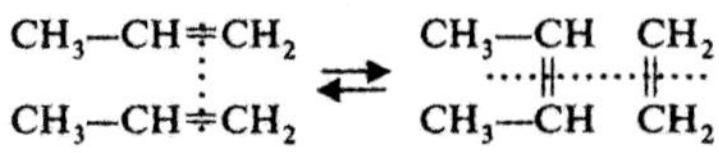

$$2CH_3CH{=}CH_2 \xrightleftharpoons{[cat.]} H_2C{=}CH_2 + CH_3{-}CH{=}CH{-}CH_3 \qquad (17)$$

이 반응은 어떤 특정의 탄소수의 올레핀으로부터, 그것보다도 탄소수가 적은 올레핀과, 탄소수가 많은 올레핀이 생성되는 반응이지만, 가역반응인 것으로부터 불균화반응이라고 명명하는 것은 옳지 않다.

불균화라고 하는 표현에서는 상호교환반응의 가능성을 완전하게는 나타내지 않는다.

상호교환반응에서는 일반적으로 몰리브덴, 텅스텐 혹은 레늄을 베이스로 한 촉매계가 사용된다. 액상에서는 가용인 금속할로겐화물이나 금속카르보닐착화합물이, 동시에 첨가되는 유기금속화합물에 의하여 저원가 가상태로 환원되며, 함산소촉진제로서 활성화되어 사용된다. 기상에서는 위에서 설명한 금속의 산화물, 황화물 또는 카르보닐착화합물을 표면적이 큰 담체에 담지시킨 촉매가 잘 사용된다.

균일촉매는 실온에서도 활성을 나타내는 수가 많지만, 불균일촉매의 경우에는 500°C까지의 반응온도가 필요하다.

올레핀의 상호교환반응용의 촉매로는 Mo, W, Re이 잘 사용된다.

1. 균일계에서는 금속염 혹은 금속카르보닐과 유기금속화합물과 함산소촉진제의 조합, 예를 들면, $WCl_6/C_2H_5AlCl_2/C_2H_5OH$
2. 불균일계에서는 예를 들면 담체에 담지한 금속산화물
   금속산화물: WO_3, $CoO\text{-}MoO_3$, Re_2O_7
   담체: Al_2O_3, SiO_2

상호교환반응에 의하여 올레핀의 제조에 다양성을 갖게 하는 것이 가능해진다. 예를 들면 프로필렌을 상호교환반응시키는 방식에 의하여 나프타분해로서 얻어지는 에틸렌의 비율을 향상시키고, 동시에 생성하는 부텐을 탈수소하여 부타디엔을 제조할 수 있다.

또한 천연가스의 분해가 주류로서 C_3 이상의 올레핀의 공급이 불충분한 국가에서는, 그의 공급을 조정하기 위하여 에틸렌의 올리고머화와 조합시켜서 상호교환반응을 이용할 수도 있다.

올레핀상호교환반응의 장점: 원료와 분해프로세스를 시장수요의 변화에 적응시킴으로써 정유에 자유도가 증가.

이외에 상호교환반응은, 다른 방법으로서는 제조하기 어려운 디올레핀의 합성이나, 환상올레핀의 개환중합으로의 응용도 있다.

Phillps Petroleum사는 1960년대에 트리올레핀프로세스라고 불리우는 프로필렌의 상호교환반응기술을 개발했다. 1966~1972년간에 캐나다의 Shawinigan사에서 3만 t/y의 부텐을 생산하는 능력을 가춘 공업플랜트가 가동했지만, 원료상태의 변화에 의한 경제적인 이유로부터 가동을 중단했다.

최초의 올레핀상호교환반응의 공업적인 응용: Phillips Petroleum의 트리올레핀프로세스가 Shawinigan에서 3만 t/y의 능력으로 약 6년간 가동했다.

반응조건은 사용하는 촉매계에 따라서 변한다. 몰리브덴산코발트 촉매의 경우에는 120~210°C의 온도, 2.5~3.0 MPa(25~30 kg/cm^2)의 압

트리올레핀: 1종류의 올레핀원료로부터 2종류의 올레핀생성물

트리올레핀프로세스 촉매의 종류(활성순서):
1. Re_2O_7/Al_2O_3
2. $CoO\text{-}MoO_3/Al_2O_3$
3. WO_3/SiO_2

력하에서 반응하며, 프로필렌의 전환율은 약 40%에 달한다. 한편, WO_3/SiO_2 촉매의 경우에는 450~500℃의 반응온도가 필요하며, 500℃에서 프로필렌의 전환율이 약 42%나 된다. 원료 프로필렌 중에 아세틸렌이나 디올레핀류가 함유되어 있으면 곤란하기 때문에, 이들은 팔라듐 촉매를 사용하는 선택적 수소화에 의하여 미리 제거한다.

BP사는 상호교환반응용으로 Re촉매를 개발했다. 이 촉매는 Re_2O_7/Al_2O_3의 형태로서 사용되며, 앞에서 설명한 2종류의 촉매보다도 실질적 활성이 높고, 기본적으로는 실온부근에서도 활성이 있다.

미국에서의 Phillips법의 새로운 이용. $CH_2=CH_2$와 $CH_3CH=CHCH_3$로부터의 프로필렌의 제조

미국에서는 최근 프로필렌의 수요가 증대하여, Phillips법이 다른 형태로서 응용되고 있다. 먼저 에틸렌을 2량화하여 2-부텐으로 하고, 이어서 이 부텐을 에틸렌과 상호교환반응시켜 프로필렌을 얻는 것이다. Lyondell사(Arco사)에서 13.6만 t/y의 플랜트가 1985년부터 가동되고 있다. 게다가 프로필렌의 제조용에 2개의 새로운 설비가 미국에서 가동되고 있다.

미국에서는 SHOP법이1977년으로부터 32만 t/y로서 가동하고 있다.

SHOP법의 공정:
1. 에틸렌의 올리고머화
2. 이중결합의 이성화
3. 상호교환반응(가에틸렌 분해반응)

또한, Shell사의 SHOP(**S**hell **h**igher **o**lefin **p**rocess)법의 일부로서 상호교환반응이 이용되고 있다. 1977년 개시했을 당시의 생산능력은 10.4만 t/y였지만, 그 후 몇 번에 걸쳐 증강되었다. 먼저 Ni촉매와 포스핀리간드[예를 들면, $(C_6H_5)_2PCH_2COOK$]의 존재하, 80~120℃, 7~14 MPa(70~140 kg/cm^2)의 조건으로 에틸렌을 올리고머화하여, 짝수개의 탄소수를 갖는 직쇄 α-올레핀 혼합물로 변환한 후, 이것으로부터 세척용인 $C_{10}-C_{18}$의 올레핀을 직접 단리한다. 이것보다도 탄소수가 적은 올레핀과 많은 올레핀에는 이중결합의 이성화와 상호교환반응을 조합시켜 처리가 행해진다. 이성화에서는 주로 통계분포적으로 이중결합이 위치하는 내부올레핀의 혼합물을 생성한다. 만일 이들의 올레핀만으로서 상호교환반응을 행하면, 최초의 이중결합의 위치에 의하여 결정되는 사슬길이의 분포를 갖는 새로운 내부올레핀의 혼합물이 생성된다. 이것에 대해서 이성화한 올레핀에 에틸렌을 가해서 상호교환반응을 행하면, 개열에 의하여 말단 올레핀이 생성한다(가에틸렌분해반응).

$$CH_3\text{-}(CH_2)_m\text{-}CH=CH\text{-}(CH_2)_n\text{-}CH_3 + H_2C=CH_2 \longrightarrow CH_3\text{-}(CH_2)_m\text{-}CH=CH_2 + CH_2=CH\text{-}(CH_2)_n\text{-}CH_3 \qquad (18)$$

가에틸렌분해반응의 특징: 탄소수가 짝수개의 내부올레핀이 촉

이와 같이 해서 희망하는 C_{11}~C_{14}의 탄소수를 갖는 올레핀이 부수적으로 생산되고 있다. 이들의 올레핀으로부터는, 예를 들면 하이드로포르

밀화에 의하여 $C_{12}-C_{15}$의 세제용 알코올을 제조할 수 있다. 용도가 적은 고위 및 저위 올레핀은 재순환된다. 전체적으로 99.5% 이상의 모노올레핀 함유율이고, α-올레핀 농도 94~97%의 제품이 얻어진다.

매적으로 에틸렌과 반응하고 개열하여, 탄소수가 홀수개의 말단올레핀으로 된다.

미국에서 최초로 SHOP법에 의한 공업생산이 개시된 이래, 영국과 네덜란드에서도 플랜트가 가동되기 시작했으며, 게다가 몇 개의 플랜트가 계획단계에 있다. 1993년 세계의 생산능력은 100만 t/y에 달했다.

이외에 많은 회사에서 상호교환반응의 응용이 연구되었다. 그 하나의 예가 네오헥센(3,3-디메틸-1-부텐)의 합성이며, 공업용 그레이드의 디이소부틸렌(약 75%의 2,4,4-트리메틸-2-펜텐)의 가에틸렌분해에 의하여 제조되고 있다. 이소부틸렌이 부생성물로서 생성된다.

이외의 상호교환반응의 적용예:
1. 디이소부틸렌의 가에틸렌분해반응에 의한 네오헥센의 제조(Phillips)

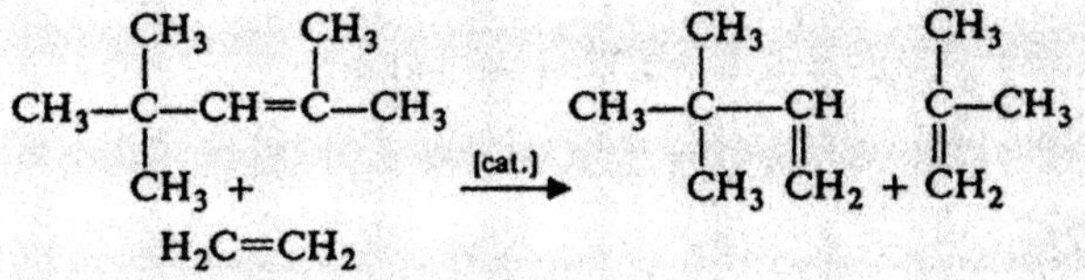

(19)

Phillips사는 소규모의 플랜트(최초의 생산능력은 1600 t/y였지만, 몇 번에 걸쳐 증강되고 있다)로서 네오헥센의 제조를 개시했다. 네오헥센은 주로 향료원료로서 사용된다.

다른 예로서는 환상올레핀의 가에틸렌분해에 의한 α,ω-디올레핀의 제조가 있다. 이 방법에 의하면 언제나 간단히 입수할 수 있는 시클로도데카-1,5,9-트리엔(10.1.2절 참조)을 선택적으로 수소화하여 시클로도데센으로 하고, 이어서 에틸렌과 상호교환반응시키는 것에 의하여 테트라데카-1,13-디엔으로 변환시킬 수 있다.

2. 환상올레핀의 개환.
가에틸렌분해반응에 의한 α,ω-디올레핀의 제조(Shell)

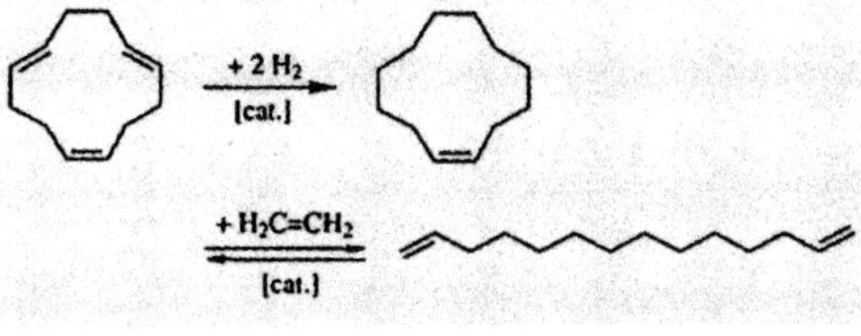

(20)

Shell사는 이외에 α,ω-디올레핀, 주로 1,5-헥사디엔이나 1,9-데카디엔을 다목적 설비로서 대량으로 생산하고 있다(0.3만 t/y).

α,ω-디엔은, 올레핀중합의 가교제이며, 또한 2관능성화합물의 합성원료로서 공업적으로 흥미 있는 물질이다.

시클로도데센은 폴리도데세나머의 출발물질이기도 하다. 폴리도데세나머는 시클로도데센의 가에틸렌분해로서 생성하는 물질이지만, 에틸렌

3. 환상올레핀의 폴리알케나머로의 상호교환중합,
환상올레핀의 가에틸렌분해반응의 부반응에 상당한다.

이 존재하지 않는 경우에는 이것이 주반응으로 된다. 반응은 탄소수가 2배의 환상디올레핀으로 고리가 확장됨으로써 개시된다.

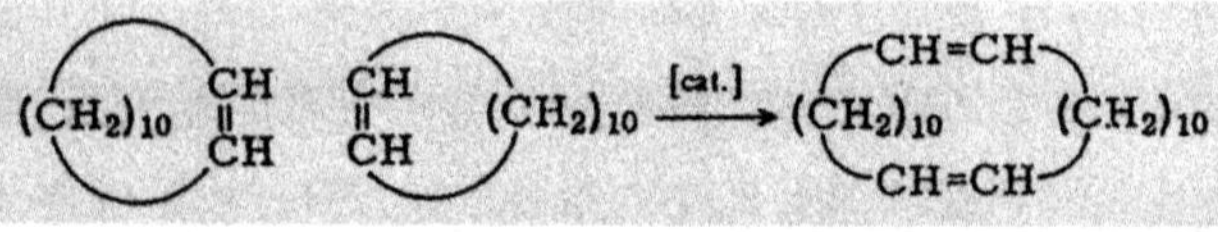

(21)

거대환상 폴리도데세나머뿐만이 아니고, 개환구조의 폴리머도 존재한다. 촉매로서는, 예를 들면 $WCl_6/C_2H_5OH/C_2H_5AlCl_2$와 같은 텅스텐을 함유하는 것이 사용된다.

상호교환중합의 응용예:
1. 폴리옥테나머
$\mp CH-(CH_2)_6-CH \mp_x$
의 제조(Hüls, Vestenamer®)

이런 형태로 된 반응의 주요한 공업적 이용은, Hüls사에 의한 시클로옥텐의 폴리옥테나머로의 상호교환중합이다(생산능력 1.2만 t/y, 1989년). 원료의 시클로옥텐은 부타디엔의 *cis,cis*-1,5-시클로옥타디엔으로의 접촉적 환화2량화와 부분수소화로서 제조된다.

폴리옥테나머는 고무공업에 있어서 가황할 수 있는 엘라스토머로서 이용되고 있다.

2. 폴리노르보르넨의 제조
(CDF-Chemie, Nersorex®)

가장 오래된 폴리알케나머는 CDF-Chimie사가 1976년 이래, 0.5만 t/y의 플랜트로서 제조하고 있는 폴리노르보르넨이다. 이것은 W 또는 Re촉매계를 사용하여 노르보르넨을 상호교환중합하는 것에 의하여 제조된다.

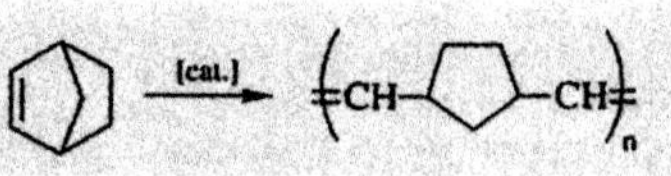

(22)

폴리노르보르넨고무는 가황경화하는 방식에 의하여, 방진 혹은 방음재료로서 사용된다.

상호교환반응에 의한 제법의 장래의 가능성:
이소프렌
스티렌

아직 실용화는 되지 못했지만, 공업적으로 흥미 있는, 이외의 상호교환반응의 예로서는, 이소부텔렌과 2-부텐의 불균화반응에 의한 이소프렌의 제조(5.2.2절 참조)와, 톨루엔을 산화적으로 2량화하여 스틸벤으로 하고, 이어서 에틸렌과 상호교환반응시키는 스티렌의 제조가 있다(13.1.2절 참조).

제 4 장

아세틸렌

4.1 아세틸렌에 대한 오늘날의 중요성

1940년대의 미국이나 1950년대 초기의 서유럽에서의 석유화학공업의 전성기 이전에는, 아세틸렌이 공업유기화학의 가장 중요한 기초원료 중 하나였다.

"아세틸렌의 생산공정"은 거의 "올레핀의 공정"으로 전환되어야만 했다.

그 후의 석유화학의 발전과 함께, 보다 입수하기 쉽고 경제적으로 취급이 용이한 올레핀이 아세틸렌 대신에 기초원료로서 각종의 중합용 모노머의 제조를 위하여 사용되기에 이르렀다.

올레핀은 값이 싸고, 생산량도 많으며, 파라핀으로 수송 될 수 있고, 안전하지만, 아세틸렌에 비하면 반응성은 약간 저하된다.

예를 들면 표 4.1에 제시된 바와 같이, 미국에서의 아세틸렌으로부터

표 4.1 미국에 있어서 아세틸렌 및 올레핀으로부터 유도되는 공업화학 제품의 생산량(10^3 t)

화학제품	아세틸렌 베이스					올레핀 베이스		
	1965	1974	1987	1995	1997	1974	1987	1995
염화비닐	159	59	73	36	48	2490	3657	6754
아크릴로니트릴	91	–	–	–	–	640	1157	1455
클로로프렌	82	–	–	–	–	144	110	105[1)]
아세트산비닐	64	32	–	–	–	604	1137	1312
기타(1,4-부탄디올, THF, 아크릴산/에스테르) 등	68	91	60	87	92			

[1)]1993년

아세틸렌의 생산량[1](화학용과 기타의 이용을 포함한다(단위: 10^3 t):

	1991	1993	1997
독일	216	103	91
미국	175	157	162
일본	84	73	54

[1] 화학공학 및 기타 용도

유도되는 주요 공업화학제품의 비율은 1965~1995년간에 큰 폭으로 감소하고 있음을 나타내고 있다.

미국에서는 1960년대에 아세틸렌의 생산량이 최대치에 달했으며, 거의 50만 t/y를 기록했다.

1998년의 세계의 아세틸렌 생산능력은 70만 t/y였다. 그 중, 서유럽이 24만 t/y, 미국이 19만 t/y, 일본이 9만 t/y이다.

주요공업국에서의 아세틸렌의 생산추이를 부표에 나타낸다.

종래 C_2H_2 베이스였던 것이 현재는 다음의 원료로 전환되어 있다.

C_2H_2로부터: CH_3CHO
$CH_2{=}CHCl$
$CH_2{=}CHOAc$
$Cl_2C{=}CHCl$
$Cl_2C{=}CCl_2$

C_3H_6로부터: $CH_2{=}CHCN$
$CH_2{=}CHCOOH$

C_4H_6로부터: $CH{=}C(Cl){-}CH{=}CH_2$

아세트알데히드, 염화비닐, 아세트산비닐 등 생산량이 많은 중간체나 트리 및 퍼클로로에틸렌과 같은 염소함유 용제(이전에는 아세틸렌화학의 분야였다)는, 현재는 공업적으로 확립된 기술에 의한 근대적 플랜트에 있어서 에틸렌으로부터 생산되고 있다. 마찬가지로 아크릴로니트릴은 프로필렌을 원료로 하여 제조되고 있으며, 아크릴산도 프로필렌으로부터의 제조가 증대하고 있다. 또한 클로로프렌은 부타디엔을 원료로 하여 제조되고 있다.

석탄원료의 C_2H_2 제조의 장점:

1. C_2H_2로의 탄소효율이 높다.
2. C_2H_4, C_3H_6에 비하여 H_2의 필요량이 적다.

그러나 C_2H_2 제조를 위하여 상당한 에너지를 필요로 하는 단점이 있다.

석탄 베이스의 C_2H_2 제조프로세스는 값싼 원료와 에너지가 이용되는 국가에서 성립할 수 있다.

석유 위기를 계기로 하여, 세계의 거대한 석탄매장량에 대한 재인식으로부터 새롭게 개량된 아세틸렌의 제조프로세스도 개발되었다(4.2.2절 참조). 그러나 올레핀제조의 에너지효율은 상당히 높은 반면, 아세틸렌의 사용은 석탄가격이 상당히 낮으며, 석탄으로부터의 아세틸렌제조프로세스에서의 탄소효율이 높고, H_2의 사용량이 적은 것 등의 장점이 발생되는 경우에만 경제적으로 성립한다.

이것은 상당히 가격이 싼 석탄을 가지며, 따라서 전기도 값이 싼 국가, 예를 들면 호주, 인도 혹은 남아프리카와 같은 나라에 해당된다. 이와 같은 지역에서는 현재 더욱, 아세틸렌을 원료로 한 염화비닐, 아세트산 혹은 아세트산비닐의 새로운 플랜트가 건설되고 있다. 대부분의 경우, 아세틸렌의 제조경로는 칼슘카바이드를 경유한다. 이 중간원료는 이외에도 많은 용도가 있다.

CaC_2의 기타의 용도:

1. 전통적인 $CaCN_2$의 생산은 합성비료의 출현에 의하며 극히 한정된 것으로 되어 있다.
2. 선철의 탈황이라고 하는 새로운 용도가 증가하고 있다.

칼슘카바이드는 화학공업에서는 칼슘시안아미드의 합성(현재, CaC_2 세계 생산량의 약 50%를 소비)에 사용되고 있는 것은 잘 알려져 있지만, 사용량은 감소하고 있다. 이외에 최근, 철광업에 있어서 선철의 탈황에 이용한다라고 하는 흥미 있는 용도가 발견되었다. 선철 1t당 5~10 kg의 CaC_2가 사용되기 때문에, 여기서 새롭게 발생하는 시장의 상황에 따라서는, 카바이드의 수요에 현저한 영향을 미치며, 더욱 아세틸렌의 공급과 가격이 급등할 가능성이 있다.

이외에 여러 나라에서도 아세틸렌이 현재도 더욱 화학프로세스에서 사용되고 있지만, 이것은 기본적으로 다음과 같은 4가지의 이유가 있다.

아세틸렌이 현재에도 이용되고 있는 이유:

1. 어떤 제품의 수요를 충족시키는 것과 같은 능력을 갖는 큰 플랜트의 경우, 다른 원료로의 전환을 위해서는 거액의 투자를 동반하는 새로운 플랜트의 건설과, 대부분의 경우 올레핀 베이스의 기술적 난도가 높은 프로세스의 운용이라고 하는 2가지 부담을 안고 있다.

   그 대표적인 예로서는 아세틸렌의 카르보닐화에 의한 아크릴산의 합성(11.1.7.1절 참조)이 있다.

1. 상각이 끝난 플랜트에서는 C_2H_2 유도체에 대한 생산이 부담스럽고 프로세스의 전환에는 높은 투자를 필요로 한다.
예: CH_2=CHCOOH 합성. EDC 분해로부터의 HCl을 C_2H_2에 첨가시키는 염화비닐의 합성

2. 양적으로 적은 화학제품으로 C_2H_2를 원료로 하여 간단히 합성할 수 있으며, C_2 부분의 분자전체에 점유되는 비율이 작기 때문에 코스트적인 영향이 그다지 크지 않은 것이 있다. 예를 들면 고위 카르복시산의 비닐에스테르, 고위 알코올의 비닐에테르(9.2.2절과 9.2.3절 참조) 및 N-비닐화합물(4.3절 참조) 등이 그의 예이다.

2. 소량생산의 화학제품에서 C_2 성분의 사용량이 적다.
예: 고위 알코올의 비닐에스테르 및 비닐에테르, N-비닐화합물

3. 아세틸렌을 원료로 하는 제법 이외에, 동등한 설비투자로서, 값싼 원료를 사용할 수 있으며, 경제적인 수득률이 얻어지고, 더욱 일반적인 기술로서 행하는 것과 같은 적당한 제법이 없다.

   이 경우의 예로는 1,4-부타디올(4.3절 참조)이 있으며, 다른 예로서 특별한 용도에 필요한 아세틸렌블랙이 있다.

3. 경제적인 별법이 없다.
예: 1,4-부탄디올, 전지용("Acetogen®, Hoechst-Knapsack) 또는 고무증량제로서의 아세틸렌블랙

4. 석유의 공급에는 한정이 있으며, 또한 정치적 판단에 좌우되는 면이 있지만, 카바이드계의 아세틸렌을 이용하면 경제성 문제를 도외시하고 부분적으로는 석유에 의존하지 않아도 된다.

4. 석유의존으로부터 탈피하기 위하여 경제성을 도외시하고 석탄계 C_2H_2를 이용한다.

4.2 아세틸렌의 제조법

4.2.1 칼슘카바이드를 원료로 하는 방법

칼슘카바이드의 합성은 커다란 흡열($\Delta H = +111$ kcal/mol, 465 kJ/mol)을 동반하는 생석회와 코크스의 반응에 의하여 행해진다. 반응은 전기가 열에 의하여 2200~2300°C에서 행해진다. 이 방법으로 1960년에는 세계의 칼슘카바이드의 생산량이 약 1000만 t/y로서 최고에 달했다. 현재의 세계 생산량은 약 500만 t/y이다. 주요 공업국에서의 생산량의 추이를 부표에 제시하였다. 생산량의 감소경향은 있지만, 몇 개의 국가에서는 근대적인 카바이드/아세틸렌 제조법에 새로운 관심이 모아지고 있다. US Institute of Gas Technology에서 연구되고 있는 CaC_2합성으로의 태양에

칼슘카바이드를 원료로 하는 고전적인 아세틸렌 합성법의 중요성은 현저하게 저하했다.

칼슘카바이드의 생산량(단위: 10^3 t):

	1988	1990	1993
CIS	604	580	540
일본	342	344[1)]	245
미국	225	236	222

[1)]1989년

너지의 이용 등이 그 예이다.

주요한 코스트의 요인: 전기에너지 (약 10 kw·hr/kg C_2H_2)와 석탄

칼슘카바이드는 물과의 발열반응에 의하여 아세틸렌과 수산화칼슘으로 된다.

$$CaC_2 + 2\,H_2O \rightarrow HC{\equiv}CH + Ca(OH)_2 \qquad \left(\Delta H = -\frac{31\ \text{kcal}}{130\ \text{kJ}}/\text{mol}\right) \tag{1}$$

CaC_2의 가수분해에 있어서 2종류의 공업적 방법:
1. 과잉의 H_2O를 사용하는 습식발생기. 공업적으로는 간단하지만, 배출수의 부하가 있다.
2. 거의 화학양론량의 H_2O를 사용하는 건식발생기

공업적으로는 2개 형태의 발생기를 사용하여 아세틸렌의 합성이 행해진다. 습식발생기에서는 과잉의 물을 사용하며, 건식발생기에서는 거의 화학양론량의 물을 사용한다. 후자의 경우에는 반응에서 생성하는 수산화칼슘은 백색분말로 얻어진다. 반응열은 가한 물의 일부를 증발시키는 방식에 의하여 제거된다.

3750 m^3/hr C_2H_2 = 3.2만 t/y까지의 생산능력을 갖는 연속법의 대규모 건식발생기가, Knapsack사와 Shawinigan사에 의하여 개발되었다. 부생성물인 수산화칼슘은 카바이드 제조단계로의 재사용(약 50%)되는 이외에, 건축업, 화학공업 혹은 농업분야에서 이용된다.

화학원료로서 사용되기 전에 행해지는 3단계의 아세틸렌의 정제법:
1. H_2SO_4 세척($CaCN_2$로부터 NH_3의 제거)
2. HOCl 또는 H_2SO_4의 산화
3. NaOH 세척

염소수는 유리의 Cl_2를 함유해서는 안된다. 이것이 존재하면 C_2H_2와 격렬하게 반응한다.

발생한 C_2H_2는 화학합성원료로서 사용하기 전에 3단계로서 세척된다. 먼저 황산세척에 의하여 NH_3와 같은 염기성 생성물을 제거하고, 다음에 인, 유황을 함유하는 불순물을 염소수 또는 98% H_2SO_4에 의하여 산화시킨 후, 물로 세척하고, 제3단계에서 미량의 산을 수산화나트륨 수용액에 의한 세척으로 제거한다.

4.2.2 열분해프로세스

탄화수소의 열분해에 의한 아세틸렌의 합성

C_2H_2 제조에는 많은 프로세스가 있지만, 이들은 메탄으로부터 경유, 중유에 이르는 탄소수 영역의 탄화수소를 무촉매하에서 열분해하는 방식에 기인하고 있다. 새롭게 개발된 기술에서는, 보다 비점이 높은 유분이나 잔사유를 사용할 수 있으며, 석탄이 사용되는 프로세스도 있다.

일반적인 프로세스의 특징:
분해생성물의 체류시간을 짧게 하기 위하여, 고온, 단 시간으로 커다란 에너지의 공급을 필요로 하는 흡열분해프로세스
짧은 체류시간(급랭)에 의하여 원자상 C와 H_2로의 생성평형을 방해하지 않으면 안 된다.

C_2H_2의 단리: 분해가스 중 C_2H_2의 농도는 희박하기 때문에 용매세척에 의한 추출이 필요하다.

원리적으로는 열역학과 반응속도에 기인하여 반응조건이 선정된다.

각 프로세스에 공통적인 중요한 전제조건은, 1400°C 이상의 고온레벨로 가열하기 위한 에너지를 빨리 공급할 것, 원료 내지는 반응생성물의 체류시간을 10^{-3}～10^{-2}초로서 매우 짧게 할 것, 아세틸렌의 분압을 낮게 할 것, 및 열분해한 가스를 급냉할 것 등이다. 이와 같이 해서 얻어진 C_2H_2의 분해가스 중의 농도는 비교적 낮으며, 약 5～20용량%이다. 따라서 선택적인 용매를 사용하여 혼합가스로부터 아세틸렌을 추출하고, 몇 단계로서 정제한다. 이와 같은 용매로서는, 예를 들면 N-메틸피롤리돈(NMP),

디메틸포름아미드(DMF), 등유, 메탄올 혹은 아세톤 등이 사용된다.

각각의 아세틸렌의 제법은 기본적으로는 분해반응에 필요한 고온의 열에너지의 발생과 공급방법에 차이가 있다. 기본적인 원리로부터 아래와 같은 3가지의 프로세스로 구분된다.

열분해프로세스는 열의 공급방법에 따라서 3종류로 구분된다:

1. 직접적으로 열공급을 행하는 프로세스(보통은 전기가열에 의한다)
2. 열매체에 의하여 간접적으로 열공급을 행하는 프로세스
3. 원료의 일부를 연소시키는 방식에 의하여 발생하는 열을 나머지의 원료의 흡열분해에 이용하는 자기가열방식의 프로세스

1. 전기가열에 의한 분해법
2. 열매체를 사용하여 가열하는 분해법
3. 원료의 일부가 연소열에 의한 분해법

프로세스 1.

Hüls사의 방전분해프로세스가 이에 속하며, 독일에서 1955년에 개시했고, 현재 12만 t/y의 C_2H_2와 5만 t/y의 C_2H_4를 생산하는 능력(1993년)을 갖는 플랜트가 가동되고 있다. 마찬가지로 루마니아에서도 이것보다도 작은 플랜트가 가동되고 있다. 이 프로세스에서는 200°C까지의 비점범위를 갖는 탄화수소가 20.000°C에 미치는 내부온도를 갖는 1 m의 안정화방전에 의하여 분해된다. 연소로 출구에서의 가스혼합물은 약 0.12 MPa(1.2 kg/cm^2)의 작동압력과 약 1800°C의 온도를 가지고 있으며, 이것이 물의 분사에 의하여 200°C까지 급랭된다. 방전로 중에서의 가스의 체류시간은 수밀리초이다. 아세틸렌과 에틸렌의 수량은 공급한 탄화수소 1.8 t당, 각각 1.0 t과 0.42 t이다. Hüls사는 1993년에 에너지부하가 큰 이 프로세스의 거대플랜트를 중단하고, 1,4-부탄디올이나 테트라하이드로푸란등의 한정된 용도에 맞도록 보다 근대적으로 환경에 적합한 4만 t/y의 플랜트를 가동했다.

1. 전기가열 분해법:

1.1. Hüls사의 방전프로세스는 19기의 방전로를 설비한다. 원료로서는 천연가스, 정유소가스, LPG가 바람직하다.

프로세스의 특징:
접선방향으로부터 가스주입을 행하는 안정화방전, 전극의 수명은 1000 hr 이상으로 길고 C_2H_2와 C_2H_4의 수득률이 높다(각각 약 56중량%와 25중량%이다).

더욱 플라즈마프로세스라고 불리우는 Hoechst-Hüls 양사의 H_2 방전분해프로세스도 대규모인 2개의 파일럿플랜트로서 시험이 행해졌다. 이 방법에서는 열매체로서의 H_2가 최초에 3000～4000°C까지 방전가열되며, 이때 30～65%의 H_2가 원자상태로 해리된다. 여기에 연속적으로 반응기 중에 연료가 공급되어 분해되지만, 원료로서는 메탄으로부터 원유에 이르는 여러 종류의 탄화수소를 이용할 수 있다. 분해가스를 빨리 급랭하고 분리한다. 원료가 가솔린인 경우, 부생성물을 분해프로세스로 순환하면 약 80중량%의 수득률로서 아세틸렌과 에틸렌을 얻을 수 있다. 분해가스 중 아세틸렌의 농도는 거의 14용량%에 달한다.

1.2. 수소화방전분해[Hoechat-Hüls HEAP(**h**ydrogen **e**lectric **a**rc **p**yrolysis) 프로세스]에서는 높은 엔탈피 밀도를 갖는 30~65% H원자로 형성되는 플라즈마를 사용한다.

교류방전을 사용하는 Hoechst의 개량플라즈마 발생법. Hüls의 직류방전법.

프로세스의 특징:
광범위한 탄화수소가 원료로서 사용할 수 있으며, 매연의 생성이 적다. 80중량%의 높은 C_2H_2/C_2H_4의 수득률이 얻어진다.

플라즈마법은 이외에 미국이나 CIS에서도 개발되어 있지만, 지금까지 공업적으로 실시되고 있는 것은 없다.

기타의 플라즈마법: UCC, Cyanamid, CIS

1.3. Du Pont의 개량법

1.4. 석탄을 원료로하는 Hüls, AVCO의 플라즈마법

또한 Du Pont사는 개량된 방전법을 개발했으며, 이 방법에 의하여 미국에서 2.5만 t/y의 생산능력을 갖는 플랜트를 1963년에 가동시켰지만, 1968년에 중단했다.

최근, 플라즈마분해의 원료에 석탄을 사용하는 연구가 독일의 Hüls사나 미국의 AVCO사에 의하에 파일럿플랜트의 규모로서 행해지고 있다. 이것에 의하면 탄화수소를 원료로 하는 경우와 마찬가지로 석탄분말이 수소플라즈마 방전 중에 도입된다. 사용되는 석탄의 종류에도 의하지만, 수 밀리초의 체류시간과 최적화된 온도, 압력조건하에서 C_2H_2의 수득률은 35중량%에 달한다. 분해가스는 물로서 급랭되며, 미반응의 고체는 순환사용 된다. 생성혼합물의 분리는 고체상태의 찌꺼기의 생성이나 석탄 중의 N, O, S으로부터의 화합물의 생성으로 인하여 탄화수소원료의 경우보다도 복잡해진다.

석유의 가격이 싸기 때문에, 이 기술은 공업적으로는 실현불가능이다.

프로세스 2.

2. 열매체 가열분해법

2.1. Cowper 원리에 의한 Wulff 프로세스, 즉 2개의 축열로가 교대로 가열과 냉각을 행한다. 고유의 단점이 있으며, 현재, 상업운전되지 않는다.

열매체 가열방법에 속하는 것으로서 Wulff 프로세스가 있으며, 이것은 내화물로서 내장된 로의 내부에서 가열과 분해를 교대로 행하는 복열방식으로 가동하는 것이다. 이 프로세스는 주로 UCC사에 의하여 개발된 것이지만, 전기가열법이나 부분산화법에 비하여, 매연의 부생이 상대적으로 많으며, 또한 생성한 아세틸렌의 체류시간이 너무나 길어지는 점은 피할 수 없다. 미국. 브라질 및 유럽에 있었던 이 방식의 플랜트는 이미 1960년대말까지 생산이 중지되었다.

2.2. 새로운 고온분해법의 선두주자인 Kureha 프로세스: 열매체로서 H_2/CH_4의 연소로서 생성하는 2000°C의 H_2O를 사용하여 높은 C_2H_2의 수득률을 달성한다.

H_2/CH_4 혼합물의 연소로서 생성하는 약 2000°C의 과열수증기를 사용하는 새로운 방식의 고온분해프로세스가 일본의 Kureha화학에 의하여 개발되었다. 이것은 원료로서 원유 또는 잔사유를 사용하며, 수득률은 46%이고, C_2H_2/C_2H_4가 거의 같은 양으로 얻어진다.

이 방법은 1970년대에 파일럿플랜트로서 최초로 시험가동되었으며, 그후 UCC사와 Chiyoda화공은 이것을 발전시켜서 ACR 프로세스를 개발했다(3.3.1절 참조)

프로세스 3.

3. 직접 자열분해법(자열=흡열반응과 발열반응의 조합)

3.1. 경질유를 사용하는 BASF (Sachsse-Bartholomé)법

BASF사의 2개의 프로세스가 이 그룹의 속한다. 첫 번째의 Sachsse-Bartholomé 프로세스는 가장 널리 이용되고 있는 것으로서, 한때는 세계에서 13기의 플랜트로서 실시되었으며, 합계 40만 t/y의 C_2H_2의 생산능력이었다. 1991년에 이르러 7기에 플랜트만이 가동 중이고, 합계능력은

33만t/y이다. 이 프로세스에 대해서는 나중에 자세히 설명하기로 한다.

BASF사의 2번째의 프로세스는 액중화염법으로서, 기름과 O_2에 의한 화염이 유상에서의 분해를 일으킨다. 이탈리아의 Sisas는 이 프로세스에 의하여 약 11만 t/y의 C_2H_2와 C_2H_4를 생산하는 능력을 갖는 플랜트를 가동하고 있다.

3.2. 중유를 사용하는 BASF(액중화염)법

Montecatini와 Société Beige d'Agote(SBA)/Kellogg의 각 회사는 또한 다른 2종류의 자열식 공업프로세스를 개발했다. 이들은 원리적으로는 Sachsse-Bartholomé법에 매우 유사하지만, 특히 연소로의 구조가 다르며, 또한 Montecatini법에서는 수 기압의 과잉압력을 이용하는 특징이 있다. 원료로는 메탄, 천연가스 및 경유가 사용된다.

3.3. CH_4, 천연가스, 경질가솔린의 부분연소에 의한 Montecatini법과 SBA-Kellogg법

Hoechst사의 HTP(**h**igh **t**emperature **p**yrolysis: 고온열분해) 프로세스도 마찬가지로 자열프로세스에 포함시킬 수 있으며, 분해가스의 연소에 의하여 고온을 발생시킨다. 독일의 Frankfurt-Hoechst사에서는 8.5만 t/y의 C_2H_2와 C_2H_4의 생산능력을 갖는 플랜트가 가동되고 있었지만, 1975년에는 경제상의 이유로 중단했다. 체코슬로바키아에서는 1985년까지 같은 프로세스에 의하여 C_2H_2와 C_2H_4가 각각 2.5만 t/y로서 생산되고 있었다.

3.4. 경질가솔린을 사용하고, 고온연소가스중에서 분해를 행하는 Hoechst법(HTP프로세스)

BASF사에 의하여 개발된 자열분해법은 메탄, 액화가스, 경유와 같은 원료를 사용하는 데 적합하다. 세계 플랜트의 대부분은 천연가스를 원료로 하고 있으며, 나프타를 사용하고 있는 것은 극히 적다. 공업적 프로세스에서는, 예를 들면 메탄과 O_2를 별도로 500~600℃로 예열하고, 이들을 혼합하여 특수한 로의 내부에서 반응시키면 화염의 생성을 동반하면서 반응이 진행한다. O_2/CH_4의 비율을 약 1:2로 조절하고, 불완전한 연소만이 일어나지 않도록 한다. 화염 중에는 일부 CH_4의 발열산화와, 나머지의 CH_4의 C_2H_2와 H_2로의 흡열반응이 일어난다.

3.1의 BASF법에 있어서 프로세스의 특징:
로와 반응기를 접속하고 CH_4와 저비점 탄화수소를 분해한다. 혼합실에 불꽃이 되돌아 오는 것을 피하기 위하여 가스의 유량을 크게 한다.

$$2\,CH_4 \rightarrow C_2H_2 + 3\,H_2 \left(\Delta H = +{}^{90\ \mathrm{kcal}}_{377\ \mathrm{kJ}}/\mathrm{mol}\right) \qquad (2)$$

접촉시간을 수 밀리초로 멈추고, 그 후, 반응가스에 물 또는 냉각오일을 주입하여 급랭시킨다. 이와 같이 하지 않으면 C_2H_2는, 매연과 H_2로 분해한다. C_2H_2의 분리는 일반적인 추출법에 의하여 행해지고, 용제로서는 N-메틸피롤리돈, 또는 디메틸포름아미드 등이 사용된다. 혼입되어 있는 공용해성분은 그 후, 분별(fractional) 탈가스와 적당한 정류계에 의하여 분리된다. 이와 같이 해서 CH_4 중의 탄소의 30%를 C_2H_2로서 회수할 수 있다. 분해가스 중의 C_2H_2의 함량은 약 8용량%이다. 주성분은 H_2

짧은 체류시간에 의하여
$C_2H_2 \rightarrow C + H_2$의 반응을 방지한다

CH_4로부터의 일반적인 분해가스 조성(용량%)

H_2	약 57
CO	26
C_2H_2	8
CH_4	4
CO_2	3

가 57%, CO가 26%이고, 이들은 쉽게 이용되는 일반적인 합성가스 조성이다. 분해에 의하여 C_2H_2 100 kg당, 5 kg의 매연이 발생한다.

즉, BASF법은 합성가스를 병산한다.

이 프로세스에 의한 최대의 플랜트가 독일 Ludwigshafen에 건설되었으며, 1972년의 확장을 거쳐, 현재 약 9만 t/y의 C_2H_2 생산능력이 있다.

올레핀을 제조할 때의 부생성물로서 아세틸렌을 취할 수 있는 방법도 생각되지만, 이것은 보다 엄격한 분해조건에 의한 원료 이용방법의 향상과 새로운 분해기술의 발전에 따라서 그의 가능성이 증대되고 있다.

아세틸렌 공급의 개량법:
1000°C라고 하는 높은 시비어리티에서의 수증기분해
2000°C라고 하는 고온에서의 분해프로세스

예를 들면 1000°C에 달하는 가혹한 온도조건하에서의 나프타의 수증기분해에 의하면, C_2류분중에 2중량%의 C_2H_2가 함유된다. 또한 2300°C라고 하는 고온을 사용하는 ACR법에서는, C_2H_2는 C_2H_4에 대해서 거의 10중량% 정도의 높은 농도로 된다.

C_2H_2는 C_2H_4로부터 분리할 필요가 있다. 이를 위해서는 2가지의 방법이 있다.
1. C_2H_4로의 부분수소화
2. NMP 또는 DMP에 의한 추출

종래의 방법에서는, C_2H_2는 부분적으로 수소화하여 C_2H_4로 변화시키지 않으면 안된다라고 하는 원치 않는 성분이었다. 그러나 별법으로서 C_2혼합물을 분류하기 전에 C_2H_2를 N-메틸피롤리돈 또는 디메틸포름아미드로서 추출분리하는 것도 가능하다. 이 방법에 의하여 아세틸렌의 농도는 50~90용량%로까지 증대되었다. 이 혼합물은 지금까지 연료가스로서 이용되었지만, 아세틸렌유도체의 제조용으로서도 적당하다.

예를 들면 BASF법에서는 NMP용제를 사용하여, 상압, 20°C에서 분해가스로부터 C_2H_2가 선택적으로 추출되며, 98.5%의 순도로서 회수되고 있다. 1990년에는 이 방법이 세계 18기의 플랜트로서 채용되고 있으며, C_2H_2 합계 생산능력은 약 55만 t/y로 향상되었다.

분리법 2의 개량법:
50~90중량%의 C_2H_2를 함유하는 추출물은 지금까지 연료용이었지만, 그것으로부터 BASF법에서는 98.5% 순도, Linde법에서는 99.5% 순도의 C_2H_2가 얻어진다.
UCC 등 이외의 회사에서도 마찬가지의 방법이 개발되고 있다.

Linde사의 방법에서는 대개 84%의 C_2H_4, 14%의 C_2H_6, 2%의 C_2H_2로 형성되는 C_2류분을 로점부근까지 냉각하고, DMF로서 세척한다. C_2H_2는 DMF 중에 용해하며, 이것을 분별(fractional) 탈가스하는 것에 의하여 99.5%의 순도로서 아세틸렌이 얻어진다. 이외에도 에틸렌 제조플랜트로부터의 아세틸렌의 DMF 용매를 사용하는 분리법이 Stone and Webster 사에서 개발되었고, 미국 등에서 공업적으로 이용되고 있다.

이와 같이 아세틸렌은 분해프로세스에서 필연적으로 얻어지는 부생성물이며, 아마 이것이 가장 경제적인 자원으로서 유기합성용 아세틸렌의 수요를 담당하리라고 생각된다.

4.3 아세틸렌의 활용

미국, 서유럽, 일본에서의 아세틸렌의 용도를 표 4.2에 정리했다. 4.1

표 4.2 아세틸렌의 용도(중량%)

<table>
<tr><th rowspan="2">생성물</th><th colspan="3">미 국</th><th colspan="3">서유럽</th><th colspan="3">일 본</th></tr>
<tr><th>1982</th><th>1985</th><th>1997</th><th>1982</th><th>1987</th><th>1997</th><th>1992</th><th>1995</th><th>1997</th></tr>
<tr><td>염화비닐</td><td>43</td><td>31</td><td>32</td><td>33</td><td>31</td><td>–</td><td>–</td><td>–</td><td>–</td></tr>
<tr><td>1,4-부탄디올</td><td>28</td><td>47</td><td>59</td><td>12</td><td>13</td><td>42</td><td>18</td><td>17</td><td>13</td></tr>
<tr><td>아세트산비닐</td><td>17</td><td>–</td><td>–</td><td>10</td><td>18</td><td>41</td><td>–</td><td>–</td><td>–</td></tr>
<tr><td>아세틸렌블랙</td><td>8</td><td>14</td><td>5</td><td rowspan="2">45</td><td rowspan="2">38</td><td>4</td><td>26</td><td>25</td><td>19</td></tr>
<tr><td>기타(트리클로로에틸렌, 아크릴산, 일본에서는 클로로프렌뿐이다)</td><td>4</td><td>8</td><td>4</td><td>13</td><td>56</td><td>58</td><td>68</td></tr>
<tr><td>합계량(10^3 t)</td><td>115</td><td>80</td><td>151</td><td>약 320</td><td>330</td><td>150</td><td>50</td><td>53</td><td>54</td></tr>
</table>

절에서 아세틸렌을 대규모로 공업적으로 이용하는 경우에 만족스러운 4개의 기본적인 판단기준에 대해서 이미 설명했다.

C_2 성분이 분자전체 중의 작은 부분인 경우의 예로서 고위 비닐에스테르, 에테르의 합성이 있으며, 이들에 대해서는 9.2.2절과 9.2.3절에서 설명하기로 한다.

1. C_2H_2는 금후에도 고위 지방산과 알코올의 비닐화에 있어서 경제적으로 유용한 반응성분이다.

대신에 적당한 프로세스가 없는 경우의 대표적인 예로서는 BASF, Du Pont, GAF/Hüls 등의 각 회사에서 실시되고 있는 Reppe법에 의한 1,4-부탄디올의 합성을 들 수 있다. 아세틸렌은 현재도 더욱, 1,4-부탄디올의 전구체인 2-부틴-1,4-디올을 제조하기 위한 경제적인 출발물질이다.

2. 1,4-부탄디올의 경제적인 원료

1,4-부탄디올을 제조하는 데 있어서, 아세틸렌은 먼저 10~30% 정도의 포름알데히드 수용액에서, 수식한 copper acetylide의 존재하, 0.5~2 MPa (5~20 kg/cm^2), 100~110°C에서 반응시켜, 2-부틴-1,4-디올로 전환된다.

1929년 이래 공업적으로 실시되고 있는 Reppe법에 의한 1,4-부탄디올의 합성은 2단계로서 행해진다.

$$\mathrm{HC{\equiv}CH + 2\,HCHO\,(aq.)} \xrightarrow{\text{[cat.]}} \mathrm{HOCH_2{-}C{\equiv}C{-}CH_2OH\,(aq.)} \left(\Delta H = -\frac{24\ \text{kcal}}{100\ \text{kJ}}/\text{mol}\right) \quad (3)$$

반응은 SiO_2 또는 규산마그네슘 담체상에 Bi 촉진제와 구리아세틸리드를 담지시킨 촉매를 사용하여, 이것을 충진한 기액혼상반응탑 내에서 행해진다.

Linde사가 개발한 개량법에서는, 수식한 담지구리촉매를 슬러리로서 사용하고, 0.14 MPa(1.4 kg/cm^2)라고 하는 낮은 압력으로 아세틸렌과 포름알데히드를 반응시킨다.

1. 수용액 중 HCHO의 에틴일화 : CuC_2-Bi_2O_3/SiO_2 또는 CuC_2-$Bi_2O_3/MgSiO_3$ 촉매를 사용하는 기액혼상반응 또는 담지 Cu 촉매를 사용하는 슬러리 반응으로 행해진다.

중간체인 프로파르길알코올($HC{\equiv}C-CH_2OH$)은 포름알데히드와 함께 반응에 순환시켜 사용된다. 부틴디올의 선택률은 80%(아세틸렌), 및 90% 이상(포름알데히드)이다.

중간체(C_2H_2로의 HCHO의 1차첨가에 의하여 얻어지는 $HC{\equiv}C-CH_2OH$)는 단리되든지 반응기에 되돌아 온다.

제2단계에서는 2-부틴-1,4-디올의 1,4-부탄디올으로의 수소화를 행한다.

$$HOCH_2-C{\equiv}C-CH_2OH + 2\,H_2 \xrightarrow{[bat.]} HOCH_2(CH_2)_2CH_2OH \quad \left(\Delta H = -\frac{60\ kcal}{251\ kJ}/mol\right) \qquad (4)$$

2. 저온, 액상에서 Raney-Ni촉매를 사용하든지 또는 고온, 기액혼상에서 Ni-Cu-Cr/SiO_2 촉매를 사용하는 완전수소화. 담지 Pd촉매와 담지 Ni촉매를 사용하는 2단계법에서는 저압화(2.5 MPa)가 가능하다.

수소화는 액상에서 70~100°C, 25~30 MPa(250~300 kg/cm^2)에서 Raney-Ni 촉매를 사용하여 행해진다. 별법의 수소화는 기액혼합상에 의한 반응탑 중, 180~200°C, 약 20 MPa(200 kg/cm^2)에서 Cu 및 Cr 촉진제를 함유하는 Ni촉매를 사용하여 행해진다. 1,4-부탄디올으로서의 선택률은 약 95%(2-부틴-1,4-디올)에 달한다.

담지팔라듐촉매를 사용하여 2-부텐-1,4-디올로 전환하고, 이어서 담지니켈촉매를 사용하여 1,4-부탄디올로 전환하는 2단계수소화법에 의하면 수소압력은 2.5 MPa(25 kg/cm^2)까지 저하된다.

1,4-부탄디올의 메이커:
서유럽: BASF, GAF(현재 ISP), SISAS
미국: Arco, BASF-Wyanotte, BP, Du Pont, GAF(현재 ISP)
일본: Idemitsu-BASF
이상의 메이커는 C_2H_2법의 생산능력이 증대하고 있다.
일본: Mitsubishi화학, Toyo소다 C_4H_6법

1,4-부탄디올의 관심이 세계적으로 중대됨에 따라 아세틸렌을 원료로 사용하는 이 합성법은, 특히 미국이나 서유럽에서는 C_4를 원료로 사용하는 다른 합성법보다도 널리 채용되어 있다.

1998년에는 세계의 1,4-부탄디올 생산능력 중 69%가 아세틸렌법을 이용했다. 미국, 서유럽, 일본에서의 비율은 각각 84, 75, 32%이다.

한편, 일본에서는 아세틸렌법(Idemitsu-BASF)과는 달리, 부타디엔의 아세톡실화와 염소화(나중에 설명한다)에 의한 1,4-부탄디올의 제법이 개발되었으며, 공업화되어 있다.

1,4-부탄디올의 생산량(단위: 10^3 t):

	1993	1997	1999
미국	244	326	329
서유럽	131	289	264
일본	48	68	70

1,4-부탄디올의 세계 생산능력은 2000년에 약 91만 t/y이며, 그 중 미국이 38만 t/y, 서유럽이 39만 t/y, 일본이 11만 t/y이다. 세계최대의 메이커는 BASF사이며, 2000년도의 생산능력은 약 40만 t/y이었다.

2단계의 변법:
2-부텐-1,4-디올 ($HOCH_2CH{=}CHCH_2OH$)로의 부분수소화

아세틸렌법의 1,4-부탄디올 프로세스에서는 주요제품에 추가되어 다른 공업적으로 유용한 중간체를 얻을 수 있다. 2-부틴-1,4-디올의 수소화에 사용되는 촉매의 활성을 촉매조제조건 또는 첨가물에 의하여 약해지면 반응은 2-부텐-1,4-디올의 단계에서 정지한다. 공업적으로는 철촉매, 또는 철의 첨가물과 경우에 따라서는 아민 저해제를 함유하는 니켈촉매, 또는 일반적으로 아연으로 부분적으로 피독시킨 팔라듐촉매가 사용되고 있다.

2-부텐-1,4-디올의 용도:
예를 들면 Thiodan®의 전구체인

부텐디올은 반응성에 풍부한 3관능기를 갖는 중간체이며, 예를 들면 디아세테이트로 하여 헥사클로로시클로펜타디엔과의 Diels-Alder 반응으로 살충제인 Thiodan®의 전구체로 전환된다.

또한 별도의 1,4-부탄디올의 합성법으로서 무수말레산을 수소화하는 방법이 있으며, 각종의 기업에서 수년 전부터 실시되고 있다(13.2.3.4절 참조). 이 반응경로는 현재, 경제적 매력이 증대하여 왔기 때문에, 우리나라를 비롯하여 일본이나 서유럽에서 플랜트가 가동 중이다.

이외에 공업적으로 중요한 2가지의 프로세스가 있다. 이들은 보다 가격이 싸며, 반응성이 풍부한 부타디엔을 출발원료로 사용하는 것으로서, 각각 중간체로서 1,4-디클로로-2-부텐(5.3절 참조)과 1,4-디아세톡시-2 부텐을 경유하는 방법이다.

Mitsubishi화학은 부타디엔의 1단계에서의 아세톡실화와 AcOH의 첨가에 의하여 1,4-부탄디올과 테트라하이드로푸란을 병산하는 기술을 개발했으며, 1982년 이래 이 방법으로 2만 t/y의 플랜트를 상업운용하고 있다.

제1단계에서 부타디엔과 아세트산이 산화적으로 반응하여, 90% 이상의 선택률로서 1,4-디아세톡시-2-부텐이 합성된다. 반응은 액상에서 Sb, Bi, Se 또는 효율적인 Te 등의 촉진제를 함유하는 Pd/C 촉매의 존재하에 70℃, 7 MPa(70 kg/cm^2) 정도의 조건으로 행해진다. 다음에, 이 중간체는 Pd/C와 같은 일반적인 수소화촉매를 사용하여, 액상, 약 50℃, 5 MPa(50 kg/cm^2)에서 선택률 98% 이상인 1,4-디아세톡시부탄으로 수소화된다. 이들로부터 산성이온교환수지를 사용하는 가수분해와 탈수환화 반응에 의하여 합계 90%의 선택률로서 1,4-부탄디올과 테트라하이드로푸란의 혼합물이 얻어진다. 양쪽의 생성비율은 반응온도와 체류시간에 의하여 변할 수 있다. 부생하는 아세트산은 제1단계에서 다시 이용된다.

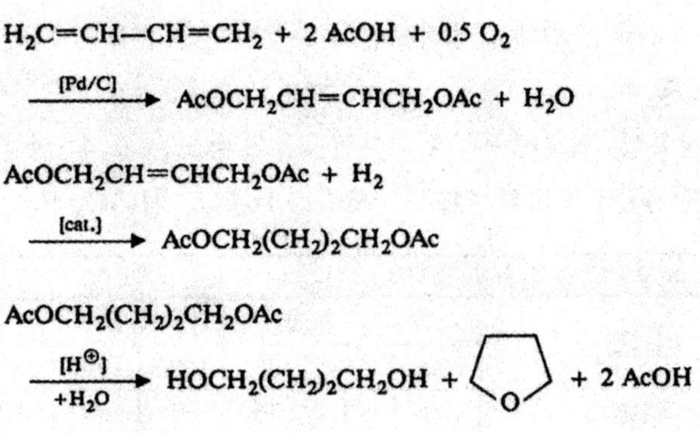

(5)

또한 1,4-부탄디올의 또다른 합성법은, 알릴알코올 또는 아세트산알릴을 균일계 Rh 착화합물촉매의 존재하, 60℃, 0.2~0.3 MPa(2~3 kg/cm^2)에서 하이드로포르밀화하고, 중간체의 4-하이드록시부티르알데히드 또는 4-아세톡시부티르알데히드를 Ni/Al 고정상촉매에 의하여 150℃, 3.0~3.5

합성중간체:

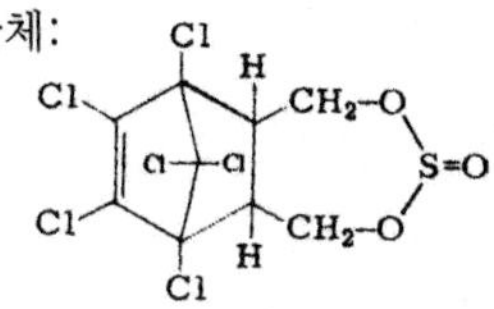

1,4-부탄디올 이외에 합성법:

1. 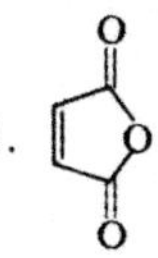 의 수소화

2. $ClCH_2CH=CHCH_2Cl$의 가수분해와 수소화

3. 부탄디엔의 아세톡실화/AcOH 부가, 수소화, 가수분해(일부 탈수에 의한 환화)

3. Mitsubishi 화학프로세스에 있어서: Pd, Te촉매가 공업적으로 사용되고 있으며, Te는 귀금속촉매의 활성 억제제라고 하는 정설을 바꾸었다.

4. $CH_2=CHCH_2OH/OAc$의 하이드로포르밀화와 중간체 $OCH(CH_2)_2CH_2OH/OAc$의 수소화 및 모노에스테르의 가수분해

MPa(30~35 kg/cm^2)에서 수소화(모노에스테르의 경우에는 가수분해가 필요)하는 것이다. 많은 회사가 이 방법을 연구하고 있었지만, 미국의 Arco사(현재, Lyondell사)는 1991년에 실용화했으며, 5.5만 t/y 플랜트로서 테트라하이드로푸란과 N-메틸피롤리돈을 병산하고 있다(11.2.2절 참조).

5. 테트라하이드로푸란을 부생하지 않는 부탄의 고선택적 산화.

장래에는 더욱 부탄이 1,4-부탄디올의 제조에 가장 값이 싼 출발원료가 되리라고 생각된다. 무수말레산은 1974년에 처음으로 부탄으로부터 제조되었지만, 지금까지 피할 수 없는 중간체였다(13.2.3.3절 참조). 이것을 다단계로서 수소화하는 방법도 잠시 실용화되고 있었다(13.2.3.4절 참조). BP사와 Lurgi사가 미국에서 개발한 Geminox법에 의하여 6만 t/y 능력을 갖는 최초의 플랜트가 미국에서 2000년경에 가동을 개시하면 결정적으로 비약할 것이라고 생각했다. 이 조합프로세스에서는, 유동상반응기에 의하여 부탄이 무수말레산으로 접촉산화 된다. 무수말레산은 수화탑에서 말레산으로 전환되며, 이것은 고정상반응기에서 94%의 수득률로서 수소화되어 1,4-부탄디올로 된다. 이 프로세스는 다른 부탄원료 프로세스에 비하여 공정단계가 적다라고 하는 장점이 있다. 촉매나 프로세스의 조건에 관한 정보는 아직 공표되어 있지 않다.

Du Pont사의 프로세스에 의하면 부탄은 선택적으로 산화하여 테트라하이드로푸란으로 변환되며, 이 방법이 스페인에서 4.5만 t/y의 플랜트로서 가동되고 있다.

1,4-부탄디올의 용도:
1. 탈수에 의한 테트리하이드로푸란의 합성. 용도는 용제, 개환중합용 모노머.

1,4-부탄디올의 용도는 나라에 따라서 다르다. 가장 많은 것이 테트라하이드로푸란(THF)의 제조용이지만, 일본에서는 그 용도가 28%에 불과하다. 이것은, 일본에서는 부타디엔으로부터 1,4-디클로로부텐이나 1,4-디아세톡시부텐 중간체를 경유하는 1,4-부탄디올/THF의 병산경로가 있기 때문이다.

미국, 서유럽, 일본에서의 1,4-부탄디올의 용도는 표 4.3과 같다.

1,4-부탄디올로부터의 THF의 제조는 H_3PO_4, H_2SO_4 또는 산성이온

표 4.3 1,4-부탄디올의 용도(중량%)

생성물	세계	미국		서유럽		일본	
	2000	1994	2000	1992	1997	1991	1997
THF	36	51	36	35	36	12	28
아세틸렌화학제품[1)]	18	20	18	16	15	–	–
폴리부틸렌테레프탈레이트	32	20	32	20	24	66	55
폴리우레탄	12	6	12	23	20	16	4
기타의 물질	2	3	2	6	5	6	13
합계량(10^3 t)	640	289	640	104	160	38	67

[1)]비닐에스테르/에테르, 메틸비닐케톤, 프로파르길알코올 등

교환수지의 존재하에 탈수반응에 의하여 행해진다.

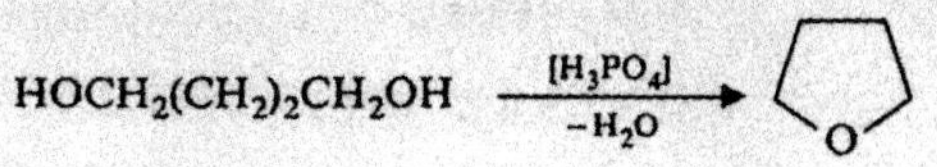

$$\left(\Delta H = -\frac{3\ \text{kcal}}{13\ \text{kJ}}/\text{mol}\right) \quad (6)$$

반응은 증류장치 중에서 1,4-부탄디올을 산과 함께 110~125°C로 가열하고, 생성한 THF/H_2O를 유출시켜 분리하면서 원료의 1,4-부탄디올을 보급하는 방식에 의하여 행해진다. THF로의 전환은 실제로 정량적으로 진행한다. THF는 1,4-부탄디올에 무기산을 용해시키고, 300°C, 10 MPa(100 kg/cm^2)에서 고압관상반응기를 통과시키는 방식에 의하여 제조할 수도 있다. THF로의 선택률은 95% 이상이다.

또다른, 1,4-디클로로-2-부텐으로부터 출발하는 THF의 다른 합성법은 5.3절에서 설명하기로 한다. 3번째의 합성법은 무수말레산의 수소화이다(13.2.3.4절 참조). 1998년에는 THF 세계의 생산능력은 27.6만 t/y였다. 그 중 미국이 13.9만 t/y, 서유럽이 8.7만 t/y, 일본이 3.8만 t/y이다. THF는 많은 고분자재료, 예를 들면 PVC, 고무, Buna® S, 기타 화합물의 중요한 용제이다. 더욱 THF는 폴리우레탄과 Spandex® 섬유의 중간체인 폴리테트라메틸렌글리콜(HO$+$(CH$_2$)$_4$-O$+_n$H, 평균분자량 600~3000)의 합성용도가 증가하고 있다. 폴리테트라메틸렌글리콜의 세계 생산능력은 1996년에 약 15.9만 t/y였다. 최대의 메이커는 Du Pont 사이며, 7만 t/y(1995년)의 제조능력을 갖는다.

THF의 용도(세계)
중합: 약70%
용제: 약25%
나머지: 중간체
테트라하이드로티오펜
피롤리돈
γ-부티로락톤
염소화생성물

HO-[-$(CH_2)_4$-O]$_n$-H는 다양한 명칭으로 불리운다
a) 폴리테트라메틸렌글리콜
b) 폴리옥시테트라메틸렌글리콜
c) 폴리테트라메틸렌에테르글리콜
d) 폴리 THF
e) α-하이드로-ω-하이드록시폴리(옥시-1,4-부탄디일)

1,4-부탄디올로부터의 THF의 제조는 미국의 Du Pont, BASF-Wyndotte, Arco(현재, Lyondell), 서유럽의 BASF, ISP, Lyondell 및 일본의 Mitsubishi화학의 각 회사에 의하여 실시되고 있다.

또 하나의 1,4-부탄디올의 유도품에 γ-부티로락톤이 있다. 미국에서는, 그 용도가 THF에 이어서 2번째이다. 이것은 일반적으로, 구리촉매를 사용하여 200~250°C에서 점차 압력을 높여가다가 알맞다고 여겨지는 기상에서 탈수소환화반응에 의하여 제조되며, 수득률은 93%에 달한다.

2. 탈수소환화반응에 의한 γ-부티로락톤의 합성
용도: 용제, 약제, 제초제, 기타의 중간체

γ-부티로락톤의 생산량(단위: 10^3 t):

	1989	1996
미국	43	45
서유럽	16	40
일본	4	6

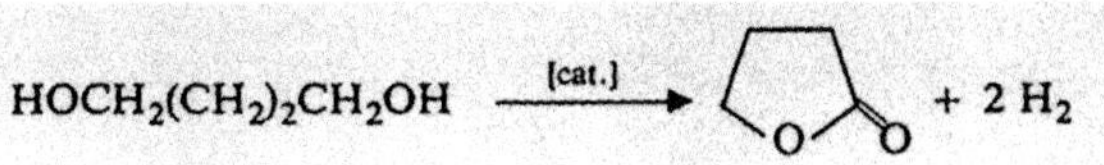

$$\left(\Delta H = +\frac{17\ \text{kcal}}{71\ \text{kJ}}\right) \quad (7)$$

공업적인 제조는 미국의 BASF와 GAF(현재의 ISP)의 2개의 회사 및

서유럽에서 행해지고 있다.

3. γ-부티락톤과 CH_3NH_2의 반응에 의한 N-메틸피롤리돈의 합성
   용도: 아세틸렌의 추출용제
   부타디엔의 추출용제
   폴리페닐렌설파이드의 합성 용매나 클로로플루오로카본의 대체용제

γ-부티로락톤 합성의 대안으로써, 예를 들면 일본의 Mitsubishi화학에서는 무수말레산의 부분수소화(13.2.3.4절 참조)가 행해지고 있는데, 이 방법은 무수말레산의 가격이 싼 여타 나라에서도 실시되기에 이르렀다.

γ-부티로락톤은 용제로서 사용되는 이외에, 공업적으로 중요한 다른 용제인 N-메틸피롤리돈(NMP)을 제조하기 위한 중간체이기도 하다. 현재, 약 2.7만 t/y의 NMP가 세계에서 사용되고 있다. NMP는 γ-부티로락톤과 메틸아민의 반응에 의하여 얻어진다.

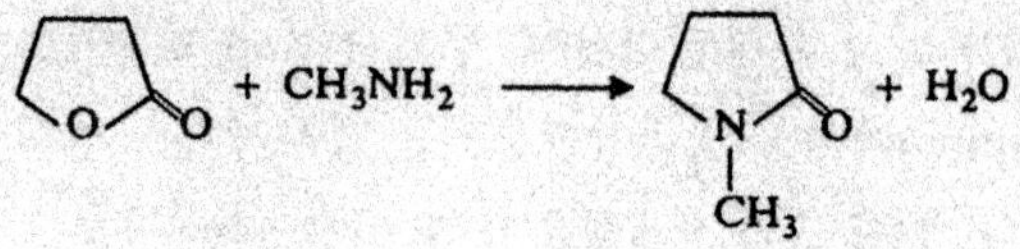

(8)

4. γ-부티로락톤과 NH_3의 반응에 의한 2-피롤리돈의 합성.
   장차 $CH_2=CHCN$으로부터의 다단계 경로의 가능성도 있다.

γ-부티로락탐은 일반적으로 2-피롤리돈이라고 불리우지만, γ-부티로락톤과 암모니아의 반응에 의하여 합성된다. 다른 방법과 비교하여, 이 방법은 가장 널리 공업적으로 실시되고 있다.

DSM사는 2-피롤리돈의 새로운 합성경로를 개발했다. 먼저 트리에틸아민의 존재하에 상압, 70°C에서 아크릴로니트릴의 하이드로시아노화에 의하여 숙시노니트릴을 얻는다. 다음에 니켈촉매상, 80~100°C에서 숙시노니트릴의 부분수소화를 행한 후, 최후에 210°C, 가압하에서 탈수환화반응을 행하여 2-피롤리돈으로 합성하는 것이다.

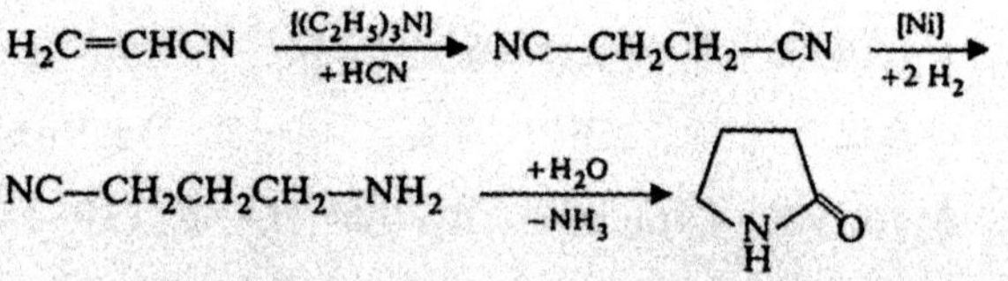

(9)

5. γ-부티로락톤과 NH_3의 반응후, C_2H_2으로의 비닐화에 의한 N-비닐피롤리돈의 합성용도:
   모노머
   아세트산비닐이나 스티렌 등의 코모노머

통상적인 선택률은 80%이다. 이 방법은, 아직 상업화되지는 못하고 있다. 2-피롤리돈의 세계수요는 약 1.4만 t/y이며, 용도는 주로 N-비닐-2-피롤리돈의 제조이다.

제일 중요한 메이커는 BASF사와 GAF사이다.

2-피롤리돈을 염기촉매의 존재하에 아세틸렌으로 비닐화하는 것에 의하여 N-비닐피롤리돈이 얻어진다.

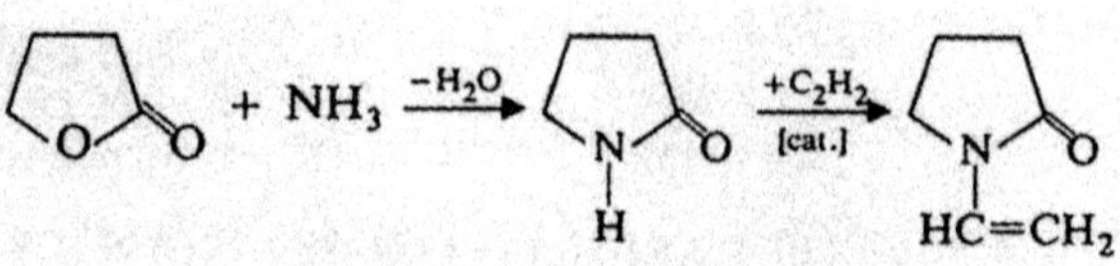

(10)

N-비닐피롤리돈은 특수한 고분자의 합성에 사용된다. 이 고분자는 화장품, 의약 혹은 공업분야에 있어서, 결합제, 혈장대체제(Periston®) 혹은 보호콜로이드 등으로서 응용되고 있다. BASF사는 GAF사에 이어서 폴리비닐피롤리돈과 그 유도체의 세계최대의 메이커이다.

요즈음 수년간에 걸쳐, 1,4-부탄디올은 테레프탈산과의 폴리에스테르를 제조하기 위한 중요한 성분으로 되었다(14.2.4절 참조). 1998년의 폴리부틸렌테레프탈레이트(PBT)의 생산능력은 미국이 15.9만 t/y, 일본이 7.7만 t/y, 서유럽이 15.0만 t/y이다. Monsanto사가 세계최대의 PBT 메이커였지만, 최근에는 그 밖의 기업들도 합작하여 공동으로 생산하고 있다.

6. 테레프탈산과의 중축합에 의한 폴리부틸렌테레프탈레이트의 합성

PBT생산량(단위: 10^3 t):

	1994	1996	1998
일본	59	58	61

PBT의 주요한 용도는 엔지니어링플라스틱이지만, 이외에도 섬유, 필름(예를 들면, 피복글라스) 및 접착제로서 사용된다. 1999년에 세계에서 소비된 45만 t의 PBT 중 최대의 용도는 자동차제조용이었다.

1,4-부타디올은 또한 폴리우레탄 제조나 특수화학제품의 출발물질로서도 사용된다.

7. 디이소시아네이트로의 부가중합에 의한 폴리우레탄의 합성

제 5 장

1,3-디올레핀

공업적으로 중요한 디올레핀 즉, 디엔은 2개의 C−C 이중결합이 1,3-위치에 있으며, 서로 공액하고 있다. 그 결과, 이들의 디엔은 고립이중결합을 갖는 화합물과는 달리 매우 높은 반응성을 나타낸다. 따라서 천연에는 유리한 형태의 1,3-디엔은 발견되지 않는다.

공업적으로 중요한 디올레핀은 공액 이중결합을 갖는다.
이중결합이 고립한 디올레핀과 비교하여 다음과 같은 성질이 있다.
1. 다른 반응거동
2. 보다 높은 반응성

공업적으로 중요한 1,3-디올레핀에는 C_4와 C_5의 부타디엔, 클로로프렌, 이소프렌 및 시클로펜타디엔이 있다.

1,3-디올레핀
1. C_4-골격

2. C_5-골격

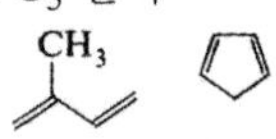

5.1. 1,3-부타디엔

1,3-부타디엔(일반적으로는 단순히 부타디엔이라고 말한다)은, 앞에서 설명한 C_4, C_5-디엔 중에서 공업적으로 가장 중요한 것이다. 두 번의 세계대전을 계기로 하여, 특히 독일에서는 모노머의 제조프로세스와, 이것을 더욱 엘라스토머로 변환시키는 기술의 연구개발이 집중적으로 행해졌기 때문에 급속히 발전했다.

부타디엔이 양적으로 가장 중요한 디엔으로 된 이유:
1. 엘라스토머, 열가소성수지, 분산제용의 모노머 혹은 코모노머로서의 이용

더욱이, 1960년대와 1970년대에는, 부타디엔은 안정하게 공급되기에 이르렀고, 합성화학적으로도 매력적인 원료로 되어 있었다.

2. 중간체로서 광범위한 용도를 가지며, 입수하기 쉽고, 값이 싸다.

그러나 최근의 동향은, 부타디엔의 입수면에서 사정이 나쁘게 전개되고 있다. 올레핀의 제조를 위한 나프타분해가 일반화된 결과, 공통생성

최근, 다음의 이유로부터 부타디엔의 입수가 제한되고 있다.

1. C_4 탈수소의 감소
2. 분해원료에 낮은 비점류분을 사용하는 경향

물인 부타디엔의 가격이 저하함과 동시에, C_4 탈수소프로세스에 의한 부타디엔의 제조는 경제적으로 채산성이 맞지 않기 때문에 중단상태에 몰리게 되었다. 뿐만 아니라 에틸렌/프로필렌의 제조원료로서 천연가스나 정유소의 배기가스 사용이 계속 증가되기 때문에, 분해프로세스에서 발생하는 부타디엔의 비율은 감소하고 있다. 장래적으로 보면, 부타디엔은 더 입수하기 어려우리라고 예상된다.

부타디엔의 생산량(단위: 10^6 t):

	1994	1996	1998
서유럽	1.88	1.92	1.97
미국	1.54	1.75	1.85
일본	0.86	1.03	0.98

주요 공업국의 부타디엔의 생산량을 부표에 제시한다. 2000년의 세계의 부타디엔의 생산능력은 990만 t/y였다. 그 중 미국이 220만 t/y, 서유럽이 250만 t/y, 일본이 110만 t/y이다.

5.1.1. 1,3-부타디엔의 역사적 제조법

C_4-골격을 단계적으로 합성해 가는 역사적인 부타디엔 제조법:
C_1: HCHO
C_2: $HC{\equiv}CH(CH_3CHO)$
C_2H_5OH

최초의 공업적인 부타디엔의 제조법은 아세틸렌, 아세트알데히드, 에탄올 혹은 포름알데히드와 같은 석탄의 변환생성물에 기인한 것이었다. C_4-부타디엔 골격을 형성하는 데에는 기본적으로 3개의 합성경로가 있으며, 이들은 C_2단위 혹은 C_2와 C_1단위를 원료로 하여, 일반적으로 다단계로 행해진다.

3가지의 중요한 재래식 방법:
1. 아세트알데히드(아세틸렌 혹은 에탄올이 원료)로부터, 중간체로서 1,3-부타디올을 경유하는 4단계 제조법

이전의 동독에서 부타디엔의 일부는 아세틸렌으로부터 4단계로 제조되고 있었다. 이것에 의하면 아세틸렌을 먼저 아세트알데히드로 변환하고, 이어서 이것을 알돌화하여 아세트알돌로 변환시킨 후, 110°C, 30 MPa(300 kg/cm^2)에서 Ni촉매에 의하여 환원하여 1,3-부탄디올로 한다. 4단계째에서 1,3-부탄디올을 270°C에서 폴리인산나트륨촉매를 사용하여 기상에서 탈수한다.

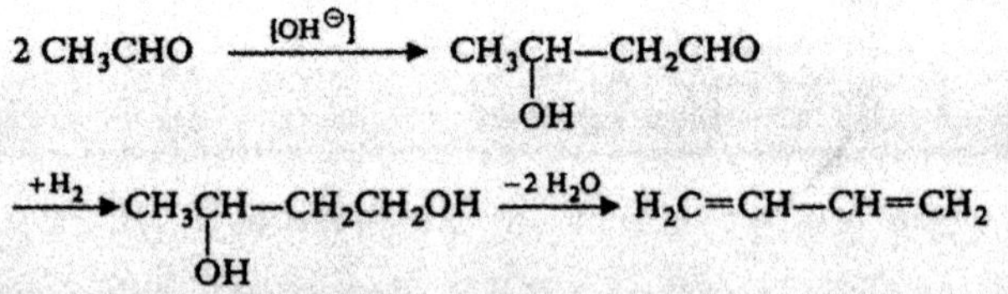

(1)

2. 에탄올로부터 1단계로서 합성한다. Lebedew법

부타디엔의 선택률은 약 70%(CH_3CHO)이다.

4단계프로세스의 변형으로서, 에탄올을 탈수소하여 얻어지는 아세트알데히드를 사용하는 경우도 있다. 다음에 아세트알데히드는 Zr-/Ta-산화물/SiO_2촉매에 의하여, 300~350°C의 조건하, 통상적 수득률 약 70%로서 부타디엔으로 변환된다. 이 프로세스는 인도와 중국에서 공업적으로 실시하고 있으며, 1990년의 생산능력은 양쪽 플랜트를 합쳐서 8.5만 t/y였다.

에탄올을 원료로 사용하는 다른 부타디엔의 제조법에, Lebedew법으

로서 알려져 있는 것이 있다. 이 방법은 CIS에서 개발되었으며, 현재는 CIS 이외에 폴란드와 브라질에서 공업적으로 실시하고 있다. 이 프로세스에서는, 370~390°C의 온도에서 MgO−SiO_2촉매를 사용하는 방식에 의하여 에탄올의 탈수소, 탈수 및 2량화가 1단계로서 행해진다.

$$2\,C_2H_5OH \rightarrow H_2C{=}CH{-}CH{=}CH_2 + 2\,H_2O + H_2 \qquad (2)$$

부타디엔의 선택률은 70%에 달한다. 이 방법은 석유화학 기지가 없는 대신에 발효에 의하여 값싸게 에탄올을 입수할 수 있는 나라에서는, 현재도 경제성이 있다.

3번째의 재래식 제조법인 Reppe법에서는, 먼저 아세틸렌과 포름알데히드로부터 2-부틴-1,4-디올을 경유하고, 1,4-부탄디올을 제조한다. 이 1,4-부탄디올은 현재도 공업적으로 매우 중요한 제품이다(4.3절 참조). 이어서 직접 2분자의 탈수를 행하면 부타디엔으로 되지만, 실제로는 기술적인 이유로부터, 중간체로서 테트라하이드로푸란을 경유하며, 2단계로서 부타디엔을 제조하는 것이 일반적이다. 현재, Reppe법은 전혀 경제성이 없다.

3. 아세틸렌과 포름알데히드로부터 중간체로서 1,4-부탄디올을 경유하는 Reppe법

현재의 공업적인 부타디엔의 제조법은, 주로 석유화학에 기인하는 것이다. 에틸렌플랜트에 있어서 C_4-류분 혹은 천연가스나 정유소의 배기가스 중의 부탄 및 부텐혼합물이 경제적인 원료로서 사용된다.

2가지의 현대적인 부타디엔 제조법:
1. 수증기분해 C_4-류분으로부터의 단리
2. *n*-부탄 혹은 *n*-부텐의 탈수소 혹은 산화탈수소

5.1.2. C_4-류분으로부터 1,3-부타디엔

나프타 혹은 그것 보다도 고비점의 석유류분을 수증기분해에 의하여 에틸렌을 제조하고 있는 국가에서는, 입수할 수 있는 C_4-류분에는 경제적으로 단리가능한 농도의 부타디엔이 함유되어 있다. 일반적인 나프타의 높은 시비어리티분해에서는, 분해생성물의 약 9중량%가 C_4-류분이며, 그중에 부타디엔이 45~50중량% 함유되어 있다(3.3.2절 참조).

부타디엔 분리의 원료:
나프타 고시비어리티분해에 의한 C_4-류분(분해생성물의 9중량%)에는 45~50중량%의 부타디엔이 함유된다.

부타디엔에 관해서, 그의 원료베이스를 가지고 있는 나라로서는 특히 서유럽과 일본이다. 미국에서 주로 행해지고 있는 천연가스 및 정유소가스의 분해에서는, 나프타 혹은 경유의 분해와 비교하면 부타디엔이 조금밖에 얻어지지 않는다. 표 5.1에는 에틸렌플랜트에서 얻어지는 각종 원료당, 얻어지는 부타디엔의 생성률이 나와 있다.

천연가스 혹은 정유소가스의 분해에 의한 C_4-류분에는 부타디엔이 비교적 소량밖엔 함유되지 않는다.

그러나 미국에서도, 나프타 및 경유에 대한 분해의 중요성이 증대되고 있다. 1976년에는, 부타디엔의 총생산능력의 36%가 이들의 분해생성물로부터의 단리에 기인하고 있었지만, 1990년대에는 45~50%대를 유지

미국에서는 나프타/경유의 분해에 의한 부타디엔의 제조가 부탄/부텐의 탈수소로 대체되고 있다.

표 5.1 각종 원료로부터의 부타디엔의 생산량(에틸렌 100 kg당의 kg수)	
원 료	부타디엔 생산량
에탄	1~2
프로판	4~7
n-부탄	7~11
나프타	12~15
경유	18~24

서유럽에서는 분해원료가 낮은 비점류분으로 바뀜에 따라 부타디엔의 공급이 감소되고 있다.

하고 있었다. 한편, 서유럽에서는 이것과 반대의 현상이 일어나고 있으며, 천연가스의 분해에 의한 올레핀의 제조가 증대되고 있기 때문에, 부타디엔이 부족하게 되었다.

C_4-류분은 비점이 낮고, 공비혼합물을 형성하기 때문에, 증류분리가 어렵다.

	bp(℃)
이소부틸렌	−6.90
1-부텐	−6.26
trans-2-부텐	+0.88
cis-2-부텐	+3.72
1,3-부타디엔	−4.41
비닐아세틸렌	+5.10

모든 C_4-탄화수소 성분의 비점이 매우 근접의 온도범위 중에 있으며, 공비혼합물을 형성하는 것도 있기 때문에, 단순한 증류에 의하여 C_4-혼합물 중으로부터 부타디엔을 단리할 수 없다. 이와 같은 이유로부터, 화학적 및 물리적 원리에 기인한 2가지의 분리법이 개발되었다.

2가지의 원리에 기인하는 부타디엔의 분리법:

1. $[Cu(NH_3)_2]OAc$와 가역적인 착화합물을 형성시키는 화학적인 방법(Exxon CAA법: cupurous ammonium acetate)은 그다지 사용되지 않는다.

2. 추출증류에 의한 물리적인 방법. 용매 첨가에 의하여 분리해야 할 성분의 비휘발성을 변화시킨다.

1. 화학적인 단리법은 보다 오래된 방법으로서, 부타디엔과 Cuprous ammonium acetate $[Cu(NH_3)_2]OAc$와의 착화합물 형성을 이용하는 것이다. 이 방법은 Exxon사가 부타디엔의 함량이 적은 C_4-류분으로부터의 추출법으로서 개발한 것이다. 이 방법은 알킨의 농도가 극히 낮은 경우에만 적용할 수 있다. 그렇지 않으면 기포로 인하여 추출할 수 없기 때문이다. 또 하나의 결점은 추출제의 재생이 비교적 복잡해지는 것이다.

2. 부타디엔 단리의 근대적인 방법은, 전부 추출증류라고 하는 물리적인 원리에 기인하고 있다. 적당한 선택성이 있는 유기용매를 가하면, 혼합물 중의 특정성분(이 경우에는 부타디엔)의 휘발성이 낮아진다. 따라서 이 성분은 용매와 함께 증류탑의 아래부분에 가라앉고, 미리 증류분리될 수 없었던 불순물은 증류탑의 윗부분으로부터 채취할 수 있게 된다.

   이 추출증류의 용매로서는 주로 아세톤, 푸르푸랄, 아세토니트릴, 디메틸아세트아미드, 디메틸포름아미드 및 N-메틸피롤리돈이 사용된다.

부타디엔의 추출증류에 의한 정제에 적절한 용매:

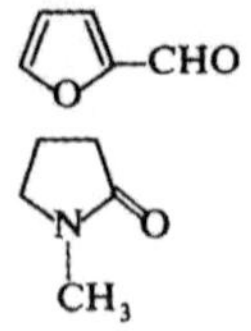

CH_3COCH_3
CH_3CN
$CH_3CON(CH_3)_2$
$HCON(CH_3)_2$

근대적인 고시비어리티분해로부터의 C_4-류분에는 알킨류나 알렌류가 함유되어 있다.

현재 입수하기 쉬운 부타디엔이 풍부한 C_4-류분에는 메틸-, 에틸- 및 비닐아세틸렌과 같은 알킨류 혹은 메틸알렌(1,2-부타디엔)이 비교적 많이 함유되어 있지만, 추출증류는 이와 같은 원료의 처리에 특히 적당하다. 디메틸포름아미드(Nippon Zeon, VEB Leuna사), 디메틸아세트아미드(UCC사) 혹은 N-메틸피롤리돈(BASF사, ABB Lummus Crest사)과 같은 용매를 사용하는 근대적인 방법에서는, 알킨의 분리가 프로세스 조작의 한 단계이다. 미국에서 개발되어 실시되고 있는 아세톤, 푸르푸랄(Phillips Petroleum사) 혹은 아세토니트릴(Shell사, UOP사, Arco사)과 같은 용매를 사용하는 고전적 방법에서는, 폴리머의 생성에 의한 장해가 일어나지 않도록, 증류 전에 부분수소화 등에 의하여 C_4-알킨류를 미리 제거하여 두는 것이 필요하다.

$CH\equiv C-CH_3$,
$CH\equiv C-CH_2CH_3$
$CH\equiv C-CH=CH_2$,
$CH_2=C=CH-CH_3$
이들은 C_4-류분으로부터 미리 수소화에 의하여 제거할 필요가 있다.

C_4-알킨의 분리를 위한 용매:
디메틸포름아미드
디메틸아세트아미드
N-메틸피롤리돈(NMP)

C_4-류분으로부터 부타디엔을 용매로서 추출하는 기본적인 원리는 다음과 같다. 기화된 C_4-류분을 추출탑의 아래로부터 공급한다. 용매(예를 들면, 디메틸포름아미드 혹은 N-메틸피롤리돈)는 추출탑의 위로부터 공급되어 가스혼합물과 향류하여 흘러간다. 이 과정에서 용해도가 큰 부타디엔이 이것에 용해하며, 부텐류도 약간 용해된다. 부텐류를 최대한 제거하기 위하여, 순수한 부타디엔을 추출탑의 아래로부터 도입한다. 부텐은 추출탑의 위로부터 분리탑으로 나온다. 다음에 탈가스탑이라고 불리우는 별도의 탑에서, 가열에 의하여 부타디엔을 용매로부터 분리하고, 계속해서 정류한다. BASF사의 N-메틸피롤리돈법에서는 순도 약 99.8%의 부타디엔이 얻어진다. C_4-류분 중의 최초의 부타디엔의 함유량을 기준으로 한 부타디엔의 수득률은 96%이다.

C_4-류분으로부터 부타디엔을 분리하는 용매추출법의 원리:
추출선택률을 높이기 위하여, 일부의 부타디엔을 재순환하고 향류추출을 행한다.

C_4-성분의 단리:
탑 꼭대기로부터 부텐, 탑 밑바닥의 용매/부타디엔으로부터 부타디엔을 증류 분리한다.

N-메틸피롤리돈(NMP)을 사용하여 부타디엔을 추출하는 BASF사의 프로세스는, 1968년에 EC-Dormagen사에서 처음 공업적으로 실시되었다. 1990년에는, BASF법에 의한 생산설비가 전세계적으로 24기가 가동 중이거나 건설 중에 있으며, 그의 총생산능력은 225만 t/y로 되었다.

부타디엔 추출법에 예:
BASF의 NMP프로세스, 1968년에 처음으로 EC-Dormagen에서 실시했다. 1990년에는 이 방법에 의한 플랜트의 능력은 225만 t/y에 달하고 있다.

이 방법은 가장 많이 행하고 있는 부타디엔추출법의 하나이지만, 수량적으로는 Nippon Zeon의 GPB프로세스(**G**eon **p**rocess **b**utadiene) 쪽이 많고, 1985년에도 30기 이상의 플랜트가 더 가동되고 있었다.

5.1.3. C_4-알칸 및 알켄으로부터의 1,3-부타디엔

단순한 탈수소 혹은 산소존재하에서의 탈수소에 사용되는 1,3-부타디엔의 원료에는 천연가스 및 정유소의 배기가스로부터의 부탄과 부텐의 혼합물이 사용된다. 이들의 원료는 역사적으로 특히 미국에서 풍부하게 얻어지기 때문에, 공업적인 탈수소기술은 거의 미국에서 개발되었다. 현재, 부탄/부텐의 탈수소는 코스트가 높아져서 이전과 같은 중요성은 많이 상실됐다. 미국에서의 최후의 Petro-Tex사의 탈수소플랜트는 현재 정지상태에 있고, CIS에서는 아직 몇 개의 플랜트만을 가동하고 있다. 일본에서는, 마

C_4-알칸 혹은 알켄의 탈수소, 산화탈수소용의 원료:
천연가스의 응축물과 정유소 배기가스로부터의 C_4-류분

지막 Houdry법 탈수소플랜트가 가동 8년만인 1967년에 정지했다.

1985년에 *n*-부탄과 *n*-부텐류의 탈수소에 의하여 제조되었던 부타디엔은 세계전체의 3% 미만이었고, 1999년에는 그 숫자가 1.9%로까지 감소했다.

C_4-알칸 및 알켄탈수소의 일반적인 특징:

n-부탄과 *n*-부텐류의 탈수소는 매우 큰 에너지를 필요로 하는 흡열반응이다.

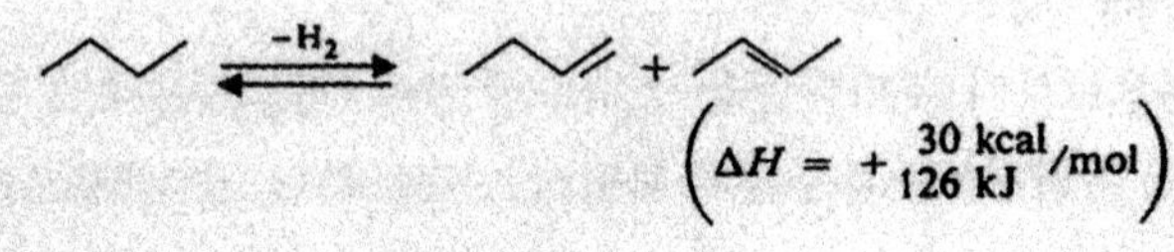

(3)

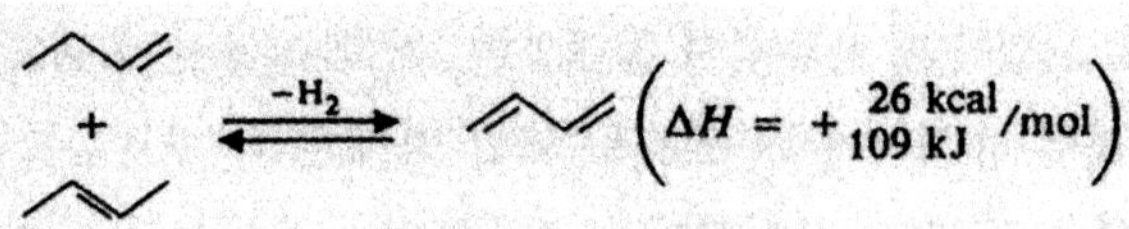

(4)

1. 고온에서 높은 에너지를 필요로하는 흡열반응
2. 2차반응이나 부반응을 억제하기 위하여 선택성이 좋은 촉매를 사용하고, 짧은 체류시간에서 빠르게 평형에 도달시킬 필요가 있다.

경제적인 전환율을 얻기 위해서는, 600~700°C라고 하는 비교적 높은 온도로서 반응을 행하지 않으면 안된다. *n*-부탄의 경우, 같은 반응속도를 얻기 위해서는, *n*-부텐보다도 약 130°C 높은 온도가 필요하다. 이와 같은 온도에서는 불포화화합물의 분해나 2차반응과 같은 부반응이 현저하게 일어난다. 따라서 체류시간은 짧게 하고, 선택성이 높은 촉매를 사용하는 것이 필요하다.

3. H_2O를 가하고 탄화수소의 분압을 낮게 하는 방식에 의하여 탈수소를 유리하게 한다(Le Chatelier-Braun의 원리)
   H_2O에 불안정한 촉매의 경우는, 전체의 압력을 낮게 할 필요가 있다.

수성가스반응에 의한 C 석출의 감소
$C + H_2O \rightleftharpoons CO + H_2$

탈수소반응은 기체의 분자수가 증가하는 반응이기 때문에, 수증기분해의 경우와 마찬가지로 수증기를 가하면 유리하게 작용한다. 이와 같이 해서 탄화수소의 분압을 저하시키는 방식에 의하여 탄소의 석출, 이성화 및 중합이 억제된다.

수증기에 불안정한 촉매를 사용하는 경우에는, 탈수소를 감압하에서 행하는 것이 일반적이다. 이와 같은 방식에 의하여, 탈수소의 평형은 부타디엔의 생성 쪽에 유리해진다.

Houdry의 부탄탈수소법:

탈수소로서 탄소가 석출하기 때문에, 교대로 촉매를 산화 재생할 필요가 있다.

탈수소의 에너지는 산화 반응열에 의하여 보상된다.

Houdry사가 개발한 1단계 부탄탈수소 프로세스는 ABB Lummus Crest사의 Catadiene 프로세스로서 알려져 있으며, 공업적으로 중요한 프로세스인 것과 함께 가장 오래된 방법의 하나이기도 하다. 1999년에는 20기의 플랜트로서 이 방법이 사용되고 있다. 또한 이 방법은 알칸탈수소법인 Catofin법(3.3.1절 참조)의 기초이기도 하다. 600~620°C, 20~40 KPa(0.2~0.4 kg/cm^2)의 조건하에서, 물에 불안정한 산화크롬-산화알루미늄촉매가 사용된다. 몇 분이 지날 때마다 공기를 주입하여 코크스층을 연소시키는 방식에 의하여 촉매를 재생할 필요가 있다. 부탄의 전환율은 30~40%이고, 부타디엔의 수득률은 65%에 달한다. 탈수소와 재생의 과정에 촉매층의 탈기를 행하여 반응혼합물을 제거한다. 이와 같은 세 가지 조작을 한 공정에서 처리할 수 있는(3기 1조) 반응기에 의하여 순환을 행한다. 탈수소에 필요한 커다란 열에너지는, 촉매상의 코크스층의 산화에 의하여 보상된다(단열반응법).

Dow사의 프로세스는, 수증기를 첨가하여 부텐의 탈수소를 행하는 것이다. 반응은 Cr_2O_3로서 안정화 한 Ca-Ni-인산염촉매를 사용하여, 600~675℃, 0.1 MPa(1 kg/cm^2)에서 행한다. 에틸벤젠의 탈수에 의한 스티렌의 제조(13.1.2절 참조)와 마찬가지로, 탈수소에 필요한 열은 과열수증기(물 : 부텐 = 20 : 1)의 첨가에 의하여 공급된다. 부텐의 전환율은 약 50%이고, 부타디엔의 선택률은 약 90%이다. 약 15분간의 반응 후에, 촉매를 11분간에 걸쳐 재생할 필요가 있다. 실제로는, 병렬의 반응기로서 재생과 탈수소가 교대로 행해진다. 부타디엔은 반응혼합물로부터 추출증류에 의하여 단리된다.

Dow의 부텐탈수소법:
2기의 병렬반응기에서 "수증기"접촉 탈수소와 재생이 교대로 행해진다.

C_4-류분으로부터의 분리(5.1.2절 참조)와 마찬가지로 용매를 사용하여 추출증류하는 방식에 의하여 부타디엔을 단리한다.

마찬가지의 방법으로서, Shell사의 K_2O를 첨가한 산화철-산화크롬촉매를 사용하는 방법, 혹은 Phillips Petroleum사의 산화철-보키사이트촉매를 사용하는 방법이 개발되었다.

이외에 탈수소법:
Shell(Fe_2O_3+Cr_2O_3+K_2O)
Phillips(Fe_2O_3+보키사이트)

부타디엔의 합성을 위한 C_4-탄화수소의 탈수소 이외에도, 산소의 존재하에서 탈수소를 행하는 방법이 중요성을 증대시키고 있다. 이 방법, 소위 산화탈수소법에서는, 산소를 가하는 방식에 의하여 부텐과 부타디엔간의 탈수소평형이 부타디엔의 생성 쪽으로 이동한다. 산소는 H_2를 연소하여 제거하는 것만이 아니고, 알릴위치의 수소를 탈취하여 탈수소를 개시하는 작용도 하고 있다. 또한 600℃에도 미칠 수 있는 것과 같은 고온에서는, 산소는 촉매를 산화적으로 재생하는 역할도 한다.

새로운 탈수소법:
부텐의 부타디엔으로의 산화탈수소

산화탈수소법의 특징:
탈수소의 반응열은 H_2O의 생성열로서 보상된다. 더욱이 O_2가 알릴수소를 탈취하여 탈수소를 쉽게 한다. O_2는 촉매를 재생한다.

공업적인 조작에서는, 물의 생성에 의한 발열과, 흡열적인 탈수소반응에 필요한 열이 거의 같아지도록 충분한 양의 산소(공기로서)를 공급하여 반응이 행해진다. 이와 같은 방법에 의하여 부텐의 전환율, 부타디엔의 선택률 및 촉매의 수명을 개량할 수 있다. 과잉의 공기가 사용되는 경우에는, 수증기를 가하는 방식에 의하여, 최고온도가 제어된다. Bi/Mo 혹은 Sn/Sb에 기인하는 혼합산화물촉매가 가장 잘 사용된다.

부텐산화탈수소법의 공업적인 응용:
Phillips의 O-X-D법의 특징:
n-부텐의 단열적인(필요한 열이 그 자신으로 보상된다) 접촉산화탈수소에 의하여 비교적 높은 전환율과 선택률이 얻어진다.

n-부텐으로부터 부타디엔을 제조하는 탈수소법에서 공업적으로 행해지고 있는 것에 Phillips사의 O-X-D법(**ox**idative **d**ehydrogenation)이 있다. 조성은 확실히 밝혀져 있지 않지만, 고정상의 촉매를 사용하여 *n*-부텐과 수증기와 공기를 480~600℃에서 반응시킨다. 부텐의 전환율

은 75~80%이고, 부타디엔의 선택률은 대략 88~92%에 달한다. 이 프로세스는 1976년까지 Phillips사에서 사용하고 있었다.

Petro-Tex의 Oxo-D법의 특징:
불균일 촉매에 의한 *n*-부텐의 단열적인 산화탈수소에서 촉매가 자동적으로 재생된다.

Petro-Tex사도 독자적으로 부텐의 산화탈수소프로세스(Oxo-D법)를 개발했고, 1965년에 미국에서 처음으로 공업적으로 실시했다. 산소 혹은 공기를 사용하여, Zn, Mn 혹은 Mg가 도입된 펠라이트로 형성된다라고 생각되는 불균일촉매를 사용하며, 550~600°C에서 반응이 행해진다. 선택성을 제어하기 위하여 수증기가 가해지며, 부텐의 전환율이 65%이고, 부타디엔의 선택률은 93%에 달한다.

Nippon Zeon에서는 부탄/부텐의 새로운 산화탈수소법이 개발되었으며, 파일럿플랜트에 의한 시험이 행해졌다. 촉매의 조성이나 프로세스의 조건에 있어서의 상세한 정보는 아직 공표되지 않았다.

할로겐을 이용하는 산화탈수소의 개량법:
I_2를 탈수소에 사용하고, HI를 산화하여 I_2를 회수하는 Shell의 Idas법

탈수소의 평형으로부터 H_2를 제거하는 다른 방법은, 수소를 할로겐과 반응시켜서 할로겐수소로 만든 다음, 이것을 산화하여 할로겐을 재생하는 것이다. Shell사는 부탄을 탈수소하여 부타디엔으로 할 때의 H_2 수용체로서, 요오드를 사용하는 프로세스(Idas법)를 개발했고, 한때 프랑스에서 공업적으로 실시하고 있었다.

5.1.4. 1,3-부타디엔의 용도

부타디엔의 공업적 용도:
1. 중합
   1.1. 호머폴리머
   1.2. 코폴리머
2. 중간체의 합성
   2.1. 부가반응
   2.2. 술폰생성
   2.3. 선택적 수소화

공업적인 부타디엔의 용도는, 이것이 단독중합하여 폴리부타디엔으로 되기도 하고, 많은 불포화모노머와 공중합하기도 하는 성질에 기인하고 있다.

부타디엔에는 몇 개의 반응점이 있으며, 각종 부가반응이나 환화반응을 일으키는 경우가 있기 때문에, 이것을 원료로 하여 많은 중요한 중간체가 제조된다.

1. 중합에 있어서
중합생성물: 엘라스토머, 열가소성수지, 건성유
엘라스토머는 가교(가황)에 의하여 탄력성을 나타내는 폴리머이다.
많은 모노머와 조합시켜서 광범위한 성질의 엘라스토머가 얻어진다

앞에서 설명한 중합제품에는, 일련의 엘라스토머, 즉 합성고무의 계열이 있다. 폴리머의 구조에 따라서 탄력성, 내마모성, 내저온성, 내고온성, 내산화성, 내구성 및 내유성이라고 하는 특성을 갖는 많은 종류의 고무가 얻어진다. 부타디엔과의 공중합의 코모노머로서는, 주로 스티렌과 아크릴로니트릴이 사용된다. 가장 중요한 합성고무는 SBR(**s**tyrene **b**utadiene **r**ubber; IG Farben사의 이전의 명칭, Buna S)와 BR(**b**utadiene **r**ubber, 1,4-*cis*-폴리부타디엔)의 2종류이다.

천연고무와 합성고무의 소비량 (단위: 10^6 t):

	1989	1992	1996
세계	15.6	14.3	15.6
미국	3.0	3.4	4.3
서유럽	2.5	3.0	3.3
일본	1.5	2.1	2.2

이들 합성고무의 국가별 생산량의 내역은 표 5.2에 나와 있다.

지역별 합성고무의 생산량을 부표에 나타낸다. Bayer사가 세계최대의 합성고무 및 특수고무의 메이커이다.

표 5.2 합성고무의 생산패턴(중량%)

제 품	세 계			미 국			서유럽		일 본		
	1984	1994	1998	1986	1994	1999	1984	1994	1986	1995	1999
스티렌·부타디엔고무(SBR)	59	45	36	43	38	37	56	49	49	46	46
폴리부타디엔고무(BR)	15	18	18	19	20	24	14	22	19	21	19
클로로프렌고무(CR)	5	4	3	6	5	3	5	5	7	6	5
올레핀고무(EPR, EPTR[1])	6	9	8	7	12	14	8	8	9	12	14
부틸고무(IIR)	7	7	7	7	9	8	8	6	4	} [2]	} [2]
폴리이소프렌고무(IR)	5	11	12	4	3	3	2	4	5		
니트릴고무(NBR)	4	5	3	3	3	4	5	5	5	5	4
기타	1	1	13	11	10	7	2	1	2	10	12
총 생산량(10^6 t)	9.0	9.1	10.5	2.0	2.5	2.4	1.8	1.7	1.2	1.5	1.6

[1] EPDM이라고도 약칭된다(에틸렌 프로필렌 디엔모노머)

EP = 에틸렌 · 프로필렌
EPT = 에틸렌 · 프로필렌 터폴리머
II = 이소부틸렌 · 이소프렌
NB = 아크릴로니트릴 · 부타디엔

[2] 기타에 포함된다.

1995년의 천연고무의 생산량은 약 590만 t/y이고, 이것은 고무전체의 생산량 1520만 t/y의 약 39%의 비율을 점유하고 있다.

아크릴로니트릴과 부타디엔과 스티렌으로부터 합성되는 ABS 수지는, 열가소성의 가공처리에 적당한 터폴리머(Terpolymer)의 그룹에 속한다. 이 수지는 저온에서도 높은 내충격성을 갖는다라고 하는 특징이 있다.

표 5.3은 주요 공업국에 있어서 부타디엔의 용도비율을 나타낸 것인데, 부타디엔 총생산량의 70% 이상이 호모폴리머 및 코폴리머의 제조에 사용되고 있는 것을 알 수 있다.

부타디엔은 최근 합성중간체로서도 중요성이 증대하고 있다. 부타디엔의 염소첨가물인 3,4-디클로로-1-부텐을 탈HCl하는 방식에 의하여, 클로로프렌이 공업적으로 제조되고 있다(5.3절 참조). 또한 하이드로시아

가장 많은 합성고무는 SBR이며, 다음의 조성을 갖는다.

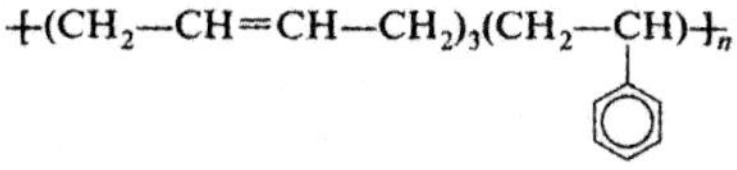

합성고무의 생산량(단위: 10^6 t):

	1990	1992	1994	1998
세계	10.6	10.6	9.10	10.5
미국	2.11	2.30	2.42	2.40
서유럽	2.54	2.20	2.36	2.30
일본	1.43	1.39	1.35	1.50

ABS수지는 아크릴로니트릴과 부타디엔 및 스티렌의 터폴리머이며, 높은 내충격성을 갖는 열가소성수지이다.

표 5.3 부타디엔의 용도(중량%)

제 품	세 계		미 국		서유럽		일 본	
	1990	1999	1981	2000	1980	1998	1984	1998
스티렌 · 부타디엔고무(SBR)	43	47	40	41	46	50	49	39
폴리부타디엔고무(BR)	23	26	21	23	24	22	27	31
아디포니트릴	8	6	12	11	6	9	–	–
클로로프렌	5	2	7	3	5	3	5	3
ABS수지	11	10	6	5	8	6	11	13
니트릴고무(NBR)	4	3	3	2	6	5	6	5
기타	6	6	11	15	5	5	2	9
총 생산량(10^6 t)	6.3	7.8	1.6	2.5	1.1	1.8	0.7	0.91

부가에 의한 중간체합성:

염소화와 탈염화수소에 의한 클로로프렌의 합성. 하이드로시아노화에 의한 아디포니트릴의 합성. 다단계 반응에 의한 1,4-부탄디올의 합성.

1. 1,4-디클로로-2-부텐을 경유
2. 혹은 3,4-에폭시-1-부텐을 경유

노화, 즉 2분자의 HCN을 부가시키는 방식에 의하여 아디포니트릴이 얻어진다(10.2.1.1절 참조). 또한 부타디엔은 몇 개의 중간단계를 경유하여, 1,4-부탄디올로 변환될 수도 있다(5.3절 참조). 5.3절에서 설명하는 1,4-디클로로-2-부텐을 경유하는 반응에 대해서, Eastman Chemical사가 최근 개발한 부타디엔의 에폭시화를 경유하는 방법은 경제성이 본질적으로도 좋지 않을 가능성이 있다. 이 방법에서는 부타디엔이 은촉매를 사용하여 공기에 의하여 3,4-에폭시-1-부텐으로 전환된다. 이것은 열전위에 의하여 2,5-디하이드로푸란으로 되며, 수소화에 의하여 테트라하이드로푸란, 최후에 가수분해하여 1,4-부탄디올로 변환된다.

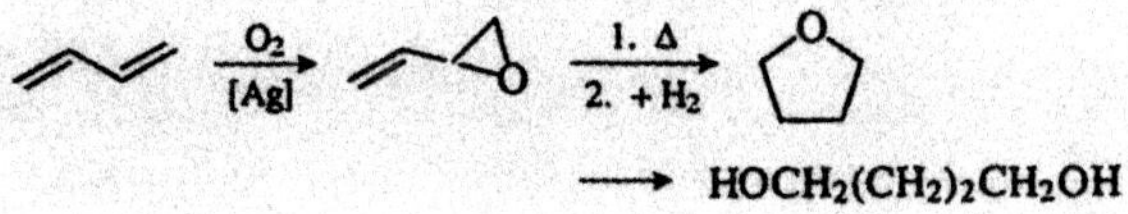

(5)

이 방법의 중간체는 다른 화합물로의 원료이기도 하다. Eastman사는 텍사스주에서 14만 t/y의 플랜트건설을 계획하고 있다.

환화올리고머화에 의한 중간체의 합성:

환화2량화에 의한 1,5-시클로옥타디엔의 합성과 2차생성물인 시클로옥텐과 폴리옥테나머로의 변환. 환화3량화에 의한 1,5,9-시클로도데카트리엔의 합성과 2차생성물(1,12-C_{12}-디카르복시산, C_{12}-락탐)으로의 변환.

유기금속촉매의 존재하에서, 부타디엔을 환화2량화 하면 1,5-시클로옥타디엔이 얻어지며, 3량화 하면 1,5,9-시클로도데카트리엔이 얻어진다. 이들 2개의 화합물은 고위 폴리아미드 제조의 중요한 전구체이다(10.1.2절 및 10.3.2절 참조). 시클로옥타디엔을 부분수소화하여 얻어지는 시클로옥텐은, 상호교환중합에 의한 폴리옥테나머 제조의 원료이다(3.4절 참조).

술폰의 생성에 의한 중간체합성:

술폴란의 합성과 방향족추출용의 선택적인 용제 혹은 산성가스의 용제(sulfinol법)로의 이용

부타디엔은 SO_2에 가역적으로 1,4-부가하여 술폴렌으로 되지만, 이것을 수소화하면 매우 열안정성이 좋은 술폴란 즉, 테트라하이드로티오펜 디옥사이드가 얻어진다.

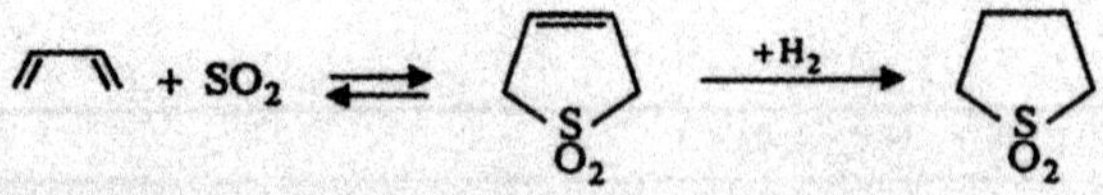

(6)

술폴란은 매우 안정한 비프로톤성의 공업용 용매이며, 방향족탄화수소의 추출증류(12.2.2.2절 참조)나 디이소프로판올아민과 조합시켜 가스정제(Sulfinol법에 의한 산성가스의 제거, 2.1.2절 참조)에 사용된다. 술폴란은 Shell과 Phillips사에서 생산되고 있다.

선택적 수소화에 의한 중간체의 합성:

n-부텐으로의 선택적 수소화와 그것에 계속되는 메틸에틸케톤, 고위 올레핀으로의 변환

최근 부타디엔의 용도로서, Pd촉매를 사용하여 액상에서 선택적으로 수소화하여 *n*-부텐으로 하는 방법이 있다. 이것은 나프타분해에 의한 올레핀의 제조가 증대되기 때문에, 과잉의 부타디엔을 생성하는 방식에 의한다.

Exxon사는 이 방법에 의한 3.5만 t/y의 플랜트를 1993년부터 영국에서 기동시키고 있다. *n*-부텐은 메틸에틸케톤이나 고위 올레핀을 제조하기 위한 원료이다. 디올레핀의 선택적 수소화프로세스에는 이외에도 개발되어 있는 것이 있다.

5.2. 이소프렌

이소프렌(2-메틸-1,3-부타디엔)과 그의 제조방법이 공업적으로 커다란 관심을 집중시키게 된 것은, 이소프렌의 입체선택적 중합법이 개발되고 부터이다. 이 중합법에 의하여 얻어지는 아이소탁틱 1,4-*cis*-폴리이소프렌은, 실질적으로 천연고무와 같으며, 실제로는 순도, 균일성의 면에서는 천연고무를 능가하고 있다.

이소프렌은 많은 천연물(테르펜, 천연고무)의 구성 단위지만, 1,4-*cis*-폴리이소프렌으로의 중합법이 개발되기까지는 공업적 중요성이 낮았다.

이소프렌의 생산량(단위: 10^3 t)

	1992	1995	1997
미국	139	145	146
일본	76	100	101
서유럽	15	22	21

1997년의 세계의 이소프렌의 생산능력은 85만 t/y였다. 그 중, 미국이 18만 t/y, 일본이 13만 t/y, 서유럽이 3만 t/y이다.

이소프렌의 제조는 부타디엔의 경우와 마찬가지로, 주로 C_5류분으로부터 직접의 단리 또는 C_3-이소알칸이나 이소알켄의 탈수소에 의하여 행해진다. 부타디엔의 경우와는 달리, 작은 분자로부터 C_5-골격을 조합시키는 방법이 현재까지 총생산량의 상당부분을 점유했다. 그러나 세계적으로 나프타나 경유의 수증기분해의 사용이 증가하고 있기 때문에, 추출법에 의한 이소프렌의 제조비율이 현저하게 증대하리라고 생각된다. 이것은 특히 미국에 있어서 현저하다.

이소프렌의 제조법:

1. C_5-류분으로부터
   1.1. 이소프렌의 직접단리
   1.2. 이소프렌전구체의 탈수소
2. 소분자단위로부터의 이소프렌의 골격합성

5.2.1. C_5-류분으로부터의 이소프렌

이소프렌의 원료는 나프타분해로부터의 C_5-류분으로서, 추출증류에 의하여 단리할 수 있다. 더욱 최근에는 *n*-펜탄과 공비혼합물로서 증류하는 분리법도 개발되었다.

나프타분해 C_5-류분에는 약 14~23 중량%의 이소프렌이 함유된다(에틸렌의 약 2~5%).

나프타분해 생성물에 상당하는 유분으로부터 이소프렌을 직접 단리하는 방법은, 여분의 합성단계없이 이소프렌이 얻어진다라고 하는 장점이 있다. 특히 높은 시비어리티분해에서는, 전형적인 C_5-류분의 이소프렌의 농도가 14~23중량%로 되기 때문에, 이 방법이 경계적이다. C_5-류분의 나머지 성분은, 펜탄류, 시클로펜타디엔/디시클로펜타디엔, 피페릴렌 및 펜텐류이다.

각종의 부타디엔의 단리프로세스는 이소프렌의 단리용으로 개량할 수 있으며, N-메틸피롤리돈(BASF사), 디메틸포름아미드(Nippon Zeon)

2가지의 기술에 의한 이소프렌의 단리법:
1. 추출증류, 예를 들면 NMP, DMF, 아세토니트릴을 사용한다.
2. *n*-펜탄과 공비혼합물로서 분별증류하고, 직접중합 시키는 Goodyear법

혹은 아세토니트릴(Shell사, Goodrich-Arco사)을 사용한 추출증류법이 개발되어 있다. 주로 일본과 미국에서 행해지고 있는 공업적인 이소프렌의 생산규모는 3만 t/y에 달한다.

Goodyear사는 수증기분해에 의한 C_5-류분의 분별증류법을 개발했다. 이것에 의하면, 이소프렌은 *n*-펜탄과의 공비혼합물로서 회수된다. 예를 들면, 이 혼합물을 중합 등의 반응에 직접 사용하는 방식에 의하여, 이소프렌을 선택적으로 반응시킬 수 있다. 이 기술의 특징은 에너지의 소비가 적은 것이지만, 아직 공업적으로는 채택되지 않았다.

탈수소는 C_5-이소알칸과 이소알켄의 혼합물로서 행할 수 있지만, H_2SO_4 추출에 의하여 이소알켄을 분리하여 행할 수도 있다(Shell법)

Shell Sinclair 추출법의 특징:

초기에 내부올레핀으로의 이성화가 일어나며, 다음에 H_2SO_4가 가역적으로 부가하여 반에스테르로 된다. 이것이 이소아밀렌으로 분해되며, 다음에 부텐으로부터의 부타디엔의 제조와 마찬가지로 탈수소에 의하여 이소프렌으로 변환된다.

이소펜탄 및 이소펜텐의 탈수소법은, 주로 미국에서 행하고 있다. 원료는 접촉분해프로세스에 의한 C_5-류분이며, 혼합물을 그대로 탈수소에 사용한다. 이때 알칸보다도 알켄 쪽이 반응성이 높기 때문에 먼저 탈수소된다. 다음의 정제, 특히 1,3-펜타디엔(피페릴렌)의 분리는 매우 복잡한 공정을 필요로 한다. 따라서 Shell사는 다음과 같은 프로세스를 개발했다. 처음에는 65% H_2SO_4을 사용한다. 소위 Sinclair 추출법에 의하여 2-메틸부텐을 다른 C_5-성분으로부터 분리한다. 산에 의하여 최초 2-메틸부텐은 주로 2-메틸-2-펜텐으로 이성화하며, 이어서 부가반응으로 황산에스테르로 된다.

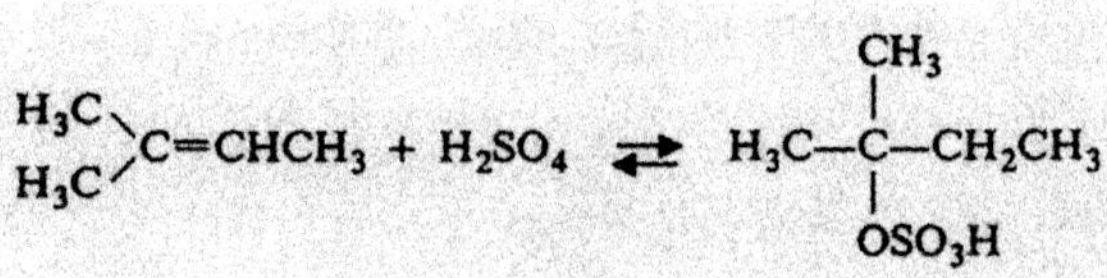
(7)

다음에 이 에스테르를 35℃에서 분해하고, C_5-올레핀을 추출한다. 이어서, 부타디엔의 경우와 마찬가지의 방법(5.1.3절 참조)으로 탈수소하여 이소프렌으로 한다. Shell사의 방법은 $Fe_2O_3-Cr_2O_3-K_2CO_3$ 촉매를 사용하여 600℃에서 반응을 행하고 있으며, 수득률은 85%에 달한다. 아세토니트릴로서 추출증류를 행하여 순수한 이소프렌 (99.0~99.5 중량%)이 단리된다. 이 방법을 이용하여, Shell Arco 및 Exxon사에서 이소프렌 플랜트가 가동되고 있다.

CIS에서는 이소펜텐의 탈수소에 의하여 3기의 플랜트(합계능력 18만 t/y)로서 이소프렌이 제조되고 있었지만, 상세한 것은 공표되지 않았다.

5.2.2. 합성반응에 의한 이소프렌

C_5-골격을 형성하는 4가지의 방법에 의한 이소프렌의 합성법:

C_5-골격을 작은 분자단위로부터 합성하는 데에는, 기본적으로 다음과 같은 4종류의 다른 방법이 있다. 그 중의 두 가지 방법이 최근에 공업적으로 행해지고 있다.

1. 아세톤과 아세틸렌을 반응시켜서 2-메틸-3-부틴-2-올로 하고, 이어서 부분수소화 및 탈수를 행한다.
2. 프로필렌을 2량화하여 이소헥센으로 하고, 이어서 탈메탄을 행한다.
3. 이소부텐에 포름알데히드를 2분자 부가하여 4,4-디메틸-1,3-디옥산으로 하고, 이어서 탈수, 탈포름알데히드 분해한다.
4. 이소부텐과 2-부텐을 불균화하여 2-메틸-2-부텐으로 하고, 이어서 탈수소한다.

1. $C_3 + C_2 \rightarrow C_5$ (아세톤-아세틸렌 경로)
2. $C_3 + C_3 \rightarrow C_5 + C_1$ (이소헥센경로)
3. $2C_1 + C_4 \rightarrow C_5 + C_1$ (*m*-디옥산경로)
4. $2C_4 \rightarrow C_5 + C_3$ (불균일화경로)

아세톤-아세틸렌 프로세스는 Snamprogetti사에서 개발되었고, 1982년까지 이탈리아에서 3만 t/y의 플랜트가 가동되고 있었다. 1단계에서는 아세톤과 아세틸렌을 반응시켜서 메틸부틴올로 하는 공정이며, KOH를 촉매로 하여, 액체암모니아 중, 10~40°C, 2 MPa(20 kg/cm^2)의 조건하에서 반응이 행해진다. 다음에 메틸부틴올을 선택적으로 수소화하여 메틸부텐올로 하고, Al_2O_3 촉매하, 250~300°C, 대기압하에서 탈수하여 이소프렌으로 변환한다.

방법 1:

3단계에 의한 Snamprogetti법:
1. 아세톤에 에틴일화
2. 알킨올의 부분수소화
3. 알켄올의 탈수

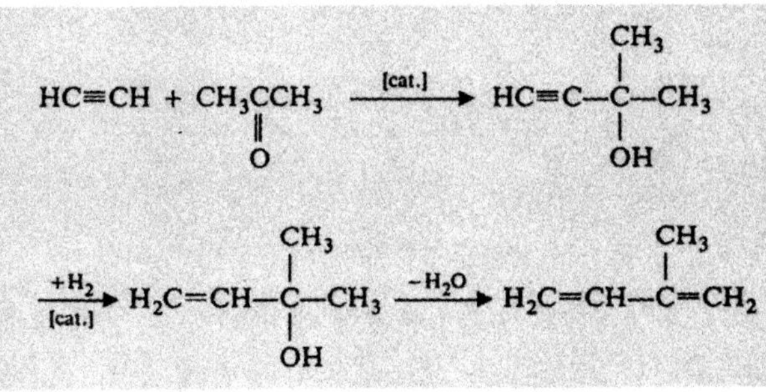

(8)

일반적으로 이소프렌의 선택률은 85%(아세톤, 아세틸렌)이다.

Goodyear-Scientic Design법은, 2번째의 원리로서, 이소헥센경로에 기인하는 것이다. Ziegler 촉매(예를 들면, 트리-*n*-프로필알루미늄)를 사용하고 프로필렌을 2량화하여, 2-메틸-1-펜텐으로 한다(3.3.1절 참조). 이어서 이것을 산성담지촉매로서 2-메틸-2-펜텐으로 이성화한 후, 과열수증기와 촉매량의 HBr를 사용하고, 650~800°C에서 이소프렌과 메탄으로 분해한다.

방법 2:

3단계에 의한 Goodyear-SD법:
1. 프로필렌의 2량화
2. 2MP1의 이성화
3. 2MP2의 탈메탄

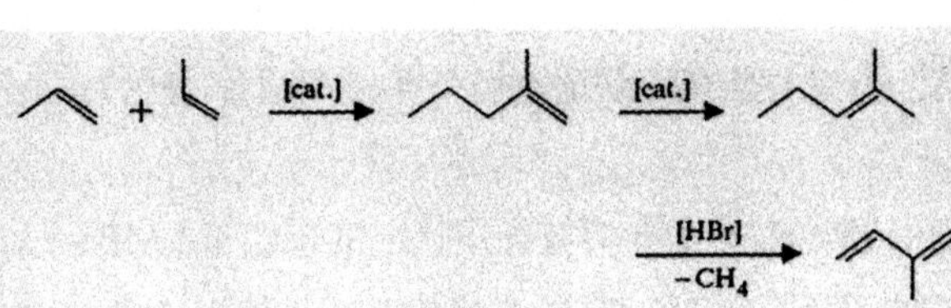

(9)

이소프렌의 선택률은 약 50%(프로필렌)이다.

Goodyear사는 텍사스에서 수년간 이 방법에 의한 플랜트를 가동하고 있었지만, 경제적인 이유로부터 중단했다.

Goodyear의 플랜트(연산 7.5만 t/y)는 가동을 중단했다.

m-디옥산 형태의 중간체를 경유하는 3번째의 방법은, 많은 회사나 국가(Bayer, IFP, Marathon Oil, Kuraray, CIS)에서 집중적으로 연구되었으며, 공업적인 프로세스로 발전했다.

방법 3:
다음과 같은 공정으로 형성되는 2단계법이 많은 회사에서 개발되었다.

1. 이소부틸렌에 2분자의 HCHO를 부가시켜 *m*-디옥산유도체로 한다.
2. 열분해로서 HCHO, H_2O, 이소프렌으로 한다.

1단계에서는 포름알데히드와 이소부틸렌에 의한 "Prins 반응"으로서, H_2SO_4와 같은 강한 무기산, 혹은 산성이온교환수지의 존재하에, 70~95°C, 약 2 MPa(20 kg/cm^2)로서 행해진다. 포름알데히드 수용액과, 부타디엔을 함유하지 않는 C_4-류분 중의 이소부틸렌을 반응시켜서 4,4-디메틸-1,3-디옥산을 합성한다.

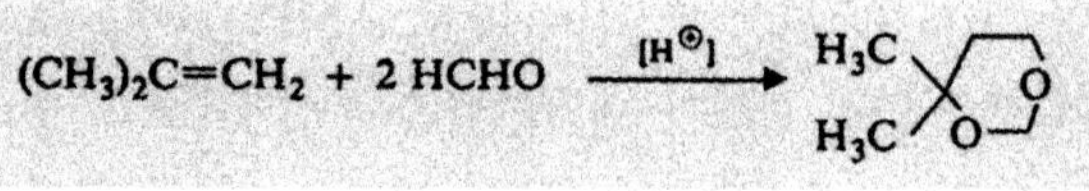
(10)

다음의 단계에서, 이 디옥산유도체를 240~400°C에서 H_3PO_4/C 혹은 $Ca_3(PO_4)_2$촉매를 사용하고 더욱 추가한 물의 존재하에서 분해한다.

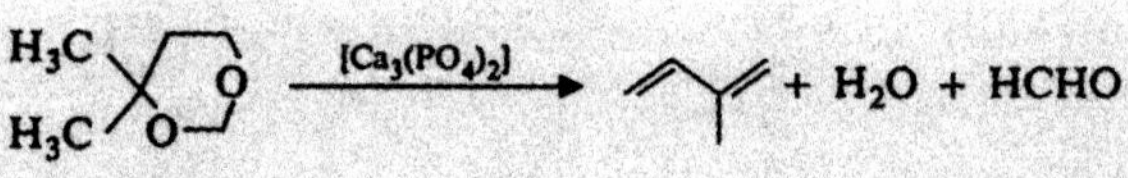
(11)

일반적으로 이소프렌의 선택률은 약 77%(이소부틸렌)이다.

m-디옥산유도체는 에테르 및 알코올 관능기를 갖는 새로운 C_5 용매의 원료이다.

두 공정 모두 부생성물로서 폴리올류가 생성하며, 그 양이 경제성에 커다란 영향을 미친다. Kuraray는 일본에서 이 방법에 의한 3만 t/y의 플랜트를 가동시키고 있다. Kuraray는 또한 4,4-디메틸-1,3-디옥산을 선택적으로 수소화분해하는 방식에 의하여 경제성이 있는 용매인 3-메틸-3-메톡시부탄올을 제조하고 있다.

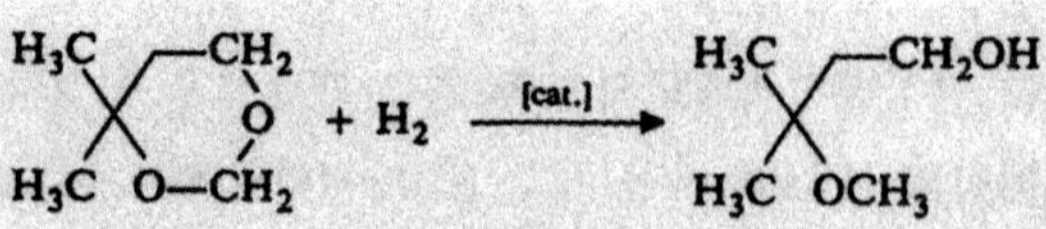
(12)

m-디옥산경로의 개량법:

CIS 및 동유럽에서도 몇 개의 플랜트가 가동되고 있다. 최근 몇 개의 화사로부터, *m*-디옥산경로를 단순화시켜 수익성을 높이는 개선법이 제안되고 있다.

1. 1단계 기상반응에 의한 간단한 프로세스(Takeda약품)

Takeda약품공업의 방법에 의하면, 기상, 300°C, 0.1 MPa(1 kg/cm^2)에서, 예를 들면 규소, 안티몬, 혹은 희토류의 산화물을 촉매로 사용하여 이소부틸렌과 포름알데히드로부터 이소프렌이 1단계로서 합성된다. Sun

Oil사의 방법에서는, 포름알데히드 대신에 메틸알 $CH_2(OCH_3)_2$를 사용하여, 이것과 이소부틸렌을 1단계로서 반응시킨다. 이 메틸알은 포름알데히드보다도 안정하며, CO와 H_2로의 분해가 감소한다. Sumitomo화학은 다른 포름알데히드의 발생제인 디옥솔란을 사용하는 방식을 제안하고 있다.

2. HCHO대신에 메틸알(Sun Oil) 혹은 디옥솔란(1,3-디옥사시클로펜탄, Sumitomo화학)을 사용하는 방법은 1단계법과 동시에 고선택율이다.

개량되고 단순화된 또 하나의 방법은 Sumitomo화학의 제안에 의한 것으로서, 이소부틸렌을 메탄올 및 O_2와 1단계로서 반응시키는 방법이다. 이 경우, 중간에 포름알데히드가 제조되고 있다.

3. HCHO 대신에 값싼 원료인 CH_3OH+O_2를 사용하는 1단계법 (Sumitomo화학)

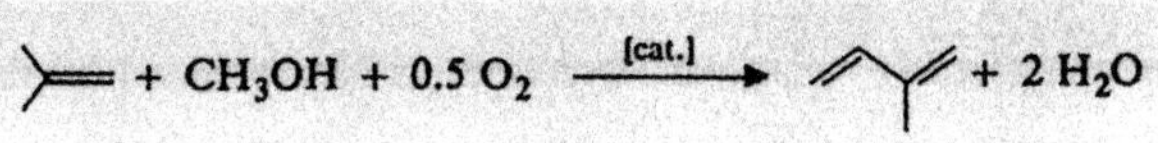
(13)

촉매로서는 $H_3PO_4-MoO_3/SiO_2$ 및 Mo-Bi-P-Si, Mo-Sb-P-Si, H_3PO_4-V-Si 베이스의 복합산화물이 사용된다. 250°C에서 이소부틸렌의 전환율은 12%, 이소프렌의 선택률은 60%(이소부틸렌), 40%(CH_3OH)이다. 또한 메탄올은 대부분이 포름알데히드로 산화된다.

이 방법은 가격이 싼 C_1 성분을 사용하는 것, 및 1단계법이기 때문에 설비비가 적다라고 하는 장점이 있지만, 아직 공업플랜트로서 실증되기에 이르지 않았다.

4번째의 이소프렌 전구체의 합성경로는, 매우 흥미 있는 기술이지만, 아직 공업적으로는 실시되고 있지 않다. Phillips Petroleum사에서 개발되었고, 다른 회사에서 개량되고 있는 프로필렌의 2-부텐과 에틸렌으로의 불균화(3.4절 참조)와 마찬가지로, 부타디엔-raffinate로부터 얻어지는 이소부틸렌과 2-부텐(5.1.2절 참조)을 불균화하는 방법이다.

방법 4:
다음의 공정으로 형성하는 2단계법:
1. *n*-부텐과 이소부틸렌의 접촉불균화
2. 2-메틸-2-부텐의 탈수소

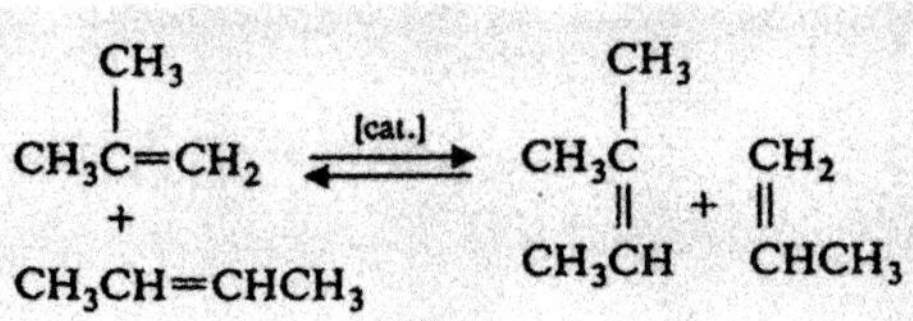
(14)

생성한 2-메틸-2-부텐을 탈수소하면 이소프렌으로 된다.

이소프렌은 오랫동안, 부틸고무 제조용의 코모노머로서 이소부틸렌과 함께 사용될 뿐이었다. 이소프렌이 공중합에 사용되는 비율은 2~5중량%라고 하는 적은 양이기 때문에 수요는 적었다. 1,4-*cis*-폴리이소프렌고무가 합성된 이래, 비로소 이소프렌이 본질적으로 중요하게 되었다. 이 고무는 열안정성과 내구성이 뛰어나기 때문에 특히 래디얼타이어의 바퀴에 사용되고 있으며, 공업적으로 중요성이 증대하고 있다.

이소프렌의 용도:
1. 부틸고무용에 이소부틸렌과 공중합되지만, 양적으로는 그다지 많지 않다.
2. 1,4-*cis*-폴리이소프렌고무용이 주요한 용도이다.

Goodyear사는 세계최대의 이소프렌고무의 메이커이며, 미국에 있어서 1996년에 6.1만 t/y의 생산능력을 갖는다.

1995년의 세계의 이소프렌 생산량은 약 56만 t/y라고 예상되었지만, 각국에 있어서는 폴리이소프렌에 50~80%, 부틸고무에 4~10%가 사용되고 있으며, 코폴리머(예를 들면, 스티렌이나 아크릴로니트릴과의)나 기타의 용도로 사용량이 증대하고 있다.

5.3. 클로로프렌

부타디엔유도체의 중요한 서열:

1. 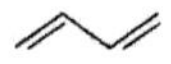
2. 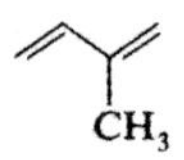
3. 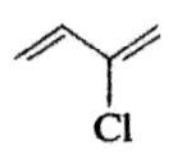

클로로프렌의 제법:

1. 중요성이 저하한 아세틸렌법
2. 보다 중요한 부타디엔법

클로로프렌(2-클로로-1,3-부타디엔)은, 부타디엔과 이소프렌에 이어서 공업적으로 중요한 디엔이다. 그의 주요한 용도는 합성고무용의 모노머이다.

종전의 클로로프렌 제조법에서는 원료로서 아세틸렌이 사용되었지만, 새로운 프로세스의 원료는 부타디엔이다. 원료전환은 1970년대의 초기에 행해졌다. 1980년대에는, 세계의 클로로프렌 생산량(약 40만 t/y)의 80% 이상이 부타디엔으로부터 제조되기에 이르렀다. 현재, 미국이나 서유럽에서는, 클로로프렌은 주로 부타디엔으로부터 제조되고 있지만, 일본의 Denki화학에서는 소규모인 플랜트로서, 아직 아세틸렌이 사용되고 있다.

방법 1:

2단계에 의한 종전의 아세틸렌법:

1. Nieuwland 촉매를 사용하여 아세틸렌을 비닐아세틸렌으로 2량화한다($CuCl$이 활성성분이며, $CuCl$의 H_2O로의 용해도를 높이기 위하여 NH_4Cl을 가한다).

이전의 방법인 클로로프렌 합성은 2단계로서 행해졌다. 먼저 반응탑에서 $CuCl$과 NH_4Cl의 염산용액을 사용하여, 80℃에서 아세틸렌을 2량화해서 비닐아세틸렌으로 한다.

$$2\,HC{\equiv}CH \xrightarrow{[cat.]} H_2C{=}CH{-}C{\equiv}CH \quad \left(\Delta H = -\frac{63\ kcal}{264\ kJ}/mol\right) \tag{15}$$

2. 1단계와 마찬가지의 촉매계를 사용하여 비닐아세틸렌에 HCl을 부가한다

발열의 거의 대부분은 물의 증발에 의하여 제어된다. 아세틸렌의 전환율은 약 18%이고, 비닐아세틸렌의 선택률은 90%에 달한다. 주요 부생성물은 디비닐아세틸렌이다. 다음에 60℃에서 비닐아세틸렌에 HCl을 부가하여 클로로프렌으로 한다.

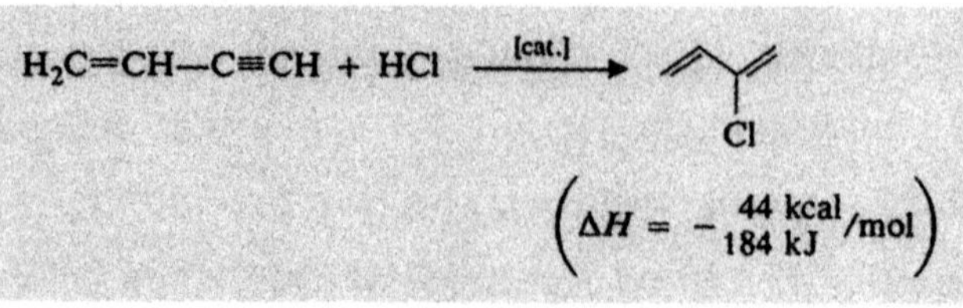

(16)

이 경우는 촉매로서는 CuCl의 염산용액이 사용된다. 클로로프렌의 선택률은 약 92%(비닐아세틸렌)이다. 주요 부생성물은 메틸비닐케톤과 1,3-디클로로-2-부텐이다.

부생성물은 클로로프렌의 2차반응으로 생성한다.

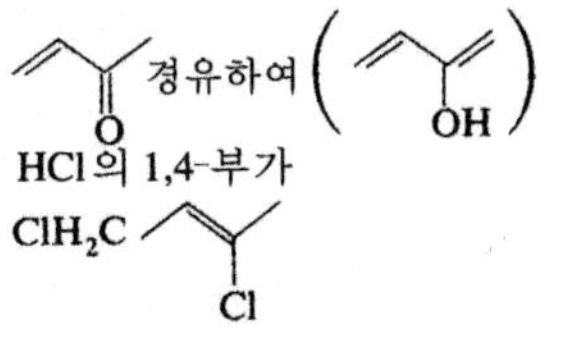

보다 새로운 클로로프렌의 제조법에서는, 가격이 싼 원료인 부타디엔이 사용된다. 부타디엔으로부터 클로로프렌으로의 변환은 비교적 단순한 프로세스에 의한 것으로서, 그 원리는 일찍부터 알려져 있었지만, 경제적인 프로세스가 확립된 것은 British Distillers사, 이어서 BP사가 집중적으로 연구개발을 하게 된 이후부터이다. 이 프로세스는 Distugil사(50% BP)의 연산 3만 t/y의 클로로프렌 플랜트로서 처음 공업적으로 실시되었다.

그 후, 부타디엔에 기인하는 많은 방법이 개발되었다.

방법 2:

3단계에 의한 부타디엔법:

1. Cl_2의 무촉매라디칼 부가. 즉 기상 염소화에서 디클로로부텐 혼합물로 한다(부타디엔의 옥시염소화는 아직 공업적으로는 중요하지 않다)

부타디엔으로부터 클로로프렌을 제조하는 프로세스의 제 1단계에서는 기상, 250°C, 0.1~0.7 MPa(1~7 kg/cm²)의 조건하에서, 부타디엔이 Cl_2에 의하여 라디칼염소화되어, *cis*-및 *trans*-디클로로-2-부텐과 3,4-디클로로-1-부텐의 혼합물이 생성된다.

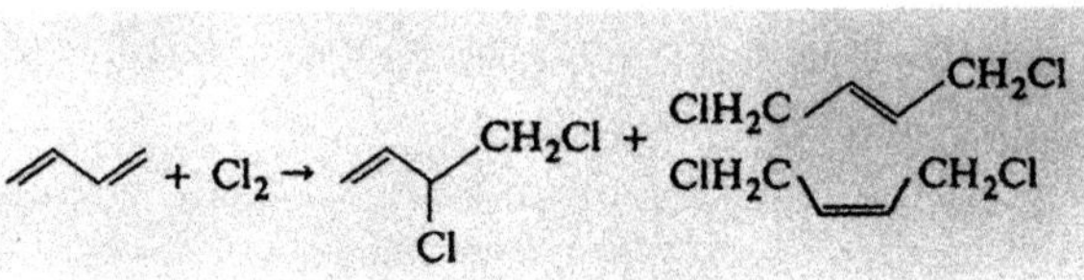

(17)

부타디엔의 전환율은 10~25%이고, 디클로로부텐 혼합물으로의 선택률은 85~95%(부타디엔)이다.

2. 접촉적 알릴전위에 의한 1,4-부가물로부터 1,2-부가물로의 이성화

클로로프렌의 제조에는 사용될 수 없는 1,4-부가체는, 촉매량의 CuCl 혹은 철염과 가열하는 방식에 의하여 1,2-부가체로 이성화할 수 있다.

3,4-이성체의 비점은 123°C이고, 1,4-이성체의 155°C보다도 낮기 때문에, 3,4-이성체를 증류제거하는 방식에 의하여 평형을 희망하는 쪽으로 연속해서 이동시키며, 그 결과, 95~98%의 선택률이 얻어진다.

부타디엔의 옥시염소화법은, 여러 회사(ICI, Monsanto, Shell)에서 개발이 행해졌지만, 공업적으로는 실시되고 있지 않다.

3. 클로로프렌으로의 탈염화수소. 짧은 체류시간에서 안정제(설파이트 혹은 질소산화물)를 첨가하여 행한다.

3,4-디클로로-1-부텐을 묽은 알칼리용액에 의하여 85°C에서 탈염화수소화 하면, 클로로프렌이 90~95%의 수득률로서 얻어진다.

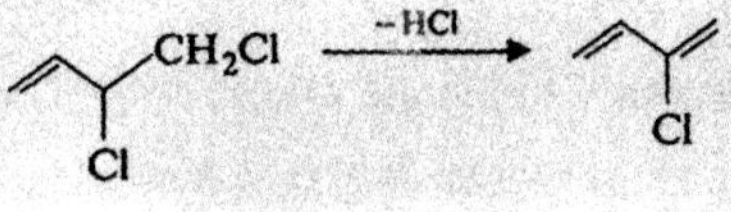

(18)

부타디엔을 직접 클로로프렌으로 변환하는 방법은, 선택률이 낮고, 경제적이 아니기 때문에, 최근에 클로로프렌 플랜트는 모두 이 3단계법에 기반을 두고 건설하고 있다.

클로로프렌의 정제:
O_2를 제거하고, 중합금지제, 예를 들면 페노티아진의 존재하에서 증류한다.

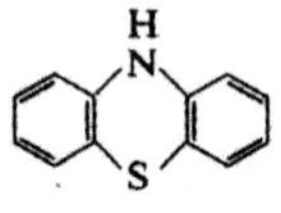

클로로프렌은 자동산화에 의하여, 중합의 개시제로 되는 퍼옥사이드를 생성하기 때문에 탈염화수소와 정제의 단계에서는, 주의하여 극소량의 산소까지 제거하지 않으면 안된다. 게다가 매우 효과적인 중합금지제로 되는 유황화합물이 첨가된다.

클로로프렌의 용도:
1. 클로로프렌고무용 모노머

거의 대부분의 클로로프렌을 중합하여 클로로프렌고무(Neoprene® 또는 Baypren®)를 제조하기 위하여 사용된다. 이 고무는 다른 종류의 고무에 비하여, 내광성이나 내유성이 뛰어난 특징이 있다. 그럼에도 불구하고 그 소비는 세계적으로 점점 줄어들고 있다.

1999년의 폴리클로로프렌 생산능력은, 미국이 14만 t/y, 서유럽이 14만 t/y, 일본이 9만 t/y였다.

2. 클로로프렌의 전구체인 1,4-디클로로-2-부텐은, 아디포니트릴, 1,4-부탄디올 및 테트라하이드로푸란용의 중간체이기도 하다.

클로로프렌 제조의 중간체인 1,4-디클로로-2-부텐의 일부는, 아디포니트릴(10.2.1.1절 참조), 1,4-부탄디올 및 테트라하이드로푸란을 제조하기 위한 출발물질로서 사용되고 있다. Toyo소다가 개발한 1,4-부탄디올의 제조법에서는 1,4-디클로로부텐이 과량의 포름산나트륨의 존재하, 약 110°C에서 가수분해된다.

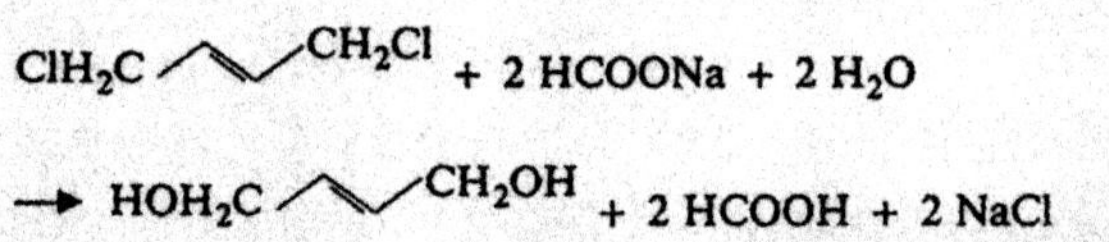
(19)

1,4-디클로로부텐으로부터의 1,4-부탄디올 제조법의 특징:
1. 중간체로서 1,4-부텐디포르메이트를 경유하는 가수분해

가수분해에 의하여 유리되는 포름산은 NaOH로서 중화된다. 1,4-디클로로부텐의 전환율은 거의 100%이고, 1,4-부탄디올의 선택률은 90%를 상회하고 있다.

직접 가수분해는, 중합축합물이나 3-부텐-1,2-디올이 생성하기 때문에 선택률이 상당히 저하된다.

2. 액상, 불균일촉매(Ni/Al)에 의한 1,4-부탄디올으로의 수소화

마지막 단계는 Ni/Al촉매의 존재하, 약 100°C, 27 MPa(270 kg/cm^2)의 조건하에서 1,4-부텐디올의 수용액을 수소화하여 1,4-부탄디올로 한다.

공업적인 이용:
클로로프렌, 1,4-부탄디올, 테트라하이드로푸란을 병산하는 Toyo소다법

Toyo Soda는, 이 방법에 의하여 2개의 플랜트로서 합하여 0.7만 t/y의 1,4-부탄디올과 1,4-부탄디올의 탈수에 의하여 0.3만 t/y의 테트라하이드로푸란을 제조하고 있다.

이외에 Bayer, Denka Chemical, Denki화학, Distugil, Du Pont 및 Showa Denko 등의 각 회사에서 클로로프렌이 제조되고 있다.

5.4. 시클로펜타디엔

시클로펜타디엔은 공업적으로 중요한 다른 하나의 1,3-디올레핀이며, 콜타르 중에도 소량이 함유되어 있긴 하나, 나프타분해로부터의 C_5-류분에는 고농도(15~25중량%)로서 함유되어 있다. 에틸렌의 생산량에 대한 비율은 약 2~4중량%이다. 에틸렌의 제조를 위하여 대규모로 수증기분해가 행해졌기 때문에, 시클로펜타디엔은 값이 싼 원료가 되었다. 그러나, 수요가 없기 때문에 대개는 C_5-류분으로부터 분리하지 않고 디올레핀을 제거한 후 수소화하여, 고옥탄가성분으로서 자동차용의 가솔린에 혼합되어 있다.

시클로펜타디엔의 원료:
1. 콜타르
2. C_5-류분

현재는, 시클로펜타디엔을 그의 2량화하기 쉬운 성질(Diels-Alder 반응의 특수한 성질)을 이용하여, 대개는 열분해가솔린의 가벼운 비점분으로부터 얻어진다. C_5-류분을 가압하에 140~150°C로 가열하든지, 100°C로 수시간 유지하면, 시클로펜타디엔은 2량화하여 디시클로펜타디엔(주로, Endo 이성체)으로 된다. 디시클로펜타디엔의 비점은 시클로펜타디엔 보다도 약 130°C 높기 때문에, 다른 C_5-성분과는 감압증류에 의하여 간단히 분리할 수 있다.

C_5-류분으로부터의 시클로펜타디엔 단리법:
1. 디시클로펜타디엔으로 2량화하여 분리한다.
2. 디시클로펜타디엔을 분리하여 시클로펜타디엔을 재생한다(Diels-Alder 반응의 역반응)

잔류물을 200°C 이상의 온도에서 가열하면, 공업적으로 적절한 비율인 모노머로 재분해할 수 있다. 예를 들면 관상반응기를 사용하여, 300°C에서 분해를 행하면 80~85%의 수득률로서 시클로펜타디엔이 얻어진다. 이것은 증류하여 순수한 시클로펜타디엔으로 한다.

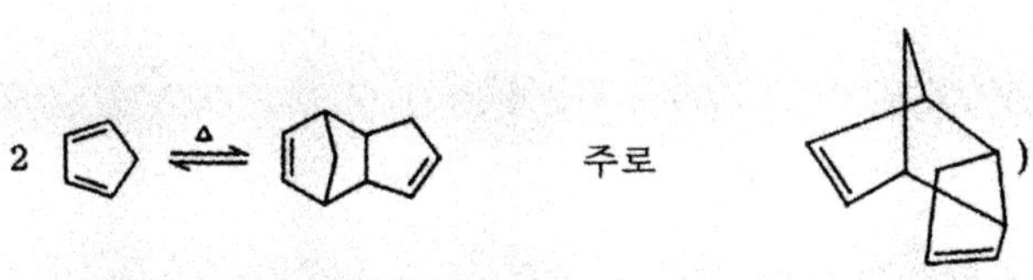

(20)

시클로펜타디엔은 상당한 발열을 동반하면서 간단히 2량체로 되돌린다. 수송이나 저장은, 이 2량체의 형태로서 행한다.

시클로펜타디엔은 탄화수소수지의 제조용으로 수요가 증대하고 있다. C_5-류분 중의 다른 성분(펜탄류, 펜텐류, 이소프렌, 피페릴렌)과 함께 공중합하여 C_5-수지가 되든지, 방향족용매 중, 250~280°C의 조건하에서, 순수한 시클로펜타디엔을 폴리시클로펜타디엔으로 열중합한다. 필요하면 수소화에 의한 안정화가 행해진다. 또한 카디온 중합도 가능하다. 이들의 폴리머는 열가소성수지, 콘택트 형태의 접착제 및 인쇄잉크용 수지

시클로펜타디엔의 용도:
1. 인쇄잉크, 접착제성분으로서 사용되는 폴리시클로펜타디엔이나 C_5-탄화수소수지 제조용의 모노머, 코모노머.

의 성분으로서 유용하다.

2. Diels-Alder 반응의 디엔성분, 예를 들면, 시클로펜타디엔과 부타디엔의 (4+2)환상부가와 이성화의 2단계법에 의한 에틸리덴노르보르넨의 제조.

또한 시클로펜타디엔은 다른 Diels-Alder 반응에도 사용된다. 예를 들면, 5-에틸리덴노르보르넨은 시클로펜타디엔과 부타디엔으로부터 2단계로서 제조된다. 먼저 5-비닐비시클로-[2,2,1]-헵트-2-엔으로 하고, 이것을 다음에 알칼리금속촉매로서 5-에틸리덴비시클로-[2,2,1]-헵트-2-엔(5-에틸리덴노르보르넨)으로 이성화한다.

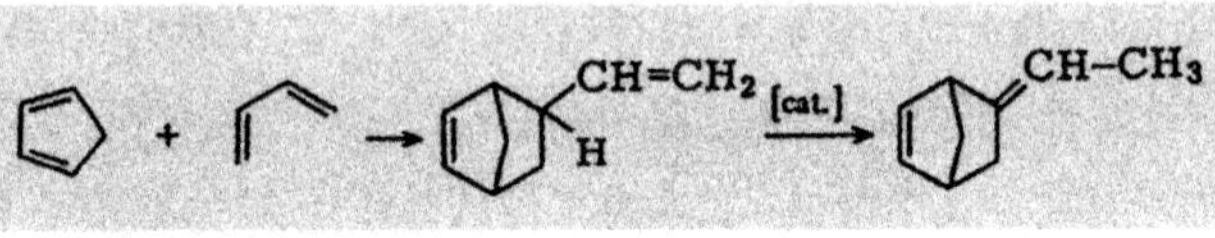

(21)

5-에틸리덴노르보르넨은, 에틸렌-프로필렌 공중합에 있어서 제3성분으로서 소량 가해진다.

에틸리덴노르보르넨은 EPTR의 제3성분으로 사용된다.

이와 같이 해서 생성한 터폴리머는, 일반적인 조건하에서 가황할 수 있으며, EPTR(ethylene propylene terpolymer rubber)로서 이용된다.

3. 헥사클로로펜타디엔의 성분.

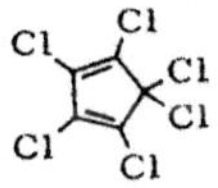

살충제나 불연제의 전구체

또다른 Diels-Alder 반응의 공업적인 응용예로서는, 헥사클로로시클로펜타디엔으로부터 출발하는 것이 있다. 이 중요한 중간체는 시클로펜타디엔으로부터 수단계에 걸친 염소화에 의하여 합성된다.

제 6 장

일산화탄소를 이용하는

일산화탄소 또는 일산화탄소/수소혼합가스의 합성원료로서의 공업적인 중요성에 대해서는 이미 제2장에서 설명했다. 또한 그곳에서는 양적으로 가장 많은 2차제품인 메탄올의 제조에 대해서도 언급했다. 이외에 CO를 원료로 하여 사용되는 공업프로세스에서, 예를 들면, 아세틸렌과의 반응에 의한 아크릴산합성(11.1.7.1절 참조), 메탄올과의 반응에 의한 아세트산합성(7.4.1.3절 참조), 프로필렌과의 반응에 의한 부탄올의 합성(8.1.3절 참조) 등은, 특정의 제품에 관한 기술이기 때문에 별도로 취급한다. 마찬가지로 "C_1화학"의 생성물, 즉 메탄올이나 포름알데히드는 간단한 합성가스유도체 내지는 합성가스로부터의 중간체의 합성에 관계되는 제품에 대해서도 별도로 취급한다. 이 장에서는, 하이드로포르밀화반응, 카르보닐화반응 및 Koch 반응과 같이 각종의 올레핀의 전환에 적용되는 CO의 반응에 대해서 설명한다.

CO는 단독, 또는 H_2와의 혼합물로서 사용된다. 경제적으로 중요한 합성단위이다.

각각의 공업프로세스로의 응용:
메탄올(합성가스)
아크릴산($C_2H_2 + CO + H_2O$)
아세트산($CH_3OH + CO$)
부탄올($C_3H_6 + 3CO + 2H_2O$)
최근에는 C_1화학에의 응용

범용프로세스에의 응용:
하이드로포르밀화
카르보닐화
Koch 반응

6.1. 올레핀의 하이드로포르밀화반응

하이드로포르밀화, 즉 옥소합성은 올레핀 및 일산화탄소와 수소로부터 알데히드를 제조하는 공업적인 방법이다.

하이드로포르밀화의 원리:
올레핀에의 H_2와 CO의 촉매적 부가에 의하여 탄소수가 1개만 증가한 알데히드가 생성된다.

기반이 되는 반응은 1938년에 Ruhrchemie사의 O. Roelen이 발견한 것이다. 그는 고온고압하에 코발트-토륨촉매를 사용하여 에틸렌을 CO

및 H_2와 반응시키면 프로피온알데히드가 생성되는 것을 발견했다.

최초의 공업적인 응용: C_{12}-C_{14} 세제용 알코올의 합성. 1차생성물인 알데히드의 수소화에 의한다.

그것으로부터 수년 중에 하이드로포르밀화반응은 C_{12}~C_{14}의 사슬길이를 갖는 세제용 알코올을 제조하기 위한 공업적인 방법으로서 가동을 개시했다(현재의 세제용 알코올의 상황은 8.2절 참조).

옥소제품의 생산능력은 올레핀과 CO/H_2의 반응에 의한 1차제품에 대해서 만의 값이며, 유도체를 포함하지 않는다.

현재, 가장 중요한 옥소합성제품: *n*-부틸알코올과 2-에틸헥산올

하이드로포르밀화는 세계적으로 매우 중요한 반응으로 되었다. 1988년에는 모든 하이드로포밀화 제품의 생산능력은 세계에서 930만 t/y을 상회했다. 프로필렌은 가장 중요한 올레핀의 원료이며, 양적으로 가장 많은 최종생성물은 *n*-부틸알코올과 2-에틸헥산올이다. 에틸렌도 또한 하이드로포르밀화되며, 프로피온알데히드로 되며, 프로피온알데히드는 산화하는 것에 의하여 프로피온산으로 되지만, 이것이 프로피온산의 가장 중요한 대량생산의 경로(세계생산의 약 50%)이다(6.2절 참조). BASF사의 프로세스에 의한 프로피온알데히드로부터의 메타크릴산의 제조(11.1.4절 참조)는 프로피온알데히드의 수요와 설비투자를 확대했다.

6.1.1. 하이드로포르밀화의 화학적 기반

하이드로포밀화에 이용되는 올레핀의 범위:

말단 혹은 내부이중결합을 갖는 직쇄형 및 분지형 C_2~C_{20} 올레핀.

하이드로포르밀화의 반응생성물:
n/iso-알데히드혼합물.
n-알데히드함량쪽이 많다.

하이드로포르밀화는 말단 혹은 내부이중결합을 갖는 많은 직쇄 및 분지올레핀을 사용하여 행해진다. 탄소수가 2로부터 20 정도까지의 올레핀이 공업적으로 중요한 원료이다. 에틸렌이 원료인 경우에는, 피로피온알데히드가 유일한 생성물이지만, 전형적인 다른 올레핀에서는 이중결합에 포르밀기가 도입되는 위치가 2개 있기 때문에 알데히드의 이성체혼합물이 생성된다.

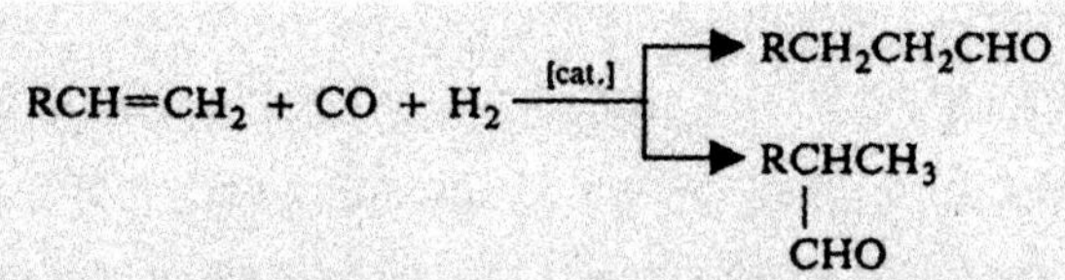
(1)

n-알데히드 쪽이 이소알데히드보다도 우선하여 생성한다.

원료 올레핀의 영향:
1. 올레핀골격은 알데히드 중에 보존된다(탄소사슬의 이성화는 일어나지 않는다)
2. 내부올레핀의 이중결합의 이성화에 의하여 알데히드는 혼합물로서 얻어진다.
   말단의 π-착화합물이 가장 안정하기 때문에 일반적으로 내부이중결합은 사슬의 말단으로 이동한다.
3. 입체적으로 부피가 큰 내부올레핀에 비하여 직쇄올레핀은 쉽게 하이드로포르밀화된다.

올레핀분자의 구조와 크기도 하이드로포르밀화의 방향에 영향을 미친다. 올레핀의 탄소골격은 옥소알데히드 중에서도 유지되고 있지만, 올레핀의 이중결합이 내부로부터 말단으로 이성화할 수 있기 때문에, 각종의 알데히드혼합물이 생성된다. 하이드로포르밀화의 촉매하에서, 만일 충분한 체류시간과 온도에 의하여 올레핀의 이성화가 완결(말단 이중결합)된다라고 하면, 올레핀의 이중결합의 이성체로부터 같은 조성의 옥소알데히드가 생성하리라고 생각된다.

더욱이 올레핀의 가지는 반응속도를 저하시킨다. 특히, 이중결합의 탄소에 가지가 있는 경우에는 반응속도가 현저히 저하된다.

2,3-디메틸-2-부텐과 같이 이중결합의 양쪽에서 분지한 올레핀의 하이드로포르밀화는 매우 곤란하다.

입체적으로 부피가 큰 올레핀의 예:

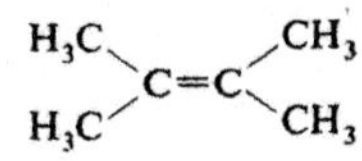

하이드로포르밀화는 고압, 고온, 일반적으로는 20~45 MPa(200~450 kg/cm^2), 100~200°C의 조건하에서 행해지는 균일촉매반응이다.

하이드로포르밀화촉매의 원리:
아래와 같은 구조를 갖는 하이드라이드카르보닐착화합물로 형성되는 균일촉매:
중심원자: Co, Rh, Ru
CO 이외의 리간드:
$-NR_2$, $-PR_3$(R = 알킬 또는 아릴)

Co, Rh, Ru의 화합물 혹은 착화합물이 촉매로서 사용되며, 아민 혹은 포스핀리간드로서 수식하는 것에 의하여 활성이나 선택성을 변화시킬 수가 있다. 문헌에서는 촉진제의 첨가효과가 보고되어 있지만, 공업적인 중요성은 없다.

공업적으로 잘 사용되는 촉매:
Co금속 또는 그의 화합물.

최근까지의 공업프로세스에서는 주로 비교적 고가이며, 고활성인 Co화합물이 사용되고 있었다. 현재, 새로 건설되는 플랜트로서는 로듐이 사용되고 있으며, 종전의 플랜트도 점차 이것으로 교체되고 있다. 1985년에는 프로필렌의 하이드로포르밀화의 60%가 Co촉매, 40%가 Rh촉매에 기인하고 있다. Co촉매의 경우, 활성인 형태는 하이드라이드테트라카르보닐코발트[$HCo(CO)_4$]이며, 반응조건하에서는 디코발트옥타카르보닐[$Co_2(CO_8)$]과 평형으로 되어 존재한다.

반응조건에서 활성인 형은
$2H-Co(CO)_4 \rightleftarrows Co_2(CO)_8 + H_2$

반응의 과정에서는 하이드라이드테트라카르보닐코발트가 배위불포화인 하이드라이드트리카르보닐코발트로 바뀌며, 올레핀과 n-착화합물을 형성한다.

촉매의 작용메카니즘:
형식적으로는 다단계에서 동시에 진행하는 가역과정과, 비가역적인 수소화분해단계로 형성된다.

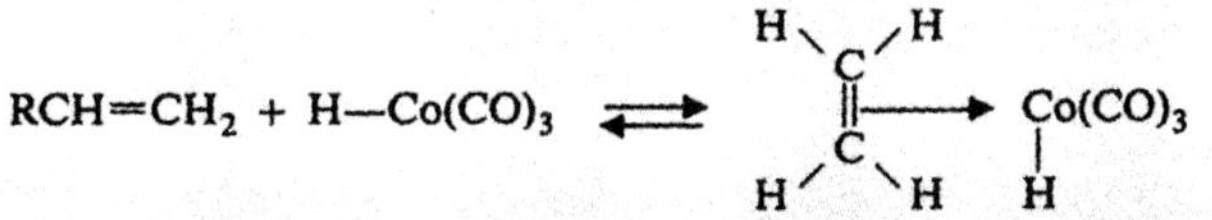
(2)

π-착화합물은 전위에 의하여 C−Co결합을 형성하여 σ-착화합물로 되며, CO로서 포화되어 알킬테트라카르보닐코발트로 된다.

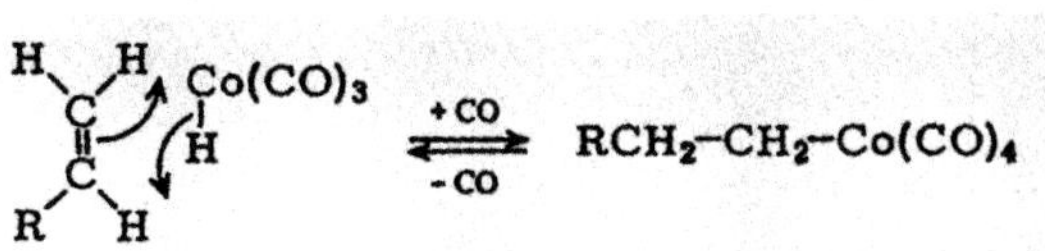
(3)

다음의 단계에서 코발트배위권으로부터 CO의 리간드가 이동하며, 알킬테트라카르보닐코발트는 아실트리카르보닐코발트착화합물로 변한다. 이것은 수소화분해적으로 개열하여 알데히드가 생성되며, 하이드라이드트리카르보닐코발트가 재생된다.

$$RCH_2CH_2{-}Co(CO)_4 \rightleftarrows RCH_2CH_2{-}\overset{\overset{\displaystyle O}{\|}}{C}{-}Co(CO)_3 \xrightarrow{+H_2} RCH_2CH_2CHO + HCo(CO)_3 \qquad (4)$$

1. $HCo(CO)_4$는 CO의 탈리에 의하여 비어 있는 리간드의 자리가 형성된다.
   $H-Co(CO)_4 \rightleftarrows H-Co(CO)_3 + CO$
2. 카르보닐착화합물의 반응종이 올레핀에 친전자적으로 부가하여 π-착화합물을 형성한다.
3. CO의 배위에 의한 안정화를 동반하는 π-σ-전위
4. CO가 삽입하여 아실착화합물로 된다. 최근의 이론에서는 카르베늄이온의 이행에 의한다.
5. $\underset{\underset{\displaystyle O}{\|}}{C}{-}Co$ 결합의 수소화분해

중간체 배위화합물로부터 내부 Co-C 착화합물도 형성되며(반응식 3), 이것으로부터 이소알데히드가 생성한다.

반응의 과정에서는, 이들의 부분반응이 동시에 일어나며, 각각의 단계로는 구별되지 않는다. 따라서 반응식 (3)으로부터도 이해할 수 있는 바와 같이, Co-C결합은 말단 및 내부의 어느 쪽의 탄소원자일지라도 형성되기 때문에 이성체도 생성한다.

입체적으로는 말단 Co-C착화합물 쪽이 유리하기 때문에 *n*-알데히드의 비율이 높다.

이성체 중에서는 *n*-알데히드 쪽이 우선적으로 생성하지만, 공업적으로는 그 이상으로 *n*-알데히드의 수요가 이소알데히드보다도 많기 때문에, 모든 공업적인 프로세스에서는 촉매의 수식이나 적절한 반응조건에 따라서 *n*-이성체의 비율을 증가시키는 노력을 하고 있다.

n/iso 비율 조절의 가능성:

1. 온도, CO분압 등의 반응조건
2. 리간드나 중심원자를 바꾸는 것에 의한 촉매의 개질

n/iso비는 반응온도나 CO 분압에 어느 정도는 영향이 있지만(6.1.2절 참조), 촉매계의 수식에 의한 영향이 가장 크다.

금속착화합물촉매에서는 리간드나 중심원자를 바꾸는 방식에 의하여 촉매를 개질할 수가 있다. 공업적으로는 두 가지의 수단이 모두 이용되고 있으며, 본질적으로 다음과 같은 결론으로 유도되고 있다.

리간드의 영향:

부피가 큰 리간드는 *n*-알데히드의 비율을 향상시키지만, 올레핀의 전환율을 감소시키는 것과 동시에 이하의 수소화활성을 증가시킨다.

올레핀 → 파라핀
알데히드 → 알코올

1. 3차아민류, 포스파이트류, 혹은 포스핀류 등, 착화합물의 형성능력이 있는 첨가물은 *n*-알데히드의 비율을 증가시키는 한편, 하이드로포르밀화의 속도와 알데히드의 선택성을 저하시킨다. 특히 트리부틸포스핀이나 트리페닐포스핀과 같은 포스핀류는 이 경향이 강하다.
2. 코발트촉매 대신에 로듐을 사용하면, *n*-알데히드의 비율은 감소하지만, 하이드로포르밀화의 속도와 알데히드 전체로서의 선택성은 증가한다(6.1.3절 참조).

중심원자의 영향:

Co 대신에 Rh을 사용하면 *n*-알데히드의 비율은 감소하지만, 올레핀의 전환율과 *n*-알데히드 및 이소알데히드의 선택성이 향상한다.

n/iso비에 미치는 리간드의 효과는, 촉매분자의 입체적인 영향에 추가하여, 중심원자의 전자밀도의 감소에 의하여 설명된다. 부피가 커다란 포스핀리간드는 내부탄소원자로의 공격을 방해하며, 생성물 중의 *n*-알데히드의 비율을 증가시킨다.

리간드와 중심원자 효과의 실제적 응용:

로듐과 포스핀리간드의 조합으로 *n*-알데히드의 비율이 최고로 된다.

중심원자에 로듐을 사용하고 적당한 포스핀리간드와 조합시키면, 프로필렌을 원료로 한 경우, 수식하지 않은 Co촉매에서는 알데히드의 *n*/iso 비가 8:2인데 비해서, 로듐-포스핀촉매을 사용하면 그이 비를 8:1로부터 16:1까지 변화시킬 수 있다.

실제로는 약 10:1의 비로서 행해지는 것이 보통이다. 이외에도 반응압력이 낮고, 생성물의 후처리가 간단하다라고 하는 장점이 있으며, 촉매활성이 낮고, 로듐가격이 비싸다라고 하는 단점이 있다.

하이드로포르밀화의 부반응

1. 알켄 + H_2 → 알칸

하이드로포르밀화의 원리에 유래하는 이소알데히드의 부생성이나, 이미 설명한 올레핀의 이성화 이외에, 몇 개의 부반응이나 2차반응이 일어

나며, 촉매의 종류나 반응조건에도 의하지만, n-알데히드의 선택성에 여러 가지 영향을 미친다.

원료 올레핀의 포화탄화수소로의 수소화반응은 부반응의 하나이다. n- 및 이소알데히드의 수소화반응에 의한 알코올의 생성, 알돌축합, 알데히드의 하이드로포르밀화에 의한 포름산에스테르의 생성, 혹은 아세탈의 생성 등이 2차반응의 예이다. 따라서 직쇄알데히드의 선택성을 최고로 갖게 하기 위해서는 전반적 반응에 있어서 최적화의 문제를 해결해야 할 필요가 있다.

2. 내부알켄 → 말단알켄

하이드로포르밀화의 2차 반응:
1. n/iso-알데히드 + H_2 → n/iso-알코올
2. 알돌축합
3. 알데히드의 하이드로포르밀화에 의한 포름산에스테르의 생성
4. 알데히드/알코올로부터의 아세탈 생성

6.1.2. 하이드로포르밀화의 공업적인 운전

현재의 올레핀의 하이드로포르밀화 프로세스에서는 주로 포스핀이나 포스파이트를 첨가하지 않은 코발트화합물이 사용되고 있다(6.1.3절 참조).

여기서는 공업적인 프로세스의 각각의 공정을 양적으로 가장 많은 올레핀 원료인 프로필렌을 코발트촉매에 의하여 하이드로포르밀화 하는 경우를 예로 들어서 설명한다. 이 프로세스는 다음의 3단계로 분류된다.

1. 하이드로포르밀화(촉매조제를 포함한다)
2. 촉매분리(후처리를 포함한다)
3. 반응생성물의 단리

제1단계

코발트를 금속분말, 수산화물 혹은 염의 형태로서, 스테인레스제의 고압반응기에 넣는다. 여기에 옥소가스(H_2+CO)를 공급하고, 하이드로포르밀화의 조건(25~30 MPa, 140~180°C)하에, 액상(프로필렌+옥소생성물)으로 반응시키면, 충분한 속도로서 반응이 진행하여 코발트하이드로카르보닐이 생성한다. 일반적으로 올레핀의 반응생성물이 용매의 역할을 하지만, 알칸혼합물은 이 목적을 위하여 사용할 수도 있다.

1. 활성종의 $HCo(CO)_4$는 반응계 중에서 각종의 Co전구체로부터 쉽게 형성되기 때문에, 촉매의 조제와 하이드로포르밀화는 동시에 행할 수 있다.

프로필렌은 H_2 및 CO와의 반응에 의하여 n- 및 이소부티르알데히드의 혼합물로 변환된다.

반응의 원리:
용해도가 다른 기체반응성분의 CO, H_2 및 올레핀이 액상에서 균일촉매에 의하여 발열적으로 반응한다.

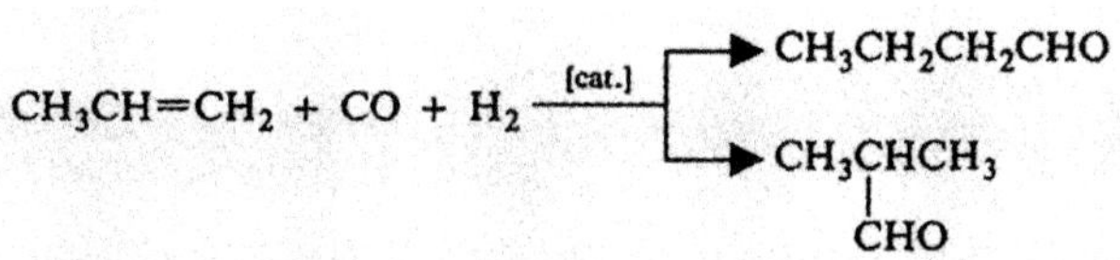
(5)

약 28~35 kcal(118~148 kJ)/mol-올레핀의 반응열은 다관식냉각기에서 제열된다.

액체의 불순한 생성물의 약 80중량%가 n- 및 이소부티르알데히드이

대표적인 생성물조성(중량%):

C_4-알데히드	80
C_4-알코올, 포름산부틸	10~14
기타	6~10

n : iso = 75 : 25 ~ 80 : 20

며, 10~14%가 부탄올과 포름산부틸, 6~10%가 고비점화합물 등 복잡한 화합물로 조성된다. 부티르알데히드의 *n*/iso비는 75 : 25로부터 80 : 20정도까지 변한다. CO/H_2의 혼합가스의 90%까지가 알데히드나 알코올 등의 생성에 사용되며, 나머지는 반응성이 없는 성분과 함께 계외로 배출되어 소각된다.

C_4 생성물의 선택률은 82~85%(C_3H_6)이다. 반응한 프로필렌의 15~17%가 고비점의 부생성물로 되든지, 혹은 배기가스 중에 프로판으로서 존재한다.

각종의 프로세스인자가 알데히드의 생성속도나 옥소생성물의 조성에 영향을 끼친다.

전환율과 선택률은 각종의 프로세스의 인자에 의하여 복잡하게 변한다. 여기서는 G. Natta에 의한 반응속도식을 나타내지만, 농도의 영향을 단순화하여 표시했다. 이것에 의하면 농도 혹은 분압비를 크게 하는 방식에 의하여 공업적으로 바람직한 높은 알데히드의 생성속도가 얻어진다.

$$\frac{\mathrm{d}[\text{알데히드}]}{\mathrm{d}t} = k \cdot \frac{[\text{올레핀}]\cdot[\mathrm{Co}]\cdot p\mathrm{H_2}}{p\mathrm{CO}}$$

이것은 원리적으로는 2가지의 방법으로 달성된다.

1. CO의 분압을 낮게 한다.
2. 올레핀의 농도, 코발트의 농도 및 H_2의 분압을 높게 한다.

방법 1.

CO분압이 낮을수록 하이드로포르밀화의 속도는 커진다. 포스핀리간드 등에 의하여 착화합물을 형성하여 촉매를 안정시킬 수 있다.

CO의 분압이 낮을수록 하이드로포르밀화의 속도는 빠르게 진행하지만, $HCo(CO)_4$ 촉매의 안정성, 더욱이 활성을 유지시키기 위해서는 반응온도에 따르는 최저한의 CO압력이 필요하다.

방법 2.

H_2분압이나 촉매농도를 높게 하면, C_3H_6의 전환율은 높아지지만, 선택률이 저하한다. 즉, 부생성물(*n*-부탄올, 프로판)의 생성이 유리해진다.

예를 들면, 옥소가스 중의 H_2의 분압 또는 촉매의 농도를 높이면, 프로필렌으로부터 알데히드로의 반응속도는 빠르게 진행하지만, 동시에 *n*-부티르알데히드로부터 알코올으로의 수소화나 프로판의 생성이 증가하기 때문에 선택률이 저하한다. 따라서 높은 선택률을 얻기 위해서는 프로필렌의 전환율을 낮게 억제할 필요가 있다. 그러나 이 조작은 공시효율의 저하에 의한 경제성의 악화를 초래하기 때문에 곧바로 한계에 달한다. 다른 프로세스 인자도 서로 작용하여 최적화는 더욱 복잡해진다.

이소부티르알데히드의 프로필렌과 CO/H_2로의 열분해는 기술적으로는 가능하지만, 아직 공업적으로는 실시되지 않고 있다.

프로필렌의 하이드로포르밀화에서 미해결 문제의 하나는 반드시 경제적인 용도가 없는 이소부티르알데히드의 생성이다. 따라서 우선 *n*-부티르알데히드의 선택성을 향상시키는 것을 목적으로 하여 다른 촉매계의 사용을 포함한 하이드로포르밀화의 프로세스의 개량이 행해졌다.

제2단계

액상의 반응생성물로부터 코발트하이드로카르보닐을 분리하는 방법은 각각의 옥소제조회사마다 다르지만, 기본적으로는 2개의 방법이 개발되었다. 하나의 방법은 압력을 약 2 MPa(20 kg/cm^2)까지 감소시킨 후, 반응혼합물을 가열하는 방법이다. 코발트가 슬러지로서 분리되며, 이것을 재생하여 반응기로 재순환한다(Ruhrchemie법).

$HCo(CO)_4$ 분리의 2가지 방법:

1. 열분해로서 금속 Co의 슬러지로 된다. H_2O의 첨가에 의하여 반응기벽에의 Co의 침착을 방지한다.

다른 하나의 코발트 분리법은 주로 저위 알데히드의 경우에 사용된다. 공기 또는 O_2의 존재하에서 산처리(BASF법에서는 아세트산, Mitsubishi 화학법에서는 긴 사슬의 카르복시산, UCC법에서는 황산/아세트산)를 행하여, 코발트염의 수용액으로서 회수하든지, 알칼리금속 수산화물에 의하여 $Co(OH)_2$로서 침전시킨다. 또한 다른 방법에서는 $NaHCO_3$를 사용하여 하이드로카르보닐착화합물로서 수상으로 추출(예를 들면, Kuhlmann법)하여, 산성으로 만든 후 원료 올레핀 또는 용제로서 추출하여 프로세스로 재순환시킨다.

2. Co화합물로서 회수한다:

2.1. 무기산 혹은 카르복시산으로 Co하이드로카르보닐을 Co염의 수용액으로 한다.

2.2. $NaHCO_3$로서 Co하이드로카르보닐을 추출하고, 후처리를 행한다.

제3단계

Co를 함유하지 않는 반응생성물은 상압증류하여 분리한다.

n-부티르알데히드와 이소부티르알데히드의 비점차가 작기 때문에(10℃), 최초의 탑에서는 이들을 혼합물로서 분리하고, 다음의 탑에서 순수한 성분으로의 분리가 행해진다. 알데히드를 분리한 후의 잔류물에는, 반응 중에 알데히드가 수소화되어 생성한 *n*- 및 이소부틸알코올 이외에 포름산에스테르, 아세탈 및 중질분 등의 부생성물이 함유되어 있다. 이 잔류혼합물은 직접 또는 전처리(예를들면, 가수분해)를 하고, 수소화한 후, 부탄올류를 분리한다.

두 단계의 증류에 의한 반응 생성물의 후처리:

제1탑: *n*-알데히드 및 이소알데히드를 고비점물질과 분리하여 탑꼭대기로부터 취한다.

제2탑: 탑꼭대기로부터 이소알데히드, 탑밑바닥으로부터 *n*-알데히드를 취한다.

프로필렌보다도 고위의 올레핀을 하이드로포르밀화 하는 경우에는, 알데히드의 단계에서의 단리는 행하지 않고, 코발트촉매를 제거한 후, 불순한 생성물을 수소화하여 *n*- 및 이소알코올의 혼합물로 하는 것이 일반적이다.

고위 올레핀의 옥소생성물의 간단한 후처리:

n/iso를 분리하지 않고, 직접 수소화하여 *n*/iso 알코올로 한다.

6.1.3. 각종의 하이드로포르밀화 촉매

이소부티르알데히드의 생성을 감소시키기 위해서 Shell사는 5~10 MPa (50~100 kg/cm^2)의 저압, 180~200℃의 조건하에서 $HCo(CO)_3 \cdot P(n\text{-}C_4H_9)_3$ 촉매를 사용하는 프로세스를 몇 개의 옥소플랜트로서 실시되고 있다.

개량 하이드로포르밀화 촉매:

1. Co포스핀착화합물
2. Rh포스핀착화합물

그러나 포스핀의 첨가량이 상당히 많기 때문에, 수식하지 않은 코발트하이드로카르보닐보다도 활성이 낮고(약 20%), 선택성도 낮다. *n*/iso비가 상당히 개선(약 90%의 직쇄생성물)되었음에도 불구하고, 원료올레핀의 포화탄화수소로의 수소화나 알데히드의 알코올로의 수소화 등의 부반

Co포스핀촉매의 공업적인 예:

Shell의 저압법은 미국과 영국에서 행해지고 있다.

Co포스핀촉매의 특징:
n-알데히드의 비율이 높다.
반응압력이 낮다.
알켄 → 알칸, 알데히드 → 알코올의 부반응이 증가한다.

응이나 2차반응이 일어나기 때문에 알데히드 전체의 선택률이 저하한다.

따라서 Shell법은 옥소생성물로서 알코올을 목적으로 하는 경우에 적합하다.

Rh포스핀촉매의 공업적인 예:
UCC의 LPO법(**l**ow **p**ressure **o**xo)에 의한 에틸렌 및 프로필렌의 하이드로포르밀화가 미국과 스웨덴의 플랜트에서 실시되고 있다.

하이드로포르밀화의 가장 중요한 촉매개량은, 종래의 코발트촉매에 대신하여 로듐카르보닐의 사용이며, 이것은 단독 또는 포스핀과 조합시켜서 사용된다. Rh촉매에 의한 하이드로포르밀화에 있어서는, 많은 회사가 몇 해 동안에 걸쳐 파일럿단계에서의 개발을 행했지만, 공업적으로 처음으로 성공한 것은 1975년의 일이다. 그해 UCC사는 Johnson Matthey와 Davy McKee(이전의 Davy Powergas)의 2개 회사가 공동으로, 로듐트리페닐포스핀촉매를 사용했다. 능력 7만 t/y의 프로피온알데히드의 제조플랜트의 조업을 개시했다. 이어서 1976년에는 13.6만 t/y의 n-부티르알데히드의 제조플랜트의 조업을 개시했다. 이 촉매를 사용하는 방법에 의하여 최초로 실현한 장점은, 부티르알데히드의 n/iso의 비가 8~16 : 1의 높은 선택성이 얻어지는 것과, 90~120°C의 반응온도에서 압력은 0.7~2.5 MPa(7~25 kg/cm^2)의 저압으로 족하고, 개질된 로듐카르보닐의 안정성이 높은 이외에 아세탈 생성의 원인으로되는 C_4 알코올이 생성되지 않기 때문에 반응생성물의 후처리가 간단한 것 등이다(6.1.1절 참조). 물론 Monsanto사의 메탄올의 카르보닐화 프로세스와 마찬가지로, 로듐의 가격이 비싸기 때문에 촉매는 가능한 한 회수된다.

Rh포스핀촉매의 특징:
n-알데히드의 비율이 높다
반응압력이 낮다.
후처리가 간단하다.

촉매의 반응메카니즘:

1. $HRhCO(PPh_3)_3$로부터 리간드가 해리하는 것에 의하여 비어 있는 리간드의 자리가 생긴다.
2. Rh종이 친전자적으로 올레핀에 부가하여 π-착화합물을 생성한다.
3. π-σ-전위에 의하여 Rh–C종이 생성한다,
4. CO가 삽입하여 아실착화합물로 된다.
5. C(=O)–Rh 결합이 수소화분해된다.

로듐/트리페닐포스핀 촉매를 사용한 하이드로포르밀화의 반응메카니즘은 코발트촉매의 경우와 유사하다. 로듐카르보닐포스핀 착화합물이 기반으로 되는 촉매의 근원으로 보여지며, 이 촉매의 트리페닐포스핀 리간드가 올레핀분자와 교환하여, n-알킬로듐화합물이 생성한다.

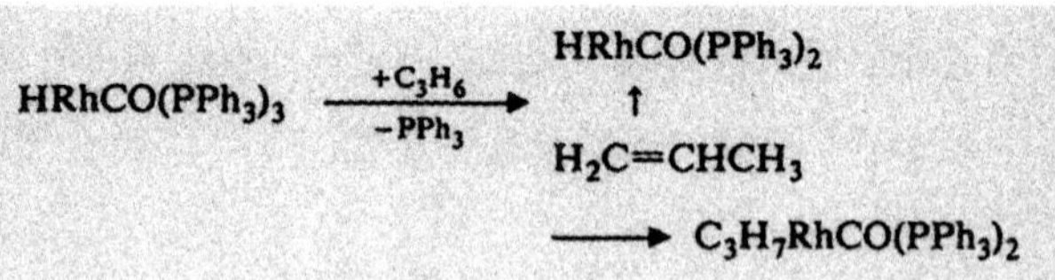

(6)

C–Rh결합에 일산화탄소가 삽입되고, 이어서 수소화분해하여 촉매사이클이 완료된다.

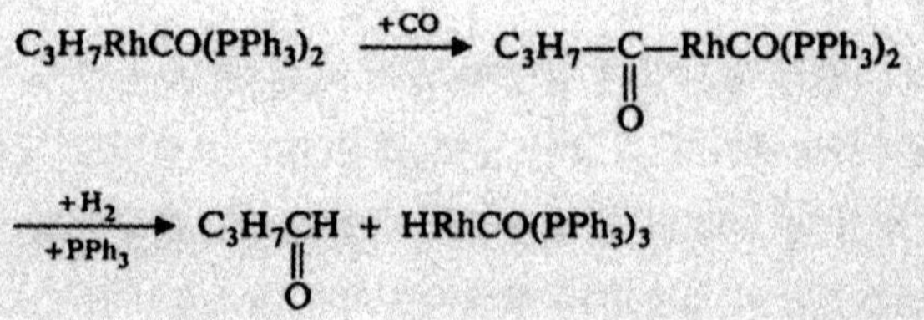

(7)

다른 회사에서도 UCC/Johnson Matthey/Davy McKee의 로듐법에 기인한 플랜트가 건설되었으며, 1993년에는 세계의 *n*-부티르알데히드의 제조의 55%가 LPO법의 원리에 기반하고 있다.

한편, Ruhrchemie/Rhône-Poulenc의 두 회사는 페닐기의 *m*-위치를 술폰화한 트리페닐포스핀 리간드를 사용하는 방식에 의하여, LPO 프로세스를 개량했다. 이 촉매는 물에 가용이기 때문에 상분리에 의하여 생성물과 간단히 분리된다. 더욱, 50~130°C, 1~10 MPa(10~100 kg/cm^2)의 조건하에서 활성은 높고(프로필렌 전환율 98%), 높은 *n*/iso비(95/5)로서 부티르알데히드가 얻어진다.

새로운 프로세스의 전개:

Ruhrchemie와 Rhône-Poulenc의 Rh-수식리간드에 의한 기술개량, 고활성이며, *n*-알데히드의 선택성이 높고, 더욱 촉매의 분리가 용이하며, Rh의 손실이 적다.

Ruhrchemie사는 1984년에 이 방법에 의한 최초의 10만 t/y의 플랜트를 개시했다. 그 후 증설에 의하여, 2001년에는 가동하고 있는 플랜트의 합계능력이 70만 t/y에 달하고 있다.

UCC사는 diorgano phosphite 리간드로서 수식한 로듐촉매를 개발했다. 이소부틸렌과 같이 입체적으로 부피가 큰 올레핀의 반응에서도 활성이 현저하게 개선되었으며, 리간드의 안정성도 향상되고 있다.

UCC의 새로운 디오르가노포스파이트리간드:

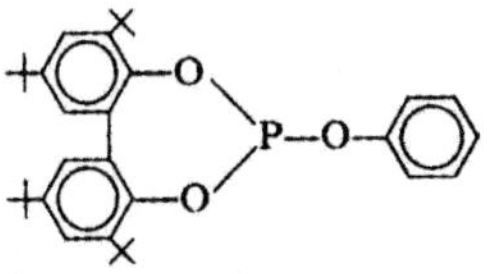

활성이 높고, 분지올레핀도 고수율로서 하이드로포르밀화된다.

6.1.4. 옥소생성물의 활용방법

하이드로포르밀화의 1차생성물이 알데히드이기 때문에, 이 합성경로는 옥소반응으로서 알려져 있으며, 이와 같이 해서 합성된 알데히드와 2차생성물은 모두 옥소생성물이라고 불리우고 있다.

옥소알데히드는 최종제품으로서의 가치는 사실상 없지만, 옥소알코올, 옥소카르복시산 및 알돌축합물 제조를 위한 중요한 반응중간체이다. 또한 옥소알데히드는 소량이지만, 환원아미노화에 의하여 1차아민으로 변환된다.

옥소알데히드의 활용:

일차생성물로서는 중요하지 않지만, 이하의 화합물의 중간체로서 중요:

1. 알코올
2. 카르복시산
3. 알돌축합물
4. 1차아민

$$RCHO + H_2 + NH_3 \xrightarrow{[cat.]} RCH_2NH_2 + H_2O \quad (8)$$

6.1.4.1. 옥소알코올

옥소알코올의 그룹에는, 옥소알데히드를 직접 수소화하여 얻어지는 생성물 이외에 최초로 알돌화한 후, 수소화하여 얻어지는 생성물 혹은 알돌축합생성물이 포함된다(6.1.4.3절 참조).

옥소알코올의 원료:

1. 옥소알데히드
2. 옥소알데히드의 알돌체 혹은 엔알체

1999년 세계의 옥소알코올의 생산능력은 600만 t/y였다. 그 중, 서유럽이 190만 t/y, 미국이 140만 t/y, 일본이 71만 t/y이다. BASF사는 세계에서 가장 큰 옥소알코올의 제조능력을 가지고 있으며, 1995년에는

옥소알코올이란 일반 용어는 주로 3대 제품을 가르킨다: 부탄올, 이소부틸알코올, 2-에틸헥산올

그 양이 약 88만 t/y였다.

옥소알코올의 제조법:

옥소알데히드의 접촉수소화에, 2가지 방법이 있다.

1. Ni 혹은 Cu촉매를 사용하는 기상법
2. Ni촉매를 사용하는 액상법

하이드로포르밀화의 촉매를 고온조건에서 옥소알데히드의 수소화에 사용하는 것도 원리적으로는 가능하지만, 대부분의 경우, 가장 선택성이 좋은 Ni이나 Cu촉매가 사용된다. 일반적으로는 증류 정제한 후, 알데히드의 수소화가 행해지지만, 코발트를 함유하지 않는 불순한 생성물을 수소화할 수도 있다.

수소화는 기상법에서 Ni촉매를 사용하여, 0.2~0.3 MPa(2~3 kg/cm^2), 115°C, 혹은 Cu촉매를 사용하고, 보다 고온의 130~160°C, 3~5 MPa (30~50 kg/cm^2)의 조건하에서 행하든지, 액상법에서 Ni촉매를 사용하여, 8 MPa(80 kg/cm^2), 115°C의 조건하에서 행한다.

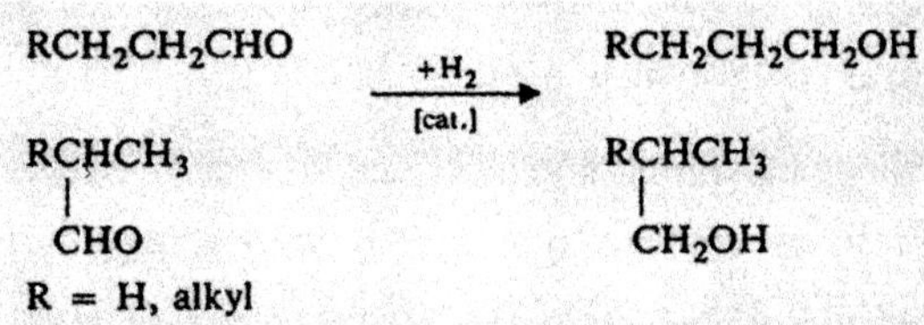
(9)

불순한 옥소생성물의 수소화는, 부생성물의 수소화분해도 동시에 행하기 위하여, 순수한 알데히드의 경우보다도 강도 높은 반응조건을 필요로 한다.

수소화의 조건 예를 들면, 200°C, 28 MPa(280 kg/cm^2)와 같이 강도를 높이면 포름산부틸이나 부티르알데히드디부틸아세탈 등을 함유하며, 미 정제의 옥소생성물을 처리할 수도 있다. 일반적인 프로세스에서는 이들의 에스테르나 아세탈은 별도로 비누화하지 않으면 안되지만, 이 프로세스에 의하면 이들의 수소화분해에 의하여 더욱 많은 부탄올류가 생성한다.

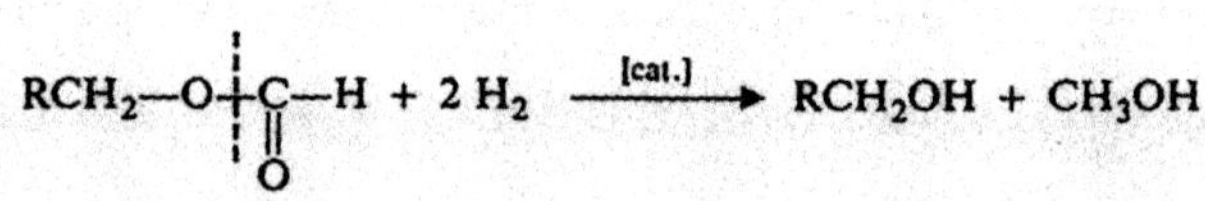
(10)

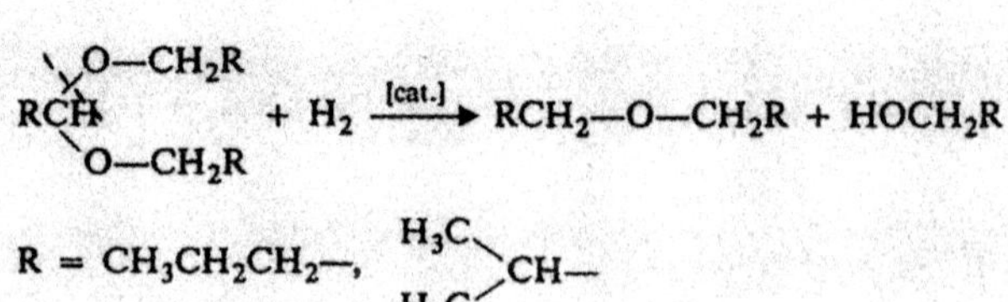
(11)

옥소알코올의 용도: 주요용도는 사슬길이에 따라서 다르다.

1. C_4~C_6-알코올은 직쇄, 혹은 에스테르로 하여 용제로서 사용한다.
2. C_8~C_{13}-알코올은 에스테르(예를 들면 프탈산에스테르)로 하여 가소제로서 사용된다.

탄소사슬길이가 C_4~C_6의 옥소알코올은 직접 혹은 카르복시산(예를 들면, 아세트산)과의 에스테르 형태이며, 주로 도료나 플라스틱 공업용의 용제로서 사용된다.

이소헵텐, 디이소부틸렌, 트리프로필렌 등 올레핀의 올리고머나 분해올래핀으로부터 합성되는 C_8~C_{13}의 옥소알코올은 일반적으로 디카르복시산, 또는 그의 무수물(무수프탈산)에 의하여 에스테르화하여 가소제로서 사용된다(14.1.3절 참조).

공업적으로 입수하기 쉬운 분지 또는 직쇄올레핀에서 더욱 탄소수가 많은 것을 하이드로포르밀화 및 수소화하여 얻어지는 C_{12}~C_{19}의 알코올은, 계면활성제나 섬유조제를 제조하기 위한 중요한 원료로 된다.

3. C_{12}~C_{19}-알코올에서는 RCH_2OSO_3H 등으로 변환하여, 세제 혹은 섬유조제의 원료로서 사용한다.

가장 양적으로 많은 저위 옥소알코올은 *n*-부틸알코올이다. 주요 공업국의 *n*-부틸알코올의 생산량이 부표에 나와 있다. 각종 부탄올의 생산량은 8.1.3절에서 알아보도록 하자.

n-부틸알코올의 생산량(단위: 10^3 t):

	1995	1997	1999
미국	677	805	842
서유럽	578	682	690
일본	200	203	240

전체 *n*-부틸알코올의 약 반절은 직접 혹은 아세트산, 부티르산, 발레르산, 글리콜산 혹은 락트산과 같은 카르복시산과의 에스테르로 하여, 유지, 왁스, 천연수지 및 플라스틱 등의 용제로서 사용되고 있다. *n*-부틸에스테르에는 다른 용도도 있으며, 예를 들면 아크릴산*n*-부틸은 다른 코모노머와 함께 분산제의 제조에 사용되고 있다. 프탈산디*n*-부틸(DBP)은 오랫동안 PVC의 표준적인 가소제로 사용되었지만, 1990년대 초기에는 DOP나 기타의 프탈산에스테르 가소제(14.1.3절 참조)에 비하여 그의 중요성이 상대적으로 감소했다. 프탈산에스테르계의 가소제의 생산량이 부표에 나와 있다.

n-부틸알코올의 용도:
1. 직접 혹은 카르복시산으로 에스테르화하여 용제로서 사용한다.
2. 분산제용 코모노머로서의 아크릴산부틸
3. 가소제로서의 프탈산디-*n*-부틸 (DBP)

프탈산에스테르계의 가소제 중 DBP의 비율(중량%):

	1985	1991	1994	1995
미국	2.0	1.4	1.0	1.1
서유럽	8.1	7.2	6.2	6.4
일본	4.7	3.0	3.8	3.8

이소부틸알코올은 용제로서의 성질이 *n*-부틸알코올과 유사하기 때문에, 상당한 부분이 *n*-부틸알코올의 경우와 마찬가지로 용제분야에서 사용되고 있다. 프탈산디이소부틸(DIBP)도 DBP와 마찬가지로 가소제로서 사용되어 왔다.

이소부틸알코올의 용도:
1. 직접 혹은 카르복시산으로 에스테르화하여 용제로서 사용한다.
2. 가소제로서의 프탈산 디이소부틸 (DIBP)

6.1.4.2. 옥소카르복시산

옥소알데히드를 온화한 산화제로서 산화하는 방식에 의하여 카르복시산으로 변환할 수 있다, 가장 간단한 결합은 공기에 의한 산화이고, 금속염의 존재하에 촉매적으로 행하든지, 약 100°C까지의 온도, 0.7 MPa (7 kg/cm^2)까지의 압력에서 촉매를 사용하지 않고 행한다.

옥소카르복시산의 제조법:
옥소알데히드의 공기(O_2)산화

알데히드 산화의 원리:
중간체로서 과산을 경유하는 산촉매 혹은 균일촉매(redox계)에 의한 액상산화

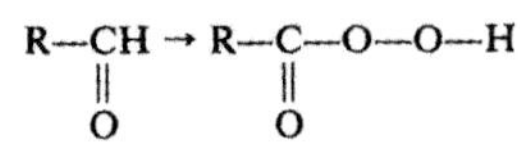

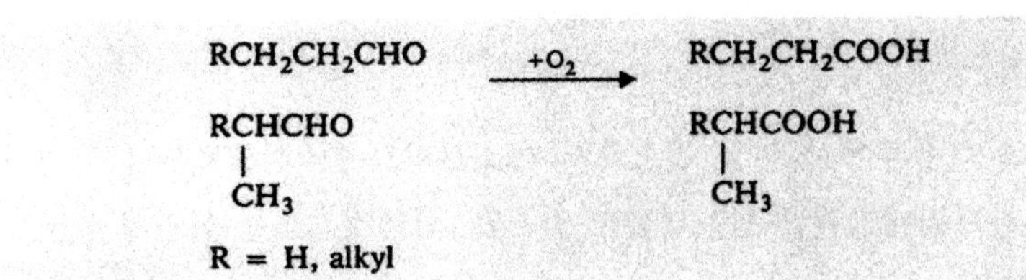

(12)

특히, Cu, Fe, Co, Mn 등과 같이 원자가가 변하기 쉬운 금속이 촉매로서 사용된다.

이와같이 해서 얻어진 카르복시산은 일반적으로 에스테르화되며, 그의 대부분은 용매로서 사용된다. 더욱이, 네오펜틸글리콜, 트리메틸올프로판 혹은 펜타에리트리톨과 같이 분지한 다가알코올과의 에스테르는 합성오일로서 중요성이 증대하고 있다.

옥소카르복시산의 용도:

1. 에스테르는 용제 혹은 가소제에 사용
2. 산은 알키드수지의 개질에 사용한다.
3. 염은 건조촉진제에 사용한다.
4. 비닐에스테르는 공중합의 분산제의 제조에 사용한다.

옥소카르복시산의 용도로서, 다음과 같은 2, 3가지의 특징이 있는 것이 있다. 부티르산은 셀룰로오스아세토부틸레이트의 제조에 사용되며, 이 혼합에스테르는 내광성, 내열성, 내습성이 뛰어난 도료의 원료이다. 이소옥탄산과 이소노난산은 알키드수지의 개질에 적당하며, 에틸렌글리콜과의 에스테르 후에는 PVC의 가소제로서 사용된다. 이소옥탄산이나 이소노난산의 Co, Mn, Pb, Zn, 및 Ca염은 도료의 건조촉진제로서 이용되며, 또한, 이들의 비닐에스테르는 분산제의 출발원료이다.

6.1.4.3. 옥소알데히드의 알돌축합과 축합생성물

옥소알데히드의 알돌축합물의 제조법: 염기촉매에 의한 균일액상반응(예를 들면 NaOH 혹은 염기성 이온교환수지)

알돌생성물의 변환:

1. 2가 알코올으로의 수소화(예를 들면 Pd촉매)
2. 탈수(알돌축합) 후, 1가알코올으로의 수소화(예를 들면 Ni 혹은 Cu촉매)

옥소알데히드의 2차반응에서 공업적으로 이용되고 있는 3번째의 반응은 알돌화이고, 옥소알데히드를 염기촉매의 존재하에 액상에서 반응시키는 방식에 의하여 행해진다. 그의 1차반응 생성물인 알돌화합물은 알데히드기를 수소화하면 디올로 변환시킬 수 있다. 다른 한편, 알돌화합물의 탈수에 의하여 생성하는 이중결합과 알데히드 잔기를 수소화하여 원료 알데히드의 2배의 탄수소를 갖는 고위 1가알코올을 얻을 수가 있다. 이 2개의 반응은 주로 공업적으로 이용되고 있다.

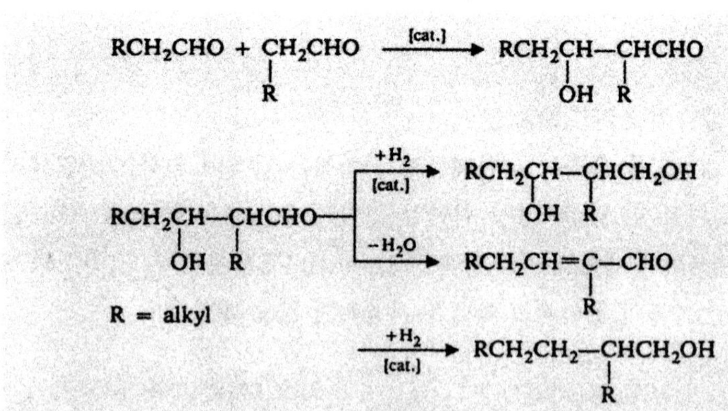

(13)

(14)

1의 예: iso-C_3H_7CHO로부터의

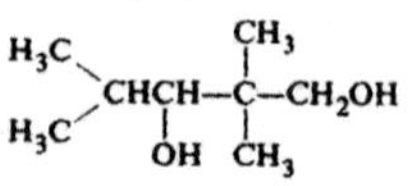

최초의 디올류에 속하는 것으로서 이소부티르알데히드로부터 합성되는 2,2,4-트리메틸펜탄-1,3-디올이 있지만, 공업적으로는 한정된 용도가 있을 뿐이다.

2의 예: n-C_3H_7CHO로부터의 2-에틸헥산올(2EH 또는 이소옥탄올)

2번째의 1차, 1가알코올에 속하는 것으로서 2-에틸헥산올이 있으며, 이것은 n-부틸알코올과 함께 양적으로 가장 많은 옥소생성물의 하나이다. 1999년의 세계의 2-에틸헥산올의 생산능력은 280만 t/y였고, 그 중 서유럽이 102만 t/y, 일본이 42만 t/y, 미국이 41만 t/y이다. 각국의 생산량의 추이는 부표에 나와 있다.

2-에틸헥산올의 생산량(단위: 10^3 t):

	1995	1997	1999
서유럽	752	870	830
일본	321	321	315
미국	337	348	398

2-에틸헥산올은 n-부티르알데히드의 알돌축합생성물인 2-에틸헥센알을 수소화하여 얻어진다.

n-부티르알데히드는 수산화나트륨 수용액 중, 혹은 염기성 이온교환수지의 존재하, 80~100℃의 온도에서 정량적으로 2-에틸헥센알로 변환된다.

2-에틸헥산올의 제조법:
1. OH-촉매에 의하여 n-부티르알데히드의 알돌화와 탈수(알돌축합)를 동시에 행한다.

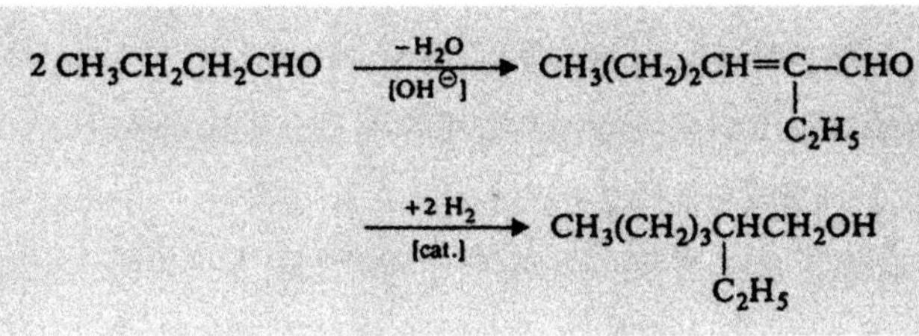
(15)

이것은 이어서 기상에서 0.5 MPa(5 kg/cm^2)까지의 약간 가압하, Ni 고정상촉매에서는 100~150℃, 또는 Cu 고정상촉매에서는 135~170℃의 온도에서 2-에틸헥산올로 수소화된다. 필요에 따라서는 액상에서 마무리의 수소화를 행할 수도 있다.

2. Ni 혹은 Cu촉매에 의하여 기상에서 2-에틸헥센알의 이중결합과 CHO기를 수소화한다.

3단계의 증류에 의하여 순수한 제품이 얻어진다. 선택율은 95%(n-부티르알데히드)이다.

2-에틸헥산올을 제조하는 별법으로서 알돌화와 옥소반응을 조합시켜 1단계로서 행하는 방법(Aldox법)이 있다. 이 방법은 지금까지 Shell사가 미국과 영국에서 Exxon사가 미국과 일본에서 실시한 것이다, 본래의 옥소촉매에 Zn, Sn, Ti, Al 혹은 Cu화합물과 같은 조촉매, 혹은 KOH를 가하고, 2-에틸헥산올으로의 3개의 필수단계, 즉 프로필렌의 하이드로포르밀화와 알돌축합과 수소화가 동시에 행해진다. Shell사는 Aldox법으로 KOH를 조촉매로서 사용하는 이외에, 리간드로서 수식한 하이드로포르밀화 촉매인 $HCo(CO)_3P(R)_3$를 사용하고 있다.

2-에틸헥산올 제조의 개량법:
옥소반응에 공촉매를 조합시키는 방식에 의하여 알돌축합과 수소화를 동시에 행하는 1단계법(Aldox법)

아세트알데히드로부터의 2-에틸헥산올의 제조는 반응공정의 수가 많기 때문에, 현재는 거의 의미가 없다(7.4.3절 참조). 그러나, 이 방법은 현재도 한정된 양이지만, 브라질에서 행해지고 있다. 만일 가격이 싼 에탄올이 얻어진다고 하면, 장래는 이 방법으로 되돌아 올 가능성도 있다.

모든 고위 알코올 중에서, 2-에틸헥산올(2EH)은 경제적으로 가장 중요하며, 1930년대의 중반부터 "연화알코올"로서 사용되어 왔다. 2EH는 주로, 프탈산(14.1.3절 참조)이나 아디프산과 같은 디카르복산과의 에스

2EH의 용도:
주로 에스테르 용도, 예를 들면 프탈산과의 에스테르는 프탈산디옥틸(DOP: **di**octyl **p**hthalate)

DOP의 생산량(단위: 10^3 t):

	1992	1994	1996
일 본	297	292	315
독 일	231	229	182
미 국	122	117	103

이외의 유기산과의 에스테르:
아디프산, 세바스산, 인산, 트리멜리트산

2EH의 에스테르의 주요한 용도:
DOP는 특별한 성질(저휘발성, 내열성, 내한성, 내수성, 무독성)을 갖는 가소제(예를 들면 PVC용)이다.
유압기용 오일
합성윤활유

테르의 제조에 이용된다.

일반적으로 프탈산디옥틸(DOP)이라고 불리우는 프탈산디-2-에틸헥실의 1994년도 세계의 생산능력은 약 280만 t/y에 달했다. 각국의 생산량의 추이가 부표에 나와 있다.

2-에틸헥산올과 무수프탈산과의 반응에 의하여 얻어지는 프탈산디옥틸(DOP)은, 플라스틱공업에서 사용되고 있는 훌륭한, 생물학적으로 무해인 표준적인 가소제이다. 게다가 최근에는, DOP는 유해한 폴리염소화디페닐 대신에, 콘덴서의 유전용액으로 사용되고 있다.

이외에 2-에틸헥산올의 에스테르, 특히 지방족디카르복시산과의 에스테르는 유압기용 오일이나 합성윤활제의 성분으로서 사용된다.

더욱이, 2-에틸헥산올은 2-에틸헥산산으로 산화된다. 2-에틸헥산산은, 2-에틸헥센알을 Pd촉매를 사용하여 선택적으로 2-에틸헥산알으로 수소화한 다음에, 이것을 산화하는 방식에 의해서도 제조할 수 있다. 2-에틸헥산산은 알키드수지의 개질에 이용된다.

6.2. 올레핀의 카르보닐화

금속카르보닐의 존재하, 올레핀을 CO 및 친핵반응시약과 반응시켜서 카르복시산이나 카르복시산 유도체로 하는 반응(Reppe 카르보닐화)

CO와, 활성수소를 갖는 친핵반응시약에 의한 올레핀의 카르보닐화반응은 금속카르보닐의 존재하에서 행해지며, 이 반응에 의하여 카르복시산이나 에스테르, 티오에스테르, 아미드, 산무수물 등의 카르복시산유도체가 얻어진다.

$$H_2C{=}CH_2 + CO + HX \longrightarrow H_3C{-}CH_2{-}\underset{\underset{O}{\|}}{C}{-}X \qquad (16)$$

$$X = \text{-OH, -OR, -SR, -NHR,} \quad {-}O{-}\underset{\underset{O}{\|}}{C}{-}R \quad \text{etc.}$$

촉매로서 금속카르보닐(예를 들면, Ni, Co, Fe, Rh, Ru, Pd의 카르보닐)을 사용하는, 이 카르보닐화반응은, 넓은 의미에서 Reppe 반응에 속한다.

올레핀에 COOH기를 삽입하는 카르보닐화는 하이드로카르복시화라고 불리운다.

CO 및 H_2O와 올레핀을 카르복시산으로 변환시키는 반응은, 하이드로포르밀화에 더불어 하이드로카르복시화라고 불리운다.

Koch 및 Reppe법의 하이드로카르복시화의 차이점:
1. 촉매
2. 반응조건
3. 생성물

Koch반응(6.3절 참조)은, 하이드로카르복시화와 같은 원료(올레핀과 CO 및 H_2O)를 사용하는 유사한 반응이지만, 프로톤을 촉매로 사용하고, 온화한 조건에서 주로 3차카르복시산을 생성하는 것이 다르다.

하이드로카르복시화가 Reppe 조건하에 공업적으로 실시되고 있는 예로서는, 에틸렌과 CO 및 H_2O로부터의 프로피온산의 합성이 있다. 반응은 20~24 MPa(200~240 kg/cm^2), 270~320°C의 조건하에서, 불순한 프로피온산에 용해시킨 각각의 원료성분과 프로피온산Ni 촉매로 형성되는 액상에서 행해진다.

Reppe법 하이드로카르복시화법의 특징:

금속카르보닐, 선택하고 싶은 반응계 중에서 Ni염으로부터 생성하는 $Ni(CO)_4$을 촉매로 하고, 고압, 고온 조건하에서의 액상균일반응

$$H_2C{=}CH_2 + CO + H_2O \xrightarrow{[cat.]} CH_3CH_2COOH \qquad \left(\Delta H = -\frac{38\ kcal}{159\ kJ}/mol\right) \tag{17}$$

사실상 촉매가 되는 $Ni(CO)_4$이 반응 중에 형성된다. 이외에 Fe이나 Co카르보닐도 촉매활성을 나타낸다. 반응 후, 불순한 생성물 중에 함유되는 $Ni(CO)_4$은 프로피온산의 존재하에서 공기산화하여 프로피온산염으로 하여 반응기에 되돌린다. 프로피온산의 수득률은 95%(C_2C_4)에 달한다. 부생성물은, CO_2, 에탄 및 고위 카르복시산이다. 부생하는 카르복시산은 합성경로에 인하여 발레르산과 같이 홀수개의 탄소원자를 갖는 것이다. H_2O 대신에 활성수소를 갖는 다른 반응예를 이용하면, 카르복시산유도체를 직접 얻을 수가 있다. 예를 들면, 물 대신에 알코올을 사용하는 방식에 의하여, 프로피온산에스테르를 직접 제조할 수 있다.

Reppe법에 의한 올레핀의 하이드로카르복실화의 공업적 응용예:

에틸렌, CO 및 H_2O로부터 프로피온산을 합성하는 BASF법

이외의 활성수소를 갖는 반응제를 사용하여 카르보닐화도 가능하며, 에스테르, 티오에스테르, 아미드 등이 얻어진다.

예를 들면, BASF사는 1952년 이래, 이 반응을 공업적으로 실시하고 있으며, 1995년에는 생산능력을 6만 t/y로부터 8만 t/y로 증강했다.

보다 활성인 Reppe 촉매를 사용하는 개량방법이 Halcon사 및 Eastman사에서 개발되었다. 표준적인 Ni/Mo 촉매에 할로겐(예를 들면, 요오드)과 포스핀리간드를 가하는 것에 의하며, 수득률을 저하시키지 않고 반응조건을 1.0~3.5 MPa(10~35 kg/cm^2), 175~225°C까지 온화하게 할 수가 있다.

할로겐/포스핀리간드에 의한 Reppe 촉매의 활성화

프로피온산은 경질류분의 산화에 의한 아세트산의 제조(7.4.1.2절 참조)에 있어서 부생성물이기도 하지만, 에틸렌의 하이드로포르밀화와 산화에 의한 제조(6.1절 참조)가 가장 중요하다라고 생각된다. 1998년에는 미국에서 15만 t/y의 생산능력이 이 방법에 기인하고 있다. 1999년의 프로피온산의 생산능력은 미국이 16.4만 t/y, 서유럽이 12.7만 t/y, 일본이 0.5만 t/y였다. 미국, 서유럽, 일본의 생산량의 추이가 부표에 나와 있다.

프로피온산의 생산량(단위: 10^3 t):

	1996	1997	1999
미국	94	94	105
서유럽	87	89	96
일본	3	3	3

프로피온산은 주로, 식품분야나 가축사료 제조의 방부제로서 사용된다. 다른 이용법에는 예를 들면, 수지나 셀룰로오스유도체의 용제로서 사용되는 프로피온산아밀, 코모노머 용도의 프로피온산비닐 등, 에스테

프로피온산의 용도:
1. Ca염과 Na염은 방부제에 사용
2. 에스테르는 용제 혹은 가소제(예를 들면 글리세린트리프로피오네이트)에 사용.

3. 비닐에스테르는 중요한 코모노머이다.
4. 제초제의 출발물질로서 사용한다.

고위 올레핀의 하이드로카르복시화도 가능하지만, 일부 이성화가 일어나기 때문에 카르복시산은 이성체혼합물로 된다.

르류의 제조가 있다. 이외에 중요한 용도에는 제초제, 비타민, 의약품의 제조가 있다.

Reppe법의 하이드로포르밀화에 고위 올레핀을 사용하면, 이중결합의 이성화가 일어나기 때문에, 카르복시산 혼합물이 얻어진다. 따라서, 이 제조방법의 공업적 이용은 에틸렌의 반응에만 한정되고 있다.

최근, Union Oil사는 에틸렌의 아크릴산으로의 산화적 카르보닐화법을 개발했다. 이 프로세스는 11.1.7.3절에서 설명한다.

6.3. Koch 반응에 의한 카르복시산의 합성

Koch법 카르보닐화(Koch-Haaf 반응이라고도 불리운다)는 올레핀으로부터 3차카르복시산을 우선적으로 합성하는 반응이다.

Reppe법 카르보닐화의 경우와는 달리, 프로톤촉매에 의하여 이중결합과 골격의 이성화가 일어난다.

Koch 반응의 원리:
1. 이성화에 의하여 가장 안정한(즉, 3차) 카르베늄이온을 생성한다.
2. CO를 부가하여 아실카티온을 형성한다.
3. H_2O 혹은 ROH과 반응하여 산 혹은 에스테르를 생성한다.

올레핀과 일산화탄소와 물로부터의 카르복시산의 합성은, 금속카르보닐촉매(6.2절 참조) 이외에, 프로톤촉매도 사용하여 행해진다. H_2SO_4, HF 혹은 H_3PO_4 등의 무기산을 단독으로 사용하든지, HF-SbF_5와 같이 BF_3나 SbF_5와 조합시켜 사용하는 것이 촉매로서 특히 적당하다.

반응의 초기 단계에서는 프로톤을 올레핀에 부가하여 2차카르베늄카티온을 생성하고, 이중결합의 이성화와 탄소골격의 전위에 의하여 안정화한다.

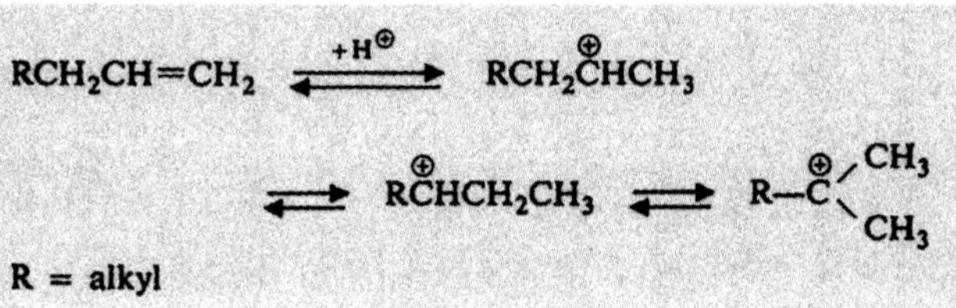
(18)

그런 다음, CO를 3차카르베늄카티온에 부가하여 아실카티온을 생성하고, 이어서 H_2O와 반응하여 카르복시산을 생성하든지, 알코올과 반응하여 직접 에스테르를 생성한다.

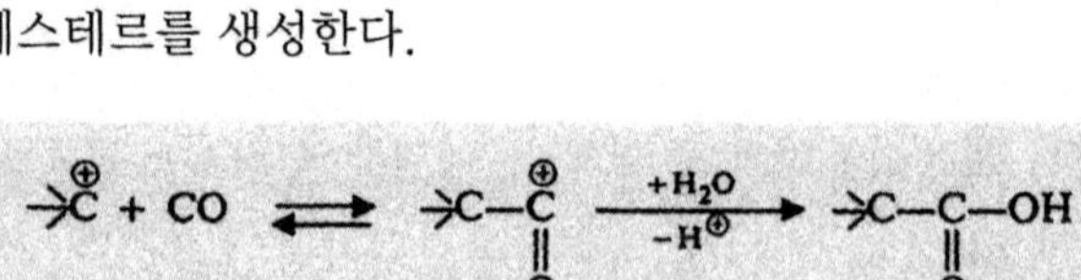
(19)

반응조건이 평형상태를 결정하며, 이것에 의하여 3차카르복시산의 비율이 결정된다.

그 결과, 분지카르복시산의 이성체의 혼합물이 얻어지지만, 3차카르복시산의 비율은 반응조건에 의존하다. 예를 들면, 약 80°C, 2~10 MPa (20~100 kg/cm^2)에서 장시간 반응시키면, 모든 부텐이성체는 피발산(트리메틸아세트산)으로 된다. 실제로는 피발산의 제조에는, 이소부틸렌을 사용하는 것이 일반적이다.

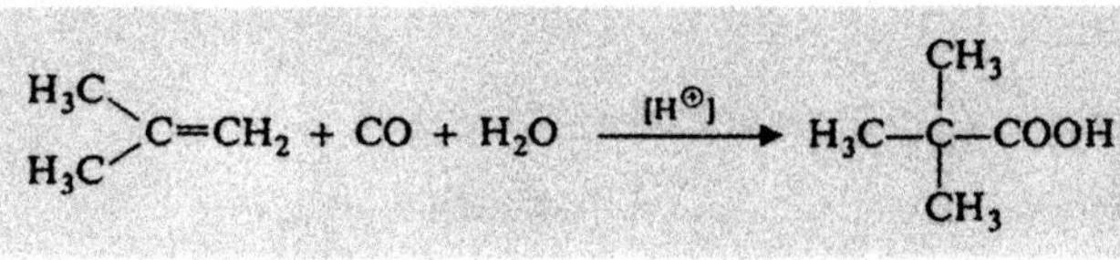
(20)

카르베늄이온중간체는 올레핀 이외의 전구체로부터도 생성된다. 피발산의 제조에는 이소부틸알코올이나 2-클로로부탄을 사용할 수도 있다. 이들은 반응조건하에서 각각 H_2O나 HCl을 탈리하여 반응한다.

공업적인 프로세스에서는, 다단계의 교반형의 반응기에서, 촉매의 존재하, 20~80°C, 2~10 MPa(20~100 kg/cm²)의 조건하에서 CO를 올레핀에 부가시킨다. 두 번째 단계에서 물이 가해진다. 프로톤촉매로서 H_3PO_4/BF_3가 선호되는데, 이것은 물을 가했을 때, 생성물과 촉매상이 분리되기 때문이다. H_3PO_4/BF_3는 프로세스에 재순환된다. 최근 BASF사에서 개발된 방법은, 불균일의 제올라이트촉매(펜타실 형태)를 사용하고, 250~300°C, 30 MPa(300 kg/cm²)의 조건하에서 반응을 행하는 것이다.

Koch 반응의 공업적인 운전:
1. H_3PO_4/BF_3 촉매를 사용한 올레핀의 CO 부가
2. 가수분해에 의하여 2상계로 한다.

올레핀의 반응율은 높으며, 3차카르복시산의 선택률은 80~100%이다. 부생성물은 2량화한 올레핀으로부터의 카르복시산이다.

Koch 반응에 기인한 공업적인 프로세스는, Shell, Exxon, Kuhlmann 및 Du Pont의 각 회사에서 실시되고 있다. 이소부틸렌으로부터의 피발산의 제조 이외에, 분지한 C_6~C_{11}의 카르복시산이 상응하는 올레핀으로부터 제조되고 있다. 이들의 산은, Versatic Acids(Shell사), Neo Acids(Exxon사) 및 CeKanoic Acids(Kuhlmann사)라는 상품명으로 알려져 있다.

공업적인 프로세스의 예:
Shell(Versatics)
Exxon(Neo Acids)
Du Pont
Kuhlmann(CeKanoic Acids)

Koch산의 특성:
네오펜틸구조는 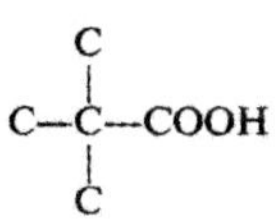
입체장애로 인하여 반응성이 낮다. 즉, 에스테르화 되기 어렵고, 에스테르는 열, 산화, 가수분해에 대해서 안정하다.

3차 카르복시산의 화학적인 성질은, 주로 카르복시기의 α-위치의 알킬기의 가지에 의하여 결정된다. 이 가지에 의한 강렬한 입체장애로 인하여 열안정성이 매우 뛰어나며, 에스테르의 비누화가 일어나기 어렵게 된다. 따라서 이들의 산은 예를 들면, 합성유의 성분에 적당하다. 또한 이들의 산은 수지나 도료로 가공되며, 비닐에스테르(9.2.2절 참조)는 분산제의 제조나 VC의 공중합의 내부가소제의 코모노머로서 사용된다.

중요한 Koch산 유도체:
비닐에스테르 RCOOCH=CH$_2$
글리시딜에스테르 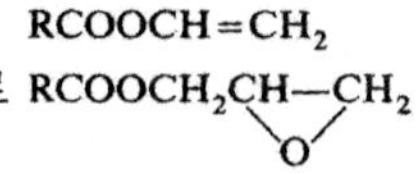

Koch산의 글리시딜에스테르는, 알키드수지의 개질에 사용된다(11.2.3절 참조).

커다란 가지를 갖는 3차카르복시산의 금속염은, 건조촉진제로 사용된다.

현재, Koch산과 그 유도체의 전세계 생산량은, 약 15만 t/y이다.

제 7 장 에틸렌의 산화생성물

에틸렌옥사이드(옥시란)와 아세트알데히드는, 가장 간단한 에틸렌의 부분산화 생성물이며, 서로 이성체의 관계에 있다. 이들은 반응성이 풍부하며, 공업적으로 중요한 유도체가 풍부하기 때문에, 에틸렌을 원료로 하는 중간체 중에서 가장 중요한 것으로 되어 있다. 그러나 표 7.1에 표시한 바와 같이, 이들 양쪽을 위해서 사용되는 에틸렌의 양은 폴리에틸렌에 비하면 훨씬 적으며, 서유럽과 일본에서는 염화비닐보다도 적다.

에틸렌옥사이드(EO)와 아세트알데히드는 가장 중요한 에틸렌의 부분산화생성물이다.

수량에 있어서 세계적으로 본 에틸렌의 최대의 용도는 저밀도 및 고밀도 폴리에틸렌의 제조이다.

표 7.1 에틸렌의 용도(중량%)

용 도	세 계		미 국		서 유 럽		일 본	
	1988	1997	1984	1998	1984	1992	1985	1999
폴리에틸렌(LDPE 및 HDPE)	54	57	48	49	54	58	52	43
염화비닐	16	14	14	15	19	14	17	18
에틸렌옥사이와 그의 유도체	13	13	17	13	10	10	11	11
아세트알데히드와 그의 유도체	3	1	3	1	3	2	5	4
에틸벤젠/스티렌	7	7	8	7	7	7	9	12
기타(에탄올, 아세트산비닐, 1,2-디브로모에탄, 염화에틸, 에틸렌이민, 프로피온알데히드 등)	7	8	10	15	7	9	6	12
총 소비량(10^6)	52.6	52.6	52.6	52.6	52.6	52.6	52.6	52.6

7.1 에틸렌옥사이드

에틸렌옥사이드는 1859년에, A. Wurtz에 의하여 발견되었으며, 1925

UCC는 역사적으로 가장 오래 되었으며, 현재는 최대의 EO 메이커이다(능력 100만 t/y).

에틸렌옥사이드의 생산량
(단위:10^6t)

	1992	1995	1999
미 국	2.64	3.46	4.03
서유럽	1.61	1.86	2.25
일 본	0.72	0.80	0.98

EO의 공업적 합성법:
1. 에틸렌클로로하이드린을 경유하는 간접산화(고전적 제법)
2. 에틸렌의 직접산화

년에 UCC사에 의하여 처음으로 공업적으로 생산된 이래, 현재까지 급속히 생산량이 증대되어 왔다. 주요 공업국의 생산량을 부표에 나타내었다. 1999년의 에틸렌옥사이드의 세계의 생산능력은 1450만 t/y였고, 그 중 32%(460 t/y)를 미국이 점유한다. 최대의 메이커는 UCC사이고, 그의 생산능력은 약 130만 t/y(1966년)이다. 세계의 생산능력 중 약 400 t/y(1993년)은, Scientific Design사의 방법에 의한다. 이외에 1999년의 생산능력은 서유럽이 260만 t/y, 일본이 100만 t/y였다.

규모의 확대에 동반하면서 그의 제조프로세스는, 종래의 경비가 드는 2단계 합성법(중간체로서 에틸렌클로로하이드린을 경유)으로부터, 대형설비에 의한 경제적인 직접산화법으로 변환되었다. 대형설비로서는 36만 t/y의 능력을 갖는 것도 가능하다. 예를 들면, 미국에서는 1950년대의 중엽에는 에틸렌옥사이드의 약 반절이 아직 에틸렌클로로하이드린을 경유하여 생산되고 있었지만, 1975년에는 모든 에틸렌옥사이드가 에틸렌의 직접 산화에 의하여 제조되고 있다.

7.1.1 클로로하이드린법에 의한 에틸렌옥사이드의 제조

클로로하이드린법의 원리:
2단계 에폭시화:
제1단계의 생성물인 $HO(CH_2)_2Cl$은 $Ca(OH)_2$로서 탈염화수소되어 EO로 된다.

2단계로서 저위 올레핀을 에폭시화하는 클로로하이드린법은, 에틸렌의 경우에는 현재도 행해지고 있다(11.1.1절 참조). 클로로하이드린법에서는 에틸렌클로로하이드린을 중간체로서 단리하지 않고, 그대로 수산화칼슘과 가열하여 에틸렌옥사이드로 변환시킨다.

$$H_2C{=}CH_2 + Cl_2 + H_2O \longrightarrow HOCH_2CH_2Cl + HCl \qquad (1)$$

$$2\,HOCH_2CH_2Cl + Ca(OH)_2 \longrightarrow 2\,\underset{\diagdown O \diagup}{H_2C{-}CH_2} + CaCl_2 + 2\,H_2O \qquad (2)$$

클로로하이드린법 폐기의 이유:
1. Cl_2의 소비량이 많다.
2. 배수의 염부하가 높다.
3. 부생성물의 생성이 많다.

에틸렌옥사이드의 선택률은 약 80%(C_2H_4)에 달하며, 이 점에서는 만족할 수 있는 것이지만, 사용되었던 염소는 모두 사실상 가치를 상실해 버린다. 클로로하이드린법에서는 에틸렌옥사이드 100 kg당, 10~15 kg의 1,2-디클로로에탄, 7~9 kg의 2,2-디클로로디에틸에테르, 그리고 300~350 kg의 $CaCl_2$가 생성한다.

따라서 이 방법이 직접산화법으로 바뀐 근본적인 이유는, 화학약품의 사용량이 많은 것, 특히 코스트 중에서 염소비용의 점유되는 비율이 높은 것, 및 배수부하가 현저한 것 등이다.

7.1.2 직접 산화법에 의한 에틸렌옥사이드의 제조

7.1.2.1. 화학적 원리

에틸렌으로부터 에틸렌옥사이드의 직접산화는 1931년에 T. E. Lefort에 의하여 처음으로 개발되었고, 1937년에 이르러 UCC사에 의하여 공업화되었다. 그후, 다른 기업도 또한 직접법의 발전에 기여했으며, 촉매의 제조방법에 대해서 중요한 진전을 가져왔다. 단, 여전히 은이 가장 고활성, 고선택성의 촉매성분인 것은 변함이 없다.

직접산화법의 원리:
담지 Ag촉매상, 공기 또는 산소에 의한 에틸렌의 기상산화

은촉매상에 있어서 에틸렌의 부분산화는 발열반응이다.

Ag은 EO촉매에 필수적인 기본성분이며, 촉매상에서는 3개의 특징적인 발열반응이 일어난다:

1. C_2H_4로부터 EO로의 부분산화
2. EO로부터 $CO_2 + H_2O$로의 연속산화
3. C_2H_4로부터 $CO_2 + H_2O$로의 완전산화

$$H_2C{=}CH_2 + 0.5\,O_2 \longrightarrow \underset{\diagdown O \diagup}{H_2C{-}CH_2} \qquad \left(\Delta H = -\frac{25\ \text{kcal}}{105\ \text{kJ}}/\text{mol}\right) \qquad (3)$$

이 반응에는 일반적으로, 보다 커다란 발열을 동반하는 병발 및 연속의 부반응이 동시에 일어난다. 이것은 CO_2의 대부분을 발생하는 에틸렌의 완전산화와, 에틸렌옥사이드를 좀더 산화하는 반응이다.

EO의 완전산화는 일반적으로 CH_3CHO로의 이성화 후에 일어난다.

$$H_2C{=}CH_2 + 3\,O_2 \longrightarrow 2\,CO_2 + 2\,H_2O \qquad \left(\Delta H = -\frac{317\ \text{kcal}}{1327\ \text{kJ}}/\text{mol}\right) \qquad (4)$$

$$\underset{\diagdown O \diagup}{H_2C{-}CH_2} + 2.5\,O_2 \longrightarrow 2\,CO_2 + 2\,H_2O \qquad \left(\Delta H = -\frac{292\ \text{kcal}}{1223\ \text{kJ}}/\text{mol}\right) \qquad (5)$$

공업적 제법에서는, 에틸렌옥사이드의 선택률이, 공기산화법에서 65~75%, 산소산화법에서 70~80%에 달하지만, 이때 에틸렌 1몰당의 반응열은 합계로서 85~130 kcal(357~546 kJ)로 된다. 반응메카니즘(식 6~8)에 따르면, 에틸렌옥사이드의 최고 이론선택률은 80% 정도이다.

EO선택률이 비교적 낮은 것은, 반응열에 대한 부반응의 기여가 큰 것을 의미하며, 열을 제거하는 것이 기술적 문제로 된다.

금속은의 표면에 있어서 O_2의 특수한 활성화가 촉매작용의 본질로 되어 있다. 우선 최초에 산소가 은에 분자상태로 흡착되며, 다음에 이 형태로서 에틸렌과 반응하여 에틸렌옥사이드로 된다. 이때 생성하는 원자상태의 산소는 이미 에틸렌옥사드를 생성할 능력이 없으며, 에틸렌 및 에틸렌옥사이드를 연소시켜 CO와 H_2O로 된다.

각종의 O_2활성화에 의한 선택적인 EO생성과 비선택적인 연소의 관계: 화학흡착된 O_2는 부분산화, 원자상 O는 완전산화를 일으킨다. 최고선택률은 이론상, 약 80%이다.

$$[Ag] + O_2 \longrightarrow [Ag]\cdot O_{2\,ads.}$$

$$\xrightarrow{H_2C=CH_2} H_2C\overset{O}{-}CH_2 + [Ag]\cdot O_{ads.} \quad (6)$$

$$4\,[Ag]\cdot O_{ads.} + H_2C=CH_2 \longrightarrow 2\,CO + 2\,H_2O + 4\,[Ag] \quad (7)$$

$$[Ag]\cdot O_{2\,ads.} + 2\,CO \longrightarrow 2\,CO_2 + [Ag] \quad (8)$$

$[Ag]$ = metal surface

Ag촉매의 활성 및 선택성을 결정하는 인자:

1. 함침방법
2. 은염의 환원
3. 담체재료
4. 담체의 물리적 성질(구조)
5. 조촉매 혹은 촉진제

EO제조용의 공업촉매는, 일반적으로 15중량%까지의 Ag를 함유하고 있으며, 담체상에서 미세하게 분산된 층을 형성하고 있다. 더욱 그 이상의 촉매의 특징은 기업의 비밀에 속하며, 기술적인 차이와 더불어 현존하는 다른 프로세스의 기초로 되어 있다. 촉매의 활성 및 선택성은 주로 제조방법, 담체의 종류와 그의 물리적 성질 및 경우에 따라서는 촉진제 혹은 활성제의 영향을 받는다.

선택성 향상을 위하여 예를 들면 1,2-디클로로에탄과 같은 산화금지제의 사용

Ag 표면을 부분적, 가역적으로 피독하여, 산소의 원자상화학흡착을 방지하는 작용에 의한다.

모든 직접 산화프로세스에 있어서, 완전산화를 제어하기 위하여 금지제가 사용되고 있다. 대부분의 경우, 1,2-디클로로에탄이 사용되며, 반응혼합물에 수 ppm의 비율로서 첨가된다. 1,2-디클로로에탄은 탈염화수소에 의하여 염화수소를 생성한다. 이것이 산화되어 생성하는 원자상태의 염소가 은 표면에 흡착되어, 산소의 원자상태의 해리흡착을 저해하는 것에 의하여, 에틸렌이 CO_2와 H_2O로 연소하는 것을 억제한다.

7.1.2.2. 프로세스의 조작방법

프로세스의 특징:

1. 반응열의 세심한 제거와 에틸렌의 전환율을 10% 이하로 유지하는 방식에 의하여 국부과열을 방지하며, Ag의 신터링(입자의 극대화)을 억제한다.
2. 아런덤(α-Al_2O_3)과 같은 특수한 담체에 의하여 강고하고 수명이 긴 촉매가 얻어진다.
3. 다관식반응기 중의 고정상에 있어서 특수한 촉매의 배열

대규모의 공업플랜트에 있어서 가장 중요한 과제의 하나는, 대량으로 발생하는 반응열을 효과적으로 제거하는 것이다. 촉매가 과열되면, 담체상에 있어서 Ag의 최적인 분자상태가 변하여 활성 및 수명의 저하가 일어난다. 발생열량을 제한하기 때문에 에틸렌의 전환율은 10% 이하로 억제되며, 이것에 의하여 반응기 내의 온도가 상한선을 넘지 않도록 유지된다. 다른 한편, 개발이 강력하게 진전된 결과, 상당히 저항력이 있는 촉매가 제조되었다. 예를 들면, 많은 플랜트에서 사용되고 있는 Shell사의 은촉매는, 다년간 운전한 후일지라도 선택률과 공시효율의 저하가 거의 발견되지 않는다. 현재 일반적으로 채용되고 있는 에틸렌옥사이드의 반응기는, 촉매를 충진한 수천 개의 관으로 형성되는 다관식반응기이며, 그 속을 반응혼합물이 순환하고 있다. 열매체로서 예를 들면, 등유나 테트랄린, 혹은 안전상의 이유로부터 물과 같은 액체가 비등상태로서 반응관 내

에서 순환한다. 반응열은 일반적으로 중압스팀의 제조에 이용되고 있다.

유동상 프로세스는 공업적으로 중요하지 않다. 촉매의 수명이 불충분한 것과 선택률이 낮은 것이 주요한 이유이다. 그러나 CIS에서는 새로운 유동상 기술이 0.2만 t/y의 플랜트로서 사용되고 있다. 이 경우 Ag/Al_2O_3촉매는 이중관형 반응기의 내부를 feed gas에 의하여 운송되며, 다음에 외측의 관을 통하여 가스입구 쪽으로 낙하한다. 이 방식은 열의 전달이 좋으며, 촉매의 마모도 거의 없다. 270~290°C, 3MPa(30 kg/cm^2)의 조건에서는 에틸렌옥사이드의 선택률은 75%이고, 공시효율 600~700 g EO·(ℓ촉매)$^{-1}$·hr^{-1}이 얻어지고 있다.

유동상방식은 다음의 2가지의 문제로 인하여 실용화되어 있지 않다:

1. 담체로부터의 Ag탈리(마모)
2. 반응생성물의 역혼합으로 인하여 체류시간이 길어지고 완전산화의 비율이 증가한다.

유동상반응기의 일종인 2중관형 반응기를 사용하고, 상승가스류로서 촉매를 이동시키는 방식이 공업화되어 있다.

미국의 UCC사와 Scientific Design사, 영국의 Distillers사 및 독일에 있어서 IG사의 공장에서 행해진 최초의 대량생산방식에서는 산화제로서 공기가 사용되었다. 그러나 이 방법에서는 N_2부분으로 인하여 순환에 한계가 있다. 즉, 에틸렌/공기혼합물이 반응기를 통과한 후, 질소를 계외로 제거할 필요가 있으며, 이때 에틸렌의 손실이 초래된다. 제2반응기를 사용하는 것에 의하여, 에틸렌의 전환율을 높일 수 있지만, 제2반응기에서는 점점 심해지는 반응조건으로 인하여 에틸렌옥사이드의 선택률이 저하한다.

공업적 제법에는 2가지의 기초가 되는 방법이 있다:

1. 공기법
2. O_2법(현재 주류)

이러한 이유들로 인하여 현재 새로운 설비에서는, 거의 예외없이 산화제로서 산소가 사용되고 있다. 공기분리에 설비비 및 운전비를 필요로 함에도 불구하고, 합계에서는 에틸렌옥사이드의 제조원가가 공기를 사용하는 경우보다도 낮은 것이다.

방법 1
장점:공기분리설비가 필요없다.
단점:불활성가스(N_2) 분리에 동반하는 C_2H_4의 손실이 크다. 가스순환에 요구되는 비용이 높다.

그러나 산소산화법에 있어서도, 예를 들면 메탄, 에탄, CO_2와 같은 불활성가스가 50% 정도의 일정량, 희석가스(프리라디칼 보촉용)로서 폐쇄순환계에 사용된다. Shell사는 1950년대의 중엽에 이 방법을 도입했다. 이 방법의 장점은 무엇 보다도 배기가스량이 적다는 것이다. 이 배기가스량은 공기법의 약 2%에 불과하기 때문에, 에틸렌의 손실이 현저하게 감소한다.

게다가 재래식 방법과의 차이는, CO_2의 제거방법에도 있다. 공기법에서는 CO_2가 배기가스와 함께 배출되는데 대해서, O_2법에서는 뜨거운 탄산칼륨 수용액으로 세척하여 제거된다.

방법 2
장점: 적은 배기가스량, 일정한 불활성 가스비율
단점: 99%이상의 순도의 O_2를 제조하기 위한 공기분리의 설비와 CO_2 세척의 설비가 필요하다.

몇 개의 기업에서는 산소, 공기의 어느 것을 사용해도 플랜트를 운전할 수 있도록 되어 있다.

O_2법에 적용되는 대표적인 조건은 1~2 MPa(10~20 kg/cm^2), 250~300°C이다. 반응혼합물 중의 산소농도는 6~8용량%(C_2H_4 20~30용량%)로 유지되며, 에틸렌/O_2혼합물의 폭발범위를 벗어나도록 조절되어

반응가스로부터의 EO의 분리:
H_2O로의 EO흡수에 의하여 C_2H_4, O_2 및 불활성가스(CH_4)와 분리한다.

있다. 약 8~10%의 에틸렌의 전환율에 대해서 에틸렌옥사이드의 선택률은 공기법에서 65~75%, O_2법에서 70~80%에 달한다.

EO수용액의 후처리:
1. 수증기에 의한 스트리핑과 CO_2, N_2 등을 제거하기 위하여 증류
2. 글리콜로의 직접전환

반응가스는 흡수탑에서 처리되며, 에틸렌옥사이드가 물로서 세척되어 취해진다. 이어서 stripper에서 에틸렌옥사이드는 수용액으로부터 수증기에 의하여 추방되며, 증류탑에서 분류된다. 에틸렌옥사이드/H_2O혼합물은, 일부가 직접 글리콜로 변환된다.

7.1.2.3. 에틸렌옥사이드 제법의 전망

EO의 제법개량은 무엇보다도 먼저 EO의 선택률에 집중되고 있다. 이것은 C_2H_4의 가격이 EO제조의 결정적인 원가요소이기 때문이다.

에틸렌옥사이드 제조의 경제성은, 우선 첫째로 에틸렌의 가격에 의하여 결정된다. 반응한 에틸렌당, 20~30 mol%의 허비를 감내해야 하는 완전산화는, 가장 중요한 원가요소의 하나이다. 1973년 가을의 석유위기 이전에는 총 원가에 점유되는 에틸렌의 비율이 60~70%였지만, 현재는 그것이 70~80%로 되어 있다.

따라서 기술의 개량, 특히 촉매의 선택성의 개량이 원료비의 면으로부터 중요성이 높아지고 있다.

선택률의 향상은 2중의 효과가 있다:
1. 보다 높은 EO 수득률
2. 연소반응이 억제되기 때문에 ΔH가 작아진다. 따라서 촉매의 수명이 연장된다. 또한, C_2H_4의 전환율을 완전히 높일 수 있으며, STY(space time yield: 공시효율)가 향상된다.

이런 것이 이중의 의미에서 유효하기 때문에, 선택성의 향상을 위한 시험에는 특별히 주의하고 있다. 하나는 유효한 에틸렌옥사이드의 수득률을 향상시킬 것, 다른 하나는 완전산화를 억제하기 위하여 반응열을 감소시키는 것이다. 반응열의 감소는 주로 촉매수명의 연장을 가져오는 한편, 위험을 동반하지 않고, 에틸렌의 전환율을 높이는 것을 가능하게 하기 때문에 플랜트의 능력향상에 연관된다.

촉매의 기본이 되는 금속 Ag는 필수이며, EO의 선택성의 향상은 주로 알칼리금속으로 형성되는 조촉매 만에 의한다.

에틸렌옥사이드 촉매의 선택성 향상을 목적으로 한 무수한 실험이 행해진 결과, 은에는 특유의 높은 선택성이 있으며, 다른 어떤 금속에 의해서도 대체될 수 없는 것으로 되었다. 더욱 Al_2O_3나 Al-규산염 등 일반적으로 사용되는 담체의 특수한 표면과, 그 위에서 생성하는 은의 미결정의 2가지가 중요한 인자인 것으로 되었다.

Ag촉매의 수식예:
Shell: Cs
Halcon: Ba/Cs
ICI: K/Rb

더 많은 기업은, 은의 조촉매로서 주로 알칼리금속염의 사용을 제안하고 있다. 에틸렌옥사이드의 선택률은 80% 이상으로 향상되었고, Rb/Cs을 사용한 경우에는 94%까지 달한다라고 보고되어 있다. 이와 같은 선택성의 향상은 얼핏보면, 제안되어 있는 반응메카니즘과 맞지 않는 것으로 생각되지만, 원자상태의 산소가 조촉매의 작용에 의하여 재결합하는 것이다라고 설명할 수 있다(7.1.2.1절 참조).

Ag촉매의 새로운 재생법은 관식반응기에 충진한 그대로 Cs염용액의 함침을 행하기 때문에 촉매의 손실이 없다.

프로세스공학의 새로운 하나의 방법에서는, 은촉매를 재생하기 위한 촉매활성의 향상에 알칼리금속염의 작용을 이용하고 있다. 운전개시 후, 수년이 지나면, 소량의 Cs염을 메탄올용액으로서 그의 촉매에 함침시킨

다. 관식반응기의 고가인 촉매의 교환을 필요로 하지 않는 이 기술은, 이미 공업적으로 사용되고 있다. 이 기술은 반복해서 이용가능하며, 촉매의 형태나 경험에도 의하지만, 선택률은 8% 정도 개선할 수가 있다.

그러나 세계적으로 보면, 약 40~60%의 에틸렌옥사이드가 글리콜의 제조에 이용되고 있기 때문에, 에틸렌옥사이드 프로세스의 개량과 함께 비교적 고가인 중간체의 에틸렌옥사이드를 사용하지 않게 된 것은, 글리콜의 제법에는 커다란 장래성이 있다(7.2.1.1절 참조).

7.2 에틸렌옥사이드의 유도체

에틸렌옥사이드는 극히 일부밖에 직접적인 용도가 없다. 예를 들면, 곡물창고의 해충구제제로서, 혹은 살균제나 발효억제제로서 사용되는 것에 불과했다.

EO의 용도:

1. 직접용도는 적다 (CO_2로서 희석하여 살충제, 살균제, 혹은 발효억제제로서 사용)
2. 에톡실화제로서 특히 중요하다. 즉 하이드록시에틸기($-CH_2CH_2OH$), 혹은 폴리에틸렌옥사이드기 $\left(CH_2CH_2O\right)_nH$의 도입

에틸렌옥사이드의 확실한 중요성은 옥시란환의 반응성에 있기 때문에 에틸렌옥사이드는 수 많은 중간체나 최종제품을 제조하기 위한 기초원료로 되어 있다.

에틸렌옥사이드에 관한 일련의 반응 원리는, 물, 알코올, 암모니아, 아민, 카르복시산, 페놀, 혹은 메르캅탄과 같은 친핵시약에 의한 발열적인 3원환의 개환에 있으며, 에톡실화생성물을 제공한다. 일반적으로 이들 반응의 상대로 되는 유기화합물은, 하이드록시에틸기가 첨가되는 방식에 의하여 수용성을 증대시킨다. 반응은 산 혹은 알칼리에 의하여 촉진된다. 고온, 고압하에서의 반응에 있어서는, 무기산이나 산성이온교환수지와 같은 촉매계가 잘 사용된다.

에톡실화는 촉매적으로 가속된다: $H^{\oplus}$의 촉매작용은 옥소늄착화합물을 경유하여 S_N1에 의한다.

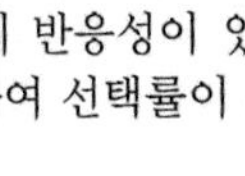

$OH^{\ominus}$ 촉매는 S_N2에 의한다.

최초의 부가생성물은 그 자신이 또는 활성인 하이드록실기를 가지고 있기 때문에, 더욱 에틸렌옥사이드에 첨가할 수가 있다. 이와 같이 해서 연속적으로 디-, 트리-, 그리고 폴리에톡실화 생성물이 된다.

에톡실화반응의 특징: 1차생성물에 반응성이 있으며, 후속반응에 의하여 선택률이 저하된다.

따라서 모노에톡실화 생성물만을 선택적으로 희망하는 경우에는, 에틸렌옥사이드를 화학양론량보다도 적게 사용할 필요가 있다.

가장 중요한 에틸렌옥사이드의 반응상태를, 중요한 반응생성물 및 그 유도체와 함께 표 7.2에 나타내었다.

표 7.3에는 주요한 국가에 있어서 에틸렌옥사이드의 용도를 나타내고 있지만, 이것을 보면 에틸렌옥사이드 유도체의 상대적인 중요성을 확실히 알 수 있다.

표 7.2 에틸렌옥사이드의 유도체

반응상대	반응 생성물	유 도 체
물	에틸렌글리콜	글리옥살, 디옥솔란
	디에틸렌글리콜	디옥산
	폴리에틸렌글리콜	
알킬페놀	폴리에톡실레이트	
지방알코올		
지방산		
지방아민		
암모니아	모노에탄올아민	에틸렌이민
	디에탄올아민	모르폴린
	트리에탄올아민	
알코올 RCH_2OH	글리콜모노알킬에테르	글리콜디알킬에테르
$R=H, CH_3, n-C_3H_7$	디글리콜모노알킬에테르	글리콜모노알킬에테르의 에스테르
이산화탄소	에틸렌카보네이트	카르바메이트
합성가스	1,3-프로판디올	폴리에스테르

표 7.3 에틸렌옥사이드의 용도(중량%)

생 성 물	세 계		미 국		서 유 럽		일 본	
	1985	1997	1981	2000	1981	1999	1981	1999
에틸렌글리콜	59	61	58	57	45	44	62	59
비이온성계면활성제	13	16	12	11	23	28	17	17
에탄올아민	6	6	7	11	10	9	7	4
글리콜에테르	6	4	8	7	10	7	5	5
기타(고위에틸렌글리콜, 우레탄폴리올 등)	16	13	15	14	12	12	9	15
총 소비량(10^6t)	6.5	11.3	2.3	3.8	1.3	2.2	0.48	0.97

7.2.1 에틸렌글리콜과 고위 에틸렌글리콜

에틸렌글리콜은 EO의 유도체로서 가장 많으며, 국가에 따라서 다르지만, EO생산량 중 약 40~60%를 소비하고 있다.

에틸렌글리콜의 생산량 (단위:10^6t):

	1995	1997	1999
미 국	2.37	2.67	2.73
서유럽	1.10	1.05	1.13
일 본	0.71	0.89	0.92

에틸렌글리콜(대부분의 경우, 단순히 글리콜이라고 말한다)은 에틸렌옥사이드의 유도체 중에서 가장 많이 제조되고 있다. 2000년 전세계의 에틸렌글리콜 생산량은 1360만 t/y였고, 그중 미국이 360만 t/y, 서유럽이 150만 t/y, 일본이 98만 t/y이다. 주요 공업국의 에틸렌글리콜의 생산량을 부표에 나타내었다.

에틸렌글리콜은 에틸렌옥사이드에 물이 부가하는 것에 의하여 생성한다.

$$H_2C\underset{O}{—}CH_2 + H_2O \longrightarrow HOCH_2CH_2OH \quad \left(\Delta H = -\frac{19\ kcal}{80\ kJ}/mol\right) \tag{9}$$

공업적인 제법에 의하면, 에틸렌옥사이드를 약 10배 mol이라고 하는 과잉의 물과, 액상, 산촉매(예를 들면, 0.1~1.0중량%의 H_2SO_4)의 존재하에 상압, 50~70°C에서 반응시키든지, 또는 140~230°C, 2~4 MPa(20~40 kg/cm^2)의 조건하에서 무촉매로서 반응시킨다. 에틸렌글리콜의 제조는 거의 대부분 예외없이 에틸렌의 직접산화프로세스에 이어서 설치된 반응기에서 행해지고 있다. 이와 같이 해서 얻어지는 미정제의 글리콜의 수용액은 증발기에서 약 70%로까지 농축되며, 여러 개의 감압증류탑에서 증류된다. 물이 대과잉의 조건에서 반응시키는 것에도 불구하고, 모노에틸렌글리콜의 선택률은 90%밖에 되지 않는다.

공업적인 프로세스에 있어서 EO의 수화:

EO: H_2O = 1:10

2종류의 방법:
1. 프로톤촉매, 상압, 비교적 저온
2. 무촉매, 중압, 고온

생성글리콜 수용액의 후처리:
여러 단계의 감압증류에 의한 농축

이외에 약 9%의 디에틸렌글리콜, 1%의 트리에틸렌글리콜과 그 이상의 고위 에틸렌글리콜이 부생한다. 전체의 수득률은 95~96%이다. 글리콜의 순도에 대한 요구는 그의 용도에 따라서 다르다. 폴리에스테르의 제조에 있어서는 특히 고급인 품질(99.9중량%의 순도)이 필요하다.

무촉매법은 Scientific Design사와 Shell사에 의하여 개발되었으며, 1999년에는 각각 55 및 58의 플랜트로서 실시하고 있다.

에틸렌옥사이드의 수화에 있어서 물의 비율을 적게 하면, 연속적으로 디-, 트리-, 그리고 폴리에틸렌글리콜이 생성한다.

고위 에틸렌글리콜의 2가지의 제법:
1. 낮은 몰비의 H_2O로서 EO를 수화

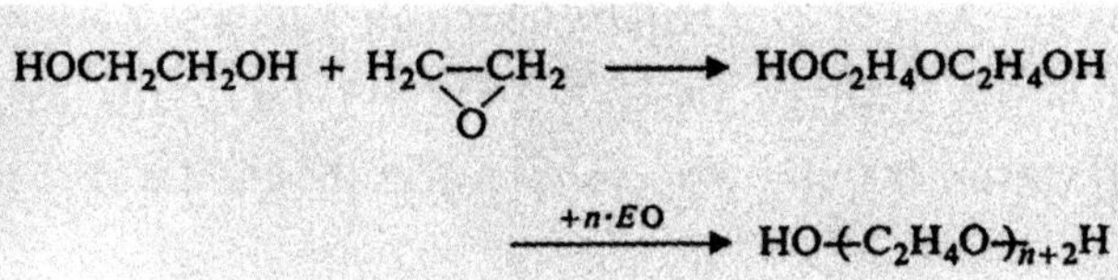

(10)

다른 하나의 제법은, 에틸렌글리콜 중으로 에틸렌옥사이드를 도입한다(에틸렌옥사이드의 글리콜 부가). 일반적으로 120~150°C, 약간의 가압하에, 대부분의 경우, 알칼리성의 촉매의 존재하에서 행해진다. 폴리에틸렌글리콜은 분자량이 증가함에 따라서 점도가 높은 액체로 되며, 결국에는 왁스상태의 생성물이 된다. 단, 이것은 아직 수용성을 유지하고 있다.

2. 에틸렌글리콜 중으로의 EO를 도입, 일반적으로는 알칼리촉매를 사용(염기성촉매는 글리콜 부가를, 산성촉매는 수화를 촉진한다).

디에틸렌글리콜의 생산량(단위: 10^3t):

	1995	1997	1999
미 국	259	272	255

7.2.1.1. 에틸렌글리콜 제법의 전망

현재 에틸렌글리콜 제법의 기본원료는 에틸렌이지만, 장래의 발전을 생각하면, 합성가스가 이용될 가능성을 생각하지 않으면 안된다.

에틸렌글리콜 제법의 개량을 위한 원료:
1. 에틸렌
2. C_1화학

더욱이 에틸렌을 원료로 하여 현재 행하고 있는 제법의 경우, 에폭시화반응과 그 다음의 수화반응의 수득률을 최대로 향상시키는 것과, 희박한 수용액으로부터 에틸렌글리콜을 단리하기 위하여 필요로 하는 에너지를 최소로 하는 것은, 장래의 중요한 과제가 되리라고 생각된다.

종전 방법의 선택률을 개량하여 이하의 항목을 저감한다:
완전산화, 부생성물, 에너지 코스트

에틸렌을 원료로 하는 새로운 제조법:

1. 에틸렌의 아세톡실화(C_2H_4의 산화적 반응에 이어서 글리콜모노아세테이트 및 글리콜디아세테이트를 가수분해하여 AcOH를 순환 사용한다).

그러나 에틸렌을 원료로 하여, 에틸렌글리콜의 아세트산에스테르나 탄산에스테르 등을 중간체로 하는 다른 간접적 제법도 공업적으로 흥미가 있다.

에폭시화법에서는, 앞에서 설명한 바와 같이, 에틸렌옥사이드의 선택성에 한계가 있기 때문에, 아세트산의 존재하에 아세톡실화반응을 행하는 산화프로세스가 많은 기업에서 개발되었다. 에틸렌은 제1공정에서 글리콜의 아세트산모노에스테르 및 디에스테르에 98%로 미치는 선택률로서 전환하고, 제2공정에서 에틸렌글리콜로 가수분해된다.

$$H_2C{=}CH_2 + 2\,AcOH + 0.5\,O_2 \xrightarrow{[cat.]} AcOCH_2CH_2OAc + H_2O \quad \left(\Delta H = -\frac{30\ kcal}{124\ kJ}/mol\right) \tag{11}$$

$$AcOCH_2CH_2OAc + 2\,H_2O \xrightarrow{[cat.]} HOCH_2CH_2OH + 2\,HOAc \quad \left(\Delta H = -\frac{4\ kcal}{17\ kJ}/mol\right) \tag{12}$$

TeO_2/HBr촉매는 다음과 같은 메카니즘으로 작용한다:

$$Br_2 + H_2C{=}CH_2 \rightarrow BrCH_2CH_2Br$$
$$\xrightarrow{+2\,AcOH} AcOCH_2CH_2OAc + 2\,HBr$$
$$2\,HBr + 0.5\,O_2 \rightarrow Br_2 + H_2O$$

Oxirane은 공업적으로 36만t/y의 플랜트를 가동시켰지만, HBr/AcOH에 의한 부식으로 인하여 정지했다.

Halcon사는 Arco(이전, Oxirane Chmical)사와 공동으로, 최초로 이 에틸렌의 아세톡실화법을 실시했다. 1978년에 TeO_2/HBr 촉매를 사용하여 공업생산이 개시되었지만, 1979년에 부식으로 인하여 중지될 수밖에 없었다.

2. 중간체 에틸렌카보네이트(1,2-글리콜카보네이트)를 경유하고, 이것을 가수분해 또는 메탄올을 가하고 분해하는 방식에 의한 EO의 간접적 수화법

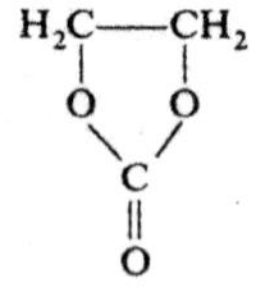

많은 기업이 주목하고 있는 다른 하나의 방법은, 간접적인 가수분해법이며, 에틸렌옥사이드를 CO_2와 반응시켜 에틸렌카보네이트의 중간체로 만든 후, 에틸렌글리콜과 CO_2로 가수분해하는 것이다. 프로세스의 공정수가 많아지는 것을 별개로 하면, 카보네이트로부터 에틸렌글리콜로의 가수분해는 거의 정량적이며, 과잉으로 사용하는 물의 양이 극히 적어서 좋다라고 하는 장점이 있다.

$(CH_3O)_2C=O$는 메탄올을 가한 분해의 병산품이며, $COCl_2$와 $(CH_3O)_2SO_2$의 대체품으로서 중요하다.

Texaco사는 에틸렌카보네이트를 가수분해하는 대신에 메탄올을 가하여 분해시키고, 에틸렌글리콜과 디메틸카보네이트를 합성하는 프로세스를 개발했다. 디메틸카보네이트는, 가수분해하면 메탄올과 CO_2로 되돌아 온다. 또한, 디메틸카보네이트는 카르보닐화제나 메틸화제로 되는데 예를 들면, 이소시아네이트(13.3.3절 참조)나 폴리카보네이트(13.2.1.3절 참조)의 원료로 된다.

C_1화학의 발전과 함께, 에틸렌글리콜의 원료로서 합성가스에 관심이

고조되고 있다. CO를 수소화하여 에틸렌글리콜로 만드는 직접법과 함께, 메탄올, 포름산메틸(2.3.3절 참조), 포름알데히드와 같은 합성가스를 위주로 한 중간체에 기인하는 간접법도 개발되었다.

C_1화학에 기인하는 새로운 제법:
1. CO/H_2의 직접적 반응
2. C_1생산물을 사용하는 CO/H_2의 간접적 이용

1940년대 말기까지, Du Pont사는 이미 코발트염의 수용액 중에서 CO를 수소화하면 에틸렌글리콜이 생성되는 것을 발견했다. 1970년대에 UCC사는 균일계 로듐카르보닐촉매에 각종의 무기염 촉진제나 함질소계의 Lewis염기를 첨가하여 합성가스의 변환반응을 검토했다. 125~350°C, 140~340 MPa(1400~3400 kg/cm^2)의 고압반응에 의하여 에틸렌글리콜, 1,2-프로판디올 및 글리세린이 생성하며, 이들의 합계 선택률은 70%에 달했다. 이 기술을 실제로 응용하기 위해서는, 극단적인 반응조건과 낮은 촉매효율이 장해로 되어 있기 때문에 연구가 필요하다.

방법 1

Co, Rh, Ru 촉매를 사용하는 1단계 합성반응은 실용화가 곤란하다.

많은 기업이 루테늄촉매 등 다른 촉매계의 연구도 행하고 있지만, 거의 진전이 없다.

메탄올이나 포름알데히드(2.3.2.2절 참조)와 같은 합성가스 생성물에 기인하는 간접법은 현재도 왕성하게 검토되고 있다. 일반적으로 글리콜알데히드, 글리콜산, 옥살산에스테르와 같은 중간체가 각각, 환원적 카르보닐화, 산화적 카르보닐화, 혹은 단순한 카르보닐화에 의하여 합성되며, 어느 것이나 최종공정의 수소화에 의하여 에틸렌글리콜로 된다.

방법 2

CH_3OH 혹은 HCHO의 하이드로포르밀화, 산화적 카르보닐화, 혹은 카르보닐화에 의하여 얻어지는 중간체를 수소화한다.

요즈음, 주로 Ube Kosan에 의하여 개발된 메탄올의 산화적 카르보닐화에 의한 옥살산디메틸을 합성한 다음, 이것을 수소화분해하여 에틸렌글리콜과 메탄올로 유도하는 방법이 주목받고 있다.

옥살산에스테르의 제조는 이미 Ube Kosan에 의하여 1978년부터 공업적으로 실시되고 있으며, 다음의 수소화 공정은 UCC에 의하여 개발되었다. 이 방법이 가장 공업화에 가깝다.

$$2CH_3OH + 2CO + 0.5O_2 \xrightarrow{[cat.]} CH_3O\underset{\underset{O}{\|}}{C}\underset{\underset{O}{\|}}{C}OCH_3 + H_2O \qquad (13)$$

$$2CH_3O\underset{\underset{O}{\|}}{C}\underset{\underset{O}{\|}}{C}OCH_3 + 4H_2 \xrightarrow{[cat.]} HOCH_2CH_2OH + 2CH_3OH \qquad (14)$$

제1공정은 Pd촉매와 70% 질산의 존재하에, 110°C, 9 MPa(90 kg/cm^2)에서 실시되며, 수득률 97%가 얻어진다. 1978년부터 공업적으로 실시되고 있다. 제2공정의 수소화반응은 예를 들면, 산화루테늄촉매를 사용하여 행해진다. 에틸렌글리콜의 수득률은 90%이고, 메탄올이 동시에 재생된다. 메탄올 대신에 *n*-부틸알코올과 같은 다른 알코올을 사용할 수도 있다.

질산과 반응하여 카르보닐화에 있어서 반응중간체로서 아질산메틸(CH_3–O–NO)을 생성한다.

제2공정의 파일럿시험은 UCC사에 의하여 행해졌으며, 옥살산에스테르법에 의한 에틸렌글리콜의 합성은 공업화의 가능성이 가장 높아졌다.

7.2.1.2. 에틸렌글리콜의 용도

글리콜의 용도:

1. 폴리에스테르의 원료:
   가장 중요한 제품의 PET(폴리에틸렌테레프탈레이트)는 섬유, 필름, 수지, 최근에는 용기에 사용된다.

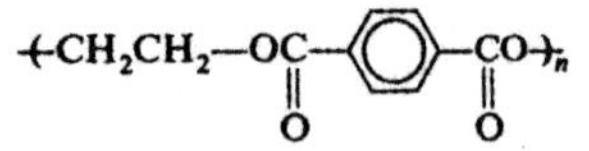

2. 부동액(약 95% 글리콜)

에틸렌글리콜의 주요한 용도는 2개의 분야, 즉 자동차엔진의 냉각계의 부동액과 폴리에스테르 제조용인 디올이다. 폴리에틸렌테레프탈레이트(PET)는 에틸렌글리콜을 사용하는 제품 중에서 가장 중요한 것이다. 주요한 용도는 섬유의 제조용이지만, 필름이나 수지용으로 사용되고 있다. 이들 2가지의 에틸렌글리콜 용도의 비율은 나라에 따라서 차이가 있다. 미국에서는 오랫동안 50% 이상이 부동액으로 사용되었지만, 자동차의 소형화와 부동액 교환기간의 장기화 경향으로 인하여 사용량은 감소하고 있다(표 7.4 참조).

다른 공업국에서는 폴리에스테르용이 주요 용도이다. 양적으로는 적지만, 에틸렌글리콜은 다음 소절에서 기술하는 바와 같이, 여러 가지 유도체의 제조용으로 사용된다. 최근, PET는 음료용의 용기에도 사용되고 있다(14.2.4절 참조).

폴리글리콜의 용도:
브레이크오일, 가소제, 윤활유, 화장품 또는 의약공업용, 에스테르, 폴리우레탄, 폴리에스테르수지의 제조원료

폴리에틸렌글리콜은 그의 분자량에 따라서 그대로, 혹은 에스테르화하여 브레이크오일, 가소제, 혹은 윤활유로서 사용된다. 더욱이 폴리에틸렌글리콜은 폴리우테탄이나 폴리에스테르수지의 제조에도 사용된다(14.2.4절 참조).

7.2.1.3. 에틸렌글리콜의 2차반응 생성물

글리콜의 유도체:
디알데히드(글리옥살), 환상포르말(디옥솔란), 환상디에테르(1,4-디옥산)

에틸렌글리콜로부터의 글리옥살의 제조는 Ag 또는 Cu 금속상에서의 CH_3OH의 산화탈수소에 의한 HCHO 제조와 유사하다.

에틸렌글리콜의 유도체 중에서는 글리옥살, 디옥솔란(1,3-디옥사시클로펜탄) 및 1,4-디옥산이 가장 널리 사용되고 있다.

글리옥살은 글리콜로부터 공기에 의한 기상산화반응에 의하여 제조된다. 반응은 Ag 혹은 Cu촉매를 사용하고, 완전산화를 방지하기 위하여 소량의 할로겐화합물을 첨가하여 300°C 이상의 온도에서 행해진다. 수득률은 70~80%에 달한다.

$$HOCH_2CH_2OH + O_2 \xrightarrow{[cat.]} OHC{-}CHO + 2\,H_2O \qquad (15)$$

표 7.4 에틸렌글리콜의 용도(중량%)

<table>
<tr><th rowspan="2">제 품</th><th colspan="2">세 계</th><th colspan="2">미 국</th><th colspan="2">서 유 럽</th><th colspan="2">일 본</th></tr>
<tr><th>1991</th><th>1997</th><th>1981</th><th>1996</th><th>1981</th><th>1990</th><th>1981</th><th>1998</th></tr>
<tr><td>부동액</td><td>23</td><td>16</td><td>54</td><td>25</td><td>34</td><td>10</td><td>14</td><td>20</td></tr>
<tr><td>폴리에스테르섬유</td><td>41</td><td>57</td><td rowspan="2">40</td><td>32</td><td rowspan="2">52</td><td>64</td><td rowspan="2">71</td><td rowspan="2">61</td></tr>
<tr><td>폴리에스테르필름 및 수지</td><td>24</td><td>5</td><td>28</td><td>6</td></tr>
<tr><td>기타</td><td>6</td><td>22</td><td>10</td><td>15</td><td>28</td><td>15</td><td>23</td><td>19</td></tr>
<tr><td>총 소비량(10^6t)</td><td>6.2</td><td>9.1</td><td>1.79</td><td>1.2</td><td>0.70</td><td>0.66</td><td>0.46</td><td>0.30</td></tr>
</table>

글리옥살의 다른 제법으로서는, 무촉매 혹은 금속염촉매의 존재하에, 아세트알데히드를 HNO_3로서 산화시키는 방법이 있다. 69%의 HNO_3를 사용하고, 40°C의 온화한 조건하에 반응이 행해지며, 수득률은 70%이다. 부생성물로서는 글리콜산, 옥살산, 아세트산, 포름산 이외에 약 10%의 글리옥실산도 생성한다. 온도와 HNO_3의 농도를 높이는 방식에 의하여 글리옥실산의 생성에 유리하도록 산화반응을 행할 수도 있다. 글리옥실산은 공업적 규모로서 바닐린, 에틸바닐린 및 알란토인의 제조에 사용되고 있다.

CH_3CHO의 산화에 의한 다른 제법에서는 HNO_3 및 $Cu(NO_3)_2$촉매를 사용한다.
많은 산이 부생, 그중에서도 OHC-COOH는 공업적으로 중요하다.

글리옥살의 물성과 용도:
가장 간단한 디알데히드수화물 $(HO)_2CHCH(OH)_2$로서만 안정하다.

글리옥살의 수용액은 이온교환법에 의하여 제조된다. 글리옥살은 순수한 형태에서는 불안정하기 때문에, 30~40%의 수용액 또는 글리옥살 함량 80%인 고체의 수화물로서 사용된다. 글리옥살의 2개의 알데히드기는 수산기나 아미노기를 갖는 다관능성 화합물과의 반응성이 풍부하다. 따라서 예를 들면, 요소나 요소유도체, 전분, 셀룰로오스, 면, 카제인 혹은 가죽 등과 축합 혹은 가교반응을 일으키기 쉬우며, 섬유 및 종이의 개질에 사용되고 있다. 세계최대의 글리옥살 메이커는 BASF사이며, 미국과 독일에 각각 2만 t/y 및 2.5만 t/y의 생산능력(2000년)을 가지고 있다. 독일의 플랜트는 2002년에 글리옥살과 메틸글리옥살을 합쳐서 6만 t/y로 증강되는 것으로 되어 있다.

2관능성으로 셀룰로오스나 면의 가교, 즉 표면처리에 사용된다(섬유 및 제지공업).

Chemie Linz사는 1989년에 오스트리아의 2.5만 t/y의 플랜트로서 새로운 글리옥실산의 제조프로세스를 공업화했다. 이 제법은 말레산디메틸에스테르의 오존분해에 의한 것으로서, 수득률은 95%이다. 최근 세계의 글리옥실산의 수요량은 0.8만~1만 t/y이다.

말레산디메틸을 오존으로 산화적으로 분해하고, 이어서 수소화/가수분해하는 방식에 의한 HOOC–CHO 합성

디옥솔란(1,3-디옥사시클로펜탄)도 또한 공업적으로 유용한 글리콜유도체이다. 디옥솔란은 프로톤촉매의 존재하에, 글리콜과 포르말린을 반응시켜 합성된다.

디옥솔란의 제법:
글리콜과 포름알데히드의 프로톤 촉매적 환화축합

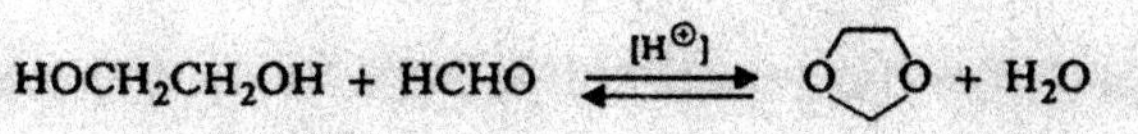

(16)

반응혼합물의 증류에 의하여 디옥솔란/H_2O의 공비혼합물이 얻어진 다음에 예를 들면 염화메틸렌으로 추출하는 방식에 의하여 디옥솔란이 물로부터 단리된다.

디옥솔란의 단리:
1. H_2O와의 공비
2. H_2O로의 용해성으로 인하여 곤란, 따라서 증류 후, 추출(CH_2Cl_2)

디옥솔란은 에틸렌옥사이드와 마찬가지로 트리옥산을 중합하여 폴리옥시메틸렌 공중합체를 제조할 때의 코모노머로서의 용도가 있다.

디옥솔란의 용도:
1. 카티온중합의 모노머
2. THF에 유사한 물성을 갖는 용매 (예를 들면 폴리염화비닐리덴 용)

더욱이 디옥솔란은 테트라하이드로푸란(THF)에 유사한 높은 용해능력을 갖는 용매이다. 이 환상의 포르말은 환상에테르의 THF보다도 과산

화물 생성의 경향이 작다고 하는 장점이 있는 반면, 포르말 결합이 산성 수성매체 중에서 불안정하다라고 하는 단점을 가지고 있다.

디옥산의 제법:
글리콜, 디글리콜 또는 염소치환화합물로부터 각각 분자간 또는 분자내탈수 또는 탈염화수소에 의하여, 또는 EO의 2량화에 의하여

1,4-디옥산은 글리콜 또는 디글리콜의 환상탈수반응에 의하여 제조된다.

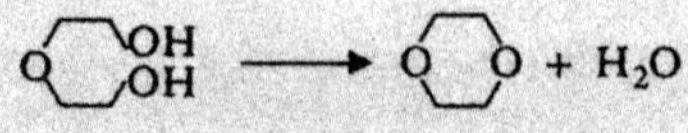
(17)

반응은 묽은 황산 또는 다른 강산을 출발물질에 작용시키고, 150~160°C에서 생성한 디옥산을 유거하면서 행해진다. 이외에 에틸렌클로로하이드린, 또는 2,2-디클로로디에틸에테르를 NaOH로서 탈 HCl하여 환화시키는 방법도 있다.

1,4-디옥산은 또한, 에틸렌옥사이드를 소량의 H_2SO_4 또는 H_3PO_4와 함께 가열하는 방식에 의해서도 얻을 수 있다.

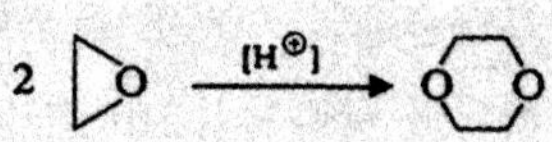
(18)

디옥산의 용도:
환상에테르로서 양호한 용제 및 착화합물 형성물질

디옥산은 셀룰로오스에스테르, 셀룰로오스에테르 및 오일, 수지의 용제로서 귀중한 것이다. 디옥산은 또한, 환상에테르로서 예를 들면, Br_2 혹은 SO_3와 옥소늄염 및 착화합물을 형성하며, 합성화학적으로도 잘 사용된다.

7.2.2 폴리에톡실레이트

폴리에톡실레이트의 형태:
1. 활성수소를 갖는 성분에 EO가 부가중합한 일반적인 것
2. 다음에 나타내는 것과 같은 화합물에 EO가 부가중합한 특수한 것 (좁은 의미의 에톡실레이트)
2.1. 알킬페놀(예를 들면, 옥틸, 노닐, 도데실)
2.2. 지방알코올, 지방산, 지방아민

출발원료에 대한 에톡실화의 정도가 친수성의 정도를 결정한다.

에틸렌옥사이드의 용도 중에서, 알킬페놀, 지방알코올, 지방산 및 지방아민의 폴리에톡실화합물은 2번째로 큰 비중을 차지하고 있다.

이들은 출발성분당, 약 10~30배 mol의 에틸렌옥사이드와 반응시키는 방식에 의하여 소수적인 성질을 잃고, 공업적으로 매우 다양한 용도를 갖는 생성물로 변한다. 그의 친수성은 에틸렌옥사이드 단위의 함량으로 조절할 수 있다. 에틸렌옥사이드의 단위 5개 이하에서 친수성이 불충분한 것은, 말단 수산기를 H_2SO_4로서 에스테르화하는 방식에 의하여 소위 에테르황산으로 변화시키면 친수성이 향상된다.

에톡실레이트의 제법:
알칼리촉매에 의한 EO의 부가

에틸렌옥사이드의 부가반응은, 공업적으로는 대부분의 경우, 0.2~0.3 MPa(2~3 kg/cm^2)의 압력에서, 아세트산나트륨 또는 NaOH와 같은 알칼리촉매의 존재하에, 120~220°C에서 행해진다. 에톡실화반응은 일반적으로 교반반응기 혹은 순환식 반응기를 이용하여 batch법으로 행해진다.

용도:
비이온성 계면활성제, 특수세제, 조습제, 유화제

에톡실화 생성물은 기포가 적은 비이온계 계면활성제로서, 세제원료, 조습제, 유화제, 분산제로서 다양한 용도가 있다. 더욱이 폴리우레탄 예

를 들면, 우레탄폼의 제조에 있어서 이소시아네이트와의 반응성분으로서도 사용된다.

예를 들면, 1990년의 공업용 및 가정용의 쇄상알코올에톡실레이트(폴리에테르알코올)의 세계의 생산능력은 각각 350만 t/y 및 254만 t/y였다.

이들 제품의 적용성을 평가할 때에는, 생분해성이 중요한 판단기준으로서 추가된다. 알킬페놀에톡실레이트는 지방알코올에톡실레이트보다도 분해되기 어려운 것으로 알려져 있다. 마찬가지로 지방알코올의 에톡실레이트의 소수부분은 상당히 분해성이 좋은데 비해서 친수성의 폴리에테르 부분은 보다 분해하기 어려울 뿐 아니라, 긴 사슬로 되면 될수록 현저해진다고 하는 것은 주목할 만하다.

생태계에서의 거동:
알킬페놀에톡실레이트는 생물학적으로 난분해성, 지방알코올에톡실레이트는 이(易)분해성.

7.2.3 에탄올아민과 그의 유도체

에틸렌옥사이드를 20~30% 암모니아수와, 60~150°C, 3~15 MPa (30~150 kg/cm^2)에서 반응시키면, 발열반응에 의하여 이론적으로 가능한 3개의 에탄올아민의 혼합물이 고선택률로서 얻어진다.

에탄올아민류의 제법:
NH_3의 3가지 반응성의 H원자에 의하여 3가지의 에톡실화

$$\underset{\diagdown\, O\, \diagup}{H_2C—CH_2} + NH_3 \longrightarrow H_2NC_2H_4OH + HN(C_2H_4OH)_2 + N(C_2H_4OH)_3 \quad (19)$$

트리에탄올아민의 염을 가압하에, 약 100°C에서 에톡실화하면, 더욱 4차암모늄염의 단계까지 진행시킬 수 있다. 반응생성물의 비율은 온도나 압력에 따라서도 변하지만, 특히 에틸렌옥사이드에 대한 NH_3의 비율에 의하여 크게 변한다. NH_3가 대과잉으로 사용될수록 모노에탄올아민의 함유율이 높아진다.

EO/NH_3의 비가 에톡실화의 정도를 결정한다. 예를 들면 $EO/NH_3 \ll 1$에서는 모노에톡실화가 우선하지만, 후속반응의 반응성이 높기 때문에 트리에톡실화물의 생성을 피할 수 없다.

표 7.5 NH_3와 에틸렌옥사이드로부터의 에탄올아민의 생성률(30~40°C, 0.15MPa)

몰 비 NH_3: EO	에탄올아민의 생성비		
	모노	디	트리
10:1	75	21	4
1:1	12	23	65

반응원료를 같은 몰의 양으로 사용했을 때에 트리에탄올아민이 높은 비율을 점유하는 것은, 암모니아와의 최초의 반응이 후속반응보다도 느리게 일어나는 것을 나타내고 있다. 부생성물로서는 또한, 트리에탄올아민의 OH기와 에틸렌옥사이드가 반응한 에톡실화유도체가 생성하는 수도 있다.

1998년의 세계의 에탄올아민의 생산능력은 102만 t/y였고, 그중에서

미국이 57만 t/y, 서유럽이 28만 t/y, 일본이 7만 t/y이다.

에탄올아민류의 용도:

1. 지방산유도체로서 세제 및 유화제
   $RCONHCH_2CH_2OH$
   $RCOOCH_2CH_2NH_2$
   $RCOOCH_2CH_2NHCOR$
2. 가스의 정제(H_2S, HCl, CO_2)
3. 비누, 화장크림의 성분
   $RCOO^{\ominus}H_3N^{\oplus}CH_2CH_2OH$
4. 유기합성원료(헤테로고리의 합성)

에탄올아민의 생산량(단위:10^3t):

	1993	1995	1997
미 국	320	369	422
서유럽	164	169	242
일 본	47	50	52

에탄올아민은 공업적으로 가치가 높은 제품이며, 주로 지방산과 반응시켜서 세제의 제조용으로 사용된다. 지방산을 에탄올아민과 140~160°C에서 반응시키면, 아미노기로부터는 지방산에탄올아미드가, 수산기로부터는 지방산아미노에스테르가 생성되며, 아미노기와 수산기가 함께 반응한 경우는, 2개의 지방산이 결합한 에탄올아미드에스테르가 생성한다.

에탄올아민은 또한, 그대로 약염기로서 공업적인 가스정제에 응용되며, H_2S나 CO_2와 같은 산성가스를 제거하기 위하여 사용된다. 에탄올아민은 그의 약알칼리성으로 인하여 비누나 화장크림의 구성성분으로서 자주 사용된다. 이 경우는, 세제와는 달리 지방산염 만이 사용된다. 또한 시멘트공업에 있어서 첨가제, 드릴오일이나 절삭오일용의 윤활냉각오일로서도 사용된다. 에탄올아민은 또한, 헤테로고리유기화합물의 합성에 사용된다. 주요 공업국의 생산량을 부표에 나타내었다. 세계에서 최대의 에탄올아민의 메이커는 UCC사이며, 32만 t/y의 생산능력을 가지고 있다. 서유럽의 최대의 메이커는 BASF사이며, 그의 생산능력은 14만 t/y(1998년)이다.

에탄올아민의 유도체:

1. 모르폴린
2. 에틸렌이민
3. 에틸렌디아민

에탄올아민의 주요한 유도체로서, 모르폴린, 에틸렌이민 및 에틸렌디아민은 공업적으로 중요하다.

모르폴린은 용매 혹은 형광도료나 고무약품 등의 중간체로서 유용하며, 디에탄올아민을 70% H_2SO_4로 탈수폐환하는 방식에 의하여 얻어진다.

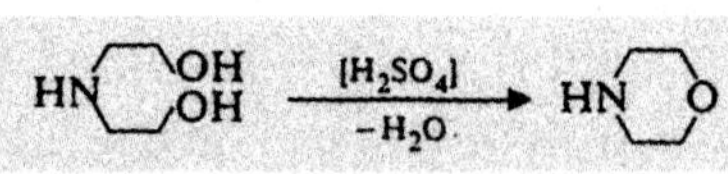
(20)

모르폴린의 제조:

1. $NH(C_2H_4OH)_2$의 산촉매 탈수반응
2. 수소화조건에서 디에틸렌글리콜을 NH_3와 반응시켜서 모르폴린환을 합성

새로운 모르폴린의 제조법이 미국 등에서 개발되었으며, 반응식 (20)과 같은 디에탄올아민의 환화법으로 완전히 대체되고 있다, 그 방법에 의하면, 디에틸렌글리콜, NH_3 및 소량의 H_2를 Ni, Cu, Cr 혹은 Co를 함유하는 촉매의 존재하, 150~400°C, 3~40 MPa(30~400 kg/cm^2)에서 반응시키는 방식에 의하여 모르폴린이 얻어진다. Jefferson Chemical사(Texaco)에 의하여 실시되고 있지만, 기술적인 정보는 불명이다.

에틸렌이민(아지리딘)의 제법:

중간체로서 황산의 반에스테르를 경유하는 간접적 2단계의 화학적 탈수반응

에틸렌이민은 더욱 공업적으로 가치 있는 하나의 중간체이며, 모노에탄올아민으로부터 제조된다. 우선 먼저 에탄올아민을 95% 황산으로 에스테르화하여, β-아미노에틸황산으로 한다.

$$H_2NCH_2CH_2OH + H_2SO_4 \longrightarrow H_2NCH_2CH_2OSO_3H + H_2O \tag{21}$$

2번째는 이 반에스테르를 화학양론량의 NaOH와 220~250°C, 5~8 MPa(50~80 kg/cm^2)에서 가열하는 방식에 의하여, 반에스테르의 산부분이 절단함과 동시에 환화하여 아지리딘이 생성된다(주: 최근, 에탄올아민의 기상촉매반응에 의한 1단계 탈수축합 방법이 Nippon Shokubai에 의하여 공업화되어 있다).

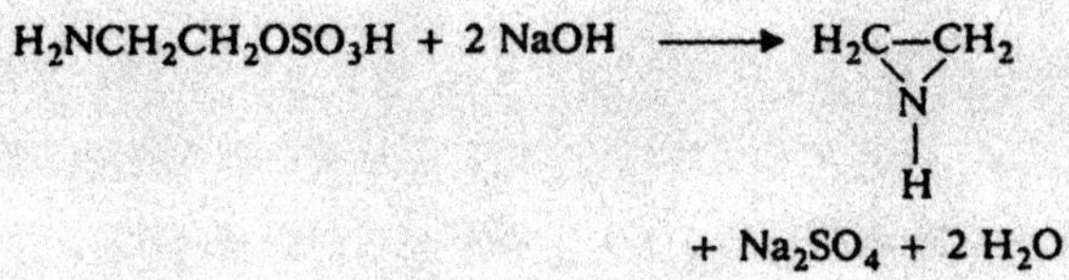
(22)

이민의 생성을 관식반응기로서 행할 때는, 체류시간을 4~10초로 조절하고, 에틸렌이민의 중합과 같은 후속반응을 억제한다. 이와 같이 행하면, 이민의 선택률은 80~85%(에탄올아민)에 달한다. 이 경로에 기인하는 에틸렌이민의 제조프로세스는 BASF사와 Hoechst사에 의하여 개발되었다.

Dow사의 프로세스에서는, CaO의 존재하에, 1,2-디클로로에탄과 NH_3를 약 100°C에서 반응시키는 방식에 의하여 에틸렌이민을 얻고 있다.

Dow에 의한 에틸렌이민 제조의 별법: 디클로로에탄을 NH_3 및 HCl 수용체의 CaO로서 환화

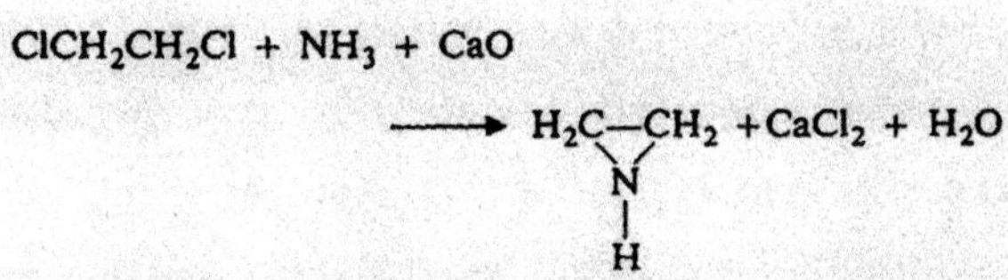
(23)

에틸렌이민의 제조, 저장 및 처치에 있어서는 그의 중합하기 쉬운 성질 및 강한 독성에 주의하지 않으면 안 된다. 에틸렌이민의 중합은 미량의 산성물질의 존재로서 순간적으로 일어난다.

에틸렌이민은 주로 폴리에틸렌이민의 제조에 사용된다. 폴리에틸렌이민은 제지공업에서 가공촉진제로서 사용되고 있다. 게다가 에틸렌이민은 합성중간체로서 유용하며, 예를 들면 이소시아네이트와 반응시키는 방식에 의하여 요소유도체가 얻어진다.

에틸렌이민의 용도:

1. $\leftarrow CH_2CH_2NH \rightarrow_n$ -으로의 중합, 종이가공의 촉진제
2. 합성중간체

에틸렌디아민은 모노에탄올아민과 암모니아의 반응에 의하여 얻어진다.

에틸렌디아민의 제법: 에탄올아민을 기상중에서 Ni촉매로서 가암모니아 분해

NH_3의 과잉량이 선택성을 결정한다.

$$H_2NCH_2CH_2OH + NH_3 \xrightarrow[H_2]{[cat.]} H_2NCH_2CH_2NH_2 + H_2O \quad (24)$$

중요한 부생성물:

$(H_2NCH_2CH_2)_2NH$

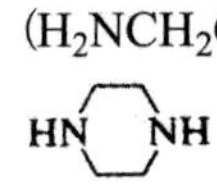

이 반응은 Co, Fe, Re 등을 촉진제로 하는 Ni촉매를 사용하고, 기상에서 물의 존재하, 300°C 이하의 온도, 25 MPa(250 kg/cm^2) 이하의 압력에

서 행해진다. 1,2-디클로로에탄을 암모니아와 반응시켜서 에틸렌디아민으로 하는 방법(9.1.1.4절 참조)의 경우와 마찬가지로, 암모니아 과잉의 정도에도 따르지만, 부반응에 의하여 피페라진과 같은 고차의 아민이 생성된다. 1,2-디클로로에탄 대신에 에탄올아민을 사용하는 방법이 특히 훌륭한 점은 NaCl을 부생하지 않는 것이다.

1969년에 BASF사는 서유럽에서 최초로 이 NaCl을 부생하지 않는 제법을 이용하여 0.7만 t/y의 생산능력으로 에틸렌디아민의 공업적 생산을 개시했다. 그후, 다른 기업도 마찬가지로 프로세스의 개발을 행하고 있다.

에틸렌디아민의 용도는 9.1.1.4절에서 설명하기로 한다.

7.2.4 에틸렌글리콜에테르

글리콜모노알킬에테르 생성의 원리:
알코올의 에톡실화 = 에틸렌옥사이드의 가알코올 분해

에틸렌옥사이드의 다른 하나의 중요한 용도는 글리콜모노알킬에테르이며, 알코올과의 반응에 의하여 합성된다.

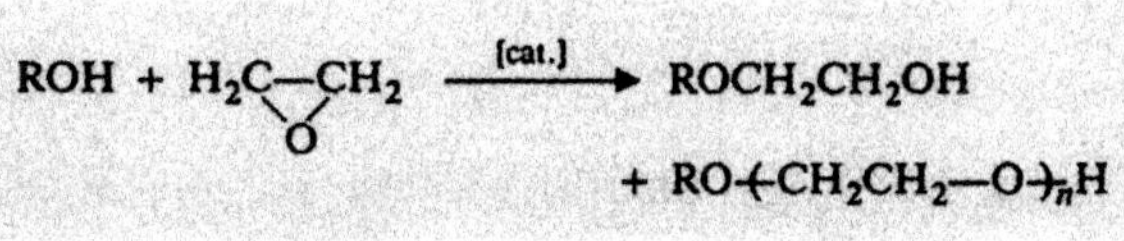
(25)

공업적 제법의 특징:
대과잉의 알코올을 사용하는 방식에 의하여 모노에톡실화를 우선, 균일 알칼리촉매 또는 불균일 Al_2O_3촉매를 사용한다.

모노에테르에 주로 사용되는 알킬기:
$R = -CH_3, -C_2H_5, -n-C_4H_9$

모노에테르의 용도:
1. 모노에틸렌글리콜의 모노에테르: 래커용제, 디에테르, 에테르에스테르의 원료
2. 고위 에틸렌글리콜의 모노에테르: 브레이크오일의 성분, 용매 및 조합제, 디에테르의 원료

메탄올, 에탄올 및 *n*-부틸알코올이 주로 사용되는 알코올이다. 공업적인 제법은 에틸렌옥사이드의 수화와 유사하지만, 일반적으로 알칼리수산화물이나 대응하는 알칼리금속 알콕사이드와 같은 알칼리촉매나 혹은 Al_2O_3가 사용되는 점이 다르다. 비교적 대과잉의 알코올을 사용함에도 불구하고, 일반적으로 디-, 트리- 및 더욱 고위 에틸렌글리콜모노알킬에테르 등으로의 후속반응이 일어난다. 에틸렌글리콜모노에틸에테르는, 170~190°C, 약 1~1.5 MPa(10~15 kg/cm²)의 조건에서 제조된다.

에틸렌글리콜에테르의 생산량(단위 10^3t):

	1990	1992	1995
미 국	306	301	324
서유럽	184	228	245
일 본	76	74	81

에틸렌글리콜의 모노알킬에테르는, Cellosolve®, Carbitol® 및 Dowanol®이라고 하는 상품명으로 여러 분야에서 사용되고 있다. 예를 들면, 이들은 도료나 래커의 분야에 있어서 용매, 브레이크오일의 점도조정을 위한 성분, 광물유 및 식물유의 유화제, 그리고 볼펜용의 페이스트나 인쇄용 잉크의 조합제 등으로서 사용되고 있다. 1993년의 생산능력은 미국이 58만 t/y, 서유럽이 57만 t/y, 일본이 14만 t/y였다. 이들의 국가에서의 글리콜에테르류의 생산량이 부표에 나와 있다. 글리콜에테르류로서는 모노에틸렌글리콜의 모노메틸, 모노에틸, 및 모노*n*-부틸의 에테르 등이 제조되고 있다.

글리콜모노알킬에테르의 아직 유리상으로 그대로 남아 있는 2번째의 OH기를 에테르화 또는 에스테르화하는 방식에 의하여, 다른 하나의 공

업적으로 중요한 불활성이며 비프로톤성의 용제가 얻어진다. 이들 중에서 디메틸글리콜(Glyme®)이나 디메틸디글리콜(Diglyme®)과 같은 디메틸글리콜류가 가장 중요하다.

에틸렌글리콜디알킬에테르는 대부분의 경우 2단계의 프로세스로서 제조된다. 디메틸에테르의 예로서 나타내면, 먼저 최초에 모노메틸에테르는 생성하는 물을 증류에 의하여 제거하면서, NaOH와 반응시키는 방식에 의하여 알콕사이드로 변환된다.

글리콜디알킬에테르의 2단계 제조법 (Williamson 합성법):
1. 소듐알코올레이트로의 변환

$$CH_3(OCH_2CH_2)_nOH + NaOH \longrightarrow CH_3(OCH_2CH_2)_nONa + H_2O \quad (26)$$

2단계에서는 소듐알콕사이드를 염화알킬(대부분의 경우, 염화메틸) 또는 황산디메틸과 반응시켜서 에테르화한다.

2. 염화알킬 또는 황산알킬에 의한 알킬화. 특히 CH_3Cl 또는 $(CH_3O)_2SO_2$를 사용하는 메틸화

$$CH_3(OCH_2CH_2)_nONa + CH_3Cl \longrightarrow CH_3(OCH_2CH_2)_nOCH_3 + NaCl \quad (27)$$

이 방법은 화학양론량의 염소와 알칼리를 필요로 하는 방법인데, 이것에 대해서, Hoechst사는 디메틸에테르와 에틸렌옥사이드를 삼플루오르화붕소의 존재하에서 반응시키는 에틸렌글리콜디메틸에테르의 새로운 제법을 개발했다.

디메틸에틸렌글리콜의 새로운 제법: Friedel-Crafts 촉매에 의한 에틸렌옥사이드의 디메틸에테르에의 삽입

$$CH_3OCH_3 + \underset{\diagdown O \diagup}{H_2C-CH_2} \xrightarrow{[cat.]} CH_3OCH_2CH_2OCH_3 + CH_3O(CH_2CH_2O)_nCH_3 \quad (28)$$

이 제법은 공업적으로 이용되고 있다.

에틸렌글리콜디알킬에테르는 용매로서 다양한 용도가 있는데, 예를 들면 Grignard 반응이나 붕소화학과 같은 유기금속반응을 위한 불활성이며 비프로톤성의 용매로서, 또는 수지, 플라스틱, 라텍스도료, 와니스용 혹은 폴리우레탄표면코팅제 제조용의 특수용매로서 사용되고 있다. 이외에, 열매체, 냉매체 및 브레이크오일, 압력매체와 같은 기계성 액체, 게다가 추출제로서도 사용된다. 약 4~7개의 에틸렌옥사이드 단위를 갖는 폴리에틸렌글리콜디메틸에테르 $CH_3(OCH_2CH_2)_nOCH_3$의 혼합물은 Allied사(현재 UCC사)의 "Selexol법"에 있어서 흡착제로서의 용도가 있다. 그 방법에 의하면 천연가스나 합성가스는 가압세척에 의하여, H_2S,

글리콜디알킬에테르의 용도:
1. 비프로톤성 반응용매
2. 특수용매
3. 기능성오일
4. 추출제
5. 테트라 내지 헵타글리콜디메틸에테르혼합물은 Selexol®로서 천연가스 및 합성가스의 정제에 사용. 압력에 의하여 가역적으로 산성가스를 흡착한다라고 하는 원리에 의한다.

CO_2 혹은 SO_2와 같은 산성성분이 1성분씩 분리되어 재차 방출된다.

에틸렌글리콜에테르에스테르의 제법:

1. 일반적으로 AcOH를 사용하는 글리콜모노알킬에테르의 에스테르화.
2. Friedel-Crafts촉매에 의한 에틸렌옥사이드의 아세트산에틸에의 삽입.

에틸렌글리콜모노알킬에테르는 프로톤촉매를 사용하여, 카르복시산, 특히 아세트산과 반응시키는 방식에 의하여 유리의 OH기가 에스테르화 된다.

$$C_2H_5OC_2H_4OH + CH_3COOH \xrightarrow{[cat.]} C_2H_5OC_2H_4OC(=O)CH_3 + H_2O \quad (29)$$

에틸글리콜아세테이트(아세트산-2-에톡시에틸)는 아세트산에틸과 에틸렌옥사이드의 반응에 의해서도 합성할 수 있으며, Nippon Soda가 이 방법을 채용하고 있다.

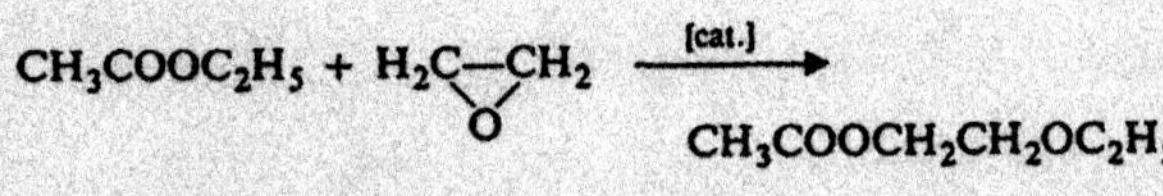
(30)

$AlCl_3$-$N(C_2H_5)_3$와 같이 N 혹은 P계의 리간드를 갖는 Friedel-Crafts 형태의 화합물이 촉매로서 사용된다.

글리콜에테르에스테르, 예를 들면 $CH_3OC_2H_4OAc$ 및 $C_2H_5OC_2H_4OAc$는 셀룰로오스유도체의 뛰어난 용매이다.

에틸글리콜아세테이트는 니트로셀룰로오스와 셀룰로오스에테르의 훌륭한 용매이며, 와니스의 제조 및 개질에 사용된다.

7.2.5 기타의 에틸렌옥사이드의 유도체

양적으로 아직 한정된 EO유도체:

1. 에틸렌카보네이트
2. 1,3-프로판디올

현재, 앞에서 설명한 제품일수록 생산량이 많지 않지만, 에틸렌옥사이드로부터는 에틸렌카보네이트와 1,3-프로판디올이라고 하는 2개의 유도체가 제조되고 있다.

에틸렌카보네이트의 제법:

역사적으로는 글리콜과 포스겐반응. 현재는 CO_2의 EO에의 접촉적 부가반응에 의한다.

에틸렌카보네이트(글리콜카보네이트 혹은 1,3-디옥솔란-2-온이라고도 불리운다)는 최초, 글리콜과 포스겐으로부터 2배의 HCl을 탈리시키는 방법에 의해서만, 제조되고 있었으나, 1943년 IG Farben사에 의하여 에틸렌옥사이드와 CO_2로부터의 새로운 방법이 발견되었다.

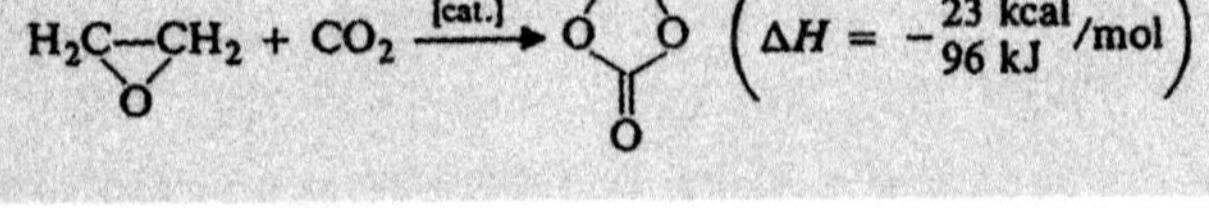
(31)

Hüls법은 독일 및 루마니아의 플랜트에서 실시되고 있다.

Hüls사는 이 프로세스를 개량하여 기술적으로 완성하고, 독일에서 비교적 작은 공업설비로서 운전이 개시되었다. 마찬가지의 프로세스에 의한 루마니아의 2개 폴랜트는 합쳐서 0.8만 t/y로서 운전중이다. 촉매로서

는, 3차아민이나 4차암모늄염, 또는 NaOH를 함침한 활성탄이 적당하다. 반응은 160~200°C, 7~10 MPa(70~100 kg/cm^2)에서 행해진다. 수득률은 97~98%에 달한다. 미국에서는 Texaco사와 Dow사가 에틸렌카보네이트를 공업적으로 생산하고 있다.

에틸렌카보네이트는 미국에서도 생산되고 있다.

에틸렌카보네이트는 많은 폴리머나 수지의 훌륭한 용매이다. 따라서 예를 들면, 루마니아에서는 폴리아크릴로니트릴섬유의 제조에 사용되고 있다. 더욱이 에틸렌카보네이트는 유기합성의 중간체로서도 유용하다. 예를 들면 NH_3 또는 아민과 반응시키는 방식에 의하여 카르바메이트가 얻어진다. 에틸렌카보네이트는, 특수한 경우에는 에틸렌옥사이드 대신에 에톡실화제로서 사용되는 경우도 있다. 최근에는, 에틸렌카보네이트는 에틸렌옥사이드를 에틸렌글리콜로 변환시킬 때의 중간체로서 사용되기에 이르렀다(7.2.1.1절 참조).

에틸렌카보네이트의 용도:
1. 폴리머나 수지를 위한 고비점용매 (bp 238°C)
2. 중간체, 카르바메이트, 피리미딘, 푸린 등
3. 특수한 경우의 에톡실화제

2번째의 성장제품은 1,3-프로판디올이며, 이것은 아크롤레인으로부터의 제조(11.1.6절 참조)와 함께, 에틸렌옥사이드로부터의 제조도 가능하다. 몇 개의 기업이 에틸렌옥사이드를 원료로 하는 프로세스를 개발하고 있으며, Shell사의 방법이 미국의 7만 t/y의 플랜트로서 채용되고 있다. 에틸렌옥사이드는, 이것을 하이드로포르밀화하여 얻어지는 3-하이드록시프로피온알데히드 중간체를 수소화하는 방식에 의하여, 2단계로서 1,3-프로판디올로 전환할 수 있다. 다른 촉매계에 의하면 1단계로서 전환하는 것도 가능하리라고 생각된다.

1,3-프로판디올의 제법:
1. 아크롤레인의 수화와 수소화의 조합
2. 에틸렌옥사이드의 하이드로포르밀화와 수소화의 조합

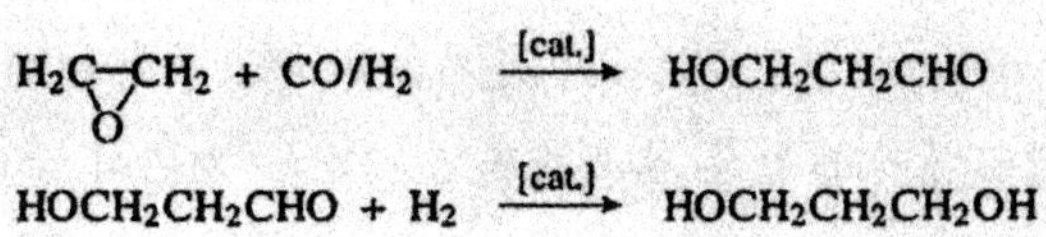
(32)

기술의 상세한 정보는 아직 공표되지 않았다. 1,3-프로판디올의 용도에 대해서는 11.1.6절을 참조할 것.

7.3 아세트알데히드

아세트알데히드의 제조에 사용되는 기초원료는 종래, 에탄올, 아세틸렌 및 탄화수소의 유분이었다. 어떤 원료가 선택되는가에 대해서는 국가에 따라서 다르며, 경제적 혹은 역사적 요인의 영향을 강하게 받고 있다.

아세트알데히드의 제법:
고전적 제법:
1. 에탄올의 탈수소 및 산화탈수소
2. 아세틸렌의 수화
3. C_3/C_4-알칸의 기상산화

미국, 영국, 프랑스에서는 1960년대의 중엽까지 에틸렌을 원료로 하고, 중간체로서 에탄올을 경유하는 제법이 중요한 역할을 하고 있었다.

한편, 독일이나 이탈리아에서는 국가의 재정정책상, 에탄올의 가격이 비싸기 때문에, 아세틸렌의 수화법이 주류를 이루었다.

또 다른 하나의 아세트알데히드의 합성법으로서 C_3/C_4 알칸산화법이 개발되었고, 특히 미국에서는 공업적으로 이용되고 있다.

최근의 아세트알데히드의 상황:
고전적 제법의 원료는 지역에 따라서 한정된 중요성이 있을 뿐이다.

천연가스나 나프타의 분해에 의하여 값싼 에틸렌이 공급되었으며, 다른 한편, Wacker-Hoechst사가 직접산화에 의한 공업적 제조법을 개발함에 따라, 특히 서유럽이나 일본에서는 현재, 종래의 제법이 계속적으로 전환되기에 이르렀다.

현재, 아세트알데히드의 제법으로서 에탄올에 기인하는 방법은, 서유럽의 몇 개의 국가에 남아 있지만, 전생상량에 점유되는 비율은 매우 작다.

아세틸렌에 기인하는 방법은, 2~3개의 동유럽국가나 값싼 아세틸렌을 입수할 수 있는 스위스, 이탈리아 등의 국가에서 실시하고 있을 뿐이다.

프로판/부탄의 산화도 중요성이 감소하고 있다. 그 이유는 비선택적 제법이며, 부생성물을 회수하여 이용할 수 있는 대형플랜트가 아니면 가치가 없기 때문이다.

세계적으로는 아세트알데히드 유도체의 별법이 증가하고, 에틸렌의 직접산화가 감소.

한편, 에틸렌의 직접산화가 발전했다. 1970년대 중엽, 이 제법에 의한 생산능력은 최대가 되었고, 세계에서 약 260만 t/y에 달했다. 당시, 아세트산이 아세트알데히드로부터 유도되는 가장 중요한 제품이었다. 그러나 그 후 아세트산이 메탄올의 카르보닐화(7.4.1절 참조)에 의하여 제조되기에 이르렀기 때문에, 에틸렌의 직접산화법에 의한 아세트알데히드의 생산은 감소했다.

Monsanto법에 의한 아세트산 제조(메탄올의 카르보닐화)가 증가했기 때문에 아세트알데히드의 제조는 대폭적으로 감소.

장래의 전망:
아세트산과 같이 현재, 아세트알데히드를 원료로 하고 있는 많은 제품이 C_1화학을 이용하여 제조되리라고 생각된다.

이전에는 아세트알데히드로부터 제조되고 있던 무수아세트산(7.4.2절 참조)이나 알킬아민과 같은 화학제품도 새로운 제법이 채용됨에 따라, 장래는 아세트알데히드의 중요성이 더욱 저하할 것으로 생각된다.

합성가스가 주요한 원료로서 더욱 주목되기에 이르렀지만, CO/H_2의 혼합가스를 1단계로서 아세트알데히드나 다른 C_2-카르복시산으로 전환하는 방법(7.4.1.4절 참조)은 기존 방법의 필요성을 더욱 감소시킬지도 모른다.

아세트알데히드의 생산량 (단위:10^6t):

	1990	1993	1998
서유럽	0.58	0.61	0.51
일 본	0.38	0.35	0.41
미 국	0.31	0.16	0.13

주요 공업국에 있어서 아세트알데히드의 생산량을 부표에 나타내었다. 1999년의 세계의 아세트알데히드의 생산능력은 약 290만 t/y였다. 그 중, 서유럽이 59만 t/y, 일본이 43만 t/y, 미국이 15만 t/y이다.

7.3.1 에틸렌의 산화에 의한 아세트알데히드의 제조

7.3.1.1. 화학적 원리

현재, 널리 사용되고 있는 에틸렌으로부터 아세트알데히드로의 부분산화법의 원리는, 1894년에 F. C. Phillips에 의하여 행해진 관찰에 의한다. 이것은 백금족 금속염이 화학양론적인 반응에 의하여 에틸렌을 산화하여 아세트알데히드로 하고, 자신은 금속으로 환원되는 것이다. 그러나 Wacker사가 레독스계의 도움을 빌린 촉매적 합성법을 발견했으며, 더욱 Wacker사와 Hoechst사가 그것을 공업프로세스로까지 정리하여 최초로 대규모 공업으로 적용시킨 것이다.

에틸렌으로부터의 아세트알데히드의 제조:

레독스계와 조합시킨 귀금속 촉매에 의한 부분산화.

1957년부터 1959년에 걸쳐 Wacker사와 Hoechst사가 개발한 프로세스는, 총괄적으로는 아래와 같이 발열적인 접촉적 직접산화로서 표시된다.

$$H_2C{=}CH_2 + 0.5\,O_2 \xrightarrow{[Pd-Cu-cat.]} CH_3CHO \qquad \left(\Delta H = -\frac{58\ \text{kcal}}{243\ \text{kJ}}/\text{mol}\right) \tag{33}$$

촉매는 $PdCl_2$와 $CuCl_2$로 형성되는 2원계이다. 에틸렌착화합물의 형성과 리간드의 교환을 경유하는 고유의 촉매기능은 $PdCl_2$에 의한 것이다. 이때, π착화합물(전하이동착화합물)의 형성, σ착화합물로의 전위 및 최종생성물로의 분해가 반응메카니즘에 있어서 중요한 기초과정이라고 생각된다.

Wacker-Hoechst에 의한 직접산화법의 원리:

균일촉매, $Pd^{2\oplus}$의 π-σ착화합물을 경유. 매우 선택적인 에틸렌으로부터 아세트알데히드로의 산화.

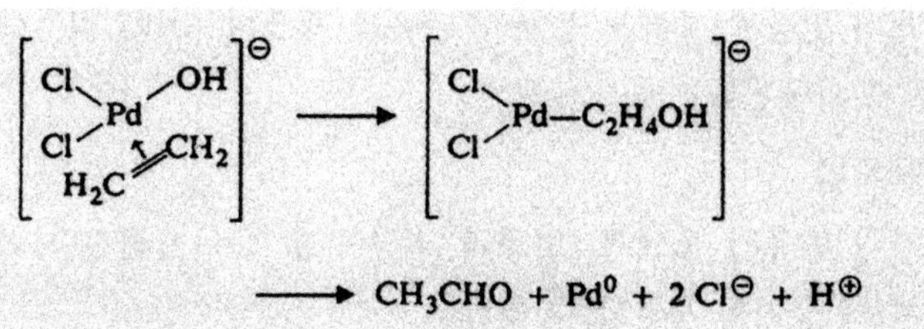
(34)

$CuCl_2$는 O가의 팔라듐을 2가로 재산화하는 역할을 담당하고 있다. 다른 많은 산화제도 마찬가기로 Pd^0를 $Pd^{2\oplus}$로 변화시킬 수 있지만, 구리만이 레독스계로서 유리한 점이 많다. 이것은 구리가 1가의 상태로부터 2가의 상태로 O_2에 의하여 쉽게 재산화되기 때문이다. 최근, 미국의 Catalytica사로부터, P, Mo, V-폴리옥소아니온계에 의하여 Pd^0의 재산화를 행하는 신규촉매계가 보고되었다. 이 촉매계에서는 염소를 함유하는 부생성물이 생성하지 않기 때문에, 보다 높은 선택률이 달성된다, 이 신규촉매에 대해서는 기술적으로 상세한 검토가 이미 행해지고 있다.

산화메카니즘의 특징:

Pd의 OH리간드가 에틸렌의 C상으로 분자내이동, 즉 알데히드의 산소는 용매의 물로부터 온다.

P,Mo,V-폴리옥소아니온의 알칼리금속염을 사용하는 새로운 1단계 혹은 2단계 Pd-재산화반응

$CuCl_2$는 Pd^0를 $PdCl_2$로 재산화시키고, 물로부터는 O_2(공기)에 의하여 동시에 2가의 산화상태로 재생된다.

앞에서 나타낸 총괄반응식 (33)은 많은 단계의 반응을 합한 것이다. 이들은, 형식적으로는 빠르게 진행하는 올레핀의 산화반응

$$H_2C{=}CH_2 + PdCl_2 + H_2O \rightarrow CH_3CHO + Pd + 2\,HCl \quad (35)$$

과 율속단계의 재생반응

$$Pd + 2\,CuCl_2 \rightleftharpoons PdCl_2 + 2\,CuCl \quad (36)$$

$$2\,CuCl + 0.5\,O_2 + 2\,HCl \longrightarrow 2\,CuCl_2 + H_2O \quad (37)$$

로 분류된다. 양쪽의 부분반응은 HCl의 농도를 조절하므로서 그 반응속도가 조정된다라고 하는 것은, 재생반응은 HCl 농도가 높은 것에 따라서 빠르게 진행되기 때문이다.

전체로서 대과잉의 $CuCl_2$를 사용하는 방식에 의하여, 에틸렌의 선택적 산화에 필요한 팔라듐염의 양은 촉매량으로 억제된다(9.2.1.2절 참조).

7.3.1.2. 프로세스의 실시

pH 0.8~3의 부식성금속염수용액을 이용하는 2상계반응의 공업적 실시에는, 부식성 재료로서 제조된 기포탑이 사용되는 수가 많다.

2가지의 실시형태:

1. 1단계법: 반응과 재생이 같은 반응기 내에서 행해진다. 즉, O_2와 C_2H_4가 촉매를 정상적인 활성상태로 유지한다.
2. 2단계법: 활성 및 불활성인 형태간에서 촉매를 순환하여 반응과 재생을 별개의 반응기에서 행한다.

아세트알데히드의 대규모 제조는 2상, 즉 기/액상으로 행해진다. 가스상태 반응성분의 에틸렌 및 공기 또는 산소는, 티탄제품, 또는 라이닝한 기포탑형 반응기 중에서, 염산산성의 촉매수용액과 반응한다.

이것을 위해서 2가지 실시형태가 병행하여 개발되었다.

1. 1단계법

   1개의 반응기 중에서 동시에 반응과 재생이 행해진다. 산화제로서 O_2가 사용된다.

2. 2단계법

   2개의 반응기 중에서, 반응과 재생이 별개로 행해진다. 이 경우는 산화에 공기를 사용할 수 있다.

1단계법의 특징:

C_2H_4전환이 불완전하기 때문에, C_2H_4의 순환이 필요. 즉 C_2H_4와 O_2는 불활성가스가 고도로 제거되지 않으면 안된다.

1단계법에서는, 에틸렌과 산소가 0.3 MPa(3 kg/cm^2), 120~130°C에서 촉매용액 속으로 공급되며, 에틸렌의 35~45%가 반응한다. 발생하는 반응열은 촉매용액으로부터 아세트알데히드와 물을 증발제거하기 위하여 사용되며, 유출된 물은 반응기에 되돌린다. 이와 같이 해서 재순환된 물의 양은 아세트알데히드 1t당, 약 2.5~3.0 m^{3}로 된다. 원료로서는 순수한 O_2와 에틸렌(99.9용량%)이 필요하다. 이것은 불활성가스가 함유되면 그의 축적을 피하기 위하여 계외로 제거할 필요가 있으며, 이때 에틸렌의 손실을 초래하기 때문이다.

2단계법에서는, 에틸렌은 촉매용액과 105~110°C, 1 MPa(10 kg/cm^2)에서 접촉하고, 대다수가 완전히 반응한다. 감압하여, 아세트알데히드/물

혼합물을 유거한 후, 촉매액은 재생탑 중, 100°C, 1MPa(10 kg/cm^2)에서 공기에 의하여 재생되며, 반응탑으로 순환된다. 이때, 사용되는 공기 중의 O_2는 거의 완전히 소진되기 때문에, N_2함유율이 높은 나머지의 가스는, 더욱 불활성가스로서의 용도가 있다. 2단계법에서는 에틸렌의 전환이 완전하고, 공기를 사용한다라고 하는 장점이 있는 반면, 보다 고압이고 그중의 반응기계통과, 촉매의 순환을 위하여 설비비가 높다라고 하는 단점이 있다.

2단계법의 특징:

C_2H_4의 완전한 전환이기 때문에 보다 높은 불활성가스농도일지라도 좋다. 공기에 의한 재생은 공기분리설비를 필요로 하지 않는다. 단, 촉매의 순환은 가스의 순환보다도 에너지소비가 많다.

2개의 제법에서는 모두, 불순한 알데히드의 수용액은 농축되며, 2단계의 증류로서 아세트산, 크로톤알데히드 및 함염소화합물과 같은 부생성물을 제거하여 정제된다. 선택률은 어느 쪽의 경우일지라도 실제로 같으며, 94%에 달한다.

2단계법에 의한 아세트알데히드의 단리:

1. 저비점 성분의 제거 (CH_3Cl, C_2H_5Cl, CO_2, C_2H_4)
2. 고비점성분의 제거 (CH_3COOH, $CH_3CH{=}CHCHO$, $ClCH_2CHO$)

현재, 아세트알데히드의 전세계 생산능력의 85%는 Wacker-Hoechst법에 의하고 있다.

7.3.2 에탄올로부터의 아세트알데히드의 제조

아세트알데히드는 메탄올로부터 포름알데히드의 제조법(2.3.2.1절 참조)과 마찬가지로, 에탄올을 접촉탈수소하는 것에 의하여 제조할 수 있다.

에탄올로부터의 탈수소에 의하여 아세트알데히드를 제조하는 방법에는 2가지가 있다.

$$C_2H_5OH \xrightarrow{[cat.]} CH_3CHO + H_2 \quad \left(\Delta H = +\frac{20\ \text{kcal}}{84\ \text{kJ}}/\text{mol}\right) \qquad (38)$$

메탄올의 경우와는 달리, 산화반응에 의한 별법은 적용되지 않고 그 대신에 2가지의 탈수방법이 행해지고 있다.

1. 은, 또는 보다 많은 구리촉매상에서의 탈수소법
2. 산소의 존재하에, 은촉매상에서의 산화탈수소법

1. 대부분의 경우, 구리금속촉매상에서 행해지는 흡열적 탈수소법. H_2를 생성한다.
2. 은촉매상에서 행해지는 발열적 산화탈수소법. H_2O를 생성한다.

방법 1.

에탄올의 탈수소는 일반적으로 Zn, Co 혹은 Cr로 활성화된 Cu촉매상에서 행해진다. 많이 실시되고 있는 방법은 Carbide & Carbon Corp.에 의하여 개발된 것이다.

방법 1:

에탄올탈수소법의 특징:

비가압하, 온도제어에 의한 전환율의 조절

반응온도는 270~300°C에서, 에탄올의 전환율이 30~50%로 억제되도록 설정된다. 이와 같이 하는 방식에 의하여 아세트알데히드로의 선택률은 90~95%에 달한다. 부생성물로서는 크로톤알데히드, 아세트산에틸, 보다 고위인 알코올 및 에틸렌이 생성된다. 동시에 생성하는 수소는 그 순도가 높기 때문에 그대로 수소화반응에 이용할 수 있다.

방법 2:

산화탈수소법의 특징:
제1단계로서의 탈수소, 제2단계로서의 산화

방법 2.

에탄올의 탈수소를 공기 또는 산소의 존재하에서 행하면(예를 들면, Veba법), 동시에 일어나서 생성하는 수소의 연소에 의하여 탈수소반응에 필요한 열이 공급된다(산화탈수소 또는 자기가열탈수소).

$$C_2H_5OH + 0.5\,O_2 \xrightarrow{[cat.]} CH_3CHO + H_2O \quad \left(\Delta H = -\frac{43\ kcal}{180\ kJ}/mol\right) \qquad (39)$$

경제적인 시스템:
열적 균형, 즉 공기사용량에 의하여 발열과 흡열이 균형에 달한다.

산화탈수소의 공업프로세스에서는 은촉매가 금망 또는 결정촉매의 고정층의 형태로서 잘 이용된다. 에탄올의 증기와 공기는 혼합되어 0.3 MPa(3 kg/cm^2), 450~550°C의 범위에서 촉매상으로 스쳐 지나간다. 산소의 양에 따라서, 일정한 온도로 유지되며, 여기서는 산화반응의 발열과 탈수소반응의 흡열이 균형을 이룬다. 반응온도에 따라서 one path당의 에탄올의 전환율은 30~50%이고, 85~95%의 선택률이 얻어진다, 부생성물은 아세트산, 포름산, 아세트산에틸, CO 및 CO_2이다.

양쪽 방법 모두 에탄올의 전환이 불완전(30~50%)하기 때문에 복잡한 증류와 재순환계가 필요하다.

어느 쪽의 제법일지라도 아세트알데히드는 미반응의 알코올과 부생성물로부터 각종 형태의 세척과 증류에 의하여 분리되며, 정제된다. 이 때, 회수된 에탄올은 재차 반응공정으로 순환된다.

1994년에 서유럽에서, 이 방법에 의한 아세트알데히드의 생산능력은 약 13%에 불과했다. 미국에서는 1983년에 마지막 플랜트가 정지했다. 또한, 일본에서도 아세트알데히드는 에틸렌의 직접산화법에 의해서만 생산되고 있다. 사탕수수의 당밀로부터 발효에탄올을 사용하는 탈수소법의 2번째의 플랜트가 1995년에 인도네시아에서 개시되었다. 얻어진 아세트알데히드는 산화하여 아세트산으로 되지만, 현재, 이 플랜트의 생산능력은 아세트산으로서 3.3만 t/y이다.

7.3.3 C_3/C_4-알칸의 산화에 의한 아세트알데히드의 제법

C_3/C_4-알칸으로부터의 아세트알데히드 제법(공업적으로 실시되고 있지 않으며, 중요성은 비교적 낮다)에는 다음과 같은 특징이 있다:

라디칼적, 비선택적인 산화분해에 의하여 많은 산화생성물이 생성된다.

Celanese사에 의하여 개발되었고, 미국에서 1943년~1980년까지 실시된 제법에 의하면, 프로판 혹은 프로판/부탄의 혼합물을 기상에서 산화하여 아세트알데히드를 함유하는 혼합물을 얻을 수가 있다. 반응은 촉매를 첨가하지 않고, 425~460°C, 0.7~2.0 MPa(7~20 kg/cm^2)에서 라디칼적으로 행해진다. Celanese사의 부탄산화법의 별법은 기상에서 행해진다(7.4.1.2절 참조). 산화제로서 산소 혹은 공기가 사용된다. 탄화수소의 약 15~20%가 완전산화되며, 나머지의 복잡한 반응혼합물에는 아세트알데히드 이외에 포름알데히드, 메탄올, 아세트산, *n*-프로필알코올, 메틸에틸케톤, 아세톤을 비롯하여 많은 산화생성물이 함유되어 있다.

과산화물을 분해한 후, 비용이 드는 복잡한 추출과 증류의 조합에 의하여 산화생성물의 분리가 행해진다.

복잡한 생성물분리는 현저한 설비비 및 운영비를 필요로 하며, 본질적으로 수익성을 좌우한다.

7.4 아세트알데히드의 유도체

아세트알데히드는 많은 유기공업약품의 제조를 위한 중요한 중간체이다. 그 유도체에는 아세트산, 과아세트산, 무수아세트산, 케텐/디케텐, 아세트산에틸, 크로톤알데히드, 1-부탄올, 2-에틸헥산올, 펜타에리트리톨, 클로랄, 피리딘, 이외에 많은 것이 포함되어 있다.

아세트알데히드의 용도:
실제적으로 그 자신의 용도는 없고, 다음과 같은 유도체의 제조에 사용된다.
CH_3COOH, $(CH_3CO)_2O$,
$CH_2=C=O$, $CH_3COOC_2H_5$,
$CH_3CH=CHCHO$, $n-C_4H_9OH$,
$C_4H_9CH(C_2H_5)CH_2OH$, 등등

표 7.6에 보인 바와 같이 아세트알데히드의 용도는 아세트산 및 그의 무수물의 제조용이 가장 큰 비중을 점유하고 있지만, 1980년대의 초기부터 이 비율은 감소하고 있다. 더욱 아세트알데히드를 원료로 하는 1-부탄올 및 2-에틸헥산올의 제조는 프로필렌의 하이드로포르밀화법(6.1절 참조)으로 대체되어 중요성을 잃게 되었다.

아세트알데히드 용도의 전망:
$AcOH/Ac_2O$ 제조용의 용도가 감소하고, 대신에 이외의 용도가 상대적으로 증가.

각각의 제품에 사용되는 아세트알데히드의 비율은 나라에 따라서 다르다. 예를 들면, 아세트산에틸은 서유럽, 미국, 일본에서는 지금도 아세트알데히드로부터 제조되고 있다. 일본과 미국에서는 과아세트산(7.4.1.1절 참조)의 제조에도 아세트알데히드의 일부가 사용된다. 더구나 일본에서는 *p*-자일렌을 테레프탈산(14.2.2절 참조)으로 변환시키기 위한 공산화제로서 아세트알데히드가 파라알데히드의 형태로서 사용되고 있다.

아세트알데히드의 용도는 국가에 따라서 다르다:
일본: 아세트산에틸, 과아세트산, *p*-자일렌과의 공산화
서유럽: 아세트산에틸, 무수아세트산
미국: 아세트산에틸, 과아세트산

표 7.6 아세트알데히드의 용도(중량%)

생 성 물	서유럽		미 국		일 본	
	1980	1998	1980	1993	1978	1993
아세트산	60	46	} 63	-	} 69	29
무수아세트산	11	16		-		-
1-부탄올	0.2	-	-	-	2	-
2-에틸헥산올	0.8	-	-	-	-	-
아세트산에틸[†)]	18	20	-	22	16	45
기타(피리딘, 펜타에리트리톨, 과아세트산 등)	10	18	37	78	13	26
총 소비량(10^6t)	0.64	0.55	0.36	0.15	0.59	0.35

†) 소량의 아세트산이소부틸

예를 들면, 1997년의 미국에 있어서 아세트산의 중요성(생산량의 톤수)은

$ClCH_2CH_2Cl$, $H_2C{=}CHCl$,
CH_3OH, $HCHO$, $\underset{O}{H_2C{-}CH_2}$,
$HOCH_2CH_2OH$, $(CH_3)_3COCH_3$

에 이어서 지방족 중간체의 8번째에 위치한다.

아세트산의 생산량(단위:10^6t):

	1995	1997	1999
미 국	2.12	2.20	2.24
서유럽	1.47	1.31	1.38
일 본	0.57	0.62	0.64

생산법에 의한 AcOH의 표시:
합성아세트산
양조식초
목초

3가지의 다른 원리에 의한 AcOH의 제법:

1. CH_3CHO의 산화에 의한 탄소골격에 변화가 없는 방법

2. 보다 긴 사슬의 탄소골격의 산화적 분해에 의한 방법
2.1. *n*-부탄(Celanese, Hüls, UCC)
2.2. *n*-부텐(Bayer, Hüls)
2.3. 경질가솔린(HP, British Distillers)

3. CH_3OH 카르보닐화에 의한 C_1+C_1의 방법
3.1. Co촉매, 고압(BASF, Celanese)
3.2. Rh촉매, 상압 내지 저압(Monsanto)

7.4.1 아세트산

아세트산은 양적으로 많은 지방족 중간체의 하나이며, 미국에서는 1997년의 생산량이 8번째의 위치를 점유했다. 아세트산은 인류가 최초로 사용한 카르복시산이기도 하다.

2000년의 세계의 아세트산 생산능력은 약 830만 t/y였다. 그 중, 미국이 260만 t/y, 서유럽이 140만 t/y, 일본이 69만 t/y이다.

주요 공업국의 아세트산 생산량은 부표와 같다.

부표의 수량은 합성아세트산에 대해서 만의 숫자이다. 몇 개의 국가에서는 지금도 이외의 방법에 의하여 소량의 아세트산을 제조하고 있다. 예를 들면 에탄올을 함유하는 기질의 발효법에서는 양조아세트산이 얻어지며, 식용으로 널리 사용되고 있다. 또한 목재의 건류에서는 목초산이 얻어진다. 게다가 사탕수수의 당밀로부터의 아세트산의 합성도 행해지고 있다(7.3.2절 참조). 지금부터는 아세트산에 대해서 합성아세트산 만을 의미하는 것으로 한다.

합성아세트산은 오랫동안, 주로 아세트알데히드로부터 제조되고 있다. 산화법은 이미 제1차 세계대전의 초기에 Hoechst, Wacker 그리고 Shawinigan의 각 회사에 의하여 공업적 규모로서 행해지고 있었다.

따라서 아세트산은 아세트알데히드의 제조프로세스와 밀접하게 관련되어 있으며, 아세트알데히드와 동시에 아세틸렌으로부터 에틸렌으로의 원료의 전환이 행해졌다.

이외의 저위 탄화수소의 효율적 이용이라고 하는 경제적인 필요성으로부터 미국, 영국 및 독일에서는, BP, Celanese, British Distillers, Hüls 및 UCC의 각 회사가 경질파라핀의 산화법, Bayer 및 Hüls의 2개의 회사가 C_4올레핀의 산화법을 각각 개발했다. 그러나 공업적으로 이용된 프로세스는 적다.

메탄올의 카르보닐화가 최초로 시험된 것은 1920년대였지만, 공업적 제법이 BASF사에 의하여 처음으로 제안된 것은 그로부터 상당기간이 지난 후였다. 더욱이 최근에 이르러 Monsanto사가 Rh촉매를 사용하는 방법을 개발한 방법에 의하여 이 방법은 새로운 전기를 가져왔다.

서유럽에서의 아세트산의 생산은 원료의 경합을 나타내는 좋은 예이다. 1979년에는 아세트산의 62%가 아세트알데히드를 원료로 하고 있었다. 이 비율은 메탄올의 카르보닐화법과의 경합으로 인하여 1995년까지에는 28%로 감소했다. 반대로 카르보닐화법의 아세트산의 생산량은 55%를 점유하기에 이르렀고, 현재도 계속 늘고 있다. 1991년부터 미국에서는 아세

트알데히드로부터 아세트산은 제조되지 않고 있다. 그 대신에, 메탄올이 출발원료로서 사용되고 있다(1995년에 전체의 80%). 현재 세계의 아세트산 생산능력에 기여하고 있는 주요한 제법은 부표와 같다.

세계의 아세트산 생산 능력의 비율(중량%)

	1988	1989	1994
CH_3OH 카드보닐화	47	50	58
CH_3CHO 산화	27	27	23
C_2H_5OH 탈수소/산화	6	7	4
부탄/나프타 산화	7	12	9
기타	13	4	6

7.4.1.1. 아세트알데히드의 산화에 의한 아세트산의 제조

아세트알데히드를 공기 또는 O_2로서 산화하여, 아세트산으로 하는 반응은 과아세트산을 중간체로 하는 라디칼메카니즘으로 진행한다.

개시단계에서 생성된 아세틸라디칼은 O_2와 반응하여 퍼옥시라디칼로 되며, 과아세트산을 생성한다. 과아세트산은 계속해서 퍼옥시기의 호몰리시스에 의하여 아세트산을 생성할 수도 있지만, 그보다도 아세트알데히드와 우선적으로 반응하여 α-하이드록시에틸퍼아세테이트로 되며, 이 것이 환상전이상태를 거쳐 분해되어 2분자의 아세트산이 된다고 생각되고 있다.

과아세트산의 생성메카니즘:

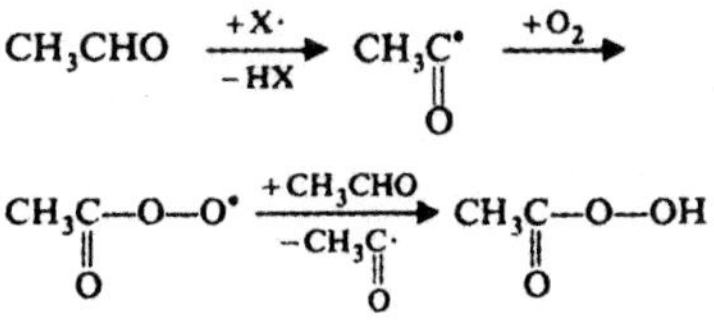

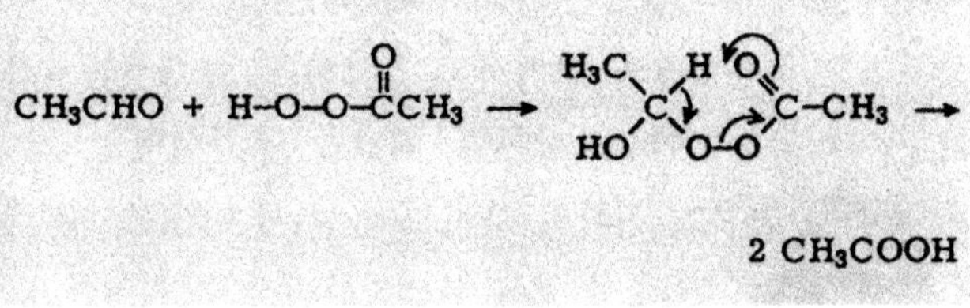

(40)

CH₃CHO 산화의 원리:
레톡스촉매의 존재하, 과아세트산을 중간체로 하는 라디칼반응

산화반응을 온화한 조건하에서 행하면 과아세트산을 주생성물로서 얻을 수 있다. 반응은 일반적으로 무촉매로서 아세트산에틸과 같은 용매를 사용하여, $-15 \sim 40°C$, $2.5 \sim 4.0$ MPa($25 \sim 40$ kg/cm^2)의 조건에서 공기를 사용하여 행해진다.

이 원리에 의하여 과아세트산을 제조하는 플랜트는 미국에서는 UCC사, 일본에서는 Daicel, 그리고 영국에서는 British Celanese사에 의하여 조업이 행해지고 있다.

아세트산과 H_2O_2를 원료로 하는 다른 하나의 공업적인 과아세트산의 제조법에 대해서는 11.1.1.2절에서 설명한다.

아세트알데히드로부터 아세트산으로의 산화에 레독스촉매를 사용하면, 과아세트산의 분해도 가속된다. 그 결과, 생성한 아세톡시라디칼은 연쇄반응의 분지를 일으킨다.

레독스촉매의 반응메카니즘:

1. 아세틸라디칼의 생성

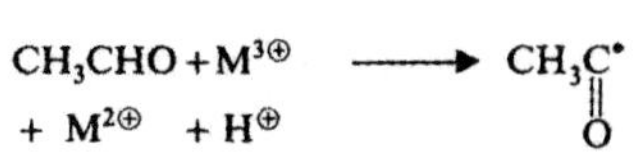

2. 과아세트산의 개열

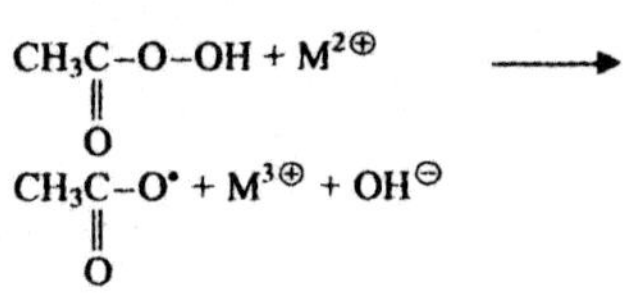

일반적으로, 촉매는 Co 또는 Mn의 아세트산염이며, 농도는 낮고, 반응혼합물의 0.5중량% 이하이다.

산화반응에는 현재, 주로 산소가 사용되고 있으며, 예를 들어 Hoechst사의 프로세스에 의하면, 50~70°C로서 스테인레스강제의 산화탑(기포탑

CH_3CHO 산화에는 2가지의 프로세스가 있다;

1. 산화제로서 O_2를 사용하는 것, 공기분리를 위한 O_2 원료비가 높아지지만, 불활성가스 부분이 없는 장점이 있다.
2. 산화제로서 공기를 사용하는 것, O_2보다도 산화제의 코스트는 유리하지만, 배기가스 중의 CH_3CHO /CH_3COOH를 제거하기 위하여 배기가스의 세척을 필요로 하는 단점이 있다.

양쪽의 산화법 모두 같은 선택률과 같은 부생성물이 얻어진다.

AcOH의 분리정제:

부생성물을 공비제로서 사용하여 증류하는 방식에 의하여 직접 물을 함유하지 않는 AcOH가 얻어진다.

탄화수소로부터 아세트산으로의 비선택적 산화의 공통적 특징:

C_4~C_8-탄화수소의 C_4-,C_3-,C_2- 및 C_1-프래그먼트로의 라디칼적, 강한 발열적 분해

n-부탄 산화의 프로세스 예:

미국에서는 Celanese와 UCC, 독일에서는 Hüls가 오랫동안 조업하고 있었지만, 현재는 생산정지했다. Hoechst Celanese는 1989년에 생산을 복구했다.

형 반응기) 중에서 아세트산을 용매로서 사용한다. 이때, 충분한 과산화물의 분해나, 그것에 의한 충분한 산화반응속도를 달성하기 위해서는 적어도 반응을 50°C에서는 행할 필요가 있다. 반응열은 산화혼합물을 냉각계로 순환하는 방식에 의하여 제거된다. 세심한 온도제어를 함으로써 아세트산이 포름산, CO_2, 소량의 CO 및 H_2O로 산화분해하는 것을 억제한다. 아세트산의 선택률은 95~97%(CH_3CHO)에 달한다. 1999년에는 프랑크프르트에 있는 Hoechst사의 18만 t/y의 플랜트가 정지했다.

산소를 사용하는 아세트알데히드의 산화에 대신하는 것으로서, 산화제로 공기를 사용하는 방법이 Rhône-Poulenc/Melle Bezons사에 의하여 개발되었다. 이 방법에 의하면 순 산소를 이용하는 방법의 경우와 같은 선택률을 달성할 수 있다. 그러나 공기산화의 경우는, 불활성가스를 대량으로 배출하지 않으면 안된다라고 하는 것이 결점이다. 왜나하면 불황성가스가 분압에 따라서 아세트알데히드와 아세트산을 함유하고 있는데 세척에 의하여 분리하지 않으면 안되기 때문이다.

어떤 산화법도 부생성물의 점에서도 유사하다. 부생성물로서는, CO_2와 포름산 이외에, 특히 아세트산메틸, 메탄올, 포름산메틸, 및 포름알데히드가 포함되며, 증류에 의하여 분리된다. 이때 아세트산은 직접 물을 함유하지 않는 상태로 된다. 이것은 부생성물의 탈수를 위한 공비제로서 작용하기 때문이다.

7.4.1.2. 알칸 및 알켄의 산화에 의한 아세트산의 제조

탄화수소의 산화적 분해에 의한 아세트산의 제조에는, 주로 C_4로부터 C_8까지의 원료가 사용된다. 이들은 다양한 제조방법의 발전을 동반해 왔지만, 이들을 정리하면 다음과 같은 그룹으로 분류할 수 있다.

1. *n*-부탄(Hoechst Celanese사, Hüls사, UCC사)
2. *n*-부텐(Bayer사 : 중간체로서 아세트산*sec*-부틸 경유, Hüls사: 직접)
3. 경질가솔린(BP사, British Distillers사)

방법 1.

1982년에는 미국에서 아세트산 생산능력의 약 31%가 *n*-부탄의 액상산화법에 기인하고 있으며, UCC사나 Celanese사가 이 방법으로 생산을 행하고 있었다. 그후, UCC사는 조업을 정지했지만, Hoechst Celanese사는 사고 후 1989년에 플랜트의 가동을 개시하고 있다. 1991년에는 약 23만 t/y의 생산량을 올렸다. 이것은 미국의 전체 아세트산 생산량의 14%에 해당한다, 이전, 텍사스의 UCC플랜트에서는 아세트산 약 22.5만 t/y, 메틸

에틸케톤 3.6만 t/y, 포름산 2.3만 t/y, 프로피온산 1.8만 t/y가 *n*-부탄의 무촉매 산화법에 의하여 생산되고 있었다. 반응은 기포탑 중, 액상산화생성물을 용매로 하여 1.5~2.0 MPa(15~20 kg/cm^2), 180°C에서 산소를 사용하여 행해지고 있었다. 산화분해가 일어나지 않도록 전환율은 10~20%로 억제되었다.

Celanese사의 LPO(liquid-phase oxidation) 프로세스는 촉매로서 아세트산코발트를 사용하여, 175°C, 5.4MPa(54 kg/cm^2)에서 실시된다. 부생성물의 일부는 아세트산을 분리한 후, 반응공정에 순환되어 아세트산으로 되든지, 아니면 완전히 산화된다. 이렇게 하여 생성물의 분리정제 공정이 간단해진다. 즉, 아세트산 이외에 아세트알데히드, 아세톤, 메틸에틸케톤, 아세트산에틸, 포름산, 프로피온산, 부티르산 및 메탄올이 단리된다. 필요에 따라서 설비능력의 17%까지의 메틸에틸케톤을 제조할 수 있지만, 코스트는 아세트산 정도가 된다.

Celanese의 *n*-부탄 LPO프로세스의 특징:
접촉적 액상산화, 부생성물의 순환에 의하여 분리정제가 단순화 되고 있다.

1965년으로부터 1984년의 기간에, 네덜란드에서는 Celanese사의 LPO법을 이용한 생산능력 13만 t/y(몇 회의 확장 후에)의 아세트산의 플랜트가 가동하고 있었다.

Hüls사도 또한 수년간, 무촉매하에서 *n*-부탄의 산화를 2만 t/y의 플랜트로서 실시해 왔다, 산화반응은 불순한 아세트산으로 형성되는 액상 중에서 6.0~8.0 MPa(60~80 kg/cm^2), 170~200°C의 조건하에, 공기 또는 산소농도를 높인 공기(약 30%의 O_2)를 사용하여 행해진다. *n*-부탄의 전환율은 2차적인 반응을 피하기 위하여 약 2%로 억제된다. 주생성물로서는 약 60%의 선택률을 가진 아세트산이 얻어지지만, 이외에 아세톤, 메틸에틸케톤, 아세트산메틸, 아세트산에틸을 비롯하여, 소량의 포름산이나 프로피온산과 같은 수많은 부생성물이 생성된다. 분리정제에는 예를 들면 14기의 상압증류탑 및 가압 또는 감압에서 운전되는 몇 개의 증류탑으로 형성되는 다단계 증류장치가 필요하다.

Hüls의 부탄 프로세스의 특징:
무촉매적, 비선택적 액상산화, 부탄 전환율이 낮기 때문에 대량의 부탄 순환을 필요로 한다.

부생성물의 수가 많기 때문에 다단계의 증류를 필요로 하며, 게다가 생성물의 부식성이 강하기 때문에 고도의 기술적 처치를 필요로 한다.

방법 2.

Hüls사는 또한 *n*-부텐류의 산화에 의한 아세트산의 제법을 개발했다. 이 프로세스는 오랫동안 파일럿플랜트의 가동으로 행해졌지만, 아직까지 공업적 플랜트는 건설되지 않았다. 이 방법에 의하면, *n*-부텐은 약간의 가압하에 200°C에서, 실질적으로는 불순한 아세트산으로 형성되는 액상 중에서 산화된다. 촉매로서는 티탄, 혹은 주석의 바나드산염이 이용된다. 폭발범위를 피할 목적, 기타의 이유에 의하여 산화는 대량 수증기의 존재하에서 행해진다. 따라서 상당히 희석된 아세트산이 생성하며, 이것

Hüls의 *n*-부텐 프로세스의 특징:
접촉적인 부텐의 액상산화.
대량의 H_2O의 존재하에 행해지며, 따라서 많은 에너지를 소비하는 AcOH 농축이 필요하다.

을 아세트산 농도 95%의 불순한 아세트산으로까지 농축하는 데 많은 에너지를 필요로 한다. 부텐의 전환율은 75%이고 불순한 아세트산의 선택률은 73%에 달한다.

Bayer의 *n*-부텐 프로세스의 특징: 중간체로서 $C_2H_5CH(OAc)CH_3$를 경유하는 2단계법

제1공정: *n*-부텐혼합물으로의 산촉매 아세트산 부가에 의한 2-아세톡시부탄의 생성

Bayer사는 *n*-부텐을 액상산화하여 아세트산을 합성하는 다른 2단계법을 개발했다. 나프타의 분해로서 얻어지는 C_4류분으로부터 부타디엔과 이소부틸렌을 분리(3.3.2절 참조)한 후에는 1-부텐 및 *cis*- 및 *trans*-2-부텐의 혼합물이 남는다. 이들은 반응식 (41)에 따라서 2-아세톡시부탄, 즉 아세트산*sec*-부틸로 유도된다.

$$\left.\begin{matrix} CH_3CH_2CH{=}CH_2 \\ CH_3CH{=}CHCH_3 \\ \text{(cis and trans)} \end{matrix}\right. \xrightarrow[\text{[H}^{\oplus}\text{]}]{+\text{AcOH}} CH_3CH_2CH(OAc)CH_3 \qquad (41)$$

산성이온교환수지에는 2가지의 촉매 기능: 1-부텐으로부터 2-부텐으로의 아세트산의 부가

제2공정: C_4-아세테이트의 무촉매 산화개열에 의한 아세트산 생성

아세트산의 부가는, 100~120°C, 1.5~2.5 MPa(15~25 kg/cm^2)에서 술폰산기를 함유하는 산성이온교환수지상에서 행해지며, 동시에 *n*-부텐의 이성화를 동반하면서 주로 2-아세톡시부탄이 생성한다. 이것은 제2공정에서 200°C, 6.0 MPa(60 kg/cm^2)의 조건하에 액상 무촉매에서 공기산화되어 아세트산으로 된다.

$$CH_3CH_2{-}CH(OCOCH_3)CH_3 + 2\,O_2 \longrightarrow 3\,CH_3COOH \qquad (42)$$

공비 및 통상증류에 의한 AcOH의 단리와 제1공정으로의 부분적 순환

반응생성물을 공비, 및 일반적인 증류로서 분리정제한 후, 아세트산의 일부는 아세트산*sec*-부틸의 제조를 위하여 순환사용된다.

아세트산으로의 선택률은 약 60%에 달한다. 주요한 부생성물은 포름산과 CO_2이다. 지금까지 대규모 플랜트는 건설되지 않았다.

방법 3.

Distillers-BP의 경질가솔린 산화법의 특징: 값이 싼 C_4~C_8 출발원료의 무촉매적, 비선택적 액상산화. C_1으로부터의 C_4의 카르복시산과 더욱 다른 부생성물을 생성한다.

영국의 British Distillers사는 비점범위가 15~95°C의 원유류분(대개 C_4~C_8 경우에 대응)의 산화프로세스를 개발했다. 그것에 의하면 액상중, 공기를 사용하여 무촉매하에서 산화가 행해지며, 스테인레스강제의 반응기 중, 160~200°C, 4~5 MPa(40~50 kg/cm^2)의 조건이 채용된다. 반응은 프리라디칼메카니즘으로 진행한다. 산화반응용액은 2단계의 증류에 의하여, 출발원료, 가벼운 휘발성의 부생성물 및 수분을 함유한 산의 혼합물로 분리된다. 아세트산이소아밀과 같은 저비점의 추출용매를 사용

하여 이 혼합물로부터 소량의 물을 함유한 카르복시산류가 최초에 추출된다. 유기상은 다음의 증류에 의하여 각각의 성분으로 분류된다. 아세트산 이외에 주로 포름산, 프로피온산 및 소량의 숙신산이 생성된다. 게다가 다른 생성물로서 단리하는 데 가치가 있는 양의 아세톤이 생성된다. 모든 부생성물이 프로세스의 경제성에 대해서 기여하고 있다. 프로세스의 조건에 따라서 아세트산 1t당, 약 0.35~0.75t의 부생성물이 얻어진다.

단리되어 경제성에 기여하는 생성물:
CH_3COOH
$HCOOH$
C_2H_5COOH
CH_3COCH_3

BP사는 Distillers사의 제법을 더욱 개량하여 기술적으로 완성시켰으며, 특히 영국에서 몇 개의 플랜트에 적용시켰다. 1996년의 생산능력은 아세트산이 22만 t/y, 프로피온산이 1.8만 t/y였다. 이 플랜트는 BP사의 방법을 이용하는 최후의 플랜트가 되었다.

Distillers BP법은 주로 영국에서 행하여지며, 기타 프랑스(3.0만 t/y) 일본(1.5만 t/y) 및 CIS(3.5만 t/y)에서 행해지고 있다.

7.4.1.3. 메탄올의 카르보닐화에 의한 아세트산의 제조

BASF사는 CO와 H_2에 관한 촉매반응의 연구에 의하여 새로운 아세트산의 제조법의 개척자가 되었다. 합성가스의 1차반응생성물인 메탄올이 카르보닐화되어 아세트산으로 되는 것이 발견된 것은, 1913년경이다. 이 경로는 1920년 이후, 메탄올이 공업적 규모로서 사용가능하게 된 것으로부터 경제적으로 흥미를 가지게 되었다. 그후, 다른 회사도(예를 들면 British Celanese사는 1952년 이후) 다음 반응식에 따라서 진행하는 카르보닐화반응에 대해서 열심히 연구하였다.

메탄올의 카르보닐화에 의한 아세트산제조법의 원리:

C_1+C_1의 합성반응.

기술개발상의 2가지의 중요한 전제:

1. 충분한 양의 CH_3OH가 값싸게 합성되는 것.

$$CH_3OH + CO \xrightarrow{[cat.]} CH_3COOH \left(\Delta H = -\frac{33\ kcal}{138\ kJ}/mol\right) \quad (43)$$

당초부터 존재하고 있었던 재질부식의 문제는, 1950년대 말기에 새로운 내식성이 뛰어난 Mo-Ni합금(Hastelloy®)의 개발에 의하여 처음으로 해결되었다. 1960년에는 최초의 비교적 소규모의 플랜트가 BASF사에 의하여 가동되었다. 이 프로세스에 의하면 메탄올은 단독, 또는 디메틸에테르 및 소량의 물과 함께 액상에서 CoI_2 존재하에, 250°C, 68 MPa(680 kg/cm^2)의 조건에서 CO와 반응시킨다. 이때, CoI_2의 카티온과 아니온은 별개의 기능을 가지고 반응메카니즘에 관여하고 있다. 즉, 요오드화코발트는 최초에 하이드라이드테트라카르보닐코발트와 요오드화수소로 변하며, 요오드화수소는 이어서 메탄올과 반응하여 요오드화메틸을 생성한다.

2. 부식문제의 극복과 경제적인 기술의 개발

BASF에 의한 최초의 공업프로세스의 원리:

CoI_2촉매에 의한 메탄올 또는 메탄올과 디메틸에테르 혼합물의 액상고압카르보닐화

$$2\ CoI_2 + 3\ H_2O + 11\ CO \rightarrow 2\ HCo(CO)_4 + 4\ HI + 3\ CO_2 \quad (44)$$

$$HI + CH_3OH \rightleftarrows CH_3I + H_2O \quad (45)$$

촉매반응메카니즘:

CoI_2는 하이드라이드테트라카르보닐코발트와 CH_3I를 공급하고 이들로부터 합성중간체 $CH_3Co(CO)_4$가 생성된다.

하이드라이드테트라카르보닐코발트와 요오드화메틸이 반응하여 중요한 중간체 $CH_3Co(CO)_4$로 되며, 이것은 CO의 삽입후에, 가수분해에 의하여 아세트산을 생성하고, 하이드라이드테트라카르보닐코발트를 재생한다.

$$CH_3I + HCo(CO)_4 \rightleftarrows CH_3Co(CO)_4 + HI \qquad (46)$$

$$CH_3Co(CO)_4 \xrightarrow{+CO} CH_3COCo(CO)_4 \xrightarrow{+H_2O} CH_3COOH + HCo(CO)_4 \qquad (47)$$

프로세스의 특징:

실제적으로 손실이 없는 촉매의 취급, 높은 AcOH 선택률, 프로세스의 본질로서 CO_2생성. 총량은 적지만, 많은 종류의 부생성물(C_2H5OH, C_2H_5COOH, C_2H_5CHO, C_3H_7CHO, C_4H_9OH 등)

이와 같이 해서 양쪽의 촉매성분은 재차 새로운 일련의 반응에 사용된다. 공업적 프로세스에 있어서는 코발트와 요오드는 거의 완전히 회수할 수 있다. 아세트산으로의 선택률은 각각 90%(CH_3OH), 70%(CO)이다. 아세트산 100 kg에 대해서 약 4 kg의 부생성물이 생성되지만, 이들은 많은 화합물로 형성되어 있다. 이때 CO_2는 병산물로 간주할 수 있다(반응식 44 참조). 5개의 증류탑으로 불순한 생성물을 증류하는 방식에 의하여 99.8%의 아세트산이 얻어진다.

2개의 플랜트에서 공업적으로 실시(서독, 미국)

1983년에는 BASF법에 의하여 2개의 플랜트가 가동하고 있었다. 독일에 있어서 플랜트는 5만 t/y, 미국의 Borden사의 플랜트(후에 정지)는 6.5만 t/y의 능력을 가지고 있었다.

C_1+C_1합성에 의한 AcOH 제조의 개량법(Monsanto법):

상압, 또는 약간 가압하, Rh/I_2 촉매에 의한 메탄올의 액상카르보닐화

촉매반응메카니즘:

CoI_2를 이용하는 고압법과 같이 CH_3-Rh-CO 착화합물을 활성종으로 한다.

메탄올의 카르보닐화에 대해서 로듐과 요오드의 조합이, 요오드화코발트보다도 훨씬 활성이 높은 촉매계로 되는 것이 1960년대 중기에, Monsanto사에 의하여 발견되었다. CoI_2의 경우와 마찬가지로 활성종은 메틸리간드를 갖는 금속카르보닐착화합물$[CH_3-Rh(Co)_2I_3]^{\ominus}$이라고 생각되고 있다. CH_3-Rh결합에 CO를 삽입하면 Rh-아세틸착화합물이 생성된다. 이것은 더욱 가메탄올분해반응에 의하여 아세트산을 생성하며, 원래의 착화합물을 재생하는 방식에 의하여 반응이 반복된다.

$$[CH_3-Rh(CO)_2I_3]^{\ominus} \xrightarrow{+CO} [CH_3C(=O)-Rh(CO)_2I_3]^{\ominus} \xrightarrow{+CH_3OH} CH_3C(=O)OH + [CH_3Rh(CO)_2I_3]^{\ominus} \qquad (48)$$

이와 같이 해서, 1970년에는 텍사스시티에 아세트산 15만 t/y의 생산능력을 갖는 최초의 공업플랜트가 도입되었다.

그후, 새로운 아세트산 플랜트의 건설에는, 이 Monsanto(현재 BP사)

의 방법이 주류가 되었으며, 1991년에는 세계의 약 58%가 이 기술에 기인하고 있다. 1999년에도 이 비율은 변하지 않고 있다. 일본에서는 Monsanto법에 의한 최초의 플랜트로서 1980년에 Daicel화학이 15만 t/y 설비의 조업을 개시했으며, 서유럽에서는 Rhône-Poulenc사가 1981년에 22.5만 t/y 설비를 가동시켰다.

공업적 프로세스에서는 메탄올과 CO의 반응은 액상 150~200°C, 3 MPa(30 kg/cm^2)까지의 가압조건하에서 연속적으로 행해지며, 아세트산의 선택률은 99%(CH_3OH) 및 90% 이상(CO)이다, 주요한 부생성물은 물과 CO가스의 이동반응에 의한 CO_2와 H_2이다. 로듐의 회수재사용의 손실을 적게 하는 것은 프로세스의 경제성에 있어서 매우 중요하며, 현재의 공장에서는 촉매계의 조정과 재생은 완전히 자동화된 프로세스의 제어에 의하여 가동되고 있다.

프로세스의 특징:
고선택성(주로 부생성물은 $CO+H_2O$의 반응에 의한 CO_2+H_2), 및 높은 Rh 가격에 의한 실질손실이 없는 촉매순환을 위한 특별의 방법.

영국의 BP사가, 1989년 이래 실시하고 있는 새로운 방식에서는, 로듐 촉매에 의한 카르보닐화가 원료로서 메탄올과 아세트산메틸의 혼합물을 사용하여 행해지며, 아세트산과 무수아세트산(7.4.2절 참조)을 시장의 수요에 따라서 40/60으로부터 60/40의 생성비율로서 병산된다.

7.4.1.4. 아세트산 제조법의 전망

아세트산 제조원료의 입수성과 가격은, 전구체의 하나인 아세트알데히드의 경우와 마찬가지로, 요즈음 수년에 걸쳐 크게 변했다.

출발원료의 면으로부터 C_1화합물인 CH_3OH와 CO로부터의 AcOH합성이 바람직하다. C_1소스로서 현재는 화학연료가 사용되고 있지만, 장래는 재생가능한 자원도 이용하리라고 생각된다.

Monsanto사의 메탄올 카르보닐화법이 경제적으로 가장 유리한 것으로 밝혀졌지만, 그 이유는 주로 2번의 석유위기에 기인하는 에틸렌의 가격의 상승이다. 한편, 촉매성분인 로듐은 고가인 금속이며, 또한 이것이 하이드로포르밀화반응(6.1.3절 참조)이나 자동차 배기가스 처리의 촉매로서도 확실한 용도가 있기 때문에, 손실이 적은 재순환이 필요하다.

광범위하게 유효한 Rh촉매, 이용할 수 있는 양이 한정되어 있다(세계의 Rh 생산량은 8 t/y이며, Pt 또는 Pd의 약 1/10). 따라서 Rh의 이용은 거의 손실이 허용되지 않는다.

따라서 메탄올의 카르보닐화에 적당한 다른 촉매를 연구하는 것은, 그 나름대로 의의가 있다. 이와 같은 움직임에서 BP사는 아세트산이리듐에 촉진제를 조합시키는 방식에 의하여, 보다 큰 공시효율을 제공하는 새로운 촉매를 개발했다. 상세한 정보는 공표되지 않았다.

이외의 금속을 이용하는 카르보닐화 촉매(예를 들면 Pt금속을 촉진제로 하는 Ni, Co, Mn)의 개발은 계속해서 중요성이 있다.

BP사는 최초의 플랜트를 한국과 중국에 건설할 계획으로 있다. 영국의 플랜트는 1998년에 새로운 Ir촉매계로 대체되었다.

석유 이외의 원료를 사용할 수 있으며, 반응성이 풍부한 CO/H_2가스(합성가스)로부터 유용한 중간체를 합성하는 C_1화학에 대한 관심이 세계적으로 고조되고 있지만, 새로운 아세트산의 제조법이 탄생할 가능성도 있다.

담지 Rh촉매에 의한 H_2/CO로부터의 AcOH/CH_3CHO/에탄올의 제조(UCC, Hoechst), CH_3OH/CO 경로보다 직접적이며, 경제적으로 흥미가 있다.

불균일계 Rh촉매를 사용하여 합성가스를, 아세트산, 아세트알데히드, 에탄올과 같은 함산소 C_2화합물로 직접 변환시키는 반응은 1970년대의 중기에 UCC사에 의하여 발견되었다.

Hoechst사도 고정상촉매를 사용하여, 합성가스로부터 이와 같은 3종류의 함산소 C_2화합물을 직접 합성하는 방법을 개발했다. 예를 들면 Rh-Yb-Li/SiO_2의 촉매를 사용하고, 290°C, 5 MPa(50 kg/cm^2)의 조건에서, 함산소 C_2화합물이 합계선택률 80%, 공시효율 200 g/L·h로서 얻어진다. 불순한 생성물을 더욱 산화한 후, 프로피온산과 부티르산을 추출·분리하면, 아세트산이 주생성물로서 얻어진다.

이 프로세스에 있어서는 파일럿 시험이 실시되어 왔다. Monsanto법이 최초로 많은 경비의 설비투자와 에너지소비를 필요로 하는 메탄올의 제조를 행하지 않으면 안된다라고 하는 것을 생각하면, 이 방법은 Monsanto법보다도 경제적으로 더 유리하게 될 가능성이 있다.

C_1경로의 3번째의 AcOH 제조법인 $HCOOCH_3$의 이성화는 HCOOH 유도체의 소비구조가 형성되어 있으면 유망하다.

포름산메틸은 합성가스로부터 얻어지는 또 하나의 생성물이며, 이성화하면 아세트산으로 된다. 이 경로는 Monsanto사의 메탄올 카르보닐화법(2.3.3절 참조) 이상의 경제적 장점이 인정된 경우, 혹은 그 기업의 특유 포름산유도체로의 용도가 발견된 경우에는, 공업적으로 흥미 있는 방법이라고 생각된다.

가격이 싼 저위 알칸을 이용하고 비선택적 산화에 의한 AcOH 제조법은 분리정제코스트가 높고, 경제성은 부생성물의 평가에 크게 좌우된다.

천연가스로부터 얻어지는 값이 싼 C_4~C_8류분과 부탄은 항상 합리적인 아세트산 제조원료인 것으로 생각된다. 그러나 이 방법은 혼합생성물을 처리하기 위한 설비투자가 크며, 더욱 경제성이 다종다양한 부생성물의 시장에서의 수요에 전적으로 의존하고 있다. 따라서 몇 개의 기업이 다른 프로세스, 즉 다른 원료를 사용하는 아세트산 플랜트를 병행하여 조업하고 있는 데에는 그 나름의 의의가 있다.

7.4.1.5. 아세트산의 용도

AcOH의 용도:

1. 아세트산에스테르의 형태로 모노머로서(아세트산비닐), 레이욘제조에(아세트산셀룰로오스), 및 도료나 수지의 용제로서(아세트산메틸, 아세트산에틸, 아세트산이소프로필, 아세트산부틸)

미국, 서유럽, 일본에서의 소비량의 내역으로부터 아는 바와 같이, 아세트산의 대부분은 각종의 아세트산에스테르의 제조용으로 사용된다(표 7.7참조).

거의 대부분의 국가에서 에스테르류의 서열은 유사하며, 아세트산비닐이 양적으로 가장 많고, 일반적으로 그 다음에는 아세트산셀룰로오스가 이어지고 있다.

아세트산n-부틸, 아세트산이소부틸 및 아세트산메틸도 중요한 에스테르

표 7.7 아세트산의 용도(중량%)

생 성 물	세 계		미 국		서 유 럽		일 본	
	1988	1998	1984	1998	1985	1998	1984	1998
아세트산비닐	40	49	52	61	35	34	26	31
아세트산셀룰로오스	4	4	16	-	8	6	18	15
아세트산에스테르	9	12	11	10	13	17	5	8
아세트산무수물, 아세트아닐리드, 염화아세틸, 아세트아미드	11	19	4	12	21	19	4	3
용매(테레프탈산, 테레프탈산디메틸에스테르 제조용)	8	9	8	9	6	10	22	13
클로로아세트산류	4	3	2	1	11	7	5	4
기타(Al, NH_4, 알칼리금속의 아세트산염 등)	24	4	7	7	6	7	20	26
총 소비량(10^6t)	4.36	5.90	1.41	1.67	0.94	1.42	0.36	0.52

이며, 아세트산에틸과 마찬가지로 도료나 수지의 용제로서 많이 사용된다.

아세트산셀룰로오스는, $C_6H_{10}O_5$ 단위당 3개의 에스테르화가 가능한 OH기의 아세틸화의 정도에 따라서, 아세톡시기의 함유율이 52~62.5중량%로 된다. 아세트산셀룰로오스는 섬유, 필름 및 도료의 제조에 사용된다.

Na, Pb, Al 및 Zn과 같은 금속의 아세트산염은 섬유, 염색, 피혁공업 및 제약업에 있어서 부원료로서 사용되고 있다.

2. 무기염의 형태로서 피복공업, 염색공업, 제약의 보조제로서

클로로아세트산류도 중요한 아세트산유도체이다. 그 중에서도 모노클로로아세트산이 가장 중요하다. 1997년의 클로로아세트산의 생산능력은, 서유럽에서 22만 t/y, 일본에서 4만 t/y, 미국에서 3.2만 t/y였다. 이들의 생산량이 부표에 나와 있다. 세계에서 최대의 모노클로로아세트산의 메이커는 Akzo-Nobel사이다. 클로로아세트산의 제조는, 액상 중 약 85℃ 이상의 온도, 0.6 MPa(6 kg/cm^2)까지의 압력에서, 아세트산을 염소화하는 방식에 의하여 행해진다. 일반적으로 촉매는 사용되지 않지만, 그 대신에 자주 무수아세트산이나 염화아세틸과 같은 개시제가 첨가된다. 트리클로로에틸렌의 가수분해에 의한 모노클로로아세트산(9.1.4절 참조)의 제조는 그다지 중요하지 않다. 모노클로로아세트산은 카르복시메틸셀룰로오스 제조용의 중요한 출발원료이며, 이외에 농약, 염료, 의약용의 중간체이기도 하다. 트리클로로아세트산의 Na염은 제초제로서 사용된다.

3. 클로로아세트산류의 형태로서 유기합성에 가장 중요한 클로로아세트산:

$ClCH_2COOH$는 CH_3COOH의 액상염소화에 의하여 제조되며, 카르복시메틸셀룰로오스에 가장 많이 사용된다.

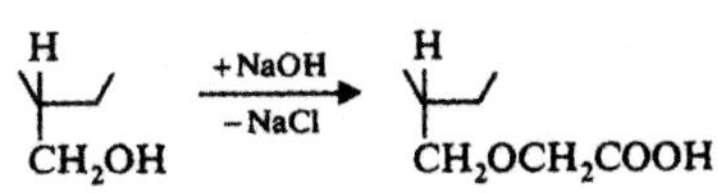

모노클로로아세트산의 생산량(단위:10^3t):

	1989	1991	1994
서유럽	214	218	238
일 본	34	31	36
미 국	30	30	27

무수아세트산이나 케텐은 아세트산의 유도체이지만, 그들 자신이 공업적으로 중요한 중간체이다. 이들은 다음의 소절에서 취급한다.

4. 무수물을 위한 출발원료: 케텐과 무수아세트산

아세트산은 또한 *p*-자일렌의 산화에 의한 테레프탈산 또는 테레프탈산디메틸의 제조(14.2.2절 참조)와 같은 액상산화의 용매로서도 사용된다.

5. 액상산화의 용매

아세트산은 장차, Halcon사가 개발할 새로운 프로세스에 의하여, 아세

6. CH_3OH의 동족체화에 의한 C_2H_5OH 합성의 중간체로서의 가능성. CH_3OAc의 수소화분해에 의한다.

트산메틸을 경유하여 에탄올의 제조용에 사용될지도 모른다. 아세트산메틸은 기상수소화분해에 의하여, 높은 전환률과 선택률로서 메탄올과 에탄올로 변환된다. 메탄올은 카르보닐화에 의하여 아세트산으로 하든지, 혹은 에스테르화에 의하여 아세트산메틸로 변환된다. 이와 같이 아세트산메틸은 메탄올의 동족체화(homologation; 8.1.1절 참조) 및 카르보닐화에 의한 무수아세트산(7.4.2절 참조) 합성의 중간체로서도 흥미가 있다.

7.4.2 무수아세트산과 케텐

2종류의 아세트산무수물:

1. 분자간: 무수아세트산(Ac_2O), 보다 중요성이 높다.
2. 분자내: 케텐(디케텐)

Ac_2O의 생산량(단위:10^3t):

	1987	1990	1997
미 국	740	830	910
서유럽	315	330	415
일 본	152	144	221

5가지의 Ac_2O 제조법:

1. CH_3CHO의 산화적 탈수
2. 케텐에 의한 AcOH의 "아세틸화"
3. CH_3OCH_3 혹은 CH_3OAc의 카르보닐화
4. 부탄의 산화
5. 2단계법에 의한 회수 아세트산의 이용

아세트산의 분자간 무수물인 무수아세트산과 분자내 무수물인 케텐은, 제조, 용도 및 중요성에 있어서 아세트산과 매우 밀접한 관계가 있다.

미국, 서유럽, 일본의 무수아세트산의 생산량을 부표에 제시한다. 1994년의 전세계의 생산능력은 약 190만 t/y였다. 그중 미국이 89만 t/y, 서유럽이 52만 t/y, 일본이 16만 t/y이다.

케텐과 그의 2량체인 디케텐은 무수아세트산으로 변환되는 것을 별도로 하면 양적으로 그다지 많지 않다. 1995년, 디케텐의 생산능력은 미국이 34만 t/y, 서유럽이 21만 t/y였다.

무수아세트산의 제법은 몇 가지 종류가 있지만, 현재 공업적 생산은 주로 2가지의 방법에 의하고 있다. 하나의 방법은 알데히드 산화의 변형이고, 다른 하나는 중간체로서 케텐을 경유하는 것이다. 케텐은, 일반적으로 아세트산의 탈수에 의하여 얻어지며, 이것을 아세트산과 반응시켜서 무수아세트산으로 한다. 별법으로서, 케텐은 아세톤으로부터 제조할 수도 있다. 새로운 경로로서 아세트산메틸의 카르보닐화가 있으며, 미국에서는 현재, 이 방법이 무수아세트산의 제조능력의 대부분을 점유하고 있다. 무수아세트산은 부탄의 산화에 의해서도 얻을 수가 있다(7.4.1.2절 참조). 또 하나의 가능성은 회수되는 아세트산의 변환이다. 지역에 따라서 무수아세트산의 제조의 패턴에 차이가 있다.

새로운 경로에는, 이미 공업화되어 있는 아세트산메틸의 카르보닐화 이외에 디메틸에테르의 카르보닐화도 포함된다. 1995년에 미국에서는 무수아세트산 전체 중에서 약 45%가 아세트알데히드의 산화, 22%가 케텐과 아세트산의 반응, 10%가 부탄의 산화에 의해서였다.

방법 1:

프로세스의 원리:

아세트산 Cu/Co의 균일계촉매를 사용하는 CH_3CHO의 액상산화. AcOH을 부생한다.

아세트알데히드를 공기 또는 O_2로서 산화하여, 무수아세트산을 제조하는 방법은, Hoechst-Knapsack사에 의하여 개발되었다. Shawinigan 사도 그의 변법을 개발했지만, 이것은 촉매로서 아세트산망간 대신에 아세트산구리와 아세트산코발트의 혼합물을 사용한다. 이 반응은 액상에

서, 50°C, 0.3~0.4 MPa(3~4 kg/cm^2)의 조건하에서 행해진다.

아세트알데히드로부터 수소가 탈취되는 방식에 의하여 최초에 생성하는 아세틸라디칼(7.4.1.1절 참조)은, $Cu^{2\oplus}$에 의하여 산화되어 아세틸카티온이 되며, 이것이 아세트산과 반응하여 무수아세트산이 된다.

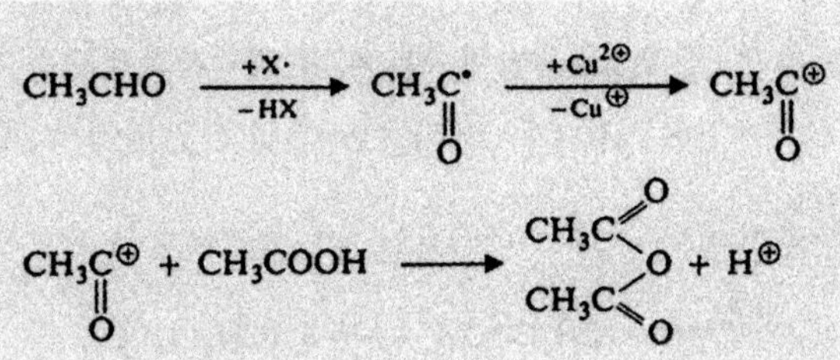

(49)

병행하여 아세틸라디칼에 O_2가 부가하고, 이어서 아세트알데히드로부터 수소를 탈취하는 것에 의하여 과아세트산이 생성한다. 과아세트산은 $Cu^{\oplus}$를 $Cu^{2\oplus}$로 재산화하는 역할을 한다.

과아세트산에 의하여 레독스촉매가 재생. 또한 폭발가능한 양의 과산이 생성.

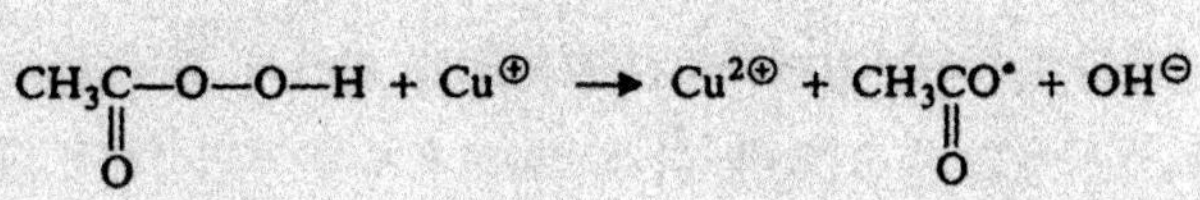

(50)

따라서 아세톡시라디칼로부터 생성하는 아세트산은, 피할 수 없는 병산물이다.

생성한 물은, 그 자신이 이번에는 무수아세트산으로부터 아세트산으로의 후속반응을 일으킨다. 따라서 공업적인 방법에서는, 예를 들면 아세트산에틸과 같은 공비화합물을 사용하여 물을 빠르게 계외로 제거한다. 95% 아세트알데히드의 전환율에 있어서, 최대 56:44의 비율로서 무수아세트산과 아세트산이 얻어진다.

프로세스의 특징:
공비에 의한 H_2O 제거에 의하여 Ac_2O의 가수분해를 방지한다.

프로세스의 예:
Hoechst-Knapsack
Shawinigan

케텐을 경유하는 아세트산의 탈수에 의한 무수아세트산의 제조법(Wacker법)에서는, 먼저 아세트산이 트리에틸인산의 존재하에, 700~750°C, 감압하에 케텐과 H_2O로 열분해된다.

방법 2:
2단계법의 원리:
1. 촉매적으로 달성된 케텐의 평형은 다음과 같이 하여 역반응이 방지된다.

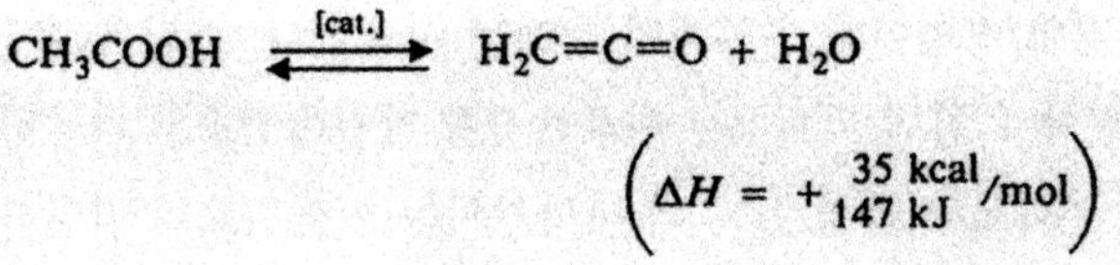

(51)

이어서 분해가스는, 생성한 H_3PO_4를 기상의 그대로 NH_3, 또는 피리딘에 의하여 중화되고, 더욱 급랭하여, 평형을 동결시킨다.

1.1. 촉매의 중화
1.2. 분해가스의 급랭
1.3. 짧은 체류시간(0.2~3초)

2. 케텐으로의 무촉매, 발열적인 아세트산 부가에 의한 Ac_2O의 제조. 예를 들면, 2가지의 역할을 갖는 액체 순환펌프형 반응기를 사용한다.
2.1. 케텐제조를 위한 감압장치로서
2.2. 흡입된 아세트산과 케텐의 반응기로서

반응가스 중의 고비점성분(무수아세트산, 아세트산 및 물)은 다단냉각 시스템에 의하여 가스상태의 케텐으로부터 분리된다. 이들은 물을 제거한 후, 재차 분리공정으로 순환시킨다. 아세트산의 전환율은 80%이다. 아세트산의 전환율이 70~90%일 때, 케텐의 선택률은 90% 이상(CH_3COOH)에 달한다. 이와 같이 해서 정제된 케텐은 직접 아세트산 중으로 유도(예를 들면, Wacker법에서는 이때 액체순환펌프를 사용한다)되며, 45~55℃, 5~20KPa(0.05~0.2 kg/cm^2)의 감압하에서 무수아세트산으로 전환된다.

$$H_2C{=}C{=}O + CH_3COOH \longrightarrow (CH_3CO)_2O \quad \left(\Delta H = -\frac{15\ \text{kcal}}{63\ \text{kJ}}/\text{mol}\right) \tag{52}$$

프로세스의 장점:

1. 중간체로서 케텐을 단리할 수 있다.
2. 값이 싼 AcOH, 예를 들면 다른 제조프로세스로부터 얻어진 것을 사용할 수 있다.
3. Ac_2O에 의한 아세틸화로부터의 회수아세트산을 재사용 할 수 있다.

이 공정에서는 거의 100%의 선택률이 달성된다. 이 무수아세트산의 제법은 필요에 따라서 케텐을 중간체로 하여 얻을 수 있는 장점을 가지고 있다. 더욱이, 가장 경제적인 프로세스에 의하여 제조되는 아세트산을 원료로서 사용할 수 있으며, 아세틸화반응시에 무수아세트산으로부터 생성하는 아세트산을 재차 사용할 수 있는 장점도 있다.

케텐의 제조 별법:

균일계 촉매를 사용하는 $(CH_3)_2CO$의 비가역적 탈메탄반응.

케텐은 또한 아세트산과는 관계없이, 아세톤을 소량의 CS_2의 존재하에 600~700°C에서 열분해하는 방식에 의해서도 제조된다.

$$CH_3COCH_3 \xrightarrow{[\text{cat.}]} H_2C{=}C{=}O + CH_4 \tag{53}$$

25%의 아세톤 전환율에서 70~80%의 케텐의 선택률이 가능하다. 아세톤분해법은 공업적으로 그다지 중요성은 없지만, 미국에서는 Hoffman La Roche사에서 1개의 플랜트가 가동되고 있다. 현재, 아세톤으로부터 케텐이 제조되고 있는 것은 스위스와 CIS뿐이다.

방법 3:

프로세스의 원리:

균일계 Rh염촉매를 사용하는 CH_3OCH_3 혹은 CH_3OAc의 카르보닐화

프로세스의 장점:

CO/H_2만을 사용하는 제법, 따라서 값싼 탄소원의 이용이 가능.

무수아세트산의 새로운 제조경로는, Hoechst사에서 개발한 디메틸에테르의 카르보닐화와, Halcon사에서 개발한 아세트산메틸의 카르보닐화이며, 어느 것의 방법이나 균일계의 촉매를 사용한다. 메탄올 혹은 메탄올의 카르보닐화에 의하여 얻어지는 아세트산을 출발물질로서 사용하기 때문에, 이들은 기본적으로 합성가스, 더 나아가서는 석탄원료에 기인하는 것이다. 아세트산메틸의 카르보닐화는 공업적으로도 실시되고 있다. Rh염의 촉매계에서, 헥사카르보닐크롬/피콜린을 촉진제로 사용하고, 150~220°C, 2.5~7.5 MPa(25~75 kg/cm^2)의 조건하에서 반응이 행해진다.

$$CH_3OC(=O)CH_3 + CO \xrightarrow{[cat.]} CH_3C(=O)OC(=O)CH_3 \quad (54)$$

1983년, Tennessee-Eastman사는 Halcon법을 채용하여, 미국에서 23만 t/y의 생산능력을 갖는 공장의 조업을 개시했다. 생산능력은 그 후, 30만 t/y로 확장되었다.

공업적인 이용:

미국의 Kingsport의 Tennessee Eastman은 Texaco의 석탄가스로부터 얻어지는 CO/H_2를 이용.

무수아세트산은 주로 아세틸화제로서, 그 중에서도 아세트산셀룰로오스의 제법, 아세틸살리실산이나 아세트아닐리드와 같은 의약품의 제조 및 이외의 중간체의 제조를 위하여 사용된다. 케텐도 마찬가지로 아세틸화제로서 사용되지만, 아세트산의 아세틸화에 의한 무수아세트산의 제조는 그의 가장 중요한 예에 해당한다.

Ac_2O 및 케텐의 용도:

1. 아세틸화용, 예를 들면 Ac_2O는 아세트산셀룰로오스, 의약, 염료 등의 제조용. 케텐은 Ac_2O의 제조용.

아세트산셀룰로오스용의 Ac_2O의 수요(중량%):

	1991	1997
미 국	80	86
서유럽	71	66
일 본	81	76

2. 디케텐의 제조용

케텐의 부가반응에는 흥미있는 응용이 있으며, 2량화에 의한 디케텐의 제조도 그의 하나이다.

디케텐은 케텐을 2량화하는 방식에 의하여 얻어진다. 반응은 기액혼상의 반응탑을 이용하여 35~40°C에서 행해지며, 디케텐의 액체가 케텐에 대해서 향류로서 도입된다.

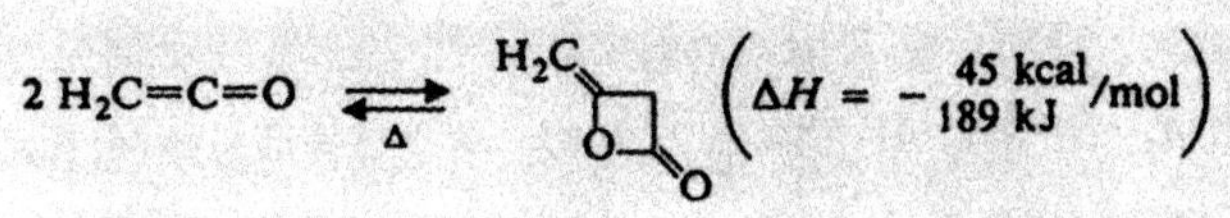

(55)

반응은 거의 완결할 때까지 진행하며, 배기가스로부터는 미량의 케텐이 묽은 아세트산에 의하여 세척제거될 뿐이다. 디케텐은 특별히 조심해서 증류정제할 필요가 있다. 왜냐하면, 디케텐은 알칼리성에서도 산성에서도 중합을 일으키기 때문이다.

디케텐은 아세토아세트산유도체의 제조를 위한 중요한 출발원료이다. 이들은 알코올, 암모니아, 아민, 하이드라진 등이 산 또는 알칼리촉매에 의하여 디케텐에 부가하여, β-락톤환이 개열됨으로써 생성한다.

디케텐은 의약(피라졸론, 쿠마린), 염료, 농약의 중요 중간원료인 아세토아세트산유도체의 제조에 사용된다.

벤젠환이 치환된 아세토아세트산아닐리드는, 디케텐과 치환페닐하이드라진으로부터 제조되는 피라졸론유도체와 꼭 같으며, 염료 및 의약의 중간체로서 폭넓은 용도가 있다.

단량체의 케텐은 알데히드와 반응하여 β-락톤을 생성한다. 예를 들면 $AlCl_3$의 존재하에 포름알데히드와 반응하여 β-프로피오락톤을 생성한다.

3. 부가반응용, 예를 들면 케텐과 HCHO로부터 프로피오락톤, 케텐과 $CH_3CH{=}CHCHO$로부터 소르브산.

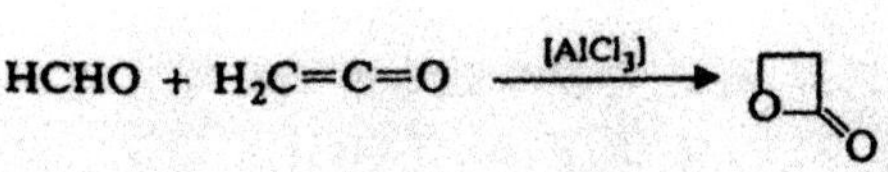

(56)

케텐은 크로톤알데히드와 반응하여 불안정한 β-락톤을 생성하며, 이것은 폴리에스테르로 되어 안정화 한다(7.4.3절 참조).

7.4.3 아세트알데히드의 알돌축합과 유도체

아세트알데히드의 "호모알돌화"에 의한 β-하이드록시부티르알데히드(아세트알돌)

이외에 "공알돌화" 예를 들면 HCHO와의 반응으로 펜타에리트리톨(8.3.1절 참조)

아세트알데히드는 활성인 α-수소를 갖는 알데히드에 특유한 형식으로 반응하여 2량체인 아세트알돌을 생성한다.

$$2\,CH_3CHO \xrightarrow{[cat.]} CH_3CH(OH)CH_2CHO \quad \left(\Delta H = -\frac{27\ kcal}{113\ kJ}/mol\right) \tag{57}$$

아세트알돌 제조법의 원리:

알칼리촉매에 의한 아세트알데히드의 알돌화는 전환율을 억제하는(산으로 중화) 것에 의하여 선택률이 향상.

오래된 IG Farben법과 마찬가지로, 아세트알데히드는 20~25℃에서 묽은 수산화나트륨의 존재하에, 관식반응기 중, 2~3시간의 체류시간으로 반응하여 아세트알돌로 된다. 알돌화반응은, 불용의 타르상태의 부생성물의 생성이나 다른 부반응, 후속반응을 억제하기 위하여 50~60%까지의 아세트알데히드의 전환율로서 행해진다. 반응은 아세트산 또는 H_3PO_4를 첨가하는 방식에 의하여 정지된다. 아세트알돌은 다음에 미반응의 아세트알데히드를 증발제거함으로써 약 73%의 수용액이 얻어진다. 알돌으로의 선택율은 약 85%에 달하며, 부생성물로서는 실제로 크로톤알데히드가 생성할 뿐이다.

아세트알돌의 2가지 용도:

1. 1,3-부탄디올
2. 크로톤알데히드

아세트알돌은, 진행하려는 탈수반응을 억제하면서 온화한 조건에서 수소화하는 것에 의하여, 1,3-부탄디올로 변환시킬 수 있다. 긴 사슬의 카르복시산과 1,3-부탄디올의 에스테르화합물은 가소제로서 사용된다. 1986년, 1,3-부탄디올의 전세계의 생산능력은 2.4만 t/y였다.

용도 1:

알돌은 열적으로 불안정.
따라서 온화한 조건에서 수소화하여 $CH_3CH(OH)CH_2CH_2OH$로 한다.

그러나 거의 대부분의 아세트알돌은 크로톤알데히드의 제조에 사용된다. 탈수반응은 소량의 아세트산의 존재하에서 매우 쉽게 진행한다. 아세트산은 동시에 축합반응을 방지하는 작용을 한다. 약 90~110℃에서 물이 제거된다.

용도 2:

산촉매에 의한 알돌의 탈수에 의하여, 반응성이 풍부한 중간체 크로톤알데히드로 한다.

$$CH_3CH(OH)CH_2CHO \xrightarrow{[H^{\oplus}]} CH_3CH{=}CHCHO + H_2O \tag{58}$$

크로톤알데히드는 2단계의 증류에 의하여 정제된다. 선택률은 약 95%(CH_3CHO)이다.

크로톤알데히드는 활성인 이중결합과 알데히드기로 인하여, 다음과 같은 2차반응에 의한 많은 용도가 있다.

크로톤알데히드는 특히 부분수소화에 의하여 n-부티르알데히드로 유도되며, 또한 더욱 이것을 수소화하는 방식에 의하여 1-부탄올이 제조되기 때문에, 양쪽의 화합물의 중간체로서 중요하다, 현재, 선진공업국에서는 양쪽 화합물 모두 프로필렌의 하이드로포르밀화에 의해서만 제조하고 있다(6.1절 참조).

1. 이중결합의 선택적 수소화에 의하여, n-부티르알데히드, 더욱 수소화하여 1-부탄올
2. 이중결합에의 부가반응
3. 알데히드기의 산화에 의하여 크로톤산

아세트알데히드를 원료로 하는 1-부탄올의 제조는 농작물로부터 대량의 에탄올을 얻는 브라질과 같은 국가에서 아직 행해지고 있을 뿐이다. 이것은 Cu/Cr 촉매상, 170~180°C, 혹은 또는 Ni 촉매를 사용하여, 보다 낮은 온도에서 크로톤알데히드를 수소화하는 것이다.

n-부티르알데히드의 또 하나의 유도체는 2-에틸헥산올이며, 알돌축합과, 그에 뒤따르는 수소화에 의하여 제조된다(6.1.4.3절 참조).

용도 1:

n-부티르알데히드/1-부탄올 및 유도체 2-에틸헥산올의 제조는 예를 들면 농산물로부터 얻어지는 값싼 에탄올이 이용되는 국가에서 만 지금도 실시하고 있다.

아세트알데히드로부터 n-부티르알데히드를 경유하는 많은 공정의 2-에틸헥산올의 제조법은, 브라질과 같은 국가에 의해서 아직 사용되고 있을 뿐이다.

크로톤알데히드는 이외에, *trans,trans*-2,4-헥사디엔산(통상, 소르브산)의 제조를 위해서 중요성이 증대되고 있다. 크로톤알데히드는 톨루엔과 같은 불활성 용매 중, 30~60°C에서 케텐과 반응하여 최초 폴리에스테르화합물로 된다. 촉매로서는 고위 카르복시산의 Zn염 또는 Cd염이 사용된다. 다음에 이 폴리에스테르는 제2단계에서 열분해 또는 산촉매 가수분해에 의하여 분해중합하여 소르브산으로 된다.

용도 2:

2.1. 크로톤알데히드에 대한 케텐의 부가에 의한 소르브산 생성

2단계법의 원리:

Zn 또는 Cd 균일촉매에 의하여 폴리에스테르화합물의 생성, 열 또는 $H^{\oplus}$ 촉매에 의한 소르브산으로 해중합.

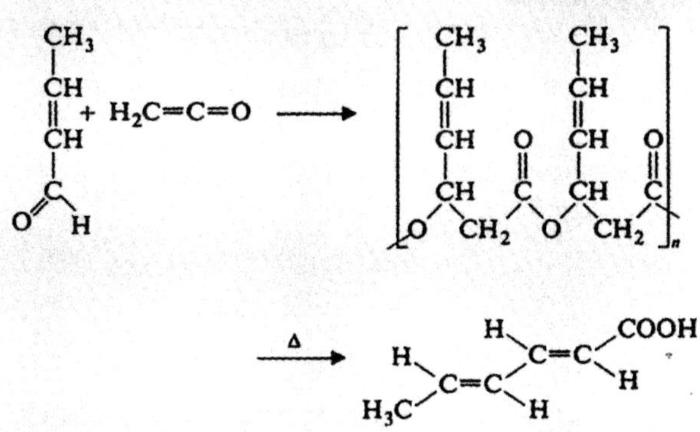

(59)

소르브산은, 산 및 K염, 또는 Ca염의 형태로서 식품보존용으로서 중요성이 높다. 독일에서는 Hoechst사에 의하여 제조되고 있고(1993년의 생산능력 0.7만 t/y), 일본에서는 몇 개의 회사에서 제조되고 있다. 미국에서는 유일의 소르브산공장(UCC사)이 1970년에 정지한 후, Monsanto사가 크로톤알데히드/케텐법에 의한 소르브산의 생산을 1977년에 새롭게 개시했다(생산능력 0.45만 t/y). UCC법에서는 소르브알데히드(2,4-헥사디엔알)가 전구체이며, 이것을 은촉매에 의해 산화시키면 소르브산으로

소르브산의 용도:

식품 및 기호품의 보존

소르브산의 공업적 생산:

독일: Hoechst
미국: Monsanto
일본: 여러 회사

변환된다. 소르브알데히드는 2차아민염의 존재하에 아세트알데히드를 알돌축합시켜서 제조하고 있었다. 세계의 소르브산의 수요량은 추정으로 약 1.9만 t/y이며, 그에 대한 세계의 생산능력은 2.5만 t/y이다.

2.2. 크로톤알데히드에 대한 CH_3OH의 부가에 이어서 수소화하는 것에 의하여 3-메톡시부탄올

제법의 원리:

알칼리촉매에 의한 CH_3OH의 부가와, 고압기포탑형 반응기 중에서의 안정한 알코올로의 직접수소화

크로톤알데히드에 메탄올을 반응시키면, 또 하나의 부가생성물이 얻어진다. 이와 같이 해서 얻어지는 3-메톡시부탄알은 쉽게 분해하여 출발원료로 돌아오기 때문에, 곧바로 수소화하여 3-메톡시부탄알로 변환된다. 부가반응은 수산화나트륨의 존재하에 5°C 이하의 온도에서 과잉의 메탄올을 사용하여 행해진다. 3-메톡시부탄알은 단리되지 않고, Ni촉매 또는 대부분의 경우, Cu촉매상, 액상에서 수소화된다.

$$CH_3CH{=}CHCHO + CH_3OH \xrightarrow{[OH^{\ominus}]} CH_3\underset{\displaystyle OCH_3}{\underset{|}{C}H}{-}CH_2CHO \xrightarrow[{[Ni]}]{+H_2} CH_3\underset{\displaystyle OCH_3}{\underset{|}{C}H}{-}CH_2CH_2OH \qquad (60)$$

3-메톡시부탄올의 용도:

1. 수압기용 오일에
2. 아세트산에스테르로서 도료용제에

3-메톡시부탄올으로의 선택률은 약 90%($CH_3CH{=}CHCHO$)이다.

이 에테르알코올은 수압기용 오일의 성분이며, 그의 아세트산에스테르는 뛰어난 도료용 용매로서 사용된다.

용도 3:

크로톤알데히드의 산화에 의하여 크로톤산

또 하나의 크로톤알데히드의 유도체는 크로톤산이다. 이것은 알데히드를 저온(20°C), 0.3~0.5 MPa(3~5 kg/cm²)에서, 공기 또는 O_2를 사용하여 액상산화하는 방식에 의하여 제조된다.

$$CH_3CH{=}CHCHO + 0.5\ O_2 \longrightarrow CH_3CH{=}CHCOOH \quad \left(\Delta H = -\frac{64\ \text{kcal}}{268\ \text{kJ}}/\text{mol}\right) \qquad (61)$$

제법의 원리:

퍼옥시크로톤산 중간체를 경유하는 무촉매 액상산화

이러한 제조법에 의하여 주로, 보다 안정한 *trans*-크로톤산이 약 60%의 선택률($CH_3CH{=}CHCHO$)로서 생성한다. 크로톤산은 독일에서는 Hoechst사에 의하여, 미국에서는 Eastman Kodak사에 의하여, 또한 일본에서는 몇 개의 회사에 의하여 제조되며, 주로 공중합의 성분으로서 사용되고 있다. 또한 알키드수지의 제조에도 사용된다. 이때, 크로톤산은 도료원료의 유동특성에 좋은 영향을 미친다.

크로톤산의 용도:

코모노머, 알키드수지의 유동성 조절제

7.4.4 아세트산에틸

아세트산에틸은 나라에 따라서 3가지 중 한 가지 방법으로 제조된다.

1999년에 있어서 전세계의 아세트산에틸의 생산능력은 120만 t/y 이상이며, 그중 서유럽이 31만 t/y, 일본이 25만 t/y, 미국이 13만 t/y였다.

몇 개의 어떤 아세트산에틸의 합성법 중, 지금까지 2개만이 공업적 제법으로서 실용화되고 있다. 따라서 각국의 사정에 의하여 에탄올이나 아세트알데히드 중 어느 한 가지가 출발원료로서 사용되고 있다.

가격이 싼 에탄올을 입수할 수 있는 국가에서는 산촉매의 존재하에 에탄올을 아세트산으로 에스테르화하는 방식에 의하여 아세트산에틸이 제조된다.

1. 산촉매에 의한 아세트산과 에탄올의 에스테르화반응

$$C_2H_5OH + CH_3COOH \xrightleftharpoons{[H^{\oplus}]} CH_3COOC_2H_5 + H_2O \quad (62)$$

에스테르화를 반응탑 중에서 연속적으로 행하는 방식에 의하여, 99%라고 하는 높은 수득률이 얻어진다.

아세트산에스테르는 n-부탄이 산화(7.4.1.2절 참조)할 때, 다른 많은 생성물과 함께 생성하며, 경제적으로 단리할 수도 있다. 예를 들면, 미국의 UCC사는 1983년 이래, 이것을 실시하고 있다.

2. n-부탄의 산화에서 부생성물로서 생성

일본이나 독일과 같이 아세트알데히드가 충분히 있든지, 또는 에탄올의 가격이 비싸게 먹히는 국가에서는 아세트알데히드의 Tishchenko 반응이 유리한 제조방법이다.

3. 아세트알데히드를 이용하는 Tishchenko 반응

$$2\,CH_3CHO \xrightarrow{[cat.]} CH_3COOC_2H_5 \quad (63)$$

제법2의 원리:
균일촉매에 의한 불균화. 즉, 알데히드의 높은 산화도(산)와 낮은 산화도(알코올)로의 전환(산화/환원)

촉매는 알루미늄에톡사이드이며, 에탄올/아세트산에틸 혼합매체 중에서 사용된다. 또한 Zn 및 염화물이온이 촉진제로서 첨가된다. 아세트알데히드로부터 아세트산에틸으로의 반응은 발열반응이며, 0~5°C에서 냉각하에 행해진다. 전환율 95%이고, 선택률은 약 96%(CH_3CHO)이다. 부반응으로 생성한 아세트알돌이 쉽게 탈수되며, 생성한 물이 알루미늄에톡사이드를 가수분해하기 때문에 촉매가 급속히 실활되고 있다. 따라서 현재, 특허문헌에만 표시되어 있을 뿐이지만, 아세트산의 에틸렌으로의 부가에 의한 방법이 장래는 중요하게 될지도 모른다.

프로세스의 단점:
OH기가 Al에 결합한 OC_2H_5리간드를 배제하고, 촉매를 실활시킨다.

유망한 아세트산에틸 제법의 별법:
CH_2=CH_2에의 AcOH 부가.
지금까지 아직 공업적으로 이용되지 않고 있다.

$$CH_3COOH + H_2C{=}CH_2 \xrightarrow{[cat.]} CH_3COOC_2H_5 \quad (64)$$

아세트산에틸은 중요한 용제이며, 주로 도료공업에서 사용되고 있다. 또한 항생물질 등의 의약품을 제조할 때의 추출용제로서도 사용된다. 주요 공업국에서의 아세트산에틸의 생산량은 부표와 같다.

아세트산에틸의 용도:
도료공업에 있어서 용제, 추출용제

아세트산에틸의 생산량(단위:10^3t):

	1994	1997	1999
서유럽	299	267	305
일 본	177	200	221
미 국	149	125	154

7.4.5 피리딘과 알킬피리딘

공업적으로 중요한 피리딘염기는 피리딘 그 자체인데, 2-메틸피리딘

공업적으로 중요한 피리딘류:

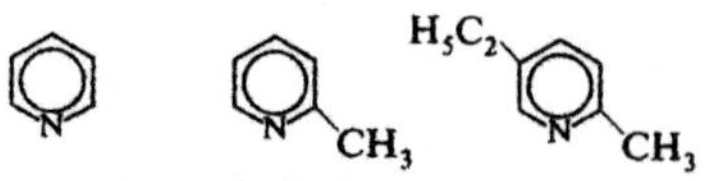

(2-picoline) (MEP)

주요한 제법:

피리딘은 콜타르로부터 분리. 2-피콜린과 MEP는 아세트알데히드/NH_3로부터의 합성

(2-피콜린) 및 2-메틸-5-에틸피리딘(MEP)이다. 3- 및 4-피콜린은 한정된 용도가 있을 뿐이다. 피리딘은 현재 주로 콜타르로부터 단리되고 있다. 콜타르 중에는 다른 저비점의 성분과 함께 0.1중량%의 피리딘이 함유되어 있다. 그러나 수요의 증가에 수반하여 피리딘류의 합성법이 중요성을 증대시키고 있으며, 특히 알킬피리딘의 경우가 그것이다.

1996년에 있어서 세계의 합성피리딘류의 생산능력은 약 10.5만 t/y였으며, 그중 서유럽이 4.7만 t/y, 미국이 3.6만 t/y, 일본이 1.8만 t/y이다. 합성피리딘류의 최대 메이커는 벨기에의 Reilly Chemicals사이며, 생산능력은 1.7만 t/y이다.

합성법의 원리:

C_2-알데히드는 짝수의 탄소수의 알킬피리딘을 제공하며, C_2-알데히드와 C_1-알데히드를 혼합하면 피리딘 및 홀수개의 탄소수를 갖는 알킬피리딘을 제공한다.

같은 출발원료(CH_3CHO 또는 파라알데히드, NH_3)를 사용한 2가지의 제조방법이 있다:

1. 액상
2. 기상

지금까지 많이 알려져 있는 제법 중, 아세트알데히드(단독 또는 포름알데히드와 함께)와 암모니아를 원료로 하는 방법이 가장 중요성이 높다(11.1.6절 참조). 2-메틸-5-에틸피리딘의 합성은 반응이 단순하며, 선택률도 경제적으로 실시하는 데 충분했기 때문에, 피리딘류 중에서 최초로 공업화되었다.

아세트알데히드는 직접, 또는 파라알데히드의 형태로서, 30~40%의 암모니아 수용액과 반응시킨다. 반응은 연속프로세스에 의하여, 액상에서 아세트산암모늄 촉매의 존재하, 220~280°C, 10~20 MPa(100~200 kg/cm^2)에서 행해진다.

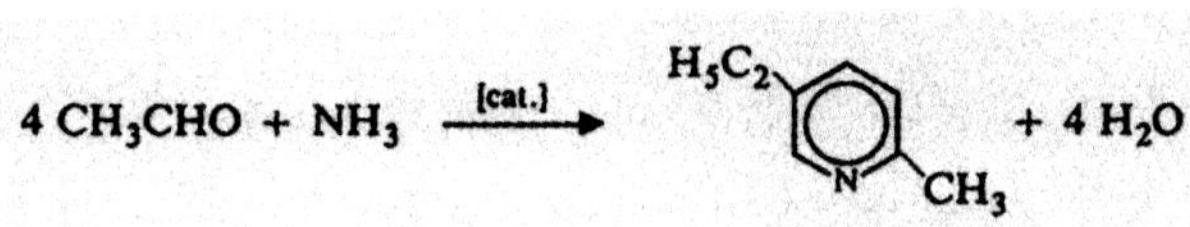

(65)

방법 1:

균일촉매에 의한 액상 가압반응(주로 MEP의 제조)

반응생성물은 2상을 형성하고 있으며, 수상의 대부분은 반응에 재순환되고, 유기상은 공비 및 감압증류에 의하여 분리정제된다.

방법 2:

불균일촉매에 의한 기상상압반응(주로 2-피콜린 및 4-피콜린의 제조)

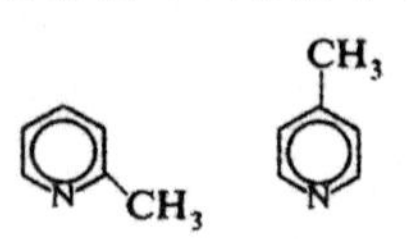

2-메틸-5-에틸피리딘으로의 선택률은 70%(아세트알데히드)에 달한다. 부생성물로서 2- 및 4-피콜린이 약 3:1의 비율로서 생성하며, 또한 보다 고차치환된 피리딘염기도 부생한다. 촉매로서 Al_2O_3 또는 $Al_2O_3 \cdot SiO_2$(더욱 촉진제를 함유하는 경우가 있다)를 사용하여 기상에서 반응을 행하면, 아세트알데히드와 암모니아로부터 상압, 350~500°C에서 주로 2- 및 4-피콜린이 같은 정도의 비율로서 생성한다.

CH_3CHO, $HCHO$, NH_3로부터의 피리딘의 제조는 공업적으로 실시되고 있다.

아세트알데히드와 포름알데히드의 혼합물을 NH_3와 함께 기상에서 반응시키면, 피리딘과 3-피콜린이 얻어진다.

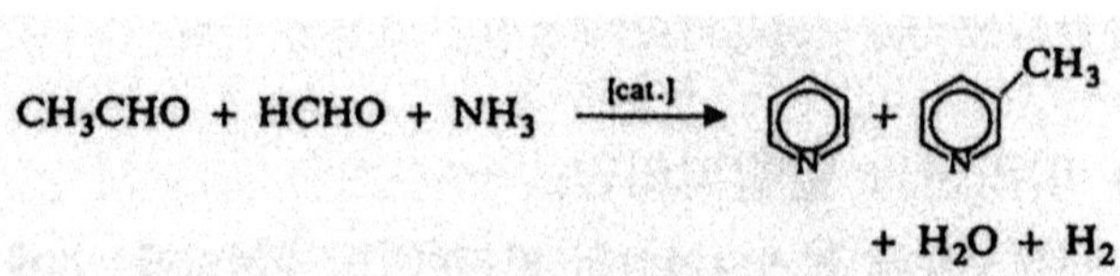

(66)

이러한 경로가 공업적으로 행해지고 있다. 새로운 플랜트에서는 촉매로서 ZSM-5-제올라이트가 사용되고 있다. 사용되는 알데히드의 비율에 의하여 반응생성물의 비율이 결정된다.

DSM사는 1977년에 새로운 선택적인 다단법으로서, 2-피콜린의 생산(0.5만 t/y: 1991년)을 개시했다. 이것에 의하면 최초의 단계에서 아세톤은 염기촉매(이소프로필아민)에 의하여 아크릴로니트릴과 반응하며, 80% 이상의 선택률(아세톤, 아크릴로니트릴)로서 5-옥소헥사노니트릴로 된다. 이것은 이어서 수소의 존재하, 담지금속촉매, 예를 들면 Ni/SiO_2 또는 Pd/Al_2O_3, 기상에서 탈수환화하여 2-피콜린 또는 그의 수소화생성물로 된다.

2-피콜린제조의 별법(다단계법):
1. 아세톤의 시아노에틸화
2. 탈수소를 동반하는 환화탈수

DSM에 의해 실리적으로 이용

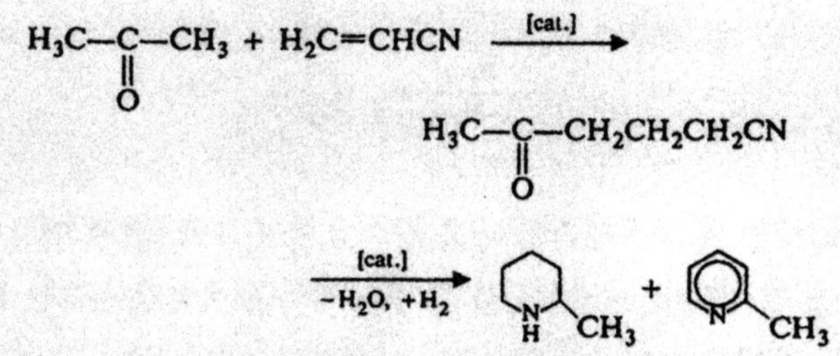
(67)

최근, Nippon Steel화학에 의하여 개발된 2-피콜린과 2-메틸-5-에틸피리딘의 제법은 지금까지 아직 공업적으로 이용되지 않지만, 종래의 모든 방법과 다르며, 에틸렌으로부터 직접 출발하는 것이다. 에틸렌은 NH_3와 함께 암모니아성 팔라듐염용액과 Cu-레독스계의 존재하에, 100~300°C, 3~10 MPa(30~100 kg/cm^2)에서 반응하여, 합계선택률 80%(에틸렌)로서 양쪽의 알킬피리딘을 생성한다.

균일 Pd촉매를 사용하는 $CH_2=CH_2/NH_3$ 반응에 의한 알킬피리딘 제조의 별법은 유망하지만, 공업적으로 아직 이용이 되지 않고 있다.

반응메카니즘은 중간체 아세트알데히드의 생성(Wacker Hoechst)에 의하여 설명된다.

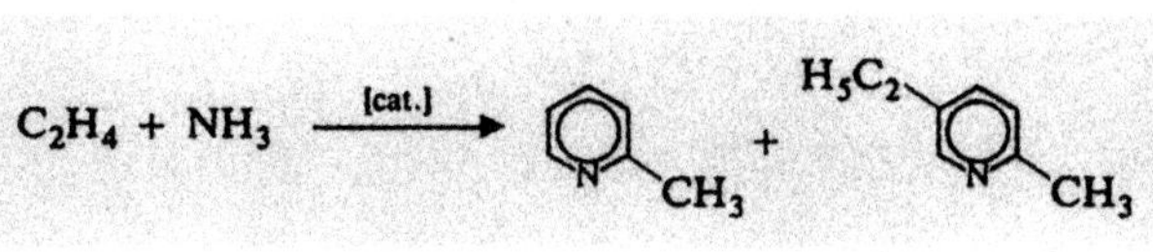
(68)

2-메틸-5-에틸피리딘의 주요한 용도는, 니코틴산(피리딘-3-카르복시산, Niacin®)의 제조이다. 이것은 먼저 질산으로 산화되며, 이어서 2-위치의 카르복시기가 선택적으로 탈카르복시화 된다.

알킬피리딘의 용도:

MEP는 비타민 중간체로서의 니코틴산의 원료이며, 니코틴산은 안티펠라그라-비타민 B_3 혹은 효소 구성요소인 니코틴아미드로 유도된다.

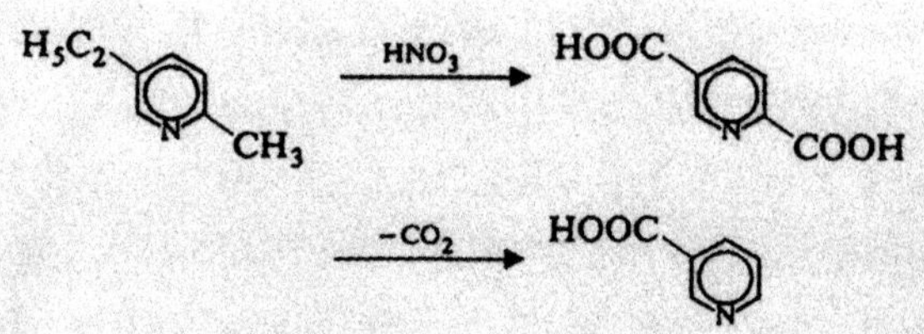
(69)

니코틴산제조법의 특징:

원료탄소의 25%는 산화/탈카르복시화로서 소실되지만, CO_2는 2,4,3 위치의 순서로서 탈리하기 쉽기 때문에 2단계의 선택성은 높다.

2-피콜린으로부터 2-하이드록시에틸피리딘을 경유하여 2-비닐피리딘이 제조된다.

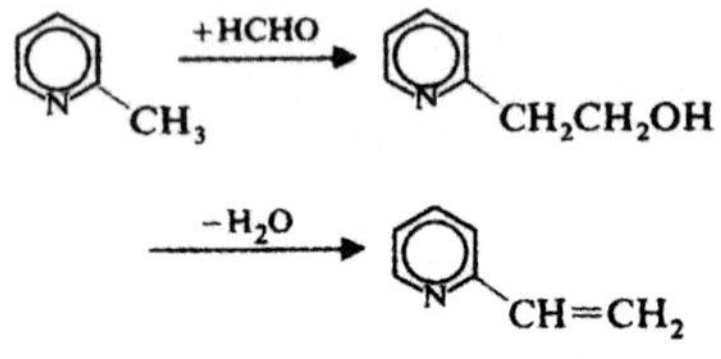

니코틴산과 그 유도체(예를 들면, 니코틴산아미드)는 비타민 B군에 속한다. 이들은 의약품으로서 가장 중요하며, 또한 식품 및 사육용의 첨가물이기도 하다. 니코틴산아미드는 공업적으로는 니코틴산에스테르와 NH_3의 반응에 의하여 제조되고 있다. 또 하나의 경로는 3-피콜린(3-메틸피리딘)의 암모산화에 의하여 니코틴산니트릴을 합성하고, 그의 부분적 가수분해에 의하여 니코틴산아미드를 얻는 방법인데, 연구가 상당히 진척되고 있다.

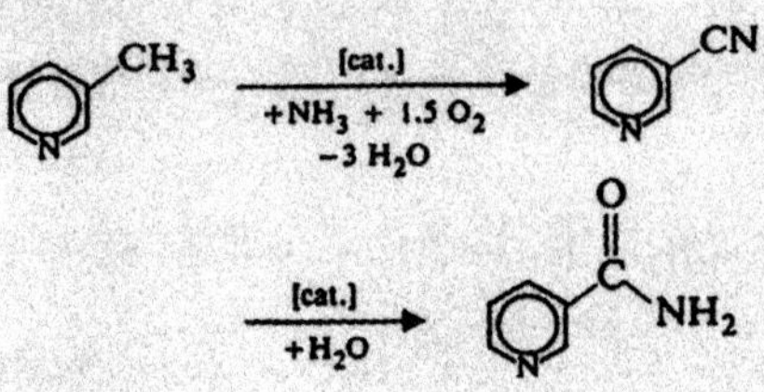

(70)

Degussa사는 이 프로세스를 최초로 이용하여, 1983년에 앤트워프에서 공업생산을 개시했다. 니코틴산과 그 유도체의 세계적인 수요는 1만 t/y로 추정되며, 그 내역은 미국이 약 45%, 서유럽이 30%, 일본이 10%이다.

2-피콜린은 2-비닐피리딘 제조의 출발원료이다. 2-비닐피리딘은 부타디엔 및 스티렌과 공중합하며, 타이어공업에 있어서 합성섬유와 고무의 접착성을 향상시키기 위하여 사용된다. 피리딘유도체는 제초제나 의약품의 합성에도 사용된다.

제 8 장 알코올

8.1 저위 알코올

메탄올, 에탄올, 2-프로판올, 부탄올은 공업적으로 가장 중요한 저위 알코올이다. 알릴알코올도 실용적 가치가 증대하고 있기 때문에 중요한 알코올의 1종이지만, 이것에 대해서는 알릴구조를 갖는 불포화화합물로서 11.2.2절에서 설명한다. 아밀알코올은 양적으로는 더욱 적지만, 그의 용도는 서서히 증가하고 있다.

공업적으로 중요한 저위 알코올:

CH_3OH
C_2H_5OH
iso-C_3H_7OH
C_4H_9OH(*n*-, iso-, *sec*-, *tert*-)
$CH_3(CH_2)_3CH_2OH$
$CH_3CH_2CH(CH_3)CH_2OH$
$(CH_3)_2CHCH_2CH_2OH$

메탄올은 모든 공업국에서 양적으로 가장 중요한 알코올이다. 이것은 주로 합성가스로부터 제조되는 C_1제품이며, 이미 2.3.1절에서 설명했다. 2-프로판올은 메탈올에 비하여 양적으로 매우 적지만, 2번째의 위치를 점유하고 있다. 에탄올은 미국, 영국과 같이 그의 가치가 수요와 공급의 관계에 의하여 결정되는 국가에서는 저위 알코올 중에서 제3의 위치를 점유하고 있다.

저위 알코올의 생산량 순위:

	미국	서유럽
1	메탄올	메탄올
2	2-프로판올	부탄올
3	에탄올	2-프로판올
4	부탄올	에탄올

한편, 독일이나 일본, 서유럽 이외의 몇 개의 국가에서는 농산물의 발효에 의하여 제조되는 알코올을 보호하기 위하여 합성에탄올의 시장은 과세에 의하여 규제되고 있다. 이들의 국가에서는 에탄올의 판매량과 가격은 시장에 좌우되지 않는다. 그러나 1978년 이래, 합성알코올의 유통시장은 다소 용이하게 되었다.

몇 개의 국가에서 에탄올이 자유로 발전할 수 없었던 이유:

1. 발효알코올을 보호하기 위한 음료용 알코올의 전매와 에탄올에의 과세
2. 합성에탄올의 음료용으로의 사용금지(EC 여러 나라)

8.1.1 에탄올

합성에탄올의 생산량(단위 10^3 t):

	1990	1993	1998
미 국	215	308	210
서유럽	445	499	471
일 본	90	77	84

1998년의 전세계 합성에탄올의 생산능력은 약 260만 t/y이었다. 그 중 미국이 59만 t/y, 서유럽이 58만 t/y, 일본이 11만 t/y이다. 한편, 발효에탄올의 생상능력은 미국이 560만 t/y, 서유럽이 56만 t/y, 일본이 16만 t/y이었다.

1997년의 발효에탄올의 생산량은 세계에서 약 2410만 t/y이었으며, 사탕수수의 당밀, 옥수수의 전분 등의 농산물이나 목재의 가수분해물, 제지공업의 아황산처리액을 원료로 하여 생산되고 있다. 플랜트의 대부분은 브라질, 인도, 미국에 입지하고 있으며, 이외의 생산국은 일본, 멕시코, 남아프리카, 인도네시아 및 서유럽의 몇 개의 국가이다. 최근, 농산물이 재생가능한 원료로서 종전 방법의 별법으로서 사용되는 것이 많아지고 있다. 예를 들면, 유지로부터의 고위 알코올의 제조이다(8.2절 참조). 합성에탄올의 생산량을 부표에 나타내었다.

에탄올은 공업적으로는 주로 에틸렌으로부터 다음과 같은 2가지 방법으로 제조되고 있다.

C_2H_5OH 제조법:
1. 황산에스테르를 제조하고, 이것을 가수분해하는 간접법
2. 산촉매를 사용하는 에틸렌의 수화에 의한 직접법

1. H_2SO_4의 부가, 이어서 황산에스테르의 가수분해에 의한 간접 수화법
2. 촉매를 사용하는 직접 수화법

H_2SO_4법의 특징:
1.1. 기포탑형 반응기 중에서 가압하, 진한 황산 중으로 에틸렌의 단계적 흡수(촉매존재하에 행할 수도 있다)

간접 수화법은 1930년부터 공업적으로 실시되어 왔다. 에틸렌의 농도 35~95%의 에틸렌의 함유가스를 복수의 흡수탑계에서 55~80°C, 1.0~3.5 MPa(10~35 kg/cm^2)의 조건하에 약 94~98% 황산과 반응시킨다. 이 공정은 Ag_2SO_4를 촉매로서 행할 수 있다. 반응은 발열반응이며, 황산모노에틸과 황산디에틸이 생성된다.

$$H_2C{=}CH_2 + H_2SO_4 \rightarrow C_2H_5O{-}SO_3H$$
$$C_2H_5O{-}SO_3H + H_2C{=}CH_2 \rightarrow (C_2H_5O)_2SO_2 \quad (1)$$
$$\left(\Delta H = -\frac{58\ \text{kcal}}{243\ \text{kJ}}/\text{mol}\right)$$

1.2. 희석한 후, 온도를 올려서 가수분해(희석하지 않으면 에틸렌으로의 역반응이 일어난다)

황산의 농도를 45~60중량%로 조정한 후에, 이들의 황산에스테르는 내산라이닝을 실시한 증류탑 중, 70~100°C에서 에탄올로 가수분해된다. 이때, 디에틸에테르가 부생하며, 특히 고온에서는 그의 부생물이 증가한다.

$$C_2H_5O{-}SO_3H \text{ or } (C_2H_5O)_2SO_2 + H_2O \rightarrow C_2H_5OH + (C_2H_5)_2O \quad (2)$$

H_2SO_4법의 단점:
1. 부식문제

묽은 황산은 액중의 연소버너에 의하여 농축된다. 이 방법에서는 황산 중에서 직화로서 물을 증발시키지만, 이때 소량의 SO_2도 발생한다.

에탄올의 선택률은 약 86%(에틸렌)이다.

1974년 이래, 미국에서는 채산상의 이유로부터, 이 황산에틸법은 실시되지 않고 있다. 최후까지 가동하고 있었던 서유럽(프랑스)의 플랜트는 1980년대 중엽에 정지했다.

이외의 생산방법도 포함된 묽은 황산의 처리방법에 대해서는, 다른 프로세스에 유래하는 것도 포함하여, Bertrams/Bayer법을 적용하는 방식에 의하여 상당한 개량이 가능하다.

이 방법에서는, 묽은 황산은 최종적으로 글라스라이닝을 실시한 강철제의 순환식 농축기로서 농축된다. 필요에 따라서 일반적으로 65% 질산을 산화제로서 첨가하는 방식에 의하여, 희망하지 않는 배기가스의 생성이 없는 유기물에 의한 오염을 제거할 수 있다.

이 기술은 공업적으로 널리 이용되고 있다.

에틸렌의 접촉수화법은 1947년에 Shell사에 의하여 처음으로 실용화되었다. 물의 부가는 일반적으로 산촉매를 사용하여 기상에서 행해진다.

$$H_2C{=}CH_2 + H_2O \underset{}{\overset{[H^{\oplus}]}{\rightleftharpoons}} C_2H_5OH\left(\Delta H = -\frac{11\ \text{kcal}}{46\ \text{kJ}}/\text{mol}\right) \quad (3)$$

촉매로서는 H_3PO_4/SiO_2가 특히 뛰어나며, 몇 개의 다른 프로세스로서 사용되었다. 일반적인 반응조건은 300℃, 7.0 MPa(70 kg/cm^2)에서 체류시간을 짧게 하여 디에틸에테르나 에틸렌올리고머의 부생을 억제한다. 이와 같은 온도, 압력조건하에서는 평형관계에 의한 제약으로부터 약 30%의 에탄올의 농도가 얻어질 뿐이다. 수증기의 분압을 높게 하면 인산을 잃어 촉매활성이 저하하고, 촉매수명도 단축된다. 이와 같은 이유로부터 에틸렌에 대한 물의 몰비는 0.6으로 한정된다. 에틸렌의 One path 전환율은 약 4%에 불과하다. 따라서 에틸렌의 경제적인 이용을 달성하는 데에는, 몇 번이고 에틸렌을 순환시키지 않으면 안되며, 이때 순환가스 중에 불활성가스가 증가하지 않도록 에틸렌가스를 고순도로 하든지, 또는 purge gas의 양을 크게 할 필요가 있다. 반응기로부터의 가스는 냉각되며, 응축성의 생성물이 분리된다. 그리고 에틸렌은 다시 한번 반응온도까지 가온되며, 재사용된다. 얻어진 불순한 알코올 수용액은 농축되며, 추출증류에 의하여 정제된다. 에탄올의 선택률은 97%이다. 이것의 잘 알려진 제법은 BP사, Shell사, UCC사, USI사, Veba사(현재, Hüls사) 등에 의하여 개발되었다. 단일공장의 생산능력은 38만 t/y에 달하고 있다.

접촉수화법은 훌륭한 방법으로, 고순도의 에틸렌이 필요하든가, 전환

2. 황산을 70%로부터 90% 이상으로 농축하기 때문에 코스트가 높다.
3. 반응용액 중 연소버너에 의한 배기가스 중에서의 SO_2 발생

H_2SO_4법의 개량:

H_2SO_4를 2단계로서 20%로부터 96%로 농축하고 동시에 정제도 가능:

1. 박막형 증발기에 의하여 20%로부터 78%로 농축
2. 강제순환식 농축기에 의하여 78%로부터 96%로 농축

접촉수화법의 특징:

H_3PO_4/SiO_2촉매를 사용한 기상불균일 프로세스로서, 제1단계는 에틸렌으로의 프로톤 부가에 의한 에틸카르베늄이온의 생성이다.

발열적, 체적감소형 반응으로 인하여 고압, 특히 높은 H_2O분압과 저온조건이 유리하지만, 촉매의 수명과 반응속도면으로부터의 요구로 인하여 한계가 있다.

희석수용액으로부터의 에탄올의 단리:

1. H_2O와의 공비증류에 의하여 95% C_2H_5OH을 얻는다.
2. 공비제(예를 들면 벤젠)의 첨가에 의한 탈수

접촉수화법의 단점:
1. C_2H_4 전환율이 낮다.
2. 고순도 C_2H_4가 필요하다.
3. H_3PO_4가 연속적으로 소모된다.
4. 에너지 소비량이 크다.

C_2H_5OH 제조비와 C_2H_4 가격과의 직접적 관계가 다른 제법으로 관심이 고조된다.

CH_3OH의 CO/H_2에 의한 동족체화로서 CH_3CHO를 얻는 방법. 더욱 insitu 수소화로서 C_2H_5OH로 하는 방법은 상당히 연구되었지만, 공업적인 실시에는 이르지 못했다.

종래의 알코올발효법(탄수화물, 아황산처리 후의 펄프배출액을 원료로 한다)의 새로운 양상:
1. 사용원료의 확대(증대하는 바이오매스나 국내 폐기물)
2. 프로세스공학의 발전(발효프로세스의 연속화와 최적화)
3. 발효속도의 향상(에탄올의 동시제거)

C_2H_5OH의 용도:
현재도 CH_3CHO, 에틸렌의 원료, 용제, 에스테르원료, 가솔린첨가제, SCP(single cell protein) 제조용 탄소원

율이 낮다라고 하는 근본적인 결점이 있긴 하지만 현재, 황산법이나 접촉수화법에 한결같이 경합될 수 있다.

에탄올 제법의 경제성을 결정하는 최대의 요인은 황산법의 배수문제나 접촉수화법의 낮은 전환율에 기인하는 제조코스트가 아니고, 에틸렌 및 그 원료로 되는 원유나 천연가스 등의 가격이라고 생각된다.

새로 개발된 기술은 각종 탄소원의 사용이 가능한 합성가스에 기인하고 있다. 하나의 방법은 homologation이며, 이 방법으로는 메탄올을 액상 혹은 기상에서 Rh 혹은 Co를 함유하는 다원소촉매상에서 CO/H_2와 반응시킨다. 반응조건과 사용할 촉매를 선택하면, 아세트알데히드 혹은 에탄올의 어느것이 선택적으로 얻어진다. 이 기술은 아직 실용화되지는 않고 있다(2.3.1.2절 참조).

따라서 현재 사용되고 있는 탄수화물이나 아황산처리 후의 펄프배출액을 포함하여, 알코올의 발효에 적당한 생물자원의 가치는 더욱 상승하리라고 생각된다. 특히 주목되는 것은, 연속프로세스의 개발이며, 이것에 의하여 발효법의 경제효율이 향상하리라고 생각된다. 발효할 때의 에탄올의 농도가 높아지지 않도록 조정하여 에탄올에 의한 발효저해를 억제하면, 에탄올의 공시효율을 향상시킬 수 있다. 따라서 예를 들면, 보다 낮은 압력에서의 에탄올의 증류, 막에 의한 에탄올의 선택적인 분리, 혹은 도데칸올과 같은 용제의 사용에 의한 연속추출 등의 수단이 필요하다.

에탄올의 생산성은 루프식 기포탑에서 효모균의 농도를 될 수 있는 한 높이고, 기-액-고의 3상계를 격렬하게 교반하여 프로세스를 연속적으로 가동하는 방식에 의해서도 상당히 향상시킬 수가 있다.

미국, 영국, 독일 등의 몇 개의 국가에서는 지금까지 에탄올은 아세트알데히드의 중요한 원료였지만, 그 용도의 에탄올 사용량은 현저하게 감소하고 있다. 예를 들면, 미국에서는 1983년을 마지막으로 이 방법에 의한 공장생산은 행하고 있지 않다. 이와 같이 감소한 이유는, 아세트알데히드의 주요한 유도체였던 아세트산이 메탄올의 카르보닐화반응에 의하여 경제적으로 제조되기에 이르렀기 때문이다. 브라질, 인도, 파키스탄, 페루 등의 각국에서는 발효법에 의한 에탄올이 지금도 탈수반응에 의하여 에틸렌으로 변환되어, 석유화학원료로부터의 에틸렌을 보충하고 있다. 이 탈수반응은 활성알루미나, 규산알루미늄, H_3PO_4 함침촉매를 사용하고, 고정상반응기 중, 300~360°C에서 행해진다. 에탄올은 이외에 용제로서, 혹은 에스테르의 주성분으로서 사용된다. 또한 에탄올은 자동차용 연료의 성분으로서의 사용량이 증가하고 있다. 브라질은 발효에탄올을 가솔린용으로 대

량사용한 최초의 국가이다(1993년에는 400만대의 차량이 에탄올을 사용했다). 미국에서는 가솔린에 에탄올을 사용하는 Gasohol 프로젝트에 의하여, 1985년까지 이미 가솔린수요의 약 5%를 에탄올이 담당하고 있다. 1995년에는 미국의 가솔린에 대한 에탄올의 비율은 83%였지만, 서유럽과 일본에서는 1997년 이래 에탄올은 가솔린에 사용되고 있지 않다. 메탄올과 마찬가지로 에탄올도 SCP의 원료로서 사용할 수있다(2.3.1.2절 참조). 체코슬로바키아에서는 에탄올을 원료로 하여 0.4만 t/y의 SCP가 생산되고 있다. 미국에서도 Amoco사가 0.7만 t/y의 SCP 설비에 의하여 고순도의 에탄올로부터 단백질의 함유율 53%의 토룰라효모를 생산하고 있다.

에탄올의 에스테르 중 아세트산에틸(7.4.4절 참조)과 염화에틸이 공업적으로 가장 중요하다. 1995년의 염화에틸의 생산능력은 미국이 6만 t/y, 서유럽이 11.2만 t/y, 일본이 0.5만 t/y이었다. 뒤에서 설명하는 바와 같이, 그후의 염화에틸의 사용량은 상당히 감소하고 있다. 염화수소 또는 진한 염산과의 에스테르화는 메탄올의 경우와 마찬가지로 액상 또는 기상에서 행해진다. 촉매로서는 무기산 또는 $ZnCl_2$, $FeCl_3$, $BiCl_3$, $AlCl_3$, $SbCl_5$ 등의 Lewis산이 사용된다. 메탄올의 하이드로염소화법과 마찬가지로 Al_2O_3도 적당한 촉매이다.

공업적으로 중요한 에탄올의 에스테르:
염화에틸
아세트산에틸

염화에틸의 3가지 제조법:

1. 에탄올의 HCl에 의한 에스테르화
2. 에탄의 염소화
3. 공업적으로 가장 중요한 에틸렌의 하이드로염소화

염화에틸은 현재 거의 대부분 다른 2가지 방법, 즉 에탄의 염소화 혹은 에틸렌의 하이드로염소화에 의하여 생산되고 있다. 이들에 대해서 간단히 설명하면 다음과 같다.

에탄올의 에스테르화의 원리:
Friedel-Crafts촉매 존재하의 HCl과의 균일액상 또는 기상반응

에탄의 염소화는 메탄의 염소화와 마찬가지로, 300~450°C 하에 약간 가압의 조건에서 순수한 열반응으로서 진행한다. 속도론적으로는 폴리염소화 보다도 모노염소화가 우선하기 때문에, 에탄/염소 비율을 이론량보다 과잉의 3:1~5:1로 하는 방식에 의하여 염화에틸의 높은 선택률이 달성된다.

에탄의 염소화의 원리:
무촉매 기상염소화에서는 모노염소화가 우선한다. 즉 C_2H_6는 C_2H_5Cl보다도 빠르게 염소화된다.

에틸렌으로의 염소수소의 부가는 거의 부생성물을 생성하지 않기 때문에 에탄의 염소화와 조합시키는 방식에 의하여, 발생하는 염화수소를 이용하는 매우 경제적인 프로세스가 된다. 에틸렌에는 400°C에서는 거의 염소부가가 일어나지 않기 때문에, 에탄의 염소화를 에틸렌의 존재하에서 행할 수 있으며, 염화에틸을 분리한 후, 이어서 가스혼합물 중의 에틸렌이 제2의 반응기에서 접촉적으로 하이드로염소화된다.

에탄의 염소화에서 발생하는 HCl의 이용:

1. 에탄의 옥시염소화도 가능하지만, 공업적으로는 이용되지 않는다.
2. 에틸렌의 하이드로염소화로의 이용은 공업적으로 실시되고 있다.

$C_2H_6/C_2H_4-Cl_2/HCl$ 연결법의 특징:
고온(400°C)에서는 에틸렌과 Cl_2로부터 $ClCH_2CH_2Cl$(EDC)이 생성하지 않는다.

$$\begin{matrix} H_2C{=}CH_2 \\ H_3C{-}CH_3 \end{matrix} + Cl_2 \xrightarrow{400\,°C} \begin{matrix} H_2C{=}CH_2 \\ H_3C{-}CH_2Cl \end{matrix} + HCl \xrightarrow[\text{[cat.]}]{150-250\,°C} 2\ H_3C{-}CH_2Cl \qquad (4)$$

에틸렌의 하이드로염소화의 원리:
에틸렌의 HCl부가는 액상 균일 혹은 기상 불균일에 의한다.

이와 같은 조합에 의한 제법은 Shell사에 의하여 개발되었다.

에틸렌의 하이드로염소화는 염화에틸의 제법으로서 상당히 많이 채용되고 있으며, 1979년 이래 미국에서는 다른 제법은 실시되지 않고 있다. 이 제법은 액상에서 30~90°C, 0.3~0.5 MPa(3~5 kg/cm^2)의 조건하, $AlCl_3$ 또는 $FeCl_3$ 등의 Friedel-Crafts 촉매를 사용하여 행하든지, 혹은 새로운 방법에 의하면, 기상에서 활성물질로서 앞에서 설명한 금속염화물 담지촉매의 존재하에 130~250°C, 0.5~1.5 MPa(5~15 kg/cm^2)에서 행해진다. 에틸렌과 염화수소의 반응률 50%로서 선택률 98~99%가 얻어진다.

염화에틸의 용도:
테트라에틸납(감소)
에틸셀룰로오스
알킬화제
용제, 추출제
국부마취제

염화에틸의 생산량(단위: 10^3 t) :

	1970	1980	1990	1995
미 국	308	180	68	34

염화에틸은 대부분(예를 들면, 미국에서는 약 85%, 서유럽에서는 약 65%)이 안티녹킹제로서 테트라에틸납의 제조에 사용된다(2.3.6.1절 참조). 그러나, 테트라에틸납은 테트라메틸납과 함께, 많은 국가에서 환경보호를 위하여 가솔린에의 첨가가 엄격하게 규제되고 있기 때문에 생산량이 감소하고 있다. 부표의 미국 자료는 이 경향을 나타내고 있다. 나머지의 염화에틸은 대부분이, 예를 들면 셀룰로오스용의 에틸화제로서 사용되는 이외에 용제, 추출제로서도 사용된다. 의학의 분야에서는 염화에틸이 국부마취제로서 사용된다.

8.1.2. 2-프로판올

올레핀 수화의 일반적 원리:
C_2H_4 이외의 α-올레핀의 수화는 2차, 3차알코올을 생성한다(Markownikov 규칙)

2-프로판올의 생산량(단위: 10^3 t)

	1995	1997	1999
미 국	646	670	669
서유럽	587	490	510
일 본	132	133	149

프로필렌 수화에 의한 3가지의 iso-C_3H_7OH 제조법:
1. 황산모노에스테르를 경유하는 간접2단계법(액상)
2. 불균일촉매를 사용하는 직접1단계법(기상, 액상 혹은 기액혼상)
3. 균일촉매를 사용하는 직접1단계법(액상)

프로필렌의 수화에 의한 최초의 이소프로필알코올(IPA 또는 2-프로판올)의 공업생산은 1930년에 미국의 Standard Oil사의 뉴저지공장에서 행해졌다. 이것은 또한 석유류분을 원료로 하여 석유화학제품을 제조한 최초의 예이기도 하다.

2000년의 2-프로판올의 생산능력은 전세계에서 약 210만 t/y였다. 그 중, 미국이 65만 t/y, 서유럽이 76만 t/y, 일본이 18만 t/y이다. 주요 공업국의 2-프로판올의 생산량은 부표와 같다.

종래의 프로세스는 황산에 의한 프로필렌의 액상수화법이다. 이 방법은 현재 더욱 사용되고 있지만, 다른 프로필렌의 기상, 기액혼상, 혹은 액상에서의 1단계접촉수화법이 개발되어 있다. 제법에 따라서 각종의 산촉매가 사용되고 있다. 예를 들면

1. 기상에서는 담지한 헤테로폴리산, 혹은 무기산
2. 혼상에서는 산성이온교환수지
3. 액상에서는 텡스텐을 함유하는 수용성 헤테로폴리산

종전 방법의 2단계 황산법은 지금도 BP사나 Shell사에서 실시하고 있

다. Deutsche Texaco사는 이 기술을 1986년까지 사용하고 있었지만, 그 후 산성이온교환수지를 사용하는 직접수화법으로 전환하고 있다. 이 방법에서는, 프로필렌의 수화는 황산의 모노에스테르를 중간체로 하여 간접적으로 행해진다. 황산의 모노에스테르는 제2공정에서 수증기 혹은 물에 의하여 산의 함량을 40% 이하로 희석함으로써 가수분해된다.

간접 프로필렌수화법의 공업적 이용:
영국 및 일본에서는 BP법, 독일에서는 1986년까지 Texaco법(생산능력 60만 t/y)이 실시되었지만, 그후 이온교환수지를 촉매로 하는 직접수화법으로 전환되었다.

$$CH_3CH{=}CH_2 + H_2SO_4 \rightarrow (CH_3)_2CH{-}O{-}SO_3H \xrightarrow{+H_2O} (CH_3)_2CHOH + H_2SO_4 \qquad (5)$$

생성한 묽은 H_2SO_4는 용액중 연소버너에 의하여 재차 농축된다. 동시에 거의 대부분의 경우, 소량의 HNO_3를 첨가하여 부생성물인 고비점의 유기물이 산화제거 된다. 공업적으로 실시하는 경우, 2가지의 방법이 일반적으로 행해지고 있다. 강산법은 2단계로서, 프로필렌의 흡수와 가수분해가 별개의 반응기에서 행해진다. 흡수공정은 94% H_2SO_4를 사용하고, 1.0~1.2 MPa(10~12 kg/cm^2), 20°C의 조건에서 실시된다. 약산법은 1단계로서 70% H_2SO_4를 사용하고 기포탑형 반응기에서 행해진다. 이 약산법에서는 압력과 온도를 각각 2.5 MPa(25 kg/cm^2), 60~65°C로 높이는 것이 필요하다. 2-프로판올의 선택률은 90% 이상에 달한다. 디이소프로필에테르와 아세톤이 부생한다.

간접 프로필렌수화법의 특징:
희박 프로필렌이 사용되는 한편, 부식문제, 배출수 배기가스문제라고 하는 단점이 있다.

C_2H_4으로부터의 C_2H_5OH의 제조와 마찬가지로 농축, 희석원리에 의한 2가지의 변법:
1. 강산 2단계법
2. 약산 1단계법

프로필렌의 기상접촉수화는 에틸렌으로부터의 에탄올합성과 같은 원리이다.

직접수화법의 특징:
몰수가 감소하는 발열반응이기 때문에, 고압저온이 유리하다(Le Chatelier의 법칙)

$$CH_3CH{=}CH_2 + H_2O \xrightleftharpoons{[cat.]} (CH_3)_2CHOH \qquad \left(\Delta H = -\frac{12\ \text{kcal}}{50\ \text{kJ}}/\text{mol}\right) \qquad (6)$$

2차의 프로필카르베늄이온은 1차의 에틸카르베늄이온보다도 안정하기 때문에, 반응초기의 프로필렌의 프로톤화는 에틸렌의 경우와는 달리 매우 쉽게 일어난다. 따라서 프로필렌의 수화의 전환율은 에틸렌의 경우보다도 높일 수 있다(이하 참조).

에틸렌 수화와의 차이:
2차 프로필카르베늄이온이 보다 안정하기 때문에, 프로필렌 전환율이 높다.

이 발열반응에서는 고압, 저온일수록, 희망하는 생성물 쪽으로 평형이 치우치지만, 한편, 촉매가 그 효과를 발휘하는 데에는, 어떤 일정한 온도 이상이 필요하기 때문에 저온 쪽이 좋다라고 하는 열역학적 장점을 최대한 이용할 수는 없다.

이미 IG Farben사에 의하여 사용되고 있었던 바와 같이, 촉매로서는 헤

기상수화법의 촉매:
ICI의 고압법에서의 $WO_3 \cdot ZnO/SiO_2$
Veba(현재 Hüls 또는 Condea)의 중압법에서의 H_3PO_4/SiO_2

테로폴리산으로서 WO_3/SiO_2의 조합이 적당하다. 1951년으로부터 1970년대 말기까지, ICI사의 4.8만 t/y의 2-프로판올의 제조플랜트에서, 촉진제로서 ZnO를 함유한 WO_3/SiO_2가 사용되고 있었다. 독일에 있는 Hüls사(현재, Condea사)는 7.5만 t/y(2000년)의 플랜트로서 SiO_2에 H_3PO_4를 담지한 촉매를 사용하고 있다. 대표적인 가동조건이 ICI법에서는, 약 270°C, 25 MPa(250 kg/cm^2), Hüls법에서는, 170~190°C, 2.5~4.5 MPa(25~45 kg/cm^2)이다.

기상수화법의 특징:
고선택률이지만, 낮은 C_3H_6 전환율 및 높은 설비비와 가동비용 및 H_3PO_4의 유출이 부식을 발생한다.

2-프로판올의 선택률은 기상법에서는 97%로서, 액상황산법보다도 높다. 수용액의 처리에 대해서는 나중에 설명한다. 기상법의 단점은 프로필렌의 전환율이 낮은 것(5~6%)과 고압과 가스순환을 위한 설비비가 높은 것이다.

직접수화법의 변법:
Deutsche Texaco법에 의한 이온교환수지를 사용하는 기액혼상수화법

제법의 원리:
기액혼상은 3상계이다. 즉, 고정상 촉매상을 액상의 물과 기상의 프로필렌이 병류 또는 향류로서 흐른다.

제법의 특징:
H_2O/C_3H_6의 비율을 높여서 C_3H_6의 올리고머화를 감소시킨다(오염방지).
용해한 C_3H_6만이 반응하기 때문에, 고압에서 C_3H_6의 액막으로의 용해도를 높인다.
C_3H_6를 반응기의 중간부분에 다단계로서 공급하는 방식에 의하여 액상을 포화시킨다.

또 하나의 직접수화법인 기액혼상법은 Deutsche Texaco사에 의하여 개발되었다. 이 방법은 기액혼상에서 강산성이온교환수지를 사용하는 방식에 의하여 앞에서 설명한 프로세스의 단점을 회피하고 있다. 이 방법의 특징은 액상의 H_2O와 가스상의 프로필렌이 12:1~15:1의 몰비에서 병류로서 반응기의 머리부분으로부터 고체의 술폰산형 이온교환수지상으로 유도되는 것이다. 액체와 가스는 강력하게 혼합되어 산촉매와 접촉하고, 130~160°C, 8~10 MPa(80~100 kg/cm^2)에서 반응하여 2-프로판올의 수용액으로 된다. 프로필렌의 전환율은 75%에 달한다.

2-프로판올의 선택률은 92~94%이고, 2~4%의 디이소프로필에테르 및 C_3H_6 올리고머의 알코올이 부생한다. 촉매의 수명은 적어도 8개월이다. 촉매의 수명은 본질적으로 이온교환수지의 $-SO_3H$기의 가수분해에 의한 열화로서 결정된다.

2-프로판올(이소프로필알코올, IPA)의 정제:
H_2O/IPA 공비혼합물을
IPA/H_2O/C_6H_6 공비에 의하여 탈수한다.

12~15%의 2-프로판올 수용액으로서 얻어지는 반응생성물은 먼저 증류에 의하여 저비점화합물을 유거한 후, 2-프로판올/H_2O의 공비혼합물을 분리시킨다. 여기에 벤젠을 가하고 재증류하면, 무수의 2-프로판올이 얻어진다.

Deutsche Texaco사(현재, Condea사)는 1972년 이래, 이 방법에 의한 플랜트를 운전하고 있다. 2000년의 생산능력은 증강에 의하여 14.5만 t/y에 달했다. 그 후도 플랜트의 증설이 행해졌으며, 더 계획중인 것도 있다.

액상에서의 직접수화법:
Tokuyama법

텅스텐을 함유하는 기상반응촉매의 개발로 Tokuyama는 상당히 고활성이며, 수용성의 새로운 실리코텅스텐산촉매를 주도했다. 이것은 산 혹은 염의 형태로서 액상중, 270~280°C, 20 MPa(200 kg/cm^2)의 조건하에서 사용하는 방식에 의하여 프로필렌을 2-프로판올로 전환할 수 있다.

이 수용성촉매는 알코올/물 공비혼합물을 유거한 후 재사용된다. 프로필렌의 전환율은 60~70%, 2-프로판올의 선택률은 99%에 달한다. 최초의 공업적 플랜트의 생산능력은 3만 t/y이고 1972년에 가동을 개시했다.

액상수화법의 특징:
상당히 활성인 헤테로폴리산촉매에 의하여, 높은 프로필렌의 전환율, 선택률이 얻어진다.

이전에는 서유럽이나 미국에서는 2-프로판올의 대부분이 아세톤의 제조에 사용되고 있었지만, 1999년에 서유럽에서 약 9%, 미국에서 2%가 이것을 위해서 사용되고 있을 뿐이다(11.1.3절 참조). 흥미 있는 것으로 이전에는 이것과 반대의 반응이 실시되고 있었다. 즉, 발효법으로 아세톤을 얻고, 그 아세톤을 수소화하여 2-프로판올을 제조하는 것이다. 2-프로판올은 가솔린의 첨가제로서 기화기의 동결방지용으로도 사용된다. 더욱이 이것은 용제나 추출제로서, 또한 화장품공업이나 의약공업에서는 에탄올의 대체품으로서 사용된다.

2-프로판올의 용도:
미국, 서유럽에서는 아세톤으로의 이용, 단 감소경향이 있다. 가솔린의 기화기 동결방지용 첨가제, 용제, 추출제, 중간체로서 사용된다.

중요한 유도체인 아세트산이소프로필은 2-프로판올의 아세트산에 의한 에스테르화에 의하여 제조되며, 그리고 새로운 방법에서는 이온교환수지촉매에 의한 프로필렌에의 아세트산의 직접부가에 의하여 제조된다(11.1.7.3절 참조). 아세트산이소프로필은 용제로서 사용되는 이외에 아세트산에틸 및 물유리(water glass)에 혼합하여 토량을 안정시키는 데 사용된다. 가수분해에 의하여 생성한 아세트산이 규산의 알칼리 금속염으로부터 규산을 생성하여 토양을 교차 결합시킨다.

아세트산이소프로필의 제법:

1. 균일촉매에 의한 IPA의 아세트산에 의한 에스테르화
2. 불균일촉매에 의한 아세트산의 프로필렌에의 부가

이외에 공업적으로 중요한 유도체로서는 염료, 고무약품, 농약, 의약품의 합성중간체로 이용되는 이소프로필아민이나, 향료의 성분으로서 사용되는 올레산 및 미리스트산의 이소프로필에스테르가 있다.

8.1.3. 부탄올

포화로서 1가의 C_4-알코올, 즉 부탄올에는 아래와 같은 4개의 구조이성체가 있다.

$CH_3CH_2CH_2CH_2OH$ 1-부탄올(*n*-부탄올)

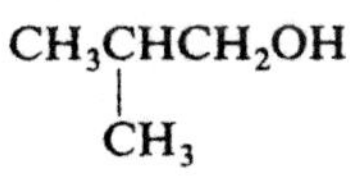
2-메틸-1-프로판올(이소부탄올)

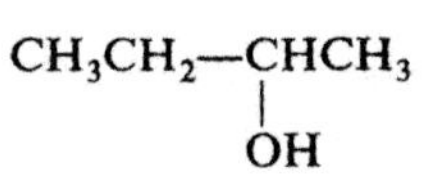
2-부탄올(*sec*-부탄올)

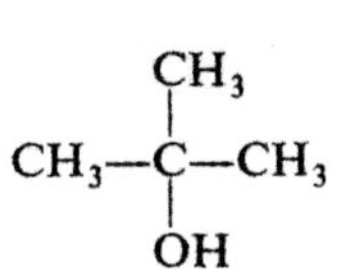
2-메틸-2-프로판올(*tert*-부탄올)

C_4-알코올

$CH_3(CH_2)_2CH_2OH$
$(CH_3)_2CHCH_2OH$
$C_2H_5CH(OH)CH_3$
$(CH_3)_3COH$

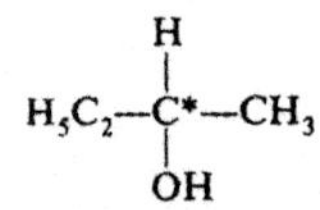

은 비대칭탄소를 갖는 가장 간단한 알코올이다.

더욱이 2-부탄올은 비대칭탄소에 의하여 2개의 광학이성체의 대장체 혼합물(라세미체)로서 존재한다.

1999년의 부탄올류의 생산능력은 서유럽이 93만 t/y, 미국이 124만 t/y, 일본이 29만 t/y였다.

전체 부탄올의 생산량(단위: 10^3 t):

	1989	1991	1993
미 국	537	639	665
서유럽	420	530	475
일 본	291	334	388

많은 공업국에서는 부탄올은 메탄올에 이어서 2번째로 생산량이 많은 알코올이다. 미국은 예외이며, 부탄올이 메탄올, 2-프로판올, 에탄올에 이어서 4번째이다. 주요 공업국에 있어서 부탄올의 생산량을 부표에 나타내었다.

n-부틸알코올의 4가지의 제조법:

1. C_3H_7CHO를 경유하는 프로필렌의 하이드로포르밀화
2. $CH_3CH=CHCHO$를 경유하는 방법
3. 당 혹은 전분의 발효
4. "Reppe 카르보닐화" 즉, 프로필렌의 하이드로카르보닐화

부탄올류는 각종의 방법에 의하여 공업적으로 제조된다. *n*-부틸알코올에 대해서는 이미 2가지의 방법을 설명했다.

프로필렌을 하이드로포밀화하고, 수소화하는 방법(6.1.4.1절 참조)인, 이 방법에서는 이소부틸알코올도 동시에 얻어진다.

아세트알데히드의 알돌축합에 의하여 생성한 크로톤알데히드를 수소화하는 방법(7.4.3절 참조)이 있다.

제3의 제조법은 당 혹은 전분의 발효에 기인하는 것이다. 이 방법은 이전에 미국이나 남아프리카 등의 국가에서 연구되었으며, 현재 CIS에서 실시되고 있을 뿐이다(11.1.3절 참조).

제4의 방법은 Reppe법, 즉 개량된 $Fe(CO)_5$촉매의 존재하에 프로필렌을 CO와 H_2O를 반응시키는 것이다.

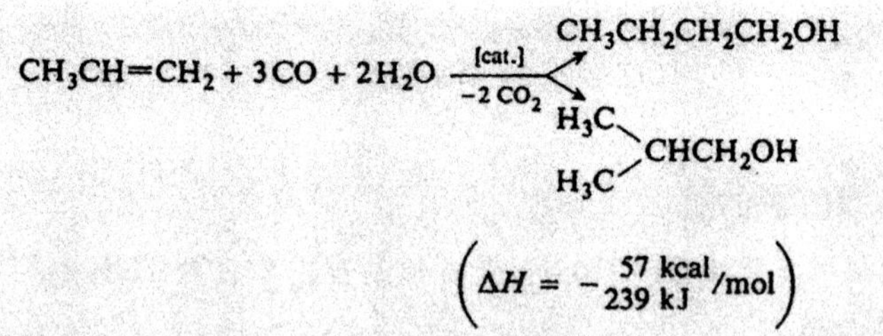

(7)

Reppe법 하이드로카르보닐화의 원리: $Fe(CO)_5+H_2O$로부터 중간적으로 생성하는 Fe-CO-H 착화합물을 매개로 하여 CO와 H_2가 프로필렌과 반응한다.

이 하이드로카르보닐화반응에서는 $Fe(CO)_5$와 3차아민, 예를 들면 N-부틸피롤리돈으로부터 반응계 내에서 하이드로철카르보닐-아민착화합물이 생성한다.

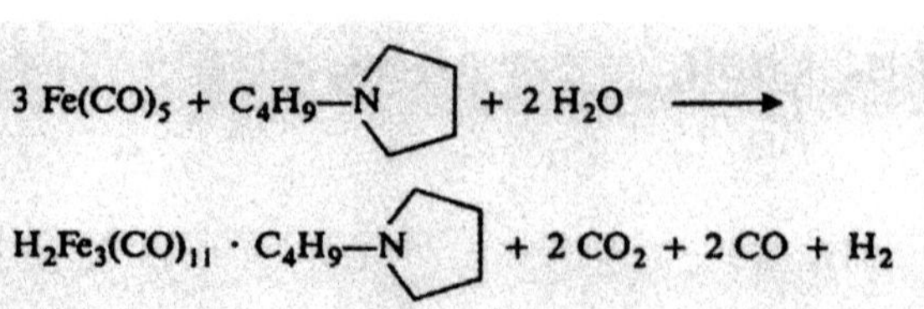

(8)

이 활성종이 수소화와 CO부가의 양쪽에 필요한 요소라고 생각되고 있다.

90～110°C, 1.0～1.5 MPa(10～15 kg/cm^2)에서 옥소반응과 동시에 *n*-부틸알코올 85%와 이소부틸알코올 15%로 형성되는 혼합물이 약 90%의 합계 선택률(C_3H_6 및 CO)로서 얻어진다. 축매는 2상으로 형성되는 반응혼합물로부터, 그중 1상으로서 분리되어 프로세스 중에 재순환된다.

BASF사는 Reppe법을 공업적 프로세스로 발전시켰다. 이 방법은 Japan Butanol사의 3만 t/y 플랜트로서 1984년까지 사용되고 있었다.

Reppe법 부탄올 제조프로세스의 특징: 하이드로프르밀화와 마찬가지로 균일촉매하의 액상가압반응에 의하여 *n*/*i*-혼합생성물을 제공하지만, 온화한 반응조건에서 직접 알코올을 제조하는 점에서 하이드로포르밀화와는 다르다.

Reppe법 부탄올합성의 공업적 이용: 일본의 3만 t/y 플랜트는 1984년까지 가동

sec- 및 *tert*-부틸알코올은 에탄올이나 2-프로판올의 경우와 마찬가지로, 황산법에 의하여 20～40°C에서 간접적으로 수화하여 얻어진다. 이때, 1-부텐과 2-부텐은 Markownikov규칙에 의하여 같은 알코올을 생성한다,

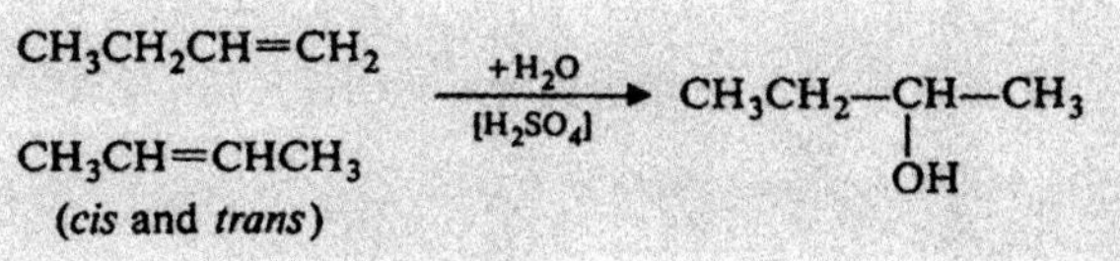
(9)

sec-부틸알코올(2-부탄올)의 제조: $CH_3CH_2CH(OSO_3H)CH_3$ 를 가수분해하는 것에 의한 *n*-부텐의 간접수화

황산의 농도는 *n*-부텐의 반응에서는 약 75～80%가 되어야 한다. 이것에 대해서 이소부틸렌의 반응에서는 50～60%의 황산으로 충분하다.

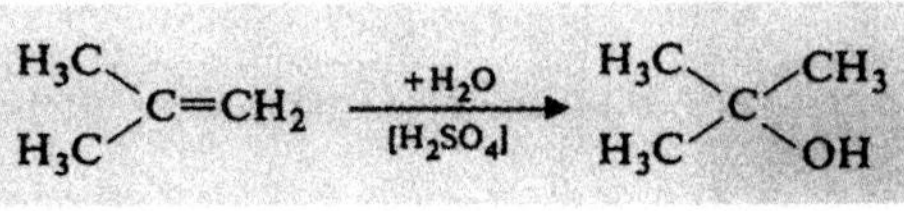
(10)

tert-부틸알코올(2-메틸-2-프로판올)의 제조: $(CH_3)_3COSO_3H$의 가수분해에 의한 이소부틸렌의 간접수화

이소부틸렌의 높은 반응성은 *n*-부텐으로부터 이소부틸렌을 분리하는 데 이용된다. *n*-부텐과 이소부틸렌의 혼합물을 우선 0°C에서 50～60% 황산으로 처리하여 이소부틸렌을 황산에 가용인 황산수소 *tert*-부틸$(CH_3)_3C$-OSO_3-H로 변환시킨다. *n*-부텐은 분리된 후에, 75～80%의 황산을 사용하여 40～50°C에서 황산수소 *sec*-부틸로 변환된다. 이어서 이들의 황산모노에스테르는 물로 희석하여 가열하는 방식에 의하여 대응하는 알코올로 가수분해된다.

H_2SO_4모노에스테르를 경유하는 *n*/*i*-부텐 분리의 원리: *n*-부텐에 비하여 이소부틸렌은 반응성이 높기 때문에 비교적 저온과 저농도의 황산으로 쉽게 에스테르화가 일어난다.

몇 개의 다른 수화반응촉매(예를 들면, WO_3나 Al_2O_3)는 연구되고 있지만, 아직 공업적으로는 사용되지는 못하고 있다.

Hüls사에 의한 새로운 방법에서는 촉매로서 산성이온교환수지를 사용하는 방식에 의하여 부식성이 없는 반응계에서 수화반응이 실시된다.

tert-부틸알코올의 제조에 있어서는, C_4-류분으로부터의 *n*-부텐 및 이소부틸렌의 분리프로세스의 일부로서 이미 설명되어 있다(3.3.2절 참조).

에틸렌이나 프로필렌으로부터 각각의 에탄올, 2-프로판올을 제조하는 경우와 같은 1-부텐, 2-부텐의 직접 산촉매 수화반응은 오랫동안 공업적으로 이용되지 않았다. 그 최초의 공장은 Deutsche Texaco사의 6만 t/y

부탄올 제조의 별법:

1. 부텐의 직접수화법을 Deutsche Texaco사가 최초로 공업화
2. *tert*-부틸하이드로퍼옥사이드 → *tert*-부틸알코올에 의한 이소부탄의 산화

플랜트이며, 1984년에 가동을 개시했다. 2-프로판올의 제조프로세스(8.1.2절 참조)와 마찬가지로, 산성이온교환수지를 *n*-부텐의 직접 수화촉매로서 사용할 수 있다.

tert-부틸알코올은 프로필렌옥사이드를 제조할 때의 공산화병산물로서도 얻어진다(11.1.1.2절 참조).

sec- 및 *tert*-부틸알코올의 용도:
용매(주로 도료용)
부동액
안티녹킹제
중간체 예를들면 *sec*-부틸알코올의 탈수소에 의한 MEK, *tert*-부틸알코올에 의한 방향족에의 *tert*-부틸기의 도입

sec- 및 *tert*-부틸알코올은 그 자신 또는 그들의 에스테르의 형태인 용매로서, 가끔 *n*-부틸알코올 및 그 에스테르의 대채품으로서 사용된다. *tert*-부틸알코올은 더욱 기화기의 동결을 방지하는 부동제 및 안티녹킹제로서 사용된다.

더욱이 *sec*- 및 *tert*-부틸알코올은 중간체로서도 유용하다. *sec*-부틸알코올의 가장 중요한 용도는 메틸에틸케톤(MEK)의 제조이다.

$$CH_3CH_2\underset{\displaystyle OH}{\underset{|}{C}}HCH_3 \xrightarrow{[cat.]} C_2H_5\underset{\displaystyle O}{\underset{\|}{C}}CH_3 + H_2 \qquad \left(\Delta H = -\frac{12\ kcal}{51\ kJ}/mol\right) \quad (11a)$$

MEK제조의 원리:
sec-부틸알코올의 접촉적 기상탈수소
1. ZnO, Cu/Zn, Cu/Cr, Pt촉매에 의한 기상반응
2. Raney-Ni, CuO-Cr_2O_3촉매에 의한 액상반응.

이 프로세스는 2-프로판올부터 아세톤을 제조하는 방법(11.1.3.2절 참조)과 마찬가지로 400~500°C에서 ZnO 혹은 Cu-Zn촉매를 사용하는 기상탈수소반응에 의한 것이다. 초기 플랜트의 하나로서는 미립상의 Raney-Ni 혹은 Cu크로마이트촉매의 존재하, 고비점 용매 중에서 액상탈수소반응을 행하는 IFP프로세스가 채용되었다. *sec*-부틸알코올의 전환율이 80~95%에 대해서, MEK의 선택률은 95% 이상이다. MEK는 또한, 부탄산화에 의한 아세트산을 제조할 때도 부생한다. 예를 들면, Hoechst Celanese사의 플랜트에서는 1989년의 사고 후, 가동을 복구했다(7.4.1.2절 참조). 메틸에틸케톤은 아세톤에 있어서 공업적으로 귀중한 케톤이다. MEK는 도료나 수지의 용제이며, 더욱이 윤활유의 탈왁스에 사용된다. MEK와 H_2O_2의 반응에서, 이성체혼합물로서 "메틸에틸케톤퍼옥사이드"가 생성된다. 이것은 디벤조일퍼옥사이드에 있어서 양적으로 중요한 퍼옥사이드이다. 그의 주요한 용도는 불포화폴리에스테르수지의 경화이다.

MEK의 용도:
니트로 및 아세트산셀룰로오스의 용제, 중합개시제로서의 "MEK-하이드로퍼옥사이드" 제조용:
하이드로퍼옥사이드혼합물의 주성분:

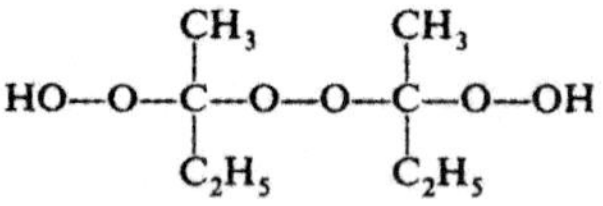

~45%

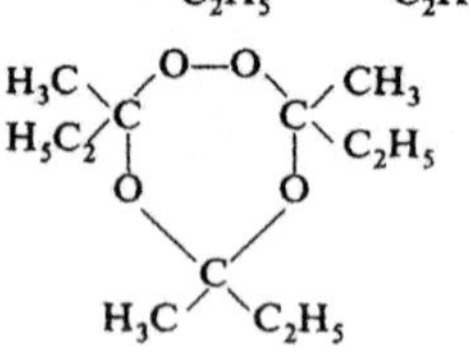

~25%

2000년의 MEK의 생산능력은 미국이 31만 t/y, 서유럽이 37만 t/y, 일본이 20만 t/y였다. 이들 지역에서의 생산량을 부표에 나타내었다.

MEK 생산량(단위: 10^3 t)

	1995	1997	1999
미 국	264	284	260
서유럽	242	247	255
일 본	217	230	249

8.1.4. 아밀알코올

C_5-알코올의 그룹은 특히 *n*-부텐의 하이드로포르밀화와, 이어서 수소

화에 의하여 얻어지는 혼합물,

$$CH_3(CH_2)_3CH_2OH \quad \text{1-펜탄올}(n\text{-펜탄올})$$
$$+$$
$$CH_3CH_2CH(CH_3)CH_2OH \quad \text{2-메틸-1-부탄올} \tag{11b}$$

과 이소부틸렌으로부터 마찬가지로 반응하여 얻어진다.

$$(CH_3)_2CHCH_2CH_2OH \quad \text{3-메틸-1-부탄올(이소아밀알코올)} \tag{11c}$$

은 공업적으로 중요성이 증가하고 있다.

전자의 아밀알코올의 혼합물은 유지, 많은 천연수지, 합성수지의 용제로서, 또한 에스테르의 형태로서 향료나 추출제로서 사용되고 있다. 이소아밀알코올과 그의 에스테르는 용제로서 사용되고 있다.

공업적으로 중요한 C_5-알코올:
1. $CH_3(CH_2)_3CH_2OH$, $CH_3CH_2CH(CH_3)CH_2OH$ } 아밀알코올 혼합물
2. $(CH_3)_2CHCH_2CH_2OH$= 3-메틸-1-부탄올(이소아밀알코올)

C_5-알코올의 제조:
1. n-부텐
2. 이소부틸렌의 하이드로포르밀화, 이어서 수소화

C_5-알코올과 에스테르의 용도: 용제, 향료, 추출제

8.2. 고위 알코올

1가의 고위 알코올은 탄소수 6–18 정도의 범위가 공업적으로 특히 중요하다. 1차, 2차 분지, 직쇄, 짝수, 홀수 알코올의 모든 범위에 걸쳐서 공업적 흥미를 가지고 있다.

C_6–C_{11}과 C_{12}–C_{18}의 알코올은 이들의 주용도에 의하여 각각 "가소제알코올", "세제알코올"이라고 불리우고 있다. 더욱이 하나의 오래전부터 사용되고 있는 "지방알코올"의 명칭은 주로 C_8 이상의 직쇄상 1차알코올을 의미한다. 지방알코올이 이전에는 주로 천연물로부터 얻어지고 있었지만, 현재는 석유화학에 의해서도 합성되고 있다. 요즘 수년간에 걸쳐, 채종유, 해바라기씨 기름 혹은 아마인유와 같이 재생가능한 자원으로부터 얻어지는 유지를 원료로 하여 제조되는 알코올이 양적으로 증가하고 있다.

1990년의 세계의 C_{12}-알코올의 생산능력은 140만 t/y였지만, 그 중에서 43%가 천연물질로부터 유래했다.

고위 알코올을 제조하기 위해서는 일반적으로 다음의 4가지 방법이 이용되고 있다. 이들은 출발원료뿐만 아니고, 합성원리가 다르기 때문에, 이 4가지의 방법에 의하여, 모든 형태의 알코올을 얻을 수 있다.

C_6 이상의 1차 및 2차의 고위 알코올은 공업적으로 많은 용도가 있다. 3차 고위 알코올은 중요하지 않다.

통칭명:
C_6–C_{11} = 가소제알코올
C_{12}–C_{18} = 세제알코올
≥ 8 = 지방알코올

고위 알코올 등 "유화학"용으로 재생가능한 원료로서 사용되는 농산물의 양이 증가하고 있다.

공업적으로 중요한 4가지의 고위 알코올의 제조법:

1. 유지로부터의 지방산, n-파라핀의 접촉산화에 의하여 얻어지는 지방산, 혹은 리시놀레산의 알칼리분해나 올레산의 오존분해로서 얻어지는 지방산 등을 수소화하면, 직쇄의 1차알코올이 생성된다. 천

1. 우지, 팜유, 야자유 등의 유지나 파라핀, 리시놀레산, 올레산으로부터 얻어지는 지방산의 수소화.

연의 지방(글리세롤에스테르)을 원료로 한 알코올은 활성화아세트산(보조효소 A의 아세트산티오에스테르)에 의한 합성 또는 분해를 경유하기 때문에 탄소수는 짝수이다.

2. 올레핀의 하이드로포밀화와 그것에 계속되는 수소화

2. 올레핀의 하이드로포르밀화와 이것에 계속되는 알데히드의 수소화에 의하여 직쇄 및 분지 1차알코올이 생성된다(n-알코올 및 이소알코올).

3. 파라핀의 부분산화

3. n-파라핀의 부분산화는 직쇄 2차알코올을 생성한다.

4. Ziegler 합성반응(Alfol합성)

4. Alfol 프로세스는 탄소수가 짝수의 직쇄 1차알코올을 생성한다.

방법 1.

지방산의 수소화법의 원리:
지방산 혹은 에스테르의 CuO/Cr_2O_3 촉매에 의한 가압수소화(고온조건)

지방산 및 지방산에스테르의 4가지의 제조법:

1. 유지 중의 지방산트리글리세리드의 가수분해 또는 가알코올분해
2. 파라핀산화 및 그후의 에스테르화
3. 리시놀레산의 열분해와 산화
4. 올레산의 오존분해와 산화

유지에 함유되어 있는 지방산트리글리세리드의 접촉가수분해(통상 ZnO촉매에 의한다), 또는 가메탄올분해반응에 의하여 얻어지는 지방산 또는 지방산메틸에스테르를 약 20~30 MPa(200~300 kg/cm^2), 250~350°C에서 Cu-Cr 산화물촉매(Adkins촉매)에 의하여 수소화하면 지방알코올이 얻어진다.

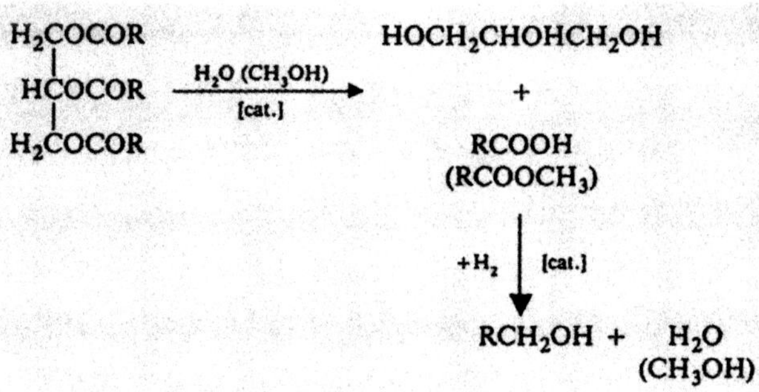

(12)

야자유 중의 지방알코올의 분포(중량%)

$CH_3(CH_2)_6CH_2OH$	8–9
$CH_3(CH_2)_8CH_2OH$	7–10
$CH_3(CH_2)_{10}CH_2OH$	45–51
$CH_3(CH_2)_{12}CH_2OH$	16–18
$CH_3(CH_2)_{14}CH_2OH$	7–10
$CH_3(CH_2)_{16}CH_2OH$	1–3
$CH_3(CH_2)_{18}CH_2OH$	6–11

예를 들면, 야자유로부터는 C_8–C_{20}의 직쇄 1차알코올의 혼합물이 얻어진다. 야자유는 대두유, 팜유, 채종유, 해바라기씨 기름에 이어서 5번째로 양이 많은 식물유이다. 이와 같은 지방알코올은 상당한 양이 생산되고 있지만, 천연의 원료에는 한정이 있으며, 같은 종류의 지방알코올을 합성하는 Alfol법에 필적하는 양적 확대는 희망할 수 없다. 천연산 및 합성품의 총량에 점유되는 천연산의 지방알코올의 비율은 국가에 따라서 크게 다르다(표 8.1 참조).

세계의 식물유 생산량(단위: 10^6 t) :

	1990
대두유	16.9
팜유	10.6
유체 기름	8.1
해바라기씨 기름	8.0
야자유	3.1

최근 Henkel사에 의하여 개발된 촉매를 사용하면, 유지를 직접 수소화하여 지방알코올과 1,2-프로판디올로 변환시킬 수 있다. 이 반응은 Cu-Cr 산화물/스피넬촉매와 과량의 수소를 사용하여 200°C, 25 MPa(250 kg/cm^2)의 조건에서 행해지며, 미리 에스테르화하여 둘 필요는 없다.

C_{20}–C_{30}의 n-파라핀을 Mn염촉매에 의하여 약 130°C, 약간 가압하에

표 8.1 지방알코올의 생산능력

	총생산능력(10^3 t)				천연산 지방알코올(%)			
	1981	1985	1991	2000	1981	1985	1991	1999
서유럽	400	415	540	550	45	59	58	59
미 국	433	570	524	531	17	26	21	22
일 본	60	105	125	108	24	38	31	20
세 계	1100	1300	1332	1300	30	40	40	51

서 액상산화하면, $C_{12}-C_{18}$이 비교적 많지만, C_1-C_{30}의 모든 산이 얻어진다. 이들을 메탄올 또는 *n*-부틸알코올로서 에스테르화하고, Cu-Cr산화물 혹은 Cu-Zn산화물촉매를 사용하여 약 200°C, 20 MPa(200 kg/cm^2)에서 수소화하면 알코올이 얻어진다. 파라핀의 산화에 의한 지방산 제조 최초의 공장은 Imhausen사와 Henkel사의 공동으로 1936년에 건설되었다. 현재 파라핀의 산화와 이것에 계속되는 알코올으로의 수소화에 의한 방법은 이전의 동유럽의 여러 나라, 중국, 독일(약 4만 t/y), CIS(파라핀산화생성물, 약 30만 t/y)에서 주로 행해지고 있다. 이탈리아에서는 Liquichimia사가 잠시 12만 t/y의 플랜트로서 *n*-파라핀으로부터 지방알코올을 생산하고 있었다. 이 방법에서는 원유로부터 얻어지는 순수한 C_8-C_{30}의 *n*-파라핀을 먼저 탈수소반응에 의하여 내부올레핀으로 하고, 이어서 이들을 옥소반응으로 알데히드로 한 후, 수소화하여 알코올로 한다. 알데히드는 더욱 공기산화에 의하여 카르복시산으로 변환된다. 이들의 알코올이나 카르복시산은 거의 대부분 분지하고 있다.

서유럽에서는 천연물로부터 지방알코올을 제조하는 방법으로서, 다른 2종류의 방법이 사용되고 있다. ATO사는 프랑스의 플랜트에서 리시놀레산의 열분해에 의하여 세바스산과 헵탄알을 제조하고 있다(10.2.2절 참조). 제2의 방법은 Unilever Emery사가 단일의 플랜트로서 실시하고 있는 것으로서, 올레산을 오존분해에 의하여 100°C 이하의 온도에서 2단계 산화하여, 펠라르곤산과 아젤라산을 제조한다.

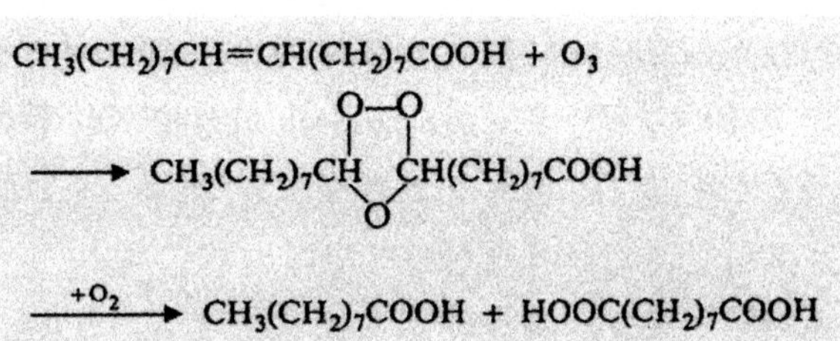

(13)

지방산의 생산량의 약 30～40%가 알코올의 제조에 사용된다. 이것과 거의 같은 양의 지방산이 Na염으로서 세척용에 사용된다. 에스테르, 아

Henkel법에서는 에스테르화를 하지 않고 수소화가 행해지며, 이때 글리세린은 탈수/수소화에 의하여

$CH_3-CH(OH)CH_2OH$

로 유도된다.

파라핀산화에 의한 지방산의 공업적 생산:
중국, 동독, CIS(일시적으로는 서유럽)

지방산의 생산량(단위: 10^3 t):

	1989	1991	1994	1997
서유럽	862	850	902	1030
미 국	723	755	916	1020
일 본	307	309	262	262

지방산 제조의 별법:
천연물의 열분해 혹은 오존분해

지방산의 그 밖의 용도:
에스테르, 아미드, Al, Mg, Zn염은 유화제 및 응집제, 아민은 부식방지제, 섬유연화제, 접착제, 부유선광제, 세계의 지방아민의 생산량은 약 30만 t/y

미드, 금속염(Al, Mg, 및 Zn염)과 같은 지방산유도체는, 유화제 및 응집제로 이용된다. 암모늄염을 탈수하고 아미드를 경유하여 얻어지는 니트릴은 수소화하면, 1차아민으로 된다. 지방아민, 디아민 및 4차암모늄염[N, N-디알킬지방아민과 알킬할라이드(일반적으로, 염화메틸)의 반응에 의한]은 부식방지제, 섬유연화제, 점착제 및 부유선광제로서 이용된다.

아젤라산과 같은 디카르복시산은 알키드수지, 폴리아미드, 폴리에스테르, 가소제, 윤활제의 원료로서 이용된다. Henkel사(Emery그룹)는 미국에서 유일의 아젤라산의 메이커이다.

방법 2.

올레핀의 하이드로포르밀화에 의한 탄소골격형성의 2가지의 합성원리:

1. 올레핀의 탄소골격 + C:
   이소올레핀을 이소알코올로 전환하는 공업적 방법:
   i-C_7-올레핀 → i-C_8-알코올
   i-C_8-올레핀 → i-C_9-알코올
   i-C_9-올레핀 → i-C_{10}-알코올
   i-C_{12}-올레핀 → i-C_{13}-알코올

2. 옥소알데히드의 알돌축합과 수소화:
   n-C_4-알데히드 → i-C_8-알코올
   i-C_9-알데히드 → i-C_{18}-알코올

알코올의 제조는 하이드로포르밀화반응의 응용 예로서 공업적으로 가장 중요한 것이다. 6.1절에서 설명한 바와 같이 원리적으로 다른 2가지 방법이 있다.

1. 올레핀류는 하이드로포르밀화와 수소화에 의하여 원료 올레핀보다도 탄소수가 1개 많은 알코올로 전환된다. 이 그룹에는 이소헵텐으로부터의 이소옥탄올[1], 디이소부틸렌으로부터의 이소노난올, 트리프로필렌으로부터의 이소데칸올 및 테트라프로필렌으로부터의 이소트리데칸올 등이 포함된다.
2. 옥소알데히드는 알돌축합과 수소화에 의하여 2배의 탄소수를 갖는 알코올로 전환된다. 이 방법은 특히 n-부탄알로부터 2-에틸헥산올(6.1.4.3절 참조), 이소노난알로부터 이소옥타데칸올의 제조에서 공업적으로 응용되고 있다.

방법 3 및 4.

이들 2가지의 제조법에 대해서는 다음 소절에서 설명한다.

8.2.1. n-파라핀의 알코올으로의 산화

알칸산화법의 원리:
금속이온촉매에 의한 알칸의 공기산화에서는 라디칼반응에 의하여 알칸하이드로퍼옥사이드 중간체를 경유하고 2차알코올이 생성된다.

직쇄의 2차알코올의 제조에는 등유류분으로부터 얻어지는 n-파라핀(3.3.3절 참조)이 사용된다. 파라핀산화의 개발은 1930년경에 독일에서 개시되었다. 1940년경에는 Fischer-Tropsch 합성에 의한 탄화수소를 공업적으로 사용하여, 공기산화에 의하여 알코올, 케톤, 에스테르 및 산으로 형성되는 복잡한 혼합물이 생산되고 있다.

알코올 제조의 선택률은 붕산의 사용에 의하여 획기적으로 진보했다.

1) "이소옥탄올" 등의 명칭은 상업적인 관용명으로서, 계통적인 명명법으로 사용되는 "이소"와는 관계가 없다.

Bashkirov법에 의하면 공기 또는 산소에 의한 *n*-파라핀($C_{10}-C_{20}$)의 산화에서는, 붕산(반응조건하에서는 주로 메타붕산 HO−B=O로서 존재한다)이 존재하면, 탄소사슬의 계열 없이 2차알코올이 생성된다.

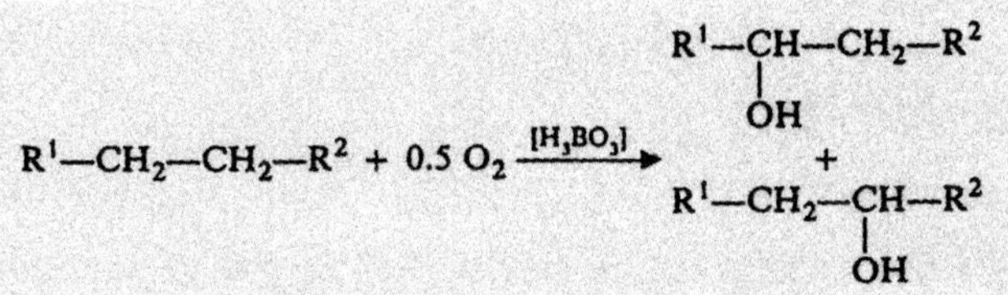

(14)

파라핀산화의 실시형태:
파라핀사슬상에 O−O−H기가 통계적으로 분포하는 알킬하이드로퍼옥사이드의 붕산에스테르를 경유하는 "Bashkirov"산화

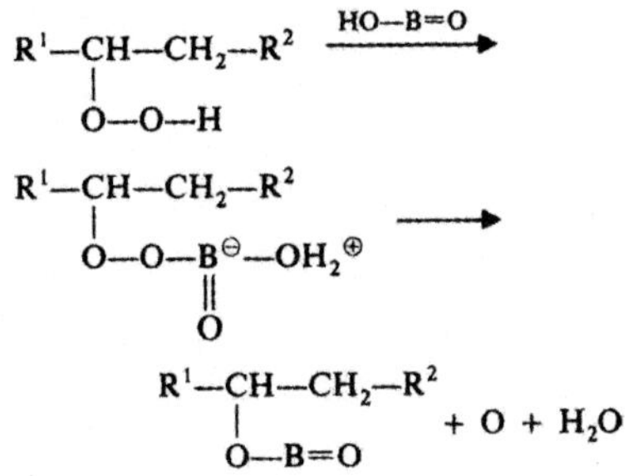

이때, 붕산은 최초에 생성한 2차알킬하이드로퍼옥사이드와 반응하여, 열적으로 안정하여 산화되기 어려운 안정한 붕산에스테르를 생성한다. 이와 같이 해서 하이드로퍼옥사이드는 알코올로 분해되기도 하고, 게다가 고차의 산화를 받지 않게 된다. 미국의 UCC사의 플랜트는 1976년에 정지했지만, 일본(Nippon촉매)이나 CIS에서는 이 방법이 공업적으로 행해지고 있다. 이것에 의하면 파라핀의 산화는 일반적으로 $KMnO_4$ 약 0.1 중량%와 붕산 4~5중량%의 존재하, 140~190°C에서 상압의 공기에 의하여 행해지며, 전환율은 15~25%에서 정지된다. Nippon촉매는 붕산에 가하여 NH_3 혹은 아민과 같은 조촉매를 사용하는 것에 의하여 보다 높은 전환율에서도 같은 선택률을 얻고 있다. 원료파리핀의 비점은 붕산에스테르보다도 훨씬 낮기 때문에, 이것은 산화반응혼합물로부터 쉽게 증류할 수 있다. 붕산에스테르는 그후, 가수분해된다.

붕산법의 특징:
H_3BO_3와 하이드로퍼옥사이드의 직접반응에 의하여 안정한 붕산에스테르가 생성하고 알코올이 더욱 산화되는 것을 방지한다.
H_3BO_3는 에스테르의 가수분해 후, 회수 재사용된다. 즉, 붕산순환

붕산에스테르는 열을 가하면 변화되기 쉬우며, 특히 산 중에서는 붕산과 올레핀으로 분해되기 때문에, 산화반응용액으로부터 분리할 수 없고, 가수분해하는 것이 바람직하다.

붕산은 수층(aqueous phase)으로부터 회수되며, 재결정 및 탈수 후에 반응계로 되돌려진다. 반응혼합물의 직접 가수분해에 의하여 생성하는 유기층은 증류에 의하여 미반응의 파라핀과 산화생성물로 분리된다. 산화생성물은 이어서 수소화되며, 상당한 양으로 생성하는 케톤이 상당하는 알코올로 변환된다. 선택률은 거의 알코올 70%, 케톤 20%, 카르복시산 10%이다.

Bashkirov법에 의한 파라핀산화의 공업적 실시:
일본, CIS, 미국(1977년까지)

이 산화반응에 의하여 생성하는 알코올은 거의 대부분(~98%)이 2차 알코올인데, 원료파라핀과 같은 탄소사슬을 가지며, OH기가 통계적으로 분포하고 있다.

산화반응은 탄소사슬의 개열 및 이성화가 없이 진행한다.

이들의 알코올은 주로 계면활성제 및 세제로 가공된다. 따라서 알코올은 그대로 혹은 에톡실화한 후, H_2SO_4 또는 SO_3와 반응시켜서 황산에스테르로 한다(8.2.2절 참조). 2차알코올의 에톡시화합물은, 에스테르화 하

파라핀산화에서 얻어지는 알코올의 용도:
$ROSO_3H$, $R(OCH_2CH_2)_nOSO_3H$의 알칼리염 혹은 에톡실레이트 형태로서 계면활성제 또는 세제

기 전의 형태로서도 표면처리제 또는 세제로서 뛰어나다.

Bashkirov산화의 더욱 하나의 중요한 응용은 시클로헥산의 산화(10.1.1절 참조)와 나일론-12의 합성중간체인 시클로도데칸올의 제조(10.1.2절 참조)이다.

8.2.2. Alfol합성

Ziegler 합성알코올의 제법의 원리: 트리에틸알루미늄과 $CH_2=CH_2$의 성장반응.
직쇄 1차알코올("Alfols" 혹은 "Ziegler 알코올")이 얻어진다.

Alfol합성의 4단계:
1. 촉매조제
2. 탄소사슬의 합성
3. 산화
4. 가수분해

K. Ziegler에 의한 유기알루미늄의 반응은 짝수의 탄소수를 갖는 직쇄 1차알코올으로의 경로를 가진다. 천연물 유래의 것과 같은 지방알코올을 에틸렌으로부터 합성하는 이 방법은, Alfol 프로세스라고 불리우고 있다.

Alfol합성은 4단계로 형성된다. 제1단계는 반응제인 트리에틸알루미늄의 합성이다. 따라서 먼저 수소의 존재하에 110~140°C, 5~20 MPa (50~200 kg/cm^2)에서 트리에틸알루미늄과 알루미늄의 미분말을 반응시켜서 수소화디에틸알루미늄을 얻는다.

$$Al + 2Al(C_2H_5)_3 + 1.5H_2 \longrightarrow 3AlH(C_2H_5)_2 \quad (15)$$

단계 1:
$Al(C_2H_5)_3$은 이론적으로 약 50% 증가한다(반응식 15~16 참조).
실제로는 다음의 반응은 거의 일어나지 않는다.
$H_2+Al(C_2H_5)_3 \rightarrow AlH(C_2H_5)_2+C_2H_6$

이어서 약 100°C, 2.5 MPa(25 kg/cm^2)에서 이것을 에틸렌과 반응시켜 트리에틸알루미늄으로 한다.

$$AlH(C_2H_5)_2 + H_2C{=}CH_2 \longrightarrow Al(C_2H_5)_3 \quad (16)$$

단계 2:
보다 고위인 트리알킬알루미늄화합물은 2가지의 목적에 사용된다
1. 알코올류로의 산화
2. α-올레핀으로의 열분해

제2단계는 소위 삽입반응으로서, 반응관 중에서 약 120°C, 에틸렌압력 10~14 MPa(100~140 kg/cm^2)에서 강한 발열반응에 의하여 탄소사슬이 성장한다(3.3.3.1절 참조).

$$Al(C_2H_5)_3 + 3nC_2H_4 \longrightarrow Al[(CH_2{-}CH_2)_n{-}C_2H_5]_3 \quad (n = 1 \text{ to ca. } 11) \quad (17)$$

트란스알킬화에 의한 탄소수 분포의 변화(%):

탄소수	기본프로세스	트란스알킬화
6	10	1
8	17	3
10	21	8
12	19	35
14	15	26
16	10	17
18	5	9
20	3	1

이 성장반응은 경우에 따라서는 알킬교환반응과 조합시킬 수 있다. 즉 트리알킬알루미늄을, 예를 들면 C_{12}–C_{16}의 α-올레핀과 평형상태에 달할 때까지 반응시킨다. 이것에 의하여 탄소사슬의 분포가 상당히 좁은 알코올 혼합물이 얻어진다(Ethyl Corp. 현재 Albemarle사의 Epal법).

고위 트리알킬알루미늄화합물은 동시에 직쇄 n-올레핀, 소위 Ziegler 올레핀합성의 중간생성물이기도 하다(3.3.3.1절 참조).

단계3:
과산화물을 중간체로 하는 트리알킬알루미늄화합물의 알루미늄알코올레이트로의 자동산화

Alfol합성의 제3단계는 트리알킬알루미늄의 산화에 의한 알콕사이드의 합성이다. 잘 건조시킨 공기 중(50~100°C)에서 행해지며, 발열을 동반한다.

$$Al[(CH_2{-}CH_2)_n{-}C_2H_5]_3 + 1.5O_2 \longrightarrow Al[O(CH_2{-}CH_2)_n{-}C_2H_5]_3 \quad (18)$$

이 반응에서 부생성물, 즉 에스테르, 에테르, 산 및 알데히드류가 생성하지만, 그 양은 적다. 최후의 단계는 묽은 황산 또는 물에 의한 알루미늄알콕사이드의 가수분해이며, 알코올과 고순도의 황산알루미늄 용액 또는 고순도의 수산화알루미늄이 얻어진다.

단계4:
황산 존재하 또는 물 단독에서의 가수분해

Alfols의 분리정제:
고위 Alfols는 열분해의 가능성이 있기 때문에 감압증류에 의한다.

$$Al[O(CH_2-CH_2)_n-C_2H_5]_3 + 3H_2O \longrightarrow 3CH_3(CH_2-CH_2)_nCH_2OH + Al(OH)_3 \qquad (19)$$

알코올의 선택률은 85~91%이다. 얻어지는 알코올과 물의 혼합물은 상분리에 의하여 물을 제거하고, 이어서 유기상은 분별증류 된다.

엄밀한 의미에서 직쇄성인 Ziegler 알코올은, 그의 황산에스테르나 에테르의 황산에스테르의 생분해성이 높기 때문에, 특히 세제용으로서 적합하다. 주요 메이커로서는 미국의 Vista Chemical사(이전, Conoco사), Ethyl Corp사, Shell사, 서유럽의 RWE-DEA사(이전 Condea사), Shell사, PCUK사, ICI사, 일본의 Mitsui화학, Kao Ethyl이 있다. CIS에서도 생산이 행해지고 있다.

C_{14} 이상은 유연한 무색의 고체

Alfols의 용도:
생분해성이 좋은 세제(황산염 및 황산에스테르 즉, 에톡실화물의 황산에스테르)

부생성물의 용도:
고순도알루미나는 촉매담체에 사용된다.

8.3. 다가알코올

다가알코올에서 가장 중요한 그룹은, 예를 들면 에틸렌글리콜(7.2.1절 참조) 및 프로필렌글리콜(11.1.2절 참조)과 같이, 에폭사이드로부터 공업적으로 쉽게 제조되는 1,2-디올, 즉 글리콜이다. 이외에 예를 들면 1,4-부탄디올(4.3, 5.3, 13.2.3.4절 참조), 1,3-부탄디올(7.4.3절 참조), 1,6-헥산디올(10.1.1절 참조), 1,4-디메틸올시클로헥산(14.2.4절 참조) 및 글리세린(11.2.3절 참조)과 같은 디올 및 트리올에 있어서는 그의 출발물질과 관련하여 다른 곳에서 설명한다. 다가알코올의 또 하나의 그룹은 아세트알데히드, 이소부티르알데히드 또는 *n*-부티르알데히드와 포름알데히드와의 알돌반응에 의하여 생성한다. 이 반응에서는 먼저 알데히드 중간체가 생성하고, 이어서 환원되어 다가알코올로 된다. 이 형태의 폴리올에는 펜타에리트리톨, 네오펜틸글리콜 및 트리메틸올프로판 등이 있다.

공업적으로 중요한 폴리올:
1,2-디올:
에틸렌글리콜, 프로필렌글리콜
1,3-디올:
프로판디올, 디메틸프로판디올(네오펜틸글리콜), 부탄디올
1,4-디올:
부틴디올, 부텐디올, 부탄디올
1,6-디올:
헥산디올,

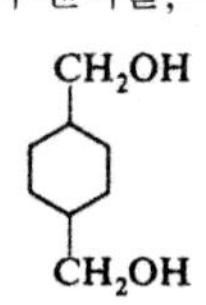

트리올:
글리세린, 트리메틸올프로판
테트라올:
펜타에리트리톨

8.3.1. 펜타에리트리톨

펜타에리트리톨 즉 2,2-비스(하이드록시메틸)-1,3-프로판디올은 위에서 설명한 3개의 포름알데히드 유도체 중, 양적으로 가장 크다. 1991년의 펜타에리트리톨의 생산량은 미국에서 7.2만 t/y, 일본에서 4.5만 t/y, 독일

펜타에리트리톨은 5개의 탄소원자를 갖는 가장 단순한 4가알코올(에리트리톨)이다.

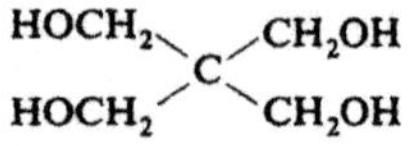

펜타에리트리톨의 생산량(단위: 10^3t):

	1994	1998	1999
미 국	60	66	70

고전적인 Tollens법에 의한 제법: 알칼리촉매[$Ca(OH)_2$ 또는 NaOH]의 존재하에 아세트알데히드와 포름알데히드를 3회 알돌축합시키고 이어서 Cannizzaro 반응시킨다(분자간의 수소이동)

에서 3.5만 t/y였다. 공업적으로는 15~45°C에서 $Ca(OH)_2$ 또는 NaOH 수용액 중에서 포름알데히드와 아세트알데히드를 축합시켜서 제조한다. 주로 batch식으로 제조되지만, 연속법으로 제조할 수도 있다. 제1단계에서 3회, 알돌반응이 일어나며, 이어서 Cannizzaro 반응이 일어난다. 즉 트리메틸올아세트알데히드가 포름알데히드에 의하여 환원되며, 동시에 포름산이 부생한다.

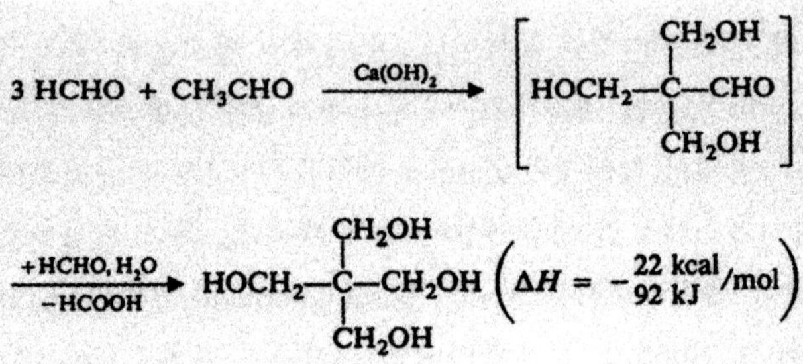

(20)

알돌반응중간체의 접촉적 수소화에 의한 포름산염 부생의 회피는 성공되지 못했다.

이론적으로는 아세트알데히드 1 mol에 대해서 포름알데히드 4 mol이 소비된다. 실제로는 디펜타에리트리톨, 즉 펜타에리트리톨의 모노에테르 $[(HOCH_2)_3C\text{-}CH_2]_2O$의 생성을 억제하기 위하여 포름알데히드를 4배로 높혀 사용한다.

펜타에리트리톨의 단리: $(HCOO)_2Ca$와 펜타에리트리톨의 분별결정은 손실이 크다.

반응혼합물의 분리정제는 과잉의 $Ca(OH)_2$를 HCOOH로서 중화시킨 후, 펜타에리트리톨의 단계적 농축과 분별결정에 의하여 행한다.

단리에 손실이 많기 때문에 실제의 수득률은 불순한 생성물의 분석으로부터 계산되는 선택률 약 91%(CH_3CHO)에는 거의 도달하지 못한다.

펜타에리트리톨의 용도: 알키드수지, 폭약, 가소제, 첨가제, 유화제

펜타에리트리톨은 주로 도료원료로 되는 알키드수지(11.2.1절 참조)의 제조에 사용된다. 예를 들면, 미국에서는 2000년에 약 50%가 이것에 사용되고 있다. 이 4질산에스테르는 폭약으로서 사용되는 이외에 의료용에도 사용된다. 고위 지방산(C_5−C_{12})과의 에스테르는 유지첨가제, 가소제 및 유화제로서 사용된다.

8.3.2. 트리메틸올프로판

트리메틸올프로판의 제법:

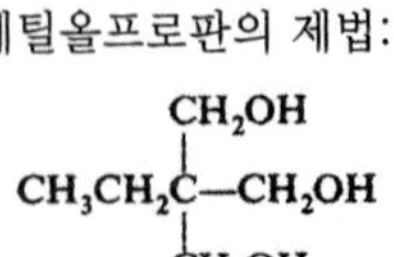

펜타에리트리트톨과 같은 방법에 의하여 *n*-부티르알데히드와 포름알데히드를 2회 알돌반응, 이어서 Cannizzaro반응시킨다.

트리메틸올프로판 또는 1,1,1-트리스(하이드록시메틸)프로판은 알돌축합/환원에 의하여 얻어지는 폴리올 중에서 양적으로 제2의 지위를 점유한다. 세계에서 약 10만 t/y이 제조되고 있다. 제법은 펜타에리트리톨과 같으며, $Ca(OH)_2$, NaOH 또는 염기성이온교환수지의 존재하에 포름알데히드와 *n*-부티르알데히드와의 알돌반응, 이어서 과잉의 포름알데히드에 의한 환원을 일으킨다.

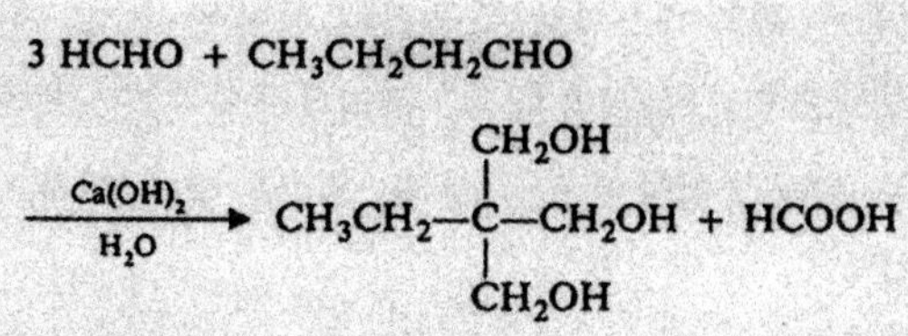

(21)

많은 시험에도 불구하고, HCOOH 부생이 없는 새로운 제법은 발견되지 않았다.

트리메틸올프로판은 반응혼합물로부터 아세트산에스테르나 시클로헥산올 등의 용매를 사용하여 추출하고, 이어서 증류에 의하여 정제된다. 수득률은 90%에 달한다.

추출에 의한 단리, 증류에 의한 정제

트리메틸올프로판은 2개의 값이 싼 공업제품을 원료로 해서 경제적인 프로세스로서 생산되고 있기 때문에, 가끔 글리세린의 대용품으로서 사용된다(예를 들면 알키드수지용). 게다가 트리메틸올프로판에는 범용 폴리올로서 광범위한 용도가 있으며, 그대로의 형태로서, 혹은 에톡실화 또는 프로폭실화한 후, 폴리에스테르나 폴리우레탄의 제조 등에 사용된다.

트리메틸올프로판의 용도:
글리세린의 대채품 또는 EO 혹은 PO와 반응시켜서 폴리에스테르 또는 폴리우레탄의 알코올부분으로서

8.3.3. 네오펜틸글리콜

네오펜틸글리콜 또는 2,2-디메틸-1,3-프로판디올은 포름알데히드와 이소부티르알데히드의 알돌축합에 의하여 공업적으로 상당히 간단하고도 값싸게 제조된다. 1988년 세계의 생산능력은 약 29만 t/y, 그 중 서유럽이 14.7만 t/y, 미국이 8.1만 t/y, 일본이 3.2만 t/y이다. BASF사가 네오펜틸글리콜의 세계최대의 메이커이며, 2002년에 15만 t/y의 생산능력을 가지고 있다.

네오펜틸글리콜의 제법:

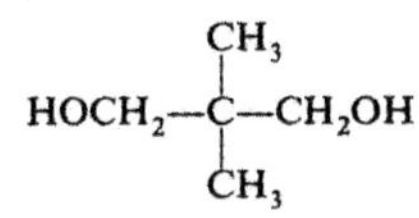

수산화알칼리, 아세트산알칼리, 아민, 이온교환수지와 같은 알칼리촉매의 존재하, 이소부티르알데히드와 포름알데히드의 혼합알돌반응, Cannizzaro반응 혹은 접촉수소화에 의한 네오펜틸글리콜으로의 환원

염기성물질의 존재하에 2개의 알데히드를 같은 mol씩 사용하면, 알돌반응은 상당히 높은 선택률로서 진행하며, 단리가능한 중간체인 하이드록시피발알데히드를 생성한다. 이것은 과잉의 포름알데히드와 반응시키든지, 또는 접촉수소화 하는 방식에 의하여, 선택률 90%로서 네오펜틸글리콜로 된다. 접촉수소화의 경우, 기상 또는 액상에서, Co, Cu, 혹은 Ni촉매를 사용하여 80°C 이상의 온도에서 반응이 행해진다.

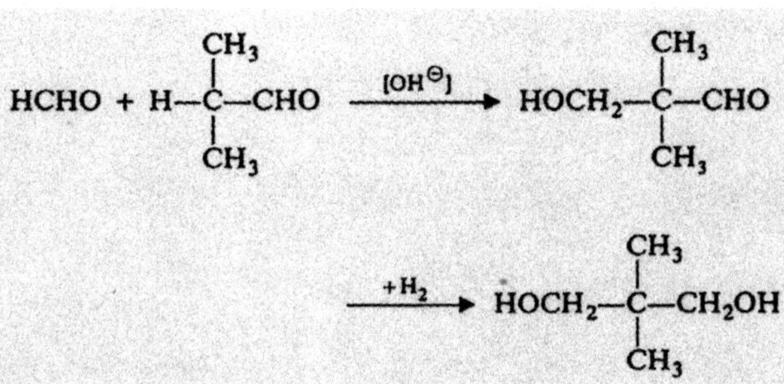

(22)

네오펜틸글리콜의 용도:
폴리에스테르, 합성수지, 도료, 윤활유, 가소제용의 축합원료.

네오펜틸글리콜은 폴리에스테르(항공기나 선박용 수지), 합성수지도료(주로 무용매 분말코팅), 합성윤활유, 폴리우레탄, 가소제에 사용된다. 네오펜틸 구조는 반응생성물에 가수분해, 열 및 빛에 대해서 특별히 안정성을 제공한다.

네오펜틸구조에 의한 입체장해로서 에스테르화는 곤란하지만, 한번 생성한 에스테르는 특히 안정해진다.

네오펜틸글리콜 유도체:
하이드록시피발알데히드의 알칼리 촉매의 존재하에 Tishchenko반응에 의한 하이드록시피발산모노에스테르(아세트알데히드 아세트산에틸에 대해서는 7.4.4절 참조)

공업적으로 이용되고 있는 네오펜틸글리콜 유도체의 하나인 2,2-디메틸-1,3-프로판디올모노하이드록시피발산에스테르가 있다. 이 제법은 네오펜틸글리콜 제조의 중간체인 하이드록시피발알데히드의 분균화반응(Tishchenko 반응)에 의한다.

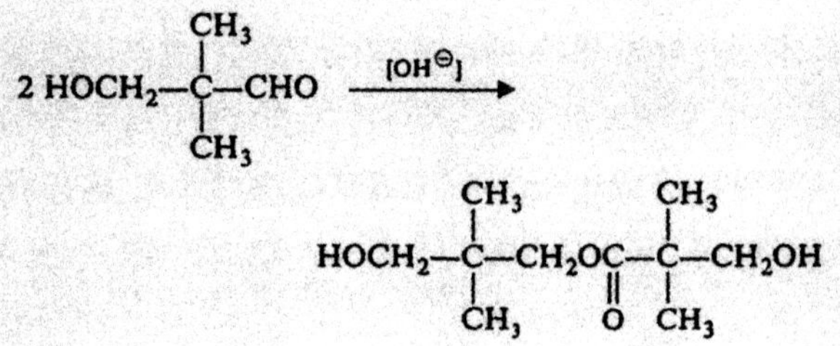

(23)

이 반응은 알칼리토류 금속의 수산화물의 존재하에 80~130°C에서 진행한다. BASF사는 1976년에 독일에서 0.12만 t/y 플랜트의 조업을 개시했으며, 그 후, 생산능력을 확장하고 있다. UCC사는 현재 미국에 있어서 2,2-디메틸-1,3-프로판디올모노하이드록시피발산에스테르의 제조를 중지하고 있다. 하이드록시피발산의 네오펜틸글리콜모노에스테르는 고품질, 고내구성의 폴리에스테르수지나 폴리우레탄의 제조에 사용되며, 그의 수요는 증가하고 있다.

제 9 장

할로겐화비닐과 비닐산소화합물

비닐화합물은 반응성이 풍부하며, 조달하기가 쉽고, 응용 범위도 넓기 때문에 화학공업에 있어서 중요한 화합물로 발전했다.

스티렌, 아크릴산, 아크릴로니트릴, 메타크릴산 등도 넓은 의미로는 비닐화합물의 그룹에 속하지만, 이들에 대해서는 다른 장에서 각각 특유의 전구체와 함께 취급한다. 이 장에서는 할로겐화비닐, 비닐에스테르 및 비닐에테르에 대해서 설명한다.

염화비닐리덴(VDC), 플루오르화비닐리덴, 트리클로로에틸렌, 테트라클로로에틸렌 및 테트라플루오로에틸렌 등의 다치환화합물도 할로겐화비닐류에 포함되는 것으로 한다.

할로겐화비닐, 비닐에스테르 및 비닐에테르 중 양적으로 중요한 화합물은 염화비닐(VCM = vinyl chloride monomer)과 아세트산비닐(VAM = vinyl acetate monomer)이다. 에틸렌을 원료로 하는 새로운 접촉적 제조법이 이들의 성장에 결정적인 역할을 했다. 그리고 이것이 고전적인 아세틸렌법을 광범위하게 구축한 결과가 되었다.

공업적으로 중요한 비닐화합물:

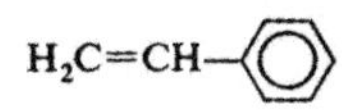

$H_2C{=}CH{-}COOH(R)$

$H_2C{=}CH{-}CN$

$H_2C{=}C(CH_3){-}COOH(R)$

$H_2C{=}CH{-}Cl(F)$

$H_2C{=}CH{-}OAc$

$H_2C{=}CH{-}OR$

$H_2C{=}CCl_2(F_2)$

$Cl_2C{=}CHCl$

$Cl_2C{=}CCl_2$

$F_2C{=}CF_2$

양적으로 가장 많은 할로겐화비닐과 비닐에스테르:

$H_2C{=}CH{-}Cl$

$H_2C{=}CH{-}OC(=O)CH_3$

9.1. 할로겐화비닐

9.1.1 염화비닐

1930년대에 시작된 호모-, 코- 및 터-폴리머의 제조를 위하여 염화

VCM의 생산량은 미국에서 전구체 ($ClCH_2CH_2Cl$=EDC)와 함께 에틸렌, 프로필렌, 요소에 이어서 전체 유기제품 중 4번째의 위치를 차지한다.(1997년).

EDC 생산량(단위: 10^6 t):

	1992	1995	1997
서유럽	8.90	9.14	9.97
미 국	7.23	7.83	11.9
일 본	2.71	2.93	3.49

비닐이 범용 모노머로서 중요한 것은 생산량을 보면 알 수 있다. 그 생산능력은 2000년에 전세계에서 약 3110만 t/y였다. 그중 미국이 800만 t/y, 서유럽이 670만 t/y, 일본이 350만 t/y이다. 따라서 염화비닐은 그 전구체인 1,2-디클로로에탄과 함께, 최대의 염소소비체로 되어 있다. 1990년에 염화비닐의 제조를 위하여 미국에서는 염소생산량의 약 42%, 서유럽에서는 35%, 일본에서는 30%가 소비되었다. 그 결과, 최적화를 추구하고 제조법이 끊임없이 개량되었으며, 동시에 생산의 단위도 증대했다. 1991년의 미국에서 최대규모의 플랜트는 63.5만 t/y라고 하는 생산능력을 가지고 있었지만, 현재는 몇 개의 플랜트로서 생산능력이 100만 t/y를 초과했다.

특수한 열분해법에 의한 PVC 재순환에서는 염소를 재사용가능한 HCl로 전환한다.

염화비닐의 최대의 용도인 폴리염화비닐로부터, 염소를 염화수소의 형태로서 회수한다라고 하는 새로운 기술의 개발은 매력적이다. 사용하고 난 PVC는 로타리킬른 중, 1200°C로서 열분해시키고, 생성한 HCl을 단리하여 염화비닐의 제조용에 재사용하는 방식에 의하여 재순환시킬 수 있다. 현재, 서유럽에서 약 46%를 점유하는 함염소 최종제품용의 염소의 비율은, 장래 이 새로운 염소재순환법을 이용함으로써 것에 의하여 감소시킬 수 있을 것이다.

VCM생산량(단위:10^6 t):

	1995	1997	1999
서유럽	5.5	5.7	5.5
미 국	6.8	8.0	6.6
일 본	2.6	3.1	3.1

주요 공업국의 염화비닐의 생산량은 부표와 같다.

9.1.1.1. 아세틸렌으로부터의 염화비닐

$HgCl_2$를 촉매로 한 아세틸렌에의 HCl의 부가(염화수소의 비닐화)에 의한 전형적 VCM 제조법:

균일계 혹은 현탁촉매를 사용하는 액상법(종전방법)과 고정상 또는 유동상촉매를 사용하는 기상법(이것은 차후 주요한 방법이 되었다).

염화비닐의 최초의 공업적 제조법은 Griesheim-Elektron사에 의하여 개발되었다. 최초, 이것은 카바이드로부터 제조된 아세틸렌으로의 염화수소의 부가에 의한 것이었다. 그후, 석유로부터 얻어지는 아세틸렌도 염화비닐의 제조에 사용할 수 있게 되었다. 염화수소는 최초, 염소와 수소의 반응에 기인하고 있었지만, 차츰 염소화반응으로 생성하는 염화수소로 대체되기에 이르렀다. 염화수소에 의한 비닐화는 반응식 (1)과 같다.

$$HC{\equiv}CH + HCl \xrightarrow{[cat.]} H_2C{=}CHCl \quad \left(\Delta H = -\frac{24\ kcal}{99\ kJ}/mol\right) \qquad (1)$$

제법의 원리:
불균일 접촉기상반응은 매우 선택적이다. 간단한 구조의 관속반응기가 사용된다.

촉매로서는 $HgCl_2$/활성탄이 140~200°C에서 사용된다. 아세틸렌의 전환율은 96~97%, 염화비닐의 선택률(아세틸렌)은 약 98%이다. 염화비닐의 단리는 비교적 간단하다. 왜냐하면, 부생성물로서 소량의 아세트알데히드(도입기체 중의 잔류수분으로부터 생성한다)와 1,1-디클로로에탄(염화비닐에의 염화수소의 부가로부터 생성한다)만이 생성되기 때문이다.

부생성물의 생성:
$HC{\equiv}CH + H_2O \rightarrow CH_3CHO$
$H_2C{=}CHCl + HCl \rightarrow CH_3CHCl_2$

원료로서 아세틸렌밖에 사용할 수 없는 이 방법은, 건설비와 가동비가 적음에도 불구하고, 거의 대부분 폐기되었고, 값이 싼 에틸렌을 원료로 하는 방법으로 대체되었다. 이리해서 일본에서는 1989년에 아세틸렌법에 기인하는 최후의 플랜트가 정지되었다. 서유럽 최후의 2기도 1993년에 정지되었으나, 미국 Borden사에서는 지금도 생산능력 27만 t/y의 플랜트를 가동하고 있다. CIS에서도 아직 4기가 가동중이다. 남아프리카와 같이 값이 싼 석탄을 확보하고 있는 국가에서는 카바이드에 기인하는 아세틸렌으로부터의 염화비닐 제조가 좀더 오랫동안 경제성을 가질 것으로 생각된다.

9.1.1.2. 에틸렌으로부터의 염화비닐

염화비닐은 현재 거의 1,2-디클로로에탄(EDC)의 열분해(탈염화수소)에 의하여 생산되고 있다. 원료가 되는 EDC는 2가지의 제조법에 의하여 얻어지고 있다.

에틸렌을 출발물질로 하여, 중간체의 $ClCH_2CH_2Cl$을 열적으로 탈염화수소하는 방식에 의한 VCM 제조법

1. 에틸렌에의 염소부가에 의한 종래의 방법
2. 산소 또는 공기와 염화수소로서 에틸렌을 옥시염소화하는 근대적 방법

에틸렌으로부터의 EDC 제조:
1. 염소부가
2. 옥시염소화

방법 1.

에틸렌의 염소화는 기포탑형 반응기를 사용하여 액상, 즉 반응 생성물의 EDC 중에서 용해한 $FeCl_3$, $CuCl_2$ 또는 $SbCl_3$를 촉매로 하여 40~70°C, 0.4~0.5 MPa(4~5 kg/cm²)에서 행해진다.

액상 Cl_2 부가법의 원리 : 아마 카르베늄이온($^{\oplus}CH_2-CH_2Cl$)을 중간체로 하는 균일촉매 친전자적 반응.

$$H_2C{=}CH_2 + Cl_2 \rightarrow ClCH_2{-}CH_2Cl \left(\Delta H = -\frac{43\ \text{kcal}}{180\ \text{kJ}}/\text{mol}\right) \quad (2)$$

염소의 부가반응은 일반적으로 친전자적 이온반응메카니즘으로 진행하며 이때, 촉매는 염소분자의 분극을 도와서 친전자적 공격이 일어나기 쉽도록 작용한다.

1,2-디클로로에탄의 선택률은 98%(에틸렌), 99%(Cl_2)로 된다.

에틸렌의 염소화는 기상, 90~130°C에서 행할 수도 있다. 1,2-디클로로에탄의 생성은 아마 라디칼적 연쇄반응으로 진행되리라 생각되며, 연쇄의 개시는 반응기벽에서 염소가 동족체화하여 생성하는 염소라디칼에 의한 것이라고 생각된다.

기상 Cl_2 부가법의 원리 : 반응기벽에서 생성한 염소라디칼로서 개시되는 비촉매적 라디칼 연쇄반응

방법 2.

에틸렌의 옥시염소화는 일반적으로 기상에서 행해진다. 여기서 에틸렌

옥시염소화법의 원리:
Cu염을 촉매로 하는 에틸렌, 염화수소 및 공기(산소)의 반응인 반응단계
$C_2H_4 + 2\,CuCl_2 \rightarrow Cl(CH_2)_2Cl + 2\,CuCl$
과 재생단계
$2\,CuCl + 0.5\,O_2 \rightarrow CuO \cdot CuCl_2$
$CuO \cdot CuCl_2 + 2\,HCl \rightarrow 2CuCl_2 + H_2O$
로 분류된다.

촉매 구성성분의 역할:
1. $CuCl_2$는 염소화제로서 작용하지만, 반응조건하에서 휘발성이 있다.
2. 알칼리금속의 염화물(KCl)은 용융염 형성으로 인하여 $CuCl_2$의 휘발성을 저하시킨다.
3. 희토류의 염화물은 용융염에 의한 O_2의 흡수를 증대시킨다.

에틸렌의 옥시염소화의 공업적 실시법:
1. 유동상 혹은 고정상반응기를 사용하는 기상법
2. 액상법

접촉적 기상 옥시염소화의 특징:
반응식 (2)의 염소화와 비교해서, H_2O ($2\,HCl + 0.5\,O_2$로부터의)의 생성엔탈피 분량만큼 발열이 크다.

정밀한 온도제어가 가져오는 효과:
과열방지
과잉염소화방지
CO_2로의 연소방지

액상 옥시염소화의 특징:
염산수용액의 사용은 열의 제거를 용이하게 하지만, 부식문제를 해결할 필요가 있다.

EDC로부터 HCl의 탈리에 의한 VCM 제조:
종전의 방법에서는 액상에서 알칼리를 사용하고 있었다.

은 무수의 염화수소와 공기 또는 산소와 220~240°C, 0.2~0.4 MPa (2~4 kg/cm²)에서 반응하여 EDC와 물이 된다.

$$H_2C{=}CH_2 + 2\,HCl + 0.5\,O_2 \rightarrow ClCH_2{-}CH_2Cl + H_2O \quad \left(\Delta H = -\frac{57\ \text{kcal}}{239\ \text{kJ}}/\text{mol}\right) \tag{3}$$

담지된 $CuCl_2$가 촉매로서 사용되며, 담체에는 활성제 혹은 안정제로서 희토류나 알칼리금속의 염화물이 함유되는 것이 많다. 반응조건하에서는 유리의 염소가 생성되지 않는다. CuC_2가 염소화제로서 작용하며, 이것은 다음에 공기와 HCl에 의하여 옥시염화물을 경유하여 재생된다. 이것은 마치 벤젠으로부터 클로로벤젠의 옥시염소화(13.2.1.1절 참조)의 경우와 매우 유사하다. 이와 같은 촉매는 예를 들면, Distillers사 및 Shell사에 의하여 사용되며, EDC 선택률은 약 96%이다. 에틸렌의 전환율은 염화수소와 공기를 약간 과다하게 사용하면 실제로는 정량적으로 된다.

Goodrich사는 Dow사, Monsanto사와 함께 1964년에 미국에서 공업용 옥시염소화프로세스를 최초로 기업화했다. 현재는 다수의 메이커가 각각 독자적이긴 하나 원리적으로는 매우 유사한 제조법을 개발하고 있다.

제조의 실시형태에 있어서 기본적인 차이는 현저한 발열반응이기 때문에 열을 제거하는 방법에 있다. 즉 Ethyl Corp., Goodrich사, Mitsui화학, Monasnto사, Scientific Design사(Monsanto법을 기본으로 하고 있다) 및 Rhône-Poulenc사는 유동상반응기를 사용하나 여타의 메이커는 고정상반응기를 사용하고 있다. 국부적 발열을 억제하는 데 잘 사용되는 또 하나의 방법은, 불활성물질로서 희석한 촉매를 사용하는 것이다.

기상프로세스 이외의 옥시염소화반응으로서는, Kellogg사가 $CuCl_2$ 염산수용액 중에서의 제법을 개발했다. 170~185°C, 1.2~1.8 MPa(12~18 kg/cm²)에서, 에틸렌의 전환율 7~25%, 1,2-디클로로에탄으로의 선택률은 96%로서 옥시염소화가 일어난다. 이 변법의 장점은, 염산수용액이 원료로서 사용되는 것과, 물의 발열에 의한 열의 제거가 쉬운 것이다. 그러나, 열염산수용액을 고온에서 취급하기 때문에, 현저한 부식문제가 발생한다.

1,2-디클로로에탄으로부터 염화비닐으로의 반응은, 이전에는 알칼리를 사용하고 액상에서 행하였지만, 현재는 주로 기상탈염화수소에 의존하고 있다.

$$ClCH_2CH_2Cl \rightarrow H_2C{=}CHCl + HCl \quad \left(\Delta H = +\frac{17\ \text{kcal}}{71\ \text{kJ}}/\text{mol}\right) \tag{4}$$

EDC의 분해는 흡열반응이며, 열에 강한 특수강(니켈, 크롬)으로 제조된 튜브 속의 500~600°C, 2.5~3.5 MPa(25~35 kg/cm^2)에서 높은 유속으로 행해진다. 반응은 라디칼연쇄반응 메카니즘에 의하여 열적으로 진행한다. 대부분의 경우, 사염화탄소가 라디칼개시제로서 소량 가해진다. EDC 중에 함유되는 불순물은 라디칼 연쇄메카니즘에 의하여 열분해를 저해하기 쉽기 때문에, 사용하는 EDC의 순도(>99.5%)가 중요하다. 경석(실리카, 알루미나, 알칼리류)이나 활성탄에, $BaCl_2$ 혹은 $ZnCl_2$를 함침시킨 촉매를 사용하고, 약 300~400°C에서 접촉분해하는 방법도 개발됐지만, 촉매의 수명이 한정되어 있기 때문에 널리 보급되지 못했다.

열분해에 의한 EDC의 전환율은 50~60%이고, 염화비닐의 선택률(EDC)은 98% 이상으로 된다. 반응 혼합물은 차가운 EDC로서 직접 냉각(quenching)된다. 이때, 염화수소가 가스상태로 제거된다. 염화비닐을 증류분리한 후, EDC는 탈염화수소공정으로 되돌려진다.

염화비닐의 근대공업적 제조법은 에틸렌으로의 염소부가, EDC 열분해, 에틸렌의 옥시염소화라고 하는 앞에서 설명한 각 단계를 대규모로 더욱 경제적으로 결합시킨 점에 특징이 있다. 즉 염소는 에틸렌으로의 부가공정에 도입되며, 열분해에서 발생하는 염화수소는 옥시염소화에 사용된다.

열분해에 의하여 발생하는 염화수소를 옥시염소화에 재이용하는 대신에, 이것을 염소로 되돌리는 방법이 몇 가지 개발되었다.

전기분해, 예를 들면 Hoechst-Uhde사, De Nora사 혹은 Mobay Chemical사의 방법에 의하면, 특정의 농도범위(25 → 10중량%)에서 염산수용액은 염소와 수소로 변환된다.

또다른 염소의 회수방법은 Shell사의 Deacon법이다. 이것에 의하면 가스상 염화수소 혹은 염산수용액을, $CuCl_2$, KCl 및 $DiCl_3$(Di = 디디뮴, 즉 공업적으로 얻어진 희토류 혼합물)의 담지 촉매계에서 350~400°C로 산화하여 염소와 물로 변환한다. 이 방법은 네덜란드(4.1만 t/y, 현재는 가동하고 있지 않다) 및 인도(2.7 t/y)에서 공업적으로 실시되고 있다. Mitsui화학의 프로세스(MT-염소법)는 Deacon법을 개량한 것이며, 실리카상에 활성인 산화크롬을 담지한 촉매계를 이용하고 있다. 일본에서 3만 t/y의 생산능력을 갖는 플랜트가 가동되고 있다.

제3의 방법은 질소산화물을 촉매로 하고 황산을 니트로실황산의 형태로 촉매순환제로서 사용하여, 0.4 MPa(4 kg/cm^2), 260~320°C에서 HCl(무수 또는 수용액)을 Cl_2로 산화하는 KEL염소법(Kellogg사)이다.

현재의 기상 탈염화수소의 2가지 방법:

1. 열적 방법(주로 행해지고 있다)
2. 접촉적 방법(가끔 행해지고 있다. 예를 들면 SBA법, Wacker법)

EDC의 열분해의 원리:

$ClCH_2CH_2Cl \rightarrow Cl\cdot + \cdot CH_2CH_2Cl$

$Cl\cdot + ClCH_2CH_2Cl \rightarrow HCl + ClCH_2\dot{C}HCl$

$ClCH_2\dot{C}HCl \rightarrow Cl\cdot + H_2C{=}CHCl$

열분해법의 특징:

VCM의 선택률의 향상에는 높은 유속, 정밀한 온도조절, EDC의 세심한 정제, EDC 전환율 제한이 요구된다.

근대적 VCM 제조법은 아래 3가지 부분반응의 조합이다:

1. 액상 에틸렌염소화
2. 기상 EDC 탈염화수소
3. 기상 에틸렌옥시염소화(유동상 또는 고정상)

에틸렌의 옥시염소화의 부분을 형성하는 HCl로부터의 Cl_2 재생은 아래와 같이 반응계 외에서 행하는 것도 가능하다:

1. 전기분해, 예를 들면 Hoechst-Uhde, De Nora, Mobay Chemical
2. Shell에 의한 Deacon법
3. Kellogg에 의한 KEL 염소프로세스

Shell-Deacon법과 KEL염소법의 일반적인 반응원리 :

$$4\,HCl + O_2 \rightarrow 2\,Cl_2 + 2\,H_2O$$

$$\left(\Delta H = -\frac{28\ \text{kcal}}{117\ \text{kJ}}/\text{mol}\right)$$

촉매작용의 특징 :

Deacon법 :

$2\,CuCl_2 \rightarrow Cl_2 + Cu_2Cl_2$

KEL염소법 :

$NO_2 + 2\,HCl \rightarrow Cl_2 + NO + H_2O$

미국의 Du Pont사에서는 1974년 이래, 이 방법에 의한 27만 t/y의 플랜트를 가동하고 있다.

에틸렌과 아세틸렌을 조합시킨 방법은 염소의 완전이용 문제의 과도기적인 해결법였지만, 에틸렌과 아세틸렌을 동시에 입수하는 것이 필요했다.

에틸렌을 기초로 하여 염소를 완전히 공업적으로 이용하는 근대적 제법이 실시되기 이전의 과도기에는, 염화비닐은 에틸렌과 아세틸렌을 조합시킨 방법으로 제조되고 있었다. 이때, EDC의 열분해로부터의 염화수소는, 고전적인 VCM 제조법과 마찬가지로 아세틸렌에 부가시켰다.

에틸렌과 아세틸렌의 조합사용은, 원유류분의 열분해에 의하여 이와 같은 에틸렌과 아세틸렌의 혼합물이 공급될 수 있는 곳에서 특히 적당하다.

이 같은 조합 사용법은 예를 들면 미국의 Goodrich사, Monsanto사 및 UCC사, 독일의 Hoechst/Knapsack사, 일본의 Kureha화학에서 행해졌다.

9.1.1.3. 염화비닐 제조법의 전망

근대적인 3단계 VCM제조법으로부터의 코스트를 낮추는 2가지의 가능성:

1. 1단계로서 에틸렌을 직접염소치환한다.
   기상에서의 $PdCl_2$-$CuCl_2$ 담지촉매(ICI)
   액상에서의 $PdCl_2$촉매(Distillers)
   용융촉매(Hoechst)

VCM 제조법의 개량은, 우선 첫째로 다단계의 연결프로세스(염소화, 옥시염소화, 열분해)의 설비비, 가동비가 상당히 비싸기 때문에, 이것을 간략화하는 것이었다. VCM제조의 근본적인 단순화는 예를 들면 에틸렌의 직접 염소치환 혹은 옥시염소화에 의하여 염화비닐을 합성하는 것이다. 특허문헌에서는 기상 및 액상에서 귀금속촉매를 사용하여, 혹은 촉매활성이 있는 화합물의 용융물질 중에서 반응시키는 등, 다수의 제한이 있지만, 고온이 필요하기 때문에, 이것에 의한 부반응으로 인하여 지금까지 공업적으로 이용할 수 있는 프로세스로는 되지 못했다.

2. 직접VCM제조법에서 에틸렌 대신에 에탄의 사용:

2.1. Lummus-Armstrong의 Transcat법

프로세스의 특징:

염화구리, 염화알칼리금속용융물 중에서 에탄, Cl_2, O_2의 2단계의 불균일 접촉반응으로 VCM을 제조한다.

다음에, 에틸렌 대신에 에탄을 사용하는 방법이 제안되었다. 이것은 Lummus Armstrong사의 Transcat법이며, 구리를 베이스로 한 옥시염소화촉매의 염화물을 함유하는 용융염 중에서 에탄과 염소를 직접 반응시켜서 염화비닐로 변환하는 것이다. 제법의 제1단계에서는 450~500°C의 열용융염을 함유하는 반응기에서, 반응식 (5)와 같이 염소화, 옥시염소화 및 탈염화수소반응이 동시에 일어난다.

$$
\begin{aligned}
&CH_3CH_3 + Cl_2 &&\rightarrow CH_3CH_2Cl + HCl \\
&CH_3CH_2Cl &&\rightarrow H_2C{=}CH_2 + HCl \\
&H_2C{=}CH_2 + Cl_2 &&\rightarrow ClCH_2{-}CH_2Cl \\
&ClCH_2{-}CH_2Cl &&\rightarrow H_2C{=}CHCl + HCl
\end{aligned}
\qquad (5)
$$

제1단계: 염소화, 옥시염소화, 탈염화수소가 동시에 일어난다.

용융한 구리염은 염소화의 과정에 관여하며, 염소를 이동시키는 방식에 의하여 2가로부터 1가로 환원된다.

제2단계: 용융염의 재생이 다른 공정에서 행해진다.

$$
\begin{aligned}
CuO \cdot CuCl_2 + 2\,HCl + H_2C{=}CH_2 \rightarrow\ & 2\,CuCl \\
& + ClCH_2{-}CH_2Cl + H_2O
\end{aligned}
\qquad (6)
$$

에탄의 전환율은 약 30%이고, 염화비닐으로의 선택률은 40%에도 미치지 못한다.

용융염은 재생시키기 위해서 산화반응기로 이동되며, 그곳에서 염화수소와 공기에 의하여 옥시염소화촉매($CuO-CuCl_2$)로 재생된다.

촉매용융물을 순환하는 기술이 복잡하며, 지금까지 이 에탄을 사용하는 프로세스는 파일럿플랜트단계에서 이용되는 데 불과했다(2.3.6.1절 참조).

다른 신규의 기상프로세스가 ICI사에서 개발되어 있다. 그것에 의하면, 은염과, 예를 들면 망간염을 함유하는 제올라이트촉매상, 350~400°C에서 산소와 염소를 사용하는 옥시염소화반응에 의하여, 에탄은 모두 반응하여 에틸렌 및 에탄과 에틸렌의 염소화물로 변한다. 이 프로세스에서는, 염화비닐으로의 선택률은 51%까지 향상되었다.

2.2. ICI의 옥시염소화법:
프로세스의 특징 :
불균일계촉매(Ag/Mn-, Co-, Ni-염/제올라이트)를 사용하는 기상반응에 의하여, 1단계에서 C_2H_6, Cl_2, O_2로부터 VCM으로 변환된다.

9.1.1.4. 염화비닐과 1,2-디클로로에탄의 용도

염화비닐의 거의 대부분(현재, 세계에서 약 95%)이 중합물의 모노머, 혹은 양적으로는 적지만 코모노머로서 사용되고 있다. 염화비닐의 생산량의 극히 일부는, 용매 혹은 추출용매로서 사용되는 다수의 에탄, 에틸렌의 염소유도체의 원료로서 사용되고 있다. EDC에도 같은 용도가 있다. 이들은 한때, 주로 아세틸렌으로부터 유도되고 있던 것이다. 이들의 염소유도체 중에서 가장 중요한 것은, 1,1,1-트리클로로에탄이다.

VCM과 EDC의 용도:
1. VCM은 PVC와 다수의 공중합체 제조용으로 사용된다
   PVC의 주요용도:
   건축, 전기산업, 포장재료, 자동차부품 재료

1,1,1-트리클로로에탄은 EDC로부터의 3단계법이나 에탄의 염소화에 의한 방법은 별도로 하고, 주로 염화비닐로부터 제조된다. 이 방법에 의하면, 최초에 미분말화 한 $FeCl_3$의 존재하에 액상에서 염소수소를 염화비닐에 부가시켜, 1,1-디클로로에탄으로 한다. 이 생성물이 동시에 반응매체로 되어 있다. 이 반응의 선택률은 95~98%이다. 2단계는 기상염소화이며, 실리카촉매를 사용하여 0.3~0.5 MPa(3~5 kg/cm²), 370~400°C, 유동상에서 반응을 행한다. 이것은 Ethyl Corp.이 개발한 프로세스이다.

1,1,1-트리클로로에탄의 제법:
1. EDC를 염소화하여 $CH_2ClCHCl_2$로 하고, 이것을 탈HCl하여 $CH_2=CCl_2$로 한 후, 더욱 HCl을 부가시키는 방법.
2. C_2H_6를 염소화하는 방법.
3. VCM에 HCl을 부카시켜 CH_3CHCl_2로 하고, 이것을 더욱 염소화하는 방법.

방법3이 공업적으로 가장 중요하다.

$$H_2C{=}CHCl + HCl \rightarrow H_3C{-}CHCl_2 \xrightarrow[-HCl]{+Cl_2} H_3C{-}CCl_3 \qquad (7)$$

염화수소는 1단계로 재순환된다. 1,1,1-트리클로로에탄으로의 선택률은 82%이다.

1,1,1-트리클로로에탄은 안정제가 첨가되며, 주로 금속이나 섬유의 세척제로서 사용된다. 1998년의 1,1,1-트리클로로에탄의 생산능력은 미국이 25만 t/y, 서유럽이 4만 t/y, 일본이 11만 t/y였다. 이들 각국의 생산량은 부표와 같다.

1,1,1-트리클로로에탄의 생산량(단위: 10^3 t) :

	1991	1993	1997
미 국	294	205	95
서유럽	245	108	40
일 본	167	78	48

에틸렌디아민의 제법 :
1. EDC의 Cl/NH_2치환
2. $H_2NCH_2CH_2OH$의 OH/NH_2치환
2가지의 가암모니아분해법 모두 부생성물이 많다.

1,2-디클로로에탄은 또한, 에틸렌디아민(1,2-디아미노에탄)의 제조에 사용된다. 에틸렌디아민은 가압하에, 180°C에서 1,2-디클로로에탄과 과잉의 암모니아수용액을 반응시켜 얻어진다. 더욱 에틸렌디아민과 1,2-디클로로에탄의 2차반응에 의하여 디에틸렌트리아민이나 트리에틸렌테트라민이 생성한다. 아민류의 염산염혼합물로부터 수산화나트륨에 의하여 아민류를 유리시킨 후, 증류에 의하여 분리가 행해진다. 에틸렌디아민은 약 60%의 수득률로서 얻어진다. 에틸렌디아민은 고무약품, 의약품의 제조에 사용되는 이외에, 특히 착화합물형성제의 에틸렌디아민4아세트산(EDTA)의 원료로서 중요하다. EDTA는 주로 세탁 및 세척제 분야에서 사용된다.

다른 하나의 에틸렌디아민의 제조경로는, 에탄올아민과 NH_3의 반응을 이용한 것이다(7.2.3절 참조).

2. EDC와 VCM은 용제나 추출제, 혹은 모노머의 제조중간체로서 사용된다. 예를 들면
Cl_3C-CH_3(트리클로로에탄)
$Cl_2C=CHCl$(트리클로로에틸렌)
$Cl_2C=CCl_2$(테트라클로로에틸렌)
$H_2NCH_2CH_2NH_2$(에틸렌디아민)
$Cl_2C=CH_2$(염화비닐리덴, VDC)

1,2-디클로로에탄의 그 자체는 수지, 아스팔트, 비투멘 및 고무의 용매, 및 유지의 추출제로서 사용되고 있다. 1,2-디클로로에탄은 1,2-디브로모에탄과 조합시켜, 안티녹킹제의 테트라에틸납이나 테트라메틸납과 함께 사용되며, 난휘발성의 납화합물을 용이하게 휘발시키는 데 사용되고 있다. 그러나 가솔린용 납화합물의 사용량의 감소에 수반하여 그 용도는 격감했다.

또한 염화비닐과 1,2-디클로로에탄은, 염화비닐리덴(9.1.2절 참조)과 트리클로로에틸렌 및 테트라클로로에틸렌(9.1.4절 참조)의 제조를 위한 원료이다.

9.1.2 염화비닐리덴

염화비닐리덴의 2단계제조법:
1. VCM 혹은 1,2-디클로로에탄의 1,1,2-트리클로로에탄으로의 전환
2. 알칼리수용액에 의한 탈염화수소

염화비닐리덴(보다 엄밀하게는 2염화비닐리덴, VDC)을 제조하기 위하여, 염화비닐 혹은 1,2-디클로로에탄이 먼저 1,1,2-트리클로로에탄으로 염소화된다. 이어서 약 100°C에서, $Ca(OH)_2$ 혹은 NaOH 수용액에 의하여 탈염화수소하면 염화비닐리덴으로 전환된다. 선택률은 90% 이상이다.

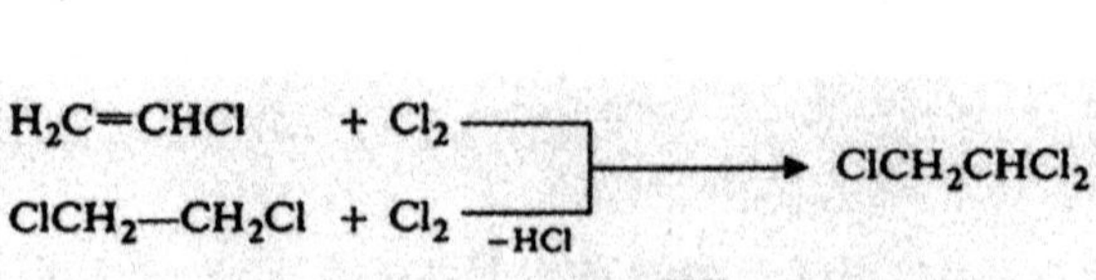

(8)

기상계의 탈염화수소도 많이 연구되어 왔지만, 1,2-디클로로에틸렌이 부생하기 때문에, 염화비닐리덴으로의 선택률은 액상계에 비하여

훨씬 낮다.

염화비닐리덴은 염화비닐이나 다른 모노머와 잘 공중합한다. 공중합생성물은 공기와 물의 투과성을 저하시키기 위하여 셀룰로오스수화물이나 폴리프로필렌과의 다층체로 하여 사용된다.

염화비닐리덴의 용도 :
VCM과의 공중합체(85%VDC + 15% VCM, Saran®)로서 셀룰로오스수화물 및 폴리프로필렌과의 다층필름. AN과의 공중합체(30% VDC +70%AN)로서 난연성 아크릴섬유.

현재의 서유럽 각국에서의 염화비닐리덴의 생산량은 약 15~20만 t/y이다.

9.1.3. 플루오르화비닐과 플루오르화비닐리덴

플루오르화비닐(VFM = vinyl fluoride monomer)은 2가지의 방법에 의하여 제조할 수 있다.

2종류의 플루오르화비닐 제조법:

1. HF의 아세틸렌에의 접촉적 부가반응에 의한다.

1. 아세틸렌의 HF에 의한 비닐화.

$$HC{\equiv}CH + HF \xrightarrow{[cat.]} H_2C{=}CHF \qquad (9)$$

2. 염화비닐 중의 염소원자를 접촉적으로 플루오르로서 치환한다. 중간체로서 1-클로로-1-플루오로에탄을 경유하고, 이어서 탈염화수소하는 방식에 의한다.

2. VCM에의 HF 부가와 그것에 이어서 탈염화수소.

$$H_2C{=}CHCl + HF \rightarrow CH_3CHClF \xrightarrow{-HCl} H_2C{=}CHF \qquad (10)$$

방법 1.

플루오르화수소에 의한 비닐화는, 예를 들면 40~150°C에서 담지한 수은화합물, 혹은 250~400°C의 고온에서 Al, Sn 또는 Zn의 플루오르화합물과 같은 불균일촉매의 존재하에서 행해진다. 부생성물로서는 1,1-디플루오로에탄이 생성되지만, 이것을 열적으로 탈플루오르화수소반응에 의하여, 더욱 VFM이 얻어진다.

HF비닐화의 특징:
아세틸렌에의 HF 부가에는 촉매가 필요하며 일반적으로 비닐단계에서 정지한다.

Hg화합물을 사용하면 VFM으로의 선택률은 60~85%에 달하지만, Hg촉매는 활성저하가 빠른 것이 단점이다.

Du Pont사에서는 마찬가지의 기술에 의한 생산능력 0.27만 t/y(1989년)의 플루오르화비닐 플랜트를 가동하고 있다.

방법 2.

염화비닐으로의 플루오르화수소의 부가는, 오토클레이브 중에서 무촉매하, 약간 가온하면 비교적 쉽게 진행한다.

VCM의 Cl를 F로서 치환하는 방법의 특징:
VCM으로의 HF부가는 온화한 조건하에서, 무촉매로서 행해진다.

중간생성물의 1-클로로-1-플루오로에탄으로부터의 염화수소의 탈리

HCl의 탈리는 극심한 열분해조건하에서 촉매를 사용하여, 혹은 무촉매로서 행해진다.

는, 크롬-니켈강으로 형성된 반응관 중, 500~600°C 무촉매하에서, 혹은 촉매로서 구리분말 또는 구리-니켈합금의 존재하에서도 행할 수가 있다.

플루오르화비닐의 용도:
폴리플루오르화비닐(PVF)으로의 중합

$$n\,H_2C{=}CHF \rightarrow \text{-}(CH_2{-}\underset{F}{CH})_n\text{-}$$

플루오르화비닐은 주로 폴리플루오르화비닐(PVF)로의 중합을 위한 모노머로서 사용된다. 중합은 과산화물, 예를 들면 과산화벤조일의 존재하에 현탁수용액 중, 85°C, 30 MPa(300 kg/cm^2)에서 행해진다.

폴리플루오르화비닐의 용도:
필름 또는 분산제의 형태로서 특별한 내후성 코팅용.

폴리플루오르화비닐은 특별히 내성이 있는 고품질의 폴리머이지만, 비교적 가격이 비싸기 때문에, 예를 들면 각종 물질의 내후성 코팅, 및 압전성 필름과 같은 특수한 용도에 한정되고 있다. 상품으로서는 Du Pont사의 Tedlar®, Solvay사의 Solef® 및 Diamond Shamrock사의 Dalvor®가 있다.

2종류의 플루오르화비닐리덴의 제조법:

1. $CF_2Cl{-}CH_3$의 탈염화수소
2. $CF_2Cl{-}CH_2Cl$의 탈염소

플루오르화비닐리덴은 1-클로로-1,1-디플루오로에탄의 알칼리 혹은 열적 탈염화수소에 의하여 얻어진다.

$$CF_2Cl{-}CH_3 \xrightarrow{-HCl} F_2C{=}CH_2 \qquad (11)$$

다른 하나의 제조법은 1,2-디클로로-1,1-디플루오로에탄을 출발물질로서 사용하고, 아연 혹은 니켈에 의하여 약 500°C에서, 탈염소하여 플루오르화비닐리덴으로 하는 것이다.

$$CF_2Cl{-}CH_2Cl + Zn \rightarrow F_2C{=}CH_2 + ZnCl_2 \qquad (12)$$

플루오르화비닐리덴의 용도:
플루오로고무용의 코모노머, 예를 들면, ($F_3C{-}CF{=}CF_2/F_2C{=}CH_2$)의 공중합물

플루오르화비닐리덴과 헥사플루오로프로필렌과의 공중합물(Viton®)은 가황 가능한 엘라스토머로서 공업적으로 중요한 것이다.

폴리플루오르화비닐리덴은 화학기기의 제작이나 전기기구의 용도에 사용되고 있다. 유연한 막이 되기 쉬운 물성을 갖기 때문에, 이것을 이용하여 제조한 막에 특별한 분극가공을 실시한 것은 전기특성이 뛰어나기 때문에, 예를 들면 헤드폰의 박막에 사용되고 있다.

9.1.4. 트리클로로에틸렌과 테트라클로로에틸렌

트리클로로에틸렌 및 테트라클로로에틸렌의 생산량(단위: 10^3 t):

$Cl_2C{=}CHCl$			
	1990	1992	1997
미 국	107	91	111
일 본	57	61	79
서유럽	131	125	110

트리클로로에틸렌과 테트라클로로에틸렌(퍼클로로에틸렌이라고도 불리운다)은 공업적으로 매우 귀중한 제품으로 발전했다. 주요 공업국에서의 트리클로로에틸렌 및 테트라클로로에틸렌의 생상량은 부표와 같다. 2000년의 트리클로로에틸렌의 생산능력은, 서유럽이 19만 t/y, 미국이 15만 t/y, 일본이 10만 t/y였고, 퍼클로로에틸렌의 생산능력은 서유럽이 35만 t/y, 미국이 17만 t/y, 일본이 5만 t/y이다.

종전 제조법은 아세틸렌을 출발물질로 사용하는 것으로서, 70~85°C에서 $FeCl_3$ 존재하, 아세틸렌의 염소부가에 의하여 얻어진 테트라클로로에탄을 경유한다. 테트라클로로에탄을 탈염화수소하면 트리클로로에틸렌이 되며, 이것을 더욱 염소화하고 탈염화수소하면, 테트라클로로에틸렌이 얻어진다.

탈염화수소는 일반적으로, $BaCl_2$를 함침시킨 활성탄을 사용하여, 250~300°C, 기상에서 행해진다. 총 수득률은 약 90%이다.

특히, 미국과 일본에서는 1978년에 아세틸렌을 베이스로 한 최후의 플랜트가 폐쇄된 이래, 1,2-디클로로에탄이 중요한 원료이다. 1,2-디클로로에탄은 염소화와 탈염화수소의 조합에 의하여 2종류 제품의 혼합물로 변환된다.

$Cl_2C{=}CCl_2$			
	1990	1993	1997
미 국	174	123	140
일 본	84	64	41
서유럽	280	174	163

트리클로로에틸렌 및 테트라클로로에틸렌의 제조법:

1. $HC{\equiv}CH$의 염소화로서 중간체인 $Cl_2CH{-}CHCl_2$를 경유하는 종전법
2. $ClCH_2{-}CH_2Cl$을 원료로서 기상 접촉염소화와 탈염화수소의 조합에 의한 새로운 방법

$$ClCH_2{-}CH_2Cl + Cl_2 \xrightarrow{[cat.]} Cl_2C{=}CHCl + Cl_2C{=}CCl_2 + HCl \tag{13}$$

반응은 350~450°C의 범위에서 유동상촉매(예를 들면, Diamond Shamrock사) 혹은 고정상촉매(Donan-Chemie사)를 사용하여 행해진다. 이 촉매는 일반적으로, $CuCl_2$, $FeCl_3$ 또는 $AlCl_3$를 함유하고 있다.

다른 하나의 개량법에 의하면, 발생하는 HCl을 동시에 산화하는 방식에 의하여 대량의 염화수소가 병산되는 것을 피할 수가 있다. 염소원으로서 염소 또는 무수의 염화수소를 사용하여 옥시염소화/탈염화수소를 동시에 행하는 이 프로세스는 PPG사에 의하여 개발되었다.

제조법의 변법:
EDC의 염소화와 탈염화수소프로세스는 동시에 HCl이 사용될 수 있는 장점이 있으며, 옥시염소와 탈염화수소의 조합프로세스로서 변환할 수 있다.

$$ClCH_2{-}CH_2Cl + Cl_2 + O_2 \xrightarrow{[cat.]} Cl_2C{=}CHCl + Cl_2C{=}CCl_2 + H_2O \tag{14}$$

$CuCl_2$를 함유하는 유동상촉매가 수직의 반응기 중에 배치되며, 그 각각의 것이 별도로 유동상을 형성하고 있다. 약 420~450°C에서 약간 가압하여, 총 선택률 85~90%로서 트리클로로에틸렌 및 테트라클로로에틸렌의 혼합물이 얻어진다. 이 조성은 1,2-디클로로에탄/Cl_2의 비율에 의하여 결정된다. PPG법에 의한 1991년의 트리클로로에틸렌 및 테트라클로로에틸렌의 세계 총 생산능력은 약 45.5만 t/y였다.

옥시염소화의 변법의 공업적 사용:
PPG법

테트라클로로에틸렌(퍼클로로에틸렌)은 프로필렌 혹은 염소를 함유하는 유기잔분의 염소화분해할 때에도 사염화탄소와 함께 생성한다(2.3.6.1절 참조).

트리클로로에틸렌과 테트라클로로에틸렌의 용도:
용매, 추출제 및 탈지제

트리클로로에틸렌은 주로, 유지, 왁스, 수지의 용매 및 추출제로서 사용되고 있다. 보다 소량이지만, 이것은 모노클로로아세트산의 제조에도 이용되고 있다(7.4.1.5절 참조). 이 화합물은, 130~140°C에서 75%의 황산을 사용하여 트리클로로에틸렌을 가수분해하는 방식에 의하여 얻어진다.

$$CHCl{=}CCl_2 + 2\,H_2O \rightarrow ClCH_2COOH + 2\,HCl \qquad (15)$$

이 트리클로로에틸렌을 사용하는 모노클로로아세트산의 제조프로세스는, Rhône-Poulenc사에서 공업화되어 있다.

플루오르화탄화수소 HFCs(type 134a)에 대체되는 환경에 뛰어난 용매로서 트리클로로에틸렌의 사용이 증가하고 있다.

트리클로로에틸렌은 냉각계의 냉매용도에 수요가 증가하고 있으며, 플루오르화탄화수소의 대체물로서 기대되고 있다. 현재, 세계최대의 트리클로로에틸렌의 메이커는 ICI사이다.

예를 들면, $CF_2Cl{-}CFCl_2$(type 113)와 같은 플루오로클로로알칸으로의 중간체, 이것은 복합재료(금속과 합성수지)의 세척에 사용된다.

테트라클로로에틸렌은 드라이클리닝용의 용제로서, 동식물 유지의 추출제 및 용제로서, 또한 주로 금속이나 직물가공의 탈지제로서 가장 잘 사용되고 있다. 테트라클로로에틸렌은 더욱이 냉매, 금속 및 금속과 플라스틱의 복합재료의 세척용매로서 사용되는 1,2,2-트리클로로-1,1,2-트리플루오로에탄과 같은 플루오르화합물에의 원료가 된다. 트리클로로에틸렌이나 테트라클로로에틸렌을 사용할 때, 건강을 해치는 수가 있기 때문에, 플루오르화합물이 트리클로로에틸렌이나 테트라클로로에틸렌으로 계속 대체되고 있다. 화장품으로의 테트라클로로에틸렌의 사용은 이미 금지되어 있다.

9.1.5. 테트라플루오로에틸렌

$F_2C{=}CF_2$는 주로 PTFE 제조에 사용되는 가스상으로 유독한 모노머이다. PTFE는 가장 중요한 플루오로플라스틱이며, 플루오로계폴리머 생산량의 60%를 점유한다.

테트라플루오로에틸렌은 테트라클로로에틸렌과는 달리 가스상이며, 다수의 플루오로알칸류와 대조적으로 유독하다. 테트라플루오로에틸렌은 주로 폴리테트라플루오로에틸렌(PTFE)의 제조에, 또한 약간의 양이지만, 코폴리머 및 텔로머의 제조에 사용된다. 1999년에 있어서 세계의 PTFE 생산능력은 약 6.2만 t/y였다. 그중 미국이 1.7만 t/y, 서유럽이 2.1만 t/y, 일본이 1.0만 t/y이다.

$F_2C{=}CF_2$의 제법 :
$CHClF_2$의 열적 탈염화수소와 동시에 일어나는 2량화(디플루오로카르벤이 중간체라고 생각된다)

테트라플루오로에틸렌의 제조는 클로로디플루오로메탄(2.3.6.2절 참조)을 열분해하고, 탈염화수소하는 것에 의하여 행해진다.

$$2\,CHClF_2 \xrightarrow{\Delta} F_2C{=}CF_2 + 2\,HCl \qquad (16)$$

공업적 제법에서는, 클로로디플루오로메탄은 600~800°C에서 부식에 강한 물질(예를 들면, 백금)로서 제조된 반응관 중으로 유도된다. 테트라플루오로에틸렌으로의 선택률을 높이기 위해서는 전환율을 25% 정도로 억제할 필요가 있다. 수증기나 CO_2로서 반응계를 희석하면 약 65%까지 전환율을 향상시킬 수 있다.

제법의 특징:
저반응 혹은 저분압(H_2O 또는 CO_2의 첨가)에 의하여, $F_2C=CF_2$로의 선택률이 향상된다.

이와 같이 해서, 테트라플루오로에틸렌의 선택률은 약 90%로 된다. 부생성물은 헥사플루오로프로필렌과, 직쇄 및 환상의 퍼플루오로화합물 및 클로로플루오로화합물이다.

부생성물:
$F_3C-CF=CF_2$
$H\!-\!\!(CF_2)_n\!-Cl$

테트라플루오로에틸렌은 약간 산소가 존재하는 것만으로 과산화물 중간체를 형성하며, 스스로 중합을 일으키는 성질이 있다. 따라서 공기를 차단하고, 안정제(디펜텐 또는 트리-*n*-부틸아민)를 첨가하여 저온에서 저장할 필요가 있다.

고순도의 테트라플루오로에틸렌을 원료로 하여, 내열성(짧은 시간이라면, 약 300℃까지 유지한다)과 내약품성이 뛰어난 폴리머가 제조된다. 또한 이것은 에틸렌과의 공중합에 의하여, 다방면의 용도가 있는 열가소성 수지의 제조에도 사용된다.

$F_2C=CF_2$를 $-\!(CF_2CF_2)_n\!-$으로 중합시키는 데에는, 99.9999%의 순도가 필요하다. 수 ppm의 불순물이 있으면 실용적인 폴리머가 될 수 없다.

9.2. 비닐에스테르와 비닐에테르

비닐에스테르와 비닐에테르는 가상의 비닐알코올, 즉 아세트알데히드의 엔올형의 유도체라고 생각할 수 있다. 따라서 이들의 화합물은 약산성 용액 중에서 쉽게 가수분해를 받고, 아세트알데히드와 각각 대응하는 산 또는 알코올로 변한다.

비닐-산소화합물:
가장 중요한 화합물은 비닐 에스테르와 비닐에테르이며, 이들은 불안정한 비닐알코올의 아실 혹은 알킬유도체라고 생각할 수 있다.

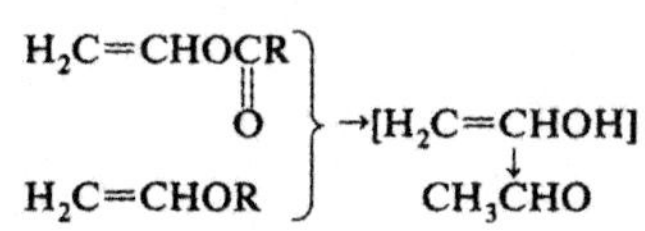

이들이 대규모 공업적으로 이용되고 있는 것은, 거의 대부분 비닐의 이중결합이 중합하기 쉽기 때문이다.

아세트산비닐(VAM = vinyl acetate monomer)은 공업적 관점으로부터 다른 어떤 비닐에스테르보다도 양적으로 많으며, 주로 호모폴리머 및 코폴리머 분산체의 제조에 사용된다. 비닐에테르는 다방면에 사용가능한 모노머이지만, 비닐에스테르에 비하여 그 생산량은 훨씬 적다.

비닐-산소화합물의 공업적 중요성:
비닐에스테르 중에서 아세트산비닐이 양적으로 가장 많다.
비닐에테르의 사용은 한정되어 있다.

9.2.1. 아세트산비닐

아세트산비닐의 생산량은 많은 국가에서 비약적인 신장을 나타낸 후에, 안정화하고 있다. 주요 공업국의 생산량은 부표와 같다. 1999년에 있어서 세계의 아세트산비닐의 생산능력은 430만 t/y였다. 그중, 미국이 190만 t/y, 서유럽이 89만 t/y, 일본이 70만 t/y이다.

아세트산비닐의 생산량(단위: 10^3 t):

	1992	1994	1997
미 국	1207	1377	1361
서유럽	570	582	667
일 본	540	537	578

세계최대의 아세트산비닐의 메이커는 Celanese사이며, 주로 미국과

유럽에서 제조되고 있다. 생산능력은 약 140만 t/y(1999년)이다.

아세트산비닐의 제법:
수년전까지는 3종류의 경로가 있었다:
1. $HC{\equiv}CH + AcOH$
2. $CH_3CHO + Ac_2O$
3. $H_2C{=}CH_2 + AcOH + O_2$

현재의 새로운 플랜트는 모든 에틸렌을 원료로 하는 프로세스에 기인하고 있다

아세트산비닐은 1970년까지만 해도 3가지 방법으로 생산되고 있었다. 그 후, 2개의 오래된 방법(아세틸렌에의 아세트산의 부가반응에 의한 방법과, 아세트알데히드와 무수아세트산으로부터 중간에 아세트산에틸리덴을 경유하는 2단계 합성법)은 차츰 에틸렌의 아세톡실화법으로 대체되었다. 거의 대부분의 새로운 플랜트에서는, 3번째의 프로세스가 사용되고 있다. 1966년에는 세계의 아세트산비닐 생산능력 중 약 88%가 에틸렌의 아세톡실화법에 기인하고 있다.

9.2.1.1. 아세틸렌 또는 아세트알데히드를 원료로 하는 아세트산비닐 제조

아세틸렌을 원료로 하는 아세트산비닐의 합성:
아세틸렌에 대한 아세트산의 1단계, 고선택적 부가반응이 기상에서 불균일계 촉매를 사용하며 고정상 혹은 유동상반응기 중에서 행해진다.

최초의 아세트산비닐의 공업적 제법은 기상에서 $Zn(OAc)_2$/활성탄상, 170~250°C에서 아세틸렌에 아세트산을 부가시켜서 행했다.

$$HC{\equiv}CH + CH_3COOH \xrightarrow{[cat.]} H_2C{=}CHO\overset{\overset{\displaystyle O}{\|}}{C}CH_3 \qquad \left(\Delta H = -\frac{28\ kcal}{118\ kJ}/mol\right) \tag{17}$$

아세틸렌에 의한 아세트산의 비닐화는 현재는, 동유럽의 극히 일부에서 공업적으로 이용되고 있는 것에 불과하다.

아세틸렌의 전환율은 60~70%이고, 아세트산비닐의 선택률은 93%(C_2H_2), 99%(AcOH)이다. 촉매로서는 일시적으로 $Hg(OAc)_2$ 혹은 규산아연이 사용되기도 했다. 예를 들면, 이들의 방법이 높은 선택률, 간단한 반응조작, 값싼 촉매라고 하는 점에서 훌륭하지만, 에틸렌이 값이 싸고, 게다가 저장과 수송이 용이하다라고 하는 장점이 있기 때문에, 아세틸렌의 경로는 제외되었다. 그러나 아세틸렌을 베이스로 한 몇 개의 아세트산비닐의 플랜트가 동서유럽 및 아시아에서 현재 가동하고 있다. 1997년, 서유럽에서는 아세트산비닐의 전생산량의 약 30%가 아세틸렌으로부터 제조되었다. 미국과 일본에서는 아세틸렌을 베이스로 한 플랜트는 이미 모습이 사라졌다.

마찬가지의 방법에 의하여, 아세틸렌과 프로피온산으로부터 프로피온산비닐도 제조된다. 독일에 있어서 메이커는 BASF사이다.

아세트알데히드를 원료로 하는 2단계 아세트산비닐의 합성:
1. CH_3CHO와 Ac_2O의 반응으로 중간체의 디아세트산에틸리덴을 합성
2. 산촉매(예를 들면 *p*-톨루엔술폰산)로서 AcOH를 탄리.

제2의 전형적인 방법은 1970년까지 미국의 Celanese사에 의하여 2.5만 t/y의 규모로서 행하고 있었다. 중국과 인도에서는, 현재까지도 가동중이다. 아세트알데히드-무수아세트산 프로세스에서는 양쪽 성분을 $FeCl_3$촉매를 사용하여 120~140°C에서 반응시키고, 1단계에서 아세트

산에틸리덴으로 한다.

$$CH_3CHO + (CH_3\underset{\underset{O}{\|}}{C})_2O \xrightarrow{[cat.]} CH_3CH(O\underset{\underset{O}{\|}}{C}CH_3)_2 \qquad (18)$$

그런 다음 이것을 120°C에서 산촉매를 사용하여 아세트산비닐과 아세트산으로 분해한다.

아세트알데히드를 원료로 하는 경로는 현재, 공업적으로는 거의 사용되지 않고 있다.

$$CH_3CH(O\underset{\underset{O}{\|}}{C}CH_3)_2 \xrightarrow{[H^{\oplus}]} H_2C{=}CHO\underset{\underset{O}{\|}}{C}CH_3 + CH_3COOH \qquad (19)$$

9.2.1.2. 에틸렌을 원료로 하는 아세트산비닐의 제조법

에틸렌과 아세트산으로부터의 아세트산비닐을 합성하는 근대적 제조법의 촉매원리는 J. J. Moiseev 등이 발견한 사실로부터 발전한 것이다. 이들의 발견에 의하면 팔라듐촉매에 의한 에틸렌의 아세트알데히드로의 산화는, 이 반응을 아세트산용액 중에서 아세트산나트륨의 존재하에서 행하면, 에틸렌의 아세톡실화가 일어난다. 이때, 2가의 팔라듐은 금속으로 환원된다.

에틸렌을 원료로하는 아세트산비닐의 합성:

Pd촉매에 의한 에틸렌의 1단계 직접 아세톡실화는 $OAc^{\ominus}$의 친핵공격에 의한다(CH_3CHO의 경우에는 $OH^{\ominus}$).

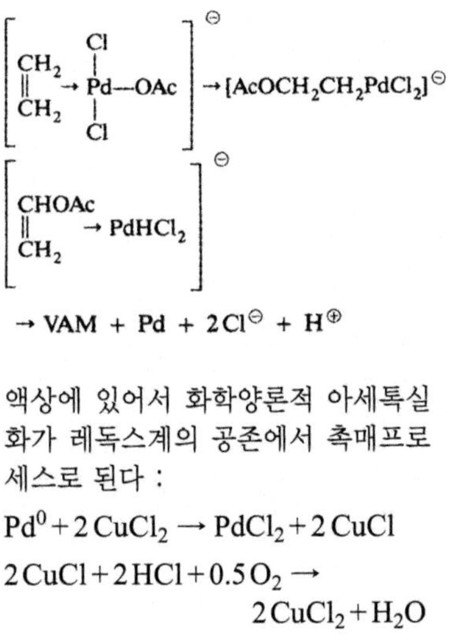

$$H_2C{=}CH_2 + PdCl_2 + 2\,CH_3COONa$$
$$\longrightarrow H_2C{=}CHO\underset{\underset{O}{\|}}{C}CH_3 + 2\,NaCl + Pd + CH_3COOH \qquad (20)$$

이 화학양론적 반응은, 동시에 Pd^0으로부터 $Pd^{2\oplus}$이온을 재생시키는 것과 같은 레독스계를 존재시키면, 촉매반응으로서 진행한다. 레독스제로서는 Cu(II)염이 이용된다. 아세트알데히드로의 에틸렌의 산화반응과 마찬가지의 메카니즘(7.3.1.1절 참조)으로서, $Cu^{2\oplus}$는 Pd^0를 쉽게 $Pd^{2\oplus}$로 산화한다. 이때, $Cu^{2\oplus}$자신은 1가로 환원되며, 공기 중의 산소로서 $Cu^{2\oplus}$로 재생된다. 이상의 다단계반응은 다음 반응식으로 정리된다.

액상에 있어서 화학양론적 아세톡실화가 레독스계의 공존에서 촉매프로세스로 된다 :

$$Pd^0 + 2\,CuCl_2 \rightarrow PdCl_2 + 2\,CuCl$$
$$2\,CuCl + 2\,HCl + 0.5\,O_2 \rightarrow 2\,CuCl_2 + H_2O$$

$$H_2C{=}CH_2 + CH_3COOH + 0.5\,O_2$$
$$\xrightarrow{[cat.]} H_2C{=}CHO\underset{\underset{O}{\|}}{C}CH_3 + H_2O \left(\Delta H = -\frac{42\ kcal}{176\ kJ}/mol\right) \qquad (21)$$

ICI사와 Celanese사(ICI사의 특허에 의한다)는 이 촉매원리에 기인하여 공업적 액상법을 개발했으며, 그 결과, 대규모 플랜트가 건설되었다.

액상에 있어서 에틸렌의 아세톡실화의 최초의 공업적 실시(ICI와 Celanese)

이와는 독립적으로 Hoechst사는 액상법을 semi-commercial 플랜트로까지 개발했다.

액상아세톡실화법의 원리:
Wacker-Hoechst법의 CH_3CHO의 합성과 유사한 $Pd^{\oplus}$, $Cu^{\oplus}$촉매에 의한 아세톡실화이며, 이 반응속도는 $Cl^{\ominus}$/$OAc^{\ominus}$의 비율에 의하여 결정된다.

액상법은 Wacker-Hoechst법의 아세트알데히드 프로세스와 유사하다. 즉, 촉매로서 $PdCl_2$와 $CuCl_2$의 아세트산용액을 사용하고 있다. $CuCl$을 $CuCl_2$로 재산화할 때, 반응으로 생성하는 물은 에틸렌과의 부반응으로 아세트알데히드를 생성한다. 아세트알데히드의 아세트산비닐에 대한 비율은 반응조건을 변화시키는 방식에 의하여 조절할 수 있다. 또한, 이 프로세스에서는 아세트알데히드를 더욱 산화하는 것에 의하여, 원리적으로는 반응원료로서 필요한 아세트산을 담당할 수 있다. 반응은 110~130°C, 3~4 MPa(30~40 kg/cm^2)에서 행해진다. 아세트산비닐의 선택률은 93%(CH_3COOH)에 달한다. 아세트알데히드와 아세트산비닐의 총 선택률은 약 83%(C_2H_4)나 된다. 부생성물로서 이산화탄소, 포름산, 옥살산, 부텐 및 염소화합물이 생성한다.

액상프로세스의 특징:

1. $H_2O+C_2H_4$의 아세트알데히드로의 부반응은 더욱 산화하여, AcOH로 하는 방식에 의하여 유효하게 이용할 수 있다.
2. 촉매용액의 높은 부식성으로 인하여 내부식성재료를 필요로 한다.

액상아세톡실화의 공업적 이용은 중단되었고, 기상법으로 대체되었다.

반응용액은 염화물이온과 포름산을 함유하기 때문에 매우 부식성이 강하다. 따라서 플랜트의 많은 부분에 티탄, 혹은 diabon을 사용하지 않으면 안 된다. 부식으로 인하여 ICI사는 수년도 지탱하지 못하고 1969년에 플랜트를 정지했다.

Celanese사도 또한 다른 회사와 마찬가지로 1970년에 경제적인 이유로부터 액상프로세스를 단념했다.

아세트산비닐합성의 개량법:
기상법에틸렌의 아세톡실화:

1. Bayer의 Pd금속촉매
2. Hoechst 혹은 USI(현재 Quantum)의 Pd염촉매

에틸렌의 아세톡실화에서는 액상법과 병행하여 기상법이 개발되었다. 이 2가지의 방법에는 특징적인 차이가 있다. 액상법에서는 팔라듐염과 레독스계의 존재하에서, 아세트산비닐과 아세트알데히드가 동시에 생성하지만, 기상법에서는 팔라듐금속 혹은 염소를 함유하지 않는 팔라듐염의 존재하에서, 거의 아세트산비닐만이 생성한다. 더구나 기상법에서는 문제로 되는 부식이 전혀 일어나지 않는다. 장치재료로서 내식성이 있는 강철이 권장된다.

기상법아세톡실화의 액상법에 대한 특징적인 차이:
CH_3CHO는 조금밖에 생성되지 않는다. 부식이 비교적 작다.

Hoechst사와 공동으로 개발한 Bayer사의 공업적 방법에서는 담체(일반적으로, 실리카)에 함침시킨 팔라듐염을 환원하여 조제한 팔라듐금속 촉매를 사용하고 있다.

2가지의 기상접촉법의 공통점:
활성과 선택률을 높이기 위하여 아세트산알칼리금속염을 첨가한다. 단, 이 방법에서는 촉매상으로부터 반응가스 중으로 아세트산알칼리금속염이 발산하는 단점이 있다.

Hoechst사와 USI사(현재, Quantum사)는 각각 독립적으로 아세트산팔라듐 담지촉매를 개발했다. 금속과 금속염으로 형성되는 촉매는 알칼리금속의 아세트산염 및 다른 성분(예를 들면, Cd, Au, Pt, Rh)을 함유하고 있으며, 이들이 활성과 선택률의 향상에 기여하고 있다. 촉매는 반응중, 특히 알칼리 금속의 아세트산염 함량이 변화한다. 이것은 반응조건하에

서 촉매로부터 유출시키기 위하여, 끊임없이 새로 공급할 필요가 있다.

2가지 프로세스의 조업조건은 거의 같다. 반응은 현저한 발열반응이며, 고정상촉매에 의한 다관식 반응기 중, 175~200°C, 0.5~1.0 MPa (5~10 kg/cm^2)에서 행해진다. 폭발범위를 피하기 위하여 공급하는 혼합물 중의 산소농도에 제한이 있으며, 따라서 에틸렌의 전환율도 낮고, 약 10%에 불과하다. 아세트산의 전환율은 20~35%이다. 아세트산비닐으로의 선택률은 94%(C_2H_4), 약 98~99%(AcOH)이다. 주요 부생성물은 에틸렌의 완전산화에 의하여 생성하는 CO_2이며, 이것은 탄산염의 세척액으로 제거된다.

제조법의 특징:
현저한 발열을 동반하는 불균일 접촉아세톡실화는 폭발한계, 열의 제거, 선택률을 고려하여 반응률을 제한한다.

부생성물:
CO_2, CH_3CHO, CH_3COOCH_3, $CH_3COOC_2H_5$

1991년에 Bayer사와 Hoechst사의 프로세스를 채용하고 있는 플랜트의 생산능력은 180만 t/y 이상으로 증대되어 있으며, 또한 USI 프로세스는 약 36만 t/y 이상에 달했다.

다단증류에 의한 정제로서 아세트산비닐의 순도는 99.9 중량%나 된다. 불순물로서 미량의 아세트산메틸과 아세트산에틸이 함유되지만, 중합에는 거의 지장이 없다.

아세트산비닐은 중합용에 고순도가 필요하기 때문에 다단계 증류에 의하여 분리정제한다.

아세트산비닐은 주로 폴리아세트산비닐(PVA)의 원료가 된다. PVA는 도료용 혹은 바인더용의 분산체의 제조에 이용되는 이외에, 도료용 원료로서 사용된다. 또한 아세트산비닐은 염화비닐 혹은 에틸렌과 공중합되며, 극히 미량이지만, 아크릴산에스테르와도 공중합된다. 상당한 양의 아세트산비닐이 PVA를 경유하여, 가수분해 또는 에스테르 교환반응에 의하여 폴리비닐알코올로 전환된다. 2000년에 있어서 전세계의 폴리비닐알코올 생산능력은 89만 t/y였으며, 그중 일본이 27만 t/y, 미국이 17만 t/y, 전유럽이 6.7만 t/y이다. 이들 국가의 생산량을 부표에 나타내었다. 폴리비닐알코올의 세계최대의 메이커는 일본의 Kuraray와 미국, 독일의 Celanese사이다.

아세트산비닐의 용도:
국가에 따라서 주요 용도에 차이가 있다.

미 국, 서유럽 } 50~60%가 PVA용

일 본: 70% 이상이 섬유(Vinylon®)용의 폴리비닐알코올용.

폴리비닐알코올의 생산량(단위: 10^3 t)

	1989	1991	1994
일 본	193	207	211
미 국	77	77	119
서유럽	64	68	70

그 용도는 나라에 따라서 다르며, 미국이나 서유럽에서는 접착제용이 주 용도인데 반해, 일본에서는 섬유용이 주 용도이다. 폴리비닐알코올은 또한, 섬유의 표면개질제 및 지력증강제로서, 그리고 분산제(보호콜로이드)로서 사용되고 있다.

폴리비닐알코올의 유리(free) OH기를 알데히드와 반응시키면 아세탈로 되지만, 이들 중 포름알데히드, 아세트알데히드 및 부티르알데히드와의 반응생성물이 공업적으로 중요하다. 예를 들면, 폴리비닐부티랄은 강화글라스의 중간층에 사용되고 있다. 최근의 전세계적인 폴리비닐부티랄의 수요는 6~7만 t/y로 예상된다.

폴리비닐알코올의 개질:

1. PVA의 가수분해의 정도에 따라서 폴리올의 성질이 결정된다.
2. 알데히드에 의한 아세탈화

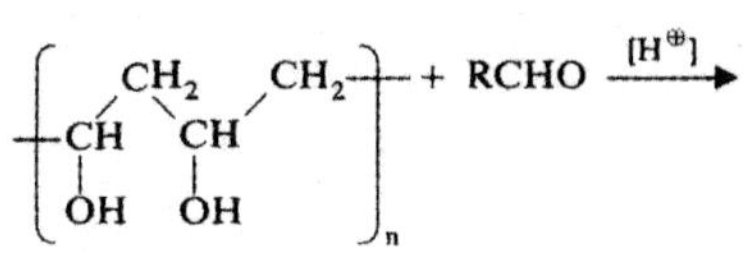

표 9.1 아세트산비닐의 용도(중량%)

생 성 물	세 계		미 국		일 본		서유럽	
	1984	1991	1984	1999	1984	1996	1984	1996
폴리아세트산비닐(호모폴리머, 코폴리머)	47	48	55	56	15	11	57	64
폴리비닐알코올	29	32	21	18	73	72	16	15
염화비닐/아세트산비닐코폴리머	5	3	7	2	1	1	3	4
에틸렌/아세트산비닐수지	6	7	6	8	4	14	5	9
기 타※	13	10	11	16	7	2	19	8
총 소비량(10^6 t)	2.11	2.94	0.71	1.14	0.46	0.58	0.50	0.70

※예를 들면, 폴리비닐부티랄

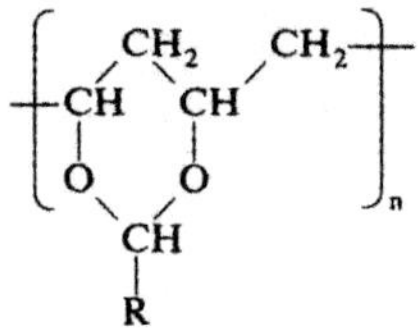

R은 주로 C_3H_7이다.

표 9.1은 세계, 미국, 일본 및 서유럽의 고분자분야에 있어서 아세트산비닐의 용도를 비교한 것이다.

9.2.1.3. 아세트산비닐 제조법의 전망

장래의 아세트산비닐의 발전은 기본적으로는 아세트산의 코스트에 의하여 결정되리라고 생각된다.

아세트산비닐 제조법의 발전 가능성을 평가하는 데 있어서는, 아세트산비닐의 코스트가, 그 중량의 70%를 점유하는 아세트산의 가격에 의하여 크게 좌우되는 것을 고려할 필요가 있다. 이 관점으로부터, 가격이 싼 아세트산이 이용된다라고 생각하면, 미래에는 상대적으로 유리한 에틸렌의 기상 아세톡실화법의 경제성이 더욱 개량되리라고 생각된다.

Halcon에 의한 경제적으로 흥미 있는 아세트산비닐 제조의 새로운 방법:

1. $AcOCH_2CH_2OAc$를 공통의 중간체로 하는 아세트산비닐 및 에틸렌글리콜 제법의 통합.

또다른 관점으로부터 Halcon사가 개발한 아세트산비닐의 새로운 제법이 주목을 받을지도 모른다. 이것은 에틸렌의 산화적 아세톡실화에 의한 에틸렌글리콜 제조(7.2.1.1절 참조)의 중간체를 이용하는 것으로서, 1,2-디아세톡시에탄의 열분해에 의하여 아세트산비닐이 얻어진다.

$$CH_3\underset{\underset{O}{\|}}{C}OCH_2CH_2O\underset{\underset{O}{\|}}{C}CH_3 \xrightarrow{\Delta} H_2C{=}CHO\underset{\underset{O}{\|}}{C}CH_3 + CH_3COOH \tag{22}$$

535°C에서 1,2-디아세톡시에탄의 전환율이 20%, 아세트산비닐으로의 선택률이 87%이다.

아세트산비닐과 글리콜의 제법을 통합하는 방식에 의하여, 제1단계의 아세트산에 의한 에틸렌의 아세톡실화가 커다란 규모로서 실시될 수 있으며, 경제적으로 유리한 것으로 된다.

2. 아세트산메틸의 수소화카르보닐화에 의한 1,1-디아세톡시에탄의 합성과 이 중간체의 탈아세트산. 원료는 합성가스 만으로도 좋다.

다른 하나의 아세트산비닐의 제법이 Halcon사에 의하여 개발되었다. 이것은 아세트산메틸의 카르보닐화/수소화에 의한 것으로서, 반응은 $RhCl_3/CH_3I$와 3-피콜린의 존재하, 150°C, 7 MPa(70 kg/cm^2)의 조건에서 행해지며, 약 80%의 선택률로서 중간체인 1,1-디아세톡시에탄이 얻어지고, 1,1-디아세톡시에탄을 액상 중에서, 약 170°C, 산촉매에 의하여 분해하면, 전환율 70%, 선택률 87%로서 아세트산비닐이 얻어진다.

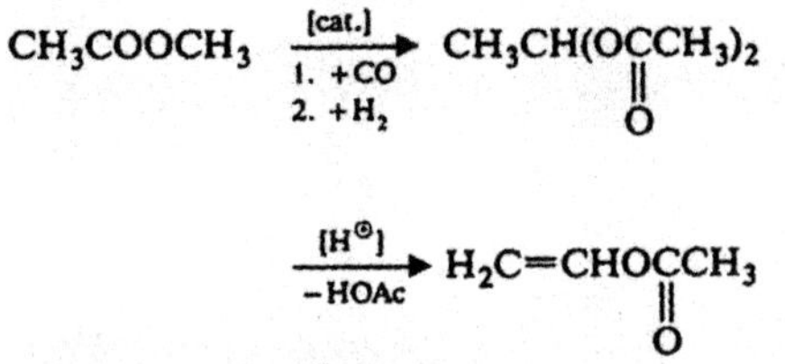

(23)

이와 같이 합성가스만을 원료로 하는 아세트산비닐의 제조프로세스가 가능하게 되었지만, 아직 공업화에는 이르지 못했다.

9.2.2. 고위 카르복시산의 비닐에스테르

고위 카르복시산의 공업적으로 중요한 비닐에스테르에는 산성분으로서, 주로 3개의 형태가 있다 즉, 스테아르산, 혹은 올레산 등의 지방산, Exxon사의 "Neo acids" 혹은 Shell사의 "Versatic acids"(6.3절 참조) 등의 Koch산, 및 옥소반응과 그것에 계속되는 산화반응으로 가격이 싼 올레핀으로부터 경제적으로 얻어지는 2-에틸헥산산 혹은 이소노난산(6.1.4.2절 참조) 등의 카르복시산이다.

공업적으로 가치 있는 고위 비닐에스테르의 산성분:
1. 지방산
2. Koch산
3. 옥소카르복시산

최초의 그룹에 저위 카르복시산인 프로피온산도 포함시킬 만하다. 그 이유는 아세트산과 다르며, 주로 다음에 설명하는 아세틸렌에의 부가반응으로서 비닐에스테르가 얻어지기 때문이다. 카르복시산의 에스테르화는 특히 다음의 2가지 방법에 의하여 행해지고 있다.

프로피온산은 $C_2H_5COOH + C_2H_2$의 반응에 의하여 비닐에스테르화되기 때문에 고위 카르복시산에 포함하여 취급한다.

1. 아연염 또는 수은염의 존재하에서, 아세틸렌에 의하여 산을 비닐화하는 방법
2. 접촉적 비닐기의 전환 즉, 아세트산비닐, 염화비닐, 비닐에테르 등의 비닐기를 카르복시산으로 전환시키는 방법

고위 비닐에스테르의 제법:
1. Zn염 또는 Hg염촉매를 사용한다. C_2H_2에 의한 "Reppe법 비닐화"
2. Pd 혹은 Hg염촉매에 의한 아세트산비닐, VCM 또는 비닐에테르의 비닐기의 전환반응.

방법 1.

고위 카르복시산의 비닐화에는 주로 액상반응이 이용된다. 예를 들면 스테아르산을 5~10 mol%의 스테아르산아연과 함께 165°C에서, 희석한 아세틸렌과 1.0~1.5 MPa(10~15 kg/cm^2)에서 반응시킨다. 희석제는 질소 혹은 프로판 등의 불활성가스가 사용된다. 촉매는 HgO/H_2SO_4로도 좋다. Koch 반응으로 얻어지는 분지산은 일반적으로 예를 들면, 스테아

비닐화법의 특징:
고위 카르복시산은 액상에서, 프로피온산, 부티르산 등의 저위 카르복시산은 기상에서도 행해진다.
분지Koch산은 빠르게 비닐화된다(예를 들면 라우르산보다 3배 빠르다).

르산보다도 큰 반응속도로서 비닐화된다.

$$C_{18}H_{37}COOH + HC{\equiv}CH \xrightarrow{[cat.]} C_{18}H_{37}COOCH{=}CH_2 \quad (24)$$

산의 전환율이 95~97%인 경우, 비닐에스테르의 선택률은 97%(스테아르산)로 된다

방법 2.

비닐기 전환에 의한 제법의 원리:
균일계 촉매에 의한 비닐기 전환반응은 평형반응이기 때문에 비점이 낮은 비닐기 성분이 대량으로 필요하다.

비닐기의 전환반응은 $PdCl_2$와 알칼리금속의 염화물 혹은 Hg(II)염과 황산의 존재하에서, 과잉의 아세트산비닐과 함께 일반적인 환류조건하에서 평형을 변환시키는 방식에 의하여 행해진다.

$$C_{18}H_{37}COOH + H_2C{=}CHOCCH_3 \ (\text{C=O}) \underset{}{\overset{[cat.]}{\rightleftharpoons}} C_{18}H_{37}COOCH{=}CH_2 + CH_3COOH \quad (25)$$

비닐기 전환의 촉매계:
1. $PdCl_2 + LiCl$
2. $Hg(OAc)_2 + H_2SO_4$

양쪽의 촉매계 모두 비닐기의 전환에 대해서 작용하는 것으로서, 에스테르교환은 일어나지 않는다. 즉 이 반응은 비닐기의 C원자와 카르복실레이트의 O원자 간의 개열에 의한다.

염화비닐도 비닐기의 전환반응에 적합하다. 예를 들면 피발산은 피발산나트륨과 $PdCl_2$의 존재하에, 염화비닐과 반응하여 수득률 97%로서 피발산비닐로 전환된다.

$$(CH_3)_3CCOOH + H_2C{=}CHCl \xrightarrow{[cat.]} (CH_3)_3CCOOCH{=}CH_2 + HCl \quad (26)$$

고위 비닐에스테르의 용도:
일반적으로 내부가소화효과를 갖는 성분으로서 각종 코폴리머의 제조에 사용된다.
호모폴리머로서 오일첨가제로 사용된다.

고위 카르복시산의 비닐에스테르는 염화비닐, 아세트산비닐, 아크릴로니트릴, 아크릴산, 아크릴산에스테르 및 스티렌, 무수말레산, 말레산에스테르 등의 코모노머로서, 주로 도료분자에서 호모폴리머의 개량 목적으로서 사용된다. 호모폴리머도 예를 들면 윤활유의 점도지수를 개선하기 위한 첨가제로서 사용된다.

Shell사가 네덜란드에서 "Versatic acids"의 비닐화 플랜트의 조업을 개시했다. Wacker사는 이소노난산비닐에스테르 및 라우르산비닐에스테르를 제조하고 있다.

9.2.3. 비닐에테르

비닐에테르의 공업적 제조방법은 아세틸렌과 알코올의 반응에 의한다.

Reppe에 의하여 발견된 이 방법은 알칼리금속의 수산화물, 혹은 알코올레이트를 촉매로서 사용한다.

비닐에테르의 제법:
포타슘알코올레이트촉매 존재하에서의 아세틸렌에 의한 알코올의 Reppe법 비닐화가 일반적이다.

$$ROH + HC{\equiv}CH \xrightarrow{[ROK]} ROCH{=}CH_2 \qquad \left(\Delta H \approx -\frac{30\ \mathrm{kcal}}{125\ \mathrm{kJ}}/\mathrm{mol}\right) \qquad (27)$$

반응은 일반적으로 액상에서 알코올의 비점에 따라서 상압 혹은 0.3~2 MPa(3~20 kg/cm^2) 하에, 120~180°C에서 행해진다.

반응압력은 알코올의 비점에 의하여 결정된다. 예를 들면, CH_3OH의 경우 2 MPa, i-C_4H_9OH의 경우 0.4~0.5 MPa

공정은 반응탑에 알코올을 상부로부터 유통시키고, 질소로 희석한 아세틸렌을 하부로부터 상부로 유통시킨다. 비닐에테르는 반응탑의 꼭대기로부터 미반응의 아세틸렌 및 질소와 함께 유출되며, 증류에 의하여 분리정제된다. 선택률은 95%에 달한다. 공업적으로 가치가 있는 것은 메틸-, 에틸-, 이소프로필-, n-부틸-, 이소부틸- 및 2-에틸헥실비닐에테르이다.

제법의 특징:
향류비닐화반응, 비교적 낮은 설비비, 높은 안정성(아세틸렌을 질소로서 희석하기 때문에), 높은 선택성.

공업적으로 이용되고 있는 비닐에테르:
$R = CH_3,\ C_2H_5,\ iso\text{-}C_3H_7,\ n,\ iso\text{-}C_4H_9,\ CH_3(CH_2)_3CH(C_2H_5)CH_2$

아세틸렌을 사용하지 않는 프로세스로서, $PdCl_2/CuCl_2$를 이용하는 알코올의 에틸렌으로의 산화적 부가반응이 검토되고 있지만, 아직 공업화에는 이르지 않았다.

미국의 메이커는 GAF사와 UCC사이며, 독일에서는 BASF사이다. 비닐에테르는 양적으로는 한정되어 있지만, 특수한 호모폴리머 및 코폴리머의 제조에 사용된다. 이들은 도료 및 접착제의 제조분야, 그리고 섬유 및 피혁공업에서의 보조제로서 이용되고 있다. 더욱이 비닐에테르는 예를 들면 단일, 혹은 혼합아세탈의 합성 등 유기합성의 중간체로서 사용된다.

비닐에테르의 용도:
도료, 접착제, 섬유 및 피혁조제의 분야에서 호모폴리머 및 코폴리머인 합성중간체로서, 예를 들면

$$H_2C{=}CH{-}OR + R'OH \rightarrow H_3C{-}CH\begin{matrix} OR \\ OR' \end{matrix}$$

제 10 장

폴리아미드의 성분

폴리아미드 즉, 나일론은 디아민과 디카르복시산과의 중축합, 아미노카르복시산의 중축합 혹은 락탐의 개환중합에 의하여 합성된다.

이들은 아미노기와 일정한 길이의 CH_2 사슬이 교대로 늘어선 구조를 하고 있으며, 말단은 카르복시기나 아미노기로 되어 있다.

폴리아미드의 표시에는 다음과 같은 코드가 사용된다. 숫자 1개는 1종류의 2관능성화합물(아미노카르복시산 혹은 락탐)로부터 합성되어 있는 것을 나타내며, 숫자 2개는 2성분(디아민과 디카르복시산)으로부터 합성되어 있는 것을 나타내고 있다. 숫자의 값은 각 성분의 탄소원자의 갯수를 나타내고 있다.

표 10.1에는 가장 중요한 나일론의 표시 및 원료를 나타내었다.

아디프산과 헥사메틸렌디아민의 중축합물인 나일론-6,6는, 폴리아미드 계열 중에서 최초로 개발된 것이다. 이것은 1935년에 W. H. Carothers에 의하여 처음 합성되었으며, 1939년에 재빠르게 Du Pont사에 의하여 공업적인 규모로서 제조가 시작되었다. 1938년에는 P. Schlack이 ϵ-카프로락탐으로부터 나일론-6를 합성하는 방법에 성공했다. 1991년의 전세계의 폴리아미드 전생산량은 367만 t/y에 달했으며, 그 중의 95% 이상을 나일론-6와 나일론-6,6가 점유하고 있다. 1991년에 있어서 나일론-6의 생산능력은 275 t/y, 나일론-6,6의 생산능력은 192 t/y였다.

이외의 폴리아미드는 특수한 용도에 있어서만 중요성이 있다.

미국, 서유럽 및 일본에 있어서 폴리아미드의 생산량은 부표와 같다.

폴리아미드의 제법:

1. 중축합
1.1. 디아민과 디카르복시산
1.2. 아미노카르복시산
2. 락탐의 중합

폴리아미드의 구조:

$-CONH-$결합이 $-CH_2-$사슬과 교대로 결합한다.

원료의 특성표시에 의한 폴리아미드의 코드 표시:

숫자의 갯수=성분의 수
숫자의 값=성분의 C원자수
최초의 폴리아미드인 나일론-6.6, 그리고 나일론-6는 현재, 양적으로 가장 많은 폴리아미드이다.

폴리아미드섬유의 생산량 (단위:10^3t):

	1993	1995	1998
미 국	1206	1223	1291
서유럽	650	744	649
일 본	240	215	211

표 10.1 공업적으로 유용한 폴리아미드의 코드 및 원료

나일론의 코드	원 료	구 조 식
6	ϵ-카프로락탐	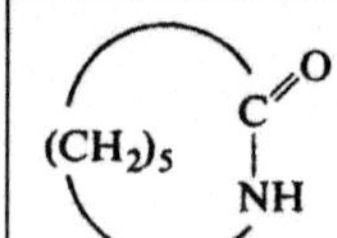
6.6	헥사메틸렌디아민 (HMDA*/아디프산)	$H_2N(CH_2)_6NH_2$ /$HOOC(CH_2)_4COOH$
6.10	HMDA/세바스산	$H_2N(CH_2)_6NH_2$ /$HOOC(CH_2)_8COOH$
6.12	HMDA/1,10-데칸디카르복시산	$H_2N(CH_2)_6NH_2$ /$HOOC(CH_2)_{10}COOH$
11	ϵ-아미노운데칸산	$H_2N(CH_2)_{10}COOH$
12	라우로락탐	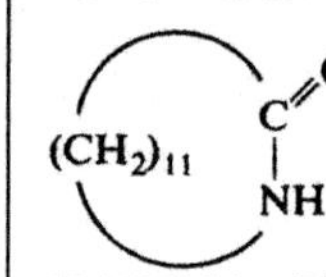
	ϵ-아미노도데칸산	$H_2N(CH_2)_{11}COOH$

* HMDA = hexamethylenediamine

전세계의 합성섬유 생산량
(단위: 10^6t)

	1994	1995	2000
폴리에스테르	11.05	11.92	17.11
폴리아미드	3.86	4.04	3.31
폴리아크릴	2.45	2.42	2.48
기타	3.61	1.82	4.70
합계	20.97	20.20	27.60

합성섬유는 합성폴리머로부터 제조된다.
인조섬유는 합성섬유와 셀룰로오스 섬유와 같이 화학적으로 수식한 천연섬유이다.

폴리아미드의 주요한 용도는 합성섬유이며, 특히 의류 및 양탄자용이 많다. 2000년에는 합성섬유 중에서 폴리에스테르에 이어서 2번째의 위치에 있지만, 폴리에스테르가 62%를 점유하고 안정하게 신장을 나타내고 있는데 대해서, 폴리아미드는 비율이 낮아져서 12%를 점유하고 있다. 폴리아미드는 이외에 특히 기계공업이나 전자공업분야에서 사출성형이나 압출성형용 열가소성수지로서도 이용된다. 나라에 따라서도 다르지만, 폴리아미드 제조의 10~25%가 이 용도에 사용되고 있다.

방향족폴리아미드란, 예를 들면 아미드기와 방향환이 교대로 결합한 폴리머이다.
예(Du Pont의 아라미드):

Kevlar:

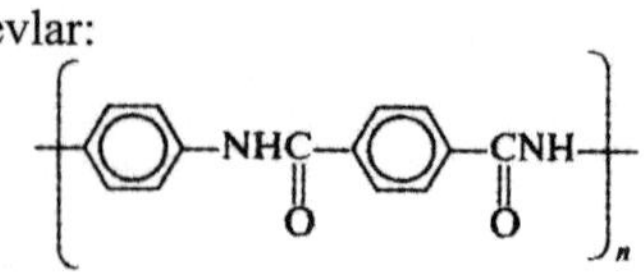

Nomex:

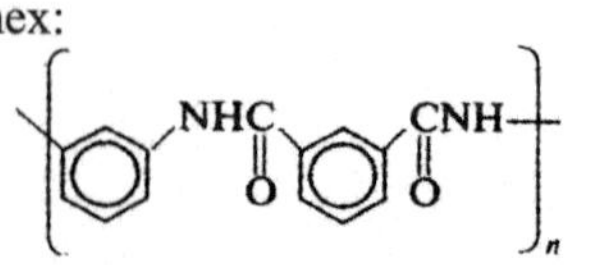

아라미드의 용도:
난연성섬유, 전기절연재료, 타이어 코드

요즈음, 방향족폴리아미드(아라미드)의 중요성이 증대되고 있다. 방향족폴리아미드는 테레프탈산, 혹은 이소프탈산과 *p*-페닐렌디아민 혹은 *m*-페닐렌디아민으로부터 제조된다. Du Pont사는 2종류의 아라미드섬유 Kevlar® 및 Nomex®를 개발했고, 1960년대 후반부터 생산을 개시했다. 그후, 미국, 서유럽, 일본 및 CIS에 있어서도 이들 섬유의 생산이 개시되었다. 아라미드는 주로 고무공업에 이용된다. 아라미드는 그의 성질이 지방족폴리아미드와 현저히 다르며, 내열성이나 난연성이 뛰어나다. 따라서 나일론의 일종으로서는 취급하지 않는다.

10.1 디카르복시산

공업적으로 가장 중요한 디카르복시산은 아디프산이다. 디카르복시산에서 2번째로 생산량이 많은 것은 1,10-데칸디카르복시산이다. 이것은 시클로도데칸으로부터 시클로도데칸온/올 혼합물을 경유하여, 공업적으로 간단히 입수할 수 있다. 수베르산은 시클로옥탄의 산화에 의하여 얻어진다. 전구체의 시클로옥타디엔이 부타디엔의 환상2량화에 의하여 쉽게 제조되기 때문에 수베르산의 중요성이 증가할 가능성이 있다. 그러나, 현재 나일론-6,8용으로서 소량이 사용되고 있는 데에 불과하다.

한편, 세바스산은 나일론-6,10이나 가소제용 등 공업적 용도가 있음에도 불구하고, 주로 피마자유(10.2.2절 참조)와 같은 천연물로부터 알칼리 분해에 의하여 제조되고 있다. 그러나, 가격이 비싸고 입수가 한정되기 때문에, 광범위한 사용은 곤란하다. 따라서 Du Pont사에서는, 1973년에 나일론-6,10의 생산을 중지하고, 나일론-6,12의 생산으로 돌아섰다. 현재 미국의 1개 회사와 일본의 1개 회사가 세바스산을 제조하고 있음에 불과하다. Asahi Kasei의 새로운 제조법으로서 Kolbe 반응을 이용하면, 전기분해에 의하여 아디프산모노메틸을 탈카르복시2량화하여 세바스산디메틸을 합성하는 방법도 있지만, 아직 공업적으로 사용되지 않고 있다.

다른 하나의 세바스산의 합성경로가 Sumitomo화학에 의하여 개발되어 있다. 이 방법에서는, 나프탈렌을 2단계로서 수소화하는 방식에 의하여 *cis*-데칼린으로 하고, 이것을 산화하여 데칼린의 하이드로퍼옥사이드를 얻는다. 이것을 6-하이드록시시클로데칸온으로 전위시킨 후, 탈수와 수소화를 시행함으로써 시클로데칸온과 시클로데칸올의 혼합물이 얻어진다. 이 혼합물을 HNO_3로서 산화하면, 선택률이 좋은 세바스산이 얻어진다.

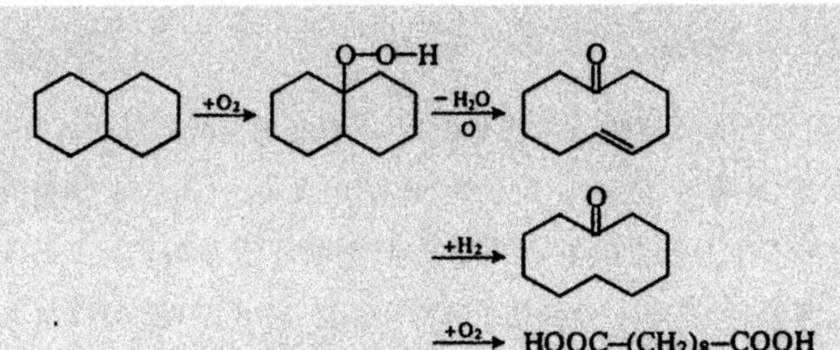

(1)

다단계의 특수한 촉매반응에도 불구하고, 15~30%의 수득률(나프탈렌의 기준으로)로서 세바스산이 얻어진다. 이 프로세스는 아직 공업화되어 있지 않다.

10.1.1 아디프산

1999년에 있어서 세계의 아디프산 생산능력은 240만 t/y였으며, 그중

공업적으로 입수할 수 있는 중요한 디카르복시산:
$HOOC-(CH_2)_4-COOH$
$HOOC-(CH_2)_{10}-COOH$
그다지 사용되고 있지 않은 디카르복시산:
$HOOC-(CH_2)_6-COOH$

천연물로부터 얻어지는 디카르복시산:
$HOOC-(CH_2)_8-COOH$

아디프산모노메틸로부터의 세바스산의 전해합성법은, 아직 공업화되어 있지 않다.

$$2\ CH_3OOC(CH_2)_4COO^{\ominus} \xrightarrow{-2e} CH_3OOC(CH_2)_8COOCH_3 + 2\ CO_2$$
$$2\ H^{\oplus} \xrightarrow{+2e} H_2$$

Sumitomo화학이 개발한 새로운 다단계 세바스산의 합성은, 나프탈렌의 *cis* 선택적 수소화와 선택적 산화(가장 중요한 반응공정)로 형성된다. 이 합성법은, 아직 공업화되어 있지 않다.

아디프산의 생산량(단위: 10^3t):

	1993	1995	1998
미 국	765	863	739
서유럽	548	528	676
일 본	84	77	88

아디프산의 경제적인 제법:

중간체로서 시클로헥산올/온 혼합물을 경유하는 산화적 C_6개환반응:

1. 직접2단계 산화
2. 1단계로서 붕산에스테르 중간체를 경유하는 산화

1단계 산화법의 원리:

시클로헥실하이드로퍼옥사이드를 경유하는 균일촉매에 의한 시클로헥산의 액상산화

촉매의 작용원리:

1. 라디칼연쇄의 개시

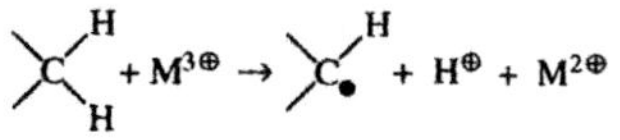

2. 하이드로퍼옥사이드의 개열:

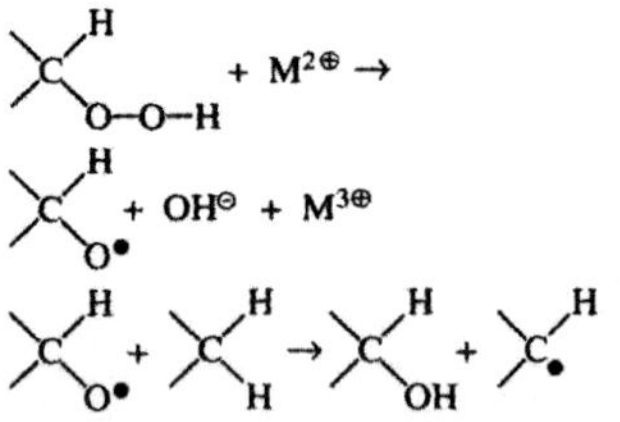

산화적 분해에 의한 부생성물의 생성:

HOOC–$(CH_2)_n$–COOH $n = 3$; 2 및 시클로헥산올과의 에스테르화

제법의 특징:

2차적인 산화를 피하기 위해서, 시클로헥산의 전환율을 낮게 억제한다. 이것을 위해서 시클로헥산의 순환이 많다.

미국이 89만 t/y, 서유럽이 100만 t/y, 일본이 12만 t/y이다. 이들의 국가에 있어서 아디프산의 생산량은 부표와 같다. 최대의 아디프산의 메이커는 미국의 Du Pont사이며, 1999년의 생산능력은 약 55만 t/y였다.

아디프산의 가장 유리한 제조법은 시클로헥산의 산화적 개열이다. 현재 아디프산으로까지 직접 산화하는 방법은 선택률이 불충분하기 때문에 실시되지 않는다. 그러나 1998년에는 Nagoya대학에서 새로운 1단계의 직접산화법이 개발되었다. 이것은 30% H_2O_2와 상간이동촉매를 사용한 것으로서, 90%를 넘는 수득률과 매우 높은 선택률이 달성되지만, 이 프로세스는 공업적으로는 아직 채용되지 않았다. 따라서 아디프산은 중간체로서 시클로헥산올/시클로헥산온(안올/안온, 즉 KA(ketone/alcohol)을 경유하여 2단계로서 제조되고 있다. 이것에는 원리적으로 2종류의 방법이 있다. 2번째의 방법은 선택률을 높이기 위하여 붕산을 가하는 점에서 다르다.

산화의 제1단계에서는, 시클로헥산을 액상, 125~165℃, 0.8~1.5MPa (8~15 kg/cm^2)에서, Mn 또는 Co의 아세트산염이나 나프텐산염을 촉매로 사용하고 공기산화하여, 안올/안온의 혼합물로 한다.

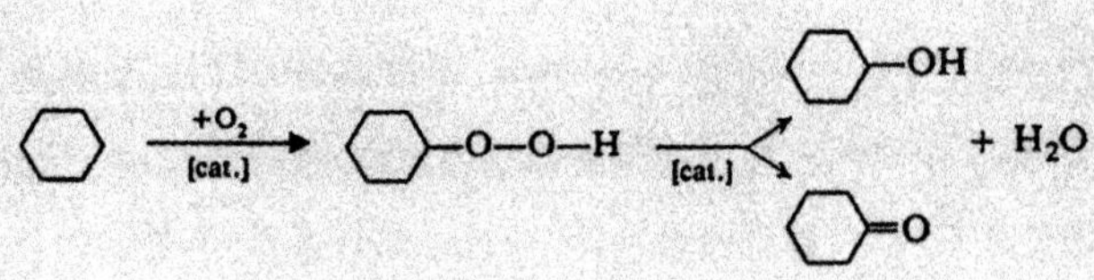

(2)

$$\left(\Delta H = -\frac{70\ \text{kcal}}{294\ \text{kJ}}/\text{mol}\right)$$

이 라다칼반응에서의 1차생성물은 시클로헥실하이드로퍼옥사이드이며, 이것은 촉매의 작용에 의하여 더욱 안올과 안온으로 변한다. 이때, 소량의 아디프산이나 더욱 산화분해가 진행한 글루타르산, 숙신산도 생성한다. 이들은 대개 시클로헥실에스테르로 되어 있다. 따라서 80~85%라고 하는 안올/안온의 높은 선택률을 얻기 위해서는, 시클로헥산의 전환율은 10~12%로 억제되고 있다. 미반응의 시클로헥산은 증류하여 분리하고, 산화반응에 재사용한다. 산은 알칼리 수용액으로 세척하여 제거한다. 이때 에스테르는 가수분해된다. 안올/안온의 1:1 비율의 것이 증류에 의하여 99.5%의 순도로서 얻어진다.

공업적으로는 예를 들면, BASF, Bayer, Du Pont, ICI, Inventa, Scientific Design, Vickers-Zimmer의 각 회사의 방법이 행해지고 있다.

파라핀의 2차알코올로의 산화(8.2.1절 참조)와 마찬가지로, 붕산을 존재시키는 것에 의하여 반응의 선택률을 높일 수 있으며, 이 경우에는 선택률이 90% 이상으로 향상된다. 생성하는 안올과 안온의 몰비는 약 9:1이다. 시클로헥산의 전환율은 12~13%로서, 앞에서 설명한 방법과 거의 변화가 없다.

"붕산산화법"의 원리:
H_3BO_3를 존재시키는 방식에 의하여, 시클로헥실하이드로퍼옥사이드를 산화에 대해서 안정한 시클로헥산올의 붕산에스테르로 직접 변환한다. 예를 들면$(C_6H_{11}O)_3B$

안올/안온을 산화하여 아디프산으로 하는 2단계반응의 원료에는 페놀을 수소화하여 얻어지는 헥산올과 같이 다른 방법에 의한 것을 사용할 수도 있다. 페놀의 수소화는 Pd촉매를 사용하고, 150°C, 1.0 MPa(10 kg/cm^2)에서 행해진다. 1999년, 미국에서는 페놀을 원료로 하는 아디프산의 생산능력은 2.3 t/y였는데, 미국 전체 전생산능력의 약 2.6%에 해당한다. 1999년, 서유럽에서도 전생산량의 약 5%(생산능력 5만 t/y)이지만, 아직도 페놀로부터 아디프산이 제조되고 있다. 일본에서는 이 경로로서의 생산은 이미 행하고 있지 않다.

아디프산 제조 2단계의 원료:
1. 시클로헥산의 산화생성물로부터의 안올/안온의 혼합물
2. 페놀의 핵수소화에 의한 시클로헥산올

일반적으로는 시클로헥산의 1차산화생성물을, 특별히 안올/안온을 분리하지 않고, 아디프산으로 산화를 위하여 사용된다.

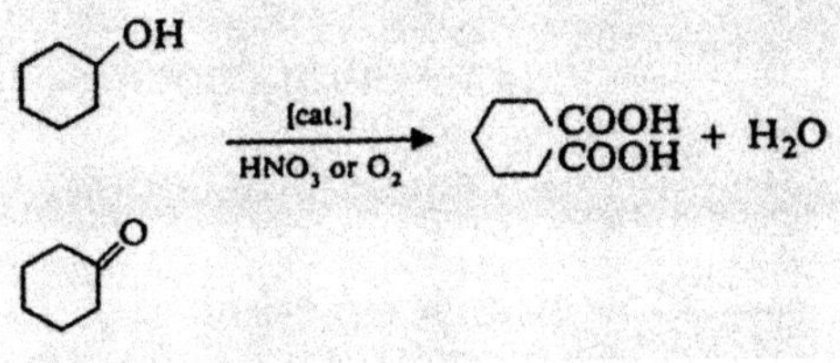

(3)

이 산화에는 다음과 같은 2종류의 방법이 사용된다.

1. HNO_3 및 메타바나드산암모늄/질산구리
2. 공기 및 아세트산구리-아세트산망간

아디프산 제법의 원리:
균일촉매에 의한 안올/안온의 액상산화
1. HNO_3산화법
2. 공기산화법

최초의 방법에서는, 위에서 설명한 촉매의 존재하에, 50~80°C, 상압에서 안올/안온을 60% HNO_3로서 산화한다. 아디프산의 선택률은 96% 이상에 달한다. 반응의 과정에서 시클로헥산올은 먼저 시클로헥산온으로 산화된 후, 더욱 다음의 산화를 받는다. 시클로헥산온의 산화는 α-위치가 니트로소화로 되어 생성하는 2-니트로소시클로헥산온이 중간체이다. 이 과정에서 질소산화물의 혼합물이 발생하지만, 아산화질소(N_2O) 이외는 재산화하여 HNO_3로 되돌릴 수 있다. 아산화질소는 환경보호의 차원에 의하여 촉매적 또는 열적 방법으로 제거할 필요가 있다.

HNO_3법의 특징:
Cu-V촉매는 저위 카르복시산으로의 연속산화를 방지한다. 중요한 중간체:

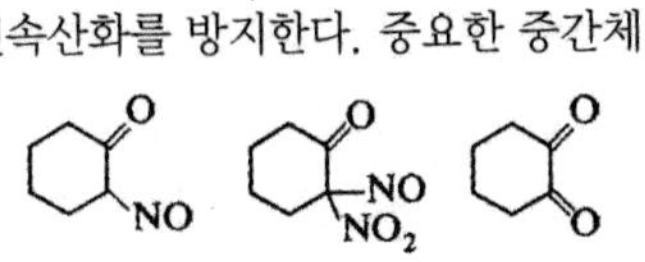

2번째의 방법에서는, 특히 시클로헥산온의 함량이 많은 반응혼합물이 사용된다. 액상, 80~85°C, 0.6MPa(6 kg/cm^2)에서 아세트산구리, 아세

공기산화법의 특징:

Cu, Mn촉매에 의한 액상산화에서는 HNO_3법과 같은 선택률이 얻어지며, 게다가 부식성도 없다.

제법의 예:

Scientific Design에 의한 2단계의 아디프산 제조법:

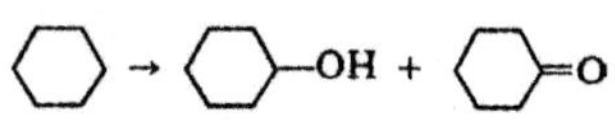

→ $HOOC(CH_2)_4COOH$

C_4를 원료로 하는 새로운 아디프산 합성법:

$PdCl_2$촉매에 의한 $CH_3OCH_2CH=CHCH_2OCH_3$의 카르보닐화(Monsanto). Co/CO/N-리간드 촉매에 의한 메틸에스테르중간체로의 부타디엔의 하이드로에스테르화(BASF).

아디프산의 용도:

1. 헥사메틸렌디아민과 함께 1:1의 염의 형태로서 중축합에 사용한다.

   $[^{\ominus}O_2C(CH_2)_4CO^{\ominus}\ {}^{\oplus}H_3N(CH_2)_6NH_3^{\oplus}]$

2. 헥사메틸렌디아민의 원료

트산망간의 존재하에, 대개는 아세트산을 용매로 사용하여 공기산화된다. 산화생성물을 냉각하는 방식에 의하여, 아디프산이 결정으로서 석출된다. 불순한 생성물은 재결정에 의하여 정제된다. 아디프산의 선택률은 HNO_3법에 가깝다라고 알려져 있다. 공기산화법의 장점은, 무엇보다도 우선 부식성의 HNO_3를 사용하지 않는 것이다. 현재 행해지고 있는 제조형태는 Scientific Design사가 발전시킨 것으로서, 시클로헥산으로부터 안올/안온 혼합물을 경유하여 아디프산으로 되는 2단계를 포함하고 있다. 미국에서는 Rohm & Haas사가 1만 t/y의 플랜트를 가동시켰지만, 제품의 품질이 나쁘기 때문에 몇 년간 조업하다가 정지했다. 붕산을 이용하는 별법이 Stamicarbon, IFP의 2개의 회사에서 행해지고 있다.

아디프산을 부타디엔으로부터 합성하는 방법이 새로 개발되어 있다. 예를 들면 1,4-디메톡시-2-부텐을 중간체로 하여 카르보닐화 하는 방법(Monsanto사)이나, 메탄올의 존재하에서 부타디엔을 2단계로서 카르보닐화 하는 방법(BASF) 등이다.

$$
\begin{aligned}
&H_2C{=}CH{-}CH{=}CH_2 + CO + CH_3OH \\
&\xrightarrow{[cat.]} CH_3CH{=}CHCH_2COOCH_3 \\
&\xrightarrow[+CO,\ +CH_3OH]{[cat.]} CH_3OOC(CH_2)_4COOCH_3 \\
&\xrightarrow[-CH_3OH]{+H_2O} HOOC(CH_2)_4COOH
\end{aligned}
\tag{4}
$$

BASF사가 개발한 방법에서는, 예를 들면 피리딘리간드를 갖는 코발트 카르보닐계 촉매가 사용된다. 1단계의 반응은 130°C, 60MPa(600 kg/cm²)에서, 2단계의 반응은 170°C, 15 Mpa(150 kg/cm²)에서 행해진다. 2단계를 거친 수득률은 부타디엔 기준으로 72%이다. BASF사는 이 프로세스를 파일럿플랜트로까지 진전시켰지만, 아직 공업화되어 있지 않다.

아디프산의 가장 중요한 용도는 나일론-6,6의 제조이다. 1999년에는 전생산량 중 미국에서 87%, 서유럽에서 62%, 일본에서 56%가 주로 섬유용의 나일론-6,6용에 사용되고 있다. 단, 아디프산은 산의 성분으로서 사용될 뿐만이 아니고, 상당한 부분이 디아민 성분의 원료로서도 사용된다(10.2.1절 참조).

아디프산을 중축합에 사용할 때에는 아디프산헥사메틸렌디암모늄, 소위 AH염의 형태로 사용된다. 이 중성염은 같은 양의 산과 아민을 반응시키는 방식에 의하여 메탄올로부터 석출된다. 불순물 및 과잉분은 용해한 그대로 남는다. 현재, AH염은 대개 수용액으로 제조된다.

이와 같은 주요한 용도 이외에, 아디프산과 폴리알코올과의 에스테르는 알키드수지 및 플라스틱에 이용된다. 또한 다른 에스테르는 가소제 및 윤활유 첨가제로서 이용된다. 아디프산 혹은 그의 에스테르는, 수소화하여 1,6-헥산디올로 된다. 이것은 주로 폴리에스테르와 폴리우레탄에 사용된다. 아디프산의 수소화는, Cu, Co 또는 Mn촉매를 사용하여 170~240°C, 15~30 MPa(150~300 kg/cm^2)에서 행해진다. 1,6-헥산디올의 다른 용도는 아미노화에 의한 헥사메틸렌디아민의 제조이다(10.2.1절 참조).

2000년에 있어서 1,6-헥산디올의 전세계 생산능력은 약 3.3만 t/y였으며, BASF사, Bayer사, Ube Kosan 등이 생산하고 있다.

3. 폴리에스테르의 성분
4. 2-에틸헥산올 등과의 에스테르는 가소제 및 윤활유 첨가제로서 사용된다.
5. 수소화하여 $HOCH_2(CH_2)_4CH_2OH$로 하여, 폴리우레탄, 폴리에스테르 및 HMDA용으로 사용된다.

10.1.2. 1,10-데칸디카르복시산

1,10-데칸디카르복시산은 1,12-도데칸디카르복시산이라고도 불리우지만, 그의 출발원료는 시클로도데카트리엔이다.

1955년에 G. Wilke와 공동연구자는 $TiCl_4$와 Et_2AlCl로 형성되는 Ziegler 촉매에 의하여 부타디엔을 3량화하여 시클로도데카-1,5,9-트리엔(CDT)으로 하는 간단한 방법을 발견했다. 이때, Ti : Al의 원자의 비율을 1:4~1:5로 높이는 것이 반드시 필요하다. 이와 같이 하지 않으면, 이 촉매(예를 들면, 1:1)는 부탄디엔을 우선 먼저 1,4-*trans*-폴리부타디엔으로 전환시킨다.

그후, Ni(O)촉매 예를 들면, 비스(π-알릴)니켈, 혹은 크롬착화합물도 부타디엔의 환상3량화의 촉매로 되는 것이 발견되었다.

C$_{12}$-디카르복시산의 원료:

시클로도데카-1,5,9-트리엔(CDT)

부타디엔의 3량화에 의한 CDT(3종류 이성체가 있다)의 제조는 일반적으로 유기알루미늄화합물로서 환원된 Ti, Ni, Cr촉매를 사용하여 행해진다.

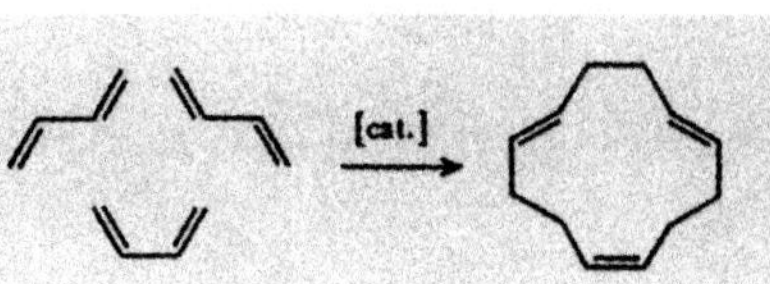

(5)

이 방법의 덕택으로 시클로지방족 및 직쇄상의 C1$_2$화합물이 공업적으로 쉽게 입수되었다.

1.2만 t/y의 생산능력을 갖는 최초의 공업플랜트가 1975년에 Hüls사에 의하여 건설되었으며, 그 후 1.8만 t/y까지 증강되었다. $TiCl_4$-$Al(C_2H_5)Cl_2$-$Al(C_2H_5)_2Cl$의 촉매계를 사용하여, 90%의 순 선택률(C_4H_6)로서 *trans-trans-cis*체가 얻어진다. 부생성물은 시클로옥타-1,5-디엔, 비닐시클로헥센 및 부타디엔의 올리고머이다.

서유럽에서는, 다른 플랜트가 프랑스의 Shell사에서 가동중이다. 이

공업적인 프로세스, 예를 들면 Hüls법 (Ti촉매)에서는, 주로 *trans-trans-cis*-CDT와 소량의 *trans-trans-trans*-CDT가 얻어진다.

(all *trans*)

부생성물:

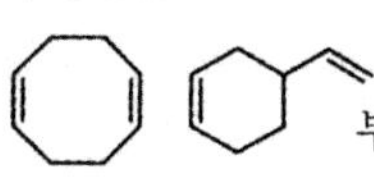
부타디엔올리고머

프랜트는 생산능력이 1만 t/y로써, 시클로도데카트리엔과 시클로옥타디엔을 병산하지만, 필요에 따라서 이 비율은 자유자재로 변화시킬 수 있다. 또한 다른 플랜트가 미국(Du Pont사)과 일본에서 가동되고 있다.

3단계에 의한 C_{12}-카르복시산의 제법:
1. 수소화하여 시클로알칸으로 한다.
2. 산화하여 C_{12}-안올/안온으로 한다.
3. 산화적으로 개환하여 디카르복시산으로 한다.

시클로도데카트리엔은 3단계의 반응으로 1,10-데칸디카르복시산으로 변환된다. 먼저 액상에서 200°C, 1.0~1.5 MPa(10~15 kg/cm^2)에서 Ni촉매를 사용하여 수소화 하고, 거의 정량적 수득률로서 시클로도데칸을 얻는다. 다음에 시클로헥산의 경우와 마찬가지로, 산소 또는 공기로서 붕산의 존재하에 150~160°C, 상압에서 산화하여 시클로도데칸올/온 혼합물로 한다.

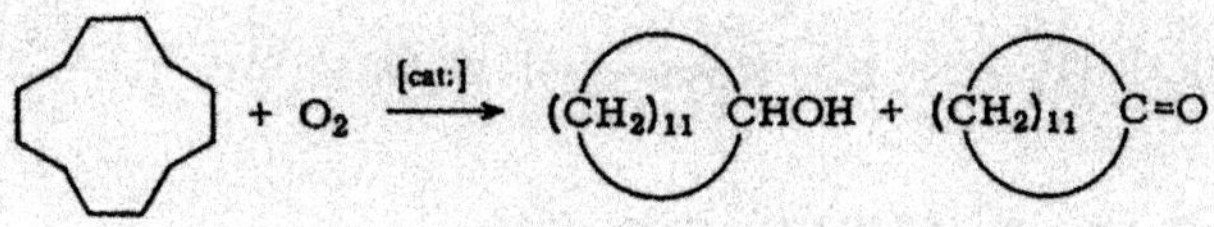
(6)

25~30%의 전환율로서, 시클로도데칸올/온 혼합물의 선택률은 최고 80~82%가 얻어지며, 올/온의 생성비율은 8:1~10:1로 된다.

중간체인 시클로도데칸올/온의 2가지 용도:
1. $HOOC(CH_2)_{10}COOH$
2. 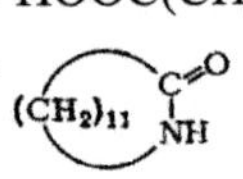

시클로도데칸올 및 시클로도데칸온은 Hüls사(독일) 및 Du Pont사(미국)에서 생산되고 있다.

시클로도데칸올/온은 또한 라우로락탐의 원료이기도 하다(10.3.2절 참조).

다음의 단계인 올/온 혼합물의 개환산화는, 공업적으로는 HNO_3를 사용하여 행해진다.

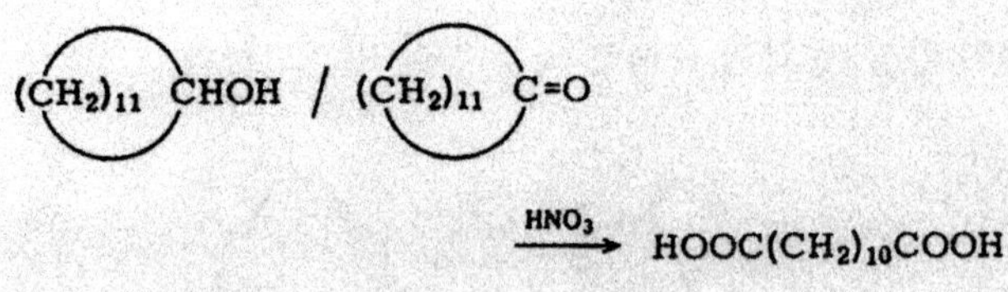
(7)

C_{12}-디카르복시산의 용도:
1. 폴리아미드
2. 폴리에스테르
3. 윤활유용의 에스테르

1,12-도데칸디카르복시산은, 폴리아미드 및 폴리에스테르에의 주요한 용도 이외에, 디에스테르의 형태로서 윤활유용으로도 사용된다.

10.2 디아민 및 아미노카르복시산

10.2.1 헥사메틸렌디아민

α,ω-알킬렌디아민은, 공업적으로는 주로 α,ω-알킬렌디니트릴로부터 제조된다. 예를 들면, 아디포니트릴(ADN)의 수소화에 의하여 헥사메틸렌디아민(HMDA) 즉, 1,6-디아미노헥산이 얻어진다.

아민 및 디아민의 제조법은 많이 알려져 있음에도 불구하고, 공업적으로 행해지고 있는 것은 약간 뿐이다. 헥사메틸렌디아민과 같은, α,ω-알킬렌디아민은 거의 예외없이 상응하는 디니트릴의 수소화에 의하여 제조된다. 따라서 1,6-디아미노헥산(헥사메틸렌디아민, HMDA)의 공업적 제조법의 차이는 모두 아디포니트릴 제법의 차이에 의한 것뿐이다.

단, 1981년까지 미국의 Celanese사에 의하여 약 3만 t/y의 생산능력의 플랜트로서 행하고 있던 별법은 예외이다. 먼저 시클로헥산온을 카프로락톤으로 산화(10.3.1.2절 참조)하고, 이어서 약 250°C, 28 MPa(280 kg/cm^2)에서, 예를 들면 Raney-Cu, 혹은 구리-크로마이트의 존재하에 거의 정량적인 수득률로서 수소화하여, 1,6-헥산디올로 한다. ω-하이드록시카프로산, 혹은 아디프산도 마찬가지로 1,6-헥산디올의 제조원료로서 사용할 수 있다(10.1.1절 참조). 최후에 1,6-헥산디올은 200°C, 23 MPa(230 kg/cm^2)에서 Raney-Ni의 존재하에 암모니아에 의하여 아미노화하여 헥사메틸렌디아민으로 한다. 수득률은 약 90%이며, 부생성물은 헥사메틸렌이민 및 1-아미노-6-헥산올이다.

1,6-헥산디올을 아미노화하여, HMDA로 하는 Celanese법은 1981년까지는, 일부에서 실시되고 있었다.

수소화에 의한 1,6-헥산디올의 원료:

1. 카프로락톤
2. ω-하이드록시카프로산
3. 아디프산

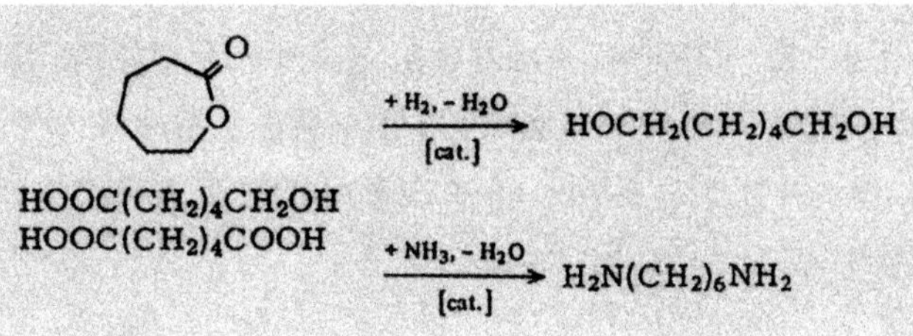

(8)

10.2.1.1. 아디포니트릴의 제조

2000년에 있어서 세계의 아디포니트릴 생산능력은 140만 t/y였으며, 그중 미국이 88만 t/y, 서유럽이 43만 t/y, 일본이 4만 t/y이다. 이들의 국가별 생산량을 부표에 나타내었다.

ADN의 생산량(단위: 10^6t):

	1990	1995	1999
미 국	0.52	0.67	0.81
서유럽	0.33	0.41	0.38
일 본	0.04	0.04	0.03

아디포니트릴(아디프산디니트릴, ADN)의 공업적 제법으로서는, 원리가 다른 4개의 경로가 개발되었다.

1. 아디프산의 NH_3에 의한 탈수아미노화: 액상 혹은 기상에서 행해지며, 중간에 디아미드를 경유한다.
2. 부타디엔의 간접 하이드로시아노화: 중간에 1,4-디클로로부텐을 경유한다.
3. 부타디엔의 HCN에 의한 직접 하이드로시아노화
4. 전기화학적 프로세스에 의한 아크릴로니트릴의 수소화 2량화

C_6-N_2사슬의 구성원리가 다른 4종류의 ADN 제조법:

1. 아디프산의 NH_3에 의한 탈수아미노화(C_6+2N).
2. 부타디엔의 HCN에 의한 간접 하이드로시아노화(C_4+2CN)
3. 부타디엔의 직접 하이드로시아노화(C_4+2CN)
4. 아크릴로니트릴의 수소화 2량화 (C_3N+C_3N)

방법 1.

처음의 방법은 최근에 개발된 것으로서, 아디프산과 NH_3의 반응으로

아디프산법:

프로톤촉매에 의한 NH_4염의 탈수반응은 용융상태 또는 용액 중에서 행해지며, 아미드중간체를 경유한다.

중간체인 아디프산디암모늄, 아디프산디아미드를 경유하여 디니트릴을 생성한다. 반응은 H_3PO_4와 같은 가용성 촉매의 존재하, 200~300°C에서 용융상태 또는 아디포니트릴이나 중간체를 용매로서 행해진다.

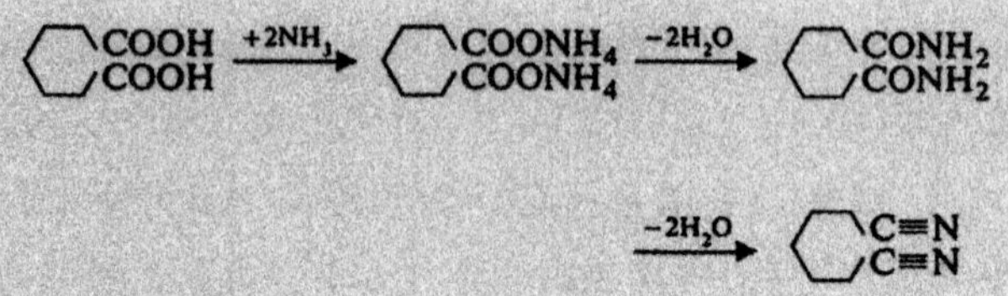

(9)

아디프산법의 별법:

NH_3 존재하에서의 불균일촉매에 의한 기상탈수반응은 처음 고정상에서 행해졌지만, 후에 유동상법으로 개량되었다.

이 방법의 오래된 형태는 기상법이며, 300~350°C에서 예를 들면, 인산붕소를 촉매로 사용하고, 과잉 NH_3로 반응을 행한다. 이 방법의 불리한 점은 아디프산을 기화시킬 때 분해가 일어나기 때문에, 80%의 수득률밖에 얻어지지 않는 것, 또한 촉매의 재생이 필요한 것이다. 이 프로세스에 추가된 주요한 개량은, H_3PO_4/SiO_2 촉매를 사용하고 고정상으로부터 유동상으로 전환하여, 촉매재생을 연속적으로 행할 수 있게 한 것이다. 이 방법에 의하여 아디포니트릴의 선택률은 90%에 달했다. 그러나 현재, 경제적인 이유로부터 이 원리에 의한 많은 플랜트가 조업을 정지하고 있다.

방법 2.

3단계법에 의한 부타디엔의 간접 하이드로시아노화법:

1. 기상에서의 부타디엔의 염소화: 전형적인 생성물 분포는 아래와 같다.
   36%: 3,4-디클로로-1-부텐
   17%: *cis*-1,4-디클로로-2-부텐
   43%: *trans*-1,4-디클로로-2-부텐
   4% : 모노 및 트리클로로부텐

1951년에 Du Pont사가 개발한 프로세스에서는, 부타디엔의 염소화를 경유하는 방식에 의하여 간접적으로 부타디엔을 하이드로시아노화할 수 있다. 당시는 액상에서 부타디엔의 염소화가 행해지고 있었지만, 현재는 일반적으로 기상, 200~300°C, 무촉매하에서 이 반응이 행해진다. 3,4-디클로로-1-부텐과 *cis*-1,4-디클로로-2-부텐 및 *trns*-1,4-디클로로-2-부텐의 혼합물이 약 96%의 선택률로서 얻어진다.

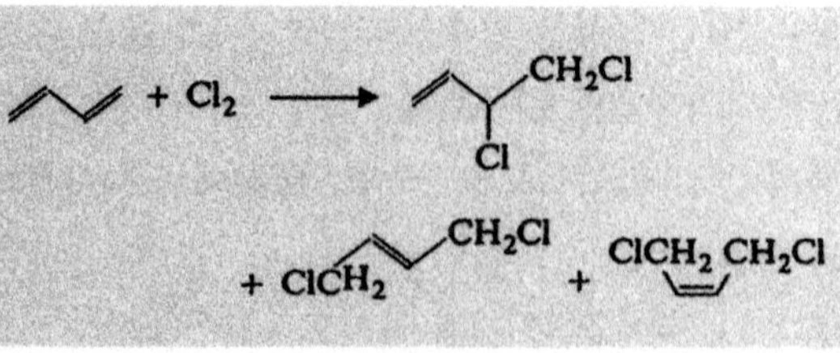

(10)

2. 액상에서 Cl를 $CN^{\ominus}$으로 치환하는 방식에 의한 1,4-디시아노-2-부텐(*cis* 또는 *trans*)의 합성. 동시에 알릴전위에 의한 이성화를 동반한다.

다음에 이 혼합물을 액상, 80°C에서 HCN 또는 시안화알칼리와 반응시켜서 부텐디니트릴로 변환시킨다. 3,4-디시아노-1-부텐이 생성되어도 문제가 되지 않는다. 하이드로시아노화의 조건하에서는 구리-시안착화합물의 작용으로, 알릴전위가 일어나기 때문이다. 1,4-디시아노-2-부텐의 *cis*/*trans* 이성체의 혼합물이 95%의 선택률로서 얻어진다.

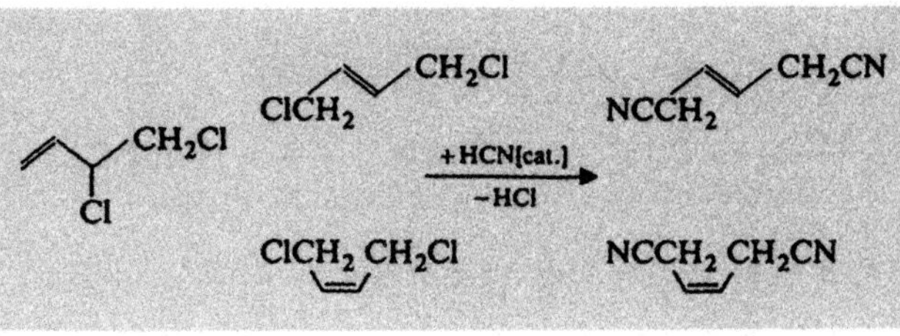

(11)

최후에 이 혼합물은 Pd촉매를 사용하여, 기상, 300°C에서 수소화하면, 95~97%의 선택률로서 아디포니트릴로 된다. Du Pont사는 1983년까지 이 방법에 의한 2기의 플랜트를 가동하고 있었다.

3. 이중결합의 기상수소화에 의한 ADN으로의 변환.

방법 3.

3번째의 방법인 직접 하이드로시아노화법은, 방법2와 마찬가지로 Du Pont사에서 개발되었다. 제1단계에서는, 부타디엔에 HCN을 부가하는 방식에 의하여, 펜텐니트릴과 메틸부텐니트릴 각각의 이성체혼합물이 얻어진다. 이들의 이성체는 다음에 대부분이 3-펜텐니트릴과 4-펜텐니트릴로 이성화한다. 제2단계에서는, HCN의 anti-Markownikov형 부가에 의하여, 아디포니트릴이 생성한다.

부타디엔의 직접 하이드로시아노화법:

Al, Zn촉진제의 존재하에, Ni^0-포스핀 혹은 포스파이트착화합물, 예를 들면, $[(C_6H_5O)_3P]_4Ni^0$을 사용하는 2단계에 의한 액상 HCN부가반응, 중간체의 구조이성화와 이중결합 이성화를 포함한다.

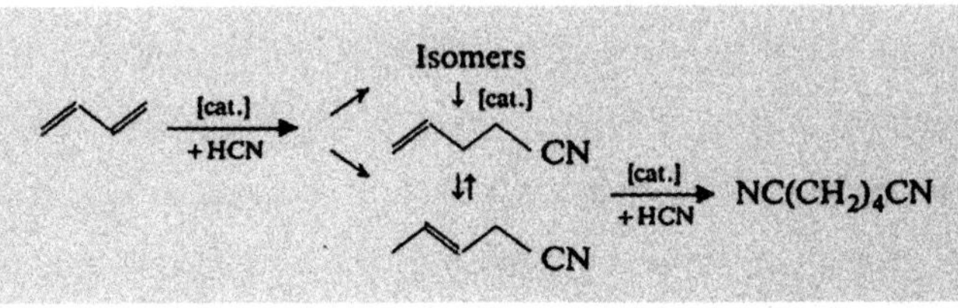

(12)

반응은 테트라하이드로푸란과 같은 용매를 사용하며, 액상, 30~150°C, 대기압하에서 행해진다. 촉매로서는 포스핀 또는 포스파이트리간드를 갖는 Ni^0착화합물이, Zn 또는 Al염화물과 같은 촉진제와 함께 사용된다. 전체로서 높은 선택률의 아디포니트릴이 얻어진다라고 보고되어 있다.

Du Pont사는 미국에서 주로 이 방법에 의하여 아디포니트릴을 생산하고 있다. 또한 프랑스에서는 Rhône-Poulenc사(Butachimie사)와 공동으로 직접 하이드로시아노화법에 의한 30만 t/y(2000년)의 플랜트를 가동시키고 있다.

방법 4.

4번째의 방법은, Monsanto-EHD법(전해수소화 2량화, electro-

AN의 전해수소화의 2량화법(Monsanto의 EHD법):

음극에서의 전반응:

1. 2전자이동에 의한 디아니온 $H_2C^{\ominus}-CH^{\ominus}-CN$의 생성.
2. 2번째의 AN분자와의 커플링에 의하여 2량화한다.
3. H_2O로부터의 프로톤부가로서 전하를 중화한다.

hydrodimerization)으로서 알려져 있다. 이것은 아크릴로니트릴(AN)을 수소화 2량화하여 아디포니트릴(ADN)로 하는 것이다.

$$H_2C{=}CHCN \xrightarrow{+2e^{\ominus}} H_2\overset{\ominus}{C}-\overset{\ominus}{C}HCN \xrightarrow{+AN} NC\overset{\ominus}{C}HCH_2-CH_2\overset{\ominus}{C}HCN \xrightarrow{+2H^{\oplus}} NC(CH_2)_4CN \qquad (13)$$

음극에서의 진짜 반응은 다음 반응식과 같이 된다.

$$2\,H_2C{=}CHCN + 2e^{\ominus} + 2\,H^{\oplus} \rightarrow NC(CH_2)_4CN \qquad (14)$$

이 환원적 혹은 음극2량화반응은 1965년에 미국에서 처음으로 공업규모로서 실시되었다. 그후 미국에서는 이외에도 다른 방법에 의한 플랜트가 건설되었으며, 1978년 이후에는 서유럽도 실시되기에 이르렀다. 이 전기화학적 방법은, 이외에도 Phillips Petroleum, 유럽의 ICI, Rhône-Poulenc, UCB의 각 회사에서도 개발되었다. 일본에서는 1971년부터 Asahi Kasei가 독자의 기술로서 4.1만 t/y(2000년)의 플랜트를 가동시키고 있다.

공업적 제법의 특징:

격렬하게 교반하는 방식에 의하여, 전해염수용액과 AN상을 유화시킨다.

유화에 의한 커다란 경계면적으로 인하여 물질이동이 빨라진다. 또한 자철광양극 혹은 Fe양극을 사용하면, 음극부와 양극부의 분리가 불필요하다.

초창기에는 양극부와 음극부를 분리하는 데 이온교환막이 사용되고 있었다. 그러나 Monsanto사를 비롯하여 Asahi Kasei, BASF, UCB의 각 회사에 의하여 개발된 최신의 전기셀의 기술에 의하면, 이와 같은 기계적인 분리는 필요없고, 대신에 유상과 수상의 2상인 미세한 에멀젼이 음극-양극계로 고속으로 보내진다. 에멀젼의 수상에는 전해질이 함유되며, 또한 용해도에 의하여 결정되는 소량의 아크릴로니트릴이 용해되어 있다. 한편, 유기상은 아크릴로니트릴과 아디포니트릴로 형성되어 있다. 반응으로 수상의 아크릴로니트릴이 소진되어도, 유화시킨 유상으로부터 용이하게 이동하기 때문에 수상 중의 아크릴로니트릴의 농도가 부족한 것은 없다. 음극에는 흑연, 양극에는 마그네타이트(Fe_3O_4)가 각각 사용되지만, 최근의 특허에는 전해막 없이 Cd음극과 Fe양극을 사용하는 유리한 방법이 등재되어 있다.

전해염(McKee염), 예를 들면 테트라알킬암모늄토실레이트에는 2가지의 역할이 있다:

1. 전도도를 높인다.
2. 음극에서 물을 차단하는 (알킬기의 크기에 의존한다) 방식에 의하여 프로피오니트릴로의 수소화는 억제된다.

전해질로서 사용되는 테트라알킬암모늄염의 소수성인 알킬기가 음극을 완전히 차폐하기 때문에, 수소의 발생을 동반하는 물의 전기분해는 일어나지 않는다. 따라서 아크릴로니트릴로부터 프로피오니트릴로의 수소화는 거의 대부분 완전히 억제되며, 음극에서는 친유성인 아크릴로니트릴의 2량화 만이 진행한다.

전해반응용액의 처리:

유기상은 증류로서 분리하고, 전해염을 함유하는 수상은 재사용한다.

전해셀을 통해 들어온 용액으로부터, 미반응의 아크릴로니트릴과 생성한 아디포니트릴로 형성되는 유기상을 분리하고, 증류한다. 아디포니트릴의 선택률은 약 90%로 된다. 부생성물은 프로피오니트릴 및 비스시아노에틸에테르이다.

부생성물 : AN의 수소화에 의한 프로피오니트릴, H_2O에 AN이 2 mol 부가한다 $(NCCH_2CH_2)_2O$

환원2량화의 화학적 방법에서는, 알칼리금속 혹은 알칼리토류금속의 아말감을 환원제로서 사용한다. 아말감은, 상당하는 염을 수은셀로서 전해하여 제조하기 때문에, 이 방법은 간접적 전기화학법이라고 생각할 수 있다.

이외에, 루테늄촉매를 사용하고, 수소의 존재하에, 기상, 200~350°C, 0.1~0.3 MPa(1~3 kg/cm²)에서 아크릴로니트릴을 수소화 2량화하는 방법(Kuraray)이나, 유기의 인착화합물을 사용하여 아크릴로니트릴을 2량화한 후, 수소화하는 방법(ICI사) 등이 개발되어 있다.

AN수소화 2량화법의 별법:

1. 아말감을 사용한 AN의 "화학적" 환원법
2. Ru촉매를 사용한 AN+H_2의 기상수소화 2량화법
3. 유기의 인착화합물 상에서의 AN의 2량화와 수소화의 2단계반응.

10.2.1.2. 아디포니트릴의 수소화

아디포니트릴은 고압조건하에서 수소화되어 헥사메틸렌디아민(HMDA)으로 된다. 반응은 Co-Cu촉매를 사용하고, 60~65 MPa(600~650 kg/cm²), 100~135°C, 혹은 Fe촉매를 사용하고, 30~35 MPa(300~350°C), 100~180°C에서 행해진다.

ADN의 HMDA로의 수소화:

1. 기액혼상에서의 Co-Cu 혹은 Fe 촉매에 의한 고압법.

$$NC(CH_2)_4CN + 4\,H_2 \xrightarrow{[cat.]} H_2N\text{—}(CH_2)_6\text{—}NH_2 \quad \left(\Delta H = -\frac{75\ kcal}{314\ kJ}/mol\right) \tag{15}$$

NH_3를 존재시키는 방식에 의하여, 폴리아민이나 헥사메틸렌이민의 생성이 억제된다. 이들의 2차아민 부생성물은 2개의 니트릴기로부터 다음과 같이 해서 생성한다. 니트릴이 수소화되어 생성하는 알드이민에 아민이 반응하여, NH_3가 탈리하면 아조메틴이 생성한다. 아조메틴은 수소화되면 2차아민으로 된다. 2차아민 자신도 알드이민 중간체에 부가할 수 있다. 헥사메틸렌디아민의 선택률은 약 90~95%이다.

ADN의 수소화에 있어서, 부반응의 메카니즘:

$$RCN \xrightarrow{+H_2} RCH=NH\ (aldimine)$$
$$RCH=NH + H_2NCH_2R \xrightarrow{-NH_3}$$
$$RCH=N\text{—}CH_2R\ (azomethine)$$
$$RCH=N\text{—}CH_2R \xrightarrow{+H_2} RCH_2NHCH_2R$$

이것과는 다른 수소화법에서는, Ni촉매 또는 Fe나 Cr로 수식한 Ni촉매를 사용하고, 액상, 예를 들면 수산화나트륨 수용액 중에서 약 3 MPa(30 kg/cm²)까지의 낮은 H_2 압력하에, 약 75°C에서 반응을 행한다. 헥사메틸렌디아민의 선택률은 99%까지 달한다.

2. 액상에서의 Ni 혹은 Fe-Ni, Cr-Ni 촉매에 의한 저압법(예를 들면, Rhône-Poulenc 혹은 Rhodiatoce의 공업촉매)

헥사메틸렌디아민은 무엇보다도 먼저 나일론-6,6의 제조원료로서 중요(예를 들면, 1999년에는, 미국에서는 HMDA 전생산량의 97%, 서유럽에서는 91%, 일본에서는 90%가 나일론-6,6의 원료로서 사용되고 있다)하지만, 그 이외에 포스겐과 반응시키면 발포제 및 수지의 성분으로서 중요성이 증가하고 있는 디이소시아네이트로 된다(13.3.3절 참조).

HMDA의 용도:

1. 주로 나일론-6,6
2. 포스겐화하여 디이소시아네이트로 하고, 부가중합한다.
3. 소량이 나일론-6,12, 나일론-6,10, 나일론-6,9에 사용된다.

HMDA의 생산량(단위: 10^3t):

	1995	1997	1999
미 국	658	669	739
서유럽	370	405	425
일 본	46	43	36

소량이긴 하지만, HMDA는 나일론-6,10의 제조(HMDA와 세바스산), 나일론-6,12의 제조(HMDA와 1,10-데칸디카르복시산) 및 나일론-6,9의 제조(HMDA와 아젤라산)에도 사용된다. 1999년에 있어서 HMDA의 생산능력은 세계에서 148만 t/y였다. 그중, 미국이 81만 t/y, 서유럽이 51 t/y, 일본이 4.5만 t/y이다. 이들 국가의 생산량은 부표와 같다.

아디포니트릴 및 헥사메틸렌디아민에는 각종의 제조원료가 있다:

1. 올레핀(프로필렌-아크릴로니트릴)
2. 디엔(부타디엔)
3. 방향족(벤젠-시클로헥산-안올-안온-아디프산)

올레핀원료의 특징:

AN은 값이 싸며, 대량으로 제조되고 있기 때문에 , 원료비에서 유리하다.

제법개량의 가능성:

다음의 방법에 의하면 Monsanto법에서의 높은 용역비, 설비비를 적게 할 수 있을지도 모른다:

전압범위의 확대, 예를 들면 UCB의 비수용매계, 전극의 개량, 예를 들면 Monsanto사의 Cd음극, Fe양극, 또는 1실프로세스로의 전환.

디엔원료의 특징:

1단계 HCN 부가법은 NaCl의 전해와 제거를 필요로 하지 않기 때문에, 보다 경제적인 하이드로시아노화법이며, 코스트 베이스에서도 가장 경제적인 HMDA법이다.

방향족원료의 특징:

방향족화합물이 부족하기 때문에 (적은 납의 가솔린의 옥탄가를 향상 시키는데 사용한다) 원료공급의 면에서도 불리하며, 경제성 면에서도 불리하다.

10.2.1.3. 아디포니트릴 제조법의 전망

헥사메틸렌디아민과 그 전구체인 아디포니트릴의 제조에 사용되는 원료는 프로필렌, 부타디엔, 벤젠과 같은 많은 물질이 있기 때문에, 유리한 제조프로세스를 적절히 선택함으로써 시장의 변화에 잘 적응할 수 있다. 각 원료의 상황은 다음과 같다.

Sohio법에 의하여 프로필렌으로부터 제조되는 벌크제품인 아크릴로니트릴은, 전해수소화 2량화의 값싼 원료이다. 전력비는 제조원가 중 약간에 불과하기 때문에, 다른 용역비와 설비비에 의하여 코스트가 결정된다. 이 점이 개량법의 주요한 출발점으로 되고 있다. 예를 들면, UCB사의 방법에서는, 비수용매를 사용하는 방식에 의하여 물의 분해라고 하는 문제를 없게 하여, 전압범위를 넓힐 수가 있다. Monsanto사의 새로운 방법은, 개량한 음극, 양극재료를 사용하며, 게다가 격막이 없는(즉 1실에서의) 전해프로세스이다. 전기화학프로세스에서는 작동전압을 조절하는 것에 의하며, 상당히 높은 선택률이 얻어지기 때문에, 부생성물의 생성이 최대한 억제된다. 따라서 Monsanto법은 특히 환경오염이 없다는 것이 유리한 이 방법의 중요인자이다.

1,4-디클로로부텐을 경유하는 방법으로 아디포니트릴을 제조하고 있던 최대 메이커의 Du Pont사는, 독자적으로 부타디엔의 직접 하이드로시아노화법을 개발했다. 이 방법에 의하여 알칼리염화물의 전기분해가 불필요하게 되었으며, NaCl의 배수에 의한 환경오염문제를 회피하게 되었다.

3번째의 원료인 벤젠은 적어도 가까운 장래에는 전망이 가장 어둡다. 가솔린으로의 납의 첨가를 이미 많은 나라에서 줄이기 시작하고 있으며, 옥탄가를 증대시키기 위하여 방향족화합물의 첨가가 증가한다. 이것이 방향족화합물의 부족을 초래할지도 모르기 때문이다.

10.2.2 ω-아미노운데칸산

ω-아미노운데칸산은 나일론-11의 전구체이다. 그 원료는 리시놀레산의 글리세린에스테르인 천연의 피마자유, 혹은 리시놀레산 그 자체이다.

리시놀레산글리세린에스테르는 먼저 메탄올로서 메틸에스테르로 하고, 다음에 약 300°C에서 C_7-알데히드와 운데센산메틸로 열분해한다.

5단계에서의 ω-아미노운데칸산의 제법:

1. 피마자유의 에스테르 교환으로 리시놀레산의 메틸에스테로로 한다.
2. 열분해하여 운데센산 및 헵틸알데히드로 한다(알칼리용융에 의한 세바스산, 10.1절 참조)

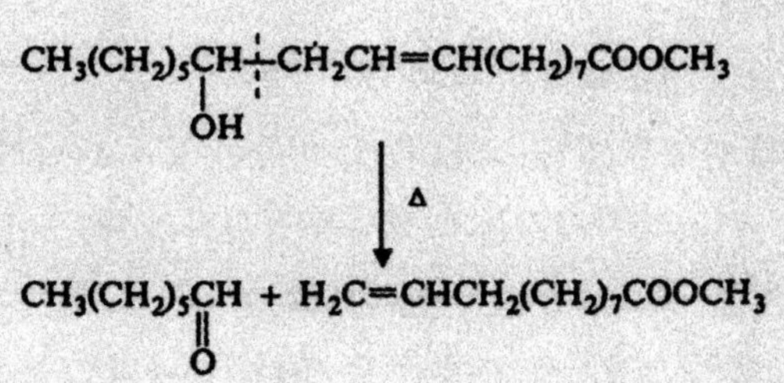

(16)

메틸에스테르는 비누화하고, 다음에 과산화물촉매에 의하여 HBr를 부가하여 11-브로모운데칸산으로 한다. 이 중요한 반응단계는 공업적으로는 상당히 잘 행할 수가 있다. 탑형반응기의 위로부터 아래로 이 불포화산의 톨루엔-벤젠 용액을 유통시키고, HBr, 공기의 상승가스류와 접촉시킨다. 생성한 브롬화합물의 약 96%가 말단에 브롬을 갖는다. 게다가, NH_3에 의하여 ω-아미노운데칸산의 암모늄염으로 한다. 이것을 산첨가하여 유리의 산으로 한다.

3. 운데센산으로의 anti-Markovnikov HBr 부가(과산화물 혹은 UV광)
4. 가암모니아분해로서 ω-아미노운데칸산으로 한다.
5. NH_4염을 유리의 산으로 한다

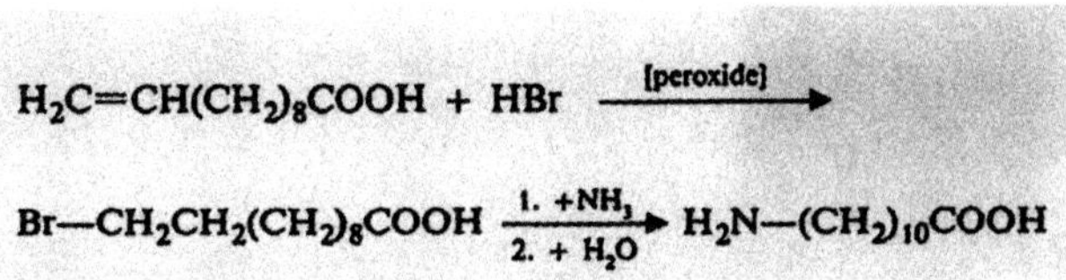

(17)

ω-아미노운데칸산의 선택률은, 전체의 반응단계에서 약 67%이다. 중축합에서 얻어지는 나일론-11은, 주로 프랑스에서 Rilsan®으로서 ATO Plastiques사에 의하여 제조되고 있다. 이외에 미국이나 브라질에서도 생산되고 있다. 이 제조법이 경제적이기 위한 전제가 되는 것은, 피마자유가 싼 가격으로 입수되는 것이다. 피마자유는 그 대부분을 북아프리카, 브라질, 인도의 주요 생산국에 의존하고 있기 때문에, 장래의 증산이 불안정하다. 피마자유의 전세계 생산량은 부표와 같다.

ω-아미노운데칸산 및 나일론-11 제법의 특징:

원료를 농작물에 의존하고 있기 때문에, 공급이 불안정하며, 생산이 한정되어 있다.

피마자유의 생산량(단위: 10^6t):

	1980	1992	1993
세 계	0.36	1.11	1.06

10.3 락 탐

10.3.1 ε-카프로락탐

ε-카프로락탐은 6-아미노카프로산의 환상아미드이며, 공업적으로 가장 중요한 락탐이다. 주요한 용도는 나일론-6(Perlon®)의 제조이다.

ε-카프로락람은 기본적으로는 주로 나일론-6의 제조에 사용되는 기초화학제품이다.

ε-카프로락탐의 생산량(단위: 10^6t):

	1995	1997	1999
서유럽	0.80	0.88	0.96
미 국	0.71	0.75	0.77
일 본	0.55	0.56	0.58

세계중에서 정력적인 연구가 계속되고 있음에도 불구하고, 아직 이상적인 제법으로 행해지지 않고 있다.

ε-카프로락탐의 제법은 2가지의 그룹으로 분류할 수 있다:

1. 시클로헥산온옥심을 중간체로 하는 그룹(세계에서 주로 행하고 있다).
2. 이외의 중간체를 경유하는 그룹(중요성은 적다).

1990년에 있어서 전세계의 ε-카프로락탐 생산능력은 390만 t/y였다. 그중 서유럽이 110만 t/y, 미국이 94만 t/y, 일본이 50만 t/y이다. 생산량을 부표에 나타내었다.

ε-카프로락탐의 제조법에는 많은 것이 있지만, 모든 프로세스는 현재도 더욱 개량의 여지가 있다. 왜냐하면, 이들은 모두 다단계반응이며, 또한 황산암모늄 이외의 부생성물의 생성을 동반하기 때문이다.

ε-카프로락탐의 제조법에는 공업적으로 실시되고 있는 것이 많지만, 이들은 크게 2개의 그룹으로 분류할 수 있다. 하나의 그룹은 시클로헥산온 또는 다른 전구체로부터 유도되는 시클로헥산온옥심을 중간체로 하는 것이 특징이다. 이들은 특히 중요한 경로이며, 현재 세계의 ε-카프로락탐 생산량의 95% 이상이 이 경로에 의존하고 있다.

다른 하나의 그룹은 이것과는 다른 중간체와 제조공정을 포함한 카프로락탐의 제조법이다.

10.3.1.1. 시클로헥산온옥심법에 의한 ε-카프로락탐

원료로서 시클로헥산온을 사용하며, 또한 특징적인 반응으로서 Beckmann 전위를 이용하는 고전적인 시클로헥산온옥심법

이 고전적인 ε-카프로락탐의 제조법을 설명하는 것은, 이 방법의 문제점을 지적하는 것과 함께 새로운 개량법을 제시하고자 하는 것이다. 이것은 다음의 3가지 유기반응과 하나의 무기반응으로 형성되어 있다.

1. 시클로헥산온의 제조
2. 하이드록실아민에 의한 시클로헥산온의 옥심화
3. 시클로헥산온옥심의 Beckmann 전위에 의한 ε-카프로락탐의 합성
4. 하이드록실아민의 제조

고전적인 ε-카프로락탐 제조법의 1단계:

4종류의 시클로헥산온의 제조법:

1. 시클로헥산을 산화하여 안올/안온으로 하고, 안올을 탈수소한다.
2. 페놀을 핵수소화하고, 이어서 시클로헥산올을 탈수소한다(2단계에 의한 종전의 방법). 새로운 방법은 1단계로서 행해진다.
3. 시클로헥실아민을 탈수소하고, 이어서 시클로헥실이민을 가수분해한다.
4. 벤젠을 시클로헥센으로 부분수소화하고, 이어서 수화한다.

공정 1.

시클로헥산온은 대개 시클로헥산으로부터 제조된다. 2번째 방법으로서, 페놀로부터 제조하는 방법이 있다. 다른 하나의 방법은 시클로헥실아민으로부터 제조하는 방법으로서, CIS에서만 공업화되어 있다(생산능력 2만 t/y). 이 방법에서는, 시클로헥실아민은 촉매상에서 탈수소한 후, 수증기를 사용하여 가수분해하는 방식에 의하여 시클로헥산온으로 한다. 1999년에는 미국과 서유럽의 ε-카프로락탐의 각각 약 65%, 54%가 시클로헥산의 산화, 나머지 대부분(각각 35%, 46%)이 페놀의 수소화에 기인하고 있다.

페놀을 원료로 하는 ε-카프로락탐의 제조법의 대표적인 것으로는, Allied Chemical, Montedipe와 Leuna-Werke의 각 회사에서 개발되었다.

현재 미국에서는, Allied사 만이 페놀원료로서 카프로락탐을 제조하고 있다. 일본에서는 시클로헥산을 원료로 하는 방법만이 실시되고 있다.

Asahi Kasei는 시클로헥산올의 새로운 생산방법을 개발하고, 1990년부터 6만 t/y 플랜트의 상업생산을 개시했다. 이 방법에서는, 루테늄촉매 상에서 벤젠을 시클로헥센으로 부분수소화하고, 이어서 산촉매(ZSM-5) 존재하에서 수화를 행하여, 시클로헥산올을 얻고 있다. 6만 t/y라고 제시된 플랜트의 정확한 프로세스의 조건은 아직 공표되어 있지 않다.

시클로헥산을 2단계로서 산화하여 아디프산을 제조하는 프로세스를 앞에서 설명했지만(10.1.1절 참조), ϵ-카프로락탐의 제조를 위해서는 여기서 시클로헥산온/시클로헥산올 혼합물을 증류하여 시클로헥산온이 취해진다. 나머지 시클로헥산올의 성분은 Zn 또는 Cu 촉매를 사용하여 400~450°C, 대기압하에서 탈수소 된다.

시클로헥산올의 탈수소의 특징:
관식가열로를 사용하는 불균일 촉매에 의한 상압에서의 기상탈수소

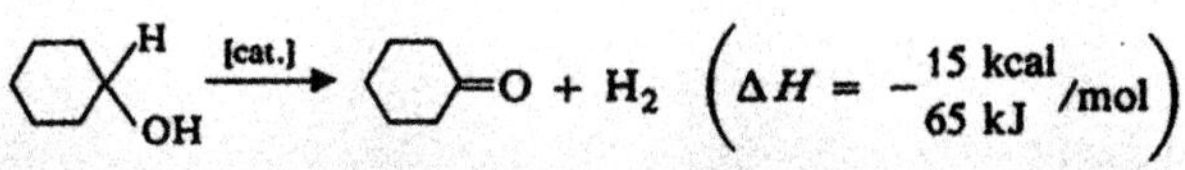

(18)

시클로헥산올의 전환율은 90%이고, 시클로헥산온의 선택률은 95%로 된다.

페놀을 원료로 하는 방법에서는, 초기에는 니켈촉매, 140~160°C, 1.5 MPa(15 kg/cm^2)에서의 핵수소화 및 반응식 (18)과 같은 탈수소라고 하는 2단계반응으로 시클로헥산온으로 변환되고 있었다. 이 방법은 Pd촉매를 사용하는 선택적 수소화에 의하여 간략화 되었다.

페놀의 수소화의 특징:
금속 Pd촉매에 의하여, 기상1단계로서 선택적 수소화를 행하여, 시클로헥산온으로 한다.

페놀의 선택적 수소화의 메카니즘:

1. 케토형에서의 흡착에 의한 페놀의 활성화

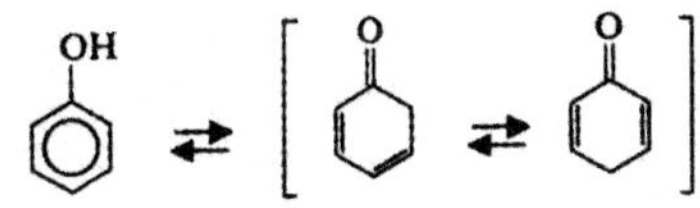

2. 2단계의 수소화

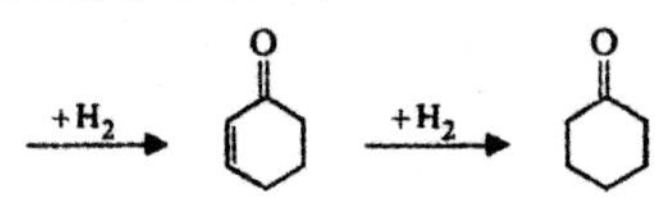

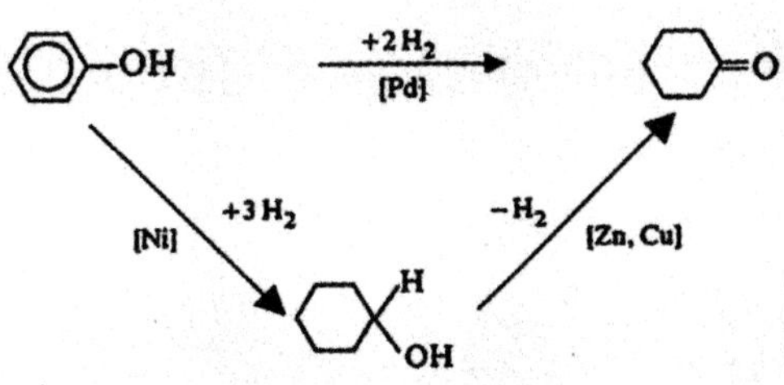

(19)

페놀은 기상, 140~170°C, 0.1~0.2 MPa(1~2 kg/cm^2)에서, 알칼리토류 금속산화물을 함유하는 Pd담지촉매(예를 들면, Pd-CaO/Al_2O_3)를 사용하여, 100%의 전환율, 95% 이상의 선택률로서 시클로헥산온으로 변환된다.

공정 2.

시클로헥산온의 옥심화는 하이드록실아민의 염, 대개는 황산염을 사용하여 85°C에서 행해진다.

고전적인 ϵ-카프로락탐 제조법의 2단계:

시클로헥산온의 옥심화의 원리:
하이드록실아민황산염을 사용하여, H_2SO_4의 생성을 동반한다.

H_2SO_4의 중화방법:
1. NH_3
2. 재생 가능한 인산완충용액(HPO법)

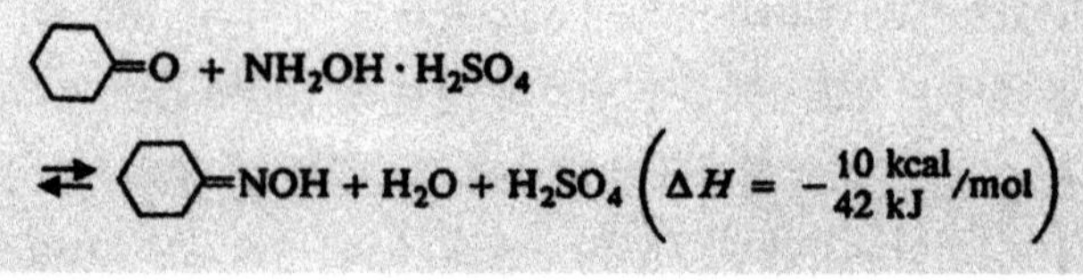

(20)

평형을 이동시키기 위해서는, 일정량의 NH_3를 첨가하여 pH를 7로 유지하는 것이 필요하다. 이 단계에서 전체 프로세스 중에서의 최초의 황산암모늄이 생성한다.

DSM과 Stamicarbon의 2개 회사의 HPO프로세스(**h**ydroxylamine-**p**hosphate-**o**xime)에 의하면, H_3PO_4를 함유하는 완충용액 중에서 하이드록실아민과 반응시키는 방식에 의하여, 염을 생성하지 않고 pH값을 일정하게 유지시킬 수 있는 마찬가지의 효과가 달성된다. 옥심화시킬 때, 유리하는 완충용액은 하이드록실아민의 제조에 재사용된다.

시클로헥산온옥심의 제조법의 2종류의 별법:
1. Toray의 PNC법에 의한 시클로헥산의 광학적 니트로소화

또한 다른 2종류의 방법이 Toray와 Du Pont사에서 실시되고 있다. 이들 모두 시클로헥산온옥심을 경유하는 방법이지만, 시클로헥산온을 제조할 필요는 없다.

Toray는, 원리는 기지의 시클로헥산을 광학적 니트로소화하여 직접 시클로헥산온옥심을 제조하는 방법(**P**hoto**n**itrosation of **c**yclohexane, PNC법)을 공업적 제법으로까지 발전시켰다.

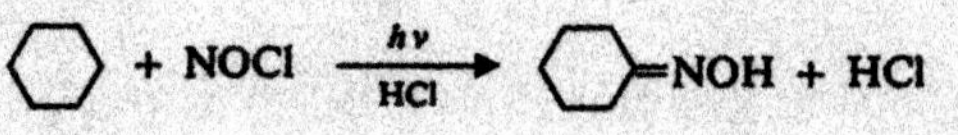

(21)

특징:
UV광에 의한 여기로서 NOCl의 NO 및 Cl라디칼로 분해하여, 중간체의 니트로소시클로헥산을 생성하고, 이것이 전위하여 옥심으로 된다.

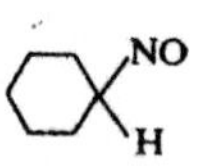

HCl과 염화니트로실(NOCl)의 혼합가스를 20℃ 이하에서 시클로헥산 중으로 통하고, 수은광의 작용으로 반응을 일으킨다. 시클로헥산온옥심이 86%의 선택률(C_6H1_2)로서 얻어진다.

Toray는 이 프로세스에 의한 2개의 플랜트를 각각 1963년과 1971년에 가동시켰다. 합계의 생산능력은 17.4만 t/y(1995년)이다. NOCl은 HCl을 니트로실황산에 작용시켜서 제조한다.

$$2\ H_2SO_4 + NO + NO_2 \rightarrow 2\ NOHSO_4 + H_2O \qquad (22)$$

$$NOHSO_4 + HCl \rightarrow NOCl + H_2SO_4 \qquad (23)$$

H_2SO_4 및 HCl은 염을 생성하지 않을 뿐 아니라 큰 손실도 없이, 이 프로세스에서 순환된다.

2. 시클로헥산의 니트로화와 부분수소화에 의하여 옥심을 제조하는 방법. 한때, 공업적으로 실시되었다(Du Pont: 1963~1967).

Du Pont사의 프로세스(Nixan법, **ni**trocyclohe**xan**e process)는 한때, 2.5만 t/y의 플랜트로서 옥심의 제조에 이용되고 있었다. 시클로헥산에 질

소원자를 도입시키기 위하여, HNO_3를 사용하고 액상에서, 혹은 NO_2를 사용하여 기상에서 니트로화를 행한다. 이어서 니트로시클로헥산은 접촉적 수소화에 의하여 옥심으로 한다.

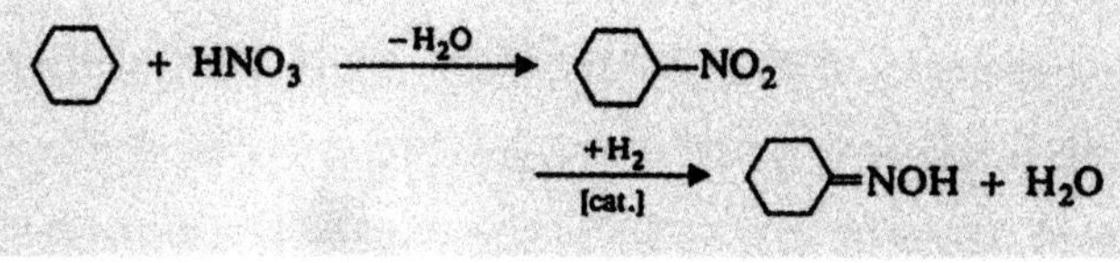

(24)

공정 3.

지금까지 설명한 프로세스에 의하여 직접 또는 중간체를 경유하여 시클로헥산온옥심이 제조되었지만, 이것은 다음에 H_2SO_4 또는 발연황산을 사용하는 전위에 의하여 ε-카프로락탐으로 변환된다. 이 전위반응은 1886년, E. Beckmann에 의하여 발견된 것이다(Beckmann 전위).

고전적인 ε-카프로락탐 제법의 3단계:
시클로헥산온옥심으로부터 ε-아미노카프로산의 아미드체로의 Beckmann 전위

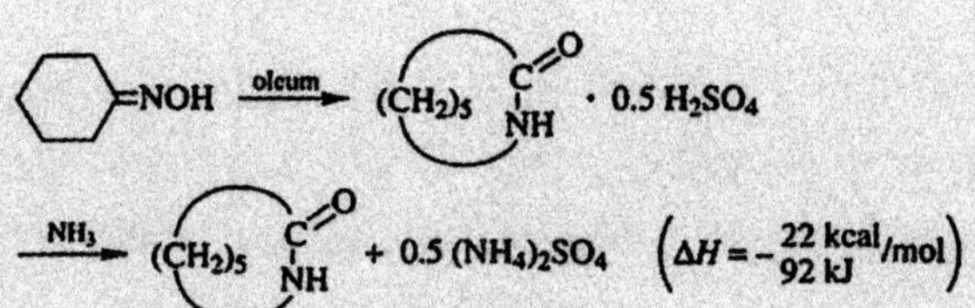

(25)

이 방법의 공업화 연구는 BASF사에 의하여 행해졌다. 연속프로세스로서 옥심의 황산용액이 90~120°C의 전위온도로 유지된 반응구역에 유통된다. 전위는 몇 분만에 완결된다. 이와 같이 해서 얻어진 락탐의 황산염용액은 중화조에서 NH_3에 의하여 유리의 락탐으로 한다. 락탐은 포화의 황산암모늄 용액으로부터 유층으로 분리된다. 이것을 벤젠, 톨루엔, 혹은 염소화탄화수소 용매에 의하여 추출하고, 물로서 세척한 후, 더욱 정제처리를 하고 증류한다. 선택률은 98%에 달한다.

제법의 원리:
액상에서의 H_2SO_4 촉매에 의한 환확대반응으로 생성하는 락탐은 염기성이기 때문에 황산염으로 되어 있으며, 이것을 NH_3로서 유리시킨다.

SO_3를 추가한 진한 H_2SO_4를 사용하면 전위속도가 향상된다.

공정 4.

시클로헥산온을 옥심으로 변환하는 데 사용되는 하이드록실아민황산염은, 일반적으로 4단계로 형성되는 개량 Raschig법에 의하여 제조된다. 이 방법의 기본은, 아질산암모늄을 SO_2에 의하여 약 5°C로 환원하여 디술포네이트로 하고, 이어서 이것을 100°C에서 가수분해하여 하이드록실아민의 황산염으로 하는 것이다.

고전적인 ε-카프로락탐 제법의 4단계:
4단계의 Rasching법에 의한 하이드록실아민의 제조:

1. NH_3, CO_2, H_2O로부터의 $(NH_4)_2CO_3$의 제조
2. $NO \cdot NO_2$로서 NH_4NO_2로 한다.
3. SO_2로서 환원하여 디술포네이트로 한다.
4. 가수분해하여 NH_2OH로 한다.

$$NH_4NO_2 + NH_3 + 2\,SO_2 + H_2O \rightarrow HON(SO_3NH_4)_2 \quad (26)$$

$$HON(SO_3NH_4)_2 + 2\,H_2O \rightarrow NH_2OH \cdot H_2SO_4 + (NH_4)_2SO_4 \quad (27)$$

하이드록실아민황산염 1 mol에 대해서 1 mol의 $(NH_4)_2SO_4$가 생성한다. 더욱이 1 mol의 $(NH_4)_2SO_4$가 시클로헥산온이 옥심화할 때 생성한다. 이것은 하이드록실아민황산염과 옥심의 중화를 위하여 가해지는 NH_3에 기인하는 것이다.

하이드록실아민의 제조법의 별법:

1. 인산완충용액(H_3PO_4, NH_4NO_3, H_2O) 중에서 Pd촉매에 의하여 $NO_3^{\ominus}$를 환원하여 NH_2OH로 한다.

하이드록실아민의 제조에 있어서 탁월한 개량은 DSM사의 HPO법[공정2) 참조]에 의하여 달성되었다. 이것은 인산완충용액 중에서 질산이온을 수소로서 환원하여 하이드록실아민으로 하는 것이지만, 팔라듐을 활성탄 또는 Al_2O_3에 담지시키고, 게르마늄화합물과 같은 촉진제를 가한 촉매가 현탁상태로 사용된다.

$$NO_3^{\ominus} + 2\,H^{\oplus} + 3\,H_2 \xrightarrow[PO_4^{3\ominus}]{[cat.]} NH_3OH^{\oplus} + 2\,H_2O \qquad (28)$$

DSM의 HPO법의 원리:
하이드록실아민의 제조와 시클로헥산온옥심의 제조의 과정에서 인산완충용액을 순환사용한다.

하이드록실아민을 함유하는 완충용액은, 다음에 톨루엔에 용해시킨 시클로헥산온을 옥심화할 때에는, 옥심을 용해하여 추출하는 역할을 한다. HNO_3를 가하여 옥심을 분리한 후, 그 용액은 질산이온의 수소화를 위하여 재순환된다. 이 방법은 Raschig법에 비하여 극히 적은 염이 생성할 뿐이다.

$NO_3^{\ominus}$는 NH_3의 산화에 의하여 합성되기 때문에, 전체로서의 반응은 형식적으로는 NH_3의 NH_2OH로의 산화라고 생각할 수도 있다. 하이드록실아민의 선택률은 전체의 단계를 통하여 NH_3에 대해서 58%이다.

2. Pt/Pd촉매에 의한 일산화질소의 환원에 의한 방법(BASF, Inventa, Bayer). 2번째로 많이 사용되고 있다.

BASF, Bayer, Inventa의 각 회사가 개발했고, 또다른 하이드록실아민의 제조법은 백금촉매를 사용하고, 무기산의 희석용액 중에서 NO를 수소로서 환원하는 방법이지만, Raschig법에 비하면 역시 염의 생성이 적다. 단, 이 방법은 매우 순도가 높은 원료를 필요로 하는 이외에, 촉매회수공정이 복잡하다. 따라서 이 프로세스를 실용화하는 것은 오랜 기간을 필요로 했지만, 이후에는, 모두 이전의 프로세스를 대체했다. 이와 같이 해서 BASF는 2000년에 0.4만 t/y의 생산능력을 갖는 세계최대의 하이드로실아민의 메이커로 되었다.

10.3.1.2. ϵ-카프로락탐 제조법의 별법

시클로헥산온옥심 이외의 중간체를 사용하는 방법:

1. 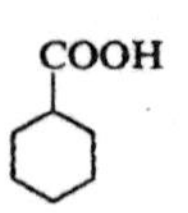

2. 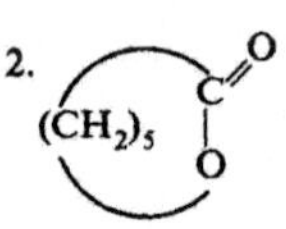

3. 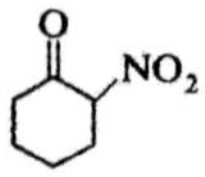

공업적으로 행해지고 있는, 또다른 3종류의 ϵ-카프로락탐의 제조법은, 시클로헥산온옥심을 사용하지 않는다. 따라서 Beckmann 전위도 사용하지 않는 방법이다.

1. Snia Viscosa 시클로헥산카르복시산법
2. UCC 카프로락톤법
3. Techni Chem 니트로시클로헥산온법

방법 1.

별법 1(Snia Viscosa법):

톨루엔으로부터 2단계로서 제조한 시클로헥산카르복시산을, $NOHSO_4$와 반응시켜, 혼합산 무수물을 경유하여 ϵ-카프로락탐으로 전위시킨다.

Snia Viscosa법에서는 먼저 톨루엔을 Co촉매의 존재하, 160~170°C, 0.8~1.0 MPa(8~10 kg/cm^2)에서 공기산화하여 약 30%의 수득률로서 벤조산으로 한다(13.2.1.1절 참조). 이어서 Pd/C 촉매의 존재하에, 액상, 170°C, 1.0~1.7 MPa(10~17 kg/cm^2)에서 수소화하여, 거의 정량적인 수득률로서 시클로헥산카르복시산으로 한다.

시클로헥산카르복시산은 다음에 발연황산 중, 80°C까지의 온도에서 니트로실황산과 반응시킨다. 반응은 외관상, 혼합산무수물의 생성으로부터 몇 개의 중간단계를 거쳐 CO_2가 탈리하고, ϵ-카프로락탐의 황산염이 생성하는 것이다.

나트로실황산은 발연황산 중에 N_2O_3를 흡수시키는 방식에 의하여 얻어진다.
$N_2O_3 + H_2SO_4 + SO_3 \rightarrow 2\ O{=}N{-}OSO_3H$

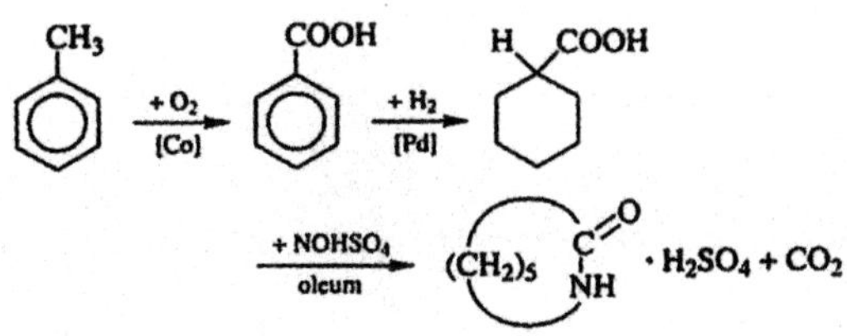

(29)

산성의 카프로락탐용액은 일반적인 방법에 따라서, NH_3로서 후처리한다. 새로운 방법에서는, ϵ-카프로락탐을 그의 황산용액으로부터 알킬페놀류를 사용하여 추출분리한 후, H_2O로서 역추출한다.

이와 같이 하면 Snia Viscosa법은 염의 생성이 없는 방법으로 된다. 시클로헥산카르복시산의 전환율은 50%이며, ϵ-카프로락탐으로의 선택률은 90%이다.

Snia Viscosa법은 2000년에 이탈리아의 2기의 플랜트와 CIS와 중국에서 각각 1기의 플랜트가 실시되고 있다.

Snia Viscosa법의 공업적인 이용:

이탈리아, CIS, 중국에서 공업화 되고 있다.

방법 2.

별법 2(UCC법):

Baeyer-Villiger 산화(케톤 → 에스테르)와 마찬가지로, 시클로엑산온을 과산 혹은 과산화수소에 의하여 산화하여 ϵ-카프로락톤으로 하고, NH_3로서 락탐으로 한다.

UCC법에서는 시클로헥산온이 먼저 50°C, 상압에서 과아세트산 산화에 의하여 ϵ-카프로락톤으로 변한다. 선택률은 90%(시클로헥산온), 85~90%(과아세트산)이다. 이어서 ϵ-카프로락톤을 17 MPa(170 kg/cm^2), 300~400°C에서 NH_3와 반응시키고, ϵ-카프로락탐으로 한다.

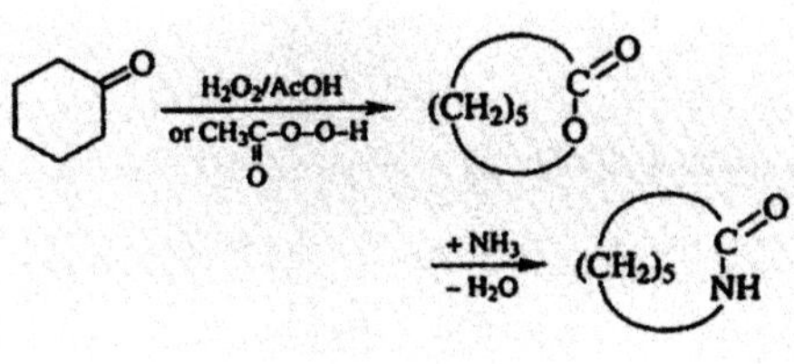

(30)

양쪽의 공정을 합한 선택률은 약 70%이다. UCC법은 1967년 이래 2.5만 t/y의 플랜트로서 실시되고 있다. 1972년에 가암모니아 분해반응의 공정이 중지되었지만, ϵ-카프로락톤의 제조는 계속되어 이 플랜트로서 행해지고 있다.

UCC는 카프로락톤의 가암모니아분해에 의한 플랜트를 정지했다. 그 대신에 카프로락톤은, 예를 들면 폴리에스테르의 제조에 사용되고 있다.

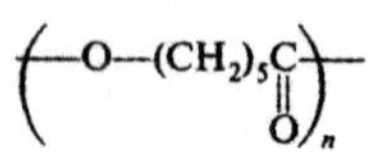

많은 기업이 ϵ-하이드록시카프로산 또는 ϵ-카프로락톤의 중간체를 합성하는 유사한 프로세스의 개발을 행하고 있다. 예를 들면 영국의 Interox사는 1975년 이래 카프로락톤의 제조를 행하고 있지만, 그의 생산능력은 1만 t/y으로까지 증가했다. 일본의 Daicel도 카프로락톤을 제조하고 있다.

카프로락톤은 2관능성 화합물로서, 주형성형용 수지용의 폴리에스테르의 제조에도 사용된다.

방법 3.

별법 3(Techni-Chem법):

시클로헥산온의 니트로화(선택률을 높이기 위하여 중간에 엔올아세테이트를 경유한다), 가수분해환개열 및 환원에 의하여 락탐의 전구체인 아미노카프로산으로 한다.

Techni-Chem법(미국)은, 다른 모든 방법과는 달리 부생성물이 없다라고 하는 장점을 가지고 있다. 시클로헥산온을 먼저 케텐/무수아세트산에 의하여 아세틸화하여 아세트산시클로헥센일로 한다. 다음에 이것을 니트로화 하여 2-니트로시클로헥산온으로 하지만, 이때 아세트산이 분리된다. 더욱 가수분해 환개열하여 니트로카프로산으로 하고, 수소화하여 ϵ-아미노카프로산으로 한다. 이것은 300°C, 약 10MPa(100 kg/cm^2)에서 ϵ-카프로락탐으로 변환된다.

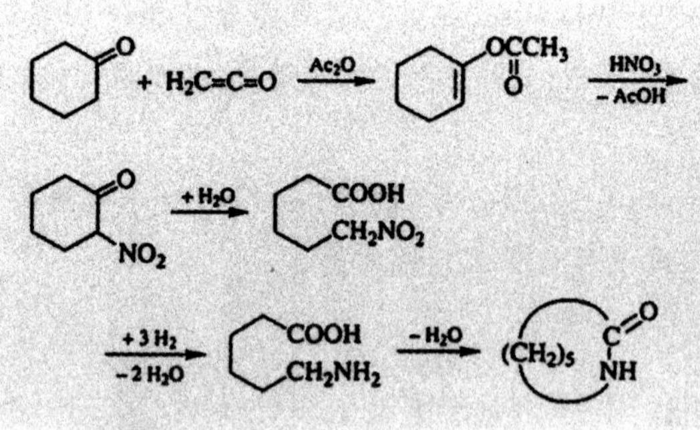

(31)

(32)

제조법의 특징:

부생성물을 생성하지 않는 유일의 ϵ-카프로락탐제조법이다.

이 방법의 단점은, 선택적으로 니트로화하기 위한 중간체를 제조할 때, 고가인 케텐을 사용하는 것이다. 생성하는 아세트산은 당연히 케텐의 제조에 재사용할 수 있다.

이 방법은 단지 파일럿플랜트단계에서 실시되고 있을 뿐이다.

10.3.1.3. ϵ-카프로락탐 제조법의 전망

고전적인 ϵ-카프로락탐제조법은 본질적으로 $(NH_4)_2SO_4$를 부생성한다.

고전적 ϵ-카프로락탐 제조법의 최대의 단점은, 1 kg의 카프로락탐에 대해서 5 kg의 황산암모늄이 부생하는 것이다. 황산암모늄은 품질이 떨어지는 비료(분해에 의하여 생성하는 H_2SO_4가 토양을 산성으로 한다)로서, 그다지 가치가 없고, 프로세스의 경제성에 거의 도움이 되지 않는다.

이것은 다음의 2단계에서 생성한다:
1. 시클로헥산온의 옥심화
2. Beckmann 전위에서의 H_2SO_4의 중화

따라서 대개의 개량법은 H_2SO_4의 사용량을 적게 하는 방식에 집중되어 있다.

DMS사의 HPO법은, 이미 옥심화법 중에서 H_2SO_4, NH_3의 소비량을 최대로 낮추고 있다. 1 kg의 ε-카프로락탐에 대해서 1.8 kg밖에 황산암모늄이 생성하지 않는다.

$(NH_4)_2SO_4$의 생성을 억제하기 위한 흥미 있는 제안이 많은 회사로부터 나오고 있다. 접촉적인 옥심-락탐전위는, 예를 들면 340~360°C에서 B_2O_3/Al_2O_3 촉매를 사용하는 방법(BASF사)이나, 330°C, 유동상에서 B_2O_3촉매를 사용하는 방법(Bayer사)에 의하면, 보다 높은 선택률이 얻어진다라고 보고되어 있다.

개량법은 H_2SO_4의 소비를 낮추는 쪽으로 가고 있다.
예를 들면, 산촉매에 의한 기상 Beckmann 전위(BASF, Bayer)

마찬가지로 DSM/Stamicarbon사는 새로운 형태의 Beckmann 전위를 보고했다. 이것은 예를 들면 Amberlyst 15 혹은 Amberlite 200과 같은 강산성 이온교환수지를 사용하여, 100°C, DMSO 중에서 시클로헥산온 옥심의 전위를 행하는 것이다.

산성이온교환수지에 의한 액상 Beckmann전위(DSM/Stamicarbon)

BASF사의 다른 연구에 의하면, 카프로락탐황산염의 전해투석에 의하여, NH_3에 의한 중화가 생략된다. 폴리프로필렌의 막으로 음극부와 양극부를 분리하고, 각각의 부분에서 카프로락탐, 및 H_2SO_4가 농축된다. 벤젠추출에 의하여, 음극부로부터 카프로락탐을 98.5%의 수득률로서 단리할 수 있다.

카프로락탐황산염을 전해투석하여, 락탐과 황산으로 분리한다(BASF).

황산암모늄의 문제의 또다른 해결책은, $(NH_4)_2SO_4$를 NH_3와 SO_2로 열분해(Inventa사), 혹은 1000°C에서 N_2와 SO_2로 열분해(DSM사)하는 것이다. SO_2는 Raschig법에 의한 하이드록실아민의 제조를 위하여 재사용된다.

$(NH_4)_2SO_4$를 열분해하고, SO_2의 형태로서 H_2SO_4를 재사용한다(Inventa, DSM).

놀라울 정도로 간단한 시클로헥산온옥심과 ε-카프로락탐의 제조법이 Allied사로부터 제안되어 있다. 이것은 200°C, 1MPa(10 kg/cm²)에서, 높은 표면적 실리카겔 혹은 Ga_2O_3를 사용하여 시클로헥산온을 NH_3 및 O_2와 반응시키는 것이다. 시클로헥산온의 전환율은 약 50%이고, 옥심과 락탐의 혼합물이 68%의 선택률로서 생성한다.

시클로헥산온으로부터 시클로헥산온옥심/ε-카프로락탐 1단계 제조법(Allied).

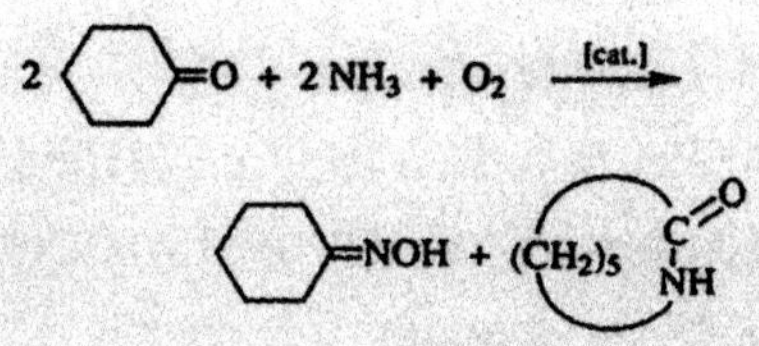

(33)

최후에 옥심의 성분을 산촉매로서 Beckmann 전위를 하면, 반응단계의 수가 적고, 염의 생성도 없는 이 프로세스가 완결된다. 이 방법은 아직 공업적으로는 실시되지 않고 있다.

H_2O_2/NH_3에 의한 시클로헥산온의 산화적 옥심화(Montedison)

시클로헥산온과 NH_3를 산화적으로 반응시키는 방식에 의하여 시클로헥산온옥심을 얻는 방법이 Montedison사에서 개발되어 있다. H_2O_2를 사용하고 TiO_2/SiO_2 촉매의 존재하, 액상, 40~90°C, 상압에서 행해진다. 수득률과 선택률은 90% 이상(시클로헥산온, H_2O_2)이다. 이 방법은 EniChem사가 1.5만 t/y의 파일럿플랜트(1994년)로서 검토중이었지만, 앞에서 설명한 바와 같이 2003년 Sumitomo화학에서 기업화되었다.

ϵ-카프로락탐제법의 코스트 비교:
DSM/Stamicarbon에 의한 HPO법은 제조원가가 가장 싸다.
Toray의 광학적 니트로소화법은 원료비는 싸지만, 용역비가 비싸다.

대표적인 2개의 프로세스에 의한 카프로락탐의 제조원가를 비교하면, DSM/Stamicarbon사의 방법 쪽이 고전적인 방법(예를 들면 BASF사)보다도 제조원가가 낮아진다. 1992년에는 세계의 카프로락탐 생산능력의 약 1/3이 DSM사의 기술에 기인하고 있다. Toray의 방법은 원료비가 저렴한 것이 가장 유리한 것이지만, 수은램프를 빈번하게 교환하지 않으면 안되고, 또한 전력소비도 많기 때문에 용역비가 다른 방법에 비하여 상당히 높아진다.

10.3.1.4 ϵ-카프로락탐의 용도

카프로락탐의 용도:
1. 나일론-6의 제조

ϵ-카프로락탐은 그 대부분이 나일론-6의 제조에 사용된다. 나일론-6는 예를 들면, 직물의 분야, 공업분야에서 많은 용도를 갖는 섬유의 원료이다.

2. 공업용 비수성 추출용제인 N-메틸-ϵ-카프로락탐의 원료

N-메틸-ϵ-카프로락탐은 열적, 화학적으로 안정한 ϵ-카프로락탐의 유도체이며, 방향족의 추출제(12.2.2.2절 참조)로서 Leuna사에 의하여 개발되었다. 이 화합물은 Al_2O_3촉매상, 상압, 기상, 약 350°C에서, ϵ-카프로락탐을 메탄올로서 메틸화하는 방식에 의하여 얻어진다.

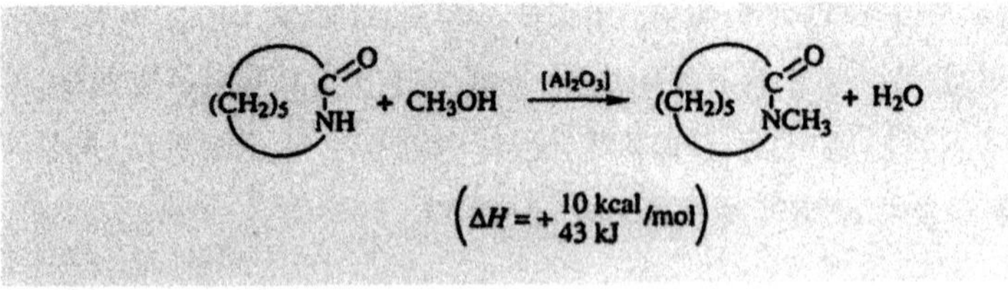

(34)

1977년에 생산이 개시되었다.

3. 공업용 중간체인 헥사메틸렌이민의 원료

Mitsubishi화학의 프로세스에 의하면, ϵ-카프로락탐이 헥사메틸렌이민의 제조에도 이용되고 있다. 이것은 ϵ-카프로락탐을 Co촉매의 존재하, 선택적으로 수소화하여 얻어진다.

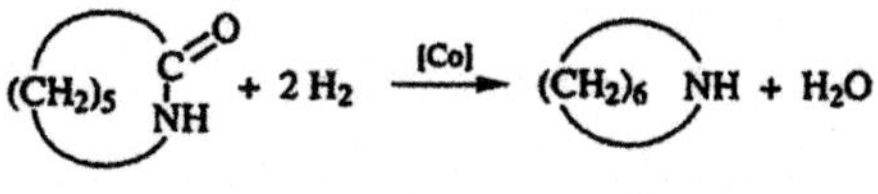

(35)

정확한 합성조건과 수득률은 아직 공표되지 않았다.

공업플랜트는 1982년에 가동이 개시되었다. 헥사메틸렌이민은 의약품이나 농약 등의 중간체이다.

ϵ-카프로로락탐은 일시적으로, 사람이나 동물의 체내에서는 합성될 수 없는 필수아미노산인 L-리신을 제조할 때의 중간체로서도 사용되고 있다.

4. 이전, Du Pont에서 사용되고 있던 L-리신의 원료

리신, 즉 α,ϵ-디아미노카프로산은 ϵ-아미노카프로산 혹은 그의 환상아미드인 ϵ-카프로락탐의 α-위치에 NH_2기를 도입함으로써 합성된다.

여러 단계를 포함하는 리신의 제조법(예를 들면, ϵ-아미노카프로산으로부터)

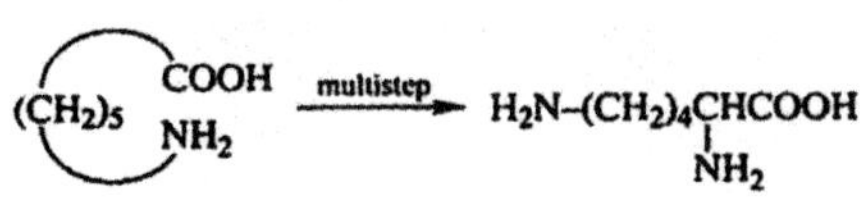

(36)

이것은 NH_2기를 보호한 후, 할로겐화하고, 이 할로겐을 NH_3로서 치환하여 합성한다.

1. 벤조일화에 의한 NH_2기의 보호
2. α-브롬화
3. NH_2에 의한 Br의 치환
4. 가수분해

전통적인 이 방법은 여러 가지 변법으로 시험되었다. 예를 들면, α-아미노기의 도입을 니트로기나 아지드기의 형태로서 행하는 방식 등이 있지만, 이들의 방법은 현재 어느 회사에서도 사용되지 않는다.

다른 하나의 리신의 합성경로가 Stamicarbon사에서 개발되었다. 이 방법은 제1단계에서 아세트알데히드를 아크릴로니트릴에 부가시키는 것으로 형성되는 다단계합성이지만, 코스트가 높기 때문에 공업적으로는 실시되지 않는다.

1단계에서 CH_3CHO의 시아노에틸화를 행하는 DSM법에 의한 리신제조는 공업적으로는 실시되지 않고 있다.

어떤 제조방법일지라도, 얻어지는 DL혼합물은 최종적으로는 광학활성체로 분할하지 않으면 안된다. 왜냐하면, L-리신만이 천연에 존재하는 아미노산과 같고, 생체에 이용할 수 있기 때문이다. 광학분할이 필요하며, 또한 라세미체의 합성프로세스도 현재는 코스트가 높기 때문에 효소를 사용하는 방법이 우위를 점유하고 있다.

라세미체로부터의 L-리신의 분할. 예를 들면, L-피롤리돈카르복시산과 염을 형성시킨다.

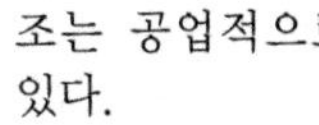

나머지 D체는 라세미화한다.

일본에서 0.4만 t/y 규모로 행해지고 있는 Toray의 L-리신 제조프로세스는 그 중간적인 것이라고 말할 수 있다. 이 방법에서는 시클로헥센과 염화니트로실의 반응으로부터 다단계로서 합성되는 DL-α-아미노-ϵ-카프로락탐을 고정시킨 L-하이드로라제를 사용하여 가수분해한다. 그와 동시에 가수분해되지 않는 D-α-아미노-ϵ-카프로락탐을 고정시켜 라세미화 촉매에 의하여 라세미화하기 때문에, 이들도 효소에 의한 가수분해

Toray의 L-리신제법은 리신전구체인

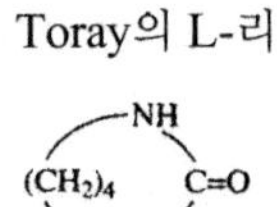

을 합성하고, 이어서 효소촉매를 사용하는 에난티오선택적 가수분해와 라세미화를 조합시켜서 행한다.

의 원료로 된다.

발효법에 의한 L-리신 제조는 특히 일본 및 동남아시아에서 공업적으로 실시되고 있다.

현재, 거의 대부분의 L-리신은 발효법에 의하여, 예를 들면 당밀을 원료로 하여 제조되고 있다. 주요한 메이커는 일본의 Ajinomoto와 Kyowa 발효이고, 최근에는 프랑스와 미국에서도 생산하고 있다. Degussa-Hüls 사도 메이커이다. 세계의 L-리신의 생산능력은 1999년에는 약 64만 t/y였고, 1995년에는 미국에서 15.5만 t/y, 서유럽에서 5.5만 t/y, 일본에서 3.7만 t/y의 생산능력을 가지고 있었다.

L-리신의 용도:

필수아미노산으로서 이것을 보충하기 위하여 특정의 식품 혹은 사료에 가해진다.

합성 L-리신은, 예를 들면 옥수수, 쌀 혹은 여러 종류의 곡류 등과 같이 리신이 부족하여 영양가의 밸런스가 나쁜 식품에 첨가되어 영양분을 보충하기도 하고, 가축의 사료에서는 특히 대두와 어분의 보충제로 사용된다. 1998년에 있어서 세계의 리신수요는 35만 t/y였다.

10.3.2 라우로락탐

라우로락탐의 제법:

1. 카프로락탐과 같은 시클로도데칸온옥심을 경우하는 방법
2. 카프로락탐과는 다른 염화니트로실을 경유하는 방법
3. Snia Viscosa법과 같은 니트로실황산을 사용하는 방법

나일론-12의 모노머인 라우로락탐은 카프로락탐과 마찬가지로, 옥심의 전위에 의하여 제조할 수 있다. 먼저 1,10-데칸디카르복시산의 제조에도 사용되는 시클로도데칸올과 시클로도데칸온의 혼합물(10.1.2절 참조)을 액상, 230~245°C, 상압에서 Cu/Al_2O_3, 혹은 Cu/Cr촉매를 사용하여, 거의 정량적인 수득률로서 탈수소하여, 시클로도데칸온으로 한다.

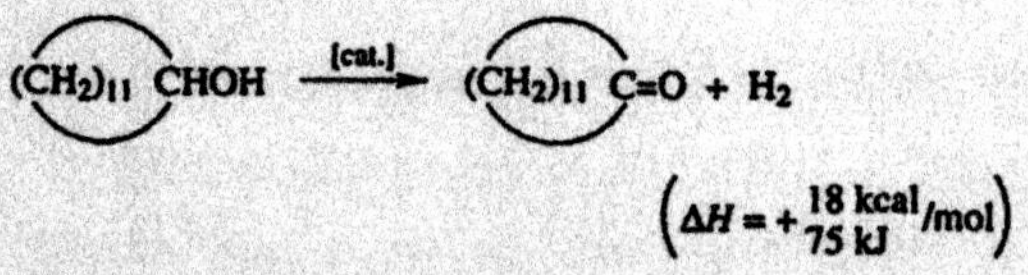

(37)

옥심법의 원리:

시클로도데칸온을 NH_2OH로서 옥심으로 변환하고, 산촉매로서 Beckmann 전위를 행한다.

시클로도데칸온을 옥심화하고, 발연황산에 의하여 100~130°C에서 전위시킨다.

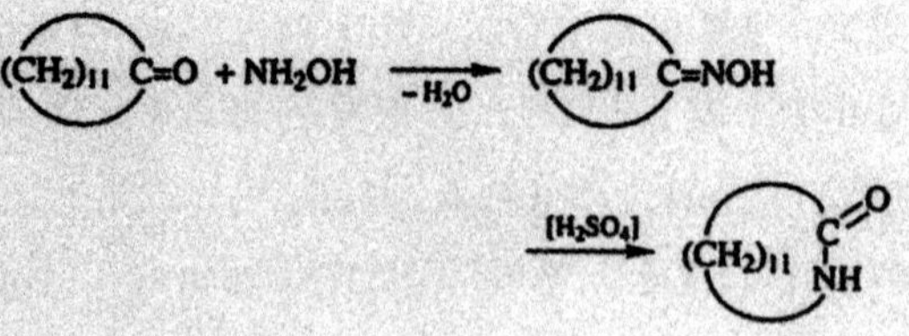

(38)

시클로헥산온옥심의 전위와 비교한 기술상의 장점:

라우로락탐은 물에 불용이기 때문에, 쉽게 결정화하여 단리된다.

라우로락탐은 물에 불용이기 때문에 중화가 생략되며, 물로서 희석하는 방식에 의하여 직접 락탐이 단리된다.

이들 3개의 반응은 모두 전환율 95~100%, 선택률 98% 이상이다. Hüls와 Nikon-Rilsan의 2개의 회사에서 공업화되어 있다.

라우로락탐, 혹은 그의 전구체를 제조하는 2번째의 방법에서는, 광조사하에, 70°C에서 시클로도데칸과 NOCl을 반응시킨다(10.3.1.1절 참조). 시클로도데칸은, 부타디엔을 3량화하여 얻어지는 시클로도데카트리엔을 수소화함으로써 쉽게 공업적으로 입수할 수 있는 것이다.

NOCl법의 제조원리:
1. 시클로도데카-1,5,9-트리엔의 수소화
2. 시클로도데칸의 광학적 니트로소화(광학적 옥심화)
3. Beckmann 전위

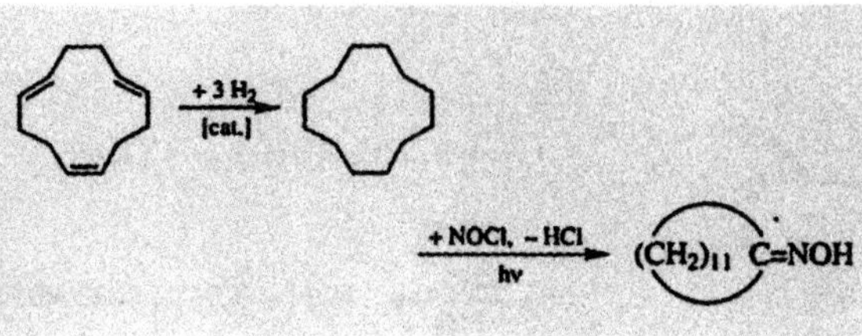

(39)

이 반응의 전환율은 약 70%이고, 선택률은 88%이다.

이 방법은, 프랑스에 있어서 Aquitaine Organico(ATO)사의 0.8만 t/y의 플랜트로서 행해지고 있다.

또한, Snia Viscosa사에 의하여 카프로락탐의 제조에 이용되고 있는 방법은, 시클로도데칸카르복시산과 니트로실황산과의 반응으로도 합성할 수 있다. 이 방법으로 직접 라우로락탐이 제조된다.

NOHSO4법의 원리:
시클로도데칸카르복시산+$NOHSO_4$로부터의 1단계 락탐의 합성.

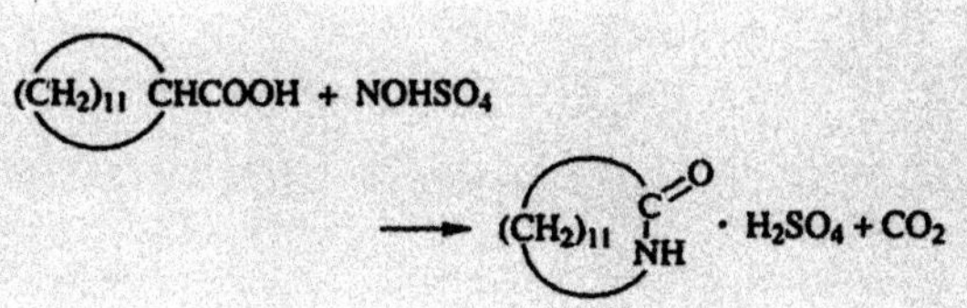

(40)

시클로도데칸카르복시산은, 포스핀으로 수식한 팔라듐촉매의 존재하에, 시클로도데카-1,5,9-트리엔의 카르보닐화반응에 의하여, 디엔카르복시산에스테르를 경유하여 얻어진다. 이 카르보닐화반응은 공업적으로 완성되어 있다. 이것은 또한 시클로도데센으로부터 하이드로포르밀화에 의하여 포르밀화합물을 경유해도 제조된다.

2종류의 방법에 의한다.
원료시클로도데칸카르복시산의 제법:

1. 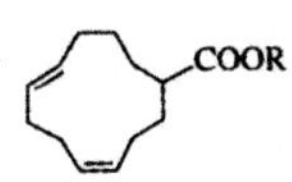

을 경유하는 카르보닐화

2. 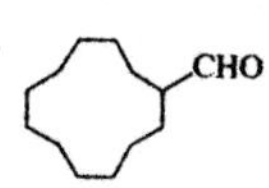

을 경유하는 하이드로포르밀화

새로운 방법이, 처음으로 BP사에서 연구되었는데, Ube Kosan에 의하여 공업적 제법으로 가일층 발전되었다. 이 방법에서는, NH_3의 존재하, 촉매를 사용하여 시클로헥산온을 과산화하고, 1,1′-퍼옥시디시클로헥실아민으로 한다.

Ube Kosan의 방법에서는 나일론-12의 다른 모노머인 ω-아미노도데칸산을 시클로헥산온으로부터 제조한다.

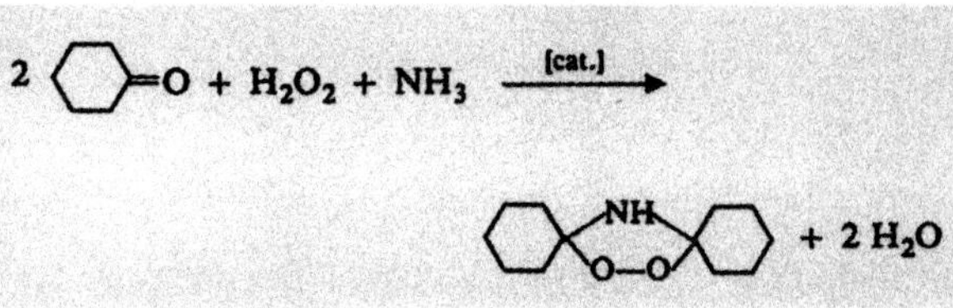

(41)

Ube Kosan Prosess의 원리:

1. 시클로헥산온의 촉매적 아미노화와 과산화
2. 11-시아노운데칸산으로의 열분해
3. 촉매존재하, 12-아미노도데칸산으로의 수소화

반응생성물을 유상으로하여 추출하고, 세척한 후, 수증기 중에서 열분해시켜 ω-시아노운데칸산으로 한다. 부생성물은 ε-카프로락탐과 시클로헥산온이다. 정제한 ω-시아노운데칸산의 결정을 용매 중에서 용해시킨 후, 접촉적으로 수소화하는 방식에 의하여, ω-아미노도데칸산을 얻는다. 이 생성물은 재결정에 의하여 정제된다.

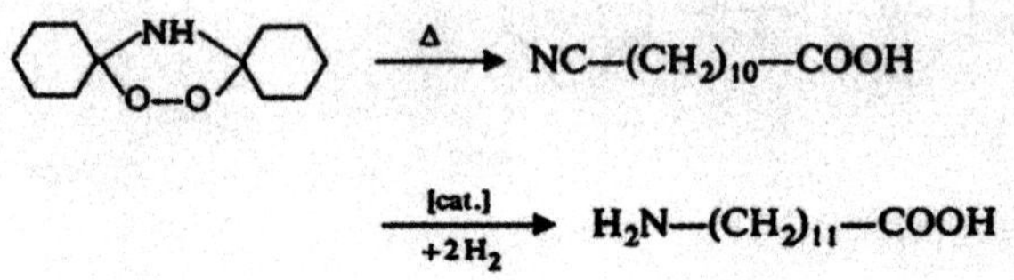

(42)

이 프로세스에 관한 더 상세한 것은 발표된 바가 없다.

현재, Ube Kosan은 생산능력을 증강시켜 0.3만 t/y의 플랜트로서 조업하고 있다.

나일론-12는, 나일론-6나 나일론-6,6와는 달리 월등한 역학적 성질을 가지고 있다. 즉, 나일론-12 쪽이 저밀도, 낮은 연화점과 보다 큰 형상안전성을 갖는다. 이 화합물은 사출성형이나 압출성형용의 열가소성수지로서 사용되고 있다.

제 11 장

프로필렌의 유도체

프로필렌은 에틸렌에 이어서 중요한 유기화학제품의 제조원료이다. 서유럽과 미국에서는 거의 같은 양의 프로필렌이 사용되고 있다(표 11.1 참조). 독일에서는 하이드로프르밀화(옥소 생성물), 일본에서는 폴리프로필렌용의 비율이 다른 지역보다 많은 것을 제외하고는, 프로필렌의 용도비율은 각국 모두 거의 같다.

프로펠렌의 주요한 용도는 폴리프로필렌, 폴리아크릴로니트릴용의 아크릴로니트릴이다.

프로필렌의 소비율의 최대의 차이점: 서유럽, 특히 독일에서는 하이드로포르밀화생성물의 비율이 크다.

더욱이, 프로필렌은 화학제품 이외에도, 예를 들면 알킬레이트가솔린 및 중합가솔린의 제조, 혹은 공업용 가스 등에 사용되고 있다.

표 11.1에 있어서 옥소생성물로서는, *n*-부티르알데히드, 이소부티르알

표 11.1 프로필렌의 용도(중량%)

생성물	세 계		미 국		서유럽		일 본		독 일	
	1988	2000	1986	1999	1986	1999	1985	1999	1986	1999
폴리프로필렌	41	57	35	39	36	52	45	51	17	31
아크릴로니트릴	16	11	16	14	17	10	20	16	18	11
프로필렌옥사이드	9	7	11	11	11	10	7	5	18	17
이소프로판올	6	3	6	7	6	3	3	2	6	3
쿠멘	8	6	9	10	8	7	5	7	7	8
옥소생성물	11	8	7	8	12	8	11	8	28	21
올리고머	6	3	8	5	5	6	} 9	1	3	3
기타	3	5	8	6	5	4		10	3	6
총 소비량(10^6 t)	28.0	51.2	7.4	13.5	7.5	13.9	2.9	4.9	2.4	4.0

데히드, *n*-부틸알코올, 이소부틸알코올, 2-에틸헥산올이 포함된다. 올리고머는 주로 노넨, 도데센, 헵텐이다.

"기타" 중에는 아크릴산 및 그의 에스테르, 아크롤레인, 염화알릴, 에피클로로하이드린, 알릴알코올, 글리세린 등 양적으로는 적지만, 다수의 생성물이 포함된다.

모든 국가에서 폴리프로필렌이 가장 현저한 증가를 나타내고 있다.

프로필렌의 용도비율은, 특히 폴리프로필렌에 관해서 크게 변하고 있다. 폴리프로필렌의 제조에 사용되는 비율은 요즈음 10년간 끊임없이 증가하고 있으며, 2000년에는 세계의 프로필렌 소비량 5100만톤 중에서 폴리프로필렌이 점유하는 비율은 57%에 달하고 있다.

11.1. 프로필렌의 산화생성물

11.1.1. 프로필렌옥사이드

프로필렌옥사이드(PO)는 에틸렌옥사이드와 마찬가지로 합성에 필요한 중요한 물질이다.

더욱, PO로부터 제조되는 유도체의 수가 증가하고 있다. EO와는 달리, PO와 같은 비대칭에폭사이드에서는 개환반응으로 이성체가 생성한다

프로필렌옥사이드의 생산량
(단위: 10^3 t)

	1992	1994	1998
미 국	1225	1678	1766
서유럽	1221	1389	1551
일 본	323	315	328

프로필렌옥사이드의 제조법 :

현재, 프로필렌의 PO로의 직접산화는 선택성이 낮기 때문에, 아래의 프로세스만이 공업적으로 실시된다.

1. 클로로하이드린법
2. 간접적 산화법(공산화)

프로필렌옥사이드는 에틸렌옥사이드 정도의 반응성을 가지고 있으며, 그 용도는 광범위할 뿐 아니라 급속히 발전하고 있다.

미국, 서유럽, 일본에 있어서 프로필렌옥사이드의 생산량이 부표에 나와 있다.

1999년의 세계의 프로필렌옥사이드의 생산능력은, 약 550만 t/y였다. 그중, 미국이 230만 t/y, 서유럽이 200만 t/y, 일본이 38만 t/y로 되어 있다. 최대의 메이커는, 미국의 Lyondell사(이전 Arco)와 Dow사이다.

에틸렌옥사이드의 경우와 같은 프로필렌의 직접산화법에 의한 프로필렌옥사이드의 제조는, 다년간의 노력에도 불구하고, 공업적으로는 실현되지 않고 있다. 이것은 알릴 위치의 메틸기의 수소가 우선적으로 산화를 받기 때문에 아크롤레인이 주생성물로 되며, 경제적으로 맞을 때까지 프로필렌의 전환율을 높이면, 에폭사이드의 선택률이 낮아지기 때문이다. 또한, C_1-, C_2- 및 C_3-산소함유 부생성물도 여러 종류 생성하기 때문에, 반응 혼합물의 후처리나 프로필렌옥사이드의 정제공정이 복잡해진다.

이와 같은 이유로부터, 에틸렌옥사이드의 제조에서는 이미 경제적이지 못한 클로로하이드린법이, 프로필렌옥사이드의 제조에서는 현재 더욱 중요한 방법으로 되어 있다. 이것과 경합하는 것은, 하이드로퍼옥사이드를 사용하는 간접적 산화법이다. 1998년, 세계의 클로로하이드린법에 의한 프로필렌옥사이드 제조의 비율은 51%였다. 나머지는 하이드로퍼옥사이드를 사용하는 간접적 산화법이다. 국가들의 내역은 부표와 같다. 클로

로하이드린법을 사용하는 세계최대의 프로필렌옥사이드 메이커는 Dow 사이다.

클로로하이드린법의 중요성:
클로로하이드린법에 의한 PO 생산 능력의 비율(%)

	1976	1980	1999
미 국	60	56	43
일 본	61	66	52
서유럽	82	69	46

11.1.1.1. 클로로하이드린법에 의한 프로필렌옥사이드

1960년대에 경제성을 잃고 정지한 에틸렌클로로하이드린 플랜트를 이용하는 방식에 의하여, 프로필렌옥사이드의 생산은 현저하게 증가했다. 즉, 설비만 조금 바꾼다면, 클로로하이드린법으로 프로필렌옥사이드를 제조할 수 있기 때문이다.

원리적으로 2단계의 클로로하이드린법:
1. HOCl 부가
2. HCl 탈리

에틸렌옥사이드의 경우와 마찬가지로 HCl과 HOCl이 평형조성으로 되어 있는 염소수용액과 프로필렌을 반응탑에서, 35~50℃, 0.2~0.3 MPa (2~3 kg/cm^2)의 조건하에 반응시킨다. 생성한 4~6%의 α-클로로하이드린 및 β-클로로하이드린의 혼합물(9:1)을 단리하지 않고, 25℃에서 과잉의 알칼리, 예를 들면 10% 수산화칼슘 수용액 혹은 NaCl의 전기분해로서 얻어지는 묽은 수산화나트륨 수용액으로 처리하여 탈염화수소한다.

클로로하이드린 합성의 특징:
HOCl로부터 생성하는 $Cl^{\oplus}$이 이중결합의 말단탄소원자에 우선적으로 부가한다.

$Cl_2 + H_2O \rightleftarrows HOCl + HCl$과 같은 평형관계가 필요하다. 그렇지 않으면, Cl_2가 프로필렌에 부가하여 $CH_3CHCl-CH_2Cl$이 생성한다.

$Fe^{3\oplus}$ 혹은 $Cu^{2\oplus}$의 첨가에 의하여 Cl_2부가가 억제된다.

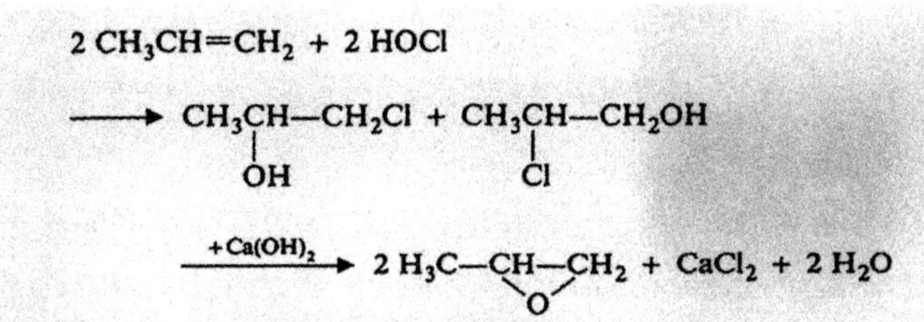
(1)

에폭사이드합성의 특징:
$Ca(OH)_2$는 2가지의 작용을 한다:
1. HCl의 중화
2. 탈염화수소

생성된 프로필렌옥사이드는, 가수분해를 피하기 위하여 직접 수증기를 가하고, 반응 혼합물로부터 빠르게 분리한 후, 증류에 의하여 정제한다. 선택률은 87~90%(프로필렌)에 달한다. 부생성물로서, 1,2-디클로로프로판이 6~9%의 선택률로서, 또한 비스클로로디이소프로필에테르가 1~3%의 선택률로서 생성된다.

가치가 없는 $CaCl_2$, 혹은 NaCl 용액의 형태로서 모든 염소를 잃기 때문에, 염소를 재순환하든지, 혹은 염소를 사용하지 않는 산화시스템의 탐구가 일찍부터 시작되고 있었다. 무기산화제인 HOCl 대신에, 프로필렌에의 산소이동을 위한 반응제로서 유기화합물이 검토되었다(11.1.1.3절 참조).

모든 Cl_2는, $CaCl_2$로서 소실되는 이외에, 부생성물의 $CH_3CHClCH_2Cl$이나

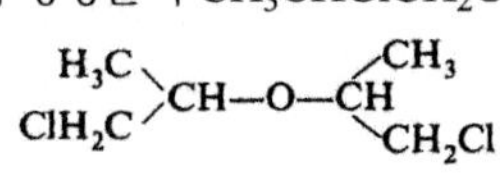

로서도 소비된다.
PO 1t당, 5~6중량%의 $CaCl_2$와, 0.1중량%의 $Ca(OH)_2$를 함유하는 약 40t의 염수용액이 생성한다.

11.1.1.2. 프로필렌옥사이로의 간접적 산화법

프로필렌의 간접적 에폭시화는, 하이드로퍼옥사이드 또는 과산과 같은 유기과산화물이, 액상 중에서 그의 퍼옥사이드의 산소를 선택적으로 올레핀에 이동시켜 에폭시화합물을 생성하는 것에 기인하고 있다. 이때,

프로필렌의 간접적 에폭시화의 원리:
라디칼산화에 의한 유기과산화물의 생성과, 균일촉매액상반응에 의한 퍼옥사이드산소의 프로필렌으로의 이동

하이드로퍼옥사이드는 알코올로, 과산은 산으로 된다(표 11.2 참조).

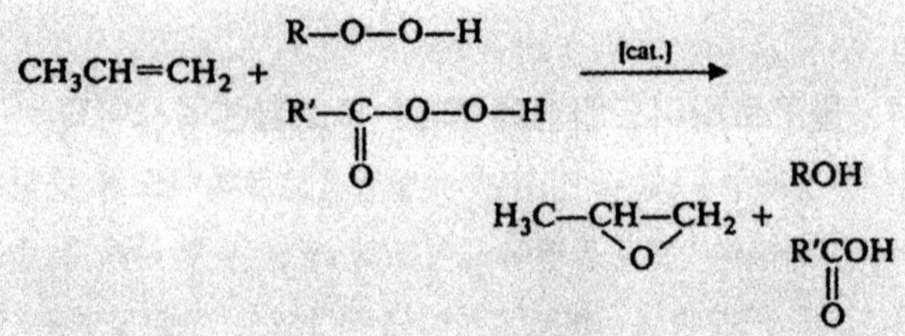

(2)

간접적 에폭시화법의 변형:

1. 2단계 반응, 즉 퍼옥사이드로의 자동산화와 이어서 에폭사이드로의 에폭시화 반응
2. 1단계 반응, 즉 중간체의 퍼옥사이드의 생성, 에폭시화를 동시에 행하는 공산화 반응

기본적으로는, 에폭시화반응은 2가지의 다른 방법으로 행해진다. 하나는 전단계 반응이며, 일반적으로 공기 또는 O_2에 의한 자동산화에 의하여, 비교적 고농도의 하이드로퍼옥사이드 혹은 과산을 합성하고, 이어서 2단계에서, 그의 산소원자를 올레핀에 이동시키는 방법이다. 다른 하나는 퍼옥사이드의 발생제와 프로필렌을 공산화하는 방법으로서, 반응계내에서 하이드로퍼옥사이드 혹은 과산을 발생시켜, 프로필렌을 에폭시화한다. 제1의 방법이 공업적으로 유리한 방법으로 되어 있다.

표 11.2에는, 하이드로퍼옥사이드 혹은 과산을 생성하는 화합물, 이들의 산화생성물 및 그 유도체를 나타냈다. 이들은, 공산화생성물의 경제적 이용이 주목되는 것이다.

Halcon사와 Atlantic Richfield사는, 서로 독립적으로 개발연구를 행한 후, 2개 회사 공동으로 옥시란프로세스를 완성시켰다. 프로필렌옥사

표 11.2 하이드로퍼옥사이의 생성을 위한 보조제

출발물질	퍼옥사이드화제	공산화생성물※	유도체※
아세트알데히드	AcOOH or CH_3—C(OAc)(OAc)—O—O—H	아세트산 또는 무수아세트산	-
이소부탄	$(CH_3)_3C$—O—O—H	*tert*-부틸알코올	이소부틸렌, MIBK, 혹은 메타크릴산
이소펜탄	C_5H_{11}—O—O—H	2-메틸-2-부탄올	이소펜텐 및 이소프렌
시클로헥산	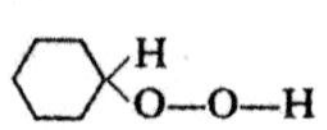	시클로헥산온/시클로헥산올	-
에틸벤젠	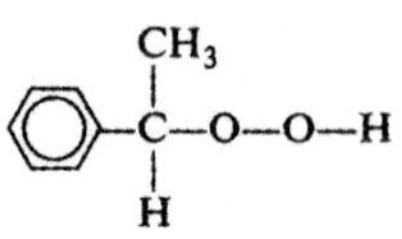	메틸페닐카르비놀	스티렌
쿠멘	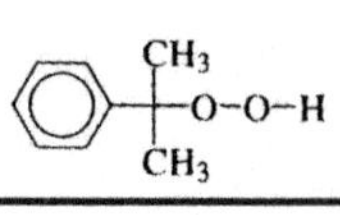	디메틸페닐카르비놀	α-메틸스티렌

※재순환 사용 혹은 공업적 이용

이드의 세계 생산량의 약 40%가 현재 이 방법에 의하여 생산되고 있다. 반응조제로서 이소부탄을 사용하는 또다른 방법이 Texaco사에 의하여 개발되었다.

하이드로퍼옥사이드에 의한 2단계 에폭시화반응의 공업적으로 가장 중요한 예:

Atlantic Richfield/Halcon(현재, Arco)의 옥시란프로세스에서 사용되는 반응보조제:

1. 이소부탄
2. 에틸벤젠

과산화반응은, 이소부탄 혹은 에틸벤젠을 사용하여 행해진다. 그러나, 이소부탄과 에틸벤젠에서는 반응조건이나 부생성물이 다르기 때문에, 같은 플랜트에서 그대로 바꿀 수는 없다. 1998년에는 세계의 프로필렌옥사이드를 제조하는 옥시란플랜트 중, 약 61%가 이소부탄, 39%가 에틸벤젠을 사용하고 있다.

하이드로퍼옥사이드에 의한 2단계 프로세스의 특징:

1. 하이드로퍼옥사이드/알코올의 비율을 높이기 위하여 bubble tray 반응기에 의하여 온화한 조건으로 행하는 1단계의 산화

이들의 탄화수소는 과산화반응기 중, 액상에서, 공기 또는 산소 및 개시제에 의하여, 될 수 있는 한 빠른 반응조건하(예를 들면, 120~140°C, 약 3.5 MPa)에서 산화된다. 이것은 하이드로퍼옥사이드의 분해생성물인 알코올에 대한 하이드로퍼옥사이드의 비율을 최대로 하기 때문이다. 원료가 이소부탄인 경우에는, 전환율은 35~40%(Arco), 45~50%(Texaco)로 억제되며, 이때 *tert*-부틸하이드로퍼옥사이드의 선택률은 약 50~60%로 된다. 이 경우, 부생성물은 *tert*-부틸알코올과 아세톤이다. 에틸벤젠의 경우는, 에틸벤젠의 전환율이 15~17%로서 하이드로퍼옥사이드로의 선택률은 약 87%가 된다. 부생성물은, 1-페닐에탄올과 아세토페논이다.

2. 교반반응기 중, 금속과산화물을 경유하는 촉매적 에폭시화

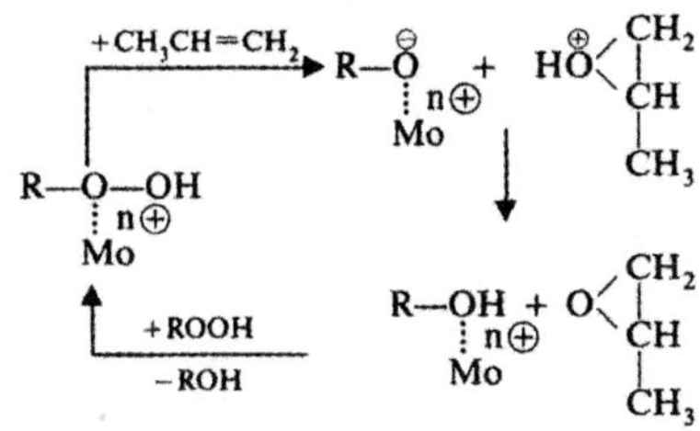

이 산화반응용액은, 직접 그대로, 혹은 증류에 의하여 미반응의 탄화수소를 제거하고, 하이드로퍼옥사이드를 농축한 후, 제2의 반응기에서 프로필렌을 에폭시화하여 프로필렌옥사이드로 한다. 에폭시화반응은, 예를 들면 *tert*-부틸알코올을 용매로하고, 액상에서 일반적으로 Mo화합물로 형성되는 촉매의 존재하, 90~130°C 및 1.5~6.5 MPa(15~65 kg/cm²)의 조건에서 행해진다.

$$(CH_3)_3CH \xrightarrow{+O_2} (CH_3)_3C{-}O{-}O{-}H \xrightarrow[\text{[cat.]}]{+C_3H_6} H_3C{-}\underset{\diagdown O \diagup}{HC{-}CH_2} + (CH_3)_3COH \qquad (3)$$

tert-부틸하이드로퍼옥사이드를 사용한 경우, 프로필렌의 전환율은 10%이고, 프로필렌옥사이드의 선택률은 90%가 된다.

에폭시화촉매로서는, 일반적으로 탄화수소에 가용인 Mo, V, Ti, 더욱 다른 중금속의 화합물(예를 들면, 나프텐산염) 혹은 착화합물이 사용된다.

통상, 화학양론량 이상으로 생성하는 공산화생성물의 이용:

$(CH_3)_3COH$:

1. 직접이용

반응혼합물은 증류로서 처리된다. 프로필렌옥사이드와 함께 생성하는 *tert*-부틸알코올은, 그대로 가솔린에 첨가되어 부동액 혹은 옥탄가의 향상제로서 사용할 수 있다. 또한 *tert*-부틸알코올을 탈수하면 이소부틸렌

2. $\xrightarrow{-H_2O}$ 이소부틸렌
3. $\xrightarrow[+H_2]{-H_2O}$ 이소부틸렌
4. $\xrightarrow[+O_2]{-H_2O}$ 메타크릴산

$C_6H_5CH(OH)CH_3$:
$\xrightarrow{-H_2O}$ 스티렌

으로 되며, 이것은, 예를 들면 알킬레이트가솔린 혹은 디이소부틸렌의 제조에 사용되는 이외에, 수소화하여 이소부탄으로서 재사용할 수도 있다. 최근의 Oxirane사 혹은 Mitsubishi Rayon의 프로세스에서는, *tert*-부틸알코올이 메타크릴산으로 변환된다(11.1.4.2절 참조).

원료가 에틸벤젠의 경우, 생성하는 메틸페닐카르비놀은 스티렌으로 변환된다(13.1.2절 참조). 즉, 이 알코올은 TiO_2/Al_2O_3 촉매를 사용하여 기상 중, 상압, 180~280°C에서 탈수되며, 전환율 85%, 선택률 95%로서 스티렌으로 된다.

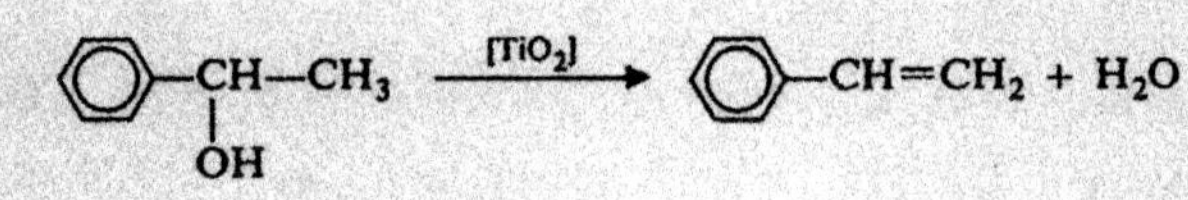
(4)

하이드로퍼옥사이드에 의한 2단계 에폭시화법의 변법:
에폭시화공정에, 불균일의 담지 촉매를 사용하는 Shell법.

Shell사의 새로운 프로필렌옥사이드의 합성프로세스(SMPO = **s**tyrene **m**onomer **p**ropylene **o**xide 프로세스)는, 옥시란프로세스와 상당히 유사하다. 유일한 차이점은 에폭시화의 공정이며, 균일촉매 대신에, V, W, Mo 내지 Ti화합물을 SiO_2에 담지시킨 불균일촉매가 사용되고 있다. 1978년, 네덜란드에서 12.5만 t/y의 프로필렌옥사이드 및 33만 t/y의 스티렌을 생산하는 공업플랜트의 가동이 개시되었으며, 그후 생산능력의 확대가 가중되고 있다.

공업적으로 사용되고 있는 과산의 예:
과아세트산은, 프로필렌의 에폭시화의 2단계법, 1단계법의 어떤 것에 있어서도 특히 중요하다.
공업적으로 시험되었던 과산의 예:

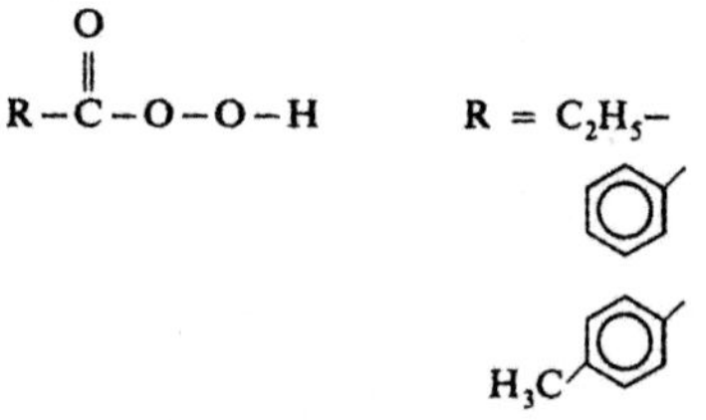

2단계 에폭시화에 사용되는 과아세트산의 제조:
1. CH_3CHO의 자동산화
2. AcOH와 H_2O_2와의 반응

1에 대한 반응원리:
아세트알데히드모노퍼아세테이트를 경유하는 온화하게 행해지는 무촉매 라디칼자동산화

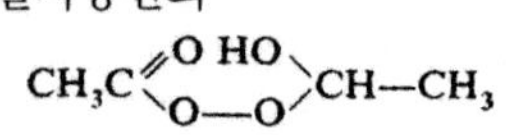

프로필렌의 에폭시화에 사용되는 유기과산화물의 제2 그룹은 과산이다. 그 중에서도, 과아세트산은 한때, 공업적으로도 중요성이 있었다. 다른 과산, 예를 들면, 과프로피온산(11.1.1.3절 참조), 과벤조산(Metallgesellschaft사), *p*-메틸과벤조산(Mitsubishi화학)도 프로필렌의 에폭시화로의 사용이 시험되었다.

과아세트산을 전단계반응에서 별도로 제조하든지, 반응계 내에서 제조하는 2단계법과 1단계공산화법이 차이가 있으며 프로필렌옥사이드의 제조에는 전자가 잘 이용된다.

2단계법에서 과아세트산은, 아세트알데히드의 산화 혹은 아세트산과 H_2O_2와의 반응으로 제조된다.

아세트알데히드로부터 과아세트산으로의 산소에 의한 자동산화에 있어서는, 이미 7.4.1.1절 에서 설명했다. 아세트산과 H_2O_2로부터의 아세트산의 합성은 다음 반응식으로 표시된다.

$$CH_3COOH + H_2O_2 \overset{[H^{\oplus}]}{\rightleftharpoons} CH_3C(=O){-}O{-}O{-}H + H_2O \qquad (5)$$

용매를 사용하여 액상에서, 촉매량인 황산의 존재하, 약 40°C까지의 온도에서 반응은 평형에 달한다. 아세트산메틸 혹은 아세트산에틸과 같은 용매는 다음의 감압증류할 때 물을 동반시켜 제거하는 공비제로서 활동하여, 평형을 변경시키는 데 도움이 된다. 수득률은 95%(아세트산), 83%(H_2O_2)로 되어 있다. 다른 방법에서는 이와 같은 공비제가 없는 반응혼합물로부터 연속증류에 의하여 61%의 과아세트산을 함유하는 물과의 공비물을 얻고 있다.

2에 대한 반응원리:
H_2O_2의 AcOH에 의한 산촉매 아실화반응으로 모노아실화생성물 즉, 과아세트산을 생성한다.

프로필렌의 에폭시화는, 일반적으로 용매를 함유하는 과산용액을 사용하여 3조연속의 기포탑형 반응기에 의하여, 액상 중, 0.9~1.2 MPa(9~12 kg/cm^2), 50~80°C에서 행해진다. 프로필렌옥사이드의 선택률은 90% 이상에 달한다. 아세트산이 병산되기 때문에, 그 용도를 개발할 필요가 있다.

아세트알데히드로부터의 과아세트산을 사용하는 프로필렌옥사이드의 제조는, 1969년부터 1980년까지 Daicel에 의하여 1.25만 t/y의 플랜트로서 행해지고 있다.

과산에 의한 에폭시화공정의 반응원리:
촉매적 혹은 무촉매적 라디칼반응에 의한 프로필렌으로의 산소원자의 이동에 기인하는 PO와 병산물의 카르복시산의 생성 (Prilezhaev 반응)

11.1.1.3. 프로필렌옥사이드 제조법의 전망

현재 실시되고 있는 프로필렌옥사이드의 제조법 중 클로로하이드린법에서는, 배출수와 부생성물이 문제가 있으며, 하이드로퍼옥사이드 혹은 과산을 사용하는 간접적 에폭시화법에서는, 프로필렌옥사이드보다도 많이 병산되는 공산화생성물이 문제이다.

현행 PO 제조법의 문제점:
클로로하이드린법에 있어서는, PO 1 kg당, $CaCl_2$의 희박용액으로서 1.4~1.5 kg의 염소 및 디클로로프로판으로서 0.1~0.15 kg의 염소가 소실된다.

그러나, 현재 수년간에 건설 혹은 증강된 클로로하이드린법의 플랜트를 보면, 염소의 생산, 소비 및 회수를 광범위하게 통합시키는 방식에 의하여, 이 방법의 수익성이 개선되고 있는 것을 알 수 있다. 동시에 많은 새로운 방법이 개발되고 있으며, 경제적으로 성립되지 않는 것도 확실하다.

에폭시화법에서는, PO 1 kg당, 아래의 부생성물이 병산된다.
2.5 kg의 스티렌 또는, 2.1 kg의 *tert*-부틸알코올 또는, 1.6 kg의 이소부틸렌

프로필렌옥사이드 합성의 개량연구는 다음과 같이 분류된다.

1. 가장 값이 싼 클로로하이드린법의 변법
2. 퍼옥사이드의 산소를 부가시키는 다른 방법
3. 공기 중의 산소를 사용하는 직접 에폭시화법
4. 생화학적인 에폭시화법

염소, 혹은 하이드로퍼옥사이드와 같은 보조제를 사용하는 PO의 제조법은, 현재 더욱 직접산화법으로는 대체되어 있지 않다.

방법 1.

클로로하이드린법의 전기화학적인 변법은, 예를 들면, Bayer사, Kellogg사나 BASF사 등에 의한 것으로서, 원리적으로는 염소를 소비하지 않지만, 지금까지 공업적으로 실시되지 않고 있다. 소다전기분해와 조합시킨 개량법에서는, 양극에서 발생하는 염소로부터 반응계 내에서

전기화학적 클로로하이드린법에 의한 Cl_2의 반응계 내부로의 순환이라고 하는 개량법은, 현재까지 아직 공업적으로 실시되고 있지 않다.

HOCl이 생성하며, 프로필렌과 반응하여 프로필렌클로로하이드린으로 된다. 이 클로로하이드린은, 수산화물이온의 농도가 높은 음극 부근에서 프로필렌옥사이드로 변환된다. 이 과정에서 생성하는 NaCl은 재순환된다. 이 결과를 종합하면, 화학반응식은 (6)과 같이 된다.

$$CH_3CH{=}CH_2 + H_2O \xrightarrow[\text{에너지}]{\text{전기}} H_3C{-}\underbrace{HC{-}CH_2}_{O} + H_2 \qquad (6)$$

간접법인 전기화학적 제법의 단점: 설비투자, 전력 및 PO분리를 위한 코스트가 높다.

이 방법의 단점은 설비투자액이 높은 것, 전력을 소모하는 것, 및 음극용액으로부터 저농도의 프로필렌옥사이드를 증류분리하는 데 필요로 하는 에너지의 소비가 큰 것 등이다.

$(CH_3)_3COH$를 HOCl 캐리어로서 사용하고, NaCl을 재순환하는 전기화학적 클로로하이드린법의 변법 (Lummus)

Lummus사는 최근, 하이포염소산*tert*-부틸을 HOCl의 캐리어로서 사용하는 프로필렌의 전기화학적 클로로하이드린법을 개발했다. 1단계에서, 소다전기분해용액을 *tert*-부틸알코올과 반응시켜 하이포염소산*tert*-부틸을 합성한다. 이 하이포염소산*tert*-부틸은 진한 NaCl 용액으로부터 쉽게 분리할 수 있다.

$$Cl_2 + NaOH + (CH_3)_3COH \rightarrow (CH_3)_3COCl + NaCl + H_2O \qquad (7)$$

정제한 후, NaCl 용액은 전기분해반응조로 재순환된다. 하이포염소산 *tert*-부틸은 프로필렌 및 H_2O와 반응하여, 프로필렌클로로하이드린과 *tert*-부틸알코올로 된다. 이 *tert*-부틸알코올은 증류로서 회수하여, 하이포염소산합성조로 되돌린다.

$$(CH_3)_3COCl + H_2O + CH_3CH{=}CH_2 \rightarrow CH_3\underset{\displaystyle OH}{\underset{|}{C}H}{-}CH_2Cl + (CH_3)_3COH \qquad (8)$$

이어서, 프로필렌클로로하이드린은 음극용액(NaOH, NaCl)에서 탈염화수소된다. NaCl 용액은 정제된 후, 소다전기분해에 재순환된다. 프로필렌옥사이드의 통산수득률은 90%로 보고되어 있다. 유일한 병산물은 수소이다. 프로필렌의 클로로하이드린화반응에서는 소량의 부생성물이 생성된다. 이 방법은 아직 공업적으로 실시되고 있지 않다.

방법 2.

간접적 산화법에서는 다량의 부생물이 생산되지만, H_2O_2로서 합성한 과산을 사용하면 이 과정을 피할 수 있다.

Bayer/Degussa법에서는, 25~45°C에서 프로피온산과 H_2O_2 수용액으

로부터 합성된 과프로피온산이 프로필렌의 산화에 사용된다. 반응조건은 60~80°C, 0.5~1.4 MPa(5~14 kg/cm^2)이다. 과프로피온산은 거의 완전히 반응하며, 프로필렌옥사이드의 선택률은, 94%(H_2O_2), 95~97%(프로필렌) 이상이다. 이 방법의 중요한 특징은, 벤젠 혹은 Interox법(Solvay/Laporte/Carbochimique사)에서는 1,2-디클로로프로판으로, 과프로피온산을 H_2O_2 수용액으로부터 추출하는 데에 있다.

과프로피온산을 사용하는 프로필렌의 에폭시화프로세스의 원리: H_2O_2로부터 프로필렌으로 선택적으로 산소를 이동시킨다. 프로피온산의 손실이 적은 방법(Bayer/Degussa, Solvay/Laporte/Carbochimique)

프로피온산이 효율적으로 재순환되며, 또한 선택률도 매우 높지만, H_2O_2의 가격이 비교적 높은 것이 이 방법의 공업화의 장애로 되어 있다.

많은 기업에서 개발되어 있는 H_2O_2를 사용한 프로필렌의 직접 산화법도 마찬가지로 코스트면에서 불리하다라고 하는 문제가 있다.

H_2O_2를 사용하는 프로필렌의 에폭시화프로세스의 원리:

직접적, 고선택적이며, 기술적으로 간편한 접촉적 에폭시화에서 부생성물은 물이다(Ugine Kuhlmann, UCC).

비소, 붕소, 몰리브덴화합물이 용액 중에서의 접촉적 에폭시화의 촉매로서 사용되며, 프로필렌옥사이드의 선택률도 95%에 달한다. Ugine Kuhlmann사는 메타붕산을 사용하는 방법을 개발했다. 에폭시화에 의하여 생성한 오르토붕산은, 탈수하여 메타붕산으로 만든 후, 재사용된다. UCC사는 재순환의 공정을 조합하여 삼산화비소를 사용하고 있다. EniChem사는 프로필렌을 H_2O_2로서 에폭시화하기 위하여 티탄실리케이트 촉매를 개발했다. Degussa-Hüls사와 Krupp Uhde사는, H_2O_2를 사용하는 프로필렌의 직접 에폭시화의 공업화계획을 공동으로 행한다라고 발표했지만, 상세한 내용은 공표되지 않았다.

방법 3.

가장 중요한 과제는, 산소에 의한 프로필렌의 직접산화이다. 이런 연구는 많으며, 특히 액상반응이 CIS에서 검토되고 있다. 실리카겔에 담지한 희토류 산화물을 아세톤 중에 현탁시킨 것이 촉매로서 사용된다. 프로필렌의 전환율은 15%이고, 프로필렌옥사이드(PO)의 선택률은 89%라고 보고되어 있다.

프로필렌의 PO로의 직접 산화법의 전개:

아세톤에 현탁시킨 희토류 산화물/SiO_2촉매(CIS)

BP사는 Cr으로 개량된 Ag촉매를 사용하는 기상프로세스를 발표한 바 있는데, 프로필렌의 전환율은 15%이고, 프로필렌옥사이드(PO)의 선택률은 50%이다.

Cr로 개량된 Ag촉매(BP)

Rhône-Progil사는 무촉매 액상산화법을 보고한 바 있다. 반응 중에 생성하는 저위 카르복시산이 프로필렌옥사이드의 선택률을 저하시키기 때문에, 이 저위 카르복시산을 제거하면서 산화를 행한다.

무촉매적 액상산화(Rhône-Progil)

클로로벤젠 용매 중, Mo화합물과 같은 균일촉매를 사용하여 액상산화하는 방법이, Jeffersen Chemical사에 의하여 제안되고 있다. 프로필렌의 전환율은 12%이고, PO의 선택률은 59%라고 보고되어 있다.

균일촉매에서의 액상산화(Jeffersen Chemical)

최근 Olin사에서 새로운 방법(파일럿플랜트단계)이 연구되고 있다. 이것

$LiNO_3$용융물+(KNO_3 + $NaNO_3$)로 형성되는 촉매계(Olin Corp.)

불균일계 Ti 촉매에 의한 산화 (Sumitomo화학)

은 질산리튬용융물을 촉매로 하여, 프로필렌을 직접산화하는 방법이다. 180~250°C에서 프로필렌의 전환율은 24%이고, PO의 선택률은 57%이다.

Sumitomo화학은 2003년에 새로운 PO단산법 플랜트(15만 t/y)의 상업운전을 개시했다. 이것은 유기하이드로퍼옥사이드와 프로필렌으로부터 독자의 Ti 함유 고체촉매를 사용하여 PO를 합성하는 것이다. 부생성물은 재순환되기 때문에 스티렌 등의 병산물은 없다. 게다가 배출수도 적은 단순한 프로세스라고 하지만, 기술의 상세는 공표되지 않았다.

방법 4.

생화학적인 PO 합성프로세스의 원리: 생체촉매적으로 합성된 묽은 H_2O_2를 사용하여 효소에 의하여 프로필렌을 에폭시화한다. 동시에 D-글루코오스는 보다 감미로운 D-프룩토오스로 변환되어 가치가 향상된다.

단점:

다단계, 희박 PO용액, KBr의 재순환이 필요, 1 kg의 PO에 대해서 3 kg의 프룩토오스가 생성된다.

프로필렌옥사이드의 생화학적인 합성은 매우 주목되고 있다. 가장 잘 알려져 있는 방법은 Cetus법으로서, 화학적 및 효소적인 4공정의 촉매반응으로 형성되어 있다. 최초의 공정은, 효소에 의한 D-글루코오스의 산화적 탈수반응이며, H_2O_2가 생성된다. 다음의 2공정에서, KBr 존재하, 고정화효소를 사용하여 프로필렌은 프로필렌옥사이드로 산화된다. D-글루코오스로부터 생성하는 중간체는, Pd촉매를 사용하는 수소화에 의하여 병산물인 D-프룩토오스로 변환된다. 전반응식은 (9)와 같다.

$$\text{D-글루코오스} + O_2 + CH_3CH{=}CH_2 \longrightarrow \text{D-프룩토오스} + CH_3{-}\underset{\backslash\;O\;/}{CH{-}CH_2} + H_2O \qquad (9)$$

이 프로세스는 현재 경제적은 아니지만, H_2O_2의 생화학적인 합성은 일반적인 방법에 비하여 코스트면에서 유리하다.

공업적으로는 프로필렌옥사이드의 약 1/3이 수화에 의하여 프로필렌글리콜, 디프로필렌글리콜(11.1.2절 참조)로 변환되는 것에 불과하며, 이 점이 에틸렌옥사이드의 경우와는 다르다. 그러나 글리콜을 직접 제조할 수 있게 되면, 고가인 프로필렌옥사이드가 어느 정도 절약되리라고 생각된다.

PO를 사용하지 않고, 프로필렌으로부터 직접 프로필렌글리콜을 제조하는 방법. 예를 들면 1,2-디아세톡시프로판을 중간체로 하고, 이어서 가수분해를 행하는 2단계법(Halcon)

Halcon사의 연구에 의하면, 150°C에서, TeO_2와 브롬화물이온의 존재하, 프로필렌을 아세트산 및 O_2와 반응시키는 방식에 의하여, 선택률 93%로서 프로필렌글리콜디아세테이트가 얻어진다. 110°C, 약간 가압하에 가수분해하여 프로필렌글리콜을 얻는다.

$$CH_3CH{=}CH_2 + 2\,AcOH + 0.5\,O_2 \xrightarrow[\text{[cat.]}]{-H_2O} CH_3\underset{OAc}{CH}{-}\underset{OAc}{CH_2}$$

$$\xrightarrow{+2\,H_2O} CH_3\underset{OH}{CH}{-}\underset{OH}{CH_2} + 2\,AcOH \qquad (10)$$

에틸렌글리콜의 경우(7.2.1.1절 참조)와 마찬가지로, 아세테이트의 가수분해에 기인하는 2단계법의 단점을 고려할 필요가 있다.

Chem Systems사는, TeO_2/I_2 촉매를 사용하여 프로필렌을 아세톡실화하고, 프로필렌글리콜과 그의 모노아세테이트의 혼합물을 얻는 방법을 개발했으며, 파일럿플랜트의 규모로서 검토하고 있다. 완전 가수분해로서 프로필렌글리콜로 하는 이외에, 이 프로필렌글리콜모노아세테이트는, 400°C, 기상에서 아세트산을 탈리시켜, 선택률 80%(프로필렌)로서 프로필렌옥사이드로 할 수도 있다. 부생성물은 프로피온알데히드와 아세톤이다.

프로필렌글리콜모노아세테이트를 경유하고, 이어서 가수분해를 행하는 2단계법. AcOH의 탈리에 의하여 PO로 할 수도 있다(Chem Systems).

11.1.2. 프로필렌옥사이드의 유도체

프로필렌옥사이드는 1,2-프로필렌글리콜(일반적으로는, 단순히 프로필렌글리콜이라고 말한다), 디프로필렌글리콜, 프로필렌글리콜의 에테르나 이소프로판올아민류 등의 각종 프로폭실화물의 제조원료로서 중요하다. 에틸렌옥사이드의 경우에는, 가장 중요한 유도체가 에틸렌글리콜이지만, 프로필렌옥사이드의 경우, 그 유도체의 서열은, 폴리프로필렌글리콜, 폴리우레탄용 프로폭실화물, 이어서 프로필렌글리콜의 순서로 되어 있다. 세계, 미국, 서유럽, 일본에서의 프로필렌옥사이드의 용도가 표 11.3에 나와 있다.

프로필렌옥사이드의 중요한 유도체:
1. 프로필렌글리콜 혹은 다가알코올에 PO를 부가시켜서 프로폭실화물로 한다.
2. 프로필렌글리콜

1996년의 세계의 프로필렌글리콜 생산능력은 약 140만 t/y이었고, 그 중 미국이 55만 t/y, 서유럽이 43만 t/y, 일본이 8만 t/y이다.

이들 국가에서 프로필렌글리콜의 생산량은 부표와 같다.

프로필렌글리콜의 생산량(단위: 10^3 t):

	1991	1994	1996
미 국	302	423	476
서유럽	300	396	320
일 본	65	66	69

프로필렌글리콜은, 100~200°C, 산 또는 염기촉매의 존재하, 대과잉의 물로서 프로필렌옥사이드를 수화하는 방식에 의하여 제조된다. 반응에 의하여 모노프로필렌글리콜, 디프로필렌글리콜 및 트리프로필렌글리콜이 얻어지지만, 보다 고차의 글리콜도 소량 생성한다.

프로필렌글리콜은 부동액, 동결방지제, 브레이크용액으로서, 또한 알

표 11.3 프로필렌옥사이드의 용도(중량%)

생 성 물	미 국		서유럽		일 본		세 계	
	1986	1998	1985	1998	1983	1998	1986	1998
폴리프로필렌글리콜 및 폴리우레탄용 프로폭실화물	61	63	66	65	74	60	64	65
프로필렌글리콜	28	26	22	20	16	18	21	21
기타(글리콜에테르, 글리세린, 이소프로판올아민 등)	11	11	12	15	10	22	15	14
총 소비량(10^6 t)	0.91	1.52	0.93	1.55	0.21	0.38	2.59	4.38

프로필렌글리콜의 제조법:
EO의 수화와 마찬가지로, PO를 촉매적으로 수화한다.

프로필렌글리콜의 용도:
부동액, 동결방지제, 브레이크용액, 알키드수지, 폴리에스테르수지, 화장품, 의약품

키드수지, 폴리에스테르수지의 제조원료로서 사용된다. 세계의 소비량 중에서 약 55~60%가 불포화폴리에스테르(UP)의 제조에 사용되고 있다. 무수프탈산(14.1.3절 참조) 혹은 무수말레산(13.2.3.4절 참조)과의 반응에 의하여 폴리축합물이 얻어지며, 이것을 스티렌(14.1.3절 참조)으로 처리하는 방법에 의하여 UP수지가 얻어진다. Rhône-Poulenc사에서 최근 기업화된 방법에서는, 프로필렌글리콜 대신에 프로필렌옥사이드가 직접 무수프탈산 혹은 무수말레산과의 반응에 사용된다. 수화공정이 생략될 수 있기 때문에, 코스트면에서 상당히 유리해진다. 프로필렌글리콜과 마찬가지로, 디프로필렌글리콜도 또한 수지용도로 사용된다. 게다가 다소 독성이 있는 에틸렌글리콜(체내에서 산화되어, 옥살산으로 된다)과는 다르며, 프로필렌글리콜은 화장품이나 의약품에도 사용 가능하다.

PO의 부가에 의하여 생성하는 프로폭실화물의 제조법 및 용도:

1. 프로필렌글리콜에 부가한 후, EO와 반응시켜 블럭코폴리머로 한다. 용도는 세제, 유화제.
2. 글리세린, 트리메틸올프로판, 펜타에리트리톨 등의 다가알코올에 부가시킨다. 용도는 폴리우레탄.

폴리프로필렌글리콜은, 프로필렌옥사이드를 프로필렌글리콜과 반응시키는 방식에 의하여 제조된다. 폴리에틸렌글리콜의 경우와는 달리, 분자량 1000 이상의 폴리프로필렌글리콜은 거의 불용이다. 이 폴리에테르알코올은 에틸렌옥사이드를 부가시키는 것에 의하여 수용성으로 할 수 있다. 얻어진 블럭코폴리머는 비이온계면활성제로서, 세제, 유화제로서 사용된다. 다가알코올에 프로필렌옥사이드가 부가되여 생성하는 프로폭실화물은, 폴리우레탄발포체의 제조에 대량으로 사용되고 있다.

3. 1가알코올에 부가시킨다(가알코올 분해에 의하여 2종류의 에테르가 생성한다). 용도는 용매.

$$CH_3CH(OR)CH_2OH + CH_3CH(OH)CH_2OR$$

수화와 마찬가지로, 1가알코올에 의한 프로필렌옥사이드의 가알코올분해로서, 유용한 용매인 프로필렌글리콜의 모노알킬에테르가 얻어진다. 주요 제품으로서는, 프로필렌글리콜모노메틸에테르 및 그의 아세트산에스테르이다.

4. NH_3와 반응시킨다. 용도는 세제, 가스정제, 중간체

에탄올아민과 같은 방법으로, 프로필렌옥사이드와 암모니아수로부터 이소프로판올아민이 제조된다. NH_3/PO비에 의하여, 얻어지는 모노이소프로판올아민, 디이소프로판올아민, 트리이소프로판올아민의 혼합물의 비율이 변하며, NH_3가 과잉일수록, 1차아민의 생성이 많아진다. 이소프로판올아민은 많은 분야에 있어서 에탄올아민의 대체물로서 사용할 수 있다(7.2.3절 참조). 이소프로판올아민은 세제, 살충제, 의약품, 염료의 제조에 사용된다. 또한 가스류로부터의 산성성분의 제거를 위해서도 사용된다.

5. CO_2와 반응시킨다. 용도는 특별한 용매 및 가스정제

프로필렌카보네이트는, 브롬화테트라에틸암모늄을 촉매로 하고, 150~200°C, 5~8 MPa(50~80 kg/cm^2)에서 프로필렌옥사이드를 CO_2와 반응시키는 방식에 의하여 합성된다. 수득률은 95%이다. 프로필렌카보네이트는 섬유, 직물분야에서의 특별한 용매로서 사용되는 이외에, 이

소프로판올아민과 마찬가지로, 천연가스나 합성가스로부터 산성성분을 제거하기 위해서도 이용된다(2.1.2절 참조).

11.1.3. 아세톤

아세톤은 가장 간단한, 그리고 공업적으로는 가장 중요한 지방족 케톤이다. 1997년의 세계의 아세톤 생산능력은 430만 t/y였다. 그중, 미국이 210만 t/y, 서유럽이 120만 t/y, 일본이 47만 t/y이다.

각국의 생산량은 부표와 같다.

아세톤의 생산량(단위: 10^3 t):

	1992	1995	1997
미 국	1105	1252	1327
서유럽	929	1030	1130
일 본	377	396	458

주요한 제조방법들은 다음과 같다.

1. Wacker-Hoechst사에 의한 프로필렌의 직접산화법
2. 이소프로필알코올의 탈수소법
3. Hock 페놀프로세스의 병산물(13.2.1.1절 참조)

이외의 방법으로서, 전분을 함유한 물질의 발효법(Bacillus macerans; 특히 미국과 남아프리카에서 행해지고 있었지만, 현재는 CIS에서만 행해지고 있다), 부탄/프로필렌/나프타의 무촉매 산화법(Celanese, UCC, BP 각 회사)이 있지만, 아세톤은 부생성물로서 얻어지는 데 불과하고, 아세톤의 제조법으로서는 그다지 중요하지 않다.

아세톤의 제조법:

1. Wacker-Hoechst의 프로필렌의 직접산화법
2. 이소프로필알코올의 탈수소법
3. Hock 페놀프로세스에서의 병산물

아세톤의 제조법 중에서 가장 중요한 것은 Hock법이다. 1998년의 아세톤의 제조능력에 점유되는 Hock법의 비율은, 미국에서 93%, 서유럽에서 83%, 일본에서 79%였다. 미국 및 서유럽에서는 Hock법에 이어서 아세톤의 제조법은 이소프로판올의 탈수소/산화법이며, 미국과 서유럽에서 각각 6%, 13%를 점유하고 있다. 일본에서는 프로필렌의 직접산화법이 2번째로 많고, 12%를 점유하고 있다.

부생성물로서의 아세톤:

1. 발효법, C_2H_5OH 및 n-C_4H_9OH와 함께 10%의 아세톤이 생성한다.
2. 파라핀의 산화
   예를 들면, Celanese, UCC, BP법 (이소부탄과 O_2로부터 산화생성물로서 36%의 아세톤이 얻어진다).

11.1.3.1. 프로필렌의 직접산화법

아세톤 제조의 특출한 방법은, Wacker-Hoechst법이며, 1964년이래 공업적으로 실시되고 있다. 이 방법은 $PdCl_2$를 함유하는 촉매계의 존재하, 110~120°C, 1.0~1.4 MPa(10~14 kg/cm^2)에서 프로필렌을 액상공기산화하여 아세톤을 제조하는 것이다.

Wacker-Hoechst법의 원리:

$PdCl_2$/레독스계촉매에 의한 프로필렌의 비말단탄소 원자의 선택적 산화

$$CH_3CH{=}CH_2 + 0.5\,O_2 \xrightarrow{[cat.]} CH_3COCH_3 \quad \left(\Delta H = -\,\frac{61\ \text{kcal}}{255\ \text{kJ}}\,/\text{mol}\right) \qquad (11)$$

주생성물인 아세톤의 선택률은 92%이다. 프로피온알데히드도 2~4%의 선택률로서 생성한다. 프로필렌의 전환율은 99% 이상에 달한다.

에틸렌의 아세트알데히드로의 산화(7.3.1절 참조)와 마찬가지로, $PdCl_2$는 화학양론적인 반응에서 Pd로 환원되고, 이어서 $CuCl_2$−CuCl이라고 하는 레독스계에서 2가의 팔라듐으로 재산화된다.

2종류의 직접산화법:

아세트알데히드 제조법과 마찬가지로, 이 아세톤의 제조법도, 공업적으로는 2가지의 방법으로 행할 수 있다.

1. 1단계법. 촉매의 반응과 재생을 동시에 행한다.
2. 2단계법. 반응과 재생을 별도로 행한다.

1. 프로필렌과 O_2를 동시에 촉매액 중에서 반응시킨다.
2. 프로필렌을 먼저 촉매액과 반응시킨 후, O_2 혹은 공기로서 촉매를 재생한다.

보다 훌륭한 2단계법의 특징:
희박 프로필렌(C_2H_2 및 디엔류를 함유하지 않는 약 85%의 것)이 반응에 사용되며, 또한 재생에 공기가 사용된다.

원료로서, 크래킹으로부터의 프로필렌/프로판 혼합물이 사용되기 때문에, 2단계법이 경제적으로 유리하다. 프로판은 불활성가스로서 작용하며, 반응에 관여하지 않는다. 아세톤은 2단계의 증류로서 저비점물 및 고비점물을 제거한다.

2단계법의 최초의 공업적 실시는 일본이다.

이 방법에 의한 최초의, 그리고 현재 유일한 플랜트는 일본에서 건설되었다. 최근에는 1계열만이 가동 중이다(Kyowa Yuka, 1995년에서 3.6만 t/y의 능력).

프로필렌의 직접산화법의 전망:
아세톤이 병산물 혹은 부생성물로서 얻어지기 때문에 직접 합성법으로의 흥미는 감소하고 있다.

아세톤이 이외의 프로세스로부터 부생성물 혹은 병산물로서 대량으로 얻어지기 때문에, 이 흥미 있는 직접산화법은 널리 채용되지 않고 있다.

한편, 이소프로필알코올로부터의 아세톤의 제조법은 현재 더욱 건재하다.

Wacker-Hoechst법은 또한 n-부텐으로부터의 메틸에틸케톤의 제조에도 사용된다. 이 방법은 공업적으로는 실시되지 않고 있다.

11.1.3.2. 이소프로필알코올로부터 아세톤의 제조

2종류의 아세톤 제조법에는 각각 2가지의 반응원리가 있다:
1. 기상반응
1.1. O_2 혹은 공기 존재하에서의 산화탈수소
1.2. 단순 탈수소, 사용하는 촉매에 의하여 반응온도는 크게 다르다.

1970년만 해도 미국에서는 아세톤의 총 생산량 중 50~60%가 이소프로필알코올로부터 제조되고 있었다. 현재는 세계적으로, 아세톤을 병산하는 쿠멘법이 최대의 아세톤의 공급원이다(11.1.3절 참조). 포름알데히드 혹은 아세트알데히드를 상당하는 알코올로부터 제조하는 경우와 마찬가지로, 이소프로필알코올을 Ag 혹은 Cu촉매상, 400~600°C에서 산화탈수소하든지, ZnO촉매상, 300~400°C 혹은 Cu, Cu-Zn(황동)촉매상, 500°C, 0.3 MPa(3 kg/cm^2)의 조건에서 탈수소하는 방식에 의하여 아세톤이 제조되지만, 탈수소법 쪽이 보다 뛰어나다. 예를 들면 Standard Oil사의 ZnO촉매를 사용하는 기상법에서는, 이소프로필알코올의 전환율이 약 98%이고, 아세톤의 선택률은 90%에 달한다.

$$(CH_3)_2CHOH \xrightarrow[\text{[cat.]}]{+0.5\,O_2} (CH_3)_2CO + H_2O \quad \left(\Delta H = -\frac{43\text{ kcal}}{180\text{ kJ}}/\text{mol}\right) \qquad (12)$$

$$(CH_3)_2CHOH \xrightarrow[\text{[cat.]}]{} (CH_3)_2CO + H_2 \quad \left(\Delta H = +\frac{16\text{ kcal}}{67\text{ kJ}}/\text{mol}\right) \qquad (13)$$

구리-크로마이트촉매는 축합반응도 촉진하기 때문에 메틸이소부틸케톤이 부생성물로서 얻어진다.

Deutsche Texaco사에서 개발되어, 공업적으로 실시되고 있는 방법에서는, 특수한 담지 Cu촉매의 존재하, 250~270°C, 2.5~3.0 MPa (25~30 kg/cm^2)에서 이소프로필알코올이 기상탈수소된다. 이소프로필알코올의 전환율은 80%이다. 높은 열량의 공급이 필요하기 때문에, 일반적으로는 다관형 반응기가 이용된다.

2. 액상반응
2.1. 단순 탈수소

IFP사에서 개발된 방법에서는, 이소프로필알코올을 액상에서 탈수소할 수 있다. 이 방법에서는, 고비점용매 중에 현탁시킨 미세분말의 Raney니켈 혹은 구리-크로마이트 촉매를 사용하고, 150°C, 대기압하에서 반응을 행한다. 아세톤의 선택률은 99% 이상에 달한다. 이 방법은 4기의 플랜트로서 공업적으로 실시되고 있다(1991년).

2.2. 아세톤을 부생성물, H_2O_2를 주생성물로 하는 자동촉매산화반응

$(CH_3)_2CHOH + X^\bullet \rightarrow (CH_3)_2\dot{C}OH + XH \xrightarrow{+O_2} (CH_3)_2C{=}O + HOO^\bullet$

$HOO^\bullet + (CH_3)_2CHOH \rightarrow (CH_3)_2\dot{C}OH + H_2O_2$

또한, Shell사 및 Du Pont사가, 주로 H_2O_2의 제조를 목적으로 하여 개발한 이소프로필알코올의 액상산화법이 있다. 소량의 H_2O_2를 개시제로서 사용하고, 90~140°C, 0.3~0.4 MPa(3~4 kg/cm^2)에서 O_2에 의하여 이소프로필알코올을 라디칼적으로 산화한다.

$$(CH_3)_2CHOH + O_2 \rightarrow (CH_3)_2CO + H_2O_2 \qquad (14)$$

이소프로필알코올의 전환율이 15%이고, H_2O_2의 선택률은 87%, 아세톤의 선택률은 93%이다.

반응혼합물을 물로서 희석한 후, 증류로서 유기화합물을 제거하는 방식에 의하여, H_2O_2가 수용액으로서 얻어진다. 1980년, 이 방법에 의한 Shell사의 최초의 플랜트가 폐쇄되었지만, CIS에서는 지금도 더욱 2기의 플랜트가 가동되고 있다. 미국 및 일본에서는, H_2O_2는 안트라퀴논법(12.2.4.2절 참조)에서만 제조되고 있다. 또한 서유럽에서도 안트라퀴논법이 H_2O_2 제조의 주요한 방법으로 되어 있다.

11.1.4. 아세톤의 유도체

아세톤은 많은 중요한 중간체의 출발원료이다. 주요 공업국에서의 아세톤의 용도를 표 11.4에 나타내었다.

아세톤의 용도:

아세톤의 약 60~70%가 전형적인 케톤의 반응생성물용으로 사용된다. 예를 들면:

시아노하이드린 생성
알돌축합.

"기타"의 항 중에서 가장 중요한 화합물은 디아세톤알코올, 메시틸옥사이드와 같은 알돌축합생성물 및 그 유도체이다. 이어서 중요한 것은, 이소부틸메틸카르비놀 및 이소포론이다. 아세톤과 마찬가지로, 이들 화합물의 대부분은 천연수지, 와니스, 도료, 아세트산셀룰로오스, 니트로셀룰로오스, 유지 등 각종 제품의 용제로서 사용되고 있다.

메타크릴산메틸(11.1.4.2절 참조)용으로, 세계의 아세톤 생산량의 약 30~40%가 소비되고 있으며, 아세톤으로부터 제조되는 화합물 중에서 이것이 양적으로 가장 많다. 이것에 이어서 많은 것이, 비스페놀-A이다(13.2.1.3절 참조).

11.1.4.1. 아세톤의 알돌축합생성물 및 그 유도체

MIBK의 생산량(단위: 10^3 t):

	1992	1994	1998
미 국	74	77	81
일 본	54	52	56

메틸이소부틸케톤(MIBK, 2-메틸-4-펜탄온)은 가장 생산량이 많은 아세톤의 알돌반응생성물이다. 미국 및 일본의 생산량을 부표에 나타낸다. 1996년 MIBK의 생산능력은, 서유럽이 11만 t/y, 미국이 10만 t/y, 일본이 6만 t/y였다.

3단계의 아세톤으로부터의 MIBK의 제조:

1. 알돌축합(염기촉매)
2. 탈수(프로톤촉매)
3. 수소화(Cu 또는 Ni촉매)

아세톤은, 단리가능한 중간체의 디아세톤알코올 및 메시틸옥사이드를 경유하고, 3단계에서 메틸이소부틸케톤으로 변환된다.

제1단계는 액상, 염기촉매에 의한 아세톤의 알돌반응이며, 디아세톤알코올이 생성된다.

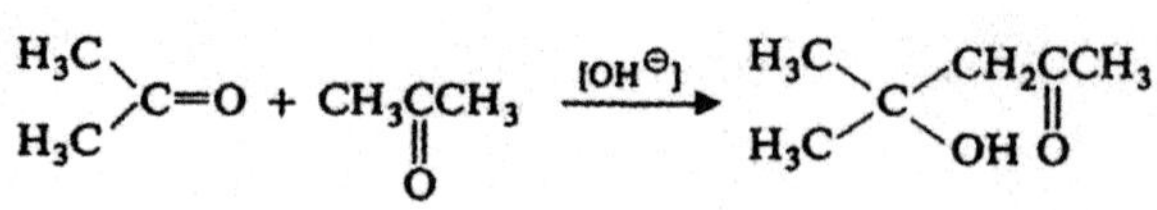

(15)

$$\left(\Delta H = -\frac{4\ \text{kcal}}{17\ \text{kJ}}/\text{mol}\right)$$

표 11.4 아세톤의 용도(중량%)

생 성 물	세 계		미 국		서유럽		일 본	
	1988	1996	1984	1998	1985	1999	1985	1997
메타크릴산메틸	26	31	32	45	32	28	37	25
메틸이소부틸케톤	10	9	10	8	10	10	23	20
비스페놀-A	8	16	10	20	10	19	10	23
기타	56	44	48	27	48	43	30	32
총 소비량(10^6 t)	2.98	3.85	0.82	1.22	0.83	1.19	0.25	0.37

제2단계에서는, 촉매량의 H_2SO_4 혹은 H_3PO_4의 존재하, 100℃에서 물의 탈리가 일어난다.

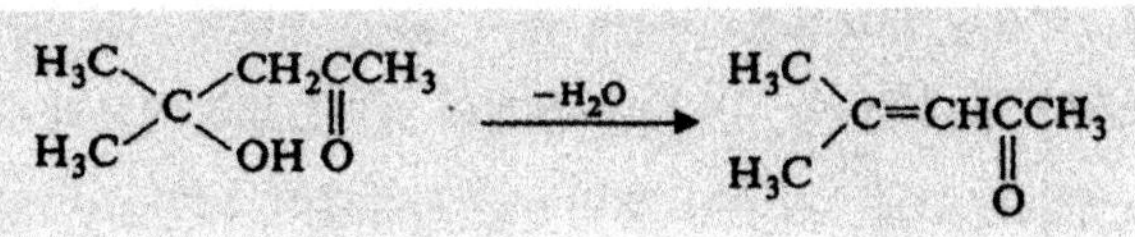

(16)

이어서 메시틸옥사이드는, Cu 혹은 Ni촉매의 존재하, 150~200℃, 0.3~1.0 MPa(3~10 kg/cm^2)의 조건에서, 수소화에 의하여 메틸이소부틸케톤으로 되며, 더욱 수소화되면 메틸이소부틸카르비놀(4-메틸-2-펜탄올)로 된다.

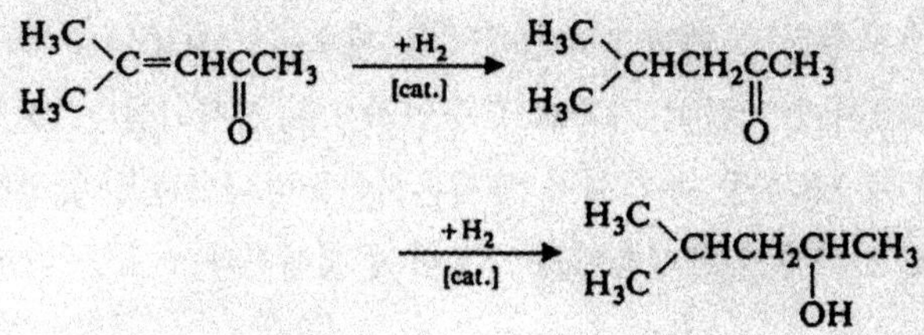

(17)

이 2종류의 수소화생성물은 동시에 생성하지만, 이들은 증류에 의하여 분리정제된다. 팔라듐촉매의 경우, 탄소-탄소 이중결합이 선택적으로 수소화되며, MIBK만이 생성한다.

최근의 1단계법에서는 백금족금속, 일반적으로는 팔라듐을 첨가한 산성양이온교환체, 제올라이트, 혹은 인산지르코늄이 사용되고 있다. 알돌축합과 수소화가 동시에 고선택률로서 일어난다. 반응은 발열반응($\Delta H =$ −28 kcal/mol, −117 kJ/mol)이다. DEA법에서는 아세톤의 전환율은 50%이고, MIBK의 선택률은 93%에 달한다. Deutsche Texaco(현재 RWE-DEA)법은, 3 MPa(30 kg/cm^2), 130~140℃에서 아세톤의 전환율은 40%, MIBK의 선택률은 83%로 얻어지며, 독일의 1만 t/y(1989년) 능력의 플랜트로서 실시되고 있다. 파일럿규모로서 시험되고 있는 Tokuyama법에서는, 미세한 분말상의 팔라듐금속을 함유한 인산지르코늄이 사용되고 있다. H_2압력 2~5 MPa(20~50 kg/cm^2), 120~160℃에서, 아세톤의 전환율은 30~40%, MIBK의 선택률은 95%이다. 알돌축합과 그것에 계속되는 반응으로 얻어지는 제품은 모두 도료공업의 뛰어난 용제이다. 또한 MIBK는 니오브광석이나 탄탈광석의 추출, 석유의 탈왁스, 액-액추출에 의한 유기제품의 정제 등, 이외의 많은 분야에서 사용된다.

서유럽에서의 MIBK의 제조메이커는, RWE-DEA, Hüls 및 Shell사이다.

2원기능촉매를 사용하는 최근의 MIBK 1단계 제조법:

1. 축합 (양이온교환체)
2. 수소화(Pt족 금속)

아세톤의 알돌반응 유도체의 용도:

1. 용제, 예를 들면, 아세트산셀룰로오스용 셀룰로오스아세토부틸레이트, 아크릴수지 및 알키드수지
2. 추출제
   무기염 추출용
   유기물 추출용
3. 디아세톤알코올은 수소화하여 헥실렌글리콜로 할 수도 있다.

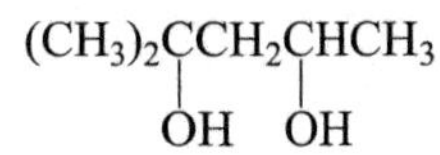

11.1.4.2. 메타크릴산 및 그 에스테르

메타크릴산은 실질적으로 그의 메틸에스테르만이 공업적으로 중요하다.

메타크릴산메틸의 생산량(단위: 10^3 t):

	1992	1995	1999
미 국	548	622	640
서유럽	472	475	570
일 본	384	425	430

메타크릴산은 호모폴리머나 코폴리머로서 사이즈제, 마감제, 증점제 등에 사용되지만, 공업적 중요성은 그다지 높지 않다. 그러나 그의 메틸에스테르는 매우 중요한 유도체이다. 1999년 세계의 메타크릴산메틸의 생산능력은, 약 240만 t/y였다. 그중, 미국이 78만 t/y, 서유럽이 44만 t/y, 일본이 46만 t/y이다. 세계최대의 메이커는 Ineos사로서, 2000년에 있어서, 합계 54만 t/y의 생산능력을 가지고 있다. 이것의 각국의 생산량이 부표에 나와 있다.

1937년이래 행해지고 있는 아세톤시아노하이드린으로부터의 메타크릴산 및 그의 유도체의 고전적 제조법은 현재도 더욱 경쟁력을 가지고 있다. 이 방법은 세계의 생산능력의 80%를 점유하고 있다(2000년).

많은 새로운 방법이 발표되었으며, 또한 몇가지는 공업적으로 실시되고 있음에도 불구하고, 특히 미국과 서유럽에서는 아세톤시아노하이드린이 현재 더욱 메타크릴산유도체의 주요 원료로 되고 있다.

아세톤으로부터의 메타크릴산메틸의 제조는, 1930년대에 Rohm & Haas 및 ICI사에 의하여 처음으로 공업적으로 실시되었다. 최초의 공정은, 아세톤에 HCN을 부가시켜 아세톤시아노하이드린을 합성하는 반응이며, 40℃ 이하에서 염기촉매를 사용하여 행해진다.

2단계 제조법:
1. 온화한 조건하, 염기촉매로서, 아세톤에 HCN을 부가시켜 시아노하이드린을 합성하고, 부반응을 될 수 있는 한 억제시키고 있다.
2. 중간체로서 아미드를 경유하는 시아노하이드린의 니트릴기의 산촉매가수분해

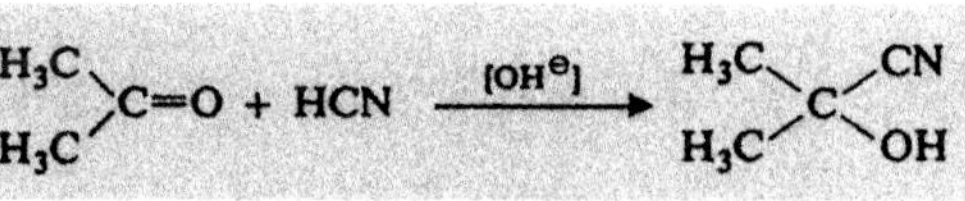
(18)

촉매로서는, 수산화알칼리, 탄산알칼리, 염기성이온교환수지 등을 사용하며, 일반적으로 액상에서 반응시킨다. 이 방법은, Rohm & Haas, Degussa, Du Pont, ICI, Rheinpreussen의 각 회사에 의하여 개발되었다. 아세톤시아노하이드린의 선택률은, 92~99%(HCN) 및 90%이상(아세톤)이다.

아미드는 일반적으로, 중요한 유도체인 메틸에스테르로 직접 변환된다.

이어서, 이 아세톤시아노하이드린을 80~140℃에서 98% H_2SO_4와 반응시켜, 메타크릴아미드황산염으로 한다. 이것을 더욱 약 80℃에서, 혹은 가압하, 100~150℃에서 메탄올과 반응시켜, 메타크릴산메틸과 NH_4HSO_4로 한다.

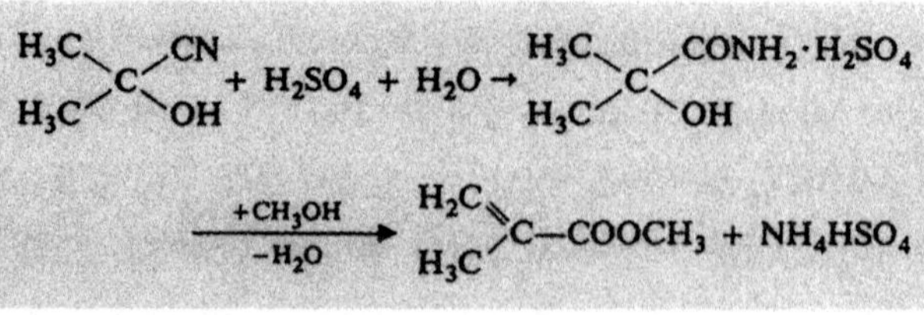
(19)

메타크릴산메틸의 통산의 선택률은 약 77%(아세톤)이다.

새로운 Mitsubishi가스화학법에서는, C_3+HCN으로부터 C_4를 합성할 때, NH_4HSO_4로서 질소원자가 탈리하는 것을 피하고 있다. 진짜의 반응식은 다음과 같다.

$$CH_3COCH_3 + HCOOCH_3 \rightarrow CH_2{=}C(CH_3)COOCH_3 + H_2O$$

Mitsubishi가스화학의 새로운 방법에서는, NH_4HSO_4를 병산한다라고 하는 단점이 없다. 즉, 아세톤시아노하이드린을 MnO_2촉매에 의하여 부

분가수분해하여 α-하이드록시이소부틸아미드로 하고, 이어서 이것을 $NaOCH_3$와 같은 강염기촉매에 의하여 포름산메틸과 반응시켜서 메틸에스테르와 포름아미드로 한다.

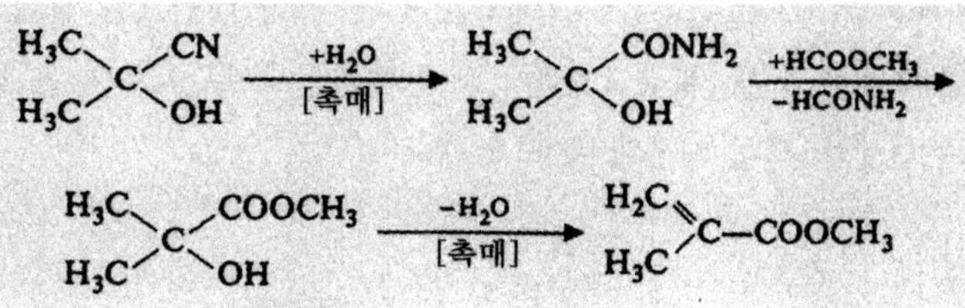

(20)

다음에 2개의 탈수공정에서 각각, 메틸에스테르는 메타크릴산메틸로, 포름아미드는 시안화수소로 변환된다. 이 시안화수소는 아세톤시아노하이드린 합성에 사용된다. 이 새로운 방법은 1997년에 4.1만 t/y의 플랜트로서 생산이 개시되었다.

최근, 또다른 3종류의 메타크릴산 제조법의 개발이 행해졌다. 이들의 방법은, 값싼 이소부틸렌, 이소부티르알데히드 및 프로피온알데히드를 원료로 사용하고 있으며, 이 경우에는 시아노하이드린법에서 부생하는 NH_4HSO_4가 생성되지 않는다. C_4법은 특히 일본에서 실시되고 있다.

3종류의 값싼 원료를 사용하는 메타크릴산 합성의 별법:

1. C_4류분으로부터의 이소부틸렌 (3.3.2절 참조).
2. 프로필렌의 하이드로포르밀화반응(6.1절 참조)의 부생성물인 이소부티르알데히드
3. 에틸렌의 하이드로포르밀화반응(6.1절 참조)의 주생성물인 프로피온알데히드

상세한 검토결과에 의하면, 직접 이소부틸렌으로부터 메타크릴산으로 산화(1단계법)하는 것도 가능하지만, 현재 선택률이 낮기 때문에 경제적이지 못하다. 중간체의 메타크롤레인으로부터 메타크릴산으로의 산화가 특히 어렵다. 이 결과는, 프로필렌의 아크릴산으로의 산화의 경우와는 대조적이다.

이와 같은 이유로부터, Escambia사는 N_2O_4를 사용하는 2단계 산화법을 개발했다. 이 방법은, 1단계에서 α-하이드록시이소부티르산을 합성하고, 다음에 이것을 탈수하여 메타크릴산을 제조하는 것이다.

방법 1:

2단계의 메타크릴산 합성법. 이소부틸렌의 N_2O_4산화와 생성한 α-하이드록시이소부티르산의 탈수(Escambia)

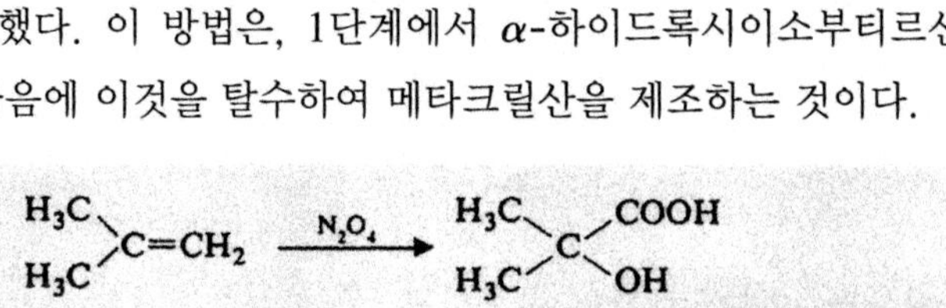

(21)

이 Escambia프로세스는, 플랜트의 가동중에 폭발사고가 일어났기 때문에 정지되었다.

일본의 몇 개의 회사에서, 중간체로서 *tert*-부틸알코올을 경유하는 이소부틸렌의 2단계 산화법이 개발되어 있다. 이 방법에서 이소부틸렌은 일반적으로 n-부텐과 부탄과의 혼합물(C_4-라피네이트)을 출발원료로 하

2단계의 불균일촉매 공기산화법. 이소부틸렌을 그대로 혹은 *tert*-부틸알코올로 변환한 후, 사용하여 중간체인 메타크롤레인을 단리, 정제한다(예: Asahi Glass).

여, 이온교환수지와 같은 산촉매의 존재하, 액상에서 거의 정량적으로 *tert*-부틸알코올로 수화된다.

이어서, 조촉매를 함유한 Mo/Fe/Ni계의 불균일촉매를 사용하여 420℃, 0.1~0.3 MPa(1~3 kg/cm^2)에서 산화하여 메타크롤레인으로 한다. *tert*-부틸알코올의 전환율 및 메타크롤레인의 선택률은 모두 94%이다. 원료로서는 이소부틸렌을 직접 사용할 수도 있다.

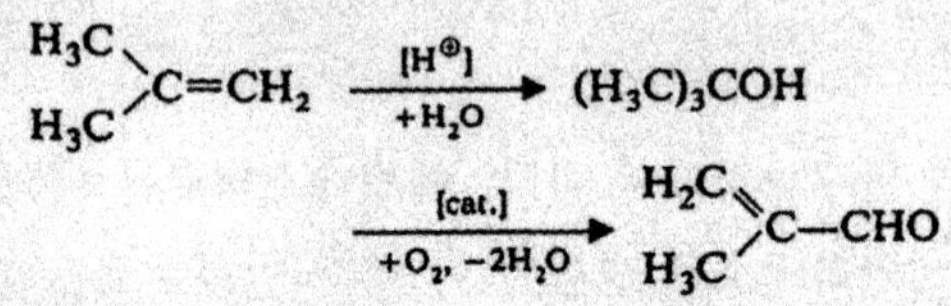

(22)

1단계, 2단계의 산화촉매는 모두, Mo을 주성분으로 하는 금속산화물을 형성하는 다성분계(MCM = multicomponent metal oxide)이다.

탄뎀산화법은 중간체를 정제하지 않기 때문에, 이소부틸렌의 전환율을 높게한다(>99%). 따라서 투자가 적고, 경제적이다.

2단계의 산화공정의 촉매수명 및 선택률을 유지하기 위하여, 메타크롤레인을 먼저 가압하에서 물에 흡수시키고, 이어서 증류에 의하여 부생성물을 제거한다.

Japan Methacrylic Monomer Co.는 별법을 개발했다. 이것은 1단계의 산화생성물을 정제하지 않고 직접 2단계에 사용하는 것이다. 이것은 소위 탄뎀산화법(tandem oxidation)이라고 불리우며, 일본에서 이미 실시되고 있다.

메타크릴산으로의 산화는, Mo, P, Sb, W 혹은 Mo, P, V을 함유하는 헤테로폴리산이 촉매로서 사용된다. 수증기의 존재하, 300℃, 0.2~0.3 MPa(2~3 kg/cm^2)에서의 반응에 의하여, 전환율이 89%, 선택률이 96%의 성적으로 얻어진다.

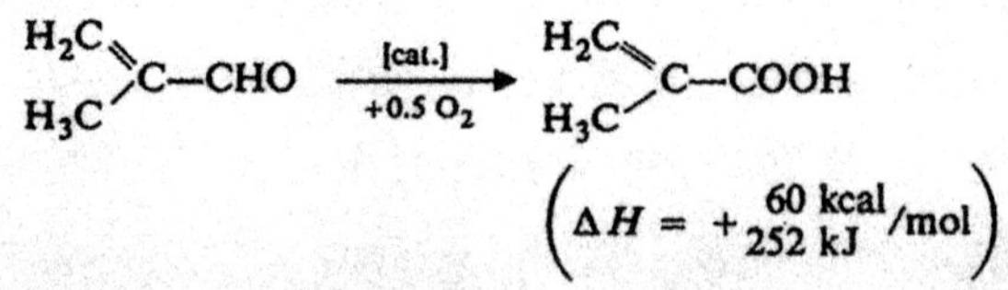

(23)

메타크릴산을, 수상으로부터 추출하고, 증류하여 정제한 후, 메탄올로서 에스테르화 한다.

일본에서는, 이소부틸렌으로부터의 가솔린의 옥탄가향상제(TBA, MTBE)의 수요가 적기 때문에, 이소부틸렌이 메타크릴산 합성용에 공업적으로 사용되고 있다.

중간에 메타크릴아미드를 경유하는 메타크릴로니트릴의 가수분해 혹은 가알코올분해에 의해서도 메타크릴산 및 그의 에스테르가 제조된다.

이들의 기술에 의한 플랜트가 일본의 Mitsubishi Rayon, Japan Catalytic /Sumitomo Chemical, Kyoto Monomer(Mitsui Chemical/Kuraray)에서 가동되고 있다.

아세톤을 원료로 하지 않고 메타크릴산 및 그의 유도체를 제조하는 다른 방법은, 예를들면, Sohio법(11.3.2절 참조)과 같이 이소부틸렌을 암모산화하는 것이다. Asahi Chemical은 일본에서 이 방법에 의한 플랜트를 가동하고 있다.

아세톤을 사용하지 않는 제2의 방법에서는, 1단계에서 이소부티르알데히드를 공기 또는 O_2로서 이소부티르산으로 산화한다. 이어서 2단계에서는, 형식적으로는 메타크릴산으로의 탈수소반응이지만, O_2의 존재하의 산화탈수소이다.

방법 2:
2단계의 메타크릴산의 제조법:
1. 이소부티르알데히드의 이소부티르산으로의 산화
2. 2종류의 탈수소

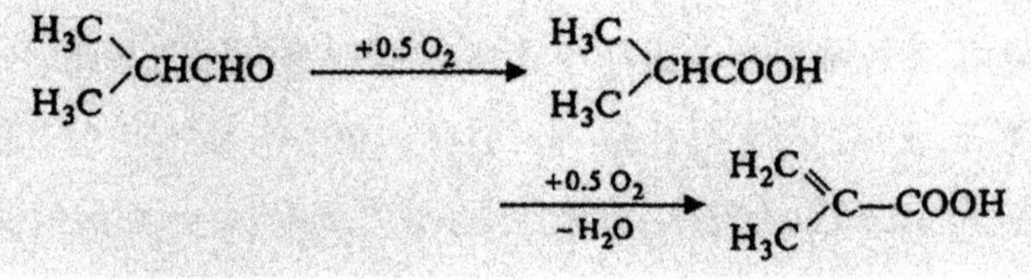
(24)

반응은, 160~175°C에서 HBr 균일촉매(Eastman Kodak사)든지, 혹은 250~260°C에서 Bi-Fe촉매(Cyanamid사)를 사용하여 행해진다.

최근의 Mitsubishi화학법에서는, Mo의 일부를 V으로 치환한 담지인-몰리브덴산 촉매상, 250~350°C에서, 전열을 위하여 H_2와 혼합한 이소부티르산을 산화탈수소한다. 이소부티르산의 전환율은 94%이고, 메타크릴산의 선택률은 약 73%이다.

Asahi Kasei는 탈수소법의 별법을 개발했다. 이소부티르산메틸을 합성하고, 이어서 H_2S/S의 존재하, 500°C에서 탈수소하여 메타크릴산메틸로 하며, 선택률은 85%이다.

2.1. 이소부티르산의 균일 또는 불균일촉매 산화탈수소법. 예를 들면, Eastman Kodak, Cyanamid, Mitsubishi화학 등
2.2. 이소부티르산에스테르의 술포탈수소법. 예를 들면 Asahi Kasei.

이소부티르알데히드를 원료로 사용하는 방법은 어느것이나 공업화 되어 있지 않다.

BASF사는 메타크릴산메틸의, 또다른 새로운 합성법을 개발했다. 프로피온알데히드(에틸렌의 하이드로포르밀화로서 합성된다)를, 160~210°C, 4~8 MPa(40~80 kg/cm^2)에서 2차아민과 아세트산의 존재하에서, 포름알데히드와 축합시켜서 메타크롤레인으로 한다. 이어서 이것을 산소로서 산화하여 메타크릴산으로 변환시킨 후, 메탄올로서 에스테르화하여 메타크릴산메틸로 한다.

방법 3:
2단계의 메타크릴산 제조법:
1. 프로피온알데히드와 포름알데히드를 축합하여 메타크롤레인을 합성한다(2차아민을 촉매로 하고 Mannich 염기를 경유한다).
2. 산화하여 메타크릴산으로 한다.

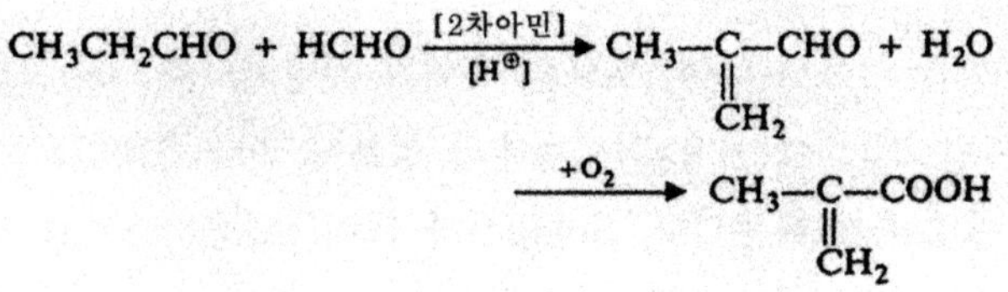

(25)

1990년, 독일에서 BASF사의 4만 t/y의 플랜트가 가동을 개시했다. 마찬가지의 방법이 일본에서도 개발되었지만, 현재 아직 공업화되어 있지 않다.

독일의 BASF에서 공업화 메타크릴산메틸의 용도:

1. 아크릴글라스용의 모노머

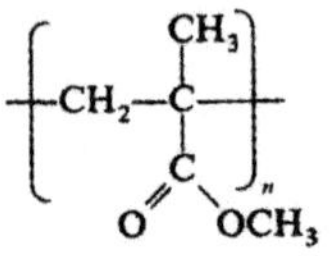

2. 도료나 섬유마감제용의 분산체제조용 코모노머

메타크릴산메틸은, 거의 대부분이 아크릴글라스(Plexiglas®)의 제조에 사용되고 있다. 이것은 경도가 높고, 내파괴성이 뛰어나며, 화학적으로 안정하고 투명한 유기글라스이다. 메타크릴산메틸은 또한 공중합에 의하여, 섬유의 마감제, 내광성 및 내후성도료등의 광범위한 용도에 응용되고 있다.

11.1.5. 아크롤레인

오래된 아크롤레인의 제조법:
Degussa법에 의한 불균일촉매혼합알돌축합(CH_3CHO, HCHO)

1930년대 초기에 Degussa사가 최초로 공업적인 아크롤레인의 합성법을 개발했고, 1942년에 생산을 개시했다. 1991년 세계의 아크롤레인 생산능력은 약 12.8만t/y였다. 그중, 서유럽이 5.4만t/y, 미국이 2.3만t/y, 일본이 1.1만t/y이다. 고전적인 방법은, 아세트알데히드와 포름알데히드의 축합반응에 기인하고 있다.

$$CH_3CHO + HCHO \xrightarrow{[cat.]} H_2C{=}CH{-}CHO + H_2O \quad \left(\Delta H = -\frac{20\ kcal}{84\ kJ}/mol\right) \qquad (26)$$

반응은, 규산나트륨/SiO_2를 촉매로 하고, 기상, 300~320℃에서 행한다. 현재 이 방법은 프로필렌의 접촉산화법으로 대체되고 있다.

최근의 아크롤레인의 제조법:
프로필렌의 불균일촉매 기상산화.
당초는 Cu_2O 또는 Cu로 형성되는 촉매(Shell, British Distillers, Montecatini).
최근에는, Bi-Mo, Sn-Mo, Sn-Sb 등의 복합산화물로 형성되는 다성분계촉매(Sohio, Nippon Shokubai)

$$H_2C{=}CH{-}CH_3 + O_2 \xrightarrow{[cat.]} H_2C{=}CH{-}CHO + H_2O \quad \left(\Delta H = -\frac{88\ kcal}{368\ kJ}/mol\right) \qquad (27)$$

Shell사가 최초로 이 기상산화법을 기업화 했다(1958~1980년). 반응은, Cu_2O/SiC 촉매상, 촉진제로서 I_2를 사용하며, 350~400℃에서 행한다. 프로필렌의 전환율은 20%이고, 아크롤레인의 선택률은 70~85%이다. British Distillers사(현재 BP)의 방법은 담지 Cu_2O촉매를 사용한다. 또한 Montecatini사의 방법에서는, 구리로 코팅한 반응관중에서 프로필렌의 산화를 행한다.

그후, 프로필렌으로부터의 아크릴산이나 아크릴로니트릴의 제조에서 얻어진 경험을 기초로 하여, 또다른 촉매가 개발되었다. 즉, 프로필렌의 산화 혹은 암모산화에 사용되는 촉매의 성분이, 아크롤레인으로의 부분산화에도 유효하기 때문이다. Sohio사가 몰리브덴산비스무트 및 인-몰리브덴산비스무트의 촉매작용을 발견한 것에 의하여, 경제적으로 아크롤레인을 제조하는 경로가 열렸다. Sohio사의 아크롤레인 제조법은 몇 개의 플랜트로서 공업적으로 실시되고 있다. 이 방법에 의하면 프로필렌은

Bi_2O_3/MoO_3 고정상촉매상, 300~360℃, 0.1~0.2 MPa(1~2 kg/cm^2)에서 공기산화된다. 이 비스무트를 기본으로 한 촉매를 주로 하고, 전이금속, 알칼리금속, 알칼리토류금속의 산화물로 형성되는 고선택적인 다성분계 촉매가, 많은 회사에서 개발되었다.

세계최대의 아크롤레인 메이커인 Ugine-Kuhlmann사는, 현재 프랑스에서 5만 t/y의 플랜트를 가동하고 있다. 촉매는 Nippon Shokubai가 개발한 것으로서, Mo, Bi, Fe, Co, W, 이외의 첨가물로 형성되어 있다. 촉매는 고정상 다관식반응기에 충진되며, 열의 제거를 위하여 액체가 흐르도록 되어 있다. 프로필렌은 수증기의 존재하, 350~450℃, 약간 가압하에서 과잉량의 공기에 의하여 산화되며, 높은 전환율(96%)이 달성된다. 공기:프로필렌의 비율을 크게 하는 것은 촉매의 산화상태를 일정한 레벨 이상으로 유지하기 위해서이다. 이와 같이 하지 않으면, 아크롤레인의 선택률이 저하한다. 이와 같은 조건에서, 선택률은 90%(프로필렌)에 달한다. 부생성물은 아세트알데히드, 아크릴산, 아세트산이다.

부생성물인 아크릴산과 아세트산을 제거하기 위하여, 반응가스는 소량의 물로서 세척된다. 이어서, 흡수탑에서 다량의 물로서 세척하는 방식에 의하여, 묽은 아크롤레인의 수용액이 얻어지며, 스트립퍼에서 아크롤레인이 단리된다. 불순한 생성물은 2단계의 증류로서, 저비점, 고비점성분으로 분리되며, 95~97%의 순도까지 정제된다. 아크롤레인은 중합하기 쉽기 때문에, 증류는 하이드로퀴논과 같은 중합금지제를 첨가하여 행해진다.

11.1.6. 아크롤레인의 유도체

아크롤레인의 분자에는, 포르밀기, 반응성이 높은 이중결합 및 공액이중결합계라고 하는 몇 개의 반응점이 있으며, 광범위한 반응이 가능하다. 그러나, 공업적으로는 그중 극히 한정된 것만이 이용된다.

예를 들면, 아크롤레인으로부터 알릴알코올로의 환원, 이어서 글리세린으로의 변환반응(11.2.2절 참조)이 공업화 되어 있다.

Al_2O_3 또는 $Al_2O_3 \cdot SiO_2$로서 형성되는 다성분계 촉매상, 기상, 350~400℃에서 아크롤레인과 NH_3를 반응시켜서, 피리딘 및 3-피콜린을 제조할 수 있다(7.4.5절 참조). 이 방법은 일본만이 행하고 있으며, Daicel이 공업화 하고 있다.

아크롤레인은 아크릴산 혹은 아크릴로니트릴의 원료로서 사용할 수도 있지만, 프로필렌의 직접산화법 및 암모산화법 쪽이 공업적으로는 유리하다.

한편, 아크롤레인으로부터의 메티오닌의 제조는, 세계적으로 급속한

프로필렌산화의 원리:

공기를 사용하고 프로필렌을 Mo촉매, 기상에서 부분산화하여 아크롤레인으로 한다. 반응은, 화학흡착한 π-알릴라디칼을 중간체로 하는 레독스 메카니즘으로 진행한다.

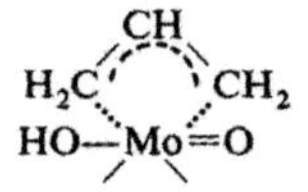

아크롤레인 제조법의 특징:

공기를 과잉으로 사용하는 것에 의하여, 프로필렌의 산화에 대해서 $Mo^{5\oplus}$보다도 선택률이 높은 $Mo^{6\oplus}$의 비율이 높아진다. 또한 프로필렌의 전환율이 높기 때문에 재순환조작은 필요없다.

아크롤레인의 단리:

1. 냉각후, 반응가스로부터 소량의 물로서 아크릴산 및 아세트산을 제거한다.
2. 대량의 물로서 아크롤레인을 흡수한다.
3. 중합금지제를 첨가하고 증류한다.

아크롤레인의 용도:

1. 선택적 수소화 혹은 환원에 의하여 알릴알코올을 합성한다.
2. 기상에서 NH_3와 반응시켜, 피리딘과 β-피콜린의 혼합물을 합성한다.
3. 아크릴산, 아크릴로니트릴의 제조
4. 메티오닌의 제조
5. 1,3프로판디올의 제조

가축사료 첨가물로서 DL-메티오닌(필수아미노산)의 공업생산은 대폭적으로 증가하고 있다.

메티오닌의 대체물

$CH_3SCH_2CH_2CHCOOH$ (MHA)
OH

2개의 회사에서 제조하고 있다.

성장이 이루어지고 있다.

메티오닌의 공업적인 생산은 1950년에 개시되었으며, 1995년 세계의 생산능력은 49.2만 t/y에 달했다. 그중, 미국이 24만 t/y(MHA를 포함), 서유럽이 16만 t/y, 일본이 4.1만 t/y이다. Rhône-Poulenc사와 Dugussa-Hüls사가 세계최대의 메이커이며, 각각 25만 t/y, 16만 t/y의 메티오닌 생산능력(2000년)을 가지고 있다. 세계의 메티오닌 소비량은 2000년에 있어서 41만 t/y이었다. 또한 Monsanto[현재 Novus (Mitsui/Nipon Soda)], Rhône-Poulenc(현재 Adisseo)의 각 회사가, 사료첨가물로서 메티오닌하이드록시 아날로그(**m**ethionine **h**ydroxy **a**nalog; MHA)를 제조하고 있다. MHA는 메티오닌의 대체물로서, 메티오닌과 같은 활성을 가지고 있다.

아크롤레인으로부터의 다단계 메티오닌 제조 프로세스:

1. 염기촉매에 의한 CH_3SH의 C=C 이중결합에의 부가
2. 히단토인합성
3. 가수분해 및 필요에 따라서 분할

DL-메티오닌의 3단계 제조법에서는, 먼저 최초에 염기촉매의 존재하, 실온에서 메틸메르캅탄을 아크롤레인에 부가시켜서 메틸티오프로피온알데히드로 한다.

$$CH_3SH + H_2C{=}CHCHO \xrightarrow{[OH^{\ominus}]} CH_3{-}S{-}CH_2CH_2CHO \qquad (28)$$

다음에, 이 알데히드는, 수용액 중 90°C에서 NaCN, NH_4HCO_3와 반응시켜서 히단토인으로 유도한다

메티오닌의 합성은 Bucherer아미노산합성의 공업적인 응용예이다.

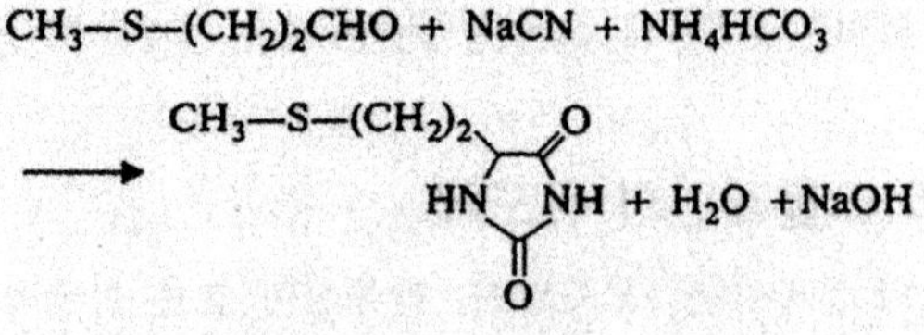

(29)

최후에, 이 히단토인은, 가압하, 180°C에서 NaOH 혹은 K_2CO_3로서 가수분해한다. 산성화 혹은 CO_2의 처리에 의하여 DL-메티오닌을 유리시킨다.

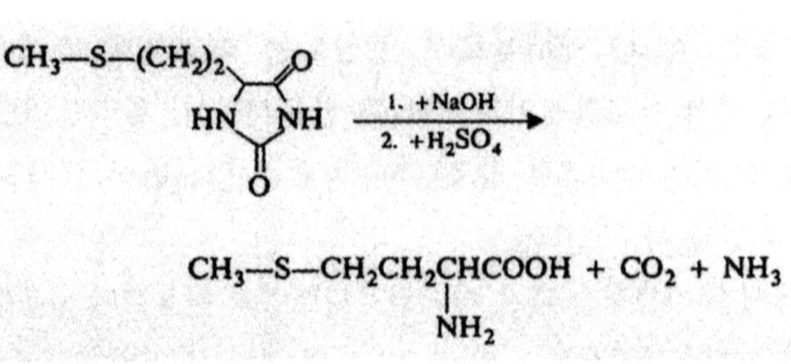

(30)

합성 메티오닌은 리신(10.3.1.4절 참조)과 마찬가지로, 필수아미노산

이며, 동물용의 단백질 농축사료의 첨가물로서 사용된다. 특히 양계용 사료의 영양밸런스를 개량하기 위하여 사용되는 것이 많다. D-메티오닌은 효소의 작용으로 생체내에서 L-체로 변하기 때문에, 이들의 광학이성체는 모두 같은 생리활성을 가지고 있다. 따라서 합성에서 얻어지는 라세미체는, 거의 대부분 분할하지 않고, 그대로 사용된다.

DL-메티오닌의 용도:
콩가루 혹은 장래적으로는 SCP(single cell protein)에 첨가하여, 그의 생물학적 영양밸런스(메티오닌의 결핍)를 개량한다.

아크롤레인은 1,3-프로판디올(트리메틸렌글리콜)의 제조에 사용할 수도 있다. Degussa사의 방법에 의하면, 아크롤레인을 산촉매로서 수화하여 3-하이드록시프로피온알데히드로 하고, 이것을 담지 Ni촉매에 의하여 수소화하면 1,3-프로판디올이 얻어진다.

1,3-프로판디올의 제법:
1. 아크롤레인의 수화와 수소화의 조합
2. 에틸렌옥사이드의 하이드로포르밀화와 수소화의 조합

$$H_2C{=}CHCHO + H_2O \xrightarrow{[H^{\oplus}]} HOCH_2CH_2CHO \xrightarrow[+H_2]{[cat]} HOCH_2CH_2CH_2OH \qquad (31)$$

Degussa사는 벨기에에서 생산능력 0.2만 t/y의 플랜트의 가동을 개시했다. 1,3-프로판디올 제조의 다른 하나의 경로는 에틸렌옥사이드의 하이드로포르밀화에 의한 것이다(7.2.5절 참조). 또한 바이오테크놀로지에 의한 새로운 1,3-프로판디올의 제법이 Du Pont사/Genencor사에 의하여 개발되었다. 이것의 낮은 코스트 프로세스에서는 글루코오스 또는 글리세린이 혐기성 발효에 의하여 1,3-프로판디올로 전환된다.

1,3-프로판디올은 의약품중간체로서 이외에, 섬유용의 새로운 폴리에스테르인 폴리트리메틸렌테레프탈레이트의 제조에 사용된다.

1,3-프로판디올의 용도:
의약중간체
폴리에스테르성분

11.1.7. 아크릴산과 아크릴산에스테르

아크릴산과 그의 에스테르는, 그간 불포화유기산 및 에스테르 중에서, 가장 생산량의 신장이 현저하다. 1999년, 세계의 아크릴산 및 그의 에스테르의 생산능력은, 약 290만 t/y였다. 그중, 미국이 120만 t/y, 서유럽이 82만 t/y, 일본이 52만 t/y이다. 이들의 국가에 있어서 아크릴산에스테르의 생산량이 부표에 나와 있다. 세계최대 아크릴산의 메이커는 BASF사이며, 세계 각지역에 생산거점을 가지고 있다. 이 회사의 합계 생산능력은 73만 t/y(1999년)이다.

아크릴산은 그의 에스테르와 함께, 공업적으로 사용되는 불포화카르복시산 중에서 가장 양이 많다.

아크릴산에스테르의 생산량
(단위: 10^3 t);

	1992	1993	1997
미 국	552	587	731
일 본	231	206	314
서유럽	330	312	531

1901년에 Rohm & Haas(독일)가, 아크릴산의 생산을 개시한 이래, 공업적으로는 4종류의 방법이 개발되었다. 그러나, 최근에는 프로필렌의 산화에 의한 방법이 우위를 점유하고 있으며, 종전의 방법은 중지되었든지 혹은 가까운 장래에 중지될 것이라고 생각된다.

에틸렌클로로하이드린(C_2H_4+HOCl) 및 에틸렌시아노하이드린(하이드록시프로피오니트릴, ($ClCH_2CH_2OH$+HCN)을 경유한다.
최초의 공업적인 아크릴산 제조법.

11.1.7.1. 역사적인 아크릴산의 제조법

역사적으로 오래된 아크릴산 합성법:

1. 시아노하이드린법.
   HCN을 EO에 부가시키고, 이어서 아크릴산으로 한다.

에틸렌시아노하이드린법에서는, 에틸렌옥사이드와 HCN을 염기존재하에서 반응시켜, 하이드록시프로피오니트릴을 합성한다. 이어서, 알코올(또는 물) 및 화학양론량의 H_2SO_4와 반응시켜서 에스테르(또는 카르복시산)로 한다.

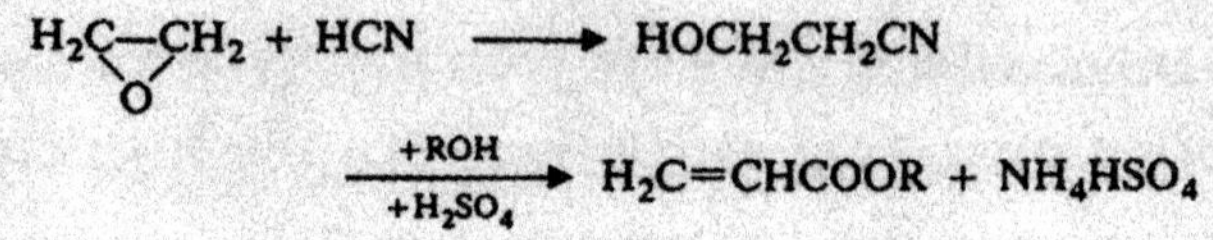
(32)

이 방법은, 1971년까지 세계최대의 에틸렌옥사이드 메이커인 UCC사, 및 Rohm & Haas사에서 실시했었다.

2. 아세틸렌의 수화카르보닐화에 의한 Reppe법은 촉매의 $Ni(CO)_4$의 양에 따라서 3종류의 변법이 있다.

Reppe법으로서 알려져 있는 다른 하나의 방법에는, 3종류의 변법이 있다. 이들의 방법은 모두, H_2O 또는 알코올의 존재하, 아세틸렌을 카르보닐화 하고, 각각 유리의 카르복시산 또는 에스테르를 얻는 것이다.

$$HC{\equiv}CH + CO + H_2O(ROH) \xrightarrow{[cat]} H_2C{=}CHCOO{-}H({-}R) \qquad (33)$$

2.1. 화학양론량의 니켈테트라카르보닐을 사용하는 종래의 방법
2.2. 화학양론량 보다도 적은 양의 $Ni(CO)_4$을 사용하는 개량 Reppe법
2.3. 카르보닐을 생성하는 중금속(Ni)과 생성하지 않는 중금속(Cu)의 요오드화합물을 조합시킨 촉매를 사용하는 촉매적 방법

사용하는 촉매(니켈테트라카르보닐)의 양에 의하여, 이들의 방법을 화학양론적 방법, 개량법, 촉매적 방법의 3종류로 분류할 수 있다.

최근까지, 미국 및 일본의 공업플랜트에서 개량 Reppe법이 행해지고 있었다.

촉매적 Reppe반응은 220~230℃, 10 MPa(100 kg/cm^2)에서 행해진다. 촉매로서는, $NiBr_2$가 사용되며, 할로겐화구리가 조촉매로서 첨가된다. 반응은, 아세틸렌을 잘 용해하는 테트라하이드로푸란중, 액상에서 행해진다. 반응혼합물은 증류로서 처리된다. 촉매의 사용량이 적기 때문에, 일반적으로 촉매를 회수할 필요는 없다. 아크릴산의 선택률은 90%(C_2H_2) 및 85%(CO)이다. 이 촉매적 방법은, 1939년에 Reppe가 발견한 것이지만, 현재도 BASF법의 기초로서 독일에서 일부 공업적으로 실시되고 있다(6만 t/y).

3. 프로피오락톤법.
   케텐과 포름알데히드를 반응시키고, 이어서 얻어진 β-락톤을 이성화 혹은 가알코올분해한다.

현재는, 주로 사용되지 않았던 3번째의 방법, 즉 β-프로피오락톤의 열분해 혹은 가알코올분해이다. $AlCl_3$, $ZnCl_2$, BF_3에 의하여, 용매 중 혹은 기상에서 케텐(7.4.2절 참조)을 포름알데히드와 반응시켜서 β-프로피오락톤으로 하며, 선택률은 90%이다. 이어서, 이 락톤을 140~180℃, 2.5~25 MPa(25~250 kg/cm^2)에서 구리분말을 촉매로 하고, H_3PO_4와

반응시키면 정량적으로 아크릴산이 얻어진다. 알코올을 존재시키는 경우에는, 그에 상당하는 에스테르가 얻어진다.

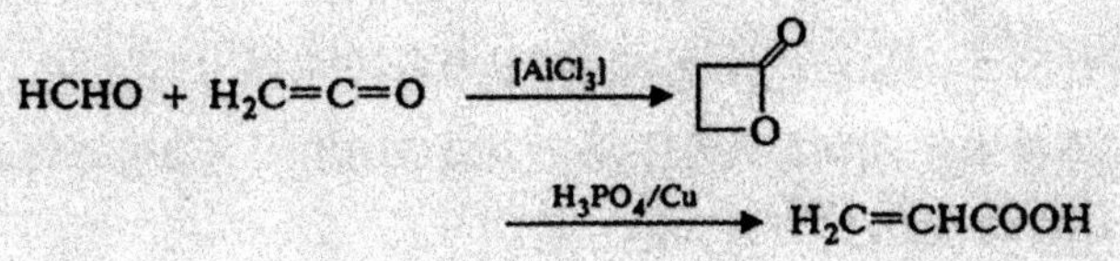

(34)

이 방법으로, Celanese사는, 1957년부터 1974년까지 3.5만 t/y 생산능력의 플랜트로서 아크릴산 및 그의 에스테르를 생산하고 있었다.

종전의 방법 중, 최후의 방법은 아크릴로니트릴의 가수분해 혹은 가알코올분해이다. 가수분해는 H_2SO_4로 행해진다. 최초에 생성하는 아크릴아미드황산염이 알코올과 반응하여 에스테르로 된다.

4. 아크릴아미드를 중간체로하는 아크릴로니트릴의 가수분해 혹은 가알코올분해 반응

$$H_2C{=}CHCN + H_2SO_4 + H_2O \longrightarrow H_2C{=}CHCONH_2 \cdot H_2SO_4 \xrightarrow[-NH_4HSO_4]{+ROH} H_2C{=}CHCOOR \qquad (35)$$

아크릴산에스테르의 선택률은 약 90%(AN)이다. 화학양론량의 NH_4HSO_4를 부생하는 이 방법은, Anic, Ugilor, Mitsubishi석유화학의 각 회사에서 행해지고 있었지만, 현재는 Asahi화학에서 행하고 있는 것에 불과하다. Mitsui Toatsu의 새로운 방법에서는, B_2O_3를 함유하는 촉매상에서, 물만으로 가수분해를 행할 수 있다.

최근의 아크릴로니트릴의 가수분해법: 기상접촉가수분해법(Mitsui Toatsu)

11.1.7.2. 프로톤으로부터의 아크릴산의 제조

1960년대의 말기에는, 아크릴산 및 그의 에스테르는 대부분이 아직 Reppe법으로 제조되고 있었지만, 그후의 새로운 플랜트에서는, 거의 대부분이 프로필렌의 산화법을 채용하고 있다. 프로필렌의 산화는, 1단계 또는 2단계로서 촉매적으로 행해진다.

가장 새로운 아크릴산 제조법:
불균일 촉매에 의하여 프로필렌을 기상에서 직접 산화하는 2종류의 방법:
1. 1단계법
2. 2단계법

$$H_2C{=}CHCH_3 + O_2 \xrightarrow[-H_2O]{[cat.]} H_2C{=}CHCHO \quad \left(\Delta H = -\frac{88\ kcal}{368\ kJ}/mol\right)$$
$$\xrightarrow[+0.5\ O_2]{[cat.]} H_2C{=}CHCOOH \quad \left(\Delta H = -\frac{63\ kcal}{266\ kJ}/mol\right) \qquad (36)$$

1단계법의 특징:
다원기능촉매를 사용하여 프로필렌을 산화하여 아크롤레인과 아크릴산의 혼합물로 한다.

1단계 직접산화법에서는, 촉매에 따라서도 다르지만, 1.0 MPa(10 kg/cm^2)까지의 압력 및 200~500℃에서, 프로필렌을 공기 혹은 산소(가끔 수증기로서 희석된다)와 반응시킨다. 여기서 사용되는 다성분계 촉매는, 주성분으로서 중금속의 몰리브덴산염을 함유하고 있으며, 대부분의 경우, 조촉매로서 텔루륨화합물이 첨가되고 있다. 아크롤레인과 아크릴산이 동시에 생성된다.

2개의 반응은 속도론적으로 차이가 있기 때문에, 같은 촉매와 반응조건에서는, 아크릴산의 선택률을 높이는 데 한계가 있다.

2단계법의 특징:
다른 촉매를 사용하는 2기의 고정상 반응기에 의한 프로필렌의 산화:
1단계: 프로필렌 → 아크롤레인
[Bi, P, Mo+Fe, Co]
2단계: 아크롤레인 → 아크릴산
[Mo+V, W, Fe, Ni, Mn, Cu]

이와 같은 이유로부터, 많은 회사에서, 촉매와 반응조건을 최적으로 조합시킨 2단계법이 개발되었다. 1단계법의 최초의 공업플랜트(일본 촉매화학)는 2단계법으로 교체되었다. 각 회사의 프로세스는 기본적으로는 동일하지만, 촉매성분에 큰 차이가 있다. 촉매는, 1단계법과 마찬가지로, 표면적이 작은 담체에 담지된 몰리브덴을 주성분으로 하는 복합산화물이다. 1단계의 촉매와 2단계의 촉매에서는 첨가되는 조촉매가 크게 다르다.

2단계법의 특징:
1단계쪽이 2단계 보다도 반응온도가 약 70℃높다. C_3H_6와 아크롤레인의 전환율이 높기(95%이상) 때문에, 재순환이 필요없다.

수증기 첨가의 목적:
1. 폭발한계를 변화시킨다.
2. 촉매로부터의 탈착의 촉진
3. 열의 제거를 용이하게 한다.
4. 아크릴산의 분압을 낮춘다.

아크릴산의 단리:
20~25%수용액으로부터, 아세트산에틸, 아세트산 *n*-프로필, 아세트산이소프로필, MEK 등으로 추출한다.

일반적으로 1단계에서는, 330~370℃, 0.1~0.2 MPa(1~2 kg/cm^2)에서 수증기와 공기의 존재하, 프로필렌을 아크롤레인으로 산화한다. 커다란 반응열을 제거하기 위하여, 반응은 고정상 다관식 반응기를 사용하여 행해지며, 반응관의 수는 반응기 1기당 2.2만개에 이른다. 1단계의 반응혼합물은 곧바로 2단계의 반응기로 유도되며, 260~300℃에서 더욱 산화되어 아크릴산으로 된다. 프로필렌과 아크롤레인의 전환율은 95%이상이며, 아크릴산의 선택률은 85~90%(C_3H_6)이다. 대량의 물이 첨가되기 때문에, 아크릴산은 20~25%의 수용액으로 얻어질 뿐이다. 이 수용액으로부터 아크릴산을 단리하는 데에는 일반적으로 추출이 행해지며, 증류에 의하여 부생성물인 아세트산, 프로피온산, 말레산, 아세트알데히드, 아세톤 등으로 분리된다. BASF사의 최근의 분리법에서는, 아크릴산을 소수성의 용매(예를 들면, 비페닐/디페닐에테르의 혼합물)에 흡수시켜서 반응가스로부터 분리하고, 증류에 의하여 정제한다.

2단계법은 주로 일본, 미국, 영국, 프랑스에서 행해지고 있다. Sohio사, Nippon Shokubai, Mitsubishi석유화학 등에서 개발된 프로세스가 잘 알려져 있다.

아크릴산 및 그의 에스테르의 용도:
표면보호제, 표면마감제, 흡수제로서 사용되는 호모폴리머, 코폴리머 제조용의 모노머

아크릴산 및 그의 에스테르는, 호모폴리머나 코폴리머를 제조하기 위한 중요한 모노머이다. 이들의 폴리머는 주로 도료, 접착제, 종이 및 섬유의 마감제, 피혁처리제로서 사용된다. 하나의 중요한 용도는 흡수제(**s**uper **a**bsorbent **p**olymers, SAP)로서, 이것은 상당히 많은 양의 물을

표 11.5 아크릴산에스테르의 생산비율(중량%)

생성물	미 국			서유럽		일 본		
	1984	1988	1992	1987	1992	1984	1988	1992
아크릴산에틸	33	34	28	24	24	16	15	15
아크릴산*n*-부틸, 아크릴산이소부틸	45	43	57	50	52	32	34	39
아크릴산-2-에틸헥실	9	5	10	9	9	29	30	32
아크릴산메틸	7	8	5	15	14	23	21	14
기타	6	10		2	1			
총 소비량(10^3 t)	426	360	552	330	330	110	164	231

흡수할 수 있다.

일반적으로, 가장 잘 사용되는 아크릴산의 유도체는, 아크릴산의 메틸, 에틸, *n*-부틸, 이소부틸, 2-에틸헥실에스테르이다. 어떤 아크릴산에스테르가 많이 사용되는 것은 국가에 따라서 크게 다르다. 미국과 일본의 예가 표 11.5에 나와 있다.

몇 개의 고전적인 아크릴산 제조법에서는, 에스테르가 직접 얻어지도록 개량됐지만, 프로필렌의 산화법에서는 아크릴산 밖에 얻어지지 않기 때문에, 이것을 에스테르화해야 할 필요가 있다. 일반적으로는 순수한 아크릴산을 액상, 100~120℃에서 프로톤촉매(통상, H_2SO_4 또는 양이온교환수지)존재하, 그에 상당하는 알코올과 반응시킨다.

또한 고위 알코올의 아크릴산에스테르는 저위 알코올의 에스테르와의 에스테르 교환반응에 의하여 간단히 제조된다.

또다른, 아크릴산유도체인 아크릴아미드는, 주로 아크릴로니트릴의 부분가수분해(11.3.4절 참조)에 의하여 제조된다.

공업적으로 중요한 아크릴산에스테르:
CH_2=CHCOOR: R=CH_3, C_2H_5, *n*-, iso-C_4H_9, $CH_3(CH_2)_3CH(C_2H_5)CH_2$

아크릴산에스테르의 제조법:
프로톤촉매에 의한 아크릴산과 알코올과의 에스테르화 혹은 메틸에스테르와 같은 저위 알코올의 에스테르와의 에스테르 교환

아크릴산의 에스테르화:
액상반응, 저위알코올(CH_3OH, C_2H_5OH)에는 불균일촉매(산성양이온교환수지), 고위알코올에는 균일촉매(H_2SO_4)

11.1.7.3. 아크릴산 제조법의 전망

지금까지 아크릴산의 제조는, 아세틸렌을 기초로 하는 방식으로부터 프로필렌을 기초로 하는 방식으로 전환되어 있다. 이것은 현재의 촉매계, 특히 아크릴산의 선택률이 85~90%의 촉매(Reppe법의 90%에 가깝다)가 개발된 것에 의하여, 프로필렌의 산화법이 코스트적으로 유리하게 되었기 때문이다. 프로필렌으로부터 아크릴산으로의 1단계 산화법의 연구는 많이 행해졌지만, 선택률이 낮고(50~60%), 또한 다성분촉매의 수명이 짧기 때문에, 2단계법 쪽이 유리하다.

AcOH, VCM, AN 및 아세트산비닐과 마찬가지로, 아크릴산의 제조원료도 아세틸렌으로부터 올레핀으로 전환되었다.

니트릴의 비누화에 의한 아크릴산의 제조는, Sohio법(11.3.2.1절 참조)에서 얻어지는 아크릴로니트릴의 생산능력이 크다라고 하는 장점이 있지만, 그와 반대로, $(NH_4)_2SO_4$가 부생한다라고 하는 단점도 있다. 따

프로필렌의 산화법은 원료가 싼 것과, 아크릴산의 선택률이 높고, 다른 방법보다도 우수하다.

라서, 프로필렌의 2단계 산화법이 아마 앞으로 가장 경제적인 프로세스가 되리라고 생각된다.

에틸렌의 옥시카르보닐화, 즉, C_2H_4+CO로부터 C_3-화합물을 합성한다(Union Oil)

그러나, Union Oil사는 $PdCl_2-CuCl_2$의 존재하, 에틸렌을 산화적으로 카르보닐화 하여 아크릴산을 제조하는 새로운 방법을 개발했다.

$$H_2C{=}CH_2 + CO + 0.5\,O_2 \xrightarrow[\text{[cat.]}]{Ac_2O} H_2C{=}CHCOOH + AcOCH_2CH_2COOH \qquad (37)$$

반응은 용매로서 아세트산을 사용하고, 또한 부반응으로서 생성되는 물을 제거하기 위하여 무수아세트산을 첨가하여 액상에서 행하고 있다. 물을 제거하지 않으면, 주반응에 나쁜 영향을 미친다. 아클릴산 및 β-아세톡시프로피온산의 선택률은 85%(C_2H_4)에 달한다라고 알려져 있다.

에틸렌과 CO로부터의 C_3합성이나, 프로필렌의 직접적 이용이나, 어느쪽이 경제적으로 유리한가에 대해서는, 올레핀의 가격동향에 따라서 결정되리라고 생각된다.

11.2. 알릴화합물 및 그 유도체

알릴화합물의 제조를 위한 출발원료:
$CH_2{=}CH-CH_3$,
$CH_2{=}CH-CH_2Cl$
잠재적 가치를 갖는
$CH_2{=}CH-CH_2OAc$

알릴화합물은, $CH_2{=}CH-CH_2$-라고 하는 원자단으로서 특징을 갖는 프로필렌의 치환생성물이다. 프로필렌은 알릴위치의 수소가 간단히 교환될 수 있다라고 하는 성질을 가지고 있기 때문에, 알릴화합물을 제조하는데 있어서 가장 중요한 원료로 되어 있다. 알릴화합물의 유도체는 공업적으로 중요한 것이 많으며, 이들은 염화알릴로부터 유도할 수 있다. 아세트산알릴은 프로필렌의 아세톡실화(11.2.2절 참조)에 의하여 경제적으로 제조할 수 있지만, 지금까지 이것을 중간체로서 공업적으로 이용하는 것은 행하지 않았다. 그러나, 현재 염화알릴로부터 제조되고 있는 화합물은, 아세트산알릴로부터도 합성할 수 있다.

11.2.1. 염화알릴

염화알릴의 제조법:

1. 프로필렌의 "열염소화"(프리라디칼연쇄반응)에 의하여, CH_3기로 치환반응이 일어난다.

$$Cl \rightleftharpoons 2\,Cl^\bullet$$

$$CH_3CH{=}CH_2 \xrightarrow{+Cl^\bullet} {}^\bullet CH_2CH{=}CH_2 + HCl$$

$$^\bullet CH_2CH{=}CH_2 \xrightarrow{+Cl_2} ClCH_2CH{=}CH_2 + Cl^\bullet$$

염소는, 에틸렌보다도 프로필렌 쪽에 보다 쉽게 부가한다. 그러나, 생성하는 디클로로프로판은, 디클로로에탄과 다르며, 공업적인 중요성은 없다.

300°C 이상의 온도에서는, 이중결합에의 부가반응이 감소하며, 그것에 대신하여 알릴위치의 프리라디칼 치환반응, 소위 "열염소화"가 일어나는 것을, 1936년에 Shell사가 발견했다. 500~510°C에서는, Cl_2의 전환율은 거의 정량적이며, 염화알릴의 선택률은 85%(Cl_2)로 된다.

$$H_2C{=}CHCH_3 + Cl_2 \rightarrow H_2C{=}CHCH_2Cl + HCl \quad \left(\Delta H = -\frac{27\ \text{kcal}}{113\ \text{kJ}}/\text{mol}\right) \qquad (38)$$

염소를 완전히 반응시키기 위하여, 프로필렌이 과잉으로 사용된다. 높은 선택성을 얻기 위해서는, 가스를 반응구역으로 유도하기 전에, 급속히 게다가 완전히 혼합하는 것이 중요하다. 부생성물은, 1,3-디클로로-1-프로펜, 2-클로로-1-프로펜, 1,2-디클로로프로판이다. 반응으로 생성하는 염화수소는 물론 물로서 세척하여 제거한다.

반응의 특징:
프로필렌을 과잉으로 사용하고, 정량적으로 Cl_2를 반응시킨다. 또한 급속한 혼합에 의하여 선택률을 높인다.

1936년 이래, Asahi, Dow, Shell의 각 회사는 독자적으로 프로세스를 개발했다.

1996년의 염화알릴의 생산능력은, 미국이 6만 t/y, 서유럽이 17만 t/y, 일본이 11만 t/y였다.

염화알릴은 또한 프로필렌의 옥시염소화에 의해서도 제조할 수 있다. Hoechst사는, 240°C, 상압에서, Te촉매를 사용하는 방법을 개발했고, 파일럿 플랜트 규모로서 시험했다. 다른 회사도 옥시염소화법을 연구하고 있다. 예를 들면, DBA사는 $PdCl_2-CuCl_2$촉매를 사용하는 방법을 개발했다. 또한 Lummus사는 프로판을 원료로 하는 방법을 개발했다. 이들의 방법은 공업적으로는 실시되지 않고 있다.

2. HCl/O_2에 의한 프로필렌의 옥시염소화 Hoechst, DEA 등, 공업화는 되어 있지 않다.

염화알릴은 주로 에피클로로하이드린(세계의 염화알릴 생산량의 90% 이상), 알릴알코올, 알릴아민의 제조에 사용된다.

염화알릴의 용도:

1. 가수분해에 의하여 알릴알코올로 한다.
2. 에폭시화(직접, 간접)에 의하여 에피클로로하이드린으로 한다.
3. 가암모니아 분해반응에 의하여 알릴아민으로 한다.

에피클로로하이드린의 2단계 합성법에서는, 먼저 수용액 중, 25~30°C에서 염화알릴을 HOCl과 반응시켜, 디클로로하이드록시프로판의 2종류의 이성체혼합물을 얻는다.

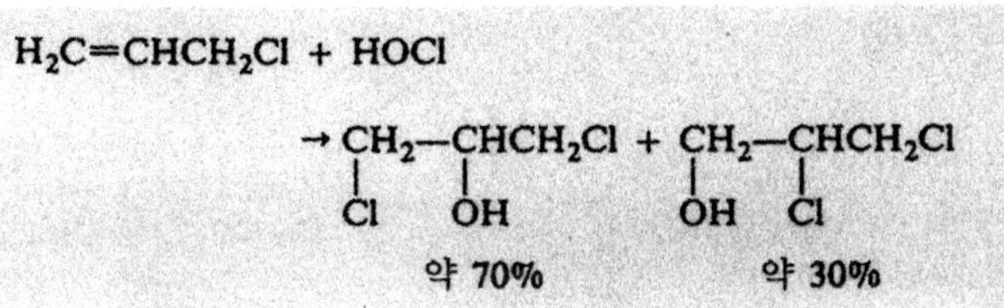

(39)

이어서, 이 조잡한 생성물을 50~90°C에서 $Ca(OH)_2$와 반응시켜서 에피클로로하이드린으로 한다.

에피클로로하이드린의 제조법:
염화알릴에의 HOCl의 부가와 그것에 계속되는 탈염화수소로 형성되는 2단계법

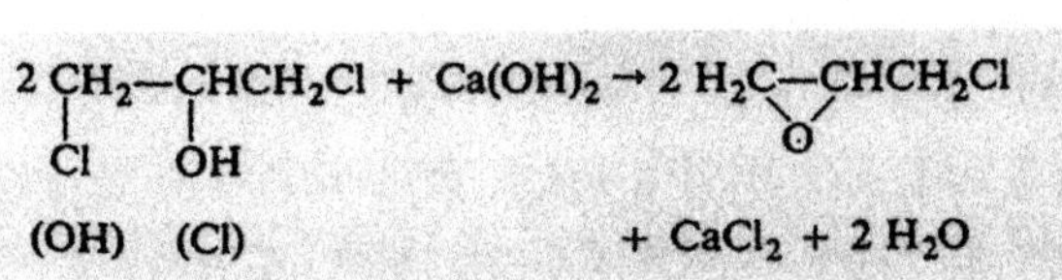

(40)

정제는 분별증류에 의한다.

에피클로로하이드린의 생산량 (단위: 10^3 t):

	1995	1997	1999
미 국	312	328	323
서유럽	232	241	260
일 본	122	120	132

1999년의 에피클로로하이드린의 생산능력은, 미국이 42만 t/y, 서유럽이 28만 t/y, 일본이 16만 t/y였다. 생산량이 부표에 나와 있다.

염화알릴을 과프로피온산으로 에폭시화하는 별법

Laporte사가 0.5만 t/y의 플랜트로서 행하고 있는 에피클로로하이드린의 새로운 제조법에서는, 염화알릴의 에폭시화에서 대량의 염이 발생하는 것은 없다. 즉 Interox법에 의한 프로필렌의 에폭시화와 마찬가지로, H_2O_2와 프로피온산으로부터 생성하는 과프로피온산(11.1.1.2절 참조)을 사용하여, 70~80°C에서 염화알릴을 에피클로로하이드린으로 변환한다.

Showa Denko는 일본에서 1985년부터, 알릴알코올을 원료로 하는 방법을 공업적으로 실시하고 있다. 1997년의 생산능력은 2.4만 t/y였다. 알릴알코올의 이중결합에 염소를 부가시켜서 2,3-디클로로-1-하이드록시프로판으로 하고, 이어서 이것을 $Ca(OH)_2$와 반응시켜서 에피클로로하이드린으로 한다.

에피클로로하이드린의 용도:
에폭시수지의 중요한 원료인 비스페놀-A글리시딜에테르의 제조.

글리시딜에테르의 생성과정:

1. 비스페놀-A의 에피클로로하이드린에의 부가에 의한 "클로로하이드린에테르"의 생성
2. HCl의 탈리에 의한 비스글리시딜에테르(디에폭사이드)의 생성
3. 디에폭사이드와 비스페놀-A모노글리시딜에테르와의 반응에 의한 "에폭시수지프레폴리머"(분자량 100~5000)의 생성

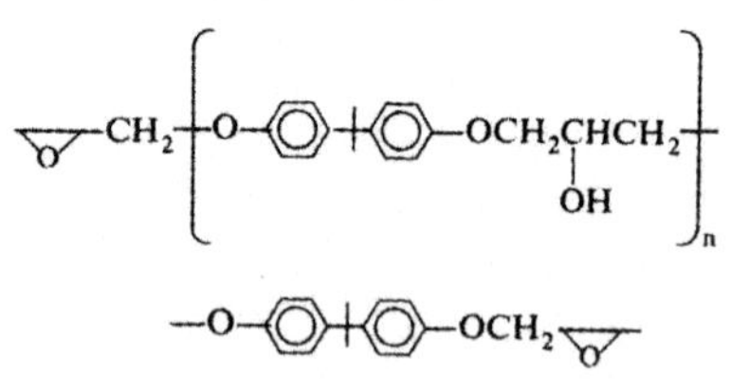

에피클로로하이드린은 주로, 글리시딜에테르의 제조에 사용된다. 글리시딜에테르 중에서도 가장 중요한 것은, 비스페놀-A의 에테르이다. 비스페놀-A와 에피클로로하이드린과의 반응은, 수산화나트륨의 존재하에, 100~150°C에서 행해진다. 에피클로로하이드린을 과잉으로 사용하면, 먼저 에폭시환이 개환하여 "클로로하이드린에테르"로 된다. 이어서 NaOH에 의하여 빠르게 HCl이 탈리한다.

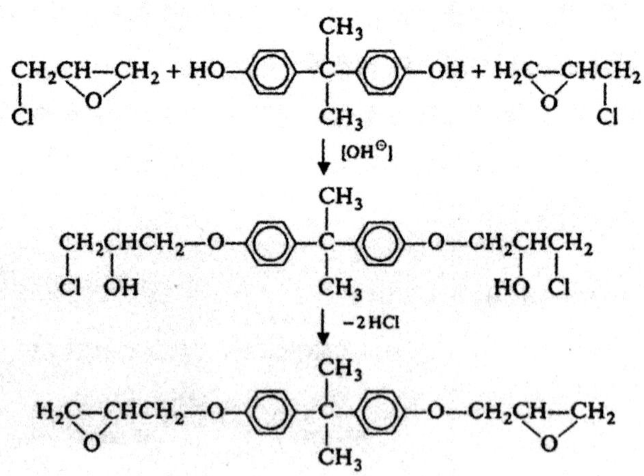

(41)

에폭시수지 제조법의 원리:
에폭시환의 개환에 의한 디아민, 폴리아민, 폴리올 혹은 비스페놀의 글리시딜에테르에의 부가반응(curing)

이와 같이 해서 얻어진 비스글리시딜에테르는, 계속해서, 과잉의 비스페놀-A와 반응하는 방식에 의하여, 분자량이 보다 큰 글리시딜에테르로 된다. 분자사슬의 길이는, 비스페놀-A와 에피클로로하이드린의 몰비에 의하여 결정된다. 글리시딜에테르를 폴리아민 혹은 폴리올과 반응시키면, 부분적으로 가교하여 에폭시수지로 된다. 일반적으로 염기촉매가 사

용된다.

에폭시수지에 의하여, 많은 공업재료(금속, 목재, 열경화성수지)를 강력하게 접착시킬 수 있다. 더욱 에폭시수지는, 표면보호제, 바인더, 주형 및 함침수지로서 광범위한 분야에 응용되고 있다.

에폭시수지의 용도:
접착제
표면보호제
주형 및 함침수지

에피클로로하이드린은 이외에, 합성글리세린(11.2.3절 참조), 글리시딜메타크릴레이트, 기타 특수화학제품의 원료로도 사용된다.

염화알릴의 3번째의 용도는, NH_3와의 반응에 의한 알릴아민의 합성이다.

$$H_2C{=}CHCH_2Cl + 2\,NH_3 \rightarrow H_2C{=}CHCH_2NH_2 + NH_4Cl \qquad (42)$$

부생성물로서 디알릴아민, 트리알릴아민이 생성된다.

알릴아민의 제조법:
염화알릴의 가암모니아분해반응.
2종류의 부생성물:
$(CH_2{=}CHCH_2)_2NH$,
$(CH_2{=}CHCH_2)_3N$

11.2.2. 알릴알코올과 그의 에스테르

알릴알코올은, 염화알릴, 프로필렌옥사이드, 아크롤레인, 아세트산알릴등으로부터 제조된다. 1990년 세계의 알릴알코올 생산능력은 5만 t/y였다.

이전에는, 염화알릴을 알칼리로서 가수분해하는 Shell사 및 Dow사의 방법이 잘 이용되고 있었다.

4종류의 출발원료에 의한 알릴알코올의 제조법:
1. $H_2C{=}CHCl_2Cl$
2. $H_2C{-}CHCl_3$ (O 가교)
3. $H_2C{=}CHCHO$
4. $H_2C{=}CHCH_2OAc$

$$H_2C{=}CHCH_2Cl + NaOH \rightarrow H_2C{=}CHCH_2OH + NaCl \qquad (43)$$

이 반응은 순환반응기에서, 5~10%의 수산화나트륨의 존재하, 150°C, 1.3~1.4 MPa(13~14 kg/cm^2)에서 행해진다. 전환율은 100%이고, 알릴알코올의 선택률은 약 85~95%이다. 부생성물은 디알릴에테르, 프로피온알데히드, 및 고비점화합물이다. 염소가 완전히 소모되는 것, 또한 내부식성의 플랜트장치가 필요한 것으로부터, 이 방법은 그다지 널리 사용되지 않았다.

방법 1의 원리:
가압하에서의 염화알릴의 알칼리에 의한 비누화.
염소는 완전히 NaCl로 변환다.

알릴알코올 제조의 2번째의 방법은, 프로필렌옥사이드의 이성화이다.

$$H_3C{-}\underset{\backslash O /}{HC{-}CH_2} \xrightarrow{[cat.]} H_2C{=}CHCH_2OH \qquad (44)$$

방법 2의 원리:
프로필렌옥사이드의 접촉적 이성화.
고비점 용매중의 현탁촉매에 의한 액상반응 또는 고정상촉매에 의한 기상반응으로 행해진다.

최근, 프로필렌옥사이드의 생산능력이 증대하고 있기 때문에, 이 반응에 커다란 관심이 집중되고 있다. 반응은 액상, 기상의 어느 쪽으로도 행할 수 있다. 실제로 Li_3PO_4가 이 이성화반응의 유일한 촉매이다. 그러나 BASF-Wyandotte사는 Cr_2O_3를 사용하고 있다.

FMC사에서는, Li_3PO_4를 고비점 용매(알킬벤젠)중에 미세하게 분산시키는 Progil법을 행하고 있다. 프로필렌옥사이드를 275~280℃, 1 MPa(10 kg/cm^2)에서 촉매에 유통시키는 방식에 의하여 약 60%가 알릴알코올로 이성화한다. 선택률은 약 92%이다. 이 방법은, 1991년에 가동을 개시했던 Arco사의 1,4-부타디올의 제조플랜트에서 실시되고 있다(4.3절 참조).

기상법에서는, 250~350℃에서 담지 Li_3PO_4촉매를 사용하여, 이 이성화반응이 행해지고 있으며, 예를 들면, Olin Mathieson사나 Hüls사가 실시하고 있다. 액상법 보다 전환율이 높고(70~75%), 선택률도 약간 좋다(97%). 부생성물은 아세톤과 프로피온알데히드이다.

방법 3의 원리:

2종류의 선택적인 아크롤레인의 수소화법:

1. 불균일촉매에 의한 기상수소화 (Degussa 또는 Celanese)
2. 불균일촉매에 의한 기상에서의 이소프로필알코올(Shell) 또는 2-부탄올로부터의 H_2이동

3번째의 방법은, 아크롤레인의 포르밀기를 기상에서 선택적으로 수소화 하는 것이다. Degussa법에서는 Cd-Zn촉매상에서, 알릴알코올이 약 70%의 선택률로서 얻어진다. H_2에 의한 수소화 대신에 이소프로필알코올로부터의 수소이동이라고 하는 방법도 가능하다.

$$H_2C{=}CHCHO + (CH_3)_2CHOH \xrightarrow{[cat.]} H_2C{=}CHCH_2OH + (CH_3)_2C{=}O \quad (45)$$

이 반응은 일종의 Meerwein-Ponndorf환원이며, Mg-ZnO을 촉매로서 사용하고, 400℃에서 행해진다. 알릴알코올의 선택률은 80%이다. 이 반응은, Shell사가 개발한 글리세린 합성프로세스의 일부를 형성하는 것으로, 오랫동안에 걸쳐, 미국의 2.3만 t/y 능력의 플랜트로서 실시되고 있었지만, 1980년에 경제적인 이유로부터 폐쇄되었다.

공업적 프로세스에서는, 2-부탄올에 의한 아크롤레인의 환원반응도 널리 행해지고 있다. 이 경우, 2-부탄올은 탈수소되어 메틸에틸케톤으로 된다.

방법 4의 원리:

프로필렌으로부터의 2단계 제조법. 아세트산알릴을 중간체로하고, 이어서 가수분해하여 알릴알코올로 한다.

4번째의 방법은, 아세트산알릴을 가수분해하여 알릴알코올로 하는 것이다. 출발원료인 아세트산알릴은, 아세트산비닐 제조의 경우와 유사한 반응으로, Pd촉매상, 프로필렌, 아세트산, O_2로부터 합성된다.

$$H_2C{=}CHCH_3 + CH_3COOH + 0.5\,O_2 \xrightarrow{[Pd\ cat.]} H_2C{=}CHCH_2O\underset{\underset{O}{\|}}{C}CH_3 + H_2O \left(\Delta H = -\frac{45\ \mathrm{kcal}}{188\ \mathrm{kJ}}/\mathrm{mol}\right) \quad (46)$$

아세트산알릴의 제조법:

Pd금속 또는 Pd화합물로 형성되는 불균일촉매상에서의 프로필렌의 기상 아세톡실화반응

Hoechst사 또는 Bayer사의 방법에서는, 이 프로필렌의 아세톡실화반응이 담지촉매를 사용하고 기상, 150~250℃, 가압하에서 행해진다. 촉매는 Pd금속 또는 Pd화합물, 알칼리금속-아세트산염을 함유하며, Fe 혹은 Bi화합물과 같은 조촉매가 첨가된다.

프로필렌과 아세트산의 전환율을 낮게 억제하면, 아세트산알릴의 선택률은 90% 이상에 달한다. 부생성물은 실제로 CO_2뿐이다.

이어서 아세트산알릴은 가수분해하여 알릴알코올로 변환되지만, 이것은 무기산과 같은 산촉매를 사용하여 잘 알려진 방법으로 행할 수 있다. 한편, Bayer법에서는 산성이온교환체가 촉매로서 사용된다. 또한 Hoechst법에 의하면, 이 가수분해는 230℃, 3 MPa(30 Kg/cm^2)에서 무촉매로 행할 수 있다. 회수한 아세트산은 프로필렌의 아세톡실화 공정에 재사용된다. 진짜의 반응식은 아래와 같이 된다.

아세트산알릴의 알릴알코올로의 변환:

1. 액상에서의 프로톤촉매에 의한 아세트산알릴의 가수분해(촉매로서는 무기산 또는 이온교환체를 사용한다)
2. 고온, 가압하에서의 무촉매 가수분해

$$H_2C{=}CHCH_3 + 0.5\,O_2 \xrightarrow{[cat.]} H_2C{=}CHCH_2OH \qquad (47)$$

알릴알코올의 통산의 선택률은 90%(C_3H_6)이다. 현재, Showa Denko가 3.5만 t/y의 생산능력을 가지고 있다.

알릴알코올은, 거의 대부분이 글리세린의 제조(11.2.3절 참조)에 사용된다. 글리세린합성의 중간체인 글리시돌도 또한 의약품, 화장품 및 유화제의 제조원료로서 중요하다. 더욱, 알릴알코올의 에스테르(예를 들면, 프탈산 혹은 말레산과의 에스테르)는 폴리머의 제조에 사용된다.

알릴알코올의 새로운 용도로서는, 하이드로포르밀화 하여 4-하이드록시부탄알로 하고, 이어서 수소화하는 방식에 의한 1,4-부탄디올의 제조가 있다(4.3절 참조).

또한, 최근 알릴알코올은 에피클로로하이드린의 제조(11.2.1절 참조)에도 사용되기에 이르렀다.

알릴알코올의 용도:

1. 글리시돌을 경유하는 글리세린의 제조
2. 알릴에스테르의 전구체
3. 하이드로포르밀화와 그것에 계속되는 수소화에 의한 1,4-부탄디올의 제조
4. 염소화와 그것에 계속되는 탈염화수소에 의한 에피클로로하이드린의 제조

11.2.3. 알릴화합물로부터 글리세린의 제조

글리세린은 가장 간단한 3가 알코올이지만, 원래는 유지의 비누화의 부생성물로서만 생산되고 있었다. 그러나 1940년대에, 특히 미국에서, 합성세제가 시장을 지배하는 것에 의하여, 지방산을 원료로 하는 비누의 생산은 감소했다. 따라서 글리세린의 생산이 그 수요의 증대에 이윽고 대응할 수 없게 되었다. 이와 같은 시기에 글리세린의 최초의 합성법이 개발되었다.

그러나, 부표에 나와 있는 것과 같이, 석유화학제품으로부터의 글리세린의 제조는, 몇 개의 국가에 있어서는 이미 그 피크를 지나고 있다. 서유럽, 미국, 일본에 있어서 글리세린 생산량의 합계가 부표에 나와 있다(지방산 글리세린에스테르의 가수분해, 가알코올분해에 대해서는 8.2절 참조).

최초의 합성법은, 염화알릴로부터 출발하여 에피클로로하이드린을 중

합성글리세린이 필요하게 된 이유:
합성세제가 유지의 가수분해에 의한 비누 대신으로 되었기 때문에 글리세린이 부족하게 되었다.

석유화학에 의한 글리세린 합성의 역사적인 계기:
프로필렌의 "열염소화반응"의 발견

합성글리세린의 비율(%):

	1975	1980	1990	1998
서유럽	38	29	17	11
미 국	50	47	29	29
일 본	54	37	42	35

글리세린의 생산량합계(단위: 10^3 t):

	1992	1994	1998
서유럽	192	207	219
미 국	159	159	149
일 본	43	42	52

현재, 글리세린합성원료는 아래의 2 종류이다

1. CH_2=$CHCH_2Cl$
2. CH_2=$CHCH_2OH$

대부분은 1을 원료로 한다.

간원료로 하는 방법(11.2.1절 참조)이며, 1943년부터 IG Farben사에 의하여, 또는 1948년부터 Shell사에 의하여 생산이 개시되었다. 현재도 글리세린의 대부분(세계의 글리세린의 전체 생산능력의 80% 이상)은, 원료로서 에피클로로하이드린을 사용하고 있다. 에피클로로하이드린은 묽은 수산화나트륨(10%)과, 가압하, 100~200°C, 2액상반응에서 연속적으로 가수분해하는 방법에 의하여 글리세린으로 된다.

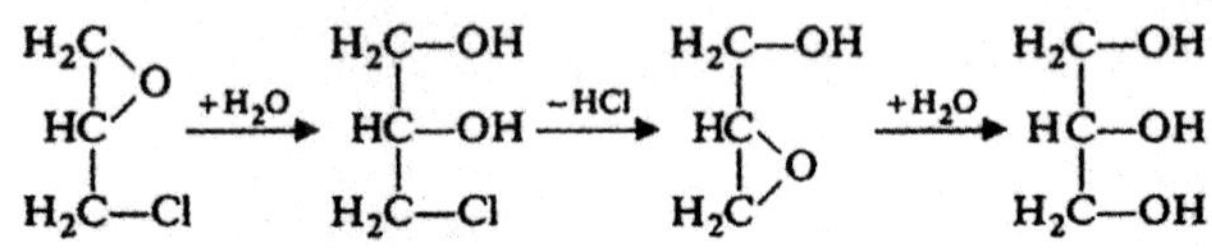

(48)

염화알릴법의 특징:

중간체로서 에피클로로하이드린을 합성한 후, 아래에 나타내는 다단계의 알칼리가수분해를 행한다. 모두 염소가 손실된다.

1. 모노클로로하이드린
2. 글리시돌
3. 글리세린

NaCl을 함유한 글리세린 수용액은 농축하고, 석출한 염을 제거한 후, 이어서 증류에 의하여 98~99%의 글리세린으로 한다.

이 글리세린의 제조는, 서유럽, 미국, 일본, CIS, 중국에서 실시되고 있다.

이 공업적인 최초의 방법에서는, 모든 염소가 소모된다. 즉 에피클로로하이드린의 합성(11.2.1절 참조)에서는, 가치가 없는 $CaCl_2$로서, 다음의 가수분해공정에서는 NaCl로서 염소가 소비된다. 따라서 알릴알코올을 원료로 하는 글리세린의 제조프로세스가 이윽고 개발되었다.

알릴알코올법의 원리:

알릴알코올의 접촉적 에폭시화 및 가수분해. 아래의 2종류의 방법이 있다:

1. H_2O_2에 의한 접촉적 반응(예를 들면, Shell법 혹은 Degussa법) H_2O_2/WO_3=Milas반응제

알릴알코올은 산화텅스텐 혹은 텅스텐산염(예를 들면, $NaHWO_4$)의 존재하, 액상 60~70°C에서, H_2O_2에 의하여 글리시돌을 경유하여 하이드록실화 된다.

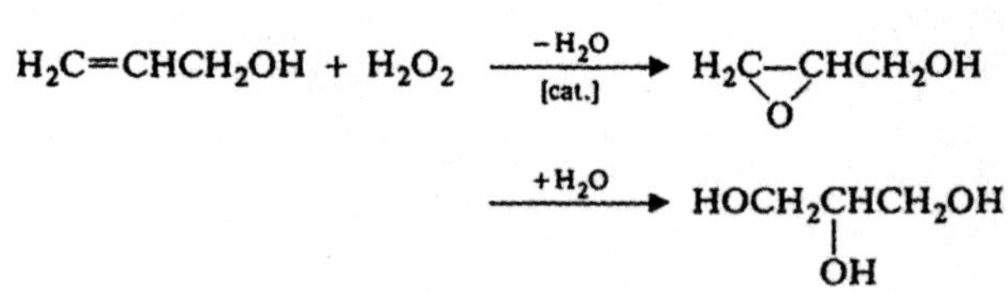

(49)

2. 과아세트산에 의한 접촉적 반응(예를 들면, FMC법 혹은 Daicel법)

알릴알코올 및 H_2O_2에 대한 수득률은 약 90%이다. Degussa사는 1981년부터 공업플랜트(0.3만 t/y의 생산능력)로서, 최초의 공정인 글리시돌의 제조를 행하고 있다. 케톤이나 에스테르(예를 들면 아세트산에틸) 용매 중에서 H_2O_2 대신에 과아세트산을 사용하여 50~70°C에서 알릴알코올을 에폭시화 할 수도 있다. 프로필렌옥사이드의 이성화로부터 출발하는 FMC법에 의한 글리세린의 생산은, 1982년까지 1.8만 t/y 능력의 플랜트로서 행하고 있다. Daicel은 독자의 방법을 개발하여, 1969년이래 공업적으로 실시하고 있다. 이 방법에서는, 과아세트산이 프로필렌의 프

로필렌옥사이드로의 에폭시화에 사용될 뿐만이 아니고, 알릴알코올의 글리시돌에의 에폭시화에도 사용된다. 글리시돌은 가수분해되어 글리세린으로 된다. 글리세린의 2.5배량의 아세트산이 생성한다(7.4.1.1절 참조).

Olin Mathieson사의 방법도 또한, 프로필렌옥사이드의 이성화에 의하여 제조되는 알릴알코올을 원료로 하는 것이다. 이 방법에서는, 먼저 알릴알코올에 HOCl을 부가시켜, 얻어지는 글리세린모노클로로하이드린, $HOCH_2CH(OH)$-CH_2Cl을 가수분해하여 글리세린으로 한다. 이 개량법에 의하여 염소의 일부가 절약된다.

알릴알코올법의 변법:
프로필렌옥사이드로부터 알릴알코올을 합성하고, 이어서 종전의 HOCl 부가, 가수분해를 행한다(예를 들면, Olin Mathieson법)

당, 당밀 또는 이외의 탄수화물의 발효 혹은 가수분해와 수소화분해를 조합시킨 글리세린의 종전의 제조법은, 현재 이미 가치가 없다(1938년부터 IG Farben사에 의하여 공업적으로 실시되고 있었다. glycerogen = 글리세린, 프로필렌글리콜, 에틸렌글리콜의 혼합물).

글리세린은 그의 물리적 성질과 화학적 성질을 이용하여 공업적으로 사용되고 있다.

비점이 높고, 점성이 있으며, 흡습성을 갖는 글리세린의 성질을 이용하여, 부동액, 의약품이나 화장품의 제조, 담배의 습윤제, 혹은 인쇄잉크, 잉크, 접착시멘트 등의 첨가제에 사용되고 있다.

2가지의 관점으로부터의 글리세린의 용도:

1. 물리적 성질(고비점, 고점도, 흡습성)은 습윤제, 부동액, 윤활제나 보조제로 이용되고 있다.

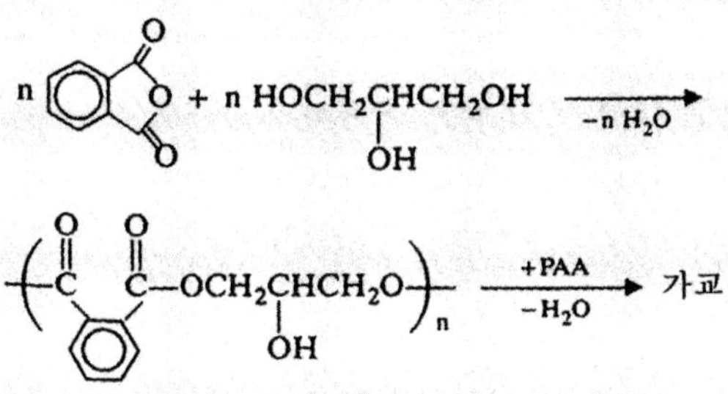

(50)

또한 글리세린은, 트리올로서 알키드수지의 제조에 사용된다. 즉 글리세린을, 다염기성산 혹은 프탈산의 경우에는 무수물(PAA)과 중축합하는 것이다. 거의 같은 몰의 글리세린과 무수프탈산을 반응시키면 직선상이고 용융성의 수지가 얻어진다. 여기에 과잉의 무수프탈산을 가하면 2차 하이드록실기가 에스테르화하여 가교하며, 비용융성의 알키드수지로 된다.

알키드수지는 도료 혹은 와니스공업에 있어서 출발원료로서 사용된다. 글리세린을 원료로 하는 또다른 제품은 글리세린트리폴리에테르이다. 합성법은, 먼저 KOH존재하, 0.3~0.4 MPa(3~4 kg/cm^2), 125°C에서 글리세린을 프로필렌옥사이드로서 프로폭실화 한다. 어떤 결정된 분자량에 달한 후, 일반적으로는 소량의 에틸렌옥사이드와 반응시킨다. 얻

2. 화학적 성질(트리올)은 많은 관능기를 필요로 하는 반응에 이용되고 있다. 예를 들면, 이전에는 glyptals(**gly**cerin + **phthal**ic acid)로서 알려져 있던 알키드수지의 제조. 1차 하이드록실기로서 직선상의 폴리에스테르를 제조하고, 경화시 또는 패킹시에 2차 하이드록실기로서 가교한다.
에톡실화 혹은 프로폭실화에 의하여 글리세린트리폴리에테르를 제조한다. 또한 더욱 이소시아네이트와 반응시켜 폴리우레탄으로 할 수도 있다.

어진 글리세린트리폴리에테르는 계면활성제로서 널리 사용되고 있다. 또한 디이소시아네이트와 반응시켜서 폴리우레탄을 제조할 때의 출발원료로도 된다.

글리세린과 지방산의 모노에스테르, 디에스테르는 식품제조에서 대량으로 사용되고 있다.

현재는 글리세린 생산량의 극히 일부(약 4%)가 트리니트로글리세린의 제조에 사용되고 있는 것에 불과하다. 이 트리니트로글리세린을 실리카겔에 흡착시킨 것이 다이나마이트이며, 1866년에 공업화된 최초의 글리세린유도체이다.

11.3. 아크릴로니트릴

역사적으로는, 단독중합 및 공중합의 모노머로서, 아크릴로니트릴의 공업적인 중요성이 발전했다.

1. 가솔린 및 오일에 강한 buna N 고무(IG Farben)
2. 폴리아크릴로니트릴 섬유 Orlon (Du Pont)

현재 일반적으로 아크릴로니트릴(AN)이라고 불리우는 아크릴산니트릴은, 1930년경에 독일에서, 이어서 미국에서 공업적 가치가 확인되었다. 즉 아크릴로니트릴과 부타디엔의 공중합으로 합성고무 "buna N"이 합성된 것이다. 그후, 아크릴로니트릴의 용도는 모노머, 코모노머로서, 또한 섬유, 수지, 열가소성수지, 엘라스토머 합성의 중간체로서 수 많은 분야로 확대되었다. 용도가 확대되는 것과 함께 제조방법이 진전되는 것에 의하여 아클릴로니트릴 생산량은 현저하게 증대했다.

AN의 생산량(단위: 10^3 t)

	1994	1996	1998
미 국	1373	1530	1416
서유럽	1161	1185	1060
일 본	610	675	667

1998년 세계의 아크릴로니트릴 생산능력은 550만 t/y였다. 그 중, 서유럽이 130만 t/y, 미국이 200만 t/y, 일본이 58만 t/y이다.

이들 국가에서의 아크릴로니트릴 생산량이 부표에 나와 있다.

AN의 제조법:

1. C_2분자+HCN의 반응에 의한 종전의 방법
2. 프로필렌의 암모산화에 의한 새로운 방법

역사적으로는, 아크릴로니트릴은 보다 작은 분자로부터 C_3골격을 형성하는 방법으로 제조되고 있다. 현재는, 주로 Standard Oil of Ohio사(현재 BP사)의 암모산화법 혹은 이것과 유사한 몇 개의 개량법에 의하여, 프로필렌으로부터 제조되고 있다. 프로필렌의 화학적인 용도로서, 아크릴로니트릴은 폴리프로필렌에 이어서 2번째로 되었다.

11.3.1. 역사적인 아크릴로니트릴의 제조법

AN의 역사적인 제조법:
HCN과 아래의 3종류의 C_2 원료로부터 합성된다.

1. 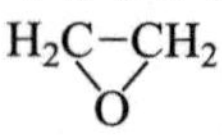
2. $HC\equiv CH$
3. CH_3CHO

아크릴로니트릴의 이전의 제조법은, 비교적 고가인 C_2화합물, 예를 들면 에틸렌옥사이드, 아세틸렌, 아세트알데히드를 사용하고 있었다. 이들의 화합물을 HCN과 반응시켜서, 아크릴로니트릴 혹은 그 전구체를 합성한 것이다.

에틸렌옥사이드를 원료로 하는 최초의 공업적인 제조법은, IG Farben 사에서 개발되었으며, 1952년부터는 UCC사에서, 또한 1970년부터는 Cyanamid사에서 실시되어 왔다. 그러나 그후, 2개의 플랜트 모두 조업이 중지되었다. 반응방법은, 먼저 염기촉매에 의하여 에틸렌옥사이드에 HCN을 부가시켜서 에틸렌시아노하이드린을 합성한다. 이어서 알칼리금속염 혹은 알칼리토류금속염 존재하, 200°C에서 행하는 액상반응이나, 또는 Al_2O_3상, 250~300°C에서 행하는 기상반응의 어느 것으로 탈수한다.

에틸렌옥사이드법의 원리:
먼저 균일촉매반응으로 중간체인 시아노하이드린을 합성하고, 이어서 균일촉매 혹은 불균일촉매에 의하여 탈수하는 2단계법.

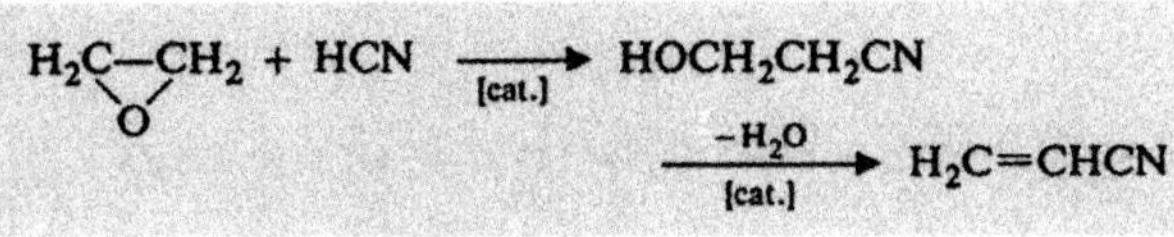
(51)

또다른 방법은, $CuCl-NH_4Cl$촉매에 의하여 80~90°C에서 아세틸렌에 HCN을 부가시키는 것이다. 이 방법은 Bayer사에서 개발되었으며, Cyanamid, Du Pont, Goodrich, Knapsack, Monsanto의 각 회사에서 공업적으로 실시되었다.

아세틸렌법의 원리:
액상균일촉매로서 하이드로시아노화하는 1단계법(Nieuwland시스템)

$$HC{\equiv}CH + HCN \xrightarrow{[cat.]} H_2C{=}CHCN \qquad (52)$$

1950년대 및 1960년대 초기까지는, 미국, 서유럽에서, 이 방법이 가장 유리한 아크릴로니트릴의 제조법이었다. 그러나 그후, 아세틸렌법은 사용하지 않게 되었다.

3번째의 Hoechst(Knapsack-Griesheim)법은 공업적으로 중요하지 않게 되었다. 이것은 염기촉매에 의하여 아세트알데히드를 HCN과 반응시켜서, 락트산니트릴(락토니트릴)로 하고, 이어서 H_3PO_4존재하, 600~700°C에서 탈수하여 아크릴로니트릴을 제조하는 것이다.

아세트알데히드법의 원리:
먼저 아세트알데히드시아노하이드린(락토니트릴)을 합성하고, 이어서 접촉적으로 탈수하는 2단계법.

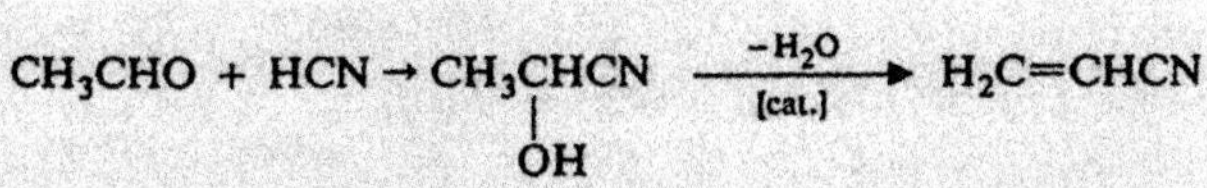
(53)

이 방법의 1단계의 반응은 1996년까지 미국의 Sterling사에서 행해지고 있었다. 또한 일본의 Musashino화학에서는 현재도 행해지고 있다. 그러나 얻어진 락토니트릴은, H_2SO_4 존재하, 약 100°C에서 가수분해하여 락트산으로 한다. 얻어진 락트산은 단리한 후, 메틸에스테르로서 정제한다. 현재, 세계의 락트산의 생산량은 약 5만 t/y이다. 이 중에서 약 2/3는 당이나 전분 등의 발효에 의하여 제조되고 있다. 락트산은, 주로 식품분야에서 향신료(13.2.3.4절 참조)나 빵의 첨가제 등으로서 사용되

현재는, 락토니트릴은 락트산(DL체) 제조의 중간체로서만 사용되고 있다.

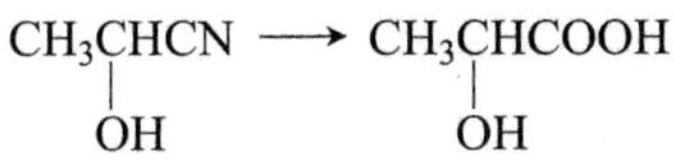

는 이외에, 글리세린에스테르의 형태로서 유화제로 사용된다. 락트산의 새로운 용도로서는, 생분해성 폴리머의 원료가 있다.

프로필렌의 니트로소화에 의하여 AN을 합성하는 방법은 현재는 가치가 없다.

현재는 이미 사용되지 않지만, 다른 하나의 방법에 프로필렌을 원료로하는 것이 있다. 이 방법이 더욱 발전하여 현재의 아크릴로니트릴의 제조법이 되었다라고 생각된다. Du Pont사가 이 프로세스를 개발했고, 미국이 파일럿플랜트로서 잠시 조업하고 있었다. 이 방법에 의하면, Ag_2O/SiO_2 혹은 탈륨이나 납화합물을 함유한 알칼리금속산화물을 촉매로 사용하고, 프로필렌을 NO와 반응시킨다.

$$4\,H_2C{=}CHCH_3 + 6\,NO \xrightarrow{[cat.]} 4\,H_2C{=}CHCN + 6\,H_2O + N_2 \qquad (54)$$

11.3.2. 프로필렌의 암모산화

암모산화의 특징:

예를 들면, 아래의 화합물의 활성 CH_3기를 니트릴기로 변환한다.

$H_2C{=}CHCH_3$　$H_2C{=}C(CH_3){-}CH_3$

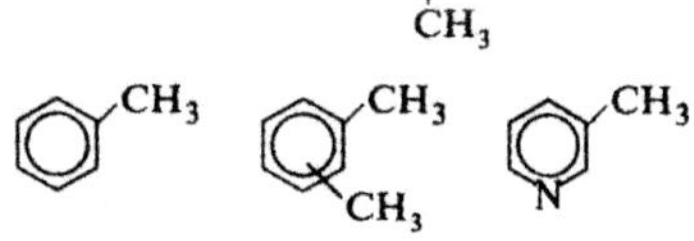

암모산화라고 하는 것은, 활성메틸기와 NH_3의 접촉산화로서 니트릴기를 합성하는 반응이다. 프로필렌을 사용하면 아크릴로니트릴이 얻어진다.

$$H_2C{=}CHCH_3 + NH_3 + 1.5\,O_2 \xrightarrow{[cat.]} H_2C{=}CHCN + 3\,H_2O \left(\Delta H = -\frac{120\ kcal}{502\ kJ}/mol\right) \qquad (55)$$

암모산화의 반응메카니즘:

화학흡착한 C_3H_6 및 NH_3로부터의 H원자의 탈취, 이어서 레독스메카니즘에 의하여 결정격자중의 산소원자로서 H원자를 산화한다.

반응의 경로는 다음과 같이 생각된다. 촉매표면에 화학흡착된 프로필렌과 NH_3로부터 각각 2개의 H원자가 단계적으로 탈취된다. 이어서 생성한 C_3H_4화학종과 NH화학종이 반응하여 아크릴로니트릴이 생성된다.

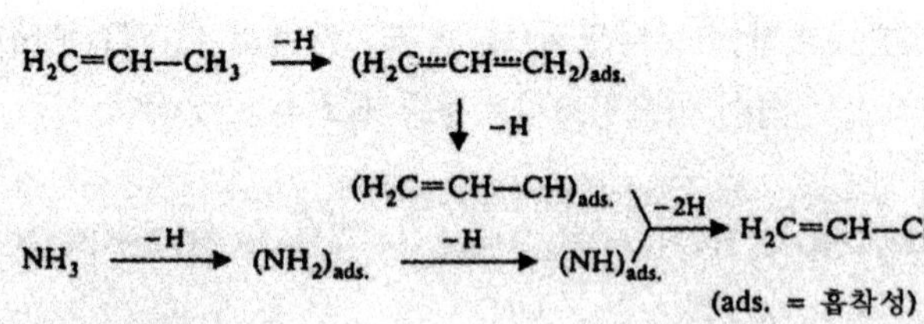

(56)

수소원자는 결정격자중의 산소원자로서 산화되어, 물로 된다. 촉매는 기상부분의 산소로서 재산화된다.

활성메틸렌기를 갖는 올레핀에서, 산화탈수소반응을 일으키지 않는 것과 같은 구조의 경우에만, 암모산화로서 니트릴이 얻어진다. 예를 들면, 부텐의 이성체 중에서는, 이소부틸렌만이 메타크릴로니트릴을 생성한다. *n*-부텐은 산화탈수소되어 부타디엔으로 된다. 톨루엔(Japan Catalytic Process), 자일렌도 마찬가지로 암모산화에서 그에 상당하는 니트릴로

된다(14.2.3절 참조). 헤테로고리화합물도 암모산화할 수 있다. 예를 들면, β-피콜린은 니코틴산니트릴의 원료로서 사용된다. 니코틴산니트릴로부터는 공업적으로 중요한 니코틴산아미드(나이아신아미드, 비타민 B_5)가 간단히 제조된다(7.4.5절 참조).

이 암모산화법의 원리는, 이미 1947년, Allied사의 특허에 기술되어 있다. 그러나 Distiller사 및, 특히 **S**tandard **O**il of **Ohio**(Sohio)사에 의한 뛰어난 촉매의 개발에 의하여, 1957년에 처음으로 경제적으로 이익이 되는 선택률이 달성되기에 이르렀다. 이 방법에 의한 최조의 아크릴로니트릴 플랜트는, 1960년에 가동이 개시되었다.

1957년: 최초의 Sohio의 특허 $Bi_2O_3 \cdot MoO_3$촉매

1960년: 산화적 아미노화 반응에 대해서 최초로 "암모산화"라고 하는 명칭이 사용되었다. 최초의 공업플랜트

11.3.2.1. Sohio 아크릴로니트릴프로세스

Sohio(현재는 BP사의 일부)법은, 모든 암모산화법 중에서 가장 중요한 공업적 지위를 점유하고 있다. 현재는 세계의 아크릴로니트릴 생산능력의 대부분이 Sohio법에 기인하고 있다. 플랜트의 규모로서는 18만 t/y의 능력도 가능하다.

Sohio의 AN제조법의 원리:

불균일촉매에 의한 1단계 기상산화법, 유동상에서 $Bi_2O_3 \cdot MoO_3$촉매를 사용하고, NH_3,공기, H_2O의 존재하에서 프로필렌을 산화한다.

최초로 사용되고 있던 몰리브덴산비스무트 촉매는, 후에 개량되었으며, 안티몬산우라늄 촉매로 대체되었다. 이 촉매에 의하여 부생되는 아세토니트릴의 양이 큰 폭으로 감소했다. 더욱, 철화합물 등을 함유한 개량의 몰리브덴산비스무트 촉매가 개발되었으며, 선택률이 더욱 향상되었다. 이 철화합물을 사용하는 개량법은 Hoechst사(Knapsack사)의 연구성과에 기인하고 있다. 이 촉매는 1972년부터 공업적으로 사용되고 있다.

Sohio법에서의 촉매의 개량

1. 촉매: $Bi_2O_3 \cdot MoO_3$
2. 촉매21: $UO_2 \cdot Sb_2O_3$
3. 촉매41: Fe화합물 등을 첨가한 $Bi_2O_3 \cdot MoO_3$
4. 촉매49: 미발표

Sohio법의 공업적인 실시형태는, 거의 화학양론량의 프로필렌과 NH_3를 약간 과잉의 공기와 물의 존재하, 유동상에서 반응시킨다. 반응조건은 450°C, 0.15 MPa(1.5 kg/cm^2)이다. 이때, 프로필렌의 일부가 연소하기 때문에, 160 kcal/mol(760 kJ/mol)이라고 하는 이론량보다도 많은 발열이 있다. 이 열은 유동상 반응기중의 열교환기(물을 순화시키는 코일상의 파이프를 수직으로 배열한 것)에 의하여 제거한다. 제거한 열은 과열수증기의 발생에 사용된다.

기술적 특징:

주반응, 부반응, 축차반응에서 발생하는 열은, 유동상 및 열교환기에서 회수하고, 수증기의 발생에 이용한다.

반응가스의 후처리는, 먼저 물로서 세척하여, 모든 유기생성물을 불활성인 N_2와 프로판(순도 92~93%의 프로필렌의 나머지)으로부터 분리한다. HCN(프로필렌의 암모산화의 다른 하나의 부생성물)의 아크릴로니트릴로의 부가반응으로서, 염기촉매에 의한 2차반응을 방지하기 위하여, 잔존 NH_3와 H_2SO_4로서 중화할 필요가 있다. 물로서 세척할 때의 pH값을 조정하는 방식에 의하여, 부생성물의 아크롤레인을 수지화 할 수 있다.

AN의 단리:

1. 소량의 미반응 NH_3를 중화하여 $(NH_4)_2SO_4$로 한다.
2. 물세척에 의하여 불활성화합물을 분리하고, 동시에 아크롤레인을 수지화시킨다.
3. AN수용액을 다단계로서 증류한다.

아크릴로니트릴의 수용액을 다단계의 증류에 의하여 99% 보다도 상당히 높은 순도의 합성섬유용 그레이드의 아크릴로니트릴이 얻어진다. 프로필렌의 전환율은 거의 100%이고, 아크릴로니트릴의 선택률은 70%이상(C_3H_6)에 달한다.

부생성물의 용도:
1. CH_3CN은 용매 및 중간체로서, 또한 장래는 AN합성의 원료로 사용할지도 모른다.
2. HCN은 메타크릴산, NaCN, 메티오닌, 옥사미드 등의 원료로서.

아크릴로니트릴 1000 kg당, 30~40 kg의 아세토니트릴과 140~180 kg의 HCN이 부생한다. 아세토니트릴은 일반적으로, 폐기물로서 소각된다. 그러나 부가설비를 설치하는 것에 의하여 아세토니트릴을 단리, 정제할 수도 있다(예를 들면, Du Pont사, BP사). 아세토니트릴은 선택용매 및 중간체로서 이용된다. 산화적 메틸화에 의하여 아세토니트릴을 아크릴로니트릴로 변환하는 반응은 지금까지 많이 연구되어 왔다(11.3.3절 참조). HCN은, 아세톤시아노하이드린을 경유하는 메타크릴산의 합성(11.1.4.2절 참조), 메티오닌의 합성(11.1.6절 참조), NaCN의 합성, 옥사미드의 합성(시안화수소산, 2.3.4절 참조)등 다종, 광범위하게 이용된다.

11.3.2.2. 기타의 프로필렌/프로판의 암모산화법

다른 암모산화법에 의한 AN의 제조:
1. BP(Distillers)-Ugine법:
도중에서 아크롤레인을 단리하는 2단계법은 공업적으로 실시되고 있지 않다. 1단계의 BP법이 행해지고 있다.

Sohio법 이외에도 많은 암모산화의 변법이 있다. BP(Distillers)-Ugine법에서는, 프로필렌을 Se/CuO촉매로서 산화하여 아크롤레인으로 한다. 이어서 MoO_3 고정상촉매를 사용하여, NH_3와 공기로서 이것을 아크릴로니트릴로 변환한다. 이 2단계법에서는 아크릴로니트릴이 약 90%(아크롤레인에 대해서)라고 하는 높은 선택률로서 얻어진다. 그러나, 이 방법은 공업적으로는 그다지 중요하지 않았다. BP사가 개발한, 또다른 1단계법이 몇 개의 플랜트로서 실시되고 있다.

2. Montedison법:
Te, Ce, Mo의 산화물을 사용하는 유동상에서의 1단계법. UOP에 의한 개량법이 공업적으로 실시되고 있다.

Montedison법에서는, SiO_2에 담지한 Te, Ce, Mo의 산화물로 형성되는 촉매를 사용하여, 유동상 반응기 중, 420~460°C에서 프로필렌을 암모산화한다. 1200 kg의 프로필렌과 560 kg의 NH_3로부터, 1000 kg의 아크릴로니트릴, 50 kg의 HCN, 25 kg의 아세토니트릴, 425 kg의 $(NH_4)_2SO_4$가 얻어진다. 아크릴로니트릴의 수득률은 66%(프로필렌)로 된다. UOP사는 Montedison법의 촉매와 재처리공정을 개량하여, 프로필렌의 전환율이 약 95%이고, 아크릴로니트릴의 수득률을 80%이상으로까지 향상시켰다. 또한, NH_3의 사용량도 저하시킬 수 있으며, $(NH_4)_2SO_4$의 부생도 감소했다.

이 개량법이 몇 개의 플랜트로서 실시되고 있다.

3번째의 방법은 Snamprogetti/Anic사에서 개발되었으며, 공업적으로 실시되고 있는 것이다. 고정상의 Mo/V 또는 Mo/Bi 촉매를 사용하고,

440~470°C, 0.2 MPa(2 kg/cm^2)에서 반응시키는 방식에 의하여, 1260 kg의 프로필렌으로부터 1000kg의 아크릴로니트릴, 240 kg의 HCN, 25 kg의 아세토니트릴이 얻어진다.

3. Snamprogetti/Anic법: Mo/V 또는 Mo/Bi촉매를 사용하는 고정상에서의 1단계법.

또다른 프로세스가 Ugine Kuhlmann사 및 오스트리아의 질소제조회사에서 개발되어 공업적으로 행해지고 있다. 2개의 프로세스 모두 고정상반응기에서 행해지며, 반응열은 열중탕에서 제거되어 수증기발생에 이용된다.

프로필렌과 마찬가지로, 프로판도 또한 암모산화 할 수 있다. Monsanto, Power Gas, BP, ICI의 각 회사가 프로판을 사용하는 방법을 개발했다. 프로판을 먼저 탈수소하여 프로필렌으로 하기 위하여 485~520°C라고 하는 높은 온도가 필요하다.

다른 암모산화원료를 사용한 AN의 제조법:
Monsanto, Power Gas, BP, ICI의 각 회사에서 개발된 프로판법.

선택률은 30%로서, 직접 프로필렌을 원료로 하는 경우에 비하여 현저하게 낮다.

Lummus사는 KCl−CuCl−$CuCl_2$와 같은 용융염중에서, 프로판 또는 프로필렌과, NH_3, O_2로부터 아크릴로니트릴의 제조방법을 개발했다. 이 방법은 아직 공업적으로는 실시되지 않지만, BP사는 이 유동상 1단계법의 실증 플랜트의 개발을 행하고 있다.

Lummus사가 개발한 용융염중에서 프로판 또는 프로필렌/프로판혼합물을 사용하는 방법.

BP의 파일럿플랜트는 현재 건설중이다.

11.3.3. 아크릴로니트릴 제조법의 전망

C_1화학 즉, 모든 화석연료 또는 바이오매스로부터 얻어지는 가장 간단한 기초적 원료인 합성가스 혹은 메탄을 이용하는 연구가, 세계적으로 빈번하게 행해지고 있으며, 이것은 아크릴로니트릴의 신규합성법의 개발에도 주목되고 있다.

C_1화학에 의한 새로운 2단계 아크릴로니트릴 제조법:
1. CO/H_2와 NH_3를 반응시켜 아세토니트릴로 한다.
2. 아세토니트릴을 산화적으로 메틸화하여, 아크릴로니트릴을 합성한다.

예를 들면, Monsanto사는 합성가스와 NH_3로부터 아세토니트릴의 제조방법을 개발했다. 즉, Mo 혹은 Fe의 산화물로 형성되는 촉매를 사용하여, Mn, Sr, Ba, Ca 또는 알칼리금속화합물을 조촉매로 하고, 350~600°C, 3.5 MPa(35 kg/cm^2)에서 반응이 행해진다. 아세토니트릴의 선택률은 85%이다.

$$NH_3 + 2\,CO + 2\,H_2 \xrightarrow{[cat.]} CH_3CN + 2\,H_2O \qquad (57)$$

이어서, 아세토니트릴은 CH_4에서 산화적으로 메틸렌화 하여, 아크릴로니트릴로 한다. 반응식을 아래의 식으로 나타낸다. 알칼리금속 또는 알칼리토류금속의 할로겐화물과 Bi, Mo 혹은 Zn의 산화물을 담지한 촉

C_1법에 의한 아크릴로니트릴합성의 장점:
Sohio법의 부생성물인 아세토니트릴이 사용된다.

매를 사용하고, 물의 존재하, 750°C 이상의 온도에서 반응이 행해진다. 전환율은 45%이고, 아크릴로니트릴의 선택률은 70%에 달한다.

$$CH_3CN + CH_4 + O_2 \xrightarrow{[cat.]} H_2C{=}CHCN + 2\,H_2O \qquad (58)$$

프로필렌의 암모산화에 의한 아크릴로니트릴을 합성할 때, 부생하는 아세토니트릴이, 수용액인 그대로 직접 이 반응에도 사용될 수 있다. 이 방법에 의하여 통산 선택률이 향상된다.

11.3.4. 아크릴로니트릴의 용도와 유도체

AN의 용도:

1. 호모폴리머, 코폴리머 제조용의 반응성모노머(CN기와 공액한 이중결합). 예를 들면, 섬유, 수지, 합성고무용(ABS = **a**crylonitrile-**b**utadiene-**s**tyrene; SAN = **s**tyrene-**a**crylo**n**itrile)
2. 중간체:
   예를 들면, 전해환원 2량화에 의한 아디포니트릴 합성. 활성인 H 원자를 갖는 화합물에의 시아노에틸화.
   부분가수분해에 의한 아크릴아미드 합성, 완전가수분해에 의한 아크릴산 합성 및 가알코올분해에 의한 에스테르의 합성(11.1.7.1절 참조)

공업적인 시아노에틸화반응의 응용: 의약품 및 염료

아크릴로니트릴의 아크릴아미드로의 3종류의 가수분해 방법:

아크릴로니트릴의 주요한 용도는, 합성섬유, 합성고무, 합성수지로서 사용되는 호모폴리머, 코폴리머 제조용의 모노머이다.

주요 공업국에 있어서, 아크릴로니트릴의 용도비율은 표 11.6에 나와 있지만, 특히 폴리머분야에서의 용도가 두드러진다.

"기타"중에서, 중간체로서의 아크릴로니트릴의 용도가 양적으로 비교적 크게 성장하고 있는 것을 알 수 있다. 예를 들면, 전해환원 2량화에 의한 아디포니트릴의 제조(10.2.1.1절 참조)를 들 수 있다. 또한 아크릴로니트릴은 활성인 이중결합을 가지고 있으며, 광범위한 반응에 사용되는 화합물이다. 알코올, 아민, 아미드, 알데히드, 케톤 등의 활성인 수소원자를 갖는 화합물은, 일반적으로 염기촉매의 존재하에서 아크릴로니트릴의 이중결합에 부가시킬 수 있다. 이 시아노에틸화라고 불리우는 반응은 의약품이나 염료분야에서 중요하다.

아크릴로니트릴은 또한 전분, 셀룰로오스의 변성에도 사용된다. 그러나, 얻어지는 시아노에틸화합물은 그다지 중요하지 않다.

한편, 아크릴로니트릴의 부분가수분해에 의한 아크릴아미드의 제조는, 이미 공업적으로 대규모로 행해지고 있다.

표 11.6 아크릴로니트릴의 용도(중량%)

생 성 물	세 계		미 국		서유럽		일 본	
	1991	1997	1991	2001	1992	1997	1990	1997
아크릴섬유	59	53	34	17	66	59	52	53
ABS 및 SAN수지	20	30	26	22	15	18	26	25
니트릴고무	4	4	3	3	4	4	4	4
아디포니트릴	9	10	25	38	4	9	6	9
기타(아크릴아미드를 포함)	8	3	12	20	12	10	12	9
총 소비량 (10^6톤)	3.85	4.81	0.60	0.76	1.20	1.10	0.65	0.71

$$H_2C{=}CHCN + H_2O + H_2SO_4 \rightarrow H_2C{=}CHCONH_2 \cdot H_2SO_4 \xrightarrow{+2NH_3} H_2C{=}CHCONH_2 + (NH_4)_2SO_4 \quad (59)$$

고전적인 방법에서는, 가수분해는 화학양론량의 H_2SO_4를 사용하여 행해진다. 또한 아크릴로니트릴 및 아크릴아미드가 중합하기 쉽기 때문에, 중합금지제도 첨가된다. 이 반응에서는, 1단계에서 아크릴아미드황산염이 생성하며, 이어서 NH_3에 의하여 유리의 아크릴아미드로 된다. 부생성물의 황산암모늄과 아크릴아미드는, 비용이 드는 여러 단계의 재결정으로 분리된다. 아크릴아미드의 선택률은 약 80%이다.

1. 아크릴아미드황산염을 경유하는 H_2SO_4법. 예를 들면 Mitsui Toatsu법. 부생성물의 $(NH_4)_2SO_4$를 분리하는데 비용이 든다.

Cyanamid, Dow, Mitsui Toatsu, Mitsubishi화학의 각각의 회사에서 최근 개발된 아크릴아미드 제조법은, 산을 사용하지 않고, 불균일촉매에 의한 아크릴로니트릴의 부분가수분해이다. 이 방법의 장점은, 촉매를 여과하여 취하고, 이어서 미반응의 아크릴로니트릴을 유거하는 것에 의하여, 실질적으로 순수한 아크릴아미드의 수용액이 얻어지는 것이다. 이 아크릴아미드수용액은 그대로, 혹은 농축하여 사용할 수 있다. Mitsui Toatsu법의 촉매는 금속구리(예를 들면 Raney-Cu)이며, 80~120°C에서 사용된다. 아크릴로니트릴의 전환율은 60~80%이고, 아크릴아미드의 선택률은 96%에 달한다. 1973년에 이 방법에 의한 0.5만 t/y 능력의 플랜트가 건설되었으며, 수년 후에는 생산능력이 증강되었다. Cyanamid사도 1970년대 말기에 금속구리촉매를 사용하는 2.7만 t/y 능력의 플랜트를 개시했다.

2. Cu를 함유한 촉매를 사용하는 접촉적 가수분해. 많은 프로세스가 있다. 장점은 H_2SO_4법에 비하여 후처리가 간단하다.

Dow사는 개량된 구리-크로마이트촉매를 개발했다. 이 촉매는, 일정한 조업기간 마다, 산화처리하고, H_2로서 재활성화하지 않으면 안된다.

Mitsubishi화학은 1975년에 고전적인 방법을 중지하고, 촉매법에 의한 새로운 플랜트의 조업을 개시했다. 당초의 생산능력은 2.5만 t/y였지만, 그 후 4.5만 t/y까지 증강되었다.

또다른 아크릴아미드의 제조법은, 아클릴로니트릴의 생물공학적 가수분해이다. 1985년에 Nitto화학(현재 Mitsubishi Rayon)은 0.4만 t/y의 플랜트를 개시했으며, 그후, 생산능력은 2만 t/y로 증강되었다. 이 방법에서는, 아크릴로니트릴의 묽은 수용액(2~5중량%)이, 개량된 폴리아크릴아미드에 고정화된 효소에 의하여, 20°C, 상압에서 아크릴아미드로 가수분해되며 수득률은 거의 100%이다.

3. 고정화효소, 즉 니트릴하이드라타아제를 사용하는 생물공학적 가수분해.

아크릴로니트릴을 아크릴아미드로 위치 선택적으로 가수분해하는 또다른 효소법이 일본과 미국의 대학에서 연구되고 있다.

1997년의 아크릴아미드의 생산능력은 미국이 11.7만 t/y, 서유럽이 11.8만 t/y, 일본이 11만 t/y였다.

아크릴아미드의 용도:
응집제용 폴리머나 분산체, 수지, 도료의 성분으로서 사용되는 폴리머를 제조하기 위한 모노머, 순간적인 가교제로서의 메틸올 유도체

아크릴아미드는 폴리아크릴아미드나 분산체, 수지, 도료분야에서의 폴리머를 제조하기 위한 모노머로서 사용된다. 폴리아크릴아미드는, 물처리, 부유선광, 종이처리용의 응집제로서의 중요성이 증대하고 있다. 폴리아크릴아미드는 또한, 석유의 3차회수용에 사용량이 증가하고 있다. 또한 메틸올아크릴아미드로 하여, 폴리머의 가교제로서도 사용된다.

제 12 장

방향족 화합물: 제법과 용도

12.1 방향족화합물의 중요성

광범위하게 응용되고 있는 방향족화합물의 기본제품은 벤젠, 톨루엔, 에틸벤젠 및 *o*-자일렌, *m*-자일렌, *p*-자일렌이다.

이들에 비해서, 나프탈렌이나 안트라센 등의 다핵방향족화합물은 그다지 중요한 지위를 점유하지 않고 있다. 미국, 서유럽, 일본 및 CIS에서의 최근의 방향족화합물의 생산량이 표 12.1에 나와 있다.

방향족화합물은 광범위한 용도를 갖는 중요한 화학원료이다. 예를 들면, 모든 합성수지, 합성고무, 합성섬유의 많은 부분이 방향족화합물로부터 유도되고 있다.

아세틸렌으로부터 벤젠을 합성하기도 하고, 디이소부틸렌(2,4,4-트리메틸펜텐)으로부터 자일렌류를 합성하는 등, 간단한 지방족화합물로부터

주요 방향족화합물의 서열:

BTX류분 즉, 벤젠, 톨루엔, 자일렌은, 방향족석유화학제품 중에서는 생산량이 많고, 에틸벤젠이 이것에 뒤따른다. 나프탈렌이나 안트라센은 원료로서의 가치가 한정되어 있다.

방향족화합물의 제법의 원리:

1. 지방족의 작은 화합물로부터 방향족화합물을 선택적으로 합성하는 것은 가능하지만, 경제적이 아니다.

표 12.1 방향족화합물의 생산량(10^6)

생 성 물	미 국			서유럽			일 본		
	1985	1995	1998	1985	1995	1998	1985	1994	1998
벤젠	4.49	7.24	7.41	4.95	7.51	6.80	2.08	3.62	4.20
톨루엔	2.26	3.05	3.04	2.43	3.05	2.23	0.80	1.22	1.35
o-/*m*-/*p*-자일렌	2.40	3.34	4.07	2.03	2.41	2.82	1.52	3.63	4.34
에틸벤젠	3.88	6.19	5.74	3.25	4.89	4.59	1.65	2.59	2.90
나프탈렌	0.14	0.09	0.11	0.20	0.24	0.15	0.13	0.19	0.21

방향족화합물을 합성하는 것은, 원리적으로는 가능하지만, 이 종류의 기술은 공업적으로는 사용되고 있지 않다.

2. 석탄 혹은, 지방족/방향족화합물을 함유하는 석유로부터 직접 방향족을 분리하는 방법은 중요하지 않다.

3. 현재의 일반적인 방향족화합물의 제조법은 석탄, 석유의 열적 혹은 접촉적 전환과 그것에 뒤따르는 분리이다.

실제로, 방향족화합물은 거의 모두가, 화학연료인 석탄과 석유로부터 제조되고 있다. 그러나 석탄이나 석유는 미처리인 그대로는 원래 방향족화합물의 함량이 낮기 때문에, 직접 분리하는 것은 경제적으로 의미가 없다.

즉, 방향족화합물의 경제적인 공급원은 코크스공장이나 정유소에 있어서 열적 혹은 접촉적 전환프로세스를 통하여 얻어지고 있다.

12.2 방향족화합물의 원료소오스

석탄, 석유로부터의 방향족화합물의 제조의 원료소오스:
1. 석탄의 건류제품(코크스화)
2. 고옥탄가가솔린 제조프로세스로부터의 개질가솔린
3. 나프타의 수증기분해로부터의 열분해가솔린

방향족화합물의 공업적인 단리에는 기본적으로 아래와 같은 3가지의 소오스가 있다.

1. 석탄의 코크스화에서 얻어지는 류분
2. 조잡한 가솔린을 처리하여 얻어지는 개질가솔린
3. 에틸렌/프로필렌을 제조할 때 얻어지는 분해가솔린

코크스제조에서 병산되는 콜타르는, 다음의 이유에서 원료소오스로서의 지위가 저하하고 있다:
1. 제철법의 효율화에 의한 코크스 사용량의 감소
2. 도시가스의 분해가스나 천연가스로의 전환
3. 장래, 제철에 있어서도, 코크스 대신에 중유가 사용될 것이다.

석탄을 코크스화 시킬 때, 생성하는 콜타르(석탄타르), 코크스로수 및 코크스로가스는, 역사적으로 가장 중요한 방향족화합물의 원료 소오스였지만, 현재 이들의 중요성은 점점 저하하고 있다. 코크스는 석탄의 코크스화의 주요제품이며, 약 80%의 수득률로서 얻어지고 있지만, 제철에 있어서 고로정련법의 기술이 개량된 것에 의하여 소비량이 감소했다. 또한, 도시가스의 공급이 코크스로가스로부터 석유의 분해가스나 천연가스로 전환된 것에 의하여, 코크스의 수요는 더욱 후퇴하고 있다. 단, 현재 제철을 위한 중유의 사용은 그다지 행해지지 않고 있다.

석탄으로부터 콜타르의 생산량 (단위: 10^6t)

	1975	1980	1992	1994
서유럽	4.0	3.2	1.7	1.5
일 본	2.5	2.6	1.9	1.9
미 국	2.9	2.4	1.1	1.0
세 계	16.0	15.0	15-16	11.4

코크스의 생산량이 저하하는데 따라서, 콜타르의 생산량도 감소하고 있다. 예를 들면, 서유럽에서의 콜타르의 생산량은, 1960년 650만 t/y으로부터 1994년 150만 t/y으로까지 감소했다. 발전도상국 및 동유럽에서 석탄의 코크스화가 증가하고 있기 때문에, 세계의 콜타르의 생산량은 1960년대 초기까지 1500~1600만 t/y으로서 그다지 변화가 없었지만, 그후는 상당히 감소하고 있다.

석탄의 가스화 혹은 저온 코크스화의 프로젝트가 실용화되면, 이 상황은 변할지도 모른다. 저온 코크스화에서 부생하는 타르의 양이 증가하는 것에 따라서, 이것은 방향족의 원료소오스로서 중요하게 될지도 모른다.

현재 선진공업국에서는, 방향족화합물의 급속한 수요증가에 따르는 공급원은 석유이다. 1960년 서유럽에서는, 석유로부터 방향족화합물이 거의 제조되지 않았다. 다른 한편, 미국에서는 이미 83%가 석유로부터 제조되고 있었다. 1990년 이후에는, 부표에 나와 있는 것과 같이, 주요 공업국에서 콜타르로부터 얻어지는 벤젠의 비율은 극히 소량에 불과하다. 톨루엔과 자일렌은, 거의 전체의 수량이 석유로부터 제조되고 있다.

부표에 나와 있는 것과 같이, BTX 원료소오스의 변화는 석유로의 이행이 현저하지만, 소량이면서 석탄의 이용도 계속되고 있다.

1998년의 BTX 생산량(표 12.1참고)은, 미국이 1450만 t, 서유럽이 1190만 t, 일본이 990만 t이었다.

콜타르로부터의 벤젠 생산량의 비율(중량%)

	1975	1980	1994	1998
서유럽	23	10	6	5
일 본	13	10	4	5
미 국	6	6	2	2

BTX의 원료소오스(중량%):

	석유			석탄		
	1986	1990	1995	1986	1990	1995
미 국	97	98	99	3	2	1
서유럽	96	95	95	4	5	5
일 본	90	93	95	10	7	5

12.2.1 석탄의 코크스화로부터의 방향족화합물

석탄에는, 방향족탄화수소가 고분자화합물(평균분자량 약 3000, 최근의 측정결과에서는 500,000의 것까지 포함)의 형태로서 함유된다. 1000~1400℃에서의 코크스화(고온코크스화)에 의하여, 이들은 분해 혹은 해중합 된다. 이 때, 저분자량의 방향족화합물이 생성하며, 조잡한 가스, 코크스로수, 콜타르의 3종류의 코크스화 유출물중에 유출된다. 이들은 특별한 방법으로 단리된다. 나머지 코크스는 실질적으로는 순수한 탄소이다. 따라서 코크스화는 수소가 풍부한 화합물과 수소가 적은 화합물의 불균화라고 생각된다.

석탄의 코크스화의 원료:

주로 고분자량 방향족화합물의 고온열분해에 의하여 다음의 물질이 생성한다:

1. 조잡한 가스 혹은 코크스로가스
2. 코크스로수
3. 타르유 혹은 콜타르
4. 코크스

조잡한 가스 혹은 코크스로가스로부터 방향족화합물을 분리하는 데에는, 고비점탄화수소(안트라센오일)에 의하여 가스를 세척하든지, 또는 활성탄에 흡착시킨다. 세척유는 증류에 의하여, 또는 활성탄은 수증기 탈착에 의하여 방향족화합물이 분리된다. 불포화탄화수소 및 질소함유화합물, 유황함유 화합물은, 황산처리에 의하여 정제하든지, 접촉수소화반응에 의하여 제거되지만, 후자 쪽이 현재 잘 행해지고 있다. 그후, 증류에 의하여 소위 "조잡한 벤젠" 혹은 "코크스로벤젠"이 얻어진다. 표준적인 조성이 표 12.2에 나와 있다.

원료 1:

코크스로가스로부터 가스세척에 의하여 BTX방향족화합물을 분리하고, 황산을 사용하여 정제하든지 혹은 티오펜이나 메틸시클로펜타디엔 등을 제거하기 위하여 수소화한다.

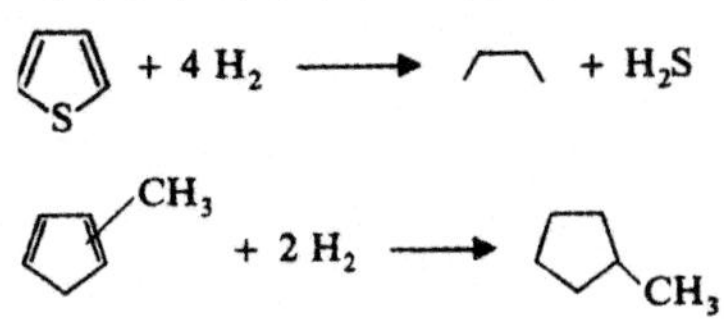

표 12.2 코크스로가스 추출액(조잡한 벤젠)의 전형적인 조성

생 성 물	용량%
경유분	2
벤젠	65
톨루엔	18
자일렌	6
에틸벤젠	2
고분자량 방향족	7

표 12.3 콜타르 증류액의 전형적인 조성

비점 상한(℃)	류분	중량%	주성분
180	경유	<3	BTX방향족, 피리딘류
210	석탄산유	<3	페놀류
230	나프탈렌유	10~12	나프탈렌
290	세척유	7~8	메틸나프탈렌, 아세나프텐
400	안트라센유	20~28	안트라센, 페난트렌, 카르바졸
>400	핏치	50~55	

나프탈렌의 대부분은 잔사중에 함유된다.

원료 2:

용제추출에 의하여 코크스로수로부터 페놀/크레졸/자일렌올을 단리한다.

코크스로수 중에는 페놀 및 그의 동족체가 약 0.3중량% 함유되어 있으며, 벤젠 혹은 아세트산부틸 등으로 추출하는 방식에 의하여 수상으로부터 단리된다(Phenosolvan법). 추출성분은 주로 페놀(52중량%), 크레졸, 자일렌올, 고분자량의 페놀류이다(13.2.1절 참조).

원료 3:

증류에 의하여 거칠게 분리하고, 이어서 정류하는 것에 의하여, 콜타르로부터 각종 방향족 모핵류분을 분리한다.

콜타르는, 이외에 중요한 방향족 모핵류분을 함유하고 있으며, 분별증류에 의하여 표 12.3의 류분으로 분리된다.

각 성분을 농축 혹은 회수하기 위한 방법으로서, 재결정, 추출 혹은 다른 분리법이 이용된다(나프탈렌 12.2.3.1절; 안트라센 12.2.3.2절 참조).

12.2.2 개질가솔린과 분해가솔린으로부터 방향족화합물

2차프로세스에서 얻어지는 방향족에 풍부한 석유정제류분:

개질가솔린
분해가솔린

석유 정제프로세스에 있어서, 가솔린의 개질 및 열분해에 의하여 올레핀을 제조할 때, 방향족화합물의 풍부한 류분이 생성한다. 개질가솔린 및 분해가솔린은 방향족화합물의 중요한 원료소오스이다.

개질가솔린은 분지 및 직쇄알칸을 50%이상 함유한 파라핀계 원유와, 주로 시클로알칸으로 형성되는 나프탈렌 원유의 양쪽으로부터 제조된다. 어떤 형태의 원유도 증류로서 얻어지는 류분의 옥탄가가 낮기 때문에, 자동차용 가솔린으로서 사용하기 위해서는 reforming(개질)할 필요가 있다. 이 리포밍처리라고 하는 것은, 특별한 접촉적 변성법을 의미한다. 촉매로서는 산성분과 수소화-탈수소성분으로 형성되는 2원기능촉매가 사용된다. 예를 들면, 산성분은 $Al_2O_3 \cdot SiO_2$이고, 수소화-탈수소성분으로서는, platforming법에서는 백금, rheniforming법(Chevron촉매)에서는 백금/레늄의 2원금속계가 사용된다. 레늄을 첨가하는 것에 의하여 신터링이 방지되며, 금속의 분산성이 유지되기 때문에 촉매의 수명이 길어진다. 최근, Exxon사는 다성분의 금속클러스터 촉매가 매우 높은 활성을 나타내는 것을 발견했다. 조성은 공표되어 있지 않지만, 그것은 이미 실제적으로 플랜트에서 사용되고 있다.

리포밍의 원리:

$Pt/Al_2O_3 \cdot SiO_2$, $Pt\text{-}Re/Al_2O_3 \cdot SiO_2$ 혹은 최근 개발된 다성분의 금속클러스터라고 하는 2원기능촉매상에서의, 이성화, 방향족화(탈수소) 및 환화반응의 조합.

플렛포밍법:

73기의 플랜트에서 사용되고 있는 UOP법

레니포밍법:

70기 이상의 플랜트에서 사용되고 있는 Chevron법

리포밍조건하(450~550℃, 1.5~7.0 MPa)에서, 예를 들면 알킬시클로펜탄은 치환시클로헥산으로 이성화되며, 더욱 촉매 중의 탈수소성분의 작용으로 방향족화된다. 알칸으로부터 시클로알칸으로의 환화탈수소나, *n*-알칸으로부터 이소알칸으로의 이성화도 동시에 일어난다.

반응예:

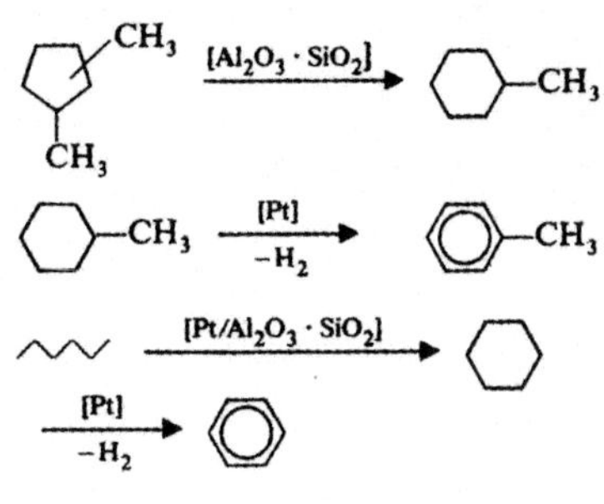

이와 같이 해서 얻어진 개질의 조잡한 제품은 증류하는 것에 의하여 방향족이 풍부한 류분이 얻어지지만, 이것은 비교적 비점이 높은 방향족화합물을 함유하고 있기 때문에, 특히 톨루엔이나 자일렌류의 제조에 사용된다.

분해가솔린은 에틸렌, 프로필렌, 혹은 더욱 탄소수가 많은 올레핀류를 제조하기 위하여 나프타를 수증기 분해할 때 얻어진다. 벤젠의 농도가 비교적 높기 때문에 벤젠제조의 주요원료의 하나로 되어있다.

수증기분해법의 원리:
수증기존재하, 무촉매에서 이성화, 방향족화 및 환화가 조합되어 일어난다. 현재는 원료로서, 주로 나프타가 사용된다.

개질가솔린이 그대로 방향족화합물의 제조에 사용될 수 있는 것에 대해서, 분해가솔린 및 코크스플랜트로부터 얻어지는 조잡한 벤젠은, 먼저 수소화에 의하여, 중합하기 쉬운 모노올레핀이나 디올레핀을 제거하지 않으면 안 된다. 함유 유황, 함유 질소, 함유 산소화합물도 동시에 제거된다. 이 수소화는 일반적으로 2단계로서 행해진다. 대표적인 방법은 IFP법이며, Pd 및 Ni-W촉매가 사용되고 있다. 또한, 300~400℃, 2~4MPa(20~40 kg/cm^2)에서 CoO-MoO_3/Al_2O_3촉매를 사용하는 방법도 있다.

BTX 단리를 위한 조잡한 제품의 전처리(정제):
개질가솔린: 필요 없음
분해가솔린: 불포화화합물 및 함유 유황, 함유 질소, 함유 산소화합물을 제거하기 위하여 수소화처리가 필요.

리포밍이나 크래킹의 조건(2단계), 혹은 원료 나프타의 비점범위등에 따라서 방향족화합물의 성분분포는 다소 변하지만, 이것을 무시하면 조성은 거의 표 12.4와 같이 된다.

방향족화합물의 함량이나 성분의 분포는, 예를 들면 리포밍이나 크래킹 조건, 원료 나프타의 종류 등의 요인으로 좌우된다.

표 12.4 개질 및 분해가솔린의 전형적 조성(중량%)

생성물	개질가솔린	분해가솔린
벤젠	3	40
톨루엔	13	20
자일렌	18	4~5
에틸벤젠	5	2~3
고분자량 방향족	16	3
방향족 이외	45	28~31

방향족화합물의 원료소오스는 석탄의 코크스화생성물, 개질가솔린, 분해가솔린의 3종류이지만, 국가에 따라서 이들의 공급가능량이나 조성이 다르기 때문에, 각각의 방향족화합물의 제조에 대한 이들의 기여는 가지각색이다. 예를 들면, 벤젠의 원료소오스는 미국, 서유럽, 일본에서는 매우 다르다.

각각의 방향족화합물의 공급량은, 다른 대형제품들과는 다르며, 몇 가지의 원료소오스의 공급가능량과 조성에 의존한다.

주요 원료소오스:

	벤젠	톨루엔/자일렌
미 국	개질가솔린	개질가솔린
서유럽	분해가솔린	개질가솔린
일 본	분해가솔린	개질가솔린

표 12.5로부터 아는 바와 같이, 서유럽과 일본에서는 에틸렌이 주로 나프타분해에 의하여 제조되고 있으며, 병산되는 분해가솔린이 벤젠의 주요 원료소오스로 되어 있다. 이것과는 대조적으로, 미국에서는 개질가솔린이

표 12.5 벤젠 제조원료의 비율(중량%)

원 료	미 국			서유럽			일 본		
	1985	1995	1999	1986	1994	1999	1984	1994	1999
분해가솔린	20	17	36	59	52	66	59	34	38
개질가솔린	47	43	43	15	17	22	23	54	50
수소화탈알킬(12.3.1절 참조)	28	26	7	18	24	5	9	5	1
석탄, 기타[1]	5	14	14	8	7	7	9	17	11

[1] 톨루엔의 불균화 등

벤젠의 주요한 원료소오스이다. 세계적으로 보면, 톨루엔 및 자일렌류는 주로 개질가솔린으로부터 제조되고 있다. 이 2가지의 제품에 관해서는, 석탄의 코크스화프로세스는 현재 주로 원료소오스로서의 역할이 없어졌다.

개질가솔린이나 분해가솔린의 이외의 성분. 예를 들면 올리고메틸벤젠의 예:

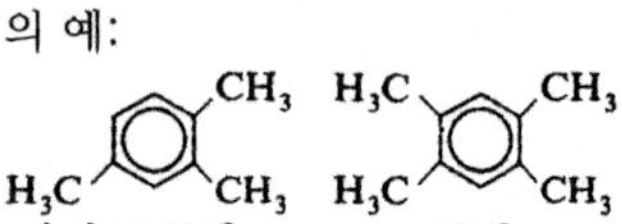

슈우도쿠멘 듀렌

요즘, 다치환알킬벤젠류, 특히 1,2,4-트리메틸벤젠(슈우도쿠멘), 1,2,4,5-테트라메틸벤젠(듀렌)등의 메틸벤젠류가 공업적으로 사용되기에 이르렀다. 이 2가지 제품은 모두 가격이 싸며, 개질가솔린이나 분해가솔린의 고비점류분으로부터의 분리, 혹은 석탄의 화학적 처리에 의하여 충분한 양을 공급할 수 있다.

아래의 화합물의 중요한 중간체이다.

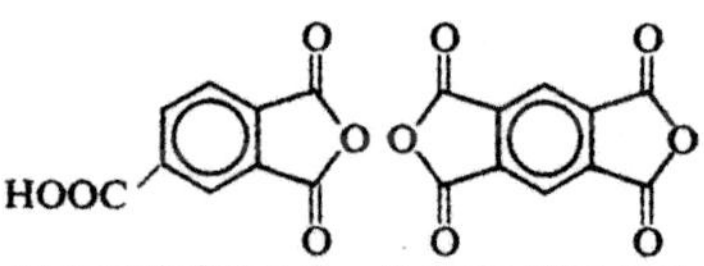

무수트리멜리트산 무수피로멜리트산

이들의 화합물의 중요한 용도는, 주로 그의 산화생성물에 있다. 즉, 이들로부터 무수트리멜리트산(1,2,4-벤젠트리카르복시산무수물) 및 무수피로멜리트산(1,2,4,5-벤젠테트라카르복시산무수물)이 제조된다.

벤젠카르복시산류의 제조법:
기상불균일계 혹은 액상균일계에서의 메틸벤젠류의 접촉산화

메틸벤젠류의 산화반응은 기상, 350~550°C에서 개량된 V_2O_5촉매의 존재하, 산소 또는 공기로서 행할 수 있다. 또한 액상산화도 가능하다.

공업적인 메틸벤젠류의 산화프로세스 (Bergwerksverband, Bofors Nobel Kemi, Amoco)

액상법에는, 170~190°C에서, 산화제로서 약 7%의 묽은 질산을 사용하는 방법(Bergwerksverband 및 Bofors법), 아세트산중에서 Mn촉매와 브롬 존재하, 공기를 사용하는 방법(Amoco법, 14.2.3절 참조)이 있다.

3단계의 무수트리멜리트산 제조의 별법:
1. *m*-자일렌의 카르보닐화
2. 메틸기, 알데히드기의 산화
3. 탈수

무수트리멜리트산의 생산이 증가하는 것에 동반하여, 다른 제조법도 개발되었다. Mitsubishi가스화학 및 Amoco사의 방법에 의하면, 먼저 *m*-자일렌을 HF · BF_3촉매로서 카르보닐화하여, 2,4-디메틸벤즈알데히드로한다. 이어서 $MnBr_2$/HBr의 존재하에 산화한 후, 다음에 탈수한다.

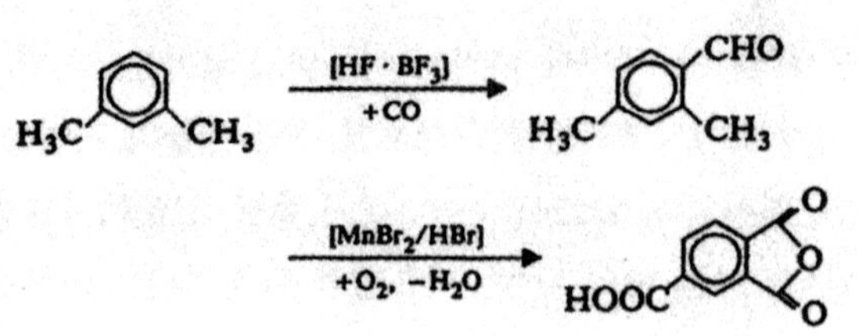

(1)

카르보닐화공정의 수득률은 96%이상(*m*-자일렌), 산화공정의 수득률

은 약 91%이다. 이 방법은 기업화가 계획되어 있다.

무수트리멜리트산의 세계의 생산능력은, 1999년에 있어서 10.1만 t/y 였다. 또한 무수피로멜리트산의 세계의 생산능력은 1995년에 있어서 약 0.8만 t/y였다. Du Pont사의 연구에 의하여, 이들 2종류의 산무수물은, 매우 내열성이 뛰어난 폴리이미드(예를 들면, 무수피로멜리트산과 4,4-디아미노디페닐에테르로부터 제조되는 "Kapton필름") 제조의 중요한 원료로 되었다.

그러나, 트리멜리트산의 대부분(60~80%)은 가소제용 에스테르의 제조, 접착제, 바인더, 인쇄용잉크에 사용되고 있다.

벤젠카르복시산류의 용도:
폴리아미드, 폴리이미드, 가소제용 에스테르, 접착제, 바인더, 인쇄용잉크의 원료

공업적으로 생산되고 있는 폴리이미드의 예:

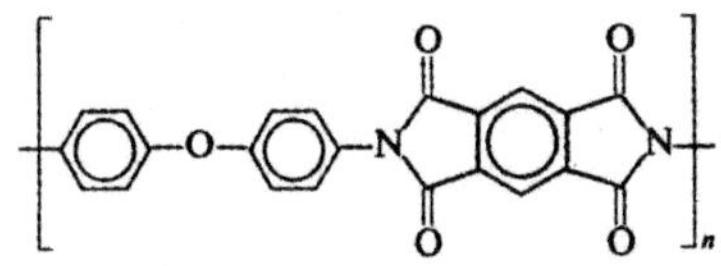

12.2.2.1. 방향족화합물의 단리

개질가솔린 및 분해가솔린으로부터의 방향족화합물의 단리프로세스는, 기본적으로는 비방향족화합물을 제거하는 공정과, 이어서 방향족혼합물을 각각의 성분으로 분리하는 공정의 2단계로 형성되어 있다.

원리적 및 경제적인 이유로부터, 어느 쪽의 분리공정 모두 증류법의 적용은 한정된 것으로 된다. 예를 들면, 시클로헥산, *n*-헵탄, 이외의 알칸은 벤젠이나 톨루엔과 공비혼합물을 형성하기 때문에, 이들을 증류로서 분리할 수 없다. 더욱 예를 들면 자일렌이성체 및 에틸벤젠은 서로 비점차가 작기 때문에, 증류로서 분리하려고 하면 상당히 복잡한 조작을 필요로 하며, 경제적으로 성립되지 않는다. 따라서 증류는 혼합류분의 제조를 위해서만 행해지고 있다.

이것은 원료혼합물마다 그 조성에 따르는 분리법이 필요하며, 더욱 각각의 성분에 대해서 더욱 더 높은 순도가 요구되도록 되었기 때문이다. 실제로는, 방향족/비방향족혼합물의 분리는 상당히 특수한 방법으로 행해지고 있다.

방향족화합물 단리법의 일반적 원리:
1. 비방향족 성분의 제거
2. 각각의 성분으로의 분리

방향족 단리를 위한 분별증류는 다음의 이유로부터 특수한 경우에 한정한다:
1. 비방향족과 방향족화합물이 공비혼합물을 형성하기 때문에 분리할 수 없다
2. C_8성분간의 비점차가 작다.

	비점(°C)
에틸벤젠	136.2
p-자일렌	138.3
m-자일렌	139.1
o-자일렌	144.4

순도 98%의 *o*-자일렌을 얻기 위해서는, 120~150단의 증류탑과 5~8이라고 하는 높은 환류비가 필요.

12.2.2.2. 비방향족/방향족 및 방향족혼합물의 특수한 분리법

탄화수소혼합물로부터 방향족화합물을 분리하는 방법으로서, 다음의 5가지 방법이 개발되어 있다. 분리목적, 사용되고 있는 기술 및 각 프로세스를 실시할 때의 원리적, 경제적인 전제조건이 표 12.6에 정리됐다.

각종 조성의 방향족 류분에 대한 특수한 분리프로세스의 개발이 필요.

방법 1.

공비증류법이란, 극성이 높은 첨가물(아민, 알코올, 케톤, 물)을 가하고, 저비점 공비혼합물을 형성시켜서 알칸이나 시클로알칸의 제거를 용이하게 하는 것이다.

공비증류법에 의한 방향족/비방향족 분리의 원리:
아세톤 혹은 메탄올 등의 극성이 높은 화합물을 첨가하고, 비방향족의 휘발성을 높인다 (공비혼합물의 형성). 공비혼합물은 탑 꼭대기로부터 유출하며, 방향족은 가마솥에 남는다.

표 12.6 방향족화합물의 분리법

방법	분리목적	전제조건(원리적, 경제적)
1. 공비증류	분해가솔린으로부터 BTX분리	방향족농도 높다(>90%)
2. 추출증류	분해가솔린으로부터 BTX분리	방향족농도 중정도(65~90%)
3. 액-액추출	개질가솔린으로부터 BTX분리	방향족농도 낮다(20~65%)
4. 동결결정화	*m-/p*-자일렌으로부터의 *p*-자일렌의 분리	C_8방향족류분으로부터 증류하여 *o*-자일렌과 에틸벤젠을 미리 제거해준다.
5. 고체에의 흡착	C_8방향족류분으로부터의 *p*-자일렌의 분리	연속적, 가역적, 선택적 흡착

공비증류를 이용하는 경우, 사용하는 류분은 좁은 비점범위의 것이 전제로 된다. 벤젠류분의 경우에는 아세톤을, 또한 톨루엔, 자일렌류분의 경우에는 메탄올을 첨가하여, 비방향족을 제거한다. 아세톤 혹은 메탄올은 유출액으로부터 물로서 추출하고, 수층으로부터 증류회수하여 공비탑으로 재순환된다.

공비증류법의 장점:
방향족 농도가 높은 경우, 분리공정에서, 원료용액의 대부분은 기화시킬 필요가 없다(에너지적으로 유리).

방향족 농도가 90% 이상의 경우에 공비증류법이 경제적이다. 즉, 분해가솔린이나 석탄의 코크스화로부터의 조잡한 벤젠(12.2.1절 참조)과 같이, 극히 소량의 비방향족을 분리하는 것만으로 좋은 경우이다.

방법 2.

추출증류법에 의한 방향족/비방향족 분리의 원리:
새롭게 첨가하는 방향족 용매가 방향족의 비점을 높이고, 자신도 방향족과 함께 탑 밑바닥에 남으며, 비방향족은 탑 꼭대기로부터 유출한다.

추출증류법의 경우에도, 방향족과 비방향족의 비점차를 크게하기 위하여 첨가물이 사용된다. 그러나 이 경우에는, 첨가물은 방향족성분의 휘발성을 억제하는 작용을 한다.

방향족에 대해서 선택적인 용매로서는, 열적으로 안정하여 비부식성의 물질, 예를 들면 디클로로벤젠, 트리클로로벤젠, 벤질알코올, 폴리글리콜, 페놀, 아민, 니트릴, N-메틸피롤리돈(NMP), 술폴란등이 적당하다. 공비증류의 경우와 마찬가지로, 추출증류의 경우도 단일의 좁은 비점범위의 류분(벤젠류분, 톨루엔류분)에 적용된다. 그러나, 고선택성의 용매(예를 들면, N-메틸피롤리돈)를 사용하면, 벤젠과 톨루엔을 동시에 회수하는 것이 가능하다.

추출증류법의 특징:
공비증류와는 다르며, 탑 밑바닥으로부터 유출되는 유출액을 더욱 증류하고, 방향족을 탑 꼭대기로부터 유출시키며, 선택추출용매는 탑 밑바닥용액으로서 분리한다.

공업적인 추출증류프로세스에서는, N-메틸피롤리돈(Distapex법), N-포르밀모르폴린(Morphylane법, Octenar법), 디메틸포름아미드 혹은 술폴란이 사용되고 있다. 추출탑에서는 비방향족이 탑꼭대기로부터 유출하고, 방향족은 용매와 함께 탑밑바닥에 남는다. 이어서 방향족이 스트립핑탑에 있어서, 통상 수증기를 가하는 것에 의하여 용매로부터 분리된다. 대개는 계속해서 산성백토에 의한 처리를 행하고, 탈색과 동시에 소량의 불포화화합물을 제거한다.

추출증류법은, 특히 분해가솔린(약 65~90%의 방향족 함량)으로부터 방향족을 단리하는데 경제적인 방법이다.

방법 3.

액-액추출법은 위의 2가지의 방법보다도 널리 사용되고 있는 분리법이다. 이 방법에 의하면, 원료중의 방향족의 농도가 각각 변해도, 이들의 방향족을 동시에 추출할 수 있다. 추출증류법과는, 기본적인 곳이 한 점 다르다. 추출증류법에서는, 액상이 단일상뿐인 것에 대해서, 액-액추출법에서는 추출용매의 극성이 높기 때문에 탑 내부의 각각의 단에서, 쉽게 분액하는 2액상이 존재한다. 공업적 프로세스에서는, 각종 용매계 혹은 혼합용매계가 사용되고 있다(표 12.7참조).

액-액추출법에는 많은 변법이 있지만, 모두 향류추출조작이 이용되고 있다. 혼합 및 분리조의 조합(mixer-setller)보다도 추출탑쪽이 잘 이용된다. 추출탑의 경우, 용매는 탑꼭대기부분으로부터 공급되며, 분리되는 원료혼합액은 중앙부분에 공급된다. 비방향족은 추출탑의 상부로부터, 방향족을 함유한 용매는 하부로부터 취해진다. 분리효율을 높이기 위해서, 소위 "방향족환류가" 행해진다. 즉, 추출액으로부터 비방향족을 완전

액-액추출법에 의한 방향족/비방향족분리의 원리:

서로 용해하지 않는 2상을 형성하는 강한 극성의 혼합용매에 의한 선택적 방향족 추출.

추출증류와의 차이:

방향족/비방향족/용매혼합액은 균일상인 곳이 다르다.

액-액추출법의 특징:

혼합 및 분리조 혹은 추출탑에서의 향류추출, 추출탑에서는 추출액(용매 및 방향족)으로부터 비방향족을 제거하기 위하여, 방향족의 환류가 행해진다.

표 12.7 용매추출을 이용하는 방향족 분리기술

프로세스	회 사	용 매	추출조건
Udex	UOP-Dow	모노-, 디-, 트리-, 테트라에틸렌글리콜/물 및 이들의 혼합물	130~150°C, 0.5~0.7MPa
Tetra	UCC	테트라에틸렌글리콜/물	공표되지 않았음
Sulfolane	Shell-UOP	테트라하이드로티오펜디옥사이드(술폴란)	50~100°C
Arosolvan	Lurgi	N-메틸피롤리돈/물	20~40°C, 0.1MPa
DMSO	IFP	디메틸술폭사이드/물	20~30°C
CIS	–	프로필렌카보네이트	20~50°C
Duo-Sol	Milwhite Co.	프로판/크레졸 또는 페놀	공표되지 않았음
Formex	Snamprogetti	N-포르밀모르폴린/물	40°C, 0.1MPa
Aromex	Koppers	N-포르밀모르폴린/물	80°C, 0.2MPa
Morphylex	Krupp-Koppers	N-포르밀모르폴린/물	공표되지 않았음
Mofex	Leuna-Werke	모노메틸포름아미드/물	20~30°C, 10~40KPa
Arex	Leuna-Werke	N-메틸-ε-카프로락탐	60°C, 상압

히 제거하기 위하여, 순수한 방향족의 일부를 추출탑의 하부로 되돌리는 것이다.

추출액의 후처리:
방향족과 용매와의 분리
1. 직접증류
2. 제 2의 용매에 의한 역추출

추출후, 비방향족은 추출잔액(raffinate)으로서 취하고, 방향족과 용매가 추출액(extract)을 형성한다. 이어서 추출액은 아래의 어느것의 방법으로 처리된다.

1. 일반적으로, 스팀스트립핑에 의하여 직접증류한다.
2. 역추출에 의한 스트립핑으로 선택용매로부터 분리한 후, 증류에 의하여 역추출용매로부터 분리한다.

가격이 싼 저비점용매를 사용하는 것에 의하여, 고가인 추출제가 절약되며, 또한 에너지적으로도 유리하다.

스트립핑에서는, 펜탄과 같은 저비점 탄화수소로서 방향족을 역추출한 후, 단순한 증류로서 그의 파라핀용매로부터 분리한다.

프로세스의 예:
IFP추출법은, DMSO를 용매로 사용하며, 추출효율이 높기 때문에, 실질적으로 손실이 없는 분리가 가능하다.

예로서 IFP사의 용매추출법의 결과를 나타내지만, 이 방법이 효율적인 것을 잘 알 수 있다. 추출용매로서 디메틸술폭사이드(DMSO)가 사용되며, 예를 들면, 10%의 벤젠, 27%의 톨루엔, 18%의 자일렌을 함유하는 개질가솔린을 처리하여, 다음과 같은 추출수득률(중량%)이 얻어진다.

벤젠: 99.9%, 톨루엔: 98.5%, 자일렌: 95%

액-액추출법은 순수한 벤젠이나 순수한 톨루엔을 얻기 위해서 가장 일반적으로 행해지고 있는 방법이다. 예를 들면, Udex법(UOP-Dow사)은 50기 이상의 플랜트로서 실시되고 있다. 최근에는 Tetra법(UCC사)이 잘 이용되지만, 이것은 추출효율이 높기 때문에 에너지의 소비가 적고, 처리량이 많은 것 등 경제성이 좋기 때문이다.

결정화법에 의한 자일렌의 이성체 분리의 원리:
비점차가 작은것에 비하여, 융점차는 훨씬 크기 때문에, 경제적으로 유리한 분리법으로 된다.

C_8성분의 융점:

	융점(℃)
p-자일렌	+13.3
o-자일렌	−25.2
m-자일렌	−47.9
에틸벤젠	−95.0

결정화법 이외의 공업적 이용:

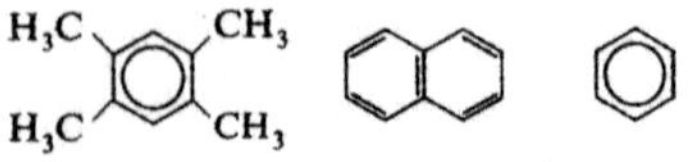

의 단리.

방법 4.

결정화법은 주로 자일렌의 이성체를 분리하는데 이용되고 있지만, 듀렌이나 나프탈렌, 또는 특수한 경우에는 벤젠의 분리에도 사용된다. *p*-자일렌의 단리를 위한 결정화에 앞서서, 일반적으로는 정류를 행하고, 자일렌의 이성체(*o*-, *m*-, *p*-)와 에틸벤젠의 혼합물을 얻는다. 이들의 C_8 방향족류분의 각 성분의 비점은 상당히 접근하고 있으며, 그중에서도 *m*-자일렌 및 *p*-자일렌의 증류에 의한 분리는 매우 어렵다. 양쪽을 증류로서 분리하려고 생각하면 약 800단의 증류탑과 커다란 환류비를 필요로 하며, 경제적으로는 전혀 맞지 않는다.

이것에 대해서, 결정화의 온도에는 충분한 차이가 있기 때문에, 이것을 이용하면 공업적으로 성립하는 분리법이다.

캘리포니아의 Standard Oil사에서의 연구에 기인하여, 1950년, 최초의 분별결정법의 파일럿플랜트가 Oronite Chem사에 의하여 가동되었다. 그후, 같은 *p*-자일렌의 분리법이 Humble Oil, Sinclair, Phillips Petroleum, Krupp, Arco, Maruzen Oil, IFP의 각각의 회사에 의하여 개발되었다.

최근의 플랜트에서는, 먼저 최초에 C_8방향족류분으로부터 고비점의 *o*-자일렌을 제거하고, 에틸벤젠/*p*-자일렌/*m*-자일렌의 혼합물이 탑꼭대기에서 류분으로 얻어진다. 이 탑꼭대기의 류분으로부터 복잡한 증류조작에 의하여 저비점의 에틸벤젠을 류거한다. 이와 같이 해서 얻어진 중류분은 *m*-자일렌 및 *p*-자일렌의 2:1혼합물이다. 이 혼합물은, Al_2O_3 혹은 SiO_2로서 주의하면서 건조시킨다. 빙결에 의한 폐쇄를 방지하기 위하여, 물의 함량을 약 10ppm 이하로 낮출 필요가 있기 때문이다. 이어서 −20℃로부터 −75℃까지 단계적으로 냉각하지만, 이것은 액화에틸렌, 프로판, 암모니아를 기화시켜서 행해진다. 석출한 *p*-자일렌은 조각용 칼날로서 냉각기벽으로부터 잘라내어, 결정슬러지로서 취한다. 이어서 원심분리 혹은 여과에 의하여 결정케익과 여과액으로 분리한다. 이 1단계의 처리로서, 결정케익중의 *p*-자일렌의 농도는 70%로 된다. 여과액중의 *m*-자일렌의 농도는 80%이다.

C_8방향족류분의 결정화 분리를 위한 전처리:

1. 증류에 의하여, 탑꼭대기유출액으로서의 혼합물류분과 고비점류분의 *o*-자일렌을 미리 분리한다.
2. 저비점의 에틸벤젠을 복잡한 증류조작으로 분리하여 중류분(2/3가 *m*-자일렌, 1/3이 *p*-자일렌)을 얻는다.
3. 중류분을 Al_2O_3 혹은 SiO_2로서 예비건조하여 수분을 10ppm까지 낮춘다.

조작법:

다단계의 결정화, 분리, 세척, 재용해에 의하여 순도 99.5%의 *p*-자일렌이 얻어진다.

융해와 결정화를 반복하는 방식에 의하여, 순도 99.5%의 *p*-자일렌이 얻어진다. 이때, 열교환기를 조합시키는 방식에 의하여, 경비가 드는 냉각에너지가 최대한으로 이용된다. 수득률은 공급한 혼합물에 대해서 거의 100%이다. 여과액으로부터 얻어지는 *m*-자일렌의 순도는 약 85%밖에 되지 않지만, 이것은 *p*-자일렌과 공융혼합물을 형성하기 때문이다. 이 혼합물은 일반적으로 *o*-자일렌 및 *p*-자일렌으로 이성화된다(12.3.2절 참조).

공업적 결정화법의 프로세스에 의한 차이:

열교환시스템 및 결정화방법의 차이에 의하여, *p*-자일렌 결정의 형상과 크기가 변한다.

Amoco사는 *m*-자일렌이 풍부한 혼합물을 산화하여 이소프탈산과 테레프탈산으로 하고, 이어서 양쪽을 분리하는 프로세스를 개발했다(14.3절 참조). Japan Gas-Chemical Co.의 방법에 의하면, HF-BF_3로서 추출하는 방법에 의하여 순수한 *m*-자일렌을 제조할 수 있다(12.3.2절 참조).

p-자일렌/*m*-자일렌 분리의 별법:

m-자일렌, *p*-자일렌의 산화에 의하여 다음의 카르복시산으로 하는 Amoco의 간접분리법.

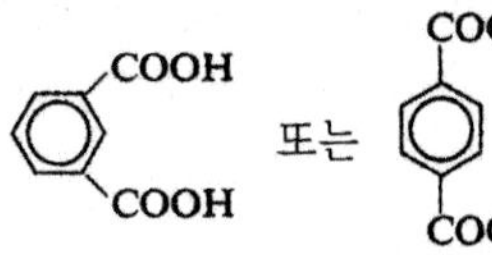

방법 5.

고체의 표면 및 그의 세공구조에 의하여, 어떤 특정한 분자의 흡착에 대해서, 특이성을 나타내는 경우(*n*/*i*-파라핀의 분리, 3.3.3.1절 참조), 그의 **고체상으로의 흡착**을 이용하여 혼합물로부터 선택적인 분리를 행할 수 있다.

고체상으로의 흡착을 이용하는 방향족 분리의 원리:

표면적이 큰 고체는, 특정한 형태의 분자를 선택적으로 흡착한다.

고전적인 예로서는, 활성탄을 사용하는 코크스로가스로부터의 벤젠의 단리가 있다. 이외에, 실리카겔에의 흡착을 이용하여 비방향족을 함유하는 혼합물로부터 방향족(벤젠, 톨루엔)을 분리하는 Arosorb 프로세스가 있다.

종전부터 행해지고 있었던 방향족 흡착법의 예:

1. 코크스로가스로부터의 벤젠의 단리
2. 벤젠/톨루엔을 단리하는 Arosorb 프로세스

흡착법의 최근의 이용 예:
혼합 자일렌 혹은 C_8개질가솔린 유분으로부터의 *p*-자일렌의 단리

프로세스의 예:

1. Toray법 "Aromax"(aromatics maximum recovery)가 공업적으로 실시되고 있다.

2. UOP법 "Parex"(**par**axylene **ex**traction)은 많은 플랜트에서 실시되고 있다.

p-자일렌 분리프로세스의 특징:
여러 종류의 흡착제 또는 단일의 흡착제를 사용하여, 흡착과 저비점 탄화수소에 의한 탈착을 교대로 행한다. 혼합 자일렌과 탈착용매를 교대로 공급하는 조작을 연속으로 행한다.(UOP법).

최근에는, Aromax 및 Parex-프로세스가 공업적으로 주목되고 있다. 이들은, 자일렌혼합물 혹은 소량의 비방향족을 함유하는 C_8개질가솔린으로부터 *p*-자일렌을 단리하는 프로세스이다.

Aromax법(Toray)에서는, *p*-자일렌은 액상중, 200°C, 1.5 MPa(15 kg/cm^2)의 조건에서, 이성체혼합물로부터 개량된 제올라이트(몰레큘라시브)에 선택적(형상선택성)으로 흡착된다. 이어서 *p*-자일렌은 용매를 사용하여 탈착시킨다. 증류 후, 순도 99.5%의 *p*-자일렌이 얻어진다.

Parex법(UOP사)에 있어서도 마찬가지로, 다공성의 고체흡착제(대개는 몰레큘라시브)가 사용된다. 단, VEB-Leuna사에서는, 많은 플랜트에서 사용되고 있다. 몰레큘라시브에 의한 석유류분으로부터의 파라핀의 분리프로세스를 Parex법이라고 말한다(3.3.3.1절 참조). UOP사의 연속법은, C_8방향족류분 혹은 자일렌의 이성화혼합물로부터 *p*-자일렌을 추출하는데 이용된다. 흡착은 120~175°C, 액상에서 행하며, 톨루엔 혹은 *p*-디에틸벤젠으로 세척하여 탈착한다. 증류 후 얻어지는 *p*-자일렌의 순도는 약 99.5%이고, 추출수득률은 95%이다.

1972년에 최초의 대형공업플랜드(7~8만 t/y)가 가동을 개시한 이래, 1999년에는 69기 이상의 플랜트로서 본 법이 실시되고 있다. *p*-자일렌의 제조에서는, 결정화법의 대부분이 이들의 흡착법으로 바뀌었다.

12.2.3 방향족화합물의 제조법의 전망

최근에는, BTX방향족의 85~90%가 석유로부터 제조되고 있지만, 석유위기를 계기로 석탄으로부터 방향족화합물을 제조하는 기존방법의 개량 및 새로운 방법의 개발연구가 성대히 행해지고 있다.

석탄으로부터 방향족을 제조하는 방법으로서, 선택적인 해중합(수소화열분해), 가용매분해(추출), 혹은 CO/H_2로 완전분해 한 후, 방향족을 특이적으로 합성하는 방법이 개발되어 왔다.

이와 같은 예로서, 석탄의 고분자탄소구조를 단순히 열분해하는 것에 비하여 보다 특이적 방향족구조를 유지하는 것과 같은 방법, 예를 들면, 석탄의 수소화 혹은 석탄의 추출과 같은 방법을, 먼저 첫째로 들 수 있다. 2번째는, 석탄을 완전히 가스화(2.1.1.1절 참조)하고, 이어서 방향족을 선택적으로 합성하는 방법이다.

새로운 연구를 추가한 석탄의 수소화 열분해:

1. 산화철촉매를 가하고, 반응조건을 온화하게 했다. 예를 들면, 수소압은 70으로부터 30 MPa로 낮춘다.
2. 수소운반체로서 연마유를 사용하는것에 의하여, 반응속도가 상승한다.
3. 후처리로서 감압증류한다.

1920년대 및 1930년대에 개발된 Bergius/Pier법, Pott/Broche법이, 석탄의 수소화법 및 수소화추출법의 개량연구의 기초로 되어 있다. 이 새로운 방법의 특징은, 산화철의 존재하, 중유중에 경질탄 혹은 아탄을 현탁시켜서 직접 액상수소화하는 것이다. 이 개량에 의하여, 반응조건이 450°C, 30 MPa(300 kg/cm^2)에서 온화하게 되었다. 예를 들면, 약 6%의 수소를 사용하는 방식에 의하여, 300°C까지의 비점범위의 방향족류분을

60% 함유하는 것과 같은 석탄액화유가 45%의 수득률로서 얻어진다.

이 기본적인 원리를 응용한 개량법이, 주로 경제성의 개선을 목적으로 하여 많이 연구되고 있으며, 파일럿플랜트에 의한 검토까지 행해지고 있다. 테트랄린이나 수소화 안트라센유와 같은 용매를 사용하여, 450℃에서 석탄을 추출하는 방식에 의하여, 사용되는 석탄의 품질에도 의하지만, 원료에 대해서 약 80중량%의 추출액이 얻어진다. 이 추출은 크래킹에 의하여 생성된 라디칼에 용매로부터 수소원자가 이동하는 것에 의하여 진행한다.

미국, 서유럽, 일본에서는 공업적으로 파일럿플랜트의 규모로서 실시되고 있다.

석탄의 가용매분해 및, 한도가 있는 것과, 동시에 일어나는 방향족 골격의 열분해:

1. 테트랄린 혹은 수소화방향족을 용매 및 H공여체로서 첨가한다.
2. 예들 들면, 톨루엔과 같은 초임계가스를 가한다.

이 방법은 더욱 개량이 가해져서 350~450℃, 10~30 MPa(100~300 kg/cm^2)의 조건에서, 톨루엔과 같은 용매를 초임계가스로서 사용하는 방법이 개발되었다. 석탄의 추출액은 일반적으로 방향족이 풍부하지만, 아직 고분자량의 화합물의 혼합물이다. 이것은 접촉적 수소화분해에 의하여, 저분자량의 방향족화합물로 변화시킬 수 있다.

석탄의 추출물은, 특수한 용도로서 전해용 흑연의 제조를 위하여 열가소성수지 등으로서 이용되는 이외에, 더욱 수소화 접촉분해하여 BTX 방향족화합물로 된다.

석탄으로부터 방향족화합물을 제조하는 3번째의 방법은 합성가스를 경유하는 것으로서, 남아프리카의 Sasol사에 의하여 다른 목적으로부터 이미 공업화되어 있다(2.1.2절 참조). Fischer-Tropsch합성에서는, 방향족은 고위 지방족탄화수소 제조의 부생성물에 불과하고, 조잡한 페놀화합물로서만 단리된다.

합성가스로부터 중간체로서 메탄올을 경유시키는 것에 의하여, 방향족화합물을 선택적으로 합성할 수 있다. 예를 들면, Mobil사의 MTG프로세스(2.3.1.2절 참조)에서는, 반응조건 및 제올라이트촉매를 선택하는 것에 의하여, 얻어진 전체 탄화수소중의 방향족화합물의 함량을 40중량%까지 높일 수 있다. 주요 성분은 톨루엔과 자일렌이다.

CO/H_2로부터의 지방족/방향족탄화수소 합성:

1. 직접 Fischer-Tropsch법으로 방향족을 합성한다. 단, 방향족 함량은 작다.
2. 메탄올/디메틸에테르를 경유하고, 호몰로게이션/탈수소에 의한 간접적 방법. Mobil프로세스에 있어서 올레핀과 방향족의 제조.
3. 2원기능촉매의 존재하, 중간체로서 메탄올을 경유하는 직접적인 방향족의 합성(예를 들면, 메틸벤젠류)

다른 기업에서도 이 방향족 화합물 제조법의 가능성에 착목하여, 2원기능 촉매의 존재하, H_2/CO로부터 직접 1단계로서 방향족을 합성하는 경로를 개발했다. 예를 들면, 아연-크로마이트를 함유한 ZSM-5제올라이트상에서 합성가스는 메탄올로 되며, 이어서 직접 방향족화합물이 생성된다. 425℃, 8.4 MPa(84 kg/cm^2)의 조건하에서, 주로 트리메틸벤젠, 테트라메틸벤젠으로 형성되는 혼합물이 약 60%의 선택률로서 얻어진다.

더욱, 다른 방향족의 제조법은, 천연가스/LPG의 성분인 프로판, *n*-부탄, *i*-부탄, *n*-펜탄, *i*-펜탄을 원료로 하는 것이다. BP 및 UOP의 2개의 회사가 개발한 Cyclar프로세스에서는, 이들의 저분자량 지방족탄화수소가 방향족화합물과 부생성물의 수소로 변환된다. BTX함량 약 95중량%의 방향족이 65중량%의 수득률로서 얻어지지만, 반응조건은 아직 공표되지 않았다. 1990년에 최초의 플랜트가 영국에서 가동을 시작했다.

LPG중의 성분으로부터, 다기능 제올라이트촉매의 존재하, 연속적으로 재생시키면서 다단계반응으로 방향족이 합성된다:

1. 탈수소반응에 의한 올레핀의 생성
2. 올리고머화에 의한 불포화 고위 올레핀의 생성
3. 환화에 의한 환상지방족 탄화수소의 생성
4. 탈수소반응에 의한 방향족 화합물의 생성

12.2.4 다핵방향족

공업적으로 중요한 다핵방향족화합물 및 콜타르방향족화합물

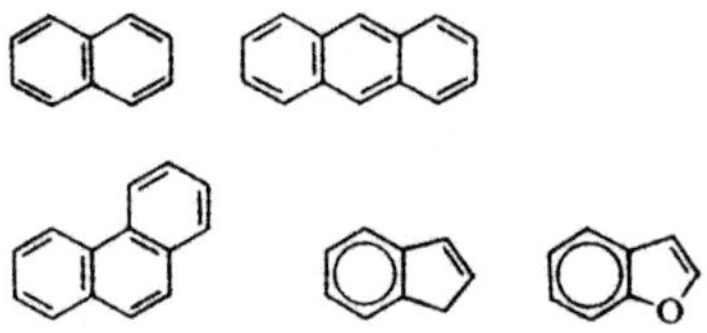

나프탈렌, 안트라센은 주로 공업적으로 가장 중요한 다핵방향족화합물이다. 단, 후자는 전자에 비하여 양적으로 상당히 저하되고 있다. 콜타르나 석유류분으로부터 얻어지는 메틸유도체는, 주로 탈알킬하여 비치환체의 제조에 이용되고 있는 것에 불과하다. 또한 3환성의 방향족인 페난트렌은, 역청탄의 고온 코크스화로서 얻어지는 콜타르중에 안트라센 보다도 많이(약 5%) 함유된다. 그러나 페난트렌은, 그 자체가 거의 이용가치가 없기 때문에, 주로 안트라센 합성용의 원료로서 사용되고 있다. 페난트렌을 부분수소화 하여 sym-옥타하이드로페난트렌으로 한 후, 안트라센으로 이성화시킨다.

인덴-쿠마론의 용도:
타르류분중에서 중합시켜 탄화수소수지로 한다. 도료, 인쇄용잉크, 고무의 소재로서 사용된다.

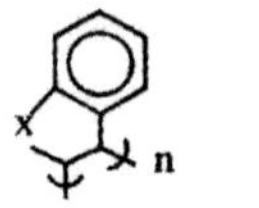

X=CH_2(인덴 골격)
X=O(쿠마론 골격)

4번째의 타르계통 탄화수소로서 2환성의 인덴(타르 중에 1중량%)이 있지만, 이것은 반응성이 풍부한 올레핀의 이중결합을 가지고 있기 때문에, 중합하여 비교적 저분자량의 액상 및 고체의 수지의 제조에 사용된다. 공업적 프로세스에서는, 인덴과 그의 동족체, 이외에 쿠마론과 같은 올레핀의 불포화결합을 갖는 방향족화합물을 함유하는 타르류분으로부터, Friedel-Crafts촉매(예를 들면, BF_3)에 의하여, 열가소성의 인덴-쿠마론수지가 제조된다. 현재, 타르로부터의 인덴-쿠마론수지의 세계의 생산량은, 약 10만 t/y이다. 이 수지는 접착제, 도료, 인쇄용 잉크, 고무의 소재로서 사용된다. 또한 이 인덴-쿠마론수지의 경합품은 C_5-탄화수소수지(5.4절 참조) 및 올레핀의 제조에 있어서 C_9이상의 류분으로부터의 방향족수지이다.

12.2.4.1. 나프탈렌

콜타르 혹은 석유의 특정의 류분으로부터 나프탈렌을 단리하는 경우, 다른 비점이 가까운 성분이 많이 함유되기 때문에 각종 순도의 나프탈렌이 얻어진다. 예를 들면, "석유나프탈렌"이라고 불리우는 제품은, 일반적으로 유황의 함유량이 낮고, 고순도이다. 이것은 응고점으로 구별되며, 순수한 나프탈렌(함량 98.75중량% 이상)은 응고점 79.6℃의 것을 말하며, 조잡한 나프탈렌(함량 95.6중량% 이상)은 응고점 78℃까지의 것을 말한다.

나프탈렌의 제조원료:
미국: 역청탄타르, 개질가솔린잔사 및 분해가솔린류분
유럽: 주로 콜타르

1999년의 순수한 나프탈렌 및 조잡한 나프탈렌의 생산능력은, 서유럽이 17만 t/y, 미국이 18만 t/y, 일본이 25만 t/y였다.

1960년대 초기까지 미국에서는, 나프탈렌의 원료는 콜타르 만으로 충분했다. 그후, 접촉적 개질가솔린의 증류잔사나 분해가솔린으로부터의 방향족이 풍부한 중류분으로부터도 나프탈렌이 단리되기에 이르렀다.

1965년에는 나프탈렌의 약 43%가 석유로부터 제조되고 있었다. 부표가 나타내는 것과 같이, 요즈음 석유로부터의 나프탈렌의 비율 및 나프탈렌의 전생산량은 크게 감소하고 있다.

미국 이외의 국가에서는 석유류분으로부터의 나프탈렌의 제조는 거의 행해지지 않고, 대부분은 나프탈렌이 석탄의 코크스화에 의한 콜타르로부터 단리되고 있다.

석유의 개질가솔린으로부터 나프탈렌 및 그의 동족체를 분리하는 데에는 액-액추출 혹은 흡착법이 이용된다.

고순도의 나프탈렌은, 나프탈렌동족체로부터 수소의 존재하, 탈알킬반응에 의하여 제조할 수 있다. 반응은 700℃이상에서 열적으로 행하지만, Cr_2O_3/Al_2O_3 혹은 Co산화물/Mo산화물 촉매의 존재하, 550~650℃, 0.7~7MPa(7~70 kg/cm^2)에서 접촉적으로 행하는 것의 어느것이다. 수소화탈알킬프로세스는 Union Oil사(Unidak법) 및 미국의 Sun Oil사에 의하여 개발되었다.

나프탈렌을 콜타르로부터 단리(12.2.1절 참조)할 때에는, 먼저 콜타르를 분류한다. 이어서 타르염기나 타르산을 제거하기 위하여, 얻어진 나프탈렌의 류분을 황산과 수산화나트륨으로 교대로 세척한다. 더욱 증류 혹은 재결정을 행하는 방식에 의하여 순수한 나프탈렌이 얻어진다. 공업적으로는 약 90%(콜타르중의 함량기준)의 수득률로서 나프탈렌이 얻어진다.

나프탈렌은 무수프탈산용이 최대의 용도이지만, 공급에 한도가 있기 때문에, 무수프탈산을 제조하는 다른 원료로서 *o*-자일렌이 사용되기에 이르렀다(14.2.1절 참조). 세계의 무수프탈산의 생산량(1991년에 있어서 260만 t)중, 1974년에 있어서 25%, 1990년대 초기에서는 11%가 나프탈렌의 산화로서 제조되고 있는 것에 불과하다. 이 상황은, 국가에 따라서 현저하게 다르다. 1983년에는 무수프탈산용의 나프탈렌의 비율은, 미국이 74%, 일본이 70%, 서유럽이 39%였다. 1998년에는, 이 비율이 각각 61%, 79%, 38%로 더욱 저하했다.

서유럽에서는 나프탈렌의 대부분은 염료중간체 혹은 데칼린, 테트랄린등의 용매의 제조에 사용되고 있다. 중간체로서 중요한 것에 β-나프톨이 있다. 이것은, 150~160℃에서 나프탈렌을 술폰화하고, 이어서 얻어진 나프탈렌-β-술폰산나트륨을 알칼리용융하는 것에 의하여 제조된다. β-나프톨은 또한 β-이소프로필나프탈렌으로부터도 합성된다. American Cyanamid 사에서 1982년 이전까지 수년간에 실시되고 있었다. Hock 페놀제조법과 마찬가지로, 이 프로세스도 하이드로퍼옥사이드를 경유하여 행해진다.

나프탈렌의 생산량(미국):
전생산량(단위:10^{3}t):

1965	1970	1993	1998
367	326	124	110

석유나프탈렌의 비율(%)

1965	1970	1993	1998
43	40	8	11

나프탈렌은 석유류분으로부터 2종류의 방법으로 제조된다.
1. 액-액추출 2. 흡착

원료소오스의 다양화:
나프탈렌 동족체의 수소화 탈알킬에 의한 나프탈렌의 제조

콜타르로부터의 나프탈렌의 단리:
증류, 산-염기추출, 재결정의 조합

나프탈렌의 용도:
무수프탈산제조, 중간체 및 용매(데칼린, 테트랄린)의 제조원료.

나프탈렌으로부터의 유도체:
나프탈렌술폰산
β-나프톨
α-나프톨
나프토퀴논
클로로나프탈렌

나프탈렌은 염료, 날염제, 의약품, 습윤제, 살충제의 원료에 사용된다. 미국에서는, 나프탈렌의 7~10%가 카르바졸(상품명: Sevin®)용에 사용되고 있다.

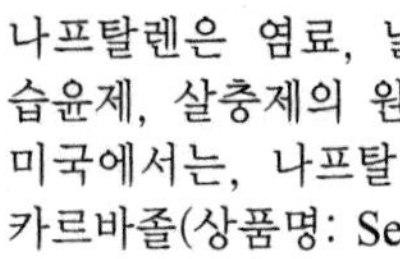

서유럽에서는 β-나프톨의 생산이 정지되었다. 최대의 생산국은 중국과 인도로서 각각 4.3만 t/y, 1.6만 t/y(1997년)의 생산능력이 있다.

12.2.4.2. 안트라센

안트라센의 제조:
증류에 의한 농축, 재결정, 재용해, 필요에 따라서 정류를 행하고, 콜타르로부터 단리한다.
안트라센의 공업적으로 단리할 때의 장해:

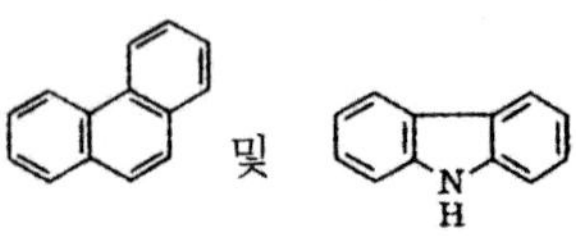

과 비점이 가깝다.

콜타르중에는 세계의 수요에 대해서 충분한 양의 안트라센이 함유되어 있지만, 그 농도는 1.5~1.8중량%로서 낮다. 증류, 재결정, 재용해 등의 각종의 농축 혹은 정제프로세스에 의하여, 95%의 순도의 안트라센이 얻어진다. 수득률은 원래의 함량에 대해서 약 40~50%에 불과하다. 이것은 비점이 가까운 페난트렌이나 카르바졸 등 이외의 성분이 존재하여, 경제적인 분리에 어려움이 동반하기 때문이다.

안트라센은 공업적인 합성원료로서는 그다지 중요하지 않다. 왜나 하면, 그의 주요한 유도체인 안트라퀴논이 다른 방법으로도 제조되기 때문이다.

최근 안트라센의 세계 생산량은 약 3만~4만 t/y이며, 그중 약 1만 t/y가 서유럽에서 생산되고 있다.

안트라센은 거의 모두가 산화되어 안트라퀴논으로 된다. 이 안트라퀴논은 매염염료, 건염염료, 분산염료, 반응성염료의 가장 중요한 제조중간체이다.

안트라퀴논의 세계의 생산능력은 약 3.4만 t/y이다. 그중, 서유럽이 1.79만 t/y, 미국이 0.19만 t/y, 일본이 0.5만 t/y였다(1991년).

안트라센의 용도:
안트라센의 산화에 의한 안트라퀴논의 제조에는 2종류의 방법이 있다.
1. CrO_3에 의한 액상산화
2. 바나트산철을 사용하는 기상공기산화

안트라센의 9위치와 10위치는 쉽게 산화된다. 이 산화는, 공업적으로는 CrO_3를 사용하고, 50~105°C, 액상에서 행하는 방법이나, 바나드산철의 존재하, 공기를 사용하여 340~390°C, 기상에서 행하는 방법이 주로 채용되고 있다. 세계의 생산량 중 약 85%가 이들이 방법으로 생산되고 있다. 전환율은 거의 정량적이며, 선택률은 90%이상에 달한다.

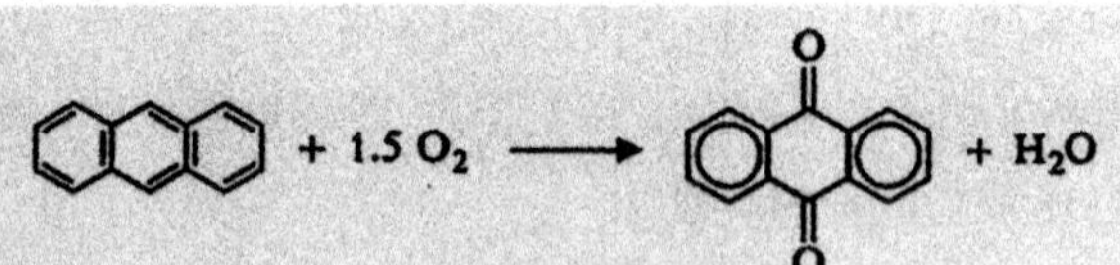

(2)

부생성물로서 프탈산이 생성한다.

섬유염료용의 안트라퀴논의 수요가 증가하고 있기 때문에, 다른 원료로부터의 제조법의 연구에도 주목되기에 이르렀다.

예를 들면, 무수프탈산과 벤젠과의 Friedel-Crafts반응, 1,4-나프토퀴논과 부타디엔과의 Diels-Alder반응(Bayer 및 Kawasaki프로세스), 인단유도체를 경유하는 스티렌2량화법(BASF법)이 있다. 또한 최근

American Cyanamid사에서 개발된 방법은, 화학양론량의 $CuCl_2$, $FeCl_3$ 또는 염화백금의 존재하, 215~225℃, 2.5~7.0 MPa(25~70 kg/cm^2)의 CO압력이라고 하는 조건에서, 벤젠 또는 벤조페논을 CO와 반응시키는 것이다. 정량적으로 안트라퀴논이 얻어진다고 보고되어 있다.

이들의 4가지의 방법중, Bayer법은 공업적인 실시가 계획되었지만, 기술적 및 경제적인 이유로부터 중지되었다. Kawasaki프로세스는 1980년부터 0.3만t/y의 능력으로 가동되고 있다.

안트라퀴논 합성의 별법:

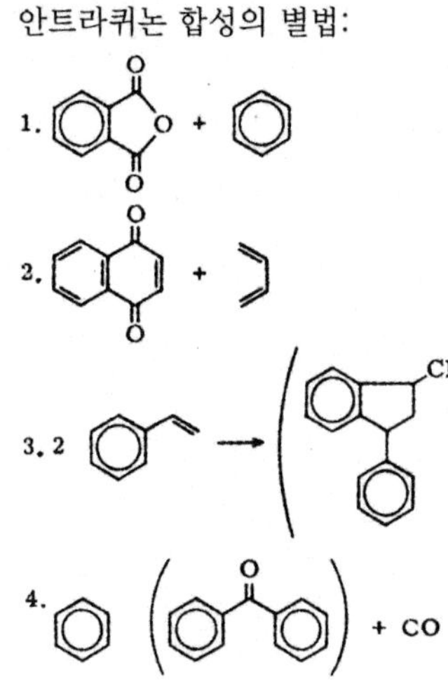

안트라퀴논의 주요한 유도체는, 니트로안트라퀴논 및 디니트로안트라퀴논, 아미노안트라퀴논 및 디아미노안트라퀴논이다. 이들이 화합물은 많은 안료의 원료로서 중요하다.

또한, 안트라퀴논은 H_2O_2의 제조에도 사용된다. 먼저 안트라퀴논은 Ni 혹은 Pd촉매를 사용하고, 30~35℃에서 접촉수소화 되어, 안트라하이드로퀴논으로 된다. 촉매를 분리한 후, 산소와 반응시키면, 매우 빠르게 자동산화되어 엔도퍼옥사이드로 된다. 이것은, 정량적으로 안트라퀴논으로 되돌아 오는 것과 동시에 H_2O_2를 유리한다.

안트라퀴논의 용도:

1. 안료제조의 중간체
2. H_2O_2의 제조

H_2O_2 제법의 원리:

자동 산화반응에 있어서, 중간체로서 앤도퍼옥사이드를 경유하는 가역적인 안트라퀴논-안트라하이드로퀴논변환반응에 의하여 H_2O_2를 제조한다.

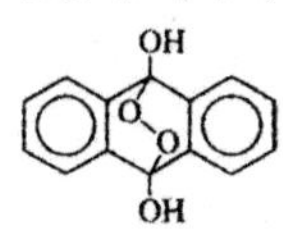

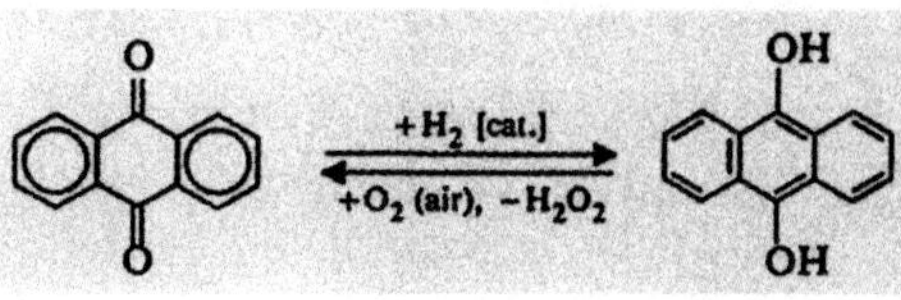

(3)

제2차세계대전중에 IG Farben사에서 행해졌던 최초의 H_2O_2의 파일럿 플랜트는 이 원리에 기인하고 있었다. 최초의 공업적 규모의 플랜트는 1953년에 미국의 Du Pont사에 의하여 가동이 실시되었다. 예를 들면, 벤젠과 고위 2차알코올과 같은 혼합용매에의 용해도가 높다라고 하는 이유로서, 2-에틸안트라퀴논이 잘 사용된다. 또한, 2-*tert*-부틸안트라퀴논 및 일본에서는 2-아밀안트라퀴논도 사용된다.

프로세스의 예:

공업플랜트에서는, 대개 2-에틸, 2-*tert*-부틸, 혹은 2-*tert*-아밀안트라퀴논이 사용된다.

H_2O_2는 산화반응용액 중으로부터 물로서 유출된다. 얻어진 조잡한 제조용액은 여러 공정에 의하여 정제, 농축된다. 유럽에서는, H_2O_2는 주로 이 방법으로 제조되고 있다. 이외의 제조법으로서는 이소프로필알코올의 산화법(11.1.3.2절 참조) 및 퍼옥소2황산($H_2S_2O_8$)의 전해법이 있다. 이소프로필알코올의 산화법은 미국에서 행해졌지만, 이미 사용되지 않고 있다. 현재, 서유럽의 2개의 공장에서 전해법이 채용되고 있다. H_2O_2의 전생산량의 95% 이상이 알킬안트라퀴논법으로 제조되고 있다. 그 이유는, 전해법 보다도 알킬안트라퀴논법 쪽이 공시효율, 에너지소비의 면에서 유리하기 때문이다. 그러나, H_2와 O_2를 Pt 또는 Pd를 주체로 하는 촉

공업적으로는, 3종류의 H_2O_2 제조법이 있다.

1. 안트라퀴논법
2. 이소프로필알코올 산화법
3. 전해법

3의 방법은 순환프로세스에 의하여 H_2와 O_2로부터 H_2O_2가 제조되기 때문에 가장 중요하다.

4번째의 매력적인 H_2O_2제법은 H_2와 O_2의 직접결합이지만, 아직 개발 도중이다.

매상에서 직접 H_2O_2로 전환하는 프로세스의 연구가 빈번하게 행해지고 있다(예를 들면, Du Pont, BASF, Elf Atochem의 각 회사). 이들에 의하면 예를 들면, 수용액에 인산 또는 황산과 같은 첨가물을 가하고, 20~40℃와 같은 저온, 2.5 MPa(25 kg/cm^2) 정도의 압력하에 가스를 불어넣고, 밀리미터사이즈의 기포를 형성시켜 반응시킨다. 이 계에서는 기상의 폭발한계 보다도 훨씬 높은 수소농도가 실현되기 때문에, H_2와 O_2의 반응율이 개선되는 것과 동시에 H_2O_2의 농도가 증대된다.

H_2O_2의 생산량(단위: 10^3t):

	1995	1997	1999
서유럽	680	860	924
미 국	327	425	592
일 본	138	149	152

1999년 H_2O_2의 세계의 생산능력은, 약 280만 t/y였다. 그중 서유럽이 102만 t/y, 미국이 66만 t/y, 일본이 21만 t/y이다. 주요 공업국의 생산량이 부표에 나와 있다. 세계최대의 메이커는 Solvay사(이전 Interox사)이며, 총생산능력은 2000년에 있어서 47만 t/y였다. 이외에 37만 t/y(2000년)의 생산능력을 갖는 Degussa사(현재 Degussa-Hüls사)나 Atochem사가 큰 회사이다.

H_2O_2의 주요 용도는, 제지공업에서, 1999년에는 H_2O_2의 생산량의 약 65%이상을 소비하고 있다. 이외에 H_2O_2의 용도로서는 여전히 과붕산염 혹은 과탄산염과 같은 표백제의 제조원료이다. 글리세린, 퍼옥사이드, 에폭사이드와 같은 화학제품의 제조에 사용되는 것은 극히 소량이다. 그 밖에, 폐수처리나 습식정련법(예를들면, 우라늄을 산화하여 U_3O_8의 형태로 하여 추출하는 방법)에서 사용되기도 하고, 반도체 산업에 있어서 세척제로서의 용도가 있다.

12.3 방향족화합물의 상호변환법

알킬방향족화합물 변환의 3가지 방법:

1. 수소화 탈알킬
   예: 톨루엔→벤젠
2. 이성화
   예: *m*-자일렌→*o*-자일렌, *p*-자일렌
3. 불균화
   예: 톨루엔→벤젠+자일렌,
   트란스알킬화
   예: 트리메틸벤젠+톨루엔→자일렌
   예: 톨루엔+메탄올→*p*-자일렌

방향족소오스로서의 분해가솔린, 개질가솔린, 콜타르는 나라에 따라서 생산량에 차이가 있으며, 또한 그의 방향족의 함량에도 각각 특징적인 차이가 있기 때문에, 예를 들면 톨루엔의 공급과잉과 벤젠, 자일렌의 수요와의 균형을 유지하기 위해서는, 상호교환프로세스가 필수적이다. 가장 중요한 교환프로세스로서 다음의 것을 들 수 있다.

1. 톨루엔의 수소화탈알킬
2. *m*-자일렌의 이성화
3. 톨루엔의 불균화, 트리메틸벤젠을 사용하는 트란스알킬화 및 메탄올에 의한 메틸화

알킬방향족화합물의 수소화 탈알킬(**hydrodeal**kylation: Hydeal법)의 원료:

방향족 측쇄알킬기의 수소화개열

12.3.1 수소화탈알킬

방향환의 측쇄의 수소화분해는 무치환방향족의 일반적 더욱 유용한 제

조법이다. 예를 들면 톨루엔, 자일렌으로부터의 벤젠의 합성, 메틸나프탈렌, 디메틸나프탈렌으로부터의 나프탈렌의 합성이 그의 예이다.

1961년, Ashland Oil사에 의하여, 최초의 파일럿규모의 탈알킬플랜트의 가동이 개시되었다. 이 플랜트는 알킬나프탈렌으로부터 순수한 나프탈렌을 제조하는 것이다. 부생성물로서는 벤젠이 생성된다. UOP사는 Ashland Oil사의 특허를 받고, Hydeal법을 개발했다.

Hydeal법의 원료:
알킬나프탈렌
톨루엔

현재, 특히 톨루엔으로부터의 벤젠의 제조가 공업적으로 중요하다.

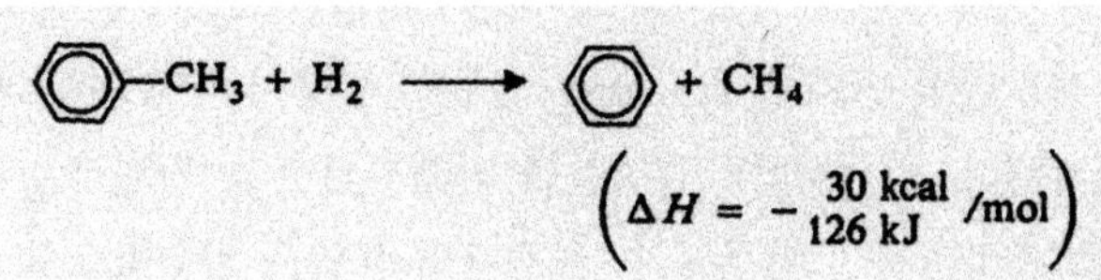

(4)

수소화 탈알킬에 사용되는 톨루엔의 비율(중량%):

	1993	1997	2000
미 국	57	56	50
서유럽	53	24	20
일 본	15	19	17

벤젠으로의 수소화탈알킬에 사용되는 톨루엔의 비율은, 나라에 따라서 다르다(부표 참조).

반응조건은, 열적 반응에서는, 550~800°C, 3~10 MPa(30~100 kg/cm^2)이고, 접촉적 반응에서는, 담체(예를 들면 Al_2O_3)에 담지한 Cr_2O_3, Mo_2O_3, CoO 존재하, 약간 낮은 500~650°C, 3~5 MPa(30~50 kg/cm^2)이다. 또한 최근의 개량법에서는, Rh/Al_2O_3 존재하, 400~480°C의 조건이다.

톨루엔의 수소화 탈알킬의 제법:
1. 580~800°C에서의 열적 반응
2. Cr, Mo, Co의 산화물촉매상, 550~650°C에서의 접촉적 반응.

공업적인 접촉법에서는, 톨루엔은 H_2, CH_4로 형성되는 재순환가스와 함께 촉매상에 도입된다. 반응온도가 높기 때문에, 상당히 현저한 코킹이 일어난다. 따라서 통상적으로는, 반응기 2기를 병렬로 설치하고, 한쪽의 반응기에서 반응시키고 있는 동안에, 다른 한쪽의 반응기에서 촉매의 재생을 행한다.

접촉법의 특징:
촉매에 탄소가 석출하기 때문에, 2000~4000시간의 운전마다 촉매를 재생하는 2계열의 반응시스템이 필요하다.

톨루엔 1톤당, 약 250 Nm^3 것의 많은 CH_4가 발생하기 때문에, 재순환가스 중으로부터 CH_4를 제거하는데 특별한 처리가 필요하다. 이 방법으로 CH_4/H_2 혼합물은 전량 혹은 일부를 저온분리에 이용한다. CH_4는 물로서 분해하고, 수소화탈알킬에 필요한 H_2를 확보하기 위하여 사용할 수도 있다.

재순환 가스의 처리:
저온증류에 의하여, 재순환 가스혼합물(H_2/CH_4)로부터 CH_4를 분리한다.

탈알킬화 후에, 증류에 의하여 벤젠을 단리한다. 미반응의 톨루엔은 재순환된다. 고비점의 부생성물, 예를 들면 비페닐 혹은 플루오렌과 같은 축합방향족은, 분리하든지 프로세스로 되돌려서 재분해시킨다.

응축상의 처리:
벤젠은 증류에 의하여 단리된다. 공급원료의 톨루엔과 고비점물질은 재순환된다.
재순환되는 부생성물:

비페닐

플루오렌

열분해법은 THD(Gulf사), HDA(Arco-Hydrocarbon Research사) 및 MHD(Mitsubishi석유화학)라고 하는 방법이 행해지고 있지만, 톨루엔의 전환율이 60~90%이고, 벤젠의 선택률은 95%로 된다.

공업적으로 실시되고 있는 수소화 탈알킬의 예:

1. 열분해법
   THD(Gulf)
   HDA(Arco-Hydrocarbon Research)
   MHD(Mitsubishi석유화학)
2. 접촉법
   Detol 및 Pyrotol(Houdry, ABB Lummus Creat)
   Hydeal(UOP)
   Bextol(Shell, BASF)

Detol 및 Pyrotol(Houdry사), Bextol(Shell사 및 BASF사)이라고 하는 접촉법에서는, 전환율, 선택률 모두 열분해법 보다는 상당히 높다. 벤젠의 순도는 99.9% 이상이다. 따라서 촉매코스트가 높은 것에도 불구하고, 경제적으로 적합하다. 얻어진 벤젠은 유황의 함량이 매우 낮기 때문에, 시클로헥산으로의 수소화반응에 특히 적당하다(13.1.5절 참조).

12.3.2 *m*-자일렌의 이성화

알킬방향족(일반적으로는, *m*-자일렌)의 이성화의 원리:

m-자일렌이 풍부한 비평형조성혼합물을 C_8방향족의 평형조성으로 이성화 한다.

m-자일렌/*p*-자일렌 혼합물의 저온분별결정법(12.2.2.2절 참조)에 의한 순수한 *p*-자일렌의 단리에서는, *m*-자일렌의 함량이 약 85%의 곳에서 결정화가 정지된다. 그 이상의 결정화를 진행시키면 *m*-자일렌/*p*-자일렌의 공융혼합물이 석출하기 때문에다. 재결정의 모액은 접촉적으로 C_8방향족의 평형혼합물로 이성화시키고, 재차 *p*-자일렌의 분리공정에 되돌린다.

C_8방향족의 열역학적인 평형조성은 공업적 프로세스의 온도범위(200~500℃)에서는, 아래와 같은 농도(mol%)로 된다.

에틸벤젠: 8%, *o*-자일렌: 22%,
m-자일렌: 48%, *p*-자일렌: 22%

3종류의 이성화기술의 촉매의 특징:

1. 2원기능촉매:
   이성화용으로서 $Al_2O_3 \cdot SiO_2$, 수소화용으로서 Pt/H_2.
   이것에 의하여 탄소석출의 원인으로 되는 탈수소반응을 억제한다.
2. 1의 촉매계의 일부인 $Al_2O_3 \cdot SiO_2$를 이성화반응에만 사용한다.
3. $HF \cdot BF_3$는 Friedel-Crafts촉매로서 이성화반응에 대해서 상당히 고활성, 고선택적이다.
   또한 제올라이트(몰레큘라시브)는 프로톤산(Brönsted산)과 Lewis산성의 2원기능을 가지고 있다.

접촉적 이성화프로세스는 그의 사용촉매와 반응조건에 따라서, 거의 다음과 같은 3가지 형태로 분류된다.

1. $Pt/Al_2O_3 \cdot SiO_2$ 촉매의 존재하, 400~500℃, 1.0~2.5 MPa(10~25 kg/cm^2)에서 H_2를 사용하는 접촉수소화조건에 의한 이성화
2. $Al_2O_3 \cdot SiO_2$ 촉매, 400~500℃, 대기압에서 크래킹조건에 의한 이성화
3. 100℃, 대기압에서 $HF \cdot BF_3$촉매를 사용하든지 혹은 각종의 반응조건하에서 제올라이트촉매를 사용하는 액상 Friedel-Crafts반응형 이성화

촉매계1의 특징:

촉매계2에 비하여, 촉매수명은 길고, 또한 불균화, 트란스알킬화도 일어나기 어렵다.

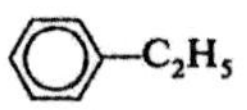

에틸벤젠도 이성화 될 수 있다.

촉매계 1.

이 원리에 기인하는 방법으로서는 Octafining법(Arco/Engelhard사)이 있으며, 현재까지도 가장 널리 보급되어 있다. 1960년에 Mitsui석유화학에 의하여 최초의 플랜트가 건설되었다. 공업적으로 잘 사용되는 별법으로서는 Isomar법(UOP사)이 있으며, Pt-규산알루미늄 촉매를 사용한다. 이 방법은 1999년에는 52기 이상의 플랜트로서 실시되고 있다. Isoforming법(Exxon사)은, Pt를 함유하지 않는 촉매를 사용하는 이외에는 마찬가지의 조건으로 행해진다.

C_8방향족류분의 접촉수소화에 의한 이성화의 새로운 방법(Aris법)이, Leuna-Werk, Petrolchemische Kombinate Schwedt(현재 KataLeuna사)의 각 회사에 의하여 개발되었으며, 1976년이래 공업플랜트로서 행해지고 있다. 촉매는 Al_2O_3와 천연제올라이트(mordenite)의 혼합물과, 수소화/탈수소성분으로서의 백금으로 형성되어 있다. 특징은, NH_3를 첨가하는 방식에 의하여 모르데나이트의 산성도를 조절하여, 촉매의 활성과 선택성을 조절하는데 있다. 이것에 의하여 촉매의 수명도 늘어나고 있다. 이 반응조건하(425°C, 1.25 MPa)에서는, 방향족류분 중 C_8~C_{10} 비방향족화합물은 분해하여 저비점의 C_3~C_4화합물로 된다.

KataLeuna 법:
Aris = **ar**omatics **is**omerization

Aris 법의 특징:
Pt-모르데나이트에 소량의 NH_3를 첨가한 계에 의한 C_8방향족의 이성화. 바람직하지 않은 탈알킬반응의 원인으로 되는 사이트에 NH_3가 비가역적으로 흡착하여 이것을 블록한다.

이 이성화법의 장점은 촉매수명이 긴 것과, 불균화나 트란스알킬화에 의한 C_8방향족의 손실이 적은 것이다.

모르데나이트촉매는 더욱 개량이 진행하는 한편, 보다 낮은 Pt함량의 새로운 펜타실형 제올라이트에 기인하는 촉매가 개발되었다. C_8방향족의 이성화에 있어서 이 촉매는 자일렌을 손실하지 않고 효과적으로 에틸벤젠의 탈알킬화를 일으킬 수 있다. 양쪽의 촉매 모두 이미 몇 개의 공업플랜트에서 채용되고 있다.

촉매계 2.

이 이성화법은, 예를 들면 ICI사, Maruzen Oil(XIS법), Arco사 등에서 채용하고 있다. 촉매코스트가 싸다라고 하는 장점이 있는 반면에, 탄소석출에 의한 촉매활성의 저하가 크고, 또한 불균화, 트란스알킬화가 일어나기 쉽다라고 하는 단점이 있다.

촉매계2의 특징:
크래킹 촉매 $Al_2O_3 \cdot SiO_2$는 값이 싸지만, 불균화나 트란스알킬화(12.3.3절 참조)와 같은 부반응이나 탄소석출이 일어나기 쉽다라고 하는 단점이 있다.

촉매계 3.

이 원리에 의한 최초의 프로세스는, Japan Gas(현재 Mitsubishi가스화학)에 의하여 시작되었다. $HF \cdot BF_3$는 용매중에서 *m*-자일렌과 선택적으로 착화합물을 형성한다. 따라서 C_8방향족혼합물 중으로부터 거의 완전히 *m*-자일렌의 추출이 가능해진다. 이와 같이 해서 얻어진 에틸벤젠, *o*-자일렌/*p*-자일렌을 함유하는 라피네이트는, 다음에 증류로서 분리된다.

순수한 *m*-자일렌이 필요하다라고 하면, 추출한 *m*-자일렌-$HF \cdot BF_3$ 착화합물을 분해하면 좋다. *m*-자일렌의 수요가 그다지 없든지, 또는 전혀 없는 경우에는, 착화합물의 추출물은 이성화공정에 순환시키고, $HF \cdot BF_3$ 촉매의 존재하, 온화한 조건에서 열역학적인 평형조성에 이르기까지 이성화시킨다.

Mitsubishi가스화학은 현재 일본에서 이 기술에 기인하는 3기의 플랜

촉매계3의 특징:
$HF:BF_3$의 촉매는 *m*-자일렌과의 착화합물 형성과 *m*-자일렌의 이성화의 양쪽에 유효하다.
고활성이며, 반응온도를 저하시킬 수 있다.

따라서 자일렌의 불균화 및 트란스알킬화는 거의 일어나지 않는다(<4%).

트를 운전하고 있다. 또한 미국에서는 Amoco사의 마찬가지의 기술을 이용한 플랜트가 가동하고 있다.

Mobil Chemical사의 LTI법(**l**ow **t**emperature **i**somerization)에서는, 200~260°C, 1.4 MPa(14 kg/cm^2)의 조건에서, 제올라이트 고정상 촉매가 사용된다. 이 경우에도 C_8방향족의 손실없이 *m*-자일렌을 이성화하여, 95~98%의 평형혼합물로 할 수 있다.

H/Pt형태의 제올라이트(ZSM-5)는 그의 형상선택성에 의하며, 최적온도에서는 보다 높은 *p*-자일렌 수득률이 얻어진다.

최근의 개량법인 Mobil사의 HTI법(**h**igh **t**emperature **i**somerization)에서는, C_8방향족류분은 일부 백금으로 이온교환한 산성 ZSM-5제올라이트 촉매 및 수소의 존재하, 427~460°C, 1.4~1.8 MPa(14~18 kg/cm^2)에서 이성화된다. *p*-자일렌은 평형보다도 4% 높은 농도로서 얻어진다. 이 프로세스는 1999년에 19기의 플랜트로서 채용되어 있었지만, 일부는 개량된 제올라이트촉매(MHAI)를 사용하고 있다.

12.3.3 불균화 및 트란스알킬화

알킬방향족의 알킬전위반응의 2가지 형태:

1. 불균화
2. 트란스알킬화

여기서 말하는 불균화란, 알킬기의 이동에 의하여 출발물질 보다도 고치환 및 저치환의 알킬방향족화합물이 생성하는 반응을 말한다. 주요한 반응은, 톨루엔의 불균화에 의한 벤젠 및 자일렌의 합성이다.

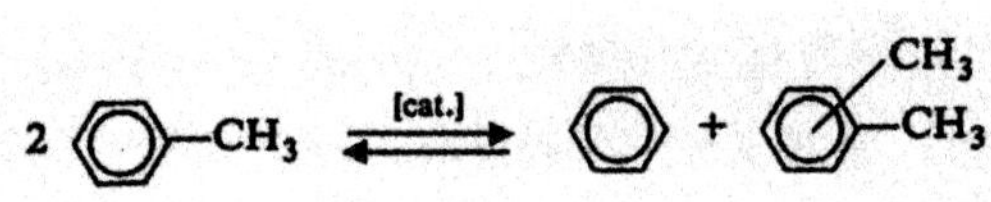

(5)

방법1의 원리:
알킬방향족을 고치환알킬방향족과, 저치환알킬방향족(탈알킬방향족)과의 등량혼합물로 한다.

이 평형반응에서는, 톨루엔의 이론적인 최고전환율이 57%이지만, 실제로는 부반응을 피하기 위하여 톨루엔의 전화율은 약 40%로 설정되어 있다. 트란스알킬화란, 다치환알킬방향족으로부터 저치환알킬방향족으로의 알킬기가 이동하여, 중간의 알킬치환방향족이 생성하는 것을 말한다.

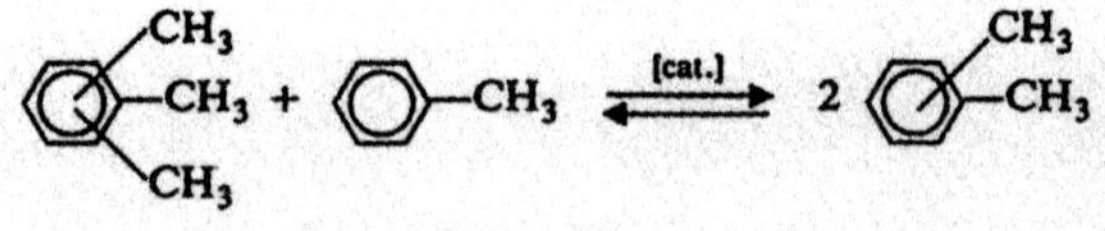

(6)

방법2의 원리:
고치환방향족으로부터 저치환방향족으로의 알킬기를 전위시킨다.

자일렌이 이성화할 때에는, 이 2가지 형태의 반응이 될 수 있는 한, 일어나지 않도록 했지만, 마찬가지의 촉매계를 사용하고, 조금 더 가혹한 반응조건으로 하면, 이 반응을 주반응으로 할 수 있다.

일반적으로, $AlCl_3$ 혹은 BF_3에 HCl, HF, 1,2-디클로로에탄 등을 첨가한 것을 촉매로 사용하고, 소량의 수소의 존재하, 80~125°C, 3.5~7.0 MPa(35~70 kg/cm^2)에서 반응시키면 평형에 달한다. 이와 같이 해서

Mobil사의 LTI법은 조건을 바꾸면 LTD법(**l**ow **t**emperature **d**isproportionation)으로 전환된다. 즉, LTD법에서는 액상, 260~320℃, 4.5 MPa (45 kg/cm^2)에서 제올라이트촉매를 사용한다. 이 톨루엔의 이성화에 특히 적당한 촉매는 ZSM-5이며, 480 cm^{2}까지 활성이 있다. 이 촉매는 SiO_2/Al_2O_3의 비가 높고, 열안정성이 뛰어난 것에 특징이 있다.

더욱 Mobil사의 개량법(STDP=**s**elective **t**oluene **d**isproportionation **p**rocess)에 의하면, 톨루엔은 *p*-자일렌을 87% 함유한 자일렌 혼합물로 변할 수 있다. 반응은 수소의 존재하, 특수한 전처리를 한 ZSM-5촉매, 즉 fixed-bed촉매상에서 행해지며, 수득률은 30%이다. 1988년에 EniChem사에서 최초의 플랜트가 개시된 이래, 현재 3개의 플랜트가 가동 중이다.

양쪽 방법의 촉매계:
Brönsted산과 Lewis산, 특히 최적화 된 제올라이트와 같은 2원기능을 갖는 촉매

톨루엔과 C_9방향족의 혼합물을 사용하면, 불균일화와 트란스알킬화가 동시에 일어난다. 원료혼합물의 몰비에 따라서 생성물의 벤젠과 자일렌의 비가 결정된다.

1과 2를 조합시키는 것에 의하여, 톨루엔/C_9방향족으로부터 목적으로 하는 벤젠/자일렌 비의 혼합물로 할 수 있다.

반응혼합물을 증류분리한 후, 미반응원료의 톨루엔을, 경우에 따라서는 C_9방향족과 함께 재차 불균화-트란스알킬화공정에 되돌린다. 반응생성물의 벤젠 및 자일렌혼합물은 상당히 고순도로서 단리된다. 따라서, 여기서 얻어진 벤젠은 접촉수소화에 의한 시클로헥산의 제조원료(13.1.5절 참조)에, 또한 자일렌은 다음의 자일렌의 이성화의 원료(12.3.2절 참조)에 특히 적당하다.

톨루엔의 불균화 생성물의 용도:
주제품:
벤젠을 수소화하여 시클로헥산으로 한다.
자일렌을 이성화하여 *o*-자일렌과 *p*-자일렌으로 한다.

크래킹의 촉매를 사용한 경우, 에틸벤젠의 탈알킬화에 의하여 벤젠과 에틸렌이 생성한다라고 하는 바람직하지 못한 부반응이 있지만, 이것은 반응압력을 높이는 방식에 의하여 억제할 수 있다. 다른 부반응은, 1,2,4,5-테트라메틸벤젠(듀렌)과 같은 폴리메틸벤젠류의 생성이다.

부생성물:
폴리메틸벤젠류를 예를 들면, 아래의 산화반응의 원료로서 이용:
듀렌 → 무수피로멜리트산(12.2.2절 참조) 혹은 트란스알킬화 공정으로 되돌린다.

불균화프로세스는 Toray/UOP사(Tatoray법)에 의하여 개발되었으며, 1969년, 일본에서 최초로 7만 t/y의 플랜트가 가동을 개시했다. 반응조건은 350~530℃, 1~5 MPa(10~50 kg/cm^2)이다. 그 후, 다른 플랜트도 건설되고 있다. 이 불균화-트란스알킬화를 이용한 마찬가지의 프로세스(Xylene-plus법)가 Arco사에서 개발되었다. 세계에서 합계 약 60만 t/y 능력의 플랜트가, 현재 이 프로세스를 이용하여 가동되고 있다. Mobil사의 불균화프로세스(LTD)는 1975년 이래 몇 개의 플랜트로서 실시되고 있다.

공업적으로 실시되고 있는 불균화-트란스알킬화의 예:
Tatoray-Toray/UOP
Xylene-Plus-Arco
LTD-Mobil

톨루엔으로부터 *p*-자일렌을 제조하는 방법이 Indian Petrochemical사에 의하여 개발되었다. 톨루엔을 제올라이트 촉매상, 400~450℃, 0.1~0.5 MPa(1~5 kg/cm^2)에서 H_2와 H_2O의 존재하에 메탄올로서 처리하면,

제올라이트촉매에 의한 형상선택적인 메틸화로서, 톨루엔으로부터 병산물이 없는 *p*-자일렌이 제조된다.

85%의 선택률로서 *p*-자일렌이 생성한다. 톨루엔의 불균화와는 달리, 벤젠이 병산되지 않기 때문에, *p*-자일렌만을 필요로 하는 수요에 응할 수 있다. 공업적인 이용은 아직 공표되어 있지 않다.

제13장 벤젠의 유도체

공업화학의 분야에 있어서, 벤젠은 수많은 방향족중간체나 시클로지방족화합물의 원료로서 가장 중요한 위치를 점유하지만, 벤젠생산량의 거의 대부분이 대략 3종류 유도체의 제조에 소비되고 있는 것은 주목할 만하다. 벤젠의 용도비율을 표 13.1에 나타내었다.

표 13.1로부터 알 수 있는 바와 같이, 경제적으로 가장 중요한 벤젠의 용도는 알킬화에 의한 에틸벤젠, 이소프로필벤젠(쿠멘)의 제조와 수소화에 의한 시클로헥산의 제조이다. 에틸벤젠과 이소프로필벤젠은, 각각 스티렌 및 페놀의 전구체이다. 시클로헥산은 더욱 반응시켜서 포름아미드 제조용의 몇 가지 중간체로 된다.

벤젠은 방향족화합물과 지방족고리화합물의 제조에 있어서 가장 중요한 원료이다. 벤젠 생성량의 75~95%가 거의 3종류의 제품에 사용되며, 나머지는 각종 유도체를 위하여 사용된다.

벤젠의 가장 중요한 유도체:

1. 에틸렌 및 프로필렌에 의한 알킬화로부터 출발하는 유도체

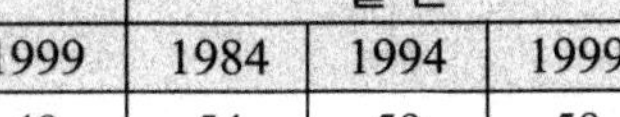

2. 수소화로부터 출발하는 유도체

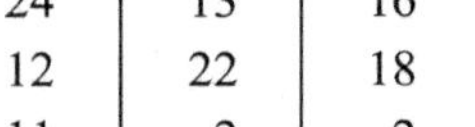

표 13.1 벤젠의 용도 패턴(중량%)

용 도	미 국			서유럽			일 본		
	1985	1994	2000	1986	1993	1999	1984	1994	1999
에틸벤젠(스티렌)	57	56	50	46	52	49	54	59	59
쿠멘(페놀)	20	22	24	21	21	24	13	16	19
시클로헥산	12	11	12	16	12	12	22	18	15
니트로벤젠	5	5	5	8	8	11	2	2	3
무수말레산	1	-	-	3	1	1	2	2	2
알킬벤젠류	3	3	2	5	4	2	4	2	1
기타(클로로벤젠, 벤젠술폰산 등)	2	3	7	1	2	1	3	1	1
총 소비량(10^6 t)	5.20	7.17	8.80	5.18	5.79	7.50	2.11	3.65	4.35

13.1. 벤젠의 알킬화 생성물과 수소화 생성물

13.1.1. 에틸벤젠

에틸벤젠의 제조법:
1. 대분분은 벤젠의 에틸화
2. 일부는 C_8 방향족류분으로부터의 증류

에틸벤젠은 주로 에틸렌에 의한 벤젠의 알킬화로서 제조된다. 국가에 따라서는 일부의 에틸벤젠이 지금도 더욱, C_8 방향족류분의 정밀증류로서 제조되고 있다. 예를 들면, 1986년에 미국에서는 30만 t의 에틸벤젠이 이 정류법에 의하여 제조되고 있었지만, 1989년에는 이미 행하지 않고 있다. 한편, 1999년에 서유럽에서는 14만 t의 에틸벤젠이 이 방법으로 제조되고 있다.

1999년의 세계의 에틸벤젠의 생산능력은 2500만 t/y였다. 그중, 미국이 650만 t/y, 서유럽이 540만 t/y, 일본이 350만 t/y이다. 에틸벤젠은 거의 대부분이 스티렌의 제조에 사용되기 때문에 이들의 숫자는 그대로 스티렌의 생산량에 상당한다(13.1.2절 참조).

2종류의 벤젠의 에틸화법:

지금까지 2가지 벤젠의 에틸화법이 개발되었고, 공업적으로 실시되고 있다.

1. 주로 Lewis산 촉매를 사용하는 액상 에틸화

1. $AlCl_3$, BF_3, $FeCl_3$, $ZrCl_4$, $SnCl_4$, H_3PO_4 혹은 알칼리토류금속-인산염등의 Friedel-Crafts촉매에 의한 액상에틸화[예: BASF, CdF Chimie(현재 Orkem), Dow, Monsanto, UCC의 각 회사의 방법].

2. 산성담지촉매 또는 lewis산 촉매를 이용하는 기상에틸화

2. H_3PO_4담지촉매 또는 규산알루미늄(Koppers, Phillips, UOP의 각 회사의 방법), 제올라이트(Mobil-Badger사 혹은 ABB Lummus Crest/UOP사의 새로운 방법), BF_3/γ-Al_2O_3(WOP법)를 이용하는 기상에틸화

방법 1.

에틸렌에 의한 벤젠의 알킬화는 85~95℃, 약간의 가압하(0.1~0.7 MPa)에서 행해진다.

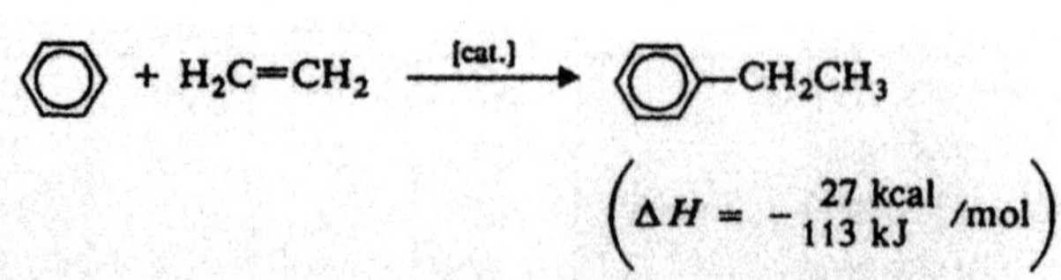

(1)

액상에틸화법의 특징:
촉매/조촉매 및 벤젠/에틸렌의 2상계를 상압에서 기포탑에 향류로 유통한다.

에틸렌과 벤젠의 0.6 : 1의 혼합물을 연속적으로 알킬화 탑의 밑부분에 공급한다. 한편, 촉매(통상은 $AlCl_3$)를 주기적으로 윗부분으로부터 첨가한다. 동시에 소량의 염화에틸을 조촉매로서 첨가한다. 이 반응조건하에

서 염화에틸은 벤젠과 반응하여 에틸벤젠으로 되며, 이때 생성하는 HCl이 $AlCl_3$의 공촉매로 된다.

실제의 촉매의 활성종은 $AlCl_3$와 에틸벤젠으로부터 형성되는 견고한 부가체의 $HAlCl_4 \cdot nC_6H_5C_2H_5$이다. 서서히 촉매활성이 저하하기 때문에 촉매의 일부를 제거하고 새로운 촉매로 대체시킨다. 에틸벤젠 100 kg당, 약 1 kg의 $AlCl_3$가 필요하다.

활성인 촉매계:

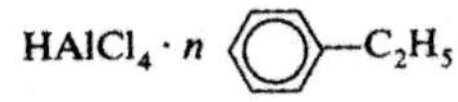

은

Lewis산	$AlCl_3$
조촉매	$HCl(C_2H_5Cl)$
리간드	$C_6H_5-C_2H_5$

로부터 얻어진다. 활성은 일정한 비율로서 저하한다.

선택률을 높이기 위하여 벤젠의 전환율을 약 52~55%로 억제하고, 벤젠/에틸렌의 비를 크게한다. 이것은 에틸렌이 부족한 조건에서만, 고차의 알킬화에 의한 디에틸벤젠, 폴리에틸벤젠의 생성을 억제할 수 있기 때문이다. 고차의 에틸벤젠은 반응계에 재순환시킨다. 이것에 의하여 알킬화의 평형이 에틸벤젠 쪽으로 이동하며, 벤젠과의 트란스알킬화에 의하여 모노에틸체가 증가한다. 또한 폴리에틸벤젠은 반응계에 재순환시키기 전에, 200°C에서 $AlCl_3$를 이용하는 특별한 반응으로 탈알킬화할 수도 있다. 이들의 결과 에틸벤젠의 선택률은 94~96%(C_6H_6), 96~97%(C_2H_4)로 된다.

에틸벤젠의 선택률은 아래의 조건에서 최고로 된다:

1. 벤젠의 전환율을 억제한다.
2. C_2H_4: C_6H_6의 비를 화학양론량 이하로 한다.
3. 반응계로의 재순환 또는 약 200°C 에서의 반응계외에서의 탈알킬화에 의하여

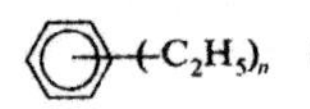

$n = 2 \sim 6$

과 같은 폴리에틸벤젠으로부터 에틸벤젠을 얻는다.

반응혼합물은 약 45%의 벤젠, 37%의 에틸벤젠, 15%의 디에틸벤젠, 2%의 폴리에틸벤젠, 1%의 타르상태의 잔사로 형성되며, 4개 탑의 증류설비로서 각 성분으로 분리된다.

$AlCl_3$촉매에 의한 벤젠의 에틸화의 새로운 방법이 Monsanto-Lummus사에서 개발되었다. 이전의 방법에 비하여 $AlCl_3$의 농도가 낮고, 140~200°C, 0.3~1.0 MPa(3~10 kg/cm^2), 균일계에서 알킬화를 행할 수 있다. 에틸벤젠의 선택률도 높다(약 99%). 이 방법에 의하여 에틸벤젠 100 kg당, $AlCl_3$의 소비량은 0.25 kg으로 감소했다. 여기서 중요한 조건은 에틸렌이 계의 내부에 과잉량으로 존재하지 않도록 에틸렌의 공급량을 조절하는 것이다. 이와 같이 매우 경제적인 방법은 세계적으로 많은 플랜트로서 행해지고 있으며, 합계로서 310만 t/y의 생산능력으로 되어 있다.

Monsanto법 액상에틸화의 특징:

$AlCl_3$농도를 저하시키는 것에 의하여 $AlCl_3$/벤젠/에틸렌이 균일계로 되며, 또한 $AlCl_3$의 소비량도 감소한다. 에틸렌이 과잉으로 존재하지 않도록 조절하는 것이 필요.

$AlCl_3$촉매에 의한 벤젠의 액상에틸화법에 있어서는, 플랜트의 많은 부분을 내식성으로 해야 하며, 현탁 또는 용해한 촉매를 물의 세척이나 알칼리의 세척으로 제거함과 동시에, 재순환되는 벤젠을 건조시킬 필요가 있다. 이들의 문제점을 위해서, 고체촉매를 사용하는 기상알킬화반응이 개발되었다. 그러나 몇 개의 플랜트에서 이미 실시되고 있는 CdF Chimie-Technip사(현재 Orkem사)의 새로운 개량법에서는 촉매를 제거하기 위하여 통상 행해지고 있는 반응용액의 물세척 및 중화 대신에, 알킬화반응용액의 처리가 무수조건에서 암모니아가스에 의하여 행해지고 있다.

액상에틸화의 단점:

1. 촉매의 부식성
2. $AlCl_3$의 세척과 재순환 벤젠의 건조가 필요

방법 2.

벤젠의 기상에틸화반응은 특히 미국에서 행해지고 있다. $Al_2O_3 \cdot SiO_2$ (Koppers사), H_3PO_4/SiO_2(UOP사)와 같은 산성담지촉매를 사용하고, 약 300℃, 4.0~6.5 MPa(40~65 kg/cm^2)에서 벤젠과 에틸렌을 반응시킨다. 기상법에서의 높은 반응온도에서 고차 알킬화가 일어나는 것을 피하기 위하여 에틸렌과 벤젠의 몰비를 0.2 : 1로 조절하지 않으면 안된다라고 하는 것은, 이 반응에서 사용되는 촉매에는, 재순환되는 올리고에틸벤젠을 탈알킬화하는 능력이 없기 때문이다.

Mobil-Badger법에 의한 벤젠의 에틸화에서는, 촉매는 결정성의 규산알루미늄이며, 개량된 제올라이트(ZSM-5)의 형태로서 사용된다. 반응조건은 435~450℃, 1.4~2.8 MPa(14~28 kg/cm^2)이다. 이 촉매는 트란스알킬화반응에도 유효하다. 그러나 이 촉매는 2~4주간마다 재생처리할 필요가 있으며, 플랜트의 반응기 부분은 2계열화 하지 않으면 안된다. 전환율은 85%이고 에틸벤젠의 선택률은 98%(C_6H_6), 99%(C_2H_4)에 달한다. 1980년에 American Hoechst사(현재 Huntsman사)에 의하여 최초로 50만 t/y의 플랜트의 조업이 개시되었다. 그 후 세계에서 38기(1999년)의 플랜트로 라이센스되었다. 1기의 플랜트의 생산능력은 80만 t/y까지 가능하다. 또한 $H_3PO_4/Mg^{2\oplus}$ 개량된 ZSM-5제올라이트를 사용하는 Mobil법에서는 425℃, 0.7 MPa(7 kg/cm^2)에서 톨루엔이 형상선택적으로 에틸화(선택성 99%이상)되며, *p*-에틸톨루엔으로 된다. 1982년에 Mobil/Hoechst사는 미국에서 1.6만 t/y의 폴랜트를 개시했다. *p*-에틸톨루엔을 탈수소하여 *p*-메틸스티렌으로 한다. 이 *p*-메틸스티렌은, 스티렌과 마찬가지로 모노머 및 코모노머로서 사용되지만, 특징으로서는 열안전성이 뛰어난(글라스 전이온도가 높다) 폴리머의 원료로 된다.

개량된 ZSM-5제올라이트를 사용하는 벤젠 혹은 톨루엔의 에틸화의 새로운 프로세스가 Mobil사에서 개발되었다. 이것에 의하면 함수에탄올 용액이 직접 반응에 사용될 수 있으며, 경비가 드는 추출 또는 증류를 필요로 하지 않는다.

더욱, ABB Lummus Crest/UOP사의 고정상, 액상에서의 제올라이트 촉매에 의한 벤젠의 에틸화법이, 1990년에 일본의 22만 t/y의 플랜트로서 채용되었다. 또한 다른 플랜트가 조업개시 혹은 계획중이다.

1950년대에 UOP사에 의하여 Alkar법이 개발되었다. 이것은 H_3PO_4/SiO_2촉매 대신에, 트란스알킬화, 탈알킬에 활성이 있으며, 부식성이 없고, BF_3를 γ-Al_2O_3에 담지시킨 촉매를 사용하는 방법이다. 290℃, 6.0~

기상에틸화의 특징은 사용하는 촉매에 의하여 다르다:

1. $Al_2O_3 \cdot SiO_2$, H_3PO_4/SiO_2는 올리고에틸벤젠의 트란스알킬화, 탈알킬에 불활성이다. 따라서 선택률을 높이기 위해서는 $C_2H_4 : C_6H_6$의 비를 낮출 필요가 있다.

1.1. 개량제올라이트(ZSM-5)인 SiO_2/Al_2O_3비의 높은 결정성 $Al_2O_3 \cdot SiO_2$는 알킬화에 고활성이다.

1.2. H_3PO_4 처리후, 더욱 $Mg^{2\oplus}$이온교환하는 것에 의하여 형상선택성이 향상한다. 제올라이트의 공경을 톨루엔분자의 최소직경으로 조절하는 것에 의하여, 톨루엔의 선택적인 *p*-에틸화가 가능해 진다.

	최소직경[Å]
o-에틸톨루엔	7.7
m-에틸톨루엔	7.6
p-에틸톨루엔	7.0

2. BF_3/γ-Al_2O_3도 또한 트란스알킬화, 탈알킬화에 활성이 있으며, 선택성이 높고, 부식성도 없다.

6.5 MPa(60~65 kg/cm^2)에서 반응시키는 방법에 의하여 에틸렌의 전환율은 100%이고, 에틸벤젠이 높은 선택률(98%~99%)로서 얻어진다. 이 방법의 커다란 장점은, 희박 에틸렌(O_2 또는 CO_2를 함유하고 있어도 좋다)을 사용할 수 있는 것이다. 이 방법에 의하여 촉매의 실활을 방지할 수 있다. 이 Alkar법은 1966년 이래 몇 개의 공업플랜트로서 실시되고 있다.

에틸벤젠은 그의 대부분이 스티렌의 재조에 사용된다. 극히 소량이 그대로 용매로서 혹은 디에틸벤젠, 아세토페논의 제조중간체로서 사용되고 있다.

에틸벤젠의 용도:

주로, 탈수소하여 스티렌으로 한다. 2%이하의 양이 용제 및 중간체로서 사용된다.

13.1.2. 스티렌

1999년의 세계의 스티렌의 생산능력은 약 2330만t/y였다. 그중 미국이 670만 t/y, 서유럽이 560만 t/y, 일본이 320만 t/y이다. Dow Chemical사가 세계최대의 메이커이며, 미국, 캐나다, 서유럽의 플랜트에서 합계 약 170만 t/y의 생산능력을 가지고 있다(1999년). 주요 공업국에서의 생산량이 부표에 나와 있다.

스티렌의 생산량(단위: 10^6 t):

	1995	1997	1999
미 국	5.16	5.16	5.40
서유럽	4.00	4.82	4.47
일 본	2.94	3.04	3.06

오래 전부터 스티렌의 제법으로 에틸벤젠의 측쇄를 염소화하고 이어서 탈염화수소하는 방법은, 현재는 이미 행하고 있지 않다. 에틸벤젠을 산화하여 아세토페논으로 하고, 이어서 카르비놀로 환원한 후, 탈수하는 방법도 또한 그다지 중요하지 않게 되었다. 이 방법은, 현재 스페인에서 1기의 플랜트가 가동되고 있을 뿐이다.

에틸벤젠으로부터의 스티렌의 제법:

이전의 방법:

1. 측쇄의 염소화, 탈염화수소
2. 산화하여 아세토페논으로 하고, 수소화, 탈수한다(UCC법).

그러나 이 산화법의 하나의 공정인 메틸페닐카르비놀의 탈수는 현재도 더욱 Halcon법의 변법(11.1.1.2절 참조)으로서 공업적으로 행하고 있다. 이 방법에서는, 프로필렌은 간접 산화되어 프로필렌옥사이드로 된다. 이 때, 에틸벤젠은 그의 하이드로퍼옥사이드의 형태로서 산화보조제로서 작용한다. 하이드로퍼옥사이드는 메틸페닐카르비놀로 되며, 이어서 탈수되어 스티렌으로 된다. 프로필렌옥사이드 1 kg당 약 2.5 kg의 스티렌이 얻어진다. 이 방법에 의하여 세계의 스티렌의 약 15%가 제조되고 있다.

새로운 방법:

1. 간접법:
   산화보조제로서 에틸벤젠을 사용하는 Halcon법. 산화하여 하이드로퍼옥사이드로 하고, O원자를 이동시켜 카르비놀로 한 후, 최후에 탈수한다.

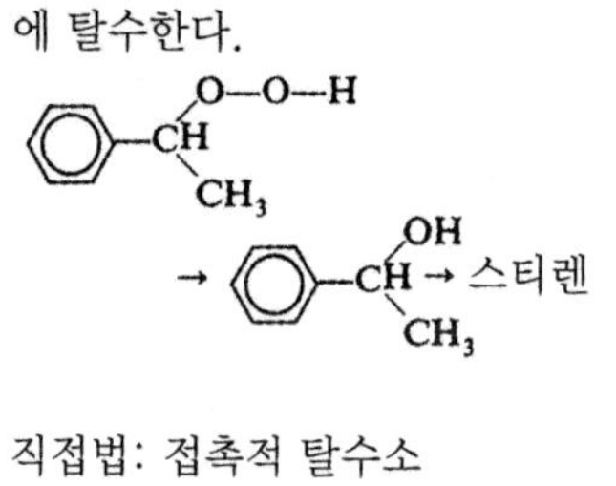

그러나 스티렌의 주요한 제조법은, 에틸벤젠의 직접적인 접촉적 탈수소이다.

2. 직접법: 접촉적 탈수소

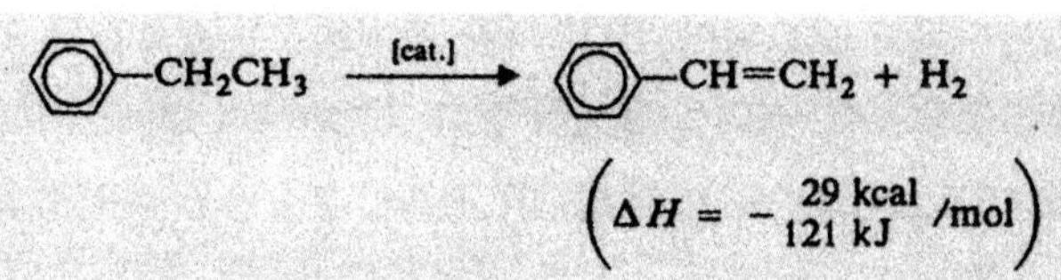

(2)

1931년에 최초의 공업적 탈수소법의 하나가, Ludwigshafen의 IG

에틸벤젠의 탈수소법의 특징:

H_2의 탈리반응은 흡열반응이며, 불균일촉매반응이다. 고온이 필요하다.

열의 공급방법:

연소가스에 의한 간접법(BASF법)에서는 다관식 반응기가 필요하며, 등온반응으로 된다.

반응혼합물에 과열수증기를 공급하는 직접법(Dow법)에서는 연소로가 필요하며, 단열반응으로 된다(Monsanto, UCC 기타 마찬가지의 프로세스)

선택률의 최적화:

1. 온도를 제한하여 전환율을 억제한다.
2. H_2O를 첨가하여 에틸벤젠의 분압을 낮춘다. 즉 평형을 스티렌쪽으로 이동시킨다.
   물의 첨가는 또한 수성가스 이동반응에 의하여 촉매로의 코크스 부착을 경감한다.
   $C + 2\,H_2O \rightarrow CO_2 + 2\,H_2$

스티렌의 분리와 정제:

분별응축에 의하여 타르(중합물)가 석출한다.

다음의 이유로서 정제에 경비가 든다:

1. 스티렌이 중합하기 쉽다.
2. 비점이 접근하고 있다(에틸벤젠 136°C, 스티렌 145~146°C). 따라서 중합금지제를 첨가하고, 저온감압하, 단의 수가 작고, 압력의 손실이 작은 증류탑에서 환류량을 다량으로 하여 증류한다.

에틸벤젠의 탈수소의 변법:

1. O_2존재하의 기상접촉 탈수소(산화탈수소).
   H_2를 O_2로서 산화하여, 평형을 이동시키고 또한 반응에 필요한 열을 발생시킨다.

Farben사에서 개발되어, 60 t/y의 플랜트로서 실시되었다. 이 "스티렌촉매"는 3원계(ZnO, Al_2O_3, CaO)였다. 현재 널리 사용되고 있는 산화철촉매는 1957년에 발견되었다. 이 촉매는 일반적으로 조촉매로서 Cr_2O_3 및 KOH나 K_2CO_3와 같은 칼륨화합물을 함유하고 있다. BASF법에서 촉매는 다관식 반응기에 충진되며, 반응에 필요한 열은 연소가스에 의하여 외부로부터 공급된다. 미국에서 Dow법은 개열반응에 필요한 에너지가 과열수증기에 의하여 직접 공급된다. 이 방법에서 고정상 촉매가 수직의 용기에 충진된다. 흡열반응인 탈수소반응을 단열계에서 행하기 위하여 사용되는 수증기의 양 및 초기온도는 비교적 높일 필요가 있다(에틸벤젠 1 kg 당, 약 720°C의 수증기 2.5~3 kg이 필요). 이것에 의하여 촉매층의 출구 부분에서도 탈수소에 필요한 충분히 높은 온도가 확보될 수 있다.

탈수소에는 550~620°C의 온도가 필요하다. 부반응을 억제하기 위하여, 같은 양의 수증기를 혼합하여 에틸벤젠의 분압을 저하시킨다. 이 수증기의 첨가는 외부열공급방식의 경우에도 행해진다. 에틸벤젠의 전환율은, 통상의 촉매로서 약 40%, Shell사의 새로운 촉매로서 60~65%이다. 스티렌의 선택률은 90% 이상이다. 부생성물은 톨루엔, 벤젠, 및 소량의 타르상태의 물질이다. 중합을 피하기 위하여 반응생성물을 급랭한다. 이때 100°C까지 냉각시키는 단계에서 타르상물질, 이어서 스티렌 및 미반응의 에틸벤젠이 분별응축된다. 반응에서 생성한 수소는 연소시켜서 탈수소에 필요한 열을 공급하기 위하여 이용된다. 반응기는 대형화의 경향이 있으며, 현재 1기당, 7만 t/y로부터 10만 t/y의 능력으로 되어 있다.

중합금지제(이전은 유황, 현재는 페놀화합물)를 첨가한 후, 스티렌을 감압증류한다. 스티렌과 에틸벤젠의 비점이 접근하고 있기 때문에 중합용의 스티렌의 정제에는 상당히 고도의 정류가 필요하다. 4기의 정류탑을 사용하여 필요로 하는 99.8% 이상의 순도까지 정제된다.

산소를 동시에 첨가하고, 등온반응적으로 탈수소를 행하는 산화탈수소법이 많은 회사에서 개발되었다. 예를 들면 Distillers사의 산화탈수소법에서는 V, Mg, Al의 산화물을 촉매로서 사용한다. 이것에 의하면 에틸벤젠의 전환율이 높은 곳에서 스티렌의 선택률은 95%이고, 수득률은 90%까지 향상된다라고 보고되어 있다. 다른 촉매로서는 Ce/Zr의 인산염, Zr 또는 알칼리토류금속/Ni의 인산염이 있다. UOP사의 Styro-Plus프로세스(현재 SMART SM법) 등 에틸벤젠의 산화탈수소법은 파일럿플랜트로서 공업적으로 실시되고 있으며, 이윽고 공업화되리라고 생각된다.

CIS에서 최근 개발된 방법에서는, 에틸벤젠의 흡열적인 탈수소반응과, 발열량이 큰 니트로벤젠의 아닐린으로의 수소화반응을, 동시에 1단계로서 행한다. 결과적으로 약한 발열반응으로 되며, 스티렌과 아닐린이 중량으로 3.3 : 1의 비로서 얻어진다. 양쪽 생성물의 선택률은 99% 이상에 달한다. 공업화되었다라고 하는 보고는 아직 없다.

2. 에틸벤젠으로부터 니트로벤젠으로의 접촉적인 H_2이동에 의한 발열적인 스티렌과 아닐린의 생성.

에틸벤젠으로부터의 스티렌의 제조법은 기술적으로 완성되었으며, 또한 선택률도 높기 때문에, 가까운 장래에 에틸벤젠을 사용하지 않는 1단계법의 스티렌의 합성이 행해지는 것은 거의 기대할 수 없다. 1단계 합성법으로서는 일본의 연구자들에 의하여, 로듐촉매의 존재하에, 에틸렌과 산소에 의한 벤젠의 산화적 알킬화가 문헌에 보고되어 있다.

이외에 톨루엔과 메탄, 메탄올, 포름알데히드 등의 C_1화합물을 출발물질로 하는 합성반응, 2분자의 부타디엔의 (4+2)Diels-Alder환상부가에 의한 4-비닐시클로헥센의 합성을 경유하는 방법, 톨루엔의 산화적 2량화에 의하여 스틸벤을 합성하고, 이어서 에틸렌과 상호교환반응을 행하는 방법등이 알려져 있지만, 공업적으로는 행해지지 않고 있다. 그러나 Dow사는 이 부타디엔의 환상2량화에 의한 비닐시클로헥센 경로를 더욱 개량하여, 1994년에 파일럿스케일로서의 조업을 개시했다. C_4류분 중의 부타디엔은 기상, 100°C, 1.9 MPa(19 kg/cm^2)에서 2량화된다. 촉매는 구리-제올라이트이다. 약 90%의 전환율로서 4-비닐시클로헥센으로의 선택률은 90%이상이다. 이어서, 400°C, 0.6 MPa(6 kg/cm^2), 촉매로서 산화주석/산화안티몬을 사용하고, 기상에서 산화탈수소된다. 전환율 90%에서 스티렌으로의 선택률은 약 92%이다.

스티렌 제조의 별법:

1. 산화적 알킬화

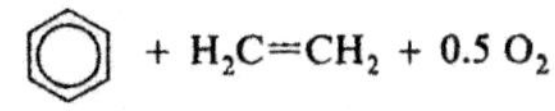

2. 톨루엔의 메틸렌화

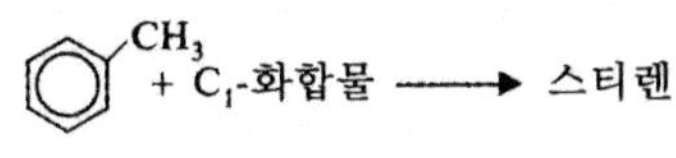

3. 부타디엔의 환화탈수소

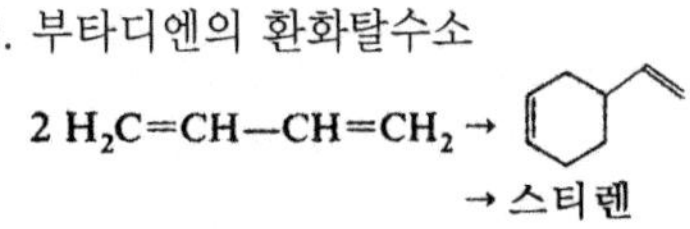

Dow에 의한 기술개량

4. 산화적 탈수소에 의한 톨루엔의 2량화/C_2H_4와의 상호교환반응

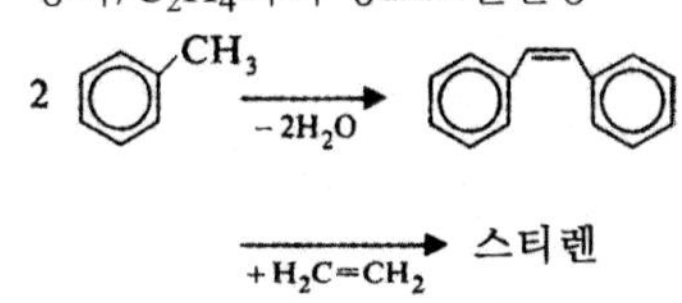

Toray의 Stex법(**st**yrene **ex**traction: 열분해 가솔린으로부터의 스티렌의 추출)은 스티렌의 제조법중에서도 특수한 입장을 점유하고 있다. 스티렌은 열분해가솔린 중에 약 6~8% 함유되어 있지만, 그의 생산능력은 열분해가솔린을 공급하는 크래킹플랜트의 능력에 의하여 결정된다.

표 13.2 스티렌의 용도(중량%)

<table>
<tr><th rowspan="2">생 성 물</th><th colspan="2">세 계</th><th colspan="2">미 국</th><th colspan="2">서유럽</th><th colspan="2">일 본</th></tr>
<tr><th>1991</th><th>1998</th><th>1986</th><th>1999</th><th>1985</th><th>1998</th><th>1985</th><th>1998</th></tr>
<tr><td>폴리스티렌</td><td>66</td><td>63</td><td>65</td><td>66</td><td>66</td><td>66</td><td>63</td><td>54</td></tr>
<tr><td>스티렌-부타디엔고무(SBR)</td><td>6</td><td>11</td><td>6</td><td>12</td><td>13</td><td>13</td><td>9</td><td>9</td></tr>
<tr><td>아크릴로니트릴-부타디엔-스티렌(ABS)</td><td>9</td><td>12</td><td>9</td><td rowspan="2">7</td><td>9</td><td>8</td><td>14</td><td>14</td></tr>
<tr><td>스티렌-아크릴로니트릴(SAN)</td><td>2</td><td>1</td><td>1</td><td>2</td><td>1</td><td>4</td><td>4</td></tr>
<tr><td>폴리에스테르수지(불포화)</td><td>5</td><td>4</td><td>7</td><td>7</td><td>6</td><td>6</td><td>4</td><td>5</td></tr>
<tr><td>기타</td><td>12</td><td>9</td><td>12</td><td>8</td><td>4</td><td>6</td><td>6</td><td>14</td></tr>
<tr><td>총 소비량(10^6 t)</td><td>13.9</td><td>17.9</td><td>3.04</td><td>5.30</td><td>2.95</td><td>4.40</td><td>1.63</td><td>1.99</td></tr>
</table>

스티렌의 용도:
열가소성수지, 엘라스토머, 분산체, 열경화성수지용의 모노머

스티렌은 열가소성수지의 제조에 있어서, 에틸렌과 염화비닐에 이어서 3번째로 중요한 모노머이다. 스티렌은 또한 각종의 응용분야를 갖는 엘라스토머, 열경화성수지, 폴리머의 분산체의 제조에도 사용되고 있다. 미국, 서유럽, 일본에 있어서 스티렌의 용도비율이 표 13.2에 나와 있다.

13.1.3. 쿠 멘

쿠멘의 생산량(단위: 10^6 t):

	1994	1996	1999
미 국	2.37	2.67	3.16
서유럽	1.99	2.16	2.60
일 본	0.64	0.77	0.85

쿠멘, 즉 이소프로필벤젠은, 페놀과 아세톤으로 교묘하게 전환된다(Hock법)라고 하는 사실이 알려진 이래, 중요한 중간체로 되었다. 이 방법은, 1950년대에 행해지고 있었다.

2000년의 세계의 쿠멘의 생산능력은 1080만 t/y 이상이었다. 그중 미국이 400만 t/y, 서유럽이 290만 t/y, 일본이 110만 t/y이다. 주요 공업국의 생산량이 부표에 나와 있다.

벤젠의 프로필화에 의한 쿠멘의 제조법에는 2종류가 있다:

쿠멘은 주로 프로필렌에 의한 벤젠의 알킬화에 의하여 제조된다. 주요 공업국에 있어서는, 프로필렌의 전체 소비량의 7~8%가 쿠멘의 제조에 사용되고 있다.

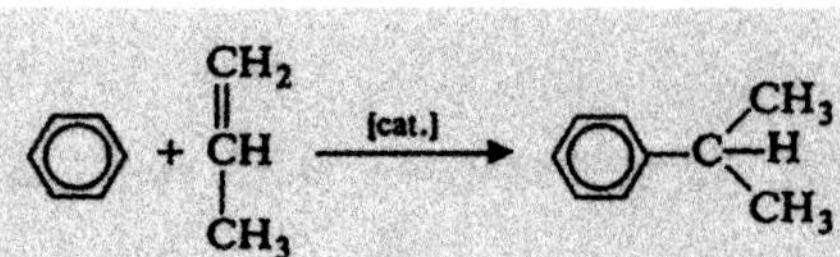

$$\left(\Delta H = -\frac{27\ \text{kcal}}{113\ \text{kJ}}/\text{mol}\right) \qquad (3)$$

1. H_2SO_4, $AlCl_3$, HF촉매에 의하고, 약간 가온, 가압조건하에서의 액상알킬화

반응은 액상, 기상 어느것으로도 행해진다. 벤젠의 에틸화와 마찬가지로, 촉매는 Friedel-Crafts계 혹은 프로톤산이 사용된다. 프로필렌은 에틸렌 보다도 쉽게 프로톤이 부가되기 때문에, 프로필렌에 의한 알킬화반응의 조건은, 에틸렌의 경우 보다도 온화하다.

액상법에서는 0.7 MPa(7 kg/cm^2)까지의 낮은 프로필렌의 압력하에 35~40°C에서 H_2SO_4 또는 $AlCl_3$(Kellogg/Monsanto법) 혹은 50~70°C에서 HF(Hüls법)를 사용한다.

2. H_3PO_4/SiO_2고정상촉매(BF_3첨가)에 의한 고온 가압하에서의 기상알킬화

기상법 알킬화, 예를 들면 UOP법에서는, 200~250°C, 2~4 MPa(20~40 kg/cm^2)에서 BF_3를 조촉매로서 첨가한 H_2SO_4/SiO_2촉매가 사용된다. 이때 사용하는 프로필렌/프로판은, 알킬화를 일으키는 에틸렌 및 이외의 올레핀의 함량이 상당히 적지 않으면 안된다. 프로판이나 이외의 포화화합물은 반응하지 않고 회수되기 때문에 영향이 없다. 이하의 이유로서 동시에 수증기가 촉매상에 도입된다.

1. 물에 의한 열의 회수로서 발열반응을 제어한다.
2. 인산이 수화물을 형성하고, 담체에 의하여 강하게 담지된다.

방법 2의 특징:

H_2O의 첨가는 이하의 2가지 효과가 있다:

1. 온도제어가 용이
2. 촉매활성의 안정화

또한, 쉽게 일어나는 쿠멘의 프로필화를 억제하기 위하여, 일반적으로는 벤젠을 과잉으로 사용한다. 선택률은 96~97%(C_6H_6), 91~92%(C_3H_6)이다. 주요한 부생성물은 디이소프로필벤젠, 트리이소프로필벤젠, *n*-프로필벤젠이다. 증류 후, 쿠멘이 99.5% 이상의 순도로서 얻어진다. Monsanto/Lummus사의 개량법에서는, 쿠멘의 수득률을 향상시키기 위하여, 고차로 이소프로필화 된 생성물을 트란스알킬화하는 공정이 추가되고 있다.

더욱 프로필화 되는 것을 방지하기 위하여, 벤젠을 과잉으로 사용하여 재순환 한다.

1991년에는 세계의 약 90%의 쿠멘의 제조가 UOP사의 산촉매 이소프로필화법에 의하고 있었지만, 그후 상황은 극적으로 변하고 있다.

최근의 기술개발은 제올라이트촉매의 사용에 관계하고 있다(예를 들면, ABB Lummus Crest사/Nova사, EniChem사 등). 이 촉매계는 산의 용출이 없기 때문에 부식성이 없으며, 또한 재생이 가능하다라고 하는 장점이 있다. 더욱 100%에 가까운 수득률이 달성되며, 이것으로 플랜트의 능력도 증대한다. 제올라이트촉매를 사용하는 최초의 플랜트는 1996년에 생산을 개시했지만, 1999년에는 세계의 쿠멘 수요의 55%가 이미 이 방법으로 제조되고 있다.

제올라이트촉매를 사용하는 최신형 프로세스의 채용이 증가하고 있다.

쿠멘의 거의 대부분은 Hock법(13.2.1.1절 참조)에 의한 페놀의 제조에 사용된다. 쿠멘을 함유하는 벤젠의 알킬화생성물은 자동차용 가솔린의 옥탄가향상제로서 사용된다.

쿠멘의 용도:

1. 주로 페놀의 제조(Hock법)
2. 이외의 알킬벤젠과의 혼합물은 옥탄가의 향상제로서 사용된다.

13.1.4. 고위 알킬벤젠

측쇄알킬기의 탄수소가 10~14의 모노알킬벤젠은, 알킬벤젠술폰산염의 제조원료이다. 이 알킬벤젠술폰산염은 음이온성 세제의 원료로서 특히 중요하다.

고위 알킬벤젠은 알킬아릴술폰산염의 제조원료이다.

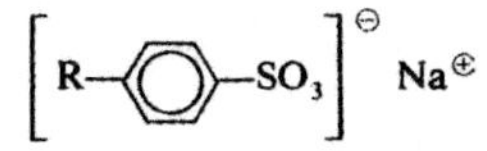

1960년대 중엽까지는, 테트라프로필렌(iso-$C_{12}H_{24}$)이 알킬벤젠의 제조원료를 위한 올레핀으로서 가장 잘 사용되고 있었다. 이 테트라프로필렌은, 프로필렌을 함유한 정유소가스를 원료로 하여, H_3PO_4 담지촉매를 사용하고, 200~240℃, 1.5~2.5 MPa(15~25 kg/cm^2)에서 다른 올리고머와 함께 제조할 수 있다. 그러나 얻어지는 이소도데실벤젠술폰산염은 분지도가 높기 때문에, 상당히 생분해되기 어렵다.

테트라프로필렌으로부터의 이소도데실벤젠술폰산염은 음이온성세제의 원료로서 전혀 가치가 없어졌다.

이소알킬벤젠술폰산염은 보다 생분해되기 쉬운 *n*-알킬벤젠술폰산염(LAS = **l**inear **a**lkylbengene-**s**ulfonates)로 변환되었다.

많은 나라에서 법률상, 생분해성 세제를 강력히 요구하기에 이르렀기 때문에, 벤젠의 알킬화의 원료는 직쇄C_{10}-C_{14}-올레핀으로 매우 급속히 전환되었다.

세제의 원료: 음이온성
중성
양이온성
양쪽성

직쇄 알킬벤젠 생산량(단위: 10^3t):

	1992	1994	1999
서유럽	485	502	450
미 국	341	342	319
일 본	197	185	150

예를 들면, 서유럽에서는 1970년에는 13.4만 t의 이소도데실벤젠과 26.9만 t의 직쇄알킬벤젠이 세제용으로 사용되고 있었지만, 1975년에는, 이소도데실벤젠이 0.3만 t, 직쇄알킬벤젠이 49.6만 t으로 되었다. 현재는 서유럽, 미국, 일본에서는 세제용의 알킬벤젠술폰산염의 원료로서 직쇄알킬벤젠만이 사용되고 있다. 1999년의 직쇄알킬벤젠의 생산능력은 서유럽에서 64만 t/y, 미국에서 48만 t/y, 일본에서 42만 t/y였다. 직쇄알킬벤젠의 생산량이 부표에 나와 있다.

원료:

원료의 n-C_{10}~C_{14}-올레핀은, 이하의 4종류의 방법으로 제조된다.

1. 왁스의 크래킹
2. n-파라핀의 염소화 및 탈염화수소
3. n-파라핀의 탈수소
4. C_2H_4의 올리고머화

알킬화의 원료인 n-올레핀은 다음의 4종류의 공업적 방법(3.3.3.1절 참조)으로 제조된다. 즉 n-파라핀의 열분해, 염소화 및 탈염화수소, 탈수소 그리고 에틸렌의 Ziegler형 올리고머화이다. 직쇄모노올레핀의 선택률을 높이기 위하여, 파라핀은 일반적으로 완전히 반응시키지 않는다. 얻어지는 파라핀/올레핀 혼합물은 벤젠의 알킬화에 직접 사용할 수 있다. 올레핀은 반응에 소비되며, 남은 파라핀은 올레핀의 합성공정에 재순환된다. 알킬화생성물의 증류는 올레핀/파라핀의 분리 보다도 용이하다.

1995년에는 직쇄형 알킬벤젠용 올레핀의 81%가 파라핀으로부터 제조되었다. 이 비율은 더욱 증가하여, 거의 2010년에는 90%를 초과할 것으로 생각된다.

아래의 원료를 사용하여 액상에서 알킬화한다.

1. 올레핀(HBF_4, HF, $AlCl_3$)
2. 염화알킬($AlCl_3$)

$$R^1-\underset{\underset{Cl}{|}}{CH}-CH_2R^2$$

벤젠의 n-올레핀에 의한 알킬화는 일반적으로 액상에서, 40~70°C, HF, HBF_4, $AlCl_3$를 사용하여 행하지만, 기상에서도 행할 수 있다. Brönsted 산 혹은 Lewis산 촉매의 존재하에서 알킬화를 행하지만, 반응조건에 따라서는, 부분적인 이중결합의 이성화가 일어나기 때문에, 직쇄올레핀의 탄소사슬에 따라서 벤젠핵이 통계적으로 분포하게 된다. 파라핀의 열분해(왁스분해)에 의한 올레핀과 α-올레핀은 같은 알킬벤젠 혼합물을 생성한다.

새로운 기술개발은 주로 알킬화촉매의 분야에서 행해지고 있으며, 예를 들면 UOP사는 새로운 형태의 촉매를 발표했다.

다음의 공정에서 알킬벤젠을 SO_3 또는 발연황산으로 술폰화하고, 소듐염으로 한다.

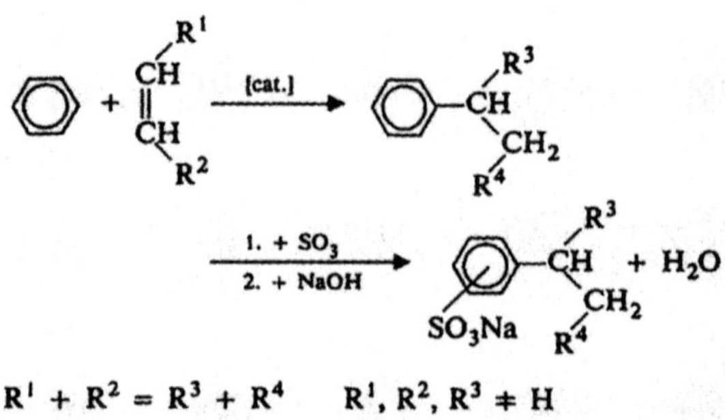

(4)

$$R^1 + R^2 = R^3 + R^4 \qquad R^1, R^2, R^3 \neq H$$

독일, 이탈리아, 일본 등 몇 개국만이 행하고 있는 다른 공업프로세스에서는, $AlCl_3$ 존재하, 벤젠을 직접 모노클로로알칸 또는 파라핀과 모노클로로알칸과의 혼합물과 반응시킨다. 반응은 HCl의 탈리를 동반하면서 진행한다.

13.1.5. 시클로헥산

시클로헥산은 최초에는 적당한 조잡한 가솔린류분을 분별증류하는 방식에 의하여 직접 얻고 있었지만, 순도는 85%에 불과하지 않았다. 증류와 동시에 메틸시클로펜탄을 시클로헥산으로 이성화시키는 방식에 의하여, 제품의 순도는 98%까지 향상되었다. 이 방법은 미국의 플랜트에서 처음으로 실시되었다. 시클로헥산의 수요가 나일론-6 및 나일론-6,6의 원료로서 급격이 증가되었기 때문에, 현재 이 방법은 시클로헥산의 수요의 극히 일부를 담당하고 있는 것에 불과하다. 즉 대부분(80~85%)은 벤젠의 수소화로서 제조되고 있다.

시클로헥산의 제조법:

이전의 방법:
분별증류에 의하여 조잡한 가솔린으로부터 분리한다.

새로운 방법:
1. 동시에 이성화시키면서 조잡한 가솔린으로부터 분리한다.

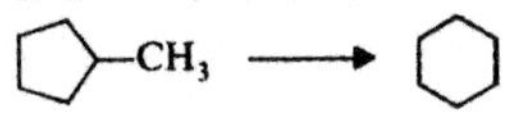

2. 벤젠의 수소화

1995년 시클로헥산의 생산능력은 세계에서 510만 t/y였으며, 그중 미국이 200만 t/y, 서유럽이 150만 t/y, 일본이 74만 t/y이다. 이들 국가에서의 시클로헥산의 생산량이 부표에 나와 있다.

시클로헥산의 생산량(단위: 10^6 t):

	1995	1997	1999
미 국	1.34	1.64	1.51
서유럽	0.98	0.96	1.20
일 본	0.68	0.72	0.72

각종의 벤젠의 수소화법중에서 이전의 방법은, 유황분을 함유하고 있는 벤젠을 원료로 하여, $NiS\text{-}WS_2$와 같은 내유황성 촉매를 사용하는 고압법이었지만, 현재는 이미 행해지지 않고 있다.

방법 2:

벤젠의 수소화에는 2종류의 방법이 있다(S함량에 의한다).

2.1. 내유황성 촉매를 사용하는 고압수소화(현재는 중요성이 없다)

2.2. 유황에 민감한 Ni-Li 또는 Pt-Li/Al_2O_3촉매를 사용하는 중압수소화(현재 잘 사용되는 방법)

니켈 또는 백금 금속촉매를 사용하는 새로운 방법에서는, 유황의 함량이 1 ppm 이하의 고순도의 벤젠이 필요하다. 이것에 의하여 반응은 액상에서 온화한 조건(2~4 MPa, 170~230℃)에서 진행시킨다.

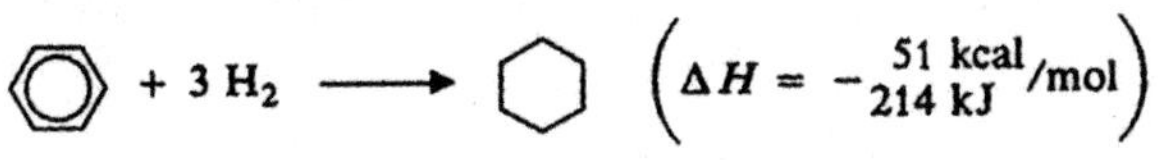
(5)

이 발열적인 수소화반응에 있어서는, 시클로헥산의 메틸시클로펜탄으로의 이성화평형을 억제하기 위하여, 정확한 체류시간하에서, 주의 깊은 열의 제거와 약 230℃의 상한온도의 엄수가 반드시 필요하다.

S함량이 적은 벤젠을 사용하는 중압수소화의 2종류의 방법:

몇 가지의 프로세스는, 1단계에서 전환율을 95%까지로 하고, 다음의 공정에서 수소화를 완결시킨다. 이 방법에서 잔존하는 벤젠 및 메틸시클로펜탄의 농도를 100 ppm 이하로까지 저하시킬 수 있다.

1. 1차반응기, 최종반응기와 연속적으로 액상수소화 한다.

액상수소화법은 Mitsubishi화학, Hydrocarbon-Sinclair사, IFP사 등의 많은 공업플랜트에서 실시되고 있다.

반응의 특징:
발열적 수소화 반응에 있어서 100%의 전환율로서 고선택률을 달성하기 위해서는, 온도와 체류시간을 주의 깊게 제어하는 것이 필요하다.

IFP법에서는 Raney-니켈촉매를 사용하고, 200~225°C, 5 MPa(50 kg/cm^2)의 조건하, 기포탑 반응기에서 행해진다. 열을 보다 효과적으로 제거하기 위하여, 니켈의 현탁액을 순환시킨다. 미반응의 벤젠(>5%)은, 그후에 설치된 기상법, 고정상 반응기에서 완전히 수소화 된다. 1993년에는 세계에서 이 방법에 의한 19기의 플랜트가 가동되고 있으며, 합계의 생산능력은 150만t/y였다.

2. 다단반응기에서 기상수소화 한다.

최근, Arco, DSM, Toray(Hytoray), Houdry, UOP의 각 회사에서 많은 기상수소화법이 개발되어 있다. Hydrar법(UOP사)에서는, 3단계의 반응기에서 Ni담지촉매를 사용하고, 압력 3 MPa(30 kg/cm^2)에서 온도를 서서히 높이고 있다(400°C로부터 600°C로 한다).

반응의 특징:
기상법에서는 기질과 촉매와의 분리가 용이하다. 체류시간을 짧게하는 것에 의하여, 고온에도 불구하고, 이성화를 방지할 수 있다.

체류시간이 짧기 때문에, 반응온도가 높은 것에도 불구하고 시클로헥산으로부터 메틸시클로펜탄으로의 이성화평형은 진행하지 않는다.

Arco 및 DSM법에서는 귀금속촉매를 사용한다. 이 방법에서는 400°C, 2.5~3.0 MPa(25~30 kg/cm^2)의 조건에서 1단계로서 벤젠이 완전히 수소화된다. 시클로헥산의 선택률은 거의 100%이다.

또한 필요에 따라서 방향환을 수소화하는 방식에 의하여, 벤젠의 동족체를 그에 상당하는 시클헥산의 동족체로 변환할 수 있다.

벤젠의 수소화는 단독 혹은 이성화와 조합시켜서 자동차연료의 품질향상용으로도 이용된다.

많은 기업에서는 가솔린 중의 벤젠을 저하시키기 위하여 수소화법을 행하고 있다. 예를 들면 UOP사의 Ben-Sat법에서는 벤젠을 완전히 수소화하여 시클로헥산으로 한다. 또다른 회사에서는, 수소화와 이성화를 조합시켜서 옥탄가를 향상시키는 Tenex-Plus법을 채용하고 있다.

시클로헥산의 용도:
시클로헥산온/시클로헥산올의 원료. 더욱 이들은 다음의 화합물로 유도된다.

$HOOC(CH_2)_4COOH$
$H_2N(CH_2)_6NH_2$

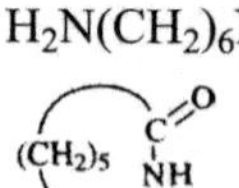

시클로헥산은 주로 시클로헥산온의 제조원료로서 사용된다. 시클로헥산온은 나일론의 원료인 아디프산, ε-카프로락탐, 헥사메틸렌디아민(10장 참조)의 제조중간체이다. 시클로헥산의 생산량 중에서 아디프산용으로 사용되는 비율은, 최근 미국에서 59%, 일본에서 14%, 서유럽에서 40%이다. 또한 ε-카프로락탐용으로 사용되는 비율은, 미국에서 34%, 일본에서 81%, 서유럽에서 40%이다.

13.2. 벤젠의 산화생성물 및 유도체

13.2.1. 페 놀

페놀의 제조법:
1. 벤젠으로부터의 합성법

미국과 서유럽에 있어서는 페놀은 벤젠유도체중에서 2번째로 양이 많다. 현재 벤젠의 전생산량중 약 20%가 페놀용으로 소비되고 있다. 합성

표 13.3 페놀의 생산량(10^3 t)

국 가	페놀의 원료	1972	1973	1985	1991	1995	1996	1998
미 국	합성 페놀	865		1260	1553	1873		
	타르 및 배수로부터의 페놀	20		24	27	27		
	합계	885		1284	1580	1900		
서유럽	합성 페놀		891	1157	1460	1489	1555	1802
	타르 및 배수로부터의 페놀		14	14	28	14	14	15
	합계		905	1171	1488	1503	1569	1817
일 본	합성 페놀			255	568		768	851
	타르 및 배수로부터의 페놀			2	2		-	-
	합계			257	570		768	851

페놀 이외에서는, 석탄의 코크스화 및 갈탄의 저온건류로부터의 콜타르, 코크스로수 및 크래킹플랜트의 배수중에 존재하는 소위 "크레졸산"이 페놀원이다. 분해가솔린을 알칼리수용액으로 수세한 후, 그의 세척액을 CO_2로 처리하는 방식에 의하여, 페놀, 크레졸, 자일렌올이 회수된다. 새로운 방법인 Lurgi Phenoraffin법에서는, 특히 콜타르류분으로부터 페놀성화합물을 얻고 있다. 이 방법에서는, 소듐페놀레이트수용액과 추출제로서 이소프로필에테르를 사용한다. 또한 Phenosolvan법과 같은 방법에서는, 아세트산부틸 혹은 이외의 에스테르를 추출에 사용한다.

2. 역청탄, 갈탄으로부터의 콜타르 및 분해가솔린의 세척수로부터 단리한다.

그러나 콜타르, 코크스로수, 크래킹플랜트의 배출수 등으로부터 얻어지는 페놀의 생산량은, 최근 미국과 서유럽에 있어서 약간 증가하고 있는 합성 페놀의 생산량에 비하면 적다. 표 13.3에 미국과 서유럽 및 일본에 있어서 페놀의 생산량의 추이가 나와 있다.

주요 공업국에 있어서 합성페놀의 생산량이 부표에 나와 있다. 1999년 세계의 합성 페놀 생산능력은 약 610만 t/y였다. 그중 미국이 220만 t/y, 서유럽이 230만 t/y, 일본이 90만 t/y이다. 세계최대의 메이커는 Phenolchemie사이며 120만 t/y의 능력이 있다(2000년).

합성 페놀의 생산량(단위: 10^3 t):

	1994	1996	1998
미 국	1778	1965	2053
서유럽	1469	1569	1817
일 본	675	768	851

13.2.1.1. 페놀의 제조법

벤젠의 직접산화에 의한 페놀의 합성이 성공하면 가장 경제적인 방법이 되겠지만, 아직까지는 간접적인 제조법만이 행해지고 있다. 그 이유는 벤젠의 부분산화에 비하여 페놀의 연속산화쪽이 일어나기 쉽기 때문이다. 더욱 또한 벤젠의 직접산화에서는 부생성물로서 대량의 비페닐도 생성된다. 따라서 많은 간접적인 페놀의 제조법이 개발되었다. 그중 아래의 5종류의 방법이 공업적인 가치를 가지고 있다.

벤젠 또는 그의 유도체로부터의 페놀 합성의 원리:

많은 종류의 원료, 중간체를 사용하는 간접산화법. 벤젠의 부분산화에 비하여 페놀의 연속산화쪽이 일어나기 쉽기 때문에, 벤젠으로부터 페놀으로의 직접산화는 비선택적이다.

표 13.4 페놀의 제조법

원 료	중 간 체	방 법
1. 벤젠	벤젠술폰산	고전적
2. 벤젠	클로로벤젠	Dow, Bayer(알칼리가수분해), Raschig-Hooker(산가수분해)
3. 톨루엔	벤조산	Dow, California Research
4. 시클로헥산	시클로헥산온/시클로헥산올	Scientific Design
5. 벤젠/프로필렌	이소프로필벤젠(쿠멘)	Hock

그러나, 러시아의 보레스코프 촉매연구소에서 벤젠의 직접산화에 의한 경제적인 페놀합성기술이 개발되었으며, 미국의 플랜트로서 시험을 하는 계획이 있다라고 보고되었다. 자세한 것은 아직 공표되지 않았다.

방법 1.

벤젠술폰산법의 원리:
1. $-SO_3H$의 도입
2. $-OH$으로의 변환
더욱 중화공정, 페놀의 단리공정

고전적인 술폰화법은 다른 페놀제조법과 비교하여, 부생성물 특히, Na_2SO_3의 판매가 이루어지면, 0.4만톤 t/y 이하의 소규모 플랜트로서도 경제적으로 실시할 수 있다라고 하는 장점을 가지고 있다. 플랜트의 장치는 간단하며, 다른 프로세스에도 이용할 수 있다. 이 방법에 의한 페놀의 제조는 이미 행해지지 않고 있다. 미국에서는, 1978년에 벤젠의 술폰화법을 이용하는 최후의 플랜트가 중지되었다. 이 반응은 4단계로서 진행한다.

4단계의 공업적 방법:
1. 회분식, 혹은 연속식의 술폰화
2. 종전의 방법에서는 $CaCO_3$, 새로운 방법에서는 Na_2SO_3 혹은 NaOH를 사용하는 중화
3. Na염 또는 술폰산을 직접(이 경우에는 제2공정을 생략할 수 있다)NaOH용융한다.
4. 반응으로부터의 SO_2 및 추가의 SO_2로서 산석출을 행한다.

1. 과잉의 H_2SO_4 또는 발연황산($H_2SO_4 + SO_3$)을 사용하고, 110~150°C에서 벤젠을 술폰화한다.
2. 벤젠술폰산과 과잉의 H_2SO_4를 Na_2SO_3로서 중화한다.

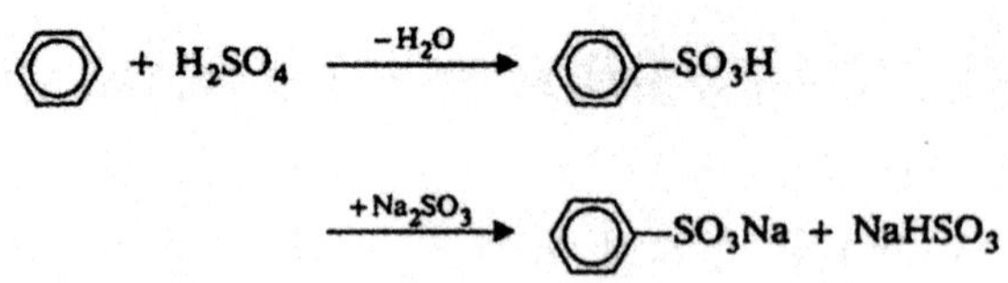
(6)

벤젠술폰산은, 페놀의 제조 이외에, 기타의 많은 화합물의 중간체로서 사용된다.

3. 용융 NaOH 중, 320~340°C에서 소듐염을 반응시켜 소듐페놀레이트와 아황산나트륨으로 한다.
4. 2공정단계에서 생성하는 SO_2 및 추가의 SO_2로서 페놀을 산으로 석출시킨다.

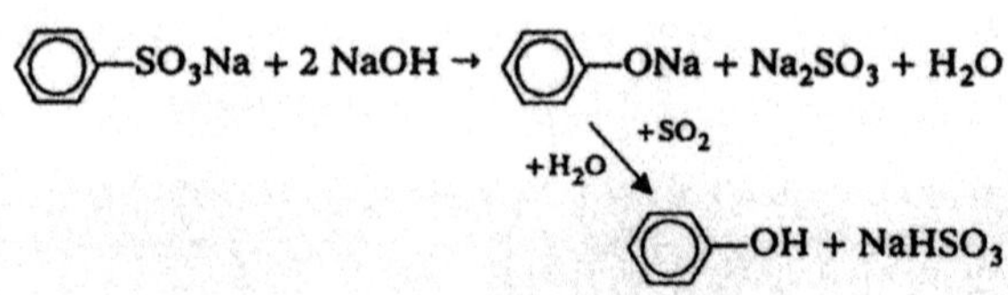
(7)

1톤의 페놀을 제조하는데 필요한 원료와 부생성물의 양은 아래와 같다.

원료		부생성물
벤젠	1톤	Na_2SO_3 1.35톤
H_2SO_4(100%)	1.75톤	Na_2SO_4 2.1톤
NaOH(100%)	1.7톤	(1공정단계의 과잉의 H_2SO_4로부터 생성)

이어서 페놀은 3단계의 증류로서 정제된다. 수득률은 약 88%이다.

벤젠술폰산법의 단점:
염의 대량생성을 피할 수 없다. 또한 각 공정에서의 에너지소비도 크다.

방법 2.

페놀의 2번째의 제조법은, 중간체로서 모노클로로벤젠을 경유하는 방법이다. 모노클로로벤젠은 벤젠으로부터 2종류의 방법으로 제조된다.

2단계의 클로로벤젠법의 원리:

1. 벤젠의 염소화 또는 옥시염소화에 의한 클로로벤젠의 제조
2. 액상 또는 기상에서의 클로로벤젠의 가수분해

예를 들면, Dow사에서 1975년까지, 또한 Bayer사에서 1977년까지 행해지고 있었던 고전적인 방법에서는, $FeCl_3$촉매를 사용하고, 액상, 25~50℃에서 벤젠을 염소화한다. 부생성물로서 약 5%의 폴리클로로벤젠이 생성한다.

벤젠의 염소화법의 특징(예를 들면, Dow, Bayer):
기포탑 반응기에서의 $FeCl_3$촉매에 의한 액상반응
디클로로벤젠의 부생성량은 다음의 조건에서 좌우된다

1. 온도
2. C_6H_6/Cl_2의 몰비
3. 체류시간
4. 촉매
5. C_6H_6의 전환율

Rhône-Poulenc사에 의하여 1932년에 처음으로 0.3만 t/y의 플랜트로서 공업화되었으며, 보다 경제적인 Raschig-Hooker법에서는, HCl/공기의 혼합가스에 의하여, 약 240℃, 상압에서 벤젠을 옥시염소화하여 클로로벤젠을 합성한다.

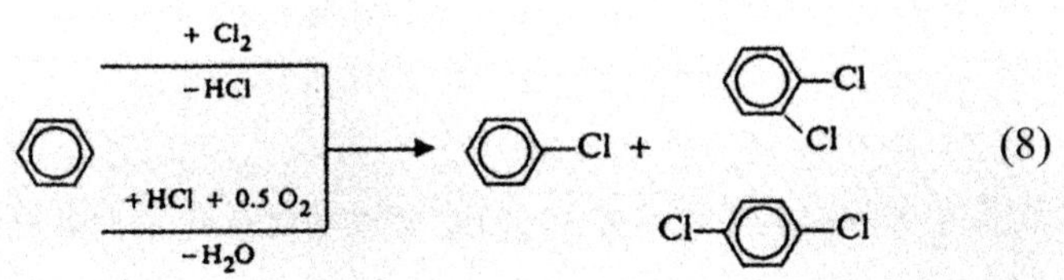

(8)

벤젠의 옥시염소화법의 특징(Raschig Hooker):
Deacon촉매계를 사용하는 접촉기상반응. 다음의 이유로서 전환율을 낮게 억제한다:

1. 고정상으로서, 염의 제거에 제한이 있다.
2. 모노클로로벤젠의 선택률을 높이기 위해서

촉매로서 $CuCl_2$-$FeCl_3/Al_2O_3$가 사용된다. 고정상촉매에서의 발열을 억제하고, 디클로로벤젠의 생성을 적게하기 위하여, 벤젠의 전환율을 10~15%로 억제한다. HCl의 전환율은 될 수 있는 한 100%로 접근시킨다. 옥시염소화법에서는 디클로로벤젠의 생성비율이 6~10%로서, 고전적 염소화법에 비하면 약간 높아지고 있다.

고전적 방법과 Raschig-Hooker법에서는, 클로로벤젠으로부터 페놀으로의 반응에도 차이가 있다. 고전적 방법에서는, 클로로벤젠의 가수분해에는, 10~15%의 수산화나트륨 또는 탄산나트륨 수용액을 사용하고 360~390℃, 28~30 MPa(280~300 kg/cm^2)에서 행해진다. 부생성물로서 디페닐에테르, *o*-하이드록시비페닐 및 *p*-하이드록시비페닐이 생성된다.

고전적인 클로로벤젠의 가수분해법의 특징:
NaOH 또는 Na_2CO_3수용액을 사용하는 액상가수분해(예를 들면, Dow, Bayer). 단점은 염소의 완전한 손실.

부생성물:

소듐염으로부터의 페놀의 산으로의 석출에는 벤젠을 염소화할 때, 생성하는 HCl이 사용된다.

고정상촉매와 H_2O를 사용하는 기상 가수분해(Raschig Hooker):

장점:
HCl도 촉매작용을 갖는다.

단점:
옥시염소화와 가수분해에 있어서 고부식성. 촉매의 재생이 필요. 에너지 소비가 크다.

Raschig-Hooker법에서는 $Ca_3(PO_4)_2/SiO_2$상, 400~450°C에서 접촉적으로 가수분해된다. 촉매상에 탄소가 석출하기 때문에, 촉매를 가끔 재생시키지 않으면 안된다. 전환율은 약 10~15%이고, 2공정 통산에서의 선택률은 70~85%이다. 미국에서는 이 방법을 이용하는 플랜트는 이미 정지되었다. 그러나 아르헨티나, 인도, 이탈리아, 폴란드의 각국에서는, 이 고전적인 클로로벤젠/페놀법이 현재 부분적으로 행해지고 있다.

Dow 및 Bayer법의 반응식은 아래와 같이 진행된다.

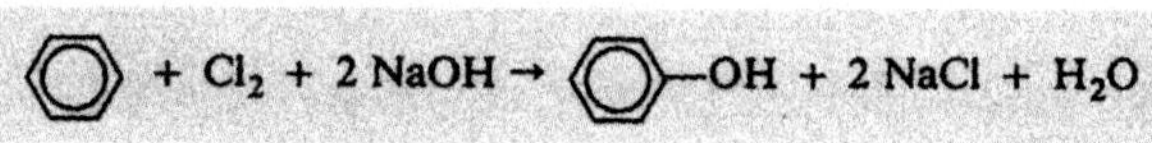

(9)

Raschig-Hooker법에서는, 클로로벤젠의 가수분해에서 생성하는 HCl을 벤젠의 옥시염소화에 사용할 수 있기 때문에, 경제적으로 보다 유리하다.

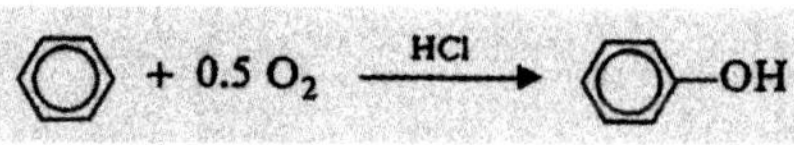

(10)

페놀 1 t당, 약 0.02 t의 HCl을 소비할 뿐이다. 그러나 가수분해 및 옥시염소화 조건에서는 염산의 부식성이 높기 때문에, 내식성의 플랜트재료가 필요하며, 설비비가 높아진다. 더욱 Raschig-Hooker법에서는 묽은 염산의 증발이 필요하기 때문에 에너지 소비가 크다.

클로로벤젠의 용도:
가수분해에 의한 페놀
가암모니아분해에 의한 아닐린
니트로화에 의한 클로로니트로벤젠
클로랄과 축합에 의한 DDT

클로로벤젠은 페놀의 원료일 뿐만이 아니고, 아닐린의 제조(13.3.2절 참조) 및 다른 많은 방향족중간체의 기초원료로서도 사용된다. 또한 클로로벤젠은 용매로서도 중요하다.

공업적으로는 클로로벤젠류는 모노클로로벤젠, *o*-디클로로벤젠, *p*-디클로로벤젠을 가르킨다.

1999년 클로로벤젠류의 생산능력은 미국이 27만 t/y, 서유럽이 16만 t/y, 일본이 12만 t/y였다.

이들의 국가에 있어서 클로로벤젠의 생산량이 부표에 나와 있다.

클로로벤젠의 생산량(단위: 10^3 t);

	1994	1996	1998
서유럽	115	113	124
미 국	151	128	133
일 본	64	64	72

디클로로벤젠은 용제, 소독제, 염료나 살충제의 제조에 있어서 중간체로서 사용된다.

공업적으로 중요한 클로로벤젠의 유도체는, 그의 니트로화에 의하여 얻어지는 *o*-클로로니트로벤젠, *m*-클로로니트로벤젠, *p*-클로로니트로벤젠의 혼합물이다. 이성체의 비율은 반응조건에 관계없고, *p*-체가 65%, *o*-체가 34%이고, *m*-체는 1%에 불과하다. 혼합물의 분리는 분별증류와 결정화의 조합으로 행해진다. 클로로니트로벤젠은 주로 염료의 합성에 사용된다.

클로로벤젠의 유도체로서 잘 알려져 있는 화합물로서, DDT[1,1-비스

(*p*-클로로페닐)-2,2,2-트리클로로에탄]가 있다. 이 DDT는, 클로로벤젠과 클로랄의 산촉매에 의한 축합에 의하여 제조된다.

DDT 합성의 원리:
클로로벤젠과 클로랄의 프로톤촉매에 의한 축합으로 디클로로디페닐트리클로로에탄
(**d**ichloro**d**ipenyl **t**richloroethane)
을 제조한다(13.2.1.3절 참조).

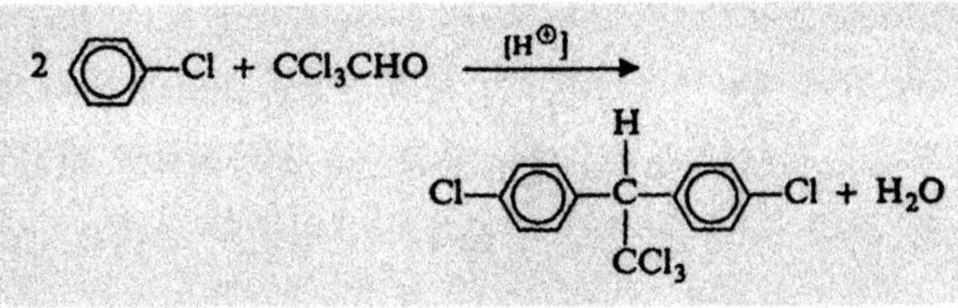
(11)

DDT는 수 십년에 걸쳐 널리 사용되었던 효력이 강한 살충제이다. DDT는 분해속도가 매우 느리며, 또한 인체나 동물의 지방조직에 축적되기 때문에, 많은 국가에서 그의 사용이 엄격하게 제한되기도 하고, 금지되기도 하여 그의 중요성은 급격히 저하했다. 그러나, 특히 말라리아를 매개하는 학질모기의 구제에 유효하며, 값싼 대체물이 없기 때문에, 현재도 DDT가 생산되며(1984년에 있어서 3만 t, 1989년에 있어서 1.2만 t), 비공업국에서 사용되고 있다. 열대지방에서 DDT의 사용을 금지하면 비참한 사태를 초래한다. 그후 몇 개의 나라에서 학질모기가 DDT에 저항성을 갖기에 이르렀다.

방법 3.

Dow사 및 California Research사에서는 2단계의 페놀제조법이 실시되고 있다. 먼저 톨루엔을 산화하여 벤조산으로 하고, 이어서 산화적으로 탈카르복시화하여 페놀로 한다.

톨루엔-벤조산법의 원리:
1. 라디칼 연쇄반응에 의한 톨루엔의 벤조산으로의 산화
2. 벤조산의 산화적 탈카르복시화에 의한 페놀의 합성

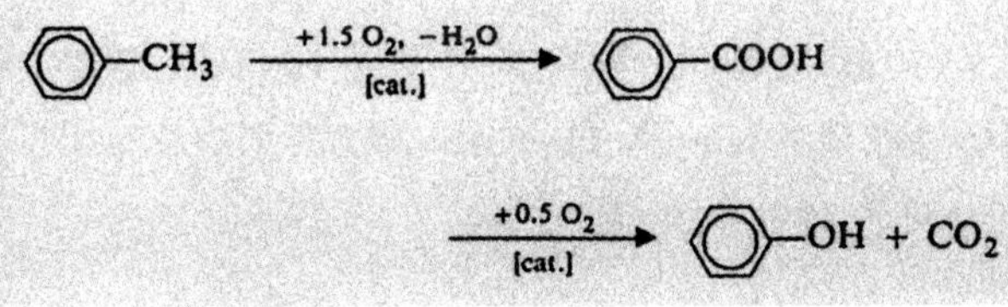
(12)

벤조산은 각종의 방법에 의하여 톨루엔으로부터 제조된다. 예를 들면 Dow법에서는, Co염의 존재하, 110~120℃, 0.2~0.3 MPa(2~3 kg/cm^2)에서 톨루엔을 액상 공기산화한다. Snia Viscosa사의 방법도 유사한 것으로서, 아세트산Co를 사용하고 165℃, 0.9 MPa(9 kg/cm^2)의 조건에서 산화를 행한다. 이 프로세스는 이탈리아 및 CIS의 몇개의 플랜트로서 실시하고 있다. 벤조산의 선택률은 약 90%이다. Amoco사의 테레프탈산 제조법(14.2.2절 참조)과 같은 방법으로도 벤조산이 제조되고 있다.

공업적 톨루엔의 산화법의 예:
액상산화
(Dow, Amoco, Snia Viscosa)

벤조산은 페놀의 제조원료일 뿐만이 아니고, Snia Viscosa법에서의 ϵ-카프로락탐의 제조(10.3.1.2절 참조), Henkel법에서의 테레프탈산의 제

페놀 제조 이외의 벤조산의 용도:
Snia Viscosa
헥사하이드로벤조산 → ϵ-카프로락탐

벤조산의 생산량(단위:10^3 t):

	1995	1997	2000
미국	55	58	81

조(14.2.3절 참조)등의 중간원료로서도 중요하다. 또한 벤조산은 염료, 향료의 제조원료, 고무의 첨가제 및 방부제로서도 사용된다. 1995년의 미국에서의 벤조산 생산능력은 약 10.7만 t/y, 일본은 1.1만 t/y, 서유럽은 약 16.2만 t/y였다. 미국에서의 벤조산의 생산량이 부표에 나와 있다.

벤조산의 산화적 탈카르복시화의 특징:

주촉매의 Cu염과 조촉매를 사용하는 균일촉매 액상반응(용융 또는 용액)

페놀 제조의 2단계에서는, 정제한 벤조산을 산화적으로 탈카르복시화하여 페놀로 한다. 반응은 수증기/공기의 혼합물의 존재하, 상압 내지 0.25 MPa(2.5 kg/cm^2)에서, 촉매로서 구리염, 조촉매로서 Mg염 등을 사용하고, 220~250°C에서, 용융상태 혹은 고비점 용매중에서 행한다. 통산의 선택률은 약 70~80%(톨루엔)이다.

가장 중요한 반응단계:

벤조에이트아니온의 오르토 위치의 공격과, 살리실산에스테르의 탈카르복시화반응

구리(II)이온의 촉매작용은 다음과 같은 반응메카니즘에 의한다. 중간체로서 벤조산구리가 생성하며, 이것이 열적으로 분해하여 CO_2, 구리(I)이온, 벤조산페닐로 된다. 이 에스테르는 가수분해를 받아 페놀과 벤조산으로 되며, 구리(I)이온은 공기로서 재산화된다.

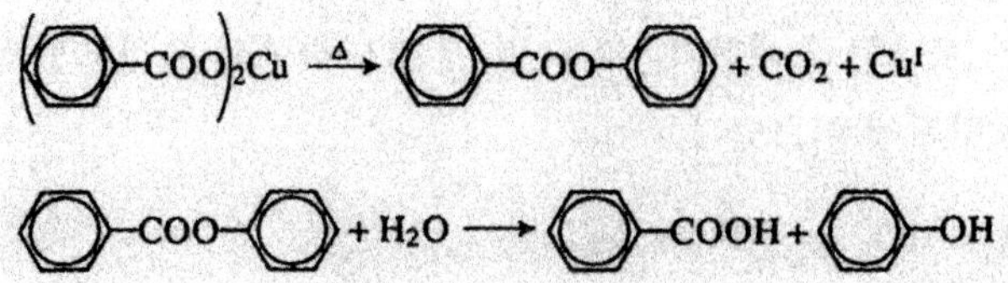

(13)

공업적으로 실시되고 있는 톨루엔-벤조산-페놀법의 예:

Dow(미국, 캐나다)
DSM/Dow(네덜란드)
Nippon Phenol(일본)

알칼리금속 및 알칼리토류금속계의 첨가물, 특히 마그네슘과 코발트가 활성 및 선택성의 향상에 효과가 있는 것이 확인되고 있다.

이 Dow법을 이용하는 미국(Noveon사)과 네덜란드(DSM사)의 플랜트는 합계로서 14.4만 t/y의 생산능력이 있다(1998년). 일본에서는 1991년에 톨루엔법에 의한 Nippon Phenol의 새로운 플랜트가 가동을 개시했으며, 생산능력은 12만 t/y이다.

방법 4.

시클로헥산온/시클로헥산올법의 원리:

안온/안올 혼합물의 불균일 촉매에 의한 기상탈수소

Scientic Design법에서는, 시클로헥산의 산화에 의하여 얻어지는 시클로헥산온과 시클로헥산올의 혼합물을 400°C에서 탈수소하여 페놀로 한다(10.1.1절 참조).

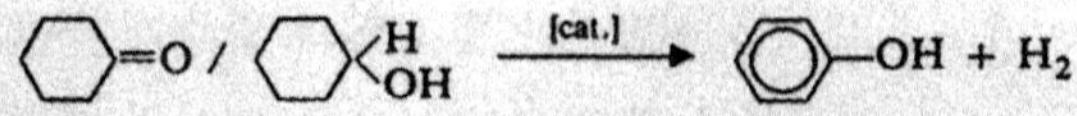

(14)

안온과 페놀의 공비혼합물을 분리하기 위하여, 탈수소반응 혼합물의 후처리로서 추출조작이 필요하다.

Pt/C와 같은 귀금속촉매 또는 Ni-Co촉매가 탈수소반응에 사용된다. 페놀은 시클로헥산온과 공비혼합물을 형성하기 때문에, 반응생성물의 후처리로서 추출조작이 필요하며, 또한 이것을 위해서 전환율도 높게(약

80%)하지 않으면 안된다.

Monsanto사는 호주에서 이 방법에 의한 공업플랜트를 3년간 가동하고 있었다. 1968년에 경제적인 이유로부터, 이 플랜트는 쿠멘법으로 전환되었다.

방법 5.

쿠멘법, 즉 쿠멘하이드로퍼옥사이드의 프로톤촉매에 의한 페놀과 아세톤으로의 분해반응은, 1944년에 Hock와 Lang에 의하여 발견되었다. 1953년에 캐나다 Gulf사의 0.8만 t/y의 플랜트로서 최초로 공업화되었다. 합성페놀 중에서 쿠멘법의 비율은, 미국에서는 1987년까지는 약 97%, 일본에서는 1990년까지는 100%였지만, 더욱 톨루엔법에 의한 새로운 플랜트가 추가되었다. 또한 서유럽에서는 91%가 쿠멘법으로 제조되고 있다. 현재 Hock법에 의한 세계의 페놀의 생산능력은 약 500만 t/y이다. 페놀 1 t당, 아세톤이 0.62 t 부생하는 것에도 불구하고, 이 방법은 경제성이 뛰어나기 때문에 다른 방법에 비하여 매우 많이 채용되고 있다.

세계적으로 가장 중요한 페놀제조법인 Hock법의 원리:

3단계법:

1. 벤젠의 이소프로필화에 의한 쿠멘의 제조
2. 쿠멘의 산화에 의한 하이드로퍼옥사이드의 제조
3. 하이드로퍼옥사이드의 분해

Hock법에 의한 페놀/아세톤 병산법의 원리는, 쿠멘의 산화에 의한 쿠멘하이드로퍼옥사이드의 합성과, 그후의 산촉매에 의한 페놀 및 아세톤으로의 분해이다.

쿠멘의 산화에 의한 하이드로퍼옥사이드의 제조에는 아래의 2종류의 방법이 있다.

1. 수성 에멀젼(Na_2CO_3) 중에서의 공기산화
2. 레독스 촉매를 사용하는 비희석상태에서의 공기산화

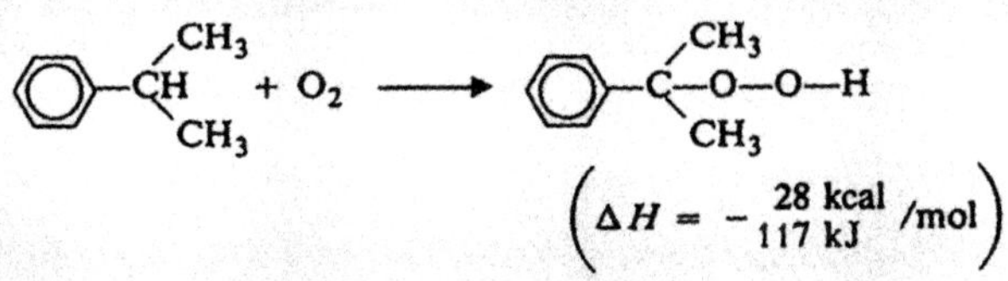

(15)

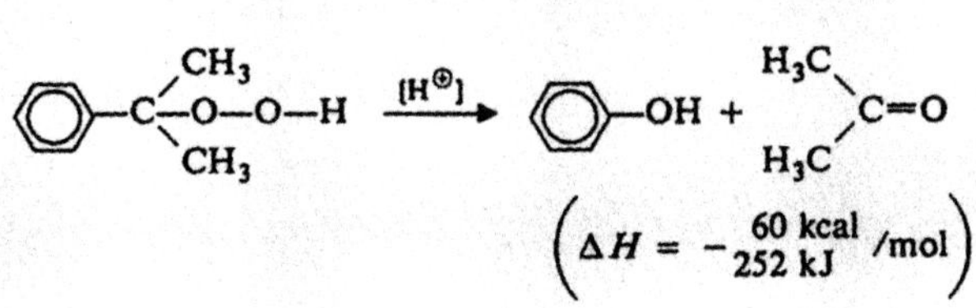

(16)

공업프로세스에서는 벤젠의 이소프로필화로서 얻어지는 쿠멘(13.1.3절 참조)을 기포탑에서 산화하여 하이드로퍼옥사이드로 한다. BP사(이전 Distillers사), Hercules사, Kellogg사의 방법에서는, Na_2CO_3를 함유하는 수성에멀젼중, pH 8.5~10.5, 90~130°C, 0.5~1 MPa(5~10 kg/cm^2)에서 쿠멘을 공기산화한다. 또한 Hercules법에서는, 물에 의한 희석없이 균일계, 120°C에서 산화한다. 촉매로서 Cu, Mn, Co염을 사용하면 반응을 개시할 때의 유도기간을 짧게 할 수 있지만, 동시에 쿠멘을 더욱 산화하여

프로세스의 특징:
부반응이나 연속반응을 방지하기 위하여 쿠멘의 전환율을 억제한다(35%~40%). 이어서, 희박 하이드로퍼옥사이드 용액을 농축한다.
Na_2CO_3의 첨가에 의하여 산에 불안정한 하이드로퍼옥사이드를 안정화한다(첨가하지 않는 경우, 라디칼 산화를 강하게 억제하는 페놀이 반응의 초기에서 생성한다.)

CO_2로까지 하기 때문에 하이드로퍼옥사이드의 농도가 낮아진다. 따라서 공업적으로는, 촉매는 사용되지 않는다. 디메틸페닐카르비놀, 아세토페논과 같은 부생성물의 생성을 낮게 억제하기 위하여, 하이드로퍼옥사이드의 농도가 35~40%로 되면 산화를 중지시킨다. 산화생성물을 감압증류탑에서 약 65~90%로 농축한 후, 분해시켜 페놀과 아세톤으로 한다.

프로톤촉매에 의한 하이드로퍼옥사이드의 분해에는 다음의 2종류의 방법이 있다.

1. 묽은 H_2SO_4에 의한 아세톤 또는 페놀 중에서의 균일반응
2. 40% H_2SO_4에 의한 불균일반응

부생성물:

1. 하이드로퍼옥사이드의 분해

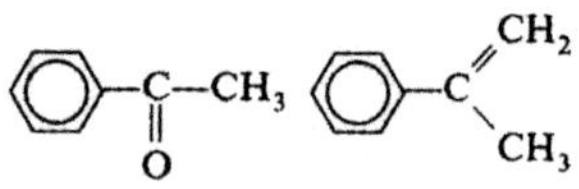

2. 2차적 반응

$(CH_3)_2C{=}CHCOCH_3$

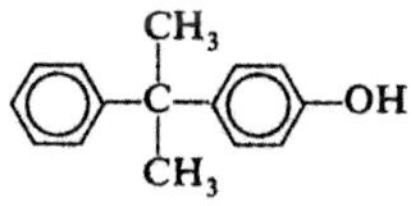

분해반응은 균일용매중 0.1~2% H_2SO_4를 사용하고, 60~65°C에서 행한다. 용매로서는, BP 혹은 Hercules법에서는 아세톤, Rhône-Poulenc법에서는 페놀이 사용된다. Phenolchemie사는 약 50°C에서, 40% H_2SO_4를 사용하는 2상반응을 채용하고 있다.

격렬한 발열분해반응의 결과, 많은 부생성물, 예를 들면, α-메틸스티렌(이소프로페닐벤젠), 메시틸옥사이드 및 p-쿠밀페놀과 같은 고비점 성분이 생성된다. 페놀과 아세톤의 선택률은 약 91%(쿠멘)이다. α-메틸스티렌은 일반적으로 수소화에 의하여 쿠멘으로서 재순환된다. 이전의 방법에서는 Ni촉매를 사용하고 있었지만, 선택률이 낮았다. Engelhardt사의 새로운 방법에서는 귀금속촉매를 사용하여, α-메틸스티렌의 전환율이 100%라고 하는 높은 쿠멘의 선택률을 얻고 있다. 1979년에 이 방식으로 인하여 최초의 공업설비가 미국의 Shell사에서 도입되었다.

또한 α-메틸스티렌은 정제하여 스티렌과의 공중합체(예: ABS수지)의 제조에 사용된다. 이것에 의하여 폴리스티렌의 열 안정성이 향상된다. p-쿠밀페놀은 열분해에 의한 α-메틸스티렌과 페놀로 할 수 있다.

1999년 BP-Hercules-Kellogg법을 이용하는 페놀 플랜트의 전생산능력은 세계에서 240만 t/y 이상이었다. 이것은 전세계의 페놀 생산량의 50% 이상으로 된다. 이외에 UOP(Cumox법), Allied/Lummus Crest의 각 회사에서도 쿠멘으로부터의 페놀 제조의 공업프로세스가 개발되었다.

아래의 화합물도, Hock법과 유사한 방법으로 제조된다.

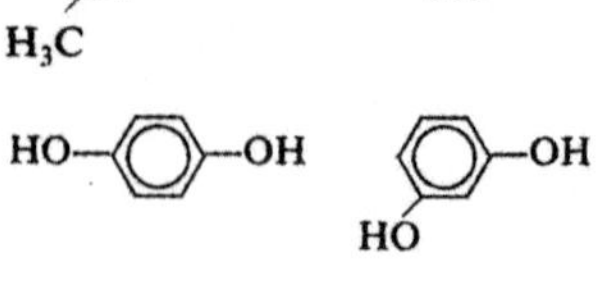

Hock법과 유사한 방법으로, m-이소프로필톨루엔, p-이소프로필톨루엔(시멘)으로부터 산화, 분해에 의하여 m-크레졸 및 p-크레졸과 아세톤이 제조된다. 공업적인 시멘/크레졸 제조법은 1969년부터 Sumitomo화학과 Mitsui석유화학에서 행하고 있다. 하이드로퀴논 및 레조르신올도 또한 상당하는 디이소프로필벤젠으로부터 산화와 분해에 의하여 공업적으로 제조된다(13.2.2절 참조)

13.2.1.2. 페놀제조법의 전망

모든 대량 화학제품의 경우와 마찬가지로, 보다 싸고, 혹은 환경에 대해서 보다 뛰어난 제법을 개발하는 것에 대해서는, 아래의 2가지 방향이

라고 생각된다.

1. 현행법의 개량
2. 가장 값이 싼 원료를 사용하고, 최신의 기술을 구사한 새로운 프로세스의 개발

페놀의 경우, 상기의 2종류의 연구개발은 어느쪽이나 중간체를 경유하는 기존의 간접법의 최적화가 목표로 된다. 그 이유는, 벤젠의 직접산화법이 경제적으로 아직도 불충분하기 때문이다.

간접법에 의한 페놀합성법은 중간체의 값싼 제조 및 부생성물, 병산물의 유효이용이라고 하는 방향에서 개량연구가 행해지고 있다.

현행법의 상황은 아래와 같다.

술폰화법은 염의 부생을 피할 수 없는 것과, 각 공정에 있어서 에너지의 소비가 큰 것으로부터, 이미 사용되고 있지 않다.

술폰화법은, Na_2SO_3/Na_2SO_4의 용도가 있는 소규모의 플랜트에서만 가능하다.

Dow, Bayer사의 클로로벤젠법의 단점의 하나는, 경비가 드는 염소를 원료로 하고 있는 것이다. 이 페놀제조법에 있어서는, 부생하는 NaCl을 재순환하기 위하여 알칼리금속염화물의 전기분해에서 반응에 필요한 Cl_2 및 NaOH로 변환하는 것이 필요하다. 따라서 값이 싼 전기에너지가 필요하다.

클로로벤젠법은 NaCl이 Cl_2와 NaOH로 재변환되는 경우에만 가능하다.

클로로벤젠법의 1종인 Raschig-Hooker법은, 투자액이 높다. 그러나 이 방법에서는, 폴리염소화 부생물이 생성하는 것을 제외하면, 환경을 오염시키는 염류의 생성은 극히 적다. 이와 같은 이유로부터, 이 방법의 개량연구가 빈번하게 행해지고 있다.

Raschig-Hooker법은 거의 대부분 염류를 부생하지 않기 때문에, 수익성 향상의 점으로부터도 매력적이다. 아래의 3가지 방법이 있다.

1. Hooker
2. Hoechst
3. Gulf

Hooker사의 개량법에서는, 특별한 가수분해 촉매가 사용된다. 또한 부생하는 디클로로벤젠은 탈염소화하여 모노클로로벤젠으로 하는 방식에 의하여, 페놀로 변환시킬 수도 있다.

방법 1:
Hooker법에서의 촉매에 의하여 디클로로벤젠은 더욱 페놀로 변환할 수 있다.

그러나 Hooker사는 이 방법을 사용하는 3기의 플랜트(합계에서 9만~9.5만 t/y의 능력)중에서, 2기의 조업을 중지하고, 현재는 쿠멘법을 채용하고 있다.

디클로로벤젠 및 폴리염소화벤젠을 유효하게 이용하려고 하는 또다른 시험이 Hoechst사에서 행해지고 있다. 이 방법에서는, 벤젠의 옥시염소화가 통상의 10~15% 보다도 높은 전환율로서 행해지고 있기 때문에, 벤젠의 재순환량이 적다. 따라서 통상보다 다량으로 부생하는 폴리염소화벤젠은, 400~800°C, 2~20 MPa(20~200 kg/cm^2)의 조건하, 무촉매에서 과잉의 염소로서 염소화분해(2.3.6.1절 참조)하는 것에 의하여 중요한 중간체인 사염화탄소로 효율적으로 유도할 수 있다.

방법 2:
Hoechst의 개량법에 의하면, 폴리염소화벤젠은 염소화분해에 의하여 CCl_4의 제조에 사용된다.

Gulf사에서 개발된 새로운 액상법은 벤젠, 알킬벤젠 또는 이외의 방향

방법 3:
Gulf의 개량법은 온화하고, 선택적인 옥시염소화, 가수분해법으로서 기술적으로 매력적이다. 플랜트의 부식성을 없애는 것이 가능하다라고 생각된다.

족화합물을 온화한 조건하, HCl수용액 및 공기로서 옥시염소화한 후, 가수분해에 의하여, 페놀을 합성하는 것으로서, 염소의 폐쇄순환화의 가능성이 있다.

이 접촉적 옥시염소화는, 묽은 질산을 사용하는 물의 매체중에서의 불균일계, 혹은 Pd염 및 질산이온을 사용하는 아세트산 중에서의 균일계에서 행해진다. 예를 들면 벤젠의 전환율은 80%이고, 모노클로로벤젠의 선택률은 95%로서 옥시염소화할 수 있다.

이 프로세스의 2단계는 염소화 방향족화합물을 가수분해하여 페놀로 하는 공정이지만, 반응은 특히 $LaPO_4$, $CePO_4$와 같은 희토류 인산염을 촉매로 하고, Cu염을 조촉매로 하여 사용하는 것에 의하여 행해진다. 유리하는 HCl은 통상의 방법으로 옥시염소화에 사용된다. 1회당, 65%의 클로로벤젠이 가수분해되어 페놀로 된다. 이 방법에 의한 공업플랜트는 아직 건설되지 않았다.

벤젠의 아세톡실화

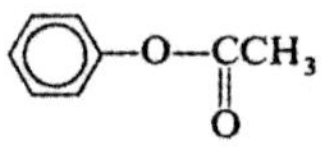

옥시염소화법의 대체로서, 거의 부식성이 없다.
유용한 케텐을 부생하든지 또는 아세트산을 재순환한다.

옥시염소화법의 대체로서, 벤젠의 아세톡실화 즉 Pd촉매상에서 벤젠과 아세트산을 산화적으로 반응시키는 방법이 많은 회사에서 연구되었다. 중간체의 아세톡시벤젠(아세트산페닐)으로부터 가수분해 또는 열분해에 의하여 페놀이 얻어진다. 가수분해에서는 아세트산이 재생되며, 열분해에서는 중요한 중간체인 케텐이 부생한다.

이 방법은 공업화되어 있지 않다.

톨루엔은 가장 값싼 방향족이기 때문에, 벤조산의 탈카르복시화법은 수익성 향상에 기여할 수 있다.

Dow-California법은 가장 값이 싼 방향족화합물인 톨루엔으로부터 먼저 벤조산을 제조한다. 그러나 타르가 생성하는 것 및 촉매의 재생이 필요한 것이, 오랫 동안 기술적인 문제점으로 되어 있었다.

선택성 향상을 위한 개량점은 촉매($Cu^{2\oplus}$ 대신에 $Mo^{3\oplus}$를 사용한다), 조촉매($Mg^{2\oplus}$), 기상프로세스이다.

특히 이탈리아의 연구그룹에 의한 계통적인 촉매의 탐색에 의하여 벤조산구리와 유사한 벤조산몰리브덴이, 열분해에 의하여 약 96%라고 하는 높은 선택률로서 페놀이 생성되는 것을 발견했다. 벤조산마그네슘과 같은 조촉매를 사용하는 방식에 의하여 선택률이 99%에 달한다라고 보고되어 있다. DSM사 등 이외의 회사에서도, 이 톨루엔-페놀법을 개발하고 있다. DSM사는 1976년, 네덜란드에서 대규모인 플랜트의 가동을 개시했다. 또한 Nippon Phenol은 1991년부터 새로운 플랜트로서 조업하고 있다.

Lummus사는 Cu를 함유하는 촉매의 존재하, 기상에서 벤조산의 산화적 탈카르복시화법을 개발했다. 페놀의 체류시간을 짧게 하는 방식에 의하여, 타르의 생성이 억제되며, 페놀의 선택률은 약 90%로 향상되었다.

시클로헥산올/시클로헥산온으로부터의 페놀의 제조는, 예를 들면 시클로헥산의 산화에 의한 카프로락탐의 대규모 플랜트와 조합시켜도 현재, 장래 모두 경제적이지 못하다라고 생각된다. 이것은 지금까지 유일하게 실시되고 있던 플랜트가, 다른 방법으로 전환된 것으로 부터도 확실하다.

안온/안올의 탈수소법은 원료가 대규모로 생산되었다라고 해도 경제적이지 못하다.

Hock법은 그의 병산물인 아세톤의 시장이 있는 한, 가장 유리한 방법일 것이다. 이 상황은 현재도 계속되고 있다. 과거에 있어서는 페놀의 수요가 아세톤의 수요를 능가하고 있었지만, 현재는 양쪽의 수요가 동등하다. 그 이유는 아세톤의 유도체, 특히 메타크릴산메틸 및 독성이 없는 용매로서의 아세톤이 증가하고 있기 때문이다. 페놀으로 분해할 때 가장 가치가 있는 부생성물을 얻는 목적으로서, 이소프로필벤젠 이외의 하이드로퍼옥사이드의 원료가 많이 시험되었지만, 공업적으로 사용된 것은 없다.

Hock법은, 아세톤의 수요가 있는 한, 매우 뛰어난 방법이다.
쿠멘 이외의 원료를 사용하는 Hock법에서는 아세톤 이외의 부생성물이 얻어지지만, 공업적 실적은 없다.

예를 들면, 에틸벤젠의 경우에는 아세트알데히드가 부생했으며, 시클로헥실벤젠의 경우에는 시클로헥산온이 부생한다. 이 시클로헥산온은 페놀로 변환시킬 수도 있다.

13.2.1.3. 페놀의 용도와 유도체

세계, 미국, 일본, 서유럽에 있어서 페놀의 용도비율이 표 13.5에 나와 있다.

표 13.5로부터 이들의 국가에서 가장 많이 사용되고 있는 페놀의 유도체는, 페놀과 포름알데히드와의 중축합물인 페놀수지인 것을 알 수 있다. 페놀수지는 예를 들면 도료, 접착제, 성형물, 발포체등에 사용된다. 주요 공업국에 있어서 페놀수지의 생산량이 부표에 나와 있다.

페놀류의 소비량에서 2번째로 많은 것은, 2,2-비스-(4-하이드록시페닐)프로판이다. 이것은 페놀과 아세톤으로부터 제조되기 때문에 비스페놀-A라고 불리운다. 주요 공업국에 있어서 비스페놀-A의 생산량이 부표

페놀의 용도:

1. HCHO와 중축합시켜 페놀수지(베이클라이트, 노볼락)를 제조한다. 하이드록시메틸페놀이 중간체이다.

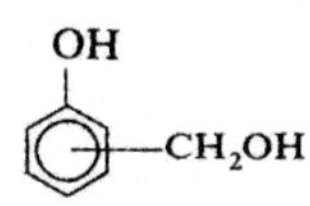

페놀수지의 생산량(단위: 10^3 t):

	1994	1997	1999
미 국	730	불명	불명
서유럽	593	610	663
일 본	330	303	250

표 13.5 페놀의 용도(중량%)

생 성 물	세 계		미 국		일 본		서유럽	
	1989	1995	1985	1998	1986	1997	1985	1997
페놀수지	36	37	40	34	41	30	32	27
ε-카프로락탐	17	15	18	15	-	-	17	21
비스페놀-A	20	32	22	37	29	42	22	28
아디프산	1	2	1	1	-	-	1	2
알킬페놀류	5	2	4	4	4	4	4	5
기타※	21	12	15	9	26	24	24	17
총 소비량(10^6 t)	4.70	5.23	1.07	2.15	0.25	0.61	1.05	1.65

※아닐린, 클로로페놀류, 가소제, 산화방지제 등

2. 비스테놀-A, A = 아세톤
   (비스페놀-B, B = 부타디엔, 비스페놀-F, F = 포름알데히드. 이들은 공업적으로는 그다지 중요하지 않다).

비스페놀-A의 생산량(단위: 10^3 t):

	1994	1997	1999
미 국	772	681	721
서유럽	413	497	527
일 본	220	311	349

비스페놀-A의 제조법:

아세톤-페놀의 축합:

촉매: H_2SO_4
HCl(Hooker)
이온교환수지(UCC)

에 나와 있다.

1999년 세계의 비스페놀-A 생산능력은 260만 t/y였으며, 그중 미국이 110만 t/y, 서유럽이 83만 t/y, 일본이 39만 t/y이다.

페놀과 아세톤과의 축합은 H_2SO_4 존재하, 혹은 Hooker법에서는 촉매로서 HCl가스, 조촉매로서 메틸메르캅탄을 사용하여 행해진다. 페놀을 과잉으로 사용하고 연속법 또는 벳치법의 어느쪽으로도 행할 수 있다. 반응은 50°C에서 행하며, 수득률은 거의 정량적이다. UCC법에 의하면 산성이온교환수지와 같은 불균일촉매를 사용하는 것도 가능하다.

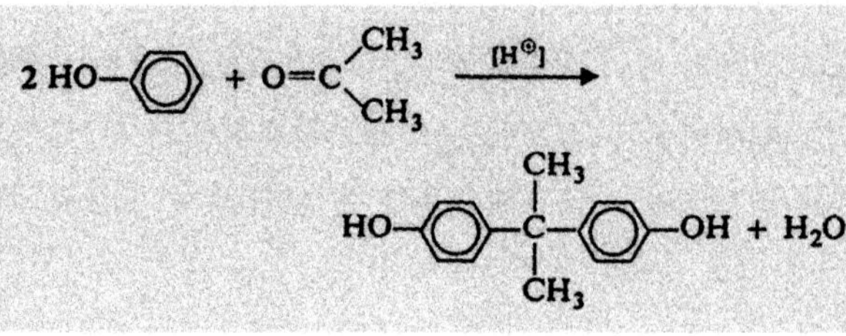
(17)

비스페놀-A의 용도:

2.1. 에피클로로하이드린과 반응시켜서 에폭시수지의 전구체로 한다.

2.2. $COCl_2$ 혹은 $(CH_3O)_2CO$와 반응시켜서 폴리카보네이트로 한다

2.3. 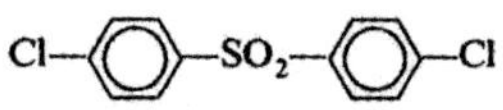 과 반응시켜서 폴리술폰으로 한다.

2.4. 프탈산과 반응시켜서 방향족 폴리에스테르로 한다.

비스페놀-A는 합성수지나 열가소성수지의 제조에 대량으로 사용된다. 비스페놀-A-글리시딜에테르는 비스페놀-A와 에피클로로하이드린과의 반응으로 합성된다. 이 에테르는 에폭시수지(11.2.1절 참조)의 기초원료이다. 비스페놀-A와 포스겐과의 폴리탈염화수소 혹은 탄산디메틸과의 에스테르교환에 의하여 열가소성의 폴리카보네이트가 얻어진다. 이들은 공업적으로 가장 중요한 형태의 이산화탄소의 폴리에스테르로서, 다른 지방족 또는 방향족의 디하이드록시화합물도 사용된다. 폴리카보네이트는 주로 전기산업이나 건설업, 또한 최근에는 급속히 시장이 신장되고 있는 Compact disc의 분야에서 사용되고 있다.

1995년 세계의 폴리카보네이트 생산능력은 약 96만 t/y였으며 미국이 40만 t/y, 서유럽이 31만 t/y, 일본이 22만 t/y이다.

4,4′-디클로로디페닐술폰과 반응시키는 방식에 의하여, 투명하며 열적으로 안정한 폴리술폰이 얻어진다. 프탈산과 비스페놀-A를 반응시키는 방식에 의하여 UV에 강하고, 또한 150°C까지 열적으로 안정한 투명한 방향족폴리에스테르가 얻어진다. 비스페놀-A의 최대의 용도는 에폭시수지 및 폴리카보네이트이며, 현재 미국, 서유럽, 일본에서는 이들이 90~93%를 점유하고 있다.

3. 안온/안올을 전구체로 하는 ε-카프로락탐의 제조

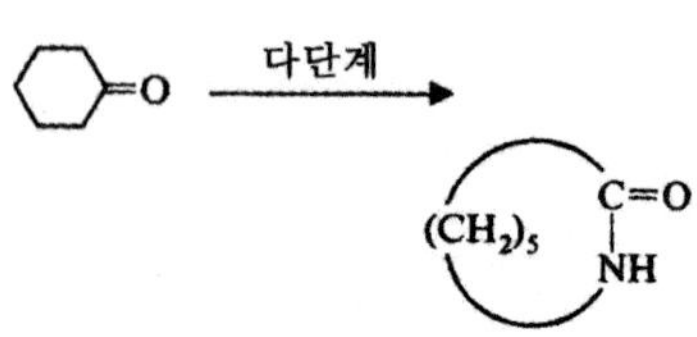

미국, 서유럽에 있어서 3번째의 페놀의 농도는 ε-카프로락탐의 제조이다. 이것과는 대조적으로 일본에서는, ε-카프로락탐은 이미 시클로헥산으로부터 제조되고 있다. 따라서 일본에서는 페놀로부터의 아디프산의

제조는 행하고 있지 않다. 그 이유는 ε-카프로락탐과 아디프산은 모두 같은 중간체의 시클로헥산올을 경유하여 합성되기 때문이다.

4. 알킬페놀

4.1. 고위 알킬페놀:
올레핀에 의한 페놀의 접촉적 액상알킬화로서 제조한다.

R : 공업적으로는
iso-C_8H_{17}
iso-C_9H_{19}
Iso-$C_{12}H_{25}$
또는 직쇄 C_6~C_{20}-올레핀

고위 알킬페놀은 탄소수 6개 이상 올레핀의 페놀에의 부가에 의하여 합성된다. 일반적으로 반응은 같은 양의 반응물질을 사용하고, 액상, 50℃에서 행해진다. 촉매로서는 HF, H_2SO_4, $AlCl_3$, BF_3, 혹은 산성이온교환수지가 사용된다. 알킬기는 하이드록시기에 대해서 주로 파라위치에 도입되지만, 오르토위치에도 도입된다. 알킬화촉매는 이성화에 대해서도 활성이기 때문에, 반응혼합물 중에서 보다 안정한 파라이성체의 비율은 반응조건에 따라서 변한다. 고온 및 촉매의 농도를 높일수록 목적으로 하는 파라이성체의 비율이 높아진다.

가격이 싼 올레핀인 디이소부틸렌, 트리프로필렌, 테트라프로필렌으로부터 제조되는 이소옥틸페놀, 이소노닐페놀, 이소도데실페놀이 가장 중요한 알킬페놀이며, 세계의 알킬페놀 생산량의 약 60%를 점유하고 있다. 이들은 주로 드릴오일첨가제, 산화방지제 및 고무, 수지의 가공보조제로서 사용된다.

알킬페놀의 용도:
EO의 부가(에톡실화) :
비이온성의 계면활성제, 유화제, 세제
술폰화에 의하여 계면활성능이 향상된다.

일반적으로 말단 혹은 내부 이중결합을 갖는 직쇄올레핀(C_6−C_{20})으로 페놀을 알킬화하는 방식에 의하여 소수성의 긴사슬의 알킬페놀이 제조된다. 더욱 에틸렌옥사이드로서 에톡실화(7.2.2절 참조)하는 방식에 의하여, 비이온성의 세제, 계면활성제, 유화제의 원료가 제조된다. 직쇄올레핀이 사용되는 것은 제품의 생분해성이 뛰어나기 때문이다. 더욱, 술폰화하는 방식에 의하여 계면활성능력을 향상 시킬 수 있다.

4.2. 메틸페놀, 디메틸페놀(크레졸, 자일렌올):
제조법:
불균일촉매를 사용한다, 메탄올에 의한 페놀의 기상 또는 액상 메틸화

공업적으로 중요한 저위 알킬페놀중에서 가장 양이 많은 것은, 메틸유도체 즉 크레졸 및 자일렌올이다.

이들중에서 *o*-크레졸 및 2,6-자일렌올의 수요가 최근 증가하고 있으며, 석유나 콜타르의 증류만으로는 이미 *o*-크레졸의 수요에 응할 수 없게 되었다(13.2.1.1절 참조). 2,6-자일렌올은 천연으로부터는 얻어지지 않기 때문에, 그의 제조법을 개발할 필요가 있었다.

크레졸 및 자일렌올은, 기상 또는 액상에서 메탄올에 의한 페놀의 메틸화로서 합성된다. 미국, 영국 및 일본의 몇 개의 회사에서 행해지고 있는 방법은, 300~450℃, 상압 혹은 약간 가압하에서 금속산화물 촉매(예를 들면, Al_2O_3)를 사용하는 기상법이다. 주로 *o*-크레졸과 2,6-자일렌올로 형성되는 반응생성물의 생성비율은, 촉매 및 반응조건에 따라서 크게 변한다.

독일에서는 페놀의 액상 메틸화가 행해지고 있다. 이 방법에 있어서도,

반응의 특징:
아래의 조건을 증대시키는 것에 의하여 디메틸체가 모노메틸체보다도 우선한다.

1. 온도
2. 압력
3. CH_3OH/C_6H_5OH 비

반응조건을 변화시키는 방식에 의하여, *o*-크레졸과 2,6-자일렌올의 비율을 변화시킬 수 있다. Al_2O_3 촉매를 사용하고, 4~7 MPa(40~70 kg/cm^2), 300~360℃의 조건에서는 *o*-크레졸이 보다 많이 생성한다. 보다 고온, 고압에서는 2,6-자일렌올이 우선적으로 생성한다. 이때, 소량의 2,4-자일렌올도 생성한다. *o*-크레졸 제조에서의 부성생물은 *p*-크레졸이다.

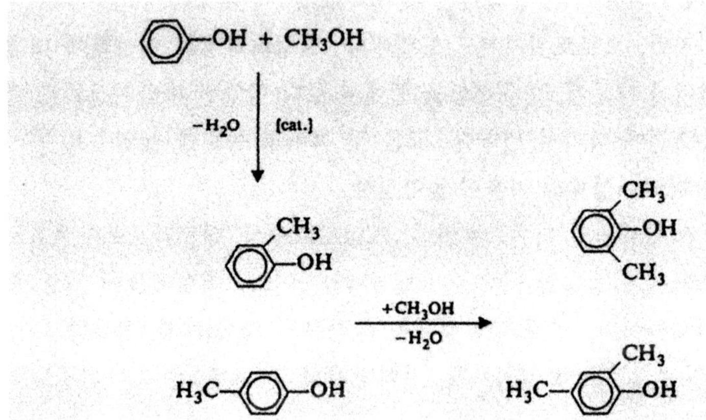

(18)

메틸페놀의 용도:
o-크레졸은 제초제, 살충제의 제조원료이다.

o-크레졸은 대부분이 제초제나 살충제의 제조에 사용된다. 예를 들면, 살충제로서는 니트로화에 의하여 4,6-디니트로-*o*-크레졸(DNOC)이 합성된다. 그러나 가장 많은 것은, 클로로화에 의하여 *p*-클로로-*o*-크레졸로 하고, 더욱 반응시켜서 선택적인 제초제를 제조하는 용도이다. 또한 *p*-크레졸을 이소부틸렌으로 알킬화하는 방식에 의하여, 2,6-디-*tert*-부틸-4-메틸페놀(BHT, Jonol)이 제조된다. 이 BHT는, 플라스틱, 모터오일, 식품의 산화방지제나 방부제로서 사용된다.

2,6-자일렌올은 폴리페닐렌옥사이드의 원료이다.

2,6-자일렌올은, General Electric사에서 개발된 폴리페닐렌옥사이드의 제조원료이다. 이 폴리머는 내열성과 내약품성이 뛰어나며, 또한 양호한 전기적 특성을 갖는 열가소성수지이다.

산화적 중축합에 의한 폴리페닐렌옥사이드의 제조("polyoxidation")

이 직쇄폴리에테르의 제조는, 염기성 구리착화합물촉매 및 공기 또는 산소의 존재하에서 산화커플링법으로 행해진다.

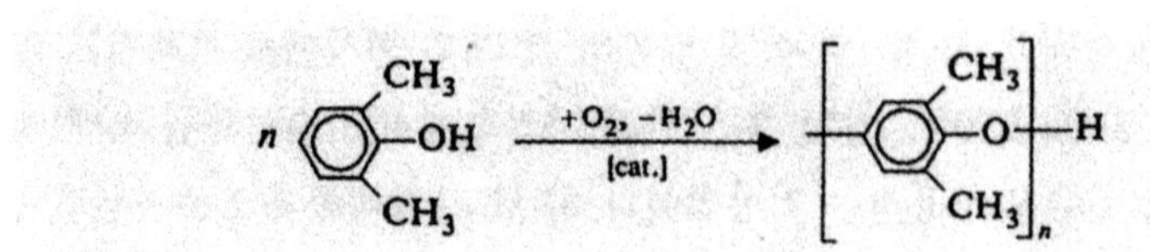

(19)

이외의 페놀유도체로서는, 소듐페놀레이트의 CO_2에 의한 직접 카르복실화로서 얻어지는 살리실산, 및 선택적인 제초제로서 사용되는 페녹시

카르복시산이다.

13.2.2. 디하이드록시벤젠

레조신올과 하이드로퀴논은, 또 하나의 디하이드록시벤젠의 이성체인 피로카테콜 보다도 공업적 가치가 높다.

1995년 세계의 레조르신올 생산능력은 약 4.7만 t/y였고, 그중 미국이 2.5만 t/y, 일본이 2.1만 t/y이다. 이들 국가에 있어서 레조르신올의 생산량이 부표에 나와 있다. 1992년 이래, 유럽에서는 레조르신올이 생산되지 않고 있다. 2000년 하이드로퀴논의 생산능력은, 미국이 2.5만 t/y, 서유럽이 1.2만 t/y, 일본이 1만 t/y였다.

고전적인 술폰화-용융법에 의한 레조르신올의 제조는, 미국에서의 유일한 메이커인 Koppers사(현재, Indspec사)에서만 실시되고 있다. 이전에는 서유럽에서의 유일한 메이커였던 Hoechst사는, 1992년초에 생산을 중지했다. 이 방법의 원료인 벤젠은, 이전의 방법에서는 2단계로서 술폰화된다. 먼저 100% H_2SO_4를 사용하고, 약 100℃에서 반응시켜 모노술폰산으로 한다. 이어서, 65% 발연황산에 의하여 80～85℃에서 *m*-디술폰산으로 한다. Hoechst사의 새로운 연속법에서는, 벤젠과 SO_3를 벤젠-*m*-디술폰산 용융액 중, 140～160℃에서 반응시킨다. 용융물은 직접 중화된다. 그 결과, 이전 방법의 레조르신올 합성법 보다도 공정이 1단계 단축되었다. 더욱, 얻어지는 레조르신올의 디소듐염은, 거의 Na_2SO_4를 함유하지 않는다.

벤젠-*m*-디술폰산은, 300℃에서 알칼리용융에 의하여 레조르신올로 된다.

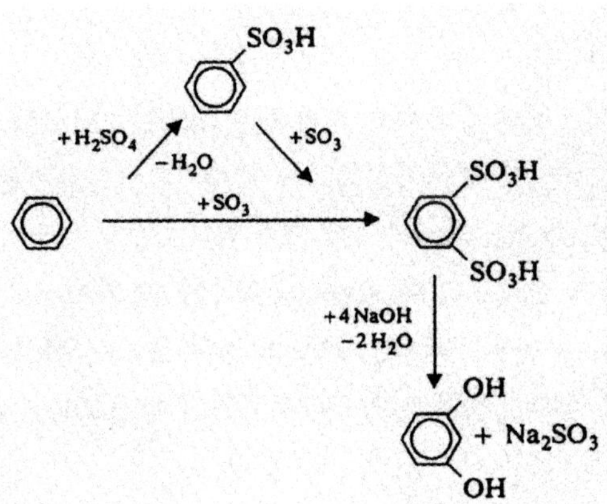

(20)

용융물수용액중의 과잉의 NaOH를 중화하는 방식에 의하여, 유리의

레조르신올과 하이드로퀴논은, 공업적으로 가장 중요한 디하이드록시벤젠이다.

레조르신올의 생산량(단위: 10^3 t):

	1991	1993	1995
미 국	15	19	23
서유럽	9	11	15
일 본	7	-	-

하이드로퀴논의 생산량(단위: 10^3 t):

	1985	1990	1999
미국	10	16	23

고전적인 5단계의 레조르신올의 제조법:

1. 모노술폰화
2. 디술폰화
3. Na염의 합성
4. NaOH 용융반응
5. Na염으로부터 레조르신올의 유리

디술폰산의 용융액중에서의 술폰화에 의한 개량법으로 2단계로 생략할 수 있다(Hoechst법).

벤젠디술폰산-레조르신올법의 단점: 유기물질을 함유한 Na_2SO_3, Na_2SO_4가 부생한다.

레조르신올이 얻어진다. 반응자신으로 생성하는 Na_2SO_3 이외에 H_2SO_4로서 산성화할 때에 Na_2SO_4도 생성한다. 이 산성화한 수용액을 디이소프로필에테르로서 추출하는 방식에 의하여 조잡한 레조르신올이 얻어진다. 이어서 감압증류에 의하여 정제한다. 선택률은 82%(C_6H_6)에 달한다.

Hock의 페놀정제법과 마찬가지로, 레조르신올을 보다 경제적으로 제조하는 시험:

원리적으로는 벤젠의 디하이드록실화는 가능하지만, 몇가지의 단점이 있다.

이 고전적인 레조르신올의 제조법에는, 경제적, 환경적인 면에서 불리한 점이 많고, 몇 개의 회사에서는 Hock의 페놀의 제조법을 레조르신올에 적용하는 시험이 정력적으로 행해졌다. 그 방법에 의하면, *m*-디이소프로필벤젠을 산화하여 디하이드로퍼옥사이드로 하고, 이어서 산분해에 의하여 아세톤과 레조르신올로 한다.

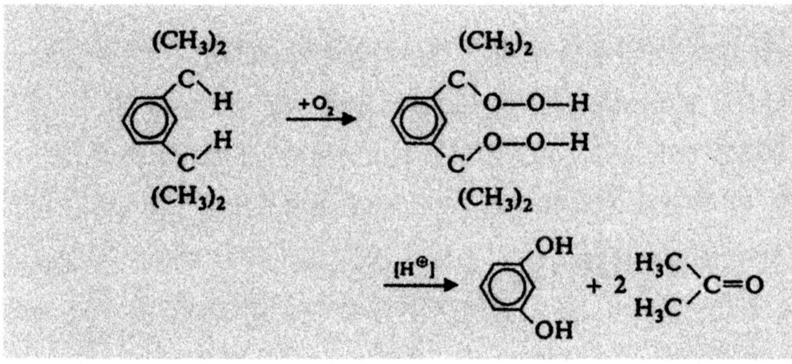

(21)

1. 2개의 하이드로퍼옥사이드기가, 연속적 또는 병발적으로 부반응을 일으키기 때문에 많은 부생성물을 생성한다.
2. 디하이드로퍼옥사이드로의 반응속도가 느리기 때문에 공시효율이 낮다.

그러나 이 방법에서는, 분자내에 2개의 하이드로퍼옥사이드기가 있기 때문에, 병발반응이나 연속반응에 의하여, 쿠멘하이드로퍼옥사이드의 경우(13.2.1.1절 참조) 보다도 훨씬 많은 부성생물이 생성된다. 더욱 반응속도가 상당히 느리고, 낮은 공시효율밖에 달성되지 않는다.

Hock의 페놀제조법과 유사한 방법에 의한 레조르신올의 제조가 일본에서 최초로 행해졌다.

일본에서 이들의 단점을 극복하는 방법이 개발되었으며 1981년에는 Sumitomo화학에서, 개량 Hock법을 이용하여, 0.5만 t/y 능력의 레조르신올 플랜트의 가동을 개시했고 현재는 1.7만 t/y의 능력으로 증강되어 있다.

Hock법에 의한 하이드록시퀴논의 제조는 레조르신올의 경우와 비교하여 아래와 같은 장점을 가지고 있다.

1. *p*-디이소프로필벤젠은, 메타이성체보다도 빠르게 선택적으로 산화된다.
2. 디하이드로퍼옥사이드가 보다 높은 선택률로서 분해된다.

p-디이소프로필벤젠의 산화에 의한 하이드로퀴논의 제조도 마찬가지로 행할 수 있다. 그러나 레조르신올과는 달리, 하이드로퀴논은, 1971년부터 미국의 Signal Chemical사에서 개량 Hock법을 이용하여 0.27만 t/y의 플랜트로서 제조되고 있다. Goodyear사가 이 하이드로퀴논의 제조를 계속하여 현재, 공업용그레이드(95%)의 제품을 생산하고 있다. 1975년에, 일본에서도 Mitsui석유화학이 마찬가지의 방법으로서 0.5만 t/y의 플랜트로서 하이드로퀴논의 제조를 개시했다.

미국이나 유럽과 마찬가지로, 일본에서도, 대부분의 하이드로퀴논은, *p*-퀴논의 50~80℃에서 철 환원에 의하여 제조되고 있다. 원료의 *p*-퀴논은, 황산산성용액중에서 MnO_2 또는 CrO_3를 사용하는 아닐린의 산화에 의하여 얻어진다.

고전적인 아닐린으로부터의 하이드로퀴논의 제조법은 2단계로서 행해진다.
1. 퀴논으로의 산화.
2. 하이드로퀴논으로의 환원.

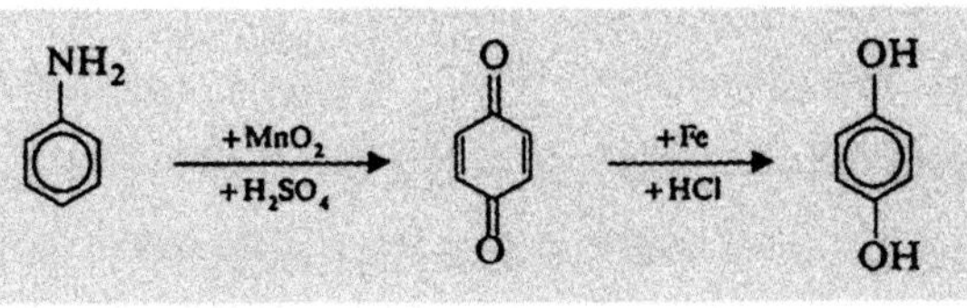

(22)

이 방법의 단점은 , 대량의 망간염, 크롬염, 철염 및 황산암모늄이 생성하는 것이다. 이와 같은 이유로부터, 일본에서는 아닐린을 원료로 사용하는 하이드로퀴논의 제조는 모두 중지되었다. 또한 1986년에는, 미국에서 아닐린을 원료로 사용하는 최후의 플랜트(Eastman Kodak사)가 Hock법으로 전환되었다. 중국에서는 현재도 더욱 0.4만 t/y의 플랜트가 가동중이다.

Rhône-Poulenc사의 별법은, 과포름산, 혹은 H_2O_2와 카르복시산 또는 H_3PO_4, $HClO_4$와 같은 무기산과의 혼합물로서 페놀을 산화하는 방법이다. 반응은 90℃에서 페놀의 전환율을 낮게(< 10%)하여 행해진다. 하이드로퀴논과 함께 생성하는 피로카테콜의 시장은 그다지 크지 않다. 반응조건에 따라서, 하이드로퀴논/피로카테콜의 생성비율은 약 60:40으로부터 40:60까지 변한다. 이 2가지의 하이드록시페놀의 선택률은 85~90%(H_2O_2)이다. Rhône-Poulenc사는, 1.8만 t/y의 능력(1.2만 t/y의 하이드로퀴논)의 플랜트를 가동하고 있다. H_2O_2에 의한 페놀의 산화라고 하는 마찬가지의 방법이 Ube 산업에서 개발되어, 일본에서 공업적으로 실시되고 있다.

Rhône-Poulenc의 하이드로퀴논의 제조법:
과산 혹은 H_2O_2 +무기산을 사용하는 친전자적 하이드록실화에 의한 페놀의 산화

반응의 특징:
반응조건에 따라서 어느정도 하이드로퀴논/피로카테콜의 비를 콘트롤할 수 있다.

Ube의 하이드로퀴논의 제조법:
H_2O_2에 의한 페놀의 산화

이탈리아에서는 Brichima사에서 H_2O_2에 의한 페놀의 산화법이 0.5만 t/y의 플랜트로서 실시되고 있다. 개시제로서 소량의 철염 및 코발트염을 첨가하고, 40℃에서 60% H_2O_2에 의하여 페놀을 라디칼산화시킨다. 하이드로퀴논/피로카테콜의 비율은 40 : 60으로부터 20:80으로 되며, 합계의 선택률은 90% 이상이고, 페놀의 전환율은 약 20%이다.

Brichima의 피로카테콜/하이드로퀴논의 제조법:
H_2O_2를 사용하는 라디칼 하이드록실화에 의한 페놀의 산화(Fe/H_2O_2 = Fenton시약).

Reppe의 이전의 하이드로퀴논 제조법은, Fe 또는 Co 착화합물을 사용하는 아세틸렌의 환화카르보닐화반응으로서, 특히 촉매의 개량에 착목하여 많은 개량법이 연구되었다.

Reppe의 하이드로퀴논의 제조법:
금속카르보닐촉매를 사용하는 아세틸렌의 환화카르보닐화

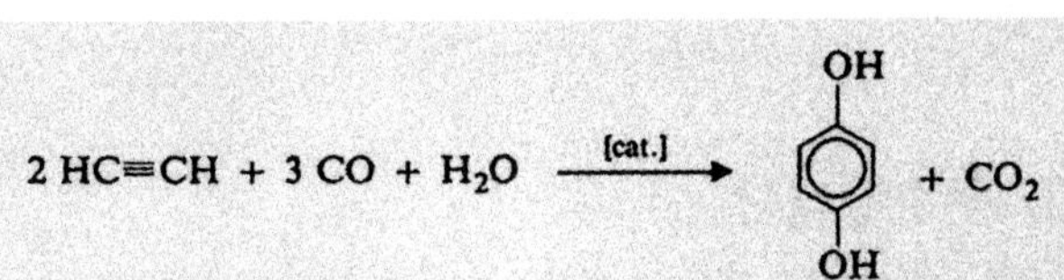

(23)

주로 Lonza의 파일럿플랜트에서의 연구에 의하여 공업적인 개량이 행해졌다.

주요한 문제점:
고가인 Ru촉매의 정량적인 회수.

Du Pont법에서는, H_2O 대신에 H_2 존재하, 60~90 Mpa(600~900 kg/cm^2)에서 Ru 및 Rh 촉매를 사용한다. 또한 Ajinomoto와 Lonza사의 방법에서는 촉매로서 각각 Rh와 $Ru(CO)_4$을 사용하고, 100~300℃, 10~35 MPa(100~350 kg/cm^2)에서 반응을 행한다. Lonza사(현재 Alusuisse-Konzern)에서는 수년간 소규모의 파일럿플랜트를 가동하고 있었지만, 공업플랜트의 건설은 아직 행해지지 않고 있다. 균일촉매반응의 경우에는 고가의 귀금속촉매의 정량적인 회수가 항상 중요한 문제로 되지만, 이 점이 미해결이라고 생각된다.

UK-Wesseling법에 의한 전기화학적인 하이드로퀴논 제조법:
반응의 원리:
벤젠의 2단계의 전기화학적인 변환:
1. 양극산화에 의하여 p-퀴논으로 한다.
2. 음극환원에 의하여 하이드로퀴논으로 한다.

반응의 특징:
양이온교환막 및 Pb/PbO_2 전극을 사용하는 전해셀, 격렬하게 교반하여 2N-H_2SO_4 중에서 벤젠을 분산시킨다.

벤젠이 전기화학적으로 산화되어 하이드로퀴논으로 되는 것은 1900년경으로부터 문헌상 알려져 있다. 이 제조법은 몇 번이나 검토되어 왔다. 원리적으로, 이 방법은 2단계로서 행해진다. 먼저 최초에 2N-H_2SO_4에 분산시킨 벤젠을 양극의 PbO_2에서 p-퀴논으로 산화한다. 이어서, 이 p-퀴논을 연속적으로 음극부로 공급하고, 음극의 Pb로서 환원하여 하이드로퀴논으로 한다. 하이드로퀴논의 선택률은 약 80%(벤젠)이고, 순도는 99%이다. 주요한 부생성물은 CO_2와 소량의 피로카테콜이다. 공시효율이 최고로 되는 조건에서, 전류효율은 40%이다. 이 방법에 의한 공업플랜트는 아직 건설되지 않고 있다.

하이드로퀴논의 용도:
현상액
중합금지제, 산화방지제
원료중간체

하이드로퀴논의 주요한 용도는, 사진의 현상액, 중합금지제, 산화방지제이다. 또한 각종 염료의 중요한 원료중간체이기도 하다. 공업적으로 중요한 하이드로퀴논의 유도체로서 비교적 간단한 것으로서는, 특히, 그의 모노에테르 및 디에테르, 또한 알킬하이드로퀴논 및 그의 에테르체 등이 있다.

레조르신올의 용도:
스틸타이어 및 래디얼타이어의 접착제
특수접착제
UV흡수제
원료중간체

레조르신올도, 염료, 폴리올레핀의 UV안정제 및 의약품의 원료중간체로서 사용된다. 그러나 레조르신올/포름알데히드의 공중합체로서 사용되는 레조르신올의 비율이 월등히 많다(현재, 미국에서는 약 70%, 서유럽에서는 55% 이상, 일본에서는 약 40%). 이 공중합체는 부타디엔, 스티렌, 비닐피리딘과 같은 별도의 코모노머를 함유하는 경우도 있으며, 스틸 혹은 코드와 고무와의 접착체로서 사용된다. 또한 포름알데히드 또는 포름알데히드/페놀과의 중축합물은, 안정한 내수성의 목재용 접착제로서 사용된다.

피로카테콜의 용도: 원료중간체

피로카테콜은 살충제, 의약품, 향료 등의 중요한 각종 정밀화학제품의 출발원료이다.

13.2.3. 무수말레산

1960년대의 초기까지, 무수말레산(MA)의 제조원료는 주로 벤젠 뿐이었다. 무수말레산이 폴리에스테르수지, 도료원료, 각종 중간체(예를 들면, γ-부티로락톤, 1,4-부탄디올, 테트라하이드로푸란 등)에 사용되기에 이르렀으며, 그의 수요가 증가하는 것에 동반하여, C_4화합물을 사용하는 보다 경제적인 제조법이 개발되었다.

1991년에는, 세계의 무수말레산 생산능력의 약 36%가 벤젠 원료이며, 대부분이 C_4화합물(주로 n-부탄)을 원료로 하고 있다.

이외에, 무수말레산은, 나프탈렌, o-자일렌(무수프탈산의 제조), 톨루엔(벤조산의 제조)등의 방향족원료의 산화반응의 부생성물로서 얻어진다. 이들 무수말레산 발생원으로 최근 이용되기에 이르렀다. 예를 들면, UCB사에서는, 나프탈렌의 산화생성물의 처리방법을 개량하여, 종래 8만 t/y의 프탈산플랜트로부터 0.4만~0.5만 t/y의 무수말레산을 고순도로 단리하는 것에 성공했다.

나프탈렌 혹은 o-자일렌을 산화하여 무수프탈산을 제조할 때의 배출수로부터, 고순도의 무수말레산을 회수하는 연속프로세스가 BASF사에서 개발되었다. 무수프탈산의 생산능력 약 5중량%의 순수한 MA(99.5%)가 회수된다. 이 방법에서는, 먼저 세척수를 증발시키고, 말레산을 탈수하여 무수물로 한 후, 최후에 증류한다. 1984년에는, 이 방법을 이용하는 무수말레산 플랜트의 전생산능력은 2만 t/y에 달했다. 그후, 이 부생성물의 단리법은, 다른 나라에서도 행하게 되었으며, 1999년에 있어서 생산능력은 3만 t/y로 상승했다. Chemie Linz AG법에 의하면, 말레산수용액은 푸마르산으로 이성화시킬 수 있다.

미국, 서유럽, 일본에 있어서 무수말레산의 생산량이 부표에 나와 있다.

1999년의 세계 무수말레산의 생산능력은 약 135만 t/y라고 추측되었지만, 그중 미국이 29만 t/y, 서유럽이 38만 t/y, 일본이 15만 t/y이다.

무수말레산(MA)의 제조/회수:

1. 벤젠의 산화적 분해(가장 오래된 공업적 프로세스)
2. C_4원료의 산화(이 방법이 신장되고 있다.
3. 아래의 화합물의 산화의 부생성물로서 단리된다:
   나프탈렌(공업적 실적이 있음)
   o-자일렌(공업적 실적이 있음)
   톨루엔(원리적으로 가능)

나프탈렌/o-자일렌의 산화생성물로부터의 MA의 단리를 공업적으로 실증한 예:

UCB법
BASF법

무수말레산의 생산량(단위: 10^3 t):

	1995	1997	1998
미 국	215	261	256
서유럽	188	201	318
일 본	113	134	140

13.2.3.1. 벤젠의 산화에 의한 무수말레산

벤젠의 산화에 의하여 무수말레산을 제조하는 많은 프로세스는 모두 V_2O_5를 기본으로 하고, MoO_3 혹은 H_3PO_4 등으로 개량된 유사한 촉매를 사용하고 있다. 이 반응은 격렬한 발열반응이기 때문에, 예를 들면 직경 5m의 반응기중에, 13,000개의 외부로부터 냉각되는 반응관이 배치된 다관식 반응기가 사용된다.

열교환매체로서 용융염을 순환시키는 것에 의하여, 반응열을 제거하고, 고압수증기의 발생에 이용한다.

0.2~0.5 MPa(2~5 kg/cm^2), 400~450℃, 체류기간 약 0.1초에서 벤

벤젠의 산화에 의한 MA의 제조법의 원리:
V_2O_5촉매를 사용하고, 기상에서의 벤젠의 산화적 분해반응, 반응은 격렬한 발열반응이다.

벤젠 산화의 특징:
관형반응기에서 고정상 촉매를 사용한다. 용융염을 순환시켜서 열을 제거하여 고압수증기의 발생에 이용한다.

젠/공기의 혼합물을 촉매와 접촉시키는 것에 의하여 산화를 행하고, 무수말레산을 얻는다.

벤젠으로부터의 MA합성의 반응메카니즘:
단계적인 산소원자의 도입으로 중간체

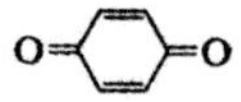

을 경유한다. 레독스메카니즘으로 반응이 진행한다. 즉, 촉매의 격자산소로서 선택적인 산화를 행하고, 공기중의 산소로서 촉매를 재생한다.

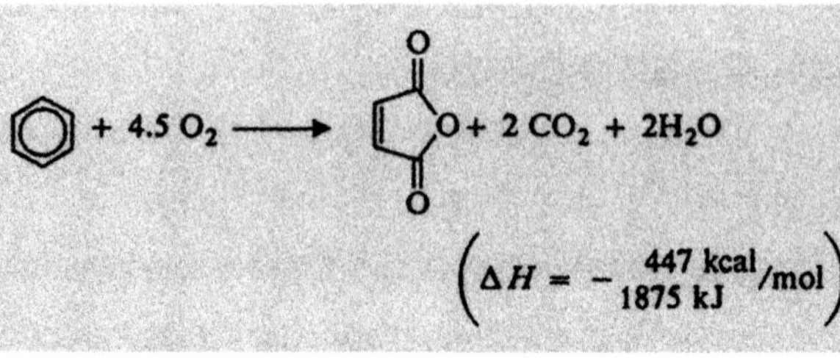

(24)

벤젠의 전환율은 85~95%에 달하지만, 무수말레산의 선택률은 약 60~65%(새로운 방법에서는 75%)에 불과하다. 벤젠의 약 1/4이 완전히 산화되기 때문에, 총 발열량은 전환한 벤젠 1 kg당, 약 6500~7000 kcal (27,200~29,400 kJ)에 달한다.

1982년에는, 세계의 무수말레산 생산의 약 2/3가 Scientific Design사의 방법이었다. 그러나 현재는, 이들 플랜트의 대부분은 정지되어 있다. 예를 들면, 미국에서는 1980년에 벤젠법에 의한 플랜트의 전부가 정지되기도 하고, 부텐 혹은 부탄의 산화법으로 바뀌었다.

최근의 공업적인 벤젠의 산화의 예: Alusuisse-UCB는 이탈리아에서 다단계열식의 플랜트를 가동하고 있다.

Alusuisse-UCB법(탈수공정과 생성공정은 UCB사가 개발)에서는, 개량촉매를 사용하고, 355~375℃에서 반응시키는 방식에 의하여, 무수말레산의 선택률이 95%에 달한다. 이탈리아에서는, Alusuisse사의 자회사인 SAVA Ftalital사에 의하여 7만 t/y(1994년)의 플랜트가 가동되고 있었지만, 반응기 1기당, 약 1.2만 t/y의 생산이 가능하다.

고정상으로부터 유동상, 이동상으로 기술이 진보했다.

부텐/부탄의 산화에 의한 무수말레산의 합성과 마찬가지로, 벤젠의 산화의 경우에도, 고정상의 형식은 경제적인 유동상 혹은 이동상의 형식으로 바뀌었다.

무수말레산의 단리:

1. 50~60%가 직접 MA로서 단리된다.
2. 나머지는 말레산수용액으로서 분리된다, 이어서 공비제(*o*-자일렌)를 사용하든지, 또는 사용하지 않고 증류하여 MA로 탈수한다.

반응가스는 몇 개의 열교환기로서 냉각된다. 최종의 냉각기의 온도가 무수말레산의 응축온도 이하이기 때문에, 여기서 약 50~60%가 직접 용융한 무수물로서 얻어진다. 나머지는 물로서 세척하여 말레산의 형태로서 분리하고, 이어서, 탈수탑 혹은 박막증발기에서 무수말레산으로 한다.

이 최후의 공정은, 물의 공비제로서 *o*-자일렌을 사용하여 연속적으로 행해진다. 이어서 양쪽의 조잡한 생성물은 정류에 의하여 99.7%의 순도까지 정제된다. 증류잔사에는 푸마르산과 고비점물질이 함유된다.

13.2.3.2. 부텐의 산화에 의한 무수말레산

1962년, 미국의 Petro-Tex사(현재, Denka)는, 최초 공업적 규모로서

n-부텐의 산화에 의하여 무수말레산의 제조를 행했다. 수 년후에, 경제적인 이유로부터, 이 플랜트는 원료를 벤젠, 이어서 n-부탄으로 전환되었다. 부탄을 탈수소하여 부타디엔을 제조할 때의 부생성물로서 부텐이 얻어진다. 현재는, 나프타의 수증기분해에 의하여, 프로필렌, 에틸렌 이외에 각종 조성의 불포화 C_4-탄화수소가 얻어진다. 이 조성은 반응조건에 따라서 변한다. 이외의 용도가 있는 부타디엔을 분리한 후, 이소부틸렌을 분리하지 않고, C_4-류분을 산화하여 무수말레산을 제조한다. 이 때, 이소부틸렌은 완전히 산화된다. 한편, n-부탄은 불활성가스와 마찬가지로, 실질적으로 변하지 않는다. 이 n-부탄은 이외의 배출가스와 함께 800℃로서 연소되어, 열의 발생에 이용된다.

부텐산화에 의한 무수말레산의 제조 원료:

1. 부탄의 부타디엔으로의 탈수소할 때의 부생성물인 부텐
2. 나프타의 수증기분해로부터의 C_4 류분의 각성분은, 각각의 반응특성을 가지고 있다.

원리적으로는 부타디엔을 무수말레산으로 산화하는 것도 가능하다. 앞에서 설명한 이외의 원료와 비교하여, 부타디엔은 반응열이 가장 작다라고 하는 장점이 있다. 즉, 반응열은, 벤젠의 −447 kcal/mol(−1875 kJ/mol)에 대해서, 부타디엔은 −237 kcal/mol(−995 kJ/mol)이다. 그러나 , 부타디엔은 이외의 유도체의 원료로서 중요(5.1.4절 참조)하며, 이것으로부터도 이들을 위해서만 사용될 것으로 생각된다.

C_4류분의 산화의 특징:

이소부틸렌은 완전히 산화된다.
n-부탄은 반응하지 않는다.
n-부텐은 무수말레산으로 산화된다.

n-부텐으로부터의 MA의 합성의 메카니즘:

격자산소에 의하여 크로톤알데히드 $CH_3CH=CHCHO$로 되고, 이어서 폐환하여 중간체인 푸란으로 되며, 최후에 산화되어 MA로 된다.

부타디엔을 함유하지 않는 C_4-류분은, 관형반응기에서 고정상촉매를 사용하여 공기로서 접촉산화된다. 따라서, 반응부분에 관해서는 벤젠의 경우와 매우 유사하다. 많은 공업촉매는, 주성분이 산화바나듐 혹은 무수인산이며, 표면적이 작은 담체에 담지되며, 또한 Ti, Mo, Sb 등의 산화물로서 개량되어 있다. 산화반응은 350~450℃, 0.2~0.3 MPa(2~3 kg/cm²)에서 행해지며, 말레산 및 무수말레산이 생성한다.

부텐의 산화방법:

1. 21,000개에 미치는 수직의 반응관으로 형성되는 고정상 관형반응기를 사용한다. 촉매는, 벤젠의 산화와 유사하며, V_2O_5를 기본으로 하고 있다. 열의 제거를 위하여 용융염을 순환시킨다.

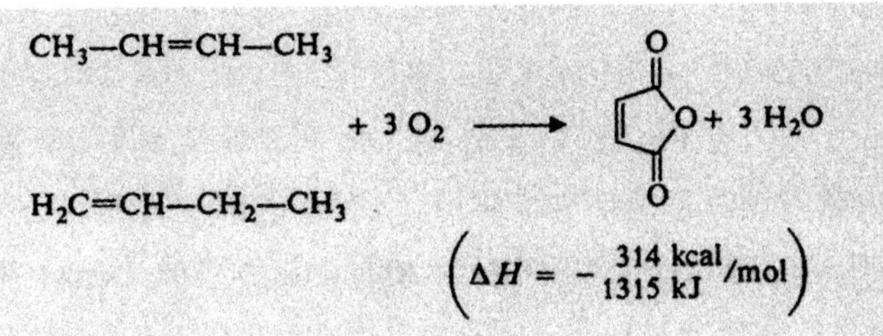

(25)

무수말레산으로 산화될 수 있는 부텐의 함유량을 기준으로 한 선택률은, 일반적으로 45~60%에 불과하다. 부생성물은, CO_2, CO, 포름알데히드, 아세트산, 아크릴산, 푸마르산, 크로톤산, 글리옥실산이다.

부생성물

CO_2, CO, CH_3COOH, $H_2C=CHCOOH$

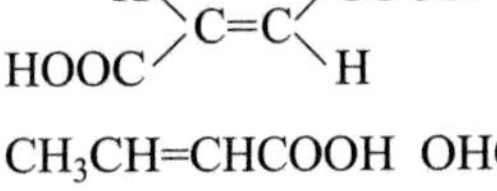

$CH_3CH=CHCOOH$ $OHC-COOH$

Mitsubishi화학은, 이 산화반응에, 유동상에서 교반되는 $V_2O_5-H_3PO_4$ 촉매를 사용하고 있다. 이 기술은 무수말레산의 제조에서 처음으로 이용되었다. 이 방법은, 열의 제거가 간단하며, 반응온도가 균일하다라고 하

2. 유동상 반응기(Mitsubishi 화학법)에서는 고정상법과 마찬가지로, V_2O_5촉매를 사용한다.

무수말레산의 단리:
프로세스로부터 직접은 무수말레산은 얻어지지 않고, 말레산 수용액으로서 얻어진다. 농축한 후, 탈수하여 무수말레산으로 한다.

는 장점이 있다. Mitsubishi화학은 1970년이래, 1.8만 t/y의 플랜트로서 이 방법을 이용하고 있으며, 그후의 증강에 의하여 1999년에는 능력이 2.1만 t/y에 달했다.

벤젠의 산화와는 달리, 후처리는 묽은 말레산수용액으로 반응가스를 세척할 뿐이다. 따라서 무수말레산의 부분응축공정이 없다. 묽은 말레산수용액(~40%)을 감압하, 또는 물의 공비제(*o*- 혹은 *p*-자일렌)을 사용하여 농축한다. 최후에, 말레산을 회전증발기 또는 탈수탑에서, 벳치식 또는 연속식으로 탈수하여 무수말레산으로 한다. 이어서 무수말레산을 2단계의 증류로서 저비점의 성분 및 고비점의 성분을 분리하여 정제한다. 최종의 무수말레산의 순도는 99%이다.

13.2.3.3. 부탄의 산화에 의한 무수말레산

옥탄가의 향상제등, 벤젠의 수요가 증가하고, 가격도 상승했기 때문에, MA제조의 원료로서 *n*-부텐, 이어서 *n*-부탄이 사용되기에 이르렀다.

산화반응에 의한 무수말레산의 제조원료가, 벤젠으로부터 *n*-부텐으로 전환된 것은 근본적인 개량이었다. 즉, 2개의 여분의 탄소원자의 산화가 필요없이 되었기 때문이다. 그러나, *n*-부텐의 산화의 선택률이 낮으며, 또한 수요의 증가와 함께 벤젠과 *n*-부텐의 가격이 상승했기 때문에, 무수말레산의 가장 값싼 제조원료로서 *n*-부탄을 사용하는 산화프로세스가 개발되었다.

공업플랜트는 최초는 고정상의 관형 반응기였다.
현재는 유동상 반응기도 사용된다. 이것의 장점으로서는 설비비가 싸고, 등온반응이다. MA농도가 높고, 직접 응축하는 양이 많은 것 등을 들 수 있다.
기본적인 촉매의 작용은, 부탄의 산화적 탈수소, 이어서 말단의 CH_3기의 산화에 의한 MA의 합성이다. 이것은 V-P-O착화합물에 의하여 실현된다.

n-부탄을 원료로 하는 최초의 공업플랜트(Monsanto사)가 1974년에 미국에서 가동을 개시했다. Amoco, BP, Denka, Halcon/Scientific Design, Sohio/UCB라고 하는 다른 회사에서도, *n*-부탄을 원료로 하여 이미 사용하고 있든지, 또는 벤젠으로부터 *n*-부탄으로 교체하려고 계획하고 있다. 반응조건은 벤젠의 산화와 마찬가지이다. 촉매는 산화바나듐을 기본으로 하고, 유동상에서도 사용된다. 벤젠의 산화촉매와는 조촉매가 다르며, 인, 및 Fe, Cr, Ti, Co, Ni, Mo 이외의 원소의 산화물이 사용된다. 부탄의 전환율이 10~15%이고, 선택률은 50~60%이다.

공업적인 유동상 MA제조법의 예:
Alma법(**Al**usuisse Italia **L**ummus Crest **m**aleic **a**nhydride)

유럽에서는 1975년에 이탈리아의 Alusuisse사(현재, Lonza)가 독자의 기술에 의한 능력 0.3만 t/y의 부탄법의 무수말레산 제조플랜트가 가동을 개시했다. 그후, 이 플랜트는 물을 사용하지 않고 *o*-자일렌과 같은 유기용매를 사용하여 무수말레산을 흡수시키는 방법으로 변경되었다. 더욱이 플랜트는 Lummus사와 공동으로 개발한 유동상법(Alma법)으로 전환이 행해졌다. 1994년에는 이 방법에 의한 세계최대의 플랜트가 이탈리아의 Lonza사에 의하여 가동을 개시했으며, 생산능력은 5만 t/y이다.

한편, 유동상법의 개량법이 Du Pont 사에서 개발되었다. 이 방법에 의하면, 부탄은 인산바나듐촉매로서 산화된다. 촉매는 이동상반응기를 사용하며, 연속적으로 재생기로 보내진다. 이 산화반응은 유리의 산소가 없이 행해지기 때문에, 평균선택률이 50~60%로부터 70~75%로 향상된다. 말레산은 수용액으로서 단리된다. 이 방법은 현재 파일럿플랜트로서 더욱 개량되어 있다.

Nippon Zeon과 같이, 시클로펜텐, 1,3-펜타디엔, 1-펜텐, 이소프렌 등으로 형성되는 C_5-류분을 무수말레산으로의 산화에 사용하는 시험도 있지만, *n*-부탄이 장래적으로도 가장 중요한 원료가 되리라고 생각된다. Geminox법은 부탄의 산화를 더욱 말레산을 경유하는 1,4-부탄디올의 합성으로 전개시키는 것이다(4.3절 참조).

13.2.3.4. 무수말레산의 용도와 유도체

주요 공업국에 있어서 무수말레산의 소비비율은 표 13.6과 같다.

무수말레산은 주로(40~60%) 불포화에스테르수지의 제조, 예를 들면, 특히 글라스섬유로서 강화시킨 열경화수지의 제조(14.1.3절 참조)등에 사용된다. 약 10~15%가, 말레산의 트란스이성체 즉 푸마르산, 및 그것으로부터 유도되는 말산의 제조에 사용된다. 무수말레산의 이외의 용도로서는, 벼농사 및 과수분야에서 사용되는 말라티온이나 특정한 용도의 제초제, 담배의 성장조절제로서 사용되고 있는 말레산하이드라지드와 같은 농약의 제조, 말레산디부틸과 같은 반응성 가소제의 제조, 혹은 윤활유의 첨가제의 제조 등이 있다.

다른 공업적으로 중요한 무수말레산의 유도체가 일본의 기업 및 ICI, UCC/Davy McKee의 각 회사에서 제조되고 있다. 이것은 전형적인 Reppe반응의 생성물인 γ-부티로락톤, 1,4-부탄디올, 및 테트라하이드

무수말레산의 용도:

약 30~60%가 불포화폴리에스테르수지(열경화성수지)와 개질알키드수지에 사용된다.

3~14%가 푸마르산/말산의 제조에 사용된다.

약10%가 살균제, 살충제의 중간체로서 사용된다.

예: 말라티온(살충제)

말레산하이드라지드(제초제)

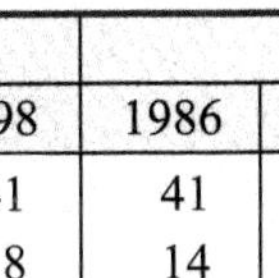

표 13.6 미국, 서유럽, 일본에 있어서 무수말레산의 용도 (중량%)

생 성 물	미 국			서유럽			일 본		
	1982	1995	1998	1986	1995	1998	1986	1995	1998
불포화 폴리에스테르	57	64	63	56	50	41	41	32	23
푸마르산/ 말산	10	3	2	4	10	8	14	11	11
살충제	10	3	2	2	1	1	3	3	2
윤활유의 첨가제	9	11	11	5	6	6	3	3	3
기타[1] 1	14	19	22	33	33	44	39	51	61[2]
총 소비량(10^3 t)	164	206	220	157	201	297	64	104	134

[1] 예를 들면, 1,4-부탄디올, 테트라하이드로푸란

[2] 약 25% 1,4-부탄디올

말레산의 에스테르는 가소제 및 첨가제로서 사용된다.

무수말레산은 단계적으로 수소화 된다:
무수숙신산
γ-부티로락톤
1,4-부탄디올
테트라하이드로푸란

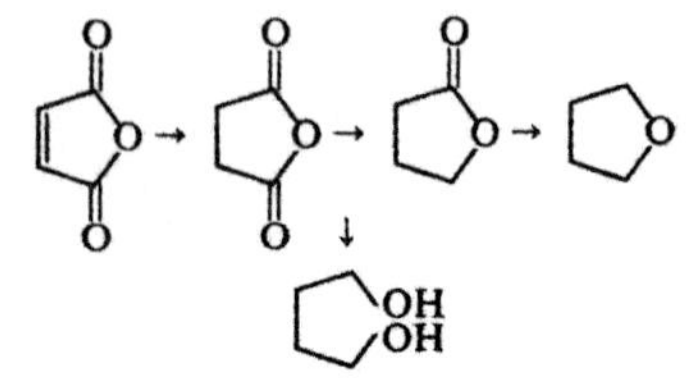

로푸란(4.3절 참조)이며, 무수숙신산, 말레산디메틸, 말레산디에틸 등을 경유하는 다단계 수소화에 의하여 제조된다. Ni촉매를 사용하고, 반응온도 및 압력을 변화시키는 방식에 의하여, 무수말레산의 전환율은 100%이고, γ-부티로락톤과 테트라하이드로푸란과의 비를 10 : 1로부터 1 : 3까지 변화시킬 수 있다.

γ-부티로락톤의 수소화에 의한 1,4-부탄디올의 제조는, Ni-Co-ThO_2/SiO_2 촉매를 사용하고, 250℃, 10 MPa(100 kg/cm^2)에서 행해진다. 전환율은 100%이고, 선택률은 98%이다. 주요한 부생성물은 테트라하이드로푸란이다.

이 무수말레산의 수소화법이, 1,4-부탄디올 및 테트라하이드로푸란의 제조법으로서 이용되기에 이른 것은 최근의 일이다.

1,4-부탄디올의 수요가 증가하는 것에 동반하여, 주로 한국, 일본에서, 또한 서유럽에서도 몇 개의 플랜트가 계획되었으며, 또한 이미 건설되고 있다. γ-부티로락톤은 Mitsubishi kasei가 4000 t/y의 능력의 플랜트로서 제조하고 있다(4.3절 참조).

테트라하이드로푸란 제조의 새로운 프로세스가 Du Pont사에서 개발되었다. 레늄으로 개량된 팔라듐촉매를 사용하고, *n*-부탄의 산화로서 얻어지는 말레산수용액(13.2.3.3절 참조)을 직접 수소화하여 테트라하이드로푸란으로 한다. 선택률은 약 90%이다. 이 2단계의 반응은 파일럿플랜트로서 개량연구가 행해지고 있다. 1996년에는 스페인에서 4.5만 t/y의 플랜트로서 조업을 개시했다.

무수말레산과 H_2O_2의 반응에 의하여 DL-타르타르산이 제조된다.

Degussa사의 방법에 의하면, 몰리브덴 또는 텅스텐을 함유한 촉매의 존재하, 무수말레산을 H_2O_2와 반응시키는 것에 의하여, 선택률 97%로서 DL-타르타르산이 얻어진다. 반응은, 에폭시타르타르산을 경유하고, 이어서 가수분해된다. 공업플랜트는 아직 건설되지 않고 있다.

무수말레산을 원료로 하여 DL-타르타르산을 제조하는 유사한 방법이, 1974년 이래, 남아프리카의 Butakem사가 0.2만 t/y의 플랜트로서 실시하고 있다.

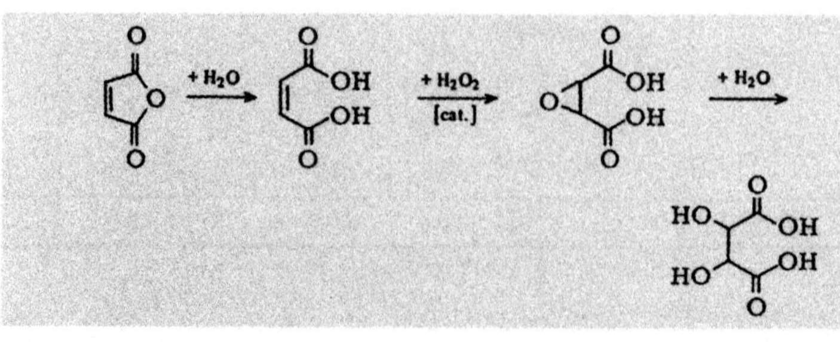

(26)

말레산의 새로운 용도는 오존에 의한 산화적 개열이다(7.2.1.3절 참조).

말레산디메틸에스테르의 오존분해, 수소화/가수분해에 의하여 글리옥실산으로 한다.

말레산으로부터 푸마르산으로의 이성화는 거의 정량적이며, 수용액을 무촉매하, 150℃에서 장시간 가열하든지, H_2O_2, 티오우레아, 과황산암모늄 등을 첨가하고, 100℃로서 가열하는 것에 의하여 실시된다. 푸마르산은 물에 대한 용해도가 낮기 때문에, 반응 후의 수용액으로부터 결정으로서 거의 완전히 석출된다.

말레산의 푸마르산으로의 이성화에는 2종류의 방법이 있다:

1. 고온, 장시간에 의한 열이성화
2. 저온에서의 접촉적 이성화(일반적으로 티오우레아를 사용).

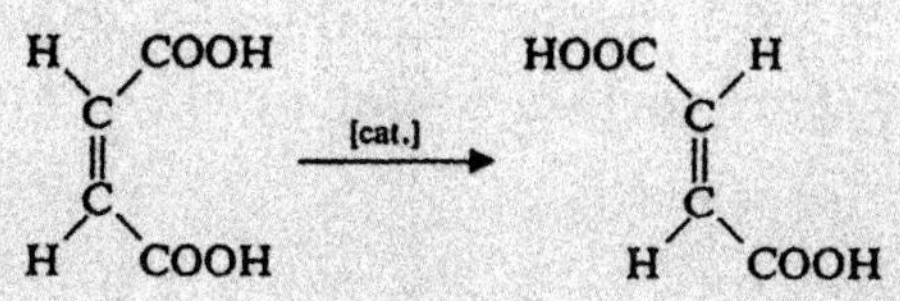

(27)

Alusuisse사에서 개발한 공업프로세스는 현재 몇 개의 플랜트로서 실시되고 있다. 이 방법은, 약 100℃에서, 25% 말레산수용액을 접촉적으로 이성화시키는 방법이다.

푸마르산은 당 혹은 전분의 발효에 의해서도 제조된다. 이 방법은 예를 들면 미국에서 행해지고 있다.

푸마르산 생산량의 40% 이상이 제지공업에 이용되는 폴리에스테르의 제조에 소비된다. 10~20%는 프로톤촉매에 의한 수화반응을 이용하여, DL-말산(하이드록시숙신산)의 제조에 사용된다.

푸마르산의 용도:

폴리에스테르의 성분, DL-말산의 원료.

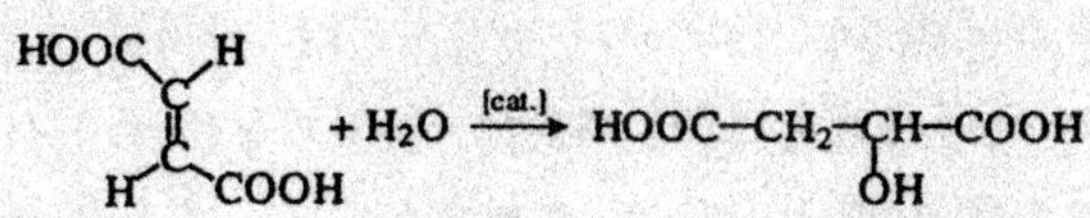

(28)

Allied사는 세계최대의 말산의 메이커였지만, 1980년에 생산을 중지했다.

말산의 제조법:
푸마르산 혹은 무수말레산(Allied법)의 수화

Allied사의 방법은 무수말레산에 H_2O를 부가시키는 방법이다. 미국의 말산 메이커는 Bartek사와 Staley사이며, 2000년의 생산능력은 약 2.3만 t/y였다. 2000년의 푸마르산의 전체 생산능력은 미국에서 약 2.5만 t/y였다. 또다른 말산의 메이커는 일본의 Fuso, 캐나다의 Bartek사이며, 1997년에는 이탈리아의 Lonza사가 1만 t/y의 플랜트의 조업을 계획하고 있다.

국가에 따라서 다르지만, 말산은 라세미체 또는 천연에 존재하는 D(−)-말산(전에는 L(−)-말산이라고 했음)의 형태로서 신맛을 조절하는, 소위 산미제로서 식품공업에서 사용된다.

세계의 산미제용의 산의 소비량(단위: 10^3 t):

	1976	1983	1997
시트르산	200	300	510
인산	80	200	220
아세트산	70	100	불명
말산	20	20	불명
타르타르산	10	25~30	불명
락트산	10	18	60
푸마르산	3	3	불명

13.3. 기타의 벤젠유도체

13.3.1. 니트로벤젠

니트로벤젠의 제조법:

H_2SO_4 중의 HNO_3(혼산)으로 C_6H_6를 니트로화 한다.

니트로벤젠의 생산량(단위: 10^3 t):

	1993	1995	1996
서유럽	735	832	945
미 국	565	748	670
일 본	140	169	164

H_2SO_4에는 몇가지의 작용이 있다:

1. 친전자적 니트로화를 위한 $NO_2^{\oplus}$의 생성을 촉진한다.
2. HNO_3가 산화성의 $NO_3^{\ominus}$으로 해리하는 것을 방지한다.
3. 용해도를 향상시킨다.

1834년, E. Mitscherlich에 의하여 처음으로 벤젠의 니트로화가 행해진 이래, 니트로벤젠의 제조법은 현재까지 원리적으로는 변하지 않았다.

물론, 니트로벤젠의 유도체인 아닐린의 수요의 증대에 경제적으로 대응하기 위하여, 벳치법은 연속법으로 전환되었다. 2000년 니트로벤젠의 생산능력은, 서유럽이 130만 t/y, 미국이 137만 t/y, 일본이 20만 t/y였다. 생산량이 부표에 나와 있다.

니트로화는 일반적으로 질산과 진한 황산의 혼합물인 혼산을 사용한다. 황산에는 몇가지의 작용이 있다. 즉, 니트로화제[니트로늄이온, 식 (29) 참조]의 생성을 촉진하며, 또한 물을 수화물의 형태로서 취하여 질산이 산화성의 $NO_3^{\ominus}$로 해리하는 것을 방지[식 (30) 참조]하는 이외에, 수상과 유기상간의 용해도를 증가시키는 작용이 있다.

$$HNO_3 + 2\,H_2SO_4 \rightleftarrows NO_2^{\oplus} + H_3O^{\oplus} + 2\,HSO_4^{\ominus} \qquad (29)$$

$$HNO_3 + H_2O \rightleftarrows NO_3^{\ominus} + H_3O^{\oplus} \qquad (30)$$

2종류의 제조법:

1. 벳치법에서는, 2액상의 발열반응이기 때문에, 격렬한 교반이 필요하다.
2. 연속법에서는, 3조의 연조 방식으로서 온도를 순서에 따라서 높일 필요가 있다.

벳치법은, 벤젠과 혼산(즉, 32~39중량%의 HNO_3, 60~53중량%의 H_2SO_4, 8중량%의 H_2O의 혼합물)을, 주철제의 반응기를 사용하여 강력하게 교반하면서 50~55°C에서 반응시킨다. 강력한 교반이 필요한 이유는, 반응이 2상으로 되기 때문에, 물질이동을 촉진시키는 것과, 반응열의 제거를 위해서이다. 이 프로세스에서는 혼산을 벤젠 중에 첨가한다.

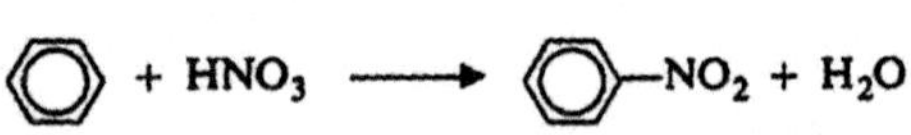

$$\left(\Delta H = -\frac{28\ \text{kcal}}{117\ \text{kJ}}/\text{mol}\right) \qquad (31)$$

부생성물: 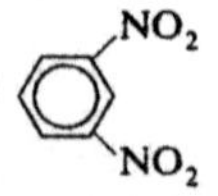 의 생성은 소량이다. 이것은, 니트로기의 전자흡인성으로 인하여, 2번째의 니트로화의 속도가 10^4이나 느려지기 때문이다.

수 시간의 체류시간에서, 혼산은 거의 소비되며, 비중이 큰 니트로벤젠이 분리한다. 이 니트로벤젠을 세척한 후, 증류한다. 선택률은 98~99%에 달한다. 부생성물로서, 소량의 *m*-디니트로벤젠이 생성한다.

잘 사용되고 있는 연속니트로화 플랜트는 교반형반응조의 연조(일반적으로 3기의 니트로화반응조)로 형성되어 있다. 반응온도는, 단계적으로 조금씩 올려지며, 최초의 반응조를 35~40°C, 2번째를 50°C, 최후의 반응조를 55~60℃로 한다. 가장 큰 반응조는 최후의 분액조와 세척조이다.

니트로벤젠의 후처리와 정제는, 벳치법과 마찬가지로 행해진다. 폐황산은 농축하여 재사용된다. 이때 , 단열프로세스에서는 니트로화의 반응열이 이 농축에 이용된다. 니트로벤젠은 더욱 치환기를 도입하는 방식에 의하여, 예를 들면 *m*-클로로니트로벤젠, 니트로벤젠술폰산 등의 중간체를 제조하기 위하여 이용된다. 또한 용제 혹은 산화제로서도 사용된다. 그러나 니트로벤젠의 최대의 용도는 아닐린의 제조이다.

니트로벤젠의 용도:
1. 아닐린(세계의 생산량의 97~98%)
2. 염료, 살충제, 의약품 등의 제조 중간체
3. 예를 들면, $AlCl_3$를 사용하는 Friedel-Crafts 반응의 용매(분해의 위험성이 있기 때문에 이용이 한정된다)
4. 온화한 산화제. 예를 들면, 트리아릴메탄 염료의 제조.

13.3.2. 아닐린

1999년 세계의 아닐린 생산능력은 약 310만 t/y였고, 그중 미국이 80만 t/y, 서유럽이 122만 t/y, 일본이 29만 t/y이다. 최대의 메이커는 Bayer사와 BASF사이며, 각각 세계에서 39만 t/y, 48만 t/y의 생산능력을 갖는다(1999년). 서유럽, 미국, 일본에 있어서 생산량이 부표에 나와 있다.

아닐린의 생산량(단위: 10^3 t):

	1993	1995	1997
서유럽	537	610	730
미 국	508	631	607
일 본	184	240	232

니트로벤젠은 아닐린의 제조원료로서 오래전부터 사용해 오고 있다. 그러나 최근에는 몇 개의 나라에서 클로로벤젠 및 페놀을 아닐린의 제조를 위하여, 소규모로서 사용하고 있다.

아닐린의 제조원료:
1. 니트로벤젠
2. 클로로벤젠
3. 페놀

소량의 염산의 존재하, 철분말과 물에 의한 니트로벤젠의 환원은, 공업적인 아닐린의 제조법으로서는 가장 오래된 방법이다. 철분말 환원법에 있어서, 만일 생성하는 산화철슬러지로부터 유용한 산화철안료가 얻어지지 않았다고라고 하면, 훨씬 빠르게 경제적으로 보다 유익한 환원법으로 바뀌었을 것이다. 실제로는, 아닐린의 수요가 증가하여 안료의 시장을 훨씬 능가하게 되었기 때문에, 액상 혹은 기상의 접촉적 수소화법이 이용되기에 이르렀으며, 더욱 다른 원료도 아닐린의 제조에 사용되기에 이르렀다.

니트로벤젠의 환원에 의한 아닐린의 제조에는 2종류의 환원제가 사용된다.
1. 이전의 방법에서는 화학양론량의 Fe/H_2O(+소량의 HCl)을 사용한다. 산화철이 생성한다.

최근의 니트로벤젠의 기상접촉적 수소화법은 고정상 혹은 유동상의 어느것으로도 행할 수가 있다.

2. H_2를 사용하는 기상접촉환원에는 2종류의 방법이 있다.

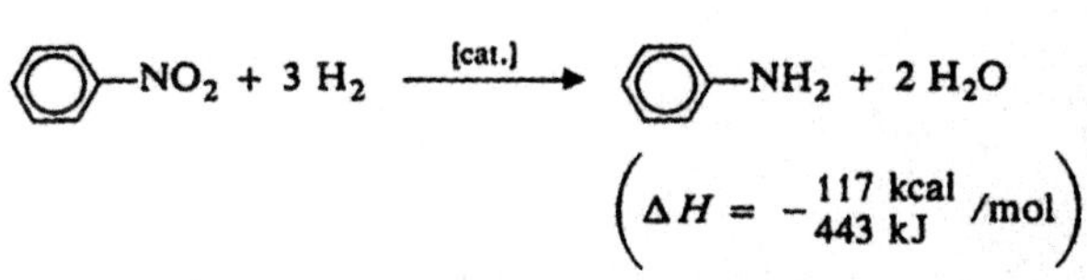

(32)

Bayer사 및 Allied사에서는, 고정상하에 300~475℃에서 황화니켈촉매를 사용하고 있다. Cu 혹은 Cr에 의한 수소화촉매의 활성화, 각종 담체의 사용, 황산염, H_2S, CS_2 등에서의 촉매의 술피드화 등은 모두 각 회사의 노우하우이다. 아닐린의 선택률은 99% 이상이다. 탄소석출로 인

2.1. 일반적으로, Ni 또는 Cu를 기본으로 하는 유황을 함유하는 촉매를 사용하는 고정상 수소화법. 예: Bayer, Allied, Lonza, ICI, Sumitomo

하여 촉매활성은 서서히 저하하지만, 250~350℃에서 공기로서 처리한 후, H_2처리를 실시하는 방식에 의하여 촉매는 재생된다. Lonza사에서는 경석에 담지한 Cu촉매, ICI사에서는 다른 금속으로 개량된 Cu, Mn, Fe 촉매, Sumitomo화학에서는 Cu−Cr촉매를 사용하고 있다.

2.2. 개량된 Cu촉매를 사용하는 유동상 수소화법
예: BASF, Cyanamid, Lonza.

BASF, Cyanamid, Lonza의 각 회사의 방법에서는, 유동상 촉매에 의하여 기상에서 니트로벤젠을 수소화하고 있다. BASF사의 촉매는 SiO_2에 담지한 Cu, Cr, Ba 및 Zn의 산화물이다. Cyanamid사의 촉매는 Cu/SiO_2로 형성되어 있다. 수소화는, 대과잉의 H_2(H_2 : 니트로벤젠 = 약 9 : 1)의 존재하, 270~290℃, 0.1~0.5 MPa(1~5 kg/cm^2)에서 행해진다. 대량의 반응열은 유동상에 조립시킨 냉각시스템에서 제거된다. 아닐린의 선택률은 99.5%이다. 니트로벤젠의 전환율은 정량적이다. 촉매는 정기적으로 공기로서 재생할 필요가 있다.

가암모니아분해법에서의 아닐린의 제조원료:
1. 클로로벤젠
2. 페놀

또다른 아닐린의 제조법으로는, 클로로벤젠 혹은 페놀의 가암모니아분해이다. 예를 들면, Kanto 전기화학법에서는, CuCl 및 NH_4Cl (Nieuwland촉매, 5.3절 참조)의 존재하, 180~220℃, 6.0~7.5 MPa(60~75 kg/cm^2)에서 클로로벤젠을 NH_3수용액으로 가암모니아분해하여 아닐린을 합성한다.

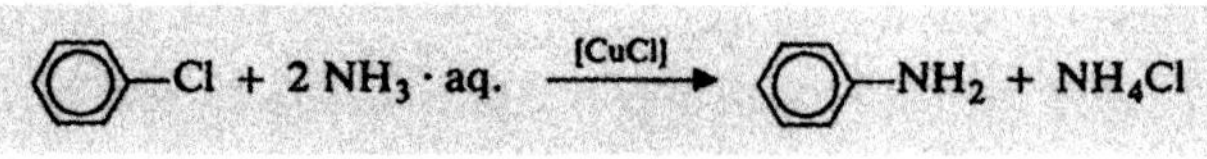
(33)

방법 1:
반응의 특징:
2상계, NH_2에 의한 Cl의 접촉적 치환반응. Cl는 NH_4Cl로서 소실된다.

반응생성물은 2상으로 형성되며, 유기상으로부터 아닐린이 91%의 선택률로서 얻어진다.

Dow사도 마찬가지의 방법으로 아닐린의 제조를 행하고 있었지만, 1996년에 제조를 중지했다.

Halcon/Scientific Design사의 방법에 의하면, 20 MPa(200 kg/cm^2), 425℃에서 페놀을 기상 가암모니아분해하는 것에 의하여 아닐린을 제조할 수 있다.

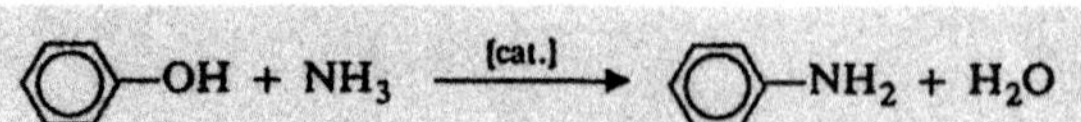
(34)

방법 2:
반응의 특징:
특수한 Lewis산과 금속조촉매에 의한 페놀의 불균일 접촉적 기상 가암모니아분해. 고정상에서 행해진다.

촉매로서는, $Al_2O_3 \cdot SiO_2$(아마, 제올라이트형태로서) 및 Mg, B, Al 및 Ti의 산화물의 혼합물이 사용된다. 더욱 이들을 Ce, V, W과 같은 조촉매와 조합시켜서 사용할 수도 있다. 이전에는 촉매의 재생이 필요했지만, 이 새로운 촉매에서는 재생은 필요없다. 대과잉의 NH_3의 존재하, 페놀의 전환율은 98%이고, 아닐린의 선택률은 87~90%로 된다. 부생성물은 디페닐아민 및 카르바졸이다. 이 방법은, 1970년부터 Mitusi석유화학의 플랜트로서 실시되고 있으며, 그후 증강에 의하여 플랜트의 능력은 4.5만 t/y로 되었다. 더욱 1982년, US Steel사(현재, Aristech)의 9만 t/y 능력의 플랜트가 가동을 개시했다. 이 플랜트의 1999년의 능력은 11.3만 t/y였다.

부생성물:

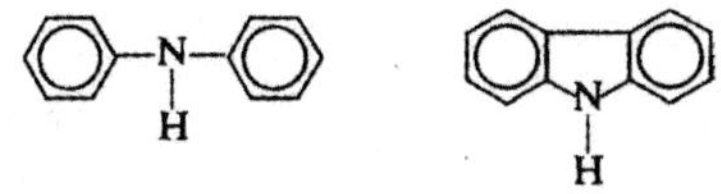

1997년에, Mitusi석유화학은, 페놀의 가암모니아분해와 마찬가지로 해서 *m*-크레졸과 암모니아로부터 *m*-톨루이딘의 제조를 개시했다. 플랜트의 능력은 0.2만 t/y이다. 따라서 일반적인 방법(톨루엔의 니트로화와 *m*-니트로톨루엔의 수소화) 이외에 다른 하나의 방법이 추가되었다.

Du Pont사는 흥미있는 아닐린의 새로운 제조법을 개발했다. 산화지르코늄과 같은 조촉매를 함유한 NiO/Ni촉매를 사용하고, 350°C, 30 MPa (300 kg/cm^2)에서 벤젠과 암모니아를 반응시킨다. 벤젠의 전환율은 13%이고, 아닐린의 선택률은 97%로 된다.

새로운 아닐린의 제조법:
NiO/Ni 촉매에 의한 벤젠의 탈수소아미노화, NiO의 환원이 동시에 일어나며, Ni의 재산화가 필요하다.

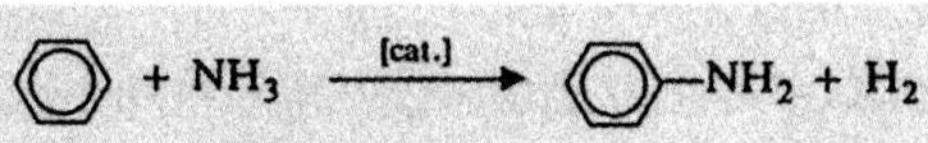

(35)

반응 중에 생성하는 수소가 촉매의 일부인 NiO를 환원하기 때문에, 촉매의 재생(부분산화)이 필요하다. 원료는 가격이 싸지만, 벤젠의 전환율이 낮고, 촉매의 재생을 필요로 하는 것이 공업적인 실시에 있어서 장해로 되고 있다.

아닐린은 방향족화학에 있어서도 가장 중요한 기본물질의 하나이다. 시클로헥실아민, 벤조퀴논, 알킬아닐린, 아세트아닐리드, 디페닐아민, 혹은 4,4′-디아미노디페닐메탄이라고 하는 많은 범용화학제품이 아닐린으로부터 제조되고 있다.

아닐린의 용도:
각종 유도체의 제조원료

1970년대 초기의 미국에서는, 아닐린 및 그의 유도체는 주로 가황촉진제 및 산화방지제 등의 고무첨가제의 제조에 사용되고 있었다. 그후, 아닐린을 원료로 하는 이소시아네이트가 아닐린 소비량의 첫 번째로 되었

표 13.7 아닐린의 용도(중량%)

생 성 물	미 국		서유럽		일 본	
	1980	1998	1979	1996	1980	1996
이소시아네이트(MDI)	62	80	65	79	52	83
고무첨가제	22	11	22	11	31	8
염료, 안료	4	3		4	9	3
하이드로퀴논	3	-	13	2		-
기타(의약품, 살충제 등)	9	6		4	8	6
총 소비량(10^6 t)	0.29	0.68	0.30	0.63	0.07	0.18

다. 이소시아네이트 중에서도, 4,4′-디페닐메탄디이소시아네이트(MDI)가 양적으로 가장 많다(13.3.3절 참조). 미국, 서유럽, 일본에 있어서 아닐린의 소비비율이 표 13.7에 나와 있다.

13.3.3. 디이소시아네이트

디이소시아네이트가 중부가에 의한 폴리우레탄의 제조에 사용되며, 공업적으로 중요한 것에 비교해서, 모노이소시아네이트에는 큰 용도가 없다.

유기 이소시아네이트는 옛날부터 잘 알려져 있었지만, 최초로 공업적으로 관심을 갖게 된 것은, 요즈음 십여년의 일로서, O. Bayer(1937년)의 연구개발에 기인하고 있다. 디이소시아네이트 및 폴리이소시아네이트는 디올이나 폴리올과 반응하여 폴리우레탄으로 되며, 이것이 많은 용도를 갖는 것으로 알려져 있다. 폴리우레탄은 자동차, 건축, 그리고 냉장기술 분야에서의 사용량이 증가하는 것에 따라서 원료인 디이소시아네이트의 생산능력도 비약적으로 증가했다.

공업적으로 중요한 디이소시아네이트:

1. HDI: O=C=N−$(CH_2)_6$−N=C=O

2. TDI:

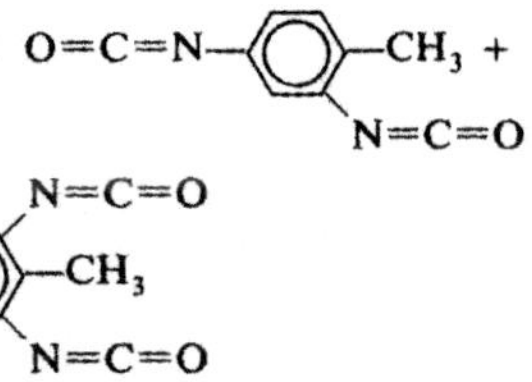

3. MDI:

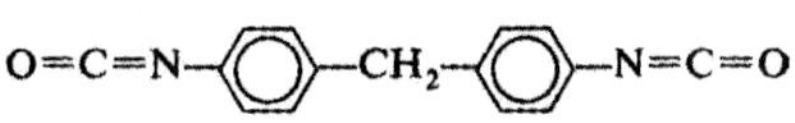

2,4-이성체 및 2,6-이성체로 형성되는 톨루엔디이소시아네이트(**t**oluene **di**isocyanate: TDI)는 특히 가장 양적으로 많은 디이소시아네이트이다.

그러나, 요즘 수년간에 4,4′-디페닐메탄디이소시아네이트(**m**ethane **d**iphenyldi**i**socyanate: MDI)가 TDI의 생산량을 능가하게 되었다. MDI의 원료는 4,4′-디아미노디페닐메탄이며, 아닐린과 포름알데히드의 축합으로 합성된다. 2000년의 MDI의 생산능력은, 세계에서 251만 t/y였고, 그중 서유럽이 71만 t/y, 미국이 123만 t/y, 일본이 29만 t/y이다. 또한, 2000년의 TDI의 생산능력은, 세계가 141만 t/y였고, 그중 서유럽이 47만 t/y, 미국이 65만 t/y, 일본이 16만 t/y이다. TDI 및 MDI의 생산량이 부표에 나와 있다.

TDI의 생산량(단위: 10^3 t):

	1993	1997	1999
미 국	359	418	488
서유럽	350	363	404
일 본	137	192	192

MDI의 생산량(단위: 10^3 t):

	1993	1997	1999
미 국	540	920	1035
서유럽	514	693	773
일 본	205	283	269

이외의 중요한 폴리우레탄 성분으로서는, 헥사메틸렌-1,6-디이소시아네이트(**h**examethylene-1,6-**di**isocyanate: HDI, 이전에는 HMDI라고 명명되고 있었다)가 있다. HDI의 원료인 헥사메틸렌디아민 및 그의 제조법에 대해서는 10.2.1절에서 설명했다.

톨루엔디이소시아네이트는 일반적으로, 연속법으로 제조된다. 그 방법은 3공정으로 형성되어 있다.

톨루엔의 3단계 연속반응에 의한 TDI의 공업적 제조법:

1. 톨루엔의 니트로화에 의한 디니트로톨루엔의 제조
2. 디니트로톨루엔의 수소화에 의한 톨루엔디아민의 제조
3. 포스겐화에 의한 톨루엔디이소시아네이트의 제조

공정 1.

톨루엔의 연속 니트로화는, 메틸기에 의한 활성화 효과로 인하여, 벤젠

의 경우 보다도 온화한 조건에서 진행된다. 예를 들면, 혼산중의 H_2O의 양은, 벤젠의 니트로화의 경우에는 10%인 것에 대해서, 톨루엔의 경우에는 23%로서 좋다. 톨루엔의 모노니트로화합물은 3종류의 이성체, *o*-니트로톨루엔, *m*-니트로톨루엔 및 *p*-니트로톨루엔의 혼합물이며, 그의 생성비율은, 반응조건에 따라서도 그다지 변화가 없다. 전형적인 조성은, 63%가 *o*-니트로톨루엔, 33~34%가 *p*-니트로톨루엔, 4%가 *m*-니트로톨루엔이다. 이 혼합물은 증류 혹은 재결정에 의하여 분리할 수 있다.

니트로톨루엔은, 염료, 의약품, 향료의 제조중간체인 것과 동시에 폭약의 2,4,6-트리니트로톨루엔(TNT)의 전구체이기도 하다. *o*-니트로톨루엔 및 *p*-니트로톨루엔의 혼합물을 더욱 니트로화하여, 디이소시아네이트의 제조원료인 디니트로톨루엔으로 한다. 2,4-디니트로톨루엔 및 2,6-디니트로톨루엔의 비가 약 80 : 20인 혼합물이 얻어진다.

1. 톨루엔의 니트로화에 의하여 *o*-, *m*-, *p*-니트로톨루엔을 합성한다. *m*-이성체를 분리한 후, *o*-, *p*-혼합물을 더욱 니트로화하여, 2,4- 및 2,6-디니트로톨루엔으로 한다.

톨루엔의 니트로화의 특징:

CH_3기의 전자공여성(+I효과)으로 인하여, 벤젠의 니트로화에 비하여 $NO_2^{\oplus}$의 농도가 낮아도 좋다. 즉, H_2SO_4 중의 H_2O 농도는 보다 높아도 좋다.

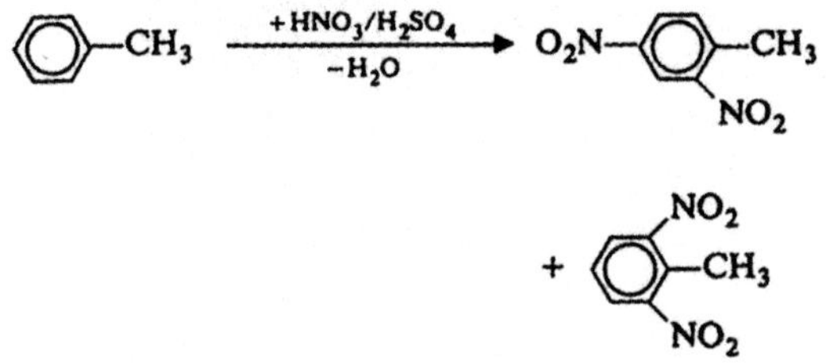

(36)

니트로화 및 후처리는, 니트로벤젠의 제조(13.3.1절 참조)와 마찬가지의 통상의 방법으로 행해진다.

공정 2.

디니트로톨루엔 혼합물의 수소화에 의하여 2종류의 톨루엔디아민의 혼합물이 생성하지만, 이것도 또한 방향족화합물 합성의 표준적인 방법에 의하여 행할 수 있다. 반응은 니트로벤젠의 환원의 경우와 마찬가지로, 철과 염산수용액을 사용하여 행할 수도 있지만, 접촉적 수소화법쪽이 잘 행해지고 있다. 접촉적 수소화는, 예를 들면 메탄올 중에서 Raney 니켈촉매를 사용하고, 100℃, 5 MPa(50 kg/cm^2)에서 행해지고 있지만, 팔라듐촉매를 사용할 수도 있다.

2. 디니트로톨루엔을 환원하여 톨루엔디아민으로 한다.

2.1. Fe/HCl을 사용하는 방법

2.2. Raney-Ni을 사용하는 액상접촉수소화

2.3. Pd/C을 사용하는 액상접촉수소화

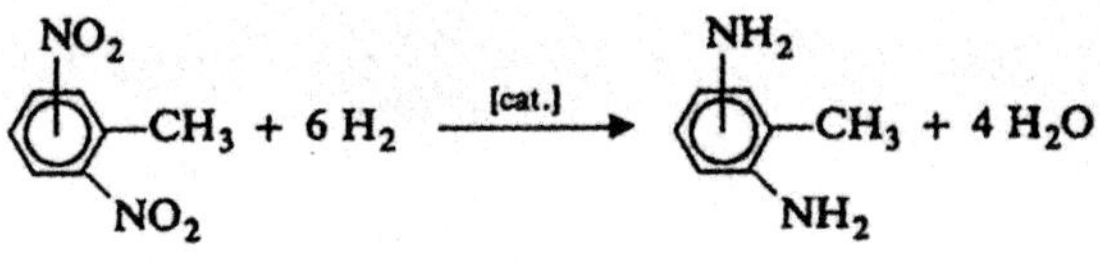

(37)

연속가압 수소화반응에 의하여 디니트로톨루엔은 정량적으로 환원된다. 톨루엔디아민의 선택률은 98~99%이다. 니트로벤젠으로부터 아닐린의 제조의 경우와 달리, 디니트로톨루엔의 기상수소화는 공업적으로는 행해지지 않고 있다. 왜냐하면, 반응에 필요한 온도까지 가열하면, 디니트로톨루엔이 쉽게 폭발적 분해를 일으키기 때문이다. 정제는 일련의 증류탑에서 행해진다.

공정 3.

3. 톨루엔디아민의 포스겐화에는 2종류의 방법이 있다.

3.1. 유리의 디아민을 사용하는 방법. 0~50°C에서의 저온 포스겐화와 170~185°C에서의 고온 포스겐화의 2단계로서 행한다.

톨루엔디아민의 포스겐화는 각종의 방법으로 행할 수 있다.

"염기 포스겐화" 즉 유리의 1차아민과 포스겐의 반응은 공업적으로 가장 중요하다. 1단계에서는, *o*-디클로로벤젠 등의 용매중, 0~50°C에서 아민과 포스겐을 반응시켜 염화카르바밀과 아민염산염의 혼합물로 한다.

반응혼합물을 다음의 고온 포스겐화 탑에 공급하고, 170~185°C에서 더욱 포스겐과 반응시켜 디이소시아네이트로 한다.

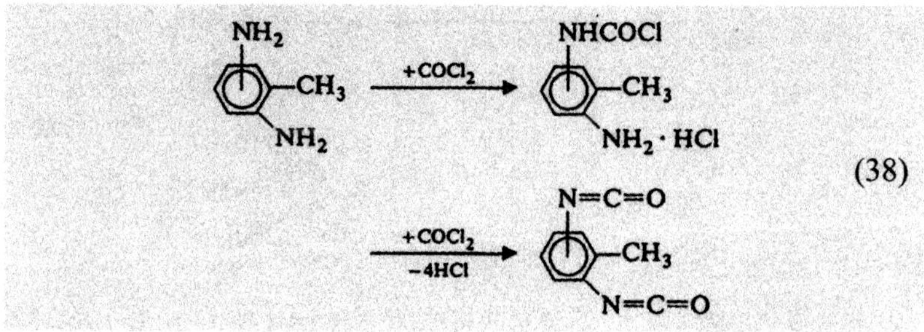

(38)

과잉의 포스겐은 강력한 냉각장치에서 HCl로부터 분리하고, 프로세스에 재순환시킨다.

3.2. 디아민의 HCl을 사용하는 방법: 디아민의 염(HCl)으로 하는 것에 의하여 유리의 아민의 활성을 억제한다. 이어서 고온 포스겐화된다.

2번째의 디이소시아네이트 제조법으로서는, 톨루엔디아민염산염의 포스겐화법이 있다. 예를 들면, Mitsubishi화학의 방법에서는, 먼저 톨루엔디아민을 *o*-디클로로벤젠에 용해시키고, 이어서 HCl가스를 불어 넣는 방식에 의하여 HCl염의 현탁액으로 한다. 고온, 강력한 교반하에서 염산염을 포스겐과 반응시키는 방식에 의하여, 디이소시아네이트가 제조된다. 발생하는 HCl은 불활성가스를 불어 넣는 방식에 의하여 제거된다

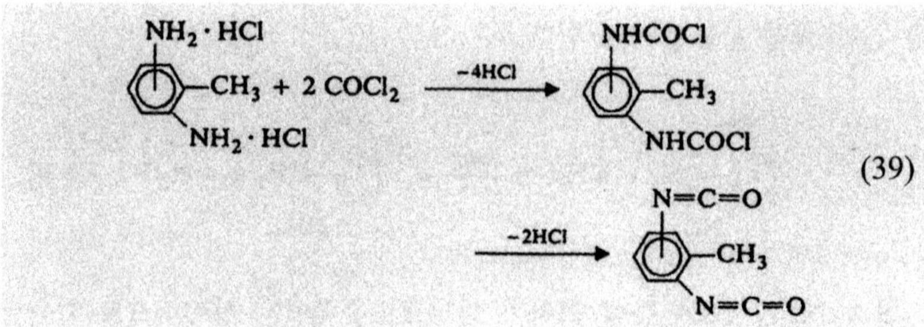

(39)

후처리 및 정제는 분별증류에 의하여 행해진다. 톨루엔디이소시아네이트의 선택률은 91%(디아민)이다. Mitsubishi법에서 디이소시아네이트의 통산의 선택률은 81%(톨루엔)이다. 공업적으로 입수가능한 것은, 순수한 2,4-톨루엔디이소시아네이트 및 혼합비가 80 : 20 혹은 65 : 35의 2,4-이성체, 2,6-이성체의 혼합물이다.

이 방법은, 포스겐화공정에서, 염소가 HCl의 형태로 완전히 소실되기 때문에, 그 만큼 코스트가 높아진다. 따라서 디이소시아네이트의 공업적인 중요성이 증대된 것에 동반하여, 포스겐화공정을 이용하지 않는 신규의 합성법이 최근 개발되었다. 방향족니트로화합물 혹은 아민의 접촉적 카르보닐화법이 금후 공업적으로 중요하게 되리라고 생각된다

$COCl_2$를 사용하지 않는 디이소시아네이트의 새로운 제조법:
Cl가 HCl로서 소실되지 않는다.

Atlantic Richfield사(Arco)는, 4,4′-디페닐메탄디이소시아네이트(MDI)의 새로운 제법을 개발했다. 그것에 의하면, 원료인 니트로벤젠을 먼저 에탄올의 존재하, CO와 촉매적(SeO_2, KOAc)으로 반응시켜, N-페닐에틸우레탄으로 한다. 이것을 포름알데히드와 축합시킨 후, 250~285°C에서 열분해하여 에탄올과 MDI로 한다.

1. Arco의 MDI의 제조법은 3단계이다. 먼저 우레탄유도체(에틸페닐카르바메이트)를 제조하여, HCHO와 축합시키고, 최후에 EtOH을 열적으로 탈리시킨다.

니트로이소시아네이트의 반응의 특징: CO는 2가지의 작용을 한다. 즉, 니트로기의 환원과 에탄올의 존재하에서의 카르보닐화(에톡시카르보닐화)이다.

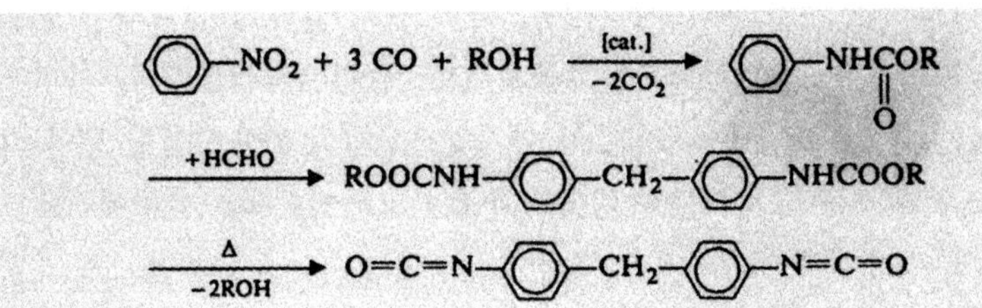

(40)

Mitsui Toatsu 및 Mitsubishi화학은, 디니트로톨루엔으로부터의 톨루엔디이소시아네이트(TDI) 제조법으로서 마찬가지의 카르보닐화법을 발표하고 있다.

2. Mitsui Toatsu와 Mitsubishi화학의, 1과 유사한 TDI제조법

4,4′-디페닐메탄디이소시아네이트(MDI)의 또다른 제조법이 Asahi화학에서 개발되어 있다. Arco법과는 달리, 아닐린을 산화적으로 카르보닐화 하여, N-페닐에틸우레탄으로 한다. 이것 이외에는, Arco법과 마찬가지이다[식 (40) 참조]. 아닐린의 산화적 카르보닐화는, 금속팔라듐촉매 및 조촉매로서 요오드화알칼리를 사용하고, 150~180°C, 5~8 MPa(50~80 kg/cm^2)에서 행해진다. 아닐린의 전환율은 95%이고, 선택률은 95% 이상에 달한다.

3. Asahi process에 의한 아닐린으로부터의 3단계 MDI합성법. 원료를 아닐린으로 하는 이외에는 1과 마찬가지의 반응. 이 방법 쪽이 일반적으로 선택률이 높다. 또한 MDI의 중부가에 의한 폴리우레탄의 합성에 악영향이 있는 염소화 부생성물이 생성하지 않는다.

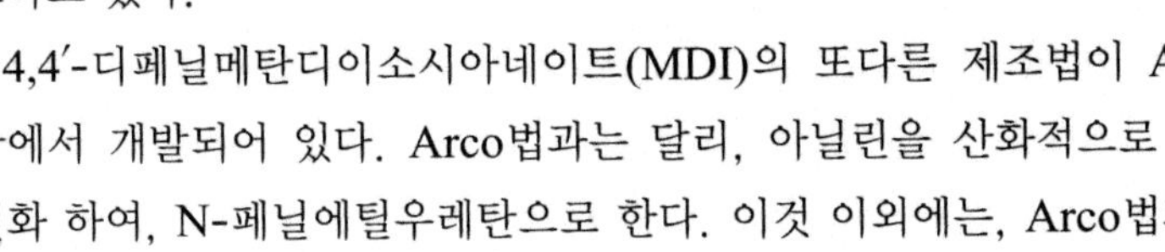

(41)

아닐린/CO/O_2반응에 있어서 Pd의 역할:

$$C_6H_5NH{-}Pd{-}H \xrightarrow{+CO} C_6H_5NH{-}CO{-}Pd{-}H \xrightarrow{+ROH} C_6H_5NHCOOR + H{-}Pd{-}H \xrightarrow{+O_2} Pd + H_2O$$

우레탄/HCHO의 축합에서는, 3량체, 4량체의 생성을 피하기 위하여 우레탄의 전환율을 억제한다.

2단계의 축합으로 부생성물의

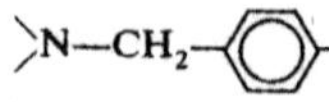 과

$>N-CH_2-N<$

을 목적으로 하는 우레탄

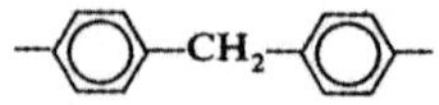

으로 변환시킨다.

포름알데히드와의 축합은 60~90℃, 상압에서 행해진다. 먼저 H_2SO_4의 존재하에 2상계에서 반응을 행하고, 이어서 수상을 분리한 후, 더욱 균일계에서 트리플루오로아세트산 등으로 처리한다. 우레탄의 전환율은 약 40%이고, 디우레탄의 선택률은 95% 이상으로 된다.

최후의 공정인 에탄올의 열적 탈리반응은, 용매중 230~280℃, 1~3 MPa(10~30 kg/cm^2)에서 행해진다. MDI의 선택률은 93% 이상에 달한다.

Asahi process는 공업적으로 실시되지 않고 있다.

4. $COCl_2$ 대신에, $(CH_3O)_2C{=}O$을 사용하는 이소시아네이트, 디이소시아네이트, 폴리카보네이트의 합성.

경제적으로 경비가 들고, 또한 독성도 있는 포스겐을 사용하지 않는 방법으로서, 이소시아네이트, 폴리카보네이트의 합성에 탄산디메틸을 사용하는 방법(13.2.1.3절 참조)이 있다. 일본에서는, Ube에서 선택적인 메탄올의 기상카르보닐화의 최초의 파일럿플랜트가 가동하고 있다. 또한 액상법에 의한 탄산디메틸의 제조가 Daicel과 Mitsui Sekka에서 행해지고 있다.

디이소시아네이트의 용도:
다가알코올과의 중부가 폴리에테르알코올로서는 예를 들면,
$HO{+}CH2CH2O{+}_nH$

폴리에스테르알코올로서는 예를 들면,

$$HOC_2H_4O{+}\underset{\underset{O}{\|}}{C}CH{=}CH\underset{\underset{O}{\|}}{C}{-}OC_2H_4O{+}_n$$

또는 프탈산에스테르로서 예를 들면, 디에틸렌글리콜의 에스테르

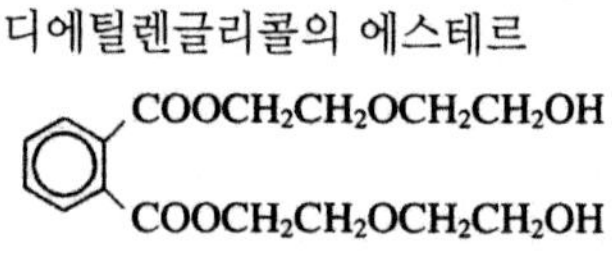

디이소시아네이트는 주로 폴리우레탄의 제조에 사용된다. 이 폴리우레탄은 디이소시아네이트와 2가알코올, 특히 폴리에테르알코올과의 중부가로서 제조된다. 폴리에테르알코올로서는, 폴리에틸렌글리콜, 폴리프로필렌글리콜, 프로필렌옥사이드와 다가알코올과의 반응생성물 등이 사용된다. 또한, 디카르복시산과 디올과의 올리고머에스테르(폴리에스테르알코올)도 사용된다.

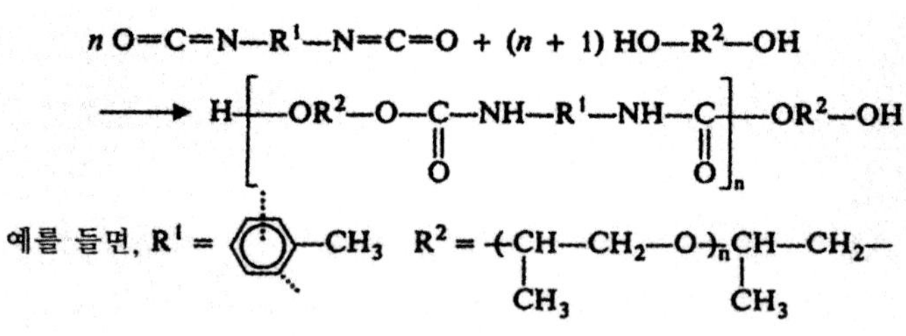 (42)

3가알코올, 4가알코올의 첨가→가교
H_2O의 첨가→발포체의 형성

폴리우레탄은 3가알코올 혹은 다가알코올(글리세롤, 트리메틸올프로판)을 부가하여 가교시킨다. 소량의 물을 첨가하는 것에 의하여 이소시아네이트기가 가수분해하여 아미노기와 CO_2로 되어 발포한다.

폴리우레탄의 용도:

연질발포체, 경질발포체, 코트섬유, 스판덱스섬유, 인공피혁, 합성고무, 염료, 도료, 접착제

폴리우레탄은 연질발포체나 경질발포체로 가공된다. 또한 직물코팅이나 엘라스토머(예를 들면, 스판덱스섬유)에도 사용된다. 폴리우레탄을 사용하는 이외의 제품으로서는, 예를 들면, 인공피혁, 합성고무, 염료, 도료, 접착제 등이 있다. 그러나, 폴리우레탄의 최대의 용도는 발포체의 제조이다(표 13.8참조).

표 13.8 폴리우레탄의 용도(중량%)

생 성 물	미국 1990	미국 1996	서유럽 1987	서유럽 1990	일본 1990
연질발포체	52	35	41	43	32
경질발포체	27	28	25	24	17
스킨층부착 적층체 및 충진용발포체			8		
도료원료			7		
엘라스토머	21	37	6	33	51
열가소성폴리우레탄					
합성피혁			6		
기타			8		
총 소비량(10^6 t)	1.54	2.09	1.35	1.40	0.06

각종의 폴리우레탄 제품의 세계에 있어서 용도비율이 표 13.9에 정리되어 있다.

표 13.9 폴리우레탄의 용도(%)

용 도	세계 1999
가구/메트리스	29
건설	16
자동차	15
냉장/단열	10
신발	3
기타	27
총 소비량(10^6 t)	7.9

제 14 장

자일렌 및 나프탈렌의 산화생성물

14.1 무수프탈산

무수프탈산(PA)은 프탈레이트가소제, 알키드수지, 폴리에스테르수지, 프탈로시아닌염료 및 그 밖의 많은 정밀화학제품에서의 제조를 위한 중간원료이다. 1997년의 세계에 있어서 무수프탈산의 생산능력은 약 360만 t/y였다. 그 중, 서유럽이 94만 t/y, 미국이 51만 t/y, 일본이 33만 t/y이다. 주요 공업국에 있어서 무수프탈산의 생산량은 부표와 같다.

무수프탈산의 생산량(단위: 10^3t):

	1994	1996	1998
서유럽	767	956	780
미 국	435	490	472
일 본	291	388	301

1960년 이전에는, 대부분의 무수프탈산이 콜타르로부터의 나프탈렌을 원료로 하여 합성되고 있었다. 무수프탈산의 수요는 점증하는 한편, 석탄으로부터의 코크스 생산의 감소로 인하여, 나프탈렌의 가격이 오르기 때문에 보다 값싸게 입수하기 쉽고, 게다가 화학양론적으로 볼 때 경제적인 *o*-자일렌이 원료로서 사용되기에 이르렀다. 1975년에는 세계에 있어서 무수프탈산의 전생산량의 약 75%가 *o*-자일렌으로부터 제조되었다. 이 수치가 1980년에는 약 85%로까지 상승했다. 1991년에도 마찬가지로 85%였다. 나라에 따르는 차이를 부표에 나타내었다. 무수프탈산을 제조하기 위한 다른 원료(예를 들면, 아세나프텐)들이 더는 중요하지 않았다.

무수프탈산의 원료(%)

		나프탈렌	*o*-자일렌
세 계	1960	100	–
	1975	25	75
	1980	15	85
	1991	15	85
일 본	1991	44	56
	1998	43	57
미 국	1991	13	87
	1997	18	82
서유럽	1991	6	94
	1998	6	94

14.1.1 나프탈렌의 산화에 의한 무수프탈산의 제조법

벤젠의 산화분해에 의한 무수말레산의 제조와 마찬가지로 행하여, 나

나프탈렌을 원료로 하는 무수프탈산의 제조:

산화적 분해반응에 있어서 산화제의 전환:

종전의 방법: MnO_2/HCl, CrO_3, 발연황산

현재의 방법: 공기/촉매

프탈렌으로부터 무수프탈산이 제조된다.

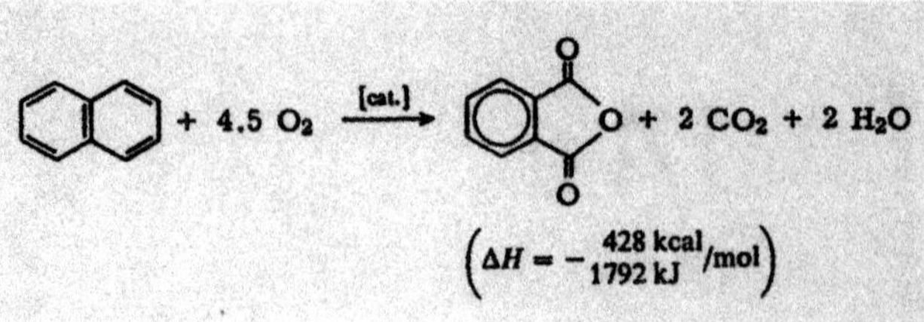

(1)

초기에는, 산화제를 화학양론적으로 사용하여 반응이 행해지고 있었지만, 1916년에는 BASF사의 V_2O_5촉매를 사용하는 공기산화법으로 빠르게 전환되었다. 1941년에는 이미 IG Farben사에 의하여 1.2만 t/y의 무수프탈산이 제조되고 있었다.

나프탈렌의 기상산화에는 촉매의 사용법에 의하여 2종류의 방법이 있다:

1. 고정상법
2. 유동상법

기상산화법으로서는, 2종류의 공업적 제조법이 개발되었다.

1. 고정상촉매에 의한 방법. 이것은 더욱 원료로서 정제한 나프탈렌을 사용하는 저온역법(350~400℃)과 조잡한 나프탈렌을 사용하는 고온역법(400~550℃)으로 분류된다.
2. 유동상촉매에 의한 방법. 이것은 370℃ 이상의 온도에서 행해진다.

나프탈렌의 산화법으로서는 BASF, Von Heyden, Koppers, 그리고 Sherwin-Williams/Badger의 각 회사의 방법이 잘 알려져 있다. 이들은 주로 반응기의 형태, 촉매, 무수프탈산의 단리방법 등이 다를 뿐이다. 여기서는 반응원리에 대해서만 설명한다.

고정상법에 의한 무수프탈산의 제조의 원리:

V_2O_5/SiO_2(+조촉매) 촉매에 의한 나프탈렌의 공기산화, 다관식 반응관에 있어서 열의 제거에는 용융염을 사용한다.

방법 1.

일반적으로, 촉매는 K_2SO_4와 같은 조촉매를 첨가한 V_2O_5/SiO_2이고, 다관식 반응관에 충진되며, 용융염매체에 의하여 대량의 반응열의 제거가 행해진다. 나프탈렌과 공기는 기화기를 통하여 공급된다. 새로운 촉매에서는 360℃에서 반응이 일어나지만, 촉매활성의 저하에 따라서는 반응온도를 서서히 상승시킨다. 반응가스는, 무수프탈산의 노점(露点)인 125℃ 이하로 급속히 냉각된다. 침상결정의 불순한 생성물은 용융조에서 탈수시킨 후, 증류한다. 나프탈렌의 전환율은 약 90%이고, 선택률은 86~91%에 달한다.

무수프탈산의 단리:

결정으로서 얻어진 무수프탈산은 탈수 후 증류정제 된다.

부생성물:

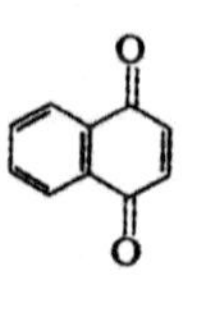

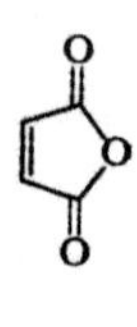

부생성물로서는 1,4-나프토퀴논, 무수말레산 및 고분자량의 축합물이 생성한다.

고온역법은 미국에서, 특히 낮은 순도의 나프탈렌용으로 개발된 방법이다. 이 경우도 V_2O_5담지 촉매를 사용한다. 400~550℃의 고온에서도 촉매는 그리 급격히 실활되지는 않지만, 선택률은 60~74%로서 저온역

법과 비교하면 확실히 낮다. 부생성물로서, 특히 무수말레산이 6~10% 생성한다.

조잡한 나프탈렌을 원료로 하는 무수프탈산 제조법의 변법:

고온에서도 산화로 인하여 선택률이 낮다.

방법 2.

350~380℃에 있어서, 유동상에서 V_2O_5 촉매를 사용하는 무수프탈산의 제조법이, 1944년에 미국의 Badger/Sherwin-Williams사에 의하여 처음으로 공업적으로 채용되었다. 이 방법에서는 액상 나프탈렌을 유동상 중으로 노즐을 통하여 불어 넣는다. 유동화가스로서는 예열된 공기가 사용된다. 이 방법의 장점은 모든 유동상법의 특색이기도 하다. 즉, 촉매층 전체에 걸쳐 온도분포가 균일한 것, 신속한 촉매교환이 가능한 것 및 촉매순환에 의한 반응열의 제거가 가능한 것 등이다. 또한 높은 전환율로서 높은 나프탈렌의 처리속도가 달성된다. 즉, 공시효율이 높다. 무수프탈산의 선택률은 74%에 달한다. 무수프탈산의 일부를 액상으로 분리할 수 있다.

유동상법에 의한 무수프탈산의 제조의 원리:

V_2O_5를 기본으로 하는 촉매를 사용한다. 고정상법과 유사한 나프탈렌의 산화법이지만, 반응온도 기울기가 작고, 공시효율이 높다라고 하는 특징이 있다.

14.1.2 *o*-자일렌의 산화에 의한 무수프탈산 제조법

무수프탈산 제조의 새로운 플랜트에서는, 대개 원료로서 *o*-자일렌을 사용하고 있다.

o-자일렌을 원료로 하는 무수프탈산의 제조법은 나프탈렌법에 비하여 아래의 공업적 장점이 있다:

1. O_2의 소비가 보다 적다.
2. 반응엔탈피가 보다 작다.
3. 원료가 액체이며, 보다 취급하기 쉽다.

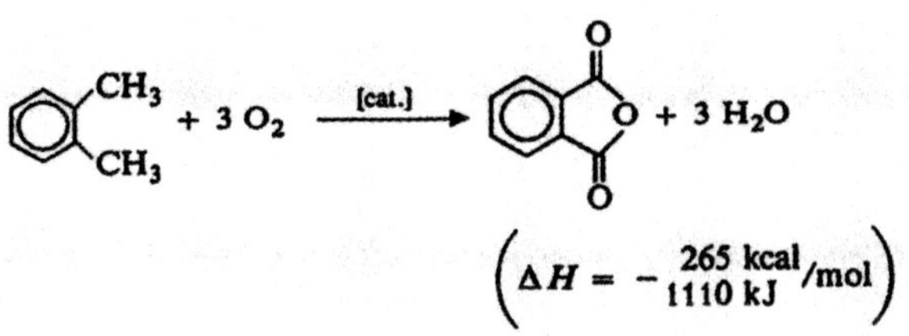

(2)

o-자일렌을 사용하는 제법의 장점은 몇 가지가 있다. 먼저, 원료와 생성물의 탄소수가 같기 때문에, 나프탈렌의 경우와는 달리, 산화분해가 필요 없다. 따라서 산소의 필요량도 적으며, 열의 발생량이 적다. 단, 플랜트의 거의 대부분은 *o*-자일렌과 나프탈렌의 어느 것이나 원료로서 사용할 수 있도록, 자유도를 갖추어서 건설되고 있다.

최근 *o*-자일렌의 산화법은 다음의 2가지로 분류된다.

1. V_2O_5를 기본으로 하는 촉매를 사용하는 고정상 혹은 유동상 기상 산화법
2. 균일계 금속염 촉매에 의한 액상산화법

o-자일렌의 공기산화에 의한 무수프탈산의 제조법에는 2가지의 방법이 있다:

1. V_2O_5를 기본으로 하는 촉매를 사용하는 고정상 혹은 유동상 기상 반응
2. 균일계 금속염촉매를 사용하는 액상반응

방법 1.

공업적인 *o*-자일렌의 산화법에서는, 주로 기상법이 사용된다. BASF

와 Chemische Fabrik Von Heyden(현재, Wacker Chemie)의 2개의 회사에 의하여, 널리 보급된 2가지의 방법이 개발되었다. 1989년에는, BASF법에 의한 무수프탈산의 생산능력이 세계에서 100만 t/y였고, Von Heyden법은 150만 t/y 이상이었다.

고정상촉매를 사용하는 *o*-자일렌 산화법의 특징:

격렬한 발열을 동반하는 반응이기 때문에 다관식 반응기가 필요하다. 관의 지름이 작음에도 불구하고, 구상촉매(점접촉)는 약간 압력의 손실로서 높은 생산성을 가능하게 한다.

o-자일렌의 산화에 있어서 부생성물:

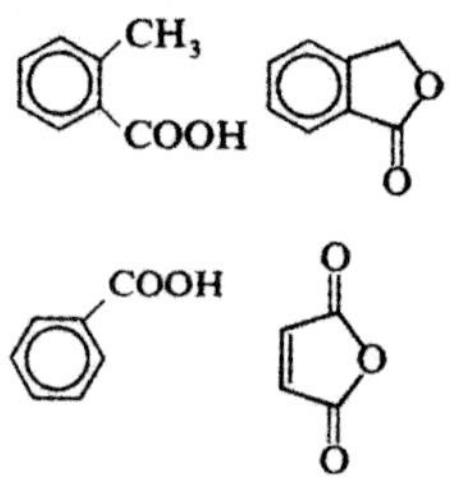

양쪽의 고정상법 모두, 약 10,000개의 반응관으로 형성되는 다관식 반응기에 충진시킨 V_2O_5 촉매에 의하여, 순도 약 95%의 *o*-자일렌을 375~410°C에서 공기산화한다.

BASF사의 촉매는, V_2O_5와 TiO_2의 혼합물로 형성되며, 인산알루미늄 혹은 인산지르코늄을 조촉매로서 함유하고 있다. 이들은 자기(porcelain), 석영, 탄화규소 등으로 형성되었다. 표면이 미끄럽고, 구멍이 적은 구슬모양으로 분산되어 있다(Shell 촉매). *o*-자일렌의 전환율이 90% 이상이고, 무수프탈산의 선택률은 78%(*o*-자일렌)이며, 두 번의 증류에 의하여 99.8% 이상의 순도로까지 정제된다. 부생성물은 완전산화에 의한 CO_2 이외에 *o*-톨루산, 프탈리드, 벤조산 및 무수말레산이다.

반응기의 개량과 대형화에 의하여, 현재 1기당, 4만~5만 t/y의 무수프탈산의 제조능력이 있다. 새로 개발된 Von Heyden법에서는, 특별한 관식 반응기가 사용된다. 냉각매체로서 용융염을 사용하는 방식에 의하여, 온도분포가 엄밀하게 제어되며, 이것으로 인하여 공기 및 *o*-자일렌의 높은 부하(60 g/m^3 및 44 g/m^3) 가동이 가능하게 되었다. 그 결과, 반응열의 발생이 증대되어 에너지가 크게 절약되었다.

프로세스의 개량:

공기중에 *o*-자일렌을 고농도로서 유통시키는 방식에 의하여, 촉매의 생산 성(STY)이 향상되고, 에너지의 소비가 감소한다.

Nippon Shokubai 혹은 Alusuisse사 이외의 회사에서도, *o*-자일렌/공기의 비를 높이는 것과 같은 개량법을 개발하고 있다.

이외의 고정상법이 Ftalital(현재, Alusuisse), Japan Gas(현재, Mitsubishi Gas), Pechiney-Saint-Gobain, Rhône-Progil, Ruhröl(현재, Hüls) 및 Scientific Design의 각 회사에서 개발되어 있다.

유동상 촉매를 사용하는 *o*-자일렌의 산화법의 특징:

고정상법에 비하여, 보다 소량의 공기로서 좋으며, 높은 생산성을 갖는다. 무수프탈산은 액체로서 얻어진다.

유동상촉매와 고정상촉매의 선택률은 기본적으로 같다. 그러나 유동상에서는 폭발의 위험성이 본질적으로 감소하기 때문에, 과잉의 공기를 감소시킬 수 있다. 그 결과 무수프탈산의 일부를 융점 이상의 온도에서 액체로서 취할 수 있다. 이 단리법은 결정단리법에 비하여 확실히 공업적으로 장점이 있다.

액상법 *o*-자일렌 산화의 특징(Rhône-progil법):

라디칼의 농도가 높기 때문에 산화온도를 150°C까지 저하시킬 수 있다. 희석제로서 아세트산을 사용하는 방식에 의하여 선택률을 90%로 높일 수 있다.

방법 2.

예를 들어, Rhône-Progil사가 개발한 방법에 의하면, *o*-자일렌을 액상에서 공기산화할 수 있다. 촉매로서 Co, Mn, 혹은 Mo의 가용성 아세트산염 또는 나프텐산염이, 일반적으로 브롬을 함유한 조촉매와 함께 사용된다. 용매로서는 카르복시산, 특히 아세트산이 사용된다. 산화반응은 약 150°C에서 행해지며, 프탈산이 아세트산 용액으로 추출된다. 반응용액을 냉각하여 결정을 분리하고, 탈수하여 무수물로 한 후, 증류한다. 선택률은 90%라고 보고되어 있다.

Hüls 혹은 인디아나의 Standard Oil사 등 이외의 회사에서도 액상법 무수프탈산의 제조프로세스를 개발했지만, 액상산화법은 공업적으로 실시되지 않고 있다.

o-자일렌의 산화와 마찬가지의 방법으로, *m*-자일렌도 또한 이소프탈산으로 산화된다(14.2.2절 참조). 이소프탈산과 그의 에스테르는, 폴리벤즈이미다졸과 같은 고융점수지의 제조용 원료로서 그의 가치가 증대하고 있다.

이 산화법의 원리를 응용하여 *m*-자일렌으로부터 이소프탈산이 제조된다.

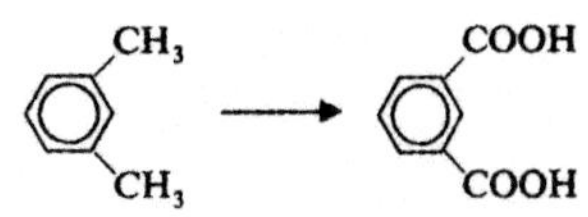

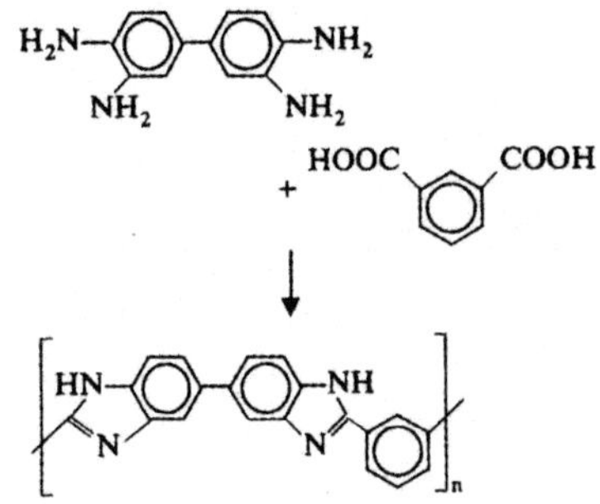

14.1.3 프탈산에스테르

각종의 프탈산에스테르를 통해서의 무수프탈산 용도를 요약하면 표 14.1과 같다.

무수프탈산(PA)의 대부분은, 3가지의 다른 형태의 에스테르의 제조에 사용된다. 최대의 용도는 가소제로서 사용되는 C_4~C_{10}-알코올의 프탈산에스테르이다. 이 제조법에 대해서는 뒤에서 상세히 설명한다.

2번째는 불포화폴리에스테르이다. 제조법으로서는 일반적으로는 용융상태에서, 무수프탈산과 무수말레산(13.2.3.4절 참조) 혹은 푸마르산과의 혼합물을 디올(1,2-프로필렌글리콜 또는 디에틸렌글리콜)과 중축합시킨다. 그후, 일반적으로 스티렌을 사용하고, 라디칼반응에 의하여 가결합하여 경화시킨다. 건축, 수송분야에서 사용되는 섬유로서 강화시킨 경화수지는, 열적인 안정성 및 역학적 특성이 뛰어난 특징을 갖는다.

무수프탈산의 3번째 용도는, 글리세린(11.2.3절 참조)과 반응시키는 방식에 의한 알키드수지 혹은 글리프탈의 제조이다. 이때, 아디프산을 함께 사용할 수도 있다. 소량의 무수프탈산이 염료 등의 중간체의 제조

PA의 용도:

1. C_4~C_{10}-알코올과의 프탈산에스테르
2. 무수말레산, 디올과의 불포화 폴리에스테르, 이어서 스티렌과 가교 공중합된다.
3. 글리세린과의 폴리에스테르(알키드수지)
4. 중간체

불포화 폴리에스테르의 제조프로세스:

PA, 불포화도를 조절하기 위하여 불포화 디카르복시산, 혹은 그의 무수물과 디올을 공중축합시키고, 이어서 스티렌을 그라프트 중합시킨다.

알키드수지의 제법의 원리:

PA를 다가알코올(글리세린)과 부분 중축합시키고, 이어서 축합도를 높여서 가교시킨다.

표 14.1 무수프탈산의 용도(%)

제 품	미 국		서유럽		일 본	
	1991	1997	1991	1997	1991	1997
가소제	53	52	60	61	67	70
불포화 폴리에스테르	24	23	20	19	12	12
알키드수지	16	14	16	16	17	9
기타	7	11	4	4	4	9
총 사용량(10^3t)	0.37	0.47	0.75	0.73	0.26	0.27

프탈레이트 가소제의 생산량(단위 :10^3t):

	1990	1992	1994
서유럽	1168	1202	1253
미 국	572	573	638
일 본	453	444	444

프탈레이트 가소제에 사용되는 주요한 알코올 성분:

$CH_3(CH_2)_3CH(C_2H_5)CH_2OH$

n, iso-$C_9H_{19}-CH_2OH$

프탈레이트 가소제 중의 DOP의 비율(중량%):

	1986	1991	1994
미 국	24	20	18
서유럽	53	48	55
일 본	64	66	66

에 사용되고 있다.

무수프탈산의 최대의 용도는 가소제의 제조이다.

나라에 따라서, 이 가소제에 사용되는 무수프탈산의 비율은 50%로부터 70%까지 차이가 있으며, 그의 양은 연질수지 및 분산체의 증가와 관계하고 있다. 서유럽, 일본 및 미국의 생산량은 부표와 같다.

가소제로서 사용되는 각종의 프탈산에스테르중에서, 프탈산비스-2-에틸헥실(프탈산디옥틸, DOP로서 알려져 있다) 및 프탈산디이소데실(DIDP), 프탈산디이소노닐(DINP)의 생산량이 가장 크다(2-에틸헥산올의 제조, 6.1.4.3절 참조).

전체 프탈레이트가소제에 점유되는 프탈산디옥틸의 비율은, 부표에 나와 있는 것과 같이, 국가에 따라서는 약간 감소하는 경향이 있다.

기타, 많은 알코올류와의 에스테르를 포함하면, 프탈산에스테르에 기인하는 가소제의 종류는 다양하다.

1940년에는 이미 BASF사에 의하여 프탈산비스-2-에틸헥실의 제조가 행해지고 있었다.

2-에틸헥산올을 사용하는 프탈산의 에스테르화는, 무수프탈산으로부터 모노에스테르를 거쳐 디에스테르로 되는 2단계 반응이다.

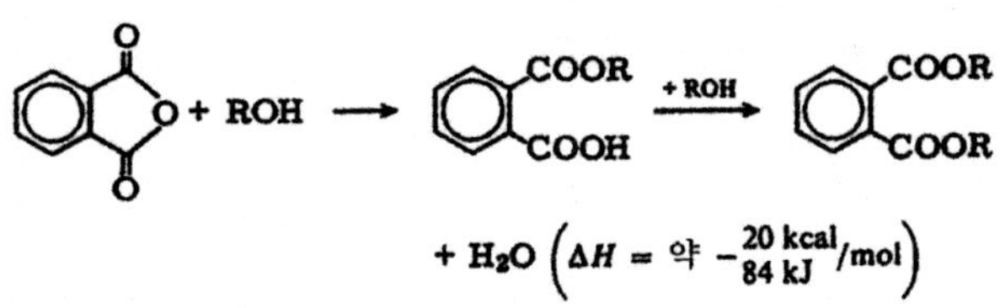

(3)

무수프탈산으로부터의 2단계 프탈산에스테르 합성:

1단계는 무촉매에서의 무수프탈산에 대한 빠른 친핵적 가알코올분해반응. 디에스테르에의 2단계 반응이 느리기 때문에 Brönsted산 혹은 Lewis 산을 사용하든지 반응온도를 높이는 것에 의하여 반응을 가속한다.

프로톤 촉매의 특징:

알코올로부터 올레핀, 에테르, 혹은 이성체가 생성하기 때문에 선택률이 저하한다.

1단계의 반응은 매우 빠르게 진행한다. 무수물이 알코올에 용해하면, 동시에 모노에스테르가 생성한다. 2단계가 반응의 율속단계이며, 에스테르화의 촉매를 사용하여, 고온에서의 반응 등의 촉진이 필요하다.

종전의 공업적 제법에서는, H_2SO_4, *p*-톨루엔술폰산이나 α-나프탈렌술폰산과 같은 산촉매가 사용되었다. 그러나 이 경우, 반응온도를 160℃ 이상으로 올리면 알코올이 탈수하여 올레핀이나 에테르가 생성하기도 하고, 이성화하는 등 프로톤촉매에 의한 부반응이 일어나며, 선택률이 저하한다. 따라서 보다 저온, 감압하에서 과잉의 2-에틸헥산올에 의하여 반응으로 생성되는 물을 공비유거하는 방법이 취해진다. 이외에 촉매의 분리가 복잡하고 조잡한 에스테르의 정제공정이 필요하다.

미국의 M&T Chemicals사에서 개발된 새로운 방법에서는, 옥살산주석과 같은 비프로톤 촉매가 사용된다. 이 촉매에 의하면 200~220℃에서도 프로톤촉매의 경우에 보여지는 부생성물의 생성도 없고, 에스테르화의 반응속도가 크게 증가한다. 옥살산주석은 냉각에 의하여 반응혼합물로부터 분리하기 때문에 쉽게 제거된다.

BASF사는 무수프탈산의 고온, 무촉매 에스테르화법을 개발했다. 이 방법에서는 최초의 에스테르화에서 생성한 프탈산모노에스테르의 프로톤이 에스테르화를 위한 자동촉매로서 효과적으로 작용한다. 2-에틸헥산올을 사용하는 무수프탈산의 에스테르화는 185~205℃, 상압에서 연속적으로 행해진다. 반응으로 생성한 물은 과잉의 2-에틸헥산올과의 공비증류에 의하여 연속적으로 유거된다.

다단계 cascade식의 비등형 반응기를 사용한 경우, 프탈산모노에스테르로부터 디에스테르로의 전환율은 97%이고, 선택률은 98%(무수프탈산 및 2-에틸헥산올에 대해서)에 달한다. 얻어지는 프탈산에스테르는 고순도이기 때문에, 정류, 화학적 처리(H_2O_2), 혹은 물리적 처리(UV조사, 활성탄)등이 전혀 불필요하다.

이외의 옥소알코올의 경우도 마찬가지의 방법으로 무수프탈산과 에스테르화할 수 있다.

프탈산에스테르계 가소제의 작용은, 견고하고 부서지기 쉬운 열가소성수지를 부드럽고 연하게 탄력성이 있는 상태로 하는 것으로서, 이것은 수지를 가공 혹은 사용하는데 있어서 반드시 필요한 것이다.

특히, PVC는 가소제를 사용하는 방식에 의하여, 상당히 광범위하게 그의 성질을 변화시킬 수 있다. 예를 들면, PVC를 가공하여 호스나 필름으로 하는 경우, PVC의 30~70중량%의 가소제혼합물이 첨가된다. 이 가소제의 거의 대부분이 프탈산에스테르이다.

PVC의 생산량이 증가하는데 따라서, 프탈레이트 가소제의 중요성 및 생산량도 증대했다.

비프로톤촉매의 특징:

특별한 에스테르화 촉매로서, 옥살산주석을 사용한다. 이것에 의하여 선택률이 향상되며, 또한 그 용해도의 온도의존성을 이용하여 촉매분리가 용이해진다.

가열 만에 의한 에스테르화 반응의 특징:

프탈산모노에스테르의 자기촉매작용에 의하여, 고품질의 에스테르가 얻어지며 경비가 드는 후처리가 필요없다.

프탈산에스테르의 가소제로서의 작용:

열가소성수지에 첨가하여 폴리머 사슬간의 Vander Waals 반발을 감소시킨다.

가소제를 가장 많이 사용 하는 PVC의 생산량이 증가하는 것에 동반하여, 가소제(주로 프탈산에스테르)의 수요도 증대했다.

14.2 테레프탈산

테레프탈산(TPA)의 주요한 용도는 폴리에틸렌테레프탈레이트(PET)이다. 요즘 30년간에 있어서, 이 폴리에스테르가 섬유나 필름의 용도로서 현저하게 증가한 것에 따라서, TPA도 마찬가지로 계속 증가했다. 보틀링산업에서의 PET의 사용이 최근 몇 년과 같이 계속 확대되면, 이 성장은 더욱 계속되리라고 생각된다. PET의 생산능력에 대해서는 14.2.4절에서 설명한다.

테레프탈산(TPA)의 주요한 용도는 폴리에틸렌테레프탈레이트(PET)의 제조이다.

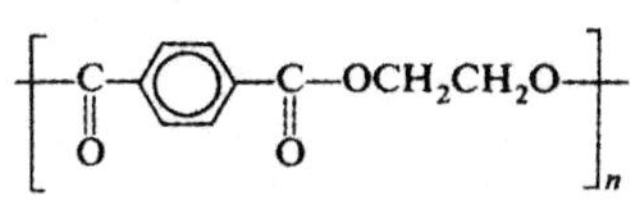

글리콜과 TPA와의 중축합에 의한 가장 간단한 PET의 제조법은, TPA의 순도가 불충분하기 때문에 오랫동안 성공할 수 없었다.

테레프탈산의 대부분이 생분해성이 없는 PET로서 사용되기 때문에, 다양한 이용분야로부터의 PET를 재순환하는 것이 테레프탈산의 직접 합성법으로서 중요하게 될 가능성이 있다. 이와 같은 이유로부터 여러 회사가 재순환프로세스를 개발하고 있다. 예를 들면, 용융 PET를 메탄올과 반응시키면 테레프탈산디메틸(DMT)과 다른 폴리머성분으로 분해할 수 있다.

TPA의 정제는 곤란하다. 즉, TPA는 단순한 방법으로는 재결정이 불가능하며, 또한 용융되지 않고 승화도 300℃ 이상에서만 가능하다. 따라서 조잡한 TPA를 디메틸에스테르(DMT)로서 정제하는 방법이 현재도 채용되고 있다. 최근 *p*-자일렌의 개량 산화법에 의하여 섬유용 그레이드의 고순도 TPA가 얻어지게 되었다.

테레프탈산의 특수한 물리적 성질로 인하여, 화학적으로 가장 간단한 중축합법인 카르복시산과 디올로부터의 직접 에스테르화는 오랫동안 성공하지 못했다(14.2.4절 참조). 테레프탈산은 뜨거운 물(100℃)이나 통상의 유기용매에 매우 용해하기 어렵고, 또한 용융도 하지 않기 때문에, 중축합에 필요한 순도의 것을 대규모로 제조할 수 없었다. 따라서 불순한 테레프탈산을 디메틸에스테르로 한 후, 결정화나 증류에 의하여 섬유용 그레이드로까지 정제하고 있었다.

TPA/DMT의 제조에 있어서 TPA의 비율(%):

	미국	서유럽	일본	세계
1976	33	26	39	29
1980	39	34	58	41
1987	41	41	77	53
1997	68	54	82	78
2000	80	69	85	87

TPA의 생산량 (단위: 10^3t):

	1992	1995	1998
미 국	1872[1)]	2477	2577
일 본	1425	1681	1616
서유럽	1010	1345	1350

1) 1991년

DMT의 생산량(단위:10^3t):

	1995	1997	1999
미 국	1134	1035	1095
일 본	386	326	321
서유럽	1115	970	1125

1963년에 Teijin과 Toray는, 고전적인 방법의 개량에 의하여 에틸렌글리콜과 중축합하는 것이 가능한 고순도의 테레프탈산의 제조에 성공했다. 그후, 섬유용의 고순도의 테레프탈산의 제조법이 여러 가지로 개발되어 있다. 이들의 방법은 부표에 나와 있는 것과 같이 모든 공업국, 특히 최초에 공업적으로 실시한 일본에 있어서, 테레프탈산디메틸(DMT)의 제조 보다도 중요한 방법으로 되었다.

2000년에는, 세계의 TPA의 생산능력은 약 2400만 t/y였다. 그중, 미국이 360만 t/y, 서유럽이 220만 t/y, 일본이 170만 t/y이다. 한편, 2000년 세계의 DMT 생산능력은 360만 t/y였다. 그중, 미국이 90만 t/y, 서유럽이 130만 t/y, 일본이 30만 t/y이다. 이들 국가에서의 생산량이 부표에 나와 있다.

세계에서 최대의 TPA메이커는 BP사이며, 1996년의 생산능력은 560만 t/y였다.

14.2.1 테레프탈산디메틸과 테레프탈산의 제조법

테레프탈산 및 그의 에스테르의 제법의 원리:

p-톨루산을 중간에 경유한다.

p-자일렌의 촉매적 액상산화

테레프탈산 및 그의 에스테르의 제조에 있어서 공업적으로 가장 중요한 경로는 *p*-자일렌의 액상산화이다. 그러나 특별한 대책을 강구하지 않으면, 산화는 *p*-톨루산의 단계에서 정지한다.

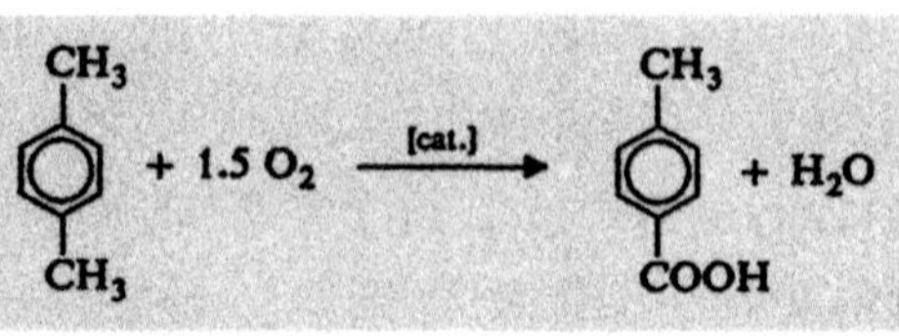

(4)

2번째의 메틸기를 카르복시기로 변환시키기 위하여, 각종의 방법이 검토되었다. 이들은 반응원리에 의하여 3종류로 분류할 수 있다.

p-톨루산의 산화저해는 다음의 3가지 방법 중 어느 것을 사용하는 것에 의하여 극복된다:

1. *p*-톨루산의 카르복시기를 별도의 공정에서 메탄올에 의하여 에스테르화 하든지(Witten사, Hercules사, California Research사), 메탄올을 산화반응의 용매로서 사용하여, 산화와 동시에 에스테르화 하고(BASF사, Montecatini사, Du Pont사), 그후, 2번째의 메틸기를 산화한다.
2. 금속염촉매(Mn, Co) 이외에, 브롬화합물과 같은 공촉매 혹은 조촉매를 사용한다 (Amoco/Mid-Century사, IFP사).
3. 공산화법에서는, 산화하여 하이드로퍼옥사이드가 생성하는 것과 같은 화합물을 첨가하고 동시에 산화한다. 아세트알데히드(Eastman Kadak사), 파라알데히드(Toray), 메틸에틸케톤(Mobil Oil사, Olin Mathieson사)이 공산화제로서 사용된다.

1. 메탄올에 의한 무촉매 에스테르화를 행하고, 카르복시기에 의한 산화저해를 억제한다.
2. 조촉매로서 브롬화합물을 첨가하여, 산화촉매의 활성을 높인다.
3. 공산화에 의하여 하이드로퍼옥사이드를 합성하고, 이것에 의하여 산화촉매의 활성을 높인다.

최초의 방법에서는 당연하지만, 테레프탈산디메틸이 생성한다. 한편, 최근에는 다른 2가지의 방법이, 주로 고순도의 테레프탈산의 제조에 이용되고 있다(14.2.2절 참조)

1의 방법에서는 DMT가 2, 3의 방법에서는 TPA가 생성한다.

테레프탈산디메틸 제조의 Witten법은 Imhausen법 혹은 Katzschmann법으로서도 알려져 있지만, 마찬가지의 기술이 거의 같은 시기(1950/1951년)에 California Research사에 의하여 개발되었다. Hercules사는 California사의 라이센스를 받고, Imhausen사의 노우하우를 이용하여 이 방법을 공업적 프로세스로 발전시켰다. Chemischen Werke Witten사를 이어 받은 Dynamit Nobel사 (현재 Hüls사)는 유럽에 있어서 주요한 테레프탈산디메틸의 메이커로 성장했다. 이 방법에 의한 1993년의 DMT의 생산량은, 세계에서 약 300만 t/y였다.

에스테르화법의 공업적 응용(DMT 제조법):

Imhausen(후에 Witten, Dynamit, Nobel, 현재, Hüls)와 California Research/Hercules

양쪽 방법은 모두 2단계 액상산화법이다. 1단계는, 140~170°C, 0.4~0.8 MPa(4~8 kg/cm^2)에서, Co/Mn의 유기산염의 존재하에 *p*-자일렌을 공기산화하여 *p*-톨루산으로 한다. 이때 소량이지만, 테레프탈산도 생성한다. 이어서 *p*-톨루산을 메탄올로서 에스테르화 하지만, 이 반응은, 예를 들면 무촉매에서 250~280°C, 10 MPa(100 kg/cm^2) 혹은 *p*-톨루엔술폰산과 같은 프로톤촉매의 존재하, 140~240°C, 4 MPa(40 kg/cm^2)의 조건에서 행해진다. 그후, 2번째의 메틸기를 산화하면 테레프탈산모노메틸에스테르가 생성한다. 공업적으로는 다음과 같이 2종류의 산화와 2종류의 에스테르화를 각각 동시에 행한다. 즉 *p*-자일렌과 *p*-톨루산에스테르

2단계 DMT제조법의 원리:

1단계:

균일촉매에 의한 *p*-자일렌과 *p*-톨루산에스테르(메틸에스테르)의 동시 액상산화

2단계:

p-톨루산과 TPA모노에스테르의 메탄올에 의한 무촉매 가압 혹은 프로톤 촉매에서의 동시 에스테르화

의 혼합물을 산화하고, 이어서 생성한 톨루산과 테레프탈산모노메틸에스테르를 함께 에스테르화 한다.

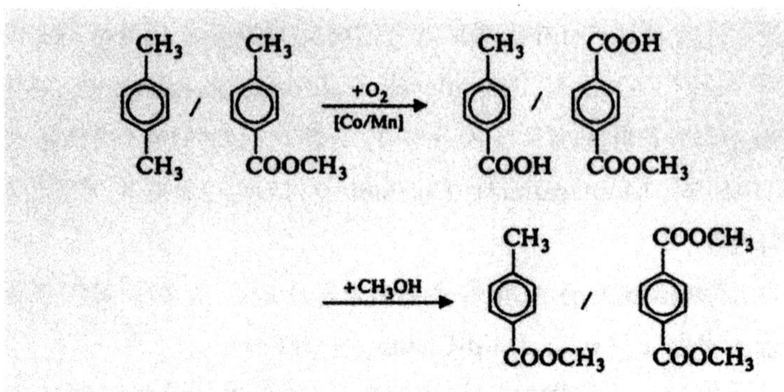
(5)

섬유제조용의 DMT의 정제:
1. 증류
2. 재결정
(섬유용그레이드 DMT: 융점 141℃)

다음에 조잡한 에스테르혼합물을 감압증류탑에서 각각의 성분으로 분리한다. P-톨루산에스테르는 산화공정에 재순환된다.

테레프탈산디메틸을 더욱 메탄올 혹은 자일렌으로 2회 재결정하여 정제하고, 용융시킨 후, flaker로서 취급하기 쉬운 박편상태로 한다. 테레프탈산디메틸의 선택률은 약 85%(*p*-자일렌) 및 약 80%(메탄올)이다.

그후, Dinamit Nobel사는 섬유용 그레이드의 테레프탈산을 제조하기 위한 독자의 프로세스를 개발했고, 기존의 DMT플랜트를 TPA의 제조용으로 개조할 수 있었다.

DMT 합성의 변법:
향류법에 의하여 액상에서 *p*-자일렌의 산화와 에스테르화를 동시에 행한다.

BASF, Du Pont, Montecatini의 각각의 회사는 *p*-자일렌의 액상공기산화와 메탄올에 의한 에스테르화를 1단계로서 실시하고 있다.

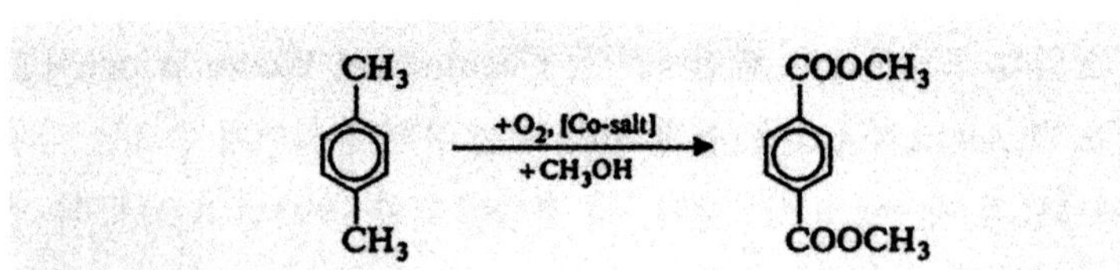
(6)

향류법에 의하여, 반응탑의 상부로부터는 *p*-자일렌 및 순환하는 부분산화생성물이, 하부로부터는 메탄올과 공기가 공급된다. 산화반응은 Co염 존재하, 100~200℃, 0.5~2.0 MPa(5~20 kg/cm^2), 체류시간 22시간으로 행해진다. 조잡한 테레프탈산디메틸의 선택률은 90% 이상(*P*-자일렌), 60~70%(메탄올)에 달한다.

이전의 DMT 제조법인 질산에 의한 *p*-자일렌의 산화는 N함유 부생성물의 저거가 곤란하기 때문에 현재는 행해지지 않는다.

이전의 방법인 HNO_3를 사용하는 *p*-자일렌의 산화(BASF사, Bergwerksverband사, Du Pont사, Hoechst사, ICI사, Richfield사)는, 테레프탈산으로부터 질소를 함유한 불순물을 제거하는 것이 곤란하기 때문에, 현재는 공업적으로 행해지지 않고 있다.

14.2.2 섬유용 그레이드의 테레프탈산

첫 번째의 제조원리(14.2.1절 참조)에 의하여 얻어지는 테레프탈산디메틸은, 가압에서의 가수분해라고 하는 간단한 수단으로 섬유용 그레이드의 고순도 테레프탈산으로 할 수 있다.

2번째의 제조원리(공촉매)에 의한 직접 합성에서는, 산화반응계에 조촉매를 첨가하는 방식에 의하여 중간체(*p*-톨루산)의 산화의 곤란성이 극복된다.

이 원리에 의한 프로세스로서는, Mid-Century사가 최초에 개발하고, Amoco사가 발전시킨 프로세스가 가장 널리 이용되고 있다. 현재는 2개의 회사 모두 인디아나의 Standard Oil사에 속하고 있다.

공업적으로는, 95% 아세트산 중, Co 및 Mn의 아세트산염을 조합시켜 촉매로서 사용한다. 조촉매로서는 NH_4Br과 테트라브로모에탄의 혼합물이 사용된다. Amoco법의 변법에서는, 촉매로서 $CoBr_2$, $MnBr_2$ 및 HBr를 사용한다. 브롬은 프리라디칼을 재생시키는 소오스로서의 기능을 담당하고 있다. *p*-자일렌은 190~205°C, 1.5~3.0 MPa(15~30 kg/cm^2), 오토클레이브 중에서 공기산화된다. 촉매용액이 부식성이기 때문에, 장치를 티탄 또는 Hastelloy-C로서 내장할 필요가 있다. 산화반응용액은 냉각되며, 석출한 테레프탈산의 결정이 분리된다.

정제공정에서는, 조잡한 카르복시산을 가압하, 225~275°C에서 물에 용해시키고, 예를 들면 Pd/C촉매의 존재하, 액상에서 수소화를 행한다. 이 방법에 의하여 4-카르복시벤즈알데히드가 *p*-톨루산으로 수소화된다. 4-카르복시벤즈알데히드가 남아 있으면 중축합을 방해한다. 반응 후, 수용액을 냉각하면 고순도의 테레프탈산이 석출한다.

p-자일렌의 전환율이 95% 이상이며, 테레프탈산의 선택률은 90%, 순도는 99.99%로 된다.

반응은 벳치식 혹은 연속식 어느 것으로도 가능하다. 최초의 공업플랜트는 1958년에 조업개시 되었다. 많은 국가에서 Amoco사의 특허에 기인하는 플랜트가 가동하고 있다. 섬유용 그레이드인 테레프탈산의 세계 생산량의 약 80%가 이 방법으로 생산되고 있다. 최근 개발된 중정도 순도의 테레프탈산 제조법은, 정제공정의 간략화에 의하여 제조코스트가 저하되었다. 실제적으로 몇 개의 분야에서는 이 순도로서 충분하다.

Amoco법은 또다른 메틸벤젠류나 메틸나프탈렌류를 방향족카르복시산으로 산화하는 데에도 적당하다. 예를 들면, 영국의 공업플랜트에서는 톨루엔으로부터 벤조산이 전환율 99%, 선택률 96%로 제조되고 있다. 마찬가

섬유용 그레이드 TPA의 제조법:

1. 순수한 DMT의 가압 가수분해
2. Br-조촉매를 사용하는 *p*-자일렌의 산화
3. 첨가물을 사용하는 공산화 조촉매를 사용하는 산화반응 프로세스의 개발(제조법 2):

Amoco(Mid-Century)TPA의 제조에 있어서 공촉매법의 원리(Amoco법):

아세트산중, 브롬으로 활성화 시키는 것에 의하여 *p*-자일렌을 액상에서 라디칼촉매 산화한다.

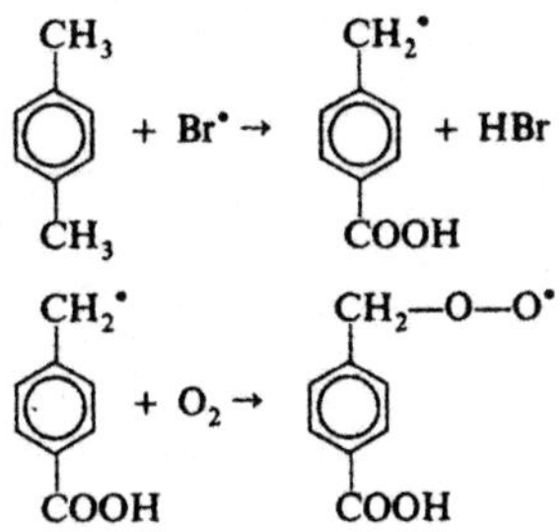

→하이드로퍼옥사이드→테레프탈산

결정 TPA의 정제:

1. 가압조건하, 225~275°C에서 물에 용해시킨다.
2. 중축합을 방해하는 중간체를 수소화한다.

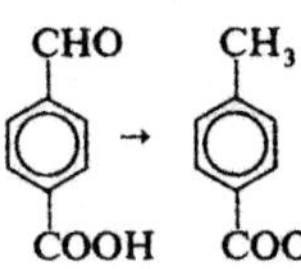

3. 농축하여 결정화시킨다.

Amoco법의 응용범위:

1. 이미 공업적으로 이용되고 있는 화합물

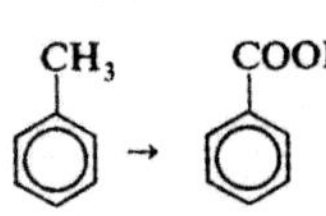

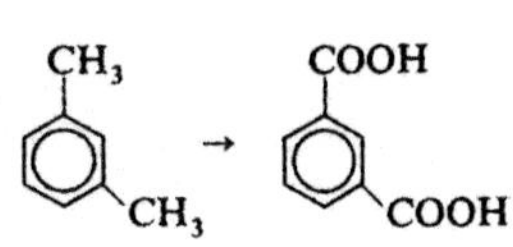

2. 원리적으로 응용 가능한 화합물

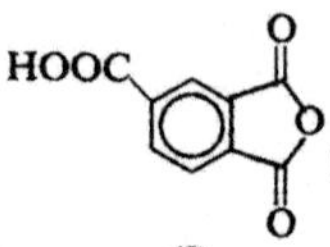

(I)

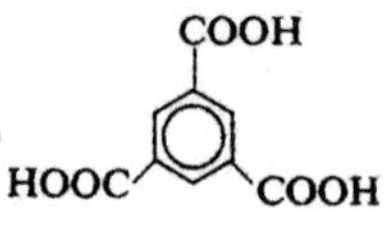

(II)

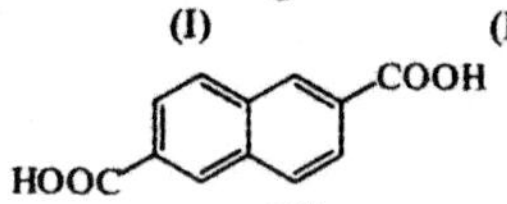

(III)

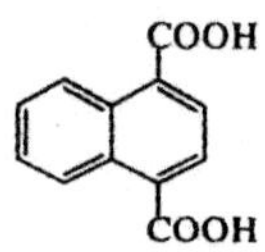

(IV)

이소프탈산의 생산량(단위: 10^3t):

	1994	1996	1997
서유럽	100	126	141
미 국	86	84	96
일 본	35	33	40

Amoco법의 변법:

p-자일렌의 접촉 액상산화인 IFP법, 기타.

TPA 제조법에 있어서 공산화법의 원리(제조법3):

보다 용이하게 산화되어 하이드로퍼옥사이드를 생성하는 화합물과의 조합에 의한 *p*-자일렌의 접촉 액상산화

공산화법의 공업적 실시예:

Toray(일본, 파라알데히드)
Eastman Kodak(미국, 아세트알데히드)

반응방법:

p-자일렌과 파라알데히드를 공기와 향류로서 기포탑에 공급하고, TPA와 아세트산(공산화 생성물과 동시에 용매이기도 하다)으로 한다.

다른 TPA제조법과의 비교:

단점: 아세트산이 병산한다.
장점: 1. $Br^{\ominus}$에 의한 부식이 없다.
2. 온화한 반응조건으로 인하여 고선택적이다.

지로 *m*-자일렌으로부터 이소프탈산, 슈우도쿠멘으로부터 무수트리멜리트산(I), 메시틸렌으로부터 트리메스산(II), 2,6-디메틸나프탈렌으로부터 2,6-나프탈렌디카르복시산(III), 1,4-디메틸나프탈렌으로부터 나프탈렌-1,4-디카르복시산(IV)이 제조된다. 이소프탈산은 테레프탈산과 마찬가지로 폴리에스테르의 제조나, 테레프탈산과 함께 1,4-디메틸올시클로헥산(14.2.4절 참조)과의 혼합 폴리에스테르의 제조에 사용된다. 이외의 용도로서는, 디아민과의 중축합에 의한 폴리아미드의 제조가 있다(10장 참조).

1999년 세계의 이소프탈산 생산능력은 71.8만 t/y였다. 그중, 미국이 26.8만 t/y, 서유럽이 25만 t/y, 일본이 7만 t/y이다. 이들 국가에서의 생산량이 부표에 나와 있다.

Amoco법과 유사한 방법으로서, 브롬-코발트 개량촉매를 사용하고, 아세트산 용매 중 *p*-자일렌을 액상공기산화하는 방법이 IFP사에서 개발되었다. 반응조건은 180°C, 1 MPa(10 kg/cm^2)로서, Amoco법에 비하면, 약간 온화하다.

이외의 회사(Hüls사, ICI사, IFP사, Maruzen석유, Mitsui석유화학)에서도 각각 독자의 직접 산화법을 개발했다.

3번째의 제법의 원리에서도, 섬유용 그레이드의 고순도 테레프탈산이 제조된다. 이것은 *p*-자일렌을, 아세트알데히드 또는 그의 3량체인 파라알데히드 혹은 포름알데히드와 같은 알데히드류, 메틸에틸케톤과 같은 케톤류와 공산화 하는 방법이다. 이 방법의 예로서, 파라알데히드를 촉진제로서 사용하는 Toray법이 있다. 이 방법은 1971년에 일본에서 처음으로 공업화 되었다.

이 방법에서는 *p*-자일렌, 파라알데히드 및 아세트산코발트용액을 기포탑의 상부로부터 공급하고, 하부로부터는 공기를 공급한다. 산화는, 100~140°C, 3MPa(30 kg/cm^2)에서 아세트산 용매 중에서 행해진다. 반응중간체로서 과아세트산이 생성된다. 생성된 테레프탈산을 아세트산 현탁액으로서 추출하여 분리정제하든지, 메탄올로서 에스테르화 하여 테레프탈산디메틸로 하여 정제한다. 선택률은 97% 이상(*p*-자일렌)이라고 알려져 있다. 그러나 경제성을 갖게 하기 위해서는 파라알데히드의 공산화로서 생성하는 아세트산의 용도를 살펴볼 필요가 있다. 테레프탈산디메틸 1톤당, 0.21톤의 아세트산이 생성한다.

마찬가지로 Eastman Kodak사는, 아세트산 용매 중에서 코발트염의 존재하, *p*-자일렌의 공산화에 아세트알데히드를 사용하고 있다. 아세트산의 병산량은, 테레프탈산 1톤당, 0.55~1.1톤으로 변할 수 있다. TPA

의 수득률은 96.7%이다. 공산화제로서 메틸에틸케톤을 사용하는 Mobil 법은 경제적인 이유로부터 1975년에 중지되었다.

14.2.3 테레프탈산 및 유도체의 기타의 제조법

테레프탈산의 제조법으로서, 2종류의 전위법이 잘 알려져 있다. 이들은 발명한 회사의 이름을 취하여, 제1 Henkel법과 제2 Henkel법으로 불리우고 있다. 최근, 이들의 이전의 프로세스의 개량이 많은 회사에 의하여 행해지고 있다. 예를 들면, 제1 Henkel법은 Teijin과 Kawasaki, 제2 Henkel법은 Mitsubishi화학, Phillips Petroleum/Rhône-Paulenc의 각 회사에서 개량되고 있다. Teijin은, 앞에서 설명한 바와 같이, 이 프로세스에 의하여 섬유용 그레이드의 테레프탈산을 최초로 공업화 했다.

이전의 테레프탈산 제조법:
1. 제1 Henkel법: 이성화
2. 제2 Henkel법: 불균화

제1 Henkel법의 제1공정은, 무수프탈산으로부터의 디포타슘프탈레이트의 제조이다. 이어서 이성화공정에서 이것을 디포타슘테레프탈레이트로 전위시킨다. 반응은 430~440℃, CO_2압력 0.5~2.0 MPa(5~20 kg/cm^2)에서, Zn-Cd촉매의 존재하에서 행해진다.

제1 Henkel법의 원리:
촉매에 의하여 프탈산으로부터 TPA로 이성화 한다(K염의 형태로서).

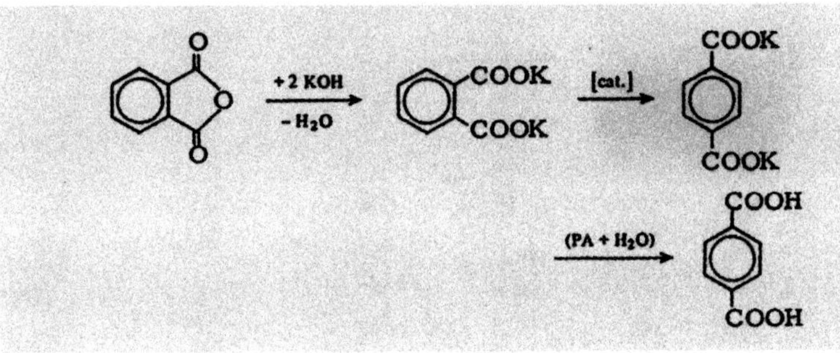
(7)

디포타슘테레프탈레이트와 무수프탈산 간에 칼륨이 교환되는 방식에 의하여 칼륨이 쉽게 재이용된다. 그러나 다른 방법과의 경쟁에서 패하여, 이 방법을 이용하는 플랜트는 모두 폐쇄되었다.

제2 Henkel법에서는, 430~440℃에서 CO_2(5 MPa)압력하, 벤조산카드뮴 혹은 벤조산아연의 존재하, 포타슘벤조에이트를 디포타슘테레프탈레이트와 벤젠으로 불균화시킨다. 선택률은 95%이다.

제 2HenKel법의 원리:
촉매에 의하여 벤조산을 TPA+벤젠으로 불균화시킨다(K염의 형태로서).

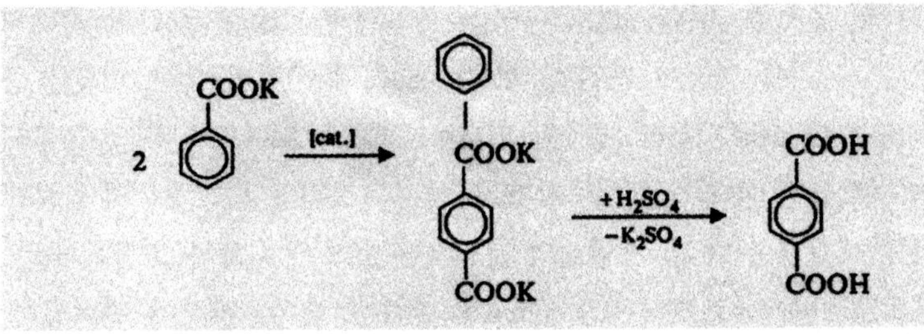
(8)

Mitsubishi화학에서의 공업적 응용

양쪽의 방법 모두 정제는 칼륨염의 단계에서, 그의 수용액을 흡착제로서 처리하여 탈색하든지, 재결정하는 방식에 의하여 행해진다. 1971년, Mitsubishi화학은 제2 Henkel법에 의한 2.3만 t/y의 플랜트를 가동시켰지만, 1975년에 정지했다.

최근의 Phillips Petroleum/Rhône-Poulenc의 파일럿플랜트에서의 응용.

최근, 개량 제2 Henkel법이 관심을 집중시키고 있다. Phillips Petroleum, Rhône-Paulenc의 2개의 회사는 공동으로, 제2 Henkel법의 원리를 이용하는 섬유용 그레이드의 테레프탈산의 연속제조법을 개발했다. 이 방법은 완전한 칼륨의 재순환(포타슘테레프탈레이트와 벤조산과의 포타슘교환)이 특징이며, 이 방법에 의하여 무기의 포타슘염의 생성에 의한 손실을 방어하고 있다. 포타슘벤조에이트의 불균화반응은, terphenyl 중 현탁상태에서, 산화아연 존재하에 행해진다.

테레프탈로니트릴을 원료로 하는 테레프탈산의 제조법:

1. *p*-자일렌의 암모산화
2. 디니트릴의 가수분해

다음의 테레프탈산 제조법은 Lummus사에서 새로 개량된 방법이다. 이것은 *p*-자일렌의 암모산화에 의한 테레프탈로니트릴의 합성에 기인하는 방법으로서, 유사한 방법은 오래전부터 몇 개의 회사(예를 들면, Allied사, Distillers사, Showa Denko)에서 개발되었던 것이다.

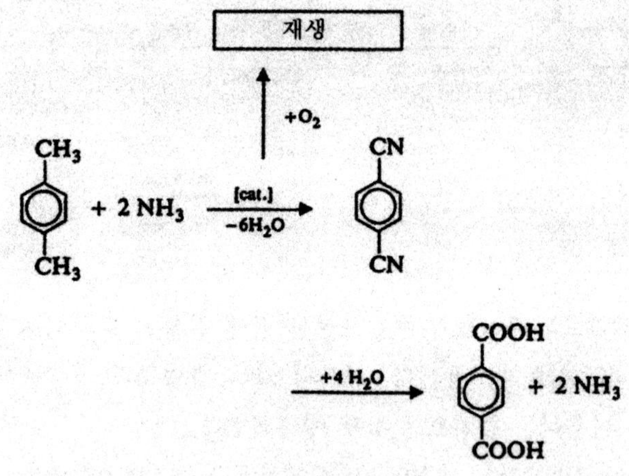

(9)

Lummus법에 의한 *p*-자일렌의 암모산화의 특징:

기상2단계법:

1. 촉매(금속산화물)가 환원되는 것과 동시에, *p*-자일렌과 NH_3가 반응한다.
2. 다른 공정에서 촉매를 산화물로 재생한다.

Lummus법의 암모산화공정에서는 유리의 산소를 사용하지 않는다. 높은 산화상태의 금속촉매, 일반적으로는 V_2O_5/Al_2O_3를 사용하는 방식에 의하여, 유동상, 400~500℃에서 *p*-자일렌과 NH_3는 간단히 촉매와 반응한다. 반응에 의하여 환원된 촉매는 별도의 공정에서 산소 혹은 공기를 사용하여 500℃에서 재산화 된다. 테레프탈로니트릴 및 *p*-톨루니트릴의 선택률은 90%이상으로 된다. *p*-톨루니트릴은 중간체로서 암모산화공정에 재순환 된다. *p*-자일렌의 전환율은 50%가 되도록 조절한다.

테레프탈로니트릴로부터는 3단계로서 순수한 테레프탈산이 변환된다.

먼저 최초에 디니트릴을 수증기로서 테레프탈산모노암모늄염으로 가수분해한다. 2단계에서는, 이 암모늄염을 테레프탈산과 NH_3로 열분해한다.

디니트릴의 가수분해의 특징: 가수분해, 열분해, "재가수분해"의 3단계의 무촉매반응

3단계에서는, 미량의 세미-아미드를 카르복시산으로 하기 위한 가수분해가 행해진다. 질소를 함유하는 화합물은 폴리에스테르가 황색으로 착색되는 원인으로 되기 때문에, 순수한 테레프탈산중의 질소분은 10 ppm 이하로 하지않으면 안된다.

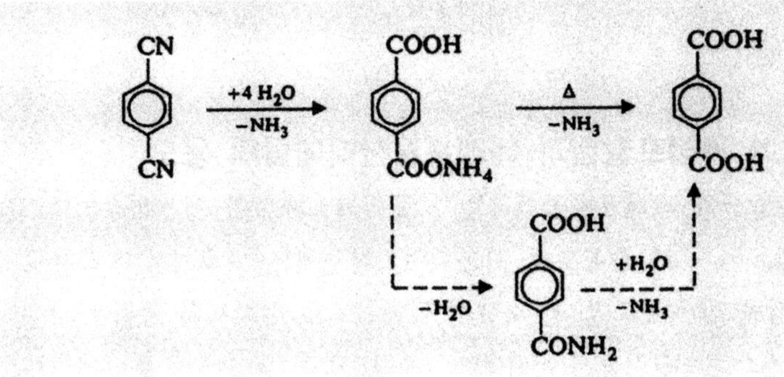

(10)

그러나, 이 방법은 공업적으로는 실시되지 않고 있다.

한편, Showa Denko(일본)는 *p*-자일렌이나 *m*-자일렌을, 대응하는 디니트릴, 즉 테레프탈로니트릴 및 이소프탈로니트릴로 암모산화하는 방법을 공업적으로 실시하고 있다. 이들의 니트릴은 일반적으로 디아민의 제조에 사용되고 있다.

Showa Denko방법은 *p*-/*m*-자일렌을 암모산화하고, 생성하는 테레프탈로니트릴과 이소프탈로니트릴을 수소화하여 대응하는 자일렌디아민으로 하는 방법이다.

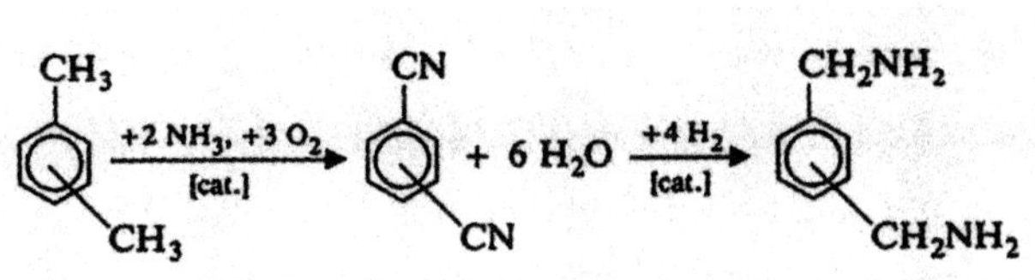

(11)

이외의 몇 개의 회사에서도, 알킬방향족화합물의 암모산화법이 개발되어 있다. 예를 들면, Mitsubishi가스화학은 *m*-자일렌으로부터의 이소프탈로니트릴의 제조법을 개발하고, 2기의 플랜트(미국, 일본)로서 실시하고 있다. 이소프탈로니트릴의 수소화에 의하여 *m*-자일릴렌디아민이 합성된다. 이 디아민은, 디이소시아네이트로 변환되며, 폴리우레탄의 제조에 사용된다.

Mitsubishi가스화학의 *m*-자일렌의 암모산화는 미국과 일본에서 공업적으로 실시되고 있다.

일본촉매화학공업과 BASF의 2개의 회사는, 독자의 방법으로, *o*-자일렌의 암모산화에 의하여 프탈로니트릴을 제조하고 있다. 프탈로니트릴은 프탈로시아닌 염료 제조의 중요한 원료이다.

Japan Catalytic과 BASF에서는, 프탈로시아닌 염료의 원료인 프탈로니트릴을 *o*-자일렌의 암모산화에 의하여 제조하고 있다.

최근, Mitsubishi가스화학은 테레프탈산 제조법의 새로운 방법을 개발했으며, 파일럿 플랜트단계까지 실시하고 있다. 1단계에서는, HF/BF_3촉

Mitsubishi가스화학의 톨루엔으로부터 p-톨루알데히드를 경유하는 테레프탈산의 제조법

매의 존재하, 톨루엔과 CO를 30~40°C에서 반응시켜, p-톨루알데히드를 제조한다. 알데히드의 수득률은, 96%(톨루엔), 98%(CO)이다. 촉매를 분리한 후, p-톨루알데히드를 정제하고, 테레프탈산으로 산화한다.

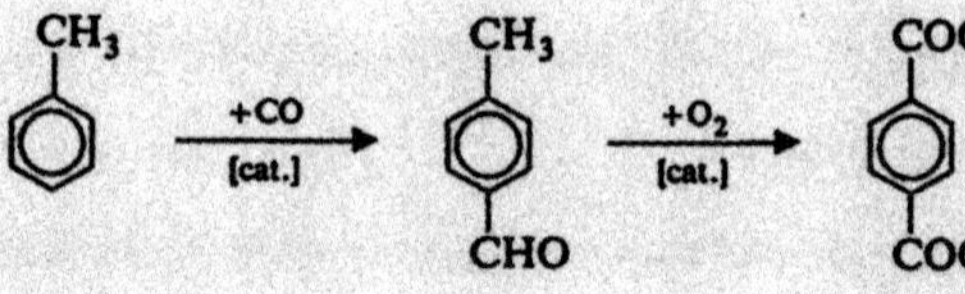

(12)

TPA와 DMT의 용도:
디올과의 중축합에 있어서 디카르복시산의 성분:

14.2.4 테레프탈산과 테레프탈산디메틸의 용도

테레프탈산과 테레프탈산디메틸은 폴리에스테르의 제조원료이다. 폴리에스테르는 주로 섬유로서 사용되며, 최근에는 세계에서 섬유용도가 91% 이상을 점유하고 있다. 소량이 필름, 도료, 접착제의 제조에 사용되는 폴리에스테르수지로서 사용된다. 최근, 많은 회사에서 폴리에스테르(폴리에틸렌테레프탈레이트)를 음료용기로 사용하게 되었다.

디올성분:

$HOCH_2CH_2OH$ (가장 잘 사용된다)

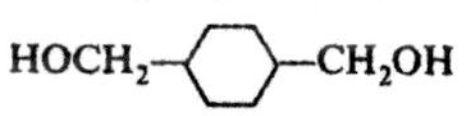

$HOCH_2$—$(CH_2)_2$—CH_2OH

가장 중요한 폴리에스테르는, 에틸렌글리콜을 디올성분으로서 사용되는 폴리에틸렌테레프탈레이트이다. 더욱, 1,4-디메틸올시클로헥산이나 1,4-부탄디올(4.3절 참조)도 테레프탈산과의 중축합에 사용된다. 1,4-부탄디올과의 폴리에스테르는 최근 증가의 경향에 있다.

PET 생산량(단위: 10^6t)

	1993	1995	1999
미 국[1]	2.87	3.14	3.96
서유럽	1.81	2.28	3.07
일 본	1.21	1.38	1.28

[1]필름+섬유

1993년의 폴리에틸렌테레프탈레이트의 세계의 생산능력은 1110만 t/y였다. 그 중, 미국이 300만 t/y, 서유럽이 190만 t/y, 일본이 110만 t/y이다. 이들의 국가에서의 생산량이 부표에 나와 있다.

1995년 세계의 보틀링산업에 있어서 PET 생산능력은 320만 t/y였고, 그 중, 미국이 160만 t/y, 서유럽이 81만 t/y, 일본이 15만 t/y이다. Eastman Chemical사가 최대의 메이커이며, 1999년의 생산력은 140만 t/y였다.

2000년 세계의 섬유용 폴리에스테르의 생산능력은 1711만 t/y였다. 폴리에스테르는 전체 합성섬유의 62%를 점유하고 있다(10장 참조).

PET제조법의 원리:
1단계:
DMT와 글리콜과의 접촉적 에스테르교환(메탄올이 유리한다) 혹은 글리콜에 의한 TPA의 에스테르화(물이 유리한다).
2단계:
PET의 융점(246°C)보다도 약 10~20°C 높은 온도에서 테레프탈산비스-2-하이드록시에틸을 접촉적으로 중축합시켜서 PET로 한다(글리콜이 유리한다.

폴리에틸렌테레프탈레이트(PET)의 제조는, 테레프탈산디메틸과 에틸렌글리콜과의 에스테르교환, 혹은 테레프탈산과 에틸렌글리콜의 에스테르화에 의하여 행해진다. 반응은, 아세트산구리, 아세트산코발트 혹은 아세트산아연의 존재하, 100~150°C, 1~7 MPa(10~70 kg/cm^2)에서 행해진다. 중간체의 테레프탈산비스-2-하이드록시에틸은, 150~270°C의 고온 감압하에서, 일반적으로는 Sb_2O_3와 같은 촉매를 사용하여 중축합시킨다. 반응은 에틸렌글리콜을 증류로서 제거하면서 행한다.

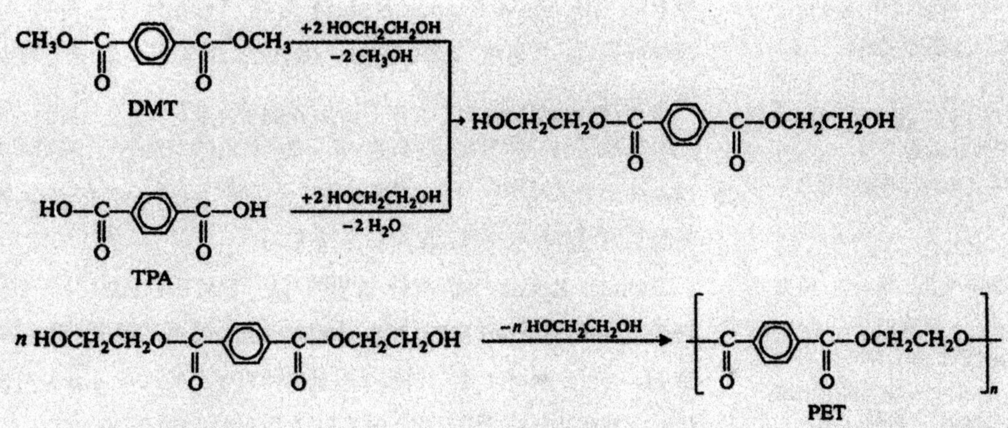

(13)

이와 같이 해서 얻어진 폴리에스테르 용융물은 직접 방사하든지, 혹은 대부분의 경우, 냉각하여 입상으로 한 후, 다른 공정에서 방사한다.

테레프탈산디메틸과 테레프탈산의 장래의 전망에 대해서는, 에스테르 교환 보다도 직접 에스테르화/중축합이라고 하는 경로로서 제조되는 폴리에틸렌테레프탈레이트의 비율이 증가하리라고 생각되고 있다. 테레프탈산의 직접 에스테르화의 장점은, 메탄올을 사용하지 않아도 좋은 것과, 높은 수득률인 것(DMT법 보다도 15% 수득률이 높다), 그리고 반응속도가 빠른 것이다.

DMT 혹은 TPA로부터의 PET제조의 장래전망:

경제적인 장점으로부터 DMT보다도 TPA쪽이 신장율이 높다.

폴리에틸렌테레프탈레이트 제조의 다른 방법은, 테레프탈산비스-2-하이드록시에틸을 직접 합성하고, 이것을 중축합시키는 것이다. 테레프탈산을 에틸렌옥사이드로서 직접 에스테르화 하는 방법이 여러 가지 개발되어 있으며, 이 방법에 의하여 이 중간체의 테레프탈산비스-2-하이드록시에틸이 제조된다.

PET제조법의 변법:

에틸렌옥사이드에 의한 TPA의 에스테르화와 그것에 계속되는 중축합.

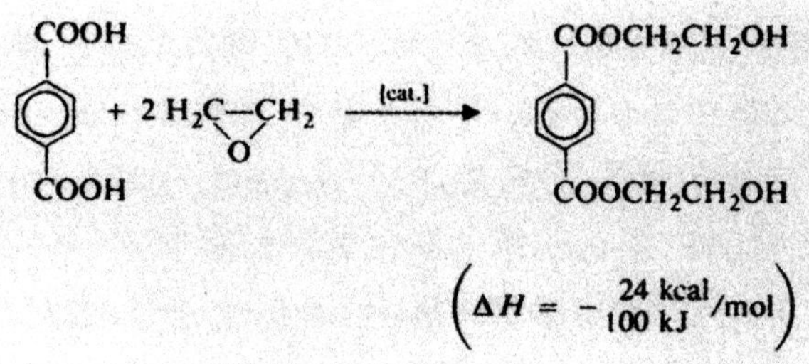

(14)

$$\left(\Delta H = -\frac{24\ \text{kcal}}{100\ \text{kJ}}/\text{mol}\right)$$

테레프탈산의 에톡실화는, 아민 또는 4차알킬암모늄염과 같은 염기촉매의 존재하, 90~130°C, 2~3 MPa(20~30 kg/cm^2), 무용매의 액상반응으로 행해진다. 생성한 에스테르는 물로부터 더욱 용이하게 재결정되기 때문에, 원료로서 조잡한 테레프탈산을 사용하고, 정제는 이 단계에서

TPA의 에틸렌옥사이드에의 부가반응의 원리:

무용매, 염기촉매에 의한 액상 에톡실화로서 재결정 가능한 TPA에스테르를 제조한다.

TPA/EO 부가의 공업적 응용:
Teijin(10만 t/y의 플랜트)

행한다. Toyobo나 Nippon Soda와 함께, Teijin에서는 특히 이 방법의 개량에 힘을 기울여, 1971년에는 10만 t/y의 능력으로 중간체의 제조를 개시했다.

DMT의 기타의 용도:
수소화하여 1,4-디메틸올시클로헥산으로 한다.

테레프탈산디메틸의 주요한 용도는 폴리에스테르의 디카르복시산의 성분이지만, 일부는 1,4-디메틸올시클로헥산[1,4-비스(하이드록시메틸)시클로헥산]의 제조원료로서도 사용된다.

1,4-디메틸올시클로헥산의 제법의 원리:
2단계의 DMT의 수소화:
1. Pd촉매에 의한 방향환의 수소화
2. Adkins촉매를 사용하는 에스테르의 수소화분해

Eastman Kodak사에 의한 방법에서는, DMT는 Pd담지촉매에 의하여 160~180℃, 30~40 MPa(300~400 kg/cm^2)에서 수소화 되며, 정략적으로 *cis*-시클로헥산-1,4-디카르복시산디메틸에스테르와 *trans*-시클로헥산-1,4-디카르복시산디메틸에스테르의 혼합물이 얻어진다.

방향환 수소화의 특징:
방향환의 수소화에 의하여 *cis*/*trans*-시클로헥산 유도체가 얻어진다. 반응은 발열반응이며, 높은 선택률을 달성하기 위해서는 원료의 희석이 필요하다. 예를 들면 수소화생성물인 시클로헥산디카르복시산디메틸에스테르를 용매로 사용한다.

47 kcal/mol(197 kJ/mol)이라고 하는 커다란 반응열은, 수소화된 에스테르를 순환시켜서 제거한다. 즉 용융한 테레프탈산디메틸을 순환에스테르로 일정한 비율로서 공급하여, 그의 농도를 낮게 조절한다. 섬유용 그레이드의 에스테르를 사용한 경우, 선택률은 96~98%에 달한다.

2단계의 에스테르의 수소화와 수소화분해는, 미리 중간체를 정제하지 않고, 구리-크로마이트촉매(Adkins촉매)를 사용하여 행해진다.

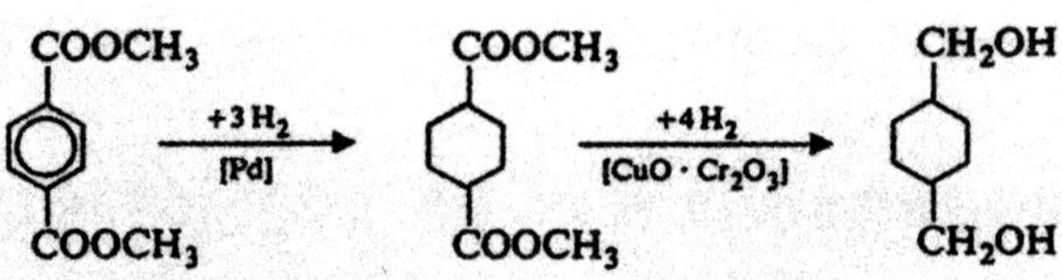

(15)

$$+ 2\,CH_3OH \left(\Delta H = -\frac{57\text{ kcal}}{239\text{ kJ}}/\text{mol}\right)$$

에스테르의 수소화분해의 특징:
이 2단계의 수소화에서는 촉매의 염기성에 의하여, 생성물의 cis/trans의 비율이 변한다.

생성물 *cis*/*trans*의 비율은 중간체인 디메틸에스테르의 *cis*/*trans* 비율과는 관계가 없고, 반응조건 및 촉매성분(염기성분)에 따라서 결정된다.

1,4-디메틸올시클로헥산의 용도:
폴리에스테르, 폴리우레탄, 폴리카보네이트 제조의 디올 성분.

1,4-디메틸올시클로헥산은 폴리에스테르, 폴리우레탄, 폴리카보네이트의 디올 성분으로서 사용된다. 예를 들면, 테레프탈산과 중축합시켜서 폴리에스테르섬유(예를 들면, Kodel®, Vestan®)가 제조된다. 1,4-디메틸올시클로헥산의 *cis*/*trans*의 비율이 변하면, 얻어지는 폴리에스테르의 결정구조, 더 나아가서는 물성도 변하기 때문에, 공업프로세스에 있어서는 이성체의 비율을 될 수 있는 한, 일정하게 유지하지 않으면 안된다. 일반적으로 *cis*/*trans* 비율은 1 : 3으로부터 1 : 4의 것이 사용된다.

제 15 장

부 록

15.1 프로세스 및 제품의 계통도

15.2 화학반응의 특성을 규정하는 용어의 정의

15.3 회사의 약칭

15.4 인용문헌

15.1 프로세스 및 제품의 계통도

프로세스 계통도(2-2.2.2절)

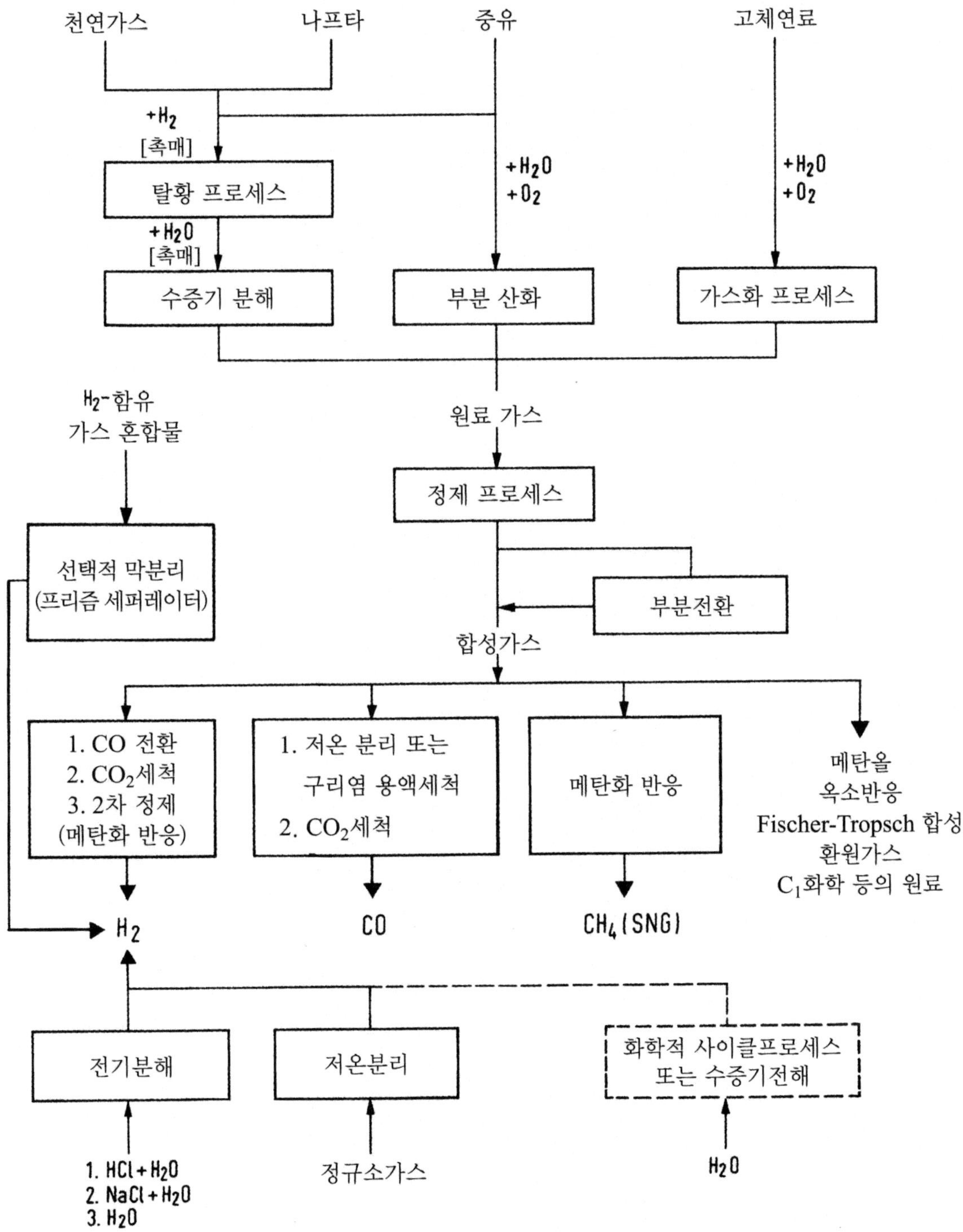

제품의 계통도(2.3-2.3.6.2절)

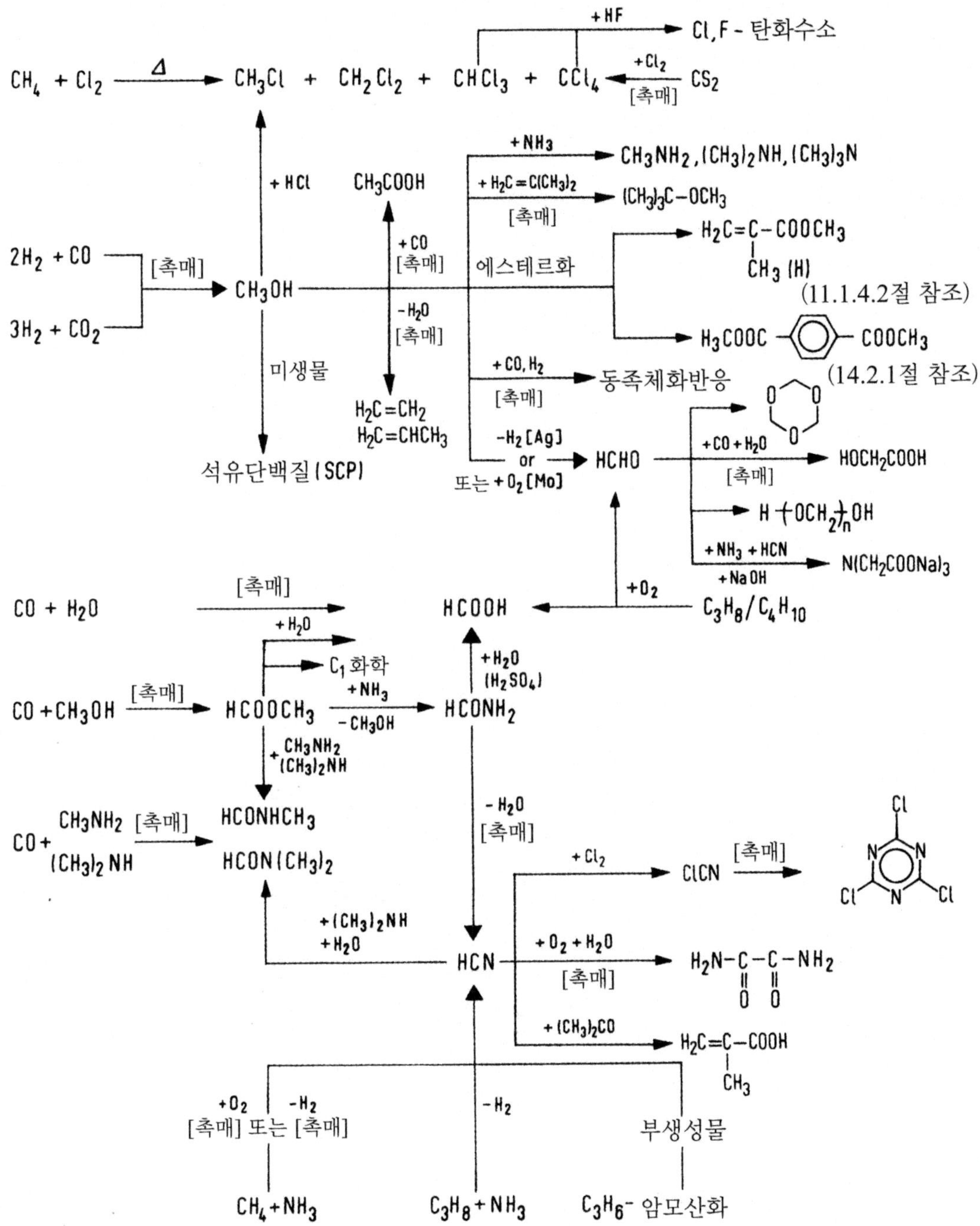

프로세스 계통도(3-3.3.2절)

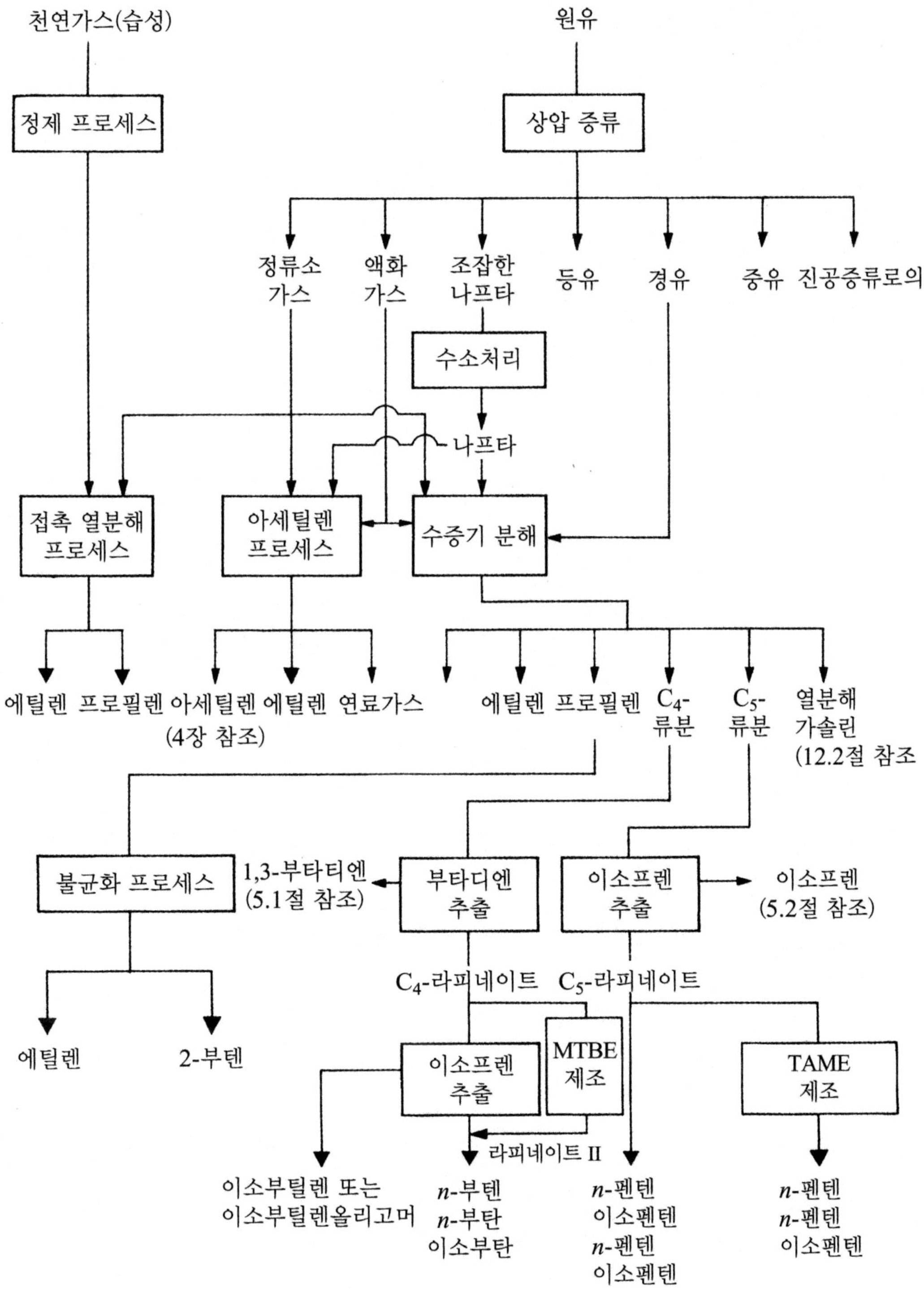

프로세스 계통도(3.3.3–3.4절)

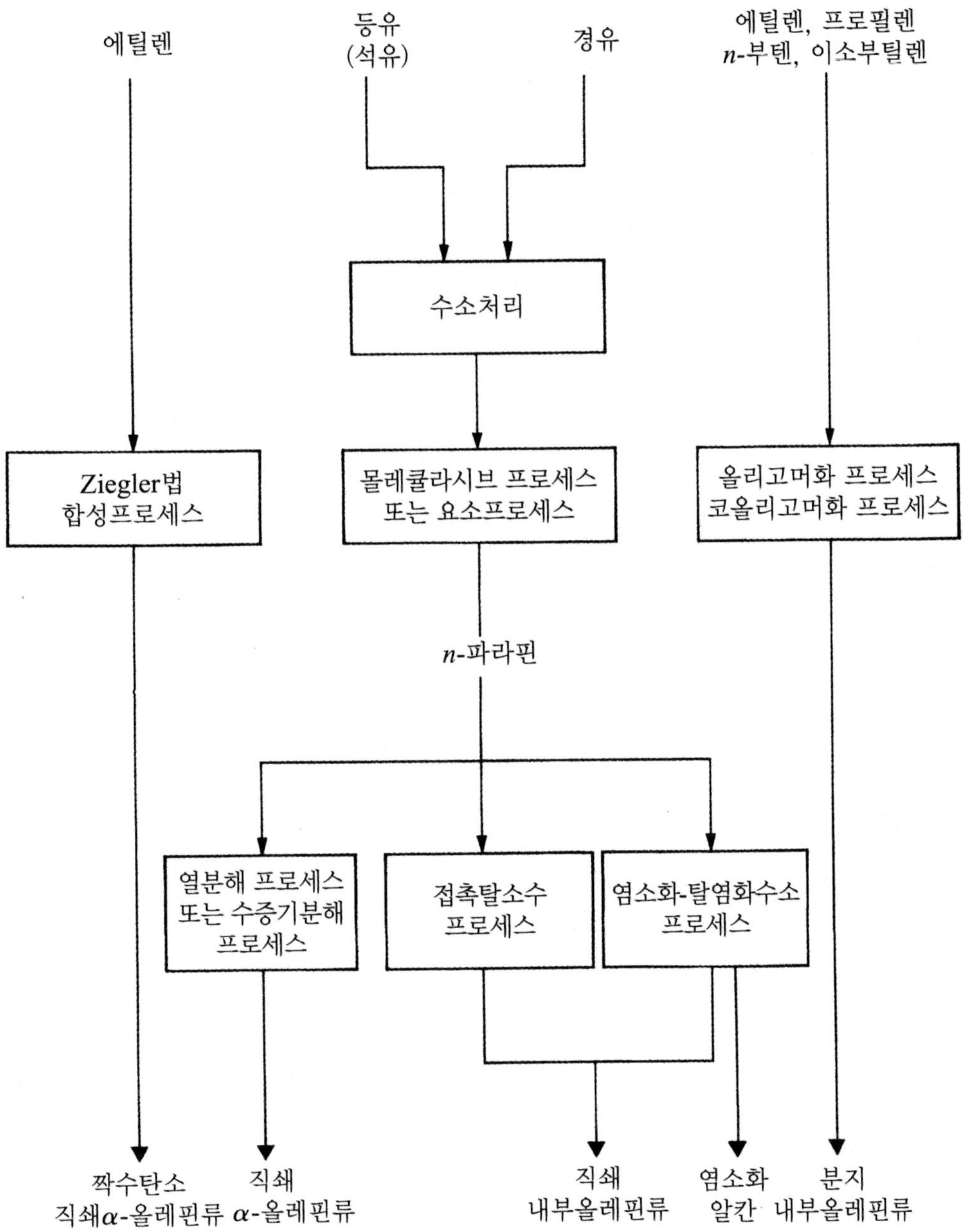

제품의 계통도(4장)

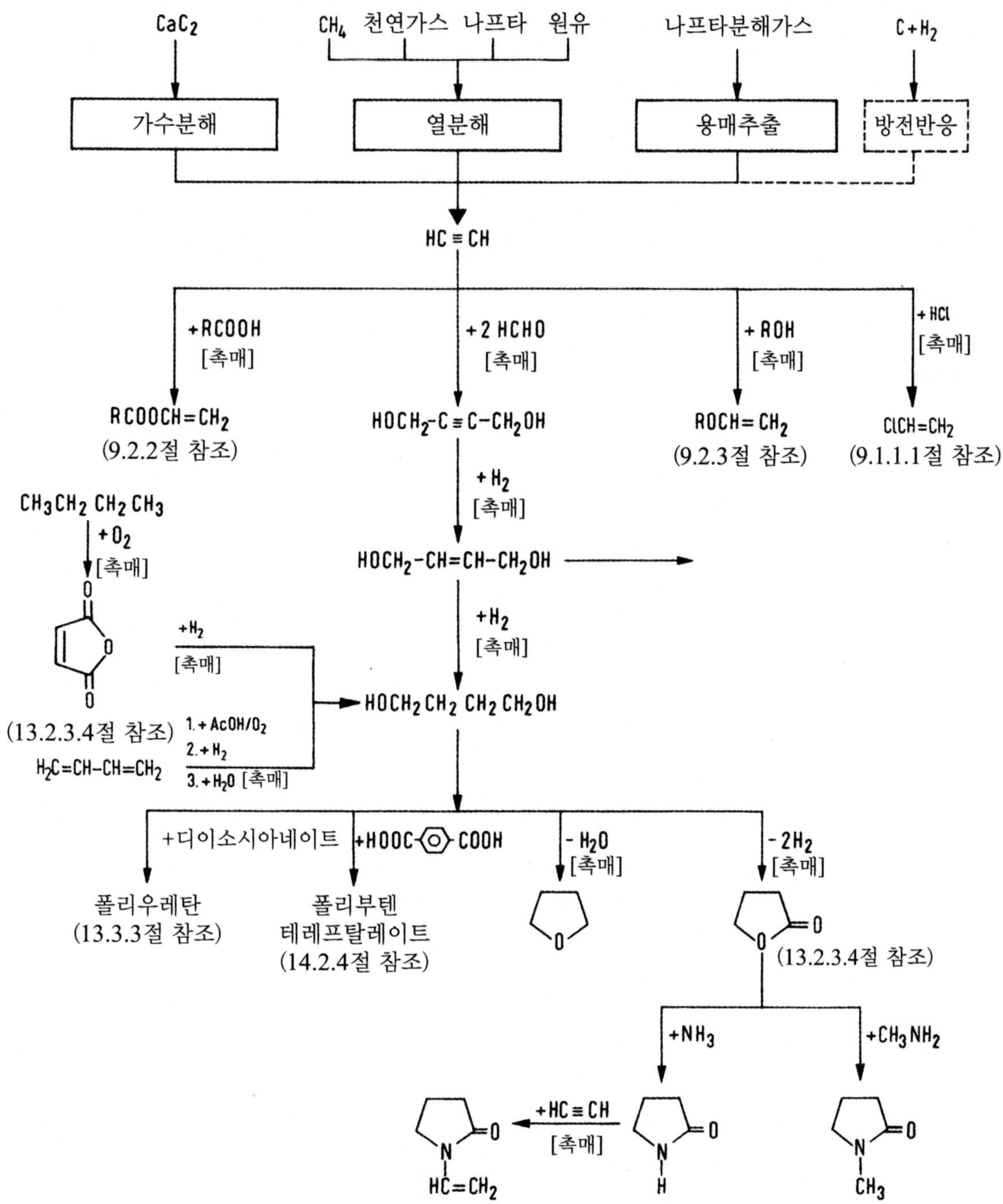
CaC2
CH4 천연가스 나프타 원유
나프타분해가스
C+H2
가수분해
열분해
용매추출
방전반응
HC≡CH
+RCOOH
[촉매]
+2 HCHO
[촉매]
+ROH
[촉매]
+HCl
[촉매]
RCOOCH=CH2
(9.2.2절 참조)
HOCH2-C≡C-CH2OH
ROCH=CH2
(9.2.3절 참조)
ClCH=CH2
(9.1.1.1절 참조)
CH3CH2CH2CH3
+O2
[촉매]
+H2
[촉매]
HOCH2-CH=CH-CH2OH
+H2
[촉매]
+H2
[촉매]
(13.2.3.4절 참조)
1. +AcOH/O2
2. +H2
3. +H2O [촉매]
H2C=CH-CH=CH2
HOCH2CH2CH2CH2OH
+디이소시아네이트
+HOOC-C6H4-COOH
-H2O
[촉매]
-2H2
[촉매]
폴리우레탄
(13.3.3절 참조)
폴리부텐
테레프탈레이트
(14.2.4절 참조)
(13.2.3.4절 참조)
+NH3
+CH3NH2
+HC≡CH
[촉매]
HC=CH2
H
CH3

제품의 계통도(5장)

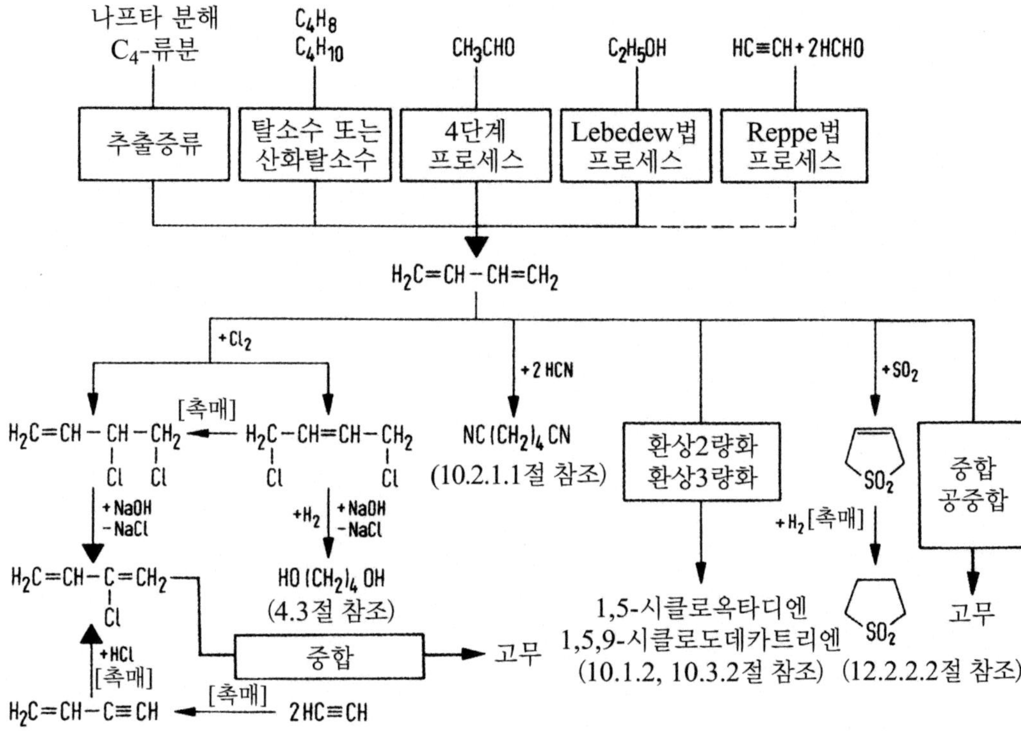
나프타 분해
C4-류분
C4H8
C4H10
CH3CHO
C2H5OH
HC≡CH+2HCHO
추출증류
탈소수 또는
산화탈소수
4단계
프로세스
Lebedew법
프로세스
Reppe법
프로세스
H2C=CH-CH=CH2
+Cl2
+2 HCN
+SO2
[촉매]
H2C=CH-CH-CH2
Cl Cl
H2C-CH=CH-CH2
Cl Cl
NC(CH2)4CN
(10.2.1.1절 참조)
환상2량화
환상3량화
중합
공중합
+NaOH
-NaCl
+H2
+NaOH
-NaCl
+H2[촉매]
H2C=CH-C=CH2
Cl
HO(CH2)4OH
(4.3절 참조)
1,5-시클로옥타디엔
1,5,9-시클로도데카트리엔
(10.1.2, 10.3.2절 참조)
SO2
(12.2.2.2절 참조)
고무
+HCl
[촉매]
중합
고무
[촉매]
H2C=CH-C≡CH
2HC≡CH

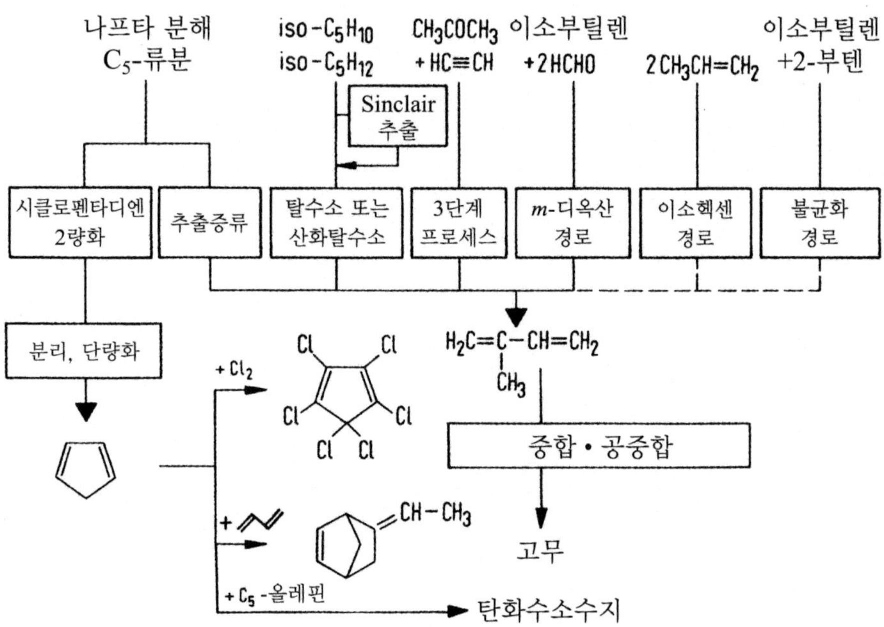
나프타 분해
C5-류분
iso-C5H10
iso-C5H12
CH3COCH3
+HC≡CH
이소부틸렌
+2HCHO
2CH3CH=CH2
이소부틸렌
+2-부텐
Sinclair
추출
시클로펜타디엔
2량화
추출증류
탈수소 또는
산화탈수소
3단계
프로세스
m-디옥산
경로
이소헥센
경로
불균화
경로
분리, 단량화
+Cl2
Cl Cl Cl Cl Cl Cl
H2C=C-CH=CH2
CH3
중합・공중합
고무
CH-CH3
+C5-올레핀
탄화수소수지

제품의 계통도(6장: 사례)

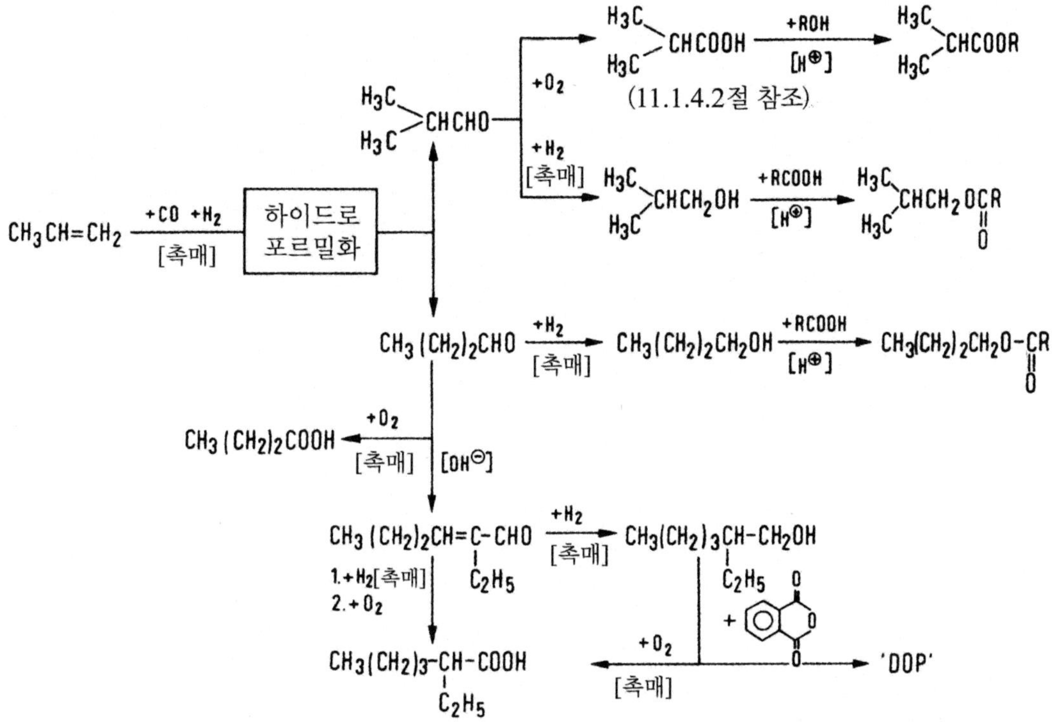

CH3CH=CH2
+CO +H2
[촉매]
하이드로
포르밀화
H3C
H3C
CHCHO
+O2
H3C
H3C
CHCOOH
+ROH
[H⊕]
H3C
H3C
CHCOOR
(11.1.4.2절 참조)
+H2
[촉매]
H3C
H3C
CHCH2OH
+RCOOH
[H⊕]
H3C
H3C
CHCH2OCR
O
CH3(CH2)2CHO
+H2
[촉매]
CH3(CH2)2CH2OH
+RCOOH
[H⊕]
CH3(CH2)2CH2O-CR
O
CH3(CH2)2COOH
+O2
[촉매]
[OH⊖]
CH3(CH2)2CH=C-CHO
C2H5
+H2
[촉매]
CH3(CH2)3CH-CH2OH
C2H5
1.+H2[촉매]
2.+O2
CH3(CH2)3-CH-COOH
C2H5
+O2
[촉매]
'DOP'

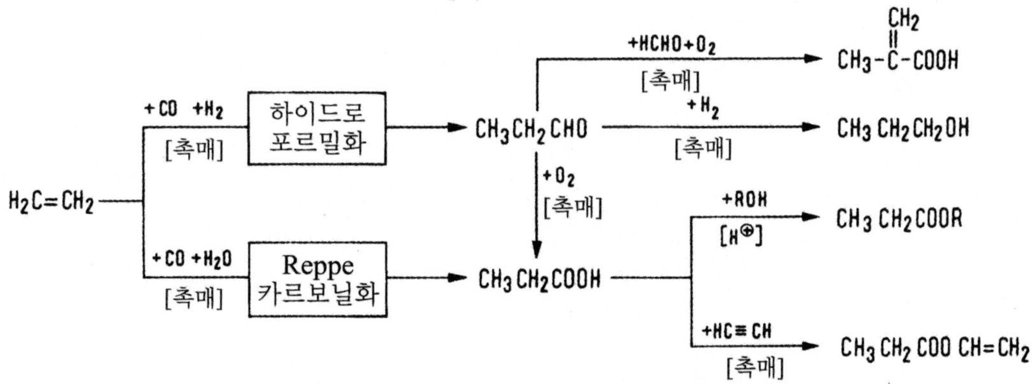

H2C=CH2
+CO +H2
[촉매]
하이드로
포르밀화
CH3CH2CHO
+HCHO+O2
[촉매]
CH2
CH3-C-COOH
+H2
[촉매]
CH3CH2CH2OH
+O2
[촉매]
+CO +H2O
[촉매]
Reppe
카르보닐화
CH3CH2COOH
+ROH
[H⊕]
CH3CH2COOR
+HC≡CH
[촉매]
CH3CH2COO CH=CH2

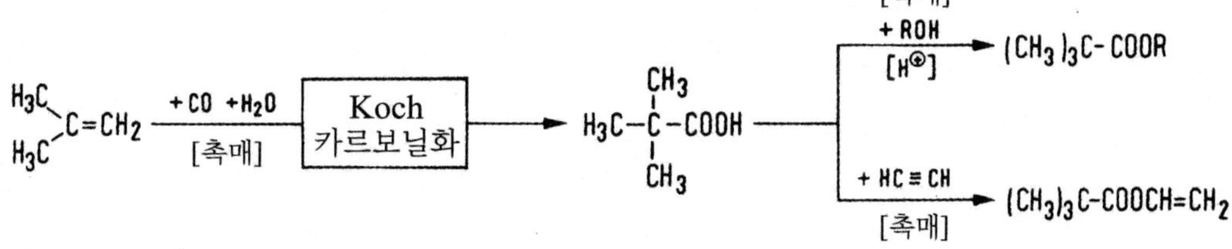

H3C
H3C
C=CH2
+CO +H2O
[촉매]
Koch
카르보닐화
CH3
H3C-C-COOH
CH3
+ROH
[H⊕]
(CH3)3C-COOR
+HC≡CH
[촉매]
(CH3)3C-COOCH=CH2

제품의 계통도(7–7.2.5절)

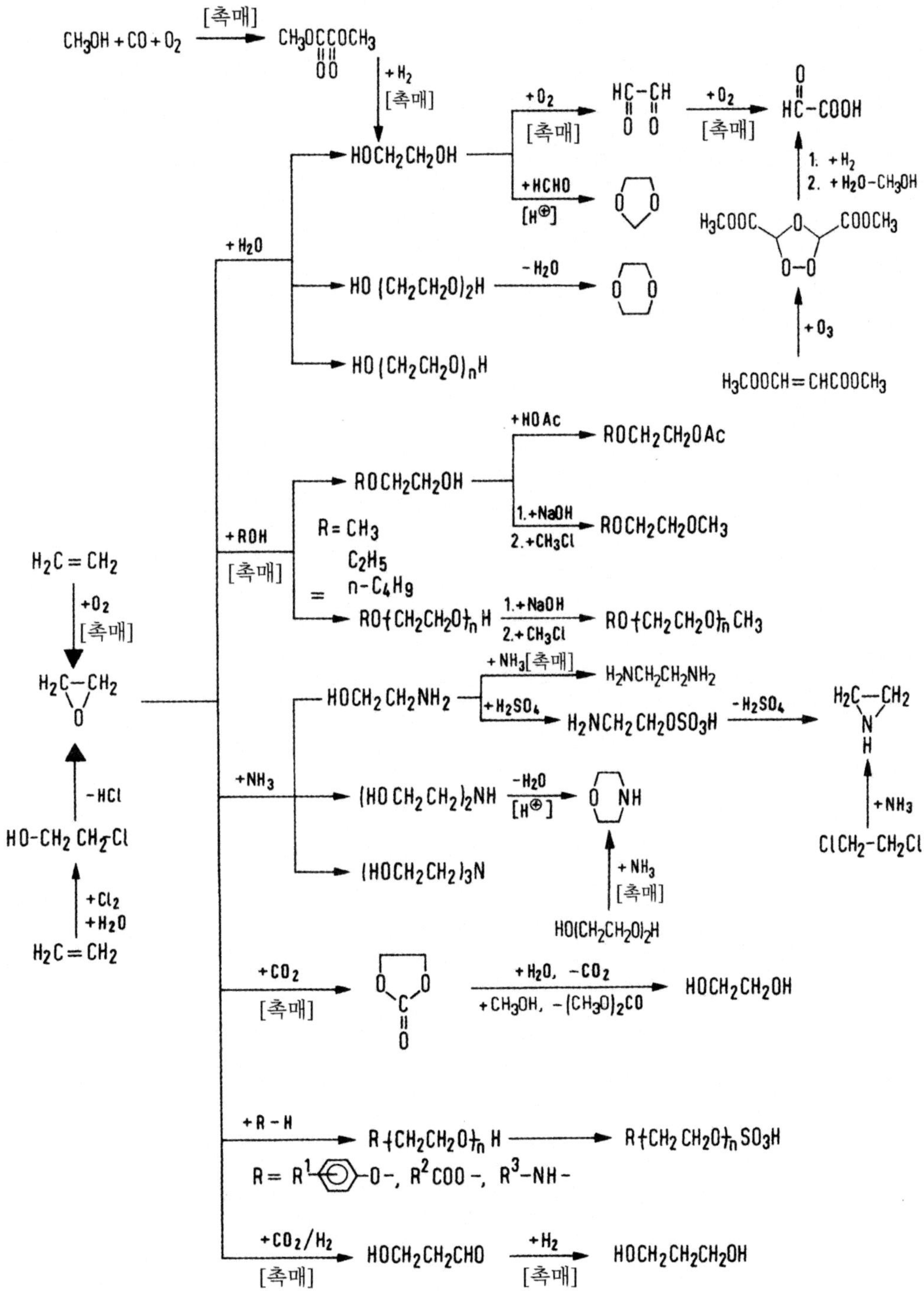

제품의 계통도(7.3-7.4.5절)

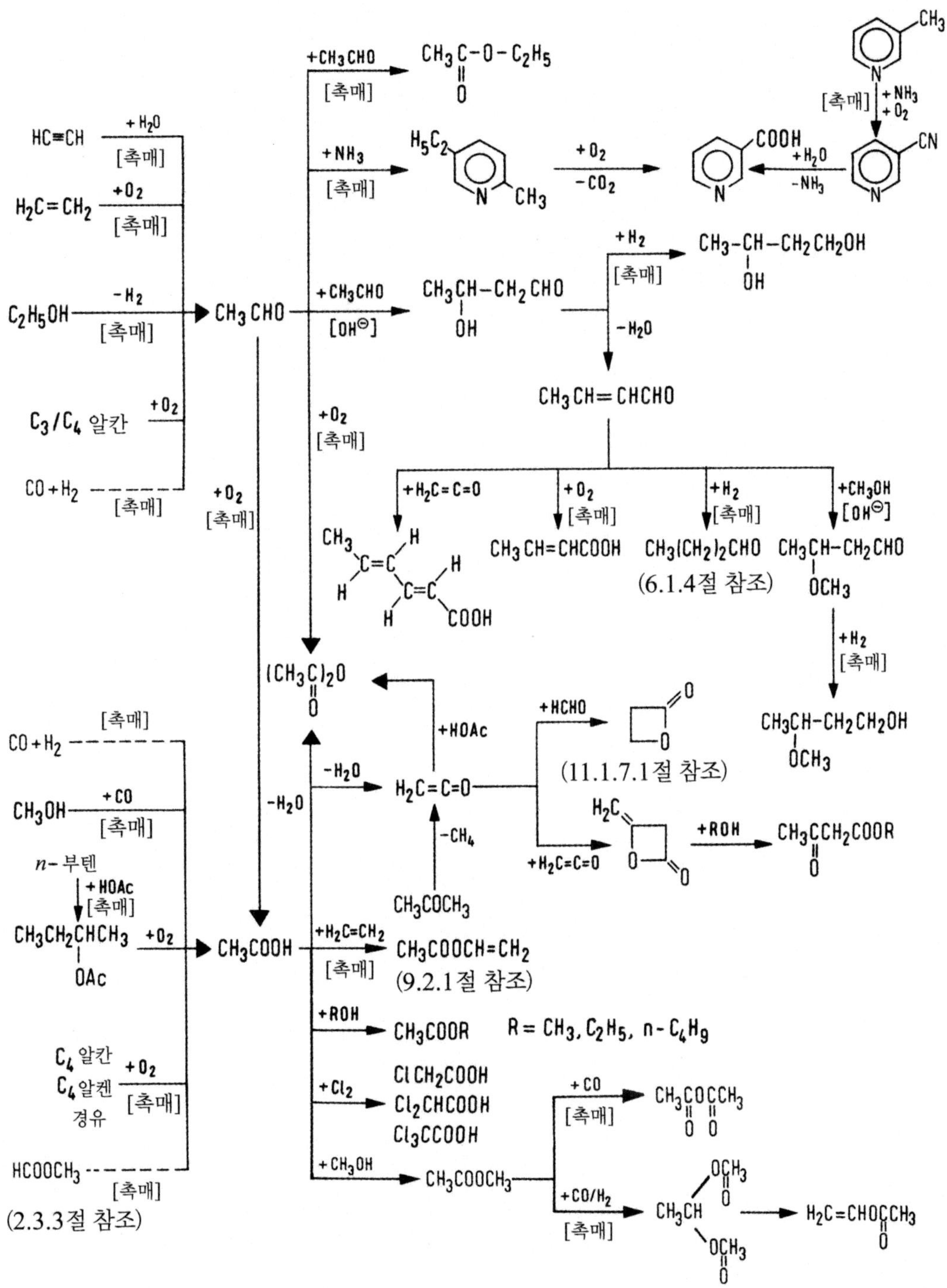

프로세스 및 제품 계통도(8–8.1.4절)

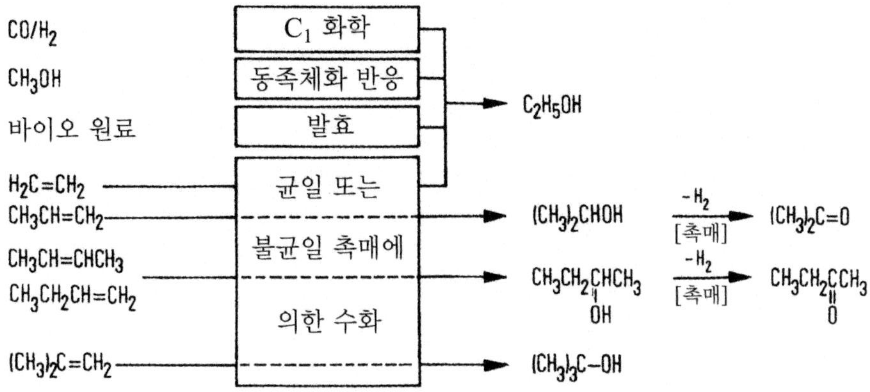

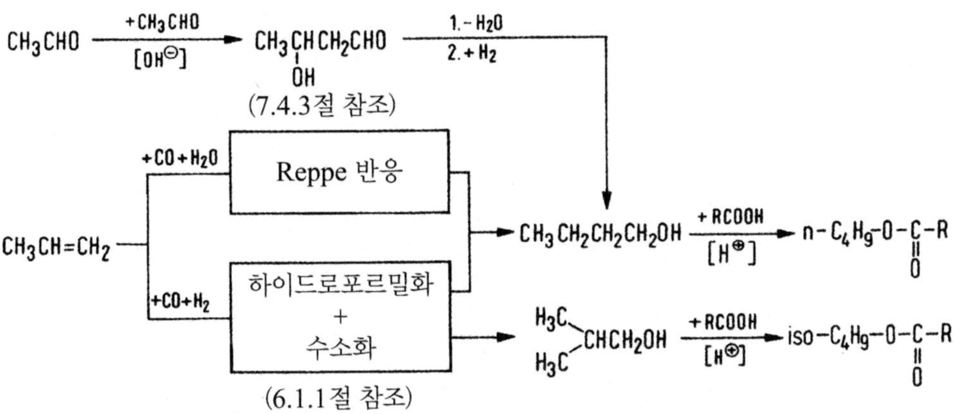

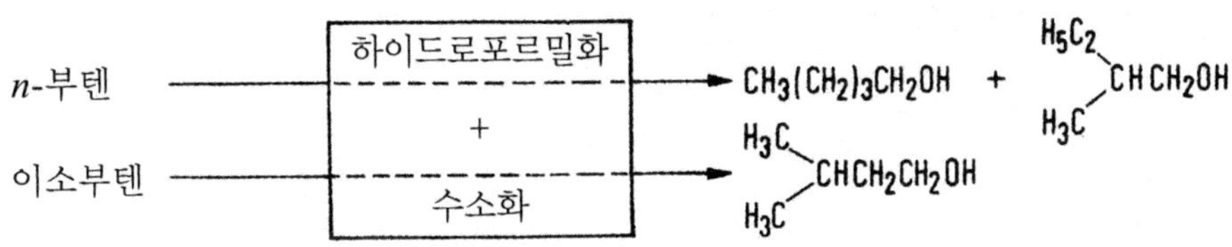

프로세스 및 제품 계통도(8.2–8.3.3절)

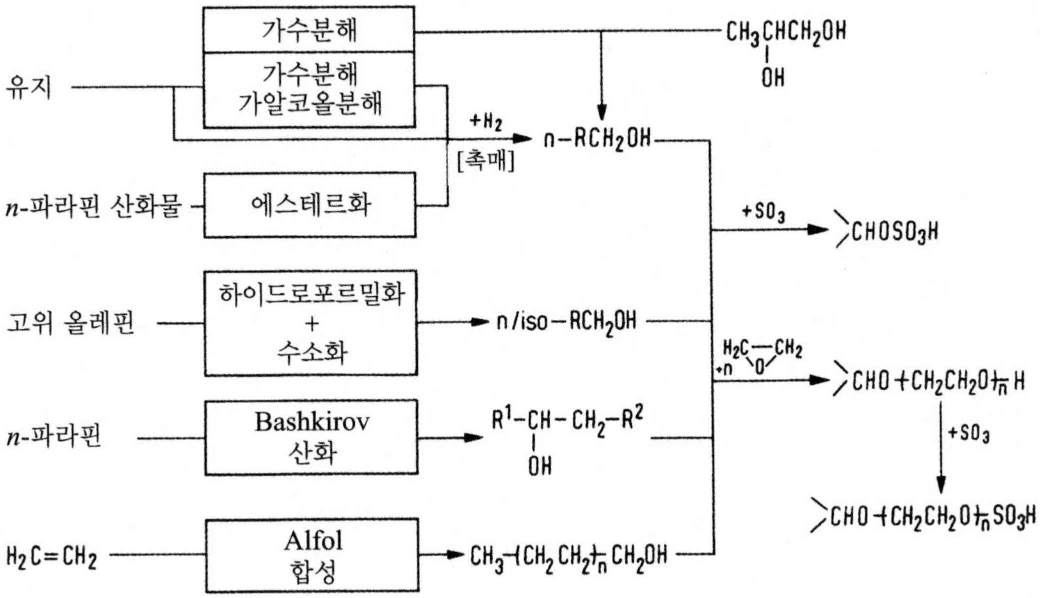

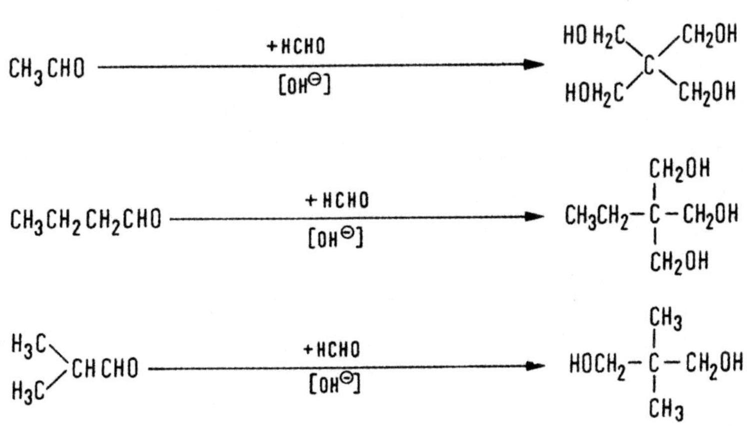

제품의 계통도(9장)

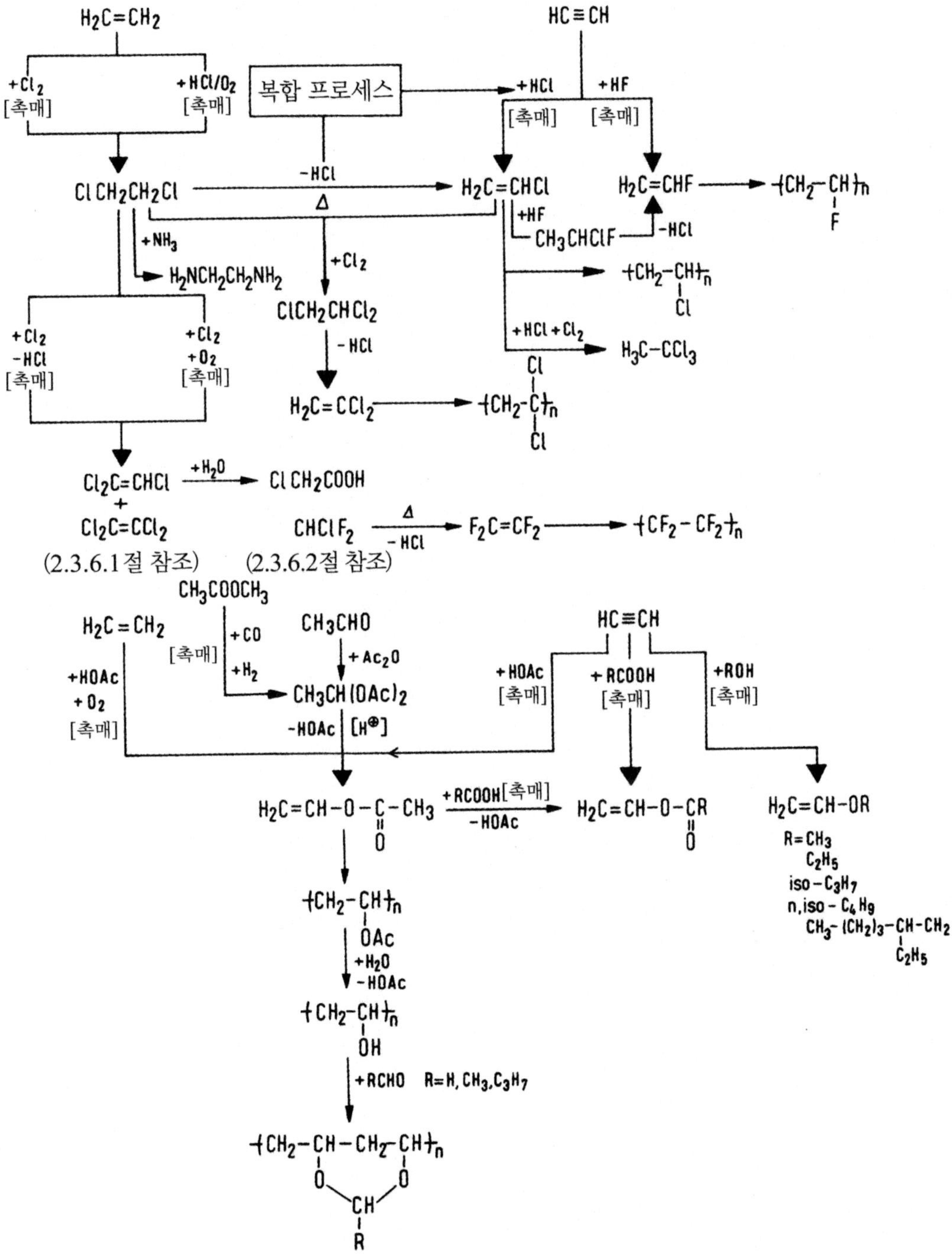
H2C=CH2
+Cl2 [촉매]
+HCl/O2 [촉매]
복합 프로세스
HC≡CH
+HCl [촉매]
+HF [촉매]
ClCH2CH2Cl
-HCl Δ
H2C=CHCl
H2C=CHF
+CH2-CH+n F
+HF
CH3CHClF
-HCl
+NH3
H2NCH2CH2NH2
+Cl2
ClCH2CHCl2
-HCl
+CH2-CH+n Cl
+HCl+Cl2
H3C-CCl3
+Cl2 -HCl [촉매]
+Cl2 +O2 [촉매]
H2C=CCl2
+CH2-C+n Cl Cl
Cl2C=CHCl
+H2O
ClCH2COOH
+
Cl2C=CCl2
CHClF2
Δ
-HCl
F2C=CF2
+CF2-CF2+n
(2.3.6.1절 참조)
(2.3.6.2절 참조)
CH3COOCH3
H2C=CH2
+CO
[촉매]
+H2
CH3CHO
+Ac2O
CH3CH(OAc)2
-HOAc [H⊕]
+HOAc +O2 [촉매]
HC≡CH
+HOAc [촉매]
+RCOOH [촉매]
+ROH [촉매]
H2C=CH-O-C-CH3 O
+RCOOH[촉매]
-HOAc
H2C=CH-O-CR O
H2C=CH-OR
R=CH3
C2H5
iso-C3H7
n,iso-C4H9
CH3-(CH2)3-CH-CH2 C2H5
+CH2-CH+n OAc
+H2O
-HOAc
+CH2-CH+n OH
+RCHO R=H, CH3, C3H7
+CH2-CH-CH2-CH+n O O CH R

제품의 계통도(10장)

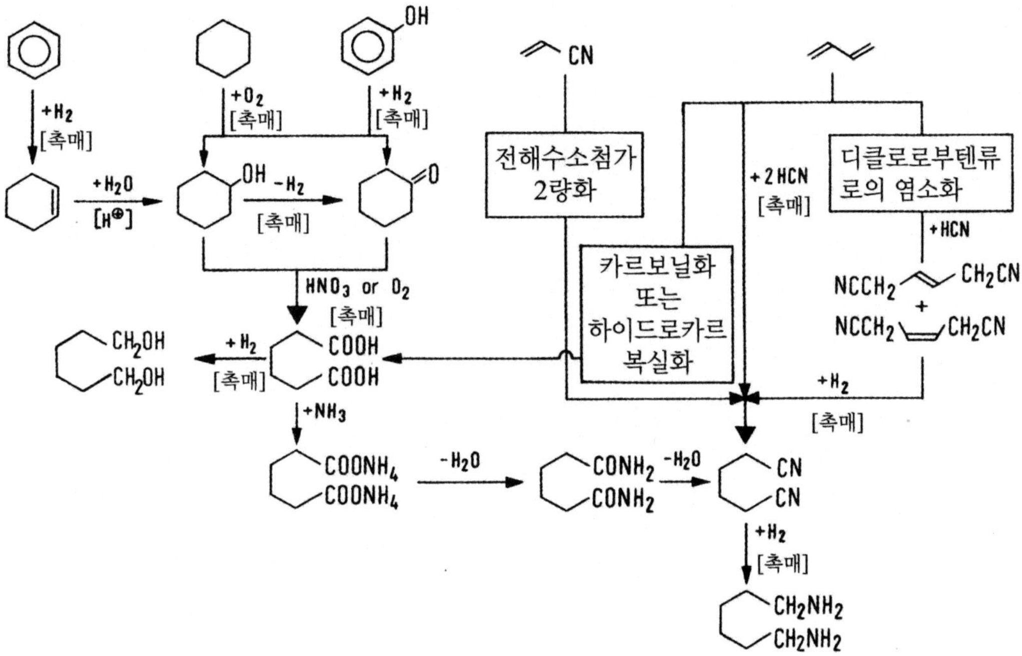
OH
CN
+H2
[촉매]
+O2
[촉매]
+H2
[촉매]
전해수소첨가
2량화
+2HCN
[촉매]
디클로로부텐류
로의 염소화
+H2O
[H⊕]
OH
-H2
[촉매]
O
+HCN
카르보닐화
또는
하이드로카르
복실화
NCCH2
CH2CN
+
NCCH2
CH2CN
HNO3 or O2
[촉매]
CH2OH
CH2OH
+H2
[촉매]
COOH
COOH
+H2
[촉매]
+NH3
COONH4
COONH4
-H2O
CONH2
CONH2
-H2O
CN
CN
+H2
[촉매]
CH2NH2
CH2NH2

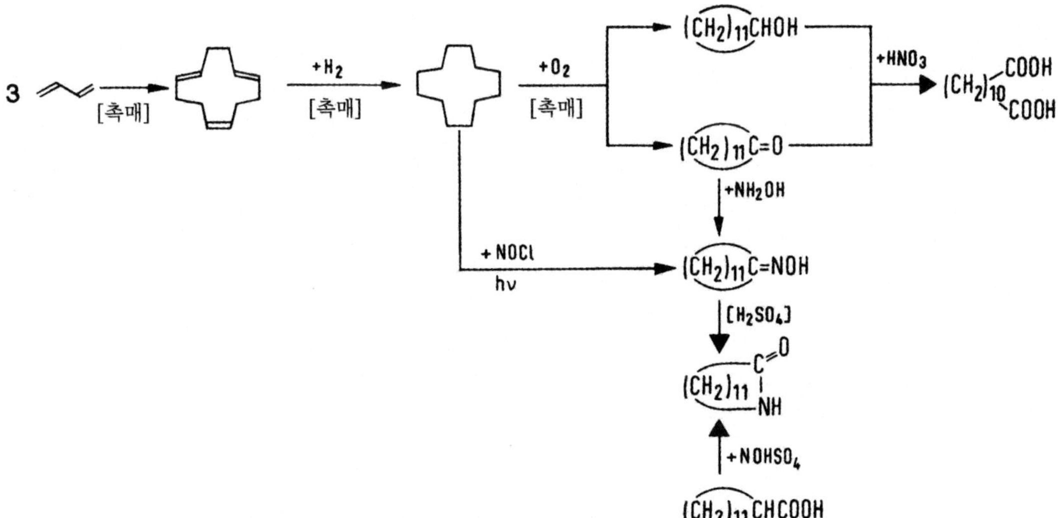
3
[촉매]
+H2
[촉매]
+O2
[촉매]
(CH2)11CHOH
(CH2)11C=O
+HNO3
(CH2)10
COOH
COOH
+NH2OH
+NOCl
hν
(CH2)11C=NOH
[H2SO4]
C=O
(CH2)11
NH
+NOHSO4
(CH2)11CHCOOH

제품의 계통도(10장 계속)

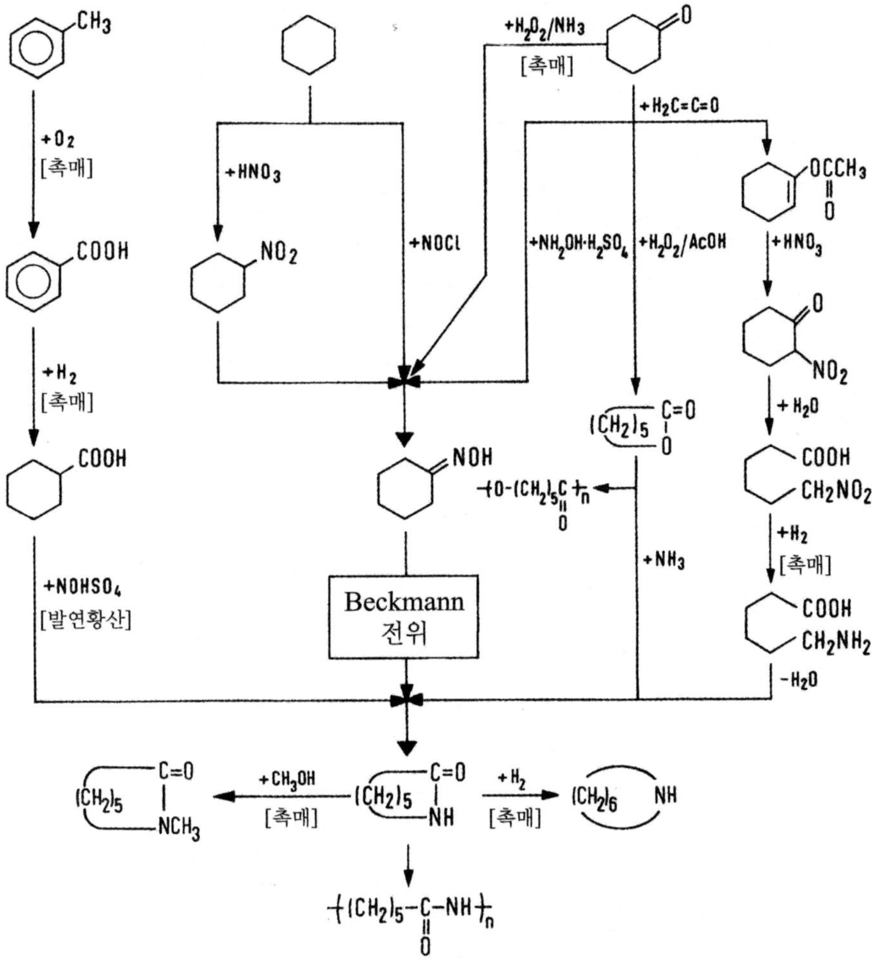

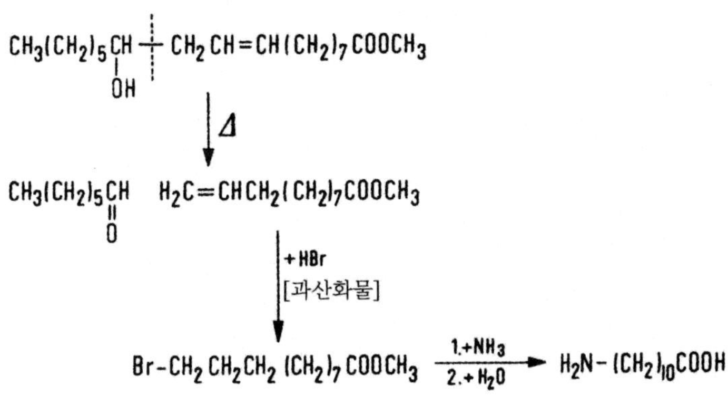

제품의 계통도(11–11.1.7.3절)

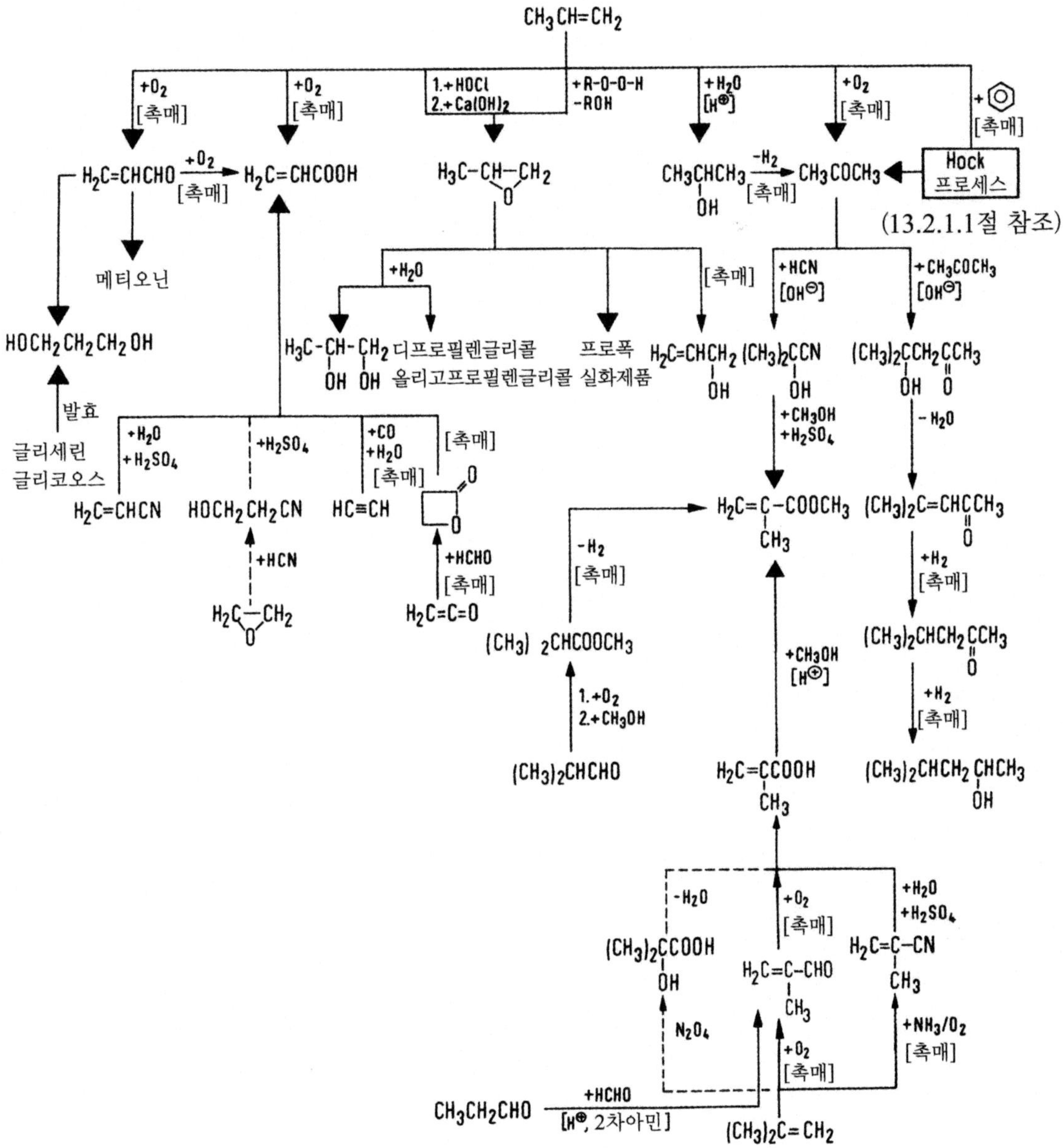

제품의 계통도(11.2–11.3.3절)

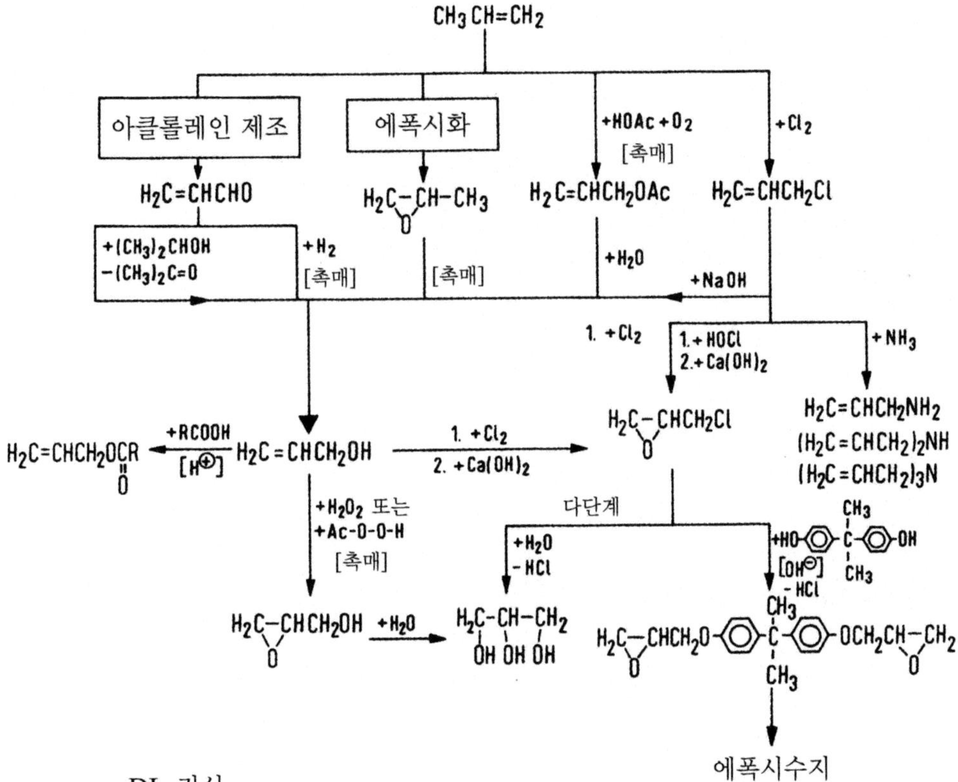

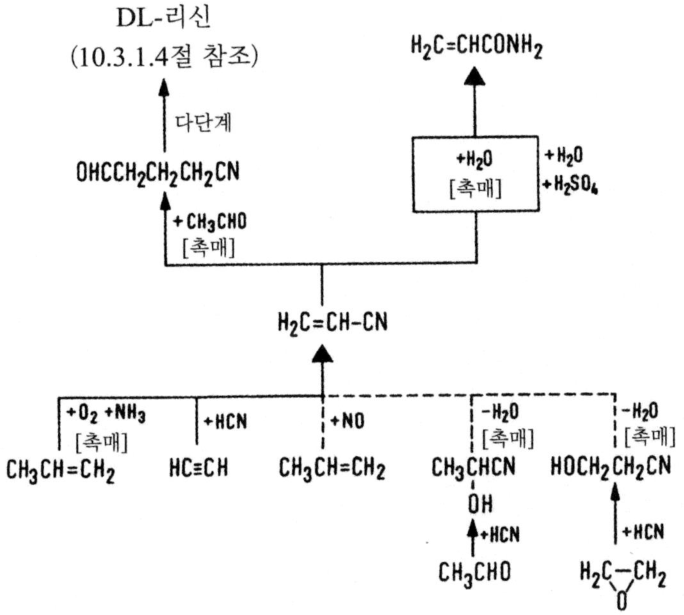

프로세스 및 제품 계통도(12장)

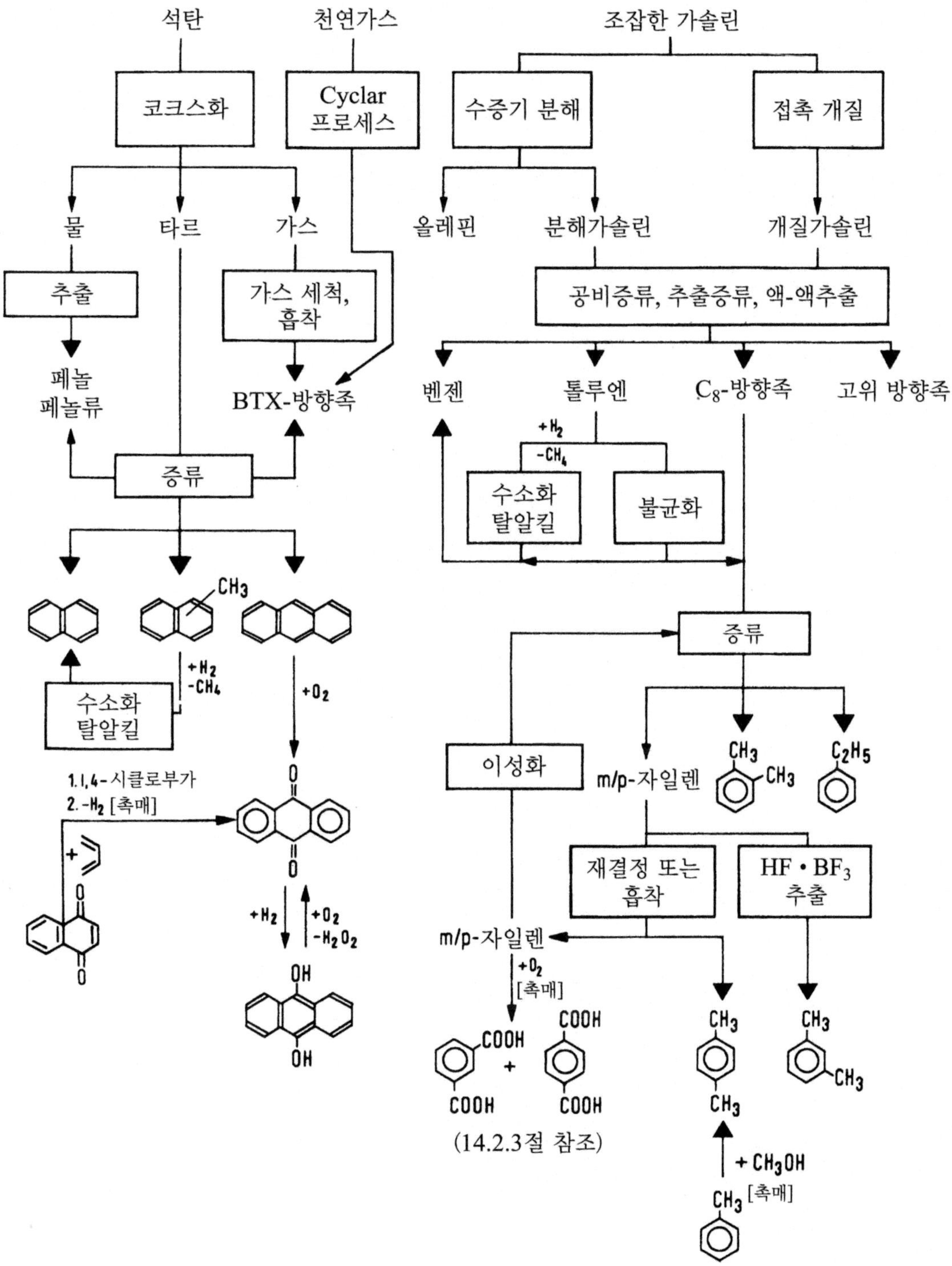

제품의 계통도(13-13.2.2절)

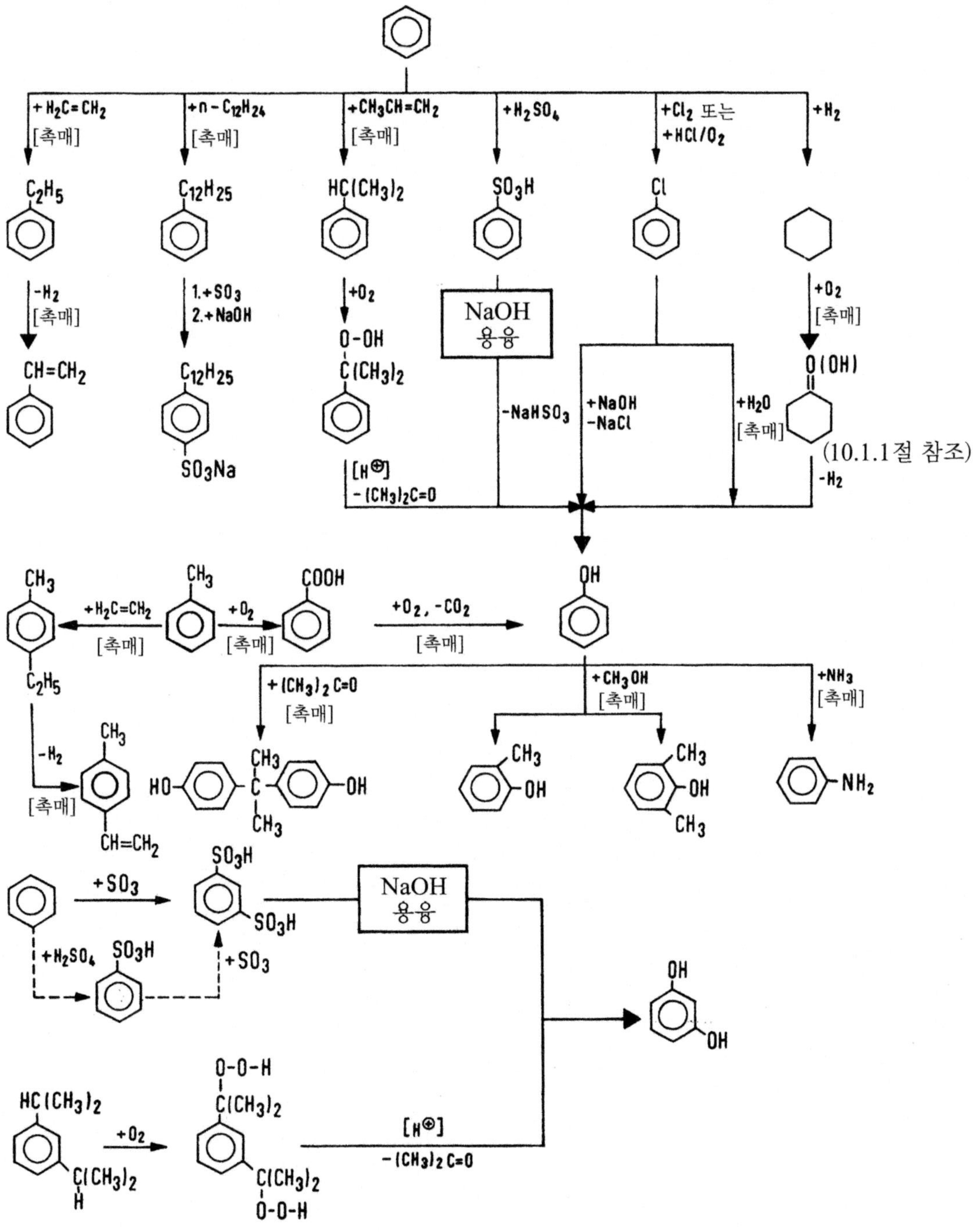

제품의 계통도(13.2.3-13.3.3절)

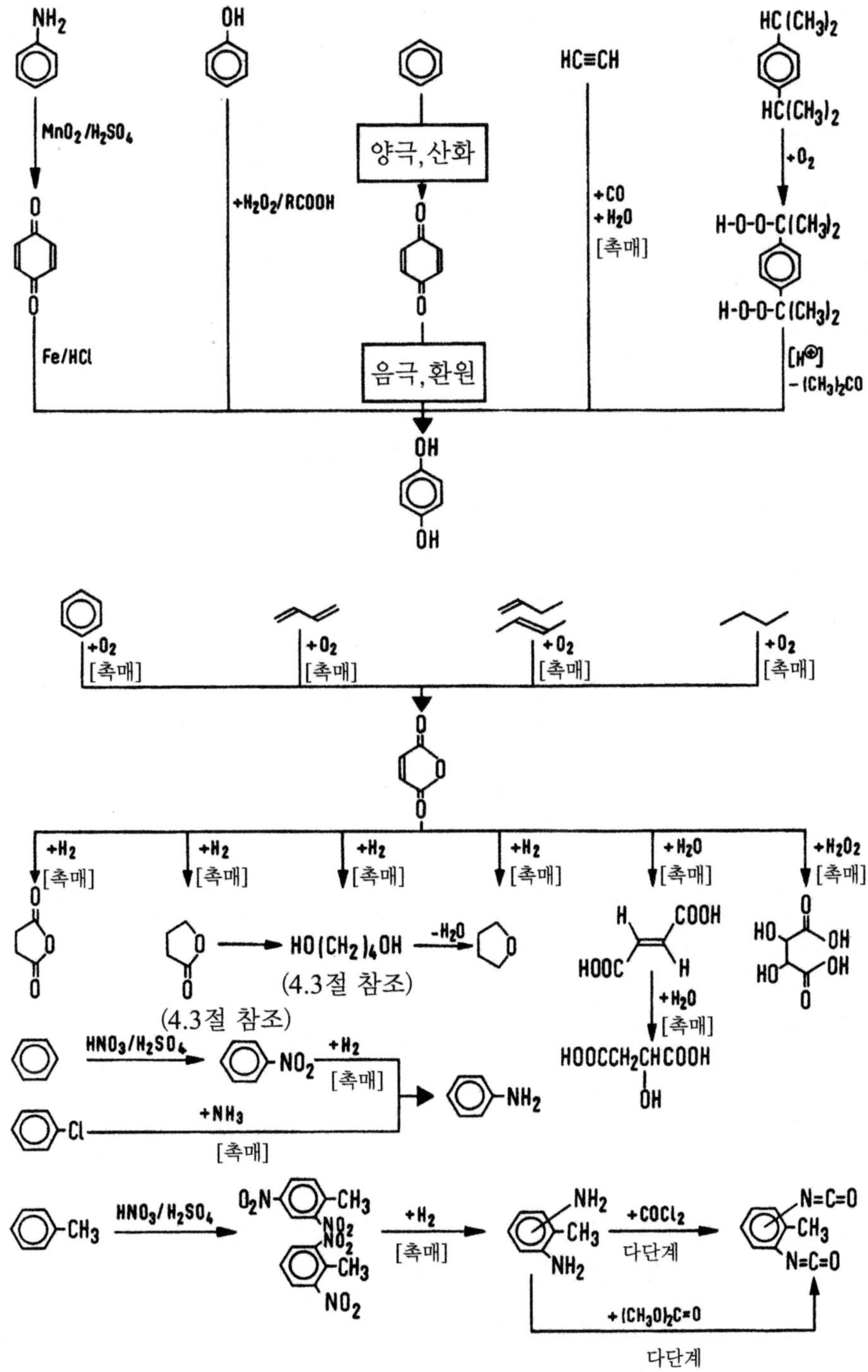

프로세스 및 제품 계통도(14장)

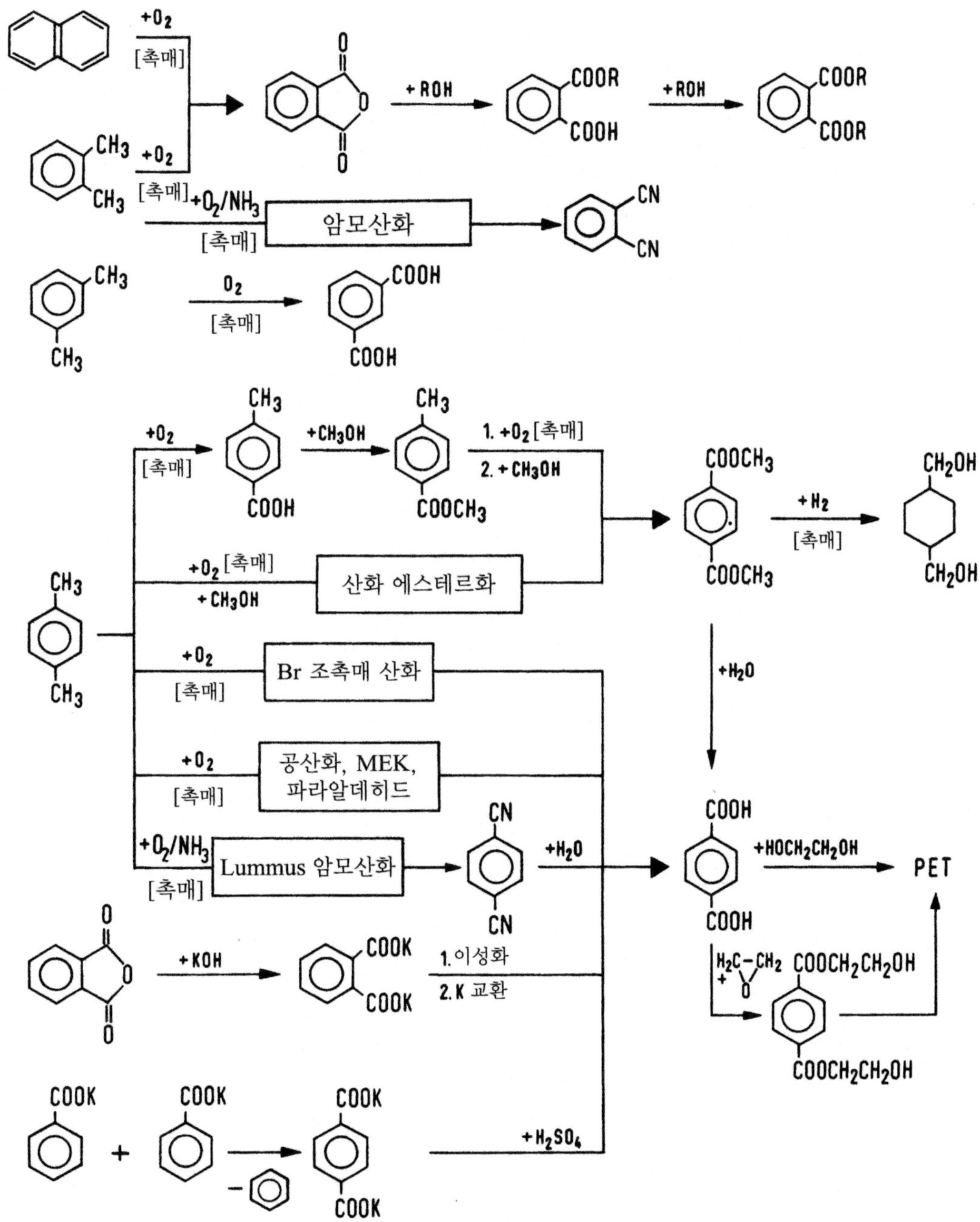

15.2 화학반응의 특성을 규정하는 용어의 정의

어떤 화학반응의 특성을 규정하는 데 있어서 특히 중요한 수학적 파라미터는 전환율, 선택률, 수득률 및 공시효율이다.

그러나, 이들의 용어는 과학적 간행물에서 항상 같은 의미로서 취급된다고는 할 수 없다. 따라서 이 책에서는 혼란을 피하기 위하여, 용어들을 이 분야에 맞도록 정의하고자 한다.

전환율, 선택률, 수득률은 일반적으로 몰%, 용량%, 중량%의 어느 것으로 표시된다. 이 책에서는 통상 몰%를 우선하여 사용했으며, 이 경우는 간단하게 하기 위하여 보조적인 단위표시를 하지 않는다. 하지만 다른 경우에는 모두 중량% 또는 용량%와 같이 명확하게 표시하기로 한다.

어떤 반응성분의 전환율은 그 반응성분의 전환량 Q_C를 도입량 Q_F로 나눈 값이 된다.

$$\text{전환율}(\%) = \frac{Q_C}{Q_F} \times 100$$

두 성분 이상이 서로 반응하는 경우, 예를 들면 경제적, 기술적, 보안기술적 이유 등으로부터, 원료혼합물은 반드시 화학양론량적인 조성으로 되어 있다라고는 단정할 수 없다. 더욱이 각각의 반응성분의 부반응으로의 관여도 다를 가능성이 있기 때문에, 성분마다 전환율이 다르게 된다.

같은 원료성분으로부터 목적으로 했던 반응생성물 이외의 생성물을 제공하는 경쟁반응이 있는 경우, 반응생성물의 선택률이 중요한 의미를 갖는다. 이 경우 가능한 한, 2가지 형태의 경쟁반응, 즉 부반응 내지 병발반응이라고 불리우는 것과, 2차적 반응과를 구분하여 표시했다. 이들의 반응에 의한 생성물은 다음과 같이 규정된다. 즉 부생성물은 원료성분으로부터 직접 생성하며, 한편, 2차반응 생성물은 주반응 생성물이 더욱 변하여 형성된다.

선택률에는 영향을 끼치지 않지만, 여기서 제3의 형태인 생성물로서 병산물을 규정하기로 한다. 병산물이란, 예를 들면 분해반응이나 탈리반응에 있어서와 같이, 목적으로 하는 반응생성물에 부수적으로 생성하는 것이다.

어떤 반응생성물의 선택률이란, 그 반응생성물의 생성량 Q_R을 어떤 도입성분의 전환량 Q_C로서 나눈 값으로 표시된다.

$$\text{선택률}(\%) = \frac{Q_R}{Q_C} \times 100$$

다성분계 반응에 있어서는 각각의 도입성분이 부반응, 2차적 반응에

반응 특성의 파라미터

1. 전환율(conversion)
2. 선택률(selectivity)
3. 수득률(yield)
4. 공시효율(space-time yield)

이들의 단위로서는 몰%를 우선하여 사용하고, 이 경우 %만을 표시한다. 중량%와 용량%는 다음과 같다.
이하의 반응예(에틸렌의 아세톡실화)에 따라서 설명한다:

$$H_2C{=}CH_2 + CH_3COOH + 0.5\,O_2 \xrightarrow{[cat.]} H_2C{=}CHOCCH_3 + H_2O$$

(에스테르 C=O의 O는 CH₃ 앞 C 아래에 표시됨)

(9.2.1.2절 참조)

전환율에 있어서:

다음의 이유로서 각각의 반응성분($CH_2{=}CH_2$, CH_3COOH, O_2)은 다른 전환율을 나타낸다:

1. 원료혼합물이 비화학양론적이다: CH_3COOH에 대해서 에틸렌은 과잉으로, O_2가 부족하게 도입된다.
2. 부반응: $CH_2{=}CH_2$로부터의 CO_2 생성은 많고, CH_3COOH로부터는 적다.

에틸렌의 아세톡실화에 있어서 전환율:

$CH_2{=}CH_2$	10%
CH_3COOH	20~30%
O_2	50~80%

선택률에 있어서:

목적으로 하였던 반응(F → P)은 2종류의 경쟁반응을 동반하는 것이다.

1. 부반응 또는 병발반응

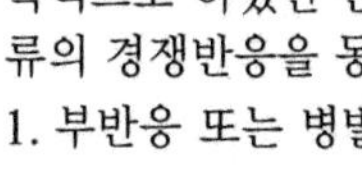

2. 2차적 반응:

F → P → P″

어느 것의 경쟁반응도 P의 선택률을 저하시킨다.

병산물의 형성:

F → P+P‴

P의 선택률에는 영향을 끼치지 않는다.

에틸렌의 아세톡실화에 있어서
$H_2C=CHO\underset{\underset{O}{\|}}{C}CH_3$의 선택률:

$CH_2=CH_2$에 대해서 94%
CH_3COOH에 대해서 98~99%

본서에서의 표시방법:

94%($CH_2=CH_2$)
98~99%(CH_3COOH)

에틸렌의 아세톡실화에 있어서
$H_2C=CHO\underset{\underset{O}{\|}}{C}CH_3$의 수득률:

$CH_2=CH_2$에 대해서 9.4%
CH_3COOH에 대해서 19~28.5%

본서에서의 표시방법:

9.4%($CH_2=CH_2$)
19~28.5%(CH_3COOH)

에틸렌에 대한
$H_2C=CHO\underset{\underset{O}{\|}}{C}CH_3$의 수득률:

$\frac{10\times 94}{100} = 9.4\%\ (H_2C=CH_2)$

공시효율(STY)에 있어서: 기술적으로 잘 사용되는 수량단위:

촉매단위용적, 단위시간당의 반응생성물의 양($kg \cdot l^{-1} \cdot hr^{-1}$)
에틸렌의 아세톡실화에서는 0.3~0.6 $kg \cdot l^{-1} \cdot hr^{-1}$

관여하는 정도가 다를 경우가 있으며, 이 때는 각 성분의 전환율이 달라서 하나의 반응생성물에 대해서 복수의 선택률 데이터가 존재하게 된다. 이들의 데이터는 기준으로 되는 성분에 따라서 구별되며, 이 책에 있어서는 그 기준성분을 선택률 데이터의 뒤의 괄호 안에 표시했다.

어떤 반응생성물의 수득률은 그의 생성량 Q_R을 어떤 반응성분의 도입량 Q_F로서 나눈 값으로 표시된다.

$$\text{수득률}(\%) = \frac{Q_R}{Q_F} \times 100$$

많은 반응성분이 존재하는 경우에는, 선택률의 경우와 마찬가지로 수득률에 있어서도 기준으로 되는 성분의 지정이 필요하다.

반응성분의 전환율이 100% 미만인 경우 수득률은 선택률보다 항상 작아지며, 전환율이 100%의 경우에만 수득률과 선택률의 값이 같아진다. 전환율, 선택률, 수득률은 위에서 설명한 정의로부터 다음과 같은 상호관계가 있다.

$$\frac{\text{전환율} \times \text{선택률}}{100} = \text{수득률}$$

공시효율은 기술적으로 잘 사용되는 수량단위이다. 이 양은 촉매단위용적, 단위시간당에 형성되는 반응생성물의 양으로 주어진다. 이 양은 또한 촉매효율 혹은 촉매생산성이라고도 불리운다. 그러나 효율이라고 하는 용어는 상대적인 크기밖에 나타내지 않기 때문에 "공시효율"이라고 하는 표현은 피해야 할 것으로 생각된다.

더욱이, 이 책의 원문에서 압력의 단위로서 bar가 사용되고 있지만, 번역에 있어서는 국제단위계인 Pa를 사용함과 동시에 종래 사용되어 왔던 kg/cm^2에 의한 표현을 부기했다. 단위의 환산은 다음과 같다.

$$1\,bar = 10^5 Pa = 0.1\,MPa = 1.020\,kg/cm^2$$

단, 본문 중에서의 환산에서는 $1\,bar = 1\,kg/cm^2$로 했다.

15.3 회사의 약칭

일반적으로 회사의 명칭을 인용할 때에는, 다른 회사와 확연히 구분될 수 있도록 하였다. 대개는 흔히 쓰는 방법을 사용했지만, 그다지 잘 알려져 있지 않은 회사의 약칭은 다음과 같다.

Akzo	Algemene Koninklijke Zout Organon
Arco	Atlantic Richfield Co.
ATO	Aquitaine Total Organico
BP	British Petroleum Company
CDF Chimie	Société Chimique Des Charbonnages, 현재는 ORKEM
CFP	Compagnie Française des Péroles
CFR	Compagnie Française de Raffinage
DEA	Deutsche Erdöl AG, 현재는 RWE-DEA
DSM	Dutch staats Mijnen
EC-Dormagen	Erdölchemie, Dormagen
FMC	Food Machinery & Chemical Corp
GAF	General Aniline & Film Corp., 현재는 ISP
ICI	Imperial Chemical Industries
IFP	Institut Français Du Pétrole
ISP	International Speciality Products
KFA-Jülich	Kernforschungsanlage, Jülich
PCUK	Produits Chimiques Ugine Kuhlmann
PPG	Pittsburgh Plate Glass Co.
RCH	Ruhrchemie AG
Rheinbraun	Rheinische Braunkohlenwerk AG
ROW	Rheinische Olefinwerke GmbH
RWE	Rheinisch-Westfälisches Elektrizitätswerks werk AG
Sasol	Suid-Afrokaanse-Steenkool-, Olie en Gaskorporasie Beperk
SBA	Soc. Belge De L'Azote
Sisas	Societa Italiana Serie Acetica Syntetica
SKW	Süddeutsche Kalkstickstoff-Werke AG
Sohio	Standard Oil of Ohio
UCB	Union Chimique Belge
UCC	Uinon Carbide Chemicals Co.
UK-Wesseling	Union Rheinische Braunkohlen kraftstoff AG, Wesseling
UOP	Universal Oil Products Co.

USI	US-Industrial Chemicals Co. (National Distillers)
VEBA	Vereinigte Elektrizitäts-und Bergwerks-AG

15.4 인용문헌

현대 공업유기화학의 기술에 관하여 명확히 요청되고 있는 것은, 즉 바꾸어 말하면, 화학공업으로부터 과학문헌으로의 정보의 유통이 한정되어 있다고 하는 문제점을 암시하고 있다. 각종의 프로세스, 기술적으로 유도된 변법, 원료, 중간체, 최종제품의 복잡한 상호관계 등에 관한 지식은 많은 정보소오스로부터 수집하지 않으면 안된다는 것이다. 따라서, 우선 먼저 백과사전과 참고서적으로부터 필요한 배경정보를 구한 다음, 주로 연구논문에 의하여 보충했다. 그 중에서도 공업기술잡지의 논문이나 논평은 기초가 되는 정보나 최신 데이터의 소오스로서 도움이 되었다. 회사의 간행물이나 사보 및 강연, 회의의 기록 등도 또한 중요한 정보의 소오스였다. 설비능력이나 생산량의 데이터는 정기간행물 이외에, 미국국제무역위원회, 독일통계국의 간행물 및 일본화학통계년보에 의존했다. 1991년 이후의 독일에 있어서 생산량과 생산능력의 기술은 새로운 독일연방의 수치인데, 이전 동독의 수치가 포함된 것으로 되어 있다. 이전 동유럽의 생산량 데이터는 극히 제한되어 있었다.

아래에 제시하는 문헌은 사용빈도가 높은 참고서적과 백과사전을 먼저 수록한 다음, 이 책의 장별 순서에 따라서, 가장 중요한 보고와 연구논문을 배열한다.

15.4.1 일반문헌(단행본, 백과사전, 참고서적)

F. Asinger: Die Petrochemische Industrie, Akademie Verlag, Berlin 1971.

M. Fedtke, W. Pritzkow, G. Zimmermann: Lehrbuch der Technischen Chemie, Deutscher Verlag für Grundstoffindustrie, Stuttgart, 6. Auflage, 1996.

A. M. Brownstein: Trends in Petrochemical Technology, Petroleum Publishing Co., Tulsa, Oklahoma 1976.

W. L. Faith, D. B. Keyes, R. L. Clark: Industrial Chemicals, John Wiley, New York, London, Sidney 1975.

J. Falbe, M. Regitz: Römpp Chemie Lexikon, G. Thieme Verlag, Stuttgart, 10. Auflage, 1996-1999.

L. F. Hatch, S. Matar: From Hydrocarbons to Petrochemicals, Hydrocarbon Processing, May 1977 – 1979.

Hydrocarbon Processing, Petrochemical Processes Mar. 1995, Gas

Processes 1994, Refining Handbook Nov. 1994.
R. E. Kirk, D. F. Othmer, Encyclopedia of Chemical Technology, The Interscience Encyclopedia, Inc. New York 1978 – 1984, 4th ed. until 1998.
P. Leprince, J. P. Catry, A Chauvel: Les Produits Intermédiates De La Chimie Des Dérivés Du Pétrole, Société Des Editions Technip, Paris 1967.
R. Pearce, W. R. Patterson: Catalysis and Chemical Processes, Leonard Hill, 1981.
M. Sittig: Organic Chemical Process Encyclopedia, Noyes Development Corp., Park Ridge 1969.
M. Sittig: Combining Oxygen and Hydrocarbons for Profit, Gulf Publishing, Houston 1968.
J. M. Tedder, A. Nechvatal, A. H. Jubb: Basic Organic Chemistry Part 5: Industrial Products, John Wiley & Sons, London, New York 1975.
C. L. Thomas: Catalytic Processes and Proven Catalysts, Academic Press, New York, London 1970.
Ullmann's Encyclopädie der technischen Chemie, Verlag Chemie, Weinheim 1972 – 1984.
Ullmann's Encyclopedia of Industrial Chemistry, VCH Weinheim 1985 – 1996.
A. L. Waddams: Chemicals from Petroleum, John Murray, London 1978.
K. Winnacker, H. Biener: Grundzüge der Chemischen Technik, C. Hanser Verlag, München and Wien 1974.
K. Winnacker, L. Küchler: Chemische Technologie, C. Hanser Verlag, München, 4. Auflage 1981 – 1986.
P. Wiseman: An Introduction to Industrial Organic Chemistry, Applied Science Publishers Ltd., London 1976.

15.4.2 전문서적(간행물, 연구논문)

제1장

H. C. Runge et al., Weltbedarf und Weltbedarfsdeckung bei Öl und Gas, Erdöl und Kohle *33*, 11 (1980).
H. C. Runge, W. Häfele, Zur Verfügbarkeit von Erdöl und Erdgas, Erdöl und Kohle *37*, 57 (1984).
Shell Briefing Service, Energie im Profil, Dec. 1984.
Raffinerien im Blickpunkt, May 1985.
Mineralöl, Erdgas und Kohle, June 1985.
Erdöl- und Erdgasförderung im Offshore-Bereich, 1/1994.
Der Internationale Handel mit Rohöl und Mineralölprodukten, 2/1994.
Weltenergie, Daten und Fakten, to 1/1995.
Energie im 21. Jahrhundert, 5/1995.
Shell, Fakten und Argumente, Dec. 1999.
G. Zürn, K. Kohlhase, K. Hedden, J. Weitkamp, Entwicklung der Raffinerietechnik, Erdöl und Kohle *37*, *62* (1984).

Raffinerietechnik, Erdöl und Kohle *37*, *62* (1984).
W. Häfele, W. Terhorst, Bereitstellung und Nutzung von Mineralöl, Gas, Kohle, Kernenergie, Chem. Industrie *XXXVII*, 9 (1985).
H. E. Hanky, Die Zukunftsaussichten der Petrochemie, Erdöl, Erdgas, Kohle *102*, 38 (1986).
BP Statistical Review of World Energy, to 1996.
BP, Das Buch vom Erdöl, Reuter und Klöckner, Hamburg 1989.
G. Ondrey, P. Hoffmann, S. Moore, Hydrogen Technologies, Chem. Engng. *May*, 30 (1992).
Main-Kraftwerke AG, Energienachrichten to 1997.
Info-Zentrale Elektrizitätswirtschaft e.V to 1997.
RWE Rheinbraun, Weltmarkt für Steinkohle, Ausgabe 2000.
BMWi, Energiedaten 2000.

제2장

G. Kaske, Petrochemische Wasserstoff-Herstellung, Transport und Verwendung, Chemie-Ing.-Techn. *48*, 95 (1976).
O. Neuwirth, Technische Entwicklung der Methanol-Synthese in der Nachkriegszeit, Erdöl und Kohle *29*, 57 (1976).
K. W. Foo, J. Shortland, Compare CO Production Methods, Hydrocarbon Processing, May, 149 (1976).
S. L. Meisel, J. P. McCullough, C. H. Lechthaler, P. B. Weisz, Gasoline from Methanol in One Step, Chemtech., Feb. 86 (1976).
H.-J. Derdulla, I. Hacker, M. Henke, R. Rebbe, Tendenzen und Fortschritte bei der Synthese von Methylaminen, Chem. Techn. *29*,145 (1977).
H. Diem, Formaldehyde Routes bring Cost, Production Benefits, Chem. Engng. Feb., 83 (1978).
F. Obernaus, W. Droste, The New Hills Process for MTBE, Vortrag Philadelphia, June 1978.
E. Hancock, Chemical Prospects in South Africa, Chem. and Ind. April, 276 (1979).
H. Jüntgen, K. H. van Heek, Grundlagen, Anwendung und Weiterentwicklung der Kohlevergasung II, Gwf-Gas Erdgas *121* (1980).
A. Aguilo, J. S. Alder, D. N. Freeman, R. J. H. Voorhoeve, Focus on C_1-Chemistry, Hydrocarbon Processing, March, 57 (1983).
B. Cornils, Synthesegas durch Kohlevergasung, Ber. Bunsengesellschaft Phys. Chem. *87*, 1080 (1983).
C. Brecht, G. Hoffmann, Vergasung von Kohle, Gaswärme int. *32*, *7* (1983).
F. Asinger, Methanol auf Basis von Kohlen, Erdöl und Kohle *36*, 28 (1983), *36*, 130 (1983).
K. Griesbaum, W. Swodenk, Forschungs- und Entwicklungstendenzen in der Petrochemie, Erdöl und Kohle *37*, 103 (1984).
M. Röper, Oxygenated Base Chemicals from Synthesis Gas, Erdöl und Kohle *37*, 506 (1984).
K. Kobayashi, International Trends in Methanol, Chem. Econ. & Eng. Rev. *16*, 32 (1984).
H. Teggers, H. Jüntgen, Stand der Kohlegasversorgung zur Erzeugung von Brenngas und Synthesegas, Erdöl und Kohle *37*, 163 (1984).

G. Kaske, Trends bei der Herstellung von Wasserstoff, Chem. Industrie *XXXVII*, 314 (1985).
D. L. King, J. H. Grate, Look What You Can Make From Methanol, Chemtech, April 244 (1985).
H. Hiller, E. Sup, Octamix-Verfahren, Erdöl und Kohle *38*, 19 (1985).
T. Hiratani, S. Noziri, C_1-Chemistry Based on Methyl Formate, Chem. Econ. & Eng. Rev. *17*, 21 (1985).
G. A. Mills, E. E. Ecklund, Alternative fuels: Progress and Prospects, Chemtech, Sept., 549 (1989), Oct., 626 (1989).
E. Vaughn, Ethanol is the Answer, Chem. and Ind. May, 368 (1999).
Chemical Market Reporter,
Chemical Profile (Melamine, July 19, 41 (1999)).
(Methylamines, April 24, 41 (2000)).
(Methanol), July 31, 41 (2000).
(*Methyl Chloride*), Oct. 2, 38 (2000))
(Methyl*ene Chlor*ide), Oct. 9, 37 (2000))
(Chloroform), Oct. 16, 45 (2000).
Chemical Week,
Product Focus (Methanol), Oct. 29, 44 (1997).
(Formaldehyde), May 6,30 (1998).
European Chemical *News*
Inside Pages (Melamine), April 5 – 11 (1999)
(Methanol), Aug. 7 – 20 (2000).

제3장

K. L. Anderson, T. D. Brown, Olefin Disproportionation – New Routes to Petrochemicals, Hydrocarbon Processing, Aug., 119 (1976).
V. J. Guercio, Opportunities in Butylenes, Chem. Economy & Eng. Review *9*, 14 (1977).
T. C. Ponder, U. S. Ethylene Supply Demand: 1977 – 1980. Hydrocarbon Processing, June, 155 (1977).
H. Isa, α-Olefins and Its Derivatives, Chem. Economy & Eng. Review *9*, 26 (1977).
M. F. Farona, Olefin Metathesis – a Technology Begets a Science, Chem. Techn. Jan., 41 (1978).
R. A. Persak, E. L. Politzer, D. J. Ward, P. R. Pujado, Petrochemical Intermediates from C_3/C_4 Olefins, Chem. Economy & Eng. Review *10*, 25 (1978).
E. R. Freitas, C. R. Gum, Shell's Higher Olefins Process, Chem. Engng. Prog. Jan., 73 (1979).
J. Weitkamp, E. Eyde, Stand und Aussichten der Verarbeitungstechnik für Mineralöl und Erdgas, Erdöl und Kohle *33*, 16 (1980).
J. Leonard, J. F. Gaillard, Make Octenes with Dimersol X, Hydrocarbon Processing, March, 99 (1981).
R. L. Baldwin, G. R. Kamm, Make Ethylene by ACR-process, Hydrocarbon Processing, Nov., 127 (1982).
R. Streck, Olefin Metathesis and Polymer Synthesis, Chemtech., Dec., 758 (1983).
D. Commereuc et al., Dimerize Ethylene to Butene-1, Hydrocarbon

Pro cessing, Nov. 118 (1984).
L. S. Bitar, E. H. Hazbun, W. J. Diel, MTBE-Production and Economics, Hydrocarbon Processing, Oct., 63 (1984).
W. Keim, Homogene Übergangsmetallkatalyse, dargestellt am SHOP-Prozeß, Chem.-Ing. Tech. *56*, 850 (1984).
P. M. Lange, F. Martinola, S. Oeckl, Use Bifunctional Catalysts for MTBE, TAME and MIBK, Hydrocarbon Processing, Dec., 51 (1985).
B. Vora, P. Pujado, T. Imai, T. Fritsch, Production of Detergent Olefins and Linear Alkylbenzenes, Chem. and Ind. March, 187 (1990).
P. R. Sarathy, G. S. Suffridge, Etherify field butanes, Hydrocarbon Processing Jan., 89 (1993), Feb., 43 (1993).
H. Steinhauer, Pervaporation, Chemie-Technik *23*, 50 (1994).
Chemical Market Reporter,
Chemical Profile (Ethylene), Jan. 24, 41 (2000).
(Propylene), Jan. 31, 37 (2000).
Chemical Week,
Product Focus (MTBE), Dec. 3,60 (1997).
European Chemical News,
Inside Pages (Propylene), July . 5 – 11 (1999)
(α-Olefins), Ian. 31 – 6 (2000)
(Polypropylene), Oct. 30 – 5 (2000)
(MTBE), Nov. 6 – 12 (2000).
(Ethylene), Nov. 27 – 3 (2000).

제 4 장

K. Stork, J. Hanisian, I. Bac, Recover Acetylene in Olefins Plants. Hydrocarbon Processing, Nov., 151 (1976).
Y. Tsutsumi, Technological Trends in 1,4-Butanediol, Chem. Economy & Eng. Review *8*, 45 (1976).
H. Bockhorn, R. Coy, F. Petting, W. Prätorius, Chemische Synthesen in Flammen, Chem.-, Ing.-Techn. *49*, 883 (1977).
E. Bartholomé, Die Entwicklung der Verfahren zur Herstellung von Acetylen durch partielle Oxidation von Kohlenwasserstoffen, Chem.- Ing.-Tech. *49*, 459 (1977).
A. M. Brownstein, H. L. List, Which Route to 1,4-Butanediol?, Hydrocarbon Processing, Sept., 159 (1977).
Y. Tanabe, New Route to 14BG and THF, Hydrocarbon Processing, Sept., 187 (1981).
K. Eisenäcker, Acetylen aus Carbid, Chem. Ind. Aug., 435 (1983).
J. Schulze, M. Homann, Acetylen in der zukünftigen Kohlechemie, Erdöl und Kohle *36*, 224 (1983).
G. E. Beekhuis, J. G. M. Nieuwkamp, New Process for 2-Pyrrolidone, Hydrocarbon Processing, April, 109 (1983).
R. Müller, G. Kaske, The Use of Plasma Chemical Processes for Chemical Reactions, Erdöl und Kohle *37*, 149 (1984).
Mitsubishi Kasei Corp., 1,4-Butandiol/Tetrahydrofuran Production Technology, Chemtech., Dec., 759 (1988).
A. M. Brownstein, 1,4-Butandiol and Tetrahydrofuran: Exemplary Small-volume Commodities, Chemtech., Aug., 506 (1991)

A. Budzinski, Reife Früchte, Chem. Ind. March, 34 (1993).
D. Rohe, Bin Lösemittel macht Monomer-Karriere, Chem. Ind. *3*, 12 (1995).
Chemical Market Reporter,
Chemical Profile (1,4-Butanediol), June. 26, 41 (2000).
Chemical Week,
Product Focus (Butanediol), April 29, 64 (1998).
European Chemical News,
Inside Pages (Butanediol), Nov. 22 – 28 (1999).

제5장

J. H. Prescott, Butadiene's Question Mark, Chem. Engng., Aug., 46 (1976).
A. M. Brownstein, Butadiene: A Viable Raw Material?, Hydrocarbon Processing, Feb., 95 (1976).
W. Meyer, DCPD: Abundant Resin Raw Material, Hydrocarbon Processing, Sept., 235 (1976).
T. C. Ponder, U. S. Butadiene – Coproduct or dehydro?, Hydrocarbon Processing, Oct., 119 (1976).
L. M. Welsh, L. I. Croce, H. F. Christmann, Butadiene via Oxidative Dehydrogenation, Hydrocarbon Processing, Nov., 131 (1978).
W. Günther, Welt-Kautschukmarkt, Chem. Ind. *XXXII*, 574 (1980).
B. V. Vora, T. Imai, C_2/C_5-Dehydrogenation Updated, Hydrocarbon Processing, April, 171 (1972).
A. Yoshioka, H. Hakari, R. Sato, H. Yamamoto, K. Okumura, Make Butadiene from Butene/butane Feed, Hydrocarbon Processing, Nov., 97 (1984).
D. Commereuc, Y. Chauvin, J. Gaillard, J. Léonard, Dimerize Ethylene to Butene-1, Hydrocarbon Processing, Nov., 118 (1984).
H. Gröne, G. Kuth, Moderne Produktentwicklungen festigen traditionelle Synthesekautschukmärkte, Chem. Ind. *XXXVI*, 672 (1984).
Chemical Week, Product Report (Rubber), May 10, 26 (1993).
M. Morgan, C_5 hydrocarbons and derivatives: new opportunities, Chem. and Ind. Sept., 645 (1996).
M. S Reisch, Rubber get's more traction, Chemical Engng. News, Sept 8,18 (1997)
M. L. Morgan, The C_4 industry beyond 2000, Chem. and Ind. Feb. 2 (1998)
Chemical Market Reporter,
Chemical Profile (Butadiene), March 6 (2000).
Chemical Week,
Product Focus (Rubber), May 10, 26 (1993)
(Butadiene), Feb. 4, 11 (1998)
European Chemical News,
Inside Pages (Polychloroprene) June 14 – 2 (1999).
(EPDM), Feb. 14 – 20 (2000).
(Butadiene), Oct. 23 – 29 (2000).

제6장

H. Weber, W. Dimmling, A. M. Desai, Make Plasticizer Alcohols this

Way, Hydrocarbon Processing, April, 127 (1976).
R. Fowler, H. Connor, R. A. Baehl, Hydroformylate Propylene at Low Pressure, Hydrocarbon Processing, Sept., 274 (1976), Carbonylate with Rhodium, CHEMTECH Dec., 772 (1976).
E. A. V. Brewester, Low-Pressure Oxo Process Features Rhodium Catalyst, Chem. Engng. Nov., 90 (1976).
J. Falbe, Homogeneous Catalysis, Vortrag CHEMRAWN I, Toronto 1978.
B. Cornils, A. Mullen, 2-EH: What You Should Know, Hydrocarbon Processing, Nov., 93 (1980).
J. Falbe, New Syntheses with Carbon Monoxide, Springer Verlag 1980.
K.-H. Schmidt, Neuentwicklungen in der homogenen Katalyse. Chem. Ind. *XXXVII*, 762 (1985).
E. Wiebus, B. Cornils, Water-soluble catalysts improve hydroformylation of olefins, Hydrocarbon Processing, March, 63 (1996).
Chemical Market Roporter,
Chemical Profile (*n*-Butyl Acetate), July 26, 33 (2000).
(Propionic Acid), Feb. 7,37 (2000).
European Chemical News,
Inside Pages (2-Ethylhexanol), Sept 13 – 19 (1999).
(*n*- Butyl Acetate), Dec 11 – 17 (2000).

제7장

S. C. Johnson, U. S. EO/EG-Past, Present and Future, Hydrocarbon Processing, June, 109 (1976).
J. Kiguchi, T. Kumazawa, T. Nakai, For EO: Air and Oxygen Equal, Hydrocarbon Processing, March, 69 (1976).
M. Gans, B. J. Ozero, For EO: Air or Oxygen, Hydrocarbon Processing, March, 73 (1976).
B. DeMaglie, Oxygen Best for EO, Hydrocarbon Processing, March, 78 (1976).
R. Jira, W. Blau, D. Grimm, Acetaldehyde via Air or Oxygen, Hydrocarbon Processing, March, 97 (1976).
J. B. Saunby, B. W. Kiff, Liquid-phase Oxidation, Hydrocarbons to Petrochemicals, Hydrocarbon Processing, Nov., 247 (1976).
D. Forster, On the Mechanism of a Rhodium-Complex-Catalyzed Carbonylation of Methanol to Acetic Acid, J. Amer. Chem. Soc. *98*, 846 (1976).
H. Beschke, H. Friedrich, Acrolein in der Gasphasensynthese von Pyridinderivaten, Chemiker Ztg. *101*, 377 (1977).
H. Beschke, H. Friedrich, H. Schaefer, G. Schreyer, Nicotinsäureamid aus β-Picolin, Chemiker Ztg. *101*, 384 (1977).
P. Kripylo, L. Gerber, P. Münch, D. Klose, L. Beck, Beitrag zur quantitativen Beschreibung der selektivitätsverbessernden Wirkung von 1.2-Dichloräthan bei der Oxydation von Äthylen zu Äthylenoxid, Chem. Techn. *30*, 630 (1978).
W. Swodenk, H. Waldmann, Moderne Verfahren der Großchemie: Ethylenoxid und Propylenoxid, Chemie in unserer Zeit *12*, 65 (1978).

G. E. Weismantel, New Technology Sparks Ethylene Glycol Debate, Chem. Engng. Jan., 67 (1979).
G. Sioli, P. M. Spaziante, L. Guiffre, Make MCA in Two Stages, Hydrocarbon Processing, Feb., 111 (1979).
J. C. Zomerdijk. M. W. Hall, Technology for the Manufacture of Ethylene Oxide, Catal. Rev.-Sci. Eng. *23*, 163 (1981).
S. Rebsdat, S. Mayer, J. Alfranseder, Der Ethylenoxid-Prozeß und die Regenerierung des dabei verwendeten Silber-Katalysators, Chem.-Ing. Tech. *53*, 850 (1981).
A. Budzinski, Pyridin hat noch Wachstumschancen, Chem. Ind. *XXXIII*, 529 (1981).
B. I. Ozero, J. V. Procelli, Can Developments Keep Ethylene Oxide Viable, Hydrocarbon Processing, March, 55 (1984).
S. Nowack, J. Eichhorn, J. Ohme, B. Lücke, Sauerstoffhaltige organische Zwischenprodukte aus Synthesegas, Chem. Techn. *36*, 55 (1984), *36*, 144 (1984).
M. Schrod, G. Luft, Carbonylierung von Essigsäuremethylester zu Essigsäureanhydrid, Erdöl und Kohle *37*, 15 (1984).
U. Dettmeier, E. J. Leupold, H. Pöll, H.-J. Schmidt, J. Schütz, Direktsynthese von Essigsäure aus Synthesegas, Erdöl und Kohle *38*, 59 (1985).
B. Juran, R. V. Porcelli, Convert Methanol to Ethanol, Hydrocarbon Processing, Oct., 85 (1985).
R. A. Sheldon, Fine chemicals by catalytic oxidation. CHEMTECH Sept., 566 (1991).
Chemical Market Roporter,
Chemical Profile (Ethyl Acetate), July 10, 41 (2000).
Chemical Week,
Product Focus (Ethylene glycol/oxide) Feb. 8, 44 (1995).
(EO – EG), Oct. 9, 41 (1996).
(Ethylene), Feb. 5, 51 (1997).
(Ethyl Acetate Butyl Acetate), Sept. 17, 37 (1997).
(Acetic Acid), Oct. 21, 46 (1998).
European Chemical News,
Inside Pages (Acetic Acid), May 10 – 16 (1999).
(Ethyl Acetate), Oct 4 – 10 (1999).
(EO), Oct. 11 – 17 (1999).
(Ethylene Glycol) June 26 – 2 (2000).

제8장

O. Winter, M.-T. Eng, Make Ethylene from Ethanol, Hydrocarbon Processing, Nov., 125 (1976).
N. Kurata, K. Koshida, Oxidize *n*-Paraffins for sec-Alcohols, Hydrocarbon Processing, Jan., 145 (1978).
U. Tsao, J. W. Reilly, Dehydrate Ethanol to Ethylene, Hydrocarbon Processing, Feb., 133 (1978).
Y. Onoue, Y. Mizutani, S. Akiyama, Y. Izumi, Hydration with Water, Chemtech., July 432 (1978).
M. K. Schwitzer, Fats as Source for Cationic Sufactants, Chem. and Ind. Jan. 11 (1979).
D. Osteroth, Die Bedeutung der natürlichen Fettsäuren, Chemie für

Labor und Betrieb *32*, 571 (1981).
H. Bahrmann, W. Lipps, B. Cornils, Fortschritte der Homologisierungsreaktion, Chemiker Ztg. *106*, 249 (1982).
H.-P. Klein, Hochleistungsozonanlagen und ihr industrieller Einsatz, Chem.-Ing.-Tech. 55, 555 (1983).
C. A. Houston, Marketing and Economics of Fatty Alcohols, JAOCS *61*, 179 (1984).
P. Lappe, H. Springer, J. Weber, Neopentylglykol als aktuelle Schlüsselsubstanz, Chemiker Ztg. *113*, 293 (1989).
D. H. Ambros, Fettchemie wächst, blüht und gedeiht, Chem. Ind. *31* (1991).
C. Breucker, V. Jordan, M. Nitsche, B. Gutsche, Oleochemie-Chemieprodukte auf der Basis nachwachsender Rohstoffe, Chem.-Ing.-Tech. *67*, 430 (1995).
Chemical Market Roporter,
Chemical Profile (Ethanol), March 13, 37 (2000).
(Pentaerythritol), Aug. 14, 33 (2000).
Chemical Week,
Product Focus (Isopropyl Alcohol) March. 26, 35 (1997).
(Methyl ethyl ketone), June. 18, 36 (1997).
European Chemical News,
Inside Pages (Methyl ethyl ketone), Dec. 27 – 9 (1999).
(*n*-Butanol), April 10 – 16 (2000).
(Isopropanol), April 24 – 30 (2000).

제9장

W. E. Wimer, R. E. Feathers, Oxygen Gives Low Cost VCM, Hydrocarbon Processing, March, 81 (1976).
P. Reich, Air or Oxygen for VCM?, Hydrocarbon Processing, March, 85 (1976).
R. W. McPherson, C. M. Starks, G. I. Fryar, Vinylchloride monomer ... What You Should Know, Hydrocarbon Processing, March, 75 (1979).
C. M. Schillmoller, Alloy Selection for VCM Plants, Hydrocarbon Processing, March, 89 (1979).
W. M. Burks, Y. W. Rao, A. Eldring, Wirtschaftlichere Vinylchlorid-produktion, Chem. Ind. *XXXII*, 250 (1980).
J. L. Ehrler, B. Juran, VAM and Ac_2O by Carbonylation, Hydrocarbon Processing, Feb., 109 (1982).
J. Schulze, M. Weiser, Rückstandsprobleme chlororganischer Produkte, Chem. Ind. *XXXVI*, 468 (1984), 747 (1984).
P. K. Eichhorn, Fluorkunststoffe, Kunststoffe *79*, 927 (1989).
F. Nader, Perspektiven der Chlorchemie, Chemie-Technik *25*, 66 (1996).
Chemical Market Reporter,
Chemical Profile (Vinyl Acetate), Aug. 21, 45 (2000).
(Vinyl Chloride), Aug. 28, 41 (2000).
(Chlorine), Sept. 4, 37 (2000).
(Trichloroethylene), Sept. 25, 53 (2000).
(Perchloroethylene), Oct. 30, 49 (2000).
Chemical Week,

Product Focus (Chlorine) March. 13, 38 (1996).
(Vinyl Chloride), Sept. 25, 46 (1996).
(Ethylene Dichloride), March 12, 30 (1997).
(Vinyl Acetate), May. 7, 38 (1997).

European Chemical News,
Inside Pages (Vinyl Chloride), June 28 – 4 (1999).
(Polytetrafluorethylene), July 12 – 18 (1999).
(Vinyl Acetate), Sept. 27 – 3 (1999).
(Perchloroethylene) Jan. 24 – 30 (2000).
(Trichloroethylene), Feb. 28 – 5 (2000).
(Ethylene Dichloride), May 8 – 14 (2000).
(Chlorine), Sept. 25 – 1 (2000).

제10장

A. H. de Rooij, C. Dijkhuis, J. T. J. von Goolen, A Scale-Up Experience; The DSM Phosphate Caprolactam Process, Chemtech., May 309 (1977).

H. J. Naumann et al., Entwicklung und Anwendung des Verfahrens der selektiven Phenolhydrierung für die Herstellung von Cyclohexanon, Chem. Techn. *29*, 38 (1977).

W. Rösler, H. Lunkwitz, Entwicklungstendenzen und technologische Fortschritte bei der Produktion von ε-Caprolactam, Chem. Techn. *30*, 61 (1978).

M. Fischer, Photochemische Synthesen im technischen Maßstab, Angew. Chem. *90*, 17 (1978).

Y. Izumi, I. Chibata, T. Itoh, Herstellung und Verwendung von Aminosäuren, Angew. Chem. *90*, 187 (1978).

D. E. Danly, Adiponitrile via Improved EHD, Hydrocarbon Processing, April, 161 (1981).

K. Wehner et al., Entwicklung eines technischen Verfahrens zur Herstellung von N-Methyl-ε-caprolactam, Chem. Techn. *33*, 193 (1981).

A. S. Chan, New route to Adipic Acid Developed at Monsanto, Chem. Eng. News April, 28 (1984).

O. Immel, H. H. Schwarz, K. Starke, W. Swodenk, Die katalytische Umlagerung von Cyclohexanonoxim zu Caprolactam, Chem. Ing.-Techn. *56*, 612 (1984).

K. Ito, I. Dogane, K. Tanaka, New Process for Sebacic Acid, Hydrocarbon Processing, Oct., 83 (1985).

B. v. Schlotheim, Aufwärtstrend bei Chemiefasern setzte sich fort, Chem. Ind. *XXXVIII*, 127 (1986).

J. Dodgson et al., A Low Cost Phenol to Cyclohexanone Process, Chem. and Ind. Dec., 830 (1989).

Chemical Week, Product
Focus (Caprolactam), Jan. 29, 50 (1997).

European Chemical News,
Inside Pages (Adipic Acid), Sept. 20 – 26 (1999).
(Caprolactam), Oct. 25 – 31 (1999).
(Adiponitrile), May 1 – 7 (2000).

제11장

K. H. Simmrock, Die Herstellverfahren fur Propyleneoxid und ihre elektrochemische Alternative, Chem.-Ing.-Tech. *48*, 1085 (1976).

K. Yamagishi, O. Kageyama, H. Haruki, Y. Numa, Make Propylene Oxide Direct, Hydrocarbon Processing, Nov., 102 (1976).

K. Yamagishi, O. Kageyama, Make Glycerine via Peracetic Acid, Hydrocarbon Processing, Nov., 139 (1976).

F. Matsuda, Acrylamide Production Simplified, Chemtech., May, 306 (1971).

Y. Onoue, Y. Mizutani, S. Akiyama, Y. Izumi, Y. Watanabe, Why Not Do It In One Step? The case of MIBK, Chemtech., Jan., 36 (1977).

P. R. Pujado, B. V. Vora, A. P. Krueding, Newest Acrylonitrile Process, Hydrocarbon Processing, May, 169 (1977).

J. C. Zimmer, Cut Polyester Costs – Use PO, Hydrocarbon Processing, Dec., 115 (1977).

H. Schaefer, Katalytische Ammonoxidation und Ammondehydrierung, Chemie-Technik *7*, 231 (1978).

T. C. Ponder, U. S. Propylene: Demand vs. Supply, Hydrocarbon Processing, July, 187 (1978).

K. H. Simmrock, Compare Propylene Oxide Routes, Hydrocarbon Processing, Nov., 105 (1978).

T. Hasuike, H. Matsuzawa, Make MMA from Spent-BB, Hydrocarbon Processing, Feb., 105 (1979).

K.-H. Schmidt, Aktive Sauerstoffverbindungen: Chancen auf neuen Märkten – Überkapazitäten in der Gegenwart, Chem. Ind. XXXI, 135 (1979).

S. L. Neidleman, Use of Enzymes as Catalysts for Alkene Oxide Production, Hydrocarbon Processing, Nov, 135 (1980).

J. Itakura, Present State and Prospects for Acrylic Ester Industry, Chem. Eonomy & Eng. Review July, 19 (1981).

T. Nakamura, T. Kito, A new Feedstock for the Manufacture of Methyl Methacrylate Emerges. Chem. Econ. & Eng. Rev. Oct., 23 (1983).

H. Itatani, International Technological Trends in C_1-Chemistry, Chem. Econ. & Eng. Rev. *16*, 21 (1984).

P. Kripylo, K. Hagen, D. Klose, K. M. Tu, Mechanismus und Selektivität der Oxidation von Propen zu Acrolein, Chem. Techn. *36*, 58 (1984).

K. Drauz, A. Kleemann, M. Samson, Acrolein-Baustein für neue Synthesen von Aminosäuren und Naturstoffen, Chemiker-Ztg. *108*, 391 (1984).

R. V. Porcelli, B. Juran, Selecting the Process for Your Next MMA Plant, Hydrocarbon Processing, March, 37 (1986).

E. Johnson, J. Chowdhury, New Menu for MMA Plants, Chem. Engng. March, 35 (1990).

I. Young, Weakness of Propylene in Europe, Chem. Week, March 24, 37 (1993).

D. Rohe, Masse und Klasse (Acrylsäure), Chem. Ind. *1/2*, 12 (1995).

D. Rohe, Vor dem Quantitätssprung (1.3-Propandiol), Chem. Ind. *3*, 13 (1996).

D. Rohe, Einträgliche Derivate gesucht (Acrolein)
Europa Chemie 20,5 (1997).
Chemical Market Reporter
Chemical Profile (Methylisobutylketone), March 8, 37 (1999).
(Acrylamide), March 15, 45 (1999).
(Acetone), April 5, 53 (1999).
(Acrylic Acid), May 24, 1 (1999).
(Methyl Methacrylate), June 28, 33 (1999).
(Acrylonitrile), May 8, 45 (2000).
Chemical Week,
Product Focus (Acetone), Dec. 14, 40 (1994).
(Methyl Methacrylate), Nov. 12, 36 (1997).
(Acrylonitrile), July 22, 54 (1998).
(Acrylic Acid), Aug. 5, 34 (1998).
European Chemical News,
Inside Pages (Methylmethacrylate), April 12 – 18 (1999).
(Acrylic Acid), June 7 – 13 (1999).
(Propylene Oxide), Aug. 2 – 15 (1999).
(MIBK), May 15 – 21 (2000).
(Acrylonitrile), July 31 – 6 (2000).
(Acetone), Nov. 20 – 26 (2000).
(Monopropylene Glycol), Dec. 4 – 10 (2000).

제12장

G. Collin, Technische und wirtschaftliche Aspekte der Steinkohlenteerchemie, Erdöl und Kohle *29*, 159 (1976).

J. E. Fick, To 1985: U. S. Benzene Supply Demand, Hydrocarbon Processing, July, 127 (1976).

T. C. Ponder, Benzene Outlook Through 1980, Hydrocarbon Processing, Nov., 217 (1976).

P. J. Bailes, Solvent Extraction in the Petroleum and Petrochemical Industries, Chem. and Ind. Jan., 69 (1977).

T. C. Ponder, Benzene Supply Demand Stable in Europe?, Hydrocarbon Processing, June, 158 (1977).

S. McQueen, Abundant Feedstock is Key to New Anthraquinone Route, Chem. Engng. Aug., 74 (1978).

H. Franke et al., Die hydrokatalytische Isomerisierung technischer C_8-Aromatenfraktionen, Chem. Techn. *31*, 402 (1979).

U. Langer et al., Gewinnung von BTX-Aromaten nach dem Arex-Verfahren, Chem. Techn. *33*, 449 (1981).

J. Klempin et al., Das Aris-Verfahren – ein hocheffektiver petrolchemischer Prozeß zur Gewinnung von Xylenisomeren, Chem. Techn. *33*, 356 (1981).

G. Collin, Aromatische Chemiegrundstoffe aus Kohle, Erdöl und Kohle *35*, 294 (1982).

G. Preußer, G. Emmrich, Gewinnung von Reinaromaten, Erdöl und Kohle *36*; 207 (1983).

G. Kölling, J. Langhoff, G. Collin, Kohlenwertstoffe und Verflüssigung von Kohle, Erdöl und Kohle *37*, 394 (1984).

J. W. Stadelhofer, Present Status of the Coal Tar Industry in Western

Europe, Chem. and Ind. March, 173 (1984).
G. Collin, Steinkohlenteerchemie: Bedeutung, Produkte und Verfahren, Erdöl und Kohle *38*, 489 (1985).
P. C. Doolan, P. R. Pujado, Make Aromatics from LPG, Hydrocarbon Processing, Sept., 72 (1989).
C. D. Gosling et al., Process LPG to BTX Products, Hydrocarbon Processing, Dec., 69 (1991).
M. Coeyman, N. Alperowicz, Future stays bright for H_2O_2, Chem. Week, Febr. 17, 42 (1993).
H.H. John H. D. Neubauer, P. Birke, Zeolite Containing Catalysts for the Conversion of C_8-Aromatics Fractions, Catalysis Today 49, 211 (1999)
H. Offermanns, G. Dittrich, N. Steiner, Wasserstoffperoxid in Umweltschutz und Synthese, Chemie in unserer Zeit 34, 150 (2000).
Chemical Market Reporter,
Chemical Profile (Naphthalene), May 31, 33 (1999).
(Toluene), Oct. 23 – 33 (2000).
Chemical Week,
Product Focus (Benzene), Febr. 14, 40 (1996).
(Hydrogen Peroxide), Febr. 26, 38 (1997).
(Paraxylene), Oct. 15, 36 (1997).
(Xylenes), March 25, 56 (1998).
(Toluene), Dec. 2, 56 (1998).
European Chemical News,
Inside Pages (Toluene), July 19 – 25 (1999).
(Paraxylene), June 5 – 11 (2000).
(Benzene), Nov. 13 – 19 (2000).
(Hydrogen Peroxide), Dec. 18 – 7 (2000).

제13장

P. R. Pujado, J. R. Salazar, C. V. Berger, Cheapest Route to Phenol, Hydrocarbon Processing, March, 91 (1976).
G. Lenz, Herstellung von Maleinsäureanhydrid aus Butenen, Chemieanlagen, Verfahren July 27 (1976).
M. Gans, Which Route to Aniline?, Hydrocarbon Processing, Nov., 145 (1976).
J. A. Bewsey, Synthetic Tartaric Acid and the Economics of Food Acidulants, Chem. and Ind. Feb., 119 (1977).
T. C. Ponder, U. S. styrene: More growth with less plants, Hydrocarbon Processing, July, 137 (1977).
P. Maggioni, F. Minisci, Catechol and Hydrochinone from Catalytic Hydroxylation of Phenol by Hydrogen Peroxide, La Chimica E L'Industria *59*, 239 (1977).
A. Portes, J. Escourrou, Optimize Styrene Production, Hydrocarbon Processing, Sept., 154 (1977).
P. Fontana, Butan als Ausgangsprodukt für Maleinsäureanhydrid, Chimica *31*, 274 (1977).
G. E. Tong, Fermentation Routes to C_3 and C_4 Chemicals, Chem. Eng. Prog. April, 70 (1978).
R. Hirtz, K. Uhlig, Polyurethan-Baukasten – noch Platz für neue

Bausteine, Chem. Ind. *XXX*, 617 (1978).
R. L. Varma, D. N. Saraf, Selective Oxidation of C_4-Hydrocarbons to Maleic Anhydride, Ind. Eng. Chem. Prod. Res. Dev. *18*, *7* (1979).
J. C. Bonacci, R. M. Heck, R. K. Mahendroo, G. R. Patel, Hydrogenate AMS to Cumene, Hydrocarbon Processing, Nov., 179 (1980).
T. Wett, Monsanto/Lummus Styrene Process is Efficient, Oil & Gas Journal July, 76 (1981).
R. A. Innes, H. E. Swift, Toluene to Styrene – a Difficult Goal, CHEMTECH April, 244 (1981).
F. Budi, A. Neri, G. Stefani, Future MA Keys to Butane, Hydrocarbon Processing, Jan., 159 (1982).
W. W. Kaeding, L. B. Young, A. G. Prapas, Para-Methylstyrene CHEMTECH Sept., 556 (1982).
G. S. Schaffel, S. S. Chem, J. J. Graham, Maleic Anhydride from Butane, Erdöl und Kohle *36*, 85 (1983).
S. Fukuoka, M. Chono, M. Kohuo, Isocyanate without Phosgene, CHEMTECH Nov., 670 (1984).
S. C. Arnold, G. D. Sucin, L. Verde, A. Neri, Use Fluid Bed Reactor for Maleic Anhydride from Butane, Hydrocarbon Processing, Sept., 123 (1985).
J. Schulze, M. Weiser, Rückstandsprobleme chlororganischer Produkte, Chem. Ind. *XXXVII*, 105 (1985).
D. Rohe, Maleinsäureanhydrid, ein Langweiler macht Karriere, Chem. Ind. Aug. 32 (1989).
H. Harris, M. W. Tuck, Butanediol via maleic anhydride, Hydrocarbon Processing May, 79 (1990).
D. Jackson, L. Tattum, Tougher times ahead for polyurethane, Chem. Week, Oct. 9, 32 (1991).
I. Young, Overbuilding plagues phenol, Chem. Week, June 16, 68 (1993).
M. S. Reisch, Thermoplastic Elastomers Target, Chem. Eng. News, Aug. 10 (1996).
A. Budzinski, Im sicheren Hafen (Phenol), Chem. Ind. 5, 13 (1996).
A. Müller, Lyondell schließt strategische Lücke, Chemische Rundschau 11, 5 (2000).
Chemical Market Reporter
Chemical Profile (Polycarbonate) Jan. 11, 37 (1999).
(Aniline), Febr. 8, 33 (1999).
(Nitrobenzene), Febr 15, 33 (1999).
(Cumene), March 22, 45 (1999).
(Phenol), March 29, 33 (1999).
(TDI), April 12, 41 (1999).
(Benzoic acid), May 3, 33 (1999).
(Monochlorobenzene), May 17, 37 (1999).
(MDI), Jan 3, 29 (2000).
(Fumaric acid), July 24, 33 (2000).
Chemical Week,
Product Focus (Aniline), Febr 12, 33 (1997).
(Maleic anhydride), June 4, 37 (1997).
(Bisphenol A), Aug. 27, 68 (1997).
(Cumene), Jan. 7, 50 (1998).

G. E. Tong, Fermentation Routes to C_3 and C_4 Chemicals, Chem. Eng.
(MDI), April 8, 37 (1998).
(Styrene), June 17, 34 (1998).
(TDI), Aug. 19, 97 (1998).
European Chemical News,
Inside Pages (Phenol), May 17 – 23 (1999).
(Cyclohexane), June 21 – 27 (1999).
(Aniline), Aug. 16 – 29 (1999).
(Bisphenol A), Oct. 18 – 24 (1999).
(Cumene), Nov. 29 – 5 (1999).
(Styrene), Febr. 21 – 27 (2000).
(Nitrobenzene), April 17 – 23 (2000).
(α-Methylstyrene), May 22 – 28 (2000).
(Styrene), June 19 – 25 (2000).
(MDI), July 24 – 30 (2000).
(TDI), Sept. 18 – 24 (2000).
(Maleic anhydride), Oct. 2 – 8 (2000).

제14장

M. C. Sze, A. P. Gelbein, Make Aromatic Nitriles this Way, Hydrocarbon Processing, Feb., 103 (1976).
K. Matsuzawa, Technogical Development of Purified Terephthalic Acid, Chem. Economy & Eng. Review *8*, 25 (1976).
H. Kawabata, Synthetic Fibers and Synthetic Fiber Materials in Japan, Chem. Economy & Eng. Review *9*, 27 (1977).
F. Obenaus, M. O. Reitemeyer, Eine einfache DMT-Reinigung durch chemische Umsetzung, Erdöl und Kohle *31*, 469 (1978).
O. Wiedemann, W. Gierer, Phthalic Anhydride Made with Less Energy, Chem. Engng. Jan., 62 (1979).
A. P. Aneja, V. P. Aneja, Process Options for Polyester, Chem. and Ind. April, 252 (1979).
A. P. Aneja, V. P. Aneja, Process Options, Feedstock Selections, and Polyesters, CHEMTECH April, 260 (1979).
L. Verde, A. Neri, Make Phthalic Anhydride with Low Air Ratio Process. Hydrocarbon Processing, Nov., 83 (1984).
A. Nitschke, Bottle-grade PET, Chem. Week, Apr. 21, 38 (1993).
Chemical Market Reporter
Chemical Profile (PET), June 14, 69 (1999).
Chemical Week,
Product Focus (PTA), April 9, 31 (1997).
(Phthalic anhydride), Aug. 13, 44 (1997).
(PET) Oct. 7, 39 (1998).
European Chemical News,
Inside Pages (Phthalic anhydride), Sept. 6 – 12 (1999).
(Isophthalic acid), Nov. 8 – 14 (1999).
(PET), July 3 – 9 (2000).
(PTA), Aug. 21 – 3 (2000).

찾아보기

【ㅇ】

	Industrial Organic Chemistry
Title	공업유기화학, 개정4판
발행일	2007년 8월 25일 발행
저자	K. Weissermel, H.-J. Arpe
역자	정평진
발행인	김윤선
발행처	범한서적주식회사
주소	서울특별시 종로구 신문로 2가 1-222
전화	02-733-2014~5 / 팩스 02-736-8696
등록	1966년 10월 6일 제1-168호
가격	27,000원
ISBN	978-89-7129-190-0 93570

http://www.bumhanbook.co.kr